8

HISTOIRE DES PLANTES

———

MONOGRAPHIE

DES

COMPOSÉES

PARIS. — IMPRIMERIE ÉMILE MARTINET, RUE MIGNON, 2

HISTOIRE DES PLANTES

MONOGRAPHIE

DES

COMPOSÉES

PAR

H. BAILLON

PROFESSEUR D'HISTOIRE NATURELLE MÉDICALE A LA FACULTÉ DE MÉDECINE DE PARIS
DIRECTEUR DU JARDIN BOTANIQUE DE LA FACULTÉ, PRÉSIDENT DE LA SOCIÉTÉ LINNÉENNE DE PARIS

ILLUSTRÉE DE 131 FIGURES DANS LES TEXTES

DESSINS DE FAGUET

PARIS

LIBRAIRIE HACHETTE & Cie

BOULEVARD SAINT-GERMAIN, 79

LONDRES, 18, KING WILLIAM STREET, STRAND

1882

LXVI
COMPOSÉES

I. SÉRIE DES CHARDONS.

Les fleurs des Chardons [1] (fig. 1-10) sont, ainsi que celles de la

Carduus crispus.

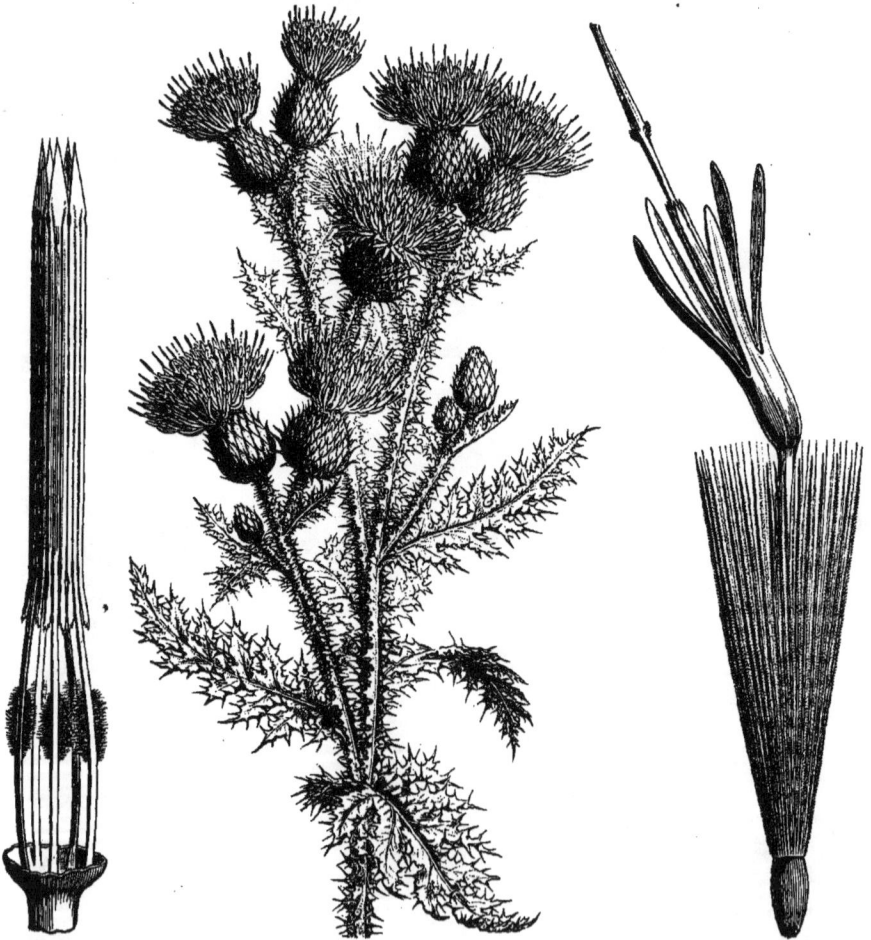

Fig. 5.
Androcée ($\frac{14}{1}$).

Fig. 1. Rameau florifère.

Fig. 4.
Fleur ($\frac{1}{1}$).

1. *Carduus* T., *Inst.*, 440, t. 253. — L., *Gen.*, n. 925. — ADANS., *Fam. des pl.*, II, 116. — J., — *Gen.*, 173. — GÆRTN., *Fruct.*, II, 337, t. 162. — LAMK, *Dict.*, I, 696; Suppl., II, 194; *Ill.*,

plupart des plantes de cette famille, réunies en une tête ou capitule[1] que le vulgaire prend très souvent pour une fleur proprement dite. Il considère alors comme un calice polyphylle l'involucre[2] total de l'inflorescence, formé d'un nombre indéfini de bractées imbriquées,

Carduus crispus.

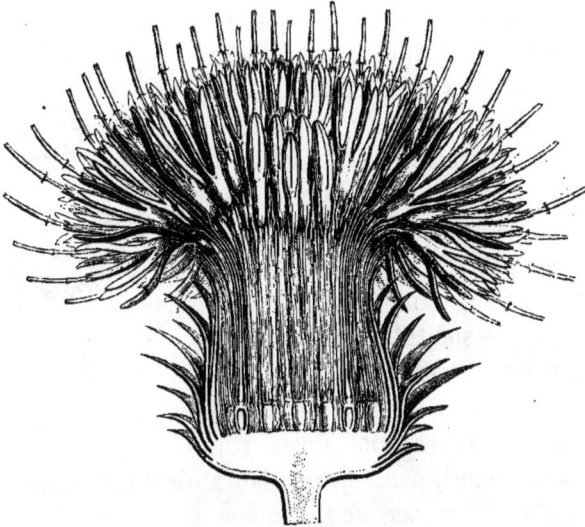

Fig. 2. Inflorescence (capitule), coupe longitudinale ($\frac{?}{?}$).

épineuses, inégales, ordinairement d'autant plus courtes qu'elles sont situées plus bas sur la spirale suivant laquelle elles sont insérées[3]. En les enlevant toutes, on met à nu le réceptacle commun[4] de l'inflorescence, qui est une sorte de pomme déprimée, dilatation terminale de la branche qui porte les fleurs, presque plane à sa surface supérieure ou légèrement convexe dans un grand nombre de Chardons proprement dits. Là s'insèrent les fleurs[5], toutes fertiles et semblables entre elles[6], et regardées comme régulières[7], entremêlées de soies nom-

t. 663. — CASS., in *Dict. sc. nat.*, XLI, 314, 336. — DC., in *Ann. Mus.*, XVI, 155; *Prodr.*, VI, 621. — SPACH, *Suites à Buffon*, X, 95. — ENDL., *Gen.*, n. 2884. — PAYER, *Fam. nat.*, 19. — B. H., *Gen.*, II, 367, n. 633. — *Clomion* ADANS., *loc. cit.*, 116. — *Alfredia* CASS., in *Bull. Soc. philom.* [1815], 175; in *Journ. Phys.* (1816), 145; in *Dict.*, I, Suppl., 115; XXI, 422; XLI, 311, 324. — DC., *Prodr.*, VI, 666. — ENDL., *Gen.*, n. 2896. — *Clavena* DC., *Prodr.*, VI, 633 (nec NECK.). — ENDL., *Gen.*, n. 2885.

1. Calathide, Anthode, Fleur composée.
2. Ou Péricline.

3. C'est tout aussi illogiquement que plusieurs auteurs, et notamment de nos jours M. DECAISNE, désignent sous le nom de *calycule* les bractées extérieures de cet involucre, lorsque par leurs dimensions moindres ou leur direction différente, elles se distinguent des intérieures. Dans les descriptions, ces bractées sont parfois nommées *écailles* (*squamæ*) ou *phylli*, *phyllarii*.
4. Clinanthe, Anthode.
5. Fleurons, floscules, fleurettes.
6. D'où le nom d'*Homogames*.
7. Il est bien plus ordinaire qu'elles soient légèrement irrégulières, et en général elles le

breuses portées par le réceptacle. Chaque fleur, envisagée isolément, a un réceptacle sessile, concave, en forme de bourse[1], contenant dans sa concavité l'ovaire infère et adné, et portant sur les bords de son orifice le périanthe dit épigyne et l'aigrette[2]. Cette dernière, longtemps considérée comme un calice extrêmement divisé, est formée d'un nombre indéfini de soies[3] disposées sur plusieurs séries, à peine unies à leur base en un court anneau qui se détache plus tard avec elles, ascendantes, légèrement rigides, très finement barbelées sur les bords[4]. La corolle, étroitement tubuleuse, se dilate plus ou moins au niveau de son limbe qui se partage en cinq lobes, ordinairement un peu inégaux[5], valvaires dans le bouton. La portion supérieure de son tube donne insertion à cinq étamines alternes avec les lobes de la corolle et qui sont syngenèses, c'est-à-dire que leurs anthères sont unies par leurs bords en un tube[6], pendant que leurs filets sont libres. Ils portent d'ailleurs dans une certaine étendue des poils assez longs et mous, formant une sorte de manchon. Les anthères sont introrses, biloculaires et déhiscentes par deux fentes longitudinales[7]. Leur connectif se prolonge au-dessus de leurs loges en une lame presque triangulaire et plus ou moins aiguë[8], et chaque loge se termine en bas par une oreillette aplatie, irrégulièrement triangulaire et plus ou moins

Carduus crispus.

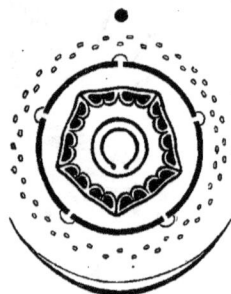

Fig. 3. Diagramme floral.

sont d'autant plus qu'elles sont plus extérieures, c'est-à-dire plus âgées. Alors aussi elles ont le tube plus long, plus recourbé en dehors. Quant au limbe, son irrégularité tient à ce que les cinq fentes qui séparent les lobes les uns des autres descendent plus ou moins bas; il y en a généralement une plus courte, l'intérieure, deux plus longues antérieures, et deux intermédiaires pour la longueur.

1. Considéré à tort pendant longtemps, et encore aujourd'hui par le plus grand nombre de nos botanistes, comme le « tube adhérent » du calice.

2. *Pappus.*

3. *Setæ.*

4. Le développement de ces soies est postérieur à celui du périanthe. (PAYER.)

5. La nervation de cette corolle présente un caractère tout particulier et à peu près constant dans la famille, étudié dès 1816 par R. BROWN et qui a valu aux Composées le nom de *Névramphipétales* (CASSINI). Les nervures du tube ré-

pondent aux sinus de séparation des lobes du limbe. Arrivée au fond du sinus, chaque nervure se bifurque, et ses deux branches se portent chacune le long du bord d'un des deux lobes séparés par le sinus et marchent parallèlement à ce bord, indivises ou à peu près. Dans d'autres Composées, ces nervures se ramifient ou se recourbent d'une façon particulière.

6. D'où *Synanthères*, et le nom de *Synanthérées* qu'on a donné aussi à cette famille.

7. Le pollen est, dans la plupart des genres de cette série, ovoïde avec trois sillons longitudinaux épineux. Dans l'eau, il devient une « sphère un peu déprimée, avec trois bandes sur lesquelles trois grosses papilles ». Dans certaines Centaurées et les *Xeranthemum*, il est « ellipsoïde ; trois sillons longitudinaux ; membrane externe ponctuée; dans l'eau, sphère à trois bandes avec trois papilles » (H. MOHL, in *Ann. sc. nat.*, sér. 2, III, 315).

8. Appendice ou queue (*Cauda*) de l'anthère.

allongée. La loge unique de l'ovaire renferme un ovule presque dressé[1], anatrope, à micropyle regardant en bas et en arrière[2]. Un disque épigyne élevé surmonte l'ovaire et entoure la base, subitement rétrécie[3] en ce point, d'un style qui traverse le tube formé par les anthères[4] et dont l'extrémité exserte se partage en deux branches aiguës ou un peu obtuses, appliquées l'une contre l'autre[5] et au-dessous de la base desquelles est un renflement circulaire chargé de poils[6]. Les fruits sont décrits comme des achaines; ce sont souvent plutôt des caryopses[7]: ils sont secs, indéhiscents, glabres, surmontés d'un rebord circulaire en dedans duquel s'insère l'aigrette, et, plus intérieurement, du disque épigyne persistant, accru, souvent induré (fig. 6, 7). La graine, dressée, renferme, dans son mince tégument, un embryon charnu, huileux, à radicule infère, courte, conique, et à cotylédons supères et plan-convexes[8].

Les Chardons proprement dits sont des plantes herbacées, souvent vivaces, dressées, à tige simple ou ramifiée. La plupart de leurs organes sont chargés d'épines. Leurs feuilles sont alternes, sans stipules, à base ordinairement décurrentes sur les axes, découpées en dents de scie, ou sinuées-dentées, ou pinnatifides. Leurs lobes ou leurs dents sont chargés de cils raides ou plus souvent spinescents. Leurs fleurs sont disposées en capitules, généralement terminaux et souvent réunis en cymes corymbiformes, à évolution centrifuge.

Les fruits s'insèrent ordinairement, dans les *Carduus* proprement dits, par une surface basilaire répondant à une aréole droite du réceptacle. Cependant cette surface peut devenir légèrement oblique par rapport à l'axe même du fruit; c'est principalement parce que cette obliquité s'accentue davantage dans le *C. tinctorius* et dans les espèces voisines, qu'on en a fait le type d'un genre *Serratula*[9],

1. En réalité, il ne s'insère pas exactement à la base de l'ovaire, mais un peu au-dessus et quelquefois même tout à fait latéralement; il est donc plutôt ascendant que dressé, comme celui des Uragogées et des Ixorées.

2. Il n'y a qu'une enveloppe, souvent fort incomplète.

3. Ailleurs, dans les Composées, il n'y a pas de véritable disque épigyne; mais, comme dans certaines Ombellifères, c'est la base même du style qui se dilate en un faux disque.

4. De façon que dans le bouton même la déhiscence des anthères s'étant opérée, le style, qui s'allonge de bas en haut, parcoure tout le canal en ramassant le pollen.

5. Elles ne se séparent généralement, avec le

temps, que dans une faible étendue; elles sont extérieurement couvertes d'un fin duvet papilleux qui souvent se prolonge au-dessous d'elles sur le style et se termine brusquement au niveau de la collerette de poils dont il est parlé plus bas.

6. Poils collecteurs.

7. Leur base porte une cicatrice d'insertion qui, dans certains types de ce groupe, devient, comme nous le verrons, plus ou moins latérale.

8. L'albumen, qui disparaît totalement à la maturité, peut cependant persister en petite proportion vers la région chalazique.

9. L., *Gen.*, 924 (part.). — Cass., in *Dict.*, XXXV, 173. — DC., *Prodr.*, VI, 667. — Endl., *Gen.*, n. 2897. — B. H., *Gen.*, II, 475, n.648. — *Stemmacantha* Cass., in *Bull. Soc. philom.* (1817);

rangé parfois lui-même dans une sous-tribu particulière. Mais un grand nombre de *Serratula* ayant, à part celui-ci, tous les caractères de végétation et de floraison des *Carduus*, nous croyons devoir en faire une simple section de ce dernier genre.

Les *Cnicus* [1] de la plupart des auteurs, semblables aux Chardons proprement dits, quant à leur involucre, leur corolle, etc., en ont été jusqu'ici séparés génériquement parce que les soies de leur aigrette sont plumeuses et garnies de poils latéraux grêles et longs dans la majeure partie des cas. Quant aux bractées de leur involucre, ou elles sont toutes étroites, ou bien les plus extérieures sont plus larges et foliacées, ou pectinées-épineuses, comme il arrive dans les *C. vulgaris, creticus, pratensis, Acarna*, etc., dont on a fait les genres *Cirsium* [2], *Picnomon* [3], etc. Comme dans le genre Centaurée, parallèle pour ainsi dire au genre Chardon, on a été forcé de comprendre à la fois des espèces à soies de l'aigrette égales ou inégales, entières, serrulées, barbelées, plus ou moins longuement plumeuses, ou même nulles, il faut agir de même à l'égard du genre *Carduus* et faire des *Cnicus* une section de ce genre, à aigrettes plus longuement plumeuses.

De même, les soies que le réceptacle porte dans les intervalles des fleurs pouvant varier beaucoup de longueur dans les diverses espèces de genres de cette famille considérés comme très naturels, nous ne pouvons conserver que comme section dans le genre *Carduus* les *Onopordon* [4], dont l'aigrette a des soies entières, ou barbelées, ou plumeuses, et dont les fossettes réceptaculaires dans lesquelles s'insèrent les ovaires, puis ultérieurement les fruits, sont bordées de très courts poils formant une petite frange.

Les poils qui s'observent sur les bords des filets staminaux se modi-

in *Dict.*, I, 460. — *Mastrucium* Cass., in *Dict.*, XXXV, 173. — *Klasea* Cass., *loc. cit.* — *Pereuphora* Hoffm., *Verz.*, 174 (ex DC.).
1. T., *Inst.*, 450 (part.), t. 257 B (nec Vaill.). — L., *Gen.*, n. 926 (part.). — B. H., *Gen.*, II, 468, n. 634. — *Echenais* Cass., in *Bull. philom.* (1818), in *Dict.*, XIV, 170. — *Lamyra* Cass., in *Dict.*, XXV, 218. — *Platyraphium* Cass., in *Dict.*, XXXV, 173; XLI, 305. — *Ptilostemon* Cass., in *Dict.*, XXXV, 173; XLIV, 58. — *Orthocentron* Cass., in *Dict.*, XXXVI, 480. — *Lophiolepis* Cass., in *Dict.*, XXVII, 180. — *Eriolepis* Cass., in *Dict.*, XLI, 331. — *Notobasis* Cass., in *Dict.*, XXV, 225; XXXV, 170. — DC., *Prodr.*, VI, 660. — Endl., *Gen.*, n. 2890. — *Breea* Less., *Syn. Compos.*, 9. — *Spanioptilon* Less., *loc. cit.*, 10. — ? *Xylanthena* Neck., *Elem.*, I, 67. — *Cephalonoplos* Neck., *loc. cit.*, 68. — *Chamæpeuce* DC., *Prodr.*,

VI, 657; VII, 305 (nec P. Alp.). — *Ancathia* DC., in *Guillem. Arch. Bot.*, II, 331; *Prodr.*, VI, 557. — Deless., *Ic. sel.*, IV, t. 73. — ? *Erythrolæna* Don, in *Sweet Brit. fl. Gard.*, t. 154. — *Epitrachys* C. Koch, in *Linnæa*, XXIV, 396.
2. T., *Inst.*, 447 (part.), t. 255. -- DC., *Fl. Fr.*, IV, 110. — *Chamæpeuce* P. Alp., *Exot.*, 77. — Endl., *Gen.*, n. 2889 (part.).
3. Lobel, *Icon.*, III, t. 14, fig. 2. — Adans., *Fam. des pl.*, II, 116. — DC., *Prodr.*, V, 634. — Endl., *Gen.*, n. 2886. — *Picnocomon* Dalech. — *Acarna* Vaill., in *Act. Acad. par.* (1718), 163.
4. Vaill., in *Act. Acad. par.* (1718), 152. — L., *Gen.*, n. 927 (*Onopordum*). — Gærtn., *Fruct.*, II, 376, t. 161. — Lamk., *Dict.*, IV, 555 (*Onopordum*); *Ill.*, t. 664. — DC., *Prodr.*, VI, 618. — Endl., *Gen.*, n. 2881. — B. H., *Gen.*, II, 469, n. 635. — *Acanos* Adans., *Fam. des pl.*, II, 116.

fiant de façon à devenir des organes d'adhérence, unissent ces filets bords à bords dans certains *Carduus*. Leur androcée est alors décrit comme monadelphe. C'est ce qui arrive dans le *C. leucographus*, type

Carduus (Silybum) Marianus.

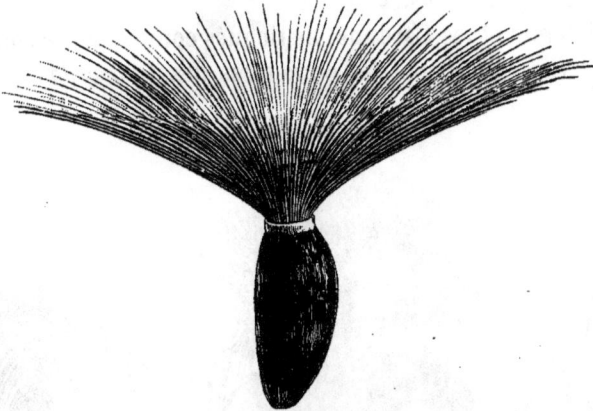

Fig. 6. Fruit (⅔).

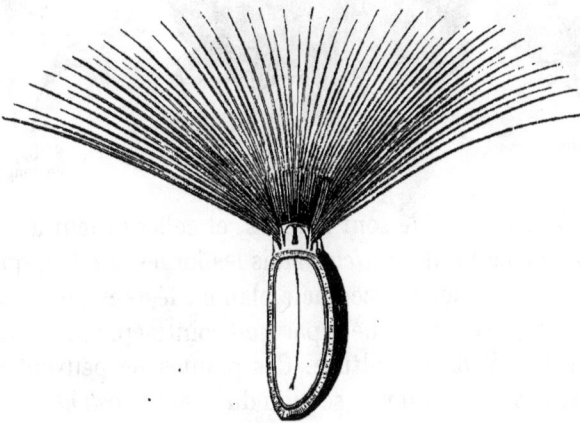

Fig. 7. Fruit, coupe longitudinale

du genre *Tyrimnus*[1], et dans le *C. Marianus* (fig. 6, 7), type d'un genre *Silybum*[2]: tous deux ont les aigrettes d'un *Carduus* proprement dit ; mais le dernier a les bractées de l'involucre larges, épineuses au

1. CASS., in *Bull. Soc. philom.* (1818), 168 ; in *Dict.*, XLI, 335. — LESS., *Syn.*, 11. — DC., *Prodr.*, VI, 617. — ENDL., *Gen.*, n. 2880. — B. H., *Gen.*, II, 470, n. 639. — H. BN, in *Bull. Soc. Linn. Par.*, 253.

2. VAILL., in *Act. Acad. par.* (1718), 172. — GÆRTN., *Fruct.*, II, 378, t. 162 (part.). — DC., *Prodr.*, VI, 616. — ENDL., *Gen.*, n. 2878. — PAYER, *Fam. nat.*, 20. — B. H., *Gen.*, II, 470, n. 637. — H. BN, in *Bull. Soc. Linn. Par.*, 254.

sommet et sur les bords. Les filets staminaux s'unissent de la même façon, dans une certaine étendue, chez le *C. Galactites*, type aussi d'un genre *Galactites* [1], mais dont les aigrettes sont plumeuses comme celles des *Cnicus*. Nous faisons donc forcément de ces types de simples sections du genre *Carduus*.

Les Artichauts et les Cardons, distingués comme genre sous le nom de *Cinara* [2] (fig. 8-10), ont les caractères des *Onopordon*, sinon que

Carduus (Cinara) Scolymus.

Fig. 8. Capitule jeune.   Fig. 10. Capitule adulte (⅓).   Fig. 9. Capitule jeune, coupe longitudinale.

les soies de leur réceptacle sont longues, et celles de leur aigrette, plumeuses, comme celles des *Cnicus*. Mais les larges bractées qui forment involucre autour de leur réceptacle plan ou légèrement concave sont multisériées, coriaces, terminées par une pointe épineuse qui disparaît souvent par le fait de la culture. Ces plantes ne peuvent non plus, à notre avis, constituer qu'une section du genre *Carduus*.

Ainsi compris [3], celui-ci renferme environ 120 espèces [4], originaires

1. MŒNCH, *Meth.*, 558. — DC., in *Ann. Mus.*, XVI, 195, t. 9; *Prodr.*, VI, 616. —ENDL., *Gen.*, n. 2879. — B. H., *Gen.*, II, 470, n. 638.

2. T., *Inst.*, 442 (part.), t. 253. — *Cynara* VAILL., in *Act. Acad. par.* (1718), 155.—L., *Gen.*, n. 928 (part.). — DC., *Prodr.*, VI, 620; VII, 304. — ENDL., *Gen.*, n. 2882. — B. H., *Gen.*, II. 469, n. 636. — *Bourgœa* COSS., *Pl. nouv. ou crit.*, 39.

3. Sect. 12 (subdivisées ensuite en nombreuses sous-sections) : 1. *Eucarduus;* 2. *Cnicus;* 3. *Cirsium;* 4. *Alfredia;* 5. *Chamæpeuce;* 6. *Notobasis;*

7. *Galactites;* 8. *Tyrimnus;* 9. *Silybum;* 10. *Onopordon;* 11. *Serratula;* 12. *Cinara.*

4. GOUAN, *Ill.*, t. 23, 24; 25 (*Onopordon*). — JACQ., *Fl. austr.*, t. 42, 43 (*Cnicus*), 89; 90, 91, 127, 171 (*Cnicus*), 249, 348; *Hort. schœnbr.*, t. 145; *Hort. vindob.*, t. 5 (*Cnicus*), 44; 148, 149 (*Onopordon*), 192; III, t. 23; *Icon. rar.*, t. 166; 167 (*Onopordon*), 579. — WALDST. et KIT., *Pl. rar. hung.*, II, t. 52, 83, 232, 233, 267. — CAV., *Icon.*, t. 46, 83, 65, 226; 88 (*Onopordon*). — MOR., *Fl. sard.*, t. 87, 88 (*Cnicus*), 89, 90. — GUSS., *Pl. rar.*, t. 57. — TEN., *Fl. napol.*, t. 75;

HISTOIRE DES PLANTES.

des régions tempérées des deux mondes, surtout de l'ancien et fai-

Centaurea (Carbenia) Benedicta.

Fig. 11. Rameau florifère.

sant défaut en Australie. Leurs pédoncules floraux terminent les axes, et leur ensemble présente une évolution souvent centrifuge,

181 (*Serratula*), 188; 189 (*Cnicus*), 216. — Vis., *Fl. dalm.*, t. 49. — Sibth., *Fl. græc.*, t. 826; 827-831 (*Cnicus*); 834, 835 (*Cynara*), 919 (*Centaurea*). — Desf., *Fl. atl.*, t. 219 (*Serratula*), 221, 222. — H. B. K., *Nov. gen. et spec.*, t. 310 (*Cnicus*). — A. Gray, *Man.* (ed. 1856), 232 (*Cirsium*), 234. — Wight, *Icon.*, t. 1137 (*Cnicus*). — Labill., *Pl. syr. Dec.*, II, t. 3. — Ledeb., *Ill. Fl. [ross.*, t. 32 (*Serratula*), 477 (*Cnicus*), 489 (*Serratula*). — Bong. et Mey., in *Mém. Acad. Pétersb.*, IV, t. 10. — Bory et Chaub., *Exp. Mor.*, t. 31. — Dur., *Exp. Alg.*, t. 49-51; 52, 53 (*Galactites*). — Webb, *Phyt. canar.*, t. 112, 113; 114 (*Cynara*). — Reichb., *Icon. Fl. germ.*, t. 820-863, 887-889 (*Cnicus*); 864-880, 813, 814 (*Onopordon*), 883, 884 (*Cynara*), 802-804 (*Serratula*), 882 (*Silybum*), 819 (*Galactites*), 881 (*Tyrimnus*); *Iconogr.*, t. 446; 448 (*Alfredia*), 449, 723, 988-990. — Lange, *Pl. nov. Hisp.*, t. 19; 20 (*Cni-*

cus). — Wilk. et Lange, *Prodr. Fl. hisp.*, II, 183 (*Cirsium*), 119, 120 (*Silybum*). — Boiss., *Voy. Esp.*, t. 107, 108 a (*Onopordon*), 110-112 (*Cnicus*), 109 (*Cynara*), 113 (*Serratula*) ; *Diagn. or.*, ser. 2, III, 39 (*Cnicus*), 42; 47 (*Onopordon*), 49 (*Serratula*) ; *Fl. or.*, III, 514; 523 (*Cirsium*), 553 (*Notobasis*), 554 (*Chamæpeuce*), 555 (*Tyrimnus, Galactites*), 556 (*Silybum*), 557 (*Cynara*), 558 (*Onopordon*). — Gren. et Godr., *Fl. de Fr.*, II, 202 (*Galactites*), 203 (*Tyrimnus, Silybum*), 204 (*Onopordon*), 206 (*Cynara*), 207 (*Notobasis, Picnomon*), 208 (*Cirsium*), 226 (*Carduus*). — *Bot. Mag.*, t. 1871 (*Serratula*), 2862 (*Cynara*), 2909; 3241 (*Cynara*), 3299 (*Onopordon*). — Walp., *Rep.*, II, 673, 674 (*Cirsium*), 677 (*Alfredia, Serratula*) ; VI, 303 (*Onopordon*), 304; 305 (*Cirsium*), 308 (*Serratula*) ; *Ann.*, I, 451 (*Galactites, Onopordon*), 452 (*Cirsium*); V, 297, 300 (*Cirsium*), 307 (*Chamæpeuce*).

de façon à constituer, comme dans beaucoup d'autres Composées, une ou plusieurs cymes de capitules.

À côté des Chardons se rangent les genres fort peu différents : *Cousinia*, *Arctium*, *Stœhelina*, *Kœchlea* (?), *Saussurea*, *Warionia* et *Jurinœa*.

Les Carlines (*Carlina*) forment une sous-série (*Carlinées*), dans laquelle les capitules sont rapprochés les uns des autres ou éloignés, et dont les fruits, villeux ou soyeux, ont l'aréole droite et basilaire ou à peu près. Leur aigrette est formée de soies libres ou unies à la base et souvent dilatées, dures, dans la même région. Leur sommet est tantôt plumeux et tantôt cristé. Les bractées de l'involucre sont toutes semblables ; ou bien les extérieures sont plus développées, foliacées ; assez souvent aussi elles sont colorées et donnent à l'inflorescence son éclat. Dans ce groupe se rangent, tout à côté des Carlines, les genres très analogues *Atractylis*, *Xeranthemum* et *Cardopatium*.

Les Centaurées (fig. 11-13) ont donné leur nom à une sous-série dans laquelle les fruits sont, comme ceux des *Serratula* (qui les relient aux Chardons), insérés sur le réceptacle par une aréole plus ou moins latérale et oblique, du moins dans la plupart des cas. Ils sont tantôt glabres et tantôt villeux. Les soies de l'aigrette sont étroites, filiformes ou plus ou moins paléacées et disposées sur deux, ou plus ordinairement sur un nombre supérieur de séries. Les bractées de l'involucre sont tantôt toutes semblables, surmontées souvent d'un appendice particulier ou d'une épine, et tantôt dissemblables, les extérieures étant

Centaurea (Carbenia) Bénedicta.

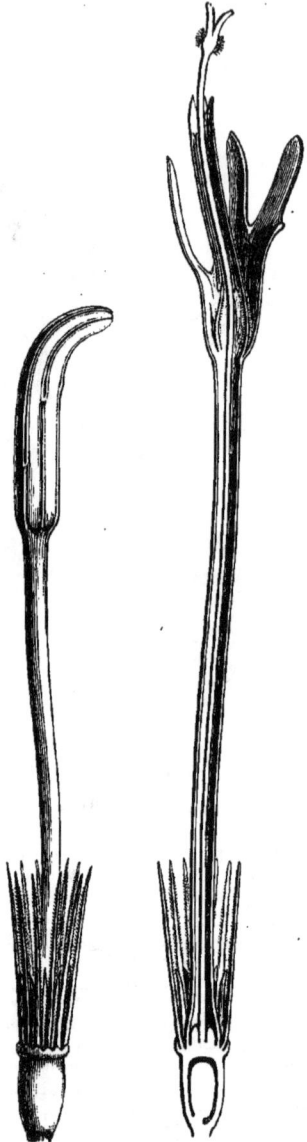

Fig. 12. Bouton(⅔). Fig. 13. Fleur, coupe longitudinale.

beaucoup plus larges que les autres, foliacées et profondément découpées en dents épineuses.

C'est aussi ce qui arrive dans l'involucre des Carthames (fig. 14),
dont les achaines sont anguleux ou comprimés et dont l'aigrette est

Carthamus tinctorius

Fig. 14. Rameau florifère ($\frac{1}{2}$).

paléacée, ou formée de soies rigides, dentelées, ou nulle. Dans les
Crupina, tout est construit comme dans les Centaurées (dont nous
n'en faisons qu'une section); mais les bractées de l'involucre sont
aiguës, sans appendice, et les fruits sont peu nombreux, souvent
même solitaires dans un involucre donné.

Les *Echinops* (fig. 15-17), avec le port général de la plupart des
plantes précédentes, en diffèrent notamment en ce que chacune des
bractées portées par leur réceptacle à peu près sphérique, a dans son
aisselle, non pas une fleur, mais un très court pédicelle terminé par
une fleur et portant au-dessous d'elle un involucelle de plusieurs

bractées imbriquées. L'inflorescence est donc composée et considérée par la plupart des auteurs comme formée de « capitules uniflores ». Les fruits, fixés par une aréole basilaire, sont villeux ou soyeux et couronnés d'une aigrette souvent paléacée et peu volumineuse. Ce sont des plantes des régions tempérées de l'ancien monde.

Echinops sphærocephalus.

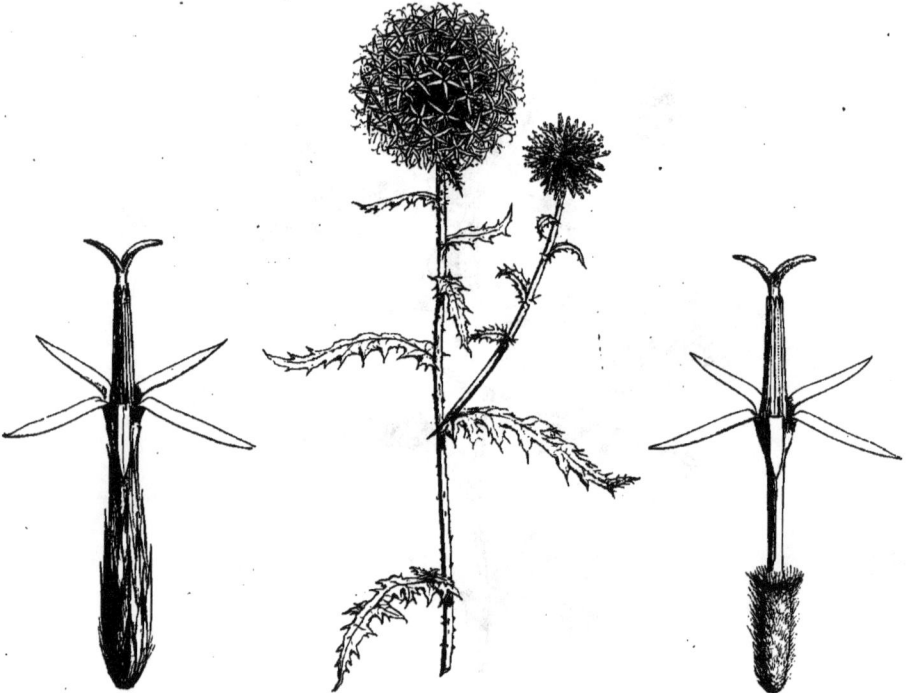

Fig. 16. Fleur entourée de ses bractées ($\frac{4}{1}$).

Fig. 15. Rameau florifère ($\frac{1}{2}$).

Fig. 17. Fleur, les bractées enlevées.

Dans les *Gundelia*, souvent rapportés à une autre division de cette famille, les fleurs sont régulières, et assez analogues à celles des *Echinops;* mais dans l'aisselle de chacune des bractées de l'inflorescence capituliforme on observe, non pas une seule fleur, mais un petit groupe de fleurs à évolution centrifuge, qui est une cyme contractée ou glomérule. Ce sont des herbes vivaces de l'Orient, à feuilles épineuses, comme celles des Chardons, et dont toutes les parties sont gorgées d'un suc laiteux blanc, comme il arrive souvent dans les Cichoriées.

II. SÉRIE DES MUTISIA.

Les *Mutisia*[1] (fig. 18-22) ont des fleurs polygames, de deux sortes[2], réunies en capitules, dont le réceptacle, plan ou à peu près en dessus, glabre ou chargé çà et là de poils courts, porte un involucre de bractées larges et inégales, disposées suivant une spire à tours assez lâches,

Mutisia subulata.

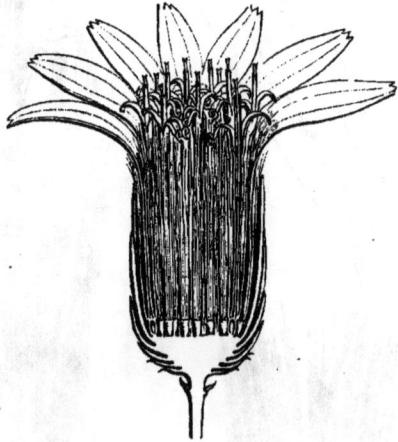

Fig. 18. Capitule.   Fig. 19. Capitule, coupe longitudinale.

imbriquées, aiguës ou obtuses, d'autant moins développées en général qu'elles sont plus inférieures. Les fleurs de la circonférence sont irrégulières, femelles ou stériles, et celles du centre sont irrégulières, mais plus petites, ordinairement hermaphrodites et fertiles. Toutes ont une aigrette formée de nombreuses soies épigynes, unies à leur base en un court cornet obconique, puis libres et garnies sur les bords de barbes grêles, plus ou moins longues, qui les font ressembler à autant de plumes. L'ensemble persiste à l'état d'aigrette au sommet du fruit. La corolle[3] des fleurs de la circonférence (fig. 18-20), très développée et très irrégulière, a un tube étroit, dilaté en un long et large limbe ligulé dont le sommet est découpé de trois ou cinq dents

1. L. F., *Suppl.*, 57. — J., *Gen.*, 178. — Poir., *Dict.*, Suppl., IV, 37; *Ill.*, t. 690. — DC., *Prodr.*, VII, 4. — Less., in *Linnæa*, V, 265; *Synops.*, 103. — Endl., *Gen.*, n. 2017. — Payer, *Fam. nat.*, 23. — B. H., *Gen.*, II, 485,

n. 661. — *Aplophyllum* Cass. (incl. *Guariruma* Cass.).

2. Leurs capitules sont dits « hétérogames et radiatiformes ».

3. Jaune, rose ou pourprée.

égales ou inégales et déjeté en dehors. Leur ovaire est stérile ou renferme un ovule, souvent peu développé, surmonté d'un style petit ou

Mutisia subulata.

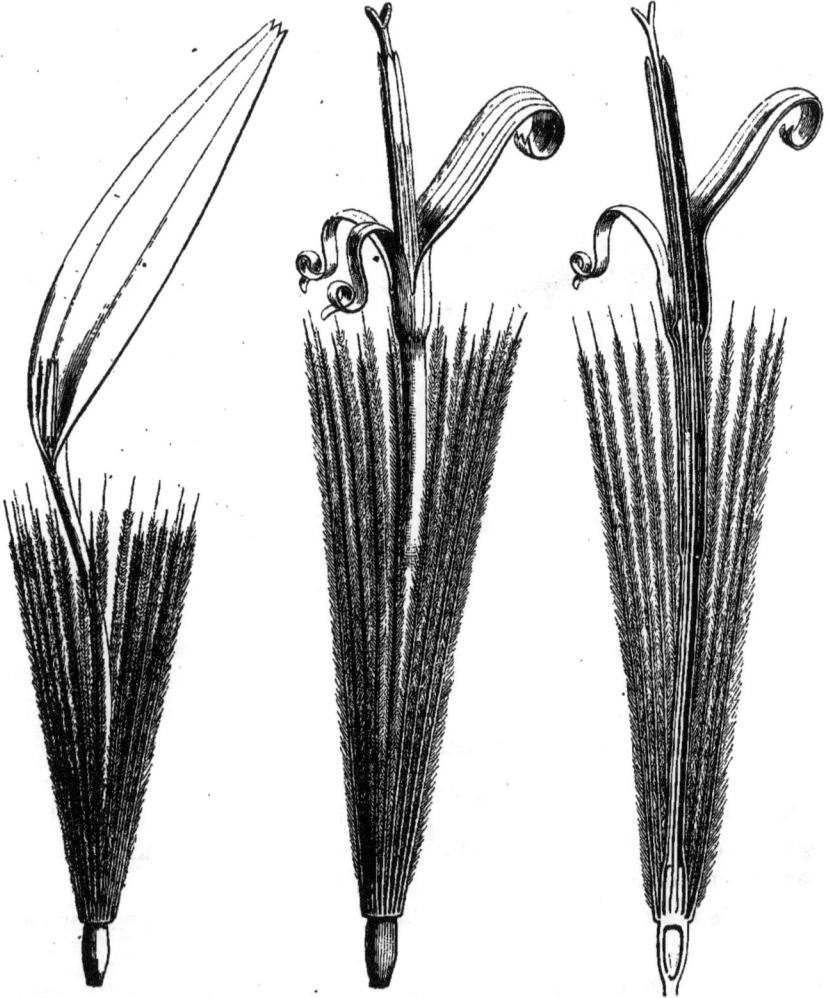

Fig. 20. Fleur du rayon (⅟).   Fig. 21. Fleur du disque.   Fig. 22. Fleur du disque, coupe longitudinale.

rudimentaire. Dans les fleurs du centre (fig. 21, 22), la corolle est bilabiée. L'une de ses lèvres, l'extérieure, est la plus grande, plus ou moins dressée, formée de trois divisions ; et l'autre, l'intérieure, plus courte, est constituée par deux lobes qui s'infléchissent ou s'involutent et qui peuvent être réduits à de faibles dimensions ou même disparaître complètement. Les étamines sont insérées sur le tube de la corolle. Leurs filets sont libres, nus ou papilleux au-dessous de la base des anthères, qui sont syngenèses, introrses, biloculaires, surmontées d'un long prolongement laminiforme du connectif et prolongées au-dessous de chaque loge en une longue auricule descendante, étroite et acuminée. L'ovaire infère renferme un ovule fertile à micropyle intérieur, et il est surmonté d'un style dont la base est entourée d'un haut disque épigyne, cylindrique ou conique. Son sommet, glabre ou hérissé, est partagé en deux lobes stigmatifères courts dont la fente de séparation se prolonge plus ou moins bas de chaque côté du style. Le fruit est un achaine, surmonté de l'aigrette que nous avons vue dans la fleur, oblong ou turbiné, anguleux. La graine renferme dans ses téguments un embryon charnu, à radicule infère. Les *Mutisia* sont des arbustes de l'Amérique méridionale chaude ou tempérée, dressés ou grimpants, et s'accrochant, dans ce dernier cas, par les cirres de leurs feuilles. Celles-ci sont glabres ou tomenteuses, simples dans ceux qu'on a nommés *Aplophyllum* [1] et ceux que nous appellerons *Eumutisia* [2]; pinnatifides ou pinnatiséquées, ou subcomposées dans ceux dont on a fait le genre *Guariruma* [3]. C'est leur pétiole ou leur nervure médiane qui se prolonge en cirre. Les capitules, grands et beaux, parfois très allongés, sont terminaux et ordinairement solitaires. On en distingue une trentaine d'espèces [4].

A côté des *Mutisia* se rangent quelques genres qui n'en diffèrent que par des caractères de peu d'importance et qui appartiennent tous à l'Amérique tropicale ou sous-tropicale et à l'Afrique tropicale. Ce sont : les *Chionopappus*, qui ont les feuilles opposées, les *Plazia, Gypothamnium* (?), *Phyllactinia, Pleiotaxis* et *Erythrocephalum*.

Les *Chuquiraga* (comprenant les *Gochnatia*) donnent leur nom à une sous-série (*Chuquiragées*), qui est caractérisée par des capitules à fleurs toutes semblables et rarement de deux sortes. La corolle est tubuleuse, et ses cinq lobes, profonds, aigus en général et valvaires, sont à peu près égaux, quoique parfois ils demeurent unis de façon à former comme deux lèvres inégales. A la base, les anthères se prolongent en

1. CASS., *Opusc. phyt.*, II, 107 (nec A. JUSS.). — *Haplophyllum* LESS., *Syn.*, 103.
2. *Mutisia* CASS.
3. CASS., *loc. cit.*, 109 ; in *Dict.*, XXXIII, 472.
4. R. et PAV., *Prodr.*, 107, t. 23. — CAV., *Icon.*, t. 490-500. — H. B., *Pl. œquin.*, t. 50. — PŒPP. et ENDL., *Nov. gen. et spec.*, t. 27-31.

— REMY, in *C. Gay Fl. chil.*, III, 263. — WEDD., *Chlor. and.*, I, 14, t. 1, 2. — HOOK., *Bot. Misc.*, I, t. 4-9. — KARST., *Fl. colomb.*, t. 46. — SWEET, *Brit. fl. Gard.*, ser. 2, t. 288. — FIELD, *Sert. pl.*, t. 45. — PHIL., in *Linnœa*, XXVIII, 710; XXXIII, 107. — WALP., *Rep.*, VI, 313; *Ann.*, I, 990; II, 947.

deux longues saillies étroites. Le fruit est surmonté d'une aigrette à soies entières, dentelées ou plumeuses, et l'involucre est formé d'un nombre indéfini de bractées plurisériées, imbriquées et inégales. Les deux branches du style sont le plus souvent courtes et plus ou moins rapprochées l'une de l'autre dans les *Chuquiraga* et dans les genres qui s'en rapprochent le plus, c'est-à-dire dans les *Wunderlichia* (?), *Hesperomannia* et *Ainsliœa*. Elles sont au contraire généralement longues, linéaires et dressées dans les *Stifftia*, *Dicoma* (comprenant l'*Hochstetteria*), *Anisochœta* (?) et *Seris*.

Nassauvia suaveolens.

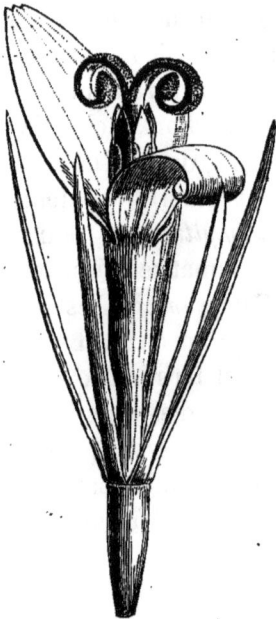

Fig. 23. Fleur.

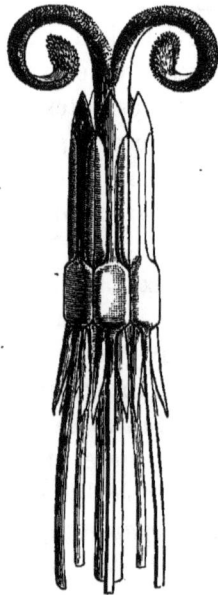

Fig. 24. Androcée et style.

Les *Gerbera*, tête d'une sous-série particulière (*Gerbérées*), ont des fleurs généralement de deux sortes : celles du rayon femelles, et celles du disque hermaphrodites et fertiles. Cependant ces dernières existent seules dans celui qu'on a nommé *Berniera*. L'involucre, de forme variable, est constitué par des bractées inégales, 2-∞-sériées, et les corolles sont bilabiées; celles des fleurs du rayon pourvues d'une lèvre extérieure bien plus développée que l'intérieure, et cette dernière pouvant même disparaître complètement. Le réceptacle floral, qui enveloppe chaque fruit, a la forme d'une gourde allongée, à col étroit, le plus souvent dilaté en cupule pour porter l'aigrette, formée de soies nombreuses, grêles, lisses ou légèrement scabres. Dans les *Gerbera* de la section *Chaptalia*, les corolles des fleurs intérieures sont généralement étroites et dépassées par le style, et la lèvre intérieure des fleurs ligulées disparaît souvent complètement. Ce sont des plantes herbacées, de celles qu'on nomme à tort acaules et à feuilles radicales. Les capitules, ordinairement multiflores, sont portés chacun par un axe scapiforme et dépourvu de feuilles. A côté des *Gerbera*, ce groupe comprend les *Lycoseris*, *Pachylœna* et *Oldenburgia*, dans lesquels les tiges sont herbacées ou ligneuses, et les capitules multiflores, sessiles dans l'aisselle des feuilles, ou plus rarement pédonculés et portés par des rameaux feuillés; et le genre asiatique *Catamixis*, à tiges frutescentes, dont les capitules sont pauciflores et dont les fleurs sont toutes d'une seule espèce.

Une tribu de cette famille a aussi reçu le nom des *Nassauvia* (fig. 23, 24), et a été rattachée comme sous-série aux Mutisiées. Les fleurs y sont toutes pourvues d'une corolle bilabiée, et les branches de leur style, généralement allongées, ont le sommet tronqué ou arrondi. Les capitules floraux sont entourés d'involucres dont les caractères varient beaucoup d'un genre à l'autre. A côté des *Nassauvia* s'y placent les genres très voisins : *Moscharia*, *Pamphalea*, *Cephalopappus*, *Trixis*, *Proustia*, *Hyaloseris* (?), *Dinoseris* (?), *Leunisia*, *Oxyphyllum* (?), *Macrachœnium* (?), *Leuceria* et *Chœtanthera*.

Les *Barnadesia* (fig. 25, 26) constituent à eux seuls une petite sous-série particulière (*Barnadésiées*). Ce sont des arbustes, parfois épineux, de l'Amérique méridionale, dont le réceptacle obconique porte sur sa face convexe un grand nombre de bractées spiralées et imbriquées, d'autant plus grandes qu'elles sont situées plus haut. Sa base, tournée en haut, porte des fleurs toutes semblables, parfois en très petit nombre, ou même solitaires, comme il arrive dans ceux qu'on a nommés *Bacazia*, et toutes fertiles, pourvues d'une corolle bilabiée, qui peut devenir presque régulière dans les fleurs du centre, tandis que, dans celles de la périphérie, la lèvre intérieure n'est souvent représentée que par un ou deux petits lobes filiformes. Les divisions du style sont peu profondes, unies ou rapprochées l'une de l'autre dans une grande étendue, et les soies de l'aigrette sont glabres ou plus souvent plumeuses.

La sous-série des *Schlechtendahliées* n'est également formée que d'un genre, le *Schlechtendahlia*, qui relie les Mutisiées aux Carduées.

Ses fleurs sont, en effet, irrégulières, mais d'une façon toute particulière. Les cinq lobes de leur corolle sont valvaires et arrivent tous
par leur sommet à une même hauteur. Mais les fentes qui les séparent
sont inégales ; et deux d'entre elles, bien plus profondes que les

Barnadesia rosea.

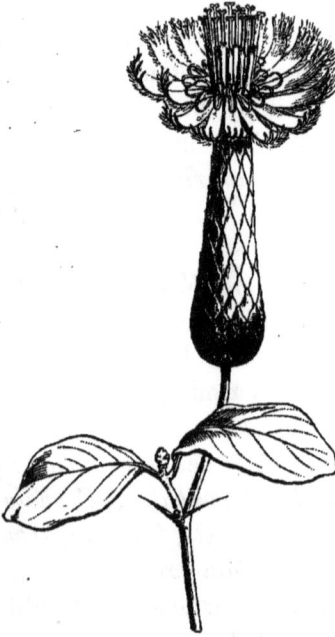

Fig. 25. Rameau florifère.   Fig. 26. Fleur, coupe longitudinale ($\frac{4}{1}$).

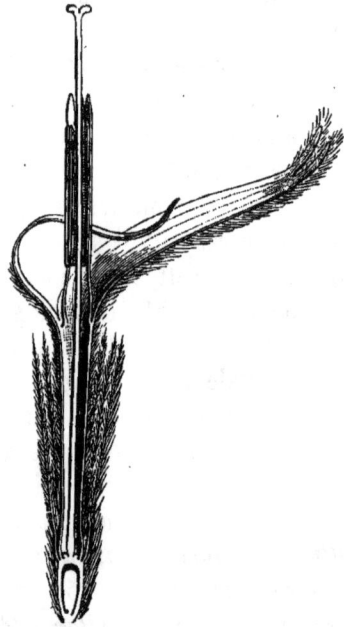

autres, limitent un lobe un peu plus large et plus velu en dedans que
les quatre autres. Le style est à son sommet creux et partagé en
deux dents obtuses. Les soies de l'aigrette sont membraneuses, longuement atténuées. Le réceptacle floral est obconique et les bractées de
l'involucre sont nombreuses, imbriquées, rigides, inégales. C'est une
plante brésilienne, qui a le port d'un *Eryngium* à feuilles étroites et
en partie opposées [1].

---

1. Les *Pseudoseris*, herbes acaules de Madagascar, relient cette série aux Cichoriées, mais
leurs corolles ont, dans les fleurs du rayon,
une petite lèvre postérieure formée de deux
languettes linéaires. Cette lèvre devient plus
large et plus courte dans les fleurs du disque.
Leur port rappelle d'ailleurs celui des *Gerbera*.
Là où nous connaissons les organes de végétation, les feuilles radicales sont peu nombreuses.

III. SÉRIE DES CHICORÉES.

Les Chicorées[1] (fig. 27-30) ont les capitules homogames ou formés de fleurs toutes semblables entre elles, hermaphrodites et irrégulières.

Cichorium Intybus.

Fig. 27. Rameau florifère ($\frac{4}{7}$).

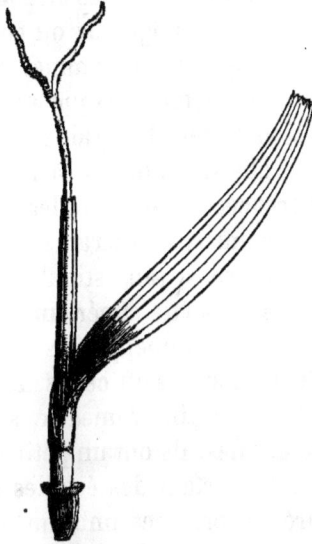

Fig. 28. Fleur ($\frac{4}{7}$).

Fig. 29. Fruit.

Fig. 30. Fruit, coupe longitudinale.

Le réceptacle floral a la forme d'un sac dont la concavité loge l'ovaire infère, et dont les bords portent la corolle. Celle-ci est entourée à sa base d'un petit bourrelet, continu ou divisé en un grand nombre de courtes languettes qui le rendent comme frangé. Au début, elle est régulière, gamopétale, valvaire ; mais quatre de ses lobes sont courts, séparés les uns des autres par des fentes peu profondes. Il n'y a que celle qui sépare l'un de l'autre les deux lobes postérieurs qui se prolonge très bas. Par suite, quand les deux lèvres de cette fente s'écartent l'une de l'autre, le limbe entier de la corolle, dite ligulée[2], se déjette et se réfléchit au côté antérieur de la fleur, et le tube court demeure seul indivis à la base. Vers son sommet s'insèrent cinq étamines alternipétales, formées chacune d'un filet libre et d'une anthère

---

1. *Cichorium* T., *Inst.*, 478, t. 272. — L., *Gen.*, n. 921. — ADANS., *Fam. des pl.*, II, 112. — J., *Gen.*, 171. — GÆRTN., *Fruct.*, II, 357, t. 157. — DC., *Prodr.*, VII, 84. — LESS., *Syn.*, 129. — SPACH, *Suites à Buffon*, X, 55. — ENDL., *Gen.*, n. 2978. — PAYER, *Organog.*, 641, t. 133 ; *Fam. nat.*, 21. — B. H., *Gen.*, II, 506.

2. Mais qui n'est pas réellement un demi-fleuron, comme les corolles que nous avons proposé de nommer *hémiligulées*.

introrse[1], unie en tube avec les quatre autres, à peu près basifixe
prolongée en bas de chaque côté du filet en une auricule descendante,
obtuse, aiguë ou acuminée. L'ovaire est uniloculaire, et renferme un
seul ovule presque dressé, à micropyle tourné en dedans[2]. Un petit
disque épigyne accompagne la base du style, qui, simple d'abord, se partage supérieurement, au-dessus du tube formé par les anthères, en deux
branches grêles, récurvées, légèrement obtuses au sommet et chargées
de papilles[3]. Le fruit est un achaine, anguleux ou comprimé, plus ou
moins resserré à sa base et tronqué à son sommet, qui supporte une
aigrette à divisions courtes, quelquefois presque nulles, nombreuses
et disposées sur deux ou trois séries. La graine contient, sous son
mince tégument, un embryon charnu, huileux, à radicule infère. Les
Chicorées sont des plantes herbacées, glabres ou légèrement hispides[4],
à suc laiteux ou plus ou moins amer. Leurs rameaux sont parfois spinescents. Leurs feuilles sont alternes, sans stipules, souvent étroites
et entières ou à peu près dans la partie supérieure, tandis que plus
bas elles sont dentées ou pinnatifides, quelquefois lobées. Leurs capitules, qui occupent l'aisselle des feuilles ou celles de bractées qui les
remplacent dans le sommet de certains rameaux, sont solitaires ou
groupés en cymes ou en glomérules. Ils ont un petit réceptacle, presque plan supérieurement, nu ou portant des écailles fines et frangées
entre les fleurs[5], et entouré de bractées imbriquées, unisériées ou
paucisériées, formant involucre. Souvent les intérieures sont plus longues et plus étroites que les extérieures, égales ou inégales, et s'écar-
tant plus tôt les unes des autres. Il n'y a guère que deux espèces de
Chicorées proprement dites : l'une des régions froides et tempérées
de l'ancien monde, introduite aujourd'hui partout ; l'autre originaire
de la région méditerranéenne austro-orientale. Mais nous ne pouvons
que rattacher à ce genre comme divisions certains types qui en ont été
séparés et qui ne s'en écartent, à titre de divisions, que par des caractères qui n'ont dans cette famille, à notre avis, qu'une valeur réelle-

---

1. Les deux loges s'ouvrent et s'étalent avant
l'anthèse, au moment où le style s'allonge en
récoltant le pollen. Celui-ci est très remarquable
dans les *Cichorium* et dans un grand nombre
d'autres types de cette série (H. MOHL., in *Ann.
sc. nat.*, sér. 2, 233, 316, t. 11. Le plus souvent il est polyédrique, avec des variations quelquefois très compliquées.
2. A un seul tégument, fort incomplet.
3. Généralement, dans cette série, les bandes
stigmatiques demeurent séparées et n'atteignent

pas le milieu de la hauteur des branches stylaires. Celles-ci sont ordinairement minces,
étroites, légèrement obtuses ou subaiguës, plus
rarement un peu dilatées ou raccourcies ; les
papilles qu'elles portent sont le plus souvent
très fines.
4. Les rameaux sont spinescents dans le *C. spi-
nosum* L. (*Spec.*, 1142), espèce d'Orient, dont on
a fait un genre *Acanthophyton* (LESS., *Synops.*,
128. — ENDL., *Gen.*, n. 2977).
5. Bleues ou jaunes.

ment secondaire. Ce sont : les *Microseris* [1], herbes américaines pour la plupart, plus rarement océaniennes, qui ont une aigrette de 4 à 12 soies, courtes, assez longues, ou en forme de lames, parfois plumeuses, et des capitules portés sur de longs axes, parfois aphylles ; les

Krigia [2], de l'Amérique du Nord, qui ont une aigrette à écailles peu nombreuses, alternant avec autant de soies grêles, ou tout à fait nulle ; l'inflorescence des *Calais* et des achaines à côtes nombreuses [3]. Ainsi conçu, le genre *Cichorium* est surtout américain et comprend une vingtaine d'espèces [4].

Les genres que l'on a rangés dans cette série et que l'on a beaucoup multipliés, ont avec le précédent ce caractère commun que toutes leurs fleurs sont irrégulières par la corolle, c'est-à-dire ligulées ; ils s'en distinguent principalement par la forme et le nombre des bractées de l'involucre ; la surface du réceptacle, lisse, creusée de fossettes ou garnie de soies ou d'écailles axillantes en dehors de chaque fleur ; la présence ou l'absence, ou le nombre variable de côtes à la surface du fruit, qui est droit ou arqué ; son aigrette sessile, ou stipitée, ou nulle, formée, quand elle existe, de soies en nombre variable, indéfini ou presque défini, ténues, lisses, ou finement dentées, barbelées ou plumeuses ;

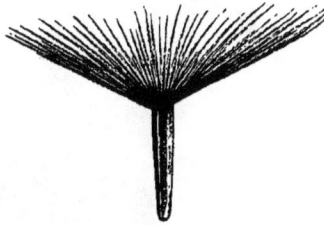

Hieracium virosum.

Fig. 31. Fleur ($\frac{4}{1}$).

Fig. 32. Fruit.

1. Don, in *Phil. Mag.*, XI, 388.—DC., *Prodr.*, VII, 89. — Endl., *Gen.*, n. 2983. — B. H., *Gen.*, II, 506, n. 717. — *Lepidonema* Fisch. et Mey., *Ind. sem. Hort. petrop.* (1835), 31. — *Bellardia* Colla, in *Mem. Acad. tor.*, XXXVIII, 40, t. 34.— *Uropappus* Nutt., in *Trans. Amer. Phil. Soc.*, ser. 2, VII, 424. — *Calais* DC., *Prodr.*, VII, 85. — Endl., *Gen.*, n. 2978¹. — *Phyllopappus* F. Muell., in *Linnœa*, XIV, 507. — *Ptilophora* A. Gray, *Pl. Fendler.*, 112. — ? *Fichtea* Sch. bip., in *Linnœa*, X, 255.—DC., *Prodr.*, VII, 87.

2. Schreb., *Gen.*, 532. — DC., *Prodr.*, VII, 88. — Endl., *Gen.*, n. 2981. — B. H., *Gen.*, II, 507, n. 719. — ? *Apodogon* Neck., *Elem.*, I, 55. — *Cynthia* Don, in *Edinb. New Phil. Journ.* (1828-1829), 309. — DC., *Prodr.*, VII, 89. — *Luthera* Sch. bip., in *Linnœa*, X, 257.

3. Nous rapportons avec doute comme section au même genre le *Phalacroseris* (A. Gray, in *Proc. Amer. Acad.*, VII, 364;—B. H., *Gen.*, II, 507, n. 720)), plante californienne qui a les bractées de l'involucre finalement dilatées et concaves et des achaines à 8-10 côtes, complètement dépourvus d'aigrette.

4. Sibth., *Fl. græc.*, t. 822, 823. — Hoffmg et Link, *Fl. portug.*, t. 95. — Reichb., *Ic. Fl. germ.*, t. 1357, 1358. — A. Gray, *Emor. Exp., Bot.*, 104, in *Proc. Amer. Acad.*, VI, 552 ; in *Torr. Whippl. Exp., Bot.*, 57, t. 17, 18 (*Microseris*); *Man.* (1856), 235. — Torr. et Gr., *Fl. N.-Amer.*, II, 467 (*Krigia*). — Hook., *Icon.*, t. 237 (*Krigia*). —Reichb., *Iconogr.*, t. 87, 126 (*Krigia*).—Boiss., *Diagn. or.*, ser. 2, III, 87 ; *Fl. or.*, III, 715. — Gren. et Godr., *Fl. de Fr.*, II, 286. — Walp., *Rep.*, II, 685 (*Krigia*), 954 (*Calais*); *Ann.*, V, 318 (*Krigia, Microseris*).

ou rigides, ou aplaties, translucides, et dans ce cas ordinairement longuement atténuées en pointe. Ce sont les genres *Arnoseris*, *Tolpis*,
Catanance, *Hænseleria*, *Crepis*, *Hieracium* (fig. 31, 32), *Leontodon*,
Lapsana, *Hispidella*, *Zacintha*, *Rhagadiolus*, *Scolymus*, *Scorzonera*
et *Tourneuxia*.

Les Laitues (*Lactuca*) ont été placées dans une sous-tribu autre que
celle des Chicorées. Leurs fruits sont surmontés ou non d'un prolongement réceptaculaire formant un long bec rigide au sommet duquel se
trouve une aigrette composée d'un grand nombre de soies verticillées et
rayonnantes (fig. 33, 34). Le réceptacle plan de leur capitule présente

Lactuca virosa.

Fig. 34. Achaine (⁴⁄₁).   Fig. 33. Fruit composé.

un certain nombre de petites fossettes dans chacune desquelles s'insère un ovaire, supporté par un pied court. L'involucre, souvent
cylindrique, est formé de bractées imbriquées, disposées sur plusieurs
séries, et d'autant plus courtes en général qu'elles sont plus extérieures. Ce sont des herbes, à suc ordinairement laiteux, qui habitent
les régions tempérées des deux mondes. A côté d'elles se placent les
Glyptopetalum, qui sont d'humbles herbes américaines, et les *Dendroseris* et *Fitchia*, Composées arborescentes, les premières de l'île de
Juan-Fernandez, les dernières d'Otahiti et des îles voisines.

IV. SÉRIE DES VERNONIA.

Dans les *Vernonia*[1] (fig. 35-38), les inflorescences et les fleurs se rapprochent beaucoup de celles des Carduées. Les corolles sont régulières ou à peu près et semblables, tubuleuses[2], à cinq lobes valvaires. Leur

Vernonia (Ascaricida) anthelminthica.

Fig. 35. Rameau florifère.   Fig. 36. Fruit ($\frac{4}{1}$).

base est entourée d'une aigrette, formée le plus souvent de deux séries d'organes : l'extérieure, de petites écailles étroites ou aplaties; l'intérieure, de soies beaucoup plus longues, linéaires-subulées ou rarement aplaties, égales ou inégales, lisses ou plus souvent scabres ou chargées de papilles ou de poils et toutes unies le plus souvent en un court anneau basilaire. Les étamines sont syngenèses; leurs filets libres sont

1. SCHREB., *Gen.*, II, 541. — POIR., *Dict.*, VIII, 195; Suppl., V, 465. — LESS., in *Linnæa*, IV, 244; *Synops.*, 146 (part.). — DC., *Prodr.*, V, 15; VII, 263. — SPACH, *Suit. à Buffon*, X, 296. — ENDL., *Gen.*, n. 2204. — B. H., *Gen.*, II, 227, 1231, n. 16.

2. Les capitules sont dits homogames et tubuliflores, à fleurs généralement hermaphrodites.

portés sur le tube de la corolle; et leurs anthères, introrses [1], à base sagittée, prolongée en auricules aiguës ou obtuses, libres ou unies. L'ovaire, uniloculaire et uniovulé, est surmonté d'un petit disque épigyne et d'un style à deux branches subu-lées, divergentes, chargées de papilles [2]. Les fruits sont des achaines qui s'insèrent par leur base, reconnaissable à un callus plus ou moins prononcé. Leur surface latérale porte cinq côtes verticales auxquelles vien-nent souvent s'en ajouter de trois à cinq autres, secondaires; et leur sommet tronqué est surmonté de l ai-grette formée d'une et plus souvent d deux séries de soies ténues et filiformes, ou plus ou moins comprimées et rigi-des, lisses ou scabres, hérissées ou dente-lées, parfois plus ou moins dilatées infé-rieurement, et cadu-ques ou plus ou moins persistantes.

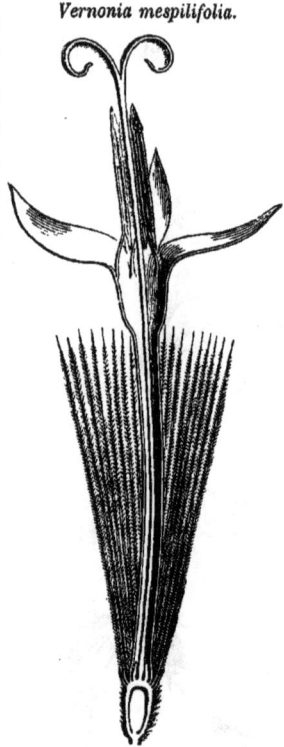

Il y a des *Verno-nia* dans lesquels les soies de l'aigrette peuvent être bien distinguées en deux séries, l'une intérieure, l'autre extérieure; d'où le nom de *Distephanus* [3]. Les in-florescences peuvent être terminales, peu nombreuses, comme dans

Vernonia mespilifolia.

Fig. 37. Capitule (⁴⁄₁).   Fig. 38. Fleur, coupe longitudinale (⁴⁄₁).

---

1. « Le pollen du *V. montevidensis* doit être considéré comme faisant le passage au pollen polyédrique des Lactucées ; par sa forme arron-die, ses trois plis longitudinaux et ses papilles, aussi bien que par les petites épines dont sa surface est couverte, il se rapproche du pollen des autres Synanthéracées, dont au contraire il s'éloigne déjà sensiblement par les nombreuses facettes irrégulières que présente sa surface. » (H. MOHL, in *Ann. sc. nat.*, sér. 2, III, 315.) Dans les autres Vernoniées (*Vernonia, Ethulia, Corymbium, Lychnophora*), il est « ovoïde ; trois

sillons longitudinaux, épineux; dans l'eau, sphère un peu déprimée; trois bandes, sur lesquelles trois grosses papilles ». Il est le même dans les Eupatoriées. (H. MOHL, *loc. cit.*, 315.)

2. Généralement, ces branches sont allongées, souvent hispides, tardivement révolutées, et les bandes dites stigmatiques sont étroites et sail-lantes et s'arrêtent au-dessous de la partie moyenne des deux branches.

3. CASS., in *Bull. Soc. philom.* (1817), 76; in *Dict. sc. nat.*, XIII, 361. — DC., *Prodr.*, V, 74. — ENDL., *Gen.*, n. 2215.

les *Teichostemma* [1] et les *Hololepis* [2]. Dans les premiers, les bractées de l'involucre sont pourvues d'un appendice membraneux qui
devient moins développé et cependant presque foliacé dans le *V. an-*
thelminthica (fig. 35, 36), type d'un groupe *Baccharoides* [3]. Les *Aci-*
lepis [4] ont aussi des capitules peu nombreux ou même solitaires,
avec les soies extérieures de l'aigrette plus larges et presque foliacées. Dans les *Sufrago* [5], les cymes sont nombreuses et réunies en
une vaste inflorescence composée et corymbiforme; ailleurs leur
ensemble constitue de véritables cymes unipares et scorpioïdes. On a
fait un genre *Lepidaploa* [6] de toutes les espèces à inflorescences ainsi
composées et ramifiées. Dans les *Gymnanthemum* [7], outre que l'inflorescence est composée, l'involucre, ovoïde ou globuleux, est formé
de bractées obtuses, étroitement rapprochées et imbriquées. Toutefois, dans ceux qu'on a nommés *Bechium* [8], les capitules sont moins
nombreux, plus larges et multiflores. Les bractées deviennent aiguës
dans les capitules turbinés ou campanulés des *Centrapalus* [9] et des
Cyanopis [10]; mais les soies de l'aigrette, nombreuses dans les derniers, sont, dans les premiers, réduites ou à peu près à la rangée intérieure, car les extérieures sont peu nombreuses, courtes ou même
nulles. Dans les *Polydora* [11], ces soies extérieures, courtes et larges,
deviennent de véritables écailles [12]. Dans les *Strobocalyx* [13], qui ont les
soies extérieures de l'aigrette courtes ou nulles, les bractées intérieures
de l'involucre s'étalent ou tombent de bonne heure. Il y a des *Strobo-*
calyx dont les capitules sont uniflores; on les a nommés *Monosis* [14]. Il y
en a d'autres, à capitules pauciflores, dont l'involucre est campanulé

1. R. Br., in *Salt. Abyss. App.*, 65. — *Sten-*
gelia Sch. bip., in *Flora* (1841), I, *Intellbl.*, 26.
— *Candidia* Ten., in *Att. R. Acad. sc. Nap.*, IV,
Bot., 104, t. I, 2.
2. DC., in *Ann. Mus.*, XVI, 189, t. 6; *Prodr.*,
V, 16. — Cass., in *Dict.*, XXI, 308.
3. L., *Fl. zeyl.*, 196. — Mœnch, *Meth.*, 578.
— *Ascaricida* Less., in *Linnœa*, VI, 657. —
Cass., in *Dict.*, III, Suppl., 38.
4 Don, *Prodr. Fl. nepal.*, 169.
5. Gærtn., *Fruct.*, II, 402, t. 166 (part.)
6. Cass., in *Dict.*, XXXVI, 16. — DC., *Prodr.*,
V, 25. — ?*Achyrocoma* Cass., *loc. cit.*, 21.
7. Cass., in *Bull. Soc. philom.* (1817); in *Dict.*,
XX, 108 (part.). — ? *Bracheilema* R. Br., in
Salt. Abyss. App., 65. — *Linzia* Sch. bip., in
Flora (1841), I, *Intellbl.*, 26. — *Cheliusia* Sch.
bip., *loc. cit.* — *Lysistemma* Steetz, in *Pet.*
Moss., *Bot.*, 340. — *Ambassa* Steetz, *loc. cit.*,
364.

8. DC., *Prodr.*, V, 70. — Endl., *Gen.*, n. 2208.
9. Cass., in *Dict.*, VII, 382 (*V. pauciflora* Less.).
— *Xipholepis* Steetz, in *Pet. Moss.*, *Bot.*, 344.
10. Bl., in *DC. Prodr.*, V, 69. — *Cyanthil-*
lium Bl., *Bijdr.*, 889. — ? *Claotrachelus* Zoll.,
in *Nat. Gen. Arch.*, II, 268; in *Flora* (1847), 536.
— Miq., *Fl. ind.-bat.*, II, 16. — *Isonema* Cass.,
in *Bull. Soc. philom.* (1817), 152; in *Dict.*, XXIV,
25 (nec R. Br.).
11. Fenzl, in *Flora* (1844), 312. — *Vernonella*
Sond., in *Linnœa*, XXIII, 62. — *Crystallopollen*
Steetz, in *Pet. Moss.*, 363, t. 48 a. — *Lepi-*
della Oliv. et Hiern, *Fl. trop. Afr.*, III, 267.
12. De même dans les vrais *Piptocoma*, (Cass.,
in *Bull. Soc. philom.* (1817), 10), des Antilles,
qui n'ont que six soies longues intérieures (environ) à l'aigrette (voy. *Bull. Soc. Linn. Par.*, 268).
13. Sch. bip., in *Pollichia* (1861), 170.
14. DC., in *Guillem. Arch. bot.*, II, 515; *Prodr.*,
V, 77. — Endl., *Gen.*, n. 2220 (sect. indica).

et a les bractées intérieures obtuses et souvent caduques : ce sont
les *Critoniopsis*[1]. Les *Stenocephalum*[2] sont des espèces brésiliennes,
à capitules pauciflores, fertiles, disposés en glomérules, avec un involucre cylindracé et des bractées scarieuses ou apiculées; ces dernières
sont obtuses, apprimées, sèches, dans les *Trianthœa*[3]. L'involucre
est plus ténu encore et uniflore, d'ailleurs, comme chez les *Monosis*,
dans les *Turpinium*[4], espèces américaines. Les *Piptocarpha*[5], espèces
à port tout particulier et à petits glomérules ou cymes de capitules axillaires, ont les involucres des *Strobocalyx*, avec les bractées caduques et
des loges d'anthères à base mucronée. Les *Lachnorhiza*[6] sont des *Vernonia* américains à feuilles radicales, à rhizomes souvent radicants, à
capitules solitaires ou peu nombreux au sommet d'un axe scapiforme;
les *Centauropsis*[7], des *Vernonia* madagascariens dont les capitules sont
allongés, entourés de nombreuses bractées obtuses, avec l'aigrette à peu
près aussi longue que le fruit et les auricules inférieures des anthères
acuminées; les *Blanchetia*[8], des *Vernonia* brésiliens dont l'aigrette
a les soies plus courtes que le fruit pourvu de 10 côtes, et dont les
capitules sont réunis en petites cymes corymbiformes; les *Stilpno-
pappus*[9], des *Vernonia* brésiliens à soies de l'aigrette inégales, les extérieures plus longues, mais toutes légèrement aplaties et persistantes,
à capitules latéraux sessiles ou plus rarement pédonculés; les *Pipto-
lepis*[10], des *Vernonia* du même pays, souvent ériciformes, à soies des
aigrettes subunisériées, mais caduques et légèrement dilatées à leur
base; les *Heterocoma*[11], des *Vernonia* brésiliens à larges feuilles blanchâtres, tomenteuses et à gros capitules sessiles occupant l'aisselle
des feuilles supérieures et dans lesquels certaines fleurs occupent l'aisselle d'une paléole bien développée; les *Chronopappus*[12], des *Vernonia*

1. SCH. BIP., in *Pollichia* (1863), 430. — ? *Te-
phrothamnus* SCH. BIP., *loc. cit.*, 431.
2. SCH. BIP., *loc. cit.*, 385.
3. DC., *Prodr.*, V, 23. — TRI., in *Ann. sc.
nat.*, sér. 4, IX, 37. — ? *Iodopappus* SCH. BIP.,
in *Pollichia* (1863), 369 (ex B. H.).
4. *Turpinia* LLAV. et LEX., *Nov. veg. descr.*,
I, 24. — DC., *loc. cit.*, 77 (nec H. B. H., nec
PERS., nec VENT.).
5. R. BR., in *Trans. Linn. Soc.*, XII, 121 (nec
HOOK. et ARN.).— ENDL., *Gen.*, n. 3032[13].— B. H.,
Gen., II, 231, n. 20. — *Carphobolus* SCHOTT, in
Spreng. Syst., Cur. post., 409. — *Vanillosma*
SCH. BIP., in *Linnœa*, VI, 630. — DC., *Prodr.*,
V, 18 (part.).
6. A. RICH., *Fl. cub.*, II, 34.— GRISEB., *Cat.
pl. cub.*, 152. — B. H., *Gen.*, II, 231, n. 17.
7. BOJ., in *DC. Prodr.*, V, 93. — DELESS ,

Ic. sel., IV, t. 7. — ENDL., *Gen.*, n. 2239. —
B. H., *Gen.*, II, 231, n. 19.
8. DC., *Prodr.*, V, 75; *Mém. Comp.*, t. 2. —
ENDL., *Gen.*, n. 2217. — BAK., in *Mart. Fl.
bras.*, VI, p. II, 13, t. 2, fig. 1. — B. H., *Gen.*, II,
226, n. 11.
9. MART., in *DC. Prodr.*, V, 75. — ENDL.,
Gen., n. 2218. — BAK., *loc. cit.*, 134, t. 30-32.
— B. H., *Gen.*, II, 232, n. 23.
10. SCH. BIP., in *Pollichia* (1863), 380. —
BAK., *loc. cit.*, 141, t. 33, 34. — B. H., *Gen.*, II,
233, n. 24. — *Hololepis* (§ *Ericoideœ*) DC., *Prodr.*,
V, 16.
11. DC., in *Ann. Mus.*, XVI, 191, t. 7; *Prodr.*,
V, 15. — LESS., in *Linnœa*, IV, 339. — ENDL.,
Gen., n. 2203. — B. H., *Gen.*, II, 294, n. 3.
12. DC., *Prodr.*, V, 84; in *Ann. Mus.*, XVI,
191, t. 8 (*Heterocoma*). — ENDL., *Gen.*, n. 2227.

brésiliens à capitules sessiles ou à peu près, comme ceux des *Hetero-coma*, mais sans paléoles florales, et à feuilles aussi blanchâtres et laineuses, sauf en dessus, où elles sont uniformément rugueuses et comme chagrinées; les *Oliganthes* [1], des *Vernonia* américains à capitules uni- ou pauciflores, disposés en cymes composées, corymbiformes, avec des aigrettes formées de soies peu nombreuses, ou inégales, ou nulles; les *Webbia* [2], des *Vernonia* africains à fleurs unisexuées [3].

Ainsi compris, ce genre renferme environ 450 espèces [4], herbacées ou frutescentes, qui habitent toutes les régions tropicales des deux mondes, surtout de l'Amérique. Leurs feuilles sont alternes ou rarement opposées, rarement glabres, étroites, plus souvent larges, molles, entières ou dentées, penninerves, sessiles ou pétiolées, le plus ordinairement couvertes d'un duvet formé de poils fixés par leur base, simples, droits, crépus ou laineux, intriqués, ou bien de poils fixés par le milieu, simples, ou étoilés, ou écailleux. Les capitules floraux [5] sont uni-, pauci- ou multiflores, grands ou petits, pédonculés ou sessiles, terminaux, solitaires ou réunis en cymes plus ou moins composées, ombelliformes, ou corymbiformes, ou unilatérales, scorpioïdes. L'involucre est presque cylindrique, ovoïde, subglobuleux, hémisphérique, turbiné ou campanulé, formé de bractées imbriquées, en spirale, herbacées ou sèches, aiguës ou obtuses, pourvues au sommet d'une pointe ou d'un appendice plus ou moins coloré. Les extérieures peuvent se transformer graduelle-

---

— BAK., in *Mart. Fl. bras.*, VI, p. II, 171. —
B. H., *Gen.*, II, 236, n. 36.

1. CASS., in *Dict.*, XXXVI, 18. — BAK., in *Mart. Fl. bras.*, II, p. II, 131. — B. H., *Gen.*, II, 233, n. 25. — *Odontoloma* H. B. K., *Nov. gen. et spec.*, IV, 43, t. 319. — *Dialesta* H. B. K., *loc. cit.*, 45, t. 320 — *Pollalesta* H. B. K., *loc. cit.*, 46, t. 321. — *Adenocyclus* LESS., in *Linnæa*, IV, 337, fig. 39-41 ; *Syn.*, 147.

2. DC., *Prodr.*, V, 72 (nec SCH. BIP., nec SPACH). — DELESS., *Ic. sel.*, IV. t. 3. — ENDL., *Gen.*, n. 2212.

3. Les *Proteopsis* (MART., ex SCH. BIP., in *Pollichia* (1863), 378, 433; — BAK., in *Mart. Fl. bras.*, VI, p. II, 145, t. 35; — B. H., *Gen.*, II, 234, n. 27), dont le type est le *Vernonia proteopsidis* DC., plante souvent confondue avec les *Soaresia*, ne nous paraissent devoir être distingués dans le genre *Vernonia* qu'à titre de section, caractérisée par les bractées extérieures de l'involucre spinescentes et les soies de l'aigrette plus ou moins aplaties et caduques.

4. AUBL., *Guian.*, II, t. 314 (*Eupatorium*). — H. B., *Pl. æquin.*, II, t. 99. — H. B. K., *Nov. gen. et spec.*, t. 316-318. — NEES, *Pl. rar. Hort. bonn.*, t. 5. — HOOK. et ARN., *Beech. Voy., Bot.*,

298 (*Baccharis*). — WIGHT, *Icon.*, t. 829, 1076-1084. — LINK et OTTO, *Ic. pl. sel.*, t. 55. — DON, *Prodr. Fl. nepal.*, 169. — A. RICH., *Fl. abyss.*, I, t. 57. — JAUB. et SPACH, *Ill. pl. or.*, t. 358, 359. — BAK., in *Mart. Fl. bras.*, *Comp.*, 18, t. 4-26. — HARV. et SOND., *Fl. cap.*, III, 48. — HARV., *Thes. cap.*, t. 156, 157. — MIQ., *Fl. ind.-bat.*, II, 9. — TORR., in *Sitgr. Exp.*, *Bot.*, t. 2. — A. GRAY, in *Proc. Amer. Acad. sc.*, V, 115. — GRISEB., *Fl. brit. W.-Ind.*, 392; *Cat. pl. cub.*, 143; *Symb. ad Fl. argent.*, 162. — BEDD., *Fl. sylv. S. Ind.*, t. 225, 226 (*Monosis*). — HANCE, in *Seem. Journ. Bot.*, VII, 164. — KOTSCH. et PEYR., *Pl. Tinn.*, t. 17. — STEETZ, in *Pet. Moss., Bot.*, 335. — HIERN et OLIV., *Fl. trop. Afr.*, III, 266. — HOOK. F., in *Journ. Linn. Soc.*, VII, 199. — *Bot. Reg.*, t. 522, 1464. — *Bot. Mag.*, t. 2477, 3062, 5412, 5698. — WALP., *Rep.*, II, 538, 542 (*Monosis*), 945, 949 (*Cyanopis*); VI, 88 (*Xyphochœta*), 89-99, 702; *Ann.*, I, 383 (*Oliganthes*), 384, 389 (*Cyanopis, Monosis*); II, 809, 811 (*Gymnanthemum*), 812 (*Monosis*); V, 144, 146 (*Decaneuron, Dialesta*).

5. Les fleurs sont blanches, jaunâtres (?), roses, rouges, pourprées, violacées ou plus rarement bleuâtres.

ment en lames larges et foliacées. Le réceptacle, très variable de forme, le plus souvent plan ou légèrement convexe en dessus, peut être tout à fait nu. Ailleurs il est creusé de fossettes dans lesquelles s'insèrent les fleurs et les fruits. Le bord de ces fosses peut être relevé en fimbrilles plus ou moins développées, et quelquefois certaines d'entre elles portent en dehors une écaille ou paléole dont la fleur occupe l'aisselle.

A côté des *Vernonia* se placent les *Hoplophyllum* et les *Albertinia*. Les premiers sont des arbrisseaux épineux de l'Afrique australe, à petites feuilles rigides, piquantes; à capitules allongés, enveloppés de bractées imbriquées, sèches, et à fruits triquètres, surmontés d'une aigrette de soies nombreuses et multisériées. Les derniers sont de grands

Albertinia brasiliensis.

Fig. 39. Capitule, coupe longitudinale.

arbustes du Brésil, à feuilles membraneuses, à cymes terminales de capitules dont le réceptacle alvéolé porte des fleurs, puis des fruits enchâssés (fig. 39), à 10 côtes, accompagnés de courtes bractées plus ou moins unies au réceptacle, et surmontés d'une aigrette à soies nombreuses, grêles; celles de la série extérieure plus courtes et plus nombreuses.

Les *Vanillosmopsis* (fig. 40), d'ailleurs très voisins par leurs fleurs des *Albertinia* et des *Vernonia*, sont dans cette série les analogues des *Gundelia*, en ce sens que leurs inflorescences, au lieu d'être des capitules simples, sont disposées en nombreux glomérules pauciflores, à évolution centrifuge, et qui sont eux-mêmes assez également répartis sur le réceptacle commun de l'inflorescence. Ce sont des arbustes du Brésil. Le *Soaresia*, grande plante herbacée, soyeuse, à feuilles

courtes, sessiles et plurinerves, du même pays, appartient au même
groupe secondaire parce que son inflorescence, au lieu d'être simple
et de porter des fleurs à évolution centripète, est aussi un capitule
de glomérules pauciflores (les fleurs y sont le plus souvent au nombre

Vanillosmopsis erythropappa.

Fig. 40. Capitule de cymes, coupe longitudinale.

de quatre). Les fruits, à 10 côtes, sont surmontés d'une aigrette de soies
aplaties, rigides et finement barbelées sur les bords. Les inflorescences sont sessiles vers le sommet des rameaux, et leur ensemble
forme de grandes cymes terminales et corymbiformes. Chaque glomérule est enveloppé d'un involucelle propre, formé de plusieurs
bractéoles imbriquées.

Dans les *Ethulia* et une demi-douzaine d'autres genres (dont plusieurs fort douteux) qui en ont été rapprochés (*Pleurocarpœa, Bothriocline, Lamprachœnium, Centratherum, Gutenbergia, Erlangea, Corymbium*), les fruits sont surmontés d'une aigrette formée de soies ordinairement peu nombreuses, caduques ou nulles; et les inflorescences,
qui sont des capitules simples, sont solitaires ou terminales, pédonculées
ou sessiles, ou réunies en un corymbe composé terminal, plus souvent
sessiles sur les axes ramifiés d'une inflorescence foliée. Dans les *Corymbium*, de l'Afrique australe, entre autres, chaque fleur constitue à elle
seule un capitule, entouré de deux grandes bractées formant involucre,
avec deux ou trois bractées plus petites à leur base.

Les *Lychnophora*, dont le nom a été donné à une sous-série distincte
(*Lychnophorées*), se distinguent, dans ce groupe, par ce fait que leurs
capitules ne sont formés que d'un petit nombre ou même d'une seule
fleur, et sont entourés d'un involucre d'un nombre variable de bractées imbriquées. Ces capitules sont réunis eux-mêmes en un court épi,

globuleux ou à peu près, au sommet des rameaux; chacun d'eux occupant l'aisselle d'une des feuilles inférieures ou des bractées qui les remplacent. Leurs fruits sont couronnés d'une aigrette variable, ordinairement double. Les soies extérieures, courtes et persistantes, font même défaut dans ceux que l'on a nommés *Haplostephium* (et qui

Eupatorium triplinerve.

Fig. 41. Rameau florifère.

sont cependant génériquement inséparables des *Lychnophora*). A côté de ceux-ci se rangent les *Chresta* et *Pithecoseris*, les *Spiracantha* et *Rolandra*, un peu exceptionnels et par leur port, et par leurs styles peu profondément divisés au sommet; leurs capitules sont uniflores. Tous ces genres sont américains. Il en est de même des *Elephantopus*, dont les capitules pluriflores sont disposés sur un réceptacle commun entouré de larges bractées bisériées, ordinairement au nombre de huit. Mais ce remarquable genre se retrouve, en outre, dans toutes les régions tropicales de l'ancien monde.

On a donné le nom des *Sparganophora* à une petite sous-série. (*Sparganophorées*), qui renferme aussi les genres *Telmatophila* et *Pacourina*. Elle est formée de plantes à capitules axillaires ou latéraux, sessiles, à involucre formé de nombreuses bractées imbriquées. Dans les *Telmatophila*, les bractées de l'involucre sont ordinairement spinescentes, et les soies de l'aigrette sont fort inégales. Dans les *Sparganophorus*, le fruit est surmonté d'une cupule presque subéreuse,

Eupatorium cannabinum.

Fig. 42. Fleur ($\frac{4}{7}$).

sans aigrette; et dans les *Pacourina*, dont les capitules sont volumineux, cette cupule est surmontée d'une courte aigrette de soies nombreuses. Ces derniers sont uniquement de l'Amérique tropicale, de même que les *Pithecoseris*, tandis que les *Sparganophorus* se retrouvent, en outre, dans toute l'Afrique tropicale et à Madagascar.

De même que, par la majorité de ses genres à fleurs toutes régulières, le groupe des Vernoniées se relie aux Carduées, de même aussi il se rattache aux Cichoriées par le *Stokesia*, genre de l'Amérique du Nord, dans lequel toutes les fleurs sont ligulées et les fruits surmontés d'une aigrette formée de quatre ou cinq paillettes allongées et caduques.

Les Eupatoires (fig. 41-43) ont été pris pour type d'une tribu particulière (*Eupatoriées*), différant généralement des Vernoniées proprement dites en ce que leurs anthères ont la base entière ou à peine prolongée en auricules obtuses, et en ce que leurs branches stylaires, arrondies ou un peu aplaties, sont plus ou moins obtuses au sommet et couvertes de papilles courtes. Ce sont des plantes à feuilles alternes ou opposées, et l'on a remarqué que leurs fleurs sont blanches, bleues ou roses, quelquefois de couleur paille ou ochracée, jamais d'un jaune franc. Tous ces caractères, d'importance en somme secondaire, ne nous permettent pas de placer les Eupatoriées dans une autre série que les Vernoniées. Les vraies Eupatoriées, que l'on nomme encore Agératées, ont ordinairement les anthères prolongées supérieurement en un appendice, et des achaines à cinq côtes, tandis que l'on a placé

dans un groupe différent les *Piqueria* et types analogues dans lesquels
cet appendice apical est court, obtus, ou fait même totalement défaut.
Mais cette différence ne nous paraît pas avoir même une valeur générique. Il en est de même du nombre des fleurons que contient chaque

Eupatorium (Mikania) nigrum.

Fig. 43. Rameau florifère.

capitule ; et les *Mikania* (fig. 43), qui sont distingués comme genre
parce que leurs capitules sont généralement quadriflores, tandis que
les Eupatoires auraient cinq fleurs ou plus, paraissent devoir être rapportés à ces dernières comme simple section. Tout à côté des *Eupatorium* se rangent les genres extrêmement voisins : *Ageratum, Hofmeisteria*, ? *Aschenbornia*, *Adenostemma*, ? *Lomatozona, Sclerolepis,
Brachyandra,*? *Leptoclinium, Stevia, Carphochœte, Carminatia, Kuhnia,*

qui n'en diffèrent, pour la plupart, que par des caractères d'une très minime importance, et les *Adenostyles*, qui rattachent manifestement cette série aux Seneçons par l'intermédiaire des Petasitées.

V. SÉRIE DES ASTER.

Le nom des *Aster*[1] (fig. 44, 45) indique la disposition étoilée de

Aster grandiflorus.

Fig. 44. Rameau florifère.   Fig. 45. Portion du capitule ($\frac{4}{1}$).

leurs inflorescences, dans lesquelles, en effet, il y a deux sortes de fleurs. Les unes, occupant la circonférence (ou la base) du capitule

---

1. T., *Inst.*, 481, t. 274. — L., *Gen.*, n. 954. — ADANS., *Fam. des pl.*, II, 124. — J., *Gen.*, 181. — LAMK, *Dict.*, I, 301; Suppl., I, 86. — DC., *Prodr.*, V, 226. — NEES, *Gen. et spec. Aster.*, 46. — SPACH, *Suites à Buffon*, X, 242. — ENDL., *Gen.*, n. 2301. — A. GRAY, in *Proc. Amer. Acad.*, VI, 539; VII, 352. — B. H., *Gen.*, II, 271, n. 136. — *Amellus* ADANS., *loc. cit.*, 125 (nec L.). — *Pinardia* NECK., *Elem.*, I, 5. — *Heleastrum* DC., *Prodr.*, V, 263. — *Biotia* DC., *loc. cit.*, 264. — *Noticastrum* DC., *loc. cit.*, 279. — *Leucopsis* (*Haplopappi* sect.) DC., *loc. cit.*, 348. — *Linosyris* CASS., in *Dict.*, XXXVII, 476 (part.); DC., *Prodr.*, V, 352 (part.). — *Crinitaria* CASS., in *Dict.*, XXVII, 475 (*Crinita* MOENCH). — *Galatea* CASS., in *Dict.*, XVIII, 56 (*Galatella* DC., *Prodr.*, V, 254). — *Kalimeris* CASS., in *Dict.*, XXIV, 324 (*Calimeris* NEES, *Aster.*, 225). — *Eucephalus* NUTT., in *Trans. Amer. Phil. Soc.*, ser. 2, VII, 298. — *Xylorhiza* NUTT., *loc. cit.*, 297

et nommées fleurs *du rayon*[1], sont hermaphrodites, fertiles ou rarement stériles, et pourvues d'une corolle irrégulière, ligulée, à limbe partagé au sommet en deux ou trois dents valvaires, peu prononcées, ou entier. La couleur de cette corolle est variable[2]; mais elle n'est pas jaune, comme les corolles des fleurs du centre du capitule[3], qu'on nomme ordinairement fleurs *du disque*[4], et qui, elles, sont régulières, tubuleuses, avec un limbe à cinq lobes valvaires. Ces fleurs régulières sont fertiles, ou seulement certaines d'entre elles, et elles peuvent même être toutes stériles[5]. Le réceptacle du capitule est supérieurement plan ou légèrement convexe, et il est ordinairement chargé, dans l'intervalle des fleurs, de petites saillies inégales ou irrégulièrement dentelées[6], répondant aux bords des fossettes dans lesquelles les fleurs sont insérées. Les bractées de l'involucre, hémisphérique ou plus souvent campanulé, sont plurisériées, insérées dans l'ordre spiral, imbriquées, à bords souvent scarieux, à sommet vert, plus ou moins aigu; ou presque égales entre elles, ou d'autant plus petites qu'elles sont plus extérieures. Toutes les fleurs ont une aigrette, formée de soies fines, plus ou moins scabres, rapprochées sur plusieurs séries, égales ou inégales, les extérieures parfois très courtes[7]. Dans les fleurs régulières seules se voient normalement des étamines syngenèses, avec la base des anthères obtuse, non appendiculée, et le sommet surmonté d'une lame triangulaire, prolongement du connectif[8]. Les styles des fleurs irrégulières ont deux branches grêles, un peu comprimées et obtuses, récurvées; et ceux des fleurs régulières, deux branches plus larges et plus aplaties, surmontées d'un appendice plus ou moins longuement atténué et chargé de papilles[9]. Les fruits sont d'ordinaire plus ou moins comprimés, à faces sans côtes ou en portant un petit nombre (1-4), et à bords souvent nerviformes; ils sont surmontés de l'aigrette que nous avons indiquée dans la fleur et ren-

(*Arctogeron* DC., *Prodr.*, V, 260. — *Rhinactina* LESS., in *Linnæa*, VI, 149). — *Tripolium* NEES, *Aster.*, 152. — DC, *Prodr.*, V, 253 (part.). — *Dœllingeria* NEES, *Aster.*, 177. — *Symphyotrichum* NEES, *Aster.*, 135. — *Homostylium* NEES, in *Linnæa*, XVIII, 513. — *Hersilea* KL., in *Waldem. Reis.*, *Bot.*, 75, t. 83. — ? *Psychrogeton* BOISS., *Fl. or.*, III, 156. — B. H., *Gen.*, II, 1233.

1. *Radius* (*Corona* T.)?
2. Blanche, rose, pourprée, violacée ou bleue.
3. *Flores heterochromi.*
4. *Discus* T.
5. Cette différence de sexualité (ou plutôt

cette sorte de polygamie) s'indique par les mots *Capitula heterogama.*
6. Fimbrilles (*Fimbrillæ*).
7. Naissant successivement, mais toutes après la corolle (PAYER).
8. Le pollen des Astérées (et des Inulées) est généralement « ovoïde; trois sillons longitudinaux; épineux; dans l'eau, sphère un peu déprimée; trois bandes sur lesquelles trois grosses papilles » (H. MOHL, in *Ann. sc. nat.*, sér. 2, III, 315).
9. Le plus souvent les bandes de papilles stigmatiques sont saillantes et descendent jusqu'à l'origine des poils externes.

ferment une graine dépourvue d'albumen, à embryon épais et charnu, dont la radicule est infère.

Nous rapportons aux *Aster* comme simples sections : les *Turczaninowia*[1] et les *Diplopappus*[2], qui ont les soies extérieures de l'aigrette plus courtes que les autres; les *Bellidiastrum*[3], qui ont les feuilles toutes rapprochées en rosette, et les capitules solitaires au sommet d'un axe nu, comme les Pâquerettes; les *Boltonia*[4], plantes asiatiques et américaines, qui ont les soies de l'aigrette courtes, un peu aplaties, sauf quelques-unes d'entre elles qui sont rigides et de la longueur à peu près du fruit; les *Heteropappus*[5], espèces asiatiques, qui ont les soies des aigrettes plus grêles et plus longues dans les fruits du centre que dans ceux de la périphérie, où elles s'aplatissent légèrement; les *Psilactis*[6], plantes américaines, où les fruits du pourtour ont des aigrettes formées de soies lisses ou striées, ou même disparaissant totalement; les *Distasis*[7], du même pays, où quelques-unes des soies de l'aigrette se dilatent, tandis que les autres demeurent grêles; les *Heterochœta*[8], espèces de l'ancien monde, qui ont aussi les soies de l'aigrette dissemblables, les extérieures étant généralement les plus courtes et les plus dilatées; les *Sericocarpus*[9], herbes vivaces de l'Amérique du Nord, dans lesquelles les fleurs, construites comme celles des *Aster* proprement dits, sont entourées d'un involucre de bractées plurisériées, scarieuses ou pourvues d'un appendice herbacé; les *Podocoma*[10], qui sont des herbes de l'Amérique du Sud et dont le fruit s'atténue plus ou moins longuement en bec à son sommet; les *Corethrogyne*[11], herbes duveteuses de Californie, dont les fleurs sont celles des *Aster* vrais, avec les styles pourvus d'appendices barbus; les *Townsendia*[12],

---

1. DC., *Mém. Comp.*, t. 4; *Prodr.*, V, 257. — Endl., *Gen.*, n. 2304.

2. Cass., in *Dict. sc. nat.*, XIII, 308. — DC., *Prodr.*, V, 275. — Endl., *Gen.*, n. 2321.

3. Mich., *Nov. gen.*, t. 29. — DC., *Prodr.*, V, 226. — Cass., in *Dict.*, XXXVII, 494. — Endl., *Gen.*, n. 2300. — *Margarita* Gaud., *Fl. helv.*, V, 335.

4. Lhér., *Sert. angl.*, 27. — DC., *Prodr.*, V, 301. — Endl., *Gen.*, n. 2343. — B. H., *Gen.*, II, 269, n. 131. — *Hisutsua* DC., *Prodr.*, VI, 44. — Endl., *Gen.*, n. 2664. — *Asteromœa* Bl., *Bijdr.*, 901. — DC., *Prodr.*, V, 302. — Endl., *Gen.*, n. 2346. — *Dichœtophora* A. Gray, *Pl. Fendler.*, 73.

5. Less., *Syn. Comp.*, 189. — DC., *Prodr.*, V, 297. — B. H., *Gen.*, II, 269, n. 130.

6. A. Gray, *Pl. Fendler.*, 71. — B. H., *Gen.*, II, 269, n. 129.

7. DC., *Prodr.*, V, 279. — Endl., *Gen.*, n. 2324. — B. H., *Gen.*, II, 268, n. 127.

8. DC., *Prodr.*, V, 282 (part.).

9. Nees, *Aster.*, 148. — DC., *Prodr.*, V, 261 — Endl., *Gen.*, n. 2310. — B. H., *Gen.*, II, 270, n. 135.

10. Cass., in *Bull. Soc. philom.* (1817), 137; in *Dict.*, XLII, 60. — R. Br., in *App. Sturt Exp.*, 17. — DC., *Prodr.*, V, 260. — Endl., *Gen.*, n. 2307. — *Asteropsis* Less., *Syn. Comp.*, 188. — *Podopappus* Hook. et Arn., *Comp. Bot. Mag.*, II, 50.. — *Moritzia* Sch. bip., in *exs. Mor.*, n. 1321. — *Ixiochlamys* F. Muell. et Sond., in *Linnœa*, XXV, 466.

11. DC., *Prodr.*, V, 215. — Endl., *Gen.*, n. 2298. — A. Gray, in *Proc. Amer. Acad.*, VII, 351. — B. H., *Gen.*, II, 270, n. 132.

12. Hook., *Fl. bor.-amer.*, II, 16, t. 119. — Endl., *Gen.*, n. 2304¹. — B. H., *Gen.*, II, 268, n. 126.

herbes cespiteuses ou multicaules, de l'Amérique du Nord, qui ont les soies de l'aigrette inégales, unisériées, barbelées ou scabres et plus ou moins dilatées à la base ; les *Dieteria*[1] et *Machœranthera*[2], de l'Amérique du Nord, qui ont des branches stylaires à appendices étroits, des fruits à nervures nombreuses et épaisses, et des feuilles souvent incisées ou disséquées ; les *Homochroma*, d'Afrique, dont les fleurs ligulées sont, par exception, jaunes comme celles du disque ; les *Callistemma*[3] (qui sont nos Reines-Marguerites des jardins), plantes herbacées asiatiques, qui ont les bractées de leur large involucre inégales, les extérieures foliacées, les intérieures souvent membraneuses, et des fruits allongés, comprimés, surmontés d'une aigrette à soies extérieures courtes. Ainsi compris, le genre *Aster* renferme environ trois cents espèces[4], de toutes les régions tempérées et froides de l'univers, surtout de l'Amérique du Nord, rares dans l'Amérique du Sud et les Andes, l'Afrique australe, etc.

A côté des *Aster* se placent les genres (souvent difficiles à en distinguer d'une façon absolue) : *Calotis, Minuria, Monoptylon, Eremiastrum, Chœtopappa, Gymnostephium, Detris, Mairia, Charieis, Amellus, Shawia, Hinterhubera, Sommerfeldtia, Celmisia, Pleurophyllum, Diplostephium, Commidendron* et *Erigeron* (fig. 46-50).

Les Pâquerettes (*Bellis*) appartiennent à un groupe secondaire dans lequel les fleurs du rayon ont aussi une corolle de couleur variable, mais non jaune comme celles du disque. Les premières sont étalées, ligulées

1. Nutt., in *Trans. Amer. Phil. Soc.*, ser. 2, VII, 300.

2. Nees, *Aster.*, 224.—DC., *Prodr.*, V, 261.— Endl., *Gen.*, n. 2311.

3. Cass., in *Dict.*, VI, Suppl., 45.—*Callistephus* Cass., in *Dict.*, XXXVII, 491. — DC., *Prodr.*, V, 274 (part.). — Endl., *Gen.*, n. 2320. — B. H., *Gen.*, II, 270, n. 134.

4. Quoiqu'on en ait décrit près du double. Jacq., *Hort. vindob.*, t. 8 ; *Fl. austr.*, t. 400 (*Doronicum*), 425. — W., *Hort. berol.*, t. 67. — Cav., *Icon.*, t. 233. — Sibth., *Fl. grœc.*, t. 849 (*Linosyris*).—Brot., *Phyt. lus.*, t. 29.—H.B.K., *Nov. gen. et spec.*, IV, t. 91, 332, 332 bis. — Colla, *Hort. rip.*, t. 12 ; in *Mém. Acad. Tur.*, XXXVIII, t. 25 (*Baccharis*). — Waldst. et Kit., *Pl. hung.*, t. 30 ; 58 (*Chrysocoma*), 109. — Sweet, *Brit. fl. Gard.*, t. 234. — Torr. et Gr., *Fl. N.-Amer.*, II, 99 (*Dieteria*), 102 (*Sericocarpus*), 104 ; 185 (*Townsendia*), 187 (*Boltonia*). — Torr., *Fl. N. York*, t. 50-52. —Vent., *Jard. Cels*, t. 33. — Ledeb., *Ic. Fl. ross.*, t. 498. — Royle, *Ill. Fl. himal.*, t. 58 (*Calimeris*). — Remy, in *C. Gay Fl. chil.*, IV, 9. — Phil., in *Linnæa*, XXVIII, 729 ; XXXIII, 131.—A. Gray, in *Proc. Amer. Acad.*, VII, 351 (*Corethrogyne*). — Miq., in *Ann. Mus. lugd.-bat.*, II, 170 (*Biotia?*). — Wedd., *Chlor. andin.*, I, 187, t. 33 A. — Hook., *Icon.*, t. 486. — Reichb., *Ic. Fl. germ.*, t. 905-907 ; 908-910 (*Gelatella*). — Harv. et Sond., *Fl. cap.*, III, 69. — Chapm., *Fl. S. Unit. St.*, 198. —Fr. et Sav., *Enum. pl. jap.*, I, 221. — Boiss., *Fl. or.*, III, 157. — Willk. et Lge, *Prodr. Fl. hisp.*, II, 35. — Gren. et Godr., *Fl. de Fr.*, II, 100 ; 104 (*Bellidiastrum*). — *Bot. Reg.*, t. 183, 273, 340, 1487, 1495, 1500, 1509, 1517, 1527, 1532 (*Eurybia*), 1537, 1571, 1597, 1614, 1619, 1636, 1656, 1693 (*Diplopappus*), 1818. — *Bot. Mag.*, t. 199 ; 1196 (*Arnica*), 2381 ; 2554 (*Boltonia*), 2707, 2718, 2942, 2995 ; 3382 (*Diplopappus*), 4557. — Walp., *Rep.*, II, 558 (*Corethrogyne*), 559, 575 (*Galatella, Townsendia*), 576 (*Sericocarpus*), 577 (*Diplopappus*), 586 (*Dieteria*), 957 ; VI, 118 (*Corethrogyne*), 119 ; 120 (*Homostylium*), 122 (*Heterochœta*), 716 ; *Ann.*, I, 405 ; II, 821 ; 822 (*Townsendia*), 823 (*Callistephus, Noticastrum*) ; V, 172 ; 173 (*Galatella*), 174 (*Calimeris*), 175 (*Machœranthera*), 179 (*Diplopappus*).

(fig. 51), avec une aigrette qui manque rarement, surtout dans les *Bellis*

Erigeron (Conyza) longifolium.

Fig. 47. Fleur
du disque (⁴⁄₁).   Fig. 46. Inflorescence.   Fig. 48. Fleur
du rayon.   Fig. 49. Fleur
du rayon,
coupe longitudinale.

vrais, mais qui le plus souvent est formée de soies ou d'écailles, plus rarement des unes et des autres à la fois, çà et là même de pointes rigides.

A côté de ce genre se rangent les *Erodiophyllum*(?),
Keerlia, Aphanostephus (?) et *Rhynchospermum*.

Erigeron acre.

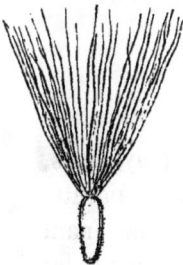

Fig. 50. Fruit (⁴⁄₁).

Les *Grangea* ont aussi donné leur nom à une
sous-série (*Grangéées*), dans laquelle ils se trouvent rangés avec les *Læstadia*. Ce sont des Astérées
à fleurs femelles pourvues d'une corolle courte et
qui ne dépasse pas les fleurs du disque; d'où la
forme globuleuse de l'ensemble du capitule. L'aigrette est nulle ou courte, formée de soies, de poils
ou d'écailles peu proéminents. Toutes sont des
herbes, souvent velues, à involucres formés de
bractées à peu près égales entre elles, sauf dans
les cas où les extérieures se dilatent en lames foliacées.

Dans les *Chrysocoma*, qui constituent aussi une subdivision particulière, propre à l'ancien continent, les fleurs sont de deux sortes dans les
capitules disciformes. Celles du rayon sont grêles, ou pourvues d'une
petite ligule dressée, rarement à peine étalées. L'aigrette est formée
de soies nombreuses, et
toutes les fleurs sont
ordinairement homo-
chromes. Les plantes
herbacées, frutescentes
ou arborescentes, qui
se rangent à côté des
Chrysocoma, appartien-
nent aux genres *Adelo-
stigma*, *Haastia*, *Thespis* et *Psiadia*. Ceux-ci
sont asiatiques et surtout
africains; ils abondent
dans les îles Masca-
reignes, à Madagascar
et dans les îles voisines.
Leur tige est ordinaire-
ment ligneuse, et leurs
fleurs, très analogues à
celles des *Erigeron* de
la section *Conyza*, sont
dimorphes : celles du
rayon pourvues d'une
ligule souvent entière,
courte ou plus ou moins
allongée et étalée; celles
du disque régulières.

Bellis perennis.

Fig. 51. Port.

Avec une organisation
analogue, les *Baccharidées* ont le plus souvent les fleurs polygames,
dioïques ou submonoïques; leur fruit est surmonté d'une aigrette
à soies grêles. Ce sont des plantes ligneuses, américaines, appartenant
aux genres *Baccharis* et (?) *Parastrephia*. Dans les premiers, il y a des
pieds dont les capitules ne renferment que des fleurs mâles ou hermaphrodites et dont l'ovaire ne devient jamais un fruit fertile, tandis
que d'autres pieds portent des capitules uniquement formés de fleurs

femelles et fertiles, insérées sur un réceptacle nu ou séparées les unes des autres par des fimbrilles ou des paléoles concaves, embrassantes et bien développées. Dans les derniers, on dit les fleurs monoïques.

Nous donnons le nom des *Pteronia*, plantes de l'Afrique australe, à un groupe (*Ptéroniées*) dans lequel les fleurs du centre et de la circonférence sont de même couleur (*Homochromeæ*), ordinairement jaunes, avec les fleurs de la base femelles et assez souvent pourvues d'une corolle ligulée, mais parfois aussi semblables à celles du disque et toutes, comme elles, hermaphrodites. A cette petite sous-série (qui sert de passage

Hysterionica (Grindelia squarrosa.)

Solidago Virga-aurea.

Fig. 52. Fleuron (⁺).   Fig. 53. Demi-fleuron.   Fig. 54. Rameau florifère.

vers les Inulées) appartiennent encore les *Fresenia* et les *Rochonia*, qui se rapprochent beaucoup des *Aster* et des *Mairia*, et qui en diffèrent, avant tout, par la couleur uniforme de toutes leurs fleurs. Il y a également homochromie dans les Solidaginées, dont le nom est tiré de celui des Verges-d'or (*Solidago*), plantes européennes, asiatiques et surtout américaines, dont les fleurs (fig. 52, 53) ont une aigrette formée de soies nombreuses, inégales et disposées sur deux ou plusieurs séries. Auprès d'elles se placent les *Ericameria*,

Lepidophyllum et *Hysterionica* (fig. 54); puis les *Steriphe* et (?) les *Remya*, dont l'aigrette a les soies peu nombreuses et unisériées, et les *Xanthocephalum*, plantes américaines occidentales, dont l'aigrette est nulle ou seulement formée de quelques écailles paléacées.

Les Aunées (*Inula*) ont été rapportées à une tribu particulière de cette famille. Leurs fleurs, généralement homochromes, sont de deux

Inula (Corvisartia) Helenium.

Fig. 55. Inflorescence.   Fig. 56. Étamine ($\frac{19}{7}$).

sortes (fig. 55, 56), comme dans la plupart des Astérées vraies : celles du centre du capitule régulières, et celles du rayon irrégulières, ligulées. Toutes sont fertiles et pourvues d'une aigrette formée d'un nombre très variable de soies, égales ou inégales, lisses ou finement barbelées. Le réceptacle a la face supérieure plane ou légèrement convexe, parsemée de fossettes ou d'aréoles. Les corolles ligulées, souvent réfléchies lors de l'anthèse, ont généralement deux ou trois dents ; les corolles régulières ont cinq lobes valvaires. Leurs étamines (fig. 56) ont le sommet aigu ou acuminé et la base des loges prolongée en auricules courtes ou plus souvent allongées, sétiformes, ciliées ou barbelées. Les styles ont deux branches grêles, à peine aplaties dans les fleurs femelles, un peu plus larges, plus obtuses ou subspathulées dans les fleurons hermaphrodites. Le fruit est couronné d'une aigrette à soies nombreuses ou rares, disposées sur une ou plusieurs séries ; d'où l'on voit que ce caractère n'a ici, non plus qu'ailleurs, qu'une médiocre importance. A côté des *Inula* se placent les genres *Pulicaria*, (?) *Porphyrostemma*, *Codonocephalum*, *Bojéria*, (?) *Cypselodonta* et (?) *Minurothamnus*, de même que les *Carpesium* et (?) *Amblyocarpum*, exceptionnels dans ce groupe par l'absence d'aigrette.

Les *Buphthalmées* ne diffèrent des Inulées vraies que par leur réceptacle chargé de paillettes rigides ; caractère fort artificiel sans lequel on pourrait, à la rigueur, confondre les *Inula* avec les *Buphthalmum*. A côté de ceux-ci se placent les genres *Nablonium*, *Anvillea*, (?) *Gymnarrhena*, *Geigeria*, *Rhantherium*, *Oligodora* et *Ondetia*.

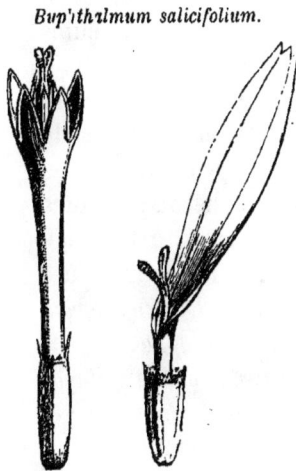

Fig. 58. Fleuron (¼). Fig. 57. Demi-fleuron.

Buphthalmum salicifolium.

Les *Leyssera*, les *Arrowsmithia* et les *Macowania*, qui sont africains, constituent, avec les *Podolepis*, herbes australiennes, un petit groupe (*Leyssérées*) dans lequel les capitules hétérogames ont les fleurs dépourvues de paillettes, celles du disque stériles ou fertiles, avec le style tronqué au sommet, et des feuilles planes ou récurvées sur les bords.

Les *Gnaphalium* ont aussi donné leur nom à un petit groupe (*Gnaphaliées*), dans lequel les capitules, androgynes ou homogames et discoïdes, ont un involucre à bractées scarieuses, souvent hyalines, avec ou sans paillettes caduques, et l'extrémité stylaire ordinairement tronquée, qu'elle soit simple ou double. Avec eux on y range les genres bien peu distincts : (?) *Phagnalon*, *Chevreulia*, (?) *Anaphalis*, (?) *Luciliopsis*, *Oligandra*, *Tafalla*, *Amphidoxa*, (?) *Demidium*, (?) *Stuartina* et (?) *Chiliocephalum*, plus les *Hélichrysées*, dans lesquelles les bractées de l'involucre sont scarieuses ou pétaloïdes, colorées, persistantes (d'où le nom vulgaire d'*Immortelles*), radiantes ou rarement membraneuses, ou subherbacées et linéaires. Ce sont, outre les *Helichrysum*, les *Leptorhynchus*, (?) *Pachyrhynchus*, *Quinetia*, *Scyphocoronis*, *Millotia*, *Podotheca*, qui ont l'aigrette formée de soies ou plus rarement de paléoles, et les *Ixodia*, qui en sont dépourvus, de même que les *Humea*, *Acomis*, *Eriochlamys* et *Toxanthus*, genres australiens.

Les *Craspedia* représentent aussi la tête d'une petite sous-série (*Craspédiées*), formée de plantes généralement australiennes, dans laquelle les capitules sont homogames et renferment un nombre de fleurs très variable, assez souvent même une ou deux. Ils sont eux-mêmes réunis en un capitule composé, terminal, nu ou enveloppé d'un involucre commun; et le plus souvent (sauf dans quelques *Craspedia* vrais et les *Chthonocephalus*), les fleurs sont dépourvues de paillettes. L'*Eriosphæra*, qui appartient au Cap, a des capitules multiflores.

Le *Cæsulia*, de l'Inde orientale, forme à lui seul une sous-série (*Cæsuliées*) dans laquelle les capitules sont axillaires, uniflores, réunis en capitules composés, sessiles, avec des fruits dépourvus d'aigrette.

Dans une autre sous-série à laquelle les *Stœbe* donnent leur nom (*Stœbées*), les capitules sont uniflores, hétérogames, et les fleurs de la circonférence ont souvent des corolles ligulées, si peu développées qu'elles puissent être quelquefois; toutes les fleurs hermaphrodites peuvent être fertiles. Ce sont des arbustes ou des herbes, à feuillage éricoïde, de l'Afrique australe. On n'en peut séparer les genres suivants à capitules pluri- ou multiflores : *Relhania*, *Elytropappus*, (?) *Lachnospermum*, *Syncephalum*, (?) *Rosenia*, (?) *Anaglypha*.

Dans les *Filagées*, qui tirent leur nom de celui du genre *Filago*, les capitules sont androgynes, avec des involucres formés en général de bractées peu nombreuses ou translucides. Les fleurs femelles occupent l'aisselle de ces bractées ou de paillettes qui s'appliquent contre elles ou même les enveloppent. Le style est souvent indivis dans les fleurs stériles, tandis que dans les fleurs hermaphrodites, il a deux branches grêles et non tronquées. Ordinairement la tige est humble, herbacée, chargée, comme les petites feuilles, d'un duvet blanchâtre, dans les genres voisins des *Filago* : les (?) *Ifloga*, (?) *Symphyllocarpus*, tandis que les tiges sont frutescentes, les feuilles plus grandes, et les fruits allongés et pourvus de côtes, dans les genres indiens et africains : *Blepharispermum*, *Cylindrocline* et *Athroisma*.

Les *Tarchonanthus*, *Brachylæna* et *Synchodendron* sont aussi des arbustes ou des arbres élevés, formant un petit groupe (*Tarchonanthées*), à capitules généralement dioïques et discoïdes, avec des bractées coriaces à l'involucre. Ils habitent l'Afrique australe et Madagascar.

Enfin, par une sous-série qui a reçu le nom des *Placus* (*Placées*), les Inulées se rapprochent extrêmement des Astérées du genre *Erigeron* et n'en diffèrent guère que par deux caractères : les anthères pourvues inférieurement de prolongements sétiformes ou mucroniformes, et les styles, indivis ou à deux branches filiformes et obtuses au sommet. Leurs capitules sont androgynes, ou polygames, ou disciformes, et les bractées de leurs involucres sont sèches ou herbacées, les intérieures parfois scarieuses. Ce groupe renferme, outre les *Placus*, les *Tessaria*, arbustes de l'Amérique tempérée occidentale, les *Epaltes*, *Denekia*, *Thespidium*, *Coleocoma*, (?) *Nanothamnus*, plus les *Sphœranthées*, dans lesquelles les capitules sont petits et agglomérés en capitules composés globuleux, avec des fleurs femelles à corolles très grêles : ce sont les *Sphœranthus*, les *Pterocaulon* et les *Monarrhenes*.

VI. SÉRIE DES SOUCIS.

Les Soucis[1] (fig. 59-63) ont, comme les *Aster*, les fleurs de deux sortes : celles de la circonférence des capitules, irrégulières, femelles et fertiles; et les intérieures, mâles ou hermaphrodites, mais stériles[2]. Le réceptacle est plan ou peu convexe, nu. Les bractées de l'involucre sont à peu près égales entre elles, disposées sur un ou deux rangs, rapprochées, imbriquées par leur bord étroit et aminci. Dans les fleurs ligulées, il y a un ovaire infère, uniovulé, gibbeux en dehors, un style à deux branches atténuées au sommet, quelquefois des rudiments d'étamines, et pas de calice. Dans les fleurs régulières, l'ovaire est stérile; le calice manque également, et la corolle, régulière, valvaire, porte cinq étamines syngenèses dont les anthères sont surmontées d'une lame acuminée et prolongées en bas en deux saillies linéaires et mucronées[3] des loges[4]. Le style existe, surmontant un disque épigyne, et son extrémité est un cône papilleux, entier ou bidenté. Les fruits sont des achaines incurvés, dissemblables[5], inégalement muriqués sur le dos ou sur les deux côtés; et les graines

---

1. *Calendula* L., *Gen.*, n. 990 (part.). — Neck., *Elem.*, n. 75. — J.. *Gen.*, 183. — Poir., *Dict.*, VII, 274. — Gærtn., *Fruct.*, t. 168. — Cass., *Op. phyt.*, II, 75. — Less., *Syn.*, 90. — DC., *Prodr.*, VI, 461. — Spach, *Suit. à Buffon*, X, 110. — Endl., *Gen.*, n. 2822. — Payer, *Fam. nat.*, 25. — B. H., *Gen.*, II, 454, n. 598. — *Caltha* T., *Inst.*, 498, t. 284 (nec L.). — Vaill., in *Act. Acad. par.* (1720), 288. — Adans., *Fam. des pl.*, II, 126. — Mœnch, *Meth.*, 585.

2. « Capitules hétérogames. » — « Polygamie nécessaire. »

3. Ces prolongements, appartenant à deux anthères voisines, se collent souvent bord à bord, mais sont toujours séparables l'un de l'autre.

4. Le pollen est ovoïde, avec trois sillons épineux (H. Mohl, in *Ann. sc. nat.*, sér. 2, III, 216).

5. D'autant plus longs ordinairement, plus arqués et plus richement muriqués sur le dos qu'ils sont plus extérieurs.

dressées renferment, sous un très mince tégument, un embryon charnu à radicule infère et à cotylédons épais, libres ou unis entre eux par la face interne. Les Soucis sont des plantes herbacées, annuelles ou

Calendula officinalis.

Fig. 61. Fruit, coupe longitudinale ($\frac{4}{7}$).

Fig. 59. Rameau florifère.

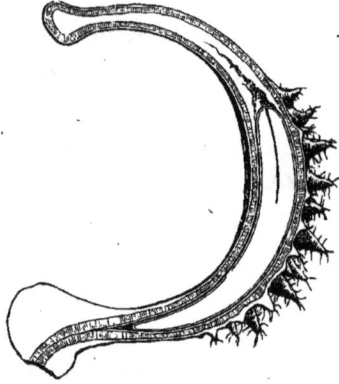

Fig. 60. Fruit composé.

vivaces, ordinairement couvertes d'un fin duvet plus ou moins glanduleux et odorantes. Leurs feuilles sont alternes, sinuées ou dentées. Leurs fleurs sont réunies au sommet des rameaux en capitules stipités[1]. Il n'y en a guère que cinq ou six espèces[2], bien qu'on en ait

1. A fleurs jaunes ou orangées, à odeur souvent forte, peu agréable.
2. Jacq., *Fragm.*, t. 103. — Cav., *Icon.*, t. 5. — Sibth., *Fl. græc.*, t. 920. — Guss., *Enum. pl. Inam.*, t. 6. — Desf., *Fl. atl.*, t. 245. — Reichb., *Ic. Fl. germ.*, t. 890, 891. — Viv., *Fl. lib. Fragm.*, t. 20, fig. 2; t. 26, fig. 2. — Miq., *Fl. ind.-bat.*, II, 105. — Boiss., *Diagn. or.*, ser. 2, VI, 106; *Voy. Esp.*, t. 99; *Fl. or.*, III, 416. — Gren. et Godr., *Fl. de Fr.*, II, 197. — *Bot. Mag.*, t. 3204. — Walp., *Rep.*, VI, 273; *Ann.*, II, 920; V, 348.

distingué trois ou quatre fois autant. Elles habitent l'Europe moyenne
et méridionale, les îles occidentales de l'Afrique du nord, la ré--
gion méditerranéenne et l'Orient.

Calendula arvensis.

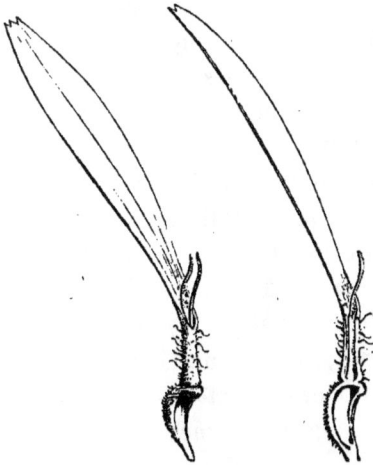

A côté des Soucis se placent
quelques genres, souvent fort voisins et dans lesquels les fruits peuvent devenir ailés, triquètres, droits
ou récurvés, au lieu d'être incurvés. Ce sont les *Dimorphotheca*,
*Ruckeria, Tripteris, Osteospermum,
Oligocarpus, Eriachænium* et *Dipterocome*. Dans ces derniers, les
étamines sont unies, non seulement par les anthères, mais encore
par les filets ; et dans les *Osteospermum*, le fruit est d'ordinaire plus
ou moins charnu extérieurement.

Fig. 62.
Demi-fleuron (¹).

Fig. 63. Demi-fleuron,
coupe longitudinale.

Nous pouvons placer dans une
sous-série du groupe des Calen-
dulées les *Arctotis* (fig. 64, 65), dont on a fait aussi une tribu particulière, et qui ont les capitules hétérogames, c'est-à-dire pourvus de
fleurs intérieures (ou du disque)
régulières, et de fleurs périphériques (ou du rayon) irrégulières et
ligulées. Le réceptacle a sa surface
supérieure plane ou légèrement
concave ou convexe, parsemée de
petites aréoles. Les bractées de
l'involucre sont disposées sur plusieurs séries, imbriquées et inégales, d'autant plus petites d'ordinaire qu'elles sont plus extérieures. La plupart des fleurs ont
un gynécée fertile, uniovulé. Les
régulières seules sont hermaphrodites; et si les ligulées ont
çà et là des étamines, celles-ci
sont rudimentaires et très petites.

Arctotis angustifolia.

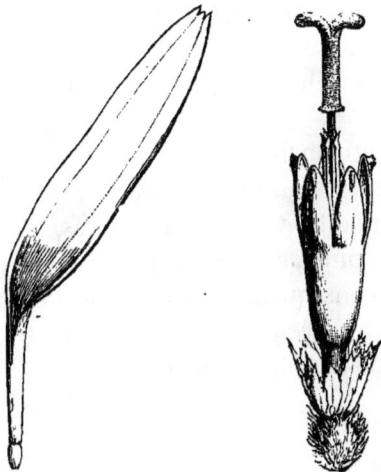

Fig. 64. Demi-fleuron
stérile.

Fig. 65. Fleuron
fertile (⁴⁄₁).

Celles des fleurs régulières sont syngenèses, avec des anthères à sommet aigu ou acuminé et à base entière ou prolongée en courtes auricules. Le style, surmontant un petit disque épigyne, est terminé par deux petits lobes, souvent dentiformes, obtus, au-dessous desquels il présente généralement un brusque épaississement cylindrique. Le fruit est glabre ou villeux. Ce sont des plantes africaines, surtout du Cap, tomenteuses, à capitules pédonculés ou presque sessiles, comme dans les *Landtia*, que nous rapportons à ce genre, ou comme dans les *Cymbonotus*, qui sont exceptionnellement australiens. Les *Cryptostemma*, qui forment aussi pour nous une section du genre *Arctotis*, sont représentés par une espèce introduite en Portugal et à la Nouvelle-Hollande. Les *Arctotheca*, *Venidium* et *Haplocarpha*, d'origine africaine, sont également pour nous des *Arctotis*. Ceux-ci n'ont pas de paléoles réceptaculaires; tandis que dans les *Ursinia*, plantes du Cap et de l'Abyssinie, qu'on a rapprochées d'eux, il y a des paillettes sur le réceptacle, et le fruit est couronné d'une rangée de soies aplaties et imbriquées.

Les *Gorteria* diffèrent principalement des *Arctotis* par leur involucre dont les bractées sont connées à la base; elles sont spinescentes au sommet ou plus rarement foliacées, comme il arrive dans ceux que l'on a nommés *Gazania*. Leurs achaines sont insérés dans les alvéoles réceptaculaires peu profonds, et leurs feuilles sont inermes, tandis que dans les genres voisins *Berkheya*, *Didelta* et *Cullumia*, tous également originaires de l'Afrique australe, les feuilles sont rigides ou épineuses, et les alvéoles du réceptacle, à paroi mince, dentée ou déchiquetée sur les bords, assez profonds le plus souvent pour loger complètement les fruits.

Les *Platycarpha*, plantes du Cap, exceptionnelles par leurs capitules composés et homogames (comme parmi les Carduées les *Gundelia*, dont on les a aussi rapprochés), sont des plantes vivaces, subacaules, avec des inflorescences presque sessiles, le feuillage et les autres caractères de certains *Arctotis*. Ils relient, par conséquent, cette série aux Carduées; on les a aussi comparés aux Vernoniées, dont ils ont à peu près le style : mais dans quelque série qu'on les place, ils constituent un type anormal.

VII. SÉRIE DES SOLEILS.

Les Soleils [1] (fig. 66-70), type d'une tribu (*Hélianthées*) de cette famille, ont des capitules à réceptacle plan ou légèrement convexe. Les

Helianthus tuberosus.

Fig. 67. Demi-fleuron.   Fig. 66. Capitule, coupe longitudinale.

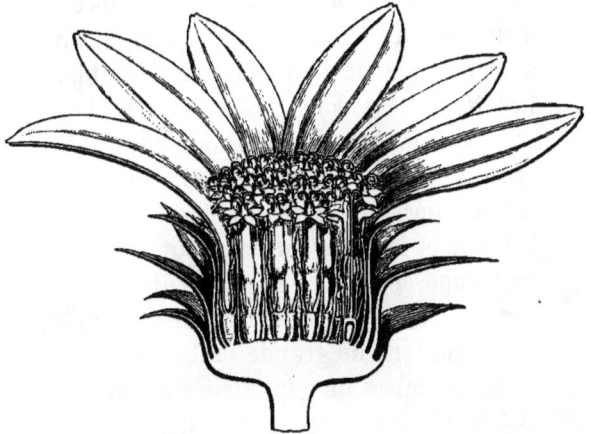

bractées extérieures, formant involucre, sont grandes, foliacées, imbriquées, disposées sur deux ou plusieurs séries; et les intérieures,
bien plus petites, minces, plus ou moins scarieuses, translucides, ont
chacune dans leur aisselle une des fleurs. Celles de ces dernières qui
occupent le rayon sont irrégulières [2], ligulées, stériles, et celles du
disque sont régulières, hermaphrodites et fertiles [3]. Les dernières ont
une corolle valvaire ; cinq étamines dont les anthères sont entières ou
légèrement bilobées à la base [4]; un ovaire uniovulé, surmonté de deux

1. *Helianthus* L., *Gen.*, n. 979 (part.). —
CASS., in *Dict. sc. nat.*, XX, 351; LIX, 140. —
DC., *Prodr.*, V, 585. — SPACH, *Suit. à Buffon*,
X, 142. — ENDL., *Gen.*, n. 2538. — PAYER, *Fam.
nat.*, 26. — B. H., *Gen.*, II, 376, n. 400.—*Har-
palium* CASS., in *Bull. Soc. philom.* (1818); in
Dict., XX, 299. — *Flourensia* DC., *loc. cit.*, 592
(part.). — *Diomedea* BERT. — COLL., in *Mem.
Accad. torin.*, XXXVIII, 35, t. 31. — *Linsecomia*
BUCKL., in *Proc. Amer. Acad. Philad.* (1861),451.

— *Corona solis* T., *Inst.*, 489, t. 279. — *Chrysis*
REN., *Specim. Hist. pl.*, 84, t. 83 (ex ENDL.). —
Vosacan ADANS., *Fam. des pl.*, II, 130. — *Disco-
mela* RAFIN., *Nov. gen.* (1825), 3 (incl.: *Tithonia* DESF., *Viguiera* H.B.K., *Wyethia* NUTT.).
2. Elles peuvent manquer dans certaines
espèces (*H. Radula*, etc.).
3. « Capitules hétérogames. »
4. Le pollen est en général semblable à celui
des Vernoniées et des Astérées.

ou trois[1] languettes sépaliformes, membraneuses, aiguës ou acuminées, aplaties, scarieuses; un style dont les deux branches papillifères, récurvées, sont prolongées supérieurement en un appendice aigu également papilleux[2]. Dans les demi-fleurons il y a un style à deux branches plus minces, plus lisses et récurvées. Le fruit (fig. 69, 70) est un achaine comprimé ou légèrement anguleux, dont l'aigrette caduque est formée de deux soies plus ou moins rigides ou dilatées à leur base, ou d'un nombre un peu plus considérable. Les *Helianthus* sont des plantes herbacées, souvent grandes, ou annuelles, ou vivaces, scabres ou tomenteuses, qui habitent l'Amérique septentrionale, le Chili, le Pérou et les pays voisins. Leurs feuilles sont opposées ou alternes[3], entières ou dentées, souvent triplinerves. Leurs capitules, souvent de grande taille, sont stipités, solitaires ou rapprochés en cymes lâches et le plus souvent terminales[4].

Helianthus tuberosus.

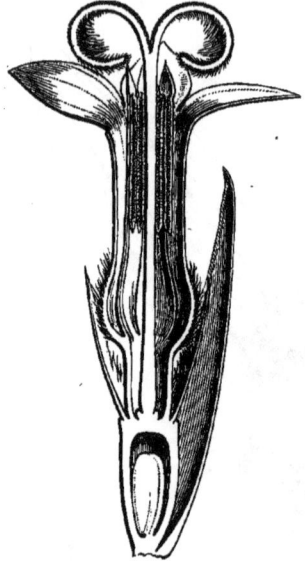

Fig. 68. Fleuron, coupe longitudinale ($\frac{\circ}{\circ}$).

Les *Helianthus tubæformis, excelsus* et autres espèces analogues ont constitué le genre *Tithonia*[5], parce que leurs aigrettes sont formées de soies persistantes ou caduques, accompagnées de squamelles persistantes; leurs feuilles sont alternes, et les bractées foliacées de leurs involucres sont rigides et striées à la base. L'*H. dentatus* et une cinquantaine d'autres ont été séparés sous le nom générique de *Viguiera*[6], parce que, outre l'aigrette des précédents, ils ont les bractées extérieures de l'involucre sèches dans leur portion basilaire, ou herbacées, des feuilles supérieures souvent alternes, les inférieures étant opposées, et des

---

1. Auxquelles s'en ajoutent assez souvent d'autres, plus petites et inégales.
2. En général, dans ces plantes, les bandes dites stigmatiques sont saillantes et se prolongent sans se rejoindre jusqu'au pinceau qui couronne le sommet des branches stylaires.
3. Et cela souvent dans la même plante, qui peut avoir les feuilles inférieures opposées et les supérieures alternes.
4. Les fleurs du capitule sont homochromes, toutes jaunes, ou bien celles du disque sont

plus ou moins teintées de pourpre ou de violet brunâtre au sommet.
5. DESF., in *Ann. Mus.*, I, 49, t. 4. — DC., *Prodr.*, V, 584. — ENDL., *Gen.*, n. 2537. — B. H., *Gen.*, II, 374, n. 398.
6. H. B. K., *Nov. gen. et spec.*, IV, 224, t. 379. — DC., *Prodr.*, V, 578. — ENDL., *Gen.*, n. 2534. — *Harpalium* DC., *loc. cit.*, 583 (part.). — ENDL., *Gen.*, n. 2536. — *Leighia* CASS., in *Dict.*, XXV, 435. — DC., *loc. cit.*, 580. — ENDL., *Gen.* n. 2535. — ? *Bahiopsis* KELL., in *Proc. Calif. Acad. nat. Soc.*, II, 35.

capitules peu volumineux, à peu près égaux à leurs pédoncules. L'*H.*
Hookerianus est devenu le type d'un genre *Wyethia*[1], parce que ses
fleurs ligulées sont fertiles, que toutes
les parties de l'aigrette sont persistantes, et que ses capitules, de grande
taille, sont solitaires au sommet des
axes, tandis que ses feuilles sont rapprochées de la base de la plante. En
y comprenant ces diverses sections, le
genre Soleil comprend une centaine
d'espèces[2], dont on cultive un assez
grand nombre dans nos jardins.

Helianthus annuus.

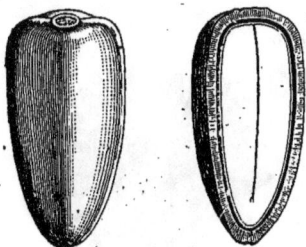

Fig. 69. Fruit $(\frac{2}{1})$.

Fig. 70. Fruit,
coupe longitudinale.

A côté d'eux se placent les genres
fort analogues dont les noms suivent :
Dimerostemma, Melanthera, Perymenium, Garcilassa, Chœnocephalus,
Verbesina, (?) *Podachœnium, Spilanthes* (fig. 71, 72), (?) *Hymeno-*

Spilanthus oleracea.

Fig. 71. Port.

Fig. 72. Fleuron $(\frac{4}{1})$.

stephium, Otopappus, Salmea, Epallage, Eleutheranthera, Lorentzia,
Axiniphyllum, Abasaloa, Eclipta, Stemmatella, Siegesbeckia, Mi-

1. Nutt., in *Journ. Acad. Philad.*, VII, 39, t. 5. — B. H., *Gen.*, II, 374, n. 397. — *Alarconia* DC., *Prodr.*, V, 537. — Endl., *Gen.*, n. 2495. — ? *Melarhiza* Kell., *op. cit.*, I (ed. 2), 37.

2. Jacq., *Hort. schœnbr.*, t. 375; *Hort. vin-*dob., t. 160, 161, 375. —Cav., *Icon.*, t. 218-220. — W., *Hort. berol.*, t. 70. — H. B. K., *Nov. gen. et spec.*, t. 375-378. — Torr. et Gr., *Fl. N. Amer.*, II, 318. — Sweet, *Brit. fl. Gard.*, ser. 2, t. 75. — Field, *Sert. plant.*, t. 54 (*Leighia*). — A. Gray, in *Proc. Amer. Acad.*, V, 124, 161

cractis, Zaluzania, Sabazia, Varilla, Enhydra, Aphanactis, Selloa, Rumfordia, Monactis, Jægeria, Montanoa, Sclerocarpus, Wullfia, Tetragonotheca, Scalesia, Isocarpha et *Rudbeckia.*

Les *Zinnia* sont le type d'une petite sous-série (*Zinniées*) qui comprend des plantes américaines, à capitules formés de fleurs centrales

Bidens (Dahlia) coccinea.

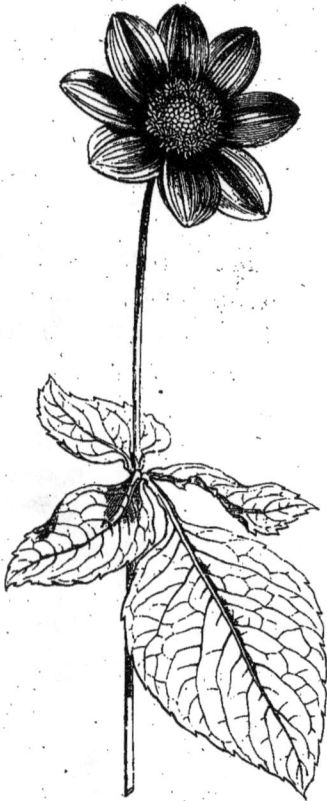

Fig. 73. Rameau florifère,
à capitule radié.

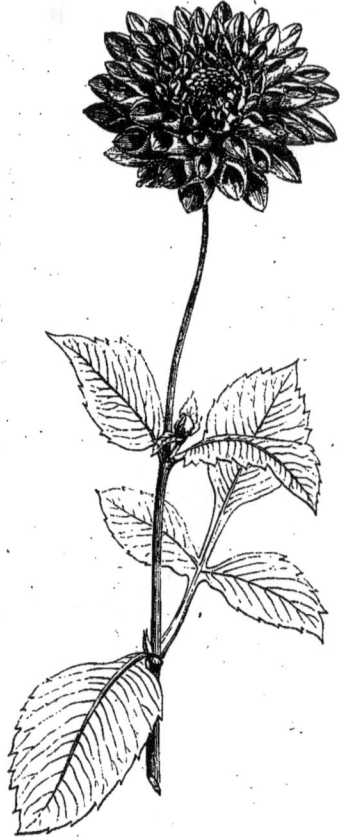

Fig. 74. Inflorescence dite double,
à corolles toutes ligulées.

hermaphrodites, ou fertiles, ou rarement stériles, et de fleurs périphériques ligulées, à corolle sessile, plus ou moins rigide, parfois contractée à sa base en un tube court, persistante au sommet du fruit mûr qui

(*Viguiera*); VI, 543 (*Wyethia*), 544; VII, 537; VIII, 654 (*Wyethia*); in *Emor. Exped., Bot.,* 89 (*Viguiera*), 90. — REMY, *in C. Gay Fl. chil* , IV, 284, 287 (*Flourensia*). — CHAPM., *Fl. S. Unit. St.*, 228. — SCHAU., in *Linnæa,* XIX, 728. — REICHB., *Icon. Fl. germ.,* t. 940. —

Bot. Reg., t. 508, 524, 591, 1265, 1519. — *Bot. Mag.,* t. 227, 2020, 2051, 2668, 2778, 3295, 3510, 3869. — WALP., *Rep.,* II, 608, 977 (*Wyethia*), 615 (*Leighia*), 616 (*Harpalium*), 617; VI, 164 (*Viguiera*), 165; *Ann.,* I, 413 (*Wyethia*), 414; II, 860 (*Viguiera*), 865; V, 223 (*Viguiera*).

est fertile. Le réceptacle porte, entre les fleurs, des écailles ou paillettes axillantes, et les feuilles sont presque constamment opposées. On y range, outre le genre *Zinnia*, les *Sanvitalia*, les *Philactis* et les *Heliopsis*.

Bidens (Dahlia) coccinea.

Les *Bidens* (auxquels nous unissons comme sous-genres les *Cosmos* [fig. 77], *Dahlia* [fig. 73-76], *Coreopsis*, *Thelesperma*, etc.) appartiennent aussi à un petit groupe distinct (*Bidentées*), que caractérisent des capitules homogames ou hétérogames, et dans lesquels les fleurs du rayon sont ou fertiles, ou stériles (l'ovaire étant dépourvu de style dans ce cas), avec les fleurs du disque hermaphrodites et fertiles (sauf

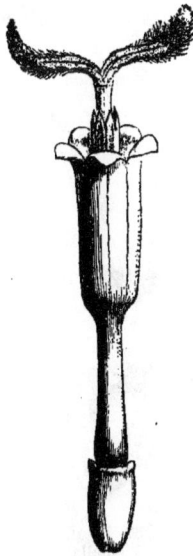

Fig. 75. Demi-fleuron (²⁄₇).　　Fig. 76. Fleuron.

parfois les centrales, qui peuvent demeurer stériles), et un réceptacle chargé de paillettes ou écailles planes ou légèrement concaves. Les fruits sont souvent comprimés et sont nus au sommet, ou plus souvent pourvus d'une couple ou d'un nombre un peu plus élevé de pointes saillantes, nues ou rigides et barbelées. A côté des *Bidens* s'y placent les dix genres : *Coreocarpus*, (?) *Hidalgoa*, *Glossocardia*, *Heterospermum*, *Narvalina*, *Chrysanthellum*, *Isostigma*, *Guizotia*, *Trichospira* et *Synedrella*.

Bidens (Cosmos) bipinnata.

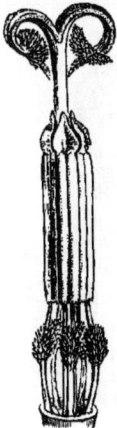

Fig. 77. Androcée et style.

Les *Calea* donnent aussi leur nom à une petite sous-série (*Caléées*), dans laquelle les capitules sont tantôt homogames, tantôt hétérogames, et les fleurs hermaphrodites du disque fertiles, tandis que celles du rayon, quand elles existent, sont femelles ou neutres. Le réceptacle est aussi chargé de paillettes; mais les fruits, rarement nus au sommet, sont le plus souvent couronnés d'une aigrette formée de soies en nombre indéfini, aristées, scarieuses, obtuses, pectinées ou plumeuses. Ce groupe (d'ailleurs tout à fait artificiel) comprend, avec les *Calea*, les quatre genres *Tridax*, *Balduina*, *Gallinsoga* et *Dubautia*.

Melampodium divaricatum.

Fig. 78. Fleuron mâle.

Fig. 79. Fleuron mâle, coupe longitudinale.

Fig. 80. Demi-fleuron femelle, avec sa bractée.

Fig. 81. Demi-fleuron femelle, coupe longitudinale.

Dans les *Madia*, centre d'une sous-série américaine (*Madiées*), à laquelle on a joint les *Wilkesia* et *Argyroxiphium*, genres des îles

Parthenium integrifolium.

Fig. 83. Fleur mâle.

Fig. 82. Capitule ($\frac{1}{1}$).

Fig. 85. Fleur femelle.

Fig. 84. Fleur mâle, coupe longitudinale.

Sandwich, les bractées de l'involucre sont unisériées, ou même manquent, à ce qu'on pense, quand les fleurs ligulées de la circonférence font défaut. Sur le réceptacle se trouve une rangée, simp e ou double, de bractées, libres ou connées, qui seraient intérieures à l'involucre et qui simulent celui-ci dans les types où il vient lui-même à manquer.

Les *Melampodium* (fig. 78-81) se distinguent des genres précédents en ce que les fleurs périphériques de leurs capitules sont femelles et fertiles, tandis que les fleurons du centre sont mâles ou hermaphrodites, mais stériles et pourvus d'un style simple qui peut même être la seule portion existante du gynécée. On en rapproche les six genres américains *Guardiola*, *Baltimora*, *Parthenium* (fig. 82-85), *Espeletzia*, *Silphium* et *Ichthyothere*. Les bractées axillantes des fleurs, bractées nues, rugueuses ou muriquées, peuvent y être légèrement concaves, mais le plus souvent elles enclosent complètement l'ovaire dans leur concavité.

Les *Lagascea*, qui sont originaires de l'Amérique tropicale et ont été introduits dans l'ancien monde, ont, avec l'organisation florale des types précédents, des capitules réduits à une seule fleur et rapprochés dans un involucre gamophylle, quin- quéfide et caliciforme. Le nombre des fleurs peut aussi être fort réduit dans les *Milleria*, dont on a donné le nom à un groupe voisin (*Millériées*). Il n'y en a qu'une (ou deux) au rayon, femelle et fertile, et de trois à six fleurons seulement au disque; encore ces derniers sont-ils stériles. Les *Tetranthus*, qui en sont voisins, n'ont généralement, comme l'indique leur nom, que quatre fleurs : deux hermaphrodites et deux femelles. Certains *Clibadium* (*Riencourtia*, *Lantanopsis*) et les *Stachycephalum* n'ont même plus qu'une fleur femelle, avec une ou quelques fleurs hermaphrodites, dans un même capitule. A ce groupe se rapportent encore les *Pinillosia* (fig. 86), *Heptanthus*, *Elvira*, genres américains comme les précédents; les *Sheareria*, qui sont chinois, et les *Adenocaulon*, qu'on trouve à la fois en Asie et en Amérique.

Ce sont aussi des types amoindris que ceux que représentent les genres *Podanthus*, *Astemma* et *Laxmannia*, originaires, les deux pre-

Pinillosia tetranthoides.

Fig. 86. Inflorescence (¦).

miers des Andes, le troisième de l'île de Sainte-Hélène. Leurs fleurs sont dioïques, toutes régulières, réunies en petits capitules dont le récep-

Helenium autumnale.

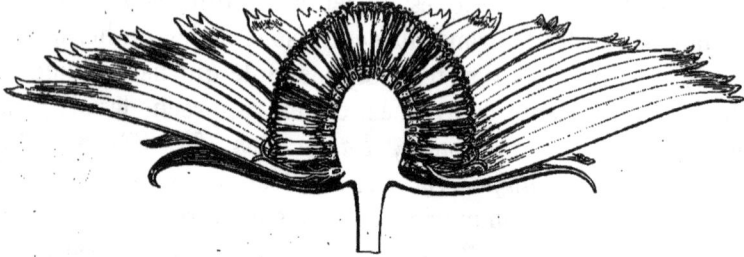

Fig. 87. Capitule, coupe longitudinale (⅔).

Fig. 88. Demi-fleuron.

Fig. 89. Fleuron, coupe longitudinale.

tacle plan ou convexe porte des paillettes florales axillantes. Ce sont des arbres ou des arbustes, à feuilles presque toujours opposées et à capitules ordinairement disposés en grappes terminales.

Les *Helenium* (fig. 87-89), dont le nom a été donné à une tribu[1], ont les capitules pourvus d'un réceptacle convexe, ovoïde ou plus allongé, nu, et deux sortes de fleurs dans leur involucre, dont les bractées extérieures sont assez larges, foliacées, unies entre elles à la base,

1. *Heleniœ.* Ce sont, d'une manière générale, des Hélianthées dont le réceptacle est dépourvu de paillettes; caractère différentiel qui n'a pas, à notre avis, assez de valeur pour qu'on puisse placer les deux groupes dans des séries différentes; nous n'en faisons donc que des sous-tribus.

et les intérieures fort variables comme taille et comme forme, ou même nulles. Les fleurs de la circonférence sont femelles ; leur corolle ligulée est partagée supérieurement en 3-5 lobes; et celles du centre sont hermaphrodites, pourvues d'une corolle régulière, valvaire; de cinq éta-

Gaillardia aristata.

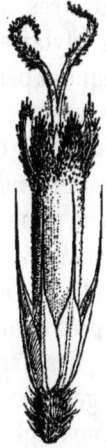

Fig. 91. Demi-fleuron.   Fig. 90. Inflorescence.   Fig. 92. Fleuron (⁴⁄₁).

mines syngenèses, à anthères prolongées inférieurement en deux auricules plus ou moins développées. Toutes ont un ovaire fertile, avec un ovule à insertion un peu excentrique; une aigrette formée d'un petit nombre (5-8) de lames membraneuses, incolores, imbriquées, ordinairement (mais non toujours) acuminées, et un style à deux branches. Celles-ci sont grêles et révolutées dans les fleurs irrégulières ; dans celles du centre, elles sont récurvées et terminées par une petite dilatation tronquée. Les *Helenium* sont des herbes de l'Amérique centrale et boréale, à feuilles alternes, à capitules solitaires ou réunis en cymes corymbiformes. A côté de ce genre se placent les *Gaillardia* (fig. 90-93), dont les capitules sont

Gaillardia aristata.

Fig. 93. Ovaire surmonté de l'aigrette.

homogames ou hétérogames, avec le réceptacle globuleux, hémisphérique ou ovoïde, et les *Hymenoxys* et *Psathyrotes,* genres dans lesquels il est plus déprimé ou même tout à fait plan supérieurement.

Dans les *Flaveria* (fig. 94, 95), types d'un petit groupe particulier (*Flavériées*), les involucres ne sont formés en général que d'une série

de bractées, et les fruits, au lieu d'être allongés ou turbinés et velus,
comme dans les genres précé-
dents, sont pourvus de 8-10
côtes saillantes, de même que
les ovaires. De plus, les branches stylaires ont le sommet
tronqué et pénicillé. On y range,
avec le genre *Flaveria,* les *Sartwellia* et les *Cadiscus.*

Les *Schkuhria* donnent leur
nom à une autre sous-série
(*Schkuhriées*), dans laquelle
l'involucre étant construit à
peu près comme celui des *Flaveria*, les fruits, généralement
allongés, n'ont plus que quatre
ou cinq angles ou côtes, et plus
rarement deux bords anguleux. Presque toujours les fleurs du rayon,
quand elles existent, sont femelles. Ici se
placent encore les *Hymenopappus, Riddellia, Hulsea* (?), *Actinolepis, Lasthenia* (?),
*Hecubœa, Burrielia, Oxypappus, Perityle,
Palafoxia, Florestina, Rigiopappus* (?),
Galeana (?), *Villanova, Blennosperma* (?),
*Closia, Amauria, Amblyopappus, Thymo-
psis* (?) et *Microspermum.*

Les *Tagetes* (fig. 96) appartiennent à
un groupe voisin (*Tagétées*) dans lequel
l'involucre, souvent gamophylle et uni-
sérié, est, comme beaucoup d'autres
organes de la plante, parsemé de réservoirs gorgés d'une huile odorante. Les
fruits sont allongés ou cunéiformes, parcourus de stries nombreuses. A ce petit
groupe (qui, par les *Clappia,* relie les Héléniées aux Sénécionidées) appartiennent
aussi les *Chrysactinia, Syncephalanthus,*
(?) *Schizotrichia, Pectis* et *Porophyllum.*

Les *Jaumea*, qui se rapprochent des Flavériées, ont les bractées de

Flaveria (Broteroa) trinervata.

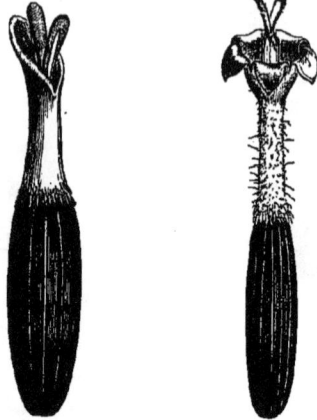

Fig. 94. Demi-fleuron (¼).   Fig. 95. Fleuron.

Tagetes patula.

Fig. 96. Rameau florifère.

l'involucre disposées sur deux ou plusieurs séries; inégales, imbriquées, et des fruits ordinairement pourvus de quatre ou cinq angles.
Leurs capitules sont souvent homogames, par suppression des fleurs
ligulées. Au petit groupe (*Jauméées*) qui a reçu leur nom, se rattachent
les genres américains *Olivæa, Cacosmia, Geissocarpus* et *Venegazia;*
ce dernier relie d'ailleurs les Héléniées aux Anthémidées par la plupart de ses caractères.

Les Seneçons (fig. 97), dont le nom a été donné à une tribu distincte

Senecio vulgaris.   *Doronicum (Arnica) montanum.*

Fig. 97. Port.   Fig. 98. Inflorescence.

(*Sénécionidées*), ne constituent pour nous, comme pour beaucoup d'autres, qu'une sous-série des Hélianthées; ils ont, la plupart, les fleurs
de deux sortes : celles du rayon sont ligulées, femelles, mais elles
peuvent manquer, comme il arrive d'ordinaire dans notre Seneçon
commun ; et celles du disque, régulières, hermaphrodites, fertiles ou
rarement stériles. Le réceptacle de l'inflorescence est plan ou légèrement convexe, parsemé de fossettes peu profondes, quelquefois chargé

de petites franges saillantes. Les bractées de l'involucre sont de deux sortes : les extérieures courtes, libres, souvent récurvées au sommet ; les intérieures beaucoup plus grandes, dressées, disposées sur une ou deux rangées et formant une sorte de tube vertical, mais en réalité collées seulement par leurs bords amincis, et légèrement imbri-

Doronicum (Arnica) montanum.

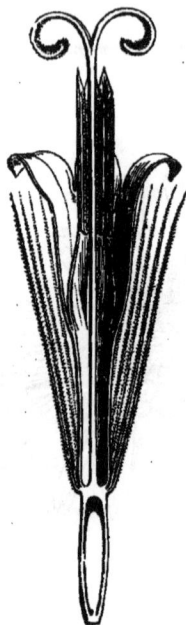

Fig. 99. Fleuron, coupe longitudinale.   Fig. 100. Demi-fleuron, coupe longitudinale.

quées. Toutes les fleurs fertiles ont un ovule dressé, un disque épigyne, une aigrette de soies grêles, légèrement unies à la base, entières ou très légèrement barbelées, et un style à deux branches. Elles ont, dans les fleurs régulières, leur extrémité stigmatifère tronquée, légèrement dilatée et finement pénicillée, rarement munie d'un appendice, et elles se récurvent plus ou moins tard. Dans les fleurs irrégulières, elles sont moins tronquées, plus arrondies au sommet et ordinairement plus grêles et plus lisses. Les anthères, souvent supportées par un filet renflé supérieurement, sont apiculées, acuminées ou mutiques en haut, et obtuses en bas, sans prolongements, ou pourvues de deux courtes auricules obtuses. Les fruits sont des achaines, presque cylindriques ou un

peu comprimés de dehors en dedans, couronnés de l'aigrette qui s'en
sépare tôt ou tard, parcourus d'un nombre variable de côtes saillantes,
souvent couvertes de poils. Les Seneçons sont de tous les pays, ligneux,
herbacés ou charnus, et leur port est extrêmement variable. Ce genre

Petasites (Tussilago) Farfara.

Fig. 101. Port.

comprend pour nous les *Cacalia, Ligularia, Gynura, Cineraria, Erech-
thites, Stilpnophyllum, Notonia, Bedfordia, Gynoxis* et *Emilia.*

Auprès des Seneçons viennent les genres pour la plupart très voisins :
(?) *Mesoneuris,* (?) *Culcitium, Haploestes, Crocidium, Metalema, Hertia,
Raillardia, Robinsonia, Vendredia, Faujasia, Eriothrix, Tetradymia,
Lopholœna* et *Doronicum* (fig. 98-100).

Les *Othonna* appartiennent à un groupe (*Othonnées*) caractérisé par
l'union, dans une étendue variable, des folioles de l'involucre, unisériées,

sans bractées extérieures plus petites, et par des branches stylaires tronquées, ordinairement pénicillées au sommet. Le groupe comprend, en
outre, les cinq genres *Gymnodiscus, Euryops, Werneria, Oligothrix* et
Gamolepis; ce dernier relie d'ailleurs les Seneçons aux Anthémidées.

Petasites officinalis.

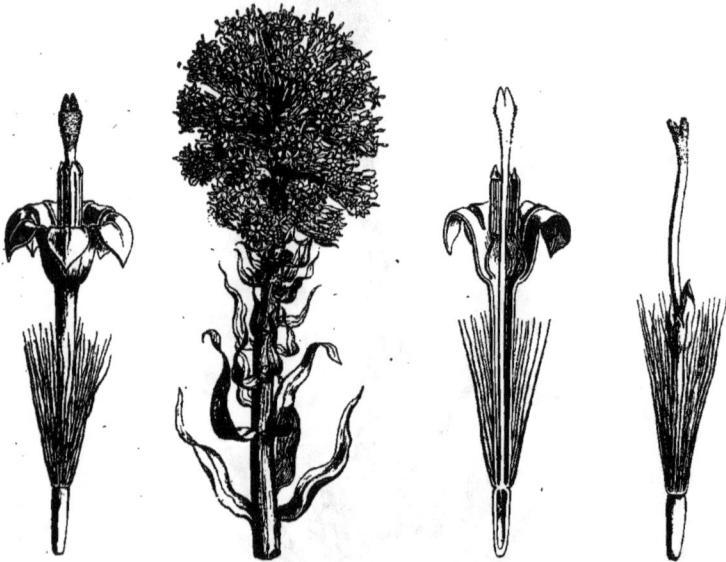

Fig. 103.	Fig. 102.	Fig. 104. Fleuron,	Fig. 105. Fleuron
Fleuron (¾).	Inflorescence.	coupe	à corolle peu développée
		longitudinale.	et à style exsert.

Les *Liabum* ont les bractées de l'involucre disposées sur plusieurs
séries, et d'autant plus courtes qu'elles sont plus extérieures; et les
branches stylaires de leurs fleurs hermaphrodites s'atténuent ordinairement vers le sommet, au lieu d'être tronquées; caractère qui
rattache étroitement aux Vernoniées ce petit groupe (*Liabées*) auquel
se rapportent encore les genres *Neurolæna, Gongrothamnus,* (?) *Allendea*
et peut-être aussi le genre *Clappia,* qui sert de passage des Seneçons
vers les Héléniées.

Dans les *Petasites* (fig. 101-105) et les quelques genres qu'on en a
rapprochés dans une sous-série qui relie les Seneçons aux Eupatoriées
et aux Vernoniées, et qui a reçu leur nom (*Pétasitées*), les bractées de
l'involucre sont 1-2-sériées, avec quelquefois des folioles extérieures
plus petites, ou plus rarement plurisériées; et les branches stylaires ne
sont pas tronquées à leur sommet, mais plus ou moins atténuées et lé-

gèrement obtuses à l'extrémité. Les capitules sont parfois hétérogames, ou plus ordinairement homogames, ou même quelquefois dioïques, souvent solitaires, rarement nombreux, au sommet d'une hampe commune qui, dans les espèces de notre pays, sort de terre avant l'évolution

Matricaria (Anthemis) nobilis.

Fig. 106. Port de la plante
sauvage.

Fig. 107. Plante à capitules
dits doubles.

des feuilles. On rapproche des Tussilages les *Luina* (dont la place est quelque peu incertaine) et des genres à bractées bi- ou plurisériées, comme les *Alciope* et les *Cremanthodium*, qui ont en même temps des affinités étroites avec les Astérées et les Anthémidées.

On a souvent pris pour type d'une tribu particulière (*Anthémidées*), mais nous ne pouvons considérer que comme tête d'une sous-série des Hélianthées, les *Matricaria* et les *Anthemis*. Ainsi, une plante telle que la Camomille, souvent rapportée au genre *Matricaria* (fig. 106, 107), a des capitules à réceptacle convexe, avec des bractées membraneuses,

Matricaria (Anacyclus) Pyrethrum.

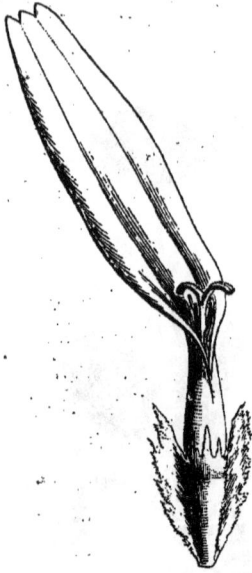

Fig. 109. Demi-fleuron.

Fig. 108. Rameau florifère.

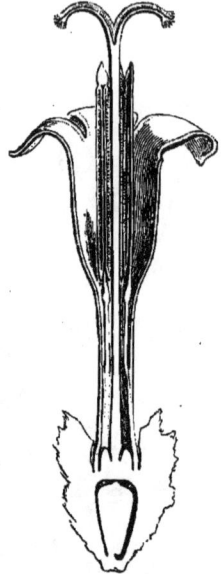

Fig. 110. Fleuron,
coupe longitudinale.

vertes dans une petite étendue et transparentes vers leurs bords plus ou moins déchiquetés. Elles font suite aux brac- tées de l'involucre, qui est formé de folioles plurisériées, imbriquées, plus larges et légèrement scarieuses sur les bords. Les fleurs du centre sont régulières, et celles de la périphérie ont une co- rolle ligulée. Toutes sont dépourvues de calice et ont l'ovaire fertile et uniovulé, surmonté d'un style à deux branches. Le tube comprimé des corolles ligulées est sur-

Santolina (Achillea) Millefolium.

Fig. 111. Demi-fleuron($\frac{5}{1}$).

Fig. 112. Fleuron.

monté d'un limbe étalé (ici blanc), à trois dents; et les corolles régulières (jaunes) ont cinq dents valvaires au
limbe qui surmonte un tube légèrement
renflé et entoure cinq étamines à anthères
syngenèses, obtuses et presque entières à la
base. Les branches stylaires sont grêles et
révolutées dans la fleur irrégulière; dans la
fleur régulière, elles sont divergentes, un
peu renflées et tronquées au sommet, nu où
surmonté d'une aigrette de soies ou d'écailles
généralement courtes. Les Matricaires sont
des herbes de l'ancien monde, souvent
aromatiques, à feuilles alternes, plus ou
moins découpées, à capitules pédonculés.
Nous rapportons à ce genre les *Anthemis*,
les *Cladanthus*, les *Anacyclus* (fig. 108-110),
qui ne s'y distinguent comme sections que
par des caractères de minime importance.
Les derniers ont certains fruits pourvus
d'ailes courtes, déchiquetées sur les bords;
les *Cladanthus* ont plusieurs feuilles florales
disséquées, et les pédoncules des capitules

Chrysanthemum Balsamita.

Fig. 113. Rameau florifère.

secondaires naissant immédiatement contre
les capitules primaires. Les *Lidbeckia*, *Eumorphia*, *Leucampyx*, *Mecomischus* et *Thamnophyllum* en sont aussi des
sections plus ou moins anormales, surtout
quant aux organes de végétation.

A côté des *Anthemis*, cette sous-série comprend les genres très voisins : *Chrysanthemum*
(fig. 113, 114) (y compris les Pyrèthres et les
Tanaisies), *Cancrinia*, *Peyrousea*, *Œdera*, *Baileya* (les seuls particuliers à l'Amérique du
Nord, tandis que la plupart des genres de ce
groupe appartiennent à l'ancien continent),
Santolina (dont font partie les Achillées), *Athanasia* (y compris ses sections anormales *Lasiospermum*, *Eriocephalus*, *Diotis* et *Pentzia*),
(?) *Gymnopentzia*, *Lepidostephium*, *Phymasper-
mum; les *Soliva*, dont les fleurs femelles ont une corolle rudimentaire

Chrysanthemum Tanacetum.

Fig. 114. Fleuron ($\frac{4}{1}$).

ou même tout à fait absente ; le *Ceratogyne*, petite herbe australienne, dont la corolle est anormale, à ligule plane ou concave dans les fleurs femelles, tandis que le limbe régulier des fleurs du disque est dilaté et 3-4-denté ; les *Cotula*, petites herbes, souvent rampantes ou ces-

Artemisia Dracunculus.

Fig. 115. Rameau
florifère.

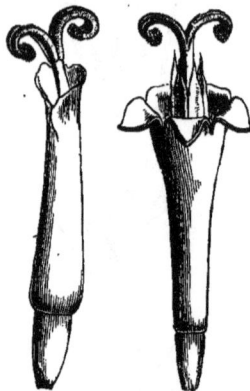

Artemisia Absinthium.

Fig. 117.
Demi-fleuron ($\frac{12}{1}$).

Fig. 116.
Fleuron.

piteuses, qui abondent dans les régions chaudes des deux mondes et dont les fleurs femelles ont une corolle courte, conique ou nulle, tandis que celle des fleurs hermaphrodites est tubuleuse, 4-dentée, dilatée ou non à sa base. Comme dans plusieurs des types précédents, celui-ci a des styles à branches tronquées ou obtuses ; plus souvent, dans les fleurs stériles, le style demeure indivis. Enfin les *Artemisia* (fig. 115-117), parmi lesquels sont compris les *Absinthium* et les *Crosso-stephium*, établissent, par leurs capitules petits et réduits, une sorte de passage entre les Astérées ou les Hélianthées les plus complètes et les types éminemment amoindris que représentent les *Ambrosia* et les *Xanthium*. Les *Absinthium* ont le réceptacle couvert de poils ou d'écailles étroites. Les *Crossostephium* sont en même temps très analogues aux Tanaisies ; mais ils ont un involucre largement campanulé, à bractées disposées sur deux ou trois séries. Leurs fleurs femelles sont nombreuses, et leurs fruits sont pourvus de cinq côtes longitudinales.

VIII. SÉRIE DES AMBROISIES.

Les Ambroisies [1] (fig. 118-123) représentent un type très réduit des Composées, et qui a souvent été relégué dans une famille à part. Les fleurs y sont monoïques, et les mâles sont disposées en capitules [2], entourés d'un involucre gamophylle, en forme de coupe ouverte en

Ambrosia maritima.

Fig. 119. Fleur mâle.　　　　Fig. 118. Rameau florifère.　　　　Fig. 120. Fleur mâle, coupe longitudinale.

en haut et découpée sur ses bords en un nombre variable (4-12) de lobes. Insérées sur un réceptacle peu étendu et presque plan en dessus, les fleurs sont monopérianthées, formées d'une corolle campanulée, à limbe partagé en cinq lobes valvaires, et à tube court, vers le haut duquel s'insèrent cinq étamines alternes et formées chacune

---

1. *Ambrosia* T., *Inst.*, 430, t. 252. — L., *Gen.*, n. 1057. — J., *Gen.*, 191. — Lamk, *Dict.*, I, 127; Suppl., I, 322; *Ill.*, t. 675. — Gærtn., *Fruct.*, II, 417, t. 164. — Cass., in *Dict. sc. nat.*, XXV, 203. — Less., *Syn.*, 219. — DC., *Prodr.*, V,

525. — Endl., *Gen.*, n. 2482. — Payer, *Organ.*, 638, t. 129; *Fam. nat.*, 29. — H. Bn, in *Dict. encycl. sc. méd.*, III, 552. — B. H., *Gen.*, II, 354, n. 347.

2. « Capitula submascula. »

d'un filet et d'une anthère biloculaire, introrse, déhiscente par deux fentes longitudinales[1], et surmontée d'un prolongement triangulaire du connectif ou d'une soie apiculaire courte et incurvée[2]. Du centre de la fleur se dégage un rudiment de gynécée, consistant en un style dressé dont le sommet se dilate en une tête papilleuse déprimée. Les fleurs femelles sont solitaires dans un involucre sacciforme (fig. 121-123), dilaté vers le milieu de sa hauteur et portant à ce niveau un petit nombre (4-8) de saillies coniques et aculéiformes, assez régulièrement disposées sur une seule rangée. Au-dessus d'elles, l'involucre s'atténue

Ambrosia maritima.

Fig. 121. Fleur femelle. Fig. 122. Fleur femelle, coupe longitudinale. Fig. 123. Gynécée.

en un cône dont le sommet laisse passer les branches stylaires par une étroite ouverture, à bords entiers ou légèrement dentés. Inséré au fond de cet involucre, l'ovaire uniloculaire renferme un seul ovule[3], presque basilaire, anatrope, à micropyle inférieur[4], et il est surmonté d'un style qui presque dès sa base se partage en deux longues branches exsertes, divergentes, subulées et papilleuses. Le fruit est sec, dur, étroitement enfermé dans l'involucre persistant, hérissé, et il contient une graine à embryon charnu, huileux, dépourvu d'albumen et dirigeant sa radicule en bas. Les Ambroisies sont des plantes herbacées,

1. Le pollen est, d'après H. MOHL (in *Ann. sc. nat.*, sér. 2, III, 315), « sphérique avec trois courts plis; dans l'eau, sphérique avec trois pores; de courtes épines. *Ambrosia trifida*, *A. artemisiæfolia*, *Xanthium orientale* (non épineux). »
2. L'absence de cette soie a été regardée

comme un signe de la perfection de l'anthère (MECH., in *Proc. Amer. Acad.* [1871]).
3. PAYER (*Organog.*, 638) a vu dans ces fleurs jeunes « une collerette qui représente, dit-il, évidemment la corolle ».
4. Il n'a qu'un tégument incomplet; son insertion est très légèrement excentrique.

annuelles, vivaces ou frutescentes à la base, chargées de poils et odo-rantes, originaires de l'Amérique, où l'on en compte une dizaine d'espèces[1], sans parler d'une ou deux autres qui habitent les régions tempérées et chaudes des deux mondes, notamment vers les bords de la mer. Leurs feuilles sont opposées ou alternes, entières, lobées, incisées, bi- ou tripinnatiséquées. Leurs fleurs, petites et verdâtres, sont situées à l'aisselle des feuilles supérieures ou réunies plus haut en grappes ou en épis terminaux de capitules. Les mâles sont dans ce dernier cas. Les femelles, placées plus bas dans l'aisselle des feuilles, y forment des capitules uniflores, rapprochés en cymes contractées ou glomérules. Chaque fleur mâle est souvent accompagnée d'une bractée axillante, linéaire, filiforme.

Xanthium orientale.

Fig. 125. Fleur mâle.

Fig. 124. Rameau florifère (⅓).

Fig. 126. Fleur mâle, coupe longitudinale.

Certains *Ambrosia* qu'on a nommés *Franseria*[2], ont de une à quatre fleurs femelles dans le même involucre, qui porte en dehors deux ou plusieurs séries d'aiguillons rectilignes ou glochidiés. D'autres, dont on a fait un genre *Hymenoclea*[3] et qui sont, comme les précédents,

1 W., *Hort. berol.*, t. 2 (*Franseria*).—REICHB., *Ic. Fl. germ.*, t. 1577. — A. GRAY, in *Proc. Amer. Acad.*, VII, 355 (*Franseria*); *Emor. Exp., Bot.*, 87. — TORR., *Pl. Fremont.*, in *Smithson. Contrib.*, VI, t. 8 (*Hymenoclea*). — REMY, in *C. Gay Fl. chil.*, IV, 303 (*Franseria*), 305. — CHAPM., *Fl. S. Unit. St.*, 223. — BOISS., *Fl. or.*, III, 252. — GRISEB., *Fl. brit. W.-Ind.*, 369. — WILLK. et LGE, *Prodr. Fl. hisp.*, II, 274. — GREN. et GODR., *Fl. de Fr.*, II, 395. — WALP.,

Rep., II, 606, 696; VI, 153 (*Franseria*), 154; *Ann.*, II, 850 (*Franseria*), 851 (*Hymenoclea*); V, 214 (*Franseria*).
2. CAV., *Icon.*, II, 78, t. 200.— DC., *Prodr.*, V, 524. — ENDL., *Gen.*, n. 2481.—B. H., *Gen.*, II, 354, n. 348. — *Hemiambrosia* DELP., *Stud. s. Artem.*, 57. — *Hemixanthidium* DELP., *loc. cit.*, 60. — *Xanthidium* DELP., *loc. cit.*, 62.
3. TORR. et GRAY, *Pl. Fendler.*, 79.— B. H., *Gen.*, II, 344, n. 346.

américains, ont une seule fleur dans l'involucre; mais les aiguillons extérieurs de celui-ci sont représentés par une couronne formée d'un nombre variable (8-12) de lamelles foliiformes.

Les Lampourdes (*Xanthium*), qui se trouvent dans les régions tempérées et chaudes des deux mondes (fig. 124-131), ont les fleurs mâles des *Ambrosia*, entourées d'un involucre de folioles libres, de même

Xanthium orientale.

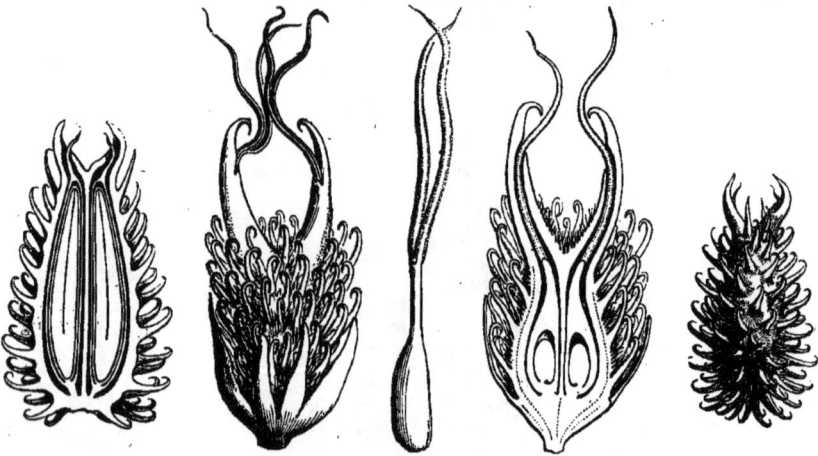

Fig. 131. Involucre fructifère, coupe longitudinale.   Fig. 127. Involucre femelle biflore, avec ses bractées.   Fig. 129. Fleur femelle.   Fig. 128. Involucre femelle biflore, coupe longitudinale.   Fig. 130. Involucre fructifère.

que leurs involucres femelles, chargés en dehors d'aiguillons droits ou crochus, renfermant chacun deux fleurs dont les styles sortent de l'involucre. Dans les *Iva*, qui sont américains, et qu'on a décomposés en plusieurs genres, les fleurs des deux sexes sont construites au fond comme celles des *Ambrosia* et des *Xanthium*, mais elles sont réunies dans les mêmes involucres : les mâles au centre et les femelles à la périphérie ; ces dernières sont ou pourvues d'une petite corolle tubuleuse, ou plus souvent apétales. Les capitules sont ordinairement réunis en inflorescences ramifiées et composées, et ces plantes se rapprochent beaucoup, à notre sens, de celles des Armoises qui ont une inflorescence analogue.

La famille des Composées [1], la plus nombreuse du Règne végétal et
la plus naturelle, dit-on, avait été instinctivement comprise par les
anciens botanistes. TOURNEFORT formait trois Classes de ses *Institu-
tiones* [2] des plantes herbacées et suffrutescentes qui se distinguent
« *flore flosculoso, semi-flosculoso* et *radiato* », confondant, bien entendu,
comme ses prédécesseurs et ses contemporains, le capitule avec une
fleur. DODOENS [3] avait, un siècle et demi plus tôt, distingué une Classe
des Chardons, et ZALUZIAN [4] admettait dès 1592 une Classe des Composées [5]. Pour LINNÉ, ces plantes constituaient la plus grande partie
de la Syngénésie, et il admit dans ses *Fragmenta Methodi naturalis* un
Ordre des *Compositi*. B. DE JUSSIEU [6] énumérait en 1759 trois Ordres
des *Cichoraceæ, Cinarocephalæ* et *Corymbiferæ;* tandis qu'ADANSON [7],
réunissant toutes les Composées dans une seule et même famille,
divisait celle-ci en dix sections des Laitues, Echinopes, Chardons,
Immortelles, Ambrosies, Tanésies, Conises, Jacobées, Soucis et
Bidens. A.-L. DE JUSSIEU [8] revint aux trois Ordres de son oncle, parmi
lesquels il inscrivit malheureusement les *Nephelium* et, plus tard, les
Calycérées. Il exprimait lui-même le vœu qu'un monographe soigneux
se livrât à une étude attentive de ces plantes. Ce fut pendant de longues années l'objectif de A.-H.-G. DE CASSINI [9]. A partir de 1836,
A.-P. DE CANDOLLE publia dans le *Prodromus* [10] une monographie des
Composées sur lesquelles il avait aussi rédigé un mémoire spécial. Il
mit à profit les travaux de LESSING [11], notamment son *Synopsis* [12], qui
datent de 1832. ENDLICHER [13], coordonnant les résultats obtenus par ses
prédécesseurs, énuméra dans cette famille 836 genres. En 1857,
PAYER [14], étudiant l'organogénie florale de ce groupe, fit disparaître la
plupart des théories erronées qu'on professait relativement à l'organisation des fleurs des Composées [15]. Récemment, MM. BENTHAM et

---

1. *Compositæ* VAILL., in *Act. Acad. par.* (1718-
1721). — L., *Ord. nat.*, 21. — *Synanthereæ* L.-C.
RICH., in *Marth. Cat. hort.* (1801), 85.
2. 74, 438-500, Cl. 12 (1700).
3. *Pempt.* (1552).
4. *Method. herb. libri* 3.
5. Dont il séparait, il est vrai, les Laitues, les
Chardons et les Scabieuses.
6. In *A.-L. Juss. Gen.*, LXIV.
7. *Fam. des pl.*, II (1763), 103, Fam. 16.
8. *Gen.* (1789), 168, Ord. 1-3.
9. In *Dict. sc. nat.*, LI, 443 ; *Opusc. phytol.*,
I, 1 (1826). Le vol. III (1834) contient un *Résumé
de la Synéranthologie.*
10. V, 4, Ord. 102 (1836) ; VI (1837) ; VII
(1838), 1-308.

11. De generibus *Cynarocephalarum* atque de
spec. generis *Arctotidis.*
12. « Syn. gen. *Compositarum* earumque dis-
positionis nov. Tentamen, monogr. multarum ca-
pens. interjectis » (Berlin).
13. *Gen.*, 355, Ord. 120.
14. *Organog. comp.*, 636, t. 133 ; *Fam. nat.*, 18
15. Sur l'histoire de cette famille, et sur ses
divisions en tribus, voy. surtout DC., *Mém.*, IX.
En 1819, (R. BROWN a publié, sur l'organisation, etc., de ces plantes, son très célèbre mémoire :
*Observations on the natural family of plants
called* Compositæ (in *Trans. Linn. Soc.*, XII,
76-142 ; *Misc. Works* (ed. BENN.), II, 259)
LINDLEY a donné à cette famille le nom d'*As-.
téracées* (*Veg. Kingd.*, 702, Ord. 273) ; et K.-H.

Hooker[1] reprirent pour leur *Genera* l'étude monographique de la famille et y réunirent près de 800 genres, qu'ils partagent en treize tribus : *Vernoniacées, Eupatoriacées, Astéroïdées, Inuloïdées, Hélianthoïdées, Hélénioïdées, Anthémidées, Sénécionidées, Calendulacées, Arctotidées, Cynaroïdées, Mutisiacées, Chicoracées.* Pour nous, le nombre des tribus ou séries se réduit à huit, comprenant 403 genres[2], et dont plusieurs sont elles-mêmes divisées en sous-séries, de la façon suivante :

I. CARDUÉES[3]. — Capitules homogames, à fleurs semblables ou légèrement dissemblables. Corolles complètes et tubuleuses, régulières (fleurons), ou bien plus ordinairement légèrement irrégulières, 5-fides. Réceptacle épais, souvent subcharnu, alvéolé ou plus souvent chargé de soies, de fimbrilles ou de paillettes. Bractées de l'involucre nombreuses, pluri- ou multisériées, à sommet scarieux, ou épineux, ou surmonté d'un appendice foliacé, ordinairement étroitement imbriquées. Anthères à loges prolongées inférieurement en queue. Style à sommet presque entier ou à deux branches courtes, dressées ou peu divergentes ; souvent dilaté ou chargé de poils en dehors, au-dessous de sa portion papilleuse. Fruit ordinairement dur, à insertion basilaire ou oblique ; aigrette simple ou plurisériée, formée de soies linéaires ou aplaties, plus rarement nulle. — Herbes à feuilles alternes, souvent spinescentes. — 16 genres.

II. MUTISIÉES[4]. — Capitules homogames ou hétérogames, à fleurs irrégulières, toutes semblables, avec une corolle à limbe bilabié ; ou dissemblables, les extérieures (fleurs du rayon) irrégulières, et les intérieures (fleurs du disque) subrégulières ou moins irrégulières.

SCHULTZ (dit *bipontinus*), qui s'est attaché spécialement à l'étude de ces plantes et a publié sur elles plusieurs mémoires, de 1841 à 1866, les a nommées *Cassiniacées* (in *Flora* [1852], 129). M. MASTERS s'est occupé récemment d'expliquer leur organisation florale (in *Journ. Bot.* [1878], 33). L'auteur qui a avancé sur la constitution de leurs capitules les explications les plus absurdes, est M. J. DECAISNE (in *Dict. d'Orb.*, IV).

1. *Gen.*, II, 163, 1230, Ord. 88 (1873).

2. Sans parler des genres tout à fait douteux tels que : *Dadia* VELL. (*Fl. flum.*, VIII, t. 86), *Sabbata* VELL. (*loc. cit.*, t. 94), *Gomezia* LLAV. (*Reg. Trim. Mex.* (1832), 41, ex DC., *Prodr.*, VII, 262). Nous croyons même qu'avec une étude plus approfondie de tous les types, on peut encore pousser plus loin cette réduction, les caractères sur lesquels tant d'auteurs ont fondé à la légère des coupes génériques étant souvent sans valeur ou même imaginaires.

3. *Cynarocephalæ* J., *loc. cit.* — *Cynareæ* LESS., *Syn.*, 4. — DC., *Prodr.*, VI, 449, Trib. 5 (part.). — *Carduineæ* CASS. — *Carlineæ* CASS. — *Centaurieæ* CASS. — *Echinopsideæ* CASS. — *Arthrostyleæ* DUMORT., *Fl. belg. Prodr.*, 72.

4. CASS., in *Dict.*, VIII (1817), 395. — LESS., in *Linnæa* (1830), 237. — *Mutisiaceæ* LESS., *Syn.*, 92. — DC., *Prodr.*, VII, 1, Trib. 6. — ENDL., *Gen.*, 480. — B. H., *Gen.*, II, 484, Trib. 12. — *Labiatiflora* DC., in *Act. Acad. sc.* (1808) ; in *Ann. Mus.*, XIX, 59. — *Chœnanthophoræ* LAG., *Amœn.*, II (1811), 29. — *Perdicieæ* SPRENG., *Syst.*, III, 358, 501. — *Gerbereæ* DC., ex ENDL., *Gen.*, 481. — *Lerieæ* LESS., *Syn.*, 120. — *Facelideæ* LESS., *Syn.*, 123. — *Nassauvieæ* CASS., in *Dict.*, VIII, 395 ; *Op. phyt.*, II, 151. — *Nassauviaceæ* LESS., *Syn.*, 396. — DC., *Prodr.*, VII, 48, Trib. 7. — *Trixideæ* LESS., *Syn.*, 400.

Corolle 5-fide. Réceptacle nu ou rarement paléacé. Bractées de l'involucre ∞-sériées, imbriquées, inermes ou plus rarement spinescentes. Anthères à loges ordinairement prolongées en queue inférieurement. Style à branches de longueur variable, souvent courtes, obtuses, arrondies ou tronquées au sommet, non appendiculées. Fruit surmonté d'une aigrette variable, formée de soies linéaires ou paléacées, ou nulle. — Plantes herbacées ou ligneuses, assez souvent grimpantes, à feuilles alternes, rarement opposées. — 37 genres.

III. CICHORIÉES [1]. — Capitules homogames, à fleurs irrégulières, ayant le limbe de la corolle complet, 5-mère, 5-denté, mais ligulé (profondément fendu en dedans et déjeté en dehors). Réceptacle nu ou plus rarement pourvu de paillettes caduques. Involucre formé de bractées 1-∞-sériées, libres ou unies inférieurement; les extérieures assez souvent libres, réfléchies, plus petites [2]. Anthères à loges inférieurement nues ou pourvues d'un court prolongement sétiforme. Style à branches plus ou moins allongées, ordinairement grêles. Fruits surmontés d'une aigrette sessile, stipitée, à soies paléiformes, linéaires, entières, dentelées ou plumeuses, ou nulle. — Plantes presque toujours herbacées [3], à feuilles alternes, ayant généralement leurs organes gorgés de latex. — 19 genres.

IV. VERNONIÉES [4]. — Capitules homogames, à fleurs toutes régulières. Corolle [5] tubuleuse. Étamines à anthères sagittées ou appendiculées à la base (Euvernoniées [6]), ou subentières et non appendiculées (Eupatoriées [7]). Style à branches étroites ou subulées, à papilles saillantes (Euvernoniées), ou à branches souvent plus arrondies et plus obtuses, avec les papilles plus courtes (Eupatoriées). Fruits surmontés d'une aigrette formée de soies ou de paillettes, ou nulle. — Plantes souvent odorantes, herbacées, plus rarement ligneuses, à feuilles alternes ou opposées. — 37 genres.

1. Cichoraceæ VAILL., in Act. Acad. par. (1721). — J., Gen. 168. — ENDL., Gen., 493, Trib. 8. — Lactuceæ ADANS., Fam. des pl., II, 111. — CASS., Op. phyt., III, 14. — Cichoreæ SPRENG. — Ligulatæ GÆRTN. — Glossariphytum NECK. — Cichoriaceæ B. H., Gen., II, 504, Trib. 13. — Lampsaneæ LESS. — Hyoserideæ LESS. — Hypochœrideæ LESS. — Scolymeæ LESS. — Hieracieæ LESS. — Rodigieæ DC., Prodr., VII, 98.

2. A tort nommées souvent calycule.

3. Les Fitchia, Dendroseris, sont arborescents; certains Sonchus sont frutescents.

4. CASS., Tabl., II, 20; Op. phyt., I, 333. — Vernoniaceæ LESS., Syn., 145. — DC., Prodr., V, 9, Trib. 1. — ENDL., Gen., 356, Trib. 1. —

B. H., Gen., II, 223, Trib. 1. — Tagetineæ-Pectideæ CASS. — Rolandreæ CASS. — Elephantopeæ CASS. — Bojerieæ DC. — Pectideæ LESS. — Liabeæ CASS. — Albertinieæ DC. — Lychnophoreæ B. H.

5. Jamais jaune, dit-on, dans les Euvernoniées, et d'un blanc jaunâtre dans les Eupatoriées, mais non véritablement jaune (B. H.).

6. DC., Prodr., V, 10. — B. H., Gen., II, 170, Ser. 3.

7. CASS., Tabl., 19. — DC., Prodr., V, 103, Trib. 2. — Eupatoriaceæ LESS., Syn., 154. — ENDL., Gen., 365, Trib. 2. — B. H., Gen., II, 165, Trib. 2. — Adenostyleæ CASS. — Alomieæ LESS. — Agerateæ LESS. — Piquerieæ B. H.

V. Astérées[1]. — Capitules hétérogames, radiés, à fleurs du rayon irrégulières, hémiligulées[2], ou nulles, et à fleurs du disque (souvent de couleur jaune) régulières, existant seules assez souvent. Réceptacle plan ou plus ou moins convexe, rarement légèrement concave au centre. Involucre variable. Réceptacle le plus souvent nu. Étamines à anthères obtuses à la base (*Euastérées*), ou prolongées en soie ou queue (*Inulées*). Style à branches étroites ou plus ou moins aplaties, pourvues d'un appendice (*Euastérées*), ou sans appendice (*Inulées*), et assez souvent indivis dans les fleurs stériles. — Plantes ordinairement herbacées et à feuilles alternes. — 115 genres.

VI. Calendulées[3]. — Capitules hétérogames, radiés, ou rarement homogames par absence des fleurs irrégulières du rayon. Réceptacle nu, alvéolé ou paléacé. Bractées de l'involucre 1-2-sériées (*Eucalendulées*), ou ∞-sériées (*Arctotées*[4]), souvent sèches, scarieuses ou spinescentes au sommet. Anthères obtuses et sans prolongement à la base (*Arctotées*), ou prolongées en pointe ou en queue courte (*Eucalendulées*). Style à branches tronquées au sommet, ou obtuses, arrondies (*Arctotées*), ou encore indivis dans les fleurs stériles. Fruits souvent épais (rarement subcharnus), droits ou arqués, sans aigrette, ou plus rarement couronnés de poils laineux, ou d'une aigrette de soies courtes ou paléacées. — Plantes ordinairement herbacées, à feuilles alternes, souvent réunies en rosette à la base de la tige. — 15 genres.

VII. Hélianthées[5]. — Capitules hétérogames, radiés, ou dépourvus des fleurs hémiligulées du rayon. Involucre formé de bractées 1-∞-sériées, les intérieures parfois plus grandes et unisériées, accompagnées en dehors de bractées plus petites ou nulles (*Sénécionées*[6]), herbacées ou sèches et scarieuses au sommet (*Anthémidées*[7]). Réceptacle nu ou plus rarement paléacé. Anthères sans prolongements à la base (*Héléniées*[8], *Anthémidées*), ou quelquefois courtement mucronées.

1. DC., *Prodr.*, V, 217. — *Asteroideæ* Less., *Syn.*, 161. — B. H., *Gen.*, II, 165. — *Asterineæ* Nees, *Aster.*, 3. — *Amelleæ* DC. — *Heterothalameæ* DC. — *Erigereæ* DC. — *Heteropappeæ* DC. — *Bellieæ* DC. — *Chrysocomeæ* DC. — *Baccharideæ* Less., *Syn.*, 200. — *Plucheineæ* DC. — *Inuleæ* Cass., in *Ann. sc. nat.* (1829), 20. — *Inuloideæ* B. H., *Gen.*, II, 166, Trib. 4.
2. Sur la valeur de ce mot, indiquant une corolle différente de la véritable corolle ligulée, voy. H. Bn, in *Bull. Soc. Linn. Par.*, 261.
3. Cass., *Op. phyt.*, III, 54 (part.). — Less., *Syn.*, 89. — *Calendulaceæ* DC., in *Lindl. Nat. Syst.* (ed. 2), 261 ; *Prodr.*, VI, 449 (*Cynarearum* subtrib.). -- B. H., *Gen.*, II, 167, Trib. 9.

4. *Arctotideæ* Cass., in *Ann. sc. nat.* (1829), 10. — DC., *Prodr.*, VI, 484 (*Cynarearum* subtrib.). — B. H., *Gen.*, II, 167, Trib. 10.
5. Cass., *Op. phyt.*, III, 57 (part.). — Less., *Syn.*, 221. — *Senecionideæ* Less., *Syn.*, 218. — DC., *Prodr.*, V, 497, Trib. 4. — *Euxenieæ* DC. — *Millericeæ* DC. — *Silphieæ* DC. — *Melampodieæ* DC. — *Parthenieæ* DC — *Heliopsideæ* DC. — *Rudbeckieæ* DC. — *Coreopsideæ* DC. — *Bidentideæ* Less. — *Verbesineæ* Less.
6. *Senecioideæ* B. H., *Gen.*, II, 167, Trib. 8.
7. *Anthemideæ* B. H., *loc. cit.*, Trib. 7.
8. *Helenieæ* Cass., *Opusc. phyt.*, III, 36. — Endl., *Gen.*, 420, Subtrib. 5. — *Helenioideæ* B. H., *Gen.*, II, 167, Trib. 4.

Style à branches tronquées au sommet (*Anthémidées*), plus raremen appendiculé et parfois indivis dans les fleurs stériles. Fruits non angu- leux, ou comprimés (*Euhélianthées*), ou 3-4-gones (*Euhélianthées'*), ou 4-5-angulés ou 8-10-costés (*Héléniées*). Aigrette formée de soies (*Sénécionées*), ou de paillettes, ou d'écailles coroniformes, ou courtes (*Anthémidées*); ou nulle, quelquefois (*Euhélianthées*) remplacée par 2-4 saillies aristées, nues ou glochidiées. — Plantes herbacées, rare- ment ligneuses, souvent odorantes, aromatiques, à feuilles opposées, plus souvent alternes. — 161 genres.

VIII. AMBROSIÉES [2]. — Capitules unisexués-monoïques ou hétéro- games. Fleurs mâles ordinairement nombreuses, sur le réceptacle pourvu entre elles de paléoles souvent sétiformes et entouré d'un invo- lucre de bractées libres ou unies entre elles. Gynécée des fleurs mâles réduit ordinairement au style. Fleurs femelles apérianthées ou pour- vues d'une corolle petite, tubuleuse ou rudimentaire, disposées autour des fleurs mâles ou reléguées en petit nombre (1-4) dans un involucre sacciforme, portant un nombre variable de cornes ou d'aiguillons et atténué supérieurement en un cône étroitement perforé pour le passage des styles. — 3 genres.

Nous devons reconnaître qu'aucune de ces séries n'est absolument tranchée, et que, les affinités étant multiples dans un groupe aussi étroitement naturel, il y a des types qui relient les unes aux autres plusieurs des séries. Cela tient aussi à ce qu'aucun des caractères auxquels ont eu recours les divers classificateurs pour partager les Composées ne peut être une fois pour toutes admis comme prépon- dérant, et qu'il n'y a pas dans ce groupe de subordination absolue pour la plupart des caractères qu'on a placés à des rangs plus ou moins inférieurs. Ces réserves étant admises, c'est le mode de classification adopté par TOURNEFORT qui, avec les additions et modifications que comportent les accroissements nouveaux de la science, paraît être à la fois le plus simple, le plus clair et le plus naturel. On sait qu'il par- tageait les Composées en *Flosculeuses, Semi-flosculeuses* et *Radiées,* suivant que les capitules étaient formés de fleurs toutes régulières, de fleurs toutes irrégulières, ou de fleurs régulières entourées de fleurs irrégulières. LINNÉ en fit quatre groupes de sa *Polygamie,* distingués par les noms d'*égale, superflue, inutile* et *nécessaire.* Après eux, dit

1. *Helianthoideæ* B. H., *Gen., loc. cit.,* 166, Trib. 5.
2. DC., *Prodr.,* V, 522 (*Senecionidearum*

Div. 5). — B. H., *Gen.,* II, 166 (*Helianthoi- dearum* Subtrib. 4). — PAYER, *Fam. nat.,* 29, Fam. 8. — *Ambrosiaceæ* LINK, *Handb.,* I, 816.

avec justesse PAYER [1], « CASSINI, DE CANDOLLE, etc., ont cherché dans la forme des branches du style et dans la disposition des papilles stigmatiques sur ces branches, les bases de la classification des Composées. Il ne nous paraît pas qu'ils aient réussi à mettre plus de clarté dans la distinction de ces plantes en augmentant les difficultés. Aussi reviendrons-nous aux divisions de TOURNEFORT, qui ont au moins l'avantage d'être faciles à déterminer, en y ajoutant toutefois quelques-unes que les progrès de la science ont rendues nécessaires. » PAYER partageait la famille en sept sections : Carduacées, Chicoracées, Nassaviées, Centaurées, Chrysanthémées, Printziées, Chaptaliées, et il faisait une famille à part des Ambrosiées.

Il n'y a, en somme, que peu de caractères constants dans tout ce groupe : l'ovaire infère, uniloculaire [2] et uniovulé; l'ovule anatrope [3] et ascendant [4]; le fruit indéhiscent, l'embryon exalbuminé; la corolle gamopétale et peut-être la syngénésie [5] et l'absence d'un véritable calice. Quelques autres sont presque constants, sans l'être absolument : l'inflorescence en capitules simples [6], la préfloraison valvaire du périanthe, le péricarpe sec. D'autres enfin sont extrêmement variables et peuvent servir à distinguer les genres, mais jamais, à notre sens, d'une façon absolue : la situation des capitules, la constitution de l'aigrette quand elle existe, la configuration de la base des anthères et des divisions du style [7]; l'état nu, alvéolé, fimbrillé ou paléacé du réceptacle; la composition de l'involucre, le contenu des tissus [8], l'odeur ou la saveur des organes de végétation [9].

---

1. Leç. Fam. nat., 19.

2. R. BROWN (Obs. Compos., in Trans. Linn. Soc., XII, 89; Misc. Works, ed. BENN., II, 270) a vu que souvent, dans cet ovaire, il y a deux cordons qui, nés en face l'un de l'autre, au niveau de l'insertion ovulaire, s'élèvent plus ou moins unis à sa paroi jusque vers son sommet (Chordæ pistillares), et qu'on a considérés comme formés du tissu conducteur de ces plantes. PAYER a démontré organogéniquement, il y a vingt-cinq ans, la dicarpellie des Composées, entrevue même avant lui, et que d'honnêtes auteurs de nos jours s'attribuent.

3. Il n'a jamais qu'une enveloppe; elle est fort incomplète et parfois même à peu près nulle.

4. Il n'est jamais exactement dressé, c'est-à-dire basilaire; mais son insertion est plus ou moins excentrique; son raphé est antérieur.

5. Il y a quelques cas où les anthères sont simplement au contact les unes des autres.

6. Parfois ce sont des capitules composés, et ailleurs des capitules de cymes contractées.

7. On regarde le véritable tissu stigmatique comme représenté par les deux bandes glanduleuses étroites qui occupent le bord de la face interne de ces divisions, et qu'on ne doit pas confondre avec les poils collecteurs qui occupent la surface extérieure.

8. Ce sont tantôt, suivant les séries, des principes amers, des essences volatiles, ou, comme dans les Cichoriées, etc., un latex abondant. Ses réservoirs ont surtout été, dans les Chicoracées, étudiés par M. TRÉCUL (in comp. rend. Acad. sc., LXI, 785; in Adansonia, VII, 169), qui a rappelé les travaux sur cette question de K.-H. SCHULTZ, UNGER, SCHACHT, HANSTEIN, etc. (Pour les recherches relatives à l'anatomie des tiges des Composées, sur laquelle il y aurait presque tout à faire, voy. OLIV., Stem Dicot., 19.)

9. En général (et les exceptions sont nombreuses), on dit que les Astérées et Hélianthées se reconnaissent à leur odeur aromatique, les Carduées à leur saveur amère, les Cichoriées à leur suc vireux et visqueux.

AFFINITÉS.—Les Composées se rapprochent surtout des Ombellifères, des Rubiacées et des Campanulacées. On les éloigne d'ordinaire beaucoup des premières à cause de leur gamopétalie; mais on sait aujourd'hui que les unes et les autres peuvent avoir les fleurs disposées en capitules de cymes. C'est là l'ordinaire des Rubiacées à fleurs non pédicellées, qui n'ont pas généralement de véritables capitules, et qui sont quelquefois polypétales. D'ailleurs les Composées ont, comme le plus souvent les Rubiacées et les Ombellifères, le gynécée dicarpellé, avec un des carpelles dépourvu d'ovule, ainsi qu'il arrive dans les Dipsacacées; et comme il y a parmi les Rubiacées des types à ovule descendant et d'autres à ovule ascendant (les deux directions pouvant s'observer dans un même genre), il n'est pas absolument logique de séparer dans des familles distinctes les Composées, les Dipsacées et les Boopidées. Les Composées à corolles ligulées et bilabiées sont, dans ce groupe, les analogues des Lonicérées à corolle irrégulière et à fleurs subcapitées parmi les Rubiacées. Indiquons un rapport plus éloigné avec des types à gynécée supère, tels que les Stilbées et les Brunoniées. Ces dernières relient les Composées aux Campanulacées, qui rappellent beaucoup les Cichoriées, surtout par les types irréguliers de la série des Lobéliées, grâce à l'ovaire infère, la dicarpellie fréquente, l'union des anthères et le suc laiteux de la plupart des organes; mais les Campanulacées ont presque toujours les ovules en nombre indéfini, le fruit charnu ou capsulaire et les graines albuminées.

DISTRIBUTION GÉOGRAPHIQUE [1]. — De même que cette famille est la plus nombreuse du Règne végétal, elle est aussi la plus largement disséminée à la surface du globe, « ea lege, dit ENDLICHER [2], ut imminuto versus polos et decrescente aliquantulum versus æquatorem numero, in regionibus temperatis calidioribus frequentius habitant, copiosissime autem in insulis tropicis subtropicisque, et in continentium tractu non longe a maris littore remoto nascantur.» Dans l'Europe moyenne, les Composées forment jusqu'au septième de toute la végétation phanérogamique, et il en est de même dans une grande partie de l'Amérique du Nord. Mais, quand dans cette partie du monde on s'avance vers l'ouest, on arrive à des régions, comme celle de la Nou-

---

1. Voy. LECOQ, Géogr. bot., VII, 1-291.   2. Enchirid., 252.

velle-Californie, où le cinquième de là flore est représenté par les plantes de cette famille. Dans les portions extratropicales de l'Afrique, la proportion est à peu près la même qu'en France; mais au sud elle augmente jusqu'au sixième; il est vrai que les environs du Cap ont été assez bien explorés pour que toutes les Synanthérées de ce pays soient à peu près connues. Chez nous, le nombre relatif des Composées s'accroît à mesure qu'on s'élève sur les montagnes, et il en est de même en Amérique dans la région andine. Dans les régions tropicales ou sous-tropicales, il y a beaucoup moins de Composées, puisque l'on n'en compte que $\frac{1}{33}$ à Java, $\frac{1}{32}$ à Timor et à Norfolk, $\frac{1}{16}$ aux îles Sandwich. Mais dans les îles des côtes américaine et africaine, ces plantes prennent souvent le caractère arborescent: c'est ainsi qu'à Juan-Fernandez appartiennent en propre les *Dendroseris*, les *Robinsonia* et *Vendredia*; à Sainte-Hélène, les *Melanodendron*, *Commidendron*, etc. Les *Fitchia*, également ligneux, sont d'Otahiti et des îles voisines de l'océan Pacifique, et c'est à Madagascar que croissent les *Synchodendron* qu'on dit être de grands arbres. Le mode général de distribution de la famille s'applique assez bien à quelques-unes de ses séries, comme les Carduées, les Cichoriées, les Héliauthées et les Astérées. Mais il n'en est pas de même pour les Ambrosiées, les Mutisiées, les Vernoniées proprement dites, et, parmi les Sénécionées, le petit groupe des Arctotées. Presque toutes les Ambrosiées sont américaines-occidentales; il n'y en a que quelques-unes de dispersées dans les régions tempérées de l'ancien monde. Les Mutisiées sont en général tropicales et américaines; il y en a beaucoup moins dans l'Afrique tropicale, moins encore en Asie, et les types sibériens, tels que l'*Anandria*, sont tout à fait exceptionnels au point de vue géographique. Les trois quarts des Vernoniées vraies appartiennent aussi à l'Amérique tropicale et soustropicale. Les Arctotées, au contraire, sont presque toutes de l'Afrique australe ou tropicale, et il n'y en a qu'une en Australie, le *Cymbonotus*. Par le port d'un grand nombre de ses espèces, surtout parmi les Hélichrysées, ce dernier pays offre une grande analogie avec ce qui se voit au Cap. Il en est de même en partie à Madagascar; et si dans cette grande île il y a beaucoup de genres monotypes, spéciaux au pays, c'est peut-être parce que la flore est encore trop incomplètement connue, ou qu'ils n'ont pu être étudiés que superficiellement; ce qui a empêché souvent de les rattacher aux groupes génériques de l'Asie et de l'Afrique tropicales. Les Vernoniées sont nombreuses aussi à Madagascar. Dans les îles à situation extrême, comme Auckland et

Campbell, les genres herbacés exceptionnels, tels que les *Celmisia*, *Pleurophyllum*, etc., donnent à la végétation un cachet tout particulier et fournissent un argument puissant à la théorie des centres multiples de création. En Europe, les Composées remontent très haut vers le pôle : les Tussilages, la Tanaisie et la Verge-d'or jusqu'à 70 degrés, les Eupatoires jusqu'à 60 degrés, la Pâquerette jusqu'à 65 degrés, les *Erigeron* jusqu'à 80 degrés, les Seneçons, les *Cirsium*, les Jacées et les *Bidens* jusqu'à 68 degrés. Il y a des Achillées, des Pissenlits et des *Gnaphalium* jusqu'au cap Nord, par 71 degrés. Le *Taraxacum palustre* croît au Spitzberg par 80 degrés, et l'on trouve quelques Composées, dans les deux mondes, jusque dans la zone des neiges perpétuelles [1].

1. A.-P. DE CANDOLLE a traité spécialement en 1838 de la distribution géographique des Composées, et de leur statistique dans un de ses mémoires (X). Pour cette famille, comme pour le groupe des Légumineuses-Papilionacées, nous ne pourrons donner le tableau des espèces appliquées qu'après l'énumération des genres auxquels elles appartiennent.

GENERA

—

I. CARDUEÆ

1. Carduus T. — Flores capitati, homomorphi hermaphroditi fertiles; singulorum receptaculo valde concavo bursiformi germenque intus adnatum fovente. Pappus receptaculi ori extus insertus ejusque annulo brevi prominulo cinctus et constans e setis ∞, ∞-seriatis, rigidis v. mollibus, simplicibus, barbellatis v. serrulatis (*Eucarduus, Serratula, Silybum, Tyrimnus*) plumosisve (*Cynara, Galactites, Cnicus*). Corolla tubulosa; tubo recto v. plus minus curvato ; limbi subregularis v. plus minus irregulari-obliqui lobis 5, inæqualibus, valvatis. Stamina 5, cum lobis corollæ alternantia; filamentis tubo insertis, margine sæpius pilosis papillosisve, liberis v. pilorum ope in tubum coalitis spurieque 1-adelphis (*Tyrimnus, Silybum, Galactites*); antheris margine in tubum cohærentibus, connectivo producto superne coronatis basique sagittata auriculis 2 plus minus caudatis auctis; loculis 2, introrsum rimosis. Germen inferum, 1-loculare; stylo basi plus minus dilatato, superne 2-lobo ; ramis brevibus v. rarius elongatis obtusiusculis. Ovulum 1, paulo supra basin loculi excentrice insertum, anatropum; micropyle infera. Fructus siccus, lævis v. 5-10-costatus, apice umbonatus et pappo coronatus, areola basilari v. nunc plus minus magisve (*Serratula*) laterali insertus, indehiscens; semine suberecto exalbuminoso; embryonis carnosi oleosi cotyledonibus plano-convexis; radicula brevi infera. — Herbæ annuæ v. perennes, simplices v. ramosæ; foliis alternis, sæpe decurrentibus, sinuatis, dentatis, serratis, pinnatifidis v. pinnatisectis; dentibus lobisve ciliatis v. sæpius spinosis; capitulis terminalibus, pedunculatis, solitariis v. cymosis, nunc subsessilibus dissitisve; receptaculo superne plano v. concaviusculo, nudo, foveolato v. breviter fimbrillifero (*Onopordon*), sæpius inter flores setoso ; involucri bracteis ∞, inæqualibus, imbricatis, apice spinescentibus v. in appendicem rigidam pungentem desinentibus (*Cynara, Silybum*), nunc autem (*Silybum*) spinoso-marginatis. (*Orbis vet. reg. temp. et calid.*) — *Vid. p.* 1.

2? **Cousinia** CASS.[1] — Flores[2] fere *Cardui*, homomorphi, exteriores nunc pauci neutri. Receptaculum planum setoso-paleaceum antheræque basi appendiculatæ *Cardui;* auriculis antherarum varie setosis plumosisve; filamentis glabris. Fructus glabri v. nunc longe villosi (*Thevenotia*[3]); styli ramis angustis; pappi seti ∞, 1-seriatis, nunc basi dilatata induratis, simplicibus v. 0 (*Eucousinia*), nunc plumosis (*Thevenotia*). — Herbæ annuæ v. perennes, carduaceæ; foliis alternis spinoso-dentatis lobatisve; capitulis terminalibus, solitariis v. cymosis; involucro globoso ovoideove; bracteis ∞, ∞-seriatis, imbricatis, sæpius spinescentibus; exterioribus nunc (*Thevenotia*) majoribus foliaceis spinoso-lobatis[4]. (*Asia med. et occ.*[5])

3. **Arctium** L.[6] — Flores[7] homomorphi hermaphroditi; corolla subregulari, valvata, summo tubo dilatata. Stamina imæ corollæ dilatationi inserta; filamentis liberis glabris; antheris basi longe caudatis; caudis mollibus subulatis, nunc subciliatis. Stylus basi disco epigyno cinctus; ramis linearibus recurvis, basi annulo pilorum cinctis. Fructus compressus, ∞-costatus truncatus; insertione subbasilari; pappi setis crebris inæqualibus inæquali-barbellatis. — Herbæ elatæ erectæ; radice nunc crasse conica; foliis alternis v. basi rosulatis, magnis, petiolatis, sæpius basi cordatis, haud lobatis; capitulis solitariis subsessilibus v. in cymam terminalem dispositis; receptaculo subcarnoso plano v. convexiusculo, inter flores dense setoso; involucri subglobosi bracteis ∞, imbricatis, ∞-seriatis, basi carnosulis,

1. In *Dict. sc. nat.*, XLVII, 503. — DC., *Prodr.*, VI, 552. — ENDL., *Gen.*, n. 2862. — B. H., *Gen.*, II, 467, n. 632. — *Auchera* DC., *Mém. Comp.*, t. 11; *Prodr.*, VI, 557.
2. Albi, citrini v. rosei.
3. DC., in *Guillem. Arch. bot.*, II, 331; *Prodr.*, VI, 551. — ENDL., *Gen.*, n. 2861. — B. H., *Gen.*, II, 466, n. 630.
4. Genus hinc *Carduo*, inde *Atractyli*, quibus nunc jungitur (BOISS., *Diagn. or.*, VI, 110) proximum.
5. Spec. ad 110. BIEB.,*Cent.pl. rar.*,t.44 (*Carduus*). — DELESS.,*Ic. sel.*, IV, t. 72 (*Thevenotia*).

— EICHW., *Pl. caucas.*, t. 37. — BÉLANG., *Voy. Ind. or.*, *Bot. ic.* — JAUB. et SP., *Ill. pl. or.*, t. 156-178. — BUSHE, *Pl. transkauk.*, t. 9. — BGE, in *Mém. Acad. Pétersb.*, sér. 7, IX, n. 2. — BOISS., *Diagn. or.*, ser. 2, III, 52; *Fl. or.*, III, 454 (*Thevenotia*), 458. — WALP., *Rep.*, II, 669; VI, 284; *Ann.*, I, 432; II, 928; V, 354.
6. *Gen.*, n. 923 (nec LAMK). — B. H., *Gen.*, II, 466, n. 631. — *Lappa* T., *Inst.*, 450, t. 256. — GÆRTN., *Fruct.*, II, 379, t. 162. — DC., *Mém. Comp.*, 20; *Prodr.*, VI, 661. — ENDL., *Gen.*, n. 2892.
7. Sæpius purpurascentes v. violacei.

rigidis, apice longe subulato introrsum glochidiatis. (*Europa, Asia, temp.*[1])

4. Stæhelina L.[2] — Flores[3] fere *Cardui;* receptaculo longe
•obconico, superne planiusculo, nudo v. setoso. Bracteæ involucri
elongati ∞, inæquales inermes, imbricatæ. Flores in capitulo ∞,
æquales v. nunc solitarii; corolla (*Cardui*) irregulari v. nunc subregulari. Antherarum auriculæ nunc crassiusculæ, rugosæ v. laceræ.
Fructus[4] glabri v. villosi; pappi setis ∞, rigidulis, 1-seriatis, basi
complanatis liberisque v. breviter connatis, superne barbellatis v. serrulatis. — Herbæ, basi frutescentes; ramis sæpe virgatis; foliis alternis,
integris v. sinuatis, subtus scabris v. albido-tomentosis; capitulis
terminalibus solitariis v. dense cymosis[5]. (*Reg. medit.*[6])

5. Saussurea DC.[7] — Flores[8] homomorphi (fere *Cardui*); involucri subglobosi, ovoidei v. oblongi, bracteis ∞, ∞-seriatis, ab exterioribus ad interiores longioribus, muticis, acutis v. rarius scarioso-
appendiculatis. Receptaculum planum convexumve, nudum v. sæpius
inter flores setosum paleaceumve. Corolla subregularis v. inæquali-
5-fida. Antheræ auriculæ variæ, connatæ, breves v. caudiformes, ciliatæ
v. laceræ. Styli rami lineares, sæpius leviter compressi. Discus circa
styli basin repente attenuatam prominulus. Fructus compressi v. sæpius 4-∞-costati; pappi setis pluriseriatis; interioribus longioribus
plumosis; exterioribus brevioribus ∞, breviter plumosis, denticulatis,
barbellatis v. glabris, basi receptaculi margine annulari integro v. nunc
(*Hemistepta*[9]) in squamulas breves plumulosas producto cinctis. —

1. Spec. 1, 2 (descr. 7, 8). Reichb., *Ic. Fl. germ.*, t. 811, 812 (*Lappa*). — Schkuhr, *Handb.*, t. 227. — Boiss., *Fl. or.*, III, 457 (*Lappa*). — Gren. et Godr., *Fl. de Fr.*, II, 280 (*Lappa*). — Walp., *Rep.*, II, 676; VI, 307.

2. *Gen.*, n. 938. — DC., *Prodr.*, VI, 543. — Endl., *Gen.*, n. 2858. — B. H., *Gen.*, II, 471, n. 640. — *Barbellina* Cass., in *Dict.*, L, 440. — *Hirtellina* Cass., in *Dict.*, L, 440.

3. « Purpurascentes. »

4. Stylus plerumque ad basin dilatatus sub-tusque repente attenuatus ibique summo disco conico cinctus.

5. An huj. gen. *Kœchlea* (Endl., *Gen.*, Suppl., II, 48; — B. H., *Gen.*, II, 471), planta olim culla nec servata, quæ differre dicitur involucri bracteis foliaceis; exterioribus apice patentibus?

6. Spec. 5, 6. Lamk, *Ill.*, t. 666, fig. 3, 4 (*Serratula*). — Sibth., *Fl. græc.*, t. 845, 846. — Reichb., *Ic. Fl. germ.*, t. 810. — Jaub. et Sp.,

Ill., pl. or., t. 397. — Boiss., *Voy. Esp.*, t. 106; *Fl. or.*, III, 455.

7. In *Ann. Mus.*, XVI (1810), 198, t. 10-13; *Prodr.*, VI, 532. — Endl., *Gen.*, n. 2853. — B. H., *Gen.*, II, 471, n. 642. — *Theodora* Cass., in *Dict.*, LIII (1818), 463. — *Lagurostemon* Cass., in *Dict.*, LIII, 466. — *Heterotrichum* Bieb., *Fl. taur.-cauc.*, III, 551 (nec DC.). — *Bennetia* S.-F. Gray, *Nat. Arr. brit. pl.*, II, 440. — *Aplotaxis* DC., in *Guillem. Arch. bot.*, II, 330; *Prodr.*, VI, 538; *Mém. Comp.*, t. 10. — Endl., *Gen.*, n. 2854. — *Haplotaxis* Walp., *Rep.*, II, 669; VI, 282. — *Eriostemon* Less., *Syn.*, 12 (nec Sm.). — *Frolovia* Ledeb., ex DC., *Prodr.*, VI, 538. — *Cyathidium* Lindl., in *Royl. Ill. himal.*, 251, t. 56. — *Aucklandia* Falc., in *Trans. Linn. Soc.*, XIX, 23.

8. Purpurascentes v. cærulescentes.

9. Bge, in *Dorp. Jarb. Litt.*, I, 221. — Maxim., in *Bull. Acad. Pét.*, XIX, 512; *Mél. biol.*, IX,

Herbæ perennes v. rarius biennes, glabræ v. varie vestitæ; foliis alternis, integris, dentatis, lyratis v. pinnatifidis; divisuris sæpius muticis; capitulis terminalibus solitariis v. cymosis. (*Europa, Asia temp. occ., centr. et or., America. bor.*[1])

6? **Goniocaulon** CASS.[2] — Flores fere *Saussureæ;* pappi setis ∞, paleaceis, ∞-seriatis, breviusculis valde inæqualibus[3]. Stamina filamentis pilosis; antherarum auriculis connatis caudatis. — Herba annua erecta glabra; caule ramoso angulato; foliis alternis angustis dentatis; capitulis angustis in cymas corymbiformes irregulares dispositis, paucifloris; involucri bracteis muticis, ∞-seriatis[4]. (*India or.*[5])

7? **Warionia** Coss.[6] — Flores 1-morphi; capitulo involucroque late subhemisphærico *Saussureæ;* bracteis rigidis acutis. Receptaculum planum foveolatumque, circa foveolas dentato-fimbrilligerum. Corollæ subregulares. Stamina filamentis glabris; antheris basi sagittatis; loculis fere ad basin polliniferis ibique breviter calloso-appendiculatis. Styli rami complanati, extus papillosi. Germen (ut fructus) dense sericeo-vestitum; pilis adscendentibus; pappi setis ∞, rigidis, ∞-seriatis scabridis; interioribus longioribus latioribusque; omnibus cupulæ summum achænium coronanti insertis. — Herba (?) glabra inermis; foliis alternis, sinuato-pinnatifis; lobis obtuse dentatis inæqualibus; capitulis[7] terminalibus cymosis paucis stipitatis[8]. (*Sahara marocc.*[9])

8. **Jurinæa** CASS.[10] —Flores[11] (fere *Saussureæ*) homomorphi; involucro oblongo, subgloboso v. late subcampanulato; involucri bracteis

334 (genus iterum vindicat.). — B. H., *Gen.*, II, 1236, n. 642 *a.* — *Hemisteptia* BGE, in *Fisch. et Mey. Ind. sem. Hort. petrop.*, II, 38. — DC., *Prodr.*, VI, 539.

1. Spec. 50-60. JACQ., *Fl. austr.*, t. 440 (*Serratula).* — WALL., *Pl. asiat. rar.*, t. 138. — DELESS., *Ic. sel.*, IV, t. 67-69 (*Aplotaxis).* — LEDEB., *Ic. Fl. ross.*, t. 59-80. — DNE, in *Jacquem. Voy., Bot.*, t. 101-103; 104, 105 (*Aplotaxis).* — FIELD, *Sert.*, t. 26. — TRAUTV., in *Midd. Reis., Fl. ochot.*, t. 29. — ROYLE, *Ill.*, t. 59 (*Aplotaxis).* — MIQ., in *Ann. Mus. lugd.-bat.*, II,183.— FR. et SAV., *Enum. pl. jap.*, I, 253. — BOISS., *Diagn. or.*, ser. 2, III, 27; *Fl. or.*, III, 565. — REICHB., *Ic. Fl. germ.*, t. 816-818. — GREN. et GODR., *Fl. Fr.*, II, 272. — WALP., *Rep.*, II, 668; VI, 282; *Ann.*, II, 927; III, 909.

2. In *Bull. Soc. philom.* (1817); in *Dict.*, XIX, 201. — DC., *Prodr.*, VI, 558 (*Amberboœ* sect.). — B. H., *Gen.*, II, 472, n. 643.

3. Ab exterioribus ad interiores majoribus.
4. An melius *Centaureœ* sectio?
5. Spec. 1. *C. indicum.* — *G. glabrum* CASS. — *Centaurea indica* LESS. — *G. Wallichiana* LESS. — *Amberboa Goniocaulon* DC. — *A. Wallichiana* DC. — WIGHT, *Icon.*, t. 479. — *Athanasia indica* HAM. — *Serralula indica* KLEIN.
6. Ex B. H., *Gen.*, II, 474, n. 646.
7. Majusculis.
8. Nonne potius *Jurineœ* sectio, *Berardiœ*, ob indolem receptaculi, affinis?
9. Spec. 1. *W. Saharæ* Coss., herb.
10. In *Bull. Soc. philom.* (1821); in *Dict.*, XXIV, 287. — DC., *Prodr.*, VI, 674. — ENDL., *Gen.*, n. 2898. — B. H., *Gen.*, II, 473, n. 644. — *Dolomiœa* DC., in *Guillem. Arch. bot.*, II, 330; *Prodr.*, VI, 542. — *Stechmannia* DC., *Prodr.*, VI, 543. — *Derderia* JAUB. et SPACH., *Ill. pl. or.*, I, 29, t. 67; II, t. 179, 180, 290.
11. Sæpius purpurascentes.

∞, gradatim inæqualibus inermibus, nunc lanceolato-appendiculatis v. aristatis. Receptaculum setosum; setis longis v. brevibus; nunc foveolato-denticulatum v. fimbrilligerum. Fructus glabri, rugosi v. tuberculati, compressi v. paucicostati; areola basilari v. leviter laterali obliquaque; apice nunc (*Jurinocera*[1]) dentiferi; pappi setis ∞, inæqualibus, ∞-seriatis, rigidulis, integris, serrulatis, barbellatis v. plumosis, nunc raro tortis. — Herbæ, adspectu variæ; caule ramoso v. brevi, 1-cephalo; foliis sæpius hinc v. et inde tomentosis v. lanatis; foliis integris, dentatis v. pinnatifidis; capitulis parvis et cymosis v. majusculis magnisve, solitariis paucisve, stipitatis v. sessilibus [2]. (*Europa austr. et alpina, Asia occidentalis et media* [3].)

9. **Carlina** T. [4] — Flores [5] (fere *Cardui*) 1-morphi; involucri bracteis 2-3-morphis; intimis [6] linearibus scarioso-patenti-appendiculatis; intermediis (nunc 0) spinescenti-dentato-apiculatis; exterioribus foliaceis dentatis v. pinnatifidis spinescentibus. Receptaculum planum; paleis setoso-fissis flores involventibus. Flores *Cardui;* antheris basi ciliato-caudatis; styli ramis breviter liberis angustatis. Fructus dense villosi subbasifixi; pappi paleis ∞, 1-seriatis, profunde in setas longe plumosas fissis. — Herbæ erectæ v. frutices (*Carlowitzia* [7]) spinosi; foliis alternis, raro integris, ciliatis, dentatis v. pinnatifidis; divisuris spinescentibus; capitulis terminalibus sessilibus v. stipitatis, solita-

1. Cujus typus *Saussurea ceratocarpa* DCNE (in *Jacquem. Voy., Bot.*, t. 101), planta ad *Saussureas* inepte relata et angulis fructus apice in dentes rigide erectos productis insignis.

2. Genus hinc *Saussureæ* affinis, inde *Carduos* genuinos inter et *Serratulas* legitimas, ob achæniorum areolam aut rectam, aut nonnihil obliquam, ambigit. *Jurineæ* autem sectiones abnormes nobis sunt :
Ægopordon BOISS., *Diagn. or.*, VI, 112; *Fl. or.*, III, 567 : capitulorum receptaculo breviter setoso; achæniis longioribus.
Berardia VILL., *Prosp.*, 28; *Fl. Dauph.*, III, 27, t. 22 (nec AD. BR.). — B. H., *Gen.*, II, 474, n. 645. — *Arctia* LAMK, *Dict.*, I, 235; *Ill.*, t. 664. — *Arctium* LAMK, *Fl. fr.*, II, 70 (nec L.). — DC., *Prodr.*, VI, 543. — *Villaria* GUETT., *Mém. Dauph.*, I, 170, t. 19 : receptaculo foveolato fimbrilligero; pappi setis ciliato-barbellatis tortis.
Jurinella JAUB. et SP., *Ill. pl. or.*, II, 101, t. 183-185 : caule subnullo; pappo plumoso.
Outreya JAUB. et SP., *Ill. pl. or.*, I, 131, t. 68 : achæniis rugosis (ut nunc in *Derderia*); bracteis involucri longe acuminatis; pappi setis barbellatis v. plumosis.
Polytaxis BGE, *Del. sem. Hort. dorpat.* (1843);

Reliq. Lehman., 194 : bracteis involucri margine hyalinis; pappi setis basi connata dilatatis.
3. Spec. 35-40. JACQ., *Fl. austr.*, t. 18 (*Carduus*). — CAV., *Ic.*, t. 90 (*Serratula*). — SWEET, *Brit. Fl. Gard.*, t. 103 (*Carduus*). — LEDEB., *Ic. Fl. ross.*, t. 490 (*Serratula*). — REICHB., *Ic. Fl. germ.*, t. 807 (*Berardia*), 808, 809. — STEV., in *Trans. Linn. Soc.*, XI, t. 37 (*Serratula*), t. 38 (*Jurinella*). — JAUB. et SP., *loc. cit.*, t. 65 (*Stechmannia*). — BOISS., *Voy. Esp.*, t. 113 *a; Diagn. or.*, ser. 2, III, 50; *Fl. or.*, III, 567. — DELESS., *Ic. sel.*, IV, t. 70 (*Dolomiœa*). — TCHIHATCH., *Pl. as. min.*, t. 33 (*Jurinella*). — GREN. et GODR., *Fl. de Fr.*, II, 269, 271 (*Berardia*). — WALP., *Rep.*, II, 677; VI, 290 (*Derderia*); *Ann.*, I, 453; II, 946; V, 309.
4. *Inst.*, 500, t. 285 (part.). — L., *Gen.*, n. 929. — GÆRTN., *Fruct.*, II, 384. — DC., *Prodr.*, VI, 545 (part.). — ENDL., *Gen.*, n. 2859. — B. H., *Gen.*, II, 465, n. 628. — *Mitina* ADANS., *Fam. des pl.*, II, 116.
5. Flavi, albidi v. purpurascentes.
6. Nunc albidis v. coloratis.
7. MŒNCH, *Meth.*, Suppl., 225. — DC., in *Ann. Mus.*, XVI, 208, t. 11. — *Athamus* NECK., *Elem.*, I, 85.

riis cymosisve. (*Europa, Africa bor. continent. et ins. occ., Asia occ. et media*[1].) .

10. Atractylis L.[2] — Flores[3] (fere *Carlinæ*) 1-morphi v. sæpius 2-morphi ; exterioribus neutris, 1-seriatis ; cæteris hermaphroditis fertilibus, nunc raro diœcis. Receptaculum superne planum carnosulum, paleis longis hyalinis sæpius setoso-fissis floresque involventibus onustum. Involucri bracteæ 3-morphæ, scilicet intimæ scariosæ acuminatæ (sæpius coloratæ), erectæ nec radiantes ; intermediæ imbricatæ appressæ, obtusæ v. breviter acuminatæ ; extimæ autem scariosæ, rigidæ v. sublignosæ, integræ v. sæpius spinoso-dentatæ v. compositospinosæ et in cancellum approximatæ. Corollæ florum fertilium tubulosæ ; sterilium limbo subradiante donatæ. Antherarum auriculæ longe ciliato-barbatæ caudatæ. Stylus basi disco parvo stipatus apiceque indurato vix brevissime 2-lobus. Fructus oblongi, extus villis densis a basi ad apicem majoribus obtecti ; areola basilari ; pappi setis rigidis, basi plus minus alte connatis, superne barbellato-plumosis. — Herbæ spinescentes v. raro inermes ; caule erecto v. subnullo ; foliis alternis, basi rosulatis, pinnatisectis, ciliatis dentatisve ; divisuris integris inermibus v. multo sæpius spinosis ; capitulis subsessilibus solitariis v. in summis ramulis terminalibus. (*Europa austr., Africa bor. continent. et ins. occ., Asia occ., China,? Japonia*[4].)

11. Xeranthemum T.[5] — Flores[6] homomorphi fertiles, v. exteriores nunc pauci fœminei steriles ; receptaculo depresso plano, paleis[7] flores axillares amplectentibus, integris v. varie divisis, onusto. Involucri subcampanulati v. oblongi bracteæ ∞, inæquales, imbri-

1. Spec. ad 12. JACQ. F., *Ecl.*, t. 5. — DESF., *Fl. atl.*, t. 224. — WALDST. et KIT., *Pl. hungar.*, t. 152. — SIBTH., *Fl. græc.*, t. 836, 837. — MORIS, *Fl. sard.*, t. 84. — TEN., *Fl. nap.*, t. 187. — WEBB, *Phyt. canar.*, t. 115, 116. — BOISS., *Diagn. or.*, ser. 2, III, 51 ; *Fl. or.*, III, 447. — REICHB., *Ic. Fl. germ.*, t. 740-744. — GREN. et GODR., *Fl. de Fr.*, II, 275. — WALP., *Rep.*, VI, 283 ; *Ann.*, II, 927.

2. *Gen.*, n. 930 (nec VAILL.). — DC., in *Ann. Mus.*, XVI, 157 ; *Prodr.*, VI, 549. — ENDL., *Gen.*, n. 2860. — B. H., *Gen.*, II, 465, n. 629. — *Crocodilodes* VAILL., in *Act. Acad. par.* (1718), 172 (nec ADANS.). — *Acarna* W., *Spec.*, III, 1699. — *Chamæleon* CASS., in *Dict.*, XLVII, 509. — *Spadactis* CASS., *loc. cit.*, 510. — *Anactis* CASS., *loc. cit.*, 510. — *Atractylodes* DC., *Prodr.*, VII, 48.

3. Flavidi v. purpurascentes.

4. Spec. 12, 13. CAV., *Icon.*, t. 54. — DELESS., *Ic. sel.*, IV, t. 71. — SIBTH., *Fl. græc.*, t. 838 (*Chamæleon*), 839 (*Acarna*). — DESF., *Fl. atl.*, t. 225, 226. — MIQ., *Fl. ind.-bat.*, II, 211. — BOISS., *Fl. or.*, III, 451. — REICHB., *Ic. Fl. germ.*, t. 745. — GREN. et GODR., *Fl. de Fr.*, II, 279. — WALP., *Rep.*, VI, 284 ; *Ann.*, II, 927.

5. *Inst.*, 499 (part.), t. 284. — L., *Gen.*, n. 947 (part.). — DC., *Prodr.*, VI, 528. — ENDL., *Gen.*, n. 2850. — B. H., *Gen.*, II, 463, n. 624. — *Xeroloma* CASS., in *Dict.*, LIX, 120. — *Harrisonia* NECK., *Elém.*, I, 84 (nec R. BR.).

6. Rosei, albi v. cærulescentes.

7. Scariosis hyalinis, nunc in hortis ampliatis colorato-petaloideis involucrique bracteis interioribus æqualibus (capitulum unde pro flore duplicato habetur).

catæ, ∞-seriatæ; intimæ longiores erectæ v. patentes, nunc coloratæ subpetaloideæ; extimæ ad basin minores, sæpe scariosæ. Corollæ regulares v. nunc (in radio) sub-2-labiatæ; labiis inæqualibus. Antheræ basi sagittata auriculatæ v. longe appendiculatæ, nunc raro muticæ. Achænia fertilia extus villosa, pappi paleis paucis v. ∞, sub-1-seriatis, aristato-acuminatis scabris v. serrulatis, ad basin parce v. plus minus dilatatis, coronata. — Herbæ annuæ inermes incanæ, parce v. valde ramosæ; foliis alternis, nunc ad basin rosulatis, angustis integris; capitulis in summis ramulis terminalibus solitariis longe pedunculatis [1]. (*Oriens, Reg. medit.* [2])

12. Cardopatium J. [3] — Flores [4] subhomomorphi fertiles (fere *Xeranthemi*); corollæ lobis inæqualibus valvatis; rimis inæqualibus profundis; interiore nunc fere ad basin attingente. Antheræ basi longe sagittatæ; appendicibus caudatis, longe retrorsum hirsutis. Stylus ad basin paulo dilatatus, apice breviter erecto-2-lobus. Fructus subovoideus et extus villis sericeis adscendentibus gradatimque in pappi paleas inæquales sub-2-seriatas acuminatas abeuntibus onustus. — Herbæ perennes; habitu carduaceo; foliis alternis semel v. bis pinnatisectis; divisuris spinescentibus; capitulis in cymas terminales breves corymbiformes sub-1-paras dispositis; receptaculo dense setoso; bracteis involucri pluriseriatis, imbricatis; intimis membranaceis subpaleaceis, apice breviter spinescentibus; extimis autem gradatim angustioribus rigidioribus ditiusque pinnato- v. pectinato-spinescentibus cancellatis [5]. (*Africa bor. occ., Oriens* [6].)

1. Generis sectiones nobis sunt : *Amphoricarpos* Vis., *Fl. dalm.*, II, 27, t. 10, fig. 2 (*Jurinea*); t. 10 *bis*. — B. H., *Gen.*, II, 465, n. 627. — H. Bn, in *Bull. Soc. Linn. Par.*, 265 ; floribus radii paucis fœmineis v. 0; capitulis parvis.
Chardinia Desf., in *Mém. Mus.*, III, 445, t. 21. — DC., *Prodr.*, VI, 530. — Endl., *Gen.*, n. 2851. — B. H., *Gen.*, II, 464, n. 625 : fructu plus minus alato ; floribus radii paucis fœmineis.
Siebera J. Gay, in *Mém. Soc. Hist. nat. Par.*, III, 343 (nec Reichb.). — DC., *Prodr.*, VI, 531. — Endl., *Gen.*, n. 2852. — B. H., *Gen.*, II, 464, n. 626 : involucri foliolis subspinescentibus ; floribus radii paucis neutris.
2. Spec. ad 8. Jacq., *Fl. austr.*, t. 388. — Reichb., *Iconogr.*, t. 639-641; *Ic. Fl. germ.*, t. 737, 738; 739, 816 (*Amphoricarpus*). — J. Gay,

loc. cit., 358, t. 7 ; 366, t. 8 (*Chardinia*). — Boiss., *Fl. or.*, III, 444, 446 (*Chardinia*), 447 (*Siebera*). — Willk. et Lge, *Prodr. Fl. hisp.*, II, 127. — Gren. et Godr., *Fl. de Fr.*, II, 281. — Walp., *Rep.*, II, 667; VI, 281; *Ann.*, I, 431 (*Amphoricarpos*).
3. In *Ann. Mus.*, VI, 324. — DC., *Prodr.*, VI, 528. — Endl., *Gen.*, n. 2849. — B. H., *Gen.*, II, 463, n. 623. — H. Bn, in *Bull. Soc. Linn. Par.*, 262. — *Brotera* W., *Spec.*, III, 2399 (nec Cav.). — *Cardopatum* Pers., *Enchir.*, II, 500.
4. Cærulei, parvi.
5. *Carlinarum* more.
6. Spec. 2? Sibth., *Fl. græc.*, t. 844 (*Carthamus*). — Dur., *Expl. Alg.*, t. 56. — Spach, in *Ann. sc. nat.*, sér. 3, V, 233. — Jaub. et Sp., *Ill. pl. or.*, t. 426. — Boiss., *Fl. or.*, III, 442.

13. Centaurea L. [1] — Flores [2] 2-morphi ; radii neutri (nunc deficientes) ; disci autem hermaphroditi fertiles. Corollæ disci subregulares
v. sæpius irregulares (*Cardui*) ; tubo tenui plus minus curvâto ; limbi
lobis 5-6, valvatis. Corollæ radii plerumque latiores ; tubo breviore ;
limbi patentis lobis latioribus inæqualibus, induplicato-valvatis. Antheræ connectivo producto nunc rigido coronatæ, basi sagittatæ ;
auriculis varie elongatis caudatisve ; caudis contiguis coalitisve, integris
v. varie laceris. Ovulum subbasilare v. plus minus excentrice (antice)
insertum ; stylo ima basi repente attenuato ibique disco epigyno cincto,
paulo altius dilatato et subramis 2, erectis v. varie connatis linearibus
v. lanceolatis obtusiusculis breviter patentibus, annulo pilorum vario
sæpe cincto. Fructus obovoideus v. oblongus, compressus v. 4-∞ -gonus
costatusve, glaber v. varie villosus ; areola plus minus obliqua v. laterali ; pappi setis ∞-seriatis, inæqualibus v. 2-morphis ; exterioribus
aut gradatim, aut repente brevioribus ; omnibus v. nonnullis linearibus
v. plus minus compressis paleaceisve, integris, serrulatis, barbellatis

1. *Gen.*, n. 984. — J., *Gen.*, 174. — LAMK,
Dict., I, 663 ; Suppl., II, 147 ; *Ill.*, t. 703. —
LESS., *Syn.*, 7. — DC., *Prodr.*, VI, 565. —
SPACH, *Suit. à Buffon*, X, 65. — ENDL., *Gen.*,
n. 2871. — PAYER, *Organog.*, 640, t. 131 ; *Fam.
nat.*, 23. — B. H., *Gen.*, II, 477, n. 654. — *Jacea*
T., *Inst.*, 443, t. 254. — CASS., in *Dict.*, XLIV, 36.
— *Cyanus* T., *Inst.*, 445, t. 254. — MŒNCH,
Meth., 560. — *Centaurium majus* T., *Inst.*, 449,
t. 256. — *Centaurium* CASS., in *Dict.*, VII, 376 ;
XLIV, 39. — *Bielzia* SCHUR, *Enum. pl. Trans.*,
409. — *Platylophus* CASS., in *Dict.*, XLIV, 36. —
Phrygia S. GRAY, *Arr. brit. pl.*, II, 44. — *Psephellus* CASS., in *Dict.*, XLIII, 488. — *Pterolophus*
CASS., in *Dict.*, XLIV, 34. — *Heterolophus* CASS.,
in *Dict.*, L, 250. — *Xanthopsis* C. KOCH, in *Lin-
næa*, XXIV, 422. — *Plectrocephalus* DON, in
Sweet Brit. fl. Gard., ser. 2, t. 51. — *Lepteran-
thus* NECK., *Elem.*, I, 73. — *Stenolophus* CASS.,
in *Dict.*, L, 499. — *Lophaloma* CASS., in *Dict.*, XLIV,
37. — *Odontolophus* CASS., in *Dict.*, L, 252. —
Melanoloma CASS., in *Dict.*, XXIX, 472. — *Calcitrapa* J., *Gen.*, 173. — CASS., in *Dict.*, XLIV, 38.
— *Hippophæstum* GRAY, *Arr. brit. pl.*, II, 443.
— *Leucantha* GRAY, *loc. cit.* — *Mesocentron*
CASS., in *Dict.*, XLIV, 38. — *Triplocentron* CASS.,
loc. cit. — *Verutina* CASS., *loc. cit.* — *Seridia*
J., *Gen.*, 173. — *Podia* NECK., *Elem.*, I, 72. — *Pec-
tinastrum* CASS., in *Dict.*, XLIV, 38. — *Hyme-
nocentron* CASS., in *Dict.*, XLIV, 37. — *Cheiro-
lophus* CASS., in *Dict.*, L, 250. — *Polyacantha*
GRAY, *loc. cit.*, II, 443. — *Philostizus* CASS., in
Dict., XXXIX, 498. — *Ptosimopappus* BOISS., *Voy.
Esp.*, 739 ; *Diagn. or.*, X, 104 ; ser. 2, III, 60 ;
Fl. or., III, 613. — *Cheirolepis* BOISS., *Diagn.*,

X, 106. — *Acrocentron* CASS., in *Dict.*, XLIV, 37 ;
L., 253. — *Tomanthea* DC., *Prodr.*, VI, 564. —
Phæopappus BOISS., *Diagn.*, VI, 122. — *Hymenocephalus* JAUB. et SP., *Ill. pl. or.*, III, 12,
t. 109. — *Spilacron* CASS., in *Dict.*, L, 238. —
Acrolophus CASS., in *Dict.*, L, 253. — *Amblyopo-
gon* FISCH. et MEY., ex DC., *Prodr.*, VI, 561. —
Stizolophus CASS., in *Dict.*, LI, 49. — *Ætheopappus* CASS., in *Dict.*, L, 250. — *Microlophus* CASS.,
in *Dict.*, XLIV, 37. — *Piptoceras* CASS., *loc. cit.*,
L, 469 ; LIV, 487. — *Mantisalca* CASS., in *Bull.
Soc. philom.* (1818), 142. — *Microlonchus* CASS.,
loc. cit. ; in *Dict.*, XXIX, 80. — DC., *Prodr.*, VI,
562. — ENDL., *Gen.*, n. 2867. — *Crocodilium*
J., *Gen.*, 173. — CASS., in *Dict.*, XII, 19. — *Ægia-
lophila* BOISS., *Diagn. or.*, X, 105. — *Amberboa*
DC., *Prodr.*, VI, 558. — *Tetramorphæa* DC.,
in *Guillem. Arch. bot.*, II, 331 ; *Prodr.*, VI,
609. — *Chartolepis* JAUB. et SP., *Ill. pl. or.*,
III, 136. — *Hyalæa* JAUB. et SP., *Ill. pl. or.*,
19, t. 214-217, 292. — *Chryseis* CASS., in *Dict.*,
FX, 154. — *Acroptilon* CASS., in *Dict.*, L, 464. —
DC., *Prodr.*, VI, 662. — *Phalolepis* CASS., in *Dict.*,
L, 248. — *Antaurea* NECK., *Elem.*, I, 70. —
Callicephalus C.-A. MEY., *Enum. pl. cauc.*, 66.
— *Chartolepis* CASS., in *Dict.*, XLIV, 36. — *Mala-
cocephalus* TAUSCH, in *Flora* (1828), 481. —
Halocharis BIEB. (ex TURCZ.). — *Rhaponticum*
DC., in *Ann. Mus.*, XVI, 188 ; *Prodr.*, VI, 663.
— CASS., in *Dict.*, XLI, 309. — ENDL., *Gen.*,
n. 2894. — *Hookia* NECK., *Elem.*, I, 70. — *Ces-
trinus* CASS., in *Dict.*, VIII, 24.

2. Albi, flavi, rosei, cærulescentes, violacei v.
fuscescentes, nunc ochroleuci v. sordide purpurascentes, nonnunquam valde suaveolentes.

v. plumosis, caducis v. plus minus persistentibus, nunc 0, annulo
summi receptaculi brevi integroque basi cinctis. — Herbæ annuæ
v. sæpius perennes; indumento vario; caule vario, nunc subnullo;
foliis basi rosulatis v. altius alternis, nunc decurrentibus, integris,
dentatis, incisis, lobatis v. semel bisve pinnatisectis; capitulis subsessilibus v. sæpius pedunculatis, solitariis v. corymbiformi-cymosis;
réceptaculo plano v. subplano, dense setigero; involucri subglobosi
v. ovoidei bracteis[1] inæqualibus (inferioribus gradatim brevioribus),
∞-seriatim imbricatis, integris v. subintegris, sæpiusve lateraliter
ciliatis v. spinoso-auctis apiceque appendice varia scariosa v. spinescente integra, ciliata v. lacera auctis; exterioribus nunc (Carbeni[2])
amplioribus foliaceis spinescentibusque[3]. (Orbis totius reg. frigid.,
temp. et calid.[4])

1. De *Centaurearum*, etc., involucri bractearum natura, cfr CLOS, in *Ann. sc. nat.*, sér. 3,
XVI, 40.

2. ADANS., *Fam. des pl.*, II, 116. — *Carbenia*
B. H., *Gen.*, II, 482, n. 655. — *Cnicus* VAILL. —
GÆRTN., *Fruct.*, II, 385, t. 162 (nec L.). —
ENDL., *Gen.*, n. 2872. — BOISS., *Fl. or.*, III,
705

3. Generis hujus, sensu nostro, sectiones
nunc vix limitatæ sunt :

a. *Volutaria* CASS., in *Dict.*, XXXIX, 500.—*Volutarella* CASS., in *Bull. Soc. philom.* (1816); in
Dict., LVIII, 451. — DC., *Prodr.*, VI, 559 (*Am-
berboæ* sect.). — B. H., *Gen.*, II, 476, n. 651.
— *Lacellia* VIV., *Fl. lyb.*, 58, t. 22, fig. 2. —
Cyanopis CASS., in *Dict.*, XLIV, 39. — *Cyanas-
trum* CASS., *loc. cit.* —? *Stephanochilus* COSS.
et DUR., in exs. alger. — *Oligochæta* C. KOCH,
in *Linnæa*, XVII, 42 : bracteis involucri acutis
v. simpliciter spinescentibus; fructu obovoideo,
10-15-costato; caule annuo; foliis inermibus.

b. *Rhacoma* ADANS., *Fam. pl.*, II, 117 (nec
L.). — *Leuzea* DC., *Fl. fr.*, IV, 109; in *Ann.
Mus.*, XVI, 203, t. 14; *Prodr.*, VI, 665.— ENDL.,
Gen., n. 2895.— B. H., *Gen.*, II, 477, 1237,
n. 653.

c? *Tricholepis* DC., in *Guillem. Arch. bot.*,
II, 515; *Prodr.*, VI, 563. — ENDL., *Gen.*,
n. 2868. — B. H., *Gen.*, II, 475, n. 649 : bracteis
involucri aristato-mucronatis v. acuminatis,
cæterum inappendiculatis; styli ramis tenuibus;
fructu compresso v. obtuse angulato; foliis
inermibus.

d. *Stictophyllum* EDGEW., in *Trans. Linn. Soc.*,
XX, 78 : pappo plumoso; involucri bractearum
exteriorum mucrone brevi; foliis inermibus.

e. *Zœgea* L., *Mantiss.*, 15. — DC., *Prodr.*,
VI, 562.— ENDL., *Gen.*, n. 2866.—B. H., *Gen.*,
II. 477, n. 652 : bracteis involucri rigide pec-
tinato-ciliatis; fructu circa pappum annulo

brevi 2-plici v. 3-plici cincto; caule annuo ;
foliis inermibus.

f. *Crupina* CASS., in *Dict.*, XII, 67. — LESS.,
Syn., 6. — DC., *Prodr.*, VI, 565. ·— ENDL.,
Gen., n. 2870. — B. H., *Gen.*, II, 476, n. 650.
— H. BN, in *Bull. Soc. Linn. Par.*, 27 : bracteis capituli elongatis; marginibus ad apicem
nonnihil scariosis (fuscatis); filamentis staminum
breviter papilloso-ciliatis; antherarum caudis
variis; areola inferiore fructus subbasilari v.
obliqua; pappi setis interioribus brevibus pa-
leaceo-squamatis; cæteris ad extima brevioribus; caule annuo; foliis inermibus. An huic
affinis *Plagiobasis* SCHRENK, in *Bullet. phys.-
math. Acad. Petersb.*, III, n. 7, ex BOISS., *Fl. or.*,
III, 64. — BGE, *Rel. Lehm.*, 361, cui dicuntur
bracteæ involucri exappendiculatæ, antheræ
longe caudatæ, stylus 2-fidus, achænia villosa,
areola laterali affixa, caulis annuus, folia inferiora lyrato-pinnatifida et adspectus *Crupinæ*?.

g? *Myopordon* BOISS., *Diagn. or.*, VI, 107;
Fl. or., III, 565. — B. H., *Gen.*, II, 474, n. 647 :
bracteis involucri appendiculatis; appendiculo
interiorum scarioso; intermediarum spinescente;
exteriorum brevi v. 0; fructus areola leviter
obliqua; pappi setis inæqualibus; exterioribus
gradatim brevioribus; caule lanato; ramulis
brevibus spinescentibus.

4. Spec. ad 350 (descr. ad 420). JACQ., *Ecl.*,
t. 10; *Fl. austr.*, t. 320; *Ic. rar.*, I, t. 177;
Hort. vind., t. 92. — LHÉR., *Stirp.*, t. 29 (*Zœgea*).
— VIS., *Fl. dalm.*, t. 11, 12, 48 ; 51 (*Crupina*).
— SIBTH. et SM., *Fl. græc.*, t. 900-917. — DE-
LESS., *Ic. sel.*, IV, t. 74 (*Tricholepis*). — BIEB.,
Cent. pl. rar., t. 46, 53. — TEN., *Fl. nap.*,
t. 84, 247. — W. et KIT., *Pl. rar. hung.*, t. 178,
195, 219. — BROT., *Fl. lus.*, t. 32. — LABILL.,
Pl. syr. Dec., III, t. 7 (*Cynara*). — COLL., *Hort.
rip.*, App., I, t. 6. — FRES., *Mus. Senk.*, I, t. 5
(*Zœgea*). — WEBB, *Phyt. canar.*, t. 119 (*Ser-*

14. Carthamus T. [1] — Flores [2] homomorphi hermaphroditi, v. exteriores nunc fœminei neutrive; corollæ arcuatæ tubo tenui; limbo subregulari, basi plus minus dilatato, 5-lobo, valvato. Stamina ad sinum inserta; filamentis glabris v. varie pilosis; antheris basi caudatis; caudis contiguis fimbriatis. Stylus gracilis, basi disco epigyno cinctus, apice in ramos breves v. elongatos graciles v. complanatos divisus subque iis papilloso-pilosus. Fructus glabri, læves v. corrugati, compressi v. obtuse 4-goni; faciebus nunc squamosis; areola obliqua v. laterali; pappo 0 (*Eucarthamus*); v. omnes interioresve setis serrulatis, plumosis v. anguste paleaceis (*Carduncellus* [3]) latiusve paleaceis (*Kentrophyllum* [4]), coronati.—Herbæ (carduaceæ) annuæ v. perennes, glabræ v. lanatæ, rigidæ; caule simplici brevissimo v. ramoso; foliis alternis v. basi rosulatis, spinoso-dentatis lobatisve; capitulis solitariis v. cymosis; involucri globosi v. ovoidei bracteis imbricatis, ∞-seriatis; extimis foliaceis et intermediis foliaceo-appendiculatis spinoso-acuminatis dentatis [5]; intimis autem sæpe siccis, appendice fimbriata v. spina terminatis; receptaculo plano v. convexiusculo, inter flores dense subpaleaceo-setoso. (*Reg. medit., Europa austr. et med., Asia med., Oriens, ins. Canar.* [6])

ratula). — GAUDICH., in *Freyc. Voy., Bot.*, t. 92 (*Leuzea*). — LEDEB., *Ic. Fl. ross.*, t. 93. — JAUB. et SP., *Ill. pl. or.*, t. 10, 11 (*Acroptilon*), 207-218, 291, 292, 428. — WIGHT, in *Hook. Comp. to Bot. Mag.*, I, 81, t. 4 (*Tricholepis*); *Icon.*, t. 1139 (*Tricholepis*). — BOISS., *Voy. Esp.*, t. 100-105; *Diagn. or.*, ser. 2, III, 64; V, 111; *Fl. or.*, III, 591 (*Rhaponticum*), 592 (*Phœopappus*), 603 (*Ætheopappus*), 604 (*Hymenocephalus*), 605 (*Amberboa, Volutarella*), 607 (*Leuzea, Psephellus*), 612 (*Stizolophus, Acroptilon*), 613 (*Ptosimopappus*), 614 (*Plagiobasis*), 695 (*Chartolepis*), 697 (*Zœgea, Crupina*), 700 (*Microlonchus*), 702 (*Callicephalus*), 703 (*Ægialophila*), 704 (*Melanoloma*). — KL., in *Waldem. Reis.*, t. 81 (*Tricholepis*). — REMY, in *C. Gay Fl. chil.*, IV, 308. — BENTH., *Fl. austral.*, III, 457. — HARV. et SOND., *Fl. cap.*, III, 609. — HIERN et OLIV., *Fl. trop. Afr.*, III, 436. — REICHB., *Ic. ex.*, t. 132; *Ic. bot.*, t. 443-447, 642, 811, 963, 964, 716; *Ic. Fl. germ.*, t. 748 (*Cnicus*), 749 (*Crupina*), 750-800. — GREN. et GODR., *Fl. de Fr.*, II, 238 (*Rhaponticum*), 240, 263 (*Microlonchus*), 266 (*Crupina*). — *Bot. Reg.* (1840), t. 28. — *Bot. Mag.*, t. 494, 1175, 2493, 2551, 3662, 6392. — WALP., *Rep.*, II, 670; VI, 292; *Ann.*, I, 445 (*Amberboa, Phœopappus*), 447; II, 930 (*Amberboa, Ptosimopappus*), 931 (*Ægialophila*), 932 (*Cheirolepis*), 933; III, 909.

1. *Inst.*, 457, t. 258. — L., *Gen.*, n. 931. —

ADANS., *Fam. pl.*, II, 116. — GÆRTN., *Fruct.*, II, 375, t. 161. — LAMK, *Ill.*, t. 661. — DC., *Prodr.*, VI, 612. — ENDL., *Gen.*, n. 2875. — B. H., *Gen.*, II, 483, n. 656.

2. Albidi, flavi, aurantiaci, crocei, purpurascentes v. cærulescentes violaceive.

3. ADANS., *Fam. des pl.*, II, 116. — DC., *Prodrom.*, VI, 614; VII, 304. — ENDL., *Gen.*, n. 2877. — B. H., *Gen.*, II, 483, n. 657. — *Onobroma* GÆRTN., *Fruct.*, II, 380, t. 160 (nec DC.) — ENDL., *Gen.*, n. 2876. — *Lamottea* POM., *Mat. Fl. atl.*, 3.

4. NECK., *Elem.*, I, 86. — DC., *Prodr.*, VI, 610. — ENDL., *Gen.*, n. 2874. — *Heracantha* LINK, *Fl. portug.*, II, 205. — *Hohenwarta* WEST, in *Flora* (1820), 1. — *Onobroma* DC. (nec GÆRTN.). — *Durandoa* POM., *loc. cit.*, 2.

5. Cultura nunc inermibus.

6. Spec. ad 30. VAHL, *Symb.*, t. 17. — CAV., *Ic.*, t. 128. — DESF., *Fl. atl.*, t. 227-230. — HIERN et OLIV., *Fl. trop. Afr.*, III, 439. — SIBTH., *Fl. græc.*, t. 840-843. — DEL., *Fl. eg.*, t. 48. — REICHB., *Ic. Fl. germ.*, t. 746, 747 (*Carduncellus*). — BOISS., *Voy. Esp.*, t. 108 (*Carduncellus*); *Fl. or.*, III, 706, 710 (*Carduncellus*). — GREN. et GODR., *Fl. de Fr.*, II, 237 (*Carduncellus*), 264 (*Kentrophyllum*). — *Bot. Mag.*, t. 2142, 2293, 3302. — WALP., *Rep.*, II, 672; VI, 302 (*Kentrophyllum*); *Ann.*, II, 940 (*Carduncellus*).

15. Echinops L. [1] — Flores [2] in capitellis solitarii bracteisque ∞, inæqualibus, imbricatis, rigidis elongato-acuminatis v. spinescentibus, involucrati; bracteis interioribus gradatim longioribus v. basi connatis; paucis nunc v. 1, longe spinosis. Corolla regularis; tubo brevi; limbi lobis 5, profundis elongatis, valvatis. Stamina 5; filamentis brevibus glabris; antheris dorsifixis, basi sagittata in auriculas breves v. longiusculas fimbriatas v. integras productis. Germen obtusum; ovulo 1, excentrico v. subbasilari; micropyle postica; styli crassiusculi subque iis in annulum dorso papillosum incrassati ramis crassiusculis, demum recurvis. Fructus subteres v. angulatus villosulus; pappi brevis setis ∞, liberis v. basi connatis subpaleaceis. — Herbæ (carduaceæ) perennes v. biennes, plus minus tomentosæ v. canescentes; foliis alternis dentatis v. semel, bis terve pinnatisectis; divisuris spinescentibus; capitellis in capitula communia globosa terminalia stipitata solitaria v. cymosa dispositis; receptaculo bracteato, et inter capitella setoso; bracteis parvis reflexis, nunc paucis v. 0 [3]. (*Europa, Asia et America temp., Africa trop. et subtrop.* [4])

16?. Gundelia T. [5] — Flores polygami regulares; pappo breviter tubuloso, persistente, margine tenuiter ciliato. Corolla regularis; tubo longiusculo; limbi subcampanulati lobis 5, crassiusculis, valvatis; sinubus intus calloso-prominulis. Stamina sub sinubus haud procul inserta; filamentis brevibus; antheris basi subsagittatis; loculis usque ad basin obtusatam polliniferis; connectivo superne in laminam producto. Germen 1-ovulatum [6] v. in floribus glomerulorum periphericis sterile. Discus epigynus carnosus stylo haud latior; styli ramis 2 [7],

1. *Gen.*, n. 999. — LESS., *Syn.*, 13. — DC., *Prodr.*, VI, 522. — SPACH, *Suit. à Buffon*, X, 98. — ENDL., *Gen.*, n. 2847. — PAYER, *Fam. nat.*, 21. — B. H., *Gen.*, II, 462, n. 621. — *Echinopus* T., *Inst.*, 463, t. 262. — *Echinanthus* NECK., *Elem.*, I, 91.

2. Albidi, viriduli v. cærulescentes.

3. *Acantholepis* LESS., in *Linnæa*, VI, 88; *Syn.*, 13. — DC., *Prodr.*, VI, 527. — B. H., *Gen.*, II, 463, n. 622, est *Echinopseos* sect. (JAUB. et SP., *Ill. pl. or.*, III, 99, t. 273, 274.— BGE, in *Bull. Pétersb.*, VI, 412; *Mél. biol.*, IV, 391): capitulis hemisphæricis v. demum subglobosis; bracteis foliaceis inflorescentiam superantibus; foliis subinermibus.

4. Spec. ad 60. JACQ. F., *Ecl.*, t. 44. — SIBTH., *Fl. græc.*, t. 923-926. — ROYLE, *Ill.*, t. 56. — VIS., *Fl. dalm.*, t. 10 ter. — A. RICH., *Fl. abyss.*, t. 61. — TRAUTV., *Dissert.* (1833), c. ic. — BGE, in *Bull. Pétersb.*, VI, 390; *Mél. biol.*, IV, 361.

— JAUB. et SP., *Ill. pl. or.*, t. 427. — BOISS., *Diagn. or.*, ser. 2, III, 38; *Fl. or.*, III, 423; 442 (*Acantholepis*). — REICHB., *Ic. bot.*, t. 450, 991, 992; *Ic. Fl. germ.*, t. 732-736. — GREN. et GODR., *Fl. de Fr.*, II, 201. — *Bot. Reg.*, t. 356. — *Bot. Mag.*, t. 932, 2109, 2457. — WALP., *Rep.*, II, 667; VI, 279; *Ann.*, I, 430; II, 923, 926 (*Acantholepis*); VI, 351.

5. T., *Inst.*, *Cor.*, 51, t. 485. — L., *Gen.*, n. 1000. — ADANS., *Fam. des pl.*, II, 114. — MILL., *Icon.*, t. 287. — GÆRTN., *Fruct.*, II, 586, t. 163. — LAMK, *Dict.*, III, 60; *Ill.*, t. 720. — LESS., in *Linnæa*, IV, 334; *Syn.*, 151. — DC., *Prodr.*, V, 88. — ENDL., *Gen.*, n. 2232. — B. H., *Gen.*, II, 461, n. 619. — H. BN, in *Bull. Soc. Linn. Par.*, 85. — *Gundelsheimera* CASS., in *Dict. sc. nat.*, LVII, 344.

6. Nunc rarius 3, 4.

7. Ovuli insertione leviter excentrica; integumento simplici valdeque incompleto.

compressiusculis obtusiusculis, extus papillis longiusculis adscendentibus hirtellis. Fructus subovoideus, apice contractus, bractea arcte
cinctus, pappo cupulari coronatus. — Herba perennis, ex omni parté
lactescens; habitu carduaceo; foliis alternis, sessilibus oblongis penna-
tifidis; lobis acute spinescentibus; floribus [1] in glomerulos paucifloros
dispositis; centrali fertili, periphericis autem sterilibus; glomerulis
bracteis bracteolisque in saccum coalitis apiceque liberis spinescenti-
dentatis involutis, et in capitulum [2] commune ovoideum basique
foliosum dispositis [3]. (*Oriens* [4].)

II. MUTISIEÆ.

17. **Mutisia** L. F. — Flores 2-morphi; radii fœminei, sæpius
1-seriati; disci autem hermaphroditi, fertiles v. raro steriles.
Corollæ radii labiatæ; labio antico longe ligulato patenteque, sæpius
3-dentato; postico autem lineari-2-lobo v. 0; disci tubulosæ; limbo
plus minus inæquali-5-dentato v. 2-labiato; labio postico lineari-2-lobo,
revoluto v. involuto, nunc minimo v. ab antico vix secedente. Stamina
(in floribus radii nunc parva sterilia) 5; antheris sagittatis, basi in
auriculas longe caudatas acuminatas productis. Germen disco epigyno
producto coronatum; stylo florum hermaphroditorum gracili, apice
hirto glabrove, brevissime 2-lobo. Fructus siccus oblongus v. subtur-
binatus angulatus glaber; pappi setis crebris, 1-seriatis, rigidis plumosis. — Frutices scandentes v. erecti, glabri tomentosive; foliis
alternis subintegris, pinnatisectis, pinnatifidis v. subcompositis; petiolo
costave in cirrum sæpe producto; capitulis (magnis) sæpe elongatis
terminalibus solitariis; receptaculo superne plano v. subplano, nudo
v. breviter piloso; involucri oblongi v. subcampanulati bracteis ∞,
imbricatis, ∞-seriatis appressis; exterioribus gradatim brevioribus,
apice obtusis v. acutis; interioribus autem apice nunc acuminatis
squarrosis patentibus. (*America austr. calid et temp. extratrop. v.
andina.*) — *Vid. p.* 12.

---

1. Fuscato-purpurascentibus.
2. Plus minus araneoso-lanuginosum.
3. Genus inter series omnes familiæ ambigit, *Vernonieis* nunc adscriptum, *Cichoriearum* lacte et *Scolymo* haud absimile; corolla autem *Car-duearum*. Plantam recentiores inter *Arctoti-*

deas enumeraverunt. Flores in cymulis sæpius 5-7 observantur.
4. Spec. 1. *C. Tournefortii* L., *Spec.*, 1315. — Boiss., *Fl. or.*, III, 421. — *G. glabra* Mill. — *Eryngium syriacum*........ Mor., *Hist.*, III, 167. — *Silybum Dioscoridis s. Hacub* Rauw.

18?. Chionopappus BENTH. [1] — « Flores [2] (fere *Mutisiæ ?*) heteromorphi; radii 2-3-seriati fœminei; disci hermaphroditi fertiles. Corollæ radii ligulatæ; labio postico 0; disci autem tubulosæ; limbo sub-5-partito; laciniis tenuibus elongatis suberectis. Achænia 10-costata; pappi setis validis, 1-seriatis, longe niveo-plumosis. — Frutex; foliis oppositis, ovatis dentatis, supra scabris, subtus autem niveotomentosis; capitulis inter folia ultima sæpius sessilibus, nutantibus; bracteis involucri imbricatis, ∞-seriatis, subcoriaceis; intimis superne scariosis; receptaculo inter flores piloso longeque aristato-paleaceo [2]. » (*Peruvia bor.*)

19? **Plazia** R. et PAV. [3] — Flores (fere *Mutisiæ*) hermaphroditi fertiles; radii corollis 2-labiatis; labio antico 2-3-dentato; postico autem 2-lobo; disci autem subregulares; limbi lobis 5, linearibus revolutis. Antherarum basi sagittatarum caudæ longe productæ. Styli rami lineares erecti. Fructus oblongi costati; pappi setis ∞, inæqualibus, ∞-seriatis, rigidis denticulatis v. barbellatis.—Frutices; foliis alternis, integris, 1-3-nerviis; capitulis terminalibus solitariis; involucri bracteis ∞, imbricatis; inferioribus gradatim brevioribus [4]. (*America and.* [5])

20? **Phyllactinia** BENTH. [6] — « Flores [7] 2-morphi; radii fœminei steriles; disci autem hermaphroditi fertiles; corollis radii breviter tubulosis; lamina patente, 3-5-dentata; disci regularibus; limbo campanulato, 5-fido. Antheræ basi longe ciliato-caudatæ. Stylus florum hermaphroditorum apice brevissime rotundato-2-lobus. Fructus radii effœti rostrati; disci autem oblongi, basi dense subpaleaceopilosi, 10-costati interque costas longe pilosi. Pappi paleæ ∞, fructu breviores, ∞-seriatæ rigidæ obtusæ. — Herba annua lanata ramosa; foliis alternis, petiolatis, serrulatis; capitulis breviter pedunculatis; involucri late subglobosi bracteis imbricatis subulato-acuminatis; infimis 4-6, patentibus capitulumque superantibus; receptaculo plano

---

1. *Gen.*, II, 485, n. 660.
2. « Genus (nob. ignotum) in tribu insigne foliis oppositis, receptaculo paleaceo et corollis radii ligulatis nec bilabiatis abnorme. » (B.)
3. *Prodr. Fl. per.*, 104. — DC., *Prodr.*, VII, 47. — B. H., *Gen.*, II, 486, n. 663. — *Platzia* ENDL., *Gen.*, 502, 8. — *Aglaodendron* REM., in *Ann. sc. nat.*, sér. 3, XII, 175.
4. Genus forte melius ad sectionem *Chuqui-*

ragæ reducendum. Est ejusdem forte sectio *Gypothamnium* PHIL., *Fl. atacam.*, 27, t. 3. — B. H., *Gen.*, II, 486, n. 664: frutex chilensis (nob. ignotus) cujus flores radii sunt fœminei, nec hermaphroditi, styli rami breves et folia conferta filiformia.
5. Spec. 3, 4. WEDD., *Chl. andin.*, I, 12, t. 2.
6. *Gen.*, II, 488, n. 669.
7. « Purpurei ? »

alveolato; alveolis membranaceis dentatis fructu minoribus. » (*Africa trop.* [1]).

21. Pleiotaxis STEETZ. [2] — Flores [3] homomorphi hermaphroditi fertiles; corollæ tubo tenui arcuato; limbo abrupte dilatato campanulato regulari, 5-lobo; laciniis rectis valvatis. Stamina 5; filamentis brevibus, imo limbo insertis; antherarum basi sagittatarum auriculis breviusculis obtusis lanato-fimbriatis. Stylus ad basin dilatatus, ima basi abrupte attenuatus ibique disco breviter tubuloso cinctus; ramis 2, compressis dilatatis, in conum brevem desinentibus. Fructus angulato-striatus; pappi setis ∞, rigidis serrulatis inæqualibus. — Herba [4], basi frutescens erecta; foliis alternis late lanceolatis penninerviis serrulatis, subtus cano-tomentosis; petiolo brevi basi vaginante; capitulis solitariis terminalibus; involucri oblongi bracteis ∞, imbricatis obtusis rigidis; inferioribus gradatim minoribus; receptaculo longe obconico, superne concaviusculo foveolato [5]; foveolis margine elevato undulatoque cinctis. (*Mozambic.* [5])

22. Erythrocephalum BENTH. [6]—Flores [7] (fere *Pleiotaxeos*) fertiles; corollis radii 2–labiis; disci autem regularibus; lobis erectis. Pappi setæ 4, 5, lineares, caducæ. Cætera *Pleiotaxeos* [8]. — Herbæ perennes erectæ; foliis alternis membranaceis, subtus cano-lanatis, membranaceis penninerviis serrulatis; capitulis terminalibus nutantibus; involucri bracteis ∞, inæqualibus; interioribus in paleas lineares flores subtendentes abeuntibus; receptaculo superne plano. (*Africa trop. or.* [9])

23. Chuquiraga J. [10] — Flores [11] 1-morphi fertiles v. subdiœci; corollæ tubo intus plus minus longe barbato; limbi laciniis 5, æqua-

1. Spec. 1. *P. Grantii* BENTH. — OLIV., in *Trans. Linn. Soc.*, XXIX, 102, t. 68. — HIERN et OLIV., *Fl. trop. Afr.*, III, 442. — *Cullumia* THOMS., in *Speke Journ.*, App., 638.
2. In *Pet. Moss.*, *Bot.*, 499, t. 51. — B. H., *Gen.*, II, 487, n. 667. — H BN, in *Bull. Soc. Linn. Par.*, n. 35.
3. Purpurei.
4. Nec, ut aiunt, nudo.
5. Spec. 1. *P. pulcherrima* STEETZ. — HIERN et OLIV., *Fl. trop. Afr.*, III, 440.
6. *Gen.*, II, 488, n. 668.
7. « Coccinei. »
8. A quo genus distinctum; receptaculo licet *Pleiotaxeos* haud nudo.

9. Spec. 4. OLIV., in *Trans. Linn. Soc.*, XXIX, 102, t. 69; *Fl. trop. Afr.*, III, 440.
10. *Gen.*, 178. — LAMK, *Ill.*, t. 691. —LESS., *Syn.*, 96. — DC., *Prodr.*, VII, 9. — ENDL., *Gen.*, n. 2913. — B. H., *Gen.*, II, 488, n. 670. — *Johannia* W., *Spec.*, III, 1705. — *Joannesia* PERS., *Enchir.*, II, 383. — *Joannea* SPRENG., *Syst.*, III, 382. — *Flotovia* SPRENG., *Syst.*, III, 359. — DC., *Prodr.*, VII, 10. — ENDL., *Gen.*, n. 2908. — *Erinesa* DON, in *Trans. Linn. Soc.*, XVI, 288. — *Dasyphyllum* H. B. K., *Nov. gen. et spec.*, IV, 17, t. 308. — DC., *Prodr.*, VII, 3. — *Piptocarpha* HOOK. et ARN., *Comp. to Bot.*, *Mag.*, I, 110 (nec R. Br.).
11. Albi, flavi v. purpurascentes.

libus, valvatis, v. interiore longius a cæteris soluto. Antheræ basi sagittatæ, plus minus longe caudatæ. Fructus obovoidei, obconici v. oblongi, sæpius villosi v. sericei; pappi setis 1-∞-seriatis, glabris v. barbellatis (Gochnatia[1]), sæpiusve plumosis. — Frutices inermes, *glabri, tomentosi, glutinosi v. spinescentes[2]; foliis oppositis v. sæpius alternis, integris coriaceis, rigidis v. membranaceis, glabris v. varie pilosis, penninerviis v. 1-3-nerviis; capitulis terminalibus solitariis v. cymosis, stipitatis v. sessilibus; involucri varii bracteis imbricatis, inæqualibus, obtusis, acutis v. spinescentibus; receptaculo superne subplano, inter flores nudo, piloso, fimbrillifero v. paleaceo[3]. (Americæ austr. trop., extratrop. et andin., Himalaya[4].)

24? **Wunderlichia** RIED.[5] — Capitula homogama. Corollæ regulares; limbi dilatati laciniis 5, angustis revolutis. Antheræ basi sagittata obtuse caudatæ. Stylus gracilis, longe exsertus, apice breviter 2-dentatus. Fructus subteretes lanati; pappi setis ∞, longis complanatis simplicibus, ∞-seriatis. — Frutex?; ramis densissime lanatis,

---

1. H. B. K., Nov. gen. et spec., IV, 19, t. 309. — LESS., Syn., 102 (part.). — DC., Prodr., VII, 24 (part.). — ENDL., Gen., n. 2915. — B. H., Gen., II, 490, n. 675. — Pentaphorus DON, in Trans. Linn. Soc., XVI, 296.

2. Spinæ axillares sæpe 2-næ.

3. Hujus generis sectiones nobis sunt :
Cyclolepis GILL., ex DON, in Phil. Mag., XI, 392 (Cyclopis); in Guillem. Arch. bot., II, 468. — DC., Prodr., VII, 28. — B. H.; Gen., II, 491, n. 677: pappi setis barbellatis; involucri bracteis siccis suborbicularibus; styli ramis erectis obtusis; caule sæpe spinescente; foliis canis parvis.
Hyalis DON, in Comp. Bot. Mag., I, 108. — DC., Prodr., VII, 28. — ENDL., Gen., n. 2919. — B. H., Gen., II, 486, n. 662: pappi setis fere ut in Cyclolepide; nonnullis et superne plumosis; styli ramis brevibus; involucri bracteis 1-2- y. ∞-seriatis; foliis sæpius parvis paucisque, 1-3-nerviis, canis v. glabris.
Aphyllocladon WEDD., Chlor. andin., I, 11, t. 3: foliis minutis caducis; ramis spartioideis, mox nudatis; capitulis in summis ramis solitariis; fructu villoso; pappi setis interioribus superne breviter plumosis (? Iobaphes PHIL., Fl. atacam., 27, t. 4).
Doniophyton WEDD., Chlor. andin., I, 7, t. 4. — B. H., Gen., II, 489, n. 671 (Chuquiraga anomala DON): corolla intus subglabra; caule herbaceo annuo; foliis linearibus; capitulis inter folia subsessilibus; pappi setis pauciseriatis plumosis.
Moquinia DC., Prodr., VII, 22; Mém. Comp., 34, t. 13 (excl. Siphonisma DC.). — ENDL., Gen., n. 2914. — B. H., Gen., II, 490, n. 676. —

Spadonia LESS., Syn., 99: capitulis plerumque diœcis; foliis alternis integris; capitulis subsessilibus, sæpe cymosis v. cymoso-racemosis.
Anastraphia DON, in Trans. Linn. Soc., XVI, 295. — DC., Prodr., VII, 26. — B. H., Gen., II, 491, n. 680 : corollæ lobis longis rigidis subæqualibus; bracteis involucri acutis v. spinescentibus; pappi setis 1-2-seriatis scabridis; foliis spinoso-dentatis.
? Leucomeris DON, Prodr., Fl. nepal., 169. — DC., Prodr., VII, 25. — ENDL., Gen., n. 2928. — B. H., Gen., II, 490, n. 674: floribus omnibus hermaphroditis fertilibus homomorphis; caule frutescente v. arborescente; foliis alternis magnis integris; capitulis in cymas corymbiformes dispositis. Stirps himalayana.

4. Spec. 50-55. FIELD, Sert. pl., t. 42, 43. — WALL., Pl. as. rar., t. 111 (Leucomeris). — DELESS., Ic. sel., IV, t. 78 (Leucomeris). — H. B., Pl. æquin., I, 150, t. 43. — BONG., in Mém. Acad. Pétersb., sér. 6, III, t. 8, 9 (Moquinia). — POEPP. et ENDL., Nov. gen. et spec., I, t. 32 (Flotovia). — WEDD., Chlor. andin., I, 2, t. 4; 5, t. 3 (Flotovia). — PHIL., in Linnæa, XXXIII, 111. — A. GRAY, in Proc. Amer. Acad., V, 143 (Hyalis). — GRISEB., Cat. pl. cub., 158 (Anastraphia). — REMY, in C. Gay Fl. chil., III, 275, 281 (Flotovia), 289 (Gochnatia), 298 (Hyalis). — GRISEB., Symb. Fl. arg., 211 (Hyalis, Moquinia). — KURZ, For. Fl. brit. Burm., II, 78. — WALP., Rep., II, 679 (Moquinia); VI, 313, 314 (Flotowia), 317 (Moquinia); Ann., I, 458 (Moquinia); V, 311.

5. B. H., Gen., II, 489, n. 673. — H. BN, in Bull. Soc. Linn. Par., n. 36.

demum denudatis; foliis confertis suborbiculatis mollibus crassis longe
denseque lanatis; capitulis maximis; involucri bracteis inæqualibus,
obtusis coriaceis, dorso lanatis, imbricatis, ∞-seriatis; receptaculo
plano, inter fructus longe paleaceo v. rigide setoso. (*Brasilia.*)

25. **Hesperomannia** A. GRAY[1]. — « Florès[2] 1-morphi hermaphroditi fertiles; corollis regularibus tenuibus; limbi laciniis 5, angustis, haud revolutis. Antheræ basi longe caudatæ. Achænia lineari-
oblonga, glabra, 5-angulata, obscure 10-costata; pappi[3] setis ∞, integris crebris, ∞-seriatis. — Arbuscula glabra inermis; foliis in summis
ramulis confertis subserratis; capitulis (magnis) in summis ramulis
cymosis, breviter stipitatis; involucri subcampanulati bracteis ∞, dissimilibus rigidis lanceolatis; extimis coriaceis, gradatim minoribus;
intimis elongatis; receptaculo plano nudoque. » (*Ins. Sandwic.*[4])

26. **Ainsliæa** DC. [5] — Flores[6] hermaphroditi, polygami, sæpe
2-morphi v. nunc diœci; corollæ tubulosæ angustæ tubo tenui; limbi
lobis inæqualibus, nunc plus minus 2-labiis, valvatis. Antheræ (in
floribus fœmineis rudimentariæ v. cassæ) basi sagittatæ; caudis longis
ciliatis v. barbatis. Styli rami apice cuneati, rotundati obtusi, nunc
brevissimi (in flore masculo nunc rudimentarii). Fructus oblongi,
villosi v. pilosuli; pappi setis ∞, 1- ∞-seriatis, nunc inæqualibus,
plumosis v. rarius (*Myripnois*, *Pertya*, *Macroclinidium*) barbellatis
v. scabris. — Herbæ v. frutices; foliis alternis, nunc confertis v. spurie
verticillatis; capitulis[7] terminalibus v. subsessilibus, solitariis v. spurie
spicatis racemosisve, sæpe paucifloris; involucri subcylindracei v. anguste campanulati bracteis imbricatis et inæqualibus; receptaculo
angusto nudo v. rarissime barbato[8]. (*India temp.*, *China, Japonia*[9].)

1. In *Proc. Amer. Acad.*, VI, 554. — B. H.,
Gen., II, 489, n. 672 (char. unde desumpt.).
2. « Flavi. »
3. « *Stifftiæ chrysanthæ.* »
4. Spec. 1. *H. arborescens* A. GRAY. — BRIGH.,
in *Mem. Bost. Soc. Nat. Hist.*, I (1866–69), 527,
t. 20.
5. *Prodr.*, VII, 13. — ENDL., *Gen.*, n. 2929[1]
— B. H., *Gen.*, II, 493, n. 684. — *Diaspanan-*
thus MIQ., in *Ann. Mus. lugd.-bat.*, II, 187.
6. Albidi, rosei v. purpurei.
7. Sæpe paucifloris.
8. Generis sectiones, nostro sensu sunt :
Myripnois BGE, *Enum. pl. chin. bor.*, 38. —
DC., *Prodr.*, VII, 38. — ENDL., *Gen.*, n. 2929.
— B. H., *Gen.*, II, 494, n. 687 : floribus diœ-

cis; capitulis inter folia subfasciculata lateralibus; foliis integris. Planta chinensis.
Macroclinidium MAXIM., in *Bull. Ac. Pétersb.*,
XV, 375. — B. H., *Gen.*, II, 493, n. 686 : capitulis ad folia v. ad bracteas axillaribus sessilibus indeque subspicatis; bracteis involucri
obtusis; receptaculo barbato; foliis majusculis
haud integris, nunc (spurie) subverticillatis. Plan-
tæj aponicæ.
Pertya SCH. BIP., in *Bonplandia* (1862), 109,
t. 10. — B. H., *Gen.*, II, 493, n. 685 : capitulis
inter folia sessilibus; foliis confertis; bracteis involucri acutis; receptaculo nudo. Plantæ japonicæ.
9. Spec. ad 15, 16. DC., *Prodr.*, VII, 218, n. 74
(*Hieracium*). — MIQ., in *Ann. Mus. lugd.-bat.*,
II, 187. — FR. et SAV., *Enum. pl. jap.*, I, 263

27. Stifftia MIK. [1] — Flores [2] 1-morphi, regulares, hermaphroditi fertilesque omnes. Corolla tubulosa; lobis 5, valvatis, apice liberis longeque acutatis arcte revolutis, inferne usque ad insertionem staminum cohærentibus; staminibus 5; filamentis [3] corollæ insertis et in ea persistentibus, breviusculis subulatis; antheris in tubum superne coalitis, apice acutatis, inferne sub insertione in caudas longas acutatas rigidas productis. Germen longiusculum, 1-ovulatum; disco epigyno cylindrico cum stylo continuo; styli ramis erectis obtusiusculis compressis. Achænia sæpius elongata, glabra v. tenuiter puberula; pappi setis longe subulatis rigidis, scabris v. serrulàtis, ∞-seriatis. — Arbores v. frutices glabri; foliis alternis integris coriaceis; capitulis terminalibus solitariis v. cymosis; involucri bracteis ∞-seriatis, inæqualibus; receptaculo parvo foveolato nudo. (*Brasilia, Guiana* [4].)

28. Dicoma CASS. [5] — Flores [6] 1-v. 2-morphi, aut hermaphroditi omnes fertiles, aut exteriores fœminei v. ex parte steriles. Corollæ tubulosæ; limbi lobis erectis v. revolutis; nunc sub-2-labiatæ v. subligulatæ. Antherarum caudæ basilares plus minus barbatæ ciliatæve. Styli rami obtusi v. complanati. Fructus turbinati dense villosi plus minus costati; pappi setis 10-∞, omnibus v. ex parte compressis v. subpaleaceis, undique v. superne barbellatis v. plumosis. — Herbæ v. frutices ramosi, sæpe canescentes; foliis alternis variis, integris, sinuatis, v. denticulatis; capitulis terminalibus stipitatis v. inter folia subsessilibus, nunc in cymas corymbiformes dispositis; involucri hemisphærici v. subcampanulati bracteis acutis, mucronatis v. spinescentibus, margine sæpe scariosis; extimis nunc anguste foliaceis; receptaculo alveolato, nunc breviter paleaceo [7]. (*India, Africa trop.* [8])

(*Macroclinidium, Pertya*). — *Bot. Mag.*, t. 6225. — WALP., *Ann.*, V, 311.

1. *Del. bras.*, 1, t. 1. — CASS., in *Dict.*, XLI, 9. — LESS., *Syn.*, 103. — DC., *Prodr.*, VII, 26. — B. H., *Gen.*, II, 491, n. 679. — *Augusta* LEANDR., in *Münch. Denkschr.*, VII, 235, t. 14. — *Sanhilaria* LEANDR. (ex DC.). — *Moçina* DC. — *Aristomenia* VELL., *Fl. flum.*, 345; Atl., VIII, t. 84. — *Gongylolepis* SCHOMB., in *Linnæa*, XX, 759.

2. Aurantiaci v. flavi, speciosi.

3. A DECAISNEO (in *Rev. hortic.*, IX, 211) inepte pro corolla interiore habitis.

4. Spec. 4, 5. *Bot. Mag.*, t. 4438. — WALP., *Ann.*, I, 457 (*Gongylolepis*).

5. In *Bull. Soc. philom.* (1817), 47; in *Dict. sc. nat.*, XIII, 194. — DC., *Prodr.*, VII, 36. — ENDL., *Gen.*, n. 2930. — B. H., *Gen.*, II, 492,

n. 681. — *Macledium* CASS., in *Dict.*, XXXIV, 39. — *Nitelium* CASS., in *Dict.*, XXXV, 11. — *Cryptostephane* SCH. BIP., in *Flora* (1844), 782. — *Schœffnera* SCH. BIP., in *exs. Kotsch.* — *Xeropappus* WALL., *Cat.*, n. 2980.

6. Albidi, crocei v. purpurei.

7. Generis sectio est, sensu nostro (in *Bull. Soc. Linn. Par.*, 259) *Hochstetteria* DC., *Prodr.*, VII, 287; *Mém. Comp.*, t. 6. — ENDL., *Gen.*, n. 2437 [1]. — B. H., *Gen.*, II, 492, n. 682 : pappi paleis ad 10, basi paleaceo-dilatata hyalinis superneque barbellato-serratis; capitulis stipitatis solitariis (*Abyssinia*).

8. Spec. ad 17. WIGHT, *Icon.*, t. 1140. — HARV. et SOND., *Fl. cap.*, III, 515. — SOND., in *Linnæa*, XXIII, 71. — HIERN et OLIV., *Fl. trop. Afr.*, III, 442, 444 (*Hochstetteria*). — WALP., *Rep.*, VI, 318 (*Cryptostephane*).

29? **Anisochæta** DC. [1] — Flores [2] hermaphroditi fértiles, 1-morphi; corollæ subregularis lobis 5, angustis, valvatis. Antheræ basi anguste setaceo-caudatæ. Styli rami anguste oblongi compressi obtusiusculi. Fructus angulati; pappi paleis ∞, nunc paucis, inæqualibus, longe acutatis compressis. — Frutex glabrescens « subscandens »; foliis alternis petiolatis, 3-5-nerviis, basi angulatis, 3-angulari-acutis, inciso-dentatis; capitulis in cymas divaricato-ramosas corymbiformes termi-nales (v. ad folia suprema axillares) dispositis; involucri bracteis acutis, imbricato- ∞-seriatis; extimis gradatim minoribus; receptaculo superne breviter conico epaleaceo [3]. (*America austr.* [4])

30. **Seris** LESS. [5] — Flores omnes hermaphroditi fertiles; corollæ tubulosæ limbo 5-fido, subregulari v. 2-labiato; lobis valvatis, revo-lutis. Antherarum caudæ longe barbatæ. Styli rami graciles compres-siusculi obtusiusculi. Fructus villosi, 5-costati; pappi setis rigidis scabridis pauciseriatis. — Herbæ glabræ v. tomentosæ; caule basi foliato, superne ramoso; foliis alternis, integris, sinuatis v. dentatis; capitulis solitariis v. laxe cymosis; involucri subcampanulati v. obco-nici bracteis obtusis subcucullatis v. acutis, ∞-seriatim imbricatis, dorso tomentosis; receptaculo subplano, nudo v. fimbrilligero. (*Brasilia.* [6])

31. **Gerbera** GRONOV. [7] — Flores [8] 2-morphi; radii sæpius fœminei, 1-2-seriati, nunc deficientes; disci autem hermaphroditi fertiles v. ex parte steriles nuncve fœminei. Corollæ disci 2-labiatæ; labio antico in ligulam plus minus patentem 3-dentatam v. 3-fidam extenso; postico autem 2-dentato, antico subæquali v. breviore, nunc 0. Antheræ in caudas integras, ciliatas v. laceras inferne productæ. Fructus 5-costati v. 5-nervii, glabri v. varie pubentes; pappi setis ∞, 2-∞-seriatis,

1. *Prodr.*, V, 109. — ENDL., *Gen.*, n. 2260. — B. H., *Gen.*, II, 493, n. 683.
2. « Albidi. »
3. Genus hinc *Eupatorio*, inde *Mutisieis* affine, staminibus harum et stylo, ob corollam ano-malum.
4. Spec. 1. *A. mikanioides* DC. — DELESS., *Ic. sel.*, IV, t. 9. — HARV. et SOND., *Fl. cap.*, III, 57.
5. In *Linnæa*, V, 253 (part., nec W.); *Syn.*, 99. — DC., *Prodr.*, VII, 19. — ENDL., *Gen.*, n. 2909. — B. H., *Gen.*, II, 491, n. 678.
6. Spec. 2. DON, ex LESS., in *Linnæa*, V, t. 3, fig. 76-81 (*Onoseris*).
7. In *L. Gen.*, (ed. 1737), *Cor.*, 16. — CASS., in

Bull. Soc. philom. (1817), 34; in *Dict.*, XVIII, 459. — LESS., *Syn.*, 118. — DC., *Prodr.*, VII, 15. — ENDL., *Gen.*, n. 2905. — B. H., *Gen.*, II 497, n. 695. — *Perdicium* L. (part.). — LAG., *Amœn. nat.*, I, 39. — DC., *Prodr.*, VII, 38. — ENDL., *Gen.*, n. 2932. — *Pardisium* BURM., *Fl. cap.*, 26. — *Idicium* NECK., *Elem.*, I, 28. — *Oreoseris* DC., *Prodr.*, VII, 17. — *Chaptalia* ROYLE, *Ill. himal.*, t. 59, fig. 2. — ? *Aphyllo-caulon* LAG., *Amœn. nat.*, I, 38. — *Lasiopus* CASS., in *Bull. Soc. philom.* (1817), 152; in *Dict.*, XXV, 298. — DC., *Prodr.*, VII, 18 (nec DON). — ENDL., *Gen.*, n. 2907. — *Cleistanthium* KZE, in *Bot. Zeit.* (1851), 350.
8. Albi, flavi, rubentes v. nunc violacei.

lævibus,.scabris barbellatisve, rarissime plumosis. — Herbæ, nunc frutescentes; foliis alternis, basi rosulatis, integris, sinuatis, dentatis, lyratis v. pinnatifidis, plerumque subtus canentibus, tomentosis v. lanatis, nunc raro utrinque glabris; capitulis summo scapo nunc brevissimo v. subnullo solitariis v. rarius paucis laxe cymosis [1]. (*America utraque, Asia et Africa calid. et temp., Australia.* [2])

32. **Lycoseris** CASS. [3] — Flores [4] diœci, 2-morphi; radii fœminei; disci autem hermaphroditi (omnes in capitulis masculis steriles).

1. Sectiones, nostro sensu, generis hujus sunt :

Anandria SIEGESB., in *L. Amœn.*, I, 161. — LESS., *Syn.*, 120. — ENDL., *Gen.*, n. 2933. — ? *Atasites* NECK., *Elem.*, I, 7. — *Leibnitzia* CASS., in *Dict. sc. nat.*, XXV, 420 : floribus radii 0; capitulis 2-morphis; vernalibus radiatis; æstivalibus majoribus homogamis; corollis horum angustis, nunc vix irregularibus; staminibus in floribus radii evanidis et in floribus disci nunc rudimentariis. Planta sibirica.

Berniera DC., *Prodr.*, VII, 18. — DELESS., *Ic. sel.*, IV, t. 77. — ENDL., *Gen.*, n. 2929 [6]: capitulis, florum radii defectu, homogamis, foliis longe petiolatis, basi sagittato-cordatis. Planta nepalensis.

Chaptalia VENT., *Jard. Cels*, t. 61. — DC., *Prodr.*, VII, 41. — ENDL., *Gen.*, n. 2934. — PAYER, *Fam. nat.*, 26. — B. H., *Gen.*, II, 498, n. 696. — *Lieberkuhnia* CASS., in *Dict.*, XXVI, 286. — DC., *Prodr.*, VII, 43. — ENDL., *Gen.*, n. 2936. — *Leria* DC., in *Ann. Mus.*, XIX, 68; *Prodr.*, VII, 42. — ENDL., *Gen.*, n. 2935. — ? *Thyrsanthema* NECK., *Elem.*, I, 6. — *Oxydon* LESS., in *Linnæa*, V, 357; *Syn.*, 122. — DC., *Prodr.*, VII, 43. — ENDL., *Gen.*, n. 2937: foliis integris, dentatis v. lyratis; scapis 1-cephalis subnudis; corollis radii sæpius ligulatis. Plantæ americanæ.

Loxodon CASS., in *Dict.*, XXVII, 253. — DC., *Prodr.*, VII, 44. — ENDL., *Gen.*, n. 2938: capitulis brevissime v. vix stipitatis; corollis polymorphis; labio antico ligulato plerumque subintegro. Plantæ americanæ austral. extratrop.

Trichocline CASS., in *Bull. Soc. philom.* (1817); in *Dict. sc. nat.*, LV, 215. — LESS., *Syn.*, 117. — DC., *Prodr.*, VII, 20. — ENDL., *Gen.*, n. 2923. — B. H., *Gen.*, II, 496, n. 694. — *Ingenhusia* VELL., *Fl. flum.*, 351. — *Ingenhouzia* VELL., *op. cit.*, Atl., VIII, t. 93. — *Bichenia* DON, in *Trans. Linn. Soc.*, XVI, 236. — DC., *Prodr.*, VII, 29. — *Amblisperma* BENTH., in *Hueg. Enum.*, 67. — ENDL., *Gen.*, n. 2924: foliis rosulatis; capitulis solitariis stipitatis heterogamis; floribus radii fœmineis; ligulis (sæpius amplis) tenuiter ∞-nerviis; receptaculo nudo v. fimbrilligero. Plantæ americanæ australes et australianæ.

Onoseris DC., in *Ann. Mus.*, XIX, 65, t. 12; *Prodr.*, VII, 34 (part.). — ENDL., *Gen.*, n. 2925. — B. H., *Gen.*, II, 486, n. 665. — *Seris* W., in *Ges. Naturf. Berl. Mag.* (1807), 139 (nec LESS.). — *Isotypus* H. B. K., *Nov. gen. et spec.*, IV, 11, t. 307. — DC., *Prodr.*, VII, 33. — ENDL., *Gen.*, n. 2926. — *Rhodoseris* TURCZ., in *Bull. Mosc.* (1851), II, 94, t. 2. — *Caloseris* BENTH., *Pl. Hartweg.*, 88. — *Schœtzellia* KL., in *Ott. et Dietr. Gartenz.* (1849), 81. — *Hipposeris* CASS., *Op. phyt.*, II, 97. — *Cursonia* NUTT., in *Trans. Amer. Phil. Soc.*, ser. 2, VII, 422. — *Centroclinium* DON, in *Trans. Linn. Soc.*, XVI, 254. — *Chœtachlœna* DON, *loc. cit.*, 256. — ? *Urmenetea* PHIL., *Fl. atacam.*, 26, t. 3. — B. H., *Gen.*, II, 487, n. 666 : floribus fertilibus omnibus; radii fœmineis, 1-seriatis (nunc 0); disci hermaphroditis; corollis radii 2-labiatis; radii inæquali-5-lobis; pappi setis variis, 2-∞-seriatis; caule herbaceo v. fruticoso, nunc subnullo; capitulis solitariis v. laxe cymosis. Plantæ americanæ austral. trop. et extratrop. v. andinæ.

Macrachœnium HOOK. F., *Fl. antarct.*, II, 321. — B. H., *Gen.*, II, 498, n. 697 : foliis pinnatifidis mollibus, subtus tomentosis; capitulis solitariis, longe stipitatis; pappi setis plumosis; corollis 1-morphis. Planta magellanica.

2. Spec. ad 70. LAMK, *Ill.*, t. 679, fig. 3 (*Doronicum*). — H. B. K., *Nov. gen. et sp.*, IV., t. 303 (*Chaptalia*), 304, 305 (*Onoseris*), 306 (*Hipposeris*). — WEDD., *Chlor. andin.*, I, 8 (*Onoseris*). — BENTH., *Fl. austral.*, III, 676 (*Amblysperma*). — HARV. et SOND., *Fl. cap.*, III, 519, 523 (*Perdicium*). — FR. et SAV., *Enum. pl. jap.*, I, 263. — REMY, in *C. Gay Fl. chil.*, III, 285 (*Trichocline*), 328 (*Loxodon*), 403 (*Macrachœnium*). — SM., *Icon. ined.*, t. 65 (*Atractylis*). — *Bot. Mag.*, t. 3114 (*Centroclinium*). — WALP., *Rep.*, II, 679 (*Centroclinium*), 680 (*Trichocline*); VI, 313, 315, 318 (*Onoseris*), 320 (*Chaptalia, Cursonia*); Ann., II, 949 (*Schœtzelia*).

3. In *Dict.*, XXXIII, 474; *Op. phyt.*, II, 96, 112 (part.). — DC., *Prodr.*, VII, 22. — ENDL., *Gen.*, n. 2910. — B. H., *Gen.*, II, 495, n. 691. — *Diazeuxis* DON, in *Trans. Linn. Soc.*, XVI, 251. — *Langsdorffia* W. (ex DC., nec LEANDR., nec MART., nec RADD.).

4. « Purpurei. »

Corollæ radii in capitulis masculis ligulatæ, 2-3-dentatæ; in fœmineis 2-labiæ; labio postico parvo integro v. 2-lobo; disci tubulosæ, in capitulis masculis 2-labiæ v. subregulares; in capitulis fœmineis breviter tenuiterque tubulosæ; limbo subregulari v. irregulari parvo. Antheræ basi longe caudatæ (in capitulis fœmineis cassæ). Stylus in capitulis fœmineis filiformis; lobis brevibus; in capitulis masculis indivisus. Fructus oblongi glabri, 5-costati v. ∞-striati; pappi setis crebris, ∞-seriatis (in capitulo masculo paucioribus), lævibus v. scabridis. — Frutices erecti v. volubiles; foliis alternis, integris v. denticulatis, subtus canenti-tomentosis, penninerviis v. 3-5-plinerviis [1], sessilibus v. petiolatis; capitulis terminalibus solitariis v. paucis cymosis, pedunculatis v. subsessilibus, sæpe nutantibus; masculis minoribus; involucri globosi v. subcampanulati bracteis imbricatis, ∞-seriatis, acutis v. acuminatis; apice erecto v. reflexo; receptaculo plano fimbrilligero. (*America centr. et austr. trop.* [2])

33? **Cnicothamnus** GRISEB. [3] — « Flores [4] hermaphroditi fertiles, 2-morphi; corollis radii 2-labiis; disci autem subregularibus; limbi lobis parum obliquis linearibus, apice uncinato-revolutis. Antheræ basi 2-setosæ. Stylus exsertus; lobis 2 brevissimis obtusiusculo-oblongis. Fructus dense villosi compressi striati; pappi setis scabriusculis, ∞-seriatis. — Frutex excelsus, usque ad capitula foliosus; foliis alternis ovatis crenato-denticulatis, 1-nerviis, subtus incanis; capitulis terminalibus solitariis sessilibus; involucri bracteis imbricatis, ∞-seriatis, apice in appendicem mucronulato-rotundatam laceram denticulatamque dilatatis; receptaculo plano, breviter pilifero [5]. » (*Rep. Argentina.* [6])

34. **Pachylæna** DON [7]. — Flores [8] fertiles, 2-morphi; radii fœminei, 1-seriati; disci hermaphroditi. Corollæ 2-labiatæ; labii postici lobis 2, revolutis; antico in floribus radii longe ligulato. Antheræ longe caudatæ, in floribus radii rudimentariæ v. cassæ. Fructus oblongi, glabri, 5-costati; pappi setis ∞, 2-3-seriatis, valde plumosis.

1. Nunc, ob nervationis modum, fere *Melastomacearum.*

2. Spec. 8-10. SM., *Ic. ined.*, t. 66 (*Atractylis*). — POEPP. et ENDL., *Nov. gen. et spec.*, III, t. 259 (*Centroclinium*). — WALP., *Rep.*, VI, 317 ; *Ann.*, V, 311.

3. *Pl. Lorentz.*, 148; *Symb. Fl. argent.*, 211.

4. « Purpurei. »

5. Genus (nobis ignotum) nonne forte melius pro *Cnicothamni* sectione haberetur?

6. Spec. 1. *C. Lorentzii* GRISEB.

7. In *Hook. Comp. Bot. Mag.*, I, 106. — ENDL., *Gen.*, n. 2922. — B. H., *Gen.*, II, 495, n. 690. — *Chionoptera* DC., *Prodr.*, VII, 14. — ENDL., *Gen.*, n. 2929 ².

8. Flavi.

Herba humilis glabra ; foliis rosulatis, alternis, basi in petiolum planum subalatum attenuatis, inæqui-denticulatis ; capitulo (magno) breviter stipitato ; involucri subcampanulati bracteis imbricatis, ∞-seriatis ; infimis gradatim brevioribus ; receptaculo plano nudoque [1]. (*Chili* [2].)

35. **Oldenburgia** LESS. [3] — Flores[4] hermaphroditi fertiles, 1-morphi ; corollæ tenuis 2-labiæ labio interiore minore, 2-partito. Antheræ longe caudatæ. Stylus ad apicem incrassatus ibique brevissime 2-lóbus. Fructus oblongi sericei ; pappi setis ∞, inæqualibus rigidis, breviter plumosis. — Fruticuli v. suffrutices lanati ; caule crasso simplici v. brevi ramosissimo ; foliis alternis, subdistichis v. confertis, crassis integris ; capitulis (maximis) solitariis v. paucis (2, 3) cymosis [5], intra folia suprema sessilibus ; involucri bracteis ∞, lanatis, imbricatis, obtusis v. acuminatis ; receptaculo plano nudoque. (*Africa austr.* [6])

36? **Catamixis** THOMS. [7] — « Flores [8] fertiles hermaphroditi, 1-morphi ; corollæ ligulatæ limbo patente, 5-dentato. Antheræ basi longe caudatæ. Stylus gracilis, apice obtuso 2–fidus ; ramis erectis. Fructus obconici sericei. — Suffrutex[9] glaber v. canescens ; foliis alternis crenatis petiolatis ; capitulis in cymam terminalem corymbiformem amplam dispositis ; involucri oblongi pauciflori bracteis acutis, imbricatis ; receptaculo parvo nudoque [10]. » (*Himalaya* [11].)

37. **Nassauvia** COMMERS. [12] — Flores [13] hermaphroditi fertiles, 1-morphi ; corollæ 2-labiatæ labio antico integro v. 3-dentato ;

1. Melius forte *Gerberæ* sectio, pappi setis (ut in *Macrachænio*) plumosis.
2. Spec. 1. DELESS., *Ic. sel.*, IV, t. 75 (*Chionoptera*). — REMY, in *C. Gay Fl. chil.*, III, 283. — WEDD., *Chlor. andin.*, I, 23, t. 6.
3. In *Linnæa*, V, 252, t. 3, fig. 69-65 ; *Syn.*, 99. — DC., *Prodr.*, VII, 12 ; *Mém. Comp.*, t. 12. — ENDL., *Gen.*, n. 2927. — B. H., *Gen.*, II, 494, n. 689. — *Scytala* E. MEY., in *hb. Drège* (ex DC.).
4. Purpurascentes.
5. In *O. grandi* (*O. Arbuscula* DC. — *Arnica grandi* THUNB.).
6. Spec. 3. THUNB., *Fl. cap.*, 668 (*Arnica*). — HARV. et SOND., *Fl. cap.*, III, 512.
7. In *Journ. Linn. Soc.*, IX (1867), 342, t. 4. — B. H., *Gen.*, II, 494, n. 688.
8. « Flavi ? »
9. « Habitu facieque *Baccharidis*. »
10. An *Cichoriea* ? « Characteres antherarum, styli fructusque potius *Mutisiearum*. »
11. Spec. 1. *C. baccharoides* THOMS.

12. EX J., *Gen.*, 175. — LAMK, *Ill.*, t. 721. — DC., *Mém. Comp.*, t. 14 ; *Prodr.*, VII, 48. — CASS., *Op. phyt.*, II, 176. — LESS., *Syn.*, 399. — PAYER, *Fam. nat.*, 22. — B. H., *Gen.*, II, 502, n. 706. — *Nassovia* PERS., *Enchir.*, II, 499. — *Nassavia* ENDL., *Gen.*, n. 2944. — *Mastigophorus* CASS., *Op. phyt.*, II, 178 ; in *Ann. sc. nat.*, sér. 1, V, 103. — ENDL., *Gen.*, n. 2945. — *Triachne* CASS., in *Bull. Soc. philom.* (1817), 11 ; (1818), 48 ; in *Dict. sc. nat.*, LV, 181. — ENDL., *Gen.*, n. 2946. — *Panargyrus* LESS., *Syn.*, 397 (nec HOOK. et ARN.). — *Panargyrum* LAG., *Amen. nat.*, I, 33. — ENDL., *Gen.* n. 2948. — *Caloptilium* LAG., *loc. cit.*, 34. — *Sphærocephalus* LAG., ex DC., *Prodr.*, VII, 52. — *Portalesia* MEYEN, *Reis.*, I, 316. — *Pentanthus* LESS., *Syn.*, 397 (nec HOOK. et ARN.). — *Calopappus* MEYEN, *Reis.*, I, 315. — DC., *Prodr.*, VII, 28. — DELESS., *Ic. sel.*, IV, t. 79. — *Strongyloma* DC., *Prodr.*, VII, 52. — *Acanthophyllum* HOOK. et ARN., in *Comp. Bot. Mag.*, I, 37.
13. Albidi, flavidi v. cærulescentes.

postico autem integro v. 2-fido, demum revoluto. Stamina corollæ
tubo inserta; antheris apiculatis, basi longiuscule caudatis;
connectivo ad basin repente incrassato. Styli rami lineares v. compressi, apice truncati v. in conum brevem incrassati, demum
arcte revoluti. Fructus obovoidei, obconici v. oblongi; pappi setis
(nunc paucis) linearibus v. paleaceis rigidis, integris, ciliatis
v. plumosis, persistentibus v. caducis. — Suffrutices v. rarius herbæ,
diffusi v. cæspitosi, rarius erecti, glabri v. villosi; foliis alternis imbricatis, rigidis, subintegris v. ciliatis serrulatisve, nunc spinoso-dentatis
v. breviter pinnatifidis; capitulis compositis et e glomerulis crebris
(paucifloris) constantibus, in massam contractam v. nunc corymbiformem dispositis; involucri bracteis acutis v. spinescentibus; exterioribus sæpe brevioribus v. foliiformibus; receptaculis glomerulorum
parvis nudisque[1]. (*America austr. extratrop. et andina*[2].)

38. Moscharia R. et Pav.[3] — Flores[4] hermaphroditi, 2-morphi;
exteriores fertiles sub-1-seriati; cæteri steriles; corollæ labiis 2, valde
inæqualibus; labio antico ligulato, 3-dentato, in floribus interioribus
breviore; postico parvo angustiore integro, 2-dentato v. 2-fido revoluto.
Antheræ basi tenuiter caudatæ. Styli basi incrassati rami lineares
reflexi, apice truncato tenuiter papillosi. Fructus oblongi; exteriores
incurvi; juniores pubentes; pappi setis ∞, brevibus, sub-1-seriatis,
breviter plumosis. — Herba annua ramosa, glabra v. parce pubescens;
foliis alternis pinnatifidis; petiolo basi dilatato; capitulis in summis
ramulis laxe cymosis; involucri subglobosi bracteis paucis foliaceis,
imbricatis; receptaculo parvo convexo; paleis flores subtendentibus;
interioribus angustis; exterioribus latis herbaceis complicato-carinatis
fructusque involventibus. (*Chili*[5].)

1. Sectio generis est, sensu nostro, *Triptilion* R. et Pav., *Prodr. Fl. per.*, 102, t. 22. — DC., *Prodr.*, VII, 51. — Deless., *Ic. sel.*, IV, t. 83. — Endl., *Gen.*, n. 2947.— B. H., *Gen.*, II, 503, n. 707 : cui pappi paleæ paucæ (4–6); caule tenui v. rigido; foliis dissitis, ciliatis v. spinescentibus; capitulis in cymas corymbiformes nec sessiles dispositis. Stirpes chilenses.
2. Spec. ad 30. Poepp. et Endl., *Nov. gen. et spec.*, t. 20–22. — Ad. Br., in *Voy. Coq., Bot.*, t. 56. — Remy, in *C. Gay Fl. chil.*, III, 340, 348 (*Mastigophorus*), 350 (*Triachne*), 352, t. 39 (*Triptilion*), 359 (*Strongyloma*), 362, t. 41 (*Caloptilion*), 364(*Portalesia*),365(*Panargyrum*). — Wedd., *Chl. andin.*, I, 45, t. 11, 12. — Phil., in *Linnæa*, XXVIII, 714; XXXIII, 116 (*Triptilion*). — Hook. f., *Fl. antarct.*, t. 114. — *Bot. Reg.*,

t. 853; (1841), t. 22 (*Triptilion*). — Walp., *Rep.*, VI, 321, 322 (*Panargyrum*); *Ann.*, I, 991 (*Calopappus*), 993, 994 (*Triptilion, Caloptilium*); V, 313.
3. *Prodr. Fl. per.*, 103 (nec Forsk., nec Heist.). — Less., *Syn.*, 417. — DC., *Prodr.*, VII, 72. — Endl., *Gen.*, n. 2955. — B. H., *Gen.*, II, 503, n. 708. — H. Bn, in *Bull. Soc. Linn. Par.*, 280. — *Moscaria* Pers., *Enchir.*, II, 379. — *Mosigia* Spreng., *Syst.*, III, 366. — *Gastrocarpha* Don, in *Trans. Linn. Soc.*, XVI, 231.
4. Rosei.
5. Spec. 1. *M. pinnatifida* R. et Pav., *Syst.*, I, 136. — Lindl., in *Bot. Reg.*, t. 1564. — Remy, in *C. Gay Fl. chil.*, III, 429. — *Mosigia pinnatifida* Spreng. — *Gastrocarpha runcinata* Don, in *Sweet Brit. fl. Gard.*, t. 229.

39. **Pamphalea** LAG.[1] — Flores[2] hermaphroditi fertiles, 1-morphi; corollæ labiis brevibus integris v. dentatis; antico majore patulo ligulato; postico minore revoluto. Antheræ inferne tenuiter caudatæ. Styli rami angusti truncati. — Herbæ annuæ v. perennes; caudice tuberoso subterraneo; foliis in ramis gracilibus alternis, integris, dentatis v. lobatis, basi nunc cordatis v. auriculatis; capitulis (parvis) in cymas laxas dispositis, graciliter longeque stipitatis; bracteis involucri subcampanulati 1-2-seriatis inæqualibus, apice acutis v. obtusis, nunc inæquali-3-dentatis, margine sæpius scariosis; receptaculo angusto plano foveolato. (*America austr. extratrop.*[3])

40. **Cephalopappus** NEES et MART.[4] — Flores[5] hermaphroditi fertiles, 1-morphi; corollæ labiis inæqualibus; antico suberecto, 3-dentato; postico revoluto, 2-partito. Antheræ basi aristato-caudatæ. Styli rami obtusi. Fructus angusti, inferne ∞-costati, apice annulo brevi coronati, epapposi. — Herba perennis subacaulis; rhizomate ad collum dense lanato; foliis basilaribus (amplis) argute dentatis, in petiolum cuneato-alatum attenuatis, supra glabris, subtus ad nervos lanuginosis; capitulis (parvis) in summo scapo tenui aphyllo lanato solitariis v. paucis (2, 3); involucri hemisphærici bracteis imbricatis obtusis inæqualibus sub-3-seriatis; receptaculo hemisphærico nudo[6]. (*Brasilia*[7].)

41. **Trixis** P. BR.[8] — Flores[9] hermaphroditi fertiles, 1-morphi; corollæ labiis inæqualibus; antico 3-dentato, in floribus exterioribus sæpius longiore; postico 2-fido v. 2-partito. Antheræ basi longe caudatæ. Styli rami superne dilatati, apice truncato penicillati. Fructus oblongi subteretes, 5-costati, superne in collum v. rostrum attenuati, nunc papillosi; pappi setis 1-3-seriatis, scabris, denticulatis v. barbel-

---

1. *Amen. nat.*, I, 34 (*Panphalea*). — DC., *Prodr.*, VII, 73. — CASS., in *Bull. Soc. philom.* (1819), 111. — LESS., *Syn.*, 6. — ENDL., *Gen.*, n. 2950. — B. H., *Gen.*, II, 503, n. 709. — *Ceratolepis* CASS. (ex ENDL.).
2. Albi.
3. Spec. 4, 5. LESS., in *Linnæa* (1830), 9. — CASS., in *Dict. sc. nat.*, XXXVII, 345. — FIELD, *Sert. plant.*, t. 21. — WALP., *Rep.*, VI, 325.
4. In *Nov. Acta. nat. cur.*, XII, 5, t. 1. — LESS., *Syn.*, 401. — DC., *Prodr.*, VII, 73. — ENDL., *Gen.*, n. 2951. — B. H., *Gen.*, II, 504, n. 710.
5. « Fulvi. »
6. Stirpis (nobis ignotæ) char. e descript. et icon. Neesii.

7. Spec. 1. *C. sonchifolius* NEES et MART. — *Sparganophorus sonchifolius* SPRENG., *Syst.*, III, 458.
8. *Jam.*, 312. — LAG., *Amen. nat.*, I, 35. — DC., in *Ann. Mus.*, XIX, 66; *Prodr.*, VII, 67. — LESS., *Syn.*, 413. — ENDL., *Gen.*, n. 2960. — B. H., *Gen.*, II, 501, n. 704. — *Perdicium* L., *Gen.*, n. 960 (part.). — *Castra* VELL., *Fl. flum.*, 242; *Atl.*, VIII, t. 81, 82. — *Dolichlasium* LAG., *loc. cit.*, 33. — DC., *Prodr.*, VII, 72. — ENDL., *Gen.*, n. 2961. — *Tenorea* COLL., *Hort. rip.*, 137. — *Prionanthes* SCHR., *Pl. rar. Hort. monac.*, II, t. 51. — *Bowmannia* GARDN., in *Hook. Icon.*, 519.
9. Albi, purpurei v. flavidi.

lato-plumosis. — Herbæ v. frutices, nunc scandentes; indumento vario; foliis alternis, nunc decurrentibus, linearibus, ovato-lanceolatis, orbiculatis v. cordatis, integris, dentatis v. lobatis; capitulis termina- libus solitariis v. sæpius in cymas composito-corymbiformes dispositis; involucro subcampanulato v. cylindraceo; bracteis 1-pauciseriatis; exterioribus sæpe paucis minoribus; receptaculo nudo, fimbrilli- gero, piloso v. rigidule paleaceo [1]. (*America calid. utraque trop. et extratrop.* [2])

42? Clybatis PHIL. [3] — Flores [4] (fere *Trixidis*) fertiles; corolla 2-labiata. Fructus papillosi; pappi setis 18-20, 1-seriatis, plumosis. — Herbæ perennes; caule simplici arachnoideo-velutino; foliis paucis spathulatis inciso-dentatis; superioribus integris; capitulo solitario terminali; bracteis involucri hemisphærici ad 12, herbaceis planis; receptaculo plano nudo [5]. (*Araucania.*)

43. Perezia LAG. [6] — Flores [7] hermaphroditi fertiles, 1-2-morphi; corollæ 2-labiatæ labio antico postico subsimili v. in floribus radii nunc majore ligulato, 3-dentato; postico autem subæquali v. sæpius angustiore, 2-fido v. 2-dentato revoluto. Antheræ basi longe caudatæ. Styli rami compressi, demum recurvi, apice papilloso truncati v. rarius

---

1. Hujus generis, sensu nostro, sectiones sunt : *Cleanthes* DON, in *Trans. Linn. Soc.*, XVI, 194. — GRISEB., *Symb. Fl. argent.*, 216. — *Platycheilus* CASS., *Op. phyt.*, II, 153, 162; in *Dict.*, XXXIV, 212. — *Holocheilus* CASS., in *Bull. Soc. philom.* (1818), 73; in *Dict.*, XXI, 306 : ramis herbaceis; foliis fere omnibus rosulatis, in ramis paucis laxisve; bracteis involucri sub-1-seriatis; styli ramis cylindricis, apice subgloboso-truncatis. Stirpes brasilienses et argentinæ. *Jungia* L. F., *Suppl.*, 58. — LESS., *Syn.*, 407. — DC., *Prodr.*, VII, 55. — ENDL., *Gen.*, n. 2954. — B. H., *Gen.*, II, 502, n. 705. — *Trinacte* GÆRTN., *Fruct.*, II, 415. — *Martrasia* LAG., *Amen. nat.*, I, 36. — *Rhinactina* W., in *Ges. Nat. Fr. Berl.* (1807), 139. — *Dumerilia* LAG., ex DC., in *Ann. Mus.*, XIX, 71, t. 15, 16 : caule erecto v. scandente; receptaculo paleaceo; pappo nunc barbellato v. plumoso. *Pleocarphus* DON, in *Trans. Linn. Soc.*, XVI, 228. — DC., *Prodr.*, VII, 72. — ENDL., *Gen.*, n. 2952 : foliis linearibus rugosis; ramis capi- tuligeris racemiformibus; pappi setis crebris tenuibus serrulatis. Stirps chilensis.

2. Spec. ad 40. H. B. K., *Nov. gen. et spec.*, IV, t. 355 (*Perdicium*). — HOOK. et ARN., in *Beech. Voy.*, *Bot.*, t. 65. — HOOK., *Ex. Fl.*,

t. 101. — A. GRAY, in *Proc. Amer. Acad.*, V, 144 (*Jungia*). — REMY, in *C. Gay Fl. chil.*, III, 374 (*Jungia*), 423, 426, t. 43 (*Pleocarphus*). — GRISEB., *Symb. Fl. argent.*, 215 (*Jungia*). — *Bot. Mag.*, t. 2765. — WALP., *Rep.*, II, 682; VI, 323 (*Bowmannia*); *Ann.*, I, 459; V, 313 (*Jungia*), 314.

3. *Descr. nuev. pl.* (1872), 84. — B. H., *Gen.*, II, 1237, n. 704 a.

4. « Lutei. »

5. An planta nobis ignota *Trixidis* mera sec- tio, receptaculo epaleaceo et pappo plumoso?

6. *Amen. nat.*, I, 31. — DC., *Prodr.*, VII, 60. — ENDL., *Gen.*, n. 2962. — B. H., *Gen.*, II, 500, n. 702. — *Clarionea* LAG., ex DC., in *Ann. Mus.*, XIX, 65 (nec NAUD.). — *Acourtia* DON, in *Trans. Linn. Soc.*, XVI, 203. — DC., *Prodr.*, VII, 65. — DELESS., *Ic. sel.*, IV, t. 95. — *Homoianthus* DC, in *Ann. Mus.*, XIX, 65; *Prodr.*, VII, 63. — *Homanthis* H. B. K., *Nov. gen. et spec.*, IV, 12. — *Drozia* CASS., in *Dict.*, XXIV, 217. — *Scolymanthus* W. (ex DC.). — *Dumerilia* LESS., in *Linnæa*, V, 13; *Syn.*, 407 (nec LAG.). — DC., *Mém.*, t. 17; *Prodr.*, VII, 66. — ENDL., *Gen.*, n. 2959. — ? *Pogonura* DC., in *Lindl. Introd.*, ed. 2, 263 (ex. B. H.).

7. Albi, rosei v. cærulei.

rotundati. Fructus oblóngi v. obconici, teretes v. 5-angulati; pappi setis crebris tenuibus, ubique v. superne scabris denticulatisve. — Herbæ v. frutices, erecti v. scandentes, nunc spinescentes, glabri, glandulosi v. lanati ; foliis alternis, nunc basilaribus rosulatis, integris, dentatis spinosisve, pinnatifidis v. dissectis; capitulis solitariis v. in racemos plus minus compositos cymigeros dispositis; involucri ovoidei, obconici v. subcampanulati, bracteis ∞, inæqualibus, acutis v. obtusis, imbricatis; receptaculo subplano, nudo, fimbrilligero v. piloso [1]. (*America trop. et subtrop. utraque.*[2])

44? Hyaloscris GRISEB. [3] — « Flores [4] hermaphroditi, 1-morphi; corollæ 1-labiatæ lamina patente æquali-5-dentata. Antheræ basi longe ciliolato-setosæ. Stylus breviter exsertus; ramis filiformibus, apice rotundatis, brevissime puberulis. Fructus subcompresso-10-costatus; pappi setis ∞, inæqualibus simplicibus. — Frutices inermes; ramis divaricato-rigidis; foliis alternis (parvis) integris, breviter petiolatis; capitulis 5-floris in ramulis brevibus terminalibus; involucri oblongo-turbinati squamis scariosis adpressis, inæqualibus, imbricatis; interioribus longioribus; receptaculo parvo nudo [5]. » (*Rep. Argentina*[6].)

45? Dinoseris GRISEB. [7] — « Flores [8] hermaphroditi, 1-morphi; corolla 1-labiata, e basi tubulosa in laminam erectiusculam, apice minute 5-dentatam, abeunte. Antheræ basi longe puberulo-setosæ. Styli exserti, basi incrassati, rami elongati revoluti, apice acuto puberuli. Fructus glabri, 5-costati ; pappi setis ∞, rigidulis scabriusculis. — Arbuscula v. frutex[9] glaber inermis; foliis oppositis petiolatis denticulatis; capitulis terminalibus solitariis; involucri ovoidei bracteis imbricatis, ∞-seriatis, rigide scariosis; exterioribus rotun-

---

1. Hujus generis sectio nobis erit, non obstante habitu, *Proustia* LAG., *Amen.*, I, 33. — DC., in *Ann. Mus.*, XIX, t. 4; *Prodr.*, VII, 27. — CASS., in *Dict. sc. nat.*, LV, 395. — ENDL., *Gen.*, n. 2918. — B. H., *Gen.*, II, 500, n. 701 : styli ramis apice rotundatis (nec truncatis); capitulis sæpius pauci- (3-5) floris; caule frutescente v. nunc scandente.

2. Spec. ad 50. H. B., *Pl. æquin.*, t. 17, 135, 136 (*Chætanthera*). — DELESS., *Ic. sel.*, IV, t. 92, 93 (*Clarionea*), 94. — HOMBR. et JACQUIN., in *D'Urv. Voy. pôle sud, Bot.*, t. 10 (*Homoianthus, Clarionea*). — HOOK. F., *Fl. antarct.*, t. 111 (*Clarionea*). — REMY, in *C. Gay Fl. chil.*, III, 293 (*Proustia*), 404 (*Clarionea*), 411, 416 (*Homoianthus*). — WEDD., *Chlor. andin.*, I, 23, t. 5

(*Proustia*); 36, t. 10. — PHIL., in *Linnæa*, XXVIII, 717 (*Clarionea*); XXIX, 109; XXXIII, 114 (*Proustia*), 124 (*Homoianthus, Clarionea*); *Fl. atacam.*, 28 (*Proustia*). — A. GRAY, *Emor. Exp., Bot.*, 104. — *Bot. Mag.*, t. 5401 (*Homoianthus*), 5489 (*Proustia*). — WALP., *Ann.*, I, 996; II, 949; V, 316.

3. *Symb. Fl. argent.*, 212.

4. « Sicci pallidi. »

5. Genus « forsan *Dendroseri* affine, habitu *Hyalin* eximie simulante insigne » (GRISEB.), ad *Cichorieas* floribus ligulatis tendit.

6. Spec. 1. *H. cinerea* GRISEB.

7. GRISEB., *Symb. Fl. argent.*, 213.

8. « Pallide flavi. »

9. « 12-15-pedalis. »

datis, demum patulis; receptaculo planiusculo nudo[1]. » (*Rep. Argentina*[2].)

46? Leunisia PHIL. [3] — « Flores[4] hermaphroditi, 1-morphi; corollæ 2-labiatæ labiis æqualibus; antico 3-dentato; postico autem 3-partito[5]. Antheræ basi longe plumoso-caudatæ. Styli rami longiusculi, apice truncati glabri. Fructus (immaturi) cylindracei glandulosi; pappi setis ∞, hispidis, 1-seriatis. — *Frutex pubescens viscosus*; ramis dense foliatis; foliis sessilibus ovato-oblongis acuminatis, integris v. utrinque 1-2–dentatis; capitulis summo pedunculo incrassato solitariis; involucri[6] ovato-cylindracei bracteis herbaceis æqualibus longe acuminatis; interioribus angustioribus; receptaculo plano nudo. » (*Chili*[7].)

47? Oxyphyllum PHIL.[8] — « Flores[9] hermaphroditi fertiles, 1-morphi; corollæ 2-labiatæ labio antico latiusculo (integro?) deflexo; postico angusto revoluto (2-dentato?). Antheræ basi longe caudatæ. Styli rami longi, apice truncati. Fructus dense arachnoideo-villosus; pappi setis plumosis. — *Frutex ramosus glaber*; foliis confertis angustis, integris v. sinuato-dentatis; apice dentibusque pungentibus; capitulis ad apices ramorum confertim corymbosis; involucri cylindraceo-campanulati bracteis imbricatis, ∞-seriatis, herbaceis; intimis flores exteriores involventibus; extimis gradatim minoribus; receptaculo convexo nudo. » (*Chili*[10].)

48. Leuceria LAG.[11] — Flores[12] hermaphroditi fertiles, 1-2-morphi; corollæ 2-labiatæ labio antico 2-3-dentato, in floribus radii (1-seriatis) nunc majore ligulato; postico autem parvo revoluto, 2-fido v. subintegro. Antheræ basi lineari-caudatæ. Styli rami apice compressiusculo truncati v. leviter incrassati recurvi. Fructus obovoi-

1. Genus *Hyaloseridi* « valde affine, habitu, foliis oppositis, involucro fere *Centaureæ* et styli fabrica distinctum » (GRISEB.).
2. Spec. 1. *D. salicifolia* GRISEB.
3. In *Linnæa*, XXXIII, 120. — B. H., *Gen.*, II, 501, n. 703.
4. « Flavi; pappo albo. »
5. « Errore pro 2-partito. » (B. H.)
6. « Fere pollicaris. »
7. Spec. 1. *L. læta* PHIL.
8. *Fl. atacam.*, 28, t. 4, A. — B. H., *Gen.*, II, 499, n. 699.
9. « Pallide violacei. »

10. Spec. 1. *O. ulicinum* PHIL.
11. *Amen. nat.*, 32 (*Leucheria*). —DC , *Prodr.*, VII, 56; in *Ann. Mus.*, XIX, 66. — ENDL., *Gen.*, n. 2956. — B. H., *Gen.*, II, 499, n. 698. — *Leuchæria* LESS., *Syn.*, 401. — *Chabræa* DC., in *Ann. Mus.*, XIX, 65 ; *Prodr.*, VII, 58. — *Lasiorrhisa* LAG., *Amen. nat.*, I, 32. — ENDL., *Gen.*, n. 2957. — *Ptilurus* DON, in *Trans. Linn. Soc.*, XVI, 218. — DC., *Prodr.*, VII, 56. — ENDL., *Gen.*, n. 2958. — *Cassiopea* DON, in *Trans. Linn. Soc.*, XVI, 215. — *Eizaguirrea* REMY, in *C. Gay Fl. chil.*, III, 401.
12. Albi, cærulei v. purpurei.

dei v. oblongi, papillis v. pilis hyalinis obsiti; pappi setis 1-seriatis, sæpius gracilibus, serrulatis, barbellatis v. sæpius plumosis, basi plus minus connatis. — Herbæ annuæ v. perennes, lanatæ v. glandulosæ; foliis alternis, nunc basi rosulatis, integris, pinnatimve incisis v. dissectis; capitulis solitariis v. irregulari-cymosis, longe v. rarius brevius stipitatis; involucri hemisphærici v. subcampanulati bracteis 1-pauciseriatis; receptaculo plano nudo vel ad flores exteriores paleaceo. (*America austr. extratrop. et andina* [1].)

49. Chætanthera R. et Pav. [2] — Flores [3] 2-morphi; radii fœminei, 1-seriati, fertiles v. rarius steriles; disci autem hermaphroditi, fertiles; corollis 2-labiatis; labio antico elongato ligulato patente, apice 3-dentato, in floribus disci sæpius breviore posticoque æquali v. subæquali, 3-fido; labio postico 2-dentato, 2-partito v. subintegro. Antheræ basi longe tenuiterque barbato-caudatæ. Styli floris hermaphroditi rami breves plerumque dilatati apiceque truncati v. rarius rotundati. Fructus oblongi dense papillosi; pappi setis subæqualibus, scabris v. barbellatis, 1-2-seriatis v. rarius ∞-seriatis. — Herbæ annuæ perennesve, nunc frutescentes; foliis alternis v. raro oppositis, angustis v. linearibus, integris v. ciliato-dentatis; capitulis terminalibus stipitatis v. inter folia suprema sessilibus; involucri campanulati v. obconici bracteis ∞, angustis, inæqualibus, ∞-seriatim imbricatis; interioribus obtusis v. ad apicem scariosis; exterioribus gradatim minoribus, nunc foliaceis v. foliaceo-appendiculatis; receptaculo plano, nudo v. foveolato [4]. (*America austr. extratrop. et andina* [5].)

1. Spec. 20-25. DELESS., *Ic. sel.*, IV, t. 85-91. — REMY, in *C. Gay Fl. chil.*, III, 376, 389 (*Chabræa*). — HOOK. F., *Fl. antarct.*, t. 111. — HOOK., *Icon.*, t. 496. — HOMBR. et JACQUIN., in *D'Urv. Voy. pôle sud, Bot.*, t. 4 (*Lasiorrhiza*). — PHIL., in *Linnæa*, XXVIII, 714, 719 (*Eizaguérra*), 715; *Fl. atacam.*, 28. — WEDD., *Chl. andin.*, I, 33, t. 10. — WALP., *Rep.*, VI, 322; *Ann.*, I, 994; II, 949; V, 314.

2. *Prodr. Fl. per. et chil.*, 106, t. 23. — DC., in *Ann. Mus.*, XIX, t. 3; *Prodr.*, VII, 29. — POIR., *Suppl.*, II, 185. — B. H., *Gen.*, II, 496, n. 693. — *Elachia* DC., *Prodr.*, VII, 256; in *Deless. Ic. sel.*, IV, t. 99. — ENDL., *Gen.*, n. 3032¹. — *Cherina* CASS., in *Dict.*, VIII, 437. — *Proselia* DON, in *Trans. Linn. Soc.*, XVI, 234. — *Tylloma* DON, loc. cit., 238. — DC., *Prodr.*, VII, 32. — *Euthrixia* DON, loc. cit., 257. — *Oriastrum* POEPP. et ENDL., *Nov. gen. et spec.*, III, 50, t. 257. — *Aldunatea* REMY, in *C. Gay Fl. chil.*, III, 320, t. 38. — *Carmelita* C. GAY, loc. cit., t. 37; in *DC. Prodr.*, VII, 14. —

Egania REMY, loc. cit., III, 324. — *Chondrochilus* PHIL., *Fl. atacam.*, 27, t. 3. — *Minythodes* PHIL., herb. (ex B. H.).

3. Flavi.

4. Hujus generis est, nostro sensu, sectio *Brachyclados* PHIL., in *Phil. Mag.* (1832), 391. — B. H., *Gen.*, II, 495, n. 692: caule fruticoso; foliis linearibus, margine revolutis; bracteis involucri inappendiculatis.

5. Spec. ad 25. DELESS., *Ic. sel.*, IV, t. 80-82. — DON, in *Trans. Linn. Soc.*, XVI, 236 (*Richenia*), 259 (*Euthrixia*). — SWEET, *Brit. fl. Gard.*, ser. 2, t. 214. — REMY, in *C. Gay Fl. chil.*, III, 300, t. 35; 311 (*Brachyclados*), 313 (*Elachia*), 316, t. 35 (*Tylloma*), 319 (*Oriastrum*), 320, t. 38 (*Aldunatea*), 324, t. 36 (*Egania*). — WEDD., *Chlor. andin.*, I, t. 6 (*Carmelita*), 8 (*Tylloma*), 9 (*Egania, Oriastrum*). — PHIL., in *Linnæa*, XXVIII, 712; XXXIII, 112 (*Tylloma, Aldunatea*). — A. GRAY, in *Proc. Amer. Acad.*, V, 144. — WALP., *Rep.*, VI, 318, 319 (*Oriastrum*); *Ann.*, I, 991, 992 (*Egania*).

50. Barnadesia Mut. [1] — Flores [2] fertiles, 1-morphi; capitulis homogamis, raro 1-v. paucifloris (*Fulcaldea* [3]). Bracteæ involucri ∞, alternatim imbricatæ, alte ∞-seriatæ; interioribus gradatim majoribus arcte appressis; receptaculo superne glabro vel piloso. Corollæ 2-labiatæ; labio exteriore ligulato, 4-dentato; interiore autem filiformi, arcuato v. revoluto, nunc omnino deficiente. Stamina 5; filamentis liberis v. coalitis; antheris basi integris, ecaudatis. Stylus apice 2-lobus v. 2-dentatus; ramis cæterum connatis. Achænia villosa; pappo vario; setis nunc sæpe plumosis v. pilis pluricellulosis [4] lateralibus instructis. — Frutices sæpe spinescentes; foliis alternis, integris, penninerviis v. 3-nerviis, nunc fasciculatis, sæpe paucis; capitulis terminalibus, solitariis v. cymosis. (*America austr. trop. et subtrop.* [5])

51. Icma Phil. [6] — « Flores 1-morphi (?); corollis subæqualibus tubulosis; laciniis 5, erectis. Antheræ ecaudatæ. Styli rami longiusculi cylindracei. Fructus cylindracei glabri, 10-costati; pappi setis ∞, apicem versus scabris, ∞-seriatis. — Suffrutex ramosus glaber; foliis parvis linearibus, utrinque 1-2-dentatis; capitulis corymbosis pedunculatis, basi foliis 3-5 involucratis; involucri turbinati floribus subæqualis bracteis cartilagineis obtusis, imbricatis; interioribus longioribus, superne ciliatis; receptaculo plano fimbrilligero [7]. » (*Mendoza.*)

52. Schlechtendahlia Less. [8] — Flores hermaphroditi irregulares, 1-morphi; germine extus villoso. Pappi palæ ∞ (ad 10), longe ovato-acutæ, apice longe acutatæ paleaceæ, margine hyalinæ, imbricatæ. Corollæ in alabastro regularis lobi 5, inæquales, valvati, crassiusculi; longiore uno pauloque latiore et intus ditius fuscato-villoso. Stamina 5; filamentis liberis; antheris basi minute obtuseque auriculatis, apice obtusis. Stylus ima basi repente attenuatus ibique disco epigyno cinctus, ad apicem tubulosus et obtuse 2-dentatus. Achænia turbinata

---

1. In *L. f. Suppl.*, 55. — Less., *Syn.*, 94. — DC., *Prodr.*, VII, 2. — Endl., *Gen.*, n. 2901. — B. H., *Gen.*, II, 484, n. 659. — *Bacazia* R. et Pav., *Prodr. Fl. per.*, 105, t. 22. — *Rhodactinia* Gardn., in *Hook. Lond. Journ.*, VI, 449.

2. Rosei v. purpurascentes.

3. Poir., *Dict.*, Suppl., V, 375. — *Turpinia* H. B., *Pl. æquin.*, I, 113, t. 33 (nec Vent.). — *Dolichostylis* Cass., in *Dict.*, LVI, 139. — *Voigtia* Spreng., *Syst.*, III, 367 (nec Roth, nec Kl.).

4. Nunc rachiformi-nodosis.

5. Spec. ad 10. H. B. K., *Pl. æquin.*, t. 138.

— Remy, in *C. Gay Fl. chil.*, III, 260. — Wedd., *Chlor. andin.*, I, 13, t. 1. — Lindl., in *Bot. Reg.* (1843), t. 29. — *Bot. Mag.*, t. 4232. — Walp., *Rep.*, II, 678; *Ann.*, I, 455 (*Rhodactinea*).

6. *Descr. nuev. plant.* (1872), 82. — B. H., *Gen.*, II, 1237, n. 659 a.

7. Planta « inter *Mutisiaceas* anomala si antheræ revera ecaudatæ » (B. H.).

8. In *Linnæa*, V, 242; *Syn.*, 93 (nec W., nec Spreng.). — DC., *Prodr.*, VII, 2. — Endl., *Gen.*, n. 2899. — B. H., *Gen.*, II, 484, n. 658. — H. Bn, in *Bull. Soc. Linn. Par.*, 241.

villosula. — Herba perennis erecta[1]; ramis dense sericeo-villosis; foliis erectis lineari-ensiformibus rectinerviis; inferioribus confertis, imbricatis; superioribus in scapo minoribus oppositis v. 3-natis basique in vaginam connatis; capitulis (magnis) in cymas terminales dispositis; involucri subcampanulati bracteis ∞, imbricatis rigidis aristatis; inferioribus brevioribus; receptaculo obconico, superne plano et inter flores dense villoso. (*America austr. extratrop. or.*[2])

53? Pseudoseris H. BN[3]. — Flores[4] hermaphroditi fertiles omnes (?), 2-morphi; corollis radii 1-seriatis, 2-labiis; labio antico ligulato, 3-dentato; postico autem e laciniis 2 liberis, linearibus v. filiformibus erectis constante. Corollæ disci minus irregulares; labio antico minore; postico antico subæquali v. vix dissimili. Antheræ basi lineari-2-setosæ. Stylus erectus, in floribus radii simplex capitellatus; in floribus disci apice obtuso breviter 2-lobus. Fructus (immaturi) oblongi, apice truncati v. ultra collum brevem breviter cupulati; pappi setis ∞, linearibus serrulatis. — Herbæ (perennes?) dense lanatæ[5]; foliis basilaribus paucis integris; scapis erectis, 1-cephalis; involucri bracteis pauciseriatis elongatis acutatis, inæqualibus; interioribus angustioribus subpaleaceis; receptaculo foveolato[6]. (*Madagascaria*[7].)

III. CICHORIEÆ.

54. Cichorium T. — Flores irregulares hermaphroditi fertiles, 1-morphi; corolla ligulata, apice truncato 5-dentata, valvata. Stamina 5; filamentis liberis; antheris in tubum coalitis, basi sagittatis ibique auriculis mucronato-acuminatis v. breviter setaceo-acuminatis auctis. Germen 1-loculare; ovulo subbasilari adscendente; raphe antica; styli ramis tenuibus obtusiusculis. Fructus 5-goni v. compressiusculi, 4-8-costati v. striato-∞-costati, nunc basi contracti, apice truncati v. margine prominulo coronati; pappi paleis ∞, nunc minutis v. paucis, v. 0, sæpe basi dilatata paleaceis, integris v. 3-lobis. —

---

1. Habitu *Eryngiorum* angustifoliorum.
2. Spec. 1. *S. luzulæfolia* LESS., loc. cit., 243, fig. 50-55. — HOOK. et ARN., *Comp. Bot. Mag.*, 110.
3. In *Bull. Soc. Linn. Par.*, 281.
4. « Cuprei. »

5. Lana rufescente. Adspectus hinc *Gerberæ*, inde *Hieraciorum* nonnullorum.
6. Genus *Mutisieas*, ut videtur, cum *Cichorieis* connectens. Caulis nunc brevissimus, et folia, ut videtur (ex GRANDIDIER), inconspicua.
7. Spec. hucusque 2.

Herbæ (lactescentes) annuæ v. perennes, glabræ v. hispidæ, nunc spinescentes (*Acanthophyton*) ; foliis alternis, nunc basi rosulatis, angustis, integris v. sæpius pinnatifidis, grosse dentatis v. lyratis; capitulis aut aliis secus caulem ad axillas pedunculorum sessilibus, aliis crasse rigideve stipitatis, aut (*Krigia, Calais, Microseris, Phalacroseris*) in scapis 1-cephalis paucifoliatis v. aphyllis terminalibus; involucri oblongi v. subcampanulati bracteis æqualibus v. inæqualibus; extimis brevioribus, imbricatis, herbaceis v. subcoriaceis; receptaculo superne plano v. convexiusculo, nudo v. rarius fimbrilligero. (*Orbis utriusque reg. temper.*) — *Vid. p.* 18.

55. **Hyoseris** L.[1] — Flores[2] (fere *Cichorii*) ligulati; bracteis involucri angustis herbaceis, demumque incrassato-carinatis v. concavis; fructibus compressis, 2-alatis v. varie costatis; pappi sessilis paleis (nunc 0) angustis aristatis; extérioribus tenuioribus. — Herbæ; foliis basilaribus rosulatis, integris, dentatis v. pinnatifidis; capitulis in summo scapo aphyllo, indiviso v. ramoso, superne sensim ampliato cavo, terminalibus[3]. (*Europa temp. et merid., Reg. medit.*[4])

56? **Tolpis** ADANS.[5] — Flores[6] (fere *Cichorii*) 1-morphi; corolla ligulata, 5-dentata. Bracteæ involucri exteriores patulæ, angustæ v. breves; interiores erectæ. Fructus subteretes, 5-8-costati; pappi setis 2-10, rigidis simplicibus tenuibus erectis; additis sæpe squamellis parvis ∞, paucis v. 0. — Herbæ ramosæ; foliis paucis, integris, dentatis v. pinnatifidis; capitulis laxe cymosis v. pedunculo longo stipatis. Cætera *Cichorii*. (*Reg. medit., ins. Canar.*[7])

1. *Gen.*, n. 916 (part.). — DC., *Prodr.*, VII, 79. — ENDL., *Gen.*, n. 2974. — B. H., *Gen.*, II, 508, n. 722. — *Thlipsocarpus* KZE, in *Flora* (1846), 695.
2. Flavi.
3. Generis hujus sectiones nobis sunt : *Aposeris* NECK., *Elem.*, I, 57. — DC., *Prodr.*, VII, 82. — ENDL., *Gen.*, n. 2975. — *Achyrastrum* NECK., *loc. cit.*: fructu epapposo. *Arnoseris* GÆRTN., *Fruct.*, II, 355, t. 157. — DC., *Prodr.*, VII, 79. — ENDL., *Gen.*, n. 2972. — B. H., *Gen.*, II, 507, n. 721 : fructu 8-10-costato, epapposo; bracteis involucri demum carinatis.
4. Spec. 4, 5. JACQ., *Hort. vindob.*, t. 150. — W. et KIT., *Pl. hung. rar.*, I, t. 49. — REICHB., *Ic. Fl. germ.*, t. 1350, 1351 (*Arnoseris*), 1354 (*Aposeris*). — BOISS., *Fl. or.*, III, 707. — WILLK. et LGE, *Prodr. Fl. hisp.*, II, 208, 212 (*Arnoseris*), 213 (*Aposeris*). — GREN. et GODR., *Fl. de Fr.*, II, 289, 290 (*Arnoseris*), 291 (*Aposeris*).

5. *Fam. des pl.*, II, 112. — GÆRTN., *Fruct.*, II, 371, t. 160. — DC., *Prodr.*, VII, 85. — ENDL., *Gen.*, n. 2979. — B. H., *Gen.*, II, 508, n. 723. — *Drepania* J., *Gen.*, 169. — *Chatelania* NECK., *Elem.*, I, 53. — *Schmidtia* MŒNCH, *Meth.*, Suppl., 217. — *Æthionia* DON, in *Edinb. new Phil. Journ.* (1828-29), 309. — *Polychæta* TAUSCH, in *Flora* (1828), Erganzbl., 81. — *Calodonta* NUTT., in *Trans. Amer. Phil. Soc.*, ser. 2, VII, 448. — *Swertia* LUDW. (ex DC., nec *alior.*).
6. Flavi v. pallide lutescentes.
7. Spec. ad 10. DESF., in *Act. Soc. Hist. nat. Par.*, t. 8, 9 (*Crepis*). — SIBTH., *Fl. græc.*, t. 810. — TEN., *Fl. nap.*, t. 186. — BIVON., *Tolpid.*, t. 3. — WEBB, *Phyt. canar.*, t. 120-122. — REICHB., *Ic. Fl. germ.*, t. 1359. — SEUB.,

57. **Catanance** T. [1] — Flores [2] hermaphroditi, 1-morphi; corollis ligulatis, apice truncato 5-dentatis, valvatis. Antheræ basi mucronato-auriculatæ. Stylus basi repente attenuatus ibique summo disco epigyno breviter conico cinctus; ramis semiteretibus. Fructus oblongi, 5-10-costati, glabrati v. setosi; pappi paleis paucis (4-8), v. numerosioribus membranaceis, hyalinis [3], dentatis v. laceris, apice acuminatis. — Herbæ annuæ v. perennes, sæpius puberulæ v. sericeæ canentes; foliis alternis, basi plerumque confertis, linearibus, integris v. paucidentatis, nunc pinnatifidis; capitulis longe stipitatis; involucri subglobosi v. conoidei bracteis imbricatis; intimis mucronatis; exterioribus gradatim minoribus scarioso-appendiculatis, basi sæpe carnosulis; receptaculo plano v. foveolato, nudo, setoso v. extus paleaceo [4]. (*Reg. medit.* [5])

58? **Hænselera** Boiss. [6] — Flores [7] fere *Catanances;* involucri bracteis obtusis, vix v. haud scariosis. Styli rami lineares obtusiusculi. Fructus oblongi glabri, 5-10-costati; pappi paleis paucis (5, 6) latiusculis, obtusis y. sæpius acutatis. — Herba perennis glabra; foliis basilaribus paucis pinnatifidis eroso-dentatis; capitulo in summo scapo nudo v. paucibracteato solitario; receptaculo plano et inter flores rigide paleaceo [8]. (*Hispania* [9].)

59. **Picris** L. [10] — Flores [11] (fere *Cichorii*) 1-morphi; corollis ligulatis; antheris basi acutis v. breviter setaceo-acuminatis. Styli rami

Fl. azor., t. 11. — Jord., *Ic. Fl. eur.*, t. 104-106. — Boiss., *Fl. or.*, III, 725. — Gren. et Godr., *Fl. de Fr.*, II, 287. — *Bot. Mag.*, t. 35, 2988 (*Crepis*). — Walp., *Rep.*, VI, 328; *Ann.*, II, 955.

1. *Inst.*, 478, t. 271. — *Catananche* L., *Gen.*, n. 920. — L., *Gen.*, n. 920. — Gærtn., *Fruct.*, II, 356, t. 157. — Less., *Syn.*, 128. — DC., *Prodr.*, VII, 84. — Endl., *Gen.*, n. 2976. — B. H., *Gen.*, II, 505, n. 714. — H. Bn, in *Bull. Soc. Linn. Par.*, 262. — *Piptocephalum* Sch. bip., in *Bonplandia* (1860), 369.
2. Cærulei v. flavi.
3. In planta culta nunc auctis petaloideisque.
4. Generis sectio nobis est *Hymenonema* Cass., in *Bull. Soc. philom.* (1817); in *Dict. sc. nat.*, XXII, 316. — DC., *Prodr.*, VII, 116. — Endl., *Gen.*, n. 2996 (prope *Scorzoneram*). — B. H., *Gen.*, II, 505, n. 714 : receptaculo foveolato; pappi setis pauciseriatis, inæqualibus, barbellatis; corollis flavis. *Catananci* proximum est *Xeranthemum*, corollæ rimæ superioris brevitate tantum distinguendum; cæteris omnibus convenientibus. *Cichorieæ* inde cum *Cardueis*

arcte connectuntur. Corollæ tubus, ut in *Xeranthemo*, demum basi crassior carnosusque fit. Idem in involucri bracteis ad basin observatur.
5. Spec. ad 6. Desf., *Fl. atl.*, t. 217; in *Ann. Mus.*, I, t. 9 (*Scorzonera*). — Sibth., *Fl. græc.*, t. 789 (*Scorzonera*), 821. — Reichb., *Ic. Fl. germ.*, t. 1363. — Boiss., *Fl. or.*, III, 713. — Willk. et Lge, *Prodr. Fl. hisp.*, II, 210. — Gren. et Godr., *Fl. de Fr.*, II, 285. — *Bot. Mag.*, t. 293. — Walp., *Ann.*, V, 318.
6. In *DC. Prodr.*, VII, 83. — Endl., *Gen.*, n. 2966 [2].— *Hænseleria* B. H., *Gen.*, II, 505, n. 716.
7. Flavi.
8. An melius *Catanances* sectio?
9. Spec. 1. *H. granatensis* Boiss.
10. *Gen.*, n. 907. — Gærtn., *Fruct.*, II, 366, t. 159. — DC., *Prodr.*, VII, 128. — Endl., *Gen.*, n. 2999. — B. H., *Gen.*, II, 511, 1238, n. 734. — *Medicusia* Mœnch, *Meth.*, 536. — *Microderis* DC., *Prodr.*, VII, 127. — *Spitzelia* Sch. bip., in *Flora* (1833), 725. — *Ptilosia* Tausch, in *Flora* (1828), I, *Erganz.*, 78. — *Hagioseris* Boiss., *Diagn. or.*, XI, 35.
11. Flavi, rubri v. rosei.

tenues. Fructus oblongo-lineares, recti v. incurvi, vix v. longe rostrati, subteretes v. 5-20-angulati ; costis lævibus v. minute valdeve
transversim rugosis ; pappi setis ∞, æqualibus v. inæqualibus, glabris
v. varie plumosis ; exterioribus brevioribus v. brevissimis, nunc 0. —
Herbæ annuæ v. perennes ; foliis alternis v. basilaribus rosulatis, nunc
amplexicaulibus, integris, grosse dentatis, pinnatifidis v. multisectis ;
capitulis terminalibus, solitariis v. varie laxeque corymbiformi-
cymosis ; involucri bracteis pluriseriatis ; exterioribus minoribus plus
minus patulis v. nunc majoribus ; receptaculo plano v. subplano, nudo
v. fimbrilligero [1]. (*Orbis utriusque reg. temp. et calid.* [2])

1. Generis nobis sunt sectiones :
Helminthia J., *Gen.*, 170. — DC., *Prodr.*, VII,
132. — ENDL., *Gen.*, n. 3000. — *Virœa* VAHL, in
Hornem. Hort. Hafn. (ex DC.). — *Deckera* SCH.
BIP., in *Flora* (1834), 479 (part.) : bracteis involucri exterioribus sæpe amplis foliaceisque ;
interioribus basi incrassato-subcarinatis ; fructibus longe rostratis ; pappi caducissimi setis
tenuissimis.
Crepis L., *Gen.*, n. 914. — DC., *Prodr.*, VII,
160. — SPACH, *loc. cit.* — ENDL., *Gen.*, n. 3022. —
B. H., *Gen.*, II, 513, n. 735 : fructuum costis ∞,
brevibus v. breviter rugosis ; pappi setis simplicibus v. vix denticulatis, aut persistentibus,
aut sigillatim caducis. *Crepidis* autem syn. v.
subsect. sunt : *Catonia* MOENCH, *Meth.*, 535. —
Lepicaune LAP., *Pl. pyrén.*, 478. — *Omalocline*
CASS., in *Dict.*, XLVIII, 431. — *Calliopea* DON, in
Edinb. new Phil. Journ. (1828), 309. — *Derouetia*
BOISS., *Diagn. or.*, ser. 2, V, 114. — *Ætheor-
rhiza* CASS., in *Dict.*, XLVIII, 425. — *Soyeria*
MONN., *Ess. Hierac.*, 75. — KOCH, *Syn. Fl.
germ.*, ed. 1, 442. — *Hapalostephium* DON, *loc.
cit.*, 307. — *Aracium* MONN., *loc. cit.*, 73. —
Intybella MONN., *loc. cit.*, 78. — *Intybus* FRIES,
Nov. Fl. suec., ed. 2, 244. — *Geracium* REICHB.,
in *Mœssl. Fl. Deutschl. ; Fl. germ. exc.*, 259. —
Anisoramphus DC., *Prodr.*, VII, 251. — ENDL.,
Gen., n. 3028 [1]. — *Barkhausia* MOENCH, *Meth.*,
537. — DC., *Prodr.*, VII, 152. — ENDL., *Gen.*,
n. 3021. — *Barkhusenia* HOPPE, in *Flora* (1829),
512. — *Paleya* CASS., in *Dict.*, XXXIX, 393. —
Lagoseris LINK, *Enum. Hort. berol.*, II, 289 (nec
BIEB.). — *Anthochytrum* REICHB., *Ic. Fl. germ.*,
XIX, 39, t. 1432. — *Billotia* SCH. BIP., in *Jahrb.
Pharm.*, IV, 155 ; in *Flora* (1859), 707. — *He-
teroseris* BOISS., *Fl. or.*, III, 793. — *Vigineixia*
POM., *N. mat. Fl. all.*, 12. — *Psammoseris* BOISS.,
Diagn. or., XI, 52. — *Anisoderis* CASS., in *Dict.*,
XLVIII, 429. — *Hostia* MOENCH, *Meth.*, Suppl.,
221 (nec JACQ.). — *Borkhausia* LINK, *Enum. Hort.
berol.*, II, 290. — *Nemauchenes* CASS., in *Dict.*,
XXXIV, 362. — *Ceramiocephalum* SCH. BIP., in
Bull. Soc. bot. Fr., IX, 284. — *Gatyona*
CASS., in *Dict.*, XVIII, 184. — *Crepidium* TAUSCH,
in *Flora* (1828), I, *Ergänz.*, 80 (nec NUTT.). —

Endoptera DC., *Prodr.*, VII, 178. — *Crepidium*
NUTT., in *Trans. Amer. Phil. Soc.*, ser. 2, VI[1],
435. — *Psilochenia* NUTT., *loc. cit.*, 437. —
Brachyderea CASS., in *Dict.*, XLVIII, 429. — *Be-
rinia* BRIGNOL., *Pl. Forojul.*, 50. — *Youngia*
CASS., *Op. phyt.*, III, 86. — DC., *Prodr.*, VII,
192. — ENDL., *Gen.*, n. 3004 [2].
Pterotheca CASS., in *Bull. Soc. philom.* (1816) ;
in *Dict. sc. nat.*, XLIV, 56. — DC., *Prodr.*, VII,
179. — B. H., *Gen.*, II, 516, n. 737. — *Crepinia*
REICHB., *Fl. germ. exc.*, 269. — *Intybellia*
CASS., in *Dict.*, XXIII, 547. — *Trichocrepis* VIS.,
St. dalm., 19, t. 7 : fructu 8-10-costato ; pappo
∞-setoso, basi annulatim deciduo ; receptaculo
setiformi-paleaceo. Plantæ mediterraneæ et asiaticæ mediæ et occidentales.
Rodigia SPRENG., *N. Entd.*, I, 275 (part.). —
DC., *Prodr.*, VII, 98. — ENDL., *Gen.*, n. 3021 [1].
— B. H., *Gen.*, II, 511, n. 732 : fructu rostrato ; pappi setis plumosis ; receptaculo mem-
branaceo-paleaceo. Planta reg. mediterraneæ.
Phœcasium CASS., in *Dict.*, XXXIX, 387. —
DC., *Prodr.*, VII, 160. — B. H., *Gen.*, II, 515,
n. 736. — *Sclerophyllum* GAUD., *Fl. helv.*, V,
47. — *Idianthes* DESVX, *Fl. Anjou*, 199. — *Cymboseris* BOISS., *Diagn. or.*, XI, 50 : fructu apice
attenuato et tenuiter ∞-costato ; pappi decidui
setis ∞ ; receptaculo epaleaceo.
Phalacroderis DC., *Prodr.*, VII, 97. — ENDL.,
Gen., n. 2988 [2]. — B. H., *Gen.*, II, 511, n. 733.
Planta græca ; pappo minimo paleolaceo, est
verisimiliter *Rodigiæ* v. *Picridis* cujusdam alii
forma monstrosa (BOISS., *Fl. or.*, III, 880).

2. Spec. ad 160. BOISS., *Fl. or.*, III, 733, 831
(*Crepis*), 880 (*Rodigia*). — BENTH., *Fl. austral.*,
III, 677, 678 (*Crepis*). — HOOK. F., *Handb. New
Zeal. Fl.*, 164. — WILLK. et LGE., *Prodr. Fl.
hisp.*, II, 218, 245 (*Crepis*). — MIQ., *Fl. ind.-
bat.*, II, 114 (*Youngia*). — MAXIM., in *Bull. Acad.
Pét.*, XIX, 520 ; *Mél. biol.*, IX, 345. — OLIV. et
HIERN, *Fl. trop. Afr.*, III, 448. — A. GRAY, in
Proc. Amer. Acad., VI, 553. — GREN. et GODR.,
Fl. de Fr., II, 301, 329 (*Pterotheca, Crepis*). —
WALP., *Rep.*, II, 689, 697 (*Crepis*), 993 ; VI, 352,
357 (*Crepis*) ; *Ann.*, I, 461 ; II, 964, 972 (*Crepis*),
976 (*Cymboseris*) ; V, 322, 328 (*Crepis*).

60. **Hieracium** T. [1] — Flores [2] fere *Cichorii;* corollis ligulatis, 5-dentatis. Antheræ basi breviter setaceo-acuminatæ. Fructus oblongi, teretes, subcompressi v. 4-10-costati, apice truncati ; pappi setis ∞, 1-pauciseriatis simplicibus rigidulis, persistentibus v. caducis, sæpius fragillimis. — Herbæ perennes v. 2-ennes; tomento simplici, glanduloso v. stellato, raro 0; foliis alternis v. sæpe basi rosulatis, integris, dentatis v. pinnatifidis ; capitulis summo scapo solitariis v. cymosis; involucri sæpe subcampanulati bracteis angustis, ∞-seriatim imbricatis; exterioribus sæpius brevioribus; omnibus sæpius post anthesin immutatis; receptaculo plano, nudo v. foveolato, sæpe inter flores breviter fimbrilligero v. setigero [3]. (*Europa, Asia temp., Reg. medit., Africa bor. et austr., America bor., andin. et extratrop. austr.* [4])

. 61. **Leontodon** L. [5] — Flores [6] fere *Cichorii;* corollis ligulatis, 5-dentatis. Fructus basi plus minus contracti, apice truncati v. sæpius plus minus longe contracti rostrative; pappi setis 5-∞ , simplicibus, breviter v. longe plumosis. — Herbæ annuæ v. perennes; pilis simplicibus, ramosis v. 0; foliis alternis, basi rosulatis, integris, grosse den-

1. *Inst.*, 469, t. 267. — L., *Gen.*, n. 913. — DC., *Prodr.*, VII, 199. — TAUSCH, in *Flora* (1828), I, *Ergänz.*, 49. — ENDL., *Gen.*, n. 3026. — B. H., *Gen.*, II, 516, n. 738. — *Miegia* NECK., *Elem.*, I, 49.— *Apatanthus* VIV., *Fl. lib. Spec.*, 54, t. 7, fig. 3. — DC., *Prodr.*, VII, 254. — *Crepidospermum* FRIES, *Epicr. Hier.*, 153 (nec THW.). — *Heteropleura* SCH. BIP., in *Flora* (1862), 434. — *Pilosella* SCH. BIP., *loc. cit.*, 417. — *Mandonia* SCH. BIP., in *Linnæa*, XXXIII, 757 (nec WEDD.). — *Stenotheca* MONN., *Ess. Hierac.*, 71. — *Chlorocrepis* GRISEB., *Comm. gen. Hierac.*, 75. — *Schlagintweitia* GRISEB., *loc. cit.*, 76.

2. Flavi, aurantiaci v. rubri.

3. Generis sectio est *Andryala* L., *Gen.*, n. 915. — DC., *Prodr.*, VII, 244. — ENDL., *Gen.*, n. 3025. — B. H., *Gen.*, II, 517, n. 739. — *Forneum.* ADANS., *Fam. pl.*, II, 112. — *Voightia* ROTH, in *Ræm. et Ust. Mag.*, IV (X), 17. — *Rothia* SCHREB., *Gen.*, 531 (nec LAMK, nec PERS.) : caule bienni v. perenni; indumento dense lanato v. stellato ; receptaculo fimbrilligero v. setigero. Stirpes canarienses et mediterraneæ.

4. Species usque ad 400 a var. auct. enumeratæ et quam maxime reducendæ. MONN., *Ess. Hierac.* (1829). — GRISEB., *Comm. Hierac. eur.* (1852). — FRIES, *Epicr. Hierac. Ups.* (1862). — BOISS., *Diagn. or.*, ser. 2, III, 101 ; V, 117; *Fl. or.*, III, 858, 879 (*Andryala*). — A. GRAY, in

Proc. Amer. Acad., VI, 553; VII, 365; *Man.* (1856), 236. — PHIL., in *Linnæa*, XXXIII, 125. — HARV. et SOND., *Fl. cap.*, III, 529. — FR. et SAV., *Enum. pl. jap.*, I, 273. — CHAPM., *Fl. S. Unit. States*, 250. — WILLK. et LGE, *Prodr. Fl. hisp.*, II, 251, 270 (*Andryala*). — GREN. et GODR., *Fl. de Fr.*, II, 343, 388 (*Andryala*), — WEBB, *Phyt. canar.*, t. 135 ; *Ot. hisp.*, t. 11 (*Andryala*). — SIBTH., *Fl. græc.*, t. 811 (*Andryala*). — WALP., *Rep.*, II, 699 ; *Ann.*, I, 465, 998 ; II, 931; V, 329.

5. *Gen.*, n. 912. — DC., *Prodr.*, VII, 101.— ENDL., *Gen.*, n. 2990. — B. H., *Gen.*, II, 520, n. 743. — *Apargia* SCOP., ex SCHREB., *Gen.*, 527. — LESS., *Syn.*, 132. — *Thrincia* ROTH, *Cat.*, I, 97. — DC., *Prodr.*, VII, 99. — ENDL., *Gen.*, n. 2989. — *Colobium* ROTH, in *Ræm. Arch.*, I, 36. — *Plancia* NECK., *Elem.*, I, 49. — *Antodon* NECK., *loc. cit.*, 58. — *Millina* CASS., in *Dict.*, XXXI, 89. — DC., *Prodr.*, VII, 109 (part.). — ENDL., *Gen.*, n. 2991. — *Asterothrix* CASS., in *Dict.*, XLVIII, 434. — *Deloderium* CASS., *loc. cit.*, 430. — *Oporinia* DON, in *Edinb. new Phil. Journ.* (1828-29), 309. — DC., *Prodr.*, VII, 108. — *Apargidium* TORR. et GR., *Fl. N.-Amer.*, II, 74. — *Hemilepis* KZE, *Ind. sem. Hort. lips.*, ex *Bot. Zeit.* (1852), 875. — *Fidelia* SCH. BIP., in *Flora* (1834), 482. — *Streckera* SCH. BIP., *loc. cit.*, 483. — *Kalbfussia* SCH. BIP., in *Flora* (1833), 723. — DC., *Prodr.*, VII, 101. — ENDL., *Gen.*, n. 3001.

6. Flavi.

latis v. pinnatifidis; capitulis summo scapo solitariis v. varie cymosis; involucri bracteis imbricatis, ∞-seriatis; exterioribus gradatim increscentibus v. brevibus patulis; interioribus nunc post anthesin carinato-incrassatis; receptaculo plano, nudo, foveolato, villoso, fimbriligero v. nunc hyalini-paleaceo [1]. (*Orbis tot. reg. temp.* [2])

[1]. Genus præcedentibus quam maxime affine. Sectiones hujus nobis sunt : *Hypochœris* L., *Gen.*, n. 918. — DC., *Prodr.*, VII, 90. — LESS., *Syn.*, 130. — ENDL., *Gen.*, n. 2985. — SCH. BIP., in *Nov. Acta nat. cur.*, XXI, 87. — RGL, in *Linnæa*, XVI, 49. — B. H., *Gen.*, II, 519, n. 742. — *Achyrophorus* ADANS., *Fam. des pl.*, II, 112. — SCOP., *Fl. carniol.*, II, n. 987. — ENDL., *Gen.*, n. 2986. — TAUSCH, in *Flora* (1829), I, *Ergänz.*, 37. — *Porcellites* CASS., in *Dict. sc. nat.*, XLIII, 42 (part.). — LESS., in *Linnæa*, VI, 102. — *Agenora* DON, in *Edinb. new Phil. Journ.* (1828-29), 310. — *Seriola* L., *Gen.*, n. 917. — *Fabera* SCH. BIP., in *Nov. Acta nat. cur.*, XXI, 129. — *Piptopogon* CASS., in *Dict.*, XLVIII, 507. — *Robertia* DC., *Fl. fr.*, V, 453. — *Metabasis* DC., *Prodr.*, VII, 97, 307. — *Robertia* DC., *Fl. fr.*, V, 453. — *Oreophila* DON, in *Phil. Mag.*, XI, 388. — *Cycnoseris* ENDL., in *Bot. Zeit.* (1843), 458 : receptaculo paleaceo; pappi setis 5-∞, plumosis; fructu glabro, scabro v. breviter ciliato. *Taraxacum* HALL., *St. helv.*, I, 23. — DC., *Prodr.*, VII, 145. — B. H., *Gen.*, II, 522, n. 745. — *Dens Leonis* T., *Inst.*, 468, t. 266. — *Leontodon* ADANS., *Fam. des pl.*, II, 112.— *Lasiopus* DON, in *Sweet Brit. fl. Gard.*, ser. 2, t. 346 (nec CASS.). —? *Caramanica* TIN., *Pl. rar. sic.*, 3 : bracteis involucri infimis minoribus patulis v. recurvis; receptaculo nudo; fructu rostrato, sæpe muricato-costato; pappi setis ∞, inæqualibus et simplicibus. *Anisocoma* TORR. et GR., in *Bost. Journ. Nat. Hist.*, V, 111, t. 13. — B. H., *Gen.*, II, 518, n. 741. —? *Pterostephanus* KELLOG, in *Proc. Calif. Acad. nat. sc.*, III, 20, fig. 4: fructu sericeo; pappi setis 5-10, basi extus receptaculo summo cupulari cinctis; receptaculo setiformi-paleaceo. Stirpes americanæ boreales. *Troximon* NUTT., in *Fras. Cat.* (1813); *Gen.*, pl. *N.-Amer.*, II, 127, 128 (nec GÆRTN., nec DON, nec SIMS). — DC., *Prodr.*, VII, 251. — B. H., *Gen.*, II, 522, n. 744. — *Agoseris* RAFIN., *Fl. ludov.*, 58. — *Kymapleura* NUTT., in *Trans. Amer. Phil. Soc.*, ser. 2, VII, err. — *Stylopappus* NUTT., *loc. cit.*, 431. — *Cryptopleura* NUTT., *loc. cit.* — *Macrorhynchus* DC., *Prodr.*, VII, 151. — LESS., *Syn.*, 139. — *Trochoseris* ENDL., *Gen.*, n. 3018. — *Ammogeton* SCHRAD., *Ind. sem. H. gœtt.* (1833); in *Linnæa*, X, *Litt.*, 69. — DC., *Prodr.*, VII, 98. — ENDL., *Gen.*, n. 3021 [2]: bracteis involucri ad exteriores grada-

tim brevioribus laxioribusque; receptaculo nudo, foveolato v. parce paleaceo; fructu apice contracto v. rostrato costato; costis scabridis, lævibus v. nunc ex parte alatis v. difformibus. Stirpes Americæ utriusque extratropicæ. *Pyrrhopappus* DC., *Prodr.*, VII, 144 (part.), nec A. RICH. — B. H., *Gen.*, II, 523, n. 746 : foliis glabris; receptaculo nudo; fructus rostrati costis ∞, muricatis v. scabris; pappi setis ∞, persistentibus v. deciduis (plerumque rufescentibus). Stirpes boreali-americanæ. *Calycoseris* A. GRAY, *Pl. Wright.*, II, 104, t. 14; *Emor. Exp., Bot.*, 106. — B. H., *Gen.*, II, 523, n. 747 : fructibus *Pyrrhopappi;* pappi setis (albidis), deciduis; receptaculo inter flores longe setigero. Stirpes mexicanæ. *Malacothryx* DC., *Prodr.*, VII, 192. — ENDL., *Gen.*, n. 3004 [1]. — B. H., *Gen.*, II, 518, 1238, n. 740.— *Malacomeris* NUTT., in *Trans. Amer. Phil. Soc.*, ser. 2, VII, 435. — *Leptoseris* NUTT., *loc. cit.*, 438. — *Leucoseris* NUTT., *loc. cit.*, 439: floribus *Calycoseridis* (nunc « albis v. purpureis »); fructu apice truncato; pappi setis (albis) exterioribus paucis rigidioribus; interioribus annulatim deciduis, 1-seriatis; receptaculo nudo; caule annuo v. perenni; foliis glabris v. lanatis Stirpes californicæ. 2. Spec. ad 110 (descr. ultra 200). W., *Hort. berol.*, t. 47. — TORR. et GR., *Fl. N.-Amer.*, II, 485 (*Malacothrix*), 489 (*Troximon*). — HOOK., *Fl. bor.-amer.*, t. 104 (*Troximon*). — BOISS., *Diagn. or.*, ser. 2, III, 87; V, 117; *Fl. or.*, III, 726 (*Thrincia*), 727, 783 (*Hypochœris*), 785 (*Seriola*), 786 (*Taraxacum*). — A. GRAY, *Man.* (1856), 236, 239 (*Troximon*). — HARV. et SOND., *Fl. cap.*, III, 525 (*Hypochœris*), 526 (*Taraxacum*). — BENTH., *Fl. austral.*, III, 677 (*Hypochœris*). — HOOK. F., *Handb. New Zeal. Fl.*, 165 (*Taraxacum*); *Fl. antarct.*, t. 112 (*Taraxacum*). — CHAPM., *Fl. S. Unit. St.*, 251 (*Taraxacum*). — GRISEB., *Fl. brit. W.-Ind.*, 384 (*Taraxacum*). — WILLK. et LGE, *Prodr. Fl. hisp.*, II, 213 (*Thrincia*), 215 (*Kalbfussia, Leontodon*), 228 (*Hypochœris*), 229 (*Seriola*), 230 (*Taraxacum*). — GREN. et GODR., *Fl. de Fr.*, II, 292 (*Hypochœris*), 295 (*Seriola, Robertia*), 296 (*Thrincia*), 297. — WALP., *Rep.*, II, 685 (*Troximon*), 686 (*Hypochœris*); VI, 328 (*Achyrophorus*), 339 (*Hypochœris*), 343 (*Seriola*), 345 (*Millina*); *Ann.*, II, 956 (*Troximon, Achyrophorus*), 957 (*Hypochœris, Kalbfussia*), 959 (*Millina*); V, 319 (*Achyrophorus*), 328 (*Calycoseris*).

62. **Lapsana** T. [1] — Flores [2] fere *Cichorii;* corolla ligulata, apice truncata, 5-dentata, valvata. Antheræ basi acutæ v. breviter acuminatæ. Styli rami longe subulati. Fructus oblongi, recti v. arcuati, teretes v. compressiusculi, glabri, obtuse ∞-costati; pappo 0. — Herbæ annuæ, sæpius graciles ramosæ, glabræ v. parce glandulosæ pilosæve; foliis alternis, integris, grosse dentatis, v. inferioribus pinnatifidis v. paucilobatis, nunc basi amplexicaulibus; capitulis (parvis) longe graciliterque pedunculatis v. laxe cymosis; involucri subcampanulati bracteis imbricatis, 2-morphis; interioribus erectis subcarinatis, sub-1-seriatis; exterioribus multo minoribus paucis v. 0; receptaculo parvo foveolato, nudo v. vix piloso [3]. (*Orbis vet. et nov. hemisph. bor.* [4])

63. **Hispidella** BARNAD. [5] — Flores [6] ligulati; corolla 5-dentata, in floribus exterioribus longiore. Antheræ basi acutæ, setaceæ v. acuminatæ. Fructus inæquali-ovoidei v. oblongi, glabri, tenuissime v. vix costati, epapposi. — Herba annua ramosa, longe setaceo-hispida; foliis alternis, elongatis v. sublanceolatis integris; capitulis in scapis paucifoliatis v. bracteatis apiceque sensim dilatatis terminalibus; involucri subcampanulati v. subglobosi bracteis longe setosis, 2-morphis; interioribus 1-pauciseriatis erectis conniventibus; exterioribus autem minoribus setiformibus v. 0; receptaculo convexo alveolato; alveolis margine elevato valde fimbriatis [7]. (*Hispania* [8].)

64. **Zacintha** T. [9] — Flores [10] ligulati; antheris basi setaceo-acuminatis v. acutatis. Styli rami tenues, apice obtusiusculi. Fructus oblongi, teretes v. angulati; exteriores nunc crassiores, obtuse 4-5-costati, apice obtusati v. plus minus longe rostrati v. incurvi; pappi setis angustis v. brevibus, nunc subdilatatis v. ex parte paleaceis. —

1. *Inst.*, 479, t. 272 (*Lampsana*). — L., *Gen.*, n. 919 (part.). — J., *Gen.*, 168 (*Lampsana*). — DC., *Prodr.*, VII, 76. — ENDL., *Gen.*, n. 2967 (*Lampsana*). — B. H., *Gen.*, II, 509, n. 725.
2. Flavi.
3. Generis nobis est sectio *Apogon* ELL., *Bot. S. Carol.*, II, 267. — DC., *Prodr.*, VII, 78. — B. H., *Gen.*, II, 509, n. 726 : fructu breviore; costis paucioribus (8-10). Planta bor.-amer.
4. Spec. 4, 5. REICHB., *Ic. Fl. germ.*, t. 1353. — A. GRAY, *Man.* (1856), 235; in *Mem. Amer. Acad.*, ser. 2, VI, 396. — FR. et SAV., *Enum. pl. jap.*, I, 266. — GRISEB., *Fl. brit. W.-Ind.*, 384. — WILLK. et LGE, *Prodr., Fl. hisp.*, II, 211. — GREN. et GODR., *Fl. de Fr.*, II, 291. — WALP., *Rep.*, VI, 327; *Ann.*, II, 951.

5. EX LAMK, *Dict.*, III, 134. — CASS., in *Dict. sc. nat.*, XXI, 248. — DC., *Prodr.*, VII, 258. — B. H., *Gen.*, II, 508, n. 724. — *Soldevilla* LAG., *Elench. Matr.*, 24. — DON, in *Edinb. new Phil. Journ.* (1829), 310. — LESS., *Syn.*, 127. — ENDL., *Gen.*, n. 2968.
6. Flavi.
7. Genus *Tolpidi* valde affine.
8. Spec. 1. *H. hispanica* LAMK. — *H. Barnadesii* CASS. — *Soldevilla setosa* LAG. — *Arctotis hispidella* J. (ex CASS.).
9. *Inst.*, 476, t. 269. — GÆRTN., *Fruct.*, II, 358, t. 157. — DC., *Prodr.*, VII, 178. — ENDL., *Gen.*, n. 3013 (*Zacyntha*). — B. H., *Gen.*, II, 511, n. 731.
10. Flavi.

Herbæ glabræ, sæpe annuæ, divaricato-ramosæ; foliis sæpius 2-morphis; inferioribus lyratis, sinuato-dentatis v. grosse dentatis; caulinis paucis nunc amplexicaulibus v. auriculatis, integris v. sinuato-dentatis; capitulis in ramorum dichotomiis sessilibus v. (spurie) lateralibus; pedunculo plus minus apice dilatato cavoque ; involucri bracteis paucis in saccum conniventibus, demum circa fructus accretis gibbis induratisque; exterioribus paucis (v. 0) minoribus; receptaculo plano, inter fructus parce piloso v. nudo [1]. (*Reg. medit., Asia centr. et occ. temp.* [2])

65. **Hedypnois** T. [3] — Flores [4] 1-morphi; corolla ligulata, 5-dentata. Antheræ basi acutatæ v. sericeo-acuminatæ. Styli rami tenues obtusiusculi. Fructus sessiles elongati angusti, teretes v. rarius compressiusculi, 5-10-costati, erostres v. breviter rostrati, dorso omnes ad costas muricati, valde incurvi demumque stellato-patentes, apice glochidiati (*Kœlpinia* [5]), v. pappo plus minus setoso coronati, conniventes (*Euhedypnois*), v. rarius recurvi, longius stellato-patentes, epapposi v. pappo brevissimo (*Rhagadiolus* [6]), nuncve (*Garhadiolus* [7]) conniventes et minute papposi; exterioribus lævibus interioribusque dorso muricatis. — Herbæ annuæ, glabræ v. rarius molliter pilosæ; foliis integris, varie dentatis v. pinnatifidis lyratisve ; capitulis stipitatis v. in cymas subspicatas (1-latérales) dispositis sessilibusque ; involucri cylindraceo-campanulati bracteis paucis, herbaceis v. demum induratis basique carinatis conniventibus, ᵗfructus exteriores amplectentibus ; additis exterioribus paucis multo minoribus v. 0; receptaculo parvo nudo v. inter flores parce setoso [8]. (*Asia med., Reg. medit.* [9])

1. Generis sectiones nobis sunt :
Acanthocephalus KAR. et KIR., in *Bull. Mosc.*, (1842), 127. — B. H., *Gen.*, II, 510, n. 730. — *Harpocarpus* ENDL., *Gen.*, Suppl., III, 70. — *Harpachœna* BGE, *Del. sem. Hort. dorpat.* (1845), ex *Linnœa*, XIX, 396 : involucro demum subgloboso v. breviter ovoideo ; bracteis induratis, extus hirto-muricatis; fructus rostro angusto longe conico rigido; pappo brevi paleaceo. Stirpes in Altai et Afghanistania indigenæ.
Heteracia FISCH. et MEY., *Ind. sem. Hort. petrop.* (1835), 31. — DC., *Prodr.*, VII, 178. — ENDL., *Gen.*, n. 3024. — B. H., *Gen.*, II, 510, n. 729 : bracteis involucri induratis; fructibus exterioribus obpyramidatis suberoso-incrassatis rostratis, sæpius subecostatis; pappo brevi v. 0; interioribus angustioribus longe rostratis, sæpius 4-costatis; pappi setis ∞, brevibus patulis. Stirpes persicæ et afghanistanicæ.
2. Spec. 5. SIBTH., *Fl. græc.*, t. 820. — JAUB. et SP., *Ill. pl. or.*, III, t. 287 (*Heteracia*), 288 (*Harpachœna*). — REICHB., *Ic. Fl. germ.*, t. 1424.

— BOISS., *Fl. or.*, III, 724 (*Heteracia*), 829. — WILLK. et LGE, *Prodr. Fl. hisp.*, II, 244 (*Zacintha*). — GREN. et GODR., *Fl. de Fr.*, II, 328. — WALP., *Ann.*, II, 953 (*Harpachœna*).
3. *Inst.*, 478; *Cor.*, 36, t. 271 (nec GÆRTN.). — SCHREB., *Gen.*, 532. — *Hyoseris* GÆRTN., *Fruct.*, II, 372, t. 160 (nec L.).
4. Flavi.
5. PALL., *Reis.*, III, 755, t. L, fig. 2; ed. gall., V, 511, t. 19. — LESS., *Syn.*, 127. — DC., *Prodr.*, VII, 78. — ENDL., *Gen.*, n. 2971. — B. H., *Gen.*, II, 509, n. 727.
6. T., *Inst.*, 479, t. 272. — J., *Gen.*, 168. — GÆRTN., *Fruct.*, II, 354, t. 157. — ENDL., *Gen.*, n. 2970 (*Rhagadiolus*). — B. H., *Gen.*, II, 510, n. 728. — *Hedypnois* DC., *Prodr.*, VII, 81.
7. JAUB. et SPACH, *Ill. pl. or.*, III, 119, t. 284, 285.
8. Sectiones, ut videtur, 4 : 1. *Euhedypnois;* 2. *Rhagadiolus;* 3. *Garhadiolus;* 4. *Kœlpinia.*
9. Spec. 5, 6. CAV., *Icon.*, t. 43 (*Hyoseris*). — SIBTH., *Fl. græc.*, t. 812, 813, 817, 818, 819

66. Scolymus T.[1] — Flores[2] irregulares, hermaphroditi omnes, 1-morphi; corolla ligulata, apice truncato 5-6-dentata. Antheræ basi breviter auriculatæ ibique obtusæ v. mucronatæ. Styli rami lineares recurvi, apice acutati. Fructus compressi, cum bractea axillante decidui ejusque basi arcte inclusi, apice annulo brevi coronati ibique setis lateralibus 2, v. rarius 3, 4, filiformibus deciduis, instructi. — Herbæ glabræ (carduaceæ); foliis alternis rigidis, spinescenti-pinnatifidis v. dentatis (sæpe albo-maculatis); capitulis terminalibus v. lateralibus sessilibus, glomerulatis; involucri bracteis imbricatis, 2-pauciseriatis, spinescentibus v. mucronatis; interioribus gradatim tenuioribus latioribusque, basi dilatata florem axillarem includentibus; receptaculo (cæterum nudo) parvo convexo v. conico. (*Reg. medit.* [3])

67. Scorzonera T.[4] — Flores[5] irregulares; corolla ligulata, apice truncato 4-6-dentata. Antheræ basi acutato- v. breviter setaceo-acuminato-auriculatæ. Styli rami tenues, demum recurvi, apice acuti v. obtusiusculi. Fructus glabri v. villosi, sæpius minute ∞-costati, basi nunc contracti v. stipitati ibique rarius in appendicem curvam producti; rostro brevi v. elongato (nunc 0), pleno v. cavo; pappi setis ∞, simplicibus v. brevissime barbellatis, sæpius plumosis, liberis v. basi connatis. — Herbæ perennes v. rarius annuæ, glabræ, setosæ, floccosæ, lanatæ v. hirsutæ; foliis alternis, integris, linearibus v. latis sæpiusve pinnatim lobatis v. dissectis; capitulis terminalibus, longe stipitatis, solitariis, v. laxe cymosis paucis; involucri bracteis ∞, imbricatis, subæqualibus, v. exterioribus brevioribus plus minus patulis, post anthesin immutatis; receptaculo plano v. convexiusculo, nudo, foveolato (margine foveolarum sæpe cartilagineo), v. villoso[6].

(*Lapsana*). — REICHB., *Ic. Fl. germ.*, t. 1355, 1356 (*Rhagadiolus*), 1361, 1362. — JAUB. et SP., *Ill. pl. or.*, t. 286 (*Kœlpinia*). — BOISS., *Fl. or.*, III, 721, 722 (*Rhagadiolus*). — WILLK. et LGE, *Prodr. Fl. hisp.*, II, 212 (*Rhagadiolus*). — GREN. et GODR., *Fl. de Fr.*, II, 290 (*Rhagadiolus*). — WALP., *Ann.*, II, 952 (*Garhadiolus*), 953 (*Kœlpinia*); V, 317 (*Kœlpinia*).
1. *Inst.*, 480, t. 273. — L., *Gen.*, n. 922. — CASS., in *Dict. sc. nat.*, XXV, 60; XXXIV, 86. — DC., *Prodr.*, VII, 75. — ENDL., *Gen.*, n. 2965. — B. H., *Gen.*, II, 504, n. 711. — *Gymnospermus* GÆRTN., *Fruct.*, t. 157, fig. 4 (ex ENDL.). — *Myscolus* CASS., in *Bull. Soc. philom.* (1818); in *Dict.*, XXV, 60; XXXIV, 83.
2. Flavi.
3. Spec. 3. DESF., *Fl. atl.*, t. 218. — SIBTH.,

Fl. græc., t. 824, 825. — REICHB., *Ic. Fl. germ.*, t. 1352, 1353.— WILLK. et LGE, *Prodr. Fl. hisp.*, II, 203. — GREN. et GODR., *Fl. de Fr.*, II, 390.
4. *Inst.*, 476, t. 269. — L., *Gen.*, n. 906. — LESS., *Syn.*, 134. — DC., *Prodr.*, VII, 117. — ENDL., *Gen.*, n. 2997. — PAYER, *Fam. nat.*, 22. — B. H., *Gen.*, II, 531, n. 762. — *Achyroseris* SCH. BIP., in *Nov. Acta nat. cur.*, XXI, 165. — *Fleischeria* HOCHST. et STEUD., in exs. *Fleischer*.
5. Flavi vel rarius purpurascentes roseive (v. nunc « cœrulei » ? ?).
6. Generis sectiones nobis sunt : *Tragopogon* T., *Inst.*, 477, t. 270. — L., *Gen.*, n. 905. — GÆRTN., *Fruct.*, II, 386, t. 159. — DC., *Prodr.*, VII, 112. — ENDL., *Gen.*, n. 2995. — B. H., *Gen.*, II, 530, n. 760. — *Geropogon* L., *Gen.*, n. 904. — DC., *Prodr.*, VII, 111. — ENDL., *Gen.*, n. 2992 brac-

(Orbis vet. reg, omnes temp., America bor., austro-occ. et austr. extratrop. [1]*)*

68. Tourneuxia Coss. [2] — Flores [3] homogami fertiles ; corolla ligulata. Antheræ basi setaceo-acutatæ. Styli rami tenues recurvi. Fructus [4]

teis involucri 1-seriatis ; fructus rostro brevi v. elongato ; foliis integris. *Picrosia* Don, in *Trans. Linn. Soc.*, XVI, 183. — DC., *Prodr.*, VII, 251.— Endl., *Gen.*, n. 3030. — B. H., *Gen.*, II, 530, n. 759. — *Psilopogon* Phil., in *Linnæa*, XXXIII, 126 (ex B. H.): bracteis involucri paucis (6-9), subæqualibus ; fructu sensim rostrato ; receptaculo epaleaceo ; pappi setis simplicibus cupulæ brevi insertis. Stirpes austro-americanæ.

Podospermum DC., *Fl. fr.*, IV, 61 ; *Prodr.*, VII, 110. — Endl., *Gen.*, n. 2993 : fructus appendice basilari producta ; pappo plumoso ; foliis sæpe pinnatifidis.

Gelasia Cass., in *Bull. Soc. philom.* (1818) ; in *Dict. sc. nat.*, XVIII, 285 ; XLII, 81. — *Galasia* Less., *Syn.*, 134. — Endl., *Gen.*, n. 2998. — *Lasiospora* Cass., in *Dict.*, XXV, 306. — *Lasiospermum* Fisch., *Cat. Hort. Gorenk.* (nec Lag.) : fructu sæpe villoso ; pappi setis barbellatis v. serratis, breviter plumosis v. plumis longioribus deciduisque instructis.

Urospermum Scop., *Introd.*, n. 366. — DC., *Prodr.*, VII, 116. — Endl., *Gen.*, n. 2994. — *Arnopogon* W., *Spec.*, III, 1496 : bracteis involucri subæqualibus, 1-seriatis ; fructus rostro basi dilatato cavo, extus rugoso ; foliis inferioribus pinnatifidis v. grosse dentatis. Stirpes africanæ et reg. mediterraneæ incolæ.

Pinaropappus Less., *Syn.*, 143. — DC., *Prodr.*, VII, 99. — Endl., *Gen.*, n. 3031. — B. H., *Gen.*, II, 523, n. 757 : bracteis involucri imbricatis, ∞-seriatis ; receptaculo anguste paleaceo ; fructu rostrato ; pappi setis simplicibus ; corolla rosea. St. mexicana, *Hypochœridi* affinis (qua mediante, *Leontopodium* cum genere arcte conjungitur).

Scorzonella Nutt., in *Trans. Amer. Phil. Soc.*, ser. 2, VII, 426. — B. H., *Gen.*, II, 533, n. 765 : *Scorzonerœ* veræ involucro et fructu ; pappi setis simplicibus v. sæpius plumosis, basi plus minus paleaceo-dilatatis. Stirpes californicæ 2, 3.

Epilasia Bge, *Rel. Lehman.*, 200. — B. H., *Gen.*, II, 532, n. 763 : bracteis involucri inæqualibus ; fructu ∞-costato, erostri v. intra pappi setas plumosas plus minus producto ; caule annuo humili, glabro v. cano ; foliis integris. Stirpes asiaticæ mediæ 1, 2.

Lygodesmia Don, in *Edinb. N. Phil. Journ.* (1828-29), 311. — DC., *Prodr.*, VII, 198. — B. H., *Gen.*, II, 530, n. 758. — *Erythremia* Nutt., in *Trans. Amer. Phil. Soc.*, ser. 2, VII, 455 : bracteis involucri inæqualibus ; exterioribus multo minoribus ; fructu obtuse costato ; rostro

brevi v. 0 ; pappi setis simplicibus ; receptaculo nudo ; corollis rubris v. roseis. Stirpes amer. bor. austro-occ. 5, 6 ; caule junceo v. spinescente, aphyllo v. paucifoliato (characteribus genus cum *Lactuca* et *Prenanthe* connectentes).

? *Chætadelpha* A. Gray, ex S. Wats. *N. pl. Arizona*, 5 ; in *Amer. Natur.*, VII.— B. H., *Gen.*, II, 1238, n. 758 *a* : « involucri bracteis exterioribus brevioribus ; capituli sub-5-flori receptaculo nudo ; fructu inter angulos 5 substriato ; pappi setis 1-seriatis barbellatis, ad angulos fructus validis rigidisque, cumque intermediis capillaribus plus minus coalitis ; caule perenni glabro junceo ; foliis alternis lineari-lanceolatis integris ». Stirps boreali-americana (nobis ignota), *Lygodesmiæ*, ut videtur, proxima.

1. Spec. ad 175. Jacq., *Hort. vindob.*, t. 33 (*Geropogon*), 106 (*Tragopogon*) ; *Fl. austr.*, t. 35, 36, 305, 356 ; *Ic. rar.*, t. 157-159 ; 577 (*Tragopogon*). — Vahl, *Symb.*, II, t. 44. — Ten., *Fl. nap.*, t. 186 (*Tragopogon*). — Guss., *Ic. pl. rar.*, t. 53-55. — Desf., *Fl. atl.*, t. 212. — Sibth., *Fl. græc.*, t. 779 (*Tragopogon*), 780-782 (*Arnopogon*), 783-788. — Waldst. et Kit., *Pl. rar. hung.*, t. 121, 122. — Ledeb., *Ic. Fl. ross.*, t. 30 (*Tragopogon*). — Scop., *Fl. carn.*, II, t. 46. — Hoffmsg et Link, *Fl. portug.*, t. 89, 90. — Vis., *Fl. dalmat.*, t. 5. — Viv., *Fl. lyb. Spec.*, t. 17. — Torr. et Gr., *Fl. N.-Amer.*, II, 484 (*Lygodesmia*). — Hook., *Bot. Misc.*, II, 221 (*Prenanthes*) ; *Fl. bor.-amer.*, t. 103 (*Lygodesmia*). — Reichb., *Ic. Fl. germ.*, t. 1377 (*Urospermum*), 1380-1386 ; 1387-1394 (*Tragopogon*). — Bory et Chaub., *Exp. Morée*, t. 30. — Boiss., *Voy. Esp.*, t. 115 *a* ; *Diagn.*, ser. 2, III, 89 (*Tragopogon*), 92 ; V, 116 ; *Fl. or.*, III, 743 (*Geropogon*), 744 (*Tragopogon*), 755. — Willk. et Lge, *Prodr. Fl. hisp.*, II, 222 (*Podospermum*), 223 ; 225 (*Tragopogon*), 227 (*Geropogon*). — Gren. et Godr., *Fl. de Fr.*, II, 304 (*Urospermum*), 305 ; 309 (*Podospermum*), 310 (*Tragopogon*), 313 (*Geropogon*). — *Bot. Mag.*, t. 479 (*Geropogon*), 2294, 3027. — Walp., *Rep.*, II, 689 ; VI, 347 (*Tragopogon*), 349 ; 732 (*Tragopogon*), 733 ; *Ann.*, I, 460 (*Scorzonella*), 461 ; II, 959 (*Podospermum*), 960 (*Tragopogon*), 961 ; III, 916 ; V, 319 (*Podospermum*, *Tragopogon*), 320.

2. In *Bull. Soc. bot. Fr.*, VI, 396 ; in *Ann. sc. nat.*, sér. 4, XVIII, 211, t. 13. — B. H., *Gen.*, II, 532, n. 764.

3. Flavi.

4. Nobis (ob specimen visum valde mancum) ignoti (char. ex B. H.).

obovoidei, dorso compressi, « basi contracti; areola lata truncata, v. ad stipitem brevissimum emarginati, apice rotundati, margine crassiuscula alati, dorso læves; disco pappifero ad apicem faciei interioris obliquo; pappi setis ∞, molliter intricato-plumosis, demum patentibus fructusque faciei interiori applicitis. » — Herba annua humilis, intricato-lanata; caule contracto brevissimo; foliis basilaribus alternis subrosulatis, linearibus, integris v. obtuse remoteque dentatis; capitulis solitariis stipitatis; involucri late subcampanulati bracteis herbaceis v. submembranaceis, pauciseriatis, imbricatis, plerumque valde inæqualibus; exterioribus gradatim brevioribus dorsoque plus minus tomentosis v. breviter lanatis; interioribus autem tenuioribus subhyalinis. (*Algeria* [1].)

69. **Lactuca** T.[2] — Flores[3] hermaphroditi (fere *Cichorii*), 1-morphi; corolla ligulata, apice truncata, 5-dentata. Antheræ basi sagittata acutæ, setaceo-acuminatæ v. rarius lacero-caudatæ. Styli basi nunc plus minus incrassati imaque basi repente attenuati, plerumque disco epigyno brevi cincti, rami tenues, sæpius recurvi. Fructus ovoideo-oblongi v. nunc angustissimi, subteretes v. compressi, 2-∞ -costati; pappi setis ∞, simplicibus, ∞-seriatis, ima basi liberis v. in annulum brevissimum connatis, persistentibus v. sigillatim caducis. — Herbæ (sæpius lactescentes) annuæ, biennes v. perennes, nunc frutescentes, glabræ v. varie pilosæ, nunc hispidæ; caule scapiformi v. ramoso, nunc brevissimo v. subnullo; foliis rosulatis v. alternis, integris, sinuatis, grosse dentatis v. pinnatifidis, nunc auriculato-amplexicaulibus, nonnunquam margine ciliatis setosisve; capitulis sessilibus v. stipitatis plerumque cymosis v. cymoso-racemosis; involucri anguste cylindracei, latiuscule tubulosi v. plus minus late campanulati, bracteis glabris v. pilosis, æqualibus, imbricatis, v. interioribus elongatis; exte-

1. Spec. 1. *T. variifolia* Coss.
2. *Inst.*, 473, t. 267. — L., *Gen.*, n. 909. — Gærtn., *Fruct.*, II, 361, t. 158. — DC., *Prodr.*, VII, 133. — Less., *Syn.*, 135. — Endl., *Gen.*, n. 3008. — B. H., *Gen.*, II, 524, 1238, n. 750. — *Mulgedium* Cass., in *Dict. sc. nat.*, XXXIII, 296. — DC., *Prodr.*, VII, 501. — Less., *Syn.*, 142. — Endl., *Gen.*, n. 3028. — *Cicerbita* Wallr., *Sched. crit. Fl. hal.*, 433. — *Agathyrsus* Don, in *Edinb. N. Phil. Journ.* (1828), 310. — *Galathenium* Nutt., in *Trans. Am. Phil. Soc.*, ser. 2, VII, 442. — *Melanoseris* Dcne, in *Jacquem. Voy.*, Bot., 101, t. 109. — *Phœnixopus* Cass., in *Dict.*, XXXIX, 391. — Endl., *Gen.*, n. 3007. — *Phœnopus* DC., *Prodr.*, VII, 176. — *Cyanoseris* Schur,

Enum. pl. transs., 369. — *Brachyrhamphus* DC., *Prodr.*, VII, 176; in *Deless. Ic. sel.*, IV, t. 96. — Endl., *Gen.*, n. 3007[1]. — *Lactucopsis* Sch. bip., in *Vis et Panç. pl. serb. rar. Decad.*, II, 5. — *Dubyœa* DC., *Prodr.*, VII, 247 (part.). — Endl., *Gen.*, n. 3027[1] (part.). — *Chorisma* Don, in *Edinb. N. Phil. Journ.* (1828), 308. — *Chorisis* DC., *Prodr.*, VII, 177. — *Streptorhamphus* Bge, *Rel. Lehm.*, 205. — *Ixeris* Cass., in *Dict.*, XXIV, 49. — DC., *Prodr.*, VII, 151. — *Mycelis* Cass., in *Dict.*, XXXIII, 483. — *Cephalorhynchus* Boiss., *Diagn. or.*, IV, 28; VII, 11. — *Pyrrhopappus* A. Rich., *Fl. abyss.*, I, 463.
3. Flavi, ochroleuci, albidi, violacei, purpurascentes v. sæpe cœrulei.

rioribus autem gradatim brevioribus v. brevissimis; receptaculo nudo, plano v. convexiusculo[1]. (*Orbis totius reg. temp. et calid.*[2])

1. Generis, nostro sensu, sectiones sunt : *Sonchus* T., *Inst.*, 474, t. 268. — L., *Gen.*, n. 908. — DC., *Prodr.*, VI, 184. — ENDL., *Gen.*, n. 3003. — B. H., *Gen.*, II, 528, 1238, n. 755.— *Trachodes* DON, in *Trans. Linn. Soc.*, XVI, 182. — *Atalanthus* DON, in *Edinb. N. Phil. Journ.* (1828-29), 311 : caule herbaceo, nunc basi frutescente; involucro nunc post anthesin basi incrassato; fructus erostris costis 10-∞, lævibus v. rugosis; pappi setis mollibus (albis), sigillatim deciduis. Stirpes orbis utriusque ; corolla flava.
Chondrilla T., *Inst.*, 475, t. 268. — L., *Gen.*, n. 910. — LESS., *Syn.*, 135. — DC., *Prodr.*, VII, 141. — ENDL., *Gen.*, n. 3009. — B. H., *Gen.*, II, 524, n. 749. — *Willemetia* NECK., *Elem.*, I, 50. — DC., *Prodr.*, VII, 150. — *Wibelia* RŒHL., *Germ.*, II, 426 (ex DC.). — *Calycocorsus* SCHM., *Phys. oek. auts.*, I, 271 (ex DC.). — *Peltidium* ZOLLIK., *Nat. Anz.*, 1820 (ex DC.). — *Aspideium* ZOLLIK. (ex DC.). — *Zollikoferia* NEES, in *Bl. et Fingerh. Fl. germ.*, II, 305 (nec DC.): caule sæpius junceo v. valde ramoso, paucifoliato v. subaphyllo; fructu subtereti, longe v. breviter rostrato, ∞-costato, lævi v. superne appendiculato muricatove. Stirpes europ. et asiaticæ.
Prenanthes L., *Gen.*, n. 911. — GÆRTN., *Fruct.*, II, 358. — DC., *Prodr.*, VII, 194. — ENDL., *Gen.*, n. 3005. — B. H., *Gen.*, II, 527, n. 752. — *Nabalus* CASS., in *Dict. sc. nat.*, XXXIV, 94. — DC., *Prodr.*, VII, 249. — *Harpalyce* DON, in *Edinb. N. Phil. Journ.* (1828-29), 308. — *Esopon* RAFIN., *Fl. ludov.*, 146: caule herbaceo, nunc elato v. subscandente; capitulis composite cymosis v. racemosis, sæpe gracilibus nutantibusve; bracteis involucri inæqualibus; fructu subtereti v. obtuse angulato, erostri; pappi sessilis v. subsessilis setis ∞, persistentibus v. sigillatim caducis; corollis albidis, roseis v. purpurascentibus. Stirpes hemisphæri borealis orbis utriusque.
Microrhynchus LESS., *Syn.*, 139. — DC., *Prodr.*, VII, 180. — B. H., *Gen.*, II, 528, n. 756. — *Ammoseris* LESS., ex ENDL., *Gen.*, n. 3017. — *Launæa* CASS., in *Dict.*, XXV, 321. — *Lomatolepis* CASS., in *Dict.* , XLVIII, 422. — DC., *Prodr.*, VII, 180. — ENDL., *Gen.*, n. 3016. — *Rhabdotheca* CASS., in *Dict.*, XLVIII, 424.— ENDL., *Gen.*, n. 3017. — *Zollikoferia* DC., *Prodr.*, VII, 183; *Mém. Comp.*, t. 18. — ENDL., *Gen.*, n. 3002[1] (nec NEES) : caule herbaceo v. suffrutescente, ramoso v. adscendente, nunc flagellifero, subaphyllo v. paucifoliato; fructu subcylindrico, obtuse costato v. anguste alato (nunc fere *Umbelliferarum*), utrinque truncato; pappi setis tenuibus inæqualibus (*Orb. vet.*).
Heterachæna FRESEN., in *Mus. Senkenb.*, III, 74. — B. H., *Gen.*, II, 526, n. 751 : caule annuo ; foliis fere *Prenanthis;* capitulis (parvis) in cymas corymbiformes dispositis; fructibus 2-morphis;

interioribus *Microrhynchi*, basi crassis ; pappo subsessili; exterioribus (*Eulactucæ*) compressis rugosis, ∞-costatis ; pappo breviter stipitato, persistente v. nunc annulatim caduco. Stirpes arabicæ et abyssinicæ.
? *Dianthoseris* SCH. BIP., in *Flora* (1842), 439. — B. H., *Gen.*, II, 527, n. 754: caule perenni subnullo (habitu *Werneriæ*); foliis rosulatis, integris v. dentatis ; capitulis solitariis v. paucis subsessilibus; bracteis involucri exterioribus subfoliaceis; fructu erostri, ∞-costato. Stirps abyssinica.
Stephanomeria NUTT., in *Trans. Amer. Phil. Soc.*, ser. 2, VII, 427. — B. H., *Gen.*, II, 533, n. 766. — *Jamesia* NEES, in *Pr. Neuw. Itin. App.*, 516 (nec TORR. et GR.) : caule herbaceo, simplici v. divaricato-ramoso ; foliis integris v. runcinatis, angustis, paucis v. subnullis squamosis ; bracteis involucri exterioribus quam cæteris multo minoribus; fructu rostrato v. truncato, tereti v. obtuse costato; pappi setis ∞, inferne plumosis, sigillatim caducis. Stirpes boreali-americanæ.
2. Spec. ad 140. JACQ., *Hort. vindob.*, I, t. 47; *Hort. schœnbr.*, III, t. 367; *Ic. rar.*, t. 161 (*Sonchus*), 162. — DESF., in *Ann. Mus.*, XI, t. 19. — SIBTH., *Fl. græc.*, t. 790 (*Sonchus*), 794. — WEBB, *Phyt. canar.*, t. 124 (*Prenanthes*), 126-134 B, 136, 136 B (*Sonchus*). — WIGHT, *Icon.*, t. 1141, 1142 (*Sonchus*), 1144. — LEDEB., *Ic. Fl. ross.*, t. 87 (*Sonchus*), 129. — PURSH, *Fl. bor.-amer.*, t. 24 (*Prenanthes*). — HOOK., *Fl. bor.-amer.*, t. 102 (*Nabalus*). — SALISB., *Par. lond.*, t. 85 (*Prenanthes*). — ROYLE, *Ill. himal.*, t. 61. — MOR., *Fl. sard.*, t. 93. — BOISS., *Diagn.*, ser. 2, III, 96; *Fl. or.*, III, 791 (*Chondrilla*), 794 (*Willemetia*), 795 (*Sonchus*), 799 (*Mulgedium*), 803 (*Prenanthes*), 821 (*Zollikoferia*). — A. GRAY, *Man.* (ed. 1856), 237 (*Nabalus*), 240; 241 (*Sonchus*). — BENTH., *Fl. austral.*, III, 679 (*Sonchus*). — HARV. et SOND., *Fl. cap.*, III, 526; 527 (*Sonchus*). — OLIV. et HIERN, *Fl. trop. Afr.*, III, 450, 455 (*Heterachæna*), 456 (*Dianthoseris*), 457 (*Sonchus*), 460 (*Launæa*). — KLATT, in *Ann. sc. nat.*, sér. 5, XVIII, 377. — HOOK. F., *Handb. N. Zeal. Fl.*, 165 (*Sonchus*). — FR. et SAV., *Enum. pl. jap.*, 1, 268, 269 (*Ixeris*). — MAXIM., in *Bull. Acad. Petersb.*, XIX, 520 ; *Mél. biol.*, IX, 352. — CHAPM., *Fl. S. Unit. St.*, 252; 253 (*Sonchus*). — GRISEB., *Fl. brit. W.-Ind.*, 384. — MIQ., *Fl. ind.-bat.*, II, 109, 112 (*Sonchus, Mulgedium);* in *Ann. Mus. lugd.-bat.*, II, 189. — REICHB., *Ic. Fl. germ.*, t. 1408 (*Prenanthes*), 1409 — 1415 (*Sonchus*), 1418-1423. — WILLK. et LGE, *Prodr. Fl. hisp.*, II, 230 (*Chondrilla*), 234 (*Microrhynchus, Zollikoferia*), 235 (*Prenanthes*), 238 (*Mulgedium*), 239 (*Sonchus*). — GREN. et GODR., *Fl. de Fr.*, II, 317, 323 (*Prenanthes*), 324 (*Sonchus*), 327 (*Mulgedium*). — HOOK.,

70. **Glyptopleura** EAT. [1] — Flores [2] (fere *Lactucæ*) 1-morphi; corolla longe ligulata patula, 5-dentata. Antheræ basi acutato- v. acuminato-auriculatæ. Styli rami tenues, demum recurvi. Fructus oblongus, obtuse angulatus glabriusculus; angulis crenulatis v. lævibus; faciebus exsculptis; superne in collum brevem mox cupulari-dilatatum abrupte attenuatus. Pappi setæ ∞, 2-seriatæ molles gracillimæ, caducissimæ. — Herba annua humilis ramosissima; foliis basilaribus obtuse pinnatifidis; superioribus angustioribus et integrioribus ciliato-marginatis; capitulis [3] inter folia sessilibus; involucri subcampanulati bracteis polymorphis; receptaculo subplano nudoque. (*Utah* [4].)

71. **Dendroseris** DON [5]. — Flores [6] (fere *Lactucæ*) 1-morphi; corolla ligulata, 5-dentata. Antheræ basi acutato- v. setaceo-auriculatæ. Styli rami tenues acutiusculi, recurvi. Fructus oblongus v. brevis, inæquali-corrugatus, durus, paucicostatus v. breviter inæquali-alatus; pappi setis ∞, simplicibus tenuibus. — Arbores (lactescentes); foliis alternis, sessilibus, v. inferioribus petiolatis, glabris integris, lobatis, semel v. bis pinnatis; capitulis in summo ramo ample racemoso-cymosis; involucri late subcampanulati bracteis ∞, imbricatis, ∞-seriatis, inæqualibus; exterioribus gradatim minoribus, superne membranaceis v. patentibus; receptaculo plano v. concaviusculo, foveolato, inter flores nudo v. ciliato [7]. (*Ins. Juan-Fernandez* [8].)

72. **Fitchia** HOOK. F. [9] — Flores [10] 1-morphi; corolla ligulata apiceque truncato 5-dentata. Antheræ basi breviter acuto-auriculatæ. Stylus apice breviter acutiusculeque 2-ramosus. Fructus oblongus, compressus, sericeus, apice truncatus margineque 2-setosus; setis erectis, basi rigidis, superne villosis subplumosis. — Arbores glabræ; foliis [11]

Icon., t. 765. — *Bot. Reg.* (1846), t. 17. — *Bot. Mag.*, t. 2130, 5211, 5219 (*Sonchus*). — WALP., *Rep.*, II, 689 (*Zollikoferia*), 690 (*Sonchus*), 691 (*Prenanthes, Nabalus*), 693, 694 (*Chondrilla*); VI, 352, 353 (*Cephalorhynchus*), 354 (*Melanoseris*), 355 (*Chondrilla*); *Ann.*, I, 461, 463 (*Microrhynchus*); III, 916 (*Zollikoferia, Sonchus*); V, 322 (*Zollikoferia*), 323 (*Sonchus, Prenanthes*), 324. (Genus, mediantibus *Reichardia, Troximo*, etc., cum *Crepide* et *Scorzonera* arctissime connexum).
1. In *Forth. parall. Bot.*, 207, t. 20.— B. H., *Gen.*, II, 523, n. 748.
2. « Purpurascentes », in sicco pallidi.
3. Ob ligularum amplitudinem corollam unicam late gamopetalam patulam referentibus.

4. Spec. 1. *G. setulosa* A. GRAY.
5. In *Phil. Mag.*, XI (1832), 388; in *Edinb. N. Phil. Journ.*, VI, 383. — ENDL., *Gen.*, n. 3032. — B. H., *Gen.*, II, 504, n. 712. — *Rea* DCNE, in *Guillem. Arch. bot.*, I, 513, t. 9, 10. — DC., *Prodr.*, VII, 243.
6. Albi.
7. Genus caule alto lignoso insigne; an potius *Lactucæ* sectio ?
8. Spec. ad 7. HOOK., in *Comp. Bot. Mag.*, I, 32. — REMY, in *C. Gay Fl. chil.*, III, 462 (*Rea*).— HOOK. F., in *Bot. Mag.*, t. 6353.
9. In *Hook. Lond. Journ.*, IV, 640, t. 23. — B. H., *Gen.*, II, 505, n. 713.
10. Flavi.
11. Amplis (fere *Thespesiæ*), inæqualibus.

alternis petiolatis integris; capitulis terminalibus solitariis nutantibus; bracteis involucri lati ∞ , imbricatis, ∞ -seriatis, ad apicem membranaceum rotundatis, basi crassioribus; exterioribus brevioribus; receptaculo bracteis elongatis angustis 1-floris onusto[1]. (*Otahiti*[2].)

IV. VERNONIEÆ.

73. Vernonia SCHREB. — Flores homomorphi; corollæ tubulosæ regularis v. subregularis tubo tenui, nunc basi dilatato ; limbi lobis plerumque 5, tubo brevioribus v. rarius longioribus, æqualibus v. leviter inæqualibus, valvatis. Stamina 5 ; filamentis filiformibus, tubo insertis ; antherarum dorsifixium connectivo superne producto; loculis basi obtusis v. rarius acutatis (plerumque fere ad basin polliniferis). Germen obconicum, nunc costatum ; stylo basi disco crassiusculo imposito, superne in ramos (nunc breves) subulatos acutos hirtos, demum revolutos v. recurvos, diviso. Fructus plerumque callo basilari impositus, 4-5-angulatus v. sæpius longitudinaliter 8-10-costatus pappoque coronatus, aut duplici; setis interioribus ∞ , linearibus subteretibus v. rarius breviter dilatato-complanatis; brevibus, v. sæpius scabris hirtellisve, basi in annulum deciduum v. persistentem connatis; setis exterioribus brevibus, interioribus similibus at brevioribus, nunc latioribus paleaceo-squamiformibus , inter se æqualibus v. valde inæqualibus, segregatim plerumque deciduis, nunc paucis ; aut (ob setas exteriores deficientes) simplici. — Herbæ v. frutices ; indumento vario v. 0; foliis alternis v. rarissime oppositis, integris v. dentatis, petiolatis v. sessilibus, penniveniis v. subaveniis, nunc linearibus rigidis v. coriaceis; capitulis (nunc pauci- v. 1-floris) terminalibus, solitariis v. sæpius in cymas v. glomerulos dispositis; cymis sæpe composito-ramosis, 1-paris ; involucri subglobosi, depressi, ovoidei, subcylindracei, rarius obconici v. subcampanulati, bracteis ∞ , inæqualibus, ∞ -seriatim imbricatis, herbaceis v. subscariosis siccisve, obtusis, acutis, aristatis v. varie appendiculatis ; exterioribus brevioribus v. nunc foliaceo-dilatatis; receptaculo superne plano epaleaceo foveolato v. breviter fimbrillifero. (*Orbis totius reg. trop. et subtrop.*) — *Vid. p.* 22.

---

1. An recte hujus seriei ?
2. Spec. 1, 2. A. GRAY, in *Proc. Amer. Acad.*,

V, 146. — NAD., *Enum. pl. tait.* (1873), 49. — WALP., *Rep.*, VI, 365.

74. **Hoplophyllum** DC.[1] — Flores (fere *Vernoniæ*) 1-morphi ; corolla anguste tubulosa. Stamina 5 ; antheris basi longe acuminato-auriculatis. Fructus turbinato-3-quetri villosi ; pappi setis ∞ , dissimilibus, ∞ -seriatis ; exterioribus brevioribus ; interioribus autem basi dilatatis, persistentibus. — Suffrutices ramosi rigidi ; foliis alternis, linearibus v. acicularibus, pungentibus v. spinoso-dentatis ; capitulis ad summos ramulos confertis et ad folia suprema axillaribus confertis subsessilibus ; involucri elongati bracteis ∞ , imbricatis, siccis, obtusis v. pungentibus ; exterioribus gradatim brevioribus ; receptaculo obconico, superne plano nudoque. [2] (*Africa austr.* [3])

75. **Albertinia** SPRENG. [4] — Flores [5] (fere *Vernoniæ*) 1-morphi ; corollæ tubulosæ limbo subcampanulato, valvato, 5-fido. Stamina 5 ; antheris basi obtuse auriculatis. Stylus basi disco epigyno cinctus ; ramis subulatis, extus hirtellis. Fructus obconici truncati, 10-costati ; pappi setis tenuibus, sub-2-seriatis ; exterioribus plerumque brevioribus. — Frutex subglaber ; foliis alternis, petiolatis, integris v. dentatis penninerviis membranaceis ; capitulis in cymas corymbiformes terminales dispositis paucis ; involucri depresse hemisphærici bracteis imbricatis pauciseriatis, basi inter se et cum receptaculi margine connatis ; exterioribus brevioribus ; receptaculo convexiusculo et circa germina singula in alveolas profundas obconicas producto [6]. (*Brasilia trop.* [7])

76. **Vanillosmopsis** SCH. BIP. [8] — Flores [9] *Albertiniæ*, 1-morphi ; antheris obtuse auriculatis. Fructus 10-costati ; pappi setis ∞, gracillimis, caducissimis ; exterioribus plerumque brevioribus. — Arbusculæ v. frutices ; foliis alternis, petiolatis, integris dentatisve, subtus canescentibus ; capitulis in cymas corymbiformes terminales compositasve dispositis ; glomerulis crebris, 1-paucifloris capitulum constituentibus [10] ; singulis involucro proprio pluribracteato imbricatoque cinctis ; rece-

1. *Prodr.*, V, 73. — ENDL., *Gen.*, n. 2213 ; *Iconogr.*, t. 34. — B. H., *Gen.*, II, 231, n. 18.

2. Genus, nisi habitu, *Vernoniæ* quam maxime affine.

3. *Spec. 2.* L. F., *Suppl.*, 357 (*Pteronia*). — HARV. et SOND., *Fl. cap.*, III, 53.

4. *H. Enum.*, II, 133. — DC., *Prodr.*, V, 80 (part.). — DELESS., *Ic. sel.*, IV, t. 4. — ENDL., *Gen.*, n. 2224 (part.). — SCH. BIP., in *Pollichia* (1861), 163. — B. H., *Gen.*, II, 227, n. 15. — *Symblomeria* NUTT., in *Trans. Amer. Phil. Soc.*, ser. 2, VII, 284.

5. « Purpurascentes. »

6. Genus *Vernoniæ* perquam affine, imprimis differt receptaculi indole.

7. Spec. 1. *A. brasiliensis* SPRENG., *Syst.*, III, 355, 434. — LESS., in *Linnæa* (1829), 341 ; *Syn.*, 147. — BAK., in *Mart. Fl. bras.*, VI, p. II, 17, t. 2, fig. 2. — *Vernonia brasiliensis* LESS., in *Linnæa* (1831), 682.

8. In *Pollichia* (1861), 166 ; (1863), 397. — B. H., *Gen.*, II, 226, n. 12.

9. Albi (?) v. purpurascentes.

10. Anthesis unde inordinate centrifuga (*Soaresia*), nec, ut in *Albertinia*, regulariter centripeta (SCH. BIP.).

ptaculo generali subhemisphærico, superne convexo, inferne demum concavo; involucri generalis brevis v. subovoidei bracteis inæqualibus, imbricatis, ∞-seriatis. (*Brasilia trop.*[1])

77. Soaresia SCH. BIP.[2] — Flores[3] (fere *Vernoniæ*) 1-morphi; corollæ tubulosæ limbo æquali-5-fido. Antheræ basi obtuse auriculatæ. Fructus (sericei) apice truncati, 10-costati; pappi setis compressiusculis, basi in annulum connatis, 1-seriatis, inæqualibus, basi dilatata subscariosis. — Herba (magna) sericeo-velutina; foliis alternis latis brevibus sessilibus, a basi plurinerviis, reticulatis coriaceis; capitulis in axillis foliorum summorum confertis et e glomerulis[4] crebris pauci-(3-5-) floris bracteisque inæqualibus imbricatis cinctis constantibus. (*Brasilia trop.*[5])

78. Ethulia L.[6] — Flores[7] homomorphi; corollæ tubo tenui; limbi subæqualis campanulati lobis 4, 5. Stamina totidem; antheris basi obtuse auriculatis. Germen 3-6-gonum[8]; styli summo disco cupulari insidentis ramis compressiusculis acutis papillosis. Fructus 3-6-costati, apice areolati et plus minus calloso-sinuati, epapposi. Cætera *Vernoniæ*. — Herbæ ramosæ; foliis alternis, herbaceis acutis, sæpe serratis, penninerviis; capitulis in cymas corymbiformes dispositis; involucri bracteis inæqualibus pauciseriatis, imbricatis, margine albescentibus v. siccis; receptaculo parvo nudo. (*Asia et Africa calid.*[9])

79? Pleurocarpæa BENTH.[10] — « Flores[11] (fere *Vernoniæ*) 1-morphi; fructu 10-costato, apice truncato, glabro, inter costas glanduloso; pappi setis 2-5, brevibus rigidis caducissimis. — Herba rigida, decumbens v. divaricato-ramosa; foliis sessilibus, integris v. grosse dentatis;

---

1. Spec. 6, 7. DELESS., *Ic. sel.*, IV, t. 5 (*Albertinia*). — DC., *Prodr.*, V, 82 (*Albertinia*, part.). — BAK., in *Mart. Fl. bras.*, VI, p. II, 13, t. 3.
2. In *Pollichia* (1863), 376. — B. H., *Gen.*, II, 236, n. 35.
3. Sicci albidi micantes.
4. Quorum flores, quoad glomerulum centrifugi, inordinate dehiscunt.
5. Spec. 1. *S. velutina* SCH. BIP. — BAK., in *Mart. Fl. bras.*, VI, p. II, 150, t. 38.
6. *Gen.*, n. 934. — CASS., in *Dict. sc. nat.*, XV, 7, t. 487. — LESS., *Syn.*, 148. — DC., *Prodr.*, V, 12. — ENDL., *Gen.*, n. 2200. — B. H., *Gen.*, II, 224, n. 4. — *Kahiria* FORSK., *Fl. æg.-arab.*, 153. — *Pirarda* ADANS., *Fam. des*

pl., II, 499. — *Leighia* SCOP., *Introd.*, n. 412 (ex ENDL., nec CASS.).
7. Rosei, lilacini v. purpurascentes.
8. Inter costas resinoso-punctatum.
9. Spec. 2, 3. L. F., *Hort. ups.*, t. 1. — DEL., in *Caill. Voy. Méroé*, 44, t. 3. — LINDL., in *Bot. Reg.*, t. 695. — OLIV. et HIERN, *Fl. trop. Afr.*, III, 262. — BOISS., *Fl. or.*, III, 153. — A. RICH., *Fl. abyss. Tent.*, I, 372. — SOND., in *Linnæa*, XXIII, 60. — HARV. et SOND., *Fl. cap.*, III, 47. — KLATT, in *Ann. sc. nat.*, sér. 5, XVIII, 361. — MIQ., *Fl. ind.-bat.*, II, 8. — WALP., *Rep.*, II, 538, 945; *Ann.*, II, 808.
10. *Fl. austral.*, III, 460; *Gen.*, II, 227; in Hook. *Icon.*, t. 1006.
11. « Purpureo-cærulei. »

capitulis [1] paucis, longe pedunculatis; involucri ovoidei bracteis ∞, subherbaceis inæqualibus, ∞-seriatis; receptaculo plano nudoque. » (*Australia trop.* [2])

80? **Bothriocline** OLIV. [3] — Flores [4] homomorphi, 5-meri (*Vernoniæ*); « fructu obovoideo v. turbinato, 4-5-costato, apice rotundato; pappi setis paucis, caducissimis. — Herba glabra v. tomentosa, erecta ramosa; foliis verticillatis (3-4-natis) v. superne oppositis, petiolatis, dentatis; capitulis (mediocribus) corymbosis; involucri campanulati bracteis inæqualibus imbricatis, ∞-seriatis, herbaceis, scarioso-marginatis, v. interioribus siccis; receptaculo plano epaleaceo alveolato [5]. » (*Africa trop.* [6])

81. **Lamprachænium** BENTH. [7] — Flores [8] fere *Vernoniæ* [9], homomorphi; corollæ tubo tenui elongato in limbum subcampanulatum 5-fidum sensim dilatato. Antheræ basi obtuse auriculatæ. Fructus obovoideus glaber nitidus vix compressus subenervius; pappi setis ∞, brevibus scabrellis caducis [10]. — Herba erecta (odorata [11]), rigidule breviter pilosa; foliis alternis petiolatis dentatis, subtus albido-tomentosis; capitulis laxe cymosis; pedunculis gracilibus; involucri subglobosi bracteis ∞, inæqualibus, ∞-seriatim imbricatis; interioribus longioribus siccioribus glabrioribus; receptaculo parvo subplano obtuse foveolato. (*India or.* [12])

82. **Centratherum** CASS. [13] — Flores [14] 1-morphi; corollæ tubo tenui recto v. incurvo; limbi lobis 5, angustis. Antheræ basi obtuse auriculatæ. Styli rami subulati hirtelli. Fructus obtusus, 4-10-costatus [15]; pappi coroniformis paleis compressis ciliatis, latiusculis [16]

1. « Mediocribus. »
2. Spec. 1. *P. denticulata* BENTH.
3. In *Hook. Icon.*, t. 1133; *Fl. trop. Afr.*, III, 265. — B. H., *Gen*, II, 226, n. 10.
4. Purpurei? (fere *Vernoniæ*).
5. Genus, nisi habitu et foliis verticillatis, vix a *Vernonia* diversum videtur.
6. Spec. 1. *B. Schimperi* OLIV. et HIERN.
7. *Gen.*, II, 225, n. 9.
8. « Purpurascentes? »
9. Cui genus proximum fructusque indole tantum diversum.
10. Paucis, in sicco rubentibus.
11. « *Chamomillam* redolens. »
12. Spec. 1. *L. microcephalum.* — *Decaneu-*

rum microcephalum DALZ., in *Hook. Kew Gard. Misc.*, III, 231. — WALP., *Ann.*, V, 146.
13. In *Bull. Soc. philom.* |1817|, 31; in *Dict. sc. nat.*, VII, 383, in *Journ. Phys.*, LXXXIX, 24. — DC., *Prodr.*, V, 70. — ENDL., *Gen.*, n. 2207. — B. H., *Gen.*, II, 225, 1231, n. 8. — *Ampherephis* H. B. K., *Nov. gen. et spec.*, IV, 31, t. 314, 315. — *Spixia* SCHR., *Pl. rar. Hort. monac.*, t. 80 (ex DC., nec LEANDR.). — *Crantzia* VELL., *Fl. flum.*, VIII, t. 153 (nec LEANDR.). — *Phyllocephalum* BL., *Bijdr.*, 888. — *Rolfinkia* ZENK., *Pl. ind.*, 13, t. 14.
14. Violacei v. purpurascentes.
15. Sæpe inter costas resinoso-glandulosus.
16. Nunc demum patulis.

(*Herderia* [1]) v. angustioribus caducis, paucis v. ∞, nunc 0 (*Oiospermum* [2]). — Herbæ ramosæ diffusæve ; foliis alternis, petiolatis, sæpe dentatis ; capitulis pedunculatis, solitariis v. corymboso-cymosis, receptaculo subplano v. concaviusculo, nudo v. foveolato, epaleaceo ; involucri late subcampanulati bracteis inæqualibus ; exterioribus sæpe foliaceis expansis ; interioribus autem plerumque brevioribus, nunc raro longioribus ; nonnullis nunc (*Herderia*) basi v. plus minus alte connatis [3]. (*America, Africa, Australia trop.* [4])

83 ? **Gutenbergia** SCH. BIP. [5] — Flores [6] (fere *Vernoniæ*) 1-morphi ; corollæ tubulosæ brevis limbo acutato-5-fido. Antheræ basi obtusiuscule auriculatæ. Fructus inæquali-obovoidei, apice areolato obtusi ; costis 4-10, nunc obtusissimis, vix conspicuis [7] ; pappo 0. — Herbæ ramosæ ; foliis alternis v. nunc ex parte oppositis, angustis penninerviis ; capitulis (parvis v. mediocribus) in cymas terminales lax ecorymbiformes dispositis, nunc solitariis ; involucro subhemisphærico, campanulato v. ovoideo ; bracteis ∞, imbricatis, ∞-seriatis, subherbaceis v. margine siccis ; exterioribus gradatim brevioribus ; receptaculo parvo subplano nudo. (*Africa trop.* [8])

84. **Erlangea** SCH. BIP. [9] — Flores [10] (*Vernoniæ*) 1-morphi ; corollæ tubo tenui ; limbo anguste campanulato, lineari-5-lobo. Antheræ basi breviter acutatæ ibique coalitæ. Fructus (immaturi) obconici glandulosi breviter pilosi, obscure 4-5-angulati ; pappi setis paucis (ad 5), 1-seriatis ; plumosis, caducis. — Herba (annua ?) erecta elongata hirsuta ; foliis alternis angustis integris ; capitulis (mediocribus) in cymas laxe corymbiformes dispositis, pedunculatis ; involucri late campanulati bracteis imbricatis, ∞-seriatis, siccis, pubescentibus

1. Cass., in *Dict.*, LX, 586, 599. — DC., *Prodr.*, V, 13. — Endl., *Gen.*, n. 2201. — B. H., *Gen.*, II, 232, n. 21.

2. Less., in *Linnæa*, IV, 339. — DC., *Prodr.*, V, 11. — Endl., *Gen.*, n. 2198.

3. Sect. 3 : 1. *Eucentratherum ;* 2. *Oiospermum ;* 3. *Herderia.*

4. Spec. 8, 9. Link et Ott., *Ic. sel.*, t. 20. — Reichb., *Ic. exot.*, t. 127. — Sweet, *Brit. fl. Gard.*, t. 225. — Wight, *Icon.*, t. 1022 (*Decaneuron*). — DC., *Prodr.*, V, 66 ; VII, 264 (*Decaneuron*). — Bak., in *Mart. Fl. bras.*, VI, p. II, 9, t. 1 (*Oiospermum*), 11. — Deless., *Ic. sel.*, IV, t. 2 (*Decaneuron*). — Benth., *Fl. austral.*, III, 460. — Griseb., *Fl. brit. W.-Ind.*, 354. — Oliv. et Hiern, *Fl. trop. Afr.*, III, 297 (*Herde-*

ria). — Walp., *Ann.*, I, 388 ; II, 809 (*Herderia*).

5. In *Gedenkb. d. viert. Jubelf. d. Erfind. d. Buchdruck. in Mainz* [1840], 119, t. 4 (ex Walp., *Rep.*, II, 703). — B. H., *Gen.*, II, 224, n. 5.

6. Rosei v. purpurascentes (?).

7. Eis inde *Lamprachæniæ* (a quo genus vix distinctum videtur) simillimi.

8. Spec. ad 7. A. Rich., *Fl. abyss.*, 1, 372 (*Ethulia*). — Benth., *Niger Fl.*, 425 (*Oiospermum*). — Oliv. et Hiern, *Fl. trop. Afr.*, III, 263. — Walp., *Ann.*, II, 808 (*Oiospermum*).

9. In *Flora* (1853), 34. — B. H., *Gen.*, II, 225, n. 6. — *Jardinia* Sch. bip., ex Jard., in *N. Ann. mar. et colon.* (1850-1851), 19 (nec Steud.).

10. « Purpurascentes. »

acutis ; exterioribus gradatim minoribus lanceolatis ; receptaculo plano nudo. (*Africa trop. occ.* [1])

85. Corymbium L. [2] — Flores [3] (fere *Vernoniæ*) in glomerulis solitarii ; corollæ tubo tenui ; limbo anguste 5-fido subinduplicato. Antheræ basi obtuse auriculatæ. Styli rami subulati papillosi. Fructus subteres, apice truncatus ; pappi paleis brevibus, basi plus minus alte in cupulam connatis ; exocarpio sub pappo undique densissime villoso. — Herbæ rigidæ [4]; foliis omnibus v. ex parte basilaribus, angustis rigidis rectinerviis, in caule paucis v. 0 ; capitulis in cymas terminales densas v. laxas corymbiformes dispositis ; pedicellis longiusculis v. subnullis ; capitulo e glomerulis ∞ (1-floris) composito ; bracteis rigidis 2, imbricatis, elongatis, in involucellum tubulosum approximatis ; bracteolis 2, 3 ; exterioribus brevioribus, imbricatis ; receptaculis minutis. [5] (*Africa austr.* [6])

86. Lychnophora MART. [7] — Flores [8] composite capitati ; capitellis singulis 1-paucifloris [9]. Corollæ 1-morphæ, anguste tubulosæ ; limbi lobis 5, angustis, valvatis. Antheræ basi obtuse v. acutiuscule auriculatæ. Styli rami tenues subulati hirtelli ; disco epigyno vario, e glandulis distinctis formato v. nunc extus sulcato [10]. Fructus 10-costati v. 10-striati ; pappi paleis plus minus tortis, aut paucis angustis caducis, 1-formibus (*Haplostephium* [11]), aut 2-morphis ; interioribus angustis, caducis ; exterioribus autem brevioribus, persistentibus (*Eulychnophora*). Fructus nunc (*Lychnophoriopsis* [12]) centralis turbinatus villosissimus ; cæteri autem 10-costati ; omnes pappo 2-seriali coronati. — Frutices v. arbusculæ ; foliis alternis, integris planis, tomentosis v. lanatis sæpiusve angustis ericoideis lineari-revolutis ; capitulis ad apices ramorum sessilibus foliisque supremis plus minus fultis, globosis v.

1. Spec. 1. *E. plumosa* SCH. BIP. — OLIV. et HIERN, *Fl. trop. Afr.*, III, 265.
2. *Gen.*, n. 1004. — LAMK, *Ill.*, t. 723. — GÆRTN., *Fruct.*, II, 42, t. 86. — LESS., *Syn.*, 150. — DC., *Prodr.*, V, 88. — ENDL., *Gen.*, n. 2233. — B. H., *Gen.*, II, 234, n. 29. — *Contarena* ADANS., *Fam. des pl.*, II, 120.
3. Rosei, albi v. (?) ochroleuci.
4. *Monocotyledonearum* nonnullar. adspectu.
5. Genus, glomerulis 1-floris, in serie *Gundeliæ* inter *Cardueas* nonnihil analogum.
6. Spec. 6, 7. THUNB., *Fl. cap.*, 729. — HARV., *Thes. cap.*, t. 69; *Fl. cap.*, III, 55.
7. In *Denkschr. Bot. Ges. Regensb.*, II, 148,

t. 4-10. — DC., *Prodr.*, V, 79. — LESS., in *Linnæa*, IV, 316. — ENDL., *Gen.*, n. 2223. — B. H., *Gen.*, II, 235, n. 31. — *Lychnocephalus* MART., in *DC. Prodr.*, V, 83. — *Piptocoma* LESS., in *Linnæa*, IV, 315. — DC., *Prodr.*, V, 74, n. 2 (nec CASS.).
8. Albi (?)
9. *Corymbii* more.
10. In *Haplostephio*, etc.
11. MART., in *DC. Prodr.*, V, 78.— SCH. BIP., in *Pollichia* (1863), 373. — B. H., *Gen.*, II, 234, n. 30.
12. SCH. BIP., *loc. cit.*, 375. — B. H., *Gen.*, II, 235, n. 32.

hemisphæricis ; singulis capitella parva receptaculo communi crasso inserta gerentibus ; involucri communis bracteis ∞, imbricatis, ∞-seriatis, siccis acutatis, nunc dorso villosis ; exterioribus gradatim minoribus ; capitellorum receptaculo parvo, nunc foveolato [1]. (*Brasilia trop. et subtrop.* [2])

87. **Chresta** ARRAB. [3] — Flores [4] fere *Albertiniæ*; antheris basi obtuse auriculatis. Fructus longitudinaliter striatus v. 10-costatus, glaber (*Sphærophora* [5]) v. sæpius villosus ; costis nunc 2-4, prominentibus ; apice truncato ; pappi persistentis setis 2-pluriseriatis dissimilibus ; exterioribus paleaceis, nunc angustis vel brevissimis interioribus, plerumque longioribus angustioribusque. — Frutices elati, v. caule brevi, aut lignoso crasso (*Prestelia* [6]), aut brevissimo subnullo suffrutescente (*Pycnocephalum* [7]) ; foliis alternis, petiolatis v. subsessilibus, integris v. dentatis, nunc elongato-subensiformibus (*Pycnocephalum*), utrinque v. subtus cano-tomentosis lanatisve ; capitulis aut in pedunculo brevi v. elongato (*Pycnocephalum*) solitariis, aut sæpius in cymas corymbiformes dispositis ; singulis compositis ; involucro communi vario ; capitellis singulis involucello proprio, ∞-bracteato, ovoideo v. oblongo, cinctis, 1- v. paucifloris ; florescentia varie centrifuga (nec centripeta) ; receptaculis propriis parvis nudisque ; receptaculo generali subgloboso v. nunc rarius (*Stachyanthus* [8]) oblongo v. elongato-spiciformi [9]. (*Brasilia* [10].)

88. **Pithecoseris** MART. [11] — Flores 1-morphi, composito-capitati ; corollæ tubo tenui ; limbo anguste 5-fido. Antheræ basi obtusiuscule auriculatæ. Fructus 2-morphi (fertiles omnes) papposi ; alii elongati glabri, 10-costati ; pappi setis elongatis parum inæqualibus, cadu-

1. Sect. 4 : 1. *Eulychnophora;* 2. *Lychnophoriopsis;* 3. *Haplostephium;* 4. *Lycnocephalus* (foliis petiolatis subplanis).

2. Spec. ad 20. BAK., in *Mart. Fl. bras.*, VI, p. II, 147 (*Lychnophoriopsis*), 148, t. 37 (*Haplostephium*), 150, t. 39-42. — SCH. BIP., in *Pollichia* (1863), 339. — WALP., *Rep.*, VI, 99.

3. EX VELLOZ., *Fl. flum.*, VIII, t. 150, 151 (1827). — DC., *Prodr.*, V, 85. — ENDL., *Gen.*, n. 2230. — H. BN, in *Bull. Soc. Linn. Par.*, 279. — *Eremanthus* LESS., in *Linnæa*, IV (1829), 317 ; VI, 682 ; *Syn.*, 147 (nec CASS.). — B. H., *Gen.*, II, 235, n. 33.

4. « Purpurascentes. »

5. SCH. BIP., in *Pollichia* (1863), 402.

6. SCH. BIP., herb. (ex B. H.).

7. DC., *Prodr.*, V, 83.

8. DC., *Prodr.*, V, 84.

9. Sect. 5 : 1. *Euchresta* (incl. *Eremantho*, cui capitula tantum minora); 2. *Prestelia;* 3. *Pycnocephalum;* 4. *Sphærophora;* 5. *Stachyanthus.* Ad *Euchrestam* accedit genus *Vanillosmopsis;* habitu et inflorescentia nunc iisdem, pappi indole tantum distinguendum.

10. Spec. ad 15. DC., *Prodr.*, V, 82 (*Albertiniæ*, § 2). — DELESS., *Ic. sel.*, IV, t. 6. — HOOK., in *Lond. Journ.*, I, t. 8, 9. — SCH. BIP., in *Pollichia* (1861), 164 ; (1863), 393 (*Eremanthus*). — BAK., in *Mart. Fl. bras.*, VI, p. II, 160, t. 43-47 (*Eremanthus*).—WALP., *Rep.*, II, 542 ; VI, 102.

11. EX DC., *Prodr.*, V, 84. — ENDL., *Gen.*, n. 2228. — B. H., *Gen.*, II, 236, n. 34.

cissimis; alii breves angulati pubescentes; pappi setis 2-morphis; interioribus elongatis, caducissimis; exterioribus brevibus paleaceis, longius persistentibus. — Herba alta[1]; pube tenui; foliis (amplis) alternis, lyrato- v. sinuato-pinnatifidis, membranaceis; capitulis longissime stipitatis; receptaculo communi elongato spiciformi; capitellorum receptaculis propriis parvis nudis; involucri oblongi bracteis ∞, nunc subscariosis, ∞-seriatim imbricatis. (*Brasilia*[2].)

89. Spiracantha H.B.K.[3] — Flores[4] 1-morphi, composite capitati; capitellis (minimis) 1-floris. Corolla breviter tubulosa; limbo brevi, 4-5-fido. Antheræ basi breviter obtuseque auriculatæ. Styli rami subulati hirtelli, superne vix soluti. Fructus subteretes, tenuiter costati, apice obtusati, glabri; pappi setis ∞, inæqualibus, breviter subpaleaceis, caducis. — Frutex debilis; foliis alternis, penninerviis, subtus canescentibus; capitulis (parvis) in axillis foliorum breviter cymosis foliisque 1, 2, minoribus, apice spinescentibus, involutis; receptaculo communi breviter ovoideo; capitellorum receptaculo proprio minuto; involucello 2-bracteato; capitellis exterioribus quoad bracteas axillaribus cumque iis plus minus alte intus connatis elevatisque. (*Columbia*[5].)

90. Rolandra ROTTB.[6] — Flores[7] 1-morphi, in capitula e capitellis 1-floris composita dispositi; corollæ tubo tenui; limbo 5- v. rarius 3-4-fido. Antheræ basi longiuscule auriculatæ. Stylus cæteraque *Spiracanthæ*. Fructus 4-5-angulatus glaber glandulosus, apice truncato annulato-umbilicatus; pappi (minimi) paleis in coronam laceram brevissimam dispositis. — Frutex v. suffrutex; foliis alternis penninerviis, subtus albidis; capitulis inter folia ramorum suprema sessilibus subglobosis; bracteis breviter aristato-echinatis; capitellorum receptaculo minuto; involucellis crebris; floribus singulis bractea implicata inclusis[8]. (*America trop.*[9])

1. *Cichoriearum* nonnullarum adspectu.
2. Spec. 1. *P. pacourinoides* MART. — BAK., in *Mart. Fl. bras.*, VI, p. II, 147, t. 36.
3. *Nov. gen. et spec.*, IV, 28, t. 313. — LESS., *Syn.*, 150. — DC., *Prodr.*, V, 90. — ENDL., *Gen.*, n. 2235. — B. H., *Gen.*, II, 237, n. 40.
4. « Purpurei. »
5. Spec. 1. *S. cornifolia* H. B. K. — Acosta *Rolandræ* DC., mss. (ex ipso).
6. In *Soc. med. hafn. Collect.*, II, 256. —

CASS., in *Dict. sc. nat.*, XLVI, 170. — LESS., *Syn.*, 150. — DC., *Prodr.*, V, 90. — ENDL., *Gen.*, n. 2234. — B. H., *Gen.*, II, 237, n. 39.
7. Albi.
8. Genus *Spiracanthæ* proximum, adspectu et pappo imprimis diversum.
9. Spec. 1. *R. argentea* ROTTB. — SW., *Fl. ind. occ.*, t. 27. — GRISEB., *Fl. brit. W.-Ind.*, 355. — *Echinops fruticosus* L., *Spec.*, 815. — *E. nodiflorus* LAMK, *Dict.*, II, 337, n. 6.

91. Elephantopus L. [1] — Flores composito-capitati ; capitellis pauci-(1-5-) floris ; corollæ tubo tenui ; limbi lobis 4, 5, æqualibus v. sæpius nonnihil inæqualibus ; interioribus paulo longioribus. Antheræ basi obtuse auriculatæ. Styli rami subulati, glabri v. minute hirtelli. Fructus 10-costatus, apice truncatus ; pappi setis rigidis, ad basin tenuibus v. plus minus paleaceo-dilatatis [2]. — Herbæ perennes ; indumento vario ; foliis alternis, integris v. dentatis, nunc ad plantæ basin sinuato-pinnatifidis, penninerviis ; capitulis solitariis v. cymosis, pedunculatis, nunc folio plus minus deformato subtensis ; receptaculo communi globoso v. plus minus elongato ; capitellorum receptaculo minuto, nudo v. foveolato ; involucri compressi bracteis ∞, sæpius 2-seriatim imbricatis, inæqualibus, sæpe siccis subpaleaceis ; capitulis nunc raro (*Distreptus* [3]) paucicapitellatis et secundum axin spicæformem foliatamque dispositis [4]. (*Orbis tot. reg. trop.* [5])

92 ? Telmatophila MART. [6] — « Flores [7] 1-morphi in capitulos compositos dispositi ; capitellis pauci-(4-) floris. Corollæ tubus tenuis ; limbo anguste 5-fido. Antheræ basi obtuse auriculatæ. Styli rami subulati hirtelli. Fructus 10-costati pubescentes, apice truncati ; pappi paleis valde inæqualibus, sub-1-seriatis. — Herba (paludosa) parva adscendens villosa ; foliis alternis, sessilibus, remote denticulatis ; capitulis (parvis) sessilibus axillaribus, bracteis spinescentibus stipatis ; capitellorum receptaculo proprio parvo nudo ; involucri angusti bracteis imbricatis pauciseriatis, 2-morphis ; interioribus scariosis ; exterioribus majoribus spinescentibus [8]. » (*Brasilia* [9].)

93. Sparganophorus VAILL. [10] — Flores [11] regulares, 1-morphi ; corollæ tubo tenui ; limbo valvato, 2-5-fido. Antheræ basi acuminato-

---

1. *Gen.*, n. 997. — GÆRTN., *Fruct.*, II, 414. — DC., *Prodr.*, V, 85. — ENDL., *Gen.*, n. 2231. — B. H., *Gen.*, II, 237, n. 38. — *Elephantosis* LESS., in *Linnæa*, IV, 322. — DC., *Prodr.*, V, 87. — ? *Matamoria* LL. et LEX., *Nov. gen.*, I, 8.
2. Nunc in capitulo eodem 2-morphis ; setis in *Distrepto* elongatis et plus minus tortis 2-4.
3. CASS., in *Bull. Soc. philom.* [1817], 66 ; in *Dict. sc. nat.*, XIII, 366. — LESS., *Syn.*, 149. — DC., *Prodr.*, V, 87.
4. Sect. 2 : 1. *Euelephantopus* ; 2. *Distreptus.*
5. Spec. ad 10. DESVX, in *Ham. Fl. ind. occ.*, 52. — WIGHT, *Icon.*, t. 1086. — BERTOL., *Bot. Misc.*, XI, t. 5. — A. GRAY, *Man.* (éd. 1856), 184. — CHAPM., *Fl. S. Unit. St.*, 188. — BENTH., *Fl. austral.*, III, 461. — GRISEB., *Fl. brit. W.-Ind.*, 354. — MIQ., *Fl. ind.-bat.*, II, 21. — OLIV. et

HIERN, *Fl. trop. Afr.*, III, 298. — BAK., in *Mart. Fl. bras.*, VI, p. II, 172, t. 49, 50. — WALP., *Rep.*, VI, 102, 703 ; *Ann.*, I, 390.
6. EX BAK., in *Mart. Fl. bras.*, VI, p. II, 170, t. 48. — B. H., *Gen.*, II, 236, n. 37.
7. « Rosei, apice barbati. »
8. Planta (nobis ignota) *Sparganophoro* affinis magis quam *Soaresiæ* v. *Chronopappo* videtur.
9. Spec. 1. *T. Scolymastrum* MART.
10. In *Act. Acad. Par.* [1718], 368. — GÆRTN., *Fruct.*, II, 396, t. 165. — CASS., in *Dict.*, L, 71. — LESS., in *Linnæa*, IV, 335 ; *Syn.*, 147. — DC., *Prodr.*, V, 12. — ENDL., *Gen.*, n. 2199. — B. H., *Gen.*, II, 223, n. 1. — *Struchium* P. BR., *Jam.*, 312, t. 34, fig. 2. — *Athenæa* ADANS., *Fam. des pl.*, II, 121.
11. Minuti, purpurei.

auriculatæ. Styli rami subulati hirtelli. Fructus angulato-costati, nter costas (3, 4) glandulosi, cupula disciformi cupulari dentata coronati. — Herba annua ; foliis alternis, petiolatis, subintegris v. varie dentatis, penninerviis; capitulis axillaribus v. lateralibus, *glomerulatis v. solitariis; involucri subhemisphærici bracteis ∞, inæqualibus, imbricatis, ∞-seriatis, ad apicem plerumque et ad margines siccis; interioribus gradatim brevioribus. (*America trop.*, *Africa trop.*, *Madagascaria*[1].)

94. **Pacourina** AUBL.[2] — Flores[3] regulares, 1-morphi ; corollæ tubo angusto, ad basin dilatato ; limbi lobis 5, angustis, valvatis. Antheræ basi obtuse v. acutiuscule auriculatæ. Styli rami hirtelli, longe subulati. Fructus elongati ; costis ad 10, leviter prominulis; inter costas glandulosi annuloque disciformi subcartilagineo, integro v. dentato, coronati. — Herbæ aquaticæ glabræ; foliis alternis (amplis) ; limbo penninervio plus minus denticulato ; petiolo dilatato decurrente v. amplexicauli; capitulis (magnis) lateralibus v. suboppositifoliis (cymosis); involucri depressi latique, patentis, bracteis ∞, inæqualibus, ∞-seriatim imbricatis, siccis v. apice subherbaceis; exterioribus gradatim minoribus; receptaculo subplano nudo. (*America mer. trop. et subtrop.* [4])

95? **Stokesia** LHÉR. [5] — Flores [6] irregulares, 1-morphi ; corolla basi breviter tubulosa ; limbo inæqui-ligulato, plus minus patente [3], apice 5-fido, valvato. Antheræ basi breviter obtuseque auriculatæ. Styli rami subulati hirtelli. Fructus 3-4-angulatus, apice truncatus, vix costatus ; pappi paleis 4, 5, elongato-lanceolatis, caducis. — Herba erecta, plus minus canescenti-lanata; foliis alternis, integris v. spinuloso-ciliatis; inferioribus petiolatis ; superioribus sessilibus v. amplexicaulibus; capitulis (magnis) terminalibus stipitatis; involucri depresse

1. Spec. I. *S. Vaillantii* GÆRTN. — PERS., *Enchir.*, II, 398. — GRISEB., *Fl. brit. W.-Ind.*, 352. — BAK., in *Mart. Fl. bras*, VI, p. II, 7. — OLIV. et HIERN, *Fl. trop. Afr.*, III, 262. — *S. Struchium* PERS., *loc. cit.* — *S. africanus* STEUD., *Nom.*, 801. — *Ethulia sparganophora* L., *Spec.*, 1171. — *E. Struthium* SW., *Fl. ind. occ.*, 1297. — *Struthium americanum* POIR., *Dict.*, VII, 475. — *S. africanum* P. BEAUV., *Fl. ow. et ben.*, I, 81, t. 48.
2. *Guian.*, II, 800, t. 316. — DC., *Prodr.*, V, 14. — ENDL., *Gen.*, n. 2202. — B. H., *Gen.*, II, 224, n. 2. — *Meisteria* SCOP., *Introd.*, n. 383.

— *Haynea* W., *Spec.*, III, 1787. — *Pacourinopsis* CASS., in *Bull. Soc. philom.* (1817), 151 ; in *Dict.*, XXXVII, 212.
3. « Purpurascentes. »
4. Spec. 2. H. B. K., *Nov. gen. et spec.*, IV, 23. — BAK., in *Mart. Fl. bras.*, VI, p. II, 8.
5. *Sert. angl.* (1788), 27. — CASS., in *Dict.*, LI, 64. — LESS., in *Linnæa*, IV, 321 ; *Syn.*, 148. — DC., in *Ann. Mus.*, XVI, 154; *Prodr.*, V, 71. — ENDL., *Gen.*, n. 2209. — B. H., *Gen.*, II, 234, n. 28. — *Cartesia* CASS., in *Bull. Soc. philom.* [1816], 198 ; in *Dict.*, VII, 157.
6. Pallide cærulei, speciosi.

globosi bracteis ∞, dissimilibus, ∞-seriatim imbricatis ; exterioribus foliaceis, plus minus spinulosis ; interioribus angustioribus elongatis longe ciliatis ; receptaculo subplano nudo [1]. (*America bor.* [2])

96. Eupatorium T. [3] — Flores [4] regulares homomorphi hermaphroditi fertiles ; corollæ tubo tenui ; limbo haud v. sensim ampliato, nunc anguste campanulato, 5-dentato v. 5-lobo, valvato. Antheræ apice appendiculatæ ; appendice nunc brevi v. 0; basi obtusæ integræque. Fructus apice truncatus, 5-costatus v., ob nervos secundarios plus minus prominulos, 7-10-costatus. Stylus basi plerumque repente attenuatus ibique subfiliformis [5] ; pappi setis ∞, 1-seriatis, rigidulis v. mollibus, integris, scabris, plus minusve longe barbellatis plumosisve, rarius paucis (5-10), v. inferne plus minus paleaceo-dilatatis brevibusve, v. nunc 0. — Frutices, suffrutices v. herbæ annuæ perennesve, nunc scandentes volubilesque ; foliis oppositis v. rarius alternis, integris, dentatis v. nunc dissectis ; capitulis [6] in cymas corymbiformes v. in racemos plus minus ramosos cymigerosque dispositis, nunc solitariis longeque stipitatis ; involucri oblongi, ovoidei, subtubulosi, campanulati v. subhemisphærici, bracteis ∞, nunc paucis, pauci- ∞-seriatim imbricatis, æqualibus, v. exterioribus gradatim ninoribus ; receptaculo subplano v. plus minus convexo nudo [7], minutissime foveolato [8].

1. Genus inter *Vernonieas* corolla ligulata omnino anomalum.

2. Spec. 1, in hort. culta, scil. *S. cyanea* LHÉR. — TORR. et GR., *Fl. N.-Amer.*, III, 60. — *Bot. Mag.*, t. 4966. — *Carthamus lœvis* HILL, *Hort. kew.*, 57, t. 5. — *Cartesia centauroides* CASS. — *Carthamus carolinianus* MICHX, herb. (ex DC.). — *Centaurea americana* HOOK., *Comp. to Bot. Mag.*, I, 48 (nec NUTT.).

3. *Inst.*, 455, t. 259. — J., *Gen.*, n. 935. — DC., *Prodr.*, V, 141 ; VII, 268. — ENDL., *Gen.*, n. 2280. — B. H., *Gen.*, II, 245, n. 66. — *Kyrstenia* NECK., *Elem.*, I, 81. — *Gyptis* CASS., in *Dict.*, XX, 177. — *Coleosanthus* CASS., in *Dict.*, X, 36. — *Praxelis* CASS., in *Dict.*, XLIII, 261. — *Ooclinium* DC., *Prodr.*, V, 133. — *Conoclinium* DC., *Prodr.*, V, 135. — *Campuloclinium* DC., *Prodr.*, V, 136. — *Hebeclinium* DC., *Prodr.*, V, 136. — ENDL., *Gen.*, n. 2276, — *Chromolœna* DC., *Prodr.*, V, 133. — ENDL., *Gen.*, n. 2273. — *Disynaphia* DC., *Prodr.*, VII, 267. — ? *Batschia* MŒNCH, *Meth.*, 567. — *Critonia* P. BR. — DC., *Prodr.*, V, 140. — ENDL., *Gen.*, n. 2279. — *Wikstrœmia* SPRENG., *Syst.*, III, 434. — *Osmia* SCH. BIP., herb. — *Heterolœna* SCH. BIP., herb. (ex B. H.). — *Bulbostylis* GARDN., in *Hook. Lond. Journ.*, V, 467 (nec DC.).

4. Albi, pallide lutei, ochroleuci v. flavescentes, rosei, purpurascentes v. cærulescentes, nunc varie odori.

5. Raro 3-5-ramosus (H. BN, in *Bull. Soc. Linn. Par.*, 277).

6. Parvis, plurifloris v. sæpe pauci-(1-4-)floris.

7. Vel nunc angustissime punctulato.

8. Generis sectiones, nostro sensu, sunt :

Dissothrix A. GRAY, in *Hook. Kew Journ.*, III, 223, t. 5. — B. H., *Gen.*, II, 242, n. 57 : caule herbaceo erecto ; bracteis involucri ∞ ; pappi setis ∞, quarum 5, 6 quam cæteris majoribus longioribusque.

Brickellia ELL., ex NUTT., in *Trans. Amer. Phil. Soc.*, ser. 2, VII, 287. — B. H., *Gen.*, II, 247, n. 70. — *Coleosanthus* CASS. (part.). — *Clavigera* DC., *Prodr.*, V,127. — DELESS., *Ic. sel.*, IV, t. 12. — *Bulbostylis* DC., *Prodr.*, V, 138. — ? *Rosalesia* LL. et LEX., *Nov. veg.*, I, 9 : caule herbaceo v. suffrutescente ; foliis oppositis v. alternis ; antheris appendiculatis ; fructu 10-striato v. costato ; pappi setis scabris, barbellatis v. breviter plumosis ; capitulis 3-∞ -floris.

Mikania W., *Spec.*, III, 1742. — DC., *Prodr.*, V, 187 ; VII, 270. — ENDL., *Gen.*, n. 2282. — B. H., *Gen.*, II, 246, n. 67. — *Willugbœya* NECK., *Elem.*, I, 82. — ? *Corynanthelium* KZE,

(Orbis totius[1] *reg. tempcr. et calid. tropicæ et subtropicæ vel raro boreales*[2].)

in *Linnæa*, XX, 19 : capitulis plerumque 4-floris, rarius 3-5-floris; involucri bracteis paucis (4 v. 3, 5); fructu 5-angulato; pappi setis scabridis v. brevissime barbellatis, 1-2-seriatis; caule sæpius volubili, rarius erecto; foliis oppositis. Stirpes americanæ; 1 africana asiaticaque.

Kanimia GARDN., in *Hook. Lond. Journ.*, VI, 446. — B. H., *Gen.*, II, 246, n. 68: bracteis involucri sæpius 4-6; floribus plerumque 4; fructu 8-10-costato; pappo *Mikaniæ;* caule erecto v. subscandente, herbaceo v. suffruticoso; oliis oppositis alternisque Stirp. amer. trop.

Agrianthus MART., in *DC. Prodr.*, V, 125. — ENDL., *Gen.*, n. 2267. — B. H., *Gen.*, II, 244, n. 64: fructu 5-costato; pappi setis inæqualibus, brevibus v. longis, rigidiusculis compressius-culisvc, barbellatis, ciliatis v. subplumosis; caule fruticoso; foliis confertis linearibus, prominule 3-nerviis v. subcarinatis. (*Brasilia.*)

Trichogonia DC., *Prodr.*, V, 126 (*Kuhniæ* sect.). — GARDN., in *Hook. Lond. Journ.*, V, 459. — B. H., *Gen.*, II, 243, n. 61: pappi setis ∞, plumosis v. (in planta eadem) brevissimis integris v. 0; caule herbaceo v. frutescente; capitulorum cymis corymbiformibus; cæteris omnino *Eupatoriorum* sincerorum. Stirpes americanæ australes).

Symphyopappus TURCZ., in *Bull. Mosc.* (1848), I, 583. — B. H., *Gen.*, II, 244, n. 65 : fructu 5-10-angulato; pappi setis rigidiusculis, subsimplicibus v. barbellatis; capitulis pauci- v. ∞-floris; caule fruticoso, nunc glutinoso; foliis alternis v. oppositis, coriaceis venosis, sæpe dentatis; inflorescentia corymbiformi. Stirps brasiliensis.

Carelia LESS., *Syn.*, 156 (nec ADANS.). — DC., *Prodr.*, V, 125. — ENDL., *Gen.*, n. 2266: fructu 5-costato; pappi paleis integris brevibus obtusis, sub-2-seriatis; caule fruticoso; foliis oppositis, sordide tomentosis rugosis. Stirp. brasilienses.

? *Leptoclinium* GARDN., in *Hook. Lond. Journ.*, V, 461 (*Liatridis* sect.). — B. H., *Gen.*, II, 244, n. 63: fructu 5-8-angulato; pappi setis ∞, 1-seriatis, ciliatis v. barbellatis, caducis; caule fruticoso; foliis alternis confertis; capitulorum cymis corymbiformibus. Stirp. brasilienscs.

Decachæta DC., *Prodr.*, V, 133 (nec GARDN.). — DELESS., *Ic. sel.*, IV, t. 13. — ENDL., *Gen.*, n. 2272. — B. H., *Gen.*, II, 238, n. 43: antheris vix v. haud appendiculatis; fructus 5-goni callo basilari v. subbasilari; pappi setis 5-10, nunc plus minus paleaceis; caule suffruticoso; foliis alternis v. oppositis, integris v. dentatis (Stirp. mexic. et centrali-amer.). Sectio, sicut *Carelia*, *Eupatorium* cum *Agerato* connectens.

Ophryosporus MEYEN, *Reis.*, I, 402. — DC., *Prodr.*, VII, 260. — ENDL., *Gen.*, n. 3032[10]. — B. H., *Gen.*, II, 239, n. 44: antheris exappendiculatis; fructu inter costas (5) lævi; pappi setis ∞, barbellatis v. breviter plumosis; caule fruticoso;

foliis alternis v. oppositis, incisis dentatisvc; capitulis creberrimis in cymas composito-ramosas dispositis. (*America tropica. utraque*).

Phania DC., *Prodr.*, V, 114 (part.). — ENDL., *Gen.*, n. 2263. — B. H., *Gen.*, II, 238, n. 42. — *Phalacrœa* DC., *Prodr.*, V, 105. — DELESS., *Ic. sel.*, IV, t. 8: antheris vix v. haud appendiculatis; fructu 5-gono v. 5-angulato, inter costas lævi; pappi setis paucis (ad 5) paleaceo-compressis inæqui-laceris; caule herbaceo, erecto v. repènte; foliis oppositis, 3-sectis v. incisodentatis (Stirpes antillanæ). Sectio genus pariter cum *Agerato* connectens.

Piqueria CAV., *Icon.*, III, 18, t. 235. — LESS., *Syn.*, 154. — DC., *Prodr.*, V, 104. — ENDL., *Gen.*, n. 2253. — B. H., *Gen.*, II, 238, n. 41. — *Phalacrœa* DC., *Prodr.*, V, 104. — DELESS., *Ic. sel.*, IV, t. 8. — ENDL., *Gen.*, n. 2255: antheris apice inappendiculatis; fructu lævi, 5-costato; pappi setis breviter paleaceis, brevissimis v. 0; capitulis 3-5-floris v. sæpius ∞-floris. Stirpes Americæ utriusque occidentalis.

Podophania (H. BN, in *Bull. Soc. Linn. Par.*, 268) : antheris inappendiculatis; fructu 5-angulato; costis ciliatis; pappi setis ∞, tenuibus scabris; capitulis patulis, ∞-floris; involucro ∞-bracteato; foliis alternis, decomposito-3-4-pinnatis; capitulis longe pedunculatis, terminalibus solitariis v. spurie lateralibus paucis. (*Mexicum.*)

? *Helogyne* NUTT., in *Trans. Amer. Phil. Soc.*, ser. 2, VII, 449. — B. H., *Gen.*, II, 239, n. 45: antheris inappendiculatis; fructu 5-costato, inter costas lævi; caule herbaceo (?); foliis alternis, integris v. apice dentatis; involucri bracteis exterioribus herbaceis longioribus (*Peruvia*). Planta (nobis ignota) ab *Ophryosporo*, ut videtur, vix sejungenda.

Mallotopus japonicus FRANCH. (*Enum. pl. jap.*, II, 394) videtur *Eupatorii* sectio; pedunculo incrassato plus minus villoso.

1. In Australia, ut aiunt, inquilina.

2. Spec. ad 500. JACQ., *Hort. vindob.*, t. 164; *Hort. schœnbr.*, III, t. 369; *Ic. rar.*, t. 170. — JACQ. F., *Ecl. am.*, t. 48 (*Piqueria*). — VENT., *Jard. Malm.*, t. 3. — B., *Jard. Malm.*, t. 14. — VAHL, *Symb.*, III, t. 73. — H. B. K., *Nov. gen. et spec.*, IV, t. 340-349. — SM., *Ic. pl. ined.*, t. 67-70. — TORR., *Fl. N.-York*, I, t. 48. — A. GRAY, *Man.* (ed. 1856), 186; 188 (*Mikania, Conoclinium*); *Emor. Exp., Bot.*, 75.— CHAPM., *Fl. S. Unit. St.*, 193; 197 (*Mikania*).—A. RICH., *Fl. cub.*, t. 50. — WEDD., *Chl. andin.*, I, 215, t. 40. — BERTOL., *Misc.*, V, t. 5, 6; VI, t. 1.— MIQ., *St. surin.*, t. 54; *Fl. ind.-bat.*, II, 26; in *Ann. Mus. lugd.-bat.*, III, 167. — FIELD, *Sert. pl.*, t. 5. — PHIL., *Fl. atacam.*, 29; in *Linnœa* XXXIII, 128.— REMY, in *C. Gay Fl. chil.*, III, 472; 477 (*Piqueria*), 480 (*Ophryosporus*). — BAK., in

97. Ageratum L. [1] — Flores [2] fere *Eupatorii*, 1-morphi; antheris superne appendiculatis, basi obtusis. Fructus 5-angulati v. rarissime costis secundariis 2, 3, tenuibus donati; pappi setis paleaceis brevibus, liberis v. basi connatis, 1-seriatis, aut 5, æqualibus v. inæqualibus, rarius longe aristatis, aut 10-20; nonnullis brevioribus v. brevissimis, nunc angustissimis. — Herbæ, nunc frutescentes, erectæ; foliis oppositis v. ex parte alternis; capitulis [3] in cymas laxe composite ramosas v. corymbiformes dispositis; receptaculo plano v. convexiusculo, nudo v. parce paleaceo; involucri subcampanulati bracteis æqualibus v. inæqualibus, 2-3-seriatim imbricatis. (*Orbis tot.* [4] *reg. calid. et temp.* [5])

98? Hofmeisteria WALP. [6] — Flores (fere *Eupatorii*) 1-morphi; corollæ subtubulosæ lobis 5, valvatis. Antheræ apice appendiculatæ. Fructus 5-angulati; pappi setis 2-15, cum paleis brevibus fere totidem setisque nunc adnatis alternantibus. Cætera *Eupatorii*. — Suffrutices; foliis oppositis, v. superioribus alternis, lobatis v. dissectis; capitulis longe pedunculatis; receptaculo plano v. convexiusculo, minute alveolato; involucri late campanulati bracteis ∞, inæqualibus imbricatis; exterioribus gradatim brevioribus [7]. (*California* [8].)

99? Aschenbornia SCHAU. [9] — « Flores 1-morphi; corollæ limbo

---

Mart. Fl. bras., VI, p. II, 186, t. 53 (*Ophryosporus*), 193 (*Carelia*), 212 (*Trichogonia*), 217, t. 61-72 (*Mikania*), 271, t. 73 (*Dissotrix*), 274, t. 76-96; 365, t. 97, 98 (*Symphyopappus*), 368, t. 99; 100 (*Kanimia*), 372, t. 101, 102 (*Brickellia*). — GRISEB., *Fl. brit. W.-Ind.*, 356 (*Brickellia, Hebeclinium*), 357, 362 (*Critonia, Mikania*); *Symb. Fl. argent.*, 168, 173 (*Ophryosporus, Mikania*). — FR. et SAV., *Enum. pl. jap.*, I, 219. — KLATT, in *Ann. sc. nat.*, sér. 5, XVIII, 364. — OLIV. et HIERN, *Fl. trop. Afr.*, III, 300; 301 (*Mikania*). — HARV. et SOND., *Fl. cap.*, III, 58 (*Mikania*). — BENTH., *Fl. austral.*, III, 461. — BOISS., *Fl. or.*, III, 154. — REICHB., *Ic. Fl. germ.*, XVI, t. 892. — WILLK. et LGE, *Prodr. Fl. hisp.*, II, 27. — GREN. et GODR., *Fl. de Fr.*, II, 85. — *Bot. Reg.*, t. 1723. — *Bot. Mag.*, t. 2650 (*Piqueria*). — WALP., *Rep.*, II, 553; VI, 105 (*Piqueria*), 107 (*Helogyne*), 108 (*Conoclinium, Hebeclinium*), 109; 114 (*Mikania*), 117 (*Brickellia*); *Ann.*, I, 393 (*Piqueria*), 397 (*Chromolæna, Ooclinium, Conoclinium*), 398; 403 (*Kanimia, Mikania*); II, 816, 817 (*Symphyopappus, Mikania*), 819 (*Brickellia*); V, 162 (*Conoclinium*), 164; 168 (*Mikania*), 169 (*Brickellia*). — 1. *Gen.*, n. 936. — LAMK, *Ill.*, t. 672. — GÆRTN., *Fruct.*, III, 398. — DC., *Prodr.*, V, 108. — ENDL., *Gen.*, n. 2259. — B. H., *Gen.*, II,

241, n. 54. — *Cælestina* CASS., in *Dict. sc. nat.*, VI, Suppl., 8, t. 93. — DC., *Prodr.*, V, 107. — ENDL., *Gen.*, n. 2258 (*Cælestinia*). — ? *Oxylobus* SESS. et MOÇ., *Fl. mex. ined.*, ex DC., *Prodr.*, V, 115. — *Decachæta* GARDN., in *Hook. Lond. Journ.*, V, 462 (nec DC.).
2. Albi, cærulei v. nunc purpurascentes.
3. Parvis v. mediocribus.
4. Omnia, excepta specie 1, per omnes regiones gerontogeas dispersa, americana.
5. Spec. ad 15. CAV., *Ic.*, t. 357. — HOOK., *Ex. Fl.*, t. 15. — SWEET, *Brit. fl. Gard.*, t. 89. — WAWR., in *Pr. Maxim. Reis.*, *Bot.*, t. 76. — BENTH., *Fl. austral.*, III, 462. — GRISEB., *Fl. brit. W.-Ind.*, 356. — MIQ., *Fl. ind.-bat.*, II, 22. — BAK., in *Mart. Fl. bras.*, VI, p. II, 193, t. 54, fig. 1. — REGL, in *Gartenfl.*, t. 108. — *Bot. Mag.*, t. 1730, 2524. — WALP., *Rep.*, II, 545 (*Cælestina*); *Ann.*, I, 395; V, 152 (*Cælestina*), 153.
6. *Rep.*, VI, 106. — B. H., *Gen.*, II, 243, n. 59. — *Helogyne* BENTH., *Sulph. Bot.*, 20, t. 14 (nec NUTT.).
7. An potius *Eupatorii* sectio ?
8. Spec. 2. TORR., in *Wippl. Exped.*, *Bot.*, 96, t. 9.
9. In *Linnæa*, XIX, 716. — B. H., *Gen.*, II, 241, n. 53.

campanulato. Antheræ appendiculatæ. Fructus sub-4-goni; pappi paleis ad 15, liberis membranaceis obtusis subpectinato-fimbriatis. — Frutex; ramis hirtellis; foliis oppositis, petiolatis, 3-plinerviis, grosse serratis, infra resinosis; capitulis corymbosis paucis; receptaculo subconico, inter flores membranaceo-paleaceo; involucri subcylindrici bracteis ∞, imbricatis [1].» (*Mexicum* [2].)

100. Adenostemma FORST[3]. — Flores [4] (fere *Eupatorii*) 1-morphi; corollæ tubo sæpius brevi; limbo plus minus late campanulato; lobis v. dentibus 5, valvatis. Antheræ apice exappendiculatæ v. rarius breviter glanduloso- v. membranaceo-appendiculatæ. Styli rami apice plus minus dilatati, nunc valde complanati v. subpetaloidei. Fructus 5-goni v. 5-costati, inter costas sæpe glanduloso-tuberculati; pappi setis paucis, sæpius brevibus rigidis, clavatis v. plus minus paleaceo-dilatatis, ciliatis lacerisve, nunc brevissimis v. in annulum crenatum sinuatumve connatis, v. 0. — Herbæ glabræ v. glanduloso-pilosæ, nunc suffrutescentes, sæpe basi repente radicantes; foliis oppositis v. rarius alternis, petiolatis v. subsessilibus, integris v. crenatis, dentatis inci-sisve, 1-3-plinerviis; capitulis solitariis, 2-nis v. sæpius in cymas dispositis; involucri subhemisphærici v. subcampanulati bracteis ∞, inæqualibus, 1-∞-seriatis, nunc plus minus alte connatis; receptaculo superne plano v. plus minus alte conico, aut nudo, aut rarius parce paleaceo [5]. (*Asia, Africa, Oceania, America trop. et subtrop.* [6])

1. Genus nobis ignotum; an *Alomiæ* spec. ?
2. Spec. 1. *A. heteropoda* SCHAU. — WALP., *Ann.*, I, 395.
3. *Char. gen.* (1776), 89, t. 45. — J., *Gen.*, 184. — DC., *Prodr.*, V, 110; VII, 266. — DE-LESS., *Ic. sel.*, IV, t. 10. — ENDL., *Gen.*, n. 2261. — B. H., *Gen.*, II, 239, n. 47. — *Lavenia* Sw., *Fl. ind. occ.*, 1329. — *Trichogonia* GARDN., in *Hook. Lond. Journ.*, V, 459 (part.).
4. Minuti, plerumque albi.
5. Sectiones hujus generis, nostro sensu, sunt : *Tuberostyles* STEETZ, in *Seem. Her. Bot.*, 142, t. 29. — B. H., *Gen.*, II, 241, n. 51 : receptaculo convexo nudo; involucri bracteis coriaceis valde inæqualibus; pappi paleis brevissimis et in coronam brevissimam crenatam connatis, v. 0; caule herbaceo repente radicante; foliis oppositis crenatis (*Stirps neo-granatensis*).
Alomia H. B. K., *Nov. gen. et spec.*, IV, 151, 312, t. 354. — LESS., *Syn.*, 154. — DC., *Prodr.*, V, 105. — ENDL., *Gen.*, n. 2254. — B. H., *Gen.*, II, 240, n. 49. —? *Lycapsus* PHIL., in *Bot. Zeit.* (1870), 499, t. 8 : receptaculo breviter v. longe conico, nudo v. paleis angustis inter flores onusto; fructu 4-5-gono; pappo coroniformi

(*Tuberostylis*), v. 0; corollæ limbo plus minus late campanulato; caule herbaceo v. suffruticoso erecto ramoso; foliis oppositis v. ex parte alternis, integris v. dentatis, 1-3-plinerviis. Stirpes americanæ australes centralesque, mexicana 1 et 1 insularum oceani Pacifici indigena.
Trichocoronis A. GRAY, *Plant. Fendl.*, 65. — B. H., *Gen.*, II, 240, n. 50. — *Margacola* BUCKL., in *Proc. Acad. Philad.* (1861), 457 (ex A. GRAY) : receptaculo subplano v. leviter convexo nudo; fructu 5-angulato; pappo minute piloso, v. 0; corollæ limbo campanulato; antheris breviter appendiculatis; caule herbaceo, basi radicante, pilosulo; capitulis stipitatis terminalibus, solitariis v. 2-nis. Stirpes mexicanæ.
Gymnocoronis DC., *Prodr.*, V, 106; VII, 266. — ENDL., *Gen.*, n. 2256. — B. H., *Gen.*, II, 239, n. 46 : receptaculo convexo nudo; corollæ limbo subcampanulato; antheris breviter obtuseque appendiculatis v. sæpius exappendiculatis; stylo apice valdius dilatato; pappi setis 0; caule herbaceo, glabro v. glanduloso-piloso; foliis oppositis, crenato-dentatis. Stirpes mexicanæ et americanæ austro-extratropicales.
6. Spec. ad 20. HOOK., *Icon.*, t. 238, 239. —

101. Lomatozona BAK[1]. — « Flores homogami; corolla tubulosa, brevissime 5-dentata. Antheræ apice appendiculatæ. Styli rami leviter clavati. Fructus graciles cylindrici, 5-costati; pappi coroniformis fructuque multo brevioris setis 8-12, inæqualibus, basi in annulum coalitis.—Suffrutex griseo-pubens; caule nodoso; foliis oppositis lyrato-pinnatis, deltoideis, v. pinnato-2-jugis; floribus[2] in cymas terminales paucicapituliferas dispositis; receptaculo hemisphærico inter flores paleaceo[3]; involucri campanulati bracteis inæqualibus, 2-3-seriatis; exterioribus gradatim brevioribus[4]. » (*Brasilia*[5].)

102. Sclerolepis CASS[6]. — Flores[7] (fere *Eupatorii*) 1-morphi; corollæ tubulosæ limbo campanulato. Antheræ appendiculatæ. Fructus breviter stipitati, 5-goni; pappi paleis 4-6, brevibus obovatis obtusis, membranaceis v. subcartilagineis, subintegris v. inæqui-laceris. — Herba aquatica gracilis; foliis verticillatis linearibus; capitulis solitariis terminalibus, longe pedunculatis; receptaculo nudo; involucri subhemisphærici patentis bracteis ∞, inæqualibus, sub-2-seriatis, 1-3-nerviis, nunc ad apicem leviter coloratis[8]. (*America bor.*[9])

103. Brachyandra PHIL[10]. « Flores[11] 1-morphi; corollæ tubulosæ limbo haud ampliato, 5-fido. Antheræ appendiculatæ. Fructus oblongi glabri, 5-costati; pappi setis plumosis, 1-seriatis. — Frutex ramosissimus viscidulo-pubescens; foliis alternis linearibus, margine revolutis; capitulis in summis ramulis solitariis, breviter pedunculatis; bracteis involucri pauciseriatis, imbricatis; intimis gradatim majoribus, coloratis v. scariosis; receptaculo plano nudo[12]. » (*Chili*[13].)

WIGHT, *Icon.*, t. 1087,1088.—FR. et SAV., *Enum. pl. jap.*, I, 219. — HARV. et SOND., *Fl. cap.*, III, 57. — BENTH., *Fl. austral.*, III, 462. — GRISEB., *Fl. brit. W.-Ind.*, 356. — MIQ., *Fl. ind.-bat.*, II, 23. — OLIV. et HIERN, *Fl. trop. Afr.*, III, 299. — *Bot. Mag.*, t. 2410 (*Ageratum*). — WALP., *Rep.*, II, 545 (*Gymnocoronis*); VI, 106; *Ann.*, I, 393 (*Piqueria*), 395; II, 813 (*Trichocoronis*); V, 151 (*Tuberostyles*), 152 (*Trichocoronis*), 153.

1. In *Mart. Fl. bras.*, VI, p. II, 198, t. 54, fig. 2.

2. « In capitulo 20-30. »

3. « Paleis eis involucri similibus. »

4. Genus (nobis ignotum), *Eupatorii* forte sectionem constituens; pappo, ut in *Phania*, brevi coroniformi.

5. Spec. 1. *L. artemisiæfolia* BAK. — *Habera pinnata* POHL, mss.

6. In *Dict. sc. nat.*, XLVIII, 155. — DC.,

Prodr., V, 114. — ENDL., *Gen.*, n. 2262. — B. H., *Gen.*, II, 240, n. 48.

7. « Purpurascentes. »

8. An melius *Eupatorii* sectio, foliis verticillatis? Generice vix differre videtur *Fleischmannia* SCH. BIP., in *Flora* (1850), 417. — B. H., *Gen.*, II, 243, n. 58; cui folia opposita v. alterna, dentata v. incisa, pappique setæ 5. 6, tenuissimæ

9. Spec. 1. *S. verticillata* CASS. — A. GRAY, *Man.* (ed. 1856),184. — *Sparganophorus verticillatus* MICHX, *Fl. bor.-amer.*, II, 95. — NUTT., *Gen.*, II, 139. — ELL., *Sketch*, II, 312. — *Ethulia tenuiflora* WALT., *Car.*, 195.

10. *Fl. atacam.*, 34, t. 4 D. — B. H., *Gen.*, II, 244, n. 62.

11. « Purpurascentes. »

12. Genus (nobis haud visum) *Symphyopappo*, ut videtur, necnon *Eupatorio* proximum.

13. Spec. 1. *B. macrogyne* PHIL.

COMPOSÉES. 133

104? Leptoclinium GARDN.[1]— « Flores 1-.morphi; corolla tubulosa, breviter 5-fida. Antheræ appendiculatæ. Styli apice valde dilatati. Fructus 5-angulati; costis secundariis 1, 2, hinc inde evolutis; pappi setis ∞, rigidis barbellatis, caducis, 1-seriatis. — Frutex puberulus; foliis alternis subsessilibus integerrimis confertis; capitulis ad apices ramorum confertis; receptaculo parvo conico, nudo v. parce setiformi-paleaceo; involucri ovoidei bracteis ∞, rigide membranaceis, pauciseriatim imbricatis; exterioribus gradatim brevioribus[2]. » (*Brasilia*[3].)

105. Stevia CAV.[4] — Flores[5] (fere *Eupatorii*) 1-morphi; corollæ basi tubulosæ limbo leviter dilatato, 5-fido, valvato. Antheræ appendiculatæ. Styli rami longi tenues, sæpe lineares obtusiusculi. Fructus angusti, glabri v. ciliati, sæpe compressi, 1-2-costati v. 4-5-angulati, nunc ∞ –aristati; pappi setis 1-∞, nudis v. barbellatis, sæpe subulatis, basi in cupulam plus minus profunde lobatam dilatatis. — Herbæ annuæ et perennes, v. suffrutices[6]; foliis oppositis v. ex parte alternis, integris v. serratis, triplinerviis v. 3-sectis; capitulis in cymas terminales varie compositas, sæpe corymbiformes, dispositis, 4-5-floris v. rarius 10-20-floris (*Schœtzellia*[7]); receptaculo plano v. convexiusculo nudo; bracteis involucri paucis (4-6) v. rarius ∞ (*Schœtzellia*), sub-2-seriatis. (*America utraque trop. et extratrop.*[8])

106. Carphochæte A. GRAY[9]. — Flores[10] (*Eupatorii*) 1-morphi; corollæ[11] tubulosæ limbo parum dilatato, 5-fido. Antheræ apice appendiculatæ[12], basi obtusæ. Styli cæteraque *Eupatorii*. Fructus elongati, 10-costati, pubescentes v. hirti; pappi setis ∞, inæqualibus,

1. In *Hook. Lond. Journ.*, V, 461 (*Liatridis* sect.). — B. H., *Gen.*, II, 244, n. 63.
2. An *Symphyopappi* sectio, pappo insignis?
3. Spec. 1. *L. brasiliense*. — *Liatris brasiliensis* GARDN. — BAK., in *Mart. Fl. bras.*, VI, p. II, 272. — WALP., *Rep.*, VI, 705.
4. *Icon.*, IV, 32, t. 354-356. — CASS., in *Dict. sc. nat.*, XXVI, 227. — POIR., *Dict.*, Suppl., V, 247. — LESS., *Syn.*, 135. — DC., *Prodr.*, V, 115. — ENDL., *Gen.*, n. 2264. — B. H., *Gen.*, II, 242, t. 56. — *Nothites* CASS., in *Dict. sc. nat.*, XXXV, 163. — DC., *Prodr.*, V, 186.
5. Albi, rosei v. purpurascentes, involucro multo longiores.
6. Sæpe aromatici.
7. SCH. BIP., in *Flora* (1850), 419. — B. H., *Gen.*, II, 242, n. 55.

8. Spec. ad 75. JACQ., *Hort. schœnbr.*, t. 300 (*Ageratum*); *Fragm.*, t. 127, 128. — H. B. K., *Nov. gen. et spec.*, IV, t. 351-353. — SCHLCHTL, *Hort. hal.*, t. 8. — REICHB., *Ic. exot.*, t. 183, 190, 197. — A. GRAY, *Emor. Rep.*, *Bot.*, 73. — PHIL., *Fl. atacam.*, 29; in *Linnæa*, XXXIII, 128. — BAK., in *Mart. Fl. bras.*, VI, p. II, 201, t. 55-58. — REMY, in *C. Gay Fl. chil.*, III, 478. — GRISEB., *Symb. Fl. argent.*, 166. — *Bot. Mag.*, t. 1849, 1861, 2040, 3792, 3856. — *Bot. Reg.*, t. 93; (1838), t. 59. — WALP., *Rep.*, II, 546; VI, 107, 704; *Ann.*, I, 395; II, 814; V, 153.
9. *Pl. Fendler.*, 65; *Pl. Wright.*, I, 89. — B. H., *Gen.*, II, 247, n. 71.
10. Albi v. rosei.
11. Pro serie longæ.
12. « Appendice nunc duplici. »

compressis rigidis, superne barbellato-aristatis. — Herbæ v. suffrutices; foliis oppositis sessilibus angustis integrisque; capitulis[1] stipitatis, laxe cymosis; receptaculo parvo nudo; involucri bracteis ∞,
inæqualibus, pauciseriatim imbricatis; exterioribus gradatim minoribus. (*Mexicum*[2].)

107. **Carminatia** SESS. et Moç.[3] — Flores (fere *Carphochætis*)
polygami; corollæ tubulosæ limbo angusto, breviter 5-fido. Antheræ
appendiculatæ (in floribus fœmineis steriles). Styli rami acutiusculi
glabri. Fructus 5-angulati glabri; pappi setis ∞, longe plumosis,
1-seriatis. — Herba erecta; foliis oppositis, petiolatis, subintegris v.
dentatis; capitulis[4] in cymas sub-1-paras dispositis, sessilibus v. breviter stipitatis; receptaculo subplano nudo; involucri bracteis inæqualibus pauciseriatis rigidulis acutis[5]. (*Mexicum*[6].)

108. **Kuhnia** L.[7] — Flores[8] 1-morphi; corollæ limbo plus minus
dilatato, breviter v. anguste 5-fido, valvato. Antheræ apice appendiculatæ, basi obtusæ. Styli rami obtusi v. plus minus clavati. Fructus glabri v. sæpius hirtellii, 10-costati; pappi setis ∞, barbellatis, scabris
v. plus minus longe plumosis. — Herbæ perennes, nunc basi frutescentes; caule sæpe simplici; radice sæpe tuberoso; foliis alternis,
sæpius angustis, integris, raro dentatis, nunc amplexicaulibus, 1-5-
nerviis; capitulis in cymas racemiformes v. corymbiformes dispositis;
receptaculo plano v. convexiusculo, nudo v. rarius inter flores anguste
paleaceo; involucri oblongi, ovoidei, hemisphærici v. subcampanulati
bracteis ∞, inæqualibus, nunc striatis, herbaceis v. scariosis; exterioribus gradatim minoribus[9]. (*America bor.*[10])

1. Pro serie magnis.
2. Spec. 3. WALP., *Ann.*, II, 814; V, 161.
3. Ex DC., *Prodr.*, VII, 267. — DELESS., *Ic.
sel.*, IV, t. 98. — ENDL., *Gen.*, n. 2268[1]. —
B. H., *Gen.*, II, 243, n. 60.
4. Pro serie majusculis.
5. Genus *Carphochæti*, haud obstante pappi
indole, quam proximum.
6. Spec. 1. *C. tenuiflora* DC.
7. *Gen.*, n. 237. — DC., *Prodr.*, V, 126 (part.).
— RAFIN., *Mon. gen. Kuhnia* (1836). — ENDL.,
Gen., n. 2268. — B. H., *Gen.*, II, 248, n. 72.
8. Albi, rosei, purpurei v. raro « lutescentes ».
9. Generis sectiones, nostro sensu, sunt :
Carphephorus CASS., in *Bull. Soc. philom.*
(1816), 198; in *Dict. sc. nat.*, VII, 149. — LESS.,
Syn., 158. — DC., *Prodr.*, V, 132. — ENDL.,
Gen., n. 2271. — B. H., *Gen.*, II, 249, n. 75 :
pappi setis scabris v. barbellatis; receptaculo

paleaceo; foliis alternis; bracteis involucri
estriatis pluriseriatis.
   Liatris SCHREB., *Gen.*, 542 (nec DON). —
GÆRTN., *Fruct.*, II, t. 167. — DC., *Prodr.*, V,
128. — ENDL., *Gen.*, n. 2270. — B. H., *Gen.*, II,
248, n. 73. — *Psilosanthus* NECK., *Elem.*, I, 69.
— *Calostema* DON, in *Sweet Brit. fl. Gard.*,
ser. 2, sub n. 184 : pappi setis subnudis, barbellatis v. plumosis; capitulis in spicas falsas,
nunc cymigeras, centrifuge florentes, dispositis;
foliis alternis; bracteis involucri pluriseriatis
estriatis.
   Trilisa CASS., in *Bull. Soc. philom.* (1818);
in *Dict. sc. nat.*, LV, 310. — DC., *Prodr.*, V,
131 (part.). — B. H., *Gen.*, II, 248, n. 74: pappi
setis barbellatis; capitulorum cymis corymbiformibus; involucri bracteis estriatis, 2-3-se-
riatis.
10. Spec. ad 25. VENT., *Jard. Cels*, t. 79 (*Eu-*

109. Adenostyles CASS[1]. — Flores[2] (*Eupatorii*) 1-morphi; corollæ tubo tenui; limbo anguste campanulato, 5-fido, valvato. Antheræ appendiculatæ[3]. Styli rami longe clavati, apice obtusi. Fructus 10-costati; pappi setis ∞, pauciseriatis scabridis. — Herbæ perennes, , glabræ v. tomentosæ; foliis alternis v. basilaribus, petiolatis; limbo sæpius lato, nunc basi pedatinervio, inæqui-dentato; petiolo basi stipuliformi-dilatato; capitulis paucifloris in cymas amplas compositas corymbiformes dispositis; receptaculo subplano nudo; involucri subcampanulati v. cylindrici bracteis parvis subæqualibus, v. exterioribus paucissimis brevissimis[4]. (*Europa med. et austr., America bor.*[5])

V. ASTEREÆ.

110. Aster T. — Flores (sæpius 2-chromi) 2-morphi; radii hermaphroditi, fertiles v. nunc steriles, rarius 0; corolla ligulata; disci autem hermaphroditi, fertilesque omnes, v. interiores nunc omnesve steriles. Styli rami florum hermaphroditorum plus minus complanati, apice appendicibus papillosis v. nunc barbatis lanceolatis v. 3-angularibus subulatisveaucti. Fructus apice obtusi v. rostrati, teretes v. plus minus compressi, nudi v. parce costati; pappisetis ∞, plus minus elongatis, 2-∞ - seriatis v. rarius 1-seriatis, aut æqualibus tenuibusque omnibus, nunc raro brevissimis, aut inæqualibus; exterioribus coronam parvam formantibus, plus minus complanatis; interioribusve fructu longioribus rigidis paucis v. ∞.— Herbæ annuæ v. sæpius perennes, glabræ v. varie indutæ; foliis plerumque alternis, integris, crenatis, dentatis v. incisis, basi nunc rosulatis; capitulis raro solitariis pedunculatis; sæpius

patorium), 91 (*Kuhnia*). — TORR. et GR., *Fl. bor.-amer.*, II, 67, 76 (*Liatris*), 78. — TORR., *Fl. N.York*, t. 47; *Marey Exped. Rep., Bot.*, t. 8 (*Liatris*). — HOOK., *Fl. bor.-amer.*, t. 105. — A. GRAY, *Man.* (ed. 1856), 184; in *Proc. Amer. Acad.*, V, 159 (*Carphephorus*). — CHAPM., *Fl. S. Un. St.*, 190 (*Carphephorus, Liatris*), 193.— BERTOL., *Misc. bot.*, V, t. 1-3 (*Liatris*).—SWEET, *Brit. fl. Gard.*, t. 44, 49, 87, 184 (*Liatris*). — ANDR., *Bot. Repos.*, t. 401 (*Serratula*), 633 (*Liatris*). — *Bot. Reg.*, t. 267, 590, 595, 948, 1654 (*Liatris*). — *Bot. Mag.*, t. 1411, 1709, 3829 (*Liatris*). — WALP., *Rep.*, II. 548, 549, 949 (*Liatris*), 551 (*Carphephorus*); VI, 107 (*Carphephorus*); *Ann.*, I, 936; II, 815 (*Liatris*).

1. CASS., in *Dict. sc. nat.*, I, Suppl., 59. — DC., *Prodr.*, V, 203. — ENDL., *Gen.*, n. 2283.

—.B. H., *Gen.*, II, 247, n. 69. — *Cacalia* T., *Inst.*, 451 (nec *alior*.). — GÆRTN., *Fruct.*, t. 266, fig. 2.

2. Albi v. purpurascentes.

3. Filamentis 1-adelphis dictis in *Adenostylio* REICHB. (*Ic. Fl. germ.*, XVI, 2, t. 895), *Adenostylidis*, ut videtur, forma abnormi.

4. Genus ab *Eupatorio* adspectu, foliis et costis 10 fructus diversum, a nonnullis cum *Tussilagineis* nonnihil affinibus adsociatum, *Senecionideas* enim cum *Eupatorieis* connectens.

5. Spec. 3, 4, quarum europeæ 2. JACQ., *Fl. austr.*, III, t. 234, 235 (*Cacalia*). — REICHB., *Ic. Fl. germ.*, XVI, t. 893, 894. — LGE, *Pl. nov. hisp.*, t. 24. — WILLK. et LGE, *Prodr. Fl. hisp.*, II, 27. — BOISS., *Fl. or.*, III, 155. — GREN. et GODR., *Fl. de Fr.*, II, 86.

in cymas varie dispositis ; receptaculo plus minus foveolato et sæpe circa flores in fimbrillas inæquales et inæquilaceras producto ; involucri bracteis ∞ , 2-∞ -seriatis ; angustis v. nunc foliaceis, apice margineque nunc scariosis v. herbaceo-appendiculatis. (*Orbis totius reg. calid. et temp.*) — *Vid. p. 32.*

111. Calotis R. Br.[1] — Flores[2] fere *Asteris ;* radii fœminei fertiles, 1-seriati ; disci hermaphroditi plerumque steriles. Fructus radii compressi ; pappi setis paucis (1, 2, v. 3-8), post anthesin accretis, plus minus rigidis spiniformibus ; intermixtis nunc paucis paleaceo-squamiformibus ; disci autem steriles ; pappo brevi v. 0. — Herbæ annuæ v. sæpius perennes, ramosæ v. cespitosæ ; foliis basilaribus v. alternis, integris, dentatis, crenatis v. pinnati-dissectis ; capitulis pedunculatis ; fructiferis globosis ; receptaculo epaleaceo, plano v. convexo ; involucri late campanulati v. subhemisphærici bracteis pauciseriatis, margine siccis v. scariosis[3]. (*Australia*[4].)

112. Minuria DC.[5] — Flores[6] fere *Asteris :* radii fœminei fertiles pluriseriati ; disci autem hermaphroditi steriles. Fructus radii compressi subenervii ; pappi setis scabris v. barbellatis ; disci autem steriles ; pappi setis barbellatis v. plumosis, basi paleaceo-dilatatis ; paleis nunc brevibus intermixtis, v. in cupulam brevem scarioso-membranaceam connatis. — Herbæ v. suffrutices, glabri, pubescentes v. lanati ; foliis alternis, integris v. lobatis ; capitulis stipitatis solitariis v. corymbiformi-cymosis ; receptaculo plano nudo ; involucro, corolla cæterisque *Calotidis*[7]. (*Australia*[8].)

113. Monoptylon Torr. et A. Gray[9]. — Flores[10] *Asteris*, 2-morphi. Fructus compressiusculus ; pappi coroniformis lobis 2, plus minus alte connatis margineque denticulatis ; seta interiori 1, subulata plumosa. — Herba nana ramosa pubescens ; foliis alternis angustis integris ; capitulis (*Asteris*[11]) terminalibus solitariis. (*Amer. bor. occ.*[12])

---

1. In *Bot. Reg.*, t. 504. — B. H., *Gen.*, II, 267, n. 124. — *Goniopogon* Turcz., in *Bull. Mosc.* (1851), I, 173, t. 2.—*Huenefeldia* Walp., in *Linnœa*, XIV, 307. — *Cheiroloma* F. Muell., in *Linnœa*, XXV, 401.
2. Radii albi v. cœrulescentes.
3. Sectiones (B. H.) 4 : 1. *Eucalotis*; 2. *Acantharia*; 3. *Cymbaria*; 4. *Cheiroloma*.
4. Spec. 15. F. Muell., *Pl. Vict.*, t. 36. — A. Gray, in *Proc. Amer. Acad.*, V, 121. — Benth., *Fl. austral.*, III, 500.
5. *Prodr.*, V, 298. — Endl., *Gen.*, n. 2338.— B. H., *Gen.*, II, 267, n. 123. — *Therogeron*

DC., *Prodr.*, V, 283. — *Elachothamnus* DC., *Prodr.*, V, 398. — *Kippistia* F. Muell., *Babb. Exped. Rep.*, 12.
6. Radii sæpius albi.
7. Cui plantæ forte congeneres ?
8. Spec. 5. F. Muell., *Pl. Vict.*, t. 34 (*Elachothamnus*), 35 (*Kippistia*). — Sond., in *Linnœa*, XXV, 467. — Benth., *Fl. austral.*, III, 497.
9. In *Bost. Journ. Nat. Hist.*, V, 106, t. 13. — B. H., *Gen.*, II, 267, n. 125.
10. Radii albi demumque lilacini.
11. Cujus potius sectio (?)
12. Spec. 1. *M. bellidiforme* Torr. et A. Gray.

114. Eremiastrum A. Gray.[1] — Flores[2] (*Asteris*) 2-morphi; radii fœminei, 1-seriati; disci autem hermaphroditi fertiles. Fructus longe obovati compressi; pappi setis inæqualibus; interioribus 8-10, longioribus; exterioribus autem gradatim brevioribus tenuibus, nunc basi plus *minus connatis. Cætera *Asteris*[3].—Herba annua, hispido-setosa; foliis alternis linearibus integris; capitulis terminalibus inter folia v. in dichotomiis sessilibus; receptaculo leviter convexo nudo; involucri[4] subcampanulati bracteis inæqualibus; extimis subfoliaceis. (*California*[5].)

115. Chætopappa DC[6]. — Flores[7] (fere *Asteris*) 2-morphi; radii fœminei fertiles, 1-seriati; disci autem hermaphroditi, sæpe ex parte steriles. Styli rami complanati, obtuse appendiculati. Fructus subteretes, 5-costati; pappi fertilium setis ad 5, rigidis aristiformibus scabris; alternatis sæpe paleis paucis parvis membranaceo- hyalinis laceris; sterilium autem pappo parvo v. subnullo setisque plerumque destituto. — Herba annua gracilis valde ramosa; foliis (parvis) alternis integris; capitulis (parvis) longe graciliterque stipitatis; receptaculo parvo nudo; involucri subcampanulati bracteis paucis acutatis inæqualibus imbricatis[8]. (*America bor.*[9])

116. Gymnostephium Less[10]. —Flores (fere *Asteris*[11]) 2-morphi; radii fertiles fœminei, 1-seriati; disci autem hermaphroditi steriles. Styli florum hermaphroditorum rami angusti, lanceolato-appendiculati. Fructus radii compressi calloso-marginati, faciebus tuberculati, epapposi; disci autem compressi (effœti); pappi setis parvis barbellatis v. breviter plumosis caducissimis. — Suffruticuli; foliis alternis angustis integris, sæpe amplexicaulibus; capitulis longe pedunculatis terminalibus, solitariis v. cymosis; receptaculo plus minus alte conico foveolato; involucri hemisphærici v. subcampanulati bracteis inæqualibus, imbricatis, pauciseriatis. (*Africa austr.*[12])

1. In *Mem. Amer. Acad.*, ser. 2, V, 320. — B. H., *Gen.*, II, 270, n. 133.
2. Radii albi.
3. Cujus potius sectio (?).
4. Potius *Erigerontis*.
5. Spec. 1. *E. bellidifolium* A. Gray. — Walp., *Ann.*, V, 186.
6. *Prodr.*, V, 301 (nec Ag.). — Endl., *Gen.*, n. 2342. — B. H., *Gen.*, II, 268, n. 128. — *Chætanthophora* Nutt. (mss., ex DC., nec *alior.*). — *Diplostelma* Rafin., ex Torr. et Gr., *Fl. N.-Amer.*, II, 187.
7. Ligulati albi v. purpurei.

8. An melius *Asteris* sectio? Affinitas cum *Keerlia* manifesta.
9. Spec. 1. *C. asteroides* DC.
10. *Syn.*, 185. — Nees, *Aster.*, 253. — DC., *Prodr.*, V, 300. — Endl., *Gen.*, n. 2340. — B. H., *Gen.*, II, 266, n. 120. — *Heteractis* DC., *Prodr.*, VI, 468. — Deless., *Ic. sel.*, IV, t. 63. — Endl., *Gen.*, n. 2826.
11. Cujus forte sectio (?). « Genus forte nimis artificiale » (DC.)
12. Turcz., in *Bull. Mosc.* (1851), p. II, 60 (*Agathæa*). — Harv. et Sond., *Fl. cap.*, III, 66. — Walp., *Ann.*, V, 172 (*Agathæa*).

117. Detris ADANS [1]. — Flores [2] (fere *Asteris* [3]) 2-morphi; radii fœminei fertiles v. nunc steriles ; disci autem hermaphroditi fertiles v. ex parte steriles. Fructus compressi; margine nerviformi; faciebus haud v. tenuiter paucicostatis ; pappi setis tenuibus, scabrellis v. prominule barbellatis, 1-seriatis, v. rarius 2-seriatis; exterioribus brevissimis, plerumque caducis. — Herbæ v. fruticuli; foliis alternis, integris dentatisve; capitulis plerumque solitariis, longiuscule sæpius pedunculatis; receptaculo subplano, nudo v. foveolato; involucri bracteis inæqualibus imbricatis, margine plus minus late scariosis. (*Africa austr., Abyssinia* [4]).

118. Mairia NEES [5]. — Flores fere *Asteris;* radii fœminei fertiles sub-1-seriati; disci autem hermaphroditi fertiles v. steriles. Corollæ radii ligulatæ, apice subintegræ [6], nunc raro, ut in floribus disci, luteæ (*Homochroma* [7]). Styli rami angusti compressi, subulato-appendiculati. Fructus compressus; nervis in faciebus 1 (v. 0); pappi setis plerumque rigidulis, 1-seriatis, v. paucis exterioribus brevioribus, prominule barbellatis v. plumosis. — Herbæ v. suffrutices; foliis alternis v. basilaribus rosulatis; capitulis pedunculatis solitariis v. corymbiformi-cymosis; receptaculo plano v. subplano nudo; involucri bracteis pauciseriatis inæqualibus, margine scariosis, v. exterioribus brevibus foliaceisve [8]. (*Africa austr.* [9])

119. Charieis CASS. [10]—Flores 2-morphi; radii [11] fœminei, 1-seriati; disci [12] autem hermaphroditi fertiles, v. interiores nunc steriles. Styli rami compressi, nunc cuneati, apice sæpius obtusiusculi. Fructus

1. *Fam. des pl.*, II, 131. — *Felicia* CASS., in *Dict. sc. nat.*, XVI, 314. — DC., *Prodr.*, V, 219. — ENDL., *Gen.*, n. 2297. — *Agathea* CASS., in *Bull. Soc. philom.* (1815), 175; in *Dict.*, I, Suppl., 77, t. 89. — DC., *Prodr.*, V, 223. — *Detridium* NEES, *Aster.*, 255. — *Munychia* CASS., in *Dict.*, XXXVII, 483. — ENDL., *Gen.*, n. 2298.— *Polyarrhena* CASS., *op. cit.*, LVI, 172. — *Asterosperma* LESS., *Syn.*, 389. — DC., *Prodr.*, VII, 299. — *Elphegea* LESS., *Syn.*, 182.
2. Radii albi v. cærulei.
3. Cujus forte sectio (?).
4. Spec. 40-45. JACQ., *Hort. schœnbr.*, III, t. 370 (*Aster*). — VENT., *Jard. Malmais.*, t. 82 (*Aster*). — TURP., in *Dict. sc. nat.*, Atl., t. 89 (*Agathea*). — JAUB. et SPACH, *Ill. pl. or.*, t. 354. — HARV., *Thes. cap.*, t. 154 (*Aster*). — HARV. et SOND., *Fl. cap.*, III, 69 (*Aster*, part.). — *Bot. Mag.*, t. 33, 884, 2286, 2718 (*Aster*), 249 (*Cineraria*). — WALP., *Ann.*, II, 820; VI, 172 (*Felicia*).

5. *Aster.*, 247 (1818). — DC., *Prodr.*, V, 217 (part.). — ENDL., *Gen.*, n. 2296. — B. H., *Gen.*, II, 266, n. 122. — *Zyrphelis* CASS., in *Ann. sc. nat.*, sér. 1, XVII, 420; in *Dict. sc. nat.*, LX 597.
6. Albæ v. roseæ.
7. DC., *Prodr.*, V, 324. — ENDL., *Gen.*, n. 2371. — B. H., *Gen.*, II, 258, n. 97.
8. An potius *Asteris* sectio (?).
9. Spec. ad 10. HARV. et SOND., *Fl. cap.*, III, 64. — *Bot. Reg.*, t. 855 (*Gerberia*).
10. In *Bull. Soc. philom.* (1817), 68; (1821), 12; in *Dict. sc. nat.*, VIII, 191; XXIV, 369; XXXVII, 463, 489. — LESS., *Syn.*, 389. — NEES, *Aster.*, 268. — DC., *Prodr.*, V, 300. — ENDL., *Gen.*, n. 2341. — B. H., *Gen.*, II, 266, n. 121. — *Kaulfussia* NEES, *Hor. phys. berol.*, 53, t. 11 (nec BL.).
11. Cærulei.
12. Cærulescentes v. lutei.

oblongo-obovoidei, crasse marginati[1], plus minus compressi; pappi setis in radio 0; in disco longe barbellatis v. plumosis. — Herba annua, plus minus hirsuta; foliis alternis integris; capitulis longe stipitatis; receptaculo subplano nudo; bracteis involucri[2] subcampanulati sæpius 1-seriatis, vix demum inter se contiguis, herbaceis. (*Africa austr.*[3])

120. **Amellus** L[4]. — Flores fere *Asteris*, 2-morphi, fertiles omnes; radii[5] fœminei, v. nunc 0; disci autem hermaphroditi. Styli rami in floribus disci angusti planiusculi, lanceolato- v. lineari-appendiculati. Fructus compressi enervii, margine incrassati v. sulcati; pappi paleis paucis brevibus inæqualibus barbellato-subplumosis. — Herbæ[6] perennes; foliis alternis; inferioribus sæpe oppositis; capitulis solitariis; receptaculo plus minus alte convexo; floribus singulis ad paleam longam caducam axillaribus; involucri subhemisphærici v. subcampanulati bracteis inæqualibus, ∞-seriatis; interioribus cum paleis conformibus. (*Africa austr.*[7])

121. **Shawia** FORST.[8] — Flores fere *Asteris*, 2-morphi, fertiles; radii[9] fœminei, v. rarius 0; disci[10] autem hermaphroditi. Styli rami compressi, breviter v. lanceolato-appendiculati, nunc obtusi. Fructus teretes v. compressiusculi, 5-10-costati; pappi setis tenuibus ∞; exterioribus sæpe plus minus brevioribus, nunc paulo latioribus. — Herbæ, suffrutices v. frutices, nunc arborescentes, varie pilosi v. lepidoti; foliis alternis v. raro oppositis, nunc confertis, 1-nerviis v. penninerviis,

1. *Cucurbitacearum* semen nunc referentes.
2. Fere *Senecionis*.
3. Spec. 1. *C. pilosella.* — *C. heterophylla* CASS. — HARV. et SOND., *Fl. cap.*, III, 69. — *C. cærulea* NEES. — *C. Neesii* CASS. — *Kaulfussia amelloides* NEES. — *Bot. Reg.*, t. 490. — *Bot. Mag.*, t. 2177. — *Leyssera pilosella* THUNB., *Fl. cap.*, 691 (part.).
4. *Gen.*, n. 978. — CASS., in *Dict.*, VIII, 577; XVI, 210; XXXVII, 463, 489. — DC., *Prodr.*, V, 213. — ENDL., *Gen.*, n. 2292. — B. H., *Gen.*, II, 265, n. 119. — *Kraussia* SCH. BIP., in *Flora* (1844), 672. — *Hœnelia* WALP., *Rep.*, II, 974.
5. Cærulei.
6. Nunc valde aromaticæ.
7. Spec. 7, 8. JACQ., *Collect.*, V, t. 10, fig. 1. — LAMK, *Ill.*, t. 682, fig. 1. — KZE, *Pug.*, I, 9 (*Agathæa*). — HARV. et SOND., *Fl. cap.*, III, 61. — *Bot. Reg.*, t. 586.
8. *Char. gen.*, 95, t. 48 (1776). — CASS., in *Dict. sc. nat.*, XXXIV, 40. — LESS., *Syn.*, 156.

— DC., *Prodr.*, V, 78. — ENDL., *Gen.*, n. 2221 — SCH. BIP., in *Pollichia* (1861), 172. — *Olearia* MŒNCH, *Meth.*, Suppl. (1802), 254. — NEES, *Aster.*, 184. — DC., *Prodr.*, V, 271. — ENDL., *Gen.*, n. 2318. — B. H., *Gen.*, II, 276, n. 142. — *Eurybia* CASS., in *Bull. Soc. philom.* (1818), 166; in *Dict. sc. nat.*, XVI, 486. — DC., *Prodr.*, V, 265. — ENDL., *Gen.*, n. 2317. — *Haxlonia* CAL., ex DON, in *Edinb. N. Phil. Journ.* (1831), 272. — *Spongotrichum* NEES, *Aster.*, 176. — *Steetzia* SOND., in *Linnæa*, XXV, 450. — *Steiractis* DC., *Prodr.*, V, 345.
9. Albi v. cærulescentes.
10. Corolla flava, cærulescente purpureave; lobis 5, sæpe revolutis. *Oleariæ* (cujus flores in capitulis paucissimi, pauci v. crebri) nomen nullo jure *Shawiæ* anteponendum censemus, *S.* licet *paniculatæ* FORST. capitula sint plerumque 1-flora raroque pauciflora. Familiæ cæterum genera multa quoad florum in capitulis numerum eodem modo variant.

integris v. dentatis; capitulis solitariis v. sæpius in cymas corymbiformes v. composito-racemosas dispositis, 1-∞ - floris; receptaculo
plano v. convexo, nunc foveolato v. inter flores decidue paleaceo; involucri bracteis inæqualibus, imbricatis, ∞ -seriatis, siccis v. margine
scariosis [1]. (*Australia, Nova Zelandia, America extratrop. occ. et
antarctica* [2].)

122? Hinterhubera SCH. BIP. [3]— Flores fertiles omnes, 2-morphi [4];
radii fœminei; disci hermaphroditi; corollis disci regularibus v. sub-
irregularibus, 5-fidis; radii autem inæquali-3-5-fidis longioribus [5].
Styli rami angusti subulato-appendiculati; in floribus disci latiores
compressi obtusi. Fructus leviter compressi v. in disco 4-5-angulati;
pappi setis ∞ , inæqualibus tenuibus, tenuiter barbellatis. — Frutices
ericoidei; foliis alternis v. suboppositis, confertis, integris linearibus;
capitulis terminalibus solitariis; receptaculo convexiusculo alveolato;
involucri late subcampanulati bracteis imbricatis elongatis nonnihil
inæqualibus [6]. (*Venezuela et Colombia andina.* [7])

123? Sommerfeltia LESS [8]. — Flores *Asteris*, « radii fœminei,
1-seriati; disci hermaphroditi fertiles v. ex parte steriles ; hermaphroditorum styli ramis lineari-compressis, longiuscule lineari-lanceolato-
appendiculatis. Fructus valde compressi villosi, ecostati, nerviformi-
marginati; pappi persistentis setis ∝ , tenuibus scabridis, sub-2-seriatis.
— Fruticulus basi cæspitosa dense foliatus; foliis [9] alternis confertis
subulatis rigidulis pinnatisectis subpungentibus; capitulis in summo

---

1. Sectio generis est *Chiliotrichium* CASS., in
Bull. Soc.philom. (1817), 69 ; in *Dict.*, VIII, 576;
XXXVII, 463, 489. — DC., *Prodr.*, V, 216. —
ENDL., *Gen.*, n. 2294. — B. H., *Gen.*, II, 276,
n. 141. — *Tropidolepis* TAUSCH, in *Flora* (1829),
68 : receptaculo decidue paleaceo; cæteris
Eushawiæ. (Amer. bor. extratrop.)
2. Spec. ad 70 (descr. ad 90). LABILL., *Pl. N.-*
Holl., II, t. 191, 195-203 (*Aster*). — RAOUL, *Ch.*
de pl. N.-Zél., 18, t. 13. — HOMBR. et JACQUIN.,
in *D'Urv. Voy. pôle Sud*,t. 28 (*Chilotrichium*).
— HOOK., *Icon.*, t. 485 (*Chiliotrichium*), 862
(*Olearia*). — WEDD., *Chlor. and.*, I, t. 35 (*Chi-*
liotrichium). — F. MUELL., *Pl. Vict.*, t. 32,
33 (*Eurybia*); *Veget. Chat. Isl.*, 19 (*Eurybia*);
Fragm., I, 16, 50, 111, 202, 248; II, 88, 110;
III, 18 (*Eurybia*).— HOOK. F., *Fl. N.-Zel.*, t. 30;
Fl. tasm., t. 42-45 (*Eurybia*); *Handb. N.-Zeal.*
Fl., 123, 731 (*Olearia*).— BENTH., *Fl. austral.*,
III, 464 (*Olearia*). — REMY, in *C. Gay Fl. chil.*,

IV, 5 (*Chiliotrichum*). — *Bot. Mag.*, t. 1509,
1563 (*Aster*), 4638 (*Olearia*). — WALP., *Rep.*,
VI , 702; *Ann.*, I, 404; V, 171 (*Chiliotri-*
chium).
3. EX WEDD., *Chlor. andin.*, I, 185, t. 39 B.
(nec SCH. BIP., in *Kotsch. exs. nub.*). — B. H.,
Gen., II, 275, n. 139. — *Schœtzellia* SCH. BIP.,
in *Ott. et Dietr. Allg. Gartenz.*, XVII, 192 (nec
in *Flora*, XXXIII, 419).
4. Homochromi (?).
5. Corolla fere *Scabiosarum* et *Dipsacearum*
aliarum quarumdam.
6. Planta *Diplostephii* forte forma monstrosa
est (WEDD.). Flores sæpe in capitulis anomali,
nunc 2-corollati.
7. Spec. 3. WEDD., *loc. cit.*
8. *Syn.*, 189 (nec SCHUM.). — DC., *Prodr.*, V,
302. — ENDL., *Gen.*, n. 2374. — B. H., *Gen.*, II,
275, n. 138.
9. « Cinereis. »

pedunculo paucifoliato solitariis ; receptaculo plano, leviter foveolato ; involucri latiusculi bracteis imbricatis, pauciseriatis et acutissimis ; exterioribus gradatim brevioribus[1]. » (*Brasilia mer. extratrop.* [2])

124. Celmisia CASS[3]. — Flores (fere *Asteris*) fertiles plerumque omnes, 2-morphi; radii fœminei; disci autem hermaphroditi ; corollis radii[4] ligulatis patentibus; disci[5] autem tubulosis; limbo vix v. plus minus campanulato, 5-fido, valvato. Antheræ basi muticæ v. plus minus sagittato-acuminatæ. Styli rami compressi, elongato- v. lanceo-lato-appendiculati. Fructus longiusculi compressiusculi, utrinque 1-3-nervii; pappi setis∞, inæqualibus tenuibus scabrellis. — Herbæ perennes, varie (nunc dense) sericeo-argenteæ; foliis in caudice ramoso (nunc brevissimo) alternis confertis, elongatis integris; capi-tulis[6] sessilibus v. sæpius in summo pedunculo scapiformi paucifoliato v. aphyllo anguste bracteato terminalibus; receptaculo plano v. plus minus convexo foveolato ; involucri subhemisphærici v. obconici lateve campanulati bracteis angustis pluriseriatis; extimis brevioribus; inti-mis autem nunc appendiculatis v. subcoloratis[7]. (*N.-Zelandia, ins. Auckland et Campbell*[8].)

125. Pleurophyllum HOOK. F.[9] — Flores fertiles, 2-morphi; radii fœminei, 1-2-seriati v. 0; disci autem hermaphroditi; corollis radii ligulatis patentibus; disci regularibus, basi anguste tubulosis; limbi campanulati lobis 5, valvatis. Antheræ basi obtusæ v. breviter auricu-latæ. Styli florum disci rami complanati, longiuscule appendiculati. Fructus compressiusculi, ∞ -nervii; pappi setis ∞ , tenuibus barbella-tis; exterioribus brevioribus. — Herbæ elatæ perennes, dense sericeo-argenteæ; foliis basilaribus amplis petiolatis integris, ∞ -nerviis ; sca-porum minoribus v. angustis bracteiformibus, alternis; capitulis[10] in racemum (spurium [11]) simplicem laxe dispositis, stipitatis; receptaculo

---

1. Planta, e descriptione, vix ab *Astere*, nisi habitu, differre videtur.

2. Spec. 1. *S. spinulosa* LESS. — *Conyza spi-nulosa* SPRENG., *Syst.*, III, 510.

3. In *Dict. sc. nat.*, XXXVII, 259 (nec VII). — DC., *Prodr.*, V, 209. — ENDL., *Gen.*, n. 2289. — B. H., *Gen.*, II, 278, n. 147.

4. Albi, lilacini v. violacei.

5. Lutei v. purpurascentes.

6. Plerumque magnis speciosisque.

7. « Genus *Asteri* et præsertim *Erigerontis* sect. *Oritrophio* valde affine » (B. H.), imprimis differt habitu et inflorescentiis magnis.

8. Spec. 20-25. GAUDICH., in *Freycin. Voy.*, *Bot.*, 470, t. 91. — RAOUL, *Ch. pl. N.-Zél.*, t. 14. — HOOK. F., *Fl. antarct.*, t. 26; *Fl. N.-Zel.*, t. 31-34; *Handb. N.-Zeal. Fl.*, 130; *Fl. tasm.*, I, 181. — LINDS., *Contrib. N.-Zeal. Bot.*, t. 3. — F. MUELL., *Fragm. Phyt. Austral.*, V, 84 (*Aster*). — BENTH., *Fl. austral.*, III, 488.

9. *Fl. antarct.*, I, 90, t. 22, 24. — B. H., *Gen.*, II, 278, n. 146. — *Albinea* HOMBR. et JACQUIN., in *Voy. pôle Sud, Bot.*, t. 4.

10. Amplis.

11. Inflorescentia est jure cymosa; axi valde elongata.

subplano foveolato; involucri subhemisphærici v. late campanulati bracteis ∞ , inæqualibus, ∞ -seriatis ; exterioribus brevioribus [1]. (*Ins. Auckland et Campbell.* [2])

126. Diplostephium CASS. [3]— Flores 4 fertiles omnes (fere *Asteris*), 2-morphi; radii fœminei v. 0 ; disci autem hermaphroditi; styli florum hermaphroditorum ramis complanatis obtusis, basi attenuatis. Fructus radii compressi; disci autem angustiores, 3-5-angulati; pappi setis ∞ , scabridis v. barbellatis; exterioribus nunc brevioribus. — Frutices ; foliis alternis, nunc confertis, integris, margine revolutis v. latioribus dentatis, coriaceis, subtus plerumque tomentosis ; capitulis in summis ramulis corymbiformi- cymosis v. in racemum compositum foliatumque dispositis, rarius solitariis; receptaculo plano v. convexiusculo foveolato ; involucri obconici v. subcampanulati bracteis inæqualibus imbricatis ; exterioribus minoribus. (*America austr. andina.* [5])

127. Commidendron BURCH. [6] — Flores (fere *Asteris*) fertiles omnes, 2-morphi ; radii ligulati, 1-2-seriati; disci autem hermaphroditi regulares. Antheræ basi integræ obtusæque, superne membranaceo-appendiculatæ. Styli florum hermaphroditorum rami anguste appendiculati. Fructus vix v. leviter compressi; costis v. nervis 3-5 (*Melanodendron* [7]), v. 8-10 ; pappi setis ∞ , tenuibus, 1-2-seriatis, integris v. scabris inæqualibus. — Arbores v. frutices (gummiferi) ; foliis alternis, obovato- lanceolatis oblongisve, subintegris v. superne dentatis, nunc et in summis ramulis confertis ; capitulis axillaribus, solitariis v. cymosis paucis, v. terminalibus et in cymas corymbiformes dispositis; involucri subcampanulati bracteis ∞ , pluriseriatis, acutis, imbricatis; exterioribus minoribus; receptaculo plano v. subplano nudo v. leviter foveolato. (*Ins. S. Helenæ* [8].)

---

1. Genus *Celmisiæ* affine, adspectu et foliis imprimis diversum.
2. Spec. 2. WALP., *Rep.*, VI, 181; *Ann.*, V, 237.
3. In *Dict.*, XXXVII, 486 (part.). — H. B. K., *Nov. gen. et spec.*, IV, 96, t. 335. — DC., *Prodr.*, V, 273 (sect. *Amphistephium*). — ENDL., *Gen.*, n. 2319. — B. H., *Gen.*, II, 275, n. 140. — *Tetramolopium* NEES, *Aster.*, 203 (part.). — DC., *Prodr.*, V, 262. — *Simblocline* DC., *loc. cit.*, 297. — *Linochilus* BENTH., *Pl. Hartweg.*, 197.

4. « Albi v. cærulei. »
5. Spec. 16-18, H. B. K., *loc. cit.*, t. 334 (*Aster*). — WEDD., *Chlor. andin.*, I, 199, t. 36. — WALP., *Rep.*, VI, 312 (*Linochilus*).
6. DC., in *Guillem. Arch. bot.*, II, 334 (1833); *Prodr.*, V, 344.— ENDL., *Gen.*, n. 2378. — B. H., *Gen.*, II, 277, n. 144.
7. DC., *Prodr.*, V, 279 (1836). — ENDL., *Gen.*, n. 2325. — B. H., *Gen.*, II, 278, n. 145.
8. Spec. 2. HOOK. F., *Icon.*, t. 1045 (*Melanodendron*), 1056, 1057.

128. Erigeron L.[1] — Flores 2-morphi; radii[2] fœminei fertiles, 2-∞-seriati; corolla ligulata angusta v. angustissima, nunc irregulari-tubulosa; disci[3] autem fertiles v. nunc steriles regulares; corolla tubulosa, breviter 4-5-loba. Styli rami florum hermaphroditorum complanati, plus minus longe 3-angulari- v. lanceolato-appendiculati. Fructus compressi, margine nunc nerviformes, faciebus enervii v. 1-2-nérvii; pappi setis ∞, paucis v. crebris, aut 1-seriatis, aut rarius 2-seriatis; exterioribus brevioribus v. in coronam brevem fimbriatam connatis; cæteris tenuissimis. — Herbæ annuæ v. perennes, nunc frutescentes; indumento vario; foliis alternis v. basi rosulatis, integris, dentatis, incisis v. rarius dissectis; capitulis[4] solitariis v. in cymas corymbiformes compositeve racemosas dispositis; receptaculo plano v. convexiusculo, nunc foveolato v. parce paleaceo; involucri bracteis 2-∞-seriatis, angustis inæqualibus imbricatis, nunc brevibus[5]. (*Orbis utriusque reg. tempicæ v. raro frigid. subtropicæ et trop.*[6])

1. *Gen.*, n. 951. — Less., *Syn.*, 190. — DC., *Prodr.*, V, 283; VII, 274. — Endl., *Gen.*, n. 2332. — B. H., *Gen.*, II, 279, n. 151. — *Phalacroloma* Cass., in *Dict. sc. nat.*, XXXIX, 404. — DC., *Prodr.*, V, 297. — *Stenactis* Cass., *loc. cit.*, L, 483. — Nees, *Aster.*, 273.— *Polyactis* Cass.—Less., *Syn.*, 188. — *Polyactidium* DC., *Prodr.*, V, 281. — Endl., *Gen.*, n. 2329. — *Leptostelma* Don, in *Sweet Brit. fl. Gard.*, ser. 2, t. 38. — *Trimorphœa* Cass., in *Bull. Soc. philom.* (1817); in *Dict.*, XXXVII, 462, 482; LV, 348. — *Heterochœta* DC., *Prodr.*, V, 282. — Endl., *Gen.*, n. 2330. — *Woodvillea* DC., *Prodr.*, V, 318. — *Terranea* Colla, in *Mem. Acad. sc. torin.*, XXXVIII, 11, t. 23. — *Gusmania* Remy, in *C. Gay Fl. chil.*, IV, 12 (nec R. et Pav.). — *Astradelphus* Remy, in *Ann. sc. nat.*, sér. 3, XII, 185.

2. Albi, rosei v. violacei.

3. Plerumque flavi.

4. Magnis, medicoribus v. parvis.

5. Generis sectiones, nostro sensu, sunt : *Vittadinia* A. Rich., *Fl. N.-Zel.*, 250. — DC., *Prodr.*, V, 280. — Endl., *Gen.*, n. 2327.— B. H., *Gen.*, II, 281, 1233, n. 152. — *Microgyne* Less., *Syn.*, 190 (nec Cass.). — DC., *Prodr.*, V, 296. — *Eurybiopsis* DC., *Prodr.*, V, 260 : bracteis involucri angustis, valde imbricatis; appendicibus styli subulatis; fructus majoris costis 1-∞, v. 0; pappi setis copiosioribus. *Tetramolopium* Nees, *Aster.*, 202 (part.). — A. Gray, in *Proc. Amer. Acad.*, V, 119.—B. H., *Gen.*, II, 282, n. 153 : caule fruticoso v. suffruticoso; stylo *Vittadiniæ*; fructu pappoque *Eurigerontis*. (*Ins. Sandwicens.*) *Brachyactis* Ledeb., *Fl. ross.*, II, 495. — B. H., *Gen.*, II, 279, n. 150 : bracteis involucri angustis, 2-3-seriatis ; exterioribus herbaceis;

ligulis minimis; caule herbaceo foliato. (*Asia et Amer. bor. temp.*) *Lachnophyllum* Bge, *Rel. Lehman.*, 151. — B. H., *Gen.*, II, 279, n. 149 : involucri bracteis angustis, ∞-seriatis ; interioribus margine scariosis ; fructu subrostrato; caule herbaceo copiose lanato. (*Asia media et occid.*) *Nidorella* Cass., in *Dict.*, XXXVII, 469. — DC., *Prodr.*, V, 321. — Endl., *Gen.*, n. 2370. — B. H., *Gen.*, II,283, n. 155 : caule fruticoso v. suffruticoso; bracteis involucri sub-2-seriatis; floribus radii fœmineis, 2-∞-seriatis ; corolla ligulata v. sub-2-labiata ; floribus autem hermaphroditis plerisque fertilibus. (*Africa trop. et austr.*) *Conyza* L., *Gen.*, n. 950 (part.). — Less., *Syn.*, 203. — DC., *Prodr.*, V, 377; VII, 283. — B. H., *Gen.*, II, 283, 1233, n. 156. — H. Bn, in *Bull. Soc. Linn. Par.*, XXX. — *Eschenbachia* Moench, *Meth.*, 573. — *Fimbrillaria* Cass., in *Dict.*, XVII, 54.— *Dimorphanthus* Cass., *loc. cit.*, XIII, 254. — *Laennecia* Cass., *loc. cit.*, XXI, 91. — DC., *Prodr.*, V, 376. — *Webbia* Sch. bip., in *Walp. Rep.*, II, 970 (nec DC.) : caule herbaceo, suffrutescente v. fruticoso; bracteis involucri 2-∞-seriatis; floribus radii fœmineis, 2-∞-seriatis; disci autem hermaphroditis plerisque fertilibus; fructu parvo compresso; pappi setis tenuibus, 1-2-seriatis (*Orb. utriusque. reg. calid.*). Flores *C. chrysocomoidis* 1-morphi in planta culta ligulati nunc evadunt (Desvx). Genus ab *Astere* (et a *Pluchea?*) vix ac ne vix, ut videtur, characterib. certis distinguendum. ? *Achœtogeron* A. Gr., *Pl. Fendl.*, 72. — B. H., *Gen.*, II, 1232, n. 110 a : planta mexicana, nobis ignota, e charactere videtur *Erigerontis* sectio anomala; pappo coroniformi inæquali-5-6-dentato.

6. Spec. ad 70. Jacq., *Hort. vindob.*, III, t. 19, 79; *Hort. schœnbr.*, III, t. 303. — H. B. K., *Nov.*

129. Bellis T. [1] — Flores[2] fertiles v. ex parte steriles, 2-morphi; radii fœminei, 1- v. sub-2-seriati rariusve ∞ -seriati; corolla ligulata[3], patente integra v. minute 2-4-dentata, nunc abbreviata; disci autem hermaphroditi; corolla regulari tubulosa[4]; limbo tubuloso v. plus minus late campanulato, plus minus elongato, 4, 5-dentato. Styli florum hermaphroditorum rami complanati, anguste lanceolato- v. 3-angulari-appendiculati. Fructus compressi (raro 4-goni), nervo plerumque marginati v. subulati; faciebus enerviis v. 1-nerviis; pappo 0 v. e corona setulosa parva, rariusve e setis tenuibus inæqualibus, intermixtis totidem v. paucis paleaceis, sæpe brevioribus, hyalinis truncatis, constante. — Herbæ, nunc subacaules v. plus minus erectæ ramosæque, nunc autem cespitosæ; foliis alternis v. basi rosulatis, integris, sinuatis, dentatis v. pinnatisectis dissectisve; capitulis solitariis stipitatis v. in cymas laxas corymbiformes dispositis; receptaculo plus minus convexo v. conico nudo; involucri hemisphærici, subhemisphærici v. rarius late campanulati bracteis 1-2-seriatis, æqualibus v. parum inæqualibus, herbaceis v. margine siccis scariosisve [5].

gen. et spec., IV, t. 326-328 (*Conyza*), 332 (*Aster*). — REICHB., *Ic. exot.*, t. 69, 134, 167 (*Conyza*); *Ic. Fl. germ.*, t. 912 (*Stenactis*), 914-917. — DELESS., *Ic. sel.*, IV, t. 22 (*Conyza*). — HOOK., *Fl. bor.-amer.*, t. 120-123.—LABILL., *Pl. N.-Holl.*, t. 193. — HOOK. F., *Fl. tasm.*, t. 46.—TORR. et GRAY, *Fl. N.-Amer.*, II, 166. — A. GRAY, *Man.* (ed. 1856), 197; in *Proc. Amer. Acad.*, VI, 540; VII, 353, 355 (*Conyza*); in *Emor. Rep.*, *Bot.*, 78. — TORR., in *Whipple Exp.*, *Bot.*, 42. — EAT., in *Forth. parall.*, *Bot.*, 147, t. 17. — WEDD., *Chlor. andin.*, I, 189, t. 33 B, C, 34. — BENTH., in *Hook. Icon.*, t. 1106 (*Brachyactis*), 1107 (*Lachnophyllum*); *Fl. austral.*, III, 490 (*Vittadinia*), 493; 496 (*Conyza*). — BOISS., *Diagn. or.*, ser. 2, III, 7; 17 (*Lachnophyllum*); *Fl. or.*, III, 162. — PHIL., *Fl. atacam.*, 29; in *Linnæa*, XXVIII, 722, 734 (*Conyza*); XXXIII, 123, 141 (*Conyza*). — REMY, in *C. Gay Fl. chil.*, IV, 69 (*Conyza*).— CHAPM., *Fl. S. Unit. St.*, 206.— FR. et SAV., *Enum. pl. jap.*, I, 227; 229 (*Conyza*). — HARV. et SOND., *Fl. cap.*, III, 86; 111 (*Conyza*). — OLIV. et HIERN, *Fl. trop. afr.*, III, 307; 311 (*Conyza*). — KLATT, in *Ann. sc. nat.*, sér. 5, XVIII, 366 (*Conyza*). — GRISEB., *Fl. brit. W.-Ind.*, 364. — GRISEB., *Symb. Fl. arg.*, 174, 178 (*Conyza*). — WILLK. et LGE, *Prodr. Fl. hisp.*, II, 32; 34 (*Conyza*). — GREN. et GODR., *Fl. de Fr.*, II, 96. — *Bot. Reg.*, t. 10, 1577. — *Bot. Mag.*, t. 2402, 2923. — WALP., *Rep.*, II, 579, 958, 971 (*Conyza*); VI, 122; 132 (*Laennecia*), 133(*Conyza*); *Ann.*, II, 406, 834 *Conyza*); V, 181; 195 (*Laennecia*), 196 (*Conyza*).

1. *Inst.*, 490, t. 280; *Cor.*, 37. — L., *Gen.*,

n. 962. — DC., *Prodr.*, V, 304. — ENDL., *Gen.*, n. 2348. — B. H., *Gen.*, II, 265, n. 117. —*Kyrberia* NECK., *Elem.*, I, 42. —*Astrantium* NUTT., in *Trans. Amer. Phil. Soc.*, ser. 2, VII, 312. — *Seubertia* WATS., in *Hook. Lond. Journ.*, III, 602.

2. De quorum histogenia cfr. LANESSAN, in *Bull. Soc. Linn. Par.*, 92.

3. Alba, rosea, cærulea, violacea, purpurascente, v. raro (?) flavida.

4. Lutea v. raro purpurascente.

5. Generis, nostro sensu, sectiones sunt : *Bellium* L., *Mantiss.*, 157. — DC., *Prodr.*, V, 303. — ENDL., *Gen.*, n. 2347. — B. H., *Gen.*, II, 265, n. 118. —? *Belliopsis* POM., *Mat. Fl. atl.*, 7: involucri bracteis sub-2-seriatis herbaceis; pappi setis inæqualibus, cum paleis paucis v. totidem hyalinis alternantibus; cæteris *Eubellidis*. (*Reg. mediterranea*.)

Lagenophora CASS., in *Bull. Soc. philom.* (1818), 34; in *Dict.*, XXV, 109. — LESS., *Syn.*, 193. — DC., *Prodr.*, V, 307. — ENDL., *Gen.*, n. 2351. — B. H., *Gen.*, II, 263, n. 113. — *Ixauchenus* CASS., in *Dict.*, LVI, 176. — *Microcalia* A. RICH., *Fl. N.-Zel.*, 230, t. 30. — *Solenogyne* CASS., in *Dict.*, LVI, 174.—*Emphysopus* HOOK. F., in *Hook. Lond. Journ.*, VI, 113 : foliis et inflorescentia *Eubellidis*; involucri latiusculi bracteis subæqualibus, 1-2-seriatis; fructu ad apicem angustato. v. rostrato, epapposo. (*Asiael australis, Australasia et America antarctica*.)

Brachycome CASS., in *Dict. sc. nat.*, V, Suppl. 63; XXXVI, 491. — DC., *Prodr.*, V, 305. —

(*Europa, Africa austr., bor. et ins. occid., Australia, N.-Zelandia, America bor.*[1])

130? Erodiophyllum F. MUELL.[2] — « Flores 2-morphi, fertiles omnes; radii[3] fœminei; disci autem numerosi hermaphroditi steriles; corolla tubulosa, exterioresque fertiles fœminei; corolla abortiva. Styli rami in floribus ecorollatis capillares; in floribus hermaphroditis magis clavati. Fructus oblongi papillulosi; pappo 0. — Frutex (?) hispidus; foliis confertis, pinnatilobis; laciniis lobulatis; capitulis (majusculis) terminalibus solitariis pedunculatis; receptaculo convexo; involucri bracteis paucis (ad 8), 1-seriatis, lanceolatis, basi concretis[4]. » (*Australia centr.* [5])

131. Keerlia A. GRAY[6]. — Flores 2-morphi; radii fœminei fertiles; corolla ligulata subintegra patente; disci autem hermaphroditi, steriles v. fertiles; corollæ tubulosæ limbo leviter ampliato, 5-fido, valvato. Styli floris hermaphroditi rami complanati, obtuse v. anguste lanceolato-appendiculati. Fructus plus minus compressi, nunc nervoso-mar-

---

ENDL., *Gen.*, n. 2349. — B. H., *Gen.*, II, 264, n. 116. — *Brachyscome* CASS., in *Bull. Soc. philom.* (1816), 199. — *Paquerina* CASS., in *Dict.*, XXXVII, 492. — *Brachystephium* LESS., *Syn.*, 388. — *Steiroglossa* DC., *Prodr.*, VI, 38. — *Silphiosperma* STEETZ, in *Pl. Preiss.*, I, 433 : involucri lati bracteis sub-2-seriatis, margine scariosis v. siccis; fructibus disci fertilibus; pappo 0, v. ex annulo brevi pilorum constante; caule herbaceo subaphyllo; foliis rosulatis, v. nunc erecto ramoso; foliis alternis; capitulis solitariis v. corymbiformi-cymosis. (*Africa trop., Australia, N.-Zelandia.*)

Steirodiscus LESS., *Syn.*, 251. — DC., *Prodr.*, VI, 74. — ENDL., *Gen.*, n. 2675. — B. H., *Gen.*, II, 264, n. 115 : caule annuo ramoso; foliis pinnatisectis; involucro *Brachycomis*; fructibus epapposis; disci sterilibus; capitulis in summis ramulis laxe cymosis paucis. (*Africa austr.*)

Garuleum CASS., in *Dict.*, XVIII, 162. — DC., *Prodr.*, V, 309. — ENDL., *Gen.*, n. 2354. — B. H., *Gen.*, II, 263, n. 114 : caule parce ramoso herbaceo; foliis pinnatilobis v. dissectis; capitulis solitariis v. laxe cymosis; involucri lati bracteis pauciseriatis; fructibus cpapposis; disci sterilibus. (*Africa austr.*)

1. Spec. ad 60. Viv., *Fl. ital. Fragm.*, t. 10 (*Bellium*). — MOR., *Fl. sard.*, t. 79 (*Bellium*). — DESF., *Fl. atl.*, II, t. 235, f. 1 (*Doronicum*). — SWEET, *Brit. fl. Gard.*, scr. 2, t. 175, 278 (*Bellium*). — TEN., *Fl. nap.*, t. 194. — REICHB., *Ic. Fl. germ.*, t. 918, 919. — JACQ., *Ic. rar.*,

I, t. 179 (*Osteospermum*). — LHÉR., *St. nov.*, t. 6 (*Osteospermum*). — SAUND., *Refug.*, t. 252 (*Bellium*). — LABILL., *N.-Holl.*, II, t. 204-207. — HOOK. F., *Fl. tasman.*, I, t. 49 (*Brachycome, Lagenophora*); *Handb. N.-Zeal. Fl.*, 136 (*Lagenophora*), 137 (*Brachycome*); *Fl. antarct.*, t. 108 (*Lagenophora*). — HOOK., *Exot. Fl.*, III, t. 215 (*Brachycome*). — HARV. et SOND., *Fl. cap.*, III, 92 (*Garuleum*), 159 (*Steirodiscus*). — BENTH., *Fl. austral.*, III, 506 (*Lagenophora*). — A. GRAY, in *Proc. Amer. Acad.*, V, 121; VII, 172 (*Lagenophora*). — PŒPP. et ENDL., *Nov. gen. et spec.*, I, t. 26 (*Lagenophora*). — WEDD., *Chl. andin.*, I, 186, t. 32 (*Lagenophora*). — BOISS., *Voy. Esp.* t. 91; *Fl. or.*, III, 173. — A. GRAY, *Man.* (1856), 200. — REMY, in *C. Gay Fl. chil.*, IV, 30 (*Lagenophora*). — LGE, *Pl. nov. hisp.*, t. 26. — WILLK. et LGE, *Prodr. Fl. hisp.*, II, 30; 32 (*Bellium*). — GREN. et GODR., *Fl. de Fr.*, II, 104 (*Bellium*), 105. — BONN., in *Bull. Soc. bot. Fr.*, XXV, 206. — *Bot. Reg.*, t. 1025 (*Pyrethrum*); (1841), t. 9 (*Brachycome*). — *Bot. Mag.*, t. 2174, 2511, 6015. — WALP., *Rep.*, VI, 125, 718 (*Bellium ?*); *Ann.*, II, 827; V, 186.

2. *Fragm. phyt. Austral.*, IX, 119. — B. H., *Gen.*, II, 1232, n. 115 a.

3. Albi, longi.

4. Genus (nobis ignotum), ex auctore, *Garuleo* et *Steirodisco* proximum.

5. Spec. 1. *E. Elderi* F. MUELL.

6. *Pl. Lindheim.*, II, 221 ; *Pl. Wright.*, I, 92 (nec DC.). — B. H., *Gen.*, II, 262, n. 110.

ginati; faciebus aut lævibus, aut nervoso-striatis; pappo parvo coroniformi v. 0. — Herbæ annuæ, glabræ v. pilosæ; ramis nunc gracillimis; foliis alternis, nunc sessilibus; capitulis[1] terminalibus solitariis pedunculatis v. axillaribus cymosis et filiformi-stipitatis[2]. (*Mexicum*[3].)

132? Aphanostephus DC.[4] — Flores fere *Bellidis*, 2-morphi fertiles; radii fœminei, 1-2-seriati; corollæ[5] ligulatæ tubo post anthesin nunc incrassato; limbo angusto integro patente; disci autem hermaphroditi; corolla tubulosa; limbi ampliati dentibus 5, valvatis. Styli rami complanati, breviter obtuseque appendiculati. Fructus subteretes v. obtuse angulati, ∞-costati glabri; pappi coroniformis v. brevissimi (nunc 0) dentibus minutis. — Herbæ, sæpius perennes, ramosæ puberulæ; foliis canescenti-puberulis; capitulis terminalibus solitariis; receptaculo plus minus convexo nudoque; involucri subhemisphærici bracteis pauciseriatis inæqualibus, apice marginibusque scariosis; exterioribus brevioribus. (*Mexicum*[6].)

133. Rhynchospermum REINW.[7] — Flores fertiles 2-morphi; radii irregulares fœminei, 2-3-seriati; corolla[8] late ligulata v. nunc inæquali-fissa; disci autem hermaphroditi; corolla[9] campanulata, 4-5-fida. Styli florum hermaphroditorum rami complanati, breviter obtuseque appendiculati. Fructus compressi, margine nerviformes, faciebus enervii apiceque contracti in rostrum plus minus elongatum pappoque setis paucis barbellatis caducis (v. 0) coronatum. — Herba ramosa, puberula v. glabra; foliis alternis, breviter petiolatis, lanceolatis integris; capitulis (parvis) in axillis foliorum rami supremorum, nunc bracteiformium, pedunculatis v. subsessilibus indeque in racemum terminalem foliatum dispositis. (*India mont.*, *Java*, *Japonia*[10].)

134. Grangea ADANS.[11] — Flores omnes fertiles, 2-morphi; radii

1. Parvis.

2. De generis affinitate cum *Chætopappo* vide supra, p. 137, not. 8.

3. Spec. 2. WALP., *Ann.*, II, 828; V, 188.

4. *Prodr.*, V, 310. — ENDL., *Gen.*, n. 2356. — B. H., *Gen.*, II, 262, n. 109. — *Keerlia* DC., *Prodr.*, V, 309 (part., nec A. GRAY). — *Leucopsidium* DC., *Prodr.*, VI, 43.

5. « Albæ. »

6. Spec. 3. DELESS., *Ic. sel.*, IV, t. 18 (*Keerlia*). — HOOK., *Icon.*, t. 240 (*Keerlia*). — TORR., in *Marcy Exp.*, *Bot.*, t. 8. — WALP., *Rep.*, II, 635.

7. In *Bl. Bijdr.*, 902 (nec A. DC.). — B. H.,

Gen., II, 263, n. 112. — *Leptocoma* LESS., in *Linnæa*, VI, 130; *Syn.*, 188. — DC., *Prodr.*, V, 280, 296. — ENDL., *Gen.*, n. 2326. — *Zollingeria* SCH. BIP., in *Flora* (1854), 273.

8. Alba, minuta.

9. Flava.

10. Spec. 1. *R. verticillatum* REINW.— *Leptocoma racemosa* LESS. et NEES. — *Lavenia rigida* WALL., *Cat.*, n. 325 (ex DC.).

11. *Fam. des pl.*, II, 121. — CASS., in *Dict.*, XIX, 304. — LESS., *Syn.*, 201. — DC., *Prodr.*, V, 373.—ENDL., *Gen.*, n. 2397.—B. H., *Gen.*, II, 261, n. 106. —*Pyrarda* CASS., *loc. cit.*, XLI, 120.

fœminei, 1-∞ -seriati; corolla[1] gracili filiformi et stylo breviore, aut (in exterioribus) apice 2-fida, aut (in interioribus) 2-4-fida et discum haud excedente; disci autem hermaphroditi regulares; corollæ[2] tubo tenui; limbo plus minus dilatato, 4-5-fido, valvato. Styli florum hermaphroditorum rami complanati v. subcuneati, obtusi v. breviter 3-angulari-appendiculati. Fructus compressiusculi; pappo e cupula brevi, basi cartilaginea v. paleacea, v. e pilis setisve brevibus caducissimisque constante. — Herbæ annuæ v. perennes, erectæ v. prostratæ, sæpius villosæ; foliis alternis, sinuatis, dentatis, incisis, pinnatifidis, sinuato- v. lyrato-pinnatisectis; lobis sæpe latiusculis; capitulis[3] subglobosis, terminalibus, lateralibus v. oppositifoliis, sessilibus v. stipitatis; receptacalo convexo, rarius subgloboso v. plus minus alte conico, nudo v. parce paleaceo; involucri subcampanulati v. rarius anguste tubulosi ovoideive bracteis pauciseriatis, subæqualibus, v. exterioribus foliaceis[4]. (*Asia, Africaet America trop. et subtrop.*[5])

1. Alba.
2. Flavæ, violaceæ v. raro purpureæ.
3. Parvis v. mediocribus.
4. Genus *Anthemideas* cum *Asteroideis* arcte connectens (B. H.). Hujus, nostro sensu, sectiones (nunc vix limitatæ) sunt:
Ceruana FORSK., *Fl. æg.-arab.*, 153. — DC., *Prodr.*, V, 488. — LESS., *Syn.*, 202. — ENDL., *Gen.*, n. 2444. — B. H., *Gen.*, II, 261, n. 107: receptaculo subplano, inter flores parce paleaceo; pappo annulari subcartilagineo setoso-dentato; caule herbaceo rigido; bracteis involucri exterioribus nunc foliaceis. (*Africa trop.*)
Cyathocline CASS., in *Dict.*, LX, 595. — DC., *Prodr.*, V, 374. — ENDL., *Gen.*, n. 2398. — B. H., *Gen.*, II, 261, n. 105: fructu oblongo immarginato erostri; caule herbaceo sæpius annuo; foliis pinnatisectis (odoratis); receptaculo elevato, intra marginem subcontracto; disco concaviusculo. (*India or.*)
Dichrocephala DC., in *Guillem. Arch. bot.*, II, 517; *Prodr.*, V, 371. — ENDL., *Gen.*, n. 2396. — B. H., *Gen.*, II, 260, n. 104: fructu compresso erostri, nervo maginato; pappo 0, v. in floribus hermaphroditis nunc 1-2-setoso; receptaculo elevato v. subsphærico, intra marginem contracto; disco subplano; caule herbaceo annuo; foliis dentatis v. lyrato-pinnatifidis. (*Asia et Africa trop.*)
Microtrichia DC., *Prodr.*, V, 366. — ENDL., *Gen.*, n. 2388. — B. H., *Gen.*, II, 260, n. 103: fructu erostri; pappi setis paucis subpaleaceis, caducissimis; caule herbaceo duro; foliis *Eugrangeæ*. (*Africa trop.*)
Myriactis LESS., in *Linnæa*, VI, 127; *Syn.*, 193. — DC., *Prodr.*, V, 308. — ENDL., *Gen.*,

n. 2353. — B. H., *Gen.*, II, 262, n. 111. — *Botryadenia* FISCH. et MEY., *Ind. sem. H. petrop.*, II, 30: floribus radii ligulatis, 2-∞-seriatis, minutis; fructu erostri v. brevissime rostrato, epapposo; caule annuo; foliis grosse dentatis; capitulis terminalibus laxe cymosis v. subracemosis; involucri bracteis angustis pauciseriatis; receptaculo convexo, intra marginem subcontracto, nudo. (*Asia et Africa trop.*)
Egletes CASS., in *Bull. Soc. philom.* (1817), 153; in *Dict.*, XIV, 265. — LESS., *Syn.*, 252. — DC., *Prodr.*, VI, 42. — ENDL., *Gen.*, n. 2659. — B. H., *Gen.*, II, 261, n. 108. — *Eyselia* REICHB., *Ic. exot.*, III, 15, t. 242. — *Xerobius* CASS., in *Dict.*, LIX, 127. — *Platystephium* GARDN., in *Hook. Lond. Journ.*, VII, 80: florum fœmineorum corolla ligulata; fructu pappo brevi annulari v. coroniformi superato; caule herbaceo v. prostrato (*Eugrangeæ*); capitulis solitariis v. cymosis paucis; involucri bracteis pauciseriatis; exterioribus herbaceis. (*America trop.*)
5. Spec. ad 20. JACQ., *Hort. vindob.*, t. 88 (*Tanacetum*). — WIGHT, *Icon.*, t. 1091 (*Myriactis*), 1095, 1096 (*Dichrocephala*), 1097; 1098, 1150 (*Cyathocline*). — DEL., *Fl. egypt.*, t. 48, fig. 2 (*Buphthalmum*). — REG., *Sert. petrop.*, t. 23 (*Myriactis*). — BOISS., *Fl. or.*, III, 175 (*Myriactis, Dichrocephala*), 176, 177 (*Ceruana*). — FR. et SAV., *En. pl. jap.*, I, 229 (*Dichrocephala*). — HARV. et SOND., *Fl. cap.*, III, 114 (*Dichrocephala*). — MIQ., *Fl. ind.-bat.*, II, 33 (*Myriactis*), 36 (*Dichrocephala*), 37. — OLIV. et HIERN, *Fl. trop. Afr.*, III, 302 (*Microtrichia, Dichrocephala*), 304 (*Ceruana*). — WALP., *Rep.*, II, 635 (*Egletes*); VI, 719 (*Myriactis*); *Ann.*, I, 409 (*Cyathocline*), II, 834; V, 195 (*Dichrocephala*).

135. Læstadia K.[1] — Flores[2] omnes fertiles, 2-morphi; radii fœminei, sub-2-seriati; disci autem hermaphroditi; corollis omnium regularibus v. subregularibus, subcampanulatis; lobis 4, 5, valvatis, recurvis; disci subconformibus tenuioribus. Styli florum hermaphroditorum rami compressi, angusti v. 3-angulari-appendiculati. Fructus radii · compressiusculi, 5-10-costati glabri; disci autem tenuiores, sæpius abortivi, omnes epapposi. — Suffrutices v. herbæ, prostrati v. cæspitosi; foliis alternis v. suboppositis, sæpe ericoideis (parvis), integris confertis; capitulis solitariis in pedunculo nudo terminalibus; receptaculo plano v. convexo nudo; involucri subhemisphærici bracteis inæqualibus v. subæqualibus angustis, margine siccis, sub-2-seriatis. (*America austr. andina*[3].)

136. Chrysocoma L.[4] — Flores omnes fertiles, 1-morphi v. rarius (*Nolletia*[5]) 2-morphi; radii fœminei; corolla[6] gracili, stylo breviore v. subæquali- 2-3-fida v. dentata, sæpius 0; disci autem hermaphroditi; corolla tubulosa regulari; limbo 5-fido, valvato. Styli (nunc raro indivisi) rami complanati, lanceolato-v. 3-angulari- appendiculati. Fructus compressi, nervo-marginati, faciebus enervii v. rarius 1-nervii; pappi setis ∞ , 1-3-seriatis, inæqualibus, scabridis v. ciliolatis. — Herbæ v. sæpius fruticuli; foliis alternis, linearibus, subulatis v. pinnatifidis; capitulis solitariis v. corymbiformi-cymosis; inflorescentia nunc foliata; receptaculo plano v. convexiusculo, nudo v. parce foveolato; involucri sæpius hemisphærici bracteis pauciseriatis inæqualibus, margine sæpius scariosis; exterioribus minoribus[7]. (*Africa austr., ins. Canar., Reg. mediterranea*[8].)

137. Adelostigma STEETZ.[9]—Flores[10] 2-morphi; radii fœminei fertiles, ∞-seriati; disci autem hermaphroditi pauci (steriles?). Corollæ

1. In *Less. Syn.*, 203. — B. H., *Gen.*, II, 260, n. 102. — *Læstadia* DC., *Prodr.*, V, 374. — ENDL., *Gen.*, n. 2399.
2. « Violacei. »
3. Spec. 4. WEDD., *Chl. andin.*, I, 183, t. 32. — WALP., *Rep.*, VI, 152.
4. *Gen.*, n. 939. — CASS., in *Dict.*, XXXVII, 77. — LESS., *Syn.*, 195. — DC., *Prodr.*, V, 353. — ENDL., *Gen.*, n. 2385. — B. H., *Gen.*, II, 286, n. 162.
5. CASS., *loc. cit.*, XXXVII, 479. — LESS., *Syn.*, 187. — DC., *Prodr.*, V, 366. — ENDL., *Gen.*, n. 2389. — B. H., *Gen.*, II, 285, n. 161. — *Leptothamnus* DC., *Prodr.*, V, 367.— ENDL., *Gen.*, n. 2391.

6. Ut in disco, flava.
7. Generis sectio nobis est *Heteromma* BENTH., *Gen.*, II, 286, n. 163. — *Heteropsis* (*Chrysocomœ* sect.) HARV., *Fl. cap.*, III, 95, nec K.), species *Nolletiam* cum *Nidorella* connectens; foliis decurrentibus; bracteis involucri pauciseriatis angustis imbricatis; interioribus ad apicem membranaceis; pappo 2-3-seriali.
8. Spec. ad 12. DESF., *Fl. atlant.*, t. 232 (*Conyza*). — HARV. et SOND., *Fl. cap.*, III, 93, 111 (*Leptothamnus*). — *Bot. Mag.*, t. 1972.
9. In *Pet. Mossamb., Bot.*, 428. — B. H., *Gen.*, II, 285, n. 159. — *Cancellaria* SCH. BIP., in herb. Mus. par.
10. « Rosei. »

florum radii filiformes, minute 3-4-dentatæ, stylo multo breviores; florum disci tenues elongato-tubulosæ; limbo parum ampliato, brevissime 5-fido. Antheræ basi breviter auriculatæ ecaudatæ. Stylus florum hermaphroditorum brevissime 2-lobus v. indivisus. Fructus oblongi subteretes vix costati villosuli; pappi setis basi breviter connatis v. incrassatis, annulatim deciduis, 1-seriatis. — Herbæ annuæ rigidulæ; caule anguloso v. anguste alato nudove; foliis alternis linearibus, remote breviterque pectinato-pinnatifidis, nunc integris, sessilibus v. anguste decurrentibus; capitulis[1] terminalibus, foliis floralibus cinctis; receptaculo convexiusculo foveolato; involucri late campanulati bracteis ∞, dissimilibus, ∞-seriatis; intimis angustis hyalinis; extimis autem foliaceis, longe lineari-foveolatis. (*Africa trop.*[2])

138. Haastia Hook. f.[3]—Flores fertiles, 2-morphi; radii fœminei, ∞-seriati; corolla filiformi stylo exserto multo breviore, minute dentata; disci autem pauci hermaphroditi fertiles; corolla tubulosa, superne vix ampliata, 5-fida. Styli florum hermaphroditorum rami longi angustique, dorso papillosi, breviter v. longiuscule subtereti-obtusiuscule appendiculati. Fructus angusti subteretes glabri, obscure 4-5-costati; pappi setis tenuibus, versus apicem plerumque incrassatis, 1-seriatis. — Herbæ perennes humiles cæspitoso- v. pulvinato-ramosæ contractæve, dense lanatæ v. villosæ; ramis dite foliosis; foliis confertis, alternis, integris, obtusis, crassis mollibusque; capitulis solitariis sessilibus terminalibus; receptaculo subplano nudo; involucri subcampanulati bracteis imbricatis dissimilibus; intimis angustis, apice glabris membranaceis; extimis autem brevibus diteque extus villosis[4]. (*Nova-Zelandia*[5].)

139. Thespis DC.[6] — Flores[7] fertiles, 2-morphi; radii fœminei pluriseriati, apetali v. corolla rudimentaria donati; disci autem regulares hermaphroditi v. masculi; corollæ limbo anguste campanulato; lobis 4, valvatis. Styli florum hermaphroditorum rami breves complanati, dorso papillosi, apice acutiusculi v. obtusiusculi. Fructus disci

---

1. Majusculis.
2. Spec. 2. Benth., in *Hook. Icon.*, t. 1144. — Oliv. et Hiern, *Fl. trop. Afr.*, III, 320 (folia in specie mozambicensi nunc integra).
3. *Handb. N.-Zeal. Fl.*, 155, in *Hook. Icon.*, t. 1003; *Gen.*, II, 284, n. 157.
4. Genus adspectu *Gnaphaliearum* easque cum

Astereis arcte connectens, *Nidorellis* quoque, ut videtur, valde affine.
5. Spec. 3.
6. In *Guillem. Arch. bot.*, II, 517; *Prodr.*, V, 375. — Deless., *Ic. sel.*, IV, t. 20. — Endl., *Gen.*, n. 2401. — B. H., *Gen.*, II, 285, n. 160.
7. Flavi.

effœti; radii oblongi obscure costati; pappi setis in radio paucis (10-12) brevibus, basi plus minus dilatatis, 1-seriatis; in disco paucioribus (nunc 1, 2), inæqualibus. — Herba annua, glabra, ramosa; foliis alternis, serrato-dentatis; capitulis[1] in cymas contractas radiantes dispositis; cymis sub-2-chotomis, extus foliatis; receptaculo convexiusculo nudo; bracteis involucri sub-2-seriatis inæqualibus; exterioribus magis herbaceis. (*India or.*[2])

140. **Psiadia** Jacq.[3] — Flores 2-morphi; radii fœminei fertiles, 1-∞-seriati (nunc 0); corolla[4] sæpius ligulata, nunc stylo breviore v. rarius longiore patenteque; disci autem hermaphroditi pauci v. ∞, steriles v. rarius fertiles; corollæ[5] tubulosæ limbo nonnihil ampliato, 5-fido, valvato. Styli florum hermaphroditorum rami complanati, varie appendiculati; fœmineorum angustiores, nunc inæquales. Fructus subteretes v. sæpius pauciangulati; disci nunc effœti; pappi setis-∞, tenuibus, 1-2-seriatis, minute barbellatis. — Frutices erecti v. nunc scandentes, glabri v. indumento vario, nunc glutinosi; foliis alternis, ovatis v. lanceolatis, integris v. dentatis; capitulis in cymas corymbiformes, nunc contractas, dispositis; bracteis involucri subcampanulati 2-∞-seriatis, inæqualibus; exterioribus acutioribus brevioribus; interioribus majoribus, nunc obtusioribus; receptaculo subplano, nudo v. rarius breviter fimbrilligero[6]. (*Asia et Africa trop. imprim. or. insul.*[7])

1. Minutis v. minimis.
2. Spec. 1. *T. divaricata* DC. — *T. erecta* DC. — *Cotula divaricata* WALL., *Cat.*, n. 3238. — *C. sinapifolia* WALL., *Cat.*, n. 3227 (part.).
3. *Hort. schœnbr.*, II, 13, t. 152. — LESS., *Syn.*, 190. — DC., *Prodr..* V, 318. — ENDL., *Gen.*, n. 2368. — B. H., *Gen.*, II, 284, n. 158. — *Elphegea* CASS., in *Dict.*, XIV, 361. — *Sarcanthemum* CASS., in *Bull. Soc. philom.* (1818), 74; in *Dict.*, XLVII, 349. — LESS., *Syn.*, 191. — ENDL., *Gen.*, n. 2390. — *Thouarsia* VENT., herb. — *Alix* COMMERS. — *Glutinaria* COMMERS., herb. (ex DC.).
4. Albida v. flavescente.
5. Flavæ v. pallide luteæ.
6. Genus vix ac ne vix, nisi habitu, a *Conyzis* nonnullis distinguendum. *Baccharides* americanas quasdam nonnunquam valde refert. Hujus, sensu nostro, sectiones sunt:
Frappiera J. DE CORDEM., in *Adansonia*, X, 21 : foliis mollibus plus minus hirsutis, dentatis v. crenatis; fructibus radii compressis, incrassato-angulatis; disci (abortivis) graciliter cylindricis. (*Africa trop. or. insul.*)
Glycideras CASS., in *Dict.*, LIX, 74. — DC., *Prodr.*, VII, 257. — B. H., *Gen.*, II, 259, n. 101.

— H. BN, in *Bull. Soc. Linn. Par.*, 271. — *Glyphia* CASS., in *Bull. Soc. philom.* (1818); in *Dict.*, XIX, 108. — ENDL., *Gen.*, 503. — *Microglossa* DC., *Prodr.*, V, 320. — B. H., *Gen.*, II, 282, n. 154. — *Frivaldia* ENDL., *Gen.*, n. 2369: ramis laxis v. scandentibus; foliis ovatis v. lanceolatis, glabris v. puberulis; capitulorum cymis nunc amplis corymbiformibus; floribus radii 1-∞-seriatis; ligulis stylo subæqualibus integris. (*Asia et Africa trop.*)
Henricia CASS., in *Bull. Soc. philom.* (1817), 11; (1818), 123; in *Dict.*, XX, 567.—DC., *Prodr.*, V, 268. — NEES, *Aster.*, 219.— ENDL., *Gen.*, n. 2313. — B. H., *Gen.*, II, 277, n. 143. — H. BN, in *Bull. Soc. Linn. Par.*, 271 : caule suffruticoso; foliis ovato-lanceolatis serratis scabridis; capitulis laxe corymbiformi-cymosis; receptaculo breviter fimbrillifero; involucri bracteis pauciseriatis; interioribus majoribus obtusis membranaceis glabris; exterioribus autem crassioribus subherbaceis hirsutis; ligulis integris v. paucidentatis, floribus radii 1-2-seriatis discique fertilibus; fructu compressiusculo angulato. (*Madagascaria.*)
7. Spec. 18-20. LAMK, *Dict.*, II, 91, n. 43 (*Conyza*). — DC., *Prodr.*, V, 323 (*Nidorella*,

141. Baccharis L. [1] — Flores[2] diœci, aut hermaphroditi steriles; corolla regulari tubulosa; limbo anguste campanulato, 5-fido; aut fœminei fertiles; corolla gracili tubulosa styloque breviore. Antheræ basi breviter emarginatæ v. integræ obtusæ. Styli florum hermaphroditorum (nunc indivisi) rami breves angusti, sæpe acutati, dorso hirti v. papillosi. Fructus teretés v. sæpius compressiusculi, aut 10-costati, aut (costis nonnullis secundariis evanidis) 5-8-costati, glabri v. villosi; pappi setis tenuibus, 1-∞-seriatis[3]. — Frutices v. suffrutices; adspectu vario, nunc cæspitosi v. subscandentes, aut glabri glutinosive, aut varie induti; foliis alternis, raro suboppositis v. subverticillatis, sessilibus, petiolatis, v. in caule angulato alatove et in ramis plus minus late decurrentibus, nunc squamiformibus, minimis v. 0, integris v. varie dentatis serratisve; capitulis[4] sessilibus, lateralibus v. ad folia superiora axillaribus, nunc in cymas ramosas v. corymbiformes terminales dispositis, rarius terminalibus solitariis; in speciminibus diversis omnino masculis v. fœmineis; receptaculo plano v. convexiusculo, nudo v. foveolato, nunc inter flores fimbrillifero v. rarius (in planta fœminea) paleaceo (*Heterothalamus*[5]); involucri ovoidei, oblongi, hemisphærici v. nunc subcampanulati, bracteis ∞, imbricatis, 2-∞-seriatis; exterioribus gradatim v. vix minoribus. (*America utraque trop. et extratrop.*[6])

142? Parastrephia NUTT.[7] — « Flores polygamo-submonœci

n. 18), 385, 386 (*Conyza* part.); VII, 279 (*Amphiraphis*). — ARN., *Pug.*, n. 99 (*Conyza*). — JAUB. et SPACH, *Ill. pl. or.*, t. 352, 353. — KURZ, *For. Fl. brit. Burm.*, II. 81 (*Microglossa*). — BOJ., *Hort. maur.*,178. — KLATT, in *Ann. sc. nat.*, sér. 5, XVIII, 365. — STEETZ, in *Pet. Moss.*, *Bot.*, 385. — MIQ., *Fl. ind.-bat.*, II, 34 (*Microglossa*). — BAK., *Fl. maur.*, 170. — OLIV. et HIERN, *Fl. trop. Afr.*, III, 308 (*Microglossa*), 319. — WALP., *Ann.*, V, 192.

1. *Gen.*, n. 949. — DC., *Prodr.*, V, 308. — ENDL., *Gen.*, n. 2410. — B. H., *Gen.*, II, 286, n. 165. — *Sergilus* GÆRTN., *Fruct.*, II, 409, t. 174. — *Molina* R. et PAV., *Prodr. Fl. per.*, III, t. 24 (nec *alior.*). — *Tursenia* CASS., in *Dict.*, XXXVII, 480. — *Pingræa* CASS., *loc. cit.*, XLI, 57. — *Arrhenachne* CASS., *loc. cit.*, LII, 253. — *Stephananthus* LEHM., *Ind. sem. Hort. hamburg.* (1826), 18; in *Nov. Acta nat. Cur.*, XIV, 821. — *Polypappus* LESS., in *Linnæa*, IV, 314; VI, 149. — DC., *Prodr.*, V, 398.

2. Albi, flavescentes v. rubescentes.

3. In specimine masculo paucis, 1-seriatis, inæqualibus, tortuosis v. fragilibus.

4. Mediocribus v. parvis.

5. LESS., in *Linnæa*, V, 145; *Syn.*, 295. — DC., *Prodr.*, V, 216; VII, 271. — ENDL., *Gen.*, n. 2295. — B. H., *Gen.*, II, 287, n. 166: capitulis polygano-diœcis; palea florem axillarem suum plus minus amplectente.

6. Spec. ad 220. JACQ., *Collect.*, III, t. 22 (*Chrysocoma*). — VAHL, *Symb.*, III, t. 74. — H. B. K., *Nov. gen. et spec.*, IV, t. 322-325. — HOOK., *Bot. Misc.*, II, t. 94; *Icon.*, t. 241. — COLL., in *Mem. Accad. torin.*, XXXVIII, t. 25 bis. — AD. BR., in *Duperr. Voy. Coq.*, *Bot.*, t. 61, 62. — HOMBR. et JACQUIN., *Voy. Pôle sud*, *Bot.*, t. 20. — TORR., in *Whippl. Exp.*, *Bot.*, 45; in *Sitgr. Exp.*, *Bot.*, 162. — A. GRAY, *Emor. Exp.*, *Bot.*, 83; in *Proc. Amer. Acad.*, V, 123; *Man.* (ed.1856), 208. — CHAPM., *Fl. S. Unit. St.*, 217. — REMY, in *C. Gay Fl. chil.*, IV, 77. — PHIL., *Fl. atacam.*, 30; in *Linnæa*, XXVIII, 738; XXXIII, 145. — GRISEB., *Fl. brit. W.-Ind.*, 366; *Symb. Fl. argent.*, 180. — WEDD., *Chlor. andin.*, I, 167, t. 28, 29; 178, t. 31 (*Heterothalamus*). — WALP., *Rep.*, II, 558 (*Heterothalamus*), 595; VI, 135; *Ann.*, I, 410; II, 838; V, 197.

7. In *Trans. Amer. Phil. Soc.*, ser. 2, VII, 449. — B. H., *Gen.*, II, 286, n. 164.

(fere *Baccharidis*); corolla hermaphroditorum tubulosa, 5-loba; fœ-mineorum filiformi, 2-dentata. Styli florum hermaphroditorum rami lineares, anguste appendiculati (v. indivisi?). Fructus lineares com-pressi villosi; pappi florum fœmineorum setis ∞, tenuibus, parum inæqualibus, ∞-seriatis; hermaphroditorum duplicis setis exteriori-bus subpaleaceis brevibus; interioribus autem elongatis scabridis v. breviter barbellatis, sub-1-seriatis. — Frutex ericoideus; indumento floccoso, deciduo; foliis alternis crebris crassiusculis obtusis, margi-nibus revoluto- adnatis, sub-3-quetris, extus glabris; capitulis in sum-mis ramulis solitariis v. paucis; involucri oblongi v. subcampanulati bracteis ∞, inæqualibus lineari-oblongis; exterioribus gradatim mino-ribus. » (*Peruvia*[1].)

143. Pteronia L.[2] — Flores[3] hermaphroditi, 1-morphi; corollæ regularis limbo anguste campanulato, 5-lobo, valvato. Antheræ basi obtusatæ integræ. Styli rami complanati, breviter v. longe lanceolato-appendiculati, sæpius producti exserti, undique papillosi. Fructus[4] ob-conici v. compressi, tenuiter costati, apice plus minus contracti; pappi setis ∞, 1- ∞-seriatis, inæqualibus, tenuiter barbellatis, basi in annu-lum connatis v. nunc paleaceo-dilatatis. — Frutices[5] glabri, glutinosi v. hirsuti; foliis oppositis v. alternis, integris v. ciliolato-serrulatis, rigidis, sæpe angustis; capitulis[6] terminalibus, solitariis v. corymbi-formi-cymosis; receptaculo plano v. convexo, foveolato sæpeque brevi-ter fimbrillifero; involucri ovoidei v. oblongi rariusve subcampanulati bracteis ∞, imbricatis, coriaceis v. scariosis; exterioribus gradatim minoribus. (*Africa austr.*[7])

144. Fresenia DC.[8] — Flores[9] hermaphroditi (fere *Pteroniæ*[10]), 1-morphi; fructu compresso, nisi marginibus nerviformibus avenio; pappi setis ∞, 2-morphis; interioribus parce barbellatis, 1-seriatis; exterioribus autem brevissimis, plerumque subpaleaceis. — Fruticulus

1. Spec. 1, nobis ignota, *P. ericoides* Nutt. — Walp., *Rep.*, II, 505; VI, 134. — *Vernonia phylicæformis* Walp., in *Nov. Acta Acad. Leop.-Car.*, XIX, Suppl. I, 252; *Rep.*, VI, 89 (an *Baccharis* monstrosa??).
2. *Gen.*, n. 937. — DC., *Prodr.*, V, 356. — Endl., *Gen.*, n. 2386. — B. H., *Gen.*, II, 259, n. 99. — *Scepinia* Neck., *Elem.*, I, 78. — Cass., in *Dict.*, XXXVII, 475. — *Pterophora* Neck., *Elem.*, I, 78. — Cass., in *Dict.*, XXXVII, 474. — *Pachyderis* Cass., in *Dict.*, LVI, 170. — *Henanthus* Less., *Syn.*, 195.

3. Flavi v. purpurascentes.
4. Glabri v. villosi.
5. Sæpe ericoidei.
6. Parvis, mediocribus v. majusculis.
7. Spec. ad 50. Thunb., *Fl. cap.*, 627 (*Eupatorium*), 629; 713 (*Osteospermum*). — Burch., *Cat. geogr.*, 1495. — Spreng., *Syst.*, III, 628 (*Osteospermum*). — Harv. et Sond., *Fl. cap.*, III, 95.
8. *Prodr.*, V, 328. — Endl., *Gen.*, n. 2374; *Iconogr.*, t. 35. — B. H., *Gen.*, II, 268, n. 98.
9. Flavi.
10. Cujus forte potius sectio (?).

(ericoideus) glaber; foliis oppositis v. alternis confertis; capitulis terminalibus solitariis; receptaculo convexiusculo parce foveolato; involucri subcampanulati bracteis ∞, margine scariosis; exterioribus gradatim minoribus; cæteris *Pteroniæ*. (*Africa austr.*[1])

145. **Rochonia** DC.[2] — Flores[3] 2-morphi; radii fœminei fertiles[4];
corolla ligulata integra v. brevissime 2-3-dentata; disci autem hermaphroditi fertiles v. steriles[5]; corolla tubulosa, 5-fida. Styli florum
hermaphroditorum rami complanati lanceolato-appendiculati, nonnihil papillosi; fœmineorum autem rami magis compressi, nunc inæquales glabri. Fructus subteretes, 4-5-costati; pappi setis æqualibus
v. inæqualibus, brevissime barbellatis, 1-seriatis. — Frutices; foliis
alternis crassiusculis coriaceis, integris v. parce dentatis, penninerviis,
subtus tomentosis; capitulis in summis ramulis solitariis v. cymosis
paucis; inflorescentia tota globoso-subcorymbiformi; receptaculo minute foveolato; involucri subcampanulati bracteis ∞, inæqualibus,
imbricatis, margine scariosis; exterioribus gradatim minoribus; intimis autem angustioribus siccis. (*Madagascaria*[6].)

146. **Solidago** L.[7] — Flores[8] 2-morphi; radii ligulati, 1-seriati
fœminei, sæpe pauci v. 0; disci hermaphroditi fertiles. Receptaculum
obconicum, superne plus minus alveolatum; involucri elongati bracteis ∞, imbricatis, ∞-seriatis, ab exterioribus ad interiores majoribus. Pappi in floribus omnibus setæ ∞, tenues, inæquales, minute
scabræ, 1-2-seriatæ. Corollæ regulares tubulosæ v. anguste campanulatæ; limbi lobis 5, angustis acutis. Antheræ apiculatæ, basi obtusæ v.
vix auriculatæ. Stylus in floribus ligulatis tenuior, disco parvo insidens; in regularibus crassior; ramis oblongis, demum recurvis, complanatis, lanceolato-appendiculatis. Fructus glabri v. rugosi, teretes,
angulati v. pluricostati. — Herbæ annuæ v. sæpius perennes; foliis
alternis, integris v. dentatis; capitulis in racemum plus minus ramosum v. corymbiformem cymigerumque dispositis; receptaculo parvo,

1. Spec. 2, 3. HARV. et SOND., *Fl. cap.*, III,
92. — BENTH., in *Hook. Icon.*, t. 1108.
2. *Prodr.*, V, 345. — ENDL., *Gen.*, n. 2380.
— B. H., *Gen.*, II, 259, n. 100.
3. Flavi.
4. Vel « steriles » (B. H.).
5. In specimine nostro ovulo destituti.
6. Spec. 2.
7. *Gen.*, n. 955. — J., *Gen.*, 181. — GÆRTN.,
Fruct., II, 447, t. 170. — DC., *Prodr.*, V, 330; VII,

279. — SPACH, *Suit. à Buffon*, X, 226. — ENDL.,
Gen., n. 2376. — B. H., *Gen.*, II, 256, n. 91. —
Virga aurea T., *Inst.*, 483, t. 275. — *Doria*
ADANS., *Fam. des pl.*, II, 124 (nec *alior.*). —
Amphiraphis DC., *Prodr.*, V, 343 (part.). —
Chrysoma NUTT., in *Journ. Acad. nat. sc. Phil.*,
VII, 67; in *Trans. Amer. Phil. Soc.*, ser. 2, VII,
324. — *Euthamia* NUTT., *Gen.*, II, 162; in *Torr.*
et Gr. Fl N.-Amer., II, 226.
8. Flavi v. pallide lutei.

plerumque alveolato, nunc breviter fimbrillifero; involucri sæpius oblongi bracteis ∞ , inæqualibus, aut herbaceis, aut ex parte margine apiceve scariosis squamosisve [1]. (*America bor. et austr. extratrop., Asia et Europa temp.*[2])

147. Ericameria NUTT. [3]—Flores[4] fertiles omnes, 2-morphi; radii fœminei pauci; corolla ligulata patente; disci autem hermaphroditi; corollæ regularis limbo parum ampliato, 5-fido. Antheræ basi obtusæ. Styli florum hermaphroditorum rami angusti compressi, subulato-hirtello-appendiculati. Fructus subteretes angusti, sæpius glabri; pappi setis ∞ , tenuibus inæqualibus, sub-2-seriatis. — Fruticuli (ericoidei) glabri ramosi; foliis alternis, plerumque confertis, linearibus integris; capitulis conferte cymosis; receptaculo parvo alveolato; involucri oblongi v. anguste campanulati bracteis ∞ , inæqualibus rigidis, margine scarioso imbricatis; exterioribus gradatim brevioribus[5]. (*America bor.*[6])

148. Lepidophyllum CASS.[7] — Flores[8] 2-morphi; radii fœminei fertiles, 1-seriati; corolla irregulari et stylo haud longiore, 2-dentata v. longiore patente, 2-loba, nunc (*Nardophyllum*[9]) 0; disci hermaphroditi, fertiles v. steriles; corollæ regularis tubulosæ limbo parum ampliato, 5-fido, valvato. Styli rami complanati, obtusiuscule appendiculati, dorso breviter papillosi. Fructus teretiusculi v. compressiusculi, tenuiter costati; pappi setis∞ , inæqualibus, scabris v. ciliolatis; interioribus sæpe longioribus longeque barbellatis. — Frutices v. suffrutices ramosissimi, glabri v. tomentosi; foliis alternis v. rarius oppositis, sæpius angustis integrisque; capitulis terminalibus solitariis v. in

1. *Brachychæta* TORR. et GR., *Fl. N.-Amer.*, II, 194. — B. H., *Gen.*, II, 236, n. 92, est generis sectio, pappo quam fructu breviore.
2. Spec. ad 60 (enum. ad 100). REICHB., *Ic. Fl. germ.*, t. 911, 913. — W. et KIT., *Ic. pl. hung.*, t. 208. — TORR. et GR., *Fl. N.-Amer.*, II, 195. — TORR., *Fl. N.-York*, t. 53-55. — A. GRAY, *Man.* (ed. 1856), 200; in *Proc. Amer. Acad.*, VI, 543. — CHAPM., *Fl. S. Unit. St.*, 208. — REMY, in *C. Gay Fl. chil.*, IV, 39. — PHIL., in *Linnæa*, XXXIII, 138. — SEUB., *Fl. azor.*, t. 10. — BOISS., *Fl. or.*, III, 156. — LGE, *Pl. nov. hisp.*, t. 25. — WILLK. et LGE, *Prodr. Fl., hisp.*, II, 38. — GREN. et GODR., *Fl. de Fr.*, II, 92. — WALP., *Rep.*, II, 589, 960; VI, 129; *Ann.*, II, 829.
3. In *Trans. Amer. Phil. Soc.*, VII, 318. — B. H., *Gen.*, II, 255, n. 90.

4. Flavi.
5. Genus *Haplopappo* proximum.
6. Spec. 3, 4. TORR. et GR., *Fl. N.-Amer.*, II, 236. — DC., *Prodr.*, V, 306, n. 4 (*Aplopappus*). — WALP., *Rep.*, II, 592.
7. In *Bull. Soc. philom.* (1816), 199; in *Dict.*, XXVI, 36 (nec. AD BR.). — DC., *Prodr.*, V, 314 — ENDL., *Gen.*, n. 2363. — B. H., *Gen.*, II, 257, n. 95. — *Tola* WEDD. (*Dolichogynes* sect.) *Chlor. andin.*, I, 182, t. 30 A. — ? *Polyclados* PHIL., *Fl. atacam.*, 34, t. 4.
8. Ubi noti, « flavi ».
9. HOOK. et ARN., *Comp. Bot. Mag.*, I, 109. — DC., *Prodr.*, VII, 10. — ENDL., *Gen.*, 481, 1385. — B. H., *Gen.*, II, 257, n. 94. — *Dolichogyne* DC., *Prodr.*, VII, 256. — *Anactinia* REMY, in *C. Gay Fl. chil.*, IV, 8.

cymam corymbiformem, nunc foliatam, dispositis; receptaculo parvo
plus minus convexo, nudo, foveolato (v. rarius paleaceo ?), nunc paucifloro; involucri obconici, subcampanulati, sæpiusve angusti oblon-
give bracteis imbricatis, ∞-seriatis, rigidis v. scariosis, acutis v.
rarius obtusiusculis[1]. (*America austr. trop., extratrop. et andina*[2].)

149. Hysterionica W.[3] — Flores[4] fertiles omnes, 2-morphi; radii
fœminei, 1-∞-seriati; corolla ligulata, nunc paleacea, integra v. 2,
3-dentata; disci autem hermaphroditi; corollæ tubulosæ limbo plus
minus dilatato, 5-dentato v. 5-lobo. Styli florum hermaphroditorum
rami plus minus angusti complanati, lineari- v. lanceolato-, nunc breviter triangulari-appendiculati. Fructus plus minus compressi v. 3-5-
goni costative; pappi setis ∞, v. rarius paucis, 1-∞-seriatis; exterioribus plerumque subpaleaceis brevibus, nunc rigidis corneisve,
caducis; interioribus elongatis tenuibus (v. 0)[5]. — Herbæ annuæ,

1. An hujus gen. sectio *Chiliophyllum* PHIL.,
in *Linnœa*, XXXIII, 132. — B. H., *Gen.*, II, 258,
n. 96, frutex Andium Mendozæ (nobis ignotus),
ramosissimus glutinosus, cui receptaculum « pa-
leaceum »; characteribus cæteris omnibus, ut
videtur, *Lepidophylli?*
2. Spec. ad 12. A. GRAY, in *Proc. Amer.
Acad.*, V, 122. — REMY, in *C. Gay Fl. chil.*,
IV, 37, t. 45. — WEDD., *Chlor. andin.*, I, 180,
t. 30 (*Dolichogyne*).
3. In *Berl. Mag.* (1807), 140. — DC., *Prodr.*,
VII, 258. — ENDL., *Gen.*, 1391. — B. H., *Gen.*,
II, 252, n. 86. — *Neja* D. DON, in *Sweet Brit.
fl. Gard.*, ser. 2, 78. — DC., *Prodr.*, V, 325. —
ENDL., *Gen.*, n. 2372.
4. Flavi, nunc speciosi.
5. Generis sectiones, nostro sensu, sunt :
Chrysopsis NUTT., *Gen. nov. amer.*, II, 150. —
DC., *Prodr.*, V, 326. — ENDL., *Gen.*, n. 2373.
— B. H., *Gen.*, II, 252, n. 85. — *Ammodia*
NUTT., in *Trans. Amer. Phil. Soc.*, ser. 2, VII,
321. — *Macronema* NUTT., *loc. cit.*, 592. —
Pityopsis NUTT., *loc. cit.*, 317. — *Hectorea* DC.,
Prodr., V, 95. — ENDL., *Gen.*, n. 2243. — *Hey-
feldera* SCH. BIP., in *Flora* (1853), 35 : fructu
plerumque angusto, nunc compresso ; pappi
setis ∞, inæqualibus ; exterioribus brevibus
v. paleaceis ; ligulis quam in *Euhysterionica*
latioribus; styli ramis sæpius subulato-appen-
diculatis ; involucro latiusculo v. lato. (*Amer.
bor.*)
Grindelia W., in *Berl. Mag.* (1807), 250. —
DC., *Prodr.*, V, 314. — ENDL., *Gen.*, n. 2364. —
B. H., *Gen.*, II, 250, n. 79. — *Demetria* LAG.,
Elench. H. matrit., 30. — *Donia* R. BR., in
Ait. H. kew., ed. 2, V, 82. — *Aurelia* CASS., in
Dict., XXXVII, 468. — *Chrysophthalmum* PHIL.,

in *Linnœa*, XXIX, 9 ; XXXIII, 137 (nec SCH.
BIP.) : fructu compresso v. 3-5-gono; pappi setis
paucis elongatis, rigidis v. duriusculis, caducis;
involucri hemisphærici bracteis coriaceis v.
apice scariosis appressis, ∞-seriatis. (*Amer. austr.
extratrop.*)
Pentachœta NUTT., in *Trans. Amer. Phil. Soc.*,
VII, 236. — B. H., *Gen.*, II, 251, 1232, n. 80:
bracteis involucri pauciseriatis ; pappi setis
paucis rigidulis elongatis inæqualibus ; caule
annuo tenello ; foliis linearibus. (*Amer. bor.
occid.*).
Aphantochœta TORR., in *Whippl. Exp., Bot.*, 43
(90), t. 11. — B. H., *Gen.*, II, 251, n. 81 ; charact.
Pentachœtæ: bracteis involucri paucis; corolla
florum fœmineorum filiformi; pappi setis paucis
(ad 5), breviter dentiformibus. (*California.*)
Bradburia TORR. et GR., *Fl. N.-Amer.*, II, 250
(nec RAFIN.). — B. H., *Gen.*, II, 251, n. 83 :
fructibus radii turbinato-3-quetris ; pappi setis
in disco paucissimis brevissimis ; in radio ∞,
inæqualibus, plerisque brevibus, ∞-seriatis ;
involucri subcampanulati bracteis pluriseriatis,
margine scariosis ; caule annuo ramoso ; foliis
linearibus. (*Texas.*)
Heterotheca CASS., in *Bull. Soc. philom.*
(1817), 137 ; in *Dict.*, XXI, 130. — DC., *Prodr.*,
V, 316. — ENDL., *Gen.*, n. 2365. — B. H., *Gen.*,
II, 251, n. 84. — *Diplocoma* DON, in *Sweet fl. Gard.*,
t. 246. — *Calycium* ELL., *Sk. bot. S.-Carol.*, II,
339 : fructu compresso, plerumque crassiusculo ;
pappi in radio setis paucis, caducis ; in disco ∞,
inæqualibus; involucri late hemisphærici v.
campanulati bracteis ∞, margine scariosis,
∞-seriatis ; caule herbaceo erecto ; foliis plerumque dentatis; cæteris ut in *Chrysopside*.
(*America bor.*)

perennes, v. basi frutescentes, glabræ villosæve, nunc glutinosæ, foliis alternis, linearibus v. plus minus latis, integris, dentatis v. ciliato-serratis; capitulis terminalibus solitariis; involucri sæpius hemisphærici bracteis ∞, coriaceis v. apice scariosis, appressis, ∞-seriatis; exterioribus brevioribus; receptaculo convexo v. subplano, nudo v. latiuscule tenuiterve foveolato. (*America utraque calid. et temp.* [1])

150? **Steriphe** PHIL. [2] — « Flores [3] 2-morphi; radii neutri, 1-seriati; corolla brevi [4] semi-involuta integra; disci autem hermaphroditi

Haplopappus CASS., in *Dict.*, LVI, 168 (*Aplopappus*). — DC., *Prodr.*, V, 345; VII, 279 (part.). — ENDL., *Gen.*, n. 2381. — B. H., *Gen.*, II, 253, n. 88. — *Pyrrocoma* HOOK., *Fl. bor.-amer.*, I, 306, t. 107. — DC., *Prodr.*, V, 350, 351 (part.). — *Homopappus* NUTT., in *Trans. Amer. Phil. Soc.*, ser. 2, VII, 330. — *Isopappus* TORR. et GR., *Fl. N.-Amer.*, II, 239. — *Eriocarpum* NUTT., *loc. cit.*, VII, 320. — *Stenotus* NUTT., *loc. cit.*, 334. — ? *Hoorebekia* CORNEL., in *Mussch. H. gand.*, c. ic. (ex DC., *Prodr.*, V, 346). — *Chroilema* BERNH., *Del. sem. H. erfurt.* (1840), ex *Linnæa*, XV, *Littbl.*, 90. — *Homopappus* NUTT., *loc. cit.*, 380 : fructu vix v. haud compresso; pappi setis ∞, polymorphis et valde inæqualibus; involucri angusti v. sæpius lati bracteis ∞, margine squamosis v. herbaceis, ∞-seriatis; caule herbaceo v. suffruticoso; foliis integris, ciliato-dentatis v. nunc pinnatifidis. (*America utraque extratrop.*)

Xanthisma DC., *Prodr.*, V, 94. — ENDL., *Gen.*, n. 2242. — B. H., *Gen.*, II, 253, n. 87. — *Centauridium* TORR. et GR., *Fl. N.-Amer.*, II, 246 : fructu haud v. vix compresso; pappi setis ∞, fructu longioribus, valde inæqualibus; nonnullis paleaceis; involucro subgloboso v. late campanulato; caule herbaceo, 1-2-enni; foliis alternis, lineari-lanceolatis et integris. (*Texas.*)

? *Lessingia* CHAM., in *Linnæa*, IV, 203, t. 2, fig. 2. — DC., *Prodr.*, V, 351. — ENDL., *Gen.*, n. 2383. — B. H., *Gen.*, II, 257, 1232, n. 94. — A. GRAY, in *Proc. Amer. Acad.*, VII, 351; VIII, 637 : floribus disci fœmineis sæpe ampliatis; corolla (normali?) subæquali v. obliqua, 5-fida, flava, « alba? v. purpurascente »; fructu obconico vix compresso; pappi setis ∞, valde inæqualibus; caule herbaceo; foliis alternis, dentatis, integris v. nunc pinnatifidis. (*America bor. occ.*)

Chrysothamnus NUTT., in *Trans. Amer. Phil. Soc.*, ser. 2, VII, 323. — B. H., *Gen.*, II, 255, n. 89. — *Bigelowia* DC., *Mém. Comp.*, t. 5; *Prodr.*, V, 329. — ENDL., *Gen.*, n. 2375. — *Linosyris* TORR. et GR., *Fl. N.-Amer.*, II, 232 (nec CASS.) : floribus 1-morphis v. radii paucis ligu-

latis; corollæve limbo parum ampliato v. angusto campanulato, 5-fido; fructu angusto subcompresso; pappi setis ∞, tenuibus inæqualibus, sub-2-seriatis; involucro latiusculo campanulato v. oblongo; bracteis ∞-seriatis; caule herbaceo v. frutescente; foliis alternis, linearibus v. lanceolatis, nunc dentatis v. pinnatifidis. (*America bor. et austr. andina.*)

1. Spec. ad 135. DUN., in *Mém. Mus.*, V, t. 5-7 (*Grindelia*). — BERTOL., *Misc.*, VI, t. 2 (*Linosyris*); VII, t. 1-4 (*Chrysopsis*). — CAV., *Icon.*, t. 168 (*Aster*). — A. GRAY, in *Proc. Amer. Acad.*, V, 121 (*Haplopappus*); VI, 541 (*Haplopappus*, *Chrysothamnus*), 542 (*Chrysopsis*); VII, 353 (*Haplopappus*), 354 (*Chrysothamnus*); VIII, 290 (*Chrysothamnus*); in *Proc. Acad. Philad.* (1863), 66 (*Haplopappus*, *Chrysothamnus*); in *Emor. Exp.*, 320, 79 (*Chrysothamnus*); in *Parry Rock. Mount. Pl.*, 10 (*Haplopappus*); in *Sitgr. Exp.*, *Bot.*, t. 4 (*Chrysothamnus*); in *Amer. expl. Exp.*, *Bot.*, II, t. 7 (*Lessingia*). — TORR., *Fl. N.-York*, t. 56 (*Chrysopsis*); in *Whipple Exp.*, *Bot.*, t. 12 (*Chrysothamnus*). — HOOK., *Icon.*, t. 1101 (*Pentachæta*). — EAT., in *Unit. St. Fort. parall. Rep.*, *Bot.*, 159 (*Haplopappus*). — WEDD., *Chlor. andin.*, I, t. 38 (*Haplopappus*). — PHIL., *Fl. atacam.*, 30; in *Linnæa*, XXVIII, 724; XXX, 192; XXXIII, 139 (*Haplopappus*). — *Bot. Reg.*, t. 787 (*Doria*), 248, 781 (*Grindelia*). — *Bot. Mag.*, t. 1706 (*Doria*), 3737, 4628 (*Grindelia*). — WALP., *Rep.*, II, 585 (*Grindelia*), 586 (*Heterotheca*), 587 (*Neja*), 588 (*Chrysopsis*), 589 (*Chrysothamnus*), 592 (*Haplopappus*), 958 (*Grindelia*), 959 (*Chrysopsis*); V, 193 (*Haplopappus*, *Linosyris*); VI, 127 (*Centauridium*, *Heterotheca*), 128 (*Bradburia*, *Chrysopsis*), 130 (*Haplopappus*), 131 (*Pentachæta*); *Ann.*, I, 408 (*Haplopappus*); II, 829 (*Chrysopsis*), 830 (*Haplopappus*), 833 (*Lessingia*); V, 191 (*Grindelia*), 193 (*Haplopappus*, *Linosyris*).

2. In *Linnæa*, XXXIII, 141. — B. H., *Gen.*, II, 231, n. 82.

3. « Flavi. »

4. « Vix involucrum superante et facile prætervidenda. »

fertiles; corolla tubulosa, 5-dentata, basi angustata. Styli rami longiusculi erecti, acuti, a medio pubescentes. Fructus teretiusculi sericei; pappi setis scabridis, 1-seriatis. — Suffrutex erectus corymbosoramosus glaber; foliis alternis, linearibus, remote serrato-dentatis, apice acuminato subpungentibus; capitulis solitariis, longe pedunculatis; receptaculo alveolato fimbrillifero; involucri bracteis laxe subimbricatis, ∞-seriatis. » (*Chili*[1].)

151? Remya HILLEBR.[2] — « Flores[3] 2-morphi; radii fœminei fertiles, 1-seriati; corolla leviter ligulata, sub-2-labiata; lamina antica integra v. 2-3-dentata, erecta v. patente; labio postico dentiformi v. evoluto; disci autem hermaphroditi, steriles v. fertiles; corollæ regularis limbo campanulato; lobis 5, recurvis. Styli florum hermaphroditorum rami complanati, lanceolato-appendiculati. Fructus radii acuti, 3-quetri[4]; disci teretes costati, sæpius vacui; pappi setis 3-8, rigidulis, persistentibus, in radio paucioribus. — Arbor (?) v. frutex; foliis alternis, lanceolatis, dentatis, subtus canis; capitulis (parvis) subcorymbosis; receptaculo plano nudo; involucri ovoidei bracteis subcoriaceis appressis, ∞-seriatis[5]. » (*Ins. Sandwicenses.*)

152. Xanthocephalum W.[6] — Flores[7] plerumque fertiles omnes, 2-morphi; radii fœminei sub-1-seriati; corolla ligulata (magna v. parva) sæpius integra; disci autem regulares, hermaphroditi, nunc steriles; corollæ tubulosæ limbo parum ampliato, 5-fido, valvato. Styli florum hermaphroditorum rami lanceolato- v. 3-angulari-appendiculati. Fructus oblongi, nunc compressiusculi, læves v. obtuse 5-∞-striati; pappo longe paleaceo v. breviter brevissimeve coroniformi, nunc 0. — Herbæ v. suffrutices erecti ramosi; foliis alternis, angustis, integris v. dentatis, nunc glutinosis v. punctatis; capitulis solitariis v. in cymas conferto-corymbiformes laxasve dispositis; receptaculo plano v. convexo, sæpius foveolato; involucro ovoideo, campanulato v. late hemisphærico; bracteis ∞, pauci- ∞-seriatis, inæqualibus,

1. Spec. 1. *S. corymbosa* PHIL.
2. Herb., ex B. H., *Gen.*, II, 536, n. 78 a.
3. « Flavi ? »
4. Angulis nunc ciliato-scabris.
5. « Genus quodammodo *Grindeliæ* accedit, sed habitu, capitulis angustis et corollis radii sub-2-labiatis abunde distinctum » (ex B. H., e quibus charact. hic desumpt.).

6. In *Berl. Mag. nat. Cur.* (1807), 140. — LESS., *Syn.*, 252. — DC., *Prodr.*, VI, 43. — ENDL., *Gen.*, n. 2662. — B. H., *Gen.*, II, 249, n. 77. — *Xanthocoma* H. B. K., *Nov. gen. et spec.*, IV, 310, t. 412. — *Grindeliopsis* SCH. BIP., in *Bonplandia* (1858), 356. — *Gunthera* RGL., in *Gartenflora* (1858), 44.
7. Flavi.

nunc squamoso- v. coriaceo-apiculatis[1]. (*America utraque extra-*
trop.[2])

153. **Inula** L.[3] — Flores[4] fertiles, 2-morphi; radii fœminei, 1-∞ .se-
riati; corolla ligulata, 2-4-dentata, patente, reflexa v. rarius brevi
erecta, oblique paucidentata; disci autem hermaphroditi; corollæ
limbo vix v. parum ampliato, 5-fido v. 5-dentato, valvato. Antheræ
basi sagittatæ longeque caudatæ; caudis integris, ciliatis v. ramulosis.
Stylus basi disco cinctus; ramis in flore fœmineo linearibus; in
hermaphrodito latioribus, compressis v. complanatis, apice obtusatis
dorsoque brevissime papillosis. Fructus subteres; costis 4, 5, nunc
vix conspicuis; intermediis rarius paucis adjunctis; pappi setis ∞;
nunc paucis, 1-∞ -seriatis, æqualibus v. inæqualibus, lævibus, ciliatis
v. barbellatis. — Herbæ annuæ v. sæpius perennes, nunc frutescentes,
scabræ v. glanduloso-pubescentes v. indumento longiore ; foliis alternis, sæpius confertis, nunc basilaribus; capitulis[5] terminalibus, solitariis v. corymbiformi-cymosis; cymis nunc composite racemosis;
involucro ovoideo v. hemisphærico lateve campanulato; receptaculo
plano v. convexiusculo, nudo, foveolato v. fimbrillifero; bracteis involucri imbricatis, ∞ -seriatis, angustis, late foliaceis v. herbaceo-appendiculatis, nunc siccis subcoriaceis appressis et glutinoso-marginatis[6].
(*Europa, Asia et Africa extratrop. et austr.*[7])

1. Generis, nostro sensu, sectiones sunt :
Guttierezia LAG., *Elench. H. matrit.*, 30
(1816). — ENDL., *Gen.*, n. 2586. — B. H., *Gen.*,
II, 250, n. 78. — *Brachyris* NUTT., *Gen. amer.*,
II, 163. — ENDL., *Gen.*, n. 2361. — *Brachya-
chyris* SPRENG., *Syst.*, III, 574. — *Odontocarpha*
DC., *Prodr.*, V, 71. — *Hemiachyris* DC., *loc. cit.*,
313. — *Amphiachyris* DC., *Pl. rar. Jard. Genèv.*,
1, t. 1. — *Amphipappus* TORR. et GR., in *Bost.
Journ. N. Hist.*, V, 4; in *Smiths. Contrib.*, VI,
16, t. 9 : floribus ligulatis paucis; fructu
∞-costato v. striato; pappi setis longiusculis
paleaceis v. ad coronam brevem reductis, nunc
0; involucro late campanulato v. ovoideo; bracteis pauciseriatis. (*America utraque.*)
Gymnosperma LESS., *Syn.* (1832), 194. — DC.,
Prodr., V, 311. — ENDL., *Gen.*, n. 2360. — B. H.,
Gen., II, 249, n. 76. — *Selloa* SPRENG., ex DC.
(nec H. B. K.) : fructu epapposo, 4-5-costato;
involucri ovoidei bracteis pauciseriatis ; capitulo
paucifloro; foliis angustis punctatis. (*Mexicum.*)
2. Spec. ad 30. TORR. et GR., *Fl. N.-Amer.*,
II, 192 (*Brachyris*). — REMY, in *C. Gay Fl. chil.*,
IV, 33 (*Brachyris*). — PHIL., in *Linnæa*, XXXIII,
137 (*Brachyris*). — A. GRAY, *Pl. Wright.*, I,
91; II, 79 (*Guttierezia*). — *Bot. Reg.*, t. 462
(*Selloa*). — WALP., *Rep.*, II, 585 (*Brachyris*),

989 ; *Ann.*, I, 407 (*Hemiachyris, Amphipappus*); II, 828 (*Brachyris*), 875 ; V, 191 (*Gymnosperma, Amphipappus*), 234 (*Gutierrezia*).
3. *Gen.*, n. 956. — J., *Gen.*, 181. — GÆRTN.,
Fruct., II, 449. — DC., *Prodr.*, V, 463; VII,
283. — LESS., *Syn.*, 198. — SPACH, *Suit. à
Buffon*, X, 220. — ENDL., *Gen.*, n. 2426. — B. H.,
Gen., II, 330, n. 275. — *Helènium* ADANS., *Fam.
des pl.*, II, 125. — *Limbarda* ADANS., *loc. cit.* —
Eritheis S.-F. GRAY, *Arr. brit.*, *pl.*, II, 464. —
? *Enula* NECK., *Elem.*, I, 4. — *Corvisàrtia*
MÉR., *Fl. Par.*, 328; éd. 2, 261, t. 2. — *Schizogyne* CASS., in *Dict. sc. nat.*, LVI, 23. —
Duhaldea DC., *Prodr.*, V, 366. — *Inulaster* SCH.
BIP., in *A. Rich. Fl. abyss.*, I, 399. — *Cupularia*
GREN. et GODR., *Fl. de Fr.*, II, 180. — MUSS.,
in *Compt. rend. Assoc. franç.*, VII, 672, t. 13.
4. Flavi v. radii nunc albi.
5. Magnis v. parvulis.
6. Generis sectionem anomalam forte consti-
tuit *Homochœte* BENTH. (in *Hook. Icon.*, t. 1110;
Gen., II, 331, n. 276), cujus involucri ovoideo-
cylindracei bracteæ coriaceæ appressæ, ∞-se-
riatæ, fructus 8-10-costatus; pappi setis rigidis, 1-seriatis; caulis fruticosus dense foliatus
capitulaque terminalia sessilia. (*Africa austr.*)
7. Spec. 50-55. JACQ., *Fl. austr.*, t. 134, 162,

154? Pulicaria GÆRTN. [1] — Flores[2] (fere *Inulæ*) 1-2-morphi; radii 1-2-seriati; pappi setis heteromorphis; interioribus elongatis paucis v. ∞ ; exterioribus basi connatis, breviter setosis sæpiusve paleaceis, nunc raro 0. Fructus ecostatus v. costis 4-∞ donatus. — Herbæ, suffrutices v. frutices; foliis alternis, integris v. dentatis, glabris v. indumento vario; capitulis cæterisque *Inulæ* [3]; bracteis autem invo-

233, 358; App., t. 19; *Hort. vindob.*, III, t. 51. — SIBTH., *Fl. græc.*, t. 864, 865 (*Conyza*), 866 (*Erigeron*), 873, 875. — DESF., in *Ann. Mus.*, XI, t. 23. — TEN., *Fl. nap.*, t. 76 (*Conyza*). — DC., *Prodr.*, V, 343, n. 1-3 (*Amphirhapis*). — WEBB, *Phyt. canar.*, t. 83 (*Schizogyne*). — BROTER., *Phyt. lusit.*, t. 64. — REICHB., *Ic. Fl. germ.*, t. 922-931; *Iconogr.*, t. 346, 347.— MIQ., *Fl. ind.-bat.*, II, 62; in *Ann. Mus. lugd.-bat.*, II, 171. — BOISS., *Diagn. or.*, ser. 2, III, 11; *Fl. or.*, III, 184.— A. GRAY, *Man.* (1856), 208. —FR. et SAV., *Enum. pl. jap.*, I, 230. — HARV. et SOND., *Fl. cap.*, III, 121. — OLIV. et HIERN, *Fl. trop. Afr.*, III, 357. — EDGEW., in *Trans. Linn. Soc.*, XX, 68 (*Leucactis*). — WILLK. et LGE, *Prodr. Fl. hisp.*, II, 42. — GREN. et GODR., *Fl. de Fr.*, II, 173 (*Corvisartia*), 174. — *Bot. Reg.*, t. 334. — *Bot. Mag.*, t. 1907. — WALP., *Rep.*, II, 600; VI, 140; 721; *Ann.*, II, 842; V, 201.

1. *Fruct.*, II, 461, t. 173. — CASS., in *Dict.*, XXIII, 565. — DC., *Prodr.*, V, 478; VII, 285. — ENDL., *Gen.*, n. 2434. — B. H., *Gen.*, II, 335, n. 289. — *Francœuria* CASS., in *Dict.*, XXXVIII, 374. — ENDL., *Gen.*, n. 2431. — *Duchesnia* CASS., in *Bull. Soc. philom.* (1817); in *Dict.*, XIII, 545 (nec SM.). — *Tubilium* CASS., in *Bull. Soc. philom.* (1817), 153; in *Dict.*, LVI, 19. — ? *Poloa* DC., in *Guillem. Arch. bot.*, II, 514. — *Strabonia* DC., *Prodr.*, V, 481. — *Pterochæta* BOISS., *Diagn. or.*, VI, 76. — *Platychæta* BOISS., *Diagn. or.*, XI, 5; ser. 2, III, 10.

2. Flavi.

3. Cujus potius forte sectio, vix nisi pappo distincta. Sectiones, nostro sensu, sunt :— *Jasonia* CASS., in *Dict.*, XXIV, 200. — DC., *Prodr.*, V, 476 (part.). — ENDL., *Gen.*, n. 2433. — B. H., *Gen.*, II, 332, n. 289. — *Orsinia* BERTOL., in *Ann. St. nar. Bologn.* (1829), II, 362; *Fl. ital.*, IX, 99. — *Myriadenus* CASS., in *Bull. Soc. philom.* (1817); in *Dict.*, XXIII, 565. — *Chiliadenus* CASS., in *Dict.*, XXXIV, 34: floribus 1-2-morphis; fructu ∞-costato; pappi setis interioribus longis; exterioribus brevibus subpaleaceis liberis; involucri bracteis ∞-seriatis siccis, apice subherbaceo squarrosis. (*Reg. mediterranea.*)
Allagopappus CASS., in *Dict.*, LVI, 21. — B. H., *Gen.*, II, 333, n. 284: floribus 1-morphis; costis fructus vix conspicuis; pappi setis interioribus paucis (5, 6) scabris; exterioribus paleaceis brevissimis subconnatis, plus minus

laceris; bracteis involucri ∞, angustis, appressis, ∞-seriatis. (*Ins. Canarienses.*)
Vierœa WEBB, *Phyt. canar.*, II, 225, t. 84. — B. H., *Gen.*, II, 334, n. 285 : floribus 2-morphis; fructu 5-costato; pappi setis interioribus paucis (5-10) longis, barbellatis v. scabris; exterioribus autem paleaceis brevibus paucis; involucri bracteis pauciseriatis, margine scariosis; caule fruticoso; foliis latiusculis glaucescentibus. (*Ins. Canarienses.*)
Grantia BOISS., *Diagn. or.*, VI, 79; *Fl. or.*, III, 213. — B. H., *Gen.*, II, 332, n. 280. — *Perralderia* COSS., in *Bull. Soc. bot. Fr.*, VI, 394; in *Ann. sc. nat.*, sér. 4, XVIII, 209, t. 12 : floribus 1-2-morphis; fructu 10-costato; pappi setis interioribus longioribus subæqualibus; exterioribus autem brevioribus, angustis v. subpaleaceis liberis; caule herbaceo; involucri bracteis inæqualibus pauciseriatis; exterioribus herbaceis. (*Oriens, Africa bor.*)
Pegolettia CASS., in *Dict.*, XXXVIII, 230. — DC., *Prodr.*, V, 481. — ENDL., *Gen.*, n. 2436. — B. H., *Gen.*, II, 334, n. 286 : floribus 1-morphis v. sub-2-morphis (corollis nonnullis hinc profundius fissis); fructu 10-costato; pappi setis tenuissimis; exterioribus v. intermixtis paleis paucis laceris; caule herbaceo; involucri lati bracteis pauciseriatis; exterioribus latioribus subherbaceis. (*Africa austr. et trop. occ.*)
Iphiona CASS., in *Dict.*, XXIII, 609. — DC., *Prodr.*, V, 475. — ENDL., *Gen.*, n. 2432. — B. H., *Gen.*, II, 333, n. 283. — *Vartheimia* DC., *Prodr.*, V, 473. — ENDL., *Gen.*, n. 2428. — *Carphopappus* SCH. BIP., in *Walp. Rep.*, II, 954 floribus 1-morphis; fructu 6-10-costato; pappi setis ∞, 2-∞-seriatis; exterioribus tenuibus brevioribus; caule fruticuloso; involucri campanulati v. subovoidei bracteis siccis v. scariosis, ∞-seriatis. (*Oriens, Africa bor., centr., austr., trop. et insul. or.*)
Printzia CASS., in *Dict.*, XXXVII; 463; XLIII, 324. — DC., *Prodr.*, VII, 13. — ENDL., *Gen.* n. 2931. — B. H., *Gen.*, II, 333, 1233, n. 282. — ? *Lloydia* NECK., *Elem.*, I, 4 : floribus 2-morphis; fructu 4-5-costato; pappi setis scabris, barbellatis v. nunc plumosis; exterioribus brevibus angustis; involucri subcampanulati bracteis erectis rigidulis, ∞-seriatis; caule fruticoso. (*Africa austr.*)
Pentanema CASS., in *Bull. Soc. philom.* (1818), 75; in *Dict.*, XXVIII, 373. — DC., *Prodr.*, V, 474. — ENDL., *Gen.*, n. 2430. — *Vicoa* CASS., in *Ann. sc. nat.*, sér. 1, XVII, 418; in *Dict.*, LX,

lucri pauciseriatis; extimis brevibus v. foliaceis; intimis autem nunc scariosis. (*Europa*, *Asia et Africa calid. et temp.*[1])

155. **Porphyrostemma** GRANT[2]. — Flores fere *Inulæ*, 2-morphi; « ligulis[3] parvis, ∞-seriatis. Fructus parvi (teretiusculi ?) v. 5-costati; pappi setis exterioribus brevissimis paleaceis liberis; interioribus paucis (5, 6) tenuissimis. — Herba hirsuta erecta ramosa; foliis alternis angustis, integris v. glanduloso-denticulatis; capitulis in cymas laxas corymbiformes dispositis; involucri late hemisphærici bracteis imbricatis angustis, ∞-seriatis[4]. » (*Africa trop.*[5])

156. **Codonocephalum** FENZL.[6] — Flores[7] (fere *Inulæ*) 1-morphi; corolla regulari, 5-dentata. Antheræ basi auriculatæ; caudis longe ∞-setosis. Fructus subteretes, 4-5-angulati, ∞-striati; pappi setis ∞, barbellatis v. breviter plumosis; exterioribus paucis brevioribus, 1-seriatis. — Herba perennis scabra; foliis alternis, sæpius integris reticulatis; capitulis terminalibus v. in axilla bractearum sitis indeque spurie spicatis; receptaculo plano nudo; involucri obconici bracteis ∞, inæqualibus, ∞-seriatis; exterioribus paucis foliaceis. (*Kurdistania*[8]).

157. **Bojeria** DC.[9] — Flores[10] (fere *Inulæ*) 1-morphi; corolla æquali tubulosa; limbo leviter ampliato, 5-lobo. Antheræ basi sagit-

549. — DC., *Prodr.*, V, 474. — LESS., *Syn.*, 199. — ENDL., *Gen.*, n. 2429. — B. H., *Gen.*, II, 334, n. 287. — *Killiana* SCH. BIP., in *hb. berol.* (ex B. H.) : floribus 1-2-morphis; fructu vix costato; pappi setis tenuissimis, sub-1-seriatis, v. paucis brevissime paleaceis; involucri bracteis angustis, ∞-seriatis. (*Asia et Africa trop.*)
? *Calostephane* BENTH., in *Hook. Icon.*, t. 1111; *Gen.*, II, 335, n. 288: floribus 2-morphis; fructu 10-costato; pappi paleis ad 10; interioribus setosis barbellatis; exterioribus autem alternatis paleaceis hyalinis denticulatis; involucri bracteis angustis, sub-2-seriatis; caule herbaceo; foliis decurrentibus subdentatis. (*Africa trop. or.*)
1. Spec. ad 60. JACQ., *Ic. rar.*, t. 171 (*Chrysocoma*). — SIBTH., *Fl. græc.*, t. 874 (*Inula*). — DEL., *Fl. eg.*, t. 46 (*Inula*). — JAUB. et SP., *Ill. pl. or.*, IV, t. 341 (*Pegolettia*), 342-345 (*Strabonia*), 346-349; 350, 351 (*Pentanema*). — FIELD, *Sert. pl.*, t. 68 (*Pentanema*). — BOISS., *Diagn. or.*, ser. 2, III, 15; *Fl. or.*, III, 201, 206 (*Francœuria*), 209 (*Pegolettia*), 210 (*Iphiona*), 211 (*Varthemia*). — HARV. et SOND., *Fl. cap.*, III, 121, 122 (*Pegolettia*, part.), 513 (*Printzia*). — HARV., *Thes. cap.*, t. 158 (*Printzia*). — WEBB,

Phyt. canar., t. 85 (*Allagopappus*). — WIGHT, *Icon.*, t. 1148 (*Vicoa*). — OLIV. et HIERN, *Fl. trop. Afr.*, III, 359 (*Iphiona*), 360 (*Pegolettia*), 361 (*Vicoa*), 362 (*Calostephane*), 363. — REICHB., *Ic. Fl. germ.*, t. 932, fig. 2, 933, 934, fig. 1. — GREN. et GODR., *Fl. de Fr.*, II, 178. — WALP., *Rep.*, VI, 143 (*Iphiona*), 144 (*Grantia*); *Ann.*, II, 843; 844 (*Pegolettia*); V, 203.
2. EX OLIV., in *Trans. Linn. Soc.*, XXIX, 96, t. 63. — B. H., *Gen.*, II, 336, n. 290.
3. Purpureis.
4. « Genus corollis fœmineis ∞-seriatis purpureisque in *Euinuleis* insigne et *Erigerontem* quodammodo refert. » (B. H.)
5. Spec. 1. *P. Grantii* BENTH., ex OLIV. et HIERN, *Fl. trop. Afr.*, III, 367.
6. In *Flora* (1843), 397. — B. H., *Gen.*, II, 330, n. 274. — *Sprunnera* SCH. BIP. (part.), in *ex. Kotsch. assyr.*, n. 576; in *Walp. Rep.*, II, 954.
7. Flavi.
8. Spec. 1. *C. inuloides* FENZL. — *Sprunnera inuloides* SCH. BIP.
9. *Prodr.*, V, 94; *Mém. Comp.*, t. 3. — ENDL., *Gen.*, n. 2241. — B. H., *Gen.*, II, 331, n. 277.
10. Flavi (v. purpurei ?).

tata setoso-ramoso-appendiculatæ. Styli rami exserti complanati recurvi, apice obtusati. Fructus subteres, tenuiter ∞-costatus sulcatusque; pappi setis ∞, tenuibus scabrellis; exterioribus paucis brevioribus v. 0.— Herbæ perennes, puberulæ villosæve; foliis alternis, elongatis integris; superioribus basi cordata amplexicaulibus; capitulis [1] terminalibus pedunculatis, solitariis v. laxe cymosis; involucri late hemisphærici bracteis rigidulis acutis pauciseriatis; interioribus subscariosis; exterioribus herbaceis; receptaculo plano v. concaviusculo foveolato et tenuiter ciliato-fimbrilligero. (*Madagascaria, Africa austr.*[2])

158? Cypselodontia DC.[3] — « Flores[4] 2-morphi; radii neutri, 1-seriati; corolla ligulata; disci autem hermaphroditi fertiles; corolla regulari. Antheræ basi auriculata barbato-caudatæ. Styli florum hermaphroditorum rami subadglutinati, apice obtusi. Fructus radii glabri effœti, basi pilorum annulo cincti; pappi setis paucis; disci autem villosissimis; pappi setis crebris, ∞-seriatis. — Suffrutex ramosus; ramis strictis subaphyllis; foliis alternis obovato-oblongis integris, supra glabris, subtus cano-villosis, 1-nerviis; capitulis solitariis; receptaculo alveolato; alveolis margine dentato-fimbrillatis; involucri bracteis ∞, linearibus, ∞-seriatis; exterioribus squamosis.» (*Africa austr.*[5])

159? Minurothamnus DC.[6] — « Flores[7] 2-morphi; radii fœminei, 1-seriati; corolla ligulata; disci autem hermaphroditi fertiles. Antheræ basi breviter 2-caudatæ. Styli rami patuli. Fructus villosissimi; pappi setis 20, 2-seriatis, strictis (flavidis); interioribus rigidioribus; exterioribus autem 10, paulo brevioribus. — Suffrutex; ramis[8] apice nudis; foliis alternis linearibus integris, supra glabris, subtus appresse tomentosis; capitulis solitariis; receptaculo...?; involucri bracteis 2-seriatis; interioribus longioribus obtusis, margine submembranaceis; exterioribus acuminatis brevioribus. » (*Africa austr.*[9])

160. Carpesium L.[10] — Flores[11] sub-2-morphi; radii fœminei,

1. Majusculis.
2. Spec. 2, 3. THUNB., *Fl. cap.*, 628 (*Eupatorium*). — LESS., *Syn.*, 200 (*Pegolettia*). — DC., *Prodr.*, V, 481, n. 4 (*Pegolettia*). — HARV. et SOND., *Fl. cap.*, III, 123, n. 4 (*Pegolettia*).
3. *Prodr.*, VII, 286. — ENDL., *Gen.*, n. 2436[3]. — B. H., *Gen.*, II, 332, n. 279.
4. Flavi.
5. Spec. 1. *C. Eckloniana* DC. — HARV. et SOND., *Fl. cap.*, III, 123.

6. *Prodr.*, VII, 286. — ENDL.; *Gen.*, n. 2436[1]. — B. H., *Gen.*, II, 331, n. 278.
7. Flavi.
8. « Teretibus, rufo-tomentosis. »
9. Spec. 1. *M. phagnaloides* DC. — HARV. et SOND., *Fl. cap.*, III, 124.
10. *Gen.*, n. 948. — DC., *Prodr.*, VI, 281. — ENDL., *Gen.*, n. 2775. — B. H., *Gen.*, II, 336, 1233, n. 292.
11. Flavi.

∞ - seriati; corollis tenuiter tubulosis, 3-5-dentatis; disci autem her̩-
maphroditi fertiles; corollis paulo magis regularibus latioribusque,
5-dentatis. Antheræ basi auriculata setaceo-subramosæ. Styli florum
hermaphroditorum rami lineares compressiusculi obtusiusculi, conni̩-
ventes v. demum patentes. Fructus elongati, tenuiter costati, apice
breviter rostrati annuloque cartilagineo coronati, epapposi. — Herbæ
erectæ, glabræ v. sæpius puberulæ; foliis alternis, membranaceis integris v. dentatis; capitulis (sæpe cernuis) terminalibus v. in axillis sessilibus summove ramulo axillari terminalibus; involucri bracteis
pauciseriatis; exterioribus nunc foliaceis; receptaculo plano nudo
v. brevissime foveolato[1]. (*Europa austr.*, *Asia subtrop. et temp.*[2])

161? **Amblyocarpum** FISCH. et MEY.[3] — « Flores[4] 2-morphi; radii
fœminei, 1-2-seriati; corolla anguste ligulata, 2-3-dentata discoque
parum longiore; disci autem regulares hermaphroditi fertiles; corollæ
campanulatæ, 5-fidæ, tubo brevi. Antheræ basi auriculata tenuiter caudato-appendiculatæ. Styli florum hermaphroditorum rami breves complanati obtusi. Fructus valde 4-5-costatus, glaber, annulo cartilagineo
coronatus epapposus. — Herba ramosa glabriuscula, annua v. biennis;
foliis alternis integris membranaceis; capitulis[5] terminalibus solitariis v.
paucis; receptaculo convexiusculo nudo; involucri hemisphærici v. late
campanulati bracteis pauciseriatis siccis v. apice herbaceis; exterioribus
longioribus foliaceis. » (*Reg. caspica*[6].)

162. **Buphthalmum** T.[7] — Flores[8] 2-morphi; radii 1-2-seriati;
corolla ligulata, 2-4-dentata; disci autem hermaphroditi fertiles; corollæ regularis tubulosæ limbo plus minus ampliato. Antheræ basi
sagittata plus minus longe acutato- v. acuminato-caudatæ. Styli florum
hermaphroditorum rami complanati, obtusi v. rotundati. Fructus
3-quetri, 3-alati, nunc apice 3-cornuti v. varie 3-∞ -costati; pappi
sæpius brevis paleis truncatis v. ex parte aristatis, liberis v. basi in

---

1. Genus hinc *Inulis*, inde *Placeis* affine.
2. Spec. ad 5. JACQ., *Fragm.*, t. 134. — DE-
LESS., *Ic. sel.*, IV, t. 1 (*Oiospermum*). — WIGHT,
Icon., t. 1120. — REICHB., *Ic. Fl. germ.*, t. 983.
— MIQ., in *Ann. Mus. lugd.-bat.*, II, 179. —
FR. et SAV., *Enum. pl. jap.*, I, 243. — WILLK.
et LGE, *Prodr. Fl. hisp.*, II, 67. — WALP., *Ann.*,
I, 989.
3. *Ind. sem. Hort. petropolit.*, III, 30. —
DC., *Prodr.*, VII, 286. — ENDL., *Gen.*, n. 2776.
— B. H., *Gen.*, II, 336, n. 291.
4. « Flavi. »

5. « Parvulis. »
6. Spec. 1, nobis ignota. *A. inuloides* FISCH.
et MEY.
7. *Inst.*, 495, t. 282. — L., *Gen.*, n. 977
(part.). — DC., *Prodr.*, V, 483. — LESS., *Syn.*,
209. — SPACH, *Suit. à Buffon*, X, 224. — ENDL.,
Gen., n. 2439. — B. H., *Gen.*, II, 338, n. 298.
— *Telekia* BAUMG., *Fl. transsylv.*, III, 149. —
DC., *Prodr.*, V, 485. — ENDL., *Gen.*, n. 2440;
Molpadia CASS., in *Bull. Soc. philom.* (1819)
166; in *Dict. sc. nat.*, XXXII, 400.
8. Flavi.

coronam cupulamve connatis. — Herbæ, nunc suffrutescentes, glabræ, scabræ v. villosæ; foliis alternis, angustis v. latiusculis, integris v. dentatis; capitulis pedunculatis plerumque solitariis; involucri hemisphærici bracteis pauciseriatis; exterioribus sæpe herbaceis; receptaculo paleis plerumque flores amplectentibus onusto[1]. (*Europa, Asia, Africa calid. et temp.*[2])

163. Nablonium CASS.[3]—Flores[4] hermaphroditi fertiles, 1-morphi; corollæ regularis limbo anguste campanulato, 5-fido. Antheræ basi longe setaceo-caudatæ. Styli rami tenues, apice subcapitato truncati.

1. Generis, nostro sensu, sectiones sunt : *Callilepis* DC., *Prodr.*, V, 671. — ENDL., *Gen.*, n. 2615. — B. H., *Gen.*, II, 339, n. 299: pappi paleis ∞, truncatis v. laceris, quarum ad angulos 2, 3 longiores, aristatæ acutæve; foliis glabris villosisve. (*Africa austr.*) *Odontospermum* NECK., *Elem.*, I, 20. — B. H., *Gen.*, II, 340, n. 302. — *Asteriscus* MŒNCH, *Meth.*, 592. — DC., *Prodr.*, V, 486; VII, 287. — ENDL., *Gen.*, n. 2441. — *Naupilus* CASS., in *Dict.*, XXXIV, 272 : fructu 3-quetro v. (in capitulo eodem) ∞-costato; pappi setis ∞, liberis paleaceis, parum inæqualibus, lacero-denticulatis; caule herbaceo v. suffruticoso; foliis sæpius sericeis; capitulis breviter v. haud pedunculatis. (*Reg. medit., Africæ bor. insul. occ.*) *Athalmus* NECK., *Elem.*, I, 20. — *Pallenis* CASS., in *Dict.*, XXXVII, 275. — DC., *Prodr.*, V, 487. — ENDL., *Gen.*, n. 2442. — B. H., *Gen.*, II, 349, n. 303. — *Asteriscus* SCH. BIP., in *Webb Phyt. canar.*, II, 229 (nec MŒNCH) : fructibus radii lateraliter 2-alatis, epapposis; disci haud v. anguste alatis; pappi paleis ∞, brevissimis laceris, hinc nunc deficientibus; caule herbaceo annuo sericeo-villoso; foliis integris; bracteis involucri exterioribus foliaceis, nunc pungentibus. (*Reg. mediterranea.*) *Chrysophthalmum* SCH. BIP., in *Walp. Rep.*, II, 955. — B. H., *Gen.*, II, 341, n. 304: floribus 1-morphis (radii 0); fructu subtereti, 5-costato; pappi paleis ∞, angustis brevissimis; caule herbaceo; foliis integris, pubescentibus v. sublanatis; capitulis solitariis v. paucissimis; involucri bracteis exterioribus herbaceis, plerumque foliaceis. (*Oriens.*) *Osmitopsis* CASS., in *Bull. Soc. philom.* (1817); in *Dict.*, XXXVII, 5. — DC., *Prodr.*, VI, 292. — ENDL., *Gen.*, n. 2785. — B. H., *Gen.*, II, 341, n. 306: floribus 2-morphis; radii neutris astylis; styli ramis florum hermaphroditorum apice truncatis; fructibus fertilibus oblongis sub-4, 5-gonis; pappo subnullo v. 0; caule fruticoso; foliis (odoratis) glanduloso-pubescentibus; involucri latiusculi bracteis pauciseriatis; exterioribus plerumque herbaceis. (*Africa austr.*) *Osmites* L., *Gen.*, n. 983. — LAMK, *Ill.*, t. 704.

— CASS., in *Dict.*, XXXVII, 5. — DC., *Prodr.*, VI, 290. — ENDL., *Gen.*, n. 2784. — B. H., *Gen.*, II, 341, n. 305. — *Bellidiastrum* VAILL., in *Act. Acad. par.* (1720), 316 (nec MICH.). — *Spanotrichum* E. MEY., in exs. *Dreg.*; charact. *Osmitopsidis* : floribus radii fœmineis; pappi brevis paleis integris lacerisve, nunc elongato-aristatis; caule suffruticoso; foliis (odoratis) angustis, nunc dentatis v. pinnatifidis. (*Africa austr.*) *Anisopappus* HOOK. et ARN., *Beech. Voy., Bot.*, 196. — ENDL., *Gen.*, n. 3032[1]. — B. H., *Gen.*, II, 339, n. 301: fructu subtereti v. partim compressiusculo, ∞-costato, ad costas nunc pilosulo; pappi paleis liberis brevibus; interioribus 2-5, aristatis longioribus tenuibus inæqualibus; caule herbaceo annuo; foliis alternis dentatis scabris; capitulis paucis laxe corymbiformi-cymosis. (*China, Africa trop.*) ? *Sphacophyllum* BENTH., in *Hook. Icon.*, t. 1135; *Gen.*, II, 339, n. 300: fructu angusto, basi calloso, 5-costato, ad costas pilosulo; pappi brevissimi paleis in coronam connatis; caule suffruticoso; foliis alternis rugulosis; capitulis (parvis) pedunculatis paucis v. solitariis, terminalibus v. axillaribus. (*Madagascaria.*)

2. Spec. ad 20. JACQ., *Fl. austr.*, t. 370. — VAHL, *Symb.*, I, t. 19. — SIBTH., *Fl. græc.*, t. 898, 899. — W. et KIT., *Pl. rar. hung.*, t. 113. — DC., *Prodr.*, V, 618, n. 40 (*Verbesina*); VI, 3, n. 1 (*Epallage*); VII, 287, n. 4 (*Ceruana*). — WEBB, *Phyt. canar.*, t. 86, 87 (*Naupilus*). — REICHB., *Ic. Fl. germ.*, t. 936, 937; 938 (*Telekia*); 939 (*Asteriscus, Pallenis*); *Icon. bot.*, t. 350 (*Telekia*). — HARV. et SOND., *Fl. cap.*, III, 136 (*Callilepis*), 304 (*Osmites*), 305 (*Osmitopsis*). — BENTH., *Fl. hongkong.*, 180 (*Anisopappus*). — BOISS., *Fl. or.*, III, 178 (*Telekia, Asteriscus*), 180 (*Pallenis*), 181 (*Chrysophthalmum*). — WILLK. et LGE, *Prodr. Fl. hisp.*, II, 47. — GREN. et GODR., *Fl. de Fr.*, II, 170; 171 (*Asteriscus*). — *Bot. Mag.*, t. 899; 3466 (*Telekia*). — WALP., *Ann.*, II, 844 (*Asteriscus*), 846 (*Pallenis*) ; V, 208.

3. In *Dict. sc. nat.*, XXXIV, 101. — LESS., *Syn.*, 259. — DC., *Prodr.*, VI, 37. — ENDL., *Gen.*, n. 2652. — B. H., *Gen.*, II, 341, n. 307.

4. Flavi.

Fructus obpyramidato-compressiusculus glaber, basi cuneatus, superne lateraliter 2-aristatus; aristis conicis rigidis. — Herba nana; caule cæspitoso v. simplici, nunc stolonifero; foliis basilaribus angustis integris, glabris v. puberulis; capitulo in summo scapo nunc 1-phyllo v. 1-bracteato terminali ; involucri bracteis paucis, membranaceis v. subhyalinis, pauciseriatis; receptaculo elevato, inter flores paleaceo v. subnudo[1]. (*Tasmania*[2].)

164. **Anvillea** DC.[3]— Flores[4] fertiles, 2-morphi; radii (nunc 0) fœminei, 1-seriati; corolla ligulata patente, 2-3-dentata; disci autem hermaphroditi; corollæ regularis limbo leviter ampliato, 5-fido. Antheræ basi tenuiter caudato-appendiculatæ. Styli florum hermaphroditorum rami lineares, complanati, obtusati v. subulati. Fructus subteretes pilosi, subangulati, ∞-costati, epapposi. — Herbæ rigidæ v. suffruticosæ ramosæ, glabræ v.-canescenti-tomentosæ; foliis alternis, angulatis v. incisis; capitulis solitariis terminalibus; receptaculo convexiusculo v. concaviusculo, inter flores paleaceo; involucri subglobosi v. hemisphærici bracteis ∞, imbricatis, nunc basi connatis[5], ∞-seriatis; interioribus membranaceis lanceolatis; exterioribus autem foliaceo- v. spinescenti-appendiculatis. (*Africa bor., Oriens*[6].)

165? **Gymnarrhena** DESF.[7] — Flores[8] 2-morphi; radii fœminei fertiles, ∞-seriati; corolla tubulosa tenui, breviter dentata; disci autem hermaphroditi steriles; corollæ tubulosæ limbo campanulato, 5-fido; basi corollæ plerumque dilatata, plus minus persistente. Antheræ basi obtusata integræ. Styli florum hermaphroditorum rami obtusi, liberi v. plus minus coaliti[9]. Fructus radii obconici, dense villosi; pappo 2-plici; interioris paleis 8-10, angustis acutatis; exterioris autem setis ∞, scabris subfasciculatis. Disci fructus abortivi; pappi setis paucis (8-12) barbellato-subplumosis, plus minus paleiformibus, basi connatis, 2-seriatis. — Herba glabra; caule brevi; foliis basilaribus rosulatis,

1. Genus anomalum et cum serie nulla *Compositarum* plane congruens. Adspectus *Calycerearum* humiliorum.

2. Spec. 1. *N. calyceroides* CASS. — HOOK. F., *Fl. tasm.*, I, 190, t. 48 A. — BENTH., *Fl. austral.*, III, 545.

3. *Prodr.*, V, 487. — ENDL., *Gen.*, n. 2443. — B. H., *Gen.*, II, 338, 1234, n. 296. — *Sycodium* POM., *N. mat. Fl. atl.*, 34.

4. Flavi v. aurei.

5. Vel potius (?) receptaculi margo.

6. Spec. 2. BURM., *Fl. ind.*, t. 60, fig. 1 (An-

themis). — VENT., *Jard. Cels*, t. 25 (*Buphthalmum*). — DEL., *Fr. Fl. Arab. petr.*, 14, t. 4 (*Buphthalmum*). — COSS. et DUR., in *Bull. Soc. bot. Fr.*, III, 742. — BOISS., *Fl. or.*, III, 181.

7. In *Mém. Mus.*, IV, t. 1. — CASS., in *Dict.*, XXI, 111; XXIII, 566. — LESS., *Syn.*, 419. — DC., *Prodr.*, V, 374. — ENDL., *Gen.*, n. 2400. — *Cryptadia* LINDL., in *Endl. Gen.*, Suppl., I, 1381. — *Frankia* STEUD., in *exs. Schimp. arab.*, n. 899.

8. Flavi.

9. Pro stylo integro habiti.

mox evanidis; capitulis breviter stipitatis congestis; pedunculo mox ad apicem incrassato indurato, foliis floralibus elongatis membranaceis rectinerviis[1] coronato; involucri bracteis paucis siccis; receptaculo plano paleaceo; paleis exterioribus rigidioribus flores radii amplectentibus; interioribus autem flores interiores amplectentibus tenuioribus, hyalinis v. minutis, nunc 0[2]. (*Oriens, Africa mediterranea.*[3])

· **166. Geigeria** GRIESS.[4]—Flores[5] fertiles, 2-morphi; radii fœminei, 1-seriati, nunc paucissimi; corolla ligulata, 3-dentata; disci autem hermaphroditi; corollæ tubulosæ limbo vix ampliato, 5-fido. Antheræ basi acuminato-caudatæ. Styli florum hermaphroditorum rami lineares, acutati v. obtusati, læves v. papillosi. Fructus obconici, 3-4-goni, varie pilosi; pappi paleis ∞, 1-2-seriatis, membranaceis v. hyalinis, acutis, acuminatis, muticis v. laceris, nunc ima basi connatis. — Herbæ, nunc suffrutescentes, glabræ v. lanatæ; caule ramisque teretibus v. nunc (*Diplostemma*[6]) utrinque foliaceo-alatis; foliis alternis, integris v. dentatis, plerumque glanduloso-punctulatis; capitulis inter folia sessilibus, in summis ramulis v. in dichotomiis terminalibus, nunc lateralibus; involucri ovoidei v. subsphærici bracteis ∞, imbricatis, inæqualibus; receptaculo inter flores paleaceo; paleis fructum amplectentibus, laceris v. superne setosis. (*Africa austr. et trop. or., Arabia*[7].)

167. **Rhanterium** DESF.[8]—Flores[9] fertiles, 2-morphi; radii fœminei, 1-seriati; corolla ligulata, patente, 2-3-dentata; disci autem hermaphroditi; corolla[10] tubulosa; limbo parum ampliato, 5-fido. Antheræ basi acuminata caudatæ. Styli florum hermaphroditorum rami angusti complanati, apice obtusati, extus papillosi; florum autem fœmineorum (ubi adsint) subulati. Fructus elongati, 4-5-costati glabri; pappi in disco setis paucis (4-6), tenuibus v. rigidulis, apice plus minus dilatatis, nunc subplumosis; in radio sæpius 0. — Suffrutices, tenuiter cano-lanati; foliis alternis, integris v. pectinato-dentatis; capitulis termina-

1. Nunc pro involucri bracteis exterioribus foliaceis habitis.

2. Genus in serie qualibet anomalum.

3. Spec. 1. *G. micrantha* DESF. — BOISS., *Fl. or.*, III, 240. — *Frankia Schimperi* STEUD.

4. In *Linnœa*, V, 411. — DC., *Prodr.*, V, 482. — ENDL., *Gen.*, n. 2437. — B. H., *Gen.*, II, 337, n. 293. — *Geigera* LESS., *Syn.*, 199 (nec SCHOTT). — *Dixonium* W., herb. — *Zeyhera* SPRENG. F., *Diss.*, 92 (ex LESS., *loc. cit.*). — *Araschcoolia* SCH. BIP., in *exs. Kotsch. nubic.*, n. 104.

5. Flavi.

6. STEUD. et HOCHST., in *exs. Schimp. arab. fel.*, n. 853 (*Cichorium*); in *DC. Prodr.*, VII, 75. — ENDL., *Gen.*, n. 2966[1].

7. Spec. ad 10. HARV. et SOND., *Fl. cap.*, III, 124.

8. *Fl. atl.*, II, 291, t. 240. — DC., *Prodr.*, V, 463. — LESS., *Syn.*, 199. — ENDL., *Gen.*, n. 2425. — B. H., *Gen.*, II, 338, n. 295.

9. Flavi.

10. Basi duriuscula.

libus solitariis pedunculatis; involucri globosi v. breviter ovoidei bracteis ∞, imbricatis, ∞-seriatis, coriaceis, apice obtusis v. squamoso-acuminatis[1]; receptaculo plano v. convexiusculo, vix foveolato; paleis fructum concavitate plerumque amplectentibus, nunc autem in disco centrali 0[2]. (*Africa bor.*[3])

168? Oligodora DC.[4] — Flores hermaphroditi fertiles; corollæ regularis limbo campanulato. « Antheræ basi mucronato-appendiculatæ. Styli rami subteretes truncati.» Fructus oblongi, 5-angulato-costati glabri; pappi paleis paucis sub-1-seriatis, rigidulis hyalinis, superne acute laceris. — Fruticulus glaber minute glandulosus; foliis alternis sessilibus pinnato-dentatis; dentibus subtransversis, 3-angularibus; capitulis[5] terminalibus, solitariis v. paucis; receptaculo parvo duro, inter flores parce v. vix paleaceo; involucri oblongi bracteis inæqualibus, imbricatis, rigidis v. scariosis[6]. (*Africa austr.*[7])

169? Ondetia BENTH.[8] — « Flores 2-morphi; radii fœminei fertiles, 1-seriati; corolla ligulata; disci autem hermaphroditi fertiles (v. interiores steriles?); corollæ tubulosæ limbo cylindaceo rigidulo, ad medium v. profondius 5-fido. Antheræ basi ciliolato-caudatæ. Styli florum hermaphroditorum rami lineari-lanceolati rigidi obtusi, dorso hispiduli. Fructus (immaturi) subteretes pilosi; pappi paleis inæqualibus, sub-2-seriatis, in setas breviter barbellatas desinentibus; additis setis nonnullis exterioribus (v. fructus pilis superioribus) tenuibus brevioribusque. — Herba (suffruticosa?) perennis ramosissima glabra (odorata); ramis tenuibus anguste alatis; foliis alternis linearibus integris, longe decurrentibus; capitulis (majusculis) inter folia suprema solitariis; receptaculo plano v. convexiusculo, paleis rigidis subscariosis flores subtendentibus onusto; involucri late hemisphærici v. depresse globosi bracteis ∞, imbricatis, ∞-seriatis, appendicibus amplis laxis scariosis terminatis; intimis acutis; exterioribus gradatim latioribus brevioribusque. » (*Africa austro-or.*[9])

---

1. Ut in *Centaureis* quibus, capitulorum adspectu, valde analogum est genus.
2. Generis sectio, bracteis involucri haud squamosis et pappo constanter duplici, videtur *Postia* BOISS. (*Fl. or.*, III, 182).
3. Spec. ad 6. WALP., *Ann.*, V, 199.
4. *Prodr.*, VI, 282. — ENDL., *Gen.*, n. 2778. — B. H., *Gen.*, II, 342, n. 308.
5. Parvis.

6. Genus male notum, vix, ob paleas haud inter flores constantes, hujus loci et forte potius ad *Anthemideas* referendum.
7. Spec. 1. *O. dentata* DC. — HARV. et SOND., *Fl. cap.*, III, 303.
8. In *Hook. Icon.*, t. 1112; *Gen.*, II, 338, n. 297.
9. Spec. 1, nobis ignota. *O. linearis* BENTH. — OLIV. et HIERN, *Fl. trop. Afr.*, III, 368.

170. Leysera L.[1] — Flores[2] fertiles, 2-morphi; radii fœminei, 1-seriati; corolla ligulata, integra v. dentata; disci autem hermaphroditi; corollæ regularis limbo parum v. vix ampliato, 5-dentato, v. 5-fido. Antheræ[3] basi tenuiter plus minus longe caudato-appendiculatæ[4]. Styli florum hermaphroditorum rami apice truncati[5]. Fructus oblongi, angulati v. costati; pappi setis in disco sæpius brevibus; in radio longioribus tenuibus, barbellatis, ciliatis v. plumosis, nunc plus minus inter se dissimilibus. — Herbæ v. suffrutices, glabri v. tomentosi; foliis alternis, rarius oppositis v. confertis, linearibus integris, margine plerumque revolutis; capitulis terminalibus pedunculatis, solitariis v. rarius laxe corymbiformi- v. foliato-cymosis; involucro obconico, campanulato v. hemisphærico; bracteis inæqualibus, ∞-seriatis, scariosis v. apice hyalinis; exterioribus nunc subherbaceis[6]. (*Africa austr., trop., bor., Oriens, Australia, Europa meridionalis.*[7])

171. Arrowsmithia DC.[8] — Flores[9] cæteraque fere *Leyseræ*[10]; disci hermaphroditi plerique steriles. Fructus elongati angusti compressi; disci plerique effœti; pappo 0. Frutex; foliis alternis sessilibus pungenti-mucronatis rigidis, margine revolutis; involucri subcampanulati brac-

1. *Gen.*, n. 965. — J., *Gen.*, 179. — LAMK, *Dict.*, III, 468; *Ill.*, t. 688. — LESS., *Syn.*, 367. — *Leyssera* DC., *Prodr.*, VI, 278. — ENDL., *Gen.*, n. 2772. — B. H., *Gen.*, II, 327, n. 267. — *Asteropterus* VAILL., in *Act. Acad. par.* (1720).— GÆRTN., *Fruct.*, II, 460, t. 173. — *Callicornia* BURM., *Prodr. Fl. cap.*, 24. — *Longchampia* W., in *Ges. Nat. Fr. Berl. Mag.* (1811), 159. — *Leptophytus* CASS., in *Dict. sc. nat.*, XXVI, 77.

2. Flavi.

3. Nunc ad staminodia reductæ lobosque corollæ accessorios simulantes.

4. Caudis nunc plus minus inter se coalitis, nec vere connatis.

5. In flore fœmineo sæpius acutati.

6. Sectiones generis, nostro sensu, sunt: *Athrixia* KER, in *Bot. Reg.*, t. 681. — LESS., *Syn.*, 364. — DC., *Prodr.*, VI, 276. — ENDL., *Gen.*, n. 2770. — B. H., *Gen.*, II, 328, 1233, n. 271. — *Chrysodiscus* STEETZ, in *Pl. Preiss.*, I, 460. — *Asteridia* LINDL., *Sw. Riv. App.*, 24. — *Trichostegia* TURCZ., in *Bull. Mosc.* (1851), II, 81. — *Klenzea* SCH. BIP., in *Walp. Rep.*, II, 973: floribus omnibus fertilibus; pappi setis 1-seriatis, scabris, barbellatis v. plumosis; intermixtis nunc brevioribus nonnullis; involucri hemisphærici, obconici v. companulati, bracteis angustis, acutatis v. acuminatis, plerumque scariosis. (*Africa austr., trop. or. cont. et insul., Australia.*)

Antithrixia DC., *Prodr.*, VI, 277. — ENDL.,

Gen., n. 2771. — B. H., *Gen.*, II, 329, n. 272: floribus fertilibus omnibus; pappi setis tenuibus, sub-2-seriatis; caule fruticoso; foliis alternis v. oppositis; styli florum hermaphroditorum ramis elongatis truncatis; involucri anguste campanulati bracteis appressis rigidis scariosis, ∞-seriatis. (*Africa austr. et trop.*)

Heterolepis CASS., in *Bull. Soc. philom.* (1820), 26; in *Dict.*, XXI, 120. — LESS., *Syn.*, 58. — DC., *Prodr.*, VI, 496. — ENDL., *Gen.*, n. 2838. — D. H., *Gen.*, II, 328, n. 270. — *Heteromorpha* CASS., in *Bull. Soc. philom.* (1817), 12 (nec CHAM.): floribus interioribus nunc sterilibus; setis rigidulis breviter plumosis; caule fruticoso; foliis alternis; involucri hemisphærici bracteis 2-morphis; exterioribus subherbaceis angustis; interioribus autem apice scariosis. (*Africa austr.*)

7. Spec. ad 25. JACQ., *Icon. rar.*, t. 588; *Hort. schœnbr.*, t. 154 (*Œdera*). — HARV. et SOND., *Fl. cap.*, III, 291 (*Athrixia*), 293 (*Antithrixia*), 469 (*Heterolepis*). — BENTH., *Fl. austral.*, III, 599. — SCH. BIP., in *Walp. Rep.*, II, 973 (*Klenzea*). — BOISS., *Fl. or.*, III, 239. — WILLK. et LGE, *Prodr. Fl. hisp.*, II, 52. — WALP., *Ann.*, II, 904 (*Athrixia*).

8. *Prodr.*, VII, 254. — DELESS., *Ic. sel.*, IV, t. 100. — ENDL., *Gen.*, n. 3032[2]. — B. H., *Gen.*, II, 329, n. 273.

9. Flavi.

10. Cujus potius forte sectio.

teis scariosis subcoriaceis rigidis, appressis; ∞-seriatis; receptaculo inter flores setoso. (*Africa austr.*[1])

172? Macowania OLIV.[2] — « Flores[3] cæteraque fere *Leyseræ;* disci hermaphroditi steriles. Fructus elongati, in radio subteretes, ∞-striati, pappi setis paucis brevibus, sigillatim caducis. — Frutex glandulosus hirtus; foliis alternis sessilibus linearibus integris, margine revoluto glanduloso-setosis; capitulis terminalibus in cymam corymbiformem foliatam dispositis; involucro late campanulato; receptaculo plano subfoveolato. » (*Africa austr.*[4])

173. Podolepis LABILL.[5] — Flores[6] fere *Leyseræ*, fertiles omnes v. fœminei nunc irregulares; corolla inæqui-2-4-fida. Fructus subteretes v. compressiusculi; pappi setis ∞, basi liberis v. breviter connatis, tenuibus, integris v. breviter barbellatis, nunc in flore fœmineo paucis v. 0. — Herbæ annuæ v. perennes, lanatæ v. demum glabratæ; foliis alternis angustis, integris, nunc amplexicaulibus; capitulis stipitatis v. subsessilibus; involucri subhemisphærici v. nunc ovoidei bracteis ∞, tenuiter scariosis, ∞-seriatis; interioribus sæpe stipitatis, nec radiantibus; receptaculo nudo. Cætera *Leyseræ*. (*Australia*[7].)

174. Gnaphalium L.[8] — Flores[9] fertiles omnes, 2-morphi; capituli disciformis exteriores fœminei, 2-∞-seriati; corolla gracili v. subfiliformi, apice capituli plus minus profunde 3-4-dentata; interiores autem hermaphroditi (pauciores); corollæ regularis tenuis limbo parum v. vix ampliato, 5-dentato. Antheræ basi tenuiter caudato-appendiculatæ. Styli florum hermaphroditorum rami teretes v. compressiusculi, apice haud v. leviter dilatato truncati. Fructus obovoidei v. oblongi, teretes v. compressiusculi, glabri, papillosi v. sericei; pappi setis plerumque

---

1. Spec. 1. *A. styphelioides* DC. — HARV. et SOND., *Fl. cap.*, III, 524.
2. In *Hook. Icon.*, t. 1062. — B. H., *Gen.*, II, 327, n. 268.
3. « Flavi. »
4. Spec. 1, nobis ignota. *M. revoluta* OLIV.
5. *Pl. N.-Holl.*, II, 56, t. 208. — LESS., *Syn.*, 367. — DC., *Prodr.*, VI, 162. — ENDL., *Gen.*, n. 2736. — B. H., *Gen.*, II, 328, n. 269. — *Scalia* SIMS, in *Bot. Mag.*, t. 956. — *Scaliopsis* WALP., in *Linnæa*, XIV, 318. — *Stylolepis* LEHM., in *Linnæa*, V, 385. — *Panætia* CASS., in *Dict.*, LX, 593. — *Siemssenia* STEETZ, in *Pl. Preiss.*, I, 465. — *Rutidochlamys* SOND., in *Linnæa*, XXV, 497.

6. Radii rosei, violacei, flavi v. subalbidi.
7. Spec. ad 12. SWEET, *Brit. fl. Gard.*, t. 285. — REGL., in *Gartenflora*, t. 320. — BENTH., *Fl. austral.*, III, 603. — *Bot. Mag.*, t. 2904.
8. *Gen.*, 946.— DC., *Prodr.*, VI, 232.— ENDL., *Gen.*, n. 2746. — PAYER, *Fam. nat.*, 23.— B. H., *Gen.*, II, 305, n. 215. — *Omalotheca* CASS., in *Dict.*, LVI, 218. — DC., *Prodr.*, VI, 245. — *Lucilia* CASS., in *Bull. Soc. philom.* (1817); in *Dict.*, XXVII, 263. — DC., *Prodr.*, VII, 45. — ENDL., *Gen.*, n. 2940. — *Belloa* REMY, in *Gay Fl. chil.*, III, 336, t. 38. — *Gamochæta* WEDD., *Chlor. andin.*, I, 151. — *Merope* WEDD., *loc. cit.*, I, 160, t. 24-26.
9. Albi, flavi v. rosei.

1-seriatis, tenuibus, glabris v. plus minus longe plumosis, basi liberis v. connatis, nunc sigillatim caducis. — Herbæ v. rarius suffrutices, nunc subacaules, canescentes varieque tomentosi lanative; foliis alternis integris, sessilibus, decurrentibus v. nunc petiolatis; capitulis[1] solitariis, sessilibus v. sæpius in cymas glomerulosve racemosos v. corymbosos dispositis; receptaculo forma valde vario, plano v. conico, nudo, brevissime fimbrilligero v. rarius plus minus profunde foveolato; involucri ovoidei, oblongi v. campanulati, bracteis ∞, imbricatis, omnino v. ad apicem scariosis (sæpe coloratis[2]), ∞-seriatis[3]; exterioribus gradatim minoribus, dorso sæpe lanatis; interioribus au-

---

1. Parvis v. minutis.

2. Sæpius albidis, sordide flavescentibus fuscatisve.

3. Generis sectiones, nostro sensu, sunt :
Lasiopogon Cass., in *Bull. Soc. philom.* (1818), 75; in *Dict.*, XXV, 302.— DC., *Prodr.*, VI, 246.— Endl., *Gen.*, n. 2749. — B. H., *Gen.*, II, 304: fructu glabro v. papilloso; pappi setis plumosis; caule minuto ramosissimo; capitulis confertim cymosis; involucri campanulati bracteis pauciseriatis. (*Africa bor. et austr. extratrop., Oriens.*)
Facelis Cass, in *Dict.*, XVI, 104. — DC., *Prodr.*, VII, 47. — Endl., *Gen.*, n. 2942. — B. H., *Gen.*, II, 304, n. 211. — *Pteropogon* Fisch. et Mey., *Ind. sem. Hort. petrop.*, VI, 54 (nec DC.): fructu dense sericeo; pappi setis plumosis; caule herbaceo, sæpius annuo; capitulis axillaribus solitariis v. terminalibus cymosis; involucro ovoideo v. oblongo; bracteis interioribus scariosis; exterioribus herbaceis lanatis v. ex parte subfoliaceis. (*America austr. andina.*)
Achyrocline Less., *Syn.*, 332. — DC., *Prodr.*, VI, 219. — Endl., *Gen.*, n. 2745. — B. H., *Gen.*, II, 305, n. 214: fructu oblongo, tereti v. compressiusculo; pappi setis haud v. vix plumosis; caule herbaceo perenni v. suffruticoso; capitulis in cymas densas racemosas dispositis, paucifloris (floribus 4-10); involucri angusti bracteis scariosis coloratis (albidis, fuscatis v. flavescentibus); exterioribus parce lanatis. (*America calid. utraque, Africa trop., Madagascaria.*)
Antennaria Gærtn., *Fruct.*, II, 410, t. 167. — DC., *Prodr.*, VI, 269, sect. 1. — Endl., *Gen.*, n. 2767. — B. H., *Gen.*, II, 301, n. 203: floribus diœcis; fructu oblongo, glabro v. papilloso, ecostato; pappi setis ∞ (v. in floribus hermaphroditis abortivis paucioribus); caule herbaceo perenni cæspitoso; capitulis solitariis v. plerumque confertis et corymbiformi-cymosis; bracteis involucri imbricatis, ∞-seriatis; exterioribus sæpe radiantibus. (*Europa, Asia, America utraque extratrop., ? Australia.*)
Leontopodium R. Br., in *Trans. Linn. Soc.*, XII, 124. — Less., *Syn.*, 354. — DC., *Prodr.*, VI, 275. — Endl., *Gen.*, n. 2769. — B. H., *Gen.*,

II, 302, n. 207: fructu oblongo, glabro, papilloso hirtove; pappi setis tenuibus barbellatis, basi connatis; caule herbaceo perenni cæspitoso; foliis cano-lanatis v. tomentosis; capitulis in cymam terminalem densam foliisque floralibus involucratam dispositis. (*Europa, Asia, America mont.*)
Chionolœna DC., *Prodr.*, V, 397. — Endl., *Gen.*, n. 2407. — B. H., *Gen.*, II, 302, n. 206: fructu teretiusculo villoso; pappi setis denticulatis, basi connatis, 1-seriatis; florum fœmineorum setis apice sæpius clavatis; caule fruticoso; ramis foliaceis; foliis cano-sericeis; capitulis androgynis inter folia suprema solitariis v. corymbiformi-cymosis; involucri campanulati bracteis albis, deciduis, ∞-seriatis. (*America austr., Mexicum.*)
Pterygopappus Hook. f., in *Hook. Lond. Journ.*, VI, 120; *Fl. tasm.*, I, 207, t. 58 B. — B. H., *Gen.*, II, 303, n. 209. — *Maja* Wedd., *Chlor. andin.*, I, 228, t. 27: fructibus radii oblongis parvis; disci autem effœtis; pappi setis paucis (3-8) barbellato-plumosis, sigillatim caducis; caule perenni dense cæspitoso pulvinato; foliis minutis, imbricatis; capitulis terminalibus, plerumque solitariis, inter folia suprema sessilibus; involucri ovoidei bracteis inæqualibus paucis scariosis imbricatis. (*Tasmania mont.*)
Raoulia Hook. f., *Fl. N.-Zel.*, I, 134, t. 36, 37. — B. H., *Gen.*, II, 307, n. 216: floribus fœmineis 1-2-seriatis; fructu subtereti v. compressiusculo; pappi setis liberis v. basi irregulariter connatis, nunc apice incrassatis; caule dense cæspitoso v. prostrato ramoso; foliis parvis, nunc imbricatis, canis; capitulis terminalibus solitariis; involucri hemisphærici v. subcampanulati bracteis imbricatis; interioribus appressis v. radiantibus; receptaculo plano v. plus minus convexo. (*Australia, Tasmania, N.-Zelandia.*)
Mniodes A. Gray, in *Proc. Amer. Acad.*, V, 138. — B. H., *Gen.*, II, 301, n. 202: floribus diœcis; fructu subtereti (?); pappi setis ∞, tenuibus, basi connatis; disci paucioribus; apice tenui v. incrassato barbellatove; caule humili dense pulvinato; foliis minutis, imbricatis, canis; capitulis

tem nunc scarioso-appendiculatis. (*Orbis tot. reg. calid., temp. et frigid.*[1])

175? Phagnalon CASS.[2]— Flores[3] fertiles omnes (fere *Gnaphalii*[4]), 2-morphi; exteriores fœminei, ∞-seriati; corolla gracillima, stylo subæquali, 2-3-denticulata; interiores autem hermaphroditi; corollæ tenuiter tubulosæ limbo anguste campanulato, 5-fido. Antheræ basi obtusæ v. breviter caudatæ. Styli rami obtusi v. truncati. Fructus (parvi) compressiusculi ecostati; pappi setis ∞, tenuissimis, glabris v. brevissime serratis, persistentibus v. caducis. — Herbæ frutescentes v. fruticuli, lanati v. glabrati; foliis alternis, angustis, integris v. dentatis; capitulis terminalibus solitariis v. laxe cymosis glomeratisve; cæteris *Gnaphalii*. (*Reg. medit., ins. Canar., Oriens*[5].)

176. Chevreulia CASS.[6] — Flores[7] (fere *Gnaphalii*) 2-morphi; exteriores fœminei fertiles, ∞-seriati; corolla tenui truncata v. denticulata; interiores autem hermaphroditi pauci, fertiles v. steriles; corollæ tenuis limbo parum ampliato, 5-dentato. Antheræ basi longe tenui-

---

solitariis terminalibus; involùcri bracteis paucis, nunc minute appendiculatis; exterioribus dorso lanatis. (*America austr. andin.*)

? *Gnaphalodes* A. GRAY, in *Hook. Kew Journ.*, IV, 228. — B. H., *Gen.*, II, 321, n. 249. — ? *Actinobole* FENZL, in ENDL., *Gen.*, Suppl., III, 70, n. 2711[1] : floribus omnibus hermaphroditis fœmineisve (sectio unde anomala); pappi setis paucis (5, 6) paleaceo-plumosis; caule herbaceo nano cano; foliis alternis integris; capitulis terminalibus glomerulatis; involucro communi e foliis supremis constante; receptaculo proprio parvo; involucri proprii bracteis ∞, scariosis, imbricatis. (*Australia.*)

1. Spec. ad 140. JACQ., *Fragm.*, t. 81; *Fl. austr.*, t. 86. — H. B. K., *Nov. gen. et spec.*, IV, t. 329. — LABILL., *Pl. N.- Holl.*, II, t. 189. — DEL., *Fl. egypt.*, t. 44. — TEN., *Fl. nap.*, t. 194. — HOMBR. et JACQ., in *D'Urv. Voy. pôle sud*, t. 11. — TORR., in *Whippl. Exp., Bot.*, 54. — CHAPM., *Fl. S. Unit. St.*, 243. — REMY, in *C. Gay Fl. chil.*, IV, 220, 234 (*Antennaria*). — BENTH., *Fl. austral.*, III, 650 (*Raoulia*), 651 (*Antennaria*), 652; 656 (*Pterygopappus*). — HOOK. F., *Handb. N.-Zeal. Fl.*, 147 (*Raoulia*), 151. — WEDD., *Chlor. andin.*, I, 144, t. 24; 148 (*Achyrocline*), 149 (*Antennaria*), 151 (*Gamochæta*), 154, t. 25 B, 26 A (*Lucilia*), 159 (*Belloa*); 160, t. 24-26 (*Merope*). — HARV. et SOND., *Fl. cap.*, III, 260. — HARV., *Thes. cap.*, t. 150 (*Lasiopogon*). — OLIV. et HIERN, *Fl. trop. Afr.*, III, 339 (*Achyrocline*), 341. — PHIL., in *Linnæa*, XXIX, 4; XXXIII, 163. — MIQ., in *Ann. Mus.*

lugd.-bat., II, 178, II, 90. — FR. et SAV., *Enum. pl. jap.*, I, 241. — REICHB., *Icon. bot.*, t. 750, 753, 961; *Ic. Fl. germ.*, t. 947 (*Leontopodium*), 948, 949; 950 (*Antennaria*), 952. — BOISS., *Fl. or.*, III, 223 (*Antennaria*), 224. — WILLK. et LGE, *Prodr. Fl. hisp.*, II, 61, 63 (*Antennaria*), 64 (*Leontopodium*). — GREN. et GODR., *Fl. de Fr.*, II, 186; 189 (*Antennaria*), 190 (*Leontopodium*). — *Bot. Mag.*, t. 1958, 2582. — WALP., *Rep.*, II, 646; 649 (*Antennaria*); VI, 244; *Ann.*, I, 423, 424 (*Leontopodium*); V, 278 (*Raoulia*), 282; 286 (*Gnaphalodes*), 289 (*Antennaria*), 290 (*Leontopodium*).

2. In *Bull. Soc. philom.* (1819), 174; in *Dict.*, XIX, 118; XXIII, 561; XXXIX, 400. — ENDL., *Gen.*, n. 2406. — B. H., *Gen.*, II, 304, n. 213.

3. Flavi.

4. Cujus forte potius sectio.

5. Spec. ad 12. SIBTH., *Fl. græc.*, t. 862, 863 (*Conyza*). — TEN., *Fl. nap.*, t. 77 (*Conyza*). — FRES., in *Mus. Senkenb.*, I, t. 4. — SCH. BIP., in *Webb Phyt. canar.*, t. 82, 82 B. — REICHB., *Icon. Fl. germ.*, t. 920. — HOOK., *Icon.*, t. 764. — BOISS., *Fl. or.*, III, 219. — LOWE, *Prim. Fl. mader.*, I, 438 (*Gnaphalon*). — WILLK. et LGE, *Prodr. Fl. hisp.*, II, 57. — GREN. et GODR., *Fl. de Fr.*, II, 94. — WALP., *Rep.*, VI, 134, 721; *Ann.*, I, 409; II, 837.

6. In *Dict.*, VIII, 516. — LESS., *Syn.*, 122. — DC., *Prodr.*, VII, 44. — ENDL., *Gen.*, n. 2939. — B. H., *Gen.*, II, 303, n. 210. — *Leucopodum* GARDN., in *Hook. Lond. Journ.*, IV, 124.

7. Lutescentes (?) v. purpurascentes (?).

terque acuminato-caudatæ. Styli florum hermaphroditorum rami apice
breviter v. haud dilatato obtusati. Fructus angusti subteretes, glabri v.
papillosi, 4-5-costati, apice longe rostrati; centrales plerumque effœti;
pappi setis ∞, tenuissimis, ima basi plerumque connatis, 1-2-seriatis.
—Herbæ perennes humiles cæspitosæ, sæpe prostratæ; foliis oppositis
(parvis) integris, sæpius canis; capitulis[1] aut inter folia sessilibus, aut[2]
longe graciliterque pedunculatis; receptaculo plano nudo; involucri
oblongi v. subcampanulati bracteis imbricatis pauciseriatis; interioribus longioribus subscariosis, margine hyalinis; cæteris *Gnaphalii*.
(*America austr. trop. et extratrop. v. andina*[3].)

177? **Anaphalis** DC.[4]—Flores (fere *Gnaphalii*[5]) 2-morphi v. sæpius
1-sexuales subdiœci; hermaphroditi fertiles exteriores, ∞-seriati (in
capitulis submasculis paucissimi v. 0). Antheræ tenuiter appendiculatæ.
Stylus florum hermaphroditorum tenuis, indivisus, truncatus v. sub-
capitellatus, nunc brevissime 2-lobus. Cætera *Gnaphalii*. — Herbæ
perennes erectæ canæ; foliis alternis integris, petiolatis, sessilibus v. in
ramo decurrentibus; capitulis in cymas confertas v. corymbiformes
dispositis; involucri[6] bracteis scariosis imbricatis, plerumque radiantibus; interioribus autem petaloideo-appendiculatis. (*Asia trop.,
temp., or., Europa austr., America bor.*[7])

178? **Luciliopsis** WEDD.[8] — Flores diœci (fere *Gnaphalii*[9]). Fructus
subteres; pappi setis ∞, tenuissimis, basi connatis (in fructu hermaphrodito vacuo basi crispatis). — Herbæ annuæ v. perennes, minutæ
humiles graciles; foliis oppositis parvis; capitulis (stricte diœcis) sessilibus solitariis; involucri bracteis imbricatis pauciseriatis. Cætera
Gnaphalii. (*America austr. andina*[10].)

179. **Oligandra** LESS.[11] — Flores (fere *Gnaphalii*) polygamo-diœci

1. Parvis v. mediocribus.
2. In planta nunc eadem.
3. Spec. 5, 6. DUP.-TH., *Fl. Trist. d'Acugna*, 39, t. 8 (*Xeranthemum*). — PERS., *Enchir.*, II, 456 (*Tussilago*). — D'URV., *Fl. mal.*, n. 71. — REMY, in *C. Gay Fl. chil.*, III, 330, t. 37, f. 2. — PHIL., in *Linnæa*, XXXIII, 119. — WEDD., *Chlor. andin.*, I, 157, not.—WALP., *Ann.*, I, 993.
4. DC., *Prodr.*, VI, 271. — ENDL., *Gen.*, n. 2768. — B. H., *Gen.*, II, 303, n. 208. — *Margaripes* DC., *loc. cit.*, 270 (sect. *Margaripes*).
5. Cujus forte sectio (?).
6. Cano-tomentosi v. lanati.

7. Spec. ad 20. WIGHT, *Icon.*, t. 478, 1116-1119. — MIQ., in *Ann. Mus. lugd.-bat.*, II, 178 (*Antennaria*). — REICHB., *Ic. Fl. germ.*, t. 951 (*Gnaphalium*).—*Bot. Reg.*, t. 605 (*Antennaria*). — *Bot. Mag.*, t. 2468 (*Antennaria*). — WALP., *Ann.*, V, 289.
8. *Chlor. andin.*, I, 159, t. 26 A. — B. H., *Gen.*, II, 201, n. 204.
9. Cujus forte sectio (?).
10. Spec. 2. BENTH., in exs. *Spruc.*, n. 5515.
11. *Syn.*, 123. — DC., *Prodr.*, VII, 47. — ENDL., *Gen.*, n. 2941. — B. H., *Gen.*, II, 302, n. 205. — *Hymenopholis* GARDN., in *Hook. Lond. Journ.*, VII, 88.

v. monœci, 2-morphi; corolla in flore fœmineo tenui, 3-5-fida; in herma-phrodito regulari; limbo parum ampliato, æquali-5-fido. Antheræ basi tenuiter acuminato-caudatæ. Stylus florum hermaphroditorum apice indiviso obtusus. Fructus subteretes sericei; pappi setis ∞, tenuissimis, basi connatis, 1-2-seriatis. — Herbæ perennes; ramis virgatis, tomen-tosis v. subglabratis; foliis alternis parvis erectis v. appressis rigidis, imbricatis; capitulis in glomerulum terminalem aggregatis paucis; receptaculo nudo; bracteis involucri oblongi ∞, siccis imbricatis, ∞-seriatis; intimis scariosis. (*Brasilia, Columbia*[1].)

180. **Tafalla** DON.[2] — Flores[3] diœci (fere *Gnaphalii*), in capitulis fœmineis fertiles; in masculis (v. pseudo-hermaphroditis) steriles. Antheræ basi acuminatæ[4]. Stylus integer v. breviter 2-fidus. Fructus tenues (glabri), 4-5-angulati; pappi setis tenuibus, basi connatis, 1-seriatis, in fructu abortivo apice clavatis. — Frutices v. suffrutices, tomentosi, lanati v. demum subglabrati; foliis alternis, parvis crassis rigidis subamplexicaulibus et distiche imbricatis; capitulis (parvis) ad summos ramulos v. in axillis foliorum supremorum sessilibus; invo-lucri campanulati bracteis paucis siccis v. scariosis, 1-2-seriatis. Cætera *Gnaphalii*. (*America austr. andina*[5].)

181. **Amphidoxa** DC.[6] — Flores (fere *Gnaphalii*[7]) 2-morphi; exte-riores fœminei fertiles, ∞-seriati; corolla tenui, integra v. brevissime dentata; interiores autem hermaphroditi pauci, plerumque steriles; corollæ tubulosæ limbo vix v. haud dilatato, 5-dentato. Antheræ bre-viter caudato-appendiculatæ. Styli rami tenues, apice haud v. leviter incrassato truncati. Fructus interiores vacui; pappi setis paucis (2-8), apice penicillato-barbatis; exteriores autem oblongi; pappo 0. — Herba canescens, ramosa, basi radicans; foliis alternis parvis angustis inte-gris; capitulis terminalibus dense glomeratis; involucri subcampanu-lati patentis bracteis exterioribus lanatis; interioribus scariosis[8]; rece-ptaculo parvo plano nudoque. (*Africa austr.*[9])

1. Spec. 2, 3. WEDD., *Chlor. andin.*, I, 158, 230.
2. In *Edinb. New Phil. Journ.*, apr.-oct. 1831, 273 (nec R. et PAV.). — B. H., *Gen.*, II, 300, n. 201. — *Loricaria* WEDD. — *Thyopsis* WEDD., *Chlor. and.*, I, 165, t. 27, A, B, C.
3. Albi (?).
4. Tenuissime caudatæ.
5. Spec. 3, 4. LAMK, *Dict.*, II, 90, n. 42 (*Co-*

nyza). — HOOK., *Bot. Misc.*, II, t. 94; *Icon.*, t. 68, 750 (*Baccharis*).
6. *Prodr.*, VI, 246. — ENDL., *Gen.*, n. 2750. — B. H., *Gen.*, II, 300, n. 199.
7. Cujus forte sectio, fructus pappo depau-perato v. nunc 0.
8. Fuscatis.
9. Spec. 1. *A. gnaphaloides* DC. — HARV. et SOND., *Fl. cap.*, III, 263.

182? **Demidium** DC.[1] — Flores[2] fere *Gnaphalii*[3], 2-morphi; exteriores fœminei; interiores hermaphroditi[4]; corollis anguste tubulosis; florum hermaphroditorum limbo paulo latiore, 5-dentato. Antheræ basi breviter acuminato-caudatæ. Styli rami breves truncati. Fructus fertiles oblongi teretiusculi muriculati ecostati; pappo 0. — Herbæ[5] humiles ramosæ hirsutulæ; foliis alternis angustis acutis; capitulis terminalibus v. axillaribus racemiformi-cymosis; involucri ovoidei v. demum subcampanulati bracteis inæqualibus acutis pauciseriatis; receptaculo parvo nudo. (*Madagascaria*[6].)

183? **Stuartina** SOND.[7] — Flores fere *Gnaphalii*, 2-morphi; « fœminei exteriores, ∞ -seriati; corolla filiformi, 2-3-dentata; interiores hermaphroditi paucissimi, fertiles (v. steriles?); corolla tubulosa, 4-5-dentata; fructibus omnibus ecostatis epapposis glabris. — Herba[8] annua diffusa canescens v. lanata; foliis alternis, longe petiolatis, parvis latis integris; capitulis (minimis) in summis ramulis v. in axillis superioribus glomerulato-capitatis; involucri ovoidei bracteis imbricatis, ∞-seriatis; interioribus sæpe acuminatis; exterioribus brevioribus[9]. » (*Australia merid.*[10])

184? **Chiliocephalum** BENTH.[11] — Flores 2-morphi; exteriores ∞, fœminei fertiles; corollæ tubulosæ limbo subcampanulato, 3-5-fido; interiores autem pauci (1-3), hermaphroditi fertiles (?); corollæ breviter tubulosæ limbo angusto, 5-fido. Antheræ basi caudatæ. Styli florum hermaphroditorum rami apice truncati. Fructus oblongi angusti; pappo 0. —Herba[12] perennis, lanata v. tomentosa; caule erecto, inferne simplici; foliis alternis, sessilibus v. decurrentibus, integris; capitulis[13] ∞, dense corymbiformi-cymosis; involucri oblongi bracteis paucis hyalino-scariosis appressis, imbricatis; extimis brevioribus, dorso plerumque lanatis. (*Abyssinia*[14].)

---

1. *Prodr.*, VI, 246. — ENDL., *Gen.*, n. 2751.— B. H., *Gen.*, II, 300, n. 198.
2. Sordide purpurascentes.
3. Cujus potius sectio (?).
4. Vel « masculi ».
5. Adspectu *Filaginis* v. *Gnaphaliorum* nonnullorum.
6. Spec. 1 (v. 2 ?).
7. In *Linnæa*, XXV, 521. — B. H., *Gen.*, II, 300, n. 197.
8. « Habitu *Filaginis* v. *Gnaphaliorum* nonnullorum minorum. »
9. Planta nobis omnino ignota forte, ex auctt.

Demidio congener; an *Gnaphalii* sectio, fructu epapposo?
10. Spec. 1. *S. Muelleri* SOND.— BENTH., *Fl. austral.*, III, 657.
11. In *Hook. Icon.*, 34, t. 1137; *Gen.*, II, 300, n. 200. — *Kralikia* SCH. BIP., in *Schweinf. Beitr. Fl. œthiop.*, 151 (nec Coss. et DUR.).
12. *Achyroclinis* (cui genus proximum) habitu.
13. Minutis.
14. Spec. 1. *C. myriocephalum.* — *C. Schimperi* BENTH. — OLIV. et HIERN, *Fl. trop. Afr.*, III, 337. — *C. Schultzii* BUCHING. — *Kralikia myriocephala* SCH. BIP.

185. Helichrysum GÆRTN.[1] — Flores[2] 1-2-morphi ; exteriores fœminei, raro pauciseriati, sæpius pauci, inæquali-1-seriati v. 0; corolla gracili vix v. minute 2-4-dentata; interiores autem hermaphro- diti fertiles (v. omnino intimi steriles); corollæ limbo regulari parum ampliato, 4-5-dentato. Antheræ basi sagittata minute v. breviter auriculatæ, aut tenuiter caudatæ, aut rarius ramosæ sæpiusve bre- viter v. longius et setaceo-appendiculatæ. Styli florum hermaphrodi- torum rami apice truncati v. capitellati. Fructus teretes v. compres- siusculi, teretes v. 5-angulati, rariusve 10-sulcati; pappi setis lævibus, scabris, plus minus longe barbellatis, a basi v. apice tantum plumosis. Cætera *Gnaphalii.* — Herbæ, suffrutices v. frutices, sæpius lanati v. tomentosi; foliis[3] alternis v. ex parte oppositis integris; capitulis[4] 2-∞-floris, solitariis v. corymbiformi-cymosis glomerulatisve; invo- lucri quoad formam valde variabilis, ovoidei, tubulosi, globosi, hemi- sphærici v. campanulati, bracteis[5] ∞, imbricatis, ∞-seriatis, a basi v. partim scariosis, nunc appendiculatis, erectis v. patentibus[6]; rece- ptaculo plano, hemisphærico v. plus minus convexo, nudo, foveolato,

1. *Fruct.*, II, 404 (*Elichrysum*). — DC., *Prodr.*, VI, 169 ; VII, 298. — SPACH, *Suit. à Buffon*, X, 210. — ENDL., *Gen.*, n. 2741. — B. H., *Gen.*, II, 309, n. 220. — ? *Trichandrum* NECK., *Elem.*, I, 84. — *Petalolepis* CASS., in *Bull. Soc. philom.* (1817), 138 ; in *Dict. sc. nat.*, XXXIX, 194 (nec LESS.). — DC., *Prodr.*, VI, 164. — *Lepicline* CASS., in *Bull. Soc. philom.* (1818), 31 ; in *Dict.*, XXVI, 49 (*Lepiscline*). — *Edmondia* CASS., in *Dict.*, XIV, 252. — *Faustula* CASS., in *Dict.*, XVI, 251. — *Leucostemma* DON, in *Mem. Wern. Soc.*, V, 540. — *Euchloris* DON, *loc. cit.*, 548. — *Pentataxis* DON, *loc. cit.*, 550. — *Ozothamnus* R. BR., in *Trans. Linn. Soc.*, XII, 125. — DC., *Prodr.*, VI, 164. — ENDL., *Gen.*, n. 2738. — *Cladochœta* DC., *Prodr.*, VI, 245. — *Swammer- damia* DC., *loc. cit.*, 164. — *Aphelexis* BOJ., ex DC., *Prodr.*, *loc. cit.*, 217 (nec DON). — ENDL., *Gen.*, n. 2743. — *Freemania* BOJ. (ex DC.). — *Lawrencella* LINDL., *Swan Riv. App.*, 23. — *Xanthochrysum* TURCZ., in *Bull. Mosc.* (1851), I, 199, t. 4. — *Argyrophanes* SCHLCHTL, in *Linnœa*, XX, 596. — *Chrysocephalum* WALP., in *Lin- nœa*, XIV, 503. — *Acanthocladium* F. MUELL., *Fragm. phytogr. Austral.*, II, 155. — *Argyro- glottis* TURCZ., in *Bull. Mosc.* (1851), II, 83, t. 1. — *Conanthodium* A. GRAY, in *Hook. Kew Journ.*, IV, 272. — *Manopappus* SCH. BIP., in *Flora* (1844), 677.
2. Flavi v. sordide purpurascentes.
3. Planis v. margine recurvis.
4. Magnis, mediocribus v. parvis, sæpe pulchellis v. speciosis.
5. Albis, flavis, aureis, roseis, purpureis nunc fuscatis v. sordide sanguineis.

6. Generis, nostro sensu, sectiones sunt : *Argyrocome* GÆRTN., *Fruct.*, II, 410 (part.). — SCHR., in *Ac. Wiss. Münch. Denkschr.*, VIII, 146-163. — *Anaxeton* SCHR., *loc. cit.*, 146, 162 (part.). — *Helipterum* DC., *Prodr.*, VI, 211. — ENDL., *Gen.*, n. 2741. — B. H., *Gen.*, II, 308, n. 219. — *Astelma* R. BR., in *Bot. Reg.*, sub t. 532. — *Damironia* CASS., in *Dict.*, LVI, 224. — *Syncarpha* DC., in *Ann. Mus.*, XVI, 205, t. 5, fig. 31. — *Pteropogon* DC., *Prodr.*, VI, 245 (nec F. et MEY.). — *Rhodanthe* LINDL., in *Bot. Reg.*, t. 1703. — *Xyridanthe* LINDL., *Sw. Riv. App.*, 23. — *Hyalospermum* STEETZ, *Pl. Preiss.*, I, 476. — *Anisolepis* STEETZ, *loc. cit.*, 446. — *Dimorpholepis* A. GRAY, in *Hook. Kew Journ.*, IV, 227. — *Monencyanthes* A. GRAY, *loc. cit.*, 229. — *Acroclinium* A. GRAY, *loc. cit.*, 270. — *Triptilodiscus* TURCZ., in *Bull. Mosc.* (1851), II, 66. — *Duttonia* F. MUELL., in *Linnœa*, XXV, 409. — ? *Roccardia* NECK., *Elem.*, I, 74. — ? *Argyranthes* NECK., *loc. cit.*, 75 : pappi setis a basi plumosis; cæteris *Euhe- lichrysi.* (*Australia*, *Africa austr.*) *Waitzia* WENDL., *Collect.*, II, 13, t. 42. — B. H., *Gen.*, II, 307, n. 218. — GAUDICH., in *Freyc. Voy.*, *Bot.*, 466, t. 89. — *Morna* LINDL., in *Bot. Reg.*, t. 1941 (1838), t. 9.— *Pterochœta* STEETZ, *Pl. Preiss.*, I, 455 : fructu rostrato; pappi setis plumosis; involucri bracteis ap- pressis, laxis v. rarius radiantibus. (*Australia.*) *Leptorhynchus* LESS., *Synops.*, 273. — DC., *Prodr.*, VI, 159. — ENDL., *Gen.*, n. 2732. — B. H., *Gen.*, II, 307, n. 217. — *Rhytidanthe* BENTH., in *Hueg. Enum.*, 63 : fructu superne rostrato v. contracto; pappi setis scabris, bar-

alveolato, fimbrillifero v. inter flores paleaceo. (*Orbis veter. tot. reg. calid.*[1])

bellatis v. superne breviter plumosis; bracteis involucri haud radiantibus, apice scarioso hyalinis. (*Australia.*)
Leontonyx CASS., in *Dict.*, XXV, 466. — LESS., *Syn.*, 325. — DC., *Prodr.*, VI, 167. — ENDL., *Gen.*, n. 2740. — B. H., *Gen.*, II, 312, n. 223. — *Spiralepis* DON, in *Mem. Werner. Soc.*, V, 551 : fructu oblongo, 4-5-angulato; pappi setis ∞, tenuibus v. superne denticulatis, ∞-seriatis; involucri bracteis apice scariosis v. coloratis. (*Africa austr.*)
Ammobium R. BR., in *Bot. Mag.*, t. 2459. — DC., *Prodr.*, VI, 153. — ENDL., *Gen.*, n. 2723. — B. H., *Gen.*, II, 316, n. 235 : fructu angulato; pappi setis paleaceis, basi in cupulam inæqualidentatam v. aristatam connatis; receptaculo inter flores paleaceo; involucri bracteis petaloideis, appressis scariosisque v. radiantibus. (*Australia.*)
Cephalipterum A. GRAY, in *Hook. Kew Journ.*, IV, 271. — B. H., *Gen.*, II, 321, n. 248 : fructu lanato; pappi setis interioribus paucis (3-6) ciliatis, apice penicillatis; exterioribus paleaceis in cupulam plus minus connatis; capitulis parvis ∞, in glomerulum globosum dispositis; involucri propii bracteis superne radiantibus, coloratis (*Australia*). Sectio ut præcedens, in genere anomala, ægre tamen ab eo divellenda.
Phænocoma DON, in *Mem. Werner. Soc.*, V 554. — DC., *Prodr.*, VI, 266. — ENDL., *Gen.* n. 2764. — B. H., *Gen.*, II, 313, n. 226 : fructu villoso; pappi setis setosis, apice scabris v. denticulatis; caule fruticuloso rigido; floribus exterioribus fœmineis fertilibus, sub-1-seriatis; interioribus hermaphroditis ∞, sterilibus (fructibus vacuis costatis); involucri bracteis rigidis; interioribus appendiculatis scariosis (coloratis) longioribus; exterioribus autem brevioribus, margine scariosis. (*Africa austr.*)
Schœnia STEETZ, in *Pl. Preiss.*, I, 480. — B. H., *Gen.*, II, 314, n. 227: fructu fertili planocompresso, marginibus longe ciliato; pappi setis ∞, basi connatis, barbellatis v. breviter plumosis; caule herbaceo annuo; capitulis in cymas laxe corymbiformes dispositis. (*Australia.*)
Petalacte DON, in *Mem. Werner. Soc.*, V, 552. — DC., *Prodr.*, VI, 267. — ENDL., *Gen.*, n. 2765. — B. H., *Gen.*, II, 314, n. 229. — *Petalolepis* LESS., *Syn.*, 357 (nec DON): receptaculo paleaceo; paleis flores exteriores hermaphroditos subtendentibus; interioribus autem fœmineos amplectentibus; cæteris *Euhelichrysi.* (*Africa austral.*)
Anaxeton CASS., in *Dict.*, XXXIV, 37 (nec GÆRTN.). — DC., *Prodr.*, VI, 267. — ENDL., *Gen.*, n. 2766. — B. H., *Gen.*, II, 314, n. 228 : fructu florum fœmineorum subtereti papilloso striato; pappi setis brevibus v. brevissimis barbellatis; caule fruticoso v. suffruticoso; capitulis (parvis) in cymas corymbiformes dispositis;

involucri bracteis interioribus petaloideo-appendiculatis; receptaculo epaleaceo; cæteris *Petalactis.* (*Africa austr.*)
Stenocline DC., *Prodr.*, VI, 218. — DELESS., *Ic. sel.*, IV, t. 53. — ENDL., *Gen.*, n. 2744. — B. H., *Gen.*, II, 312, n. 221 : fructu (fere *Euhelichrysi)* majusculo, plerumque 10-sulcato; bracteis involucri pauciseriatis erectis, inæqualibus v. subæqualibus, fere a basi petaloideis; floribus in capitulo paucis (3-5), 1-morphis. (*Madagascaria, Brasilia.*)
Leucopholis GARDN., in *Hook. Lond. Journ.*, II, 10. — B. H., *Gen.*, II, 312, n. 222 : floribus cæterisque *Stenoclines*; capitulis in glomerulum contractum dispositis; floribus paucis (3-10); receptaculo communi villoso. (*Brasilia.*)
Cassinia R. BR., in *Trans. Linn. Soc.*, XII, 126 (nec in *H. kew.*). — CASS., in *Dict.*, XXXIV, 504. — LESS., *Syn.*, 272 (part.). — ENDL., *Gen.*, n. 2726. — B. H., *Gen.*, II, 313, n. 225 (part.): fructu subtereti v. angulato; pappi setis liberis v. basi connatis; antheris basi brevissime v. vix caudatis; caule fruticoso; bracteis involucri erectis v. conniventibus; floribus 1-morphis hermaphroditis. (*Australia.*)
Rhynea DC., in *Deless. Ic. sel.*, IV, t. 52; *Prodr.*, VI, 154. — ENDL., *Gen.*, n. 2725 : caule fruticoso; antheris longiuscule simpliciter v. ramoso-setoso-caudatis; caule fruticoso; bracteis involucri interioribus petaloideo-appendiculatis; floribus hermaphroditis, v. exterioribus paucis fœmineis. (*N.-Zelandia, Africa austr.*)
Rutidosis DC., *Prodr.*, VI, 158. — B. H., *Gen.*, II, 316, n. 234. — *Rytidosis* ENDL., *Gen.*, n. 2729. — *Pumilo* SCHLCHTL, in *Linnæa*, XXI, 448. — *Actinopappus* HOOK. F., ex A. GRAY, in *Hook. Kew Journ.*, IV, 226 : pappi paleis integris, barbellato-laceris v. breviter plumosis; caule annuo; involucri ovoidei v. hemisphærici bracteis latis valde scariosis, laxe imbricatis. (*Australia.*)

1. Spec. ad 350 (enum. ad 460). LABILL., *Pl. N.-Holl.*, II, t. 180, 181 (*Eupatorium*), 182-184 (*Chrysocoma*), 185, 186 (*Chrysocoma*), 187, 188 (*Gnaphalium*), 190, 192; *Pl. syr. Dec.*, II, t. 4 (*Xeranthemum*). — MORIS, *Fl. sard.*, t. 82. — SIBTH., *Fl. græc.*, t. 857-860 (*Gnaphalium*). — TEN., *Fl. nap.*, t. 192 (*Gnaphalium*). — VENT., *Jard. Malm.*, t. 2 (*Xeranthemum*).— WIGHT, *Icon.*, t. 1113. — WEBB, *Phyt. canar.*, t. 109. — HOOK., *Icon.*, t. 318 (*Helipterum*), 320; 856 (*Dimorpholepis*), 1115 (*Leucopholis*). — GAUDICH., in *Freycin. Voy., Bot.*, t. 87, 88 (*Elichrysum*), 90 (*Ammobium*). — VIV., *Fragm. Fl. ital.*, t. 19 (*Gnaphalium*). — HOMBR. et JACQUIN., *Voy. Pôle sud, Bot.*, t. 5 (*Ozothamnus*). — DIETR., *Fl. univ.*, t. 4, 5. — RAOUL, *Choix pl. N.-Zél.*, t. 16 (*Swammerdamia*). — FERR. et GALIN., *Voy.*

186? Pachyrhynchus DC.[1] — « Flores 1-morphi, hermaphroditi fertilesque omnes; corollæ regularis tubulosæ limbo 5-dentato. Antheræ...? Stylus...? Fructus ovoidei (villosissimi) in rostrum crassum (glabrum) attenuati; pappi setis[2] vix scabris, ∞-seriatis. — Suffrutex erectus ramosus cano-tomentosus; foliis alternis confertiusculis sessilibus, oblongis v. lanceolatis, calloso-apiculatis, integris; involucri[3] oblongi bracteis interioribus scariosis nitidis, demum patentibus; exterioribus autem brevioribus foliaceis villosis. » (*Africa austr.*?[4])

187. Quinetia CASS.[5] — Flores fertiles omnes, 1-morphi; corollæ regularis tubulosæ limbo 4-5-dentato. Antheræ basi sagittata brevissime v. haud caudatæ. Styli rami subulati. Fructus longe obconici erostres tenuiter striati; pappi paleis paucis (3-10), basi dilatatis subhyalinis, apice longe acuminatis. — Herba annua pumila; foliis alternis petiolatis, integris acutatis v. obtusiusculis; capitulis parvis terminalibus v. sublateralibus pauci- (1-4-) floris; receptaculo minuto; involucri bracteis paucissimis, laxe imbricatis. (*Australia*[6].)

188? Scyphocoronis A. GRAY[7]. — « Flores hermaphroditi fertiles, 1-morphi; corollæ tubularis limbo parum ampliato v. subcampanulato, 5-fido. Antheræ tenuissime appendiculatæ. Styli rami sublanceolati,

Abyss., t. 13.— GARDN., in *Hook. Lond. Journ.*, VII, 419 (*Achyrocline*). — SWEET, *Brit. fl. Gard.*, ser. 2, t. 48 (*Ammobium*), 295 (*Rhodanthe*).— ANDR., *Bot. Repos.*, t. 51 (*Helipterum*), 242, 262 (*Xeranthemum*), 279, 327, 374 (*Xeranthemum*), 375, 384, 387, 487, 489 (*Gnaphalium*), 561, 650, 652 (*Xeranthemum*), 654 (*Gnaphalium*). — HOOK. F., *Ant. Fl.*, t. 21; *Fl. tasm.*, t. 17 (*Ozothamnus*), 54, 59, 60; 61 (*Helipterum*); *Fl. N.-Zel.*, t. 35 (*Ozothamnus*) 36, 37; *Handb. N.-Zeal. Fl.*, 144 (*Rhynea*), 145 (*Cassinia*), 146 (*Ozothamnus*). — REGL., in *Gartenflora*, t. 401 (*Waitzia*). — F. MUELL., *Pl. Vict.*, t. 43 (*Cassinia*). — A. GRAY, in *Hook. Kew Journ.*, IV, 229 (*Pteropogon*), 268. — BENTH., *Fl. austral.*, III, 577 (*Cephalipterum*), 583 (*Ammobium*), 584 (*Cassinia*), 593 (*Rutidosis*), 607 (*Leptorhynchus*), 611 (*Schœnia*), 612; 634 (*Waitzia*), 637 (*Helipterum*). — REMY, in *C. Gay Fl. chil.*, IV, 218. — HARV. et SOND., *Fl. cap.*, III, 204 (*Rhynea*), 205 (*Leontonyx*), 207; 256 (*Helipterum*), 287 (*Phænocoma*), 288 (*Petalacte*), 289 (*Anaxeton*). — OLIV. et HIERN, *Fl. trop. Afr.*, III, 345. — BAK., *Fl. maur.*, 167. — BOISS., *Diagn. or.*, ser. 2, V, 110 (*Gnaphalium*); *Fl. or.*, III, 228. — REICHB., *Ic. Fl. germ.*, t. 950, 952; *Iconogr.*, t. 393 (*Gnaphalium*). — WILLK., et LGE, *Prodr. Fl. hisp.*, II, 58. — GREN. et GODR., *Fl. de Fr.*,

II, 183. — *Bot. Reg.*, t. 21, 240, 243 (*Gnaphalium*), 678, 764 (*Cassinia*), 726 (*Astelma*), 1814; (1838), t. 58. — *Bot. Mag.*, t. 300 (*Gnaphalium*), 420 (*Xeranthemum*), 435; 1697 (*Pteronia*), 1773, 1802, 1987, 2159, 2328, 2365, 2710 (*Gnaphalium*), 2881 (*Elichrysum*), 3483, 3857; 4560 (*Schœnia*), 4801 (*Acroclinium*), 5283, 5290 (*Rhodanthe*), 5342, 5443 (*Waitzia*), 5350 (*Helipterum*). — WALP., *Rep.*, II, 645 (*Leptorhynchus*), 646, 992; VI, 232 (*Leptorhynchus*), 233 (*Waitzia*), 237 (*Swammerdamia*, *Chrysocephalum*), 238 (*Ozothamnus*), 239; 242 (*Helipterum*), 243 (*Schœnia*), 249 (*Petalacte*); *Ann.*, I, 422; II, 898; 901 (*Helipterum*).

1. *Prodr.*, VI, 255. — ENDL., *Gen.*, n. 2756. — B. H., *Gen.*, II, 313, n. 224.

2. Corolla longioribus.

3. « Straminei. »

4. Spec. 1, affinitatis dubiæ, a nemine nisi ab auctore visa : *P. xeranthemoides* DC. — HARV. et SOND., *Fl. cap.*, III, 273.

5. In *Dict. sc. nat.*, LX, 579, 590. — DC., *Prodr.*, VI, 158. — ENDL., *Gen.*, n. 2728. — B. H., *Gen.*, II, 316, n. 233.

6. Spec. 1. *Q. Urvillei* CASS. — BENTH., *Fl. austral.*, III, 595.

7. In *Hook. Kew Journ.*, IV, 225. — B. H., *Gen.*, II, 316, n. 236.

apice obtusi. Fructus teretes papillosi, cupula brevi truncata (subherbacea) coronati. — Herba annua nana glanduloso-pilosa; foliis alternis v. nunc oppositis, linearibus integris; capitulis (parvis) breviter pedunculatis; involucri cylindracei bracteis paucis angustis parum inæqualibus; receptaculo parvo nudo. » (*Australia*[1].)

189. **Millotia** CASS.[2] — Flores[3] hermaphroditi fertiles, 1-morphi; corollæ tubulosæ limbo campanulato, 4-5-fido. Antheræ basi longiuscule v. vix setaceo-appendiculatæ. Styli florum hermaphroditorum rami apice conico-appendiculati. Fructus teretes, apice longe attenuati v. rostrati; pappi setis barbellatis v. ciliato-plumosis, basi connatis v. liberis, nunc brevibus, sæpe paucis. — Herbæ annuæ humiles, lanatæ v. glabratæ; foliis alternis angustis integris; capitulis in summis ramulis stipitatis; involucri ovoidei v. subcylindrici bracteis parvis, nunc in tubulum contiguis, sæpe extus canis; receptaculo parvo nudo. (*Australia*[4].)

190. **Podotheca** CASS.[5] — Flores hermaphroditi regulares, 1-morphi; corollæ[6] regularis tubo lineari stricto; limbo parum ampliato minuto, 5-fido. Antheræ basi tenuiter v. vix appendiculatæ. Styli rami apice truncati v. capitati. Fructus teretes v. angulati, basi in stipitem[7] tenuem v. subnullam repente attenuati v. in annulum incrassati; pappi setis ∞, sæpe paucis, basi nunc dilatatis connatisque, ciliatis v. plus minus longe plumosis. — Herbæ annuæ, scabræ v. glabræ; foliis alternis integris; capitulis[8] terminalibus pedunculatis; pedunculo sæpe superne incrassato; receptaculo plano circa fructuum stipites in vaginam brevem elevato; involucri conici, campanulati v. tubulosi, bracteis imbricatis, inæqualibus v. subæqualibus[9]. (*Australia*[10].)

1. Spec. 1, nobis ignota, *S. viscosa* A. GRAY. — BENTH., in *Hook. Icon.*, t. 845; *Fl. austral.*, III, 593. — *Toxanthus major* TURCZ., in *Bull. Mosc.* (1851), II, 64.

2. In *Dict.*, LX, 592. — LESS., *Syn.*, 273. — DC., *Prodr.*, VI, 161. — ENDL. *Gen.*, n. 2733. — B. H., *Gen.*, II, 315, n. 232.

3. Sæpe flavi.

4. Spec. 2. BENTH., *Fl. austral.*, III, 596. — F. MUELL., *Fragm.*, III, t. 19.

5. In *Dict.*, XXIII, 561. — DC., *Prodr.*, VI, 159. — ENDL., *Gen.*, n. 2731. — B. H., *Gen.*, II, 315, n. 231. — *Phœnopoda* CASS., *loc. cit.*, XLII, 84. — *Podosperma* LABILL., *Pl. N.-Holl.*, II, 35, t. 177 (nec LESS.). — *Lophoclinium* ENDL., in *Bot. Zeit.* (1843), 457.

6. Flavæ.

7. Sæpe post fructus occasum in receptaculo persistentem.

8. Majusculis v. mediocribus, sæpe elongatis, nunc fere *Scorzoneræ*.

9. Generis sectio nobis erit *Ixiolæna* BENTH., in *Hueg. Enum.*, 66. — ENDL., *Gen.*, n. 2734. — B. H., *Gen.*, II, 315, n. 230 : fructuum (basi incrassatorum) stipite tenuiori v. subnullo vaginaque receptaculi minus elevata; involucri bracteis angustis rigidis, ∞-seriatis; laminis (coloratis) minimis.

10. Spec. ad 5. TURCZ., in *Bull. Mosc.* (1851), II, 80 (*Helipterum*). — A. GRAY, in *Hook. Kew Journ.*, IV, 271 (*Acroclinium*). — STEETZ, in *Pl. Preiss.*, I, 459 (*Ixiolæna*). — BENTH., *Fl. austral.*, III, 597 (*Ixiolæna*), 600. — *Bot. Mag.*, t. 3920.

191. Ixodia R. Br.[1] — Flores hermaphroditi fertiles, 1-morphi; corollæ regularis tubulosæ limbo vix ampliato, 5-dentato. Antheræ basi tenuiter caudato-appendiculatæ. Styli rami apice truncati v. subcapitati. Fructus oblongi, teretes v. angulati papillosi, epapposi. — Herbæ v. frutices, glabri v. parce lanati; foliis alternis angustis integris; capitulis in cymas laxe corymbiformes v. congestas dispositis[2]; receptaculo parvo, subnudo v. (*Pithocarpa*[3]) paleaceo; bracteis involucri ∞; exterioribus brevioribus acutis; interioribus autem in laminam petaloideam[4] obtusam radiantemque desinentibus. (*Australia*[5].)

192. Humea Sm.[6] — Flores hermaphroditi fertiles, 1-morphi; corollæ tubulosæ limbo campanulato v. parum ampliato. Antheræ apice longe acuminatæ, basi varie auriculato-appendiculatæ. Styli rami apice truncati v. subcapitati. Fructus elongati angusti, nunc papillosi, epapposi. — Herbæ, suffrutices v. fruticuli, glabri, glandulosi v. tomentosi; foliis alternis integris; capitulis[7] in racemum plus minus composito-ramosum v. corymbiformem cymigerumve dispositis, pauci-(1-4) floris; involucri plus minus elongati bracteis sæpe laxis pauciseriatis, imbricatis, scariosis v. petaloideis[8]; exterioribus brevioribus; receptaculo parvo, nunc ramiformi, nudo. (*Australia*[9].)

193? Acomis F. Muell.[10] — « Flores hermaphroditi fertiles, 1-morphi; corollæ tubulosæ limbo parum ampliato, 5-dentato. Antheræ basi tenuiter caudato-appendiculatæ. Styli rami elongati truncati. Fructus oblongi v. sublineares glabri, epapposi. — Herbæ erectæ graciles glabræ lanatæve; foliis alternis lineari-lanceolatis integris; capitulis (parvulis) in summis ramulis graciliter pedunculatis; receptaculo convexo nudo; involucri late hemisphærici bracteis imbricatis,

1. In *Ait. Hort. kew.*, 12, IV, 517; in *Bot. Mag.*, t. 1534 (nec Sol.). — Less., *Syn.*, 272. — DC., *Prodr.*, VI, 153. — Endl., *Gen.*, n. 2724. — B. H., *Gen.*, II, 318, n. 242.

2. Inflorescentia fere, quoad aspectum, *Achilleæ*.

3. Lindl., *Sw. Riv. App.*, 23. — Endl., *Gen.*, n. 2727[1]. — B. H., *Gen.*, II, 318, n. 241.

4. Albam.

5. Spec. 2. Schlchtl, in *Linnæa*, XX, 493. — Sond., in *Linnæa*, XXV, 495. — Steetz, in *Pl. Preiss.*, 445 (*Pithocarpa*). — F. Muell., in *Linnæa*, XXV, 405. — Benth., *Fl. austral.*, III, 582; 590 (*Pithocarpa*).

6. *Exot. Bot.*, I, t. 1 (nec Roxb.). — Cass., in *Dict.*, XXII, 39. — Less., *Syn.*, 272. — DC.,

Prodr., VI, 157. — Endl., *Gen.*, n. 2727. — B. H., *Gen.*, II, 317, n. 239.— *Calomeria* Vent., *Malmais.*, t. 73. — *Razumovia* Spreng. (herb., nec *Syst.*). — *Agathomeria* Delaun., in *B. Jardin.* (1805). — *Oxypheria* hortul. — *Hæckeria* F. Muell., in *Trans. Phil. Soc. Vict.*, I, 45; in *Hook. Kew Journ.*, VIII, 150; in *Linnæa*, XXV, 406; *Pl. Vict.*, t. 44.

7. Parvis v. minimis.

8. Purpureis, pallide luteis v. flavidis, uti planta tota, nunc graviter odoratis.

9. Spec. 4, quarum 1 sæpe culta. F. Muell., *Fragm.*, I, 17; III, 137; XI, 86. — Benth., *Fl. austral.*, III, 589.

10. *Fragm. Phyt. Austral.*, II, 89; IV, 145. — B. H., *Gen.*, II, 89.

tenuiter scariosis, ∞-seriatis; exterioribus gradatim brevioribus. »
(*Australia* [1].)

. **194? Eriochlamys** Sond. et F. Muell. [2] — Flores hermaphroditi
fertiles, 1-morphi; corollæ tubulosæ, basi plerumque lanatæ, limbo
parum ampliato, 5-dentato. Antheræ basi breviter mucronato-caudatæ.
Styli rami apice nonnihil incrassato truncati. Fructus oblongi epapposi. — Herba parva diffusa tomentosa; foliis alternis linearibus integris; capitulis solitariis v. glomeratis, sessilibus; involucri globosi
v. late ovoidei lanaque densa involuti bracteis parvis erectis, apice
scariosis, pauciseriatim imbricatis; receptaculo convexiusculo nudo [3].
(*Australia* [4].)

195. Toxanthus Turcz. [5] — Flores fere *Eriochlamydis*, 1-morphi;
corolla tenui recurva. Styli rami apice papilloso lanceolati. Fructus
teretes, apice attenuato cum corolla continui, epapposi [6]. — Herbæ
annuæ pusillæ, pubescentes v. lanatæ, sæpe demum glabratæ; foliis
alternis linearibus integris; capitulis solitariis v. glomeratis, breviter
stipitatis v. sessilibus; involucri oblongi v. cylindracei bracteis paucis
inæqualibus v. subæqualibus angustis herbaceis. Cætera *Eriochlamydis*. (*Australia* [7].)

196. Craspedia Forst. [8] — Flores capitellati; capitellis 1- ∞-floris,
in receptaculo communi capitatis; hermaphroditi fertilesque omnes,
1-morphi; corolla regulari tubulosa, 4-5-dentata. Antheræ basi breviter v. longe caudato-acuminatæ. Styli rami subteretes, apice truncati. Fructus (parvi) plus minus compressi; pappi setis 1-∞ , nunc paleaceis v. plumoso-ciliatis, basi liberis v. connatis; pappo autem nunc
cupuliformi breviore v. 0. — Herbæ annuæ v. perennes, raro frutescentes, nunc sericeo-v. argenteo-lanatæ; foliis alternis v. raro suboppositis, nunc basi rosulatis; capitulis [9] terminalibus solitariis v. glomeratis;
involucri communis bracteis ∞, plus minus scariosis; capitellis

1. Spec. 2. Benth., *Fl. austral.*, III, 591.
2. In *Linnæa*, XXV, 488. — B. H., *Gen.*, II, 317, n. 238.
3. Genus certe *Angiantheis* valde analogum.
4. Spec. 1. *E. Behrii* Sond. et F. Muell. — Benth., *Fl. austral.*, III, 591.
5. In *Bull. Mosc.* (1851), I, 176. — B. H., *Gen.*, II, 317, n. 237. — *Anthocerastes* A. Gray, in *Hook. Kew Journ.*, IV, 225.
6. Eos *Millotiæ* quodammodo referentes.

7. Spec. 2. Sond., in *Linnæa*, XXV, 480 (*An-thocerastes*). — Benth., *Fl. austral.*, III, 592.
8. *Prodr.*, 58 (1776). — Cass., in *Dict. sc. nat.*, XXII, 105. — Less., *Syn.*, 271. — DC., *Prodr.*, VI, 152. — Endl., *Gen.*, n. 2721. — B. H., *Gen.*, II, 322, n. 251. — *Richea* Labill., *Voy.*, I, 186, t. 16. — *Pycnosorus* Benth., in *Hueg. Enum.*, 63.
9. Majusculis v. parvis, subglobosis, ovoideis v. oblongis, flavis, albidis v. purpurascentibus.

2- ∞ -bracteatis; receptaculo proprio nudo v. paleaceo[1]. (*Australia, Nova-Zelandia*[2].)

197. **Chthonocephalus** STEETZ[3]. — Flores hermaphroditi fertiles, 1-morphi; corolla tenuiter tubulosa, 4-5-dentata. Antheræ basi longiuscule v. brevissime caudato-acuminatæ. Styli rami subteretes truncati. Fructus parvi compressiusculi; pappo annulari fimbriato v. 0. — Herbæ nanæ, subacaules v. cæspitosæ; foliis alternis v. basilaribus rosulatis integris; capitellis parvis, ∞-floris, in capitulum globosum v. depressum bracteisque paucis inæqualibus involucratum congestis; capitelli involucro proprio e bracteis paucis imbricatis, scariosis v. dorso margineve lanatis, constante; receptaculo capitelli proprio inter flores paleaceo. (*Australia*[4].)

1. Generis sectiones, nostro sensu, sunt, receptaculo proprio (capitellorum) sæpissime epaleaceo :
Calocephalus R. Br., in *Trans. Linn. Soc.*, XII, 106. — Less., *Syn.*, 271. — Endl., *Gen.*, n. 2718. — B. H., *Gen.*, II, 320, n. 247. — Leucophyta R. Br., *loc. cit.* — DC., *Prodr.*, VI, 152. — Endl., *Gen.*, n. 2720. — Pachysurus Steetz, in *Pl. Preiss.*, I, 441. — Blennospora A. Gray, in *Hook. Kew Journ.*, III, 172. — Achrysum A. Gray, *loc. cit.*, IV, 228 : capitulo communi globoso, conico v. ramoso; involucri communis bracteis paucis v. 0; capitellis nunc stipitatis, 2-∞-floris; involucri proprii bracteis ∞, erectis v. radiantibus scariosis; pappi setis 5-∞, apice v. a basi plumoso-ciliatis.
Hyalolepis DC., *Prodr.*, VI, 149. — Endl., *Gen.*, n. 2712. — ? *Hirnellia* Cass., in *Bull. Soc. philom.* (1820); in *Dict.*, XXI, 199. — Myriocephalus Benth., in *Hueg. Enum.*, 61. — Endl., *Gen.*, n. 2716. — Antheidosorus A. Gray, in *Hook. Kew Journ.*, III, 173. — Gilberta Turcz., in *Bull. Mosc.* (1851), I, 192. — Lamprochlæna F. Muell., *Fragm.*, III, 157. — Elachopappus F. Muell., *loc. cit.* : capituli communis subglobosi v. hemisphærici involucro e bracteis ∞, angustis, ∞-seriatis, apice plerumque scarioso-appendiculatis, constante; capitello 1-paucifloro, 2-paucibracteato; pappi setis 1-∞, nunc subpaleaceis v. 0.
Gnephosis Cass., in *Bull. Soc. philom.* (1829), 43; in *Dict.*, XIX, 127. — DC., *Prodr.*, VI, 151. — Endl., *Gen.*, n. 2717. — B. H., *Gen.*, II, 320, n. 246. — Crossolepis Less., *Syn.*, 270. — Endl., *Gen.*, 444. — A. Gray, in *Hook. Kew Journ.*, III, 175. — Nematopus A. Gray, in *Hook. Kew Journ.*, III, 150. — Leptotriche Turcz., in *Bull. Mosc.* (1851), II, 73. — Cyathopappus F. Muell., *Fragm.*, II, 157. — Trichanthodium Sond. et F. Muell., in *Linnæa*, XXV, 489 : receptaculo communi elongato angusto; involucri communis bracteis paucis v. 0; capitellis plerumque stipitatis, 1-paucifloris, ∞-bracteatis; pappo breviter paleaceo v. 0.
Siloxerus Labill., *Pl. N.-Holl.*, II (1806), 57, t. 209. — Styloncerus Spreng., *Syst.*, III, 356. — Angianthus Wendl., *Collect.*, II, 31, t. 48. — DC., *Prodr.*, VI, 150. — Endl., *Gen.*, n. 2714. — B. H., *Gen.*, II, 319. — Ogcerostylus Cass., in *Dict. sc. nat.*, XLIX, 221. — Skirrophorus DC., *Prodr.*, VI, 150. — Deless., *Ic. sel.*, IV, t. 51. — Lindl., *Sw. Riv. App.*, 24. — Chrysocoryne Endl., in *Bot. Zeit.* (1843), 457. — Crossolepis Benth., in *Hueg. Enum.*, 61; in *Hook. Icon.*, t. 413. — Cylindrosorus Benth., in *Hueg. Enum.*, 62. — Phyllocalymna Benth., in *Hueg. Enum.*, 61. — Pogonolepis Steetz, in *Pl. Preiss.*, I, 440. — Epitriche Turcz., in *Bull. Mosc.* (1851), II, 74. — Gamozygis Turcz., *loc. cit.*, 75, t. 1. — Dithyrostegia A. Gray, in *Hook. Kew Journ.*, III, 100. — Hyalochlamys A. Gray, *loc. cit.*, 101. — Cephalosorus A. Gray, *loc. cit.*, 152. — Piptostemma Turcz., in *Bull. Mosc.* (1851), I, 191. — Pleuropappus F. Muell., in *Trans. Vict. Inst.* (1855), 37 : receptaculo communi lato v. angusto; involucri communis bracteis variis, paucis v. ∞; capitello 1-paucifloro, 2-paucibracteato; pappo paleaceo v. 0.
2. Spec. ad 56. Labill., *Voy.*, t. 16; *Pl. N.-Holl.*, II, 123 (*Richea*). — Ad. Br., in *Duperr. Voy. Coq., Bot.*, t. 60 (*Calocephalus*). — Hook. f., *Handb. N.-Zeal. Fl.*, 144. — Benth., *Fl. austral.*, III, 557 (*Myriocephalus*), 560 (*Angianthus*), 569 (*Gnephosis*), 573 (*Calocephalus*), 578.
3. In *Pl. Preiss.*, I, 444. — B. H., *Gen.*, II, 322, n. 252. — Chamæsphærion A. Gray, in *Hook. Kew Journ.*, III, 176. — Gyrostephium Turcz., in *Bull. Mosc.* (1851), II, 76. — Lachnothalamus F. Muell., *Fragm.*, III, 156.
4. Spec. 2. Benth., *Fl. austral.*, III, 581.

198. **Eriosphæra** LESS.[1] — Flores[2] hermaphroditi fertiles, 1-morphi; corolla tubulosa, 5-dentata. Antheræ basi minute caudatæ. Styli rami apice truncato-capitati. Fructus inæquali-oblongi glabri minute granulosi; pappi setis paucis inæqualibus, basi tenuissimis, ad apicem incrassatis ibique inæquali-granuloso-moniliformibus[3]. — Herba annua nana, depresse multicaulis, undique albo-araneosa; foliis alternis integris; capitulis terminalibus in cymam contractam subglobosam dispositis; cymæ involucri bracteis foliaceis obtusis laxe imbricatis; capitulorum singulorum involucri proprii bracteis inappendiculatis elongatis acutiusculis, imbricatis lanaque involutis, apice marginibusque nunc hyalinis; receptaculo proprio angusto nudoque. (*Prom. B. Spei[4].*)

199. **Cæsulia** ROXB.[5] — Flores hermaphroditi fertiles, 1-morphi; corollæ tubulosæ limbo anguste campanulato, 5-fido. Antheræ basi setaceo-ramoso-appendiculatæ. Styli rami apice dilatato compresso obtusati. Fructus subteres v. compressiusculus epapposus. — Herba (paludosa) glabra; foliis alternis inæqui-serrulatis; capitulis compositis sessilibus, ad folii basin dilatatam axillaribus, bracteis paucis inæqualibus foliaceis involucratis; capitellis ∞, 1-floris; singulorum involucello e bracteis oppositis 2 constante; bracteis germen fructumque serius basi arcte amplectentibus[6], ibi dorso carinatis v. longitudinaliter alatis, superne liberis et plus minus patulis[7]. (*India or.[8]*)

200. **Stœbe** L.[9] — Flores in capitellis solitarii, hermaphroditi fertiles, v. raro fœminei, 1-morphi; corollæ regularis tubulosæ limbo haud v. vix ampliato, 5-fido; v. 2-nati (*Disparago[10]*); altero hermaphrodito fertili; altero autem fœmineo sterilique; corollæ ligulatæ limbo integro v. dentato. Antheræ basi breviter v. longiuscule caudato-appen-

1. *Syn.*, 270 (nec DC.). — B. H., *Gen.*, II, 321, n. 250.
2. Flavidi.
3. Granulis subcrystallinis.
4. Spec. 1 (in herb. POURRET a nobis visa, verisimiliter a THUNBERG comm.), scil. *E. Oculus-Cati* LESS. — HARV., *Thes. cap.*, t. 149. — HARV. et SOND., *Fl. cap.*, III, 264. — *Gnaphalium Oculus-Cati* L., *Suppl.*, 364. — *G. Oculus* THUNB., *Fl. cap.*, 657. (*E. Oculus-Cati* DC. est (ex SOND.) *Helichrysum marifolium*, DC.)
5. *Pl. coromand.*, I, 64, t. 93; *Fl. ind.*, III, 447. — CASS., in *Dict.*, VI, Suppl., 4. — DC., *Prodr.*, V, 482. — ENDL., *Gen.*, n. 2438. — B. H., *Gen.*, II, 318, n. 243.

6. Receptaculumque floris ludentibus, ast a germine omnino liberis.
7. Genus in Ordine conspicue anomalum.
8. Spec. 1. *C. axillaris* ROXB. — ANDR., *Bot. Repos.*, t. 431. — WIGHT, *Icon.*, t. 1102. — *Meyera orientalis* DON, *Prodr. Fl. nepal.*, 180. — *Melananthera orientalis* SPRENG. (ex DC.).
9. *Gen.*, n. 1001. — LESS., *Syn.*, 345. — DC., *Prodr.*, VI, 259. — ENDL., *Gen.*, n. 2700. — B. H., *Gen.*, II, 323, 1233, n. 254.
10. GÆRTN., *Fruct.*, II, 463, t. 173. — CASS., in *Dict.*, XIII, 348. — DC., *Prodr.*, VI, 257. — B. H., *Gen.*, II, 323, n. 255. — *Wigandia* NECK., *Elem.*, I, 95. — LESS., *Syn.*, 362 (nec K.): capitulis nunc (in sect. *Disparella* DC.) 1-floris.

diculatæ. Styli rami apice dilatato compressiusculo truncati v. penicillati. Fructus oblongus, subteres v. costatus; pappi setis 5-10, 1-seriatis plumosis, basi connatis v. liberis, nunc 0 (*Perotriche*[1]). — Fruticuli rigidi, glabri v. tomentosi; foliis alternis (*ericoideis*) rigidis, tortis v. fasciculatis; capitellis in capitulum compositum sæpius globosum dispositis v. ramis subspicatis (*Seriphium*[2]); involucri capitellorum oblongi bracteis paucis inæqualibus, imbricatis; receptaculo angusto nudo. (*Africa austr.*, *Borbonia*[3].)

201. Relhania LHÉR.[4] — Flores[5] 1-2-morphi, hermaphroditi fertiles, v. nonnulli nunc steriles; corollis omnibus regularibus tubulosis, 5-fidis v. 5-dentatis, v. in floribus radii ligulatis, integris v. dentatis, patentibus, nunc brevibus. Antheræ basi simpliciter v. setaceo-ramoso-appendiculatæ. Styli rami tenues, apice obtusi v. truncati. Fructus elongatus oblongusve, lævis, compressus v. angulatus; pappi setis variis paleisve liberis, deciduis, v. in cupulam connatis, nunc 0. — Frutices v. rarius herbæ (sæpe ericoidei), nunc glutinosi; foliis alternis v. rarius oppositis, parvis v. angustis, rigidis, concavis, v. ∞-nerviis; capitulis terminalibus, solitariis v. in cymam contractam expansamve, corymbiformem v. umbelliformem, dispositis; involucri ovoidei, oblongi, cylindrici v. subcampanulati, bracteis ∞, imbricatis, inæqualibus; interioribus sæpe scariosis v. coloratis; receptaculo plano nudo, foveolato, v. inter flores fimbrilligero, setoso, v. breviter longeve paleaceo[6]. (*Africa austr.*[7])

1. Cass., in *Bull. Soc. philom.* (1818), 75; in *Dict.*, XXXVIII, 525. — Less., *Syn.*, 353. — DC., *Prodr.*, VI, 264. — Endl., *Gen.*, n. 2762. — B. H., *Gen.*, II, 322, n. 253. — *Gymnachœna* Reichb., in *Sieb. exs. cap.*, n. 23; capitulis 1-floris.

2. L., *Gen.*, n. 1003. — Less., *Syn.*, 349. — DC., *Prodr.*, VI, 261. — Endl., *Gen.*, n. 2761.

3. Spec. 25, 26. Thunb., *Fl. cap.*, 725. — Lamk, *Ill.*, t. 722. — Harv. et Sond., *Fl. cap.*, III, 277 (*Disparago*), 279; 285 (*Perotriche*).

4. *Sert. angl.* (1788), 22, t. 29 (nec Gmel.). — Less., *Syn.*, 374. — DC., *Prodr.*, VI, 286. — Endl., *Gen.*, n. 2781. — B. H., *Gen.*, II, 326, n. 265. — *Eclopes* Gærtn., *Fruct.*, II, 440, t. 169. — Lamk, *Ill.*, t. 689. — Less., *Syn.*, 378. — DC., *Prodr.*, VI, 287. — Endl., *Gen.*, n. 2782. — *Michauxia* Neck., *Elem.*, I, 12. — *Rhynchocarpus* Less., *Syn.*, 382. — *Rhynchopsidium* DC., *Prodr.*, VI, 290; *Pl. rar. Jard. Gen.*, VII, t. 6.

5. Flavi v. rosei (?)

6. Generis sectiones, nostro sensu, sunt : *Metalasia* R. Br., in *Trans. Linn. Soc.*, XII, 124 (1816). — Less., *Syn.*, 334. — Endl., *Gen.*, n. 2753. — B. H., *Gen.*, II, 325, n. 260. — *Endoleuca* Cass., in *Dict.*, XIV, 474. — *Erythropogon* DC., *Prodr.*, VI, 254 : floribus 1-morphis in capitulo paucis v. ∞; involucro cylindraceo v. obconico; bracteis sæpe lamina (colorata) appendiculatis; fructu lævi; pappi setis apice haud v. leviter dilatatis.

Nestlera Spreng., *Syst.*, III, 302 (1826). — Less., *Syn.*, 372. — DC., *Prodr.*, VI, 283. — Endl., *Gen.*, n. 2779. — B. H., *Gen.*, II, 325, n. 262. — *Columellea* Jacq., *Hort. schœnbr.*, III, 28, t. 301. — *Stephanopappus* Less., in *Linnœa*, VI, 234. — *Polychœta* Less., *Syn.*, 371. — DC., *Prodr.*, VI, 285. — Endl., *Gen.*, n. 2780 (part.) : capitulis radiatis, pauci-∞-floris; involucri subcampanulati v. ovoidei bracteis nunc obtusis; pappi setis brevibus, paleaceis v. in cupulam connatis.

7. Spec. ad 45. Lamk, *Ill.*, t. 693, fig. 3 (*Xeranthemum*). — *Bot. Reg.*, t. 587. — Harv. et Sond., *Fl. cap.*, III, 265 (*Metalasia*), 295 (*Nestlera*), 298.

202? Elythropappus CASS.[1] — Flores in capitulo 3-∞ , 1-morphi
v. rarius (*Amphiglossa*[2], *Bryomorphe*[3]) 2-morphi; radii ligulis plerumque parvis v. minimis. Fructus oblongi, subteretes v. tenuiter costati; pappi setis liberis v. basi in annulum connatis, scabris v. plus
minus longe plumosis. Cætera *Stœbes*[4]. — Fruticuli glabri, scabri v.
tomentosi; ramis sæpe spinescentibus, nuncve herba perennis nana
dense pulvinato-cæspitosa; foliis alternis rigidis (sæpe *ericoideis*), nunc
imbricatis v. fasciculatis; capitulis terminalibus solitariis sæpiusve
glomeratis, v. axillaribus sessilibusque; involucri varii bracteis rigidis,
imbricatis; receptaculo parvo nudo[5]. (*Africa austr.*[6])

203? Lachnospermum W.[7] — Flores[8] 1-morphi regulares hermaphroditi fertiles cæteraque *Stœbes*[9]. Fructus oblongi, prominule 4-an-
gulati ibique ciliato-villosi, dorso plerumque complanati; pappi setis
∞, sub-2-seriatim imbricatis, scabris, liberis v. ima basi connatis. —
Frutex cano-tomentosus; foliis alternis crassis (breviter *ericoideis*),
nunc fasciculatis tortisque; capitulis[10] terminalibus, solitariis v. 2-3-nis;
involucri subcampanulati bracteis ∞, imbricatis, ∞-seriatis, rigidis
mucronatis; exterioribus gradatim minoribus; receptaculo superne
plano et inter flores exteriores paleaceo v. setigero. (*Africa austr.*[11])

204? Syncephalum DC.[12] —Flores hermaphroditi fertiles, in involucello proprio pauci (2, 3); corollæ[13] tubulosæ regularis lobis 5, ad apicem glandulosis. Antheræ basi anguste caudatæ. Styli tenuis rami
breves v. connati. Fructus oblongi subpyramidati glabri epapposi. —
Suffrutex glaber; foliis alternis, subovalibus sessilibus coriaceis, integris v. subcrenulatis, imbricatis; capitellis in capitula composita

1. In *Bull. Soc. philom.* (1816), 199; in *Dict.*,
XIV, 376. — LESS., *Syn.*, 342. — DC., *Prodr.*,
VI, 256. — ENDL., *Gen.*, n. 2757. — B. H., *Gen.*,
II, 323, n. 256. — *Achyrocome* SCHR., in *D. Ak.
Wiss. Munch.*, VIII, 147, 170 (ex DC.). — *Cyathopappus* SCH. BIP., in *Pollichia* (1861), 183.
2. DC., *Prodr.*, VI, 258, b, c. — ENDL., *Gen.*,
n. 2759. — B. H., *Gen.*, II, 324, n. 258.
3. HARV., *Thes. cap.*, t. 151. — B. H., *Gen.*,
II, 324, n. 258.
4. Cujus melius forte sectio (?)
5. Sect. 3 : 1. *Amphiglossa*, floribus 2-mor-
phis; foliis ericoideis; 2. *Euelythropappus*, floribus 1-morphis; foliis ericoideis; capitulis
sæpe axillaribus; 3. *Bryomorphe*, caule cæspi-
toso-pulvinato (plantæ monticolæ); floribus
2-morphis; pappi setis scabris (nec plumosis).

6. Spec. ad 12. HARV. et SOND., *Fl. cap.*, III,
273; 275 (*Pterothrix*), 277 (*Bryomorphe*).
7. *Spec.*, III, 1787. — LESS., *Syn.*, 342. —
DC., *Prodr.*, VI, 255. — ENDL., *Gen.*, n. 2755.
— B. H., *Gen.*, II, 325, n. 261. — *Carpholoma*
DON, in *Mem. Wern. Soc.*, V, 555.
8. Rosei (?)
9. Cujus potius forte sectio (?).
10. Majusculis v. mediocribus.
11. Spec. 1. *L. fasciculatum.—L. ericoides* W.
— HARV. et SOND., *Fl. cap.*, III, 272. — *Stœhelina fasciculata* THUNB., *Fl. cap.*, 628. — *Serratula fasciculata* POIR., *Dict.*, VI, 560, n. 35. —
Carpholoma rigidum DON.
12. *Prodr.*, VI, 282. — ENDL., *Gen.*, n. 2777.
— B. H., *Gen.*, II, 326, n. 264.
13. Croceæ (?).

corymboso-cymosa terminaliaque dispositis; bracteis foliiformibus in involucrum commune approximatis; involucelli proprii bracteis paucis inæqualibus; nonnullis membranaceis v. scarioso-hyalinis, imbricatis[1]. (*Madagascaria*[2].)

205? **Rosenia** THUNB.[3] — « Flores fertiles, 2-morphi; radii fœminei, 1-seriati; disci autem hermaphroditi; corolla fœmineorum ligulata patente; hermaphroditorum tubulosa, 5-dentata. Antheræ basi longe caudato-appendiculatæ. Styli florum hermaphroditorum rami angusti truncati. Fructus haud rostrati; radii prismatici, 3-quetri, calloso-angulati; pappi paleis ∞, brevibus subæqualibus; disci autem cylindracei sulcati, inferne rugulosi; pappo 2-plici; exteriore ∞-paleaceo brevi, interiore autem longe 2-aristoso. — Frutex glaber ramosissimus; foliis decussatis parvis coriaceis, supra albo-tomentosis; marginibus inflexis; capitulis terminalibus solitariis v. in ramulis lateralibus brevissimis subsessilibus. » (*Africa austr.*[4])

206? **Anaglypha** DC.[5] — « Flores[6] fertiles omnes, 2-morphi; radii fœminei, 1-seriati; corollæ ligulatæ lamina patente, 3-dentata.; disci autem hermaphroditi; corollæ regularis tubulosæ limbo 5-fido. Antheræ basi setaceo-caudatæ; auriculis contiguis. Styli florum hermaphroditorum rami truncati. Fructus (immaturi) subteretes glabri, 5-costati, epapposi. — Frutex virgatus, rigide pilosus; foliis alternis confertis linearibus mucronatis, dorso carinatis; capitulis terminalibus solitariis pedunculatis; receptaculo plano nudo; involucri late campanulati bracteis pauciseriatis, imbricatis; exterioribus subulatis; interioribus autem longioribus latioribusque lanceolatis, margine scariosis dorsoque hispidulis. » (*Africa austr.*[7])

207. **Filago** T.[8] — Flores[9] 2-morphi; exteriores fœminei, 1-∞-seriati fertiles; corolla tenui v. filiformi, subintegra v. minute 2-3-den-

---

1. Adspectus *Relhaniæ*, cui genus proximum.
2. Spec. 1. *S. Bojeri* DC.
3. *Fl. cap. Præf.; Fl. cap.*, 692. — LESS., *Syn.*, 369. — DC., *Prodr.*, VI, 280. — B. H., *Gen.*, II, 327, 1233, n. 266.
4. Spec. 1, nobis ignota (*Relhaniæ*, ut videtur, proxima), *R. glandulosa* THUNB. — HARV. et SOND., *Fl. cap.*, III, 294.
5. *Prodr.*, V, 311. — ENDL., *Gen.*, n. 2359. — B. H., *Gen.*, II, 326, n. 263. — *Oxylœna* BENTH., in *Hook. Icon.*, t. 1109.
6. « Aurantiaci. »

7. Spec. 1, 2. H. et SOND., *Fl. cap.*, III, 68.
8. *Inst.*, 454 (part.), t. 259. — L., *Spec.*, 1311 (part.). — ADANS., *Fam. des pl.*, II, 122. — J., *Gen* , 179. — DC., *Prodr.*, VI, 247. — ENDL., *Gen.*, n. 2752. — B. H., *Gen.*, II, 299, n. 195. — *Logfia* CASS., in *Bull. Soc. philom.* (1819), 143; in *Dict.*, XXVII, 116. — *Oglifa* CASS., in *Dict.*, XXXV, 448. — *Acharilerium* BL. et FINGERH., *Fl. germ.*, II, 345. — *Impia* BL. et FINGERH., loc. cit., II, 342. — *Xerotium* BL. et FINGERH., loc. cit., II, 343.
9. Sordide lutei v. pallidi.

tata; interiores autem hermaphroditi, fertiles v. ex parte omnesve
steriles; corolla regulari tenuiter tubulosa, superne vix v. haud ampliata, 4-5-dentata. Antheræ basi minute caudatæ. Styli (nunc indivisi)
florum hermaphroditorum rami tenues, obtusi v. truncati, dorso sæpe
papillosi. Fructus subteretes v. subovoidei, nunc compressiusculi ecostati; pappi setis in aliis (in capitulo sæpe eodem) ∞, glabris, scabris v.
plumosis; in aliis autem 0. — Herbæ v. rarius fruticuli canescentes v.
glabrati; foliis alternis, sæpe integris, nunc fasciculatis; capitulis solitariis sessilibus v. sæpius in glomerulos terminales axillaresve dispositis,
foliis floralibus sæpe involucratis; involucri (parvi) bracteis 2-∞-
seriatim imbricatis; interioribus sæpius scariosis, exterioribus autem
lanatis; receptaculo plano, conico v. cylindraceo, nudo v. sæpius inter
flores omnes v. exteriores hyalino-paleaceo[1]. (*Orbis totius reg. calid.*,
temp. et frigidæ[2].)

208? **Symphyllocarpus** MAXIM.[3] — « Flores fertiles omnes, 2-mor-

1. Sectiones hujus generis, nostro sensu, sunt :
Evax GÆRTN., *Fruct.*, II, 393, t. 165. —
DC., *Prodr.*, V, 458. — ENDL., *Gen.*, n. 2420.
— B. H., *Gen.*, II, 296, 1233, n. 190. —? *Filago*
L., *Gen.*, n. 995 (nec *Spec.*). — *Gnaphalium*
VAILL. (nec L.). — *Evacopis* POM., *N. Mat. Fl.
atl.*, 41. — *Hesperevax* A. GRAY, in *Whippl.
Exp., Bot.*, 101, t. 11 : floribus epapposis;
exterioribus fœmineis, ∞-seriatis. (*Europa,
Oriens, Africa bor.*, *America bor.-occid.*)
Psilocarphus NUTT., in *Trans. Amer. Phil. Soc.*,
ser. 2, VII, 340. — B. H., *Gen.*, II, 297, n. 191.
— *Bezanilla* REMY, in *C. Gay Fl. chil.*, IV,
109, t. 46 : floribus hermaphroditis centralibus
epaleaceis; fœmineis autem paleis cymbiformibus
inclusis, exterioribus, ∞-seriatis. (*Chili, California.*)
Diaperia NUTT., in *Trans. Amer. Phil. Soc.*,
ser. 2, VII, 337. — B. H., *Gen.*, II, 298, n. 193.
— *Filaginopsis* TORR. et GR., *Fl. N.-Amer.*, II,
263. — *Calymmandra* TORR. et GR., loc. cit.,
262 : floribus epapposis; centralibus paucis hermaphroditis et periphericis fœmineis multise-
riatisque, paleis concavis plus minus involutis.
(*America bor.*)
Micropsis DC., *Prodr.*, V, 450. — ENDL., *Gen.*,
392, n. 2421. — B. H., *Gen.*, II, 298, n. 194.
— *Lasiophyton* HOOK. et ARN., in *Hook. Journ.
Bot.*, III, 44 : fructu piloso; pappo minute coroniformi; floribus paleis involutis; centralibus
hermaphroditis paucis; periphericis autem fœmineis, 1-2-seriatis. (*Chili.*)
Micropus L., *Gen.*, n. 996. — DC., *Prodr.*, V,
460; VII, 283. — ENDL., *Gen.*, 393, n. 2421. —
B. H., *Gen.*, II, 297, 1233, n. 192. — *Gnaphalodes* ADANS., *Fam. des pl.*, II, 118 (nec A. GRAY).

— *Ancistrocarphus* A. GRAY, in *Proc. Amer.
Acad.*, VII, 355. — *Stylocline* NUTT., in *Trans.
Amer. Phil. Soc.*, ser. 2, VII, 338. — A. GRAY,
loc. cit., VIII, 652 : pappi setis paucis v. fugacibus, nunc 0; paleis florum centralium hermaphroditorum planis v. 0. (*Europa, Asia, Africa,
America bor.-occ.*)
Ifloga CASS., in *Dict.*, XXIII, 13. — LESS.,
Syn., 333. — SCH. BIP., in *Webb Phyt. canar.*,
II, 309. — B. H., *Gen.*, II, 299, n. 196. — *Tri-
chogyne* LESS., in *Linnæa*, VI, 231. — DC.,
Prodr., VI, 264 : pappi setis paucis, superne
plumosis; in floribus fœmineis 0; floribus hermaphroditis centralibus nudis; fœmineis peri-
phericis, ∞-seriatis, paleis hyalinis subtensis.
(*Africa calid. et temp., Oriens.*)
2. Spec. ad 40. CAV., *Ic.*, t. 36. — LABILL.,
Pl. syr. Dec., IV, t. 2 (*Gnaphalium*). — GUSS.,
Pl. rar., t. 59. — SIBTH., *Fl. græc.*, t. 861
(*Gnaphalium*), 921, 922. — GRIFF., *Notul.*, IV,
240, t. 468 (*Gnaphalium*). — REICHB., *Ic. Fl.
germ.*, t. 943; 944 (*Evax*). — DEL., *Fl. eg.*, t. 47.
— MOR., *Fl. sard.*, t. 81 (*Evax*). — LGE, *Pl.
nov. Hisp.*, t. 22, 23. — WILLK. et LGE, *Prodr.
Fl. hisp.*, II, 53; 64 (*Evax*), 65 (*Micropus*). —
BOISS., *Diagn. or.*, ser. 2, III, 18 (*Evax*); *Fl.
or.*, III, 241 (*Micropus*), 242 (*Evax*), 245; 248
(*Ifloga, Trichogyne*). — A. GRAY, *Man.* (ed.1856),
229. — REMY, in *C. Gay Fl. chil.*, IV, 236. —
OLIV. et HIERN, *Fl. trop. Afr.*, III, 336. —
GREN. et GODR., *Fl. de Fr.*, II, 190; 193 (*Logfia*),
194 (*Micropus*), 195 (*Evax*). — WALP., *Rep.*, II,
599 (*Evax, Diaperia, Micropus*), 600 (*Calymmandra*); VI, 246; 248 (*Logfia*); *Ann.*, I, 423; II, 903.
3. *Prim. Fl. amur.*, 151, t. 8, fig. 1. — B. H.,
Gen., II, 296, n. 189.

phi ; exteriores fœminei, ∞-seriati ; corolla tenuissima, ligulato-3-dentata ; dente 1 longiore ; disci autem hermaphroditi fertiles pauci ; corollæ tubulosæ limbo 4-dentato. Antheræ apice subtruncatæ, basi...? Styli florum hermaphroditorum lobi...? Fructus teretes stipitati læves, pilis longis apice involutis horizontalibus obsiti, apiceque pilis rectis pappum brevissimum simulantibus coronati. — Herba annua pusilla erecta[1] ramosa ; foliis alternis, infra apicem 1-3-dentatis, linearibus glabris ; capitulis (parvis) in caulis dichotomiis sessilibus, per 2-4 arcte glomeratis ; involucri bracteis æqualibus acutis membranaceis, sub-1-seriatis ; receptaculo circa flores centrales nudo, exteriores autem circa paleis complicatis onusto[2] ». (*Reg. amurensis*[3].)

209. **Blepharispermum** WIGHT[4]. — Flores 2-morphi ; exteriores fœminei pauci fertiles ; corolla gracili tubulosa, 2-4-dentata ; interiores autem pauci (2-10) hermaphroditi fertiles ; corollæ tubulosæ limbo plus minus ampliato, 5-dentato. Antheræ basi caudato-acuminatæ. Styli florum hermaphroditorum rami crassiusculi obtusi, dorso papillosi. Fructus[5] fertiles compressi ; marginibus utrinque angulatis v. anguste alatis ciliatis ; ciliis et paucis validioribus apice in pappum spurium dispositis. — Frutices v. suffrutices glabri ; foliis alternis, latis ovato-lanceolatis, integris v. subdentatis ; capitulis (parvis) crebris in globos terminales (capitulum compositum) solitarios v. paucos dispositis ; receptaculo proprio cylindraceo breviter ramiformi ; floribus singulis bracteis paleaceis siccis v. scariosis imbricatisque subtensis. (*India or.*[6])

210. **Cylindrocline** CASS.[7] — Flores[8] polygami, 2-morphi ; inferiores fœminei ∞, fertiles ; corolla graciliter tubulosa, minute paucidentata ; superiores autem hermaphroditi steriles (?) ; corollæ tubulosæ limbo leviter ampliato, 5-dentato. Antheræ basi caudato-acuminatæ. Styli florum hermaphroditorum rami obtusiusculi ; florum fœmineorum angustiores. Fructus elongati ; exteriores compressi v. 3-goni, fertiles ; interiores autem tenuiores (plerumque vacui), 8-10-

1. *Myriogynis* facie.
2. An potius *Filaginis* sectio ?
3. Spec. 1. *S. exilis* MAXIM.
4. Ex DC., in *Wight Contr. Bot. ind.*, 11 ; *Prodr.*, V, 368. — ENDL., *Gen.*, n. 2393. — B. H., *Gen.*, II, 295, n. 187. — *Leucoblepharis* ARN., in *Mag. Zool. et Bot.*, II, 422.
5. Maturitate nigrescentes.

6. Spec. 3. DELESS., *Ic. sel.*, IV, t. 19. — WIGHT, *Icon.*, t. 1092, 1093.
7. In *Bull. Soc. philom.* (1817), 11 ; in *Dict.*, XII, 318. — LESS., *Syn.*, 207. — DC., *Prodr.*, V, 458. — ENDL., *Gen.*, n. 2419. — B. H., *Gen.*, II, 295, n. 186. — *Lepidopogon* TAUSCH, in *Flora* (1829), I, Erganzbl., 37 ; (1831), 224.
8. « Cærulei. »

costati; pappi setis paucis (4-12), nudis v. breviter barbellatis, basi compressiusculis et nonnihil dilatatis imaque basi in cupulam brevissimam
connatis. — Frutex dense sericeo-tomentosus; foliis alternis, in summis
ramulis confertis, sublanceolatis crassis integris mollibus; capitulis
elongatis in cymas corymbiformes stipitatas terminales que dispositis;
receptaculo ramiformi; bracteis involucri imbricatis, ∞-seriatis;
inferioribus brevioribus; interioribus autem angustioribus et in
paleas flores singulos axillares involventes sensim abeuntibus. (*Mau-
ritius*[1].)

211. **Athroisma** DC[2]. — Flores sæpius 2-morphi, fertiles omnes;
exteriores pauci (v. 0) fœminei; corolla filiformi, 2-3-dentata; disci
autem ∞, hermaphroditi; corollæ tubulosæ limbo anguste campanulato, 4-dentato. Antheræ basi minute auriculatæ. Styli florum hermaphroditorum rami plerumque alte connati obtusi. Fructus[3] facie dorsoque subplani, margine ciliati, apiceque ditius pilis ciliatis in pappum
brevem congestis coronatus. — Herba sæpius ramosa diffusa, glabra v.
superne laxe lanata viscida; foliis alternis petiolatis inciso-pinnatifidis;
capitulis parvis ∞, in receptaculo communi cylindraceo ramiformi
sessilibus; capitulo communi inde dense spiciformi; capitellis singulis
1-2-bracteatis; receptaculo proprio cylindrico inter flores paleis imbricatis siccis subscariosis flore subtenso obtectoque longioribus onusto.
(*India or.*, *Java*[4].)

212. **Tarchonanthus** L.[5] — Flores polygamo-diœci; corolla tubulosa regulari, in flore fœmineo breviore æqualique, apice 3-5-dentata;
in hermaphrodito v. submasculo superne breviter ampliata et 5-fida.
Antheræ (in flore fœmineo rudimentariæ v. 0) basi longe caudato-
acuminatæ. Styli crassiusculi (nunc subintegri) lobi breves, nunc patentes. Fructus ovoidei, dense lanati, epapposi. — Arbusculæ tomentosæ v. ex parte glabratæ; foliis alternis, integris v. apice 3-5-lobatis,
crassis; capitulis in racemos terminales compositos v. axillares simpli-
ciores cymigerosque dispositis; receptaculo parvo nudo; bracteis invo-

1. Spec. 1. *C. Commersonii* CASS. — BAK.,
Fl. maur., 165. — *Conyza hirsuta* COMMERS.,
herb. — *Lepidopogon Ponœ* TAUSCH. — *L. gnaphalodes* TAUSCH.

2. In *Guillem. Arch. bot.*, II, 516; *Prodr.*,
V, 368. — ENDL., *Gen.*, n. 2394. — B. H., *Gen.*,
II, 296, n. 188.

3. Maturi nigrescentes.

4. Spec. 1. *A. laciniatum* DC. — *A. viscidum*
ZOLL. — *Sphœranthus laciniatus* WALL., *Cat.*,
n. 3184.

5. *Gen.*, n. 940 (nec VAILL.). — GÆRTN.,
Fruct., II, 392. — LAMK, *Ill.*, t. 671. — CASS.,
in *Dict.*, LII, 245. — LESS., *Syn.*, 208. —
DC., *Prodr.*, V, 431. — ENDL., *Gen.*, n. 2412. —
B. H., *Gen.*, II, 288, n. 169.

lucri campanulati paucis herbaceis v. subcoriaceis, nunc brevissime ciliatis, 1-2-seriatis, liberis, v. interioribus plus minus alte connatis. (*Africa austr.*[1])

213. Brachylæna R. Br.[2] — Flores polygamo-diœci (fere *Tarchonanthi*); corollis fœmineorum tenuissimis, apice 3-5-dentatis v. 3-5-fidis; hermaphroditorum autem limbo tenuiter subcampanulato, longe 5-fido. Antheræ (in floribus fœmineis rudimentariæ v. 0) basi tenuiter caudato-acuminatæ; auriculis connatis. Stylus apice integer v. brevissime 2-lobus obtususque. Fructus glabri v. pilosuli, 4-5-angulati; pappi setis 1-2-seriatis, scabris barbellatisve; fructuum abortivorum setis paucioribus brevioribus. — Arbusculæ v. frutices, glabri v. parce tomentosi; foliis alternis, integris v. parce dentatis, supra glabris nitidis; capitulis in racemos terminales axillaresve plus minus ramosos cymiferosque dispositis; involucri campanulati, obconici v. ovoidei bracteis pauciseriatis, imbricatis, obtusis coriaceis; exterioribus sæpius gradatim minoribus; receptaculo parvo leviter convexo nudo. (*Africa austr.*[3])

214. Synchodendron Boj.[4] — Flores (fere *Brachylænæ*) diœci; masculorum corolla tubulosa; limbo leviter ampliato, 5-dentato; fœmineorum autem corolla tenui, basi sensim dilatata, apice angustissima, brevissime 4-5-dentata. Antheræ (in floribus fœmineis 0) basi longiuscule caudato-acuminatæ. Styli (in flore fœmineo tenuioris exserti) lobi brevissimi obtusi. Fructus oblongi, extus granulato-cracei; pappi setis ∞, tenuissimis (in fructu abortivo minoribus paucioribusque). — Arbores altæ; ligno duro; foliis alternis, petiolatis integris penninerviis, subtus canescenti- v. ferrugineo-tomentosis; capitulis[5] in ligno axillaribus v. lateralibus cymosis, paucis, breviter v. longiuscule stipitatis; receptaculo parvo subplano nudo; involucri obconici bracteis ∞, rigidis, imbricatis, ∞-seriatis; exterioribus gradatim brevioribus et obtusioribus[6]. (*Madagascaria*[7].)

1. Spec. 3. Harv. et Sond., *Fl. cap.*, III, 117.
2. In *Trans. Linn. Soc.*, XII, 115. — Less., Syn., 208. — DC., *Prodr.*, V, 429. — Endl., *Gen.*, n. 2411. — B. H., *Gen.*, II, 288, n. 168. — *Oligocarpha* Cass., in *Bull. Soc. philom.* (1817); in *Dict. sc. nat.*, XXXVI, 21.
3. Spec. 6. Thunb., *Fl. cap.*, 638 (*Tarchonanthus*). — Harv. et Sond., *Fl. cap.*, III, 116.

4. Ex DC., *Prodr.*, V, 92. — Endl., *Gen.*, n. 2238. — B. H., *Gen.*, II, 288, n. 167. — H. Bn, in *Bull. Soc. Linn. Par.*, 278.
5. Parvis v. mediocribus.
6. Genus habitu et involucro, etc. *Vernoniis*, quas inter enumeratum fuit (DC.), haud absimile, at floribus omnino *Tarchonanthearum*.
7. Spec. ad 2.

215? Placus LOUR.[1] — Flores[2] 2-morphi; exteriores fœminei, 1-∞-seriati, fertiles; corolla filiformi styloque sæpe breviore, inæqui- 2-5-dentata v. fida, rarius ligulata; lamina majuscula v. parva, parce dentata patenteque; disci autem hermaphroditi, pauci v. ∞, fertiles v. ex parte steriles; corolla tubulosa regulari, superne leviter ampliata, 5-dentata. Antheræ basi sagittatæ; auriculis plus minus longe v. nunc vix acuminato-caudatis, contiguis, cohærentibus v. liberis, aut integris, aut rarius subciliatis. Styli rami filiformes v. complanati, apice obtusi v. acutiusculi, dorso papillosi hirtive, nunc raro brevissimi v. inter se connati. Fructus subteretes, glabri v. varie pilosi, læves v. 4-10-angulati costative; pappi setis ∞, tenuibus, v. rigidulis, glabris, scabridis v. rarius serrulatis, plerumque caducis; exterioribus nunc paucis brevioribus[3].—Herbæ annuæ perennesve, suffrutices v. frutices; indumento vario, nunc lanato; foliis alternis, integris, dentatis, lobatis v. pinnatifidis; capitulis terminalibus v. rarius axillaribus, raro sessilibus, solitariis v. in cymas glomerulosve corymbiformes v. racemiformes laxosve dispositis; receptaculo superne plano nudoque; involucri ovoi-

---

1. *Fl. cochinch.*, 496. —DC., *Prodr.*, V, 453; VII, 261. — H. BN, in *Bull. Soc. Linn. Par.*, 282. — *Pluchea* CASS., in *Bull. Soc. philom.* (1817), 31; in *Dict. sc. nat.*, XLII, 1. — DC., *Prodr.*, V, 450. — ENDL., *Gen.*, n. 2414. — B. H., *Gen.*, II, 290, 1233, n. 173. — *Leptogyne* ELL., *Bot. S.-Carol. and Georg.* (1821-1824), II, 322. — *Gymnema* RAFIN. — *Stylimnus* RAFIN., in *Journ. Phys.*, 100; in *Ann. nat.*, 15 (ex DC.). — *Conyza* SCH. BIP., in *Walp. Rep.*, II, 353 (part.). — *Karelinia* LESS., in *DC. Prodr.*, V, 375. — *Berthelotia* DC., *loc. cit.* — DELESS., *Ic. sel.*, IV, t. 21. — *Eyrea* F. MUELL., in *Linnæa*, XXV, 403. — *Spiropodium* F. MUELL., *Fragm.*, I, 33. — *Blumea* DC., in *Guillem. Arch. bot.*, II, 514; *Prodr.*, V, 432. — ENDL., *Gen.*, n. 2413. — B. H., *Gen.*, II, 289, n. 171. — ? *Dœllia* SCH. BIP., in *Walp. Rep.*, II, 953.

2. Rosei, purpurascentes, albi, lilacini, violacei v. rarius flavescentes.

3. Genus *Conyzæ* (*Erigerontis* sect.) quam maxime affine, differt imprimis (haud tamen constanter) antheris plus minusve longe tenuiterve caudatis (nunc subecaudatis) fructuumque forma (variabili), sectionemque *Plucheinearum* Auctt. cum *Euastereis* arcte connectit. Generis sectiones, nostro sensu, sunt, nonnunquam male definitæ:

Laggera SCH. BIP.. in *Walp. Rep.*, II, 953. — B. H., *Gen.*, II, 290, n. 172: antheris basi vix v. haud caudatis (sectio unde *Erigeronti* quam proxima); corollis fœmineis tenuissimis; bracteis involucri angustis v. lanceolatis, sæpius rigidulis; capitulis ad summas axillas sessilibus

v. in cymas racemiformes dispositis; caule herbaceo, perenni v. nunc basi frutescente. (*Asia et Africa trop.*)

Stenachœnium BENTH., *Gen.*, II, 289, n. 170: fructu longiusculo; pappi setis ∞, rigidulis; capitulis stipitatis v. confertis cymosis; caule perenni. (*Brasilia.*)

Sachsia GRISEB., *Cat. pl. cub.*, 150. — B. H., *Gen.*, II, 291, n. 174: corollæ fœmineæ filiformis limbo 2-3-dentato; caule perenni; foliis basilaribus rosulatis; capitulis laxe remoteque cymosis. (*Cuba.*)

? *Rhodogeron* GRISEB., *loc. cit.*, 151. — B. H., *Gen.*, II, 291, n. 175: corollæ fœmineæ ligulatæ limbo ovato minute dentato (quod et in *Sachsia* nunc vidimus); sectiones unde in unam (?) coadunandæ). (*Cuba.*)

Pterigeron DC., *Prodr.*, V, 293 (*Erigerontis* sect.). — A. GRAY, *Pl. Wright.*, I, 90, not. — B. H., *Gen.*, II, 292, n. 177. — *Streptoglossa* STEETZ, ex F. MUELL., in *Trans. Bot. Soc. Edinb.*, VII, 491: corolla fœminea ligulata v. inæqui-ampliata; caule herbaceo, sæpius rigidulo; capitulis solitariis v. cymosis; foliis alternis, nunc decurrentibus, integris dentatisve. (*Australia trop. et subtrop.*)

? *Tecmarsis* DC., *Prodr.*, V, 93. — ENDL., *Gen.*, n. 2240, « genus est (B. H., *Gen.*, II, 291) valde incertum, ad specimina madagascariensia capitulis nondum florentibus confectum, quæ tamen nobis non male cum *Pluchea* convenire videntur ». Foliorum adspectus diversus nihilominus videtur et specimina adulta quærenda sunt.

dei, hemisphærici v. sæpius subcampanulati, bracteis ∞, pauci- v. pluri-seriatim imbricatis, sæpius acutatis angustisve; exterioribus gradatim minoribus. (*Orbis totius reg. calid.*[1])

216. **Tessaria** R. et PAV.[2] — Flores[3] (fere *Placi*[4]) 2-morphi; exteriores fœminei fertiles, ∞-seriati; corolla filiformi styloque breviore, minute dentata v. inæqui-3-4-fida; disci autem pauci v. 1, hermaphroditi steriles; corolla tubulosa, 5-dentata. Antheræ basi caudato-acuminatæ. Styli florum hermaphroditorum (nunc indivisi) rami subulati. Fructus 4-5-goni, nunc compressiusculi; pappi setis ∞, tenuibus, 1-seriatis. — Frutices sericei v. pubescentes; foliis alternis, integris v. dentatis, sessilibus v. petiolatis, nunc subinæqualibus, basi attenuatis, apice acutis v. obtusis; capitulis in cymas terminales v. racemoso-compositas decompositasve corymbiformes dispositis; receptaculo plano nudo; involucri ovoidei bracteis ∞, imbricatis scariosis; exterioribus gradatim minoribus. (*America utraque extratrop. v. mont. occ.*[5])

217. **Epaltes** CASS.[6] — Flores[7] polygami v. subdiœci; radii fœminei fertiles; corolla tenuissima, stylo breviore, apice 2-3-dentata v. sub-2-labiata, basi nunc indurata; disci autem pauci hermaphroditi, plerumque steriles; corollæ tubulosæ limbo anguste campanulato, 3-5-dentato v. fido. Antheræ basi minute caudato-acuminatæ. Stylus florum hermaphroditorum integer, sæpe papillosus, nunc breviter 2-fidus.

1. Spec. ad 110 (enumer. ad 160). JACQ., *Ic. rar.*, t. 585 (*Conyza*). — JACQ. F., *Eclog.*, t. 133. — WIGHT, *Icon.*, t. 1099-1101 (*Blumea*); *Ill.*, t. 131 (*Pluchea*). — DELESS., *Ic. sel.*, t. 23-25 (*Blumea*). — HOOK., *Icon.*, t. 1156, 1157 (*Pluchea*). — SEEM., *Fl. vit.*, t. 27 (*Blumea*). — A. RICH., *Fl. abyss. Tent.*, t. 62 (*Serratula*). — KURZ, *For. Fl. brit. Burm.*, II, 82 (*Blumea*), 83 (*Pluchea*). — A. GRAY, *Man.* (ed. 1856), 208 (*Pluchea*).— CHAPM., *Fl. S. Unit. St.*, 218 (*Pluchea*). — GRISEB., *Fl. brit. W.-Ind.*, 366 (*Pluchea*); *Symb. Fl. argent.*, 183 (*Pluchea*). — MIQ., *Fl. ind-.bat.*, II, 40 (*Conyza*).— BENTH., *Fl. austral.*, III, 524 (*Blumea*), 527 (*Pluchea*), 531 (*Pterigeron*).— HARV. et SOND., *Fl. cap.*, III, 119 (*Blumea*). — OLIV. et HIERN, *Fl. trop. Afr.*, III, 322 (*Blumea*), 323 (*Laggera*), 327 (*Pluchea*). — KLATT, in *Ann. sc. nat.*, sér. 5, XVIII, 368 (*Blumea, Pluchea*). — BAK., *Fl. maur.*, 164 (*Blumea*). — BOISS., *Diagn. or.*, ser. 2, III, 5; *Fl. or.*, III, 216 (*Conyza*). — WALP., *Rep.*, II, 972 (*Conyza*); VI, 133 (*Conyza*), 138 (*Blumea, Pluchea*); *Ann.*, I, 410 (*Blumea*); II, 834 (*Conyza*), 839 (*Blumea*); V, 196 (*Conyza*), 198 (*Blumea*).

2. *Prodr. Fl. per.*, 112, t. 24. — CASS., in *Dict.*, LIII, 233. — DC., *Prodr.*, V, 456.— ENDL., *Gen.*, n. 2417. — B. H., *Gen.*, II, 291, n. 176. — *Gyneteria* W., in *Ges. Naturfr. Berl. Mag.* (1807), 140. — *Gyneteria* SPRENG., *N. Entd.*, II, 135, t. 1. — *Phalacromesus* CASS., in *Dict.*, LIII, 235. — *Polypappus* NUTT., in *Journ. Acad. Philad.*, ser. 2, I, 178 (nec LESS.).

3. Rosei v. purpurascentes.

4. A quo genus vix ac ne vix habitu, (diversissimo quidem) involucro, foliis et indumento diversum.

5. Spec. ad 5. AD. BR., in *Duperr. Voy. Coq.*, *Bot.*, t. 64. — TORR., in *Sitgr. Exp.*, t. 5. — REMY, in *C. Gay Fl. chil.*, IV, 105. — WALP., *Ann.*, V, 198.

6. In *Bull. Soc. philom.* (1818), 139; in *Dict.*, XV, 6. — LESS., *Syn.*, 206. — DC., *Prodr.*, V, 461. — ENDL., *Gen.*, n. 2422. — B. H., *Gen.*, II, 293, n. 182. — *Ethuliopsis* F. MUELL., *Fragm.*, II, 154; *Pl. Vict.*, t. 38. — *Gynaphanes* STEETZ, in *Pet. Moss., Bot.*, 457. — *Pachytelia* STEETZ, *loc. cit.*, 453. — *Litogyne* HARV., *Thes. cap.*, t. 155; *Fl. cap.*, III, 48.

7. Albidi v. purpurascentes.

Fructus radii subteretes, 5-10-costati, epapposi; disci autem tenues, saepius effœti; pappi setis paucissimis (1-3) v. 0. — Herbæ[1], foliis alternis, integris, dentatis v. sublyratis, basi saepe decurrentibus; capitulis sessilibus v. saepius in cymas corymbiformes dispositis; involucri bracteis ∞, imbricatis, siccis rigidulis, ∞-seriatis; receptaculo superne plano v. ovoideo medioque nunc concavo, nudo alveolatove. (*Asia, Africa, Australia et America calid.*[2])

218. Denekia THUNB.[3] — Flores[4] fere *Epaltis,* 2-morphi; exteriores fœminei fertiles ∞; corolla stylo breviore apiceque patenti-2-loba (sub-2-labiata); disci autem hermaphroditi steriles; corolla tubulosa v. anguste campanulata, 5-loba. Antheræ basi minute caudatæ. Styli florum hermaphroditorum rami breves, longe ovati obtusi, extus papillosi dorsoque compressi. Fructus radii subteretes, epapposi; disci autem tenues effœti; pappi setis paucissimis (1, 2) elongatis et penicillato-plumosis. — Herbæ tenues; caule ramoso v. subsimplici; foliis alternis, integris v. dentatis, nunc subtus canis; capitulis ad summos ramulos in cymas corymbiformes, nunc valde contractas, dispositis; receptaculo parvo plano nudo; bracteis involucri varii sub-2-seriatis, nunc margine scariosis[5]. (*Africa austr. et subtrop.*[6])

219? Thespidium F. MUELL[7]. — « Flores fertiles, 2-morphi; exteriores fœminei, 1-seriati; corolla tenui stylo breviore, apice paucidentata; disci autem hermaphroditi pauci fertiles; corollæ tubulosæ limbo parum ampliato, 4-dentato. Antheræ basi minute caudato-acuminatæ. Styli florum hermaphroditorum rami subulati. Fructus subteretes, 8-10-costati; pappi setis paucis (5-12) subpaleaceis inæqualibus, in radio brevioribus. — Herba humilis rigida ramosa; foliis alternis, integris, v. dentatis; capitulis in glomerulos ad folia ramorum inferiora axillares dispositis; receptaculo parvo nudo; involucri ovoidei bracteis siccis rigidis acutis inæqualibus imbricatis. » (*Australia trop.*[8])

1. Habitu saepe *Ethuliæ.*
2. Spec. 8, 9. DC., *Prodr.,* VI, 140, n. 1 (*Sphæromorphæa*). — MIQ., *Fl. ind.-bat.,* II, 61. — STEETZ, *loc. cit.,* t. 49. — OLIV. et HIERN, *Fl. trop. Afr.,* III, 331. — KLATT, in *Ann. sc. nat.,* sér. 5, XVIII, 370.
3. *Prodr. Fl. cap. Præf.; Fl. cap.,* 665. — CASS., in *Dict. sc. nat.,* XIII, 65. — LESS., *Syn.,* 206. — DC., *Prodr.,* V, 462. — B. H., *Gen.,* II, 293, n. 181.
4. Albidi v. flavi.
5. Flores potius *Epaltis* quam *Conyzæ* cujus autem stylum potius habet genus.
6. Spec. 2, 3. SPRENG., *Syst.,* III, 496 (*Selloa*). — HARV. et SOND., *Fl. cap.,* III, 118. — BENTH., in *Hook. Icon.,* t. 1138.
7. In *Benth. Fl. austral.,* III, 534; *Gen.,* II, 292, n. 178.
8. Spec. 1, nobis ignota, *T. basiflorum* F. MUELL. — BENTH., *Fl. austral.,* III, 534; in *Hook. Icon.,* t. 1143. — *Pluchea basiflora* F. MUELL., *Rep. Babb. Exped.,* 12.

220? Coleocoma F. MUELL.[1] — « Flores[2] 2-morphi; exteriorés fœminei fertiles, 2-3-seriati; corolla tenui, stylo breviore, acute 3-5-dentata; disci autem hermaphroditi steriles; corolla tubulosa, superne parum ampliata, 5-dentata. Antheræ basi caudato-acuminatæ. Stylus florum hermaphroditorum indivisus. Fructus radii longiusculi compressiusculi glabri costato-striati; pappi paleis in tubum lacerum connatis; disci autem abortivi; pappi paleis ∞, subliberis. — Herba humilis rigida; foliis alternis, sæpius dentatis; capitulis[3] terminalibus solitariis; receptaculo plano nudo; involucri ovoidei bracteis ∞, imbricatis, siccis; exterioribus brevioribus; interioribus autem apice scarioso laceris. » (*Australia trop.*[4])

221? Nanothamnus THOMS.[5] — « Flores fertiles plerique, 2-morphi; exteriores fœminei 1-4 (v. nunc 0?); corolla tenui, 2-3-dentata; disci autem fœminei; corollæ tubo tenui; limbo campanulato sub-2-labio; lobis exterioribus 4; quinto interiore ad basin limbi soluto. Antheræ basi breviter mucronatæ v. caudatæ. Styli florum hermaphroditorum rami filiformes hirtelli. Fructus obovoidei, tenuiter 5-8-costati, calvi v. annulo minute 5-dentato coronati. — Herba perennis humilis erecta, basi lanata, superne glandulosa parceque lanata; foliis alternis serratis; capitulis subsessilibus solitariis v. sæpius terminali-confertis; receptaculo plano nudo; involucri ovoidei bracteis inæqualibus, ∞-seriatim imbricatis; interioribus subscariosis; exterioribus autem dorso hispidis, gradatim brevioribus[6]. » (*India or.*[7])

222. Sphæranthus VAILL[8]. — Flores[9] composito-capitati, 2-morphi; exteriores (capitellorum) fœminei fertiles v. steriles; corolla brevi, tenuiter tubulosa, apice minute paucidentata v. subintegra; centrales autem (pauci v. 1) hermaphroditi, fertiles sterilesve; corolla tubulosa latiore, apice 4-5-dentata, basi magis dilatata indurataque. Antheræ basi plus minus longe caudato-acuminatæ. Stylus florum hermaphroditorum simplex, claviformi- v. fusiformi-elongatus, nunc apice obtusus

1. In *Hook. Kew Journ.*, IX, 19. — B. H., *Gen.*, II, 203, n. 179.
2. « Flavi. »
3. Mediocribus.
4. Spec. 1. *C. Centaurea* F. MUELL. — BENTH., *Fl. austral.*, III, 533; in *Hook. Icon.*, t. 1136.
5. In *Journ. Linn. Soc.*, IX (1867), 342, t. 3. — B. H., *Gen.*, II, 293, n. 180.
6. Genus (nobis ignotum) quoad locum valde anomalum, olim inter *Mutisiaceas* enumeratum.

7. Spec. 1. *N. sericeus* THOMS.
8. In *Act. Acad. par.* (1719), 289 (nec SCOP.). — L., *Gen.*, n. 998. — ADANS., *Fam. des pl.*, II, 114. — GÆRTN., *Fruct.*, II, 413, t. 164. — CASS., in *Dict.*, L, 208. — LESS., *Syn.*, 201. — DC., *Prodr.*, V, 369. — ENDL., *Gen.*, n. 2395. — B. H., *Gen.*, II, 294, n. 183. — *Polycephalos* FORSK., *Fl. æg.-arab.*, 154. — *Oligolepis* CASS., in *Dict.*, L, 212.
9. Sæpius flavidi.

plus minus dite papillosus, rarius filiformi-2-ramosus. Fructus oblongi, subteretes v. compressiusculi, epapposi. — Herbæ erectæ divaricato-ramosæ; foliis alternis decurrentibus, plerumque dentatis; capitulis compositis terminalibus solitariis; receptaculo communi globoso, ovoideo, oblongo v. depresse plano, sæpe centro vacuo, basi bracteis sæpius paucis involucrato; capitellis (parvis) paucifloris in receptaculo communi alternatis sessilibus bracteisque paucis involucelli angustis subpaleaceis imbricatis pauciseriatis. (*Asia et Australia trop.*, *Africa trop. contin. et insul. or.*[1])

223. **Pterocaulon** ELL.[2] — Flores[3] 2-morphi; exteriores fœminei hermaphroditi, fertiles v. ex parte steriles, ∞-seriati; corolla tenuissima stylo breviore, 2-3-dentata v. subintegra; disci autem pauci (nunc 1, 2) hermaphroditi, steriles v. nunc fertiles; corolla tubulosa v. anguste campanulata, 5-dentata. Antheræ basi acuminato-caudatæ. Styli florum hermaphroditorum graciles v. brevissimi obtusiusculi. Fructus compressiusculi v. angulati, 4-5-costati; pappi setis tenuibus, 1-2-seriatis, in disco sæpe paucioribus. — Herbæ, nunc basi suffrutescentes, plerumque canescentes; foliis alternis in caulem ramosque nunc late alatos decurrentibus, integris v. dentatis; capitellis in capitulum globosum congestis v. rarius (*Bothryeis*[4]) interrupte spicatis; involucelli proprii subovati bracteis imbricatis dissimilibus; interioribus nunc subpaleaceis. (*America, Asia et Oceania trop.*, *Africa trop. contin. et insul. or.*[5])

224. **Monarrhenus** CASS.[6] — Flores[7] composite capitati, 2-morphi; capitellorum exteriores fœminei pauciseriati; corolla tenuissima stylo breviore, apice paucidentata v. subintegra; disci autem paucissimi (1-3) hermaphroditi steriles v. fertiles; corolla tubulosa v. anguste infundibulari, 5-dentata. Antheræ basi caudato-acuminatæ. Stylus florum hermaphroditorum integer v. apice brevissime 2-lobus. Fructus oblongi; pappi setis tenuibus, 1-seriatis. — Frutices; foliis alternis,

1. Spec. 7, 8. L., *Spec.*, 1314. — LAMK, *Ill.*, t. 718. — WIGHT, *Icon.*, t. 1149 (*Oligolepis*). — BOISS., *Fl. or.*, III, 215. — HARV. et SOND., *Fl. cap.*, III, 115. — BENTH., *Fl. austral.*, III, 521. — MIQ., *Fl. ind.-bat.*, II, 35. — OLIV. et HIERN, *Fl. trop. Afr.*, III, 332. — WALP., *Ann.*, I, 408.

2. *Bot. S. Carol.*, II, 323 (1824). — ENDL., *Gen.*, n. 2415. — B. H., *Gen.*, II, 294, n. 184. — *Chœnolobus* CASS., in *Dict.*, XLIX, 337. —

Monenteles LABILL., *Sert. austro-caledon.*, 42, t. 43, 44 (1825). — ENDL., *Gen.*. n. 2416.

3. Flavidi v. pallide purpurascentes.

4. Cujus typus est *Monenteles Pterocaulon* DC.

5. Spec. 12, 13. CAV., *Ic.*, t. 12 (*Conyza*). — BENTH., *Fl. austral.*, III, 522.

6. In *Bull. Soc. philom.* (1817), 44; in *Dict.*, XXXII, 433. — DC., *Prodr.*, V, 457. — ENDL., *Gen.*, n. 2418. — B. H., *Gen.*, II, 295, n. 185.

7. Flavidi.

plerumque in summis ramulis confertis, angustis, utrinque attenuatis
rigidis costatis, subtus tomentosis; capitellis parvis in capitulum commune subglobosum congestis; capitulis corymbiformi-cymosis terminalibus; involucelli subcampanulati v. ovati bracteis imbricatis rigidulis siccis; exterioribus gradatim minoribus. (*Ins. Mascaren.*[1])

VI. CALENDULEÆ.

225. Calendula L. — Flores 2-morphi; radii irregulares fœminei,
1-2-seriati, fertiles; corollæ ligulatæ limbo integro v. 3-dentato patente; disci autem hermaphroditi steriles regulares; corollæ tubulosæ
limbo 5-dentato, valvato. Antheræ syngenesæ, basi sagittata auriculatæ setaceo-caudatæ v. mucronatæ. Stylus basi disco epigyno cinctus,
apice papilloso conicus v. breviter 2-dentatus. Fructus plus minus incurvi polymorphi (exteriores rectiores), undique v. dorso inæquali-
muricati, nunc varie ex parte alati v. a dorso compressi; seminis
adscendentis embryone carnoso. — Herbæ annuæ v. perennes, nunc
basi suffrutescentes, sæpe glanduloso-puberulæ; foliis alternis, integris, sinuatis v. dentatis; capitulis terminalibus pedunculatis, solitariis v. laxe cymosis; receptaculo subplano nudo; involucri late pateriformis bracteis imbricatis, 1-2-seriatis, angustis et margine sæpe
scariosis. (*Europa media*, *Reg. medit.*, *Oriens, ins. Canar.*)— Vid. p. 42.

226? Dimorphotheca VAILL.[2] — Flores[3] fere *Calendulæ;* fructibus
rectis; radii plerumque 3-quetris; disci autem ex parte compressis v.
lateraliter alatis. — Herbæ annuæ v. perennes, nunc suffrutescentes;
foliis alternis v. basilaribus; capitulis terminalibus longe pedunculatis.
Cætera *Calendulæ*[4]. (*Africa austr.*[5])

---

1. Spec. 3. LAMK, *Dict.*, II, 89 (*Conyza*). —
PERS., *Enchir.*, II, 428 (*Conyza*). — BAK., *Fl.
maur.*, 166. — KLATT, in *Ann. sc. nat.*, sér. 5,
XVIII, 370.

2. In *Act. Acad. par.* (1720), 279. — MOENCH,
Meth., 585. — DC., *Prodr.*, VI, 70. — ENDL., *Gen.*,
n. 2672. — B. H., *Gen.*, II, 453, n. 597. — *Lesti-
bodea* NECK., *Elem.*, I, 40 (ex DC.). — *Gatten-
hoffia* NECK., *loc. cit.*, 39. — *Meteorina* CASS.,
in *Bull. Soc. philom.* (1818); in *Dict.*, XXX,
309. — *Acanthotheca* DC., *Prodr.*, VI, 73. —
ENDL., *Gen.*, n. 2673. — *Blaxium* CASS., in
Dict. sc. nat., XXX, 328. — *Arnoldia* CASS.,

loc. cit., 330 (ex DC.). — *Castalis* CASS., *loc. cit.*,
332 (ex DC., *loc. cit.*)

3. Flavi, aurantiaci, violacei, purpurascentes
fuscative; radii concolores v. albidi.

4. Cujus forte potius sectio (?).

5. Spec. ad 20. JACQ. *Hort. schœnbr.*, t. 253
(*Calendula*). — VENT., *Malm.*, t. 20, 56 (*Calendula*). — SWEET, *Brit. fl. Gard.*, t. 39 (*Calendula*). — ANDR., *Bot. Repos.*, t. 407, 412
(*Calendula*). — HARV. et SOND., *Fl. cap.*, III,
417. — *Bot. Reg.*, t. 28, 40, 289 (*Calendula*).
— *Bot. Mag.*, t. 408, 1981, 2218 (*Calendula*),
1343 (*Arctotis*), 5252, 5337.

227. Ruckeria DC.[1] — Flores 2-morphi; radii fœminei fertiles, 1-seriati; corollæ ligulatæ limbo subintegro patente; disci autem hermaphroditi, steriles v. exteriores fertiles; corolla regulari, 5-fida. Antheræ basi integræ. Styli rami breves penicillati, apice truncati. Fructus exteriores oblongo-obovoidei angulati v. compressi costati, basi attenuati, apice contracti ibique pilorum dense lanoso-intricatorum coma coronati; interiores autem (vacui) tenues et calvi. — Herbæ perennes, glabræ v. canescentes; foliis basilaribus rosulatis v. nunc in caule minoribus alternis, pinnatisectis rigidis; capitulo[2] summo sæpe solitario; receptaculo plano subnudo; bracteis involucri late campanulati v. hemisphærici subæqualibus lanceolatis coriaceis, sub-1-seriatis[3]. (*Africa austr.*[4])

228. Tripteris Less.[5] — Flores 2-morphi; radii fœminei fertiles, 1-seriati; corollæ[6] ligulatæ limbo integro v. 3-dentato patente; disci autem hermaphroditi steriles; corollæ[7] regularis limbo plus minus ampliato, 5-dentato v. fido. Antheræ basi acuminato-mucronatæ. Stylus florum hermaphroditorum integer, apice depresso-pyramidatus v. truncatus; florum radii recurvo-2-ramosus. Fructus plus minus late longitudinaliter membranaceo-3-alati[8] cupulaque brevi coronati, epapposi. — Herbæ, nunc frutescentes v. suffrutescentes, sæpe viscoso-glandulosæ[9]; foliis oppositis v. alternis, integris v. varie dentatis incisisve; capitulis terminalibus, solitariis v. laxe cymosis; receptaculo plano convexove nudo; involucri plus minus late campanulati v. pateriformis bracteis ∞, subæqualibus, linearibus, sæpe margine scariosis, sub-1-seriatis. (*Africa austr. et bor. trop. v. subtrop., Oriens, ? Australia*[10].)

229. Osteospermum L.[11] — Flores[12] 2-morphi; radii fœminei pauci v. 1-seriati, fertiles; corollæ ligulatæ limbo longo patente subintegro;

1. *Prodr.*, VI, 483. — ENDL., *Gen.*, n. 2829. — B. H., *Gen.*, II, 453, n. 596.
2. Majusculo.
3. Genus *Calenduleas* hinc cum *Arctotideis*, inde cum *Senecioneis* connectens.
4. Spec. 2, 3, DELESS., *Ic. sel.*, IV, 29, t. 66. — HARV. et SOND., *Fl. cap.*, III, 416.
5. In *Linnæa*, VI, 95. — LESS., *Syn.*, 90. — DC., *Prodr.*, VI, 456. — ENDL., *Gen.*, n. 2824. — B. H., *Gen.*, II, n. 601.
6. Albæ, flavæ v. purpurascentis.
7. Flavæ v. purpurascentis.
8. Alis anticis 2.
9. Odore nunc gravi.

10. Spec. ad 25. THUNB., *Fl. cap.*, 702 (*Calendula*). — JACQ., *Ic. rar.*, t. 596 (*Calendula*). — HARV. et SOND., *Fl. cap.*, III, 424. — KOTSCH., *Pl. arab.*, t. 1. — BENTH., *Fl. austral.*, III, 695. — BOISS., *Fl. or.*, III, 419.
11. *Gen.*, n. 992. — LAMK, *Ill.*, t. 714. — LESS., *Syn.*, 89. — DC., *Prodr.*, VI, 459. — ENDL., *Gen.*, n. 2825. — B. H., *Gen.*, II, 455, n. 602. — *Chrysanthemoides* T., in *Act. Acad. par.* (1705), 237. — *Eriocline* CASS., in *Dict.*, XV, 191. — ? *Gibbaria* CASS., in *Dict.*, XVIII, 526. — *Xerothamnus* DC., *Prodr.*, V, 311. — *Lepisiphon* TURCZ., in *Bull. Mosc.* (1851), I, 80.
12. Flavi.

disci autem hermaphroditi steriles; corolla tubulosa v. anguste campanulata, 5-dentata. Antheræ basi caudato-acuminatæ. Stylus florum
radii 2-ramosus; disci autem apice incrassato integer v. 2-dentatus.
Fructus[1] rectus v. rarius incurvus, drupaceus; carne plus minus
crassa; putamine duro, nunc costato sulcatoque; pappo 0; disci vacui;
pappi setis 0 v. 1-seriatis. — Herbæ, suffrutices v. frutices; foliis
alternis v. raro oppositis, integris, sinuatis, dentatis v. nunc pinnatifidis; capitulis[2] solitariis v. laxe cymosis, pedunculatis; receptaculo
nudo, glabro, minute foveolato v. setigero; involucri lati bracteis sub-
2-3-seriatis. (*Africa austr.*[3])

230. **Oligocarpus** LESS.[4] — Flores[5] fere *Calendulæ*, 2-morphi;
fructibus (parvis) rectis v. leviter incurvis polymorphis; interioribus
crassis inæqui-rugosis. — Herbæ annuæ v. perennes glanduloso-puberulæ; foliis alternis integris, sinuatis v. dentatis; capitulis (parvis) in
summis ramulis pedunculatis; involucro (parvo) cæterisque *Calendulæ*[6]. (*Africa austr. et insul. occ.*[7])

231. **Eriachænium** SCH. BIP.[8] — Flores 2-morphi; radii fœminei
pauci (1, 2) v. nunc 0, fertiles; disci autem ∞, hermaphroditi steriles.
Corollæ omnes regulares tubulosæ; limbo anguste campanulato, 4-5-
fido. Antheræ basi caudato-acuminatæ (in floribus fœmineis parvæ,
cassæ v. 0). Stylus apice capitatus v. incrassato-conicus, integer v.
breviter 2-lobus. Fructus radii crassi duri lanaque alba dense involuti;
disci autem tenues effœti. — Herba parva prostrata ramosa[9]; foliis
alternis elongatis sinuatis, basi amplexicaulibus, subtus sæpe lanatis;
capitulis axillaribus pedunculatis; receptaculo parvo nudo; bracteis
involucri paucis membranaceis; exterioribus nunc brevioribus[10]. (*Magellania*[11].)

232. **Dipterocome** F. et MEY.[12] — Flores 2-morphi; radii fœminei

1. H. BN, in *Bull. Soc. Linn. Par.*, 293.
2. Majusculis v. parvis.
3. Spec. ad 35. LHÉR., *Stirp.*, t. 6. — JACQ., *Hort. schœnbr.*, t. 377. — HARV. et SOFD., *Fl. cap.*, III, 433.—WALP.,*Ann.*, V, 199 (*Lepisiphon*).
4. *Syn.*, 90. — ENDL.,*Gen.*, n. 2823. — B. H., *Gen.*, II, 455, n. 600. — ? *Xenismia* DC., *Prodr.*, V, 509 (ex B. H.).
5. Flavi, minuti.
6. Cujus forte potius sectio, capitulis depau-peratis fructibusque minus arcuatis.
7. Spec. 3, 4. L. F., *Suppl.*, 386 (*Osteosper-

mum*). — THUNB., *Fl. cap.*, 703 (*Calendula*). — HARV. et SOND., *Fl. cap.*, III, 433.
8. In *Flora* (1855), 120. — B. H., *Gen.*, II, 456, n. 603.
9. Habitu *portulaceo*.
10. Genus in serie anomalum.
11. Spec. 1. *E. magellanicum* SCH., *loc. cit.*, 121. — WALP., *Ann.*, V, 350.
12. *Ind. sem. H. petrop.* (1835), I, 26.— DC., *Prodr.*, VII, 256. — ENDL., *Gen.*, n. 2424. — B. H., *Gen.*, II, 454, n. 599. — *Jaubertia* SPACH, *Ill. pl. or.*, III, 131, t. 289 (nec GUILLEM.).

pauci fertiles; corollæ anguste tubulosæ limbo breviter 2-labiato; labio altero 3-dentato ; altero minuto v. 0; disci autem hermaphroditi steriles; corolla tubulosa v. anguste campanulata, 5-loba. Staminum filamenta in tubum coalita; antheris basi integris. Stylus florum hermaphroditorum apice capitellato subinteger v. brevissime 2-dentatus. Fructus[1] disci tenues calvi effœti ; radii autem valde arcuati recurvi rigidi, dorso nudi, ventre valde convexo inæquali-muricati, apice appendicibus 2 rigidis inæquali-muricatis coronati setisque paucis (4-10) caducis.— Herba[2] annua nana glabra; foliis alternis linearibus; capitulis in cymas 1-paras, nunc contractas, dispositis ; receptaculo parvo nudo; involucri ovoidei bracteis ∞, rigidulis inæqualibus angustis imbricatis, margine nunc hyalinis. (*Persia*[3].)

233. Arctotis L.[4] — Flores 2-morphi; radii fœminei, fertiles v. rarius steriles; corollæ[5] ligulatæ limbo patente, integro v. minute dentato; disci autem hermaphroditi, plerumque fertiles; corollæ[6] regularis tubulosæ v. anguste campanulatæ limbo 5-dentato v. 5-fido; dentibus valvatis, apice plus minus crassis callosisve. Antheræ basi integræ v. rarius obtuse sagittato-auriculatæ. Styli florum radii rami plus minus angusti acutati patentes; florum disci (sub apice sæpe in conum cylindrumve dilatati) plus minus alte connati, extus papillosi v. læves. Fructus ovoidei glabri v. villosi ; costis sæpius 2, 3, v. rarius 5, nunc aliformibus; pappi paleis variis, paucis v. ∞, imbricatis, hyalinis, integris v. laceris. — Herbæ, sæpius perennes, plerumque cano-tomentosæ v. lanatæ, caulescentes v. subacaules; foliis alternis v. sæpius basilaribus rosulatis, integris, sinuatis, dentatis v. pinnatim dissectis; capitulis[7] longe v. vix stipitatis, solitariis v. laxe cymosis[8]; receptaculo

1. Fere *Calendulæ*, sed recurvus.
2. *Kœlpiniæ* facie.
3. Spec. 1. *D. pusilla* F. et MEY. — BOISS., *Fl. or.*, III, 420. — *Jaubertia kœlpinioides* SPACH. — WALP., *Ann.*, II, 921. — *Kœlpinia sessilis* BOISS., *Diagn. or.*, XI, 34.
4. *Gen.*, n. 991. — GÆRTN., *Fruct.*, II, 439. — R. BR., in *Ait. H. kew.*, II, 5, 169. — LESS., *Syn*, 15. — DC., *Prodr.*, VI, 484. — ENDL., *Gen.*, n. 2830. — B. H., *Gen.*, II, 458, n. 610. — *Steganotus* CASS., in *Dict.*, XXXV, 396. — *Odontoptera* CASS., *loc. cit.*
5. Albæ, roseæ, purpurascentis, flavæ v. aurantiacæ.
6. Cum radio concoloris v. nunc fuscatæ nigrescentisve.
7. Sæpius majusculis, speciosis.
8. Sectiones generis, nostro sensu, sunt :

Arctotheca WENDL., *Hort. herrenh.*, 8, t. 6 (nec VAILL.). — LESS., *Syn.*, 35. — DC., *Prodr.*, VI, 495. — ENDL., *Gen.*, n. 2835. — B. H., *Gen.*, II, 458, n. 608 : floribus radii sterilibus; fructu glabro cupulaque brevi coronato; costis lateralibus 2, dorsalibus autem 3. (*Africa austr.*)
Cryptostemma R. BR. in *Ait. H. kew.*, ed. 2, V, 141. — DC., *Prodr.*, VI, 495. — ENDL., *Gen.*, n. 2836. — B. H., *Gen.*, II, 458, n. 609. — *Cynotis* HOFFM. (ex DC.). — *Microstephium* LESS., in *Linnæa*, VI, 92. — ENDL., *Gen.*, n. 2837. — *Alloiozonium* KZE, in *Linnæa*, XVII, 572 : floribus radii sterilibus; fructu dense villoso; pappi paleis brevibus irregularibus, annulo brevi cinctis; costis lateralibus 2, dorsalibus autem 3. (*Africa austr.*; spec. 1 in *Lusitania* et *Australia* inquilina.)
Haplocarpha LESS., in *Linnæa*. VI, 90; *Syn*.,

plano v. convexiusculo, alveolato v. inter flores fimbrillifero; involucri sæpius hemisphærici bracteis ∞, inæqualibus, ∞-seriatim imbricatis. (*Africa austr. et trop. or., Australia*[1].)

234? **Ursinia** GÆRTN.[2] — Flores fere *Arctotidis*, 2-morphi; radii neutri; corolla[3] ligulata; disci autem hermaphroditi; corolla[4] regulari. Antheræ basi obtusæ. Styli florum hermaphroditorum rami 2 (nunc 3), obtusi dilatati breviter penicillati. Fructus subteretes, 10-costati; costis nunc per paria 5 approximatis; pappi paleis paucis (4-6) imbricatis; additis nunc paucis brevioribus aristiformibus. — Herbæ annuæ v. perennes, nunc basi frutescentes; foliis alternis, pinnatifidis v. pinnatisectis; capitulis terminalibus pedunculatis, solitariis v. laxe cymosis; receptaculo inter flores paleaceo; involucri brevis latiusculi bracteis imbricatis inæqualibus, ∞-seriatis[5]. (*Africa austr. et trop. or.*[9])

235. **Gorteria** L.[7] — Flores 2-morphi; radii steriles, 1-seriati;

36. — DC., *Prodr.*, VI, 495. — ENDL., *Gen.*, n. 2833. — B. H., *Gen.*, II, 457, n. 606. — *Damatris* CASS., in *Dict.*, XII, 471 : fructu dense villoso; costis 5, dorsalibus 3; pappi paleis ∞, angustis acuminatis hyalinis; foliis omnibus basilaribus. (*Africa austr. et trop.*)
Venidium LESS., in *Linnæa*, VI, 91; *Syn.*, 29. — DC., *Prodr.*, VI, 491. — ENDL., *Gen.*, n. 2832. — B. H., *Gen.*, II, 450, n. 611. — *Cleitria* SCHRAD., *Ind. sem. H. gœtt.* (1831). — ? *Anthospermum* SCH. BIP., in *Flora* (1841), 773 : floribus radii fertilibus; fructu glabro; costis dorsalibus 2, 3, nunc alatis; pappi paleis minutis v. 0. (*Africa austr.*)
Cymbonotus CASS., in *Dict.*, XXXV, 397. — DC., *Prodr.*, VI, 491. — ENDL., *Gen.*, n. 2831. — B. H., *Gen.*, II, 457, n. 607 : floribus radii fertilibus; fructu glabro; costis 5, transverse rugosis v. tuberculatis, dorsalibus 3; pappo 0. (*Australia extratrop.*)
? *Landtia* LESS., *Syn.*, 37. — DC., *Prodr.*, VI, 494. — ENDL., *Gen.*, n. 2834. — B. H., *Gen.*, II, 457, n. 605. — *Ublœa* J. GAY, in *Rich. Fl. abyss.*, I, 447. — *Schnittspahnia* SCH. BIP., in *Flora* (1842), 436 : inflorescentia contracta; capitulis vix stipitatis; involucri bracteis paucioribus; fructu subglabro, parce costato; pappi paleolis brevibus v. brevissimis. (*Africa austr., Abyssinia.*)
1. Spec. ad 40. JACQ., *Hort. schœnbr.*, t. 157-177, 306, 307, 378-382; *Fragm.*, t. 47. — JACQ. F., *Ecl.*, t. 51, 52. — HARV. et SOND., *Fl. cap.*, III, 448, 458 (*Venidium*), 464 (*Haplocarpha*), 466 (*Landtia, Arctotheca*), 467 (*Cryptostemma*).

— GAUDICH., in *Freycin. Voy., Bot.*, 462, t. 86 (*Cymbonotus*). — STEETZ, in *Pl. Preiss.*, I, 486 (*Cymbonotus*). — BENTH., *Fl. austral.*, III, 674 (*Cymbonotus*). — OLIV. et HIERN, *Fl. trop. Afr.*, III, 426, 427 (*Landtia*). — ANDR., *Bot. Repos.*, t. 357. — *Bot. Reg.*, t. 32, 34, 122, 130, 131. — *Bot. Mag.*, t. 2182, 2252 (*Cryptostemma*). — WALP., *Rep.*, VI, 276 (*Schnittspahnia*); *Ann.*, II, 922.
2. *Fruct.*, II, 462, t. 174.— LESS., *Syn.*, 244.— DC., *Prodr.*, V, 688. — ENDL., *Gen.*, n. 2627.— B. H., *Gen.*, II, 456, n. 604. — *Thelythamnos* SPRENG. F., *Suppl.*, 25. — *Chronobasis* DC., in exs. *Dreg.* et *Eckl.* — *Sphenogyne* R. BR., in *Ait. H. kew.*, ed. 2, V, 142. — *Oligœrion* CASS., in *Dict.*, II, Suppl., 75; XXIX, 187. — ? *Spermophylla* NECK., *Elem.*, I, 24 (ex DC.).
3. Flava v. extus purpurascente.
4. Flava.
5. Genus *Calenduleas-Arctotideas* cum *Heliantheis-Helenieis* connectens.
6. Spec. ad 50. JACQ., *Hort. schœnbr.*, t. 156 (*Arctotis*). — LAMK, *Ill.*, t. 716. — HARV. et SOND., *Fl. cap.*, III, 137 (*Sphenogyne*), 150. — OLIV. et HIERN, *Fl. trop. Afr.*, III, 425. — KNOWL. et WESTC., *Fl. Cab.*, t. 77 (*Sphenogyne*). — *Bot. Reg.*, t. 604. — *Bot. Mag.*, t. 544 (*Arctotis*), 3042 (*Sphenogyne*).
7. *Gen.*, n. 982 (nec LAMK). — GÆRTN., *Fruct.*, II, 427, t. 171. — LESS., *Syn.*, 51. — DC., *Prodr.*, VI, 500. — ENDL., *Gen.*, n. 2841. — B. H., *Gen.*, II, 459, n. 612. — *Personaria* LAMK, *Ill.*, t. 716. — ? *Ictinus* CASS., in *Dict.*, XXII, 559.

corolla[1] ligulata; disci autem hermaphroditi, fertiles (v. intimi steriles);: corolla[2] regulari, 5-fida. Antheræ basi breviter auriculatæ v. mucronulatæ. Stylus florum sterilium sæpius indivisus; fertilium autem 2-lobus; ramis linearibus, acutis v. obtusatis, liberis, nunc revolutis v. plus minus alte concretis. Fructus ovoidei, obconici v. breviter fusiformes; pappi paleis setosis v. linearibus hyalinis, nunc brevibus v. in coronam connatis, v. 0. — Herbæ v. fruticuli, nunc ramosi, hispidi v. inermes; foliis integris, dentatis v. pinnatisectis; capitulis terminalibus discretis, sessilibus v. stipitatis; receptaculo nudo, alveolato, fimbrillifero v. paleaceo; involucri bracteis basi v. plus minus alte connatis, apice acutatis, spinescentibus v. inermibus[3]. (*Africa austr.*[4])

236. Berkheya EHRH.[5] — Flores[6] sæpius 2-morphi; radii neutri,. 1-seriati (v. 0); corolla ligulata integra; disci autem hermaphroditi fertiles (v. intimi steriles); corollæ tubulosæ limbo plus minus ampliato, 5-fido. Antheræ basi obtusæ v. acuminato-caudatæ. Stylus florum sterilium indivisus; fertilium autem 2-ramosus; ramis angustis, sæpius apice obtusiusculis. Fructus oblongi v. obconici, 10-costati villosi; pappi paleis rigidis v. setosis, nunc brevibus, liberis v. in cupulam connatis, v. 0. — Fruticuli v. herbæ, sæpe spinescentes[7]; foliis alternis v.. oppositis, nunc decurrentibus, spinescenti-pinnatifidis v. pinnatisectis;. capitulis solitariis v. corymbiformi-cymosis; receptaculo in alveolas profundas fimbrilliferas v. dentatas nuncve longe spinescentes fructusque demum includentes producto; involucri bracteis ∞, imbricatis,

---

1. Flava v. purpurascente.
2. Flava.
3. Generis sectiones, nostro sensu, sunt:
Hirpicium CASS., in *Bull. Soc. philom.* (1820), 27; in *Dict.*, XXI, 238; XXIX, 448, 450. — LESS., *Syn.*, 53. — DC., *Prodr.*, VI, 502. — ENDL., *Gen.*, n. 2842. — B. H., *Gen.*, II, 460, n. 614 : caule fruticoso ramoso; foliis parvis rigidulis; involucro haud spinescente; pappo coroniformi, demum in setas soluto v. 0.
Gazania GÆRTN., *Fruct.*, II, 451, t. 173. — LESS., *Syn.*, 41. — DC., *Prodr.*, VI, 508. — ENDL., *Gen.*, n. 3845. — B. H., *Gen.*, II, 459, n. 613. — *Mussinia* W., *Spec.*, III, 2263. — *Mœhnia* NECK., *Elem.*, I, 9. — *Melanchrysum* CASS., in *Bull. Soc. philom.* (1817); in *Dict.*, XXIX, 441 : caule brevi v. diffuso herbaceo, glabro v. tomentoso; foliis integris v. pinnatisectis, haud pungentibus; capitulis stipitatis; involucro haud spinescente; fructu dense villoso; pappi paleis linearibus hyalinis.
4. Spec. 25-30. JACQ., *Coll.*, IV, t. 21. — REICHB., *Ic. et descr. pl.*, t. 15 (*Gazania*). —

ANDR., *Bot. Repos.*, t. 523. — HARV. et SOND. *Fl. cap.*, III, 470; 471 (*Gazania*), 485 (*Hirpicium*). — OLIV. et HIERN, *Fl. trop. Afr.*, III, 428 (*Gazania*). — *Bot. Reg.*, t. 35 (*Gazania*). — *Bot. Mag.*, t. 90; 2270 (*Gazania*).
5. *Beitr.* (1788), III, 137. — LESS., *Syn.*, 69. — DC., *Prodr.*, VI, 504. — ENDL., *Gen.*, n. 2844. — B. H., *Gen.*, II, 460, n. 616. — *Crocodilodes* ADANS., *Fam. des pl.*, II, 127 (nomen prioritate gaudens jureque anteponendum). — *Basteria* HOUTT., *Pfl. Syst.*, II, t. 34 (ex DC.). — *Gorteria* LAMK, *Ill.*, t. 702 (nec L.). — *Agriphyllum* J., *Gen.*, 190. — *Zarabellia* NECK., *Elem.*, I, 10 (1790). — *Rohria* VAHL et THUNB., in *Act. hafn.*, III, 97; IV, 1. — *Stobœa* THUNB., *Prodr. Fl. cap. Præf.* (1794). — *Apuleia* GÆRTN., *Fruct.*, II, 439, t. 17 (nec MART.). — *Arelina* NECK., *Elem.*, I, 83 (ex CASS.). — *Cuspidia* GÆRTN., *Fruct.*, II, 454. — *Aspidalis* GÆRTN., *loc. cit.*, t. 171. — *Eropis* CASS., in *Dict.*, XXIX, 453. — *Heterorachis* SCH. BIP., in *Flora* (1844), 775.
6. Flavi.
7. *Cardui* sæpe facie.

liberis v. basi connatis, rigidis, ciliatis v. spinescentibus[1]. (*Africa austr., trop.*[2])

237. Didelta LHÉR.[3] — Flores[4] (fere *Berkheyæ* v. *Cullumiæ*) 2-morphi; radii neutri v. nunc 0; disci hermaphroditi. Fructus obconicus, oblongus v. compressus, basi sæpe attenuatus, glaber; pappi paleis brevibus in cupulam incisam v. aristatam connatis. — Herbæ, nunc suffrutescentes, subinermes; foliis alternis oppositisve, integris v. parce spinescenti-ciliatis; capitulis[5] terminalibus stipitatis; receptaculo in alveolas fructus includentes margineque fimbriatas v. spinescentes producto; bracteis involucri ∞-seriatis valde dissimilibus; exterioribus in laminam magnam foliaceam productis, sæpius post maturitatem a basi secedentibus, samariformibus, basi incrassata nunc intus glanduloso-ciliatis. Cætera *Berkheyæ*[6]. (*Africa austr.*[7])

238. Cullumia R. BR.[8] — Flores[9] 2-morphi; radii neutri, 1-seriati; corollæ ligulatæ limbo longe patente integro; disci autem hermaphroditi, fertiles, v. interiores nunc steriles; corollæ regularis limbo anguste campanulato, 5-fido. Antheræ basi caudato-acuminatæ. Styli rami breves obtusiusculi. Fructus oblongi, 5-10-costati; pappo 0 v. cupulari-subgloboso. — Frutices v. suffrutices; foliis alternis sessilibus rigidis, dentatis, spinosis v. ciliatis, raro integris v. ericoideis, imbricatis; capitulis terminalibus sessilibus solitariis; involucri bracteis rigidis, integris v. spinosis ciliatisve; receptaculo circa flores in areolas profundas fructus demum includentes et margine fimbriatas v. dentatas producto. (*Africa austr.*[10])

239? Platycarpha LESS.[11] — Flores[12] hermaphroditi fertiles, 1-morphi; corollæ longe angusteque tubulosæ limbo 5-fido. Antheræ

1. *Stephanocoma* LESS., *Syn.*, 56 (part.). — B. H., *Gen.*, II, 461, n. 617, est species hujus generis anomala, floribus radii 0; receptaculi alveolis longe spinescentibus.

2. Spec. ad 65. JACQ., *Ic. rar.*, t. 591 (*Gorteria*). — HARV. et SOND., *Fl. cap.*, III, 485 (*Stephanocoma*), 486 (*Stobœa*), 501. — OLIV. et HIERN, *Fl. trop. Afr.*, III, 428. — *Bot. Mag.*, t. 1788 (*Stobœa*), 1844, 2094, 5715 (*Stobœa*).

3. *St. nov.*, 55, t. 22. — LAMK, *Ill.*, t. 705. — LESS., *Syn.*, 59. — DC., *Prodr.*, VI, 503. — ENDL., *Gen.*, n. 2843. — B. H., *Gen.*, II, 461, n. 618. — *Choristea* THUNB., *Prodr. Fl. cap. Præf.*; *Fl. cap.*, 702. — *Favonium* GÆRTN., *Fruct.*, II, 431, t. 174. — LAMK, *Ill.*, t. 713.

4. Flavi.

5. Majusculis, speciosis.

6. Cui genus quam proximum.

7. Spec. 3. AIT., *H. kew.*, III, 256. — R. BR. in *Ait. op. cit.*, ed. 2, V, 139. — HARV. et SOND., *Fl. cap.*, III, 510.

8. In *Ait. Hort. kew.*, ed. 2, V, 137. — LESS., *Syn.*, 81. — DC., *Prodr.*, VI, 497. — ENDL., *Gen.*, n. 2840. — B. H., *Gen.*, II, 460, n. 615.

9. Flavi.

10. Spec. 14. SCHR., *H. monac.*, t. 97 (*Berkheya*). — HARV. et SOND., *Fl. cap.*, III, 481. — *Bot. Reg.*, t. 384. — *Bot. Mag.*, t. 2095.

11. In *Linnæa*, VI, 688; *Syn.*, 148. — DC., *Prodr.*, V, 71. — ENDL., *Gen.*, n. 2210. — B. H., *Gen.*, II, 462, n. 620.

12. Violacei.

basi breviter obtusiuscule v. acutiuscule auriculatæ. Styli rami breves
acutiusculi. Fructus obpyramidati v. nunc compressiusculi, obtuse
10-costati; pappi paleis paucis (1-10) radiantibus, ima basi connatis,
rigidis acutiusculis. — Herbæ[1] perennes; caule brevissimo; foliis
basilaribus. rosulatis, pinnatisectis v. sinuato-lobatis, spinuloso- vel
obtuse dentatis, subtus albidis; capitulis in glomerulum contractum
connatis intra folia subsessilibus; involucri proprii bracteis ∞, imbricatis, inæqualibus, siccis, acutis; exterioribus spinescenti-appendiculatis; interioribus autem minoribus gradatim in paleas lineares fructus
exteriores subtendentes abeuntibus[2]. (*Africa austr.*[3])

VII. HELIANTHEÆ.

240. Helianthus L. — Flores 2-morphi v. raro, deficiente radio
1-morphi; radii neutri, fertiles v. rarius steriles (nunc 0); corollæ
ligulatæ limbo patente elongato, integro v. paucidentato; disci autem
hermaphroditi fertiles; corollæ regularis tubulosæ limbo elongato
cylindraceo-ampliato, 5-fido v. 5-dentato. Antheræ basi integræ v.
decurrentes, nunc minute 2-dentatæ v. 2-lobæ. Styli florum radii
rami angusti recurvi; hermaphroditorum autem breviter v. longe apice
hirto-appendiculati. Fructus oblongi v. oblongo-ovoidei, compressiusculi v. 2-5-goni; pappi aristis paucis (sæpe 2), basi plus minus paleaceo-dilatatis ibique nunc connatis, caducis; additis nunc squamellis intermediis paucis persistentibus. — Herbæ annuæ, perennes
v. basi frutescentes; caule subterraneo nunc tuberoso; foliis oppositis
v. rarius alternis, nunc basilaribus omnibus, petiolatis, integris, dentatis v. 3-lobis, nunc 3-plinerviis; capitulis pedunculatis; involucri late
pateriformis v. hemisphærici bracteis 2-∞-seriatis, membranaceis
v. herbaceis, nunc squarrosis, obtusis v. foliaceo-acuminatis; receptaculo plano v. convexo paleisque complicatis flores disci amplectentibus
onusto. (*America bor. et austr. calid. extratrop., Cuba.*) — *Vid. p.* 46.

1. *Arctotidis* facie.
2. Genus in Ordine sedis incertæ, *Gorterieas*, ut videtur, cum *Vernonieis* et *Cardueis*, mediante *Gundelia*, connectens.

3. Spec. 1, 2, THUNB., *Fl. cap.*, 141 (*Cynara*). — W., *Spec. plant.*, III, 1692 (*Cynara*). — SPRENG., *Syst.*, III, 394 (*Stobœa*). — HARV. et SOND., *Fl. cap.*, III, 54.

241? Dimerostemma Cass.[1] — Flores[2] 2-morphi (v. radio nunc deficiente, 1-morphi?); radii fœminei fertiles v. neutri, 1-seriati; corollæ ligulatæ limbo patente, nunc brevi, integro v. paucidentato; disci autem hermaphroditi fertiles; corollæ regularis limbo cylindrico v. anguste campanulato, 5-fido v. dentato. Antheræ (nunc exsertæ) basi[3] integræ v. mucronatæ. Styli florum disci rami apice hirsuti breves obtusiusculi v. (et in radio) plus minus longe appendiculati. Fructus a latere compressi, marginibus angulati v. plus minus late alati; pappi' paleis 2[4], v. 3-6; lateralibus minoribus, basi plus minus connatis; raro ∞, setulosis v. 0. — Herbæ v. frutices, sæpius scabri v. villosi; foliis oppositis v. rarius alternis[5], petiolatis, integris v. dentatis, sæpius triplinerviis, nunc lobatis v. bis terve pinnatisectis; capitulis sæpius longe stipitatis, axillaribus, terminalibus v. in cymas corymbiformes dispositis; bracteis involucri campanulati v. hemisphærici pauci- v. pluriseriatis, imbricatis, herbaceis v. coriaceis, intus in paleas complicatas flores amplectentes receptaculoque convexo v. plano insertas abeuntibus[6]. (*Amer. trop. et subtrop. utraque, ins. Galapagos et Sandwic.*[7])

242. Wulffia Neck.[8] — Flores[9] (fere *Helianthi*), 1-2-morphi;

1. In *Bull. Soc. philom.* (1817); in *Dict. sc. nat.*, XIII, 253. — DC., *Prodr.*, VII, 255. — ENDL., *Gen.*, 503 (12). — B. H., *Gen.*, II, 376, n. 401. — H. BN, in *Bull. Soc. Linn. Par.*, 274. — (1881). — *Oyedœa* DC., *Prodr.*, V, 576 (1836). — DELESS., *Ic. sel.*, IV, t. 34. — ENDL., *Gen.*, n. 2532. — A. GRAY, in *Proc. Amer. Acad.*, V, 183. — B. H., *Gen.*, II, 374, n. 396. — *Serpœa* GARDN., in *Hook. Lond. Journ.*, VII, 296.

2. Flavi.

3. Ut in *Heliantheis* multis, summo filamento articulata.

4. Antica posticaque cum marginibus continuis.

5. In planta nunc eadem.

6. Generis, nostro sensu, sectiones sunt:
Zexmenia LL. et LEX., *Nov. veg. descr.*, I, 13 (1824). — B. H., *Gen.*, II, 373, n. 395. — A. GRAY, *Pl. Wright. tex.*, I, 112. — *Lipochœta* DC., *Prodr.*, V, 610 (n. 1-4). — ENDL., *Gen.*, n. 2547 (part.). — *Lasianthœa* DC., *Prodr.*, V, 607. — ENDL., *Gen.*, n. 2544. — *Lasianthus* ZUCC. (ex DC., nec JACQ.): floribus radii fertilibus; cæteris *Oyedœæ*. (*Amer. calid.*)
Lipochœta DC., *loc. cit.* (n. 5-9). — A. GRAY, in *Proc. Amer. Acad.*, V, 129. — B. H., *Gen.*, II, 372, n. 394. — *Microchœta* NUTT., in *Trans. Amer. Phil. Soc.*, ser. 2, VII, 450. — *Schizophyllum* NUTT., *loc. cit.*, 452. — *Aphanopappus* ENDL., *Gen.*, Suppl., II, 43. — *Macrœa* HOOK. F., in *Trans. Linn. Soc.*, XX, 209. — *Trigonopterum* STEETZ, in *Anders. Enum. Galap.* (*Trans.*

Acad. sc. Stock. (1853), 161): foliis integris, lobatis v. pinnatisectis; floribus radii fertilibus; pappi aristis minoribus ultra 2, nunc 0. (*Ins. Galapagos et Sandwic.*)

7. Spec. 55-60. DELESS., *Ic. sel.*, IV, t. 36 (*Lipochœta*). — PŒPP. et ENDL., *Nov. gen. et sp.*, t. 256 (*Lipochœta*). — DON, in *Bot. Mag.*, t. 3384 (*Wedelia*). — HOOK., in *Bot. Mag.*, t. 3901 (*Tithonia*). — ? H. B. K., *Nov. gen. et sp.*, IV, 216, t. 372 (*Wedelia*). — WALP., *Rep.*, VI, 170 (*Aphanopappus*), 311 (*Macrœa*); *Ann.*, II, 858 (*Oyedœa*), 859 (*Serpœa*), 861, n. 4, 5 (*Viguiera*), 867 (*Lipochœta*); V, 218 (*Trigonopterum*), 225 (*Zexmenia*).

8. *Elem.*, I, 35 (1790). — DC., *Prodr.*, V, 563. — ENDL., *Gen.*, n. 2521. — B. H., *Gen.*, II, 367, n. 383. — *Chylodia* CASS., in *Dict.*, XXIX, 491. — *Chakiatella* CASS., *loc. cit.* — *Tilesia* G.-F.-W. MEY., *Prim. Fl. essequeb.*, 251. — DC., *Prodr.*, V, 549. — *Melanthera* ROHR, in *Skr. N. Selsk. Kjob.*, II, 213. — DC., *Prodr.*, V, 545. — ENDL., *Gen.*, n. 2499. — B. H., *Gen.*, II, 377, n. 403. — *Lipotriche* R. BR., in *Trans. Linn. Soc.*, XII, 118 (nec LESS.). — ENDL., *Gen.*, n. 2498. — *Psathurochœta* DC., *Prodr.*, V, 609. — ENDL., *Gen.*, n. 2546. — *Trigonotheca* SCH. BIP., in *Pl. Krauss. natal.* (ex B. H.). — *Würschmittia* SCH. BIP., in *Flora* (1841), *Ergänzbl.*, 27. — *Echinocephalum* GARDN., in *Hook. Lond. Journ.*, VII, 294.

9. Flavi v. albi.

.radii fertiles v. steriles (v. 0); ligulis integris v. 2-dentatis; disci autem hermaphroditi; corolla regulari, 5-dentata. Antheræ basi integræ v. obtuse auriculatæ. Styli cæteraque *Helianthi*. Fructus breves, obovoidei v. oblongi, 3-4-goni v. subcompressi; pappi setis ∞, nuncve 1-3, caducissimis, v. 0. — Herbæ v. suffrutices, scabri v. villosuli; foliis oppositis, petiolatis, integris, serratis v. 3-lobis; capitulis demum globosis terminalibus, solitariis v. paucis cymosis; involucri hemisphærici bracteis parum inæqualibus, 2-3-seriatis; receptaculo plus minus convexo et paleis concavis flores hermaphroditos subtendentibus amplectentibus onusto[1]. (*America trop., Africa trop.*[2])

243. Perymenium SCHRAD.[3] — Flores[4] fertiles omnes; radii fœminei; corolla ligulata, integra v. minute dentata; disci autem hermaphroditi; corolla tubulosa. Antheræ basi mutico-sagittatæ. Styli rami longe cuneati, breviter acutato-appendiculati, nunc superne hirti. Fructus crassi compressi v. 3-quetri, apice obtusati; pappi setis ∞, aristiformibus inæqualibus, basi liberis v. connatis, caducis. Cætera *Helianthi* (v. *Wulffiæ*). — Herbæ perennes v. suffrutescentes; foliis[5] oppositis, integris v. dentatis, 3-plinerviis, subtus plerumque canis; capitulis in cymas terminales corymbiformes dispositis; involucri hemisphærici v. ovoidei bracteis inæqualibus herbaceis v. coriaceis pauciseriatis; receptaculi convexi paleis flores hermaphroditos amplectentibus. (*Mexicum, Peruvia*[6].)

244. Garcilassa PŒPP. et ENDL.[7] — « Flores regulares, 1-morphi; corollæ tubulosæ limbo campanulato, 5-fido. Antheræ basi integræ. Styli rami acuti. Fructus oblongi, lateraliter compressi; pappo brevis-

1. Sect. 3: 1. *Euwulffia :* pappo 0; fructu (nunc carnosulo) obovoideo v. oblongo.—2. *Melanthera :* pappi aristis ∞, v. 2, 3, nuncve (in capitulo eodem) 0; fructu breviore crasso.— Sectio tertia (parum anomala) nobis videtur *Balsamorhiza* HOOK., *Fl. bor.-amer.*, I, 310.— B. H., *Gen.*, II, 366, n. 381. — *Espeletia* NUTT., in *Journ. Acad. Philad.*, VII, 37, t. 4 (nec H. B. K.): caule herbaceo; foliis alternis basilaribus rosulatis; scapis aphyllis v. paucifoliatis; involucri lati bracteis exterioribus foliaceis; fructu epapposo (*Amer. bor.*). Sectio genus cum *Heliopside* nonnihil connectens.

2. Spec. ad 22. JACQ., *Ic. rar.*, t. 583 (*Calea*). — SCHUM. et THÖNN., *Beskr.*, 392 (*Buphthalmum*). — GRISEB., *Fl. brit. W.-Ind.*, 372. — OLIV. et HIERN, *Fl. trop. Afr.*, III, 381. — A. GRAY, in

Proc. Amer. Acad., VII, 356; in *Bot. Amer. expl. Exp.*, II, t. 11 (*Balsamorhiza*). — *Bot. Reg.*, t. 662 (*Gymnolomia*). — WALP., *Rep.*, II, 610 (*Balsamorhiza*); VI, 157 (*Lipotriche*), 161 (*Wurschmittia*); *Ann.*, II, 853 (*Balsamorhiza*), 856, 858 (*Echinocephalum*); V, 217 (*Melanthera*), 220.

3. *Ind. sem. H. gœtt.* (1830). — DC., *Prodr.*, V, 608, n. 2-8. — ENDL., *Gen.*, n. 2545 (part.). — B. H., *Gen.*, II, 377, n. 402.

4. Flavi.

5. Quoad nervationis modum *Melastomacearum* nonnullarum.

6. Spec. ad 10. LESS., in *Linnæa* (1831), 408 (*Lipotriche*).

7. *Nov. gen. et spec.*, III, 45, t. 251. — B. H., *Gen.*, II, 382, n. 415.

simo annulari ciliolato-fimbrillato. — Herba elata scabra v. hispida; foliis alternis (amplis) serratis, 3-nerviis ; capitulis 4-5-floris (parvis) inter folia floralia globoso-glomerulatis; involucri brevissimi bracteis parvis paucis ; receptaculo parvo paleis membranaceis flores involventibus onusto. » (*Peruvia*[1].)

245? **Chænocephalus** GRISEB.[2] — « Flores 1-morphi hermaphroditi; extimi nunc abortivi; corollæ tubo filiformi; limbo abruptim dilatato, 5-dentato. Antheræ basi auriculatæ. Styli rami elongati, acutato- v. breviter conico-appendiculati. Fructus a latere compressi marginato-alati, apice 2-aristati. — Frutices; foliis alternis v. oblique oppositis; capitulis pauci- (1-16-) floris in cymam corymboso-fastigiatam ramosissimam dispositis; involucri bracteis paucis inæqualibus, in paleas complicatas floresque involventes abeuntibus. » (*Antillæ*, *America mer. calid. et extratrop.*[3])

246. **Verbesina** L.[4] — Flores sæpius 2-morphi; radii sæpius 1-2-seriati fœminei v. neutri, fertiles sterilesve (nunc 0); corollæ[5] ligulatæ limbo patente, integro v. sæpius paucidentato; disci autem hermaphroditi, fertiles; corollæ[6] regularis limbo plus minus ampliato, 4-5-dentato v. fido. Antheræ basi obtusata integræ v. breviter auriculatæ. Styli florum fœmineorum rami breviter v. acute appendiculati, sæpius papilloso-hirti. Fructus compressi v. 3-quetri ; angulis v. marginibus plus minus late alatis; pappo ex aristis 1, 2 (antica posticaque), v. rarius ∞, liberis v. plus minus in cupulam connatis, persistentibus v. deciduis, rigidis nuncve cartilagineis, nunc squamelliformibus v. tenuibus, constante (nuncve 0). — Herbæ, suffrutices v. nunc frutices; indumento vario; foliis oppositis alternisve[7], petiolatis, sessilibus v. alato- decurrentibus, integris v. sæpius dentatis lobatisve; capitulis[8] solitariis v. sæpius in cymas racemosve valde ramosos cymigerosque dispositis ; involucri hemisphærici, lati v. breviter campanulati, bracteis imbricatis, pauciseriatis; exterioribus herbaceis v. foliaceis nuncve

1. Spec. 1. *G. rivularis* POEPP. et ENDL. — WALP., *Rep.*, VI, 147.
2. *Fl. brit. W.-Ind.*, 374. — B. H., *Gen.*, II, 382, n. 414.
3. Spec. 4, 5. GRISEB., *Symb. Fl. argent.*, 195.
4. *Gen.*, n. 975. — J., *Gen.*, 188. — LESS., *Syn.*, 231. — DC., *Prodr.*, V, 612. — ENDL., *Gen.*, n. 2550. — B. H., *Gen.*, II, 379, n. 407. — ? *Locheria* NECK., *Elem.*, I, 41. — *Phæthusa* GÆRTN., *Fruct.*, II, 425, t. 169. — *Ditrichum*

CASS., in *Bull. Soc. philom.* (1817), 33; in *Dict.*, XIII, 371. — ENDL., *Gen.*, n. 2551. — DC., *Prodr.*, V, 619 (*Ditrichum*). — *Hamulium* CASS., in *Dict.*, XX, 260. — *Ancistrophora* A. GRAY, in *Mem. Amer. Acad.*, ser. 2, VI, 457. — ? *Abesina* NECK., *Elem.*, I, 33 (ex CASS.).
5. Flavæ v. albæ.
6. Flavæ v. (?) albæ.
7. Sæpe in planta eadem.
8. Majusculis v. parvis.

siccis; interioribus autem tenuioribus angustioribusque, sæpe in paleas complicatas floresque amplectentes abeuntibus; receptaculo plus minus convexo[1]. (*Orbis utriusque reg. trop. et subtrop.*[2])

* 1. Generis hujus sunt, sensu nostro, sectiones, male licet plerumque limitatæ :
Ximenesia CAV., *Icon.*, II, 60, t. 178. — DC., *Prodr.*, V, 627. — ENDL., *Gen.*, n. 2555 : caule annuo ; bracteis involucri herbaceis elongatis v. foliaceis ; pappi aristis tenuibus. — *Encelia* ADANS., *Fam. des pl.*, II, 128. — DC., *Prodr.*, V, 566. — ENDL., *Gen.*, n. 2524. — B. H., *Gen.*, II, 378, 1234, n. 404. —A. GRAY, in *Proc. Amer. Acad.*, VIII, 656. — *Pallasia* LHÉR., *Diss.* (1784), .ex DC. (nec L.). — *Simsia* PERS., *Syn.*, II, 478. — DC., *Prodr.*, V, 577. — ENDL., *Gen.*, n. 2533. — *Armania* BERT., in *DC. Prodr.*, V, 576. — ENDL., *Gen.*, n. 2531. — *Gerœa* TORR. et GR., in *Proc. Amer. Acad.*, I, 48. — *Barattia* A. GR. et ENGELM., in *Proc. Amer. Acad.*, I, 48 : caule herbaceo v. suffruticoso ; foliis oppositis v. alternis ; capitulis stipitatis ; involucri bracteis exterioribus sæpius minoribus ; floribus radii sterilibus ; fructibus margine attenuatis (nec alatis) sæpeque ciliatis (*America utraque*). Sectio (sicut et sequens) *Verbesinam* cum *Dimerostemmate* arcte connectens.
Blainvillea CASS., in *Journ. Phys.* (1823), 216 ; in *Dict.*, XXIX, 493. — DC., *Prodr.*, V, 492. — ENDL., *Gen.*, n. 2447. — B. H., *Gen.*, II, 369, n. 390. — *Galophthalmum* NEES et MART., in *N. Act. nat. Cur.*, XII, 7, t. 2. — DC., *Prodr.*, VII, 257 : caule herbaceo ; foliis oppositis v. superioribus alternis ; capitulis subsessilibus v. stipitatis (parvis) ; floribus radii fertilibus ; ligula sæpe parva ; pappi aristis paucis 2-6, in cyathum inæqualem (nunc brevissimum) connatis, persistentibus. (*Orbis utriusque reg. trop.*)
Aspilia DUP.-TH., *Gen. nov. madag.*, 12. — DC., *Prodr.*, V, 561. — ENDL., *Gen.*, n. 2519. — B. H., *Gen.*, II, 371, n. 393. — *Anomostephium* DC., *Prodr.*, V, 560 (n. 1, 3, 4). — *Coronocarpus* SCHUM. et THÖNN., *Beskr.*, 393. — *Dipterotheca* SCH. BIP., in *Flora* (1842), 434. — *Virtgenia* SCH. BIP., *loc. cit.*, 435 : caule herbaceo ; foliis oppositis v. alternis ; capitulis stipitatis v. subsessilibus, solitariis paucis v. composite cymosis ∞ ; floribus radii neutris ; ligula parva v. evoluta ; pappo *Blainvilleæ* ; fructu compressiusculo v. 3-quetro, aristato v. rarius epapposo. (*Orbis utriusque reg. trop.*)
Pascalia ORTEG., *Dec.*, 39, t. 4. — DC., *Prodr.*, V, 549. — ENDL., *Gen.*, n. 2504. — B. H., *Gen.*, II, 369, n. 388 : caule herbaceo ; foliis oppositis ; capitulis pedunculatis ; floribus radii fertilibus, 1-2-seriatis ; fructu obcompresso, 3-4-quetro ; pappi aristis ∞, fimbriatis, squamiformibus, quarum sæpe tenuiores 2. (*Chili.*)
? *Borrichia* ADANS., *Fam. des pl.*, II, 130. — DC., *Prodr.*, V, 488. — ENDL., *Gen.*, n. 2445. — B H., *Gen.*, II, 368, n. 387. — *Diomedea*

CASS., in *Bull. Soc. philom.* (1815), 175 ; in *Dict.*, XIII, 283. — ? *Helicta* CASS., in *Bull. Soc. philom.* (1818), 167 ; in *Dict.*, XX, 461. — ENDL., *Gen.*, n. 2494. — *Trimetra* SESS. et MOÇ., ex DC., *Prodr.*, VII, 262. — *Adelmannia* REICHB., *Consp.*, 110 : caule suffruticoso v. fruticoso ; foliis oppositis, sæpe (ob stationem maritimam) carnosulis ; bracteis involucri exterioribus plus minus foliaceis ; capitulis pedunculatis ; floribus radii fertilibus ; fructu 2-4-gono ; pappi aristis in cupulam inæquifissam v. dentatam connatis. (*Antillæ, America utraque littor. oppos.*)
Oligogyne DC., *Prodr.*, V, 629 ; VII, 291. — DELESS., *Ic. sel.*, IV, t. 38. — ENDL., *Gen.*, n. 2558. — *Calyptocarpus* LESS., *Syn.*, 221. — DC., *Prodr.*, V, 629. — *Eisenmannia* SCH. BIP., in *Kotsch. Exs. nub.* : caule gracili ; foliis oppositis glabratis ; floribus *Wedeliæ* ; pappi aristis in cupulam brevem laccram connatis ; cæteris *Blainvilleæ*. (*Amer. et Africa trop.*)
Ridan ADANS., *Fam. des pl.*, II, 130. — *Actinomeris* NUTT., *Pl. N.-Amer.*, II, 181. — DC., *Prodr.*, V, 575 ; VII, 290. — ENDL., *Gen.*, n. 2530. — B. H., *Gen.*, II, 379, n. 406. — *Pterophyton* CASS., in *Bull. Soc. philom.* (1818) ; in *Dict.*, XLIV, 48 : caule herbaceo ; floribus radii sterilibus neutrisve ; pappo 2-aristoso, rudimentario v. 0 ; cæteris *Euverbesinæ*. (*Amer. bor.*)
Helianthella TORR. et GR., *Fl. N.- Amer.*, II, 333. — B. H., *Gen.*, II, 378, n. 405 : caule herbaceo, haud v. parce ramoso ; foliis oppositis alternisque ; capitulis longe stipitatis magnis ; bracteis involucri exterioribus sæpe majoribus v. foliaceis ; fructu 2-angulato, marginato v. anguste alato ; pappi aristis ∞, quarum 2 majores ; floribus radii sterilibus ; ligula elongata, sæpius patente. (*Amer. bor.*)
Wedelia JACQ., *St. amer.*, 217, t. 130. — DC., *Prodr.*, V, 538. — CASS., in *Dict.*, XLVI, 409. — ENDL., *Gen.*, n. 2496. — B. H., *Gen.*, II, 370, n. 391.—? *Niebuhria* NECK., *Elem.*, I, 30 (ex DC.).— *Trichostephus* CASS., in *Dict.*, LX, 618. — *Trichostemma* CASS., *loc. cit.*, XLVI, 409. — *Stemmodontia* CASS., *loc. cit.*, XLVI, 407. — *Wollastonia* DC., *Herb. timor.*, 86 ; *Prodr.*, V, 546. — ENDL., *Gen.*, n. 2502. — ? *Menotriche* STEEZ, in *Pet. Moss., Bot.*, 472 : caule herbaceo v. suffrutescente ; foliis oppositis ; capitulis stipitatis ; floribus radii fertilibus ; fructu compressiusculo v. 3-quetro ; pappi aristis 1, 2, v. ∞, plus minus longe ciliatis basique in cyathum plus minus regularem profundumque connatis, nunc parvis, minimis v. 0. (*Orbis totius reg. trop.*)
2. Spec. ad 180 (enumerat. ad 240). DILL., *H. eltham.*, t. 38 (*Asteriscus*). — JACQ., *Ic. rar.*, t. 175 ; 594 (*Coreopsis*) ; *H. vindob.*, t. 110 (*Coreopsis*) ; *H. schœnbr.*, III, t. 305.—CAV., *Icon.*, t. 61,

247. Podachænium BENTH.[1] — Flores[2] fertiles, (v. radii nunc ste-riles) 2-morphi; radii fœminei; corollæ ligulatæ limbo elongato patente, integro v. paucidentato; disci autem hermaphroditi; corollæ tubulosæ tubo brevi; limbo cylindraceo, longiusculo, 5-dentato. Antheræ basi tenuiter mucronatæ. Styli rami graciles vix compressi, acutati, demum revoluti. Fructus longe obconici; obtuse angulati v. a latere compres-siusculi, nunc anguste alati (nigrescentes); alis in stipitem fructus decurrentibus ibique latioribus; pappi aristis in coronam inæquifidam basi connatis; longioribus 2[3]. — Frutex v. suffrutex altus; foliis[4] op-positis (maximis) angulato- lobatis basique alato-contractis; capitulis (subglobosis) in cymam amplam laxam corymbiformem dispositis; involucri brevis (demum reflexi) bracteis pauciseriatis inæqualibus herbaceis; receptaculo conico bracteis complicatis floresque amplec-tentibus onusto. (*Mexicum, America centr.*[5])

248. Spilanthus L.[6] — Flores fertiles, 2-morphi; radii fœminei, 1-seriati; corollæ[7] ligulatæ limbo patente, integro v. 2-3-dentato; disci autem hermaphroditi; corollæ[8] regularis tubulosæ v. subventri-cosæ limbo anguste campanulato, 4-5-fido. Antheræ basi obtusæ v. minute dentatæ. Styli sub basi dilatata repente constricti rami lon-

---

77 (*Coreopsis*), 99 (*Bidens*), 100; 210 (*Encelia*), 214; 260 (*Coreopsis*), 275; 280 (*Coreopsis*). — P. BEAUV., *Fl. ow. et ben.*, I, t. 69 (*Wedelia*). — COLLA, *H. ripul.*, t. 31. — H. B., *Pl. æquin.*, t. 111 (*Pallasia*). — H. B. K., *Nov. gen. et spec.*, IV, t. 380 (*Ximenesia*). — DELESS., *Ic. sel.*, IV, t. 2 (*Anomostephium*). — WIGHT, *Icon.*, t. 1107 (*Wedelia*); *Ill.*, t. 1106 (*Wedelia*). — HOOK., *Icon.*, t. 101 (*Oligogyne*); *Comp. Bot. Mag.*, t. 5 (*Wedelia*). — POEPP. et ENDL., *Nov. gen. et sp.*, t. 256 (*Lipochæta*). — TORR., in *Whippl. Exp., Bot.*, 47 (*Helianthella*). — A. GRAY, *Pl. Lindheim.*, 228 (*Simsia*); *Emor. Rep., Bot.*, 89 (*Simsia*); in *Proc. Acad. Philad.* (1863), 65 (*He-lianthella*); *Man.* (ed. 1856), 219 (*Actinomeris*), 222. — KARST., *Fl. columb.*, t. 135. — EAT., *Fort. parall., Bot.*, 170 (*Helianthella*). — CHAPM., *Fl. S. Unit. St.*, 224 (*Borrichia*), 237. — SCH. BIP., in *Seem. Her.*, 304 (*Wirtgenia*). — FR. et SAV., *Enum. pl. jap.*, I, 232 (*Wedelia*), in *C. Gay Fl. chil.*, IV, 280 (*Encelia*). — GRISEB., *Fl. brit. W.-Ind.*, 371 (*Borrichia, Wedelia*), 374; *Symb. Fl. argent.*, 190 (*Wedelia*), 191 (*Aspilia*), 193. — MIQ., *Fl. ind.-bat.*, II, 68 (*Wedelia*), 70 (*Wollastonia*). — BENTH., *Fl. austral.*, III, 537 (*Wedelia*). — OLIV. et HIERN, *Fl. trop. Afr.*, III, 374 (*Blainvillea*), 376 (*Wedelia*), 378 (*Aspilia*), 383 (*Ximenesia*). — ANDR., *Bot. Repos.*, t. 549 (*Pascalia*). — *Bot. Reg.*, t. 543 (*Wedelia*), 909

(*Encelia*). — *Bot. Mag.*, t. 1627 (*Spilanthes*), 1716. — WALP., *Rep.*, II, 608 (*Wedelia*), 609 (*Pascalia*), 612 (*Encelia*); VI, 146 (*Wirtgenia*), 157 (*Wedelia*); *Ann.*, I, 413 (*Wedelia*); 415; II, 853 (*Wedelia*); 857 (*Saubinetia*), 858 (*Actino-meris*), 860 (*Simsia*), 867; V, 217 (*Wedelia, Wollastonia*), 221 (*Encelia*), 222 (*Actinomeris, Simsia*), 227; 229 (*Ximenesia*).

1. In *Kjob. Vidensk. Medd.* (1852), 98; *Gen.*, II, 380, n. 409. — *Dicalymma* LEME, *Ill. hort.*, II, *Misc.*, 37. — *Cosmophyllum* C. KOCH et BOUCH., *Ind. sem. H. berol.* (1854).

2. Flavi; radii albidi.

3. Sicut alæ fructus antica posticaque.

4. Malum redolentibus, subtus plerumque tomentosis.

5. Spec. 1, sæpe culta. *P. eminens.* — *Ferdinanda eminens* LAG., *N. gen.*, 31 (ex SCH. BIP.). — *Podochænium alatum* BENTH. — WALP., *Ann.*, V, 230. — *Cosmophyllum cacaliæfolium* C. KOCH et BOUCH. — WALP., *Ann.*, V, 219.

6. *Mantiss.*, 475. — J., *Gen.*, 187. — LAMK, *Ill.*, t. 668. — DC., *Prodr.*, V, 620. — ENDL., *Gen.*, n. 2553. — B. H., *Gen.*, II, 380, n. 410. — *Acmella* RICH., in *Pers. Enchir.*, II, 472. — *Athronia* NECK., *Elem.*, I, 32. — *Mendezia* DC., *Prodr.*, V, 532. — DELESS., *Ic. sel.*, IV, t. 29.

7. Albidæ v. flavæ.

8. Flavæ v. purpurascentis.

giusculi recurvi, apice dilatato haud appendiculati, papillosi v. subpenicillati. Fructus compressi v. 3-quetri, margine sæpius ciliati ;
pappi aristis 2, 3, subulatis, setiformibus v. 0. — Herbæ perennes v.
annuæ; foliis oppositis, integris v. dentatis; capitulis plerumque stipi-
'tatis, terminalibus, axillaribus v. in dichotomiis ; receptaculo convexo
v. sæpe altius conico, paleis complicatis flores hermaphroditos amplectentibus basique angustatis onusto; involucri subcampanulati bracteis
sub-2-seriatis ; exterioribus membranaceo-herbaceis ; interioribus
autem tenuioribus, sæpe basi siccis. (*Orbis utriusque reg. calid.*[1])

249? Hymenostephium BENTH.[2] — Flores 2-morphi; radii neutri;
1-seriati; corollæ ligulatæ limbo patente, nunc latiusculo, integro v.
2-dentato; disci autem hermaphroditi fertiles; corollæ tubulosæ limbo
parum ampliato, breviter 5-fido. Antheræ basi minute auriculatæ.
Styli florum disci rami superne complanati, breviter appendiculati.
Fructus disci (parvuli, nigri) compressi; marginibus obtusiusculis
v. callosis; radii autem abortivi ; pappi paleis v. squamellis 2, aceris
hyalinis, nunc minimis, nunc autem majoribus et cum squamellis 1, 2,
minoribus hyalinisque et fimbriatis alternantibus, v. sæpe 0. — Herbæ
v. suffrutices, glabri v. canescentes; foliis oppositis, integris v. serratis;
capitulis (parvulis) terminalibus corymbiformi-cymosis; involucri
brevis campanulati bracteis angustis acutis striatis pauciseriatis ;
exterioribus gradatim minoribus[3]. (*Mexicum, N.-Granada*[4].)

250? Otopappus BENTH.[5] — « Flores[6] fertiles omnes, 2-morphi ;
radii fœminei, 1-seriati; corollæ ligulatæ limbo patente, vix dentato ;
disci autem hermaphroditi; corollæ tubo brevi limboque longe cylindraceo, breviter 5-fido. Antheræ basi minute obtuseque auriculatæ.
Styli rami lineares, breviter obtuseque appendiculati. Fructus plano-
compressi; angulo utroque v. interiore alato; ala interiore superne
producta et pappo adnata; pappo paleaceo et oblique auriculiformi,
basi in annulum coalito, latere interiore productiore et margine lacero-
dentato. — Herba elata (?) v. frutex (?) minute appresso-pilosus[7];

1. Spec. ad 40. JACQ. *Amer.*, 212 (*Spilanthes*);
Ic. rar., III, 584; *H. vindob.*, t. 135. — H. B.K.,
Nov. gen. et sp., IV, t. 370. — WIGHT, *Icon.*,
t. 1109. — LINK et OTT., *Ic. pl. sel.*, t. 49 (*Verbesina*). — BENTH., *Fl. austral.*, III, 541. — OLIV.
et HIERN, *Fl. trop. Afr.*, III, 383. — GRISEB., *Fl.
brit. W.-Ind.*, 375. — WALP., *Rep.*, II, 621, 987;
Ann., II, 868; V, 228.

2. *Gen.*, II, 382, 1234, n. 413; in *Hook.
Icon.*, ser. 3, II, 48, t. 1154.
3. Genus *Verbesinæ* quam proximum.
4. Spec. 2.
5. *Gen.*, II, 380, 1234, n. 408; in *Hook. Icon.*,
t. 1153.
6. Flavi.
7. Siccitate nigrescens.

foliis oppositis petiolatis ovato-lanceolatis, remote serratis, penninerviis; capitulis (mediocribus) in summis axillis cymosis; cymis 3-5-
cephalis folio brevioribus; involucri hemisphærici brevis bracteis mem-
branaceo-coriaceis, basi imbricatis, pauciseriatis; exterioribus gradatim minoribus; receptaculo convexiusculo paleis complicatis flores
hermaphroditos amplectentibus onusto. » (*America centr.* [1])

251. **Salmea** DC.[2] — Flores[3] hermaphroditi fertiles, 1-morphi;
corollæ[4] regularis tubo brevi v. longo; limbo anguste campanulato,
5-fido. Antheræ basi minute auriculatæ. Styli rami lineares obtuse
appendiculati. Fructus compressi, margine anguste alati v. ciliati;
pappi aristis 2, cum fructus marginibus continuis; alis marginalibus
1, 2, v. 0; additis nunc squamellis intermediis ∞. — Frutices erecti
v. scandentes; foliis oppositis, petiolatis, integris v. dentatis; capitulis
(parvis) in cymas corymbiformes v. pyramidato-ramosissimas dispositis; involucri brevis campanulati v. subturbinati bracteis imbricatis
appressis pauciseriatis; exterioribus sæpe minoribus; receptaculo plus
minus longe conico paleisque complicatis flores amplectentibus
onusto[5]. (*Antillæ, Mexicum, America mer.*[6])

252. **Epallage** DC.[7] — Flores[8] fertiles, 2-morphi; radii fœminei,
1-seriati; corollæ ligulatæ limbo angusto, integro v. paucidentato;
disci autem hermaphroditi fertiles; corollæ tubulosæ limbo cylindraceo, 5-dentato. Antheræ basi obtusæ. Styli florum fœmineorum
rami lineares recurvi; hermaphroditorum subteretes v. complanati
obtusi. Fructus costati, 4-5-angulati; pappi paleis brevibus inæqualibus paucis integris v. ciliato-laceris. — Herbæ sæpe humiles ramosæ
puberulæ; foliis alternis, subintegris, dentatis, incisis v. pinnatifidis;
capitulis[9] longe stipitatis, solitariis v. laxe cymosis paucis; involucri
subhemisphærici bracteis pauciseriatis, inæqualibus; exterioribus latioribus, nunc herbaceis; interioribus autem angustioribus siccis et in
paleas complicatas flores amplectentes receptaculoque subplano impo-
sitas gradatim abeuntibus. (*Madagascaria*[10].)

1. Spec. 1. *O. verbesinoides* BENTH.
2. *Cat. H. monspel.*, 140; *Prodr.*, V, 493. — LESS., *Syn.*, 212. — ENDL., *Gen.*, n. 2448. — B. H., *Gen.*, II, 381, n. 411. —*Hovkirkia* SPRENG., *N. Prov.*, 23.
3. Albidi v. pallide flavi.
4. Nunc recurvæ.
5. *Salmeopsis* BENTH., *Gen.*, II, 381, n. 412, nobis videtur Salmeæ mera sectio (brasiliensis), squamellis ∞ inter aristas majores additis.
6. Spec. 10-12. JACQ. F., *Ecl.*, t. 139 (*Hopkirkia*). — CASS., in *Dict.*, XLVII, 87. — R. BR., in *Trans. Linn. Soc.*, XIII, 112. — GRISEB., *Fl. brit. W.-Ind.*, 375; *Cat. pl. cub.*, 155. — *Bot. Mag.*, t. 2062. — WALP., *Rep.*, VI, 145.
7. *Prodr.*, VI, 3 (part., nec ENDL.). — B. H., *Gen.*, II, 369, n. 389.
8. Pallidi, an albidi?
9. Parvis v. majusculis.
10. Spec. 2, 3. LESS., *Syn.*, 221 (*Helicta*).

253. Eleutheranthera POIT.[1] — Flores hermaphroditi fertiles, intimive nunc steriles, 1-morphi, v. raro 2-morphi; exterioribus paucis ligulatis. Corollæ regulares tubulosæ; limbo anguste campanulato, 5-fido. Antheræ basi mucronatæ, apice truncatæ, marginibus haud v. vix cohærentes. Styli rami elongati suberecti acuti, dense papillosi. Fructus obpyramidati, 2-4-goni; costis muricatis v. rugosis; pappo cyathiformi inæqui-ciliato, basi contracto. — Herbæ annuæ puberulæ, graciliter ramosæ; foliis oppositis petiolatis crenato-dentatis, supra scabris, subtus pallidis; capitulis (parvis) terminalibus v. in dichotomiis sessilibus lateralibusve; involucri[2] bracteis paucis dissimilibus; interioribus tenuioribus v. subhyalinis, in paleas complicatas flores amplectentes abeuntibus. (*America trop.*[3])

254? Lorentzia GRISEB.[4] — « Flores[5] 2-morphi; exteriores sub-2-seriati fœminei fertiles; corolla ligulata; disci autem hermaphroditi steriles; corolla tubulosa, 5-dentata. Antheræ basi minute sagittatæ. Styli florum hermaphroditorum rami conico-hispidulo-appendiculati. Fructus obpyramidati crassi, apice truncati; exteriores 3-goni; interiores 4-goni; pappo cyathiformi ciliato-dentato nuncque aristis paucis longioribus aucto. — Herba annua scabra; foliis oppositis lineari-lanceolatis, integris v. paucidentatis, 3-plinerviis; capitulis terminalibus solitariis; involucri bracteis foliaceis, 1-2-seriatis, in paleas abeuntibus; paleis exterioribus fructu longioribus subulatis; interioribus autem complicatis floresque amplectentibus nervoso-striatis, inferne membranaceis. » (*America austr. extratrop.*[6])

255. Axiniphyllum BENTH.[7] — Flores[8] hermaphroditi fertiles, 1-morphi; corollæ regularis tubo gracili (nunc longo), repente in limbum longum cylindricum et 5-fidum dilatato. Antheræ basi obtuse auriculatæ. Styli rami tenues longi hirtelli, demum revoluti, acute ap-

---

1. Ex Bosc., in *Nouv. Dict. Hist. nat. appl.*, éd. 1, VII (1803), 498. — A. Rich., in *Dict. class.*, VI, 124. — Cass., in *Dict.*, XXXV, 447. — B. H., *Gen.*, II, 371, 1234, n. 392. — Ogiera Cass., in *Dict.*, XXXV, 445 (nec Spreng.). — DC., *Prodr.*, V, 546. — Endl., *Gen.*, n. 2500. — ? *Fingalia* Schb., in *Syll. pl. Ratisb.*, I, 87 (ex B. H.). — *Kegelia* Sch. bip., in *Linnæa*, XXI, 245. — *Chalarium* Poit., herb.

2. Parvi, persistentis.

3. Spec. 1. *E. ovalifolia* Poit. — *Ogiera triplinervis* Cass. — *O. leiocarpa* Cass., in *Dict.*,

XLIII, 371. — *Siegesbeckia portoricensis* Bert. — *Kegelia ruderalis* Sch. bip. — *Wedelia discoidea* Schlechtl, in *Linnœa* (1831), 728. — DC., *Prodr.*, V, 543, n. 34 (sect. *Aglossa*).

4. *Pl. Lorentz.*, 135; *Symb. Fl. argent.*, 189. — B. H., *Gen.*, II, 1234, n. 392 a.

5. « Flavi. »

6. Spec. 1, nobis penitus ignota. *L. pascalioides* Griseb.

7. In *Hook. Icon.*, ser. 3, II, 16, t. 1118; *Gen.*, II, 362, n. 369.

8. « Flavi et rosei » (Galeotti).

pendiculati. Fructus 4-goni, incurvi v. recti; pappo 0. — Herbæ (nunc viscidulæ) scabro-puberulæ; foliis oppositis hastato-3-lobis, basi alato-angustatis; capitulis [1] in cymas laxas terminales dispositis; involucri subcampanulati bracteis inæqualibus glanduloso-hispidis, 2-seriatis; exterioribus gradatim minoribus, demum reflexis; receptaculo parvo subplano paleis complicatis floresque amplectentibus onusto. (*Mexicum* [2].)

256? Abasaloa LLAV. et LEX.[3] — « Flores [4] fertiles, 2-morphi; radii ∞, fœminei, 2-3-seriati; corolla ligulata capillari; disci autem hermaphroditi fertiles; corolla tubulosa, 4-dentata. Antheræ...? Stylus...? Fructus rhombeo-4-goni, papilla umbilicata coronati. — Herba erecta, dichotome ramosissima; foliis oppositis, lineari-lanceolatis serrato-dentatis asperulis; capitulis in dichotomiis longe pedunculatis; bracteis involucri 12-16, 2-seriatis; receptaculo plano paleisque linea-ribus ciliato-serratis onusto [5]. » (*Mexicum* [6].)

257. Eclipta L. [7] — Flores 2-morphi; radii fœminei fertiles v. nunc steriles, 1-2-seriati; corollæ [8] ligulatæ limbo anguste elongato v. ma-jusculo, integro v. 2-dentato, nunc basi lobo angusto v. lineari appen-diculato; disci autem hermaphroditi fertiles; corollæ [9] regularis limbo parum ampliato, 4-5-dentato. Antheræ basi obtusæ v. breviter mucro-natæ. Styli florum radii rami lineares recurvi; disci autem breves v. brevissimi, nunc obtuse v. breviter 3-angulari-appendiculati. Fruc-tus inæquali-angulati v. obpyramidati (radii angustiores subtriquetri sæpiusque vacui) tenuiter granulosi, apice truncati, calvi, ciliato-den-ticulati, v. pappo brevi 2-4-aristato denticulatove, nunc annulari bre-vissimo, integro v. subintegro, coronati. — Herbæ annuæ v. perennes, subglabræ, strigosæ v. hirsutæ; foliis oppositis v. alternis, integris v. dentatis; capitulis terminalibus v. axillaribus pedunculatis, solitariis v. 2-3-nis cymosis; involucri latiuscule subovoidei, hemisphærici v. late campanulati bracteis foliaceis v. herbaceis, sub-2-seriatis, æqua-libus v. subæqualibus; interioribus nunc brevioribus v. angustioribus; receptaculo plano v. convexo, paleis complicatis extus in bracteas

1. Mediocribus.
2. Spec. 2.
3. *Nov. veg. descr.*, I, 11. — DC., *Prodr.*, VII, 253. — B. H., *Gen.*, II, 362, n. 370.
4. Concolores, albi.
5. Genus nobis ignotum valdeque incertum. An *Eclipta?*
6. Spec. 1. *A. Taboada* LLAV. et LÉX., *loc. cit.*

7. *Mantiss.*, 157. — J., *Gen.*, 187 (*Eclypta*).— LAMK, *Ill.*, t. 687, fig. 1. — GÆRTN., *Fruct.*, II, 441. — LESS., *Syn.*, 212. — DC., *Prodr.*, V, 489. — ENDL., *Gen.*, n. 2446. — B. H., *Gen.*, II, 361, n. 366. — *Micrelium* FORSK., *Fl. æg.-arab.*, 152.
8. Albæ v. flavæ.
9. Flavæ v. fuscescentis.

involucri, intus autem in bracteolas lineares angustissimas abeuntibus,. onusto[1]. (*Orbis totius reg. calidior.*[2])

258. Stemmatella WEDD.[3] — Flores[4] 2-morphi; radii fœminei fertiles, sub-1-seriati; corollæ ligulatæ limbo angusto stylo vix longiore v. nunc abortivo subnullo v. 0; disci autem hermaphroditi fertiles, v.. intimi nunc steriles; corollæ regularis tubo brevi; limbo campanulato; 5-dentato. Antheræ basi minute auriculatæ. Styli florum hermaphroditorum rami breves crassi obtusiusculi; fœmineorum autem angustiores acutiores. Fructus radii inæquali-obovati glabri (nigrescentes); disci autem cuneato-oblongi, 3-5-goni, basi attenuati; pappi paleis. late membranaceis subhyalinis ciliatis, sub-2-seriatim imbricatis. — Herba pumila ramosissima glabrata v. setosula; foliis (parvis) oppositis, integris v. dentatis; capitulis (parvis) ∞, in cymas contractas dispositis; involucri globoso-campanulati bracteis paucis imbricatis, sub-2-seriatis; interioribus tenuioribus et in paleas fructus amplectentes abeuntibus; receptaculo angusto. (*Bolivia*[5].)

259. Siegesbeckia L.[6] — Flores[7] 2-morphi; radii fœminei fertiles,. sub-1-seriati; corollæ irregularis limbo ligulato, patente v. reflexo, inæquali-2-3-fido, nunc inæqui-campanulato, 2-4-fido; disci autem hermaphroditi fertiles, v. intimi steriles; corollæ tubo brevi; limbo campanulato, 3-5-fido v. dentato. Antheræ basi integræ v. minute mucronulatæ. Styli florum fœmineorum rami tenues recurvi; hermaphroditorum breves crassi, obtusiusculi v. acuti, nunc dentiformes. Fructus

---

[1]. Generis sectiones, capitulo majore, nobis sunt:

Leptocarpha DC., *Prodr.*, V, 495. — ENDL., *Gen.*, n. 2450. — B. H., *Gen.*, II, 361, n. 367: floribus ligulatis sub-1-seriatis; ligulis elongatis integris; fructus aristis 2-4; foliis latioribus oppositis v. plerisque alternis. (*Chili.*)

? *Gymnolomia* H. B. K., *Nov. gen. et spec.*, IV, 217, t. 373, 374 (nec KER). — B. H., *Gen.*, II, 363, n. 375. — *Gymnopsis* DC., *Prodr.*, V, 561 (part.). — ENDL., *Gen.*, n. 2520. — *Heliomeris* NUTT., in *Journ. Acad. Phil.*, ser. 2 I, 171: floribus radii sterilibus neutris, 1-seriatis; fructibus radii vacuis; disci autem subcompressis v. 4-gonis; pappo brevi denticulato-ciliato v. 0; foliis oppositis, v. superioribus alternis. (*America utraque extratrop.*)

2. Spec. ad 20. JACQ., *St.-amer.*, t. 129 (*Bellis*). — HOOK. et ARN., *Beech. Voy.*, *Bot.*, 435 (*Wedelia*). — REMY, in *C. Gay Fl. chil.*, IV, 111; 116 (*Leptocarpha*). — BENTH., *Pl. Hartweg.*,

206 (*Andrieuxia*); *Fl. austral.*, III, 536. — F. MUELL., *Pl. Vict.*, t. 39. — A. GRAY, in *Proc. Amer. Acad.*, V, 182 (*Gymnolomia*). — BOISS., *Fl. or.*, III, 249. — CHAPM., *Fl. S. Unit. St.*, 224. — FR. et SAV., *Enum. pl. jap.*, I, 230. — HARV. et SOND., *Fl. cap.*, III, 131. — BAK., *Fl. maur.*, 169. — OLIV. et HIERN, *Fl. trop. Afr.*, III, 373. — WALP., *Rep.*, II, 855; VI, 160 (*Andrieuxia*); *Ann.*, V, 220.

3. In *Bull. Soc. bot. de Fr.*, XII, 82. —B. H.,. *Gen.*, II, 359, n. 362.

4. Flavi.

5. Spec. 1. *S. congesta* WEDD.

6. *Gen.*, n. 973. — J., *Gen.*, 187. — DC., *Prodr.*, V, 495, n. 1-7. — ENDL., *Gen.*, n. 2451. — B. H., *Gen.*, II, 359, n. 361. — *Schkuhria* MOENCH, *Meth.*, 566 (nec ROTH).— *Trimeranthes* CASS., in *Dict.*, XLIX, 115. — *Minyranthes* TURCZ., in *Bull. Mosc.* (1851), I, 180. — *Limnogenneton* SCH. BIP., in *Walp. Rep.*, VI, 146.

7. Flavi (v. albi?).

inæquali obovoideo-oblongi, dorso sæpe gibbi v. incurvi turgidive glabri, epapposi. — Herbæ, sæpe annuæ, erectæ v. divaricato-ramosæ, glabræ v. glanduloso-pilosæ; foliis oppositis, subintegris v. dentatis; capitulis stipitatis laxe cymosis; cymis sæpe foliatis; involucri sub-hemisphærici v. breviter campanulati bracteis inæqualibus; interioribus in paleas flores amplectentes abeuntibus; exterioribus autem hinc paucis linearibus patentibus, apice anguste claviformibus; omnibus v. exterioribus plus minus dense capitato-glandulosis; receptaculo angusto. (*Orbis utriusque reg. trop. et subtrop.* [1])

260? **Micractis** DC. [2] — « Flores [3] 2-morphi; radii fœminei; ligula minutissima; disci autem hermaphroditi; corolla tubulosa, 4-dentata (centrales forte steriles?). Antheræ ecaudatæ. Styli radii 2-fidi; disci autem inclusi. Fructus 4-gono-compressi subobovati glabri calvi. — Herba annua erecta; foliis oppositis oblongis subcrenatis, v. superioribus integris scabris; capitulis ad apices ramorum 3-nis congestis breviter stipitatis; involucri bracteis oblongis, 1-2-seriatis; receptaculo paleis complicatis fructus semi-involventibus onusto. »(*Madagascaria* [4].)

261. **Zaluzania** PERS. [5] — Flores [6] fertiles, 2-morphi; radii fœminei, 1-seriati; corollæ ligulatæ limbo patente latiusculo, integro v. paucidentato; disci autem hermaphroditi; corollæ tubo [7] latiusculo; limbo anguste campanulato, 5-fido v. 5-dentato. Antheræ basi integræ v. truncatæ. Styli rami apice dilatato complanati, truncati v. breviter acuto-appendiculati. Fructus 3-4-goni, epapposi, nunc squamellis caducissimis [8] coronati. — Frutices, suffrutices v. raro herbæ, tomentosi v. scabridi; foliis alternis, integris, dentatis, lobatis v. plurisectis; capitulis in cymas corymbiformes sæpe foliatas dispositis; involucri breviter subcampanulati bracteis inæqualibus, siccis v. herbaceis, pauciseriatis; receptaculo plus minus alte conico paleisque flores hermaphroditos subtendentibus v. amplectentibus onusto. (*Mexicum* [9].)

1. LHÉR., *St. nov.*, t. 19.— POEPP. et ENDL., *Nov. gen. et sp.*, t. 256.— WIGHT, *Icon.*, t. 1103. — SWEET, *Brit. fl. Gard.*, t. 203. — *Bot. Reg.*, t. 1061. — WALP., *Rep.*, II, 603; VI, 145.

2. *Prodr.*, V, 619. — ENDL., *Gen.*, n. 2552. — B. H., *Gen.*, II, 363, n. 373.

3. « Flavi, minuti. »

4. Spec. 1, nobis omnino ignota. *M. Bojeri* DC., *loc. cit.*

5. *Syn.*, II, 473. — LESS., *Syn.*, 224. — DC., *Prodr.*, V, 553 (part.).— ENDL., *Gen.*, n. 2511. — B. H., *Gen.*, II, 362, n. 371. — *Ferdinanda* LAG., *Nov. gen. et spec.*, 31. — DC., *Prodr.*, V,

552. — ENDL., *Gen.*, n. 2509.— *Chrysophania* K., in *Less. Syn.*, 224. — DC., *Prodr.*, V, 553. — ENDL., *Gen.*, n. 2510. — *Hybridella* CASS., in *Dict.*, XXII, 86. — *Chiliophyllum* DC., *Prodr.*, V, 554. — ENDL., *Gen.*, n. 2512.

6. Flavi v. (?) albi.

7. Sæpe ima basi dilatato nuncque in summum germen decurrente.

8. Pilis, ut videtur, dilatatis.

9. Spec. 6, 7. JACQ., *Hort. schœnbr.*, t. 371 (*Anthemis*).—? LLAV. et LEX., *Nov. veg. descr.*, I, 30 (*Anthemis*). — SCH. BIP., in *Flora* (1861), 553; (1864), 215.

262. **Sabazia** CASS.[1] — Flores[2] (fere *Zaluzaniæ*) fertiles omnes, -morphi; radii fœminei, 1-seriati; corollæ ligulatæ limbo patente latiusculo, 2-3-dentato; disci autem hermaphroditi; tubo[3] brevi; limbo campanulato, 5-dentato v. fido. Styli florum hermaphroditorum rami apice crassiusculo obtusiusculi recurvi; fœmineorum graciliores. Fructus[4] obtuse 4-5-goni v. subteretes, apice nudi v. ciliolati, basi attenuati; callo basilari plus minus v. vix obliquo. — Herbæ ramosæ, sæpius villosulæ; foliis oppositis dentatis; capitulis[5] longe stipitatis; receptaculo plus minus convexo, paleis laceris v. integris, interioribusve nunc linearibus, onusto; involucri subcampanulati bracteis 1-2-seriatis, membranaceis v. subscariosis. (*Columbia, Mexicum*[6].)

263? **Varilla** A. GRAY[7]. — « Flores[8] hermaphroditi fertiles, 1-morphi; corollæ tubulosæ limbo anguste campanulato, 5-fido. Antheræ basi obtusæ integræ. Styli rami apice complanati obtusi. Fructus oblongi subteretes glabri, ∞-costati, calvi v. setulis (ad 15) coronati. — Frutices v. suffrutices glabri; foliis oppositis, v. superioribus alternis, linearibus integris, nunc carnosis; capitulis in summis ramulis longe pedunculatis; involucri campanulati bracteis angustis pauciseriatis-subæqualibus; receptaculo conico, inter flores paleis rigidulis acutis onusto[9]. » (*Mexicum*[10].)

264. **Enhydra** LOUR.[11] — Flores[12] 2-morphi; radii fœminei rarove hermaphroditi, ∞-seriati; corolla brevi ligulata, apice 3-4-dentata styloque sæpius breviore; disci autem hermaphroditi fertiles v. ex parte steriles; corolla tubuloso-subcampanulata, 5-fida. Antheræ basi integræ. Styli florum hermaphroditorum rami obtusi, vix v. haud

---

1. In *Dict.*, XLVI, 480. — DC., *Prodr.*, V, 496. — ENDL., *Gen.*, n. 2452. — B. H., *Gen.*, II, 362, n. 372. — *Baziasa* STEUD., *Nom.* (ed. 2), 192.

2. « Albi, rosei v. flavi. »

3. Basi extus in floribus omnibus plus minus dense hirsuto, v. nunc subangulato; angulis minute v. longiuscule ciliolatis.

4. Maturi nigrescentes.

5. Parvis v. mediocribus.

6. Spec. 6, 7. H. B. K., *Nov. gen. et spec.*, IV, t. 394 (*Eclipta*), 389 (*Wiborgia*). — ? LESS., in *Linnæa* (1830), 148.

7. *Pl. Fendler.*, in *Mem. Am. Acad.*, I, 106. — B. H., *Gen.*, II, 363, n. 374.

8. « Flavi. »

9. Genus (nobis ignotum) « videtur hinc *Sabaziæ*, inde *Perymenio* affine » (B. H.).

10. Spec. 2, quarum epapposa 1. WALP., *Ann.*, II, 895; V, 249.

11. *Fl. cochinch.* (1790), 510 (*Enydra*).—DC., *Prodr.*, V, 636. — ENDL., *Gen.*, n. 2574. — B. H., *Gen.*, II, 360, n. 364. — *Meyera* SCHREB., *Gen.*, 570. — *Sobreira* R. et PAV., *Prodr. Fl. per.*, 109, t. 23. — *Sobrya* PERS., *Syn.*, II, 473. — *Cryphiospermum* P. BEAUV., *Fl. ow. et ben.*, II, 24, t. 74. — DC., *Prodr.*, V, 497. — ENDL., *Gen.*, n. 2453. — *Wahlenbergia* SCHUM. et THÖNN., *Beskr.*, 387 (nec *alior.*) - *Tetractis* REINW., in *Bl. Bijdr.*, 892. — *Hingtsha* ROXB., *Fl. ind.*, III, 448.

12. Flavi (v. albidi?).

appendiculati, ad apicem parce hispiduli. Fructus subrecti v. arcuati, haud v. vix angulati, disco [1] crasso indurato coronati. — Herbæ (palu-dosæ) glabræ v. pubentes; foliis oppositis, sessilibus, integris v. den-tatis, sæpe angustis; capitulis (parvis) alternatim axillaribus, sessi-libus v. brevissime stipitatis; receptaculo globoso v. conico; bracteis involucri 4, decussatis foliaceis, late imbricatis; floribus singulis bractea paleiformi, intus valde concava, demum circa fructum indu-rata rigidave, involutis. (*Orbis utriusque reg. calid.* [2])

265. **Aphanactis** WEDD. [3] — Flores [4] fertiles, 2-morphi; radii fœminei, 1-seriati; corollæ ligulatæ limbo erecto patenteve, 2-3-den-tato; tubo basi plus minus alte hirsuto; disci autem hermaphroditi; corollæ tubulosæ limbo anguste campanulato, 5-dentato. Antheræ basi minute dentatæ. Styli florum hermaphroditorum rami breves obtusius-culi v. brevissime appendiculati; fœmineorum graciliores recurvi. Fructus oblongi, obtuse angulati, epapposi. — Herbæ humiles repen-tesve; foliis oppositis oblongis glabris, 3-nerviis; capitulis termina-libus, sessilibus v. stipitatis; involucri breviter subcampanulati bracteis paucis; exterioribus paucis sæpius latioribus subfoliaceis; re-ceptaculo plus minus convexo paleisque flores amplectentibus onusto [5]. (*America andina* [6].)

266. **Selloa** H. B. K. [7] — Flores fertiles, 2-morphi; radii fœminei, 1-2-seriati; corollæ [8] ligulatæ limbo patente, 2-5-dentato v. subintegro; disci autem hermaphroditi; corollæ tubulosæ limbo cylindraceo, 5-den-tato. Antheræ [9] basi integræ v. minute dentatæ. Styli florum herma-phroditorum rami apice complanati, vix v. breviter appendiculati. Fructus oblongi, 3-5-goni, setis v. squamellis minimis, quarum ad angulos 3-5 longioribus aristatis, nunc caducis, coronati. — Herbæ perennes [10]; caule brevi crasso v. subnullo; foliis basilaribus rosulatis, integris v. pinnatisectis; in scapo 0, v. paucis parvis, oppositis v. alter-nis; capitulis terminalibus solitariis v. paucis; involucri subcampanu-

1. Corollæ incrassatæ basi (?).
2. Spec. ad 8. W., *Spec.*, III, 1797 (*Cœsulia*). — MIQ., *Fl. ind.-bat.*, II, 83. — BENTH., *Fl. austral.*, III, 546. — OLIV. et HIERN, *Fl. trop. Afr.*, III, 372. — WALP., *Ann.*, II, 871.
3. *Chlor. andin.*, I, 142, t. 37 A. — B. H., *Gen.*, III, 360, n. 365.
4. Flavi.
5. Genus hinc *Selloæ*, inde *Jægeriæ* proximum.
6. Spec. 2.

7. *Nov. gen. et spec.*, IV, 265, t. 395. — DC., *Prodr.*, V, 612. — ENDL., *Gen.*, n. 2549. — B. H., *Gen.*, II, 361, n. 368. — *Feœa* SPRENG., *Syst.*, III, 362. — *Chromolepis* BENTH., *Pl. Hartweg.*, 40.
8. Flavæ v. (?) violaceæ.
9. In floribus disci nunc cassæ.
10. Ut videtur, paludosæ; radicibus in imis caulibus nunc multiplicibus crassiusculis dense que faciculatis.

lati bracteis 2-3-seriatis, inæqualibus; exterioribus latius membranaceis; receptaculo convexo paleis complicatis flores amplectentibus
onusto[1]. (*Mexicum*[2].)

267. Rumfordia DC.[3] — Flores fertiles, 2-morphi; radii fœminei,
1-2-seriati; corollæ[4] ligulatæ limbo lato patente subparallelinervio,
integro v. paucidentato; disci autem hermaphroditi; corollæ tubulosæ
limbo anguste campanulato, 5-dentato. Antheræ basi obtusæ, truncatæ v. breviter auriculatæ. Styli florum hermaphroditorum rami crassiusculi, obtusi v. brevissime acuto-appendiculati; fœmineorum graciles
breves, revoluti. Fructus[5] inæquali-obovati v. dimidiato-obcordati,
dorso gibbosi crassi, nunc subangulati v. a latere compressiusculi,
epapposi. — Frutices glabri; foliis oppositis latis, basi attenuata contractis[6], integris v. serrato-dentatis; capitulis[7] in racemum amplum
terminalem opposite cymigerum dispositis; involucri sub-2-seriati
bracteis exterioribus membranaceis; interioribus autem rigidioribus
in paleas complicatas flores amplectentes v. fructus involventes
abeuntibus; receptaculo convexo. (*Mexicum*[8].)

268. Monactis H. B. K.[9]—Flores[10] fertiles, 2-morphi; radii pauci,
1 v. 0; corollæ ligulatæ limbo latiusculo paucidentato[11]; disci autem
hermaphroditi; corollæ tubulosæ limbo anguste campanulato, 5-den-
tato. Antheræ basi breviter mucronatæ. Styli florum disci rami breves
obtusiusculi, haud v. vix appendiculati; radii tenuiores recurvi.
Fructus subteretes, glabri v. varie pilosuli epapposi[12]. — Arbores v.
frutices, indumento vario; foliis alternis, subintegris, supra basin 3-5-
plinerviis, supra scabris, subtus tomentosis; capitulis (parvis et paucifloris) in cymas composito-racemosas corymbiformesque terminales
dispositis; involucri oblongi, subcylindracei v. plus minus late campanulati, bracteis paucis imbricatis; interioribus flores basi involventibus.
(*America*[13].)

1. Genus hinc *Wulffiæ*, inde *Ecliptæ* nonnihil
affine, facie autem diversum.
2. Spec 2. WALP., *Rep.*, VI, 171.
3. *Prodr.*, V, 549. — ENDL., *Gen.*, n. 2505.
— B. H., *Gen.*, II, 359, n. 360.
4. Pallide flavæ.
5. Nigrescentes, glabri.
6. Ima basi auriculatis.
7. Majusculis, speciosis.
8. Spec. 1, 2. DELESS., *Ic. sel.*, IV, t. 30.

9. *Nov. gen. et spec.*, IV, 286, t. 403. — LESS.,
Syn., 211. — DC., *Prodr.*, V, 546. — B. H., *Gen.*,
II, 358, n. 359.
10. Flavi.
11. Vel (?) integro (B. H.).[1]
12. « Vel squamellis plurimis muniti epapposi. » (B. H.)
13. Spec. 1, 2. SPRENG., *Syst.*, III, 591
(*Phætusa*). — *Monactis dubia* H. B. K. est *Astemma* LESS.

269. **Jægeria** H. B. K.[1] — Flores[2] fertiles, 2-morphi; radii fœminei, 1-seriati; corollæ ligulatæ limbo parvo, 2-dentato v. integro; disci autem hermaphroditi; corollæ tubulosæ limbo anguste campanulato, 5-dentato; tubo basi sæpius hirsuto. Styli florum hermaphroditorum rami angusti obtusiusculi, nunc brevissimi; fœmineorum longiores angustiores recurvi. Fructus 3-5-goni glabri; callo basilari obliquo; pappo 0. — Herbæ annuæ[3], glabræ v. hispidæ; foliis oppositis dentatis; capitulis terminalibus pedunculatis; involucri breviter campanulati v. hemisphærici bracteis paucis, 1-2-seriatim imbricatis, herbaceis, v. interioribus membranaceis, in paleas flores amplectentes v. fructus demum involventes abeuntibus; receptaculo plus minus alte conico. (*America calid. utraque*[4].)

270. **Montanoa** LLAV. et LEX.[5] — Flores 2-morphi; radii neutri, 1-seriati; corollæ[6] longe ligulatæ limbo patente, 2-dentato, 2-fido v. subintegro; disci autem hermaphroditi fertiles (v. intimi steriles); corollæ tubulosæ, nunc basi dilatatæ, limbo anguste campanulato, 5-fido. Antheræ basi obtusæ. Styli rami ad apicem incrassatum breviter v. longiuscule appendiculati. Fructus disci compressi; radii sæpius 3-quetri, obtusi, epapposi. — Frutices v. suffrutices; foliis oppositis, integris, dentatis lobatisve, v. inferioribus late pinnatilobis v. pinnatifidis; capitulis in cymas corymbiformes compositas dispositis; involucri hemisphærici bracteis imbricatis, 1-2-seriatis brevibus herbaceis; receptaculo plus minus convexo paleis complicatis flores amplectentibus demumque circa fructus inclusos auctis, glabris v. villosis, onusto. (*America calid. utraque*[7].)

271. **Sclerocarpus** JACQ.[8] — Flores[9] 2-morphi; radii neutri; corollæ ligulatæ limbo (nunc parvo) dentato v. integro; disci herma-

1. *Nov. gen. et spec.*, IV, 277, t. 400. — DC., *Prodr.*, V, 543. — ENDL., *Gen.*, n. 2497. — B. H., *Gen.*, II, 360, n. 363. — *Macella* C. KOCH, in *Ind. sem. H. berol.* (1855), *App.*

2. Flavi (v. albi?).

3. Nunc gracillimæ.

4. Spec. 5, 6. WALP., *Rep.*, II, 609; *Ann.*, I, 413.

5. *Nov. veg. descr.*, II, 11. — B. H., *Gen.*, II, 364, n. 377. — *Eriocoma* H. B. K., *Nov. gen. et spec.*, IV, 267, t. 396 (nec NUTT.). — *Eriocarpha* CASS., in *Dict.*, LIX, 236. — *Montagnœa* DC., *Prodr.*, V, 564. — ENDL., *Gen*, n. 2522. — ? *Pristleya* SESS. et MOÇ., *Fl. mex.*

ined. (ex DC.). — *Uhdea* K., *Ind. sem. H. berol.* (1847).

6. Albæ v. roseæ.

7. Spec. 12-14. SWEET, *Brit. fl. Gard.*, ser. 2, t. 44 (*Eriocoma*). — AD. BR., in *Rev. hort.* (1857), fig. 165. — WALP., *Rep.*, II, 612; *Ann.*, I, 412 (*Uhdea*); V, 221 (*Montagnœa*).

8. *Ic. rar.*, t. 176. — JACQ. F., in *Act. helv.*, 34, t. 2. — DC., *Prodr.*, V, 566. — CASS., in *Dict.*, XLVIII, 148. — ENDL., *Gen.*, n. 2523. — B. H., *Gen.*, II, 364, n. 376. — *Aldama* LLAV. et LEX., *Nov. veg. descr.*, I, 14. — LESS., *Syn.*, 227. — *Dichotoma* SCH. BIP. (ex B. H.).

9. Flavi.

phroditi fertiles; corollæ tubulosæ limbo anguste campanulato, 3-5-dentato v. fido. Antheræ basi truncatæ v breviter auriculatæ. Styli rami plus minus dilatati v. incrassati, nunc acutiusculi. Fructus obovoidei, basi attenuati, compressiusculi glabri; pappo 0 v. minuto annu-*lari ciliatove.— Herbæ annuæ v. perennes; foliis alternis oppositisve[1], integris v. dentatis, sæpe strigosis; capitulis terminalibus oppositifoliisve stipitatis; involucri breviter campanulati bracteis 2-seriatim imbricatis inæqualibus; exterioribus paucis (1-6), nunc latioribus patentibus; interioribus in paleas receptaculo varie convexo insertas, flores involventes demumque induratas clausasque, superne nunc attenuatas et cum fructibus inclusis deciduas, abeuntibus. (*Orbis totius*[2] *reg. calid.*[3])

272. **Tetragonotheca** DILL.[4] — Flores[5] fertiles, 2-morphi; radii fœminei, 1-seriati; corollæ ligulatæ limbo patente subintegro v. paucidentato; disci autem· hermaphroditi; corollæ tubulosæ limbo cylindraceo, 5-fido v. denta'o. Antheræ basi vix v. breviter 2-dentatæ. Styli rami longe acuteque appendiculati, superne papilloso-hirti. Fructus 4-goni, nunc compressiusculi; pappo 0 v. e squamellis paucis v. ∞ constante.— Herbæ glabræ v. varie indutæ; foliis oppositis, basi sæpe angustata amplexicaulibus, dentatis v. incisis pinnatifidisve; capitulis[6] stipitatis, solitariis v. laxe corymbiformi-cymosis; involucri patentis bracteis 4, basi connatis, membranaceis herbaceis; receptaculo plus minus convexo paleisque flores hermaphroditos amplectentibus onusto. (*America bor.*[7])

273. **Scalesia** ARN.[8] — Flores[9] 1-morphi v. raro 2-morphi (exterioribus paucis ligulatis neutris), hermaphroditi fertiles; corollæ tubulosæ limbo cylindraceo, 5-fido. Antheræ basi obtusa muticæ v. breviter dentatæ. Styli rami breviter v. longiuscule appendiculati. Fructus compressiusculi; apice obtuso nudo v. disco annulari coronati.—Frutices

1. In planta eadem.
2. Australia hucusque excepta.
3. DC., *Prodr.*, V, 561, n. 1, 2; VII, 289 (*Gymnopsis*). — HOOK., *Icon.*, t. 145 (*Gymnopsis*). — OLIV. et HIERN, *Fl. trop. Afr.*, III, 373. — SCH. BIP., in *Schweinf. Fl. œth.*, 150 (*Guizotia*). — KLATT, in *Ann. sc. nat.*, sér. 5, XVIII, 371. — WALP., *Rep.*, VI, 160 (*Aldama*).
4. *H. eltham.*, 378. — L., *Gen.*, n. 976. — CASS., in *Dict.*, LIX, 319. — LESS., *Syn.*, 420. — DC., *Prodr.*, V, 552. - ENDL., *Gen.*, n. 2508.

— B. H., *Gen.*, II, 367, n. 382. — *Halea* TORR. et GRAY, *Fl. N.-Amer.*, II, 304. — *Tetragonosperma* SCHEELE, in *Linnœa*, XXII, 166.
5. « Flavi. »
6. Majusculis v. mediocribus.
7. Spec. 3. A. GRAY, *Pl. Fendler.*, 83. — WALP., *Rep.*, VI, 158; *Ann.*, II, 854 (*Halea*).
8. In *Lindl. Introd. Nat. Syst.*, ed. 2, 443. — DC., *Prodr.*, VII, 308. — ENDL., *Gen.*, 409 (post n. 2512). — B. H., *Gen.*, II, 367, n. 384.
9. Flavi (?).

hirsuti v. sæpius scabri; foliis alternis, dentatis v. incisis; capitulis terminalibus v. axillaribus stipitatis; involucri hemisphærici v. late campanulati bracteis inæqualibus rigidiusculis, pauciseriatim imbricatis, gradatim in paleas complicatas flores amplectentes abeuntibus; receptaculo subplano v. convexiusculo[1]. (*Ins. Galapagos*[2].)

274. Isocarpha R. Br.[3] — Flores[4] hermaphroditi fertiles, 1-morphi; corollæ tubulosæ limbo plus minus ampliato, valvatim 5-lobo. Antheræ basi obtusæ v. attenuatæ inappendiculatæ. Styli rami longe subulati tenuesque, dite papilloso-hirti. Fructus[5] elongati glabri, 4-5-angulati, epapposi, basi attenuati v. oblique callosi. — Herbæ pubescentes divaricato-ramosæ; foliis oppositis v. alternis, integris v. dentatis; capitulis elongato-conicis, pedunculatis, solitariis v. corymbiformi-cymosis; receptaculo elongato ramiformi[6], demum indurato; involucri bracteis alternis spiraliter insertis gradatimque in paleas complicatas flores fructusve amplectentes abeuntibus. (*America centr. et austr. trop.*[7])

275. Rudbeckia L.[8] — Flores sæpius 2-morphi; radii neutri, sæpius 1-seriati (nunc 0); corollæ[9] ligulatæ limbo elongato patente, 2-3-dentato v. integro; disci autem hermaphroditi fertiles; corollæ[10] regularis tubo brevi v. elongato; limbo plus minus ampliato, 5-dentato v. 5-fido. Antheræ basi obtusæ, truncatæ v. minute dentatæ. Styli rami breviter v. longe lanceolatoque hirto-appendiculati. Fructus (radii effœti) compressi, compressiusculi v. 4-goni; pappo 0, v. rarius brevi coroniformi denticulato. — Herbæ, nunc suffrutescentes, scabræ v. rigidæ; foliis alternis v. basi rosulatis, rarius oppositis, integris,

1. Genus hinc *Verbesineis* (*Enceliæ*), inde *Tetragonothecæ* proximum.

2. Spec. 5, 6. Anders., in *Freg. Eugen. Res., Bot.*, II, 69, t. 7. — Walp., *Ann.*, I, 414; V, 219.

3. In *Trans. Linn. Soc.*, XII, 110. — DC., *Prodr.*, V, 106. — Endl., *Gen.*, n. 2257. — B. H., *Gen.*, II, 365, n. 378. — *Dunantia* DC., *Prodr.*, V, 626; VII, 291. — Deless., *Ic. sel.*, IV, t. 37. — Endl., *Gen.*, n. 2554.

4. « Albidi. »

5. Nigrescens.

6. *Spilanthi* more.

7. Spec. 4, 5. Benth., *Bot. Sulph.*, t. 41. — Walp., *Rep.*, VI, 106, 703.

8. *Gen.*, n. 980. — J., *Gen.*, 189. — Lamk, *Ill.*, t. 705. — Gærtn., *Fruct.*, II, 435, t. 172.

— Cass., in *Dict.*, XLVI, 398. — Less., *Syn.*, 226. — DC., *Prodr.*, V, 555. — Endl., *Gen.*, n. 2514. — B. H., *Gen.*, II, 365, n. 379. — *Echinacea* Mœnch, *Meth.*, 591. — DC., *Prodr.*, V, 554. — Endl., *Gen.*, n. 2513. — *Brauneria* Neck., *Elem.*, I, 17. — *Helichroa* Rafin. (ex DC.). — *Obeliscaria* Cass., in *Dict.*, XXXV, 272. — DC., *Prodr.*, V, 558. — Endl., *Gen.*, n. 2516. — *Lepachis* Rafin. — *Ratibida* Rafin. (ex DC.). — *Dracopis* Cass., in *Dict.*, XXXV, 273. — DC., *Prodr.*, V, 558. — Endl., *Gen.*, n. 2516. — *Centrocarpha* Don, in *Sweet Brit. fl. Gard.*, ser. 2, t. 87. — ? *Heliophthalmum* Rafin., *Fl. ludov.*, 72. — ? *Bobartia* Petiv., herb. (nec L.).

9. Flavæ, purpurascentis v. violaceæ.

10. Purpurascentis, nigrescentis v. nunc raro flavæ.

dentatis v. pinnatisectis; capitulis[1] solitariis v. laxe paucicymosis, longe stipitatis; bracteis involucri hemisphærici pauciseriatis imbricatis, plus minus herbaceis; receptaculo elongato, conico, columnari ɣ. rarius convexiusculo, paleis planis v. sæpius complicatis floresque amplectentibus onusto[2]. (*America bor.*[3])

276. **Zinnia** L.[4] — Flores fertiles, 2-morphi; radii fœminei, 1-seriati; corollæ[5] ligulatæ limbo patente integro[6]; tubo angusto v. 0; disci autem hermaphroditi; corollæ[7] tubulosæ limbo parum ampliato, 5-dentato. Antheræ basi integræ. Styli rami longiusculi compressiusculi recurvi, apice obtusi v. truncati, haud v. vix appendiculati. Fructus compressi, 2-3-quetri striati; angulis in dentes v. in aristas 1-3 productis; pappo in exterioribus parvo v. 0. — Herbæ annuæ v. perennes, nunc suffrutescentes; foliis oppositis integris; capitulis[8] terminalibus stipitatis; pedunculo ad apicem sæpius incrassato; receptaculo convexo v. plus minus alte conico, rarius subplano, paleis complicatis flores amplectentibus onusto; involucri ovoidei, cylindracei v. subcampanulati, bracteis imbricatis, 3-∞-seriatis, obtusis siccis, sæpius marginatis; exterioribus minoribus[9]. (*Mexicum*[10].)

277? **Sanvitalia** GUALT.[11] — Flores (fere *Zinniæ*[12]) fertiles, 2-morphi; radii fœminei ligulati, 1-2-seriati; corollæ[13] ligulatæ limbo pa-

---

1. Magnis, speciosis v. mediocribus.
2. Generis sectio anomala videtur *Iostephane* BENTH., *Gen.*, II, 368, n. 386 : receptaculo convexiusculo; floribus radii violaceis (?); foliis basilaribus confertis.
3. Spec. 20-25. CAV., *Icon.*, t. 252; 268 (*Coreopsis*). — JACQ., *Ic. rar.*, t. 592. — SM., *Ex. Bot.*, t. 38. — VENT., *Jard. Cels*, t. 71. — SWEET, *Brit. fl. Gard.*, t. 4, 82, 146; ser. 2, t. 32 (*Echinacea*). — MAUND, *Bot.*, t. 201 (*Obeliscaria*).—TORR. et GR., *Fl. N.-Amer.*, II, 307. — CHAPM., *Fl. S. Unit. St.*, 226. — A. GRAY, *Man.*(1856), 214; in *Proc. Amer. Acad.*, VII, 357. — *Fl. serr.*, t. 1213 (*Obeliscaria*). — *Bot. Reg.*, t. 525; (1838), t. 27 (*Echinacea*). — *Bot. Mag.*, t. 2, 1601, 1996, 2310; 5281 (*Echinacea*). — WALP., *Rep.*, II, 611, 977; VI, 159; *Ann.*, II, 854.
4. *Gen.*, n. 974. — J., *Gen.*, 188. — GÆRTN., *Fruct.*, II, 459. — LESS., *Syn.*, 224. — DC., *Prodr.*, V, 534. — ENDL., *Gen.*, n. 2493. — B. H., *Gen.*, II, 357, n. 355. — *Diplothrix* DC., *Prodr.*, V, 611. — *Sanvitaliopsis* SCH. BIP., in *Pl. Liebm.* (ex B. H.).
5. Roseæ, purpurascentis, aurantiacæ v. flavæ.
6. Nunc abortivo.

7. Flavæ v. versicoloris.
8. Magnis v. mediocribus, speciosis.
9. *Tragoceros* H. B. K., *Nov. gen. et spec.*, IV, 248, t. 385. — B. H., *Gen.*, II, 356, n. 353. — *Tragoceras* LESS., *Syn.*, 220. — DC., *Prodr.*, V, 533. — ENDL., *Gen.*, n. 2491, est, sensu nostro, *Zinniæ* sectio, capitulis parvis; receptaculo subplano; floribus disci ex parte sterilibus; stylo florum disci subintegro v. breviter 2-lobo.
10. Spec. 12-14. CAV., *Ic.*, t. 81, 251.—JACQ., *Ic. rar.*, III, t. 589, 590. — ANDR., *Bot. Rep.*, t. 55, 189. — REGL, in *Gartenfl.*, t. 390. — A. GRAY, *Pl. Wright.*, I, 105, t. 10. — EMOR., *Rec. Calif.*, t. 4. — *Bot. Reg.*, t. 1294. — *Bot. Mag.*, t. 149, 527, 555, 2123. — WALP., *Rep.*, II, 608; *Ann.*, II, 852; V, 216.
11. In *Lamk Journ. Hist. nat.*, II, 176, t. 33. — LAMK, *Ill.*, t. 686. — LESS., *Syn.*, 232. — DC., *Prodr.*, V, 628. — ENDL., *Gen.*, n. 2556. — B. H., *Gen.*, II, 357, n. 356. — *Lorentea* ORTEG., *Decad.*, IV, 42, t. 5 (nec LESS.). — ? *Anaitis* DC., *Prodr.*, V, 628. — ENDL., *Gen.*, n. 2557.
12. Cujus potius forte sectio (?).
13. Flavæ v. albidæ.

tente integro, persistente; disci autem hermaphroditi; corollæ[1] tubu-losæ limbo ampliato, 5-dentato. Fructus crassi v. 3-quetri, glabri v. tuberculati; pappo 0, v. ex aristis brevibus 1, 2 constante; interiores nunc alati. Cætera *Zinniæ.* — Herbæ annuæ v. perennes, nunc basi suffrutescentes, humiles v. diffusæ; foliis oppositis integris; capitulis terminalibus stipitatis ; receptaculo plano v. convexo, paleis membra-naceis v. scariosis concavis v. complicatis inter flores onusto; involucri hemisphærici v. late campanulati bracteis pauciseriatis, apice siccis v. herbaceis; extimis nunc paucis foliaceis patentibus. (*Mexicum*[2].)

278? **Philactis** Schrad.[3] — « Flores 2-morphi; radii fœminei fer-tiles, 1-seriati; corollæ ligulatæ limbo amplo, 3-dentato, persistente; disci autem hermaphroditi steriles; corolla regulari, extus glandulosa. Antheræ basi integræ. Styli florum hermaphroditorum rami breviter appendiculati. Fructus radii obpyramidati, 3-goni, extus ligula per-sistente coronati, intus crasse aristati ; disci (abortivi) inæquali-4-aris-tati. — Herba dichotoma, basi suffrutescens; foliis oppositis ovatis serratis adpresse villosis, 3-5-plinerviis; capitulis in dichotomiis bre-viter pedunculatis; receptaculo conico, paleis complicatis flores disci amplectentibus onusto; involucri campanulati bracteis imbricatis, 2-seriatis[4]. » (*Mexicum*[5].)

279. **Heliopsis** Pers.[6] — Flores [7] 2-morphi; radii fœminei, fertiles v. steriles, 1-seriati; corollæ ligulatæ limbo patente sessili integro; disci autem hermaphroditi fertiles v. steriles; corollæ regularis limbo cylindraceo, 5-dentato. Antheræ basi integræ v. minute dentatæ. Styli rami obtusi hirti breviterque appendiculati. Fructus subteretes v. ob-tuse 3-4-goni; pappo 0. —Herbæ perennes, ramosæ v. paludosæ radi-cantes; foliis oppositis, v. supremis alternis, petiolatis v. amplexicau-libus, sæpe 3-nerviis, plerumque dentatis; capitulis solitariis v. paucis laxe cymosis; receptaculo plus minus longe conico paleisque flores disci amplectentibus v. involventibus onusto; involucri hemisphærici

1. Purpurascentis v. nigrescentis.
2. Spec. 3, 4. Cav., *Icon.*, t. 351. — *Bot. Reg.*, t. 707. — Walp., *Ann.*, II, 869.
3. *Ind. sem. Hort. gœtt.* (1831). — DC., *Prodr.*, V, 534. — Endl., *Gen.*, n. 2492. — B. H., *Gen.*, II, 356, n. 354.
4. Genus (nobis omnino ignotum) forte ad *Zinniam* reducendum.

5. Spec. 1. *P. zinnioides* Schrad.
6. *Syn.*, II, 473. — Less., *Syn.*, 223. - DC., *Prodr.*, V, 550 (part.). — Endl., *Gen.*, n. 2506. — B. H., *Gen.*, II, 358, n. 357. — *Kallias* Cass., in *Dict.*, XXIV, 326; XLVI, 406. — *Andrieuxia* DC., *Prodr.*, V, 559; in *Deless. Ic. sel.*, IV, t. 31. — Endl., *Gen.*, n. 2517.
7. Flavi.

v. late campanulati bracteis imbricatis, 1- v. pauciseriatis herbaceis [1].
(*America calid. utraque* [2].)

280. **Bidens** T. [3] — Flores 2-morphi; radii fertiles, steriles v. 0;
corollæ [4] ligulatæ limbo integro v. paucidentato patente; disci autem
hermaphroditi fertiles (v. intimi steriles); corollæ [5] regularis tubulosæ
limbo cylindraceo v. anguste campanulato, 5-dentato v. 5-fido.
Antheræ basi integræ v. minute auriculatæ dentatæve. Styli florum hermaphroditorum [6] rami apice truncati, nunc superne hirti sæpiusve breviter v. longius appendiculati. Fructus oblongi, obovati v. lineares,
a dorso plus minus compressi v. 3-4-goni, apice truncati, rotundati
v. sæpius attenuati rostrative, aristis 2-4, nudis, sursum ciliolatis
v. sæpius retrorsum barbellatis aculeatisve, nunc brevibus dentiformibus, coronati, rariusve calvi. — Herbæ (nunc raro odoratæ) annuæ
v. perennes, nunc frutescentes v. scandentes procumbentesve, glabræ
v. indumento vario; radice nunc multiplici tuberoso; foliis oppositis
v. raro alternis, integris, dentatis, lobatis v. semel, bis terve ternatim
pinnatimve dissectis; capitulis [7] solitariis, longe v. rarius breviter
pedunculatis v. in cymas corymbiformes dispositis, terminalibus; involucri varii bracteis plerumque 2-seriatis, imbricatis, basi nunc connatis; interioribus sæpe membranaceis; exterioribus [8] autem ple-

1. Generis sectio est *Aganippea* SESS. et MOÇ.,
ex DC., *Prodr.*, VI, 3. — ENDL., *Gen.*, 503. —
B. H., *Gen.*, II, 358. — *Heliogenes* BENTH., *Pl.
Härtweg.*, 42 : caule paludoso radicante; foliis
amplexicaulibus.

2. Spec. 4. LHÉR., *Stirp.*, t. 45 (*Buphthal-
mum*). — DUN., in *Mém. Mus.*, V, t. 8. — HOOK.,
Icon., t. 1117. — *Bot. Reg.*, t. 592. — *Bot.
Mag.*, t. 3372. — WALP., *Rep.*, II, 610, 633
(*Heliogenes*); *Ann.*, V, 218.

3. *Inst.*, 462, t. 262. — L., *Gen.*, n. 932. —
J., *Gen.*, 188. — LAMK, *Dict.*, I, 413; Suppl., I,
629; *Ill.*, t. 668. — GÆRTN., *Fruct.*, II, 412,
t. 167. — CASS., in *Dict.*, XXIV, 397, 402; LI,
473; LIX, 321, 328, 329. — DC., *Prodr.*, V,
594. — ENDL., *Gen.*, n. 2541. — B. H., *Gen.*,
II, 387, n. 428. — *Kerneria* MOENCH, *Meth.*, 595.
— *Ceratocephalus* VAILL. (ex RICH.). — *Pluri-
dens* NECK., *Elem.*, I, 86. — *Edwarsia* NECK.,
loc. cit., 87. — *Delucia* DC., *Prodr.*, V, 633. —
DELESS., *Ic. sel.*, IV, t. 40. — *Adenolepis* LESS.,
in *Linnæa*, VI, 510. — DC., *Prodr.*, V, 607.

4. Flavæ, sulfureæ, albæ, roseæ, purpureæ,
violaceæ v. raro nigrescentis.

5. Flavæ v. purpurascentis.

6. In *Deluciæ* radio perfecti.

7. Sæpe majusculis v. magnis, nunc speciosis.

8. Generis hujus, nostro sensu, sectiones
sunt :
Glossogyne CASS., in *Dict.*, LI, 475. — DC.,
Prodr., V, 632. — ENDL., *Gen.*, n. 2566. —
B. H., *Gen.*, II, 388, n. 430. — *Gynactis* CASS.,
loc. cit. — *Diodontium* F. MUELL., in *Hook.
Kew Journ.*, IX, 19 : floribus radii fertilibus,
v. 0; styli ramis longe hirto-appendiculatis;
caule herbaceo; foliis basilaribus, dissectis v.
3-dentatis. (*Asia et Oceania trop.*)
Thelesperma LESS., in *Linnæa*, VI, 511; *Syn.*,
234. — DC., *Prodr.*, V, 633. — ENDL., *Gen.*,
n. 2569. — B. H., *Gen.*, II, 387, n. 426. — *Cosmidium* NUTT., in *Trans. Amer. Phil. Soc.*, ser. 2,
VII, 361 : floribus radii sterilibus, v. 0; bracteis
involucri altius connatis; caule herbaceo; foliis
oppositis alternisque glabris, dissectis v. filiformibus. (*America utraque extratrop.*)
Cosmos CAV., *Icon.*, I, 9, t. 14, 79. — DC.,
Prodr., V, 606; VII, 291. — ENDL., *Gen.*,
n. 2542. — B. H., *Gen.*, II, 387, n. 427. —
Cosmea W., *Spec.*, III, 2250 : floribus radii
sterilibus (corolla sæpius rubra); fructu apice
attenuato rostratove; caule herbaceo; foliis
oppositis, integris, dentatis, lobatis v. dissectis
capitulis longe stipitatis (*America trop.*)
Coreopsis L., *Gen.*, n. 981. — DC., *Prodr.*,

rumque herbaceis v. nunc foliaceis, integris v. varie incisis. (*Orbis totius reg. calid. et temp.*[1])

281? Coreocarpus BENTH.[2] — Flores[3] 2-morphi; radii fœminei, 1-seriati; corolla ligulata subintegra; disci autem hermaphroditi; corolla anguste campanulata. Styli rami latiusculi, breviter v. longiuscule appendiculati. « Fructus a dorso compressi plano-concavi, dentibus brevibus 2, v. aristis 2 retrorsum setulosis coronati v. calvi,

V, 570. — ENDL., *Gen.*, n. 2529. — B. H., *Gen.*, II, 385, n. 423. — *Acispermum* NECK., *Elem.*, I, 34. — *Leachia* CASS., in *Dict.*, XXV, 388. — *Coreopsides* MŒNCH, *Meth.*, 594. — *Chrysomelea* TAUSCH, *H. canal.*, fig. — *Anacis* SCHR., in *D. Akad. Mun.*, V, 5.— *Campylotheca* CASS., in *Dict.*, LI, 476. — DC., *Prodr.*, V, 593. — ENDL., *Gen.*, n. 2540. — *Dolicotheca* CASS., *loc. cit.* — ? *Peramibus* RAFIN., in *Ann. nat.*, I (1820), 14 (ex DC., *Prodr.*, V, 568). — *Leptosyne* DC., *Prodr.*, V, 531. — ENDL., *Gen.*, n. 2488. — *Electra* DC., *Prodr.*, V, 630. — ENDL., *Gen.*, n. 2561. — *Chrysostemma* LESS., *Syn.*, 227. — DC., *Prodr.*, V, 567. — *Diodonta* NUTT., in *Trans. Amer. Phil. Soc.*, ser. 2, VII, 360. — *Calliopsis* REICHB., *Icon. et descr. pl.*, t. 70 (nec SWEET). — DC., *Prodr.*, V, 568. — ENDL., *Gen.*, n. 2527. — ? *Diplosastera* TAUSCH, *H. canal.*, t. 4. — *Tuckermannia* NUTT., in *Trans. Amer. Phil. Soc.*, ser. 2, VII, 363. — *Agarista* DC., *Prodr.*, V, 569. — ENDL., *Gen.*, n. 2528. — *Pugiopappus* TORR., in *Whippl. Exp., Bot.*, 48. — A. GRAY, in *Proc. Amer. Acad.*, VI, 545. — *Epilepis* BENTH., *Pl. Hartweg.*, 17. — *Prestinaria* SCH. BIP., in *Walp. Rep.*, VI, 162 : floribus radii fertilibus, sterilibus v. 0; styli ramis truncatis v. penicillatis, breviter v. haud appendiculatis; fructu plano, nunc marginibus alato v. ciliato, apice obtuso v. nunc contracto; pappo 0, v. ex aristis 2 brevibus, nunc sursum hirtis, constante. (*America calid. utraque, Africa trop.*)

Dahlia CAV., *Icon.*, I, 56, t. 80; III, t. 265, 266 (nec THUNB.). — DC., *Prodr.*, V, 494. — ENDL., *Gen.*, n. 2449. — B. H., *Gen.*, II, 386, n. 424. — *Georgina* W., *Spec.*, III, 2124 : floribus radii fertilibus v. sœpius sterilibus; ligulis versicoloribus; styli ramis longe hirto-appendiculatis; fructu plano, compresso, apice calvo v. aristis brevibus 2, dentiformibus, coronato; caule herbaceo v. frutescente; foliis oppositis, semel, bis vel ter bipinnatipartitis; capitulis longe stipitatis, magnis v. mediocribus; bracteis involucri interioribus paleisque interioribus membranaceis, nunc hyalinis. (*America bor., centr. et austr. extratrop. andinaque.*)

1. Spec. ad 130, JACQ., *H. schœnbr.*, t. 373, 374 (*Coreopsis*); *Ic. rar.*, t. 595 (*Coreopsis*). — SALISB., *Par. lond.*, t. 16, 19. — SM., *Spicil.*

pl., t. 22 (*Coreopsis*). — H. B. K., *Nov. gen. et spec.*, t. 381; 382 (*Cosmos*). — PŒPP. et ENDL., *Nov. gen. et spec.*, t. 255. — LINK et OTT., *Ic. pl. sel.*, t. 33 (*Coreopsis*). — TORR., *Fl. N.-York*, t. 58. — A. GRAY, *Man.* (ed. 1856), 219 (*Coreopsis*), 221; in *Proc. Amer. Acad.*, V, 127; VII, 258 (*Leptosyne*); in *Emor. Rep.*, 90 (*Thelesperma*), 91; 92, t. 31 (*Leptosyne*). — CHAPM., *Fl. S. Unit. St.*, 233 (*Coreopsis*), 236. — HOOK. F., in *Journ. Linn. Soc.*, VII, 200 (*Verbesina*). — SWEET, *Brit. fl. Gard.*, t. 10, 72, 175 (*Coreopsis*), 237. — WEDD., *Chl. andin.*, I, 71 (*Coreopsis*). — HARV. et SOND., *Fl. cap.*, III, 133. — BENTH., *Fl. austral.*, III, 542; 544 (*Glossogyne*). — REMY, in *C. Gay Fl. chil.*, III, 114 (*Dahlia*). — GRISEB., *Fl. brit. W.-Ind.*, 373. — MIQ., *Fl. ind.-bat.*, II, 76. — OLIV. et HIERN, *Fl. trop. Afr.*, III, 387 (*Coreopsis*), 392. — HOOK. F., *Handb. N.-Zeal. Fl.*, 138. — FR. et SAV., *Enum. pl. jap.*, I, 232. — BAK., *Fl. maur.*, 169. — LABILL., *Sert. austro-caled.*, t. 45. — BOISS., *Fl. or.*, III, 250. — REICHB., *Ic. Fl. germ.*, t. 941, 942. — WILLK. et LGE, *Prodr. Fl. hisp.*, II, 49 (*Calliopsis, Dahlia*), 50. — GREN. et GODR., *Fr. de Fr.*, II, 168. — MAUND, *Bot.*, t. 88, 161 (*Dahlia*). — KNOWL. et WESTC., *Fl. Cab.*, t. 118, 127 (*Dahlia*). — ANDR., *Bot. Repos.*, t. 408, 483 (*Dahlia*). — *Fl. serr.*, t. 1321 (*Cosmidium*). — *Bot. Reg.*, t. 7; 55 (*Dahlia*), 846 (*Coreopsis*), 684; 1228, 1376 (*Coreopsis*), 2007 (*Cosmos*); (1838), t. 15 (*Cosmos*); (1840), t. 29 (*Dahlia*). — *Bot. Mag.*, t. 156 (*Coreopsis*); 762, 1885; (*Dahlia*), 2451, 2512 (*Coreopsis*), 3155; 3460, 3474, 3484, 3586 (*Coreopsis*), 3878 (*Dahlia*), 5227 (*Cosmos*), 5813 (*Dahlia*); 6241, 6419, 6462 (*Coreopsis*). — WALP., *Rep.*, II, 613 (*Calliopsis, Coreopsis*), 615 (*Cosmidium, Tuckermannia, Leighia*), 618; 619 (*Cosmos*), 979 (*Coreopsis*), 986; V, 221 (*Coreopsis*); VI, 162 (*Coreopsis*), 164 (*Cosmidium*), 165 (*Leighia*), 167; 168 (*Cosmos*), 721 (*Cosmos*); *Ann.*, II, 857 (*Coreopsis*), 858 (*Cosmidium*), 866; 869 (*Glossogyne*), 870 (*Thelesperma*); V, 221 (*Coreopsis*), 224; 225 (*Cosmos*), 230 (*Thelesperma*).

2. *Sulph. Bot.*, 28, t. 16. — B. H., *Gen.*, II, 384, n. 422. — *Acoma* BENTH., *loc. cit.*, 29, t. 17.

3. « Flavi (v. albi ?). »

margine calloso rugoso cincti; interiores angustiores. » — Herbæ v. suffrutices; foliis oppositis v. pinnatisectis inciso-lobatis; capitulis terminalibus v. laxe cymosis; involucri duplicis bracteis inæqualibus; interioribus concavis et in paleas angustas flores amplectentes gradatim
abeuntibus. (California[1].)

282? **Hidalgoa** LLAV. et LEX. [2] — « Flores [3] steriles, 2-morphi [4];
radii fertiles; fructibus valde auctis compressis, cornubus 2 inflexis
coronatis; disci regulares hermaphroditi; stylo indiviso. Cætera Dahliæ.
—Frutices (?) glabri; caule herbaceo scandente; foliis oppositis petiolatis, 3-natim divisis; foliolis ovatis serratis petiolulatis; lateralibus
sæpe 2-partitis; capitulis axillaribus solitariis, longe pedunculatis;
involucro 2-plici; receptaculo paleis membranaceis flores hermaphroditos subtendentibus onusto. » (Mexicum, Guayaquil[5].)

283. **Glossocardia** CASS. [6] — Flores [7] (fere Bidentis) 2-morphi;
radii fœminei (pauci); disci autem hermaphroditi; fertiles omnes.
Corollæ radii ligulatæ, 2-dentatæ v. 2-fidæ; disci tubuloso-campanu-
latæ. Styli rami 2, in floribus disci appendicibus linearibus subulatis
hirtellisque aucti. Fructus oblongi ciliati aristisque 2 rectis demumque
recurvis lateralibus coronati. — Herba annua glabra diffusa; foliis
alternis, bis v. ter pennatisectis; capitulis axillaribus terminalibusque
pedunculatis; receptaculo subplano; bracteis involucri paucis; exterioribus 1-3, parvis; interioribus autem majoribus 3-6, membranaceis
striatis, imbricatis; floribus interioribus plerisque ad paleas planas
axillaribus. (India or.[8])

284? **Heterosperma** CAV. [9] — Flores [10] (fere Bidentis), 2-morphi;
fructibus 2-morphis; interioribus (v. nunc omnibus?) aristis 2 retrorsum hirtis coronatis; exterioribus sæpe apice rotundatis calvisque,
nunc ad interiores gradatim magis attenuatis rostratisve, dorso com-

1. Spec. 2. A. GRAY, in Proc. Amer. Acad., V, 162. — WALP., Rep., VI, 156; 170 (Acoma).
2. Nov. veg. descr., I, 15. — LESS., in Linnœa, VI, 406; Syn., 213. — DC., Prodr., V, 511. — ENDL., Gen., n. 2473. — B. H., Gen., II, 386 n. 425.
3. « Radii aurantiaci v. coccinei; disci flavi. »
4. Fere Bidentis, sect. Dahlia, ut saltem e descriptione videtur
5. Spec., ut aiunt, 2.

6. In Dict., XIX, 62. — LESS., Syn., 233. — DC., Prodr., V, 631. — ENDL., Gen., n. 2564. — B. H., Gen., II, 384, n. 420.
7. Flavi.
8. WIGHT, Icon., t. 1110.
9. Icon., III, 34, t. 267. — Heterospermum W., Spec., III, 2129. — DC., Prodr., V, 632. — ENDL., Gen., n. 2565. — B. H., Gen., II, 383, n. 419. — ? Microdonta NUTT., in Trans. Amer. Phil. Soc., ser. 2, VII, 369.
10. Flavi.

pressis v. plus minus latiuscule marginato-alatis. Cætera *Bidentis*[1]. — Herbæ annuæ; foliis oppositis, dentatis v. ternatim pinnatimve diś sectis; capitulis parvis axillaribus v. sæpius terminalibus; involucri ovoidei v. oblongi bracteis paucis, liberis v. basi connatis, 2-morphís; receptaculo paleis membranaceis onusto. (*America calid. occid*́ *utraque*[2].)

285. **Narvalina** CASS.[3] — Flores[4] (fere *Bidentis*) fertiles, 2-morphi; radii 1-3, fœminei; corollæ ligulatæ limbo patente, 2-dentato; disci autem hermaphroditi pauci regulares. Antheræ basi obtuse sagit́ tato-auriculatæ. Styli florum hermaphroditorum rami complanati lań ceolato-appendiculati ; fœmineorum angustiores recurvi. Fructus membranaceo-marginati ciliati, aristis 2 retrorsum hispidis (deciduis) coronati. Cætera *Bidentis*. — Frutex glaber; foliis oppositis petiolatis, argute dentatis; capitulis in cymas corymbiformes dispositis; involucr. oblongi bracteis paucis rigidis, 2-3-seriatis; receptaculo subplano paleisque subplanis inter flores onusto. (*Hispaniola*[5].)

286. **Chrysanthellum** RICH.[6] — Flores[7] fertiles, 2-morphi; radii fœminei, 1-seriati, nunc pauci; corollæ ligulatæ limbo patente, integro v. 2-dentato; disci autem hermaphroditi; corollæ tubulosæ limbo anguste campanulato, 5-dentato. Antheræ basi obtusæ. Styli florum hermaphroditorum rami longe v. breviter appendiculati. Fructus oblongi, a dorso plus minus compressi; exteriores crassiores obtuseque marginati, annulo brevi v. pappo parvo cupulari, integro v. ciliolato, coronati. — Herbæ annuæ[8] ramosæ, glabræ v. hispidulæ; foliis oppositis v. alternis, nunc basi rosulatis, bis v. ter sectis, v. ex parte inciso-dentatis; capitulis terminalibus v. in axillis superioribus pedunculatis, solitariis v. laxe corymbiformi-cymosis; involucri breviter campanulati bracteis 1-2-seriatis; receptaculo plano paleisque flores subten-

1. Cujus forte potius sectio.
2. Spec. 4, 5, H. B. K., *Nov. gen. et spec.*, IV, 245, t. 383, 384. — A. GRAY, in *Proc. Amer. Acad.*, V, 162.
3. In *Dict.*, XXXVIII, 17. — LESS., *Syn.*, 234. — DC., *Prodr.*, V, 633. — ENDL., *Gen.*, n. 2568. — B. H., *Gen.*, II, 388, n. 429.
4. Flavi.
5. Spec. 1, nunc in hortis nostris culta, non-nihil variabilis. *N. domingensis* CASS. — *Needhamia domingensis* CASS.
6. In *Pers. Syn.*, II, 471. — LESS, *Syn.*, 234.

— CASS., in *Dict. sc. nat.*, IX, 150. — DC., *Prodr.*, V, 630. — ENDL., *Gen.*, n. 2562. — B. H., *Gen.*, II, 389, n. 432. — *Collæa* SPRENG., *Syst.*, III, 622. — *Sebastiana* BERTOL., *Opusc.* (1822), 37. — *Chrysanthellina* CASS., in *Dict.*, IX, 150; XXV, 391. — LESS., *Syn.*, 234. — *Adenospermum* HOOK. et ARN., in *Hook. Journ. of Bot.*, III, 318. — *Hinterhubera* SCH. BIP., in *Koch pl. nub.*, n. 175 (nec in *Wedd. Chl. andin.*, I, 185, t. 390).
7. Flavi v. albidi.
8. Vel nunc (?) perennes.

dentibus, interioribus angustioribus, linearibus (v. 0) onusto [1]. (*Orbis utriusque reg. calid.* [2])

287. Isostigma LESS. [3] — Flores [4] (fere *Bidentis*) 2-morphi; radii fertiles fœminei (nunc 0); disci autem hermaphroditi regulares. Corollæ radii ligulatæ, apice 2-3-dentatæ, nunc parvæ; disci tubulosæ; limbo subcampanulato. Antheræ basi obtusa subintegræ. Germen superne utrinque angulato-productum; stylis florum disci longe 2-ramosis; ramis in appendices longe subulato-lineares productis. Discus epigynus breviter cylindricus. Fructus dorso compressi, margine attenuati v. anguste alati, cornubus lateralibus 2, brevibus v. elongatis, rectis v. divaricatis, coronati. — Herbæ perennes v. basi frutescentes; caudice crassiusculo brevi v. elongato, nunc ramoso; foliis angustis v. linearibus elongatis, integris v. incisis dissectisve; capitulis in summo pedunculo elongato aphyllo solitariis terminalibus; receptaculo plano v. convexiusculo; bracteis involucri ima basi connatis, 2-seriatis; exterioribus brevioribus; interioribus latioribus membranaceis; paleis 1-floris planis v. concaviusculis elongatis scariosis [5]. (*Brasilia* [6].)

288. Guizotia CASS. [7] — Flores [8] fertiles, 2-morphi; radii fœminei, 1-seriati; corollæ ligulatæ limbo patente, 3-dentato; disci autem hermaphroditi; corollæ campanulatæ, 5-dentatæ, tubo brevi. Antheræ basi integræ v. 2-denticulatæ. Styli florum hermaphroditorum rami subulato-hirto-appendiculati; fœmineorum graciles revoluti. Fructus subteretes v. a dorso compressiusculi, v. 3-4-goni, apice obtusi subcalvi [9]. — Herbæ annuæ, glabræ v. scabridæ; foliis oppositis, v. superioribus alternis, integris dentatisve; capitulis [10] terminalibus v. in axillis superioribus stipitatis; receptaculo plus minus alte convexo v. conico;

1. Generis sectio nobis est (genus cum *Bidentibus-Coreopsidibus* connectens) *Microlecane* SCH. BIP., in *Flora* (1842), 440. — B. H., *Gen.*, II, 384, n. 421: floribus radii fertilibus; fructu angusto; pappo breviter cyathiformi ciliolato; foliis oppositis. (*Abyssinia.*)
2. Spec. 3. DELESS., *Ic. sel.*, IV, t. 39. — ANDERS., in *Eug. Reis., Bot.*, t. 6. — REICHB., *Ic. exot.*, t. 66. — OLIV. et HIERN, *Fl. trop. Afr.*, III, 386 (*Microlecane*), 394. — WALP., *Rep.*, VI, 169 (*Adenospermum*), 171; *Ann.*, I, 415; V, 230.
3. In *Linnœa*, VI, 513; *Syn.*, 235. — DC., *Prodr.*, V, 634. — ENDL., *Gen.*, n. 2570. — B. H., *Gen.*, II, 389, n. 431.

4. In sicco purpurascenti-fuscati.
5. An *Bidentis* sectio, habitu anomala?
6. Spec. 4, 5. GARDN., in *Hook. Lond. Journ.*, VII, 408 (*Glossogyne*). — WALP., *Ann.*, II, 869 (*Glossogyne*).
7. In *Bull. Soc. philom.* (1821), 127; in *Dict.*, LIX, 247. — DC., *Prodr.*, V, 551; *Pl. rar. Jard. Gen.*, VII, t. 2, 3. — ENDL., *Gen.*, n. 2507. — B. H., *Gen.*, II, 382, n. 416. — *Ramtilla* DC., in *Wight Contrib.*, 18. — *Veslingia* VIS., in *N. Sagg. Accad. sc. Padov.*, V, 269.
8. Flavi.
9. Juniores superne sæpe, ut corollæ basis, tenuiter pubescentes.
10. Ovoideis v. campanulatis.

involucri plerumque subcampanulati bracteis 2-seriatis; interioribus angustioribus et in paleas planas subscariosas flores subtendentes abeuntibus; exterioribus autem membranaceis subfoliaceis majoribus. (*Africa trop.* [1])

289. **Trichospira** H. B. K. [2] — Flores [3] hermaphroditi fertiles, 1-morphi; corollæ regularis tubulosæ limbo 4-fido. Antheræ basi subintegræ. Styli rami subulati hirtelli. Fructus compressi v. 3-quetri, aristis paucis 5-8, rigidis (quarum majores 2, 3 angulos superantes) coronatis. — Herbæ diffusæ; foliis alternis, v. summis oppositis, grosse inæquidentatis, subtus canis; basilaribus petiolatis; floralibus autem basi amplexicaulibus; capitulis axillaribus sessilibus arcte congestis; involucri bracteis paucis; exterioribus 3, 4, brevioribus membra-naceis; interioribus autem paleaceis floresque subtendentibus. (*America trop.* [4])

290. **Synedrella** GÆRTN. [5] — Flores fertiles omnes v. ex parte steriles; radii fœminei, 1-2-seriati; corollæ ligulatæ tubo gracillimo; limbo brevi latiusculo patente, obtuse v. acutiuscule 2-3-dentato; disci autem hermaphroditi; corollæ tubulosæ longeque ad basin atte-nuatæ limbo 4-lobo. Antheræ basi obtusæ v. vix auriculatæ. Styli florum hermaphroditorum rami breviter v. longe acuteque appendicu-lati; fœmineorum tenuiores recurvi. Fructus radii valde a dorso com-pressi; marginibus aliformibus apice et hinc inde in aristas adscen-dentes productis; disci autem angustiores, valde compressi v. nunc 3-quetri; marginibus nudis, apice 2-aristatis. — Herbæ annuæ sub-glabræ, pubescentes, strigosæ villosulæve; foliis oppositis, petiolatis sæpius inæquidentatis; capitulis sessilibus terminalibus, lateralibus v. axillaribus, glomeratis v. solitariis; involucri bracteis paucis inæ-qualibus; exterioribus 1, 2, majoribus plerumque foliaceis; interio-ribus autem in paleas planas flores subtendentes abeuntibus; rece-ptaculo minuto. (*America, Asia et Africa trop.* [6])

1. Spec. 3, quarum 1 in India aliasque culta. WIGHT, *Ill.*, II, t. 132. — *Bot. Mag.*, t. 1017 (*Verbesina*). — WALP., *Rep.*, II, 610; 611 (*Ves-lingia*); VI, 157.

2. *Nov. gen. et spec.*, IV, 27, t. 312. — LESS., *Syn.*, 150. — DC., *Prodr.*, V, 90. — ENDL., *Gen.*, n. 2236. — B. H., *Gen.*, II, 383, n. 418.

3. Minimi, pallidi.

4. Spec. 1, 2.

5. *Fruct.*, II, 456, t. 171. — L.-C. RICH., in *Pers. Syn.*, II, 472. — CASS., in *Dict.*, LI, 470. — DC., *Prodr.*, V, 629. — ENDL., *Gen.*, n. 2559. — B. H., *Gen.*, II, 383, n. 417. — *Ucacou* ADANS., *Fam. des pl.*, II, 131 (part., additis, ex CASSINI, plantis heterogenis 4).

6. Spec. 2. HOOK., *Exot. Fl.*, t. 60. — GRISEB., *Fl. brit. W.-Ind.*, 377. — WALP., *Rep.*, VI, 171.

291. Calea L.[1] — Flores[2] fertiles, 2-morphi; radii fœminei, 1-seriati (nunc 0); corollæ ligulatæ limbo patente, integro v. 2-4-dentato; disci autem hermaphroditi; corollæ tubulosæ limbo campanulato v. poculiformi, profunde 5-fido. Antheræ basi obtusæ, sagittatæ v. minute dentatæ. Styli florum hermaphroditorum rami longiusculi, apice subtruncati v. breviter conico-appendiculati; fœmineorum angustiores recurvi. Fructus longiusculi, 4-5-angulati; pappi paleis 4-∞, compressis longis acutis rigidis, integris v. apice laceris, nunc brevioribus serrulatis ciliolatisve, rarius 0. — Herbæ, nunc frutescentes v. sæpius frutices, nunc scandentes, glabri v. sæpius scabri villosive; foliis oppositis, integris, dentatis v. nunc pinnatifidis; capitulis[3] terminalibus v. axillaribus solitariis cymosisve, nunc 2-stiche cymosis[4]; receptaculo subplano v. plus minus alte conico, paleis concavis v. complicatis floresque amplectentibus onusto; involucri ovoidei, cylindracei v. subcampanulati bracteis ∞, imbricatis, ∞-seriatis; exterioribus gradatim brevioribus. (*America trop. et subtrop.*[5])

292. Tridax L.[6] — Flores[7] fertiles, 2-morphi; floribus radii fœmineis, nunc 0 (*Marshallia*[8]); corolla ligulata v. sub-2-labiata; disci autem hermaphroditi; corollæ regularis tubulosæ limbo parum ampliato v. anguste campanulato, 5-fido. Antheræ basi sagittata minute auriculatæ v. dentatæ (in floribus radii nunc rudimentariæ cassæ).

1. *Gen.*, n. 941 (part.).—J., *Gen.*,185.— LESS., *Syn.*, 241.— DC., *Prodr.*, V, 671. — ENDL., *Gen.*, n. 2616.— B. H., *Gen.*, II, 390, n. 434. — *Allocarpus* H. B. K., *Nov. gen. et spec.*, IV, 291, t. 405. — DC., *Prodr.*, V, 676. —ENDL., *Gen.*, n. 2617. — *Leontophthalmum* W., in *Ges. Nat. Fr. Berl.* (1807), 140. — *Meyeria* DC., *Prodr.*, V, 679. —ENDL., *Gen.*, n. 2614.— *Lemmatium* DC., *Prodr.*, V, 669. — *Amphicalea* GARDN., in *Hook. Lond. Journ.*, VII, 411. — *Oteiza* LLAV., *Reg. trim. mex.* (1832), 41 (ex DC.). — *Alloispermum* W., *loc. cit.*, 139. — *Mocinna* LAG., *Elench. pl. H. matrit.*, 31. — *Calydermos* LAG., *loc. cit.*, 24. — DC., *Prodr.*, V, 669. — ENDL., *Gen.*, n. 2613.—*Caleacte* R. BR., in *Trans. Linn. Soc.*, XII, 109. — *Calebrachys* CASS., in *Dict.*, LV, 277. — *Tetrachyron* SCHLCHTL, in *Linnœa*, XIX, 744.
2. Flavi (v. purpurascentes?).
3. Parvis v. magnis (*Leontophthalmum*).
4. Exterioribus junioribus.
5. Spec. ad 50. H. B. K., *Nov. gen. et spec.*, IV, t. 405 (*Allocarpus*), 406-408; 409 (*Leontophthalmum*). — DELESS., *Ic. sel.*, IV, t. 44; 46 (*Meyeria*). — WEDD., *Chl. andina*, I, 74 (*Allocarpus*). — WALP., *Rep.*, II, 629; *Ann.*, I., 416 (*Tetrachyron*); II, 880; 882 (*Lemmatium*).
6. *Gen.*, n. 972. — J., *Gen.*, 190. — POIR., in *Lamk Dict.*, VIII, 86. — DC., *Prodr.*, V, 679. — LESS., *Syn.*, 246. — ENDL., *Gen.*, n. 2622. — B. H., *Gen.*, II, 392, n. 438. — *Bartolina* ADANS., *Fam. des plant.* II, 124. — *Balbisia* W., *Spec.*, III, 2214 (nec DC.). — *Ptilostephium* H. B. K., *Nov. gen. et spec.*, IV, 253, t. 387, 388. — DC., *Prodr.*, V, 678. — ENDL., *Gen.*, n. 2621.— *Carphostephium* CASS., in *Dict.*, XLIV, 62. — *Galinsogea* H. B. K., *loc. cit.*, 252, t. 386.— *Sogalgina* CASS., in *Bull. Soc. philom.* (1818), 31; in *Dict.*, XLIX, 397. — DC., *Prodr.*, V, 678. — ENDL., *Gen.*, n. 2620. — *Mandonia* WEDD., in *Bull. Soc. bot. de Fr.*, XI, 50, t. 1 (nec SCH. BIP.).
7. Albi, rosei, purpurascentes, virescentes v. flavidi.
8. SCHREB., *Gen.*, II, 810. — DC., *Prodr.*, V, 680. — ENDL., *Gen.*, n. 2624. — B. H., *Gen.*, II, 392, n. 436. — *Persoonia* MICHX, *Fl. bor.-amer.*, II, 104, t. 43 (nec SM.). — *Trattenikia* PERS., *Syn.*, II, 403. — *Therolepta* RAFIN. (ex TORR. et GR.).

Styli florum hermaphroditorum rami breves v. breviter longeve appendiculati[1]; Fructus obconici v. obpyramidati, 5-goni; pappi paleis 5-∞, brevibus v. plus minus elongatis, ad basin plus minus longe paleaceo-dilatatis, integris, ciliatis, pectinatis v. plumosis, sæpe acuminatis. — Herbæ annuæ v. perennes, glabræ v. varie indutæ; foliis alternis v. oppositis, nunc basi rosulatis; capitulis[2] longe stipitatis, solitariis; involucri campanulati, hemisphærici v. ovoidei, bracteis pauciseriatis, subæqualibus v. æqualibus, herbaceis v. margine membranaceis; receptaculo subplano v. convexo paleis flores hermaphroditos subtendentibus v. rarius amplectentibus onusto[3]. (*America bor. et calid.*[4])

293. Balduina Nutt.[5]—Flores[6] 2-morphi; radii neutri v. steriles; corollæ ligulatæ'limbo longe patente, 2-3-dentato; disci autem hermaphroditi; corollæ tubo latiusculo; limbi parum ampliati lobis 5, nunc ciliolatis. Antheræ basi auriculata acuminatæ v. dentatæ. Styli florum hermaphroditorum rami subulato-appendiculati subpenicillati. Fructus obconici villosi; pappi paleis paucis (3-10) v. ∞, hyalinis, membranaceis v. scariosis, nunc obtusis. — Herbæ virgatæ, glabræ v. scabræ; foliis alternis angustis integris; capitulis stipitatis solitariis v. laxe cymosis; involucri hemisphærici bracteis imbricatis inæqualibus; receptaculo convexiusculo inter flores paleis rigidis v. membranaceis, integris v. nunc 2-3-aristatis, onusto. (*America bor.*[7])

294. Galinsoga R. et Pav.[8] — Flores fertiles, 2-morphi; radii fœminei, 1-seriati; corollæ[9] ligulatæ limbo patente, integro v. 2-3-den-

---

1. Altero nunc abortivo.
2. Majusculis v. parvis.
3. Generis sectio nobis videtur *Blepharipappus* Hook., *Fl. bor.-amer.*, I, 316 (part.). — DC., *Prodr.*, V, 679. — Endl., *Gen.*, n. 2623. — B. H., *Gen.*, II, 392, n. 437. — *Ptilonella* Nutt., in *Trans. Amer. Phil. Soc.*, ser. 2, VII, 387: styli ramis brevibus; pappi paleis (nunc brevibus) paucis v. ∞, pectinato- v. plumoso-ciliatis; *foliis oppositis.* (*Amer. bor.*)
4. Spec. 10, 11, quarum 1, in India et Africa insul. et cont. inquilina. Walt., *Carol.*, 291 (*Athanasia*). — Torr. et Gr., *Fl. N.-Amer.*, II, 390 (*Marshallia*), 391 (*Blepharipappus*). — Reichb., *Icon. exot.*, t. 13 (*Balbisia*). — Sweet, *Brit. fl. Gard.*, t. 56 (*Galinsogea*). — A. Gray, *Man.* (ed. 1856), 224 (*Marshallia*); *Pl. Fendler.*, 104, not. — Turcz., in *Bull. Mosc.*, XXIV (1851), 187. — Chapm., *Fl. S. Unit. St.*, 241 (*Marshallia*).

— *Bot. Mag.*, t. 1895 (*Galinsogea*), 3704 (*Marshallia*). — Walp., *Ann.*, II, 882; V, 238.
5. *Gen. amer.*, II, 175 (nec Rafin.). — DC., *Prodr.*, V, 652. — Less., *Syn.*, 238. — Endl., *Gen.*, n. 2584. — B. H., *Gen.*, II, 391, n. 435. — *Actinospermum* Ell., *Bot. S.-Carol.*, II, 448.
6. Flavi.
7. Spec. 2. Torr. et Gr., *Fl. N.-Amer.*, II, 388, 389. — A. Gray, *Man.* (ed. 1856), 214. — Chapm., *Fl. S. Unit. St.*, 241 (*Actinospermum*).
8. *Prodr. Fl. per.*, 110, t. 24. — Cass., in *Dict.*, XVIII, 96. — DC., *Prodr.*, V, 672. — Endl., *Gen.*, n. 2619. — B. H., *Gen.*, II, 390, n. 433. — *Wiborgia* Roth, *Cat.*, II, 142. — *Vargasia* DC., *Prodr.*, V, 676 (part.). — Deless., *Ic. sel.*, IV, t. 47. — Endl., *Gen.*, n. 2618.
9. Albæ v. lilacinæ.

tato; disci autem hermaphroditi; corollæ[1] regularis limbo plus minus ampliato, 5-fido. Antheræ basi minute auriculatæ. Styli florum hermaphroditorum rami acutati v. acuto-appendiculati; fœmineorum angustiores revoluti. Fructus polymorphi; exteriores compressi; interiores 3-5-angulati; pappi paleis paucis v. ∞, membranaceis v. scariosis, aristatis v. obtusis brevibusque, nunc 0. — Herbæ annuæ, glabræ v. varie pilosæ; foliis oppositis, integris v. dentatis; capitulis terminalibus v. axillaribus stipitatis, solitariis v. laxe cymosis; involucri subhemisphærici v. campanulati bracteis paucis, obtusis, 1-2-seriatis; exterioribus nunc herbaceis. (*America trop. et subtrop.*[2])

295. **Dubautia** GAUDICH.[3] — Flores[4] hermaphroditi fertiles, 1-morphi; corollæ anguste campanulatæ limbo 5-fido, valvato. Antheræ basi obtusæ v. minute auriculatæ. Styli rami breviter v. brevissime conico-appendiculati. Fructus longe obpyramidati, 10-costati; pappi setis ∞, paleaceo-aristatis, ciliatis, laceris v. pectinato-plumosis. — Frutices, nunc hispiduli; ramis nodosis; foliis oppositis, lineari-lanceolatis, integris v. superne serrulatis, rectinerviis, basi dilatata subvaginantibus; capitulis[5] in racemos compositos plus minus dite ramosos, nunc ramosissimos, dispositis; involucri angusti bracteis paucis, 1-seriatis; singulis florem exteriorem subtendentibus. (*Ins. Sandwic.*[6])

296. **Madia** MOLIN[7]. — Flores 2-morphi; radii fertiles, 1-2-seriati; corollæ[8] ligulatæ limbo patente, integro v. 2-3-dentato lobatove; disci autem hermaphroditi fertiles v. sæpius steriles; corollæ[9] tubulosæ limbo parum ampliato, 5-fido v. dentato. Antheræ basi obtusa sæpius integræ. Styli florum hermaphroditorum rami sæpius hirti appendiculati, v. stylus rarius integer. Fructus obovoideo-oblongi, nunc compressi v. striati; pappo 0, v. e paleis paucis laceris constante. —Herbæ

1, Flavæ.
2. Spec. 4, 5. CAV., *Icon.*, t. 281. — REICHB., *Ic. Fl. germ.*, t. 983. — A. GRAY, *Man.* (ed. 1856), 225. — REMY, in *C. Gay Fl. chil.*, IV, 266. — GRISEB., *Fl. brit. W.-Ind.*, 379. — WALP., *Rep.*, VI, 181, 722; *Ann.*, V, 237.
3. In *Freycin. Voy., Bot.*, 469, t. 84. — LESS., *Syn.*, 247. — DC., *Prodr.*, V, 680. — HOOK. et ARN., in *Beech. Voy. Bot.*, 88. — ENDL., *Gen.*, n. 2625. — B. H., *Gen.*, II, 393, n. 439.
4. « Luteo-rosei. »
5. Minutis v. majusculis.
6. Spec. ad 3. A. GRAY, in *Proc. Amer. Acad.*, V, 134.

7. *Chil.*, 113. — CAV., *Icon.*, III, 50, t. 298. — LAMK, *Dict.*, III, 671; Suppl., III, 571. — DC., in *Mém. Gen.*, VII, 277; *Prodr.*, V, 691; VII, 294. — ENDL., *Gen.*, n. 2628. — B. H., *Gen.*, II, 393, n. 442. — *Biotia* CASS., in *Dict. sc. nat.*, XXXIV, 308. — *Madaria* DC., in *Mém. Gen.*, VII, 280; *Pl. rar. Jard. Gen.*, 16; *Prodr.*, V, 691. — ENDL., *Gen.*, n. 2629. — *Madorella* NUTT., in *Trans. Amer. Phil. Soc.*, ser. 2, VII, 387. — *Anisocarpus* NUTT., *loc. cit.*, 388. — *Harpœcarpus* NUTT., *loc. cit.*, 389. — *Amida* NUTT., *loc. cit.*, 390.
8. Flavæ v. rarius albidæ.
9. Flavæ.

perennes v. plerumque annuæ[1]; foliis alternis, integris, v. inferioribus pinnatifidis; capitulis terminalibus v. axillaribus, pedunculatis v. subsessilibus, solitariis v. cymosis; involucri ovoidei, hemisphærici v. campanulati, bracteis 1-2-seriatis; receptaculo plus minus alte convexo, sæpe foveolato v. fimbrilligero, paleisque angustis v. concavis, sæpe hyalinis, flores singulos subtendentibus v. amplectentibus, onusto[2]. (*America bor., imprim. occid.*[3])

297. Argyroxiphium DC.[4] — Flores fertiles, 2-morphi; radii 1-seriati; corollæ[5] ligulatæ limbo 2-3-dentato; disci autem hermaphroditi; corollæ[6] tubulosæ limbo 5-dentato. Antheræ basi integræ. Styli florum hermaphroditorum rami compressiusculi, ad apicem latiores, dorso papillosi, apice obtuso haud v. brevissime appendiculati. Fructus lineares, 3-5-angulati; pappo paleaceo breviter coroniformi v. cupulato et inæquilobato. — Herbæ magnæ crassæ; caule simplici v. parce ramoso; foliis[7] alternis; inferioribus crebris confertis valde elongatis subulatis crassis coriaceis integris dense nitideque argenteo-sericeis; capitulis in racemum simplicem v. compositum ter-

1. Nunc graveolentes.
2. Generis, sensu nostro, sectiones sunt : *Layia* Hook. et Arn., in *Beech. Voy., Bot*, 148 (nec 182). — A. Gray, *Pl. Fendler.*, 103. — DC., *Prodr.*, VII, 294. — Endl., *Gen.*, n. 2622[1]. — *Madaroglossa* DC., *Prodr.*, V, 694. — Endl., *Gen.*, n. 2633. — *Eriopappus* Arn., in *Lindl. Introd. Nat. Syst.*, ed. 2, 443. — *Calliglossa* Hook. et Arn., *loc. cit.*, 356. — *Oxyura* Lindl., in *Bot. Reg.*, t. 1850 (nec DC.). — *Oxyura* DC., *Prodr.*, V, 693; VII, 294. — *Madariopsis* Nutt., *loc. cit.*, 327. — *Tollatia* Endl., *Gen.*, n. 2631. — *Calliachyris* Torr. et Gr., in *Journ. Bost. Soc. Hist.*, V, 110. — *Callichroa* Fisch. et Mey., *Ind. sem. H. petrop.*, II, 31. — DC., *Prodr.*, VII, 294 : fructibus disci fertilibus; pappi paleis v. aristis ∞, nunc 0; involucri bracteis basi dilatato-marginatis, intus plicatis fructusque exteriores involventibus. *Lagophylla* Nutt., in *Trans. Amer. Phil. Soc.*, ser. 2, VII, 390. — B. H., *Gen.*, II, 395, n. 444 : fructibus disci epapposis, sæpius vacuis; involucro *Layiæ*. *Achyrachæna* Schau., *Del. sem. H. vratisl.* (1837), ex *Linnæa*, XII, *Litt. Ber.*, 87. — DC., *Prodr.*, VII, 292. — B. H., *Gen.*, II, 396, n. 446. — *Lepidostephanus* Bartl., *Ind. sem. H. gœtt.* (1837), ex *Linnæa*, XII, *Litt. Ber.*, 82 : involucro fere *Layiæ*; fructibus disci perfectis paleisque obtusis, 2-seriatis, coronatis; exterioribus brevioribus. (*California*). *Hemizonia* DC., *Prodr.*, V, 692. — Endl., *Gen.*, n. 2630. — B. H., *Gen.*, II, 394, n. 443.

— *Osmadenia* Nutt., in *Trans. Amer. Phil. Soc.*, ser. 2, VII, 391. — *Hartmannia* DC., *loc. cit.*, 693. — *Calycadenia* DC., *loc. cit.*, 695 : involucri vix v. haud sulcati bracteis fructus exteriores semi-includentibus; fructibus disci plerumque vacuis; disci paleis nunc aristatis v. 0.
3. Spec. ad 45. Jacq., *H. schœnbr.*, III, t. 302.— Don, in *Sweet fl. Gard.*, ser. 2, t. 373 (*Callichroa*). — Endl., *Iconogr.*, t. 36. — Torr., *Whippl. Exp., Bot.*, 52, t. 16 (*Layia*), 53 (*Hemizonia*). — A. Gray, *Emor. Exp., Bot.*, 100 (*Hemizonia*); in *Proc. Amer. Acad.*, VII, 360 (*Calycadenia*), 548 (*Hemizonia*). — Kell., in *Proc. Acad. sc. calif.*, II, 70, ic. (*Hemizonia*). — Hook., *Icon.*, t. 326 (*Madaroglossa*). — *Bot. Reg.*, t. 1458. — *Bot. Mag.*, t. 2574; 3548 (*Madaria*), 3719 (*Callichroa*). — Walp., *Rep.*, II, 630, 631 (*Madorella, Madaria, Madariopsis, Hemizonia, Tollatia, Hartmannia*), 632 (*Madaroglossa, Callichroa*), 633 (*Osmadenia*), 990 (*Madaria, Hemizonia, Callichroa, Calycadenia*); VI, 182 (*Amida, Lagophylla*), 183 (*Harpœcarpus, Madorella, Madariopsis*); *Ann.*, I, 417 (*Hemizonia, Calliachyris*); II, 883 (*Layophylla, Layia*); V, 238 (*Madaria, Layia*), 239 (*Madaroglossa*).
4. *Prodr.*, V, 668; *Mém. Comp.*, t. 8. — Endl., *Gen.*, n. 2611. — B. H., *Gen.*, II, 393, n. 441. — *Argyrophyton* Hook., *Comp. Bot. Mag.*, II, 163.
5. Flavæ.
6. « Roseo-purpureæ. »
7. Fere *Asteliarum*.

minalem dispositis, stipitatis; involucri late subcampanulati v. poculiformis bracteis herbaceis liberis[1] angustis, 1-seriatis, flores fœmineos foventibus; receptaculi convexi paleis ∞ ; exterioribus circa flores fructusque exteriores plus minus concretis[2]. (*Ins. Sandwic.*[3])

298? Wilkesia A. GRAY[4]. — Flores *Wilkesiæ*, ob ligularum defectum, 1-morphi, hermaphroditi fertiles. Fructus linearis angulatique pappi paleæ ad 8, acutæ v. aristatæ. — Herba ampla crassa (v. frutex?); foliis cæterisque *Argyroxiphii*, margine ciliatis, cæterum glabris v. parce sericeis congesto-subverticillatis; floralibus brevioribus latioribusque; capitulis in racemum laxe compositum dispositis; bracteis circa flores exteriores in involucrum (spurium?) connatis bracteisque extimis liberis haud cinctis[5]. (*Ins. Sandwic.* [6])

299. Melampodium L.[7] — Flores[8] 2-morphi; radii fœminei fertiles, 1-seriati; corollæ ligulatæ limbo patente, integro v. rarius paucidentato; disci autem regulares hermaphroditi steriles; corollæ tubo tenui v. brevi; limbo campanulato, 5-fido. Antheræ basi integra obtusæ v. minute dentatæ. Stylus florum hermaphroditorum indivisus; fœmineorum sæpius 2-ramosus. Fructus fertiles (radii) singuli bractea involucri interiore accreta incrassata glabra v. varie induta arcte involuta[9] inclusi, epapposi. — Herbæ annuæ, perennes v. frutescentes; foliis oppositis, integris, dentatis, incisis v. semel bisve pinnatifidis v. pinnatisectis; capitulis[10] terminalibus v. axillaribus; involucri duplicis bracteis exterioribus paucis herbaceis; interioribus flores radii includentibus[11]. (*America calid. utraque*[12] *contin. et insul.*[13])

1. At indumenti ope plus minus coalitis.
2. Involucrum interius foliaceum gamophyllumque simulantibus.
3. Spec. 2. HOOK., *Icon.*, t. 75. — A. GRAY, in *Proc. Amer. Acad.*, V, 136.
4. In *Proc. Amer. Acad.*, V, 136. — B. H., *Gen.*, II, 393, n. 440.
5. Genus forte, ubi melius notum, ad sectionem *Argyroxiphii* reducendum. Est enim forte in utroque genere involucrum verum gamophyllum homologumque; bracteis exterioribus liberis in *Argyroxiphio* additis, deficientibus autem in *Wilkesia*.
6. Spec. 1. W. *gymnoxiphium* A. GRAY.
7. *Gen.*, n. 989. — J., *Gen.*, 188.— DC., *Prodr.*, V, 518. — ENDL., *Gen.*, n. 2478.— B. H.. *Gen.*, II, 348, n. 330. — *Unxia* L. F., *Suppl.*, 56. — DC., *Prodr.*, V, 212. — *Pronacron* CASS., in *Dict.*, XLIII, 370. — DC., *Prodr.*, V, 508. — *Alcina* CAV., *Icon.*, I, 10, t. 15 (nec TH.). — *Zarabellia* CASS., in *Dict.*, LIX, 240. — *Camu-*

tia BONAT., ex STEUD., *Nom.*, II, 113. — *Dysodium* RICH., in *Pers. Syn.*, II, 489.
8. Flavi.
9. Sæpe pro pericarpio habita.
10. Parvis v. mediocribus.
11. Generis, sensu nostro, sectiones sunt :
Acanthospermum SCHRANK, *Pl. rar. H. monac.*, 53. — DC., *Prodr.*, V, 521. — ENDL., *Gen.*, n. 2479. — *Centrospermum* H. B. K., *Nov. gen. et spec.*, IV, 270, t. 397 (nec SPRENG.). — *Orcya* VELL., *Fl. flum.*, 344; Atl., VIII, t. 83 : bracteis fructus includentibus spinosis v. glochidiato-muricatis.
Lecocarpus DCNE, *Voy. Vénus, Bot.*, 20, t. 14. — B. H., *Gen.*, II, 348, n. 329 : bracteis fructus includentibus obconicis circa os parvum incrassatis; foliis semel v. bis pinnatifidis v. pinnatisectis. (*Ins. Galapagos.*)
12. Unde spec. 1 per orbem veter. inquilina.
13. Spec. ad 20. JACQ. F., *Ecl.*, t. 78 (*Alcina*). — H. B K., *Nov. gen. et spec.*, IV, t. 398, 399.

300. Guardiola H. B. [1] — Flores [2] 2-morphi; radii pauci (1-5); fœminei fertiles; corollæ ligulatæ limbo (nunc parvo) integro, 2-3-lobo v. 2-3-dentato; disci autem hermaphroditi pauci (2-8) steriles; corollæ regularis tubo elongato; limbo cyathiformi, 5-fido. Antheræ basi integræ. Stylus indivisus v. 2-ramosus. Fructus disci tenues vacui; radii autem oblongi, læves v. striati; callo basilari nunc crasso, centrico v. laterali; pappi aristis 2, patentibus v. recurvis sæpiusve 0.—Herbæ glabræ v. scabræ; foliis oppositis, dentatis v. 3-5-sectis; capitulis terminalibus corymbiformi-cymosis, sæpius 2-chotomis; involucri cylindracei bracteis paucis, nunc 2-seriatis, membranaceis; exterioribus nunc brevissimis; receptaculo angusto plano paleisque flores subtendentibus v. amplectentibus onusto [3]. (*America bor. occ.* [4])

301. Chrysogonum L. [5] — Flores [6] 2-morphi; radii fœminei fertiles, 1-seriati; corollæ ligulatæ limbo patente, integro v. 2-3-dentato; disci autem hermaphroditi steriles; corollæ tubulosæ limbo anguste campanulato, 5-fido. Antheræ basi obtusæ v. minute dentatæ. Stylus florum hermaphroditorum indivisus; fœmineorum nunc 2-ramosus. Fructus disci angusti vacui; radii compressi, plani, nunc crassissimi, 3-quetri, sæpe intus 2-3-costati v. carinati; marginibus nunc alatis; pappo parvo disciformi, coroniformi v. dentato, deciduo v. e dentibus aristisve brevibus 2 constante. — Herbæ annuæ, perennes v. suffrutescentes; foliis oppositis, integris, dentatis v. pinnatim dissectis, glabris, scabris v. villosis; capitulis [7] stipitatis, solitariis v. laxe cymosis [8]; involucri ovoidei v. campanulati bracteis paucis sub-2-seriatis, rigidule membranaceis v. herbaceis; receptaculo plano v. convexiusculo, paleis flores hermaphroditos subtendentibus v. amplecten-

— Reichb., *Icon. exot.*, t. 42. — A. Gray, in *Proc. Amer. Acad.*, VIII, 291. — Walp., *Rep.*, II, 605, 976; *Ann.*, II, 849; V, 214.

1. *Pl. æquin.*, I, 143, t. 41. — Cass., in *Dict.*, XX, 12; LIX, 319. — Less., *Syn.*, 419. — DC., *Prodr.*, V, 511. — Endl., *Gen.*, n. 2472. — B. H., *Gen.*, II, 347, n. 327. — *Guardiola* Ste. (ex Endl.). — *Tulocarpus* Hook. et Arn., in *Beech. Voy., Bot.*, 298, t. 63.

2. « Albi. »

3. Generis sectio nobis est *Dicranocarpus* A. Gray, in *Mem. Amer. Acad.*, ser. 2, V, 322; in *Torr. Emor. Exp., Bot.*, 85. — B. H., *Gen.*, II, 347, n. 326: capitulis parvis; fructu 2-cristato v. epapposo; caule annuo; foliis filiformibus, integris v. 3-5-sectis (sectio genus cum Coreopsidibus et Chrysanthellis connectens).

4. Spec. 5. H. B. K., *Nov. gen. et spec.*, IV,

247. — Walp., *Rep.*, VI, 149 (*Tulocarpus*); *Ann.*, V, 212 (*Dicranocarpus*), 213.

5. *Gen.*, n. 988 (nec Bauh.). — Lamk, *Ill.*, t. 713. — DC., *Prodr.*, V, 510. — Endl., *Gen.*, n. 2471. — B. H., *Gen.*, II, 350, n. 334. — *Diotostephus* Cass., in *Dict. sc. nat.*, XLVIII, 543. — *Pentalepis* F. Muell., in *Trans. Bot. Soc. Edinb.*, VII, 496.

6. Flavi.

7. Mediocribus v. parvis.

8. Generis, sensu nostro, sectiones sunt: *Moonia* Arn., in *Nov. Acta. nat. Cur.*, XVIII, 348. — DC., *Prodr.*, VII, 288. — Endl., *Gen.*, n. 2491 [1]: foliis dentatis v. sæpius dissectis (*India or.*). Sectio genus cum *Bidente* nonnihil connectens.

Baltimora L., *Mantiss.*, 158. — Lamk, *Ill.*, t. 709. — Cass., in *Dict.*, XXVII, 283; XLVI,

tibus onusto. (*America trop. et extratrop. utraque, India or.,*
Australia[1].)

. **302. Parthenium** L.[2] — Flores[3] 2-morphi; radii fœminei fertiles,
1-seriati; corollæ ligulatæ tubo brevi, limbo concavo subobcordato,
2-lobo v. dentato; disci autem hermaphroditi v. masculi steriles;
corollæ tubulosæ limbo parum ampliato, 5-dentato. Antheræ sæpe
exsertæ, basi integræ. Stylus florum disci indivisus; fœmineorum autem
sæpius 2-ramosus. Fructus disci tenues vacui; radii dorso compressi,
intus nunc carinati, marginati; marginibus nunc demum solutis; pappi
setis minutis[4]; intermixtis aristis 2, 3, brevibus mollibus v. longiusculis
rigidis (nunc 0). — Herbæ[5], suffrutices v. frutices, sæpe cano-tomentosi; foliis alternis, integris, dentatis v. pinnatisectis, scabris v. subtus
sæpe tomentosis, nunc glabriusculis; capitulis (parvis) in racemum
composito-cymigerum dispositis; involucri hemisphærici v. late campanulati bracteis 2- v. pauciseriatis, imbricatis, obtusis; exterioribus
brevioribus, nunc paucis v. minimis; interioribus autem flores radii
involventibus v. semi-includentibus; omnibus plerumque latiusculis
siccis; receptaculo plus minus convexo v. conico paleisque flores disci
involventibus v. subtendentibus onusto; interioribus autem nunc
minimis[6]. (*America bor. et temp. utraque, Antillæ*[7].)

399, 412. — Endl., *Gen.*, n. 2470. — B. H., *Gen.*,
II, 348, n. 328. — *Fougeria* Mœnch, *Meth.*, 592,
Suppl., 243. — *Fougerouxia* DC., *Prodr.*, V,
509. — *Scolospermum* Less., in *Linnæa*, V, 152,
t. 2; *Syn.*, 219 (ex B. H.). — DC., *Prodr.*, V,
509. — Endl., *Gen.*, n. 2469 : fructu 3-quetro;
pappo cyathiformi brevi deciduo; capitulorum
cymis laxis. (*America trop.*)
(?) *Trigonospermum* Less., *Syn.*, 214; in
Linnæa, IX, 267. — DC., *Prodr.*, V, 508. —
Endl., *Gen.*, n. 2467. — B. H., *Gen.*, II, 346,
n. 322: fructu obovoideo, angulato-striato, epapposo, intra bracteam involucri paleamque interiorem incluso (*Parthenium* unde cum *Parthenice*
connectens); foliis oppositis latis glanduloso-
pubentibus; capitulis parvis laxe cymosis.
(*Mexicum.*)
1. Spec. ad 10. Wight, *Icon.*, t. 1105 (*Moonia*).
— A. Gray, *Man.* (ed. 1856), 209. — Benth.,
Fl. austral., III, 539 (*Moonia*). — Walp., *Ann.*,
I, 413 (*Moonia*); V, 213 (*Baltimora*).
2. *Gen.*, n. 1058. — J., *Gen.*, 191. — Gærtn.,
Fruct., II, 429. — Cass., in *Dict.*, XXXVIII, 14.
— Less., *Syn.*, 319. — DC., *Prodr.*, V, 531. —
Endl., *Gen.*, n. 2489. — B. H., *Gen.*, II, 351,
n. 338. — *Partheniastrum* Nissol., in *Act. Acad.*

Par. (1711). --- *Hysterophorus* Vaill., in *Act.
Acad. Par.* (1720), 335. — *Trichospermum*
P. Beauv. (ex DC.). — *Argyrochæta* Cav., *Ic.*,
IV, 54, t. 878. — *Villanova* Ort., *Dec.*, 47, t. 6
(nec Lag.). — *Bolophyta* Nutt., in *Trans. Amer.
Phil. Soc.*, ser. 2, VII, 347 (species alpina;
caudice crasso denseque cæspitoso).
3. Albi v. flavidi.
4. Nunc fugacibus.
5. Nunc *Ambrosiearum* facie.
6. Generis sectiones nobis sunt :
Aiolotheca DC., *Prodr.*, V, 508. — Endl.,
Gen., n. 2466. — B. H., *Gen.*, II, 339 : foliis
(incanis) indivisis; cymis corymbiformibus; ligulis parvis; fructu villoso, 3-gono; marginibus
haud solutis; pappo 0. (*Mexicum.*)
Parthenice Torr. et Gr., in *Pl. Wright.*, II,
85. — B. H., *Gen.*, II, 352, n. 340 : foliis alternis amplis indivisis; capitulorum cymis laxe
composito-racemosis; fructu obovoideo compresso
epapposo; marginibus haud solutis. (*Mexicum.*)
7. Spec. 7, 8. W., *H. berol.*, t. 4. — H. B. K.,
Nov. gen. et spec., IV, t. 391. — A. Gray, *Man.*
(ed. 1856), 211; in *Emor. Exp., Bot.*, 86. —
Bot. Mag., t. 2275. — Walp., *Rep.*, VI, 151;
Ann., V, 216 (*Parthenice*).

303. Espeletia Mut.[1] — Flores[2] 2-morphi; radii fœminei fertiles,, 1, 2-seriati; corollæ ligulatæ limbo patente, sæpe 2, 3-dentato; disci autem regulares hermaphroditi steriles; corollæ tubulosæ limbo 5-fido. Antheræ basi minute acuminato-auriculatæ. Stylus florum hermaphro- ditorum indivisus. Fructus disci vacui; radii crasse obovoidei, 3-4-goni v. compressiusculi, epapposi. — Herbæ perennes, altissimæ v. humiles,. nunc frutices v. arbores; indumento plerumque denso, tomentoso v. lanato; foliis alternis v. oppositis elongatis integris, sæpe crassis, sub indumento transverse parallele nervosis; capitulis[3] solitariis v. laxe corymbiformi-cymosis; involucri hemisphærici v. late campanulati bracteis inæqualibus, 2-3-seriatim imbricatis; interioribus tenuio- ribus. (*America austr. andina.*[4])

304. Silphium L.[5] — Flores[6] 2-morphi; radii fœminei fertiles, 1-2-seriati; corollæ ligulatæ limbo patente, integro v. paucidentato; disci autem hermaphroditi steriles; corollæ regularis limbo breviter 5-fido v. 5-dentato. Antheræ basi obtusæ integræ v. minute dentatæ. Stylus florum hermaphroditorum indivisus, sæpius papilloso-hirtus; fœmineorum sæpius 2-ramosus. Fructus subteres v. a dorso valde com- pressus v. 3-gonus, marginibus acutus v. alatus, aut inter bracteam subtendentem et paleam interiorem subinclusus basique cum iis plus minus coalitus, aut ab iis liber, epapposus v. setis paucis coronatus.— Herbæ[7] sæpius perennes v. basi radicantes nuncve frutescentes, scabræ[8] v. rarius glabratæ, nunc hirsutæ; foliis alternis, oppositis v. verticillatis, integris, dentatis v. rarius pinnatifidis; capitulis[9] hemisphæricis v. late campanulatis, solitariis v. in cymas corymbiformes, nunc foliatas, dispositis; involucri hemisphærici v. laituscule subcampanulati brac- teis paucis v. ∞; exterioribus nunc paucis herbaceis v. subfoliaceis[10]; receptaculo plano v. convexiusculo bracteis concavis v. complicatis

1. Ex. H. B., *Pl. œquin.*, II, 11, t. 70-72. — DC., *Prodr.*, V, 516. — Endl., *Gen.*, n. 2476. — B. H., *Gen.*, II, 347, n. 324. — *Libanotham- nus* Ernst, in *Vargasia* (1870), 186 (ex B. H.)
2. « Flavi. »
3. Magnis v. mediocribus.
4. Spec. 10, 11. H., *Rel. hist.*, I, 645 (*Trixis*). — H.B.K., *Nov. gen. et spec.*, IV, 280, 289 (*Bailleria*). — DC., *Prodr.*, V, 507, n. 14 (*Cli- badium?*). — Wedd., *Chlor. andin.*, I, 62, t. 15. — *Bot. Mag.*, t. 4480.
5. *Gen.*, n. 986. — J., *Gen.*, 188. — Cass., in *Dict.*, LIX, 319. — Less., *Syn.*, 213. — DC., *Prodr.*, V, 511. — Endl., *Gen.*, n. 2474. — B. H., *Gen.*, II, 350, n. 333.

6. Flavi.
7. Succo nunc resinoso.
8. Basi pilorum nunc cretacea rugosa.
9. Amplis v. mediocribus.
10. Generis forte sectiones (sæpe male limi- tatæ) sunt :
Polymnia L., *Gen.*, n. 987. — DC., *Prodr.*, V, 515. — Gærtn., *Fruct.*, II, 429. — Endl., *Gen.*, n. 2475. — B. H., *Gen.*, II, 346, n. 323. — *Polymniastrum* Lamk., *Ill.*, t. 712. — *Alymnia* Neck., *Elem.*, I, 31 (ex DC.): involucri lati bracteis sæpe foliaceis; fructu obovoideo; caule fruticoso v. arborescente; foliis oppositis, su- perioribus alternis, integris v. lobatis; inflo- rescentia composite cymosa. (*America utraque.*)

flores subtendentibus v. amplectentibus onusto. (*America bor. et austr. occid. extratrop.*[1])

• **305. Ichthyothere** MART.[2] — Flores[3] 2-morphi ; exteriores pauci fœminei fertiles ; corolla tubulosa brevi, inæqui-3-4-dentata v. fida ; disci autem hermaphroditi steriles ; corollæ tubulosæ regularis limbo parum ampliato, 5-dentato. Antheræ basi obtusæ, integræ v. minute dentatæ. Stylus florum hermaphroditorum indivisus. Fructus disci vacui ; exteriores autem crasse obovoidei compressi, costati v. læves, epapposi. — Herbæ v. suffrutices glabri, scabri v. hirsuti ; foliis oppositis, integris v. serrulatis ; capitulis (parvis) stipitatis v. subsessilibus confertocymosis ; involucri subglobosi v. ovoidei bracteis imbricatis pluriseriatis ; interioribus autem in paleas inæquales flores subtendentes cumque iis sæpe cohærentes abeuntibus. (*America trop.*[4])

306? Lagascea CAV.[5] — Flores in capitellis solitarii hermaphroditi fertiles ; corollæ[6] regularis tubo longiusculo ; limbo subcampanulato,

Philoglossa DC., *Prodr.*, V, 567. — DELESS., *Ic. sel.*, IV, t. 33. — ENDL., *Gen.*, n. 2525 : caule decumbente radicante ; foliis oppositis v. nunc subverticillatis ; involucro lato ; floribus radii crebris, 1-2-seriatis ; ligulis angustis ; pappi setis paucis (1-4) v. 0, caducissimis ; capitulis solitariis stipitatis. (*America austr. occid.*)

? *Berlandiera* DC., *Prodr.*, V, 517. — DELESS., *Ic. sel.*, IV, t. 26. — ENDL., *Gen.*, n. 2477. — B. H., *Gen.*, II, 350, n. 335 : fructu a dorso compresso cumque bractea dorsali coalito ; pappo cyathiformi parvo v. breviter 2-aristato ; inflorescentia laxe corymbiformi ; capitulis nunc paucis ; involucri lati bracteis latis obtusis foliaceis ; caule herbaceo v. suffruticoso ; foliis alternis, crenatis v. pinnatifidis. (*Mexicum.*)

Engelmannia TORR. et GR., *Fl. N.-Amer.*, II, 283 (nec KL., nec PFEIFF.). — B. H., *Gen.*, II, 351, n. 337. — *Angelandra* ENDL., *Gen.*, Suppl., III, 69 (nec KL.) : caule herbaceo ; foliis alternis, pinnatilobis v. pinnatisectis ; capitulis mediocribus ; inflorescentia laxe cymosa ; bracteis involucri angustioribus ; fructu minute 2-∞-paleaceo v. aristato. Cætera *Berlandieræ*. (*Texas.*)

Lindheimera A. GRAY et ENGELM., in *Journ. Bot. Nat. Hist. Soc.*, VI, 225. — B. H., *Gen.*, II, 351, n. 336 : caule herbaceo ; foliis alternis inæquidentatis v. subintegris ; cymis corymbiformibus ; fructu compresso, lateraliter alato ; alis breviter dentatis v. aristatis. (*Texas.*)

? *Schizoptera* TURCZ., in *Bull. Mosc.* (1851), I, 181. — B. H., *Gen.*, II, 349, n. 332 : fructu a bractea libero, alis laceris et in dentes v. aristas breves productis aucto ; caule herbaceo (?) ra-

moso (*Baltimoræ* habitu) ; foliis oppositis indivisis ; capitulis inter folia floralia cymosis (parvulis) ; involucri subcampanulati bracteis paucis sub-2-seriatis. (*Ecuador.*)

1. Spec. ad 33. JACQ., *H. vindob.*, I, t. 43. — JACQ. F., *Ecl.*, t. 90. — CAV., *Icon.*, t. 227 (*Polymnia*). — POEPP. et ENDL., *Nov. gen. et spec.*, t. 254 (*Polymnia*). — TORR. et GR., *Fl. N.-Amer.*, II, 275 ; 280 (*Berlandiera*). — A. GRAY, *Man.* (ed. 1856), 209. — CHAPM., *Fl. S. Unit. St.*, 220. — TORR., in *Marc. Exp.*, *Bot.*, t. 11 (*Engelmannia*). — *Bot. Mag.*, t. 3354 3355. — WALP., *Rep.*, II, 604 ; 505 (*Polymnia, Berlandiera*), 975 ; 976 (*Angelandra*) ; VI, 149 (*Engelmannia*), 721 ; *Ann.*, I, 412 ; II, 849 (*Lindheimera, Angelandra*) ; V, 210 ; 214 (*Angelandra*).

2. *Arzneipfl.*, 27. — DC., *Prodr.*, V, 504. — ENDL., *Gen.*, n. 2461. — B. H., *Gen.*, II, 346, n. 321. — *Latreillea* DC., *loc. cit.* — *Torrentia* VELL., *Fl. flum.*, Atl., VIII, t. 149.

3. « Albidi v. flavicantes. »

4. Spec. ad 8. POEPP. et ENDL., *Nov. gen. et spec.*, t. 252 (*Latreillea*). — MORIC., *Pl. nouv. Amér.*, t. 89. — FIELD, *Sert. plant.*, t. 8, 9. — WALP., *Rep.*, II, 603 (*Latreillea*) ; VI, 148 ; *Ann.*, I, 412.

5. In *Ann. cienc. nat.*, VII, 333, t. 44 (*Lagasca*). — POIR., *Dict.*, Suppl., III, 234 (*Lagasca*). — DC., *Prodr.*, V, 91. — ENDL., *Gen.*, n. 2237. — B. H., *Gen.*, II, 342, n. 309. — *Nocceæ* JACQ., *Fragm.*, 58, t. 85. — *Nocca* CAV., *Icon.*, III, 12, t. 224.

6. Flavæ, rubræ v. albæ ; nervis nunc violaceis.

5-fido. Antheræ basi obtusata subsagittatæ. Styli (basi repente attenuati ibique disco epigyno cincti) rami 2, elongati hirti, apice acutiusculi, demum revoluti[1]. — Fructus obpyramidato-2-3-queter, apice annulato-denticulatus v. breviter ad angulos 2-3-aristatus. — Herbæ v. frutices, scabri v. molliter pilosi, nunc glutinosi; foliis oppositis, v. superioribus alternis, integris v. dentatis; capitellis in capitula subglobosa v. hemisphærica, solitaria v. corymbiformi-cymosa stipitataque et foliis paucis involucrata, dispositis; involucelli proprii bracteis 4, 5, plus minus alte in calycem spurium connatis[2]. (*America calid. utraque*[3].)

307. Milleria L.[4] — Flores[5] 2-morphi; radii 1, v. rarius 2, fœminei fertiles; corollæ ligulatæ limbo 3-dentato v. 3-fido; disci autem pauci (3-6) fœminei steriles; corollæ regularis tubo brevi; limbo campanulato, 5-dentato. Antheræ basi auriculata minute 2-dentatæ; connectivo apice obtusiusculo. Stylus florum hermaphroditorum indivisus columnaris; fœmineorum autem 2-ramosus. Fructus sæpius in involucro aucto solitarius obovoideus compressus glaber striatus, epapposus. — Herba ramosa puberula; foliis oppositis membranaceis dentatis; petiolo plus minus late alato; capitulis[6] in cymas laxas, 2-chotomas v. 1-paras, dispositis; involucri inæquali-subglobosi bracteis paucis inæqualibus; exterioribus 2, majoribus, quarum 1 latior concavaque, demum accreta carnosulaque; lateralibus autem 2, 3, multo minoribus membranaceis, nunc in paleas paucas lineares inter flores erectas abeuntibus. (*America trop. occ. utraque*[7].)

308. Tetranthus Sw.[8] — Flores[9] in capitulis 4 (v. rarius 5); corolla in omnibus eadem tubulosa; limbo anguste campanulato, 5-dentato[10]. Stamina in floribus omnibus 5; antheris basi obtusis v. minute dentatis. Germen in floribus 2 (v. nunc in omnibus) fertile; in

---

1. Ovulum manifeste excentricum.
2. Genus in serie anomalum, *Vernonieas* nonnihil referens.
3. Spec. 6, 7. H. B. K., *Nov. gen. et spec.*, IV, t. 111. — Desvx, *Journ. Bot.*, I, t. 2. — Sweet, *Brit. fl. Gard.*, t. 215 (*Nocea*). — Seem., *Her. Bot.*, 298. — *Bot. Mag.*, t. 1804. — Walp., *Rep.*, VI, 102.
4. *Gen.*, n. 985 (part.). — J., *Gen.*, 187. — Lamk, *Ill.*, t. 710. — Gærtn., *Fruct.*, II, 423, t. 168, f. 5. — DC., *Prodr.*, V, 503. — Endl., *Gen.*, n. 2458. — B. H., *Gen.*, II, 344, n. 316.

5. Flavi.
6. Minuti.
7. Spec. 1. *M. quinqueflora* L., *Spec.*, 1301. — *M. dichotoma* Cav., *Icon.*, I, 58, t. 82. — Mart., *Cent.*, t. 41. — *M. maculata* Mill., *Dict.*, n. 2.
8. *Prodr.*, 116; *Fl. ind. occ.*, 1385, t. 27. — DC., *Prodr.*, V, 528. — Deless., *Ic. sel.*, IV, 12, t. 27, II. — Endl., *Gen.*, n. 2484. — B. H., *Gen.*, II, 343, n. 312.
9. Minuti, albidi.
10. In flore fœmineo « nunc ligulato ».

cæteris autem effœtum; styli ramis breviter acutato-hirto-appendicu-
latis, demum recurvis. Fructus oblongi; pappo brevi coroniformi
inæquali-ciliato-dentato. — Herbæ humiles repentes, glabræ v. varie
.pilosæ; foliis oppositis petiolatis; capitulis[1] in summo pedunculo axillari filiformi solitariis; involucri subcampanulati bracteis imbricatis,
2-seriatis; interioribus 4 (v. rarius 5), elongatis concavis floresque
singulos involventibus; exterioribus autem numerosioribus (6-8) minimis et inæqualibus. (*Hispaniola*[2].)

309. **Pinillosia** Ossa[3]. — Flores fere *Tetranthi*, in capitulis singulis 4; radii fœminei 2; corolla 0; disci autem masculi 2, cum fœmineis alternantes; corolla regulari. Styli floris utriusque rami 2. Fructus
obovoidei v. elongati; pappi aristis paucis, plerumque retrorsum aculeatis capitellatisque, nunc deciduis. Cætera *Tetranthi*. — Herbæ humiles cæspitosæ repentesve; foliis basilaribus v. altius insertis oppositis;
capitulis[4] insummo scapo v. pedunculo filiformi solitariis; receptaculo
minuto; involucri bracteis sæpius 6, quarum 2 latiores membra-
naceæ, quibus flores fœminei axillares; angustiores autem 2, cum præcedentibus alternantes, quibus flores masculi axillares, et hisce infra
positæ 2, exteriores minimæ sterilesque[5]. (*Cuba*[6].)

310. **Clibadium** L.[7] — Flores[8] 2-morphi; exteriores pauci (1-3)
v. sæpius ∞, 1-2-seriati, fœminei fertiles; corollæ tubulosæ tenuis
limbo parum dilatato, plerumque inæquali-2-3-dentato; disci autem
pauci v. 1, sæpiusve ∞, hermaphroditi steriles; corollæ regularis tubo
sæpe tenui; limbo subcampanulato, 4-5-fido v. dentato. Antheræ basi
auriculata integræ v. minute dentatæ. Stylus florum hermaphroditorum
plerumque indivisus; fœmineorum autem plus minus alte 2-ramosus.
Fructus disci steriles elongati v. abortivi; radii autem obovoidei v. compressi, teretes v. pauci angulati, epapposi. — Herbæ v. suffrutices,
sæpius scabri villosive; foliis oppositis, petiolatis, integris v. dentatis,
sæpe rugosis; capitulis (parvis) pauci- v. ∞-floris in racemos corymbiformes plus minus ramosos v. nunc contractos dispositis; involucri

1. Parvis.
2. Spec. 2 (v. 3 ?).
3. Ex DC., *Prodr.*, V, 528 — DELESS., *Ic. sel.*, IV, t. 27. — ENDL., *Gen.*, n. 2483. — B. H., *Gen.*, II, 342, n. 311.
4. Minutis.
5. Melius forte *Tetranthi* sectio; floribus fœmi-neis apetalis.

6. Spec. 2, 3. GRISEB., *Cat. pl. cub.*, 153.
7. *Mantiss.*, 161. — DC., *Prodr.*, V, 505. — ENDL., *Gen.*, n. 2462. — B. H., *Gen.*, II, 345, n. 320. — *Baillieria* AUBL., *Guian.*, II, 804, t. 317. — *Trixis* SW., *Fl. ind. occ.*, 1374, t. 26 (nec L.). — *Oswalda* CASS., in *Dict.*, LIX, 322. — *Orsinia* DC., *Prodr.*, V, 104.
8. Albidi v. flavidi.

ovoidei, subglobosi v. subcampanulati, bracteis paucis concavis, inæqualibus, imbricatis; receptaculo parvo nudo v. inter flores paleaceo[1]. (*America trop. utraque*[2].)

311. Heptanthus GRISEB.[3] — Flores fere *Heptanthi*, 2-morphi; radii fœminei fertiles; corollæ ligulatæ limbo brevi, 2-3-dentato; disci autem hermaphroditi steriles; corollæ subregularis limbo campanulato, 5-mero. Antheræ basi obtusæ. Stylus florum disci indivisus; radii autem 2-ramosus. Fructus longiuscule obconici; pappo coroniformi ciliato brevi v. 0. — Herbæ perennes cæspitosæ; caule brevissimo; foliis basilaribus rosulatis petiolatis, orbicularibus, ovatis v. cordatis, integris v. dentatis; capitulis paucifloris insummo pedunculo filiformi solitariis; involucri obconici bracteis 4-6, subæqualibus herbaceis; floribus fœmineis paucissimis; receptaculo minuto nudo. (*Cuba*[4].)

312. Elvira CASS.[5] — Flores[6] fere *Clibadii*, 2-morphi, pauci (3-8, v. nunc 2); radii 1-3, fœminei fertiles; corollæ ligulatæ tubo tenui; limbo parvo patente, integro v. paucidentato; disci autem 1-5, hermaphroditi steriles; corollæ tubulosæ limbo anguste campanulato, 5-fido. Antheræ basi integræ. Styli cæteraque *Clibadii*. — Herbæ scabræ, sæpius annuæ ramosæque; foliis oppositis, integris v. minute dentatis; capitulis in cymas plus minus contractas, axillares v. terminales, dispositis; involucri bracteis paucis; exterioribus 1-3, herbaceis membranaceis, majoribus inæquali-accretis reticulato-venosis, spurie samaroi-

---

1. Generis, nostro sensu, sectiones sunt : *Desmanthodium* BENTH., in *Hook. Icon.*, t. 1116; *Gen.*, II, 345, n. 319: floribus fœmineis 1-3; hermaphroditis ∞; capitulis sessilibus in cymas corymbiformes dispositis. (*Mexicum.*) *Riencourtia* CASS., in *Bull. Soc. philom.* (1818), 76; in *Dict.*, XLV, 406. — DC., *Prodr.*, V, 503. — ENDL., *Gen.*, n. 2459. — B. H., *Gen.*, II, 345, n. 318: inflorescentiis terminalibus contractis spurie capitatis; involucri oblongi bracteis 4, decussatis; flore fœmineo sæpius 1; hermaphroditis paucis (*Brasilia, Guiana*). Sectio genus cum *Elvira* connectens. — ? *Pontesia* VELL., *Fl. flum.*, Atl., VIII, t. 147, (ex B. H.). *Lantanopsis* WRIGHT, in *Griseb. Pl. Wright.* (in *Mem. Amer. Acad.*, ser. 2, VIII, 513). — B. H., *Gen.*, II, 344, n. 314 : involucri longe ovoidei bracteis ad 4; flore fœmineo 1; hermaphrodito 1; capitulis (minutis) in cymas terminales confertis. (*Hispaniola, Cuba*.) *Stachycephalum* SCH. BIP., ex BENTH., in *Hook. Icon.*, t. 1102; *Gen.*, II, 344, n. 315 : floribus fœmineis 1, 2; hermaphroditis paucis (3, 4);

capitulis in cymas densas dispositis; involucri ovoidei bracteis 3, 4, tenuiter membranaceis; una majore fructum involvente; receptaculo angusto nudo (*Mexicum*). Sectio genus cum *Milleria* connectens. *Clibadii* species et nonnullæ ad *Ichthyotheren* accedunt.

2. Spec. ad 25. BALB., in *Pl. rar. H. taur.*, t. 6 (*Eupatorium*). — PŒPP. et ENDL... *Nov. gen. et spec.*, t. 253. — WAWR., in *Maxim. Reis.*, *Bot.*, t. 81. — GRISEB., *Fl. brit. W.-Ind.*, 367; *Symb. Fl. argent.*, 188. — WALP, *Rep.*, VI, 148; *Ann.*, II, 847 (*Riencourtia*); V, 212.

3. *Cat. pl. cub.*, 148. — B. H., *Gen.*, II, 342, n. 310.

4. Spec. 2, 3.

5. In *Dict.*, XXX, 67. — DC., *Prodr.*, V, 503. — ENDL., *Gen.*, n. 2457. — B. H., *Gen.*, II, 343, n. 313. — *Maratia* CASS., *loc. cit.*, 65. — *Delilia* SPRENG., *Syst.*, III, 367. — *Desmocephalus* HOOK. F., in *Trans. Linn. Soc.*, XX, 208. — *Microcœcia* HOOK. F., in *Journ. Linn. Soc.*, XXVIII, 278; *loc. cit.*, 209.

6. Albidi (?) v. flavi.

deis; interioribus autem 2-4, minoribus v. minimis; receptaculo parvo nudoque. (*America trop. utraque contin. et ins. occ.*[1])

. **313? Sheareria** LE MOORE[2]. — Flores[3] pauci, 2-morphi; radii 2-4, fœminei fertiles; corollæ ligulatæ limbo subintegro; disci autem 1-3, hermaphroditi steriles; corollæ tubulosæ limbo 5-fido. Antheræ basi obtusæ. Styli florum utriusque sexus rami breves, v. fœmineorum stylus indivisus. Fructus oblongi, 3-angulato-subalati; pappo 0. — Herbæ annuæ tenues glabræ; foliis alternis parvis angustis; capitulis[4] terminalibus v. axillaribus stipitatis solitariis; involucri bracteis paucis inæqualibus imbricatis; receptaculo subplano angusto nudo. (*China.*[5])

314. Adenocaulon HOOK.[6] — Flores 2-morphi; radii ∞, nunc pauci fœminei fertiles; corollæ limbo campanulato subirregulari, 4-5-partito; disci autem ∞, hermaphroditi steriles; corollæ limbo regulari, 5-fido. Antheræ (in flore fœmineo nunc rudimentariæ) basi obtusæ v. minute dentatæ. Styli florum omnium apice obtuso brevissime 2-lobi, v. hermaphroditorum stylus indivisus. Fructus disci abortivi; radii autem obovoidei stipitato- v. capitato-glandulosi, epapposi. — Herbæ annuæ v. perennes, undique v. partim stipitato-glandulosæ; foliis alternis; inferioribus petiolatis, subtus tomentosis[7]; capitulis[8] in racemum plus minus ramosum cymigerumque dispositis; involucri late campanulati v. subhemisphærici bracteis paucis (5, 6) subæqualibus; receptaculo subplano nudo. (*America bor., Chili, Himalaya, Japonia*[9].)

315. Podanthus LAGASC.[10] —Flores[11] diœci; corolla regulari, masculorum tenuiter tubulosa; limbo oblongo, 5-fido; fœmineorum campanulata, 5-loba; tubo brevissimo. Antheræ basi obtusiusculæ, in floribus fœmineis rudimentariæ, parvæ v. cassæ. Styli (basi disco cylindrico cincti) rami 2 (v. rarius 3), acutiusculi v. obtusi, nunc dilatato-

---

1. Spec. 3, L., *H. Cliffort.*, t. 25 (*Milleria*). — WALP., *Rep.*, VI, 310 (*Desmocephalum*), 311 (*Microcœcia*).

2. In *Trim. Journ. Bot.* (1875), IV, 227, t. 165. — B. H., *Gen.*, II, 1234, n. 317 *a*.

3. Minuti, albidi.

4. Minimis.

5. Spec. 1, v. ? 2, (incl. *S. Polii* FRANCH.).

6. *Bot. Misc.*, I, 19, t. 15. — DC., *Prodr.*, V, 207. — ENDL., *Gen.*, n. 2287. — B. H., *Gen.*, II, 344, n. 317.

7. *Cinerariarum* nonnullarum.

8. Parvis v. minutis.

9. Spec. 3, 4. HOOK., *Fl. bor.-amer.*, I, 308. — LESS., in *Linnæa*, VI, 107. — WALP., *Rep.*, II, 557; VI, 716; *Ann.*, V, 149.

10. *Nov. gen.*, 24.— LESS., *Syn.*, 216. — DC. *Prodr.*, V, 501. — B. H., *Gen.*, II, 356, n. 351. — *Euxenia* CHAM., in *Hor. phys. berol.*, 75, t. 16. — CASS., in *Dict.*, XXV, 446. — ENDL., *Gen.*, n. 2454.

11. Flavidi.

rotundati. Fructus compresso-4-gonus, basi attenuatus pappoque annulari denticulato coronatus v. nunc calvus. — Frutices ramosi, puberuli v. scabri resinosique; foliis oppositis, integris v. dentatis; capitulis stipitatis terminalibus v. axillaribus, globosis, ∞-floris; involucri bracteis paucis, 1-2-seriatis; receptaculo convexo v. subgloboso paleisque concavis flores amplectentibus v. subtendentibus onusto. (*Chili*[1].)

316? Astemma LESS.[2] — Flores[3] dioeci; masculi...?; fœmineorum corolla tubulosa; limbi regularis campanulati lobis 5; antheris sterilibus cassis parvis liberis. Styli rami breves subulati recurvi. Fructus (immaturus) elongatus vacuus, epapposus. — Arbor ramosa; foliis[4] alternis, remote denticulatis puberulis, subtriplinerviis; capitulis fœmineis (8-15 floris) angustis, in cymas dense corymbiformes dispositis; involucri angusti bracteis paucis elongatis, imbricatis; receptaculo angusto paleis complicatis floresque amplectentibus onusto[5]. (*And. ecuador*[7].)

317. Laxmannia FORST.[7] — Flores[8] dioeci; corolla omnium regulari; tubo tenuiusculo; limbi lobis 4, angustis acutis. Antheræ in flore masculo fertiles, basi breviter dentatæ; in fœmineo steriles parvæ liberæ. Styli basi disco cylindrico crasso cincti in flore masculo rami elongato-lanceolati compressiusculi; in fœmineo autem latiores. Fructus plantæ masculæ angusti vacui; fœmineæ autem lineares, scabri lateraliter compressi v. 3-goni; pappi paleis ad angulos 2, 3, subulatis compressiusculis. — Arbor demum glabrata; innovationibus puberulis; foliis oppositis penninerviis dentatis; capitulis laxe corymbiformi-cymosis, sæpe foliatis; involucri campanulati bracteis paucis, 1-3-seriatis; receptaculo angusto plano paleisque concavis flores subtendentibus onusto. (*Ins. S. Helenæ*[9].)

1. Spec. 2. REMY, in *C. Gay Fl. chil.*, IV, 295 (*Euxenia*).
2. *Syn.*, 216 (nec ENDL.). — DC., *Prodr.*, V, 502. — ENDL., *Gen.*, n. 2456. — B. H., *Gen.*, II, 356, n. 352.
3. « Albi. »
4. Fere *Clibadii*.
5. An hujus loci?
6. Spec. 1. *A. dubium* LESS. — *Monactis dubia* H. B. K., *Nov. gen. et spec.*, IV, 287.
7. *Char. gen.* (1776), 94, t. 47 (nec GMEL., nec SCHREB., nec SM., nec FISCH., nec R. BR.).

— POIR., in *Lamk Dict.*, Suppl., III, 326. — *Petrobium* R. BR., in *Trans. Linn. Soc.*, XII, 113. — DC., *Prodr.*, V, 501. — ENDL., *Gen*, n. 2455. — B. H., *Gen.*, II, 355, n. 350.
8. « Flavi. »
9. Spec. 1. *L. arborea* FORST. — *Spilanthus pseudogummifera* FORST., herb. — *S. arboreus* G. FORST., in *Comm. gœtt.*, IX, 66. — *S. tetrandra* ROXB., in *Beals. App.*, 325. — *Bidens arborea* ROXB., *loc. cit.*, 301. — *Drimyphyllum arboreum* BURCH., herb. — *Petrobium arboreum* R. BR., *loc. cit.*

318. Helenium L.[1] — Flores[2] 2-morphi; radii fœminei fertiles v. steriles, 1-seriati, nunc 0; corollæ ligulatæ limbo patente, sæpius elongato-cuneato, 3-5-dentato v. 3-5-fido lobatove; disci autem hermaphroditi fertiles; corollæ tubulosæ limbo ampliato, 4-5-dentato v. 4-5-fido, valvato. Antheræ basi parce auriculata sagittatæ. Styli florum hermaphroditorum rami apice truncato leviter dilatati; fœmineorum paulo angustiores recurvi. Fructus obconicus v. obpyramidatus, costatus, subglaber v. sericeus; pappi paleis paucis (4-8) acutatis, acuminatis v. obtusiusculis, dentatis v. ciliatis, membranaceis hyalinis. — Herbæ sæpius perennes, glabræ, puberulæ, scabræ v. superne sericeæ; foliis alternis, integris v. paucidentatis, sæpe decurrentibus; capitulis[3] stipitatis, solitariis v. paucis-∞, laxe corymbiformicymosis; involucri lati patentis bracteis 1- 2-seriatis, sæpe 2-morphis; exterioribus (nunc basi connatis) angustioribus herbaceis, nunc demum reflexis; interioribus autem latioribus, membranaceis v. hyalinis, nunc minutis v. 0; receptaculo convexo, demum plus minus alte oblongo v. globoso, epaleaceo. (*America utraque extratrop.*[4])

319. Gaillardia Foug.[5] — Flores sæpius 2-morphi; radii fœminei v. rarius hermaphroditi fertiles (nunc neutri v. 0); corollæ[6] ligulatæ limbo patente, 3-5-dentato, 3-5-fido v. nunc inæqui-aucto; disci autem hermaphroditi fertiles (nunc 0); corollæ[7] regularis tubo tenui v. brevi; limbo cylindraceo plus minus ampliato, 5-fido v. 5-dentato. Antheræ basi sagittatæ, integræ v. mucronatæ. Styli florum fœmineorum rami breviter v. longe hirto-appendiculati. Fructus oblongo-obconici, sæpe villosi; radii nunc minores vacuive; pappi paleis paucis (5-15) hyalinis

---

1. *Gen.*, n. 961. — Gærtn., *Fruct.*, II, 438. — DC., *Prodr.*, V, 667. — Cass., in *Dict.*, LV, 262. — Endl., *Gen.*, n. 2603. — *Brassavola* Adans., *Fam. des pl.*, II, 127 (ex Endl.). — *Tetrodus* Cass., in *Dict.*, LV, 264, 272. — *Mesodetra* Rafin., *Fl. ludov.*, 141. — *Dugaldia* Cass., in *Dict.*, LV, 270. — *Oxylepis* Benth., *Pl. Hartweg.*, 87. — *Leptopoda* Nutt., *Gen. pl. n. amer.*, II, 174. — DC., *Prodr.*, V, 653. — *Ambliolepis* DC., *Prodr.*, V, 667. — *Espeletiopsis* Sch. bip., herb.

2. Flavi.

3. Magnis v. mediocribus.

4. Spec. ad 15. Jacq., *Ic. rar.*, t. 593 (*Rudbeckia*). — Lamk, *Ill.*, t. 688; in *Journ. H. nat.*, II, t. 35. — H. B. K., *Nov. gen. et spec.*, IV, 297, t. 410 (*Actinea*). — Labill., in *Act. Soc. Hist. nat. Par.*, I, t. 4. — Torr., in *Whippl. Exp.*, *Bot.*, 51. — A. Gray, *Man.* (1856), 223; in *Proc. Acad. Philad.* (1863), 65; in *Proc. Amer. Acad.*,

VII, 358. — Chapm., *Fl. S. Un. it St.*, 239. — *Bot. Reg.*, t. 598. — *Bot. Mag.*, t. 2994. — Walp., *Rep.*, II, 625 (*Leptopoda*), 628, 988 (*Leptopoda*), 990; VI, 175 (*Oxylepis*), 180; *Ann.*, V, 237.

5. In *Mém. Acad. sc. Par.* (1786), 1, 6 (*Gaillarda*). — Cass., in *Dict.*, XVIII, 17; LV, 264. — DC., *Prodr.*, V, 651. — Endl., *Gen.*, n. 2583. — *Galardia* Lamk, *Dict.*, II, 285; Suppl., II, 6!!5; *Ill.*, t. 708. — Less., *Syn.*, 237. — *Calonnea* Buch., *Ic.* (1786), t. 126. — *Virgilia Diss.* (ex DC.). — *Galordia* Reusch., *Nom.*, 251. — *Guntheria* Spreng., *Syst.*, III, 356. — *Cercostylos* Less., *Syn.*, 239. — *Polypteris* Less., in *Linnæa* VI, 218 (nec Nutt.). — *Agassizia* A. Gray et Engelm., in *Journ. Bost. Soc. Nat. Hist.*, VI, 229.

6. Flavæ, albæ (?), purpureæ, violaceæ vel 2-coloris.

7. Flavæ, purpurascentis v. fuscatæ, sæpius hirsutæ, villosæ v. resinoso-punctatæ.

lanceolatis, acuminatis, aristatis v. rarius obtusis.—Herbæ, nunc basi
lignosæ, sæpe villosæ; foliis alternis v. basilaribus rosulatis, integris,
dentatis v. pinnatifidis; capitulis[1] stipitatis; involucri lati v. hemisphærici bracteis 2-3-seriatis, herbaceis v. margine scariosis, appressis
v. reflexis; receptaculo hemisphærico v. varie convexo, nudo v. nunc
inter flores rigide setoso[2]. (*America utraque extratrop.*[3])

320? **Psathyrotes** A. GRAY[4]. — Flores[5] hermaphroditi fertiles,
1-morphi; corollæ tubulosæ limbo elongato cylindraceo, apice sæpe
villoso v. glanduloso, 5-fido. Antheræ basi minute sagittato-auriculatæ.
Styli rami apice obtusi, truncati v. vix appendiculati. Fructus oblongo-
obconici v. obpyramidati sericei; pappi setis ∞, inæqualibus hyalinis
v. rarius paleaceis et in setas crebras fissis.—Herbæ humiles ramosæ,
tomentosæ, lanatæ v. glandulosæ; foliis alternis, integris, angulatis
v. incisis; capitulis[6] stipitatis, solitariis v. cymosis; pedunculis nunc
brevissimis paucis in cymas foliatas dispositis[7]. (*America bor. occ.*[8])

321. **Flaveria** J.[9] — Flores[10] fertiles, 2-morphi; fœmineus 1,

1. Magnis, majusculis v. mediocribus, sæpe
speciosis.
2. Generis sectiones, sensu nostro, sunt :
Actinella NUTT., *Gen. pl. amer.*, II, 173 (nec
PERS.). — B. H., *Gen.*, II, 414, n. 503. — *Pi-
craerdenia* HOOK., *Fl. bor.-am.*, I, 317, t. 108.—
DC., *Prodr.*, V, 665. — *Phileozera* BUCKL., in
Proc. Acad. Philad. (1861), 459 : foliis basilaribus
v. alternis, integris v. lobatis; involucri late
hemisphærici bracteis appressis; floribus omnibus fertilibus; styli florum hermaphroditorum
ramis truncatis penicillatisque; pappi paleis lan-
ceolato-aristatis 5-12. (*America bor.*)
Cephalophora CAV., *Icon.*, VI, 79, t. 599. —
DC., *Prodr.*, V, 662. — ENDL., *Gen.*, n. 2599.
— B. H., *Gen.*, II, 413, n. 500. — *Actinea* J.,
in *Ann. Mus.*, II, 425, t. 61. — *Græmia* HOOK.,
Exot. Fl., t. 189 : floribus 1-2-morphis (radio
nunc 0); ligulis 3-fidis; capitulis fructiferis
globosis; foliis alternis, integris, dentatis v.
pinnatifidis; involucro subhemisphærico. (*America austr. extratrop.*)*
Hymenoxys CASS., in *Dict.*, LV, 278. — DC.,
Prodr., V, 661. — DELESS., *Ic. sel.*, IV, t. 42.
— B. H., *Gen.*, II, 415, n. 504. — A. GRAY, in
Proc. Amer. Acad., XIII (1878), 375.
3. Spec. ad 22 HOOK., *Icon.*, t. 146 (*Hyme-
noxis*). — TORR. et GR., *Fl. N.-Amer.*, II, 381
(*Actinella*). — TORR., in *Whippl. Exp., Bot.*,
51 (*Actinella*). — SWEET, *Brit. flow. Gard.*,
ser. 2, t. 267. — DC., *Prodr.*, VII, 293, n. 5
(*Hymenoxys*). — H. B. K., *Nov. gen. et spec.*,
IV, t. 411 (*Actinea*). — KN. et WESTC., *Fl. Cab.*,
t. 27. — PHIL., *Fl. atacam.*, 34; in *Linnæa*,

XXIX, 7; XXXIII, 169 (*Cephalophora*).—A. GRAY,
Chl. bor.-amer., in *Mem. Amer. Acad.*, ser. 2,
III, t. 4; in *Proc. Amer. Acad.*, VII, 359 (*Actinella*). — *Bot. Reg.*, t. 1186. — *Bot. Mag.*,
t. 1602, 2940, 3368, 3551, 6081. — WALP., *Rep.*,
II, 624; 627 (*Cephalophora*), 988; VI, 177, n. 1
(*Hymenoxys*), 179 (*Actinella*); *Ann.*, I, 416
(*Cephalophora*); II, 874; 878 (*Actinella*); V,
236 (*Actinella*). — *Actinella* PERS. (nec NUTT.), ad
Cephalophoram nonnunquam relata, est verisimiliter (A. GRAY) *Helenium*.
4. *Pl. Wright.*, II, 100, t. 13. — B. H., *Gen.*,
II, 415, n. 506.
5. Flavi (v. albi?).
6. Mediocribus v. parvis.
7. Generis sectio videtur anomala *Trichopti-
lium* A. GRAY, in *Torr. Emor. Exp., Bot.*, 97;
Pacif. Railr. Expl., Bot., t. 5.— B. H., *Gen.*, II,
415, n. 505, cui folia incisa pappique paleæ
∞-fissæ.
8. Spec. 4. NUTT., in *Journ. Acad. Philad.*,
ser. 2, 1, 179 (*Bulbostylis* sect. *Psathyrotus*). —
A. GRAY, in *Mex. Bound.*, 74 (*Peucephyllum*);
in *Proc. Amer. Acad.*, VII, 363; IX, 206. —
WALP., *Ann.*, V, 163.
9. *Gen.*, 186. — LESS., *Syn.*, 233. — DC.,
Prodr., V, 635. — ENDL., *Gen.*, n. 2571.— B. H.,
Gen., II, 407, n. 484. — *Vermifuga* R. et PAV.,
Prodr., 114, t. 24. — *Brotera* SPRENG., in
Schrad. Journ., II, 186, t. 5 (nec CAV.). —
Broteroa DC., *Prodr.*, V, 635. — ENDL., *Gen.*,
n. 2572. — *Nauembourgia* W., *Spec.*, III, 2393
(nec MŒNCH).
10. Flavi.

extimus (nunc 0); corollæ ligulatæ limbo parvo, integro v. brevissime
2-lobo, concavo, stylo subæquali v. breviore; hermaphroditi autem
pauci v. 1; corollæ regularis tubulosæ limbo subcampanulato, 5-fido
v. dentato. Antheræ basi obtusa subintegræ. Styli rami breves, erecti
v. recurvi, apice truncati. Fructus oblongi, epapposi, inter costas
tenues 8-∞ læves. — Herbæ glabræ v. puberulæ; foliis oppositis' angustis, integris v. dentatis, nunc 3-nerviis; capitulis ∞, angustis sessilibus, 1-lateralibus, in cymas densas corymbiformi-ramosas v. breves
solitariasve, nunc in dichotomiis dense glomeratas, dispositis; involucrantibus foliis floralibus paucis; involucri longe ovoidei, cylindracei v. angusti bracteis paucis (2-6), imbricatis. (*America calid.
utraque, Australia*[1].)

322. **Sartwellia** A. Gray[2]. — Flores[3] fertiles, 2-morphi; radii
fœminei, 1-seriati; corollæ ligulatæ limbo parvo patente ovato integro;
disci autem hermaphroditi; corollæ tubulosæ limbo campanulato,
5-fido. Antheræ basi obtusæ. Styli florum hermaphroditorum rami
apice truncato penicillati. Fructus oblongo-lineares, 10-costati; pappo
cupulari fimbriato-denticulato (in radio brevissimo). — Herba erecta
glabra; foliis oppositis filiformibus integris; capitulis[4] crebris in cymas
dense corymbiformes dispositis; involucri anguste campanulati bracteis concavis subæqualibus, 1-seriatis; receptaculo subplano nudo.
(*Mexicum*[5].)

323. **Cadiscus** E. Mey.[6] — Flores fertiles; radii ∞, fœminei et
1-seriati; corollæ ligulatæ limbo (parvo) patente integro; disci autem
hermaphroditi; corollæ regularis limbo poculiformi, 5-fido; tubo tenui.
Antheræ basi obtusæ. Styli florum hermaphroditorum rami apice truncato penicillati; fœmineorum autem tenuiores recurvi, apice capitellati. Fructus lineares, 10-12-costati; pappi setis 10-12, aristatis et
cum pericarpii costis continuis, plus minus compressiusculis subpaleaceis, tenuiter barbellatis. — Herba paludosa glabra; foliis alternis,
elongatis, basi membranacea amplexicaulibus integris; capitulis terminalibus demumque oppositifoliis stipitatis; involucri campanulati

1. Spec. 6, 7. Cav., *Icon.*, t. 4, 223 (*Milleria*).
— Benth., *Fl. austral.*, III, 546. — Remy, in
C. Gay Fl. chil., IV, 277.— *Bot. Mag.*, t. 2400.
— Walp., *Ann.*, II, 870.
2. *Pl. Wright.*, I, 122, t. 6. — B. H., *Gen.*,
II, 407, n. 483.

3. Flavi.
4. Minimis.
5. Spec. 1, a nobis haud visa. *S. Flaveriæ*
A. Gray. — Walp., *Ann.*, V, 231.
6. In *DC. Prodr.*, VII, 254. — Endl., *Gen.*,
n. 3032[2]. — B. H., *Gen.*, II, 408, n. 485.

bracteis 1-seriatis plus minus alte valvatim connatis; receptaculo superne plano nudoque. (*Africa austr.* [1])

324. Schkuhria ROTH[2].— Flores [3] fertiles omnes, 1-2-morphi; radii fœminei, 1-seriati v. 0; corollæ ligulatæ limbo sæpius brevi, integro v. paucidentato, nunc inæqui-campanulato, 5-fido; disci autem her-maphroditi; corollæ regularis limbo campanulato v. cylindraceo, 5-fido v. dentato. Antheræ basi obtusæ integræ, emarginatæ v. breviter auri-culatæ. Styli florum hermaphroditorum rami complanati v. subteretes, obtusi, rotundati v. varie et plus minus longe appendiculati. Fructus plus minus elongati, obpyramidati v. lineari-angulati; pappi paleis 4-10, medio opacis v. subenerviis. — Herbæ, suffrutices v. fruticuli, glabri, pubescentes, tomentosi v. glandulosi; foliis oppositis v. alternis, integris v. dissectis; capitulis [4] pedunculatis, solitariis v. corymbiformi-cymosis; involucri forma valde varii bracteis paucis v. sub-2-seriatis, liberis v. ima basi connatis, margine nunc coloratis v. scariosis; exte-rioribus paucis nunc evolutis [5]. (*America calid. utraque* [6].)

325. Hymenopappus LHÉR. [7] — Flores [8] hermaphroditi fertiles, sæpius 1-morphi [9]; corollæ regularis tubo tenui; limbi subcampanulati lobis v. dentibus 5, recurvis. Antheræ basi integræ v. emarginatæ. Styli

1. Spec. 1. *C. aquaticus* E. MEY. — HARV. et SOND., *Fl. cap.*, III, 134.
2. *Cat.*, I, 116 (1797). — DC., *Prodr.*, V, 654. — ENDL., *Gen.*, n. 2588. — B. H., *Gen.*, II, 403, n. 469 (nec MŒNCH). — *Tetracarpum* MŒNCH, *Meth.*, Suppl., 241 (ex DC.). — *Achyropappus* H.B.K., *Nov. gen. et spec.*, IV, 257, t. 390. — DC., *Prodr.*, V, 654. — *Chamæstephanum* W., in *Ges. Nat. Fr. Berl. Mag.* (1807), 140. — *Mieria* LLAV. et LEX., *N. veg. Descr.*, II, 9. — *Hopkirkia* DC., *Prodr.*, V, 660.
3. Flavi.
4. Parvis v. mediocribus.
5. Generis, nostro sensu, sunt sectiones : *Eriophyllum* LAGASC., *Elench.*, 28 (1816). — *Bahia* LAGASC., *loc. cit.*, 30. — DC., *Prodr.*, V, 656. — ENDL., *Gen.*, n. 2591. — B. H., *Gen.*, II, 402, n. 468.— *Phialis* SPRENG., *Gen.*, II, 631 (ex DC.). — *Trichophyllum* NUTT., *Gen. amer.*, II, 166.— *Stylesia* NUTT., in *Trans. Amer. Phil. Soc.*, ser. 2, VII, 377. — *Virletia* SCH. BIP., herb. (ex B. H.): caule lignoso v. herbaceo; foliis oppositis v. alternis, sæpe tomentoso-lanatis; capitulis solitariis v. cymosis; bracteis involucri sub-2-seriatis; styli ramis acutis v. obtusis; pappi paleis subenerviis 4-10. (*America utraque extratrop.*)

Hymenothrix A. GRAY, *Pl. Fendler.*, 102. — B. H., *Gen.*, II, 403, n. 470 : caule herbaceo; foliis alternis dissectis; capitulis corymbiformi-cymosis; bracteis involucri sub-2-seriatis; interioribus coloratis v. scariosis; exterioribus nunc evolutis; antheris basi minute auriculatis; styli ramis appendiculatis; pappi paleis aristiformibus barbellatis. (*Mexicum*)
6. Spec. ad 30. LAMK, in *Journ. Hist. nat.*, II, t. 31 (*Pectis*). — LINK et OTT., *Ic. pl. rar.*, t. 39 (*Achyropappus*). — TORR., in *Sitgr. Exp.*, *Bot.*, t. 3 (*Bahia*), 6 (*Hymenothrix*); in *Whippl. Exp.*, *Bot.*, 49. — A. GRAY, in *Emor. Exp.*, *Bot.*, 95; in *Proc. Amer. Acad.*, V, 184; VII, 357 (*Burrielia*). — WEDD., *Chl. andina.*, I, 73, t. 14 B. — WALP., *Rep.*, II, 625; 626, 989 (*Bahia*); VI, 175; *Ann.*, II, 875; 876 (*Bahia*), 878 (*Hyme-nothrix*), 893 (*Monolopia*); V, 235; 236 (*Bahia*, *Hymenothrix*).
7. *Diss.*, c. icon. (ex DC., *Prodr.*, V, 658). — LESS., *Syn.*, 238. — ENDL., *Gen.*, n. 2591. — B. H., *Gen.*, II, 402, n. 466. — *Rothia* LAMK, in *Journ. Hist. nat.*, I, 16, t. 1; *Ill.*, t. 667 (nec alior.).
8. Albi, carnei v. flavi.
9. Vel nunc 2-morphi; exteriorum limbo am-pliato v. patente.

rami lineares, nunc superne dilatati, obtuse v. acute appendiculati. Fructus obpyramidati, 4-5-goni v. 10-20-costati; pappi paleis ∞, brevibus v. elongatis, scariosis, hyalinis, obtusis v. acutatis, nunc 0. — Herbæ perennes, cano-tomentosæ v. rarius glabræ; foliis alternis v. basilaribus rosulatis, semel v. bis pinnatisectis, nunc ex parte inte- gris; capitulis[1] in cymas laxe corymbiformes dispositis; involucri subhemisphærici v. campanulati bracteis inæqualibus v. subæqua- libus,1-2-seriatis, acutiusculis, obtusis v. petaloideo-membranaceis; receptaculo nudo v. plus minus foveolato[2]. (*America bor. imprimis occid.*[3])

326. **Riddellia** Nutt.[4] — Flores[5] fertiles, 2-morphi; radii fœminei, 1-seriati; corollæ ligulatæ lamina patente lata, 3-loba; disci autem hermaphroditi; corollæ tubo brevi; limbo cylindraceo parum ampliato, 5-dentato v. 5-fido. Antheræ basi obtusæ. Styli florum hermaphrodi- torum rami apice truncato-capitellati; fœmineorum graciliores recurvi. Fructus elongati, obtuse angulati, striatelli; pappi paleis ∞, inæqua- libus, hyalinis, margine ciliatis lacerisve. — Herbæ perennes v. basi suffrutescentes; indumento vario, nunc lanato; foliis alternis, linea- ribus integris; capitulis[6] solitariis v. in cymas terminales contractas corymbiformes dispositis et brevissime stipitatis; involucri subcampa- nulati v. tubulosi bracteis sæpe paucis tomentosis; exterioribus sæpius minoribus. (*America bor. austr. occ.*[7])

327. **Hulsea** Torr. et Gray[8]. — « Flores[9] fertiles, 2-morphi; radii fœminei, 1-seriati crebri; corollæ ligulatæ limbo angusto patente, 2-3-dentato; disci autem hermaphroditi; corollæ tubulosæ limbo cylindraceo v. anguste campanulato, 5-fido. Antheræ basi minute den- tatæ. Styli florum hermaphroditorum rami apice dilatato rotundati.

---

1. Mediocribus v. parvis.

2. Generis mihi videtur sectio *Chænactis* DC., *Prodr.*, V, 659. — Endl., *Gen.*, n. 2593. — B. H., *Gen.*, II, 401, 1235, n. 465. — *Macrocar- phus* Nutt., in *Trans. Amer. Phil. Soc.*, ser. 2, VII, 376. — *Acarphœa* A. Gray, *Pl. Fendler.*, 98; in *Emor. Exp.*, *Bot.*, 95, t. 32. — *Acicar- phœa* Walp., *Ann.*, II, 877: styli ramis acutius- culis v. subulatis; pappi paleis inæqualibus exaristatis v. 0; bracteis involucri angustis.

3. Spec. ad 20. Torr., in *Stansb. Utah*, t. 6; in *Whippl. Exp.*, *Bot.*, 48 (*Chænactis*). — A. Gray, in *Emor. Exp.*, *Bot.*, 94; in *Proceed. Amer. Acad.*, VI, 545; X, 73 (*Chænactis*). — Eaton, in

Fort. parall. Exp., *Bot.*, 171, t. 18 (*Chænactis*).— Walp., *Rep.*, II, 626, 989; VI, 176; 177 (*Chæ- nactis*); *Ann.*, II, 876.

4. In *Trans. Amer. Phil. Soc.*, ser. 2, VII, 371. — B. H., *Gen.*, II, 401, n. 463. — *Psilostrophe* DC., *Prodr.*, VII, 261. — Endl., *Gen.*, n. 3032[7].

5. Flavi v. aurantiaci.

6. Majusculis v. cymosis parvis.

7. Spec. 3. A. Gray, in *Proc. Amer. Acad.*, VII, 358. — Torr., in *Emor. Rep.*, *Bot.*, App., t. 5. — Walp., *Rep.*, VI, 172; *Ann.*, II, 872.

8. *Emor. Exp.*, *Bot.*, 98. — B. H., *Gen.*, I 401, n. 464.

9. « Flavi, v. radii purpurascentes. »

Fructus lineares, compressi v. sub-4-goni, sericei; pappi paleis 4, brevibus v. oblongis laceris hyalinis. — Herbæ annuæ v. perennes, viscoso-pubentes v. basi cano-lanatæ; foliis alternis v. basilaribus, integris dentatisve; capitulis [1] solitariis; involucri lati subhemisphærici bracteis herbaceis angustis, 2-3-seriatis; receptaculo plano foveolato.» (*California* [2].)

328. **Actinolepis** DC. [3] — Flores [4] fertiles; radii fœminei, 1-seriati; corollæ ligulatæ limbo patente, integro v. 2-3-dentato; disci autem hermaphroditi; corollæ tubulosæ limbo plus minus late campanulato, 5-fido. Antheræ basi obtusata integræ v. subintegræ. Styli florum hermaphroditorum rami apice obtusi v. acutato-appendiculati. Fructus lineares, subteretes v. angulati; pappi setis [5] ∞, v. paucis, nunc 0, obtusis, acutis v. aristatis, nuncve barbellatis plus minus alte connatis. — Herbæ annuæ, sæpius parvæ, pilosulæ, tomentellæ v. lanatæ; foliis alternis, angustis, incisis, lobatis v. semel bisve pinnatifidis; capitulis [6] stipitatis v. subsessilibus; involucri cylindraceo-campanulati bracteis 4-∞, concavis, fructus radii foventibus, herbaceis sæpeque extus lanatis [7]. (*California* [8].)

329. **Lasthenia** CASS. [9] — Flores [10] fere *Schkuhriæ;* disci hermaphroditi fertiles; radii autem fœminei, 1-seriati; involucro cupulari-campanulato, 5-∞-dentato. Disci corollarum limbus subcylindraceus anguste ve (*Monolopia* [11]) v. latius campanulatus (*Hologymne* [12], *Eulasthenia*). Styli rami apice rotundati obtuse ve appendiculati (*Monolopia*), sæpius capitato-truncati (*Eulasthenia*). Fructus oblongus, epapposus (*Hologymne, Monolopia*) v. paleis aristatis ∞ coronatus (*Eulasthenia*).

1. Majusculis.

2. Spec. 6. A. GRAY, in *Proc. Amer. Acad.*, VI, 547; VII, 359. — TORR. et GRAY, in *Williams. Exp., Bot.*, t. 13.

3. *Prodr.*, V, 655 (1836). — B. H., *Gen.*, II, 399, n. 458. — *Ptilomeris* NUTT., in *Trans. Amer. Phil. Soc.*, ser. 2, VII, 381. — *Hymenoxys* TORR. et GRAY, *Fl. N.-Amer.*, II, 380 (nec CASS.).

4. Flavi.

5. Albis v. hyalinis.

6. Mediocribus v. parvis.

7. Generis sectio nobis est *Syntrichopappus* TORR., *Whippl. Exp., Bot.*, 50, t. 15. — B. H., *Gen.*, II, 402, n. 467: bracteis involucri 4, 5; styli ramis appendiculatis; pappi setis paleaceis, nunc connatis, barbellatis; foliis 3-lobis.

8. Spec. ad 6. HOOK., *Icon.*, t. 325; in *Bot. Mag.*, t. 3828 (*Hymenoxys*). — TORR., *Emor. Exp., Bot.*, t. 33. — A. GRAY, in *Proc. Amer. Acad.*, VI, 546; IX, 167.

9. *Op. phyt.*, III, 88. — DC., *Prodr.*, V, 664. — LINDL., in *Bot. Reg.*, t. 1780, 1823. — ENDL., *Gen.*, n. 2609. — B. H., *Gen.*, II, 400, n. 460. — *Rancagua* PŒPP. et ENDL., *Nov. gen. et spec.*, I, 15, t. 24, 25. — ENDL., *Gen.*, n. 2610.

10. Flavi, nunc apice pilosi.

11. DC., *Prodr.*, VI, 74. — ENDL., *Gen.*, n. 2674. — B. H., *Gen.*, II, 400, n. 461. — *Spiridanthes* FENZL, in *Endl. Gen.*, Suppl., II, 105 (ex auct. ipso).

12. BARTL., *Ind. sem. H. gœtt.*; in *Linnæa*, XIV, *Lit.*, 125. — *Xantho* REMY, in *Ann. sc. nat.*, sér. 3, XII, 191.

— Herbæ glabræ v. rarius tomentosæ (*Monolopia*); foliis alternis v. oppositis; capitulis pedunculatis; receptaculo convexo epaleaceo. (*California, Chili*[1].)

330? **Hecubæa** DC.[2] — Flores[3] fertiles, 2-morphi; radii fœminei, 1-seriati; corollæ subligulatæ limbo 3-4-fido v. subcampanulato patente, intus fere ad basin fisso, apice 4-5-fido; lobis sæpius elongatis; disci autem hermaphroditi; corollæ regularis tubo brevi; limbo anguste campanulato, 5-fido. Antheræ basi obtusæ breviter auriculatæ. Styli florum hermaphroditorum rami patentes, ad apicem compresso-dilatati truncati, haud v. vix penicillati; fœmineorum autem tenuiores recurvi. Fructus (glabri) subovoidei, 8-10-costati; pappo 0. — Herba glabrescens; foliis basilaribus crebris longissime lanceolatis integris membranaceis valideque costatis; caulinis autem minoribus, basi subdecurrentibus; capitulis terminalibus 1, 2, longe stipitatis; involucri bracteis sub-2-seriatis hirtellis; exterioribus[4] latioribus ovato-acutis; interioribus autem multo angustioribus acutis; receptaculo leviter convexo, v. serius magis elevato nudo; summo pedunculo sub capitulo dilatato-obconico[5]. (*Mexicum*[6].)

331. **Baeria** FISCH. et MEY.[7] — Flores[8] fertiles (v. interiores ex parte steriles), 2-morphi; radii fœminei, 1-seriati v. pauci; corollæ ligulatæ limbo plus minus patente, 2-3-dentato; disci autem hermaphroditi; tubo tenui; limbo campanulato, 5-fido v. dentato. Styli[9] rami breves v. lineares plus minus obtusati v. acutato-appendiculati, sæpe valde revoluti. Fructus[10] lineari-obpyramidati, compressi v. angulati; pappi setis aristatis 2-5, rigidulis inæqualibus, basi nunc dilatatis v. brevibus hyalinis, nuncve 0.— Herbæ annuæ, sæpe graciles, glabræ, sericeæ v. rarius lanatæ; foliis oppositis, v. raro alternis, linearibus, integris, pinnatifidis v. varie dissectis; capitulis[11] terminalibus v. ad summas axillas stipitatis; involucri campanulati, oblongi v. subhemisphærici, bracteis paucis v. 1-2-seriatis, subæqualibus herbaceis; rece-

1. Spec. 5. HOOK., *Icon.*, t. 343, 344 (*Monolopia*).— REMY, in *C. Gay Fl. chil.*, IV, 260. — *Bot. Mag.*, t. 3839. — WALP., *Rep.*, II, 635; VI, 180 (*Rancagua*).

2. *Prodr.*, V, 665. — DELESS., *Ic. sel.*, IV, 18, t. 43. — ENDL., *Gen.*, n. 2606. — B. H., *Gen.*, II, 400, n. 462.— H. BN, in *Bull. Soc. Linn. Par.*, 286.

3. Flavi.

4. Fuscatis.

5. *Tagetis* more.

6. Spec. 1. *H. scorzoneræfolia* DC.

7. *Ind. sem. H. petrop.*, II (1835), 29. — DC., *Prodr.*, VII, 254. — ENDL., *Gen.*, n. 2607. - B. H., *Gen.*, II, 309, n. 457.

8. Flavi.

9. Basi disco nunc conico cincti ibique repente attenuati.

10. Glabri, pilosi v. muricati.

11. Parvis v. mediocribus.

ptaculo plus minus elongato sæpiusque fructuum stipitibus onusto indeque scrobiculato[1]. (*California*[2].)

332. **Oxypappus** BENTH.[3] — « Flores[4] fertiles, 2-morphi; radii fœminei, 1-seriati; corollæ ligulatæ limbo patente, 3-dentato; disci autem hermaphroditi; corollæ tubulosæ limbo parum ampliato, 5-dentato. Antheræ basi integræ. Styli rami anguste acuteque appendiculati. Fructus lineares, 4-5-goni, ad apicem attenuati; pappi paleis 3-5, aristæformibus basique breviter dilatatis. — Herba annua (v. perennis?) pubescens hirtave; caule gracili; foliis oppositis, summisve alternis, dentatis v. integris; capitulis (parvis) in cymas laxe compositas dispositis; involucri campanulati bracteis subæqualibus linearibus carinatis; receptaculo nudo convexo v. demum conico[5]. » (*Mexicum*[6].)

333. **Perityle** BENTH.[7] — Flores[8] fertiles (v. intimi steriles), 2-morphi; radii fœminei, 1-seriati; corollæ ligulatæ limbo patente, integro v. 2-3-dentato; disci autem hermaphroditi; corollæ tubulosæ limbo plus minus ampliato, 4-fido dentatove. Antheræ basi integræ v. breviter auriculatæ. Styli florum hermaphroditorum rami obtusi v. acuto-appendiculati. Fructus compressi ovato-oblongi; pappi setis æqualibus v. inæqualibus, basi in cupulam brevem subcartilagineam connatis; 2 paucisve in aristas plus minus productis. — Herbæ v. suffrutices, glabri, glandulosi v. varie pilosi; foliis oppositis, v. superioribus alternis, angustis v. ovato-orbiculatis, dentatis incisisve; capitulis[9] solitariis v. in cymas corymbiformes dispositis; involucri subcampanulati bracteis linearibus v. latiusculis, concavis, dorso nunc carinatis;

1. Generis sectiones nobis sunt : *Burrielia* DC., *Prodr.*, V, 663. — ENDL., *Gen.*, n. 2601. — B. H., *Gen.*, II, 398, n. 456: foliis linearibus; styli ramis acutatis; ligulis paucis; pappi aristis 1-5; involucri oblongi bracteis liberis tenuibus; receptaculo tenuiore.

Lasiobaeria (cujus typus *Burrielia lanosa* A. GRAY): foliis alternis lanatis; receptaculo subplano; antheris tenuiter setaceo-apiculatis.

Dichæta NUTT., in *Trans. Amer. Phil. Soc.*, ser. 2, VII, 383: foliis sæpius pinnatilobis v. dentatis; pappi aristis hyalinis, v. palcis paucis, v. 0; receptaculi bracteis 1-2-seriatis.

2. Spec. 6, 7. TORR., in *Whippl. Exp.*, *Bot.*, 50 (*Burrielia*). — A. GRAY, *Emor. Exp.*, *Bot.*, 96; in *Proc. Amer. Acad.*, VII, 358 (*Burrielia*); IX, 195, 196, not. — *Bot. Mag.*, t. 3758 (*Bur-*

rielia). — WALP., *Rep.*, II, 627, 989 (*Burrielia*).
3. *Sulph. Bot.*, 118, t. 42; *Gen.*, II, 398, n. 455.
4. Flavi.
5. Genus (ex icone nobis notum) nunc ad *Pectidem* relatum, « glandularum absentia, styli indole, cæterisque characteribus longe recedit » (BENTH.).
6. Spec. 1. *O. scaber* BENTH. — WALP., *Rep.*, VI, 178. — *Chrysopsis? scabra* HOOK. et ARN., in *Beech. Voy.*, *Bot.*, 434. — WALP., *Rep.*, II, 588.
7. *Sulph. Bot.*, 118, t. 42. — B. H., *Gen.*, II, 398, 454. — A. GRAY, in *Proc. Amer. Acad.*, IX, 194.
8. Flavi, v. (?) radii albi.
9. Parvis v. mediocribus.

receptaculo nudo plus minus convexo v. conico[1]. (*America sept. austr. occid.*[2])

•334. Palafoxia LAGASC.[3] — Flores[4] fertiles, 2-morphi v. (radii defectu) 1-morphi; radii fœminei, 1-seriati v. 0; corollæ ligulatæ limbo irregulari v. æquali-3-fido; disci autem hermaphroditi; tubo tenui[5], nunc arcuato; limbo repente campanulato, 5-lobo v. 5-partito. Antheræ elongatæ[6], basi integræ emarginatæve. Styli florum hermaphroditorum rami tenues, lineari- v. subulato-appendiculati[7]. Fructus angusti angulati; pappi paleis ∞, v. paucis (6-8) obtusis truncatisve ciliato-dentatis v. acutatis aristatisve, medio induratis.— Herbæ, nunc basi frutescentes, scabræ v. glandulosæ; foliis alternis, v. inferioribus oppositis, angustis integris; capitulis in cymas laxe corymbiformes dispositis; involucri subcampanulati bracteis herbaceis v. ex parte membranaceis, obtusis v. acuminatis, 1-2-seriatis; receptaculo plano, nudo v. minute foveolato. (*America sept. calid.*[8])

335? **Florestina** CASS.[9]—Flores[10] hermaphroditi fertiles, 1-morphi; corollæ regularis tubo brevi; limbo campanulato, 5-fido. Antheræ basi acutiusculo-auriculatæ. Styli rami longe subulato-hirto-appendiculati. Fructus elongati cuneati, 4-5-costati; pappi paleis paucis (6-10) inæquali-obovatis, obtusis v. retusis subhyalinis, imbricatis. — Herbæ annuæ, glabræ v. pubentes; foliis alternis, pedato- v. pinnato-3-7-partitis; summis sæpe integris; capitulis[11] in cymas corymbiformes dispositis; involucri subcampanulati bracteis paucis, apice scariosis coloratis; receptaculo plano nudoque[12]. (*Mexicum*[13].)

1. Generis est, sensu nostro, sectio *Laphamia* A. GRAY, *Pl. Wright.*, I, 99, t. 9. — B. H., *Gen.*, II, 398, n. 453. — *Monothrix* TORR., in *Stansb. Utah Exp.*, 389, t. 7, cui bracteæ involucri angustiores; styli rami sæpe acutati; pappi setæ inæquales ∞, quarum majores 1, 2, aristatæ, v. 0; caulis suffruticosus sæpe canescens.
2. Spec. 13, 14. TORR., *Whippl. Exp. Bot.*, 44; *Emor. Rep.*, 142; *Emor. Exp., Bot.*, 82.— WALP., *Rep.*, VI, 125; *Ann.*, V, 185; 189 (*Laphamia*).
3. *Elench. H. matrit.*, 26.— DC., *Prodr.*, V, 124. — ENDL., *Gen.*, n. 2265. — B. H., *Gen.*, II, 405, n. 465. — *Paleolaria* CASS., in *Bull. Soc. philom.* (1816), 198; in *Dict.*, XXVII, 256. — *Polypteris* NUTT., *Gen. amer.*, II, 139 (nec DC.).
4. Albi, rosei v. purpurascentes.

5. Basi circa discum dilatato.
6. Demum siccæ solutæ.
7. Ante anthesin torti.
8. Spec. ad 6. CAV., *Icon.*, t. 205 (*Ageratum*). — BART., *Fl. Amer. sept.*, t. 46 (*Stevia*).— HOOK., *Icon.*, t. 148. — A. GRAY, in *Proc. Amer. Acad.*, VIII, 291. — *Bot. Mag.*, t. 2132, 5549.
9. In *Bull. Soc. philom.* (1815), 175; in *Dict.*, XVII, 155; LV, 296. — DC., *Prodr.*, V, 655. — ENDL., *Gen.*, n. 2589. — B. H., *Gen.*, II, 405, n. 475. — *Lepidopappus* SESS. et MOÇ. (ex DC.).
10. Albidi v. purpurascentes.
11. Mediocribus v. parvis.
12. An melius *Palafoxiæ* sectio?
13. Spec. 2. CAV., *Ic.*, IV, 33 (*Stevia*).—LAG., *N. gen.*, 28, n. 356 (*Hymenopappus*). — LESS., *Syn.*, 239 (*Achyropappus*). — NUTT., in *Journ. sc. Philad.* (1821), 121 (*Stevia*).

336? **Rigiopappus** A. Gray[1]. — « Flores fertiles; radii fœminei, 1-seriati; corollæ ligulatæ limbo parvo patente; disci autem hermaphroditi; corollæ tenuiter tubulosæ limbo vix ampliato elongato, breviter 3-4-fido. Antheræ basi obtusæ subintegræ. Styli florum hermaphroditorum rami breves subulato-appendiculati. Fructus lineari-angulati; pappi paleis 4, 5, lævibus rigidis subcorneis. — Herba annua gracilis pilosulaque; foliis alternis linearibus integris; capitulis[2] solitariis terminalibus; involucri anguste turbinato-campanulati bracteis herbaceis angustis, 1-2-seriatis; receptaculo parvo plano nudoque[3]. » (*America bor. occ.*)

337? **Galeana** Llav. et Lex.[4] — « Flores[5] 2-morphi; radii pauci fœminei fertiles (v. 0); corolla ligulata parva; disci hermaphroditi fertiles; corolla tubulosa, 5-dentata. Antheræ...? Stylus...? Fructus radii concavi, margine subdentati; disci autem prismatici; pappo 0. — Herbæ; foliis oppositis, sagittatis hastatisve (succulentis); capitulis (parvis) ad apices ramorum subracemosis, v. in dichotomiis solitariis longeque pedunculatis; bracteis involucri 5, carinatis; receptaculo nudo[6]. » (*Mexicum.*)

338. **Villanova** Lag.[7] — Flores[8] fertiles omnes (v. intimi nunc steriles), 2-morphi; radii fœminei, 1-seriati; corollæ ligulatæ limbo sæpius lato, 2-3-dentato; disci autem hermaphroditi; corollæ tubulosæ limbo plus minus late campanulato, 5-fido v. dentato. Antheræ basi minute auriculatæ. Styli florum hermaphroditorum rami apice obtusati v. breviter acutato-appendiculati; fœmineorum tenuiores angustioresque. Fructus oblongi, basi attenuati, sæpe 3-quetri v. a dorso compressi, alative, glabri; pappo 0. — Herbæ[9] pubescentes v. glandulosæ;

1. In *Proc. Amer. Acad.*, VI, 548.— B. H., *Gen.*, II, 406, n. 477.

2. Parvulis.

3. Genus monotypicum, nobis ignotum, videtur *Florestinæ* et « *Palafoxiæ* valde affine » (B. H.).

4. *Nov. veg. Descr.*, I, 12.— DC., *Prodr.*, VII, 257. — Endl., *Gen.*, 502. — B. H., *Gen.*, II, 406, n. 479.

5. « Flavi. »

6. Planta omnibus fere ignota. Generis ejusdem forte (B. H., *loc. cit.*, n. 478) *Pericome* A. Gray, *Pl. Wright.*, II, 81. — *Galinsogeopsis* Sch. bip., in *Seem. Her.*, 306, species mexicanas 2 includens, quibus flores 1-2-morphi

dicuntur; styli ramis acutis; fructibus ciliato-marginatis; pappo (minimo) ciliato-lacero v. fere ad basin diviso; capitulis confertim corymbosis; bracteis involucri plus minus in cupulam connatis, 1-seriatis.

7. *Elench. H. matrit.*, 31 (nec Orteg.). — DC., *Prodr.*, VI, 75. — Endl., *Gen.*, n. 2678. —B. H., *Gen.*, II, 404, n. 474. — *Unxia* H. B. K., *Nov. gener. et spec.*, IV, 279, t. 401, 402 (nec L.). — *Chlamysperma* Less., *Syn.*, 256. — DC., *Prodr.*, VI, 75. — Endl., *Gen.*, n. 2677. — *Vasquezia* Phil., *Fl. atacam.*, 31, t. 5 (ex B. H.).

8. Flavi.

9. Nunc simplices.

foliis oppositis, v. superioribus alternis, 3-natim v. pinnatim dissectis incisisve; capitulis[1] in cymas corymbiformes plus minus compositas dispositis; involucri subcampanulati bracteis subæqualibus, 1-2-seriatis; receptaculo nudo. (*America utraque calid. occ.*[2])

339? Blennosperma LESS.[3] — Flores[4] (fere *Villanovæ*) 2-morphi; radii fertiles; disci autem hermaphroditi steriles; stylo indiviso. Fructus oblongi, 8-10-costati, epapposi; disci vacui. Cætera *Villanovæ*[5]. — Herbæ annuæ ramosæ, glabræ v. superne villosulæ; foliis alternis pinnatisectis; capitulis[6] terminalibus pedunculatis; involucri bracteis paucis, ima basi nunc connatis; receptaculo plano nudoque. (*California, Chili*[7].)

340? Closia REMY[8]. — Flores[9] fertiles (fere *Villanovæ*), 2-morphi; radii fœminei; corollæ ligulatæ limbo 3-dentato; disci autem hermaphroditi; corollæ tubulosæ limbo anguste campanulato, 4-5-dentato. Antheræ basi minute auriculatæ. Styli florum hermaphroditorum rami breviter acuto-appendiculati. Fructus oblongi compressiusculi; pappo brevissimo annulari ciliolato. — Herbæ ramosæ; foliis alternis dissectis; capitulis laxe cymosis; involucri subhemisphærici bracteis oblongis, 1-2-seriatis; receptaculo convexiusculo nudo[10]. (*Chili.*[11])

341? Amauria BENTH.[12] — « Flores fertiles, 2-morphi; radii fœminei; corollæ ligulatæ limbo patente, vix dentato; disci autem hermaphroditi; corolla tubulosa, 5-dentata. Styli rami subulati. Fructus[13] lineares angulati; pappo 0. — Suffrutex (?) ramosus viscoso-pubescens; foliis oppositis, v. superioribus alternis petiolatis suborbiculatis inciso-dentatis; capitulis laxe corymbosis paucis; involucri hemisphærici bracteis angustis, 2-3-seriatis; exterioribus subherbaceis; interioribus subscariosis; receptaculo plano nudoque. » (*California*[14].)

1. Mediocribus v. parvis.
2. Spec. ad 4. HOOK. et ARN., in *Beech. Voy.*, *Bot.*, t. 64 (*Chlamysperma*). — PORT. et COULT., *Syn. Fl. Color.*, 75. — A. GRAY, *Pl. Fendler.*, 104 (*Amauria*). — *Bot. Mag.*, t. 6422. — WALP., *Rep.*, II, 637 (*Chlamysperma*); VI, 208; *Ann.*, II, 883 (*Amauria*); V, 248.
3. *Syn.*, 267. — DC., *Prodr.*, VII, 288. — B. H., *Gen.*, II, 404, n. 473. — *Apalus* DC., *Prodr.*, V, 507.— *Hapalus* ENDL., *Gen.*, n. 2464. — *Unxia* COLL., in *Mem. Ac. taur.*, XXXVIII, 37, t. 32 (nec L., nec K.). — *Coniothele* DC., *Prodr.*, V, 531. — ENDL., *Gen.*, n. 2487.
4. Flavi.
5. Cujus potius (?) sectio.

6. Parvis.
7. Spec. 2. REMY, in *C. Gay Fl. chil.*, IV, 298, t. 48. — WALP., *Rep.*, II, 974.
8. In *C. Gay Fl. chil.*, IV, 119, t. 46, fig. 2. — B. H., *Gen.*, II, 404, n. 472.
9. Albi; radio flavo.
10. Genus minoris momenti. An *Blennosperma*? Species 4 a PHILIPPI (*Fl. atacam.*, 31) descriptæ « forte non omnes congeneres » (B. H.).
11. Spec. legitima 1. *G. Cotula* REMY, *loc. cit.*, 120. — WALP., *Ann.*, II, 847.
12. *Sulph. Bot.*, 31. — B. H., *Gen.*, II, 404, n. 471.
13. « Nigri. »
14. Spec. 1. *A. rotundifolia* BENTH.

342? Amblyopappus Hook. et Arn.[1] — Flores[2] fertiles, 2-morphi; radii fœminei, 1-seriati; corolla tubulosa stylo breviore, minute conni-venti-2-3-dentata; disci autem hermaphroditi; corollæ regularis limbo campanulato, 5-dentato. Antheræ breves, basi emarginatæ. Styli rami lineares, superne dilatati apiceque subtruncato penicillati. Fructus oblongo-cuneati, basi attenuati, 4-5-angulati; pappi paleis 8-12, oblongis obtusis scariosis. — Herba annua pumila ramosissima; foliis alternis linearibus, integris v. paucilobis; capitulis[3] crebris in cymam corymbiformem dispositis; involucri campanulati bracteis membrana-ceis paucis (4-6), apice obtusis[4]. (*Chili*[5].)

343. Thymopsis Benth.[6] — Flores fertiles, 2-morphi; radii pauci fœminei; corolla tenui stylo breviore, minute 2-3-dentata; disci autem hermaphroditi; corollæ regularis tubulosæ limbo campanulato, 4-fido. Antheræ basi obtusæ. Styli florum hermaphroditorum rami breviter acuto-appendiculati. Fructus oblongi subteretes, basi attenuati, stria-telli; pappi paleis liberis v. basi in cupulam connatis, obtusis ciliolatis. — Herba diffusa hispida; foliis oppositis, sæpius integris; capitulis terminalibus v. in axillis superioribus subsessilibus; involucri bracteis paucis, 2-seriatis; interioribus membranaceis; exterioribus autem herbaceis hispidulis; receptaculo plano nudoque. (*Cuba*[7].)

344? Microspermum Lag. [8] — « Flores fertiles omnes; radii majores; corolla omnium 5-mera; tubo tereti; limbo radii valde aucto; lobis exterioribus 3, maximis; interioribus autem 2, minimis; disci limbo campanulato regulari. Antheræ breves, basi integra truncatæ. Styli rami acutiuscule subulato-appendiculati. Fructus oblongi, 4-angulati; pappo 0 (v. ex aristis 1, 2 constante?) — Herba decum-bens, basi radicans, parce pilosa; foliis oppositis, petiolatis dentatis; capitulis solitariis terminalibus stipitatis; involucri hemisphærici bracteis herbaceis angustis, 1-2-seriatis; receptaculo convexiusculo nudo. » (*Mexicum*[9].)

1. In *Hook. Journ. Bot.*, III, 321. — B. H., *Gen.*, II, 406, n. 480. — *Aromia* Nutt., in *Trans. Amer. Phil. Soc.*, ser. 2, VII, 395. — *Infantea* Remy, in *C. Gay Fl. chil.*, IV, 257, t. 48.

2. Flavi (?)

3. Parvis.

4. Genus *Helenieas* cum *Anthemideis-Cotuleis* connectens, nunc ad *Schkuhriam* (Sch. bip.), nunc ad *Bahiam* (A. Gray) relatum.

5. Spec. 1. *A. pusillus* Hook. et Arn. —

Walp., *Rep.*, II, 626. — *Aromia tenuifolia* Nutt. — Torr. et Gr., *Fl. N.-Amer.*, II, 414. — Walp., *Rep.*, VI, 210. — *Infantea chilensis* Remy.

6. *Gen.*, II, 407, n. 481.

7. Spec. 1. *T. Wrightii* Benth. — *Tetranthus thymoides* Griseb., *Cat. pl. cub.*, 287.

8. *Elench. H. matrit.*, 25. — DC., *Prodr.*, VII, 259. — Endl., *Gen.*, 502. — *Miradoria* Sch. bip., in herb. *Liebm.* (ex B. H.).

9. Spec. 1, 2. Benth., *Pl. Hartweg.*, 64.

345. **Tagetes** T.[1] — Flores[2] fertiles (v. ex parte nunc steriles), 2-morphi (v. radii defectu 1-morphi); radii fœminei, 1-seriati; corollæ ligulatæ limbo patente, integro v. 2-3-dentato lobatove, brevi v. amplo, nunc inæquali-campanulato; disci autem hermaphroditi; corollæ tubulosæ limbo plus minus ampliato, 5-fido. Antheræ basi integra v. subintegra obtusæ. Styli florum hermaphroditorum rami tenues v. elongati, apice obtusi, truncati v. penicillati, nunc breviter v. brevissime appendiculati. Fructus lineares v. obconici, angulati, compressi v. striati, basi nunc plus minus longe attenuati et callo plus minus evoluto aucti; pappi paleis paucis (5-6) v. ∞ (7-20), liberis v. connatis, acutis; aristatis v. obtusis, sæpe ciliato-serrulatis, nunc inæqualibus, raro ad annulum brevem reductis, v. 0. — Herbæ v. suffrutices, glabri v. varie induti, sæpe glandulis oleosis conspersi[3]; foliis oppositis v. raro alternis, raro integris setaceisve, sæpius serrulatis, dentatis v. pinnatim dissectis; capitulis[4] solitariis stipitatis, raro sessilibus, nunc in cymas dense corymbiformes dispositis; pedunculo sæpe ad apicem dilatato ibique cavo; involucri campanulati, ovoidei v. sæpius cylindracei, bracteis (sæpe oleoso-glandulosis) 1-seriatis, alte connatis; additis nunc exterioribus parvis ∞, v. paucis, nunc 1[5]; receptaculo plano v. convexiusculo, nudo v. le-

1. *Inst.*, 488, t. 278. — L., *Gen.*, n. 964. — J., *Gen.*, 182. — Poir., *Dict.*, Suppl., V, 279. — Gærtn., *Fruct.*, II, 434, t. 172. — Less., *Syn.*, 236. — DC., *Prodr.*, V, 643; VII, 292. — Spach, *Suit. à Buffon*, X, 117. — Endl., *Gen.*, n. 2580. — B. H., *Gen.*, II, 411, n. 496. — *Diglossus* Cass., in *Bull. Soc. philom.* (1817); in *Dict.*, XIII, 241. — *Enalcida* Cass., in *Dict.*, XIV, 443. — *Solenotheca* Nutt., in *Trans. Amer. Phil. Soc.*, ser. 2, VII, 375.

2. Flavi, aurantiaci v. fuscati.

3. Odor unde gravis.

4. Magnis, mediocribus v. parvis.

5. Generis, sensu nostro, sectiones sunt:

Adenopappus Benth., *Pl. Hartweg.*, 41; *Gen.*, II, 411, n. 495: pappo brevi annuliformi v. 0; bracteis involucri alte connatis; foliis oppositis. (*Mexicum.*)

Dyssodia Cav., in *Ann. cienc. nat.*, VI, 334. — *Dysodia* DC., *Prodr.*, V, 639 (nec Lour., nec W.). — Endl., *Gen.*, n. 2577. — B. H., *Gen.*, II, 409, n. 490. — *Bœbera* W., *Spec.*, III, 2125. — *Rosilla* Less., *Syn.*, 245. — B. H., *Gen.*, II, 397, 1235, n. 452. — *Clomenocoma* Cass., in *Dict.*, IX, 416. — DC., *Prodr.*, V, 641. — ? *Comaclinium* Scheidw., *Fl. serr.*, t. 756: floribus 1-2-morphis; involucri bracteis basi connatis v. subliberis; additis minoribus exterioribus nonnullis v. ∞; fructu 3-5-gono; pappi paleis ad

10, setaceo-partitis; foliis (valde oleoso-glandulosis) oppositis v. alternis, pinnatim dissectis; fructu piloso. (*America, centr. Mexicum.*)

? *Nicolettia* A. Gray, *Pl. Wright.*, I, 119, t. 8. — B. H., *Gen.*, II, 409, n. 489: pappo duplici; exteriore e setis tenuibus ∞; interiore e paleis 5, 6, hyalinis, constante; cæteris *Dyssodiæ.* (*Mexicum.*)

Adenophyllum Pers., *Syn.*, II, 458. — DC., *Prodr.*, V, 638. — Endl., *Gen.*, n. 2575. — B. H., *Gen.*, II, 408, n. 488. — *Lebetina* Cass., in *Dict.*, XXV, 394. — DC., *Prodr.*, V, 639. — Endl., *Gen.*, n. 2576. — *Willdenowa* Cav., *Icon.*, I, 61, t. 80 (nec Thunb.). — *Schlechtendahlia* W., *Spec.*, III, 2125 (nec Less.). — *Bœbera* Less., *Syn.*, 237 (nec W.): bracteis involucri basi connatis v. liberis; fructu glabro pilosove; pappo duplici; utroque v. interiore solo aristoso; aristis in setas diviso; exteriore autem nunc breviter palceaceo; caule annuo resinoso oleosove glanduloso; foliis oppositis v. alternis pinnatisectis (*Mexicum*). Sectio *Eutagetem* cum *Dyssodia* arcte connectens.

Hymenatherum Cass., in *Bull. Soc. philom.* (1817) 76; (1818), 21; in *Dict.*, XXII, 313. — DC., *Prodr.*, V, 642; VII, 292. — Endl., *Gen.*, n. 2579. — B. H., *Gen.*, II, 410, n. 493. — *Gnaphalopsis* DC., *Prodr.*, VII, 258. — *Aciphyllœa* A. Gray, *Pl. Fendler.*, 91: bracteis invo-

viter fimbrilligero alveolatoque. (*America utraque calid. et extra-trop.*[1])

346. Chrysactinia A. GRAY[2]. — Flores[3] fertiles, 2-morphi (fere *Tagetis*); radii fœminei, 1-seriati; corollæ ligulatæ limbo integro vel 2-dentato; disci autem hermaphroditi; corolla tubulosa. Antheræ basi obtusæ. Styli florum hermaphroditorum rami lineares compressiusculi, brevissime appendiculati; fœmineorum longiores gracilioresque revoluti. Fructus lineares, ∞-striati; pappi setis ∞, tenuibus scabridis.— Fruticulus; foliis (ericoideis) alternis confertis linearibus integris; capitulis[4] terminalibus stipitatis; involucri subcampanulati bracteis subæqualibus linearibus, 1-seriatis; additis nunc exterioribus brevioribus 1-3; receptaculo nudo. (*N.-Mexicum*[5].)

347? Syncephalantha BARTL.[6] — « Flores[7] 2-morphi; capitulis senis umbellato-capitatis et in glomerulum aggregatis; centrale discoideum; periphærica autem radiantia, 1-2-ligulata; involucro proprio 3-phyllo, 1-seriali; receptaculo hirsuto-fimbrillifero. Fructus erostris, 4-gono-compressus; pappi paleis 15-20, in setas inæquales scabras fissis. — Herba annua[8]; foliis alternis pinnatisectis; segmentis dentatis; capitulorum glomerulis ad apices ramorum pedunculatis. » (*Mexicum, America centr.*[9])

348? Schizotrichia BENTH.[10] — « Flores fertiles, 2-morphi; radii fœminei, 1-seriati; disci hermaphroditi; corolla omnium tubulosa

lucri obconici alte connatis; pappi paleis 10-25; caule herbaceo v. suffruticoso; foliis oppositis v. alternis, integris v. pinnatisectis; capitulis stipitatis v. sessilibus. (*America bor. austro-occ.*)
Thymophylla LAG., *Elench. H. matrit.*, 25.— DC., *Prodr.*, V, 647. — ENDL., *Gen.*, n. 2581. — *Thymophyllum* B. H., *Gen.*, II, 410, n. 494. — *Lowellia* A. GRAY, *Pl. Fendler.*, 89: floribus 1, 2-morphis (radio nunc 0); bracteis involucri alte connatis (glandulosis); additis parvis exterioribus; pappi paleis 5-12, brevibus, liberis v. basi connatis; caule suffruticoso; foliis oppositis brevibus subsetaceis. (*Mexicum.*)
1. Spec. ad 55. CAV., *Ic.*, t. 169; 212 (*Aster*), 252, 264. — JACQ. F., *Eclog.*, t. 80. — VENT., *Jard. Cels*, t. 36. — H. B., *Pl. æquin.*, II, t. 73. — FIELD, *Sert. pl.*, t. 37 (*Comaclinium*). — A. GRAY, in *Proc. Amer. Acad.*, V, 163 (*Dysodia*); *Pl. Wright.*, I, 115 (*Hymenatherum*), 119, t.| 7 (*Thymophyllum*). — SWEET, *Brit. fl. Gard.*, t. 141, 151; ser. 2, t. 35. — REMY, in *C. Gay Fl. chil.*, IV, 270 (*Hymenatherum*), 270. — *Bot.*

Mag., t. 3830. — WALP., *Rep.*, II, 624; 987 (*Dysodia*); VI, 171 (*Dysodia*), 173; *Ann.*, I, 415; 416 (*Nicolletia*); II, 871 (*Aciphyllæa*), 872 (*Hymenatherum, Lowellia*), 873; V, 231 (*Adenophyllum*), 232 (*Dysodia, Hymenatherum*), 233.
2. *Pl. Fendler.*, 93, not. — B. H., *Gen.*, II, 412, n. 497.
3. Flavi.
4. Parvis.
5. Spec. 1. *C. mexicana* A. GRAY. — WALP., *Ann.*, II, 873.
6. *Ind. sem. H. gœtt.* (1836), 6; in *Linnæa*, XII, *Litt. Ber.*, 80. — DC., *Prodr.*, VII, 262. — ENDL., *Gen.*, n. 3032[12]. — *Syncephalanthe* REICHB., *Nom.*, 83. — *Syncephalanthus* B. H., *Gen.*, II, 409, n. 491.
7. « Aurantiaci. »
8. « Habitu *Dysodiæ*. Plantæ (nobis ignotæ) pappus, corolla et stylus *Hymenatheri*. » (char. ex DC.)
9. Spec. 1. *S. decipiens* BARTL.
10. *Gen.*, II, 410, n. 492 (char. unde desumpt.).

tenui; fœmineorum limbo vix ampliato, 3-4-dentato; hermaphroditorum latiore breviterque 5-fido. Antheræ basi integræ. Styli florum hermaphroditorum rami longiusculi, apice capitato-truncati penicillati. Fructus lineari-obconici subteretes, ∞-striati; pappi paleis ad 20, supra basin breviter integram in setas tenues longiusculas divisis. — Frutex (?) villosulus; foliis [1] oppositis, ovatis crenulatis, petiolatis; capitulis (parvulis) in paniculam terminalem foliatam dispositis; involucri campanulati bracteis 6-8, membranaceis; additis nunc exterioribus minoribus 1, 2; receptaculo parvo plano brevissimeque fimbrillifero. » (Peruvia[2].)

349. **Pectis** L.[3] — Flores[4] fertiles, 2-morphi; radii fœminei, 1-seriati; corollæ ligulatæ limbo parvo, patente v. erecto, integro v. 2-3-dentato; disci autem hermaphroditi; corollæ tubulosæ limbo plus minus ampliato, æquali- v. inæquali-4-5-fido dentatove. Antheræ basi obtusa integræ v. subintegræ. Styli florum hermaphroditorum tenuis elongati hirtellique rami breves obtusi. Fructus lineares, subteretes v. leviter angulati, ∞-striati; pappi setis paucis v. ∞, tenuibus, rigidis, subulatis v. basi dilatatis; nonnullis v. nunc omnibus squamiformibus. — Herbæ annuæ v. perennes, oleoso-glandulosæ; foliis oppositis, angustis v. linearibus, sæpe ad basin parce setosis v. ciliatis; capitulis[5] graciliter stipitatis, solitariis v. corymbiformi-cymosis; involucri subcampanulati v. sæpius cylindracei bracteis liberis, 1-seriatis; receptaculo parvo v. minuto nudoque[6]. (America calid. utraque[7].)

350. **Porophyllum** Vaill.[8] — Flores[9] hermaphroditi fertiles, 1-morphi; corollæ regularis tenuiter tubulosæ limbo anguste campanulato, 5-fido v. dentato. Antheræ basi integræ. Styli rami longe plerumque subulato-hirto- appendiculati. Fructus lineares, apice sæpe

---

1. Glandulis oleosis (in bracteis involucri requentioribus) conspersis.
2. Spec. 1. *S. eupatorioides* BENTH.
3. *Gen.*, n. 963.— J., *Gen.*, 182.— LAMK, *Ill.*, . 684. — DC., *Prodr.*, V, 98-103. — ENDL., *Gen.*, n. 2250. — B. H., *Gen.*, II, 412, n. 498. — *Pectidium* LESS., in *Linnœa*, VI, 706. — ENDL., *Gen.*, n. 2249. — *Pectidopsis* DC., *Prodr.*, V, 98. — *Lorentea* LAG., *Elench. H. matrit.*, 28. — DC., *Prodr.*, V, 101. — ENDL., *Gen.*, n. 2251. — *Chthonia* CASS., in *Dict.*, IX, 173. — ? *Cryptopetalon* CASS., in *Dict.*, XII, 123. — *Cheilodiscus* TRI., in *Ann. sc. nat.*, sér. 4, IX, 36.
4. Flavi (v. albidi ?).

5. Mediocribus v. parvis.
6. Genus typum depauperatum *Tagetis* præbet cumque *Porophyllo* connectit.
7. Spec. ad 30. CAV., *Icon.*, t. 324.— H.B. K., *Nov. gen. et spec.*, IV, t. 192, 193. — A. GRAY, in *Pl. Wright.*, I, 83. — *Fl. jard.*, IV, 33, icon. — WALP., *Rep.*, II, 544; VI, 104; *Ann.*, I, 392 (*Lorentea*) ; II, 812; V, 147.
8. In *Act. Acad. par.* (1719), 407.— L., *H. Cliff.*, 494. — ADANS., *Fam. des pl.*, II, 122. — CASS., in *Dict.*, XLIII, 56. — DC., *Prodr.*, V, 647 (sect. 1). — ENDL., *Gen.*, n. 2582. — B. H., *Gen.*, II, 408, n. 486. — *Kleinia* JACQ., *St. amer.*, 215, t. 127 (nec L.). — LESS., *Syn.*, 196.
9. Flavi v. purpurascentes.

contracti, pilosuli v. raro glabri, ∞-striati; pappi setis ∞, tenuibus, scabris v. barbellatis, 1-2-seriatis. — Herbæ nunc basi frutescentes, glabræ, sæpe glaucescentes, varie oleoso-glandulosæ; foliis alternis v. basi nunc oppositis, integris, sinuatis v. repando-serratis; capitulis[1] stipitatis, solitariis v. laxe cymosis; involucri cylindrici v. anguste cam-panulati bracteis paucis (4–8) linearibus v. subulatis, liberis v. basi connatis; receptaculo angusto nudoque[2]. (*America calid. utraque*[3].)

- 351. **Jaumea** PERS.[4] — Flores[5] fertiles, 2-morphi v. (radii defectu) 1-morphi; radii fœminei, 1-seriati; corollæ ligulatæ limbo patente, 3-dentato v. subintegro; disci autem hermaphroditi; corollæ tubulosæ limbo vix ampliato cylindraceo, 5-dentato. Antheræ basi obtusæ, trun-catæ v. emarginatæ. Styli florum hermaphroditorum elongati rami sæpius breviusculi compressiusculi, apice obtusi v. truncati, papillosi. Fructus oblongi, angulati v. compressiusculi, obtuse costati; pappi setis ∞, nunc paucis compresso-subpaleaceis subaristatisve, ciliato-barbellatis, v. 0. — Herbæ v. suffrutices, glabri v. ciliati; foliis oppo-sitis, lanceolatis v. linearibus carnosulis integris; capitulis terminalibus v. ad folia superiora axillaribus stipitatis; pedunculo ad apicem nunc incrassato; involucri subcampanulati bracteis pauciseriatis latis mem-branaceis obtusis striatis, imbricatis; exterioribus gradatim sæpius brevioribus; receptaculo plano v. convexiusculo nudo[6]. (*America utraque extratrop., Africa trop. or.*[7])

352? **Olivæa** SCH. BIP.[8] — « Flores[9] fertiles, 2-morphi; radii fœminei, 1-seriati; corollæ ligulatæ limbo patente, apice vix dentato; disci autem hermaphroditi; corollæ tubo glanduloso-hispido; limbo cylindraceo-campanulato, 5-fido. Antheræ basi brevissime obtuseque

1. Majusculis (ea *Tragopogonum* nonnihil re-ferentibus) v. parvulis.
2. Generis sectio, sensu nostro, est *Lescaillea* GRISEB., *Cat. pl. cub.*, 156. — B. H., *Gen.*, II, 408, n. 487 : styli ramis apice acutiusculis v. ob-tusiusculis; fructu glabro; pappo setoso; caule suffruticoso subaphyllo et opposite squamigero. (*Cuba*).
3. Spec. 15, 16 LAMK, *Ill.*, t. 673, fig. 4 (*Ca-calia*). — CAV., *Icon.*, t. 222, 257 (*Cacalia*).— H. B. K., *Nov. gen. et spec.*, t. 356 (*Kleinia*). — REMY, in *C. Gay Fl. chil.*, IV, 276. — WALP., *Rep.*, II, 624; VI, 174, 722; *Ann.*, II, 874; V, 234.
4. *Syn.*, II, 397. — DC., *Prodr.*, V, 663. — ENDL., *Gen.*, n. 2600. — B. H., *Gen.*, II, 397,

1235, n. 449. — *Kleinia* J., in *Ann. Mus.*, II, 424, t. 61 (nec HAW., nec JACQ.). — *Espejoa* DC., *Prodr.*, V, 660. — DELESS., *Ic. sel.*, IV, t. 41. — ENDL., *Gen.*, n. 2595. — *Chœthymenia* HOOK. et ARN., *Beech. Voy.*, *Bot.*, 298, t. 62. — *Hype-ricophyllum* STEETZ, in *Pet. Moss.*, *Bot.*, 498, t. 50.
5. Flavi.
6. Generis sectio est *Coinogyne* LESS., in *Linnœa*, VI, 520, t. 6; *Syn.*, 261.—DC., *Prodr.*, VI, 41. — ENDL., *Gen.*, n. 2658; pappo 0.
7. Spec. 5, 6. OLIV. et HIERN, *Fl. trop. Afr.*, III, 395. — WALP., *Rep.*, VI, 174 (*Chœthymenia*).
8. Ex BENTH., in *Hook. Icon.*, t. 1103; *Gen.*, II, 397, n. 451 (char. unde desumpt.).
9. « Flavi. »

auriculatæ. Styli florum hermaphroditorum rami complanati, lanceo-lato-hirto-appendiculati; fœmineorum obtusi glabriores. Fructus a latere compressi ovati, 2- (v. ? 3-) alati; pappi setis longis ad 10, breviter plumosis, caducis. — Herba (?) paludosa (?) glabra v. superne glanduloso-pubescens; foliis alternis, basi dilatata subamplexicau-libus ibique paucidentatis, cæterum integris v. 3-cuspidatis; capitulis[1] terminalibus stipitatis; involucri late hemisphærici bracteis herbaceis, inæqualibus, 3-4-seriatis; receptaculo plano nudoque.» (Mexicum[2].)

353. **Cacosmia** H. B. K.[3] — Flores[4] fertiles, 1-2-morphi; radii fœminei pauci v. 0; corollæ ligulatæ limbo patente integro v. minute paucidentato; disci autem hermaphroditi; corollæ tubulosæ limbo parum ampliato, 5-fido. Antheræ basi obtusæ v. minute auriculatæ. Styli florum hermaphroditorum rami tenues, apice obtusiusculi, hir-telli. Fructus oblongi, subteretes v. obtuse angulati; pappo 0 v. annu-lari brevissimo denticulato. — Frutices varie lanati v. tomentosi; foliis[5] oppositis; capitulis[6] in cymas terminales corymbiformes v. con-tractas dispositis; receptaculo parvo angusto cylindraceo, superne plano; bracteis involucri ovoidei gemmiformis, 4-5-fariam imbricatis, siccis v. coriaceis; inferioribus gradatim brevioribus. (America austr.[7])

354. **Geissopappus** BENTH.[8] — Flores[9] fertiles, 2-morphi; radii fœminei, 1-seriati; corollæ ligulatæ limbo patente, 3-dentato; disci autem hermaphroditi; corollæ tubo brevi; limbo ampliato cylindraceo, 5-fido. Antheræ basi subintegræ. Styli florum hermaphroditorum rami apice ovoideo-dilatati; fœmineorum graciliores revoluti. Fructus oblongi, scabri, 5-costati; pappi paleis ∞, brevibus v. oblongis, acu-tiusculis v. truncatis, integris v. denticulatis. — Herbæ dichotome ramosæ, hirsutæ v. scabræ; foliis oppositis, sæpe dentatis; capitulis terminalibus stipitatis, laxe cymosis v. solitariis; involucri subcampa-nulati bracteis pluriseriatis, imbricatis, rigidis striatis; exterioribus bre-vioribus; receptaculo plus minus convexo nudo. (Guiana, Brasilia[10].)

1. Majusculis.
2. Spec. 1, *Helenieas*, ut videtur, cum *Anthe-mideis* connectens, scil. *O. tricuspis* SCH. BIP.
3. *Nov. gen. et spec.*, IV, 289, t. 404. — DC., *Prodr.*, VII, 265. — ENDL., *Gen.*, n. 2247. — B.H., *Gen.*, II, 306, n. 447. — *Xantholepis* W., herb. (ex LESS.). — *Clairvillea* DC., *Prodr.*, V, 636; VII, 97.
4. Flavi, graveolentes.
5. Sæpe, ob nervos 3-5 paginamque superio-rem rugosam, fere *Melastomacearum*.

6. Parvis, crebris.
7. Spec. 2, 3. LESS., in *Linnæa* (1829), 338, fig. 31, 53-55.
8. In *Hook. Journ. Bot.*, II, 44; *Gen.*, II, 396, n. 448. — *Schomburgkia* DC., *Prodr.*, VII, 293; *Mém. Comp.*, 23, t. 9 (nec LINDL.). — *Trinchi-nettia* ENDL., *Gen.*, n. 2605[1].
9. Flavi v. aurantiaci, nunc radii defectu re-gulares omnes.
10. Spec. 2.

355. Venegazia DC.[1] — Flores[2] fertiles, 2-morphi; radii fœminei, 1-seriati; corollæ ligulatæ limbo patente elongato integro; disci autem hermaphroditi; corollæ regularis tubo papilloso; limbo cylindraceo ampliato, 5-fido. Antheræ basi integræ v. emarginatæ. Styli florum hermaphroditorum rami crassiusculi truncato-obtusati; fœmineorum graciliores revoluti. Fructus angusti angulati striati, epapposi. — Herba[3] erecta, glabra v. pubescens; foliis alternis, ovatis dentatis, petiolatis; capitulis[4] terminalibus, solitariis v. cymosis paucis; invo-lucri lati bracteis pauciseriatis obtusis imbricatis; exterioribus her-baceis; interioribus autem subscariosis; receptaculo planiusculo dite foveolato[5]. (*California*[6].)

356. Senecio T.[7] — Flores[8] 2-morphi (v. radii defectu 1-morphi); radii fœminei, fertiles sterilesve, 1-seriati; corollæ ligulatæ limbo elon-gato patente, nunc brevi v. brevissimo revoluto difformive[9]; disci autem hermaphroditi, fertiles v. steriles; corollæ regularis tubulosæ limbo aut angusto haud v. vix ampliato, aut repente ampliato campa-nulatoque, 5-fido dentatove. Antheræ basi obtusæ, integræ, minute auriculatæ v. breviter brevissimeve setaceo-mucronatæ. Styli florum hermaphroditorum rami teretes v. compressiusculi, apice plus minus dilatati, patentes demumve recurvi, truncati v. obtusi penicillati varieve

---

1. *Prodr.*, VI, 43. — Endl., *Gen.*, n. 2660. — B. H., *Gen.*, II, 397, n. 450.
2. Flavi.
3. *Helianthum* parvum nonnihil referens.
4. Majusculis.
5. Genus hinc *Heliantheas* et inde *Helenieas* cum *Anthemideis* connectens.
6. Spec. 1. *V. carpesioides* DC.
7. *Inst.*, 456, t. 260. — L., *Gen.*, n. 953. — Adans., *Fam. des pl.*, II, 122. — J., *Gen.*, 181. — Gærtn., *Fruct.*, II, t. 166. — Cass., in *Dict.*, XLVIII, 454. — DC., *Prodr.*, VI, 341 ; VII, 300. — Endl., *Gen.*, n. 2811. — B. H., *Gen.*, II, 446, 1236, n. 585. — *Cineraria* L., *Gen.*, n. 957 (nec *Auctt.*). — *Jacobœa* Thunb., *Fl. cap. Prodr., Præf.; Fl. cap.*, 675. — *Anecio* Neck., *Elem.*, I, 28. — ? *Farobœa* Schr., ex Coll., *H. ripul.*, App., IV, 19, t. 9, a. — *Herbichia* Zawadsk., *Enum. pl. galic.*, 198. — *Obœjaca* Cass., in *Dict.*, XXXV, 270. — ? *Aspelina* Cass., in *Dict.*, XLI, 166. — *Sclerobasis* Cass., in *Dict.*, XLVIII, 145. — *Eudorus* Cass., *loc. cit.*, 458. — *Carderina* Cass., in *Dict.*, XXXV, 272. — *Synarthron* Cass., in *Dict.*, LI, 457. — *Dorobœa* Cass., in *Dict.*, XLVIII, 453. — *Pithosillum* Cass., in *Dict.*, XLI, 164. — *Roldana* Ll. et Lex., *N. veg. descr.*, II, 10 (ex DC.). — *Brachyrhynchos* Less., *Syn.*, 392. — DC., *Prodr.*, VI, 437. — Endl., *Gen.*,

n. 2812. — *Tephroseris* Schur, *Enum. pl. trans.*, 343. — *Mesogramma* DC., *Prodr.*, VI, 304. — *Madaractis* DC., *loc. cit.*, 322. — *Lachanodes* DC., in *Guillem. Arch., bot.*, II, 332; *Prodr.*, VI, 442. — *Acleia* DC., *Prodr.*, VI, 340. — *Hubertia* Bory, *Voy. Afr.*, I, 334, t. 14. — *Synarthron* Cass., in *Dict.*, LI, 457. — *Metaxanthus* Meyen, *Reis.*, I, 356. — *Danaa* Coll., in *Mem. Accad. torin.*, XXXVIII, 27, t. 28. — *Microchæte* Benth., *Pl. Hartweg.*, 209. — *Cladopogon* Sch. bip., in *Ind. sem. H. hamb.* (1852); in *Flora* (1853), 61. — *Brachypappus* Sch. bip., in *Flora* (1855), 119. — *Adenotrichia* Lindl., in *Bot. Reg.*, t. 1190. — *Haplosticha* Phil., in *Linnæa*, XXX, 193. — *Delairia* Lme. in *Ann. sc. nat.*, sér. 3, I, 379. — *Traversia* Hook. f., *Handb. N.-Zeal. Fl.*, 163; *Icon.*, t. 1002. — *Centropappus* Hook. f., in *Hook. Lond. Journ.*, VI, 123; *Fl. tasman.*, t. 65. — *Pladaroxylon* Endl., *Gen.*, 461. — Hook. f., *Icon.*, t. 1055. — *Madacarpus* Wight, *Icon.*, t. 1152. — *Pericallis* Webb, *Phyt. canar.*, t. 103-106. — *Bethencourtia* Chois., in *Buch Canar.* (ex DC.). — *Cissampelopsis* Miq., *Fl. ind.-bat.*, II, 102.
8. Radii flavi, albi, rosei, purpurascentes v. violacei; disci autem albidi, flavi, purpura-scentes, violacei, fuscati v. nigrescentes.
9. Corolla hinc inde filiformis v. abortiva.

appendiculati; appendice brevi lata, ovata v. angusta longioreque, v. longissima subulata, hirtella v. papillosa; fœmineorum sæpius tenuiores, recurvi v. revoluti. Fructus teretes, subteretes v. plus minus compressi lative, apice æquales v. plus minus longe constricti, nunc papilloso-glandulosi v. hyalino-papillosi; pappi setis [1] ∞, tenuibus, integris, scabris, nunc breviter barbellatis, rarius brevibus, evanidis v. nunc 0. — Herbæ, nunc ramosæ v. scandentes, suffrutices v. frutices raro arborescentes, glabri, varie pilosi v. lanati, intricato-tomentosi villosive, raro stellato-pubescentes[2]; foliis alternis v. basilaribus rosulatis, rarissime oppositis, integris, dentatis, lobatis v. pinnatim dissectis, nunc succulentis; capitulis[3] solitariis v. varie racemiformi-, spiciformi- v. corymbiformi-cymosis, nunc subsessilibus; involucri lati v. angusti, cylindracei, campanulati v. subhemisphærici, bracteis angustis æqualibus, imbricatis v. conniventi-coadunatis equitantibusve, aut subæqualibus, 1-2-seriatis, aut exterioribus paucis minoribus v. minutis, herbaceis v. coriaceis membranaceisve, erectis v. demum patulis reflexisve, dorso planis, carinatis v. 3-nerviis[4]; receptaculo

1. Sæpius albis.
2. Inde sæpe cani.
3. Magnis, mediocribus v. parvis.
4. Sectiones generis nobis sunt :
Senecillis Gærtn., Fruct., II, 453, t. 173. — DC., Prodr., VI, 313. — Endl., Gen., n. 2798. — Ligularia Cass., in Bull. Soc. philom. (1816), 198; in Dict., XXVI, 401. — DC., Prodr., VI, 313; VII, 300. — Endl., Gen., n. 2799. — Farfugium Lindl., in Gardn. Chron. (1857), 4. — Erythrochœte Sieb. et Zucc., Fl. jap. fam., II, 64, in Abh. Baier. Akad. (1847) : capitulis solitariis v. sæpius in racemos thyrsoideos dispositis; corollis (magnis) nunc 2-labiatis (transitus unde ad Mutisieas (Benth.) præbentibus); stylis florum hermaphroditorum infra medium pubentibus apiceque sæpe rotundatis. (Asia, Europa occid.)
Kleinia L., H. Cliff., 395 (part.). — Haw., Syn. pl. succ., 312. — DC., Prodr., VI, 336. — Endl., Gen., n. 2809. — Cacalianthemum Dill., H. eltham., I, 54 : caule v. et foliis carnosis; floribus omnibus regularibus; stylo truncato penicillato v. breviter lateque appendiculato. (Africa austr.)
Cacalia L., Gen., n. 933. — DC., Prodr., VI, 327. — Endl., Gen., n. 2806. — Maxim., in Bull. Acad. Pét., XIX, 483; Mél. biol., IX, 292. — Ætheolœna Cass., in Dict., XLVIII, 450. — Pericalia Cass., loc. cit., 459. — Psacalium Cass., loc. cit., 461. — Pentacalia Cass., loc. cit., 461. — Pentanthus Hook. et Arn., Comp. Bot. Mag., I, 32. — DC., Prodr., VII, 54. — Odontotrichum Zucc., in Abh. Baier. Akad.

(1832), 311. — Sciadoseris Kze, in Bot. Zeit. (1851), 349. — Rugelia Shuttl., in Chapm. Fl. S. Unit. St., 246. — Syneilesis Maxim., Prim. Fl. amur., 165; in Bull. Acad. Pét., IX, loc. cit.: capitulis pauci-∞-floris; corolla sæpius pallida v. alba; styli ramis rotundatis v. breviter conico-appendiculatis, sæpe tenuiter papillosis. (Orbis utriusque reg. calid. et temp.)
Notonia DC., in Guillem. Arch. bot., II, 518; Prodr., VI, 441 (nec W. et Arn.). — Endl., Gen., n. 2817. — B. H., Gen., II, 446, n. 584 : caule frutescente carnoso; foliis integris carnosis; involucro cylindraceo; floribus 1-morphis; corolla flava; styli ramis ovoideo-papilloso-appendiculatis. (India or.)
Bedfordia DC., in Guillem. Arch. bot., II, 332; Prodr., VI, 441. — Endl., Gen., n. 2816. — B. H., Gen., II, 450, n. 587 : caule fruticoso; capitulis axillaribus solitariis v. confertim cymosis; floribus 1-morphis fertilibus; tomento stellari. (Australia, Tasmania.)
Brachyglottis Forst., Char. gen., 91, t. 46. — DC., Prodr., V, 210. — Endl., Gen., n. 2291. — B. H., Gen., II, 444, n. 579 : caule arborescente; foliis alternis, late dentatis, subtus tomentoso-incanis; floribus 2-morphis; disci corollis basi lobulis parvis sæpius auctis; fructu hyalino-papilloso. (N.-Zelandia.)
Gynoxys Cass., in Dict., XLVIII, 455. — DC., Prodr., VI, 325 (part.). — Endl., Gen., n. 2805. B. H., Gen., II, 450, n. 586 : caule arboreo v. fruticoso; foliis oppositis, petiolatis, glabris v. tomentosis; bracteis involucri oblongis coriaceis, sub-1-seriatis; floribus 1-2-morphis; styli

plano v. convexiusculo, nudo, foveolato v. fimbrillifero. (*Orbis totius reg. calid., temper. et frigid.*[1])

florum fœmineorum ramis conico- v. subulato-appendiculatis v. penicillatis. (*America trop.*) *Gynura* CASS., in *Dict.*, XXXIV, 391. — DC., *Prodr.*, VI, 298. — ENDL., *Gen.*, n. 2792. — B. H., *Gen.*, II, 445, n. 581. — *Crassocephalum* MŒNCH, *Meth.*, 516 (prior.). — *Cremocephalum* CASS., in *Dict.*, XXXIV, 390. — DC., *Prodr.*, VI, 297. — ENDL., *Gen.*, n. 2791 : caule suffruticoso v. sæpius herbaceo ; foliis alternis, integris v. pinnatim lobatis dissectisve ; floribus 1-morphis ; styli ramis longe subulato-hirtello-appendiculatis ; fructu glabro. (*Asia, Africa et Australia calid.*)
Erechtites RAFIN., *Fl. ludov.*, 65. — DC., *Prodr.*, VI, 294. — ENDL., *Gen.*, n. 2790. — B. H., *Gen.*, II, 443, n. 577. — *Neoceis* CASS., in *Bull. Soc. philom.* (1820), 90 ; in *Dict.*, XXXIV, 386 : caule herbaceo ; foliis alternis, pubentibus v. lanatis, integris, lobatis v. dissectis ; capitulis (sæpius angustis) corymbiformi-cymosis ; floribus exterioribus fœmineis, 2- ∞ - seriatis ; corolla gracillima subregulari v. 3-5-dentata. (*America calid., Australia, N.-Zelandia.*)
Cineraria L., *Gen.*, n. 957 (part.). — LESS., *Syn.*, 390. — DC., *Prodr.*, VI, 305 (part.). — ENDL., *Gen.*, n. 2797. — B. H., *Gen.*, II, 445, n. 582. — *Xenocarpus* CASS., in *Dict.*, LIX, 108 : caule suffruticoso v. herbaceo ; foliis alternis v. basilaribus, sæpe cano-tomentosis, plerumque latis, incisis v. pinnatisectis, nunc integris ; capitulis corymbiformi-cymosis ; floribus 1-2-morphis ; involucro sæpe bracteis exterioribus parvis (calyculo spurio) destituto ; fructibus omnibus v. radii tantum a dorso compressis et plerumque latis. (*Africa trop. et austr.*)
Emilia CASS., in *Dict.*, XIV, 405. — DC., *Prodr.*, VI, 302. — ENDL., *Gen.*, n. 2793. — B. H., *Gen.*, II, 445, n. 583 : caule herbaceo, annuo v. perenni ; foliis basilaribus v. alternis, integris, dentatis v. lyrato-pinnatifidis, basi sæpe auriculatis, sæpe glaucescentibus ; capitulis solitariis v. laxe cymosis, stipitatis ; involucri bracteis exterioribus parvis 0 ; floribus 1-morphis ; corolla aurantiaca v. coccinea ; styli ramis breviter v. longiuscule appendiculatis ; fructu glabro v. pilosulo scabro. (*Asia et Africa trop.*)
Stilpnogyne DC., *Prodr.*, VI, 293. — DELESS., *Ic. sel.*, IV, t. 54. — ENDL., *Gen.*, n. 2789. — B. H., *Gen.*, II, 444, n. 578 : caule annuo pusillo ; foliis alternis, plerisque basilaribus cordatis, inciso-dentatis, longe petiolatis ; capitulis (parvis) solitariis v. parce cymosis stipitatis ; floribus 2-morphis ; fructibus papilloso-glandulosis ; exterioribus epapposis. (*Africa austr.*)
1. Spec. ad 950. VAHL, *Symb.*, t. 71 (*Cineraria*). — CAV., *Ic.*, t. 244 (*Cineraria*). — LHÉR.,

Sert. angl., t. 30-33, 34 (*Cineraria*); *St.*, t. 83 (*Cacalia*). — JACQ., *Fragm.*, t. 1 ; *H. schœnbr.*, t. 150, 304 ; *Ic. rar.*, t. 168 (*Cacalia*), 174 ; 580, 581 (*Cacalia*), 587 ; *H. vindob.*, I, t. 3 ; III, t. 98 ; *Fl. austr.*, t. 79, 170-181 (*Cineraria*), 184, 186, 278. — LABILL., *Pl. N.-Holl.*, t. 178, 179 (*Cacalia*), 194. — VENT., *Jard. Malmais.*, t. 99-101 (*Cineraria*). — H. B. K., *Nov. gen. et spec.*, IV, t. 357-361 (*Cacalia*), 364-367. — DELESS., *Ic. sel.*, IV, t. 54 (*Stilpnogyne*), 55, 56 (*Gynura*), 61 (*Notonia*). — SM., *Exot. Bot.*, t. 65 (*Cineraria*) ; *Icon. ined.*, t. 71 (*Stœhelina*). — HOOK., *Icon.*, t. 493, 1067, 1114. — REICHB., *Iconogr.*, t. 101-110, 124-128, 131-133 (*Cineraria*), 134-139, 293-295, 357, 358, 461, 485 ; *Ic. exot.*, t. 24 (*Cineraria*), 122, 123, 236 ; *Ic. Fl. germ.*, t. 959-982, 984. — FIELD, *Sert. pl.*, t. 15, 16, 59, 60. — AD. BR., in *Voy. Coq.*, *Bot.*, t. 59. — HOMBR. et JACQUIN., in *D'Urv. Voy. pôle sud*, *Bot.*, t. 10-13. — DCNE, in *Jacquem. Voy.*, *Bot.*, t. 98 (*Senecillis*). — HOOK., *Fl. bor.-amer.*, t. 112-117. — TORR., *Fl. N.-York.*, t. 59 (*Cacalia*). — SWEET, *Brit. fl. Gard.*, t. 256 (*Cineraria*). — ANDR., *Bot. Repos.*, t. 24 (*Cineraria*), 291. — REG., in *Gartenfl.*, t. 394. — SAUND., *Ref. bot.*, t. 7 (*Kleinia*), 250, 251. — MAUND, *Bot.*, t. 215. — WALDST. et KIT., *Pl. rar. hung.*, t. 143. — LEDEB., *Ic. Fl. ross.*, t. 94, 157, 357 ; 367 (*Cineraria*), 493. — VIS., *Fl. dalmat.*, t. 7, 8. — SIBTH., *Fl. græc.*, t. 871 ; 872 (*Cineraria*), 868-870. — TEN., *Fl. nap.*, t. 78 ; 193 (*Arnica*). — BOISS., *Voy. Esp.*, t. 95-98 *a* ; *Diagn. or.*, ser. 2, III, 32 ; *Fl. or.*, III, 382 (*Ligularia*), 383. — LGE, *Pl. nov. Hisp.*, t. 21. — WILLK. et LGE, *Prodr. Fl. hisp.*, II, 110 (*Cineraria*), 111. — LINK et HOFFMSG, *Fl. portug.*, t. 99, 100. — DESF., *Fl. atl.*, t. 233, 234. — WEBB, *Phyt. canar.*, t. 107, 108. — WIGHT, *Icon.*, t. 484 (*Notonia*), 1121, 1122 (*Gynura*), 1123 (*Emilia*), 1130-1136. — A. RICH., *Fl. abyss.*, t. 58 ; *Voy. Astrol.*, *Bot.*, t. 34, 37-39. — KL., *Pr. Waldem. Reis.*, *Bot.*, t. 82. — RAOUL, *Choix pl. N.-Zél.*, t. 17, 18. — SEEM., *Her.*, *Bot.*, t. 31. — MIQ., *Fl. ind.-bat.*, II, 96 (*Erechtites*), 97 (*Gynura*, *Cremocephalium*), 101 (*Emilia*), 102 (*Cissampelopsis*), 103 (*Senecio*) ; in *Ann. Mus. lugd.-bat.*, II, 181. — HOOK. F., *Fl. antarct.*, t. 108-110 ; *Fl. N.-Zel.*, t. 38, 39, 41 ; *Handb. N.-Zeal. Fl.*, 158 ; *Fl. tasm.*, t. 64 ; *Fl. brit. Ind.*, III, 333 (*Gynura*), 335 (*Emilia*), 337 (*Notonia*), 338. — F. MUELL., *Pl. Victoria*, t. 46 ; *Veg. Chat. isl.*, t. 3, 4. — HANCE, in *Seem. Journ.*, VI, 174. — MAXIM., in *Bull. Acad. Pét.* (1871), *Mél. biolog.*, VIII. — BENTH., *Fl. hongkong.*, 190 ; *Fl. austral.*, III, 657 (*Erechtites*), 661 (*Gynura*, *Senecio*), 673 (*Bedfordia*). — HARV. et SOND., *Fl. cap.*, III, 306 (*Stilpnogyne*, *Mesogramma*), 307 (*Cineraria*), 305 (*Cacalia*, *Klei-*

357? Mesoneuris A. Gray[1]. — « Flores[2] hermaphroditi fertiles, 1-morphi; corolla hypocraterimorpha, 5-mera, induplicato-valvata. Antheræ basi breviter dentatæ. Styli rami crassiusculi, medio nervo valido percussi, apice subtruncato hirtelli. Fructus cylindracei enervii, areola lata coronati; pappi setis rigidulis scabris, 1-seriatis, basi annulo crasso auctis. — Herba; foliis alternis bipinnatifidis; petiolo basi caulem amplectente spathaceo-auriculato; capitulis cymosis; involucri campanulati bracteis 12-15, oblongo-lanceolatis, 2-seriatis, subherbaceis, 3-5-nerviis, margine scariosis basique incrassatis; additis paucis exterioribus laxis filiformibus; receptaculo convexiusculo fimbrillifero. » (*Mexicum*[3].)

358? Culcitium H. B.[4] — Flores[5] (fere *Senecionis*[6]) hermaphroditi fertiles, 1-morphi; corollæ longe tubulosæ limbo vix ampliato cylindraceo, 5-fido v. dentato. Antheræ basi integræ v. breviter auriculatæ. Styli rami apice dilatato truncato penicillati. Fructus lineares subteretes, ∞-striati v. costati; pappi setis ∞, scabris v. barbellatis. — Herbæ perennes, tomentosæ v. dense lanatæ; foliis alternis v. basilaribus rosulatis, integris v. serrulatis; capitulis[7] solitariis v. cymosis paucis terminalibus, sæpe nutantibus; involucri cupuliformis, hemisphærici v. breviter campanulati, bracteis imbricatis, ∞-seriatis; exterioribus sæpius gradatim minoribus; receptaculo plano convexove, nudo, foveolato v. fimbrillifero. (*America austr. andin. et magellanica*[8].)

nia), 346. — Torr., Whippl. Exp., Bot., 55; Emor. Exp., Bot., 103. — Phil., Fl. atacam., 32; in Linnæa, XXVIII, 738; XXIX, 1; XXX, 194; XXXIII, 148. — Wedd., Chlor. andin., I, 74, t. 21 (Gynoxys); 89, t. 18-20. — A. Gray, in Proc. Amer. Acad., V, 141; VII, 362; Man. (ed. 1856), 229 (Erechtites); Parry Rock. Mount. Pl., 10. — Chapm., Fl. S. Unit. St., 244 (Erechtites, Cacalia), 245. — Griseb., Fl. brit. W.-Ind., 381 (Erechtites, Emilia, Gynoxys), 382; Symb. Fl. argent., 203. — Kæmpf., Ic. sel. jap., t. 27, 28 (Tussilago). — Fr. et Sav., Enum. pl. jap., I, 246. — Jaub. et Sp., Ill. pl. or., t. 398. — Oliv. et Hiern, Fl. trop. Afr., III, 401 (Gynura), 404 (Cineraria), 405 (Emilia), 408. — Bak., Fl. maur., 176 (Gynura), 177 (Emilia), 177. — Klatt, in Ann. sc. nat., sér. 5, XVIII, 373 (Cremocephalum), 374 (Emilia, Cacalia), 375. — Gren. et Godr., Fl. de Fr., II, 110; 125 (Ligularia). — Bot. Reg., t. 41, 101, 110 (Cacalia); 812 (Cineraria), 901; 923 (Cacalia), 1342, 1550; (1839), t. 7, 45. — Bot. Mag., t. 53, 406, 564 (Cacalia), 1536, 1786, 1869; 1990 (Cineraria), 2262, 2647; 3215 (Cineraria), 4511 (Gynoxys), 5123 (Gynura), 5302, 5417 (Ligularia),

5590 (Kleinia); t. 238, 3487, 3827, 4011, 4803, 5396, 5945 (Cineraria), 5959, 6063, 6099, 6101, 6149, 6216, 6363, 6488. — Walp., Rep., II, 651 (Cineraria, Senecillis, Ligularia), 652 (Cacalia), 653; VI, 251 (Cineraria, Senecillis), 252 (Ligularia), 256 (Metaxanthus, Gynoxys), 257, 727; Ann., I, 424 (Gynura), 425 (Madacarpus), 426; 427 (Madaractis); II, 906 (Erechtites, Gynura), 907 (Cineraria), 908 (Gynoxys, Cacalia), 909; 920 (Notonia); V, 333 (Cacalia), 334; 347 (Brachypappus).

1 In Proc. Amer. Acad., VIII (1873), 661. — B. H., Gen., II, 1235, n. 580 a.
2. « Albi. »
3. Spec. 1. M. bipinnatifida, A. Gray.
4. Pl. æquin., II, 1, t. 66, 67. — Less., Syn., 393. — DC., Prodr., VI, 324 (part.). — Endl., Gen., n. 2804. — B. H., Gen., II, 444, n. 580. — Lasiocephalus Schlchtl, in Ges. Nat. Fr. Berl. Mag., VIII, 308. — Oresigonia Less.
5. Flavi.
6. Cujus potius (?) sectio.
7. Magnis v. majusculis.
8. Spec. 12, 13. H. B. K., Nov. gen. et spec., IV, t. 362, 363. — Hombr. et Jacquin., in

359. Haploesthes A. Gray[1]. — Flores[2] fertiles, 2-morphi; radii pauci fœminei; corollæ ligulatæ limbo latiusculo patente, integro v. paucidentato; disci autem hermaphroditi; corollæ tubulosæ limbo cylindraceo, 5-dentato. Antheræ basi obtusata subintegræ. Styli florum hermaphroditorum rami subteretes compressiusculive, apice dilatato truncati; fœmineorum tenuiores recurvi. Fructus lineares, 10-costati; pappi setis ∞, tenuibus, scabris v. tenuiter barbellatis. — Herba erecta glabra tenuis; foliis oppositis linearibus; capitulis[3] in cymas laxe corymbiformes terminales dispositis; involucri subcampanulati bracteis subæqualibus paucis[4] membranaceis striatis, imbricatis. (N.-Mexicum[5].)

360. Crocidium Hook.[6] — Flores[7] fertiles, 2-morphi; radii fœminei, 1-seriati; corollæ ligulatæ limbo elongato integro patente; disci autem hermaphroditi; corollæ tubulosæ limbo repente campanulato, 5-dentato. Antheræ basi obtusæ. Styli florum hermaphroditorum rami breves complanati, apice acute rhombei hirtelli; fœmineorum multo breviores obtusique. Fructus oblongi, hyalino-papillosi; radii calvi; disci autem setis tenuibus barbellatis coronati. — Herba annua; foliis basilaribus rosulatis spathulatis, nunc grosse remoteque dentatis v. inæqui- 3-lobis; caulinis linearibus integris; capitulis[8] terminalibus solitariis, longe stipitatis; involucri late campanulati bracteis membranaceis, margine sæpe scariosis, basi connatis; receptaculo convexo nudoque[9]. (America bor. occ.[10])

361. Melalema Hook. f.[11] — « Flores[12] fertiles, 2-morphi; radii fœminei, 1-seriati; corolla tenui stylo breviore; limbo (haud distincto) apice oblique truncato; disci autem hermaphroditi; corollæ regularis tubo brevi; limbo cylindraceo, breviter 5-dentato. Antheræ basi integra truncatæ v. obtusæ. Styli florum hermaphroditorum rami lineares, apice truncato penicillati. Fructus oblongi angulati glabri, apice truncati. — Herba humilis cæspitoso-ramosissima v. diffusa denseque

D'Urv. Voy. pôle sud, Bot., t. 11. — Wedd., Chlor. andin., I, 137, t. 22, 23. — Walp., Rep., VI, 254; Ann., II, 908; V, 295.
1. Pl. Fendler., 109. — B. H., Gen., II, 441, n. 568.
2. « Flavi. »
3. Parvis.
4. Sæpius 4, 5.
5. Spec. 1. H. Greggii A. Gray. — Walp., Ann., II, 909.
6. Fl. bor.-amer., I, 335, t. 118. — DC., Prodr..

VII, 301. — Endl., Gen., n. 2812⁴. — B. H., Gen., II, 440, n. 566.— A. Gray, in Proc. Amer. Acad., IX, 206.
7. Flavi.
8. Mediocribus.
9. Genus Senecioideas cum Astereis sinceris connectens.
10. Spec. 1. C. multicaule Hook.
11. Fl. antarct., II, 311. — B. H., Gen., II, 443, n. 575.
12. Flavi.

foliata; foliis[1] alternis confertis spathulatis integris, supra glabratis, subtus albo-tomentosis; capitulis[2] solitariis, intra folia ultima arcte sessilibus; involucri campanulati bracteis ∞-seriatis; interioribus parum inæqualibus, apice membranaceis, sphacelatis, 1-2-seriatis; exterioribus autem brevioribus v. extimis foliaceis foliaque caulina referentibus; receptaculo plano nudoque. » (*Magellania*[3].)

362. **Hertia** LESS.[4] — Flores[5] 2-morphi; radii fœminei fertiles, 1-seriati; corolla aut ligulata; limbo integro v. 2-3-dentato, patente; aut inæqui-truncata abbreviata; disci autem hermaphroditi steriles; corollæ regularis tubulosæ limbo cylindraceo v. anguste campanulato, 5-dentato v. fido. Antheræ basi integræ. Styli florum hermaphroditorum rami lineares v. breves compressiusculi, apice truncati v. penicillati; fœmineorum angustiores. Fructus radii oblongi, haud v. parce 5-10-costati, varie induti; pappi setis[6] ∞, tenuibus, ∞-seriatis; disci tenuiores glabri vacui; pappi setis paucioribus v. brevioribus. — Suffrutices carnosuli glabri[7]; foliis alternis sessilibus, integris v. parce dentatis; capitulis[8] stipitatis terminalibus solitariis v. in cymam foliatam dispositis paucis; involucri subcampanulati bracteis oblongis plus minus alte valvatim connatis, demum liberis, patulis v. reflexis; receptaculo superne plano v. convexiusculo. (*Africa bor. et austr., Asia occ.*[9])

363. **Raillardia** GAUDICH.[10] — Flores[11] hermaphroditi fertiles, 1-morphi; corollæ regularis tubulosæ limbo cylindraceo v. campanulato, 5-fido dentatove. Antheræ basi integræ. Styli rami lanceolato-subulato-hirtello-appendiculati. Fructus elongati angusti, 4-5-angulati v. ∞-striati; pappi setis rigidis plumoso-ciliatis, 1-2-seriatis. — Frutices v. herbæ cæspitosæ; caudice crasso brevi lignoso; foliis basilaribus rosulatis, alternis, oppositis v. ternatim verticillatis, integris,

---

1. Parvis.
2. Parvulis v. mediocribus.
3. Spec. 1. *M. humifusum* HOOK. F. — WALP., *Rep.*, VI, 250 (*Melalemma*). — *Baccharis humifusa* BANKS et SOLAND., herb.
4. In *Linnæa*, VI, 94, (1831). — DC., *Prodr.*, VI, 483. — ENDL., *Gen.*, n. 2819. — ? NECK., *Elem.*, I, 8 (prior.). — *Othonnopsis* JAUB. et SPACH, *Ill. pl. or.*, IV, 90, t. 357. — B. H., *Gen.*, II, 451, n. 589.
5. Flavi.
6. Albis.
7. Sæpe glaucescentes.

8. Majusculis v. parvis.
9. Spec. 7,8. L., *Spec.*, 1310 (*Othonna*). — DC., *Prodr.*, VI, 476, n. 20, 477, n. 28 (*Othonna*). — HARV et SOND., *Fl. cap.*, III, 321, 322, 332 (*Othonna, Doria*). — BOISS., *Diagn. or.*, ser. 2, VI, 106 (*Othonna*); *Fl. or.*, III, 414 (*Othonnopsis*). — CLARKE, *Compos. ind.*, 210 (*Othonna*). — HOOK. F., *Fl. brit. Ind.*, III, 356 (*Othonnopsis*). — *Bot. Reg.*, t. 266 (*Othonna*.) — WALP., *Ann.*, V, 350 (*Othonnopsis*).
10. In *Freycin. Voy.*, *Bot.*, 469, t. 83. — ENDL., *Gen.*, n. 2815. — A. GRAY, in *Proc. Amer. Acad.*, V, 132. — B. H., *Gen.*, II, 442, n. 572.
11. Flavi.

coriaceis, nitidis, glabratis v. sericeis; capitulis[1] stipitatis, solitariis
v. in cymas terminales axillaresve corymbiformes dispositis paucis;
involucri cylindraceo-campanulati bracteis 1-seriatis, valvatim cohærentibus v. demum liberis; receptaculo superne plano v. convexo, nudo
v. setoso-fimbrillifero[2]. (*Ins. Sandwic.*, *California*[3].)

364. Robinsonia DC.[4] — Flores[5] diœci; radii fœminei; corollæ
ligulatæ limbo 2-3-dentato, patente v. brevi concavo; disci autem
hermaphroditi[6]; corollæ regularis tubulosæ limbo in capitulis masculis
anguste campanulato; in fœmineis haud v. vix ampliato brevique,
ubique 5-partito dentatove. Antheræ (in capitulis fœmineis cassæ rudi-
mentariæve liberæ) basi obtusæ. Styli florum hermaphroditorum in
capitulis fœmineis longioris rami breves obtusi; in masculis breviores
truncato-penicillati, v. stylus integer penicillatus emarginatusve.
Fructus oblongi, crasse 5-costati; embryonis haud v. parcissime albuminosi cotyledonibus subplanis, undulatis v. convolutis; pappi setis[7]
brevibus, basi nunc in annulum breviter cupulatum connatis, scabris
v. denticulatis, caducis. — Arbusculæ v. frutices resinosi glabri; ramis
cicatricibus foliorum delapsorum notatis; foliis alternis in summis
ramulis confertis elongatis, sæpe sessilibus, integris membranaceo-
coriaceis, oblique venosis; capitulis[8] in cymas composite corymbiformes dispositis; involucri subcampanulati bracteis æqualibus v. inæqualibus, 1-seriatis, valvatim approximatis (nec connatis); exterioribus
minutis nunc paucis v. 0; receptaculo subplano nudo v. minute foveolato. (*Ins. J.-Fernandez*[9].)

365. Vendredia H. Bn[10]. — Flores[11] (fere *Robinsoniæ*) diœci pauci
(2-4); corollæ tubulosæ limbo cylindraceo (v. in capitulis fœmineis
brevi rigido haud ampliato), 5-dentato. Antheræ basi obtusæ (in capitulis fœmineis rudimentariæ v. cassæ liberæ). Fructus oblongi, 5-goni;

1. Majusculis v. parvis.
2. Generis sectio; scapo 1-cephalo; caule
crasso brevi foliisque rosulatis, est *Raillardella*
A. GRAY, in *Proc. Amer. Acad.*, VI, 550; IX, 207.
— B. H., *Gen.*, II, 442, n. 573 (*California*).
3. Spec. 10, 11. *Bot. Mag.*, t. 5517.
4. In *Guillem. Arch. bot.*, II, 333; *Prodr.*,
VI, 447 (nec SCHREB.). — DELESS., *Ic. sel.*, IV,
t. 63, 64. — ENDL., *Gen.*, n. 2821. — B. H.,
Gen., II, 441, n. 570.
5. « Flavi. »
6. In capitulis masculis steriles; in fœmineis
fertiles.

7. Albis, tenuibus.
8. Parvis, crebris.
9. Spec. 4. DCNE, in *Ann. sc. nat.*, sér. 2, I,
16, t. 1, B, C. — REMY, in *C. Gay Fl. chil.*, IV,
123.
10. *Balbisia* DC., in *Guillem. Arch. bot.*, II,
333; *Prodr.*, VI, 447 (nec W., nec CAV.). —
DELESS., *Ic. sel.*, IV, t. 62. — DCNE, in *Ann. sc.
nat.*, sér. 2, I, 16, t. 1, A. — ENDL., *Gen.*,
n. 2820. — B. H., *Gen.*, II, 442, n. 511. —
Ingenhousia BERT., herb. (ex DC., nec SESS. et
MOÇ.).
11. « Flavi. »

pappi setis ∞, inæqualibus tenuibus (in fructibus vacuis capitulorum masculorum corrugatis v. crispulis, caducis).— Arbusculæ resinosæ; ramis, foliis alternis in summo ramulo confertis cæterisque *Robin-soniæ;* limbo integro v. superne serrulato; capitulis cylindraceis in racemum terminalem composite spicigerum dispositis; involucri anguste tubulosi subcylindracei bracteis paucis (2-4) in tubum approximatis liberis, imbricatis; receptaculo parvo nudoque. (*Ins. J.-Fernandez*[1].)

366. Faujasia CASS.[2] — Flores[3] regulares fertiles, 2-morphi; radii fœminei, 1-seriati; corolla anguste campanulata, 4-5-fida; disci autem hermaphroditi; corollæ limbo latiore, 5-fido. Antheræ basi breviter sagittata minute dentatæ v. mucronatæ. Styli florum hermaphroditorum rami apice dilatato-truncati penicillati. Fructus oblongi striati glabri; pappi setis paucis-∞, scabris v. breviter barbellatis.—Frutices glabri; foliis alternis, nunc confertis, linearibus[4] v. amplexicaulibus; capitulis[5] in racemos terminales cymigeros dense corymbiformes dispositis; involucri cylindracei v. campanulati bracteis æqualibus, 1-seriatis, plus minus alte cohærentibus; additis exterioribus parvis, 1-2-seriatim imbricatis; receptaculo subplano, convexo conicove. (*Ins. Mascaren.*[6])

367. Eriothrix CASS.[7] — Flores[8] fertiles regulares, 2-morphi (fere *Faujasiæ*); exteriores fœminei pauci; interiores autem hermaphroditi; corolla tubulosa; limbo anguste campanulato, 4-5-dentato, in flore fœmineo angustiore brevioreque. Antheræ basi obtusæ. Styli florum hermaphroditorum rami truncati, nunc penicillati; fœmineorum angustiores recurvi. Fructus lineari-oblongi, teretes v. compressiusculi striati; pappi setis ∞, tenuibus scabriusculis. — Fruticulus[9] glaber; foliis alternis confertis crebris adpresse imbricatis subulatis rigidis; ultimis (conformibus[10]) capitulorum terminalium

1. Spec. 1. *V. Berterii* H. BN. — *Balbisia Berterii* DC. — REMY, in *C. Gay Fl. chil.*, IV, 123. —*Ingenhousia thurifera* BERT., herb.
2. In *Bull. Soc. philom.* (1819), 80; in *Dict., sc. nat.*, XVI, 247. — DC., *Prodr.*, VI, 293. — ENDL., *Gen.*, n. 2787. — B. H., *Gen.*, II, 443, n. 576.
3. Flavi fereque *Senecionis;* corollis nisi radii regularibus.
4. Nunc ericoideis.
5. Parvis, crebris.

6. PERS., *Syn.*, II, 436 (*Senecio*). — SPRENG., *Syst.*, III, 554 (*Senecio*). — BAK., *Fl. maur.*, 174.
7. In *Bull. Soc. philom.* (1817), 32; in *Dict. sc. nat.*, XV, 200 (*Eriothrix*).—DC., *Prodr.*, VI, 293. — ENDL., *Gen.*, n. 2787. — B. H., *Gen.*, II, 443, n. 574.
8. Pallide flavescentes.
9. *Lycopodii clavati* facie.
10. Vel interioribus paucis brevioribus, margine dilatato hyalinis.

sessiliumque basin involucrantibus ; receptaculo convexiusculo minute foveolato. (*Borbonia*[1].)

368. **Tetradymia** DC.[2] — Flores[3] hermaphroditi fertiles, 1-morphi; corollæ regularis tubo tenui; limbo campanulato profunde 5-fido. Antheræ basi integræ v. breviter auriculatæ. Styli rami teretes v. complanati, apice truncato v. breviter conico penicillati. Fructus oblongi teretes, aut glabri, aut longe sericeo-villosi; pappi setis nunc cum pilis germinis (fructusve) continuis conformibusque. — Frutices cano-lanati tomentosive, inermes v. ramis abortivis spinescentibus donati; foliis alternis integris; capitulis[4] axillaribus ramulosve axillares breves terminantibus, nunc corymbiformi-cymosis; bracteis involucri oblongi v. subcampanulati paucis (4), v. 5-∞, 1-2-seriatis, obtusis v. acutis, subæqualibus, v. exterioribus gradatim minoribus, extus pubescentibus v. tomentosis, rigidis v. coriaceis, imbricatis; receptaculo angusto nudoque. (*America bor. occ.*[5])

369. **Lopholæna** DC.[6] — Flores (fere *Senecionis*) hermaphroditi fertiles, 1-morphi; corollæ regularis tubulosæ limbo cylindraceo, elongato, breviter 5-dentato. Antheræ basi integra truncatæ v. brevissime auriculatæ. Styli rami subteretes longe lineari-appendiculati; appendiculis dorso v. ubique hirtellis. Fructus oblongi, ∞-striati; pappi[7] setis ∞, tenuibus scabris v. tenuiter barbellatis, ∞-seriatis. — Frutices v. suffrutices glabri; foliis[8] alternis sessilibus ovatis v. elliptico-oblongis integris carnosulis, tenuiter plurinerviis; capitulis[9] in cymam densam terminalem foliatam dispositis v. solitariis[10]; involucri ovoidei v. angustioris subcylindracei bracteis paucis latis, 1-seriatis, herbaceis, dorso nunc cristatis v. appendice verticali foliacea auctis, margine attenuato scarioso v. hyalino imbricatis; receptaculo subplano foveolato. (*Africa austr.*[11])

1. Spec. 1. *E. lycopodioides* DC. — *E. juniperifolia* CASS., in *Dict.*, XV, 200. — *Conyza lycopodioides* LAMK, *Dict.*, II, 91; *Ill.*, t. 697, fig. 2. — ? *Baccharis lycopodioides* PERS., *Syn.*, II, 425.
2. *Prodr.*, VI, 440. — DELESS., *Ic. sel.*, IV, t. 60. — ENDL., *Gen.*, n. 2814. — B. H., *Gen.*, II, 450, 1236, n. 588. — *Lagothamnus* NUTT., in *Trans. Amer. Phil. Soc.*, ser. 2, VII, 416.
3. Flavi.
4. Mediocribus.
5. Spec. 4, 5. TORR. et GRAY, *Fl. N.-Amer.*, II, 447; *Beckw. Exp., Bot.*, 8; in *Proc. Amer. Acad.*,

VIII, 290 (*Linosyris*); IX, 207. — DUR., in *Pacif. Railr. Expl.*, 8 (*Carphephorus*). — WALP., *Ann.*, V, 348.
6. *Prodr.*, VI, 335. — DELESS., *Ic. sel.*, IV, t. 59. — ENDL., *Gen.*, n. 2808. — B. H., *Gen.*, II, 441, n. 569.
7. Basi flavescentis apiceque nivei (DC.).
8. Nunc fere *Cerinthis*.
9. Mediocribus.
10. Ibique magnis.
11. Spec. 2. HARV. et SOND., *Fl. cap.*, III, 314. — HOOK, *Icon.*, t. 1113.

370. **Doronicum** T.[1] — Flores[2] fertiles, 2-morphi; radii fœminei, 1-seriati; corollæ ligulatæ limbo elongato patente, integro v. 2-3-dentato; disci autem hermaphroditi; corollæ tubulosæ limbo cylindraceo v. anguste campanulato, 5-fido. Antheræ basi integræ v. minute auriculatæ[3]. Styli florum hermaphroditorum rami complanati, apice nunc penicillato- breviter obtuseque v. longius et acutiuscule appendiculati, demum recúrvi; florum fœmineorum tenuiores. Fructus lineares v. oblongi, teretes v. 5-10-costati; pappi setis ∞, rigidulis scabris v. barbellatis, nuncve 0[4]. — Herbæ perennes, glabræ, villosulæ v. glandulosæ; foliis oppositis v. alternis, basi sæpius rosulatis; capitulis longe stipitatis, solitariis v. cymosis paucis; involucri late campanulati, obconici v. subhemisphærici, bracteis herbaceis acutis v. acuminatis, 1-2-seriatis; receptaculo plus minus convexo, nudo, villosulo v. fimbrillifero[5]. (*Europa, Asia et America bor. temp.*[6])

371. **Othonna** L.[7] — Flores[8] 2-morphi; radii fœminei fertiles, 1-seriati; corolla aut ligulata; limbo patente, integro v. 3-dentato; aut tenui abbreviata truncata; disci autem hermaphroditi steriles; corollæ tubulosæ limbo cylindraceo plus minus ampliato v. campanulato, 5-fido. Antheræ basi integræ v. brevissime auriculatæ. Stylus florum hermaphroditorum indivisus, apice capitato penicillatus. Fructus radii fertiles oblongi, 5-10-costati; pappi setis ∞ (albis v. coloratis), ∞-seriatis; disci cylindracei vacui; pappi setis paucioribus, sæpius

1. *Inst.*, 487, t. 277. — L., *Gen.*, n. 959. — J., *Gen.*, 182. — GÆRTN., *Fruct.*, II, t. 173. — LESS., *Syn.*, 390. — DC., *Prodr.*, VI, 320. — SPACH, *Suit. à Buffon*, X, 270. — ENDL., *Gen.*, n. 2802. — B. H., *Gen.*, II, 440, n. 565. — *Aronicum* NECK., *Elem.*, I, 27. — DC., *Prodr.*, VI, 319. — ENDL., *Gen.*, n. 2801. — *Grammarthron* CASS., in *Bull. Soc. philom.* (1817), 32; in *Dict.*, XIX, 294. — *Fullartonia* DC., *Prodr.*, V, 281. — ENDL., *Gen.*, n. 2328.
2. Flavi v. pallide aurantiaci.
3. Filamentis superne nunc articulatis.
4. Discus epigynus basin styli cingens, nunc licet parum evolutus, non bene in fig. 95, 96 prætermissus.
5. Generis sectio nobis est, foliis oppositis; styli ramis acutius appendiculatis receptaculoque minus elevato, *Arnica* L., *Gen.*, n. 958. — GÆRTN., *Fruct.*, II, t. 173. — DC., *Prodr.*, VI, 317. — ENDL., *Gen.*, n. 2800. — B. H., *Gen.*, II, 440, n. 564.
6. Spec. ad 20. JACQ., *Fl. austr.*, t. 92, 349 (*Arnica*), 130, 350; *Ic. rar.*, t. 586 (*Arnica*). — ALL., *Fl. pedem.*, t. 17 (*Arnica*). — LOIS., *Fl.*

gall., t. 20 (*Arnica*). — REICHB., *Ic. Fl. germ.*, t. 953, 954 (*Aronicum*), 955-957; 958 (*Arnica*). — HOOK., *Fl. bor.-amer.*, t. 111 (*Arnica*). — TORR., *Fl. New-York*, t. 60 (*Arnica*). — TEN., *Fl. nap.*, t. 79. — BOISS., *Diagn. or.*, ser. 2, III, 31; *Fl. or.*, III, 378. — CHAPM., *Fl. S. Unit. St.*, 246 (*Arnica*). — FR. et SAV., *Enum. pl. jap.*, I, 245 (*Arnica*). — HOOK. F., *Fl. brit. Ind.*, III, 332. — EAT., in *Unit. St. Fort. parall. expl., Bot.*, 186 (*Arnica*). — WILLK. et LGE, *Prodr. Fl. hisp.*, II, 107. — GREN. et GODR., *Fl. de Fr.*, II, 107; 108 (*Aronicum*), 110 (*Arnica*). — *Bot. Mag.*, t. 1749 (*Arnica*), 3143. — WALP., *Rep.*, II, 651 (*Arnica*), 652; VI, 253; *Ann.*, II, 907; V, 292 (*Arnica*), 293.
7. *Gen.*, n. 993. — CASS., in *Dict.*, LVIII, 462. — LESS., in *Linnæa*, VI, 94; *Syn.*, 89. — ENDL., *Gen.*, n. 2828 (part.). — B. H., *Gen.*, II, 453, n. 595. — *Doria* LESS., in *Linnæa*, VI, 94 (nec ADANS., nec THUNB.). — SCH. BIP., in *Flora* (1844), 769. — *Ceradia* LINDL., in *Bot Reg.* (1845), *Misc.*, 12. — *Doria* THUNB., *Fl. cap.*, 673 (part.).
8. Flavi v. nunc cyanei.

caducis. — Herbæ, suffrutices v. frutices glabri; foliis alternis v. basilaribus, sæpe carnosulis, integris, dentatis v. dissectis, nunc amplexicaulibus; capitulis[1] stipitatis solitariis v. in cymas corymbiformes plus minus compositas dispositis; involucri sæpius breviter campanulati bracteis plerumque æqualibus, 1-seriatis et plus minus alte connatis; receptaculo plano convexove, nudo v. foveolato. (*Africa austr.*[2])

372. Gymnodiscus Less.[3] — Flores 2-morphi; radii fœminei fertiles, 1-seriati; corollæ ligulatæ limbo patente, integro v. minute dentato; disci autem hermaphroditi steriles; corollæ regularis tubulosæ limbo anguste campanulato, 5-fido v. dentato. Antheræ basi integræ. Stylus florum hermaphroditorum indivisus, apice capitellato penicillatus; fœmineorum graciliter 2-ramosus. Fructus radii inæquiobovoidei compressi canescentes[4]; pappi setis paucis brevibus, caducis; disci tenues vacui; pappo 0.—Herbæ annuæ glabræ; foliis basilaribus rosulatis lyrato-pinnatifidis; caulinis alternis paucis angustis, dissectis v. nunc integris; capitulis[5] in cymas terminales corymbiformes dispositis; involucri breviter subcampanulati bracteis paucis, liberis v. ima basi connatis; receptaculo parvo subplano nudo. (*Africa austr.*[6])

373. Euryops Cass.[7] — Flores[8] fertiles, 2-morphi; radii fœminei, 1-seriati; corollæ ligulatæ limbo patente elongato, integro v. brevissime dentato; disci autem hermaphroditi; corollæ regularis limbo tubuloso v. campanulato, profunde sæpius 5-fido. Antheræ basi integræ v. minute auriculatæ. Styli florum hermaphroditorum rami compressi, apice truncato penicillati; fœmineorum breviores angustioresque. Fructus ovoidei v. elongati, glabri villosive, 10-costati; pappi setis[9] crebris tenuibus intertextis v. intricatis, scabris barbellatisve. — Frutices glabri tomentosive; foliis alternis, integris, incisis v. pinnatisectis, plerumque confertis; capitulis[10] stipitatis terminalibus v. ad folia superiora axillaribus; involucri hemisphærici v. late latissimeve campanu-

---

1. Parvis v. mediocribus.

2. Spec. ad 75. Jacq., *Hort. schœnbr.*, t. 238, 240, 241, 376. — Harv. et Sond., *Fl. cap.*, III, 320, 328 (*Othonna, Doria*). — Harv., *Thes. cap.*, t. 15. — DC., *Plant. grass.*, t. 48 (*Cacalia*). — Saund., *Ref. bot.*, t. 225, 253. — *Bot. Mag.*, t. 768, 1312, 1979, 3067, 4038. — Walp., *Rep.*, VI, 727 (*Ceradia*).

3. *Syn.*, 89. — Endl., *Gen.*, n. 2827. — B. H., *Gen.*, II, 452, n. 594.

4. Humectati dense mucilaginosi.

5. Parvis v. minutis.

6. Spec. 2. L. f., *Suppl.*, 388 (*Othonna*). — Thunb., *Fl. cap.*, 721 (*Othonna*). — Harv. et Sond., *Fl. cap.*, III, 345.

7. In *Bull. Soc. philom.* (1818), 140; in *Dict.*, XVI, 49 (part.). — DC., *Prodr.*, VI, 443. — Endl., *Gen*, n. 2819. — B. H., *Gen.*, II, 452, n. 592. — *Enantiotrichum* E. Mey., in herb. Drège.

8. Flavi.

9. Vel potius imæ corollæ pilis crebris in pappum gradatim abeuntibus.

10. Parvis v. majusculis.

lati bracteis æqualibus, 1-seriatis, plus minus alte in cyathum connatis; receptaculo plano v. plus minus convexo, nudo, foveolato
v. fimbrillifero. (*Africa austr. et or. trop.*[1])

374. Werneria H.B.K.[2] — Flores[3] fertiles, 2-morphi v. (radii
defectu) 1-morphi; radii fœminei, 1-seriati; corollæ ligulatæ limbo
elongato patente, integro v. minute 2-dentato; disci autem hermaphroditi; corollæ tubulosæ limbo cylindraceo ampliato, 5-fido v. dentato.
Antheræ basi integræ v. minute auriculatæ. Styli florum hermaphroditorum rami recurvi, apice truncato penicillati v. breviter acuto-
appendiculati. Fructus obconici v. oblongi; pappi setis ∞, scabris
v. breviter barbellatis. — Herbæ humiles cæspitosæ, glabræ, villosæ
v. setosæ; foliis basilaribus rosulatis, in caudice sæpius brevi confertis,
integris dentatis v. pinnatisectis, brevibus v. longis, nunc 2-stichis;
capitulis[4] sessilibus v. rarius stipitatis; involucri hemisphærici v. late
campanulati bracteis ∞, æqualibus, basi v. plus minus alte in cyathum
connatis, 1-seriatis; receptaculo plano v. convexo nudo[5]. (*America
austr. andin.*[6])

375. **Oligothrix** DC.[7] — Flores[8] 2-morphi; radii rœminei fertiles,
1-seriati; corollæ ligulatæ limbo latiusculo, integro v. paucidentato,
patente v. recurvo; disci autem hermaphroditi, fertiles v. steriles;
corollæ tubulosæ limbo anguste campanulato, 5-fido. Antheræ basi
integræ v. emarginatæ. Styli florum hermaphroditorum rami apice
truncati penicillati. Fructus oblongi, 5-costati[9]; costis papilloso-
rugosis; pappi setis brevibus tenuissimis scabro–barbellatis, caducis.
— Herba annua gracilis glabra; foliis paucis alternis sinuato-dentatis,
basi amplexicaulibus; capitulis[10] in cymas laxas dispositis; involucri
campanulati bracteis[11] æqualibus membranaceis, ad medium in cupu-

1. Spec. ad 25. Jacq., *Hort. schœnbr.*, t. 239, 242 (*Othonna*), 308 (*Cineraria*). — A. Rich., *Fl. abyss*, I, 445, t. 60. — Jaub. et Sp., *Ill. pl. or.*, t. 355, 356. — Harv. et Sond., *Fl. cap.*, III, 408. — Oliv. et Hiern, *Fl. trop. Afr.*, III, 422. — *Bot. Reg.*, t. 108 (*Othonna*). — *Bot. Mag.*, t. 306 (*Othonna*). — Walp., *Ann.*, II, 920; V, 348.
2. *Nov. gen. et spec.*, IV, 189, t. 368, 369. — DC., *Prodr.*, VI, 323. — Endl., *Gen.*, n. 2803. — B. H., *Gen.*, II, 451, n. 590. — *Oresigonia* W., herb., ex Less., *Syn.*, 393.
3. Disci flavi; radii autem albi, flavi v. rosei.
4. Magnis v. mediocribus.

5. Genus *Senecioni* valde affine. An congen. *Oribasia* Sess. et Moç., *Fl. mex. ined.* (ex DC.)?
6. Spec. 15, 16. Remy, in *C. Gay Fl. chil.*, IV, 213, t. 47. — Wedd., *Chlor. andin.*, I, 80, t. 16, 17. — A. Gray, in *Proc. Amer. Acad.*, V, 139. — Walp., *Rep.*, VI, 254; *Ann.*, II, 908; V, 295.
7. *Prodr.*, VI, 304. — Deless., *Ic. sel.*, IV, t. 57. — Endl., *Gen.*, n. 2795. — B. H., *Gen.*, II, 452, n. 591.
8. Flavi.
9. Madefacti leviter mucilaginosi.
10. Parvis.
11. In medio nunc oleoso-striatis (indeque graviter odoratis).

lam connatis; receptaculo plano v. convexiusculo nudo[1]. (*Africa austr.*[2])

376. Gamolepis Less.[3] — Flores[4] fertiles, 2-morphi; radii fœminei, 1-seriati; corollæ ligulatæ limbo patente, integro v. rarius paucidentato; disci autem hermaphroditi; corollæ tubulosæ limbo ampliato, 5-fido. Antheræ basi integræ; filamentis ad apicem incrassatis. Styli florum hermaphroditorum rami apice truncato penicillati v. brevissime appendiculati; fœmineorum obtusi recurvi. Fructus oblongi, recti v. curvi, glabri, 5-10-costati; pappo 0, v. in radio brevissimo fimbriato-crenulato. — Frutices v. herbæ, glabri lanative; foliis alternis, integris v. dissectis, nunc confertis parvis rigidulis[5]; capitulis[6] stipitatis; involucri campanulati v. subhemisphærici bracteis ima basi v. varie altius in cyathum connatis, 1-seriatis; receptaculo plano v. plus minus convexo, nudo foveolatove. (*Africa austr.*[7])

377. Liabum Adans.[8] — Flores[9] fertiles, 2-morphi, v. (radii defectu) 1-morphi; radii fœminei, 1-2-seriati (v. 0); corollæ ligulatæ limbo patente, elongato angustove, 2-3-dentato v. integro; disci autem hermaphroditi; corollæ tubulosæ (nunc tenuissimæ) limbo cylindraceo, 5-fido v. dentato. Antheræ basi obtusiuscule v. acute auriculatæ. Styli florum hermaphroditorum rami lineares v. subulati, sæpe obtusiusculi, plerumque hirtelli. Fructus obconico-oblongi, sæpe striatelli, glabri villosive; pappi setis ∞, 1-2-seriatis, liberis v. basi in annulum persistentem connatis, tenuibus, barbellatis v. scabris; exterioribus sæpe aut paleaceis, aut tenuissimis.—Herbæ v. frutices; caule erecto ramoso v. nunc subnullo; indumento vario, hirsuto, tomentoso v. scabro, nunc e pilis articulatis constante, v. 0; foliis oppositis, integris, dentatis

1. Genus hinc *Senecioni* proximum, inde *Gymnodisco* a quo stylis disci 2-ramosis floribusque disci nunc fertilibus imprimis differt.
2. Spec. 1. *O. gracilis* DC.— Harv. et Sond., *Fl. cap.*, III, 306.
3. *Syn.*, 251. — DC., *Prodr.*, VI, 41. — Endl., *Gen.*, n. 2656. — B. H., *Gen.*, II, 452, n. 593. — *Psilothamnus* DC., *Prodr.*, VI, 41. — Endl., *Gen.*, n. 2657. — *Jacquemontia* Bél., *Voy., Icon.*, t. 10 (nec Chois.).
4. Flavi.
5. Nunc cricoideis.
6. Parvis v. mediocribus.
7. Spec. 10-12. L., *Spec.*, 1309 (*Othonna*). — Harv. et Sond., *Fl. cap.*, III, 156.
8. *Fam. des pl.*, II, 131. — DC., *Prodr.*, V, 96; VII, 266. — Endl.. *Gen.*, n. 2245. — B. H.,

Gen., II, 435. — *Andromachia* H. B., *Plant. æquin.*, II, 104, t. 112. — Less., in *Linnæa*, IV, 318. — DC., *Prodr.*, V, 95; VII, 265. — Endl., *Gen.*, n. 2244. — *Munnozia* R. et Pav., *Prodr. Fl. per.*, 108, t. 23. — DC., *Prodr.*, VII, 259. — *Starkea* W., *Spec.*, III, 2216. — *Oligactis* Cass., in *Dict.*, XXXVI, 16. — *Sinclairia* Hook. et Arn., in *Beech. Voy., Bot.*, 433. — *Paranephelius* Poepp. et Endl., *Nov. gen. et spec.*, III, 42, t. 248. — *Prionolepis* Poepp. et Endl., *loc. cit.*, III, 55, t. 261. — *Alibum* Less., *Syn.*, 152. — DC., *Prodr.*, V, 97. — Endl., *Gen.*, n. 2246. — *Erato* DC., *Prodr.*, V, 317. — Endl., *Gen.*, n. 2366. — *Kastnera* Sch. bip., in *Flora* (1853), 37. — *Chrysactinium* Wedd., *Chlor. andin.*, I, 212, t. 39.
9. Flavi (v. ? albi).

v. lobatis; capitulis[1] solitariis, sessilibus v. breviter stipitatis, sæpiusve
in cymas plus minus ramoso-compositas dispositis; involucri campanulati v. latiuscule hemisphærici bracteis ∞, herbaceis v. membranaceis, apice acutis v. obtusatis; exterioribus gradatim minoribus;
receptaculo plus minus convexo, nudo, alveolato, fimbrillifero v. paleis
laceris striatisve deciduis onusto[2]. (America utraque trop. et subtrop.[3])

378. Neurolæna R. Br.[4] — Flores[5] (fere *Liabi*) hermaphroditi,
plerique fertiles, 1-morphi; corollæ regularis tubulosæ limbo cylindraceo. Antheræ minute auriculatæ. Styli rami tenues acutati recurvi
papillosi. Fructus obconico-oblongi glabri v. pilosuli; pappi setis ∞,
tenuibus, nunc parce scabrellis, 1-2-seriatis. Suffrutices scabri; foliis
alternis; inferioribus nunc 3-lobis; capitulis in cymas laxe compositas
dispositis; involucri campanulati bracteis pluriseriatim imbricatis;
exterioribus gradatim brevioribus; receptaculo convexiusculo, paleis
caducis, 1-nerviis, sub floribus singulis onusto[6]. (Antillæ, Columbia[7].)

379? Gongrothamnus Steetz.[8] — Flores hermaphroditi fertiles,
1-morphi; corollæ regularis tubo longo; limbo anguste campanulato,
5-fido. Antheræ basi sagittata longe obtuseque auriculatæ. Styli rami
tenues compressiusculi acutiusculi recurvi. Fructus oblongi, apice
truncati, 10-costati; pappi setis ∞, tenuibus scabro-barbellatis, persistentibus, 1-2-seriatis. — Frutices divaricato-ramosi, « subscandentes »; foliis alternis, integris v. repando-dentatis, 3-plinerviis; capitulis[9] in cymas compositas subcorymbiformes dispositis; involucri
obconico-campanulati bracteis ∞, angustis acutis, ∞-seriatis; interioribus gradatim apice nunc angustioribus; exterioribus autem gradatim minoribus. (Africa trop. or.[10])

1. Majusculis v. parvis.
2. Generis sectio nobis videtur *Schistocarpha*
Less., in *Linnæa*, VI, 409. — B. H., *Gen.*, II,
437, n. 554. — *Neilreichia* Fenzl, in *Denkschr.*
Akad. Wiss. Wien, I, 258, t. 30 : receptaculo
inter flores paleaceo; foliis utrinque concoloribus. (*Mexicum*.)
3. Spec. ad 40. H. B. K., *Nov. gen. et spec.*,
IV, t. 336-338 (*Andromachia*). — Hook., *Icon.*,
t. 451 (*Sinclairia*). — Link, Kl. et Ott., *Ic. pl.
rar.*, t. 37 (*Schistocarpha*). — Pœpp. et Endl.,
Nov. gen. et spec., t. 249 (*Andromachia*). —
Wedd., *Chl. andin.*, I, 211 (*Andromachia*), 212,
t. 39 A (*Chrysactinium*), 213, t. 37 (*Paranephelius*). — *Bot. Mag.*, t. 5826 (*Paranephelius*). —
Griseb., *Symb. Fl. argent.*, 202. — Walp., *Rep.*,
II, 544; VI, 104; 250 (*Schistocarpha*).

4. R. Br., in *Trans. Linn. Soc.*, XII, 120. —
DC., *Prodr.*, VI, 292. — Endl., *Gen.*, n. 2786.
— B. H., *Gen.*, II, 437, n. 555.
5. Albidi.
6. *Schizolænæ* forte, haud obstantibus foliis
alternis, potius sectio?
7. Spec. 2. L., *Spec.*, 1207 (*Conyza*). — Sw.,
Prodr., 113 (*Calea*). — Gærtn., *Fruct.*, II, 408,
t. 174 (*Calea*). — *Bot. Mag.*, t. 1734 (*Calea*).
8. In *Pet. Mossamb.*, *Bot.*, 336. — B. H.,
Gen., II, 437, n. 556.
9. Majusculis, flavis.
10. Spec. 2, 3. Boj., in *DC. Prodr.*, V, 30,
n. 87 (*Vernonia*). — Vatke, in *Œsterr. Bot.
Zeitschr.* (1875), 323 (*Vernonia*) — Benth., in
Hook. Icon., t. 1140. — Oliv. et Hiern, *Fl.
trop. Afr.*, III, 400.

380? **Allendea** LLAV. et LEX.[1] — « Flores fertiles, 2-morphi; disci fœminei, ∞-seriati; corolla ligulata filiformi erecta; disci autem hermaphroditi pauci; corollæ tubulosæ limbo 5-fido; laciniis revolutis. Fructus...?; pappi setis pilosis. — Herba elata; caule virgato; ramis striatis sericeis; foliis oppositis late lanceolatis in petiolum brevem decurrentibus, basi connatis, 3-nerviis, subtus argentato-sericeis; hinc v. utrinque papilloso-denticulatis; capitulis in corymbum longe pedunculatum dispositis; receptaculo paleaceo. » (*Mexicum*[2].)

381? **Clappia** A. GRAY[3]. — « Flores[4] fertiles, 2-morphi; radii fœminei, 1-seriati; corollæ ligulatæ limbo patente, integro v. 3-dentato; disci autem hermaphroditi; corollæ tubulosæ limbo anguste campanulato v. vix ampliato, semi-5-fido. Antheræ basi obtusa integræ. Styli florum hermaphroditorum rami lineares, 3-angulari-appendiculati. Fructus lineari-cuneati, 10-costati; pappi setis simplicibus barbellatis, basi subpaleaceis, v. paleis angustis, in setas ∞ fissis, 1-seriatis. — Herbæ (v. suffrutices?) ramosæ glabræ; foliis alternis, integris v. pinnatisectis; capitulis[5] ad apices ramorum solitariis; involucri late campanulati v. hemisphærici bracteis imbricatis, lineatis, apice membranaceis, pauciseriatis; exterioribus gradatim minoribus; receptaculo convexo, longe setoso-fimbrillato[6]. » (*Mexicum*[7].)

382. **Petasites** T.[8] — Flores[9] 2-morphi (*Tussilago*[10]), polygami v. subdiœci (*Eupetasites*[11]); capitulis heterogamis; involucri campaniformis v. cylindracei bracteis æqualibus, 1-seriatis; receptaculo superne plano nudo. Flores fœminei ligulati; corollæ limbo lineari, sæpius integro, nunc brevi deformato; masculi hermaphroditique regulares; limbo subcampanulato v. subgloboso-acutiusculo, valvato. Antheræ basi integræ v. subauriculatæ, superne processu connectivi

---

1. *Nov. veg. descr.*, I, 10.— DC., *Prodr.*, VII, 253. — B. H., *Gen.*, II, 437, n. 553.

2. Spec. 1, nobis omnino ignota. *A. lanceolata* LLAV. et LEX., « *Liabo* et *Schistocarphœ* proxima ».

3. In *Torr. Emor. Exp., Bot.*, 93. — B. H., *Gen.*, II, 413, n. 499.

4. « Flavi (?) v. aurantiaci. »

5. Majusculis v. mediocribus.

6. « Genus hinc *Tagetineis*, inde *Senecionideis* affine. » (B. H.)

7. Spec. 2 (nobis ignotæ). BENTH., in *Hook. Icon.*, t. 1104, 1105.

8. *Inst.*, 451, t. 258. — GÆRTN., *Fruct.*, II,

406, t. 166. — CASS., in *Dict.*, XXXIX, 199. — LESS., *Syn.*, 159. — DC., *Prodr.*, V, 206. — ENDL., *Gen.*, n. 2286. — PAYER, *Fam. nat.*, 24. — B. H., *Gen.*, II, 438, n. 560. — *Nardosmia* CASS., in *Dict.*, XXXIV, 186.— LESS., *Syn.*, 139. — DC., *Prodr.*, V, 205. — ENDL., *Gen.*, n. 2285.

9. Albi, ochroleuci, flavi v. purpurascentes, nunc suaveolentes.

10. T., *Inst.*, 487, t. 276. — GÆRTN., *Fruct.*, II, t. 170. — L., *Gen.*, n. 952 (part.). — DC., *Prodr.*, V, 208. — ENDL., *Gen.*, n. 2288. — B. H., *Gen.*, II, 438, n. 559 : capitulis radiatis summo scapo aphyllo solitariis.

11. *Petasites* Auctt.

superatæ, marginibus coalitæ. Discus crassus. Stylus apice 2-fidus v. in floribus hermaphroditis subinteger. Fructus elongati costati, pappi setis crebris tenuissimis scabrellis coronati. — Herbæ sæpius albotomentosæ; rhizomate perenni; foliis sic dictis « radicalibus », orbiculari-cordatis v. reniformibus, basi digiti- v. pedatinerviis; capitulis summo scapo bracteato solitariis (*Tussilago*), v. ob bracteas summas fertiles simpliciter v. composito-racemosis[1]. (*Orbis utriusque hemisphœri borealis reg. temp.*[2])

383? **Luina** BENTH.[3] — « Flores[4] hermaphroditi fertiles, 1-morphi; corollæ tubulosæ limbo elongato subcylindraceo, 5-fido. Antheræ exsertæ, basi 2-mucronatæ v. breviter 2-setosæ. Styli rami elongati obtusi, extus papillosi. Fructus (immaturi) subteretes glabri, 10-striati; pappi setis ∞, tenuibus scabris. — Herba perennis niveo-floccosotomentosa; caudice sublignoso; foliis alternis, ovatis v. lanceolatis, integris venosis sessilibus; capitulis[5] in cymas terminales corymbiformes dispositis; involucri campanulati bracteis subæqualibus carinatis, sub-1-seriatis; exterioribus paucis minimis v. 0. » (*America bor.*[6])

384. **Alciope** DC.[7] — Flores[8] (fere *Cremanthodii*[9]) fertiles, 2-morphi; radii fœminei, 1-seriati; corollæ ligulatæ limbo patente v. demum arcte revoluto, minute 3-dentato; disci autem hermaphroditi; corollæ tubulosæ limbo cylindraceo parum ampliato, 5-fido. Antheræ basi minute dentatæ v. acuminatæ. Styli florum hermaphroditorum rami complanati, nunc ad apicem incrassati obtusi; fœmineorum breviores. Fructus subteretes, 10-∞-nervii; pappi setis ∞, minute barbellatis, pauciseriatis. — Herbæ perennes, tomentosæ

1. Generis sectio. nobis est, floribus 2-morphis; hermaphroditis stylo perfecto fertilibus; capitulis in scapo 1-2-nis, *Homogyne* CASS., in *Dict. sc. nat.*, XXI, 412. — DC., *Prodr.*, V, 204. — ENDL., *Gen.*, n. 2284. — B. H., *Gen.*, II, 429, n. 561.

2. Spec. ad 15. JACQ., *Fl. austr.*, t. 246, 247; *App.*, t. 12 (*Tussilago*). — LEDEB., *Ic. Fl. ross.*, t. 341 (*Tussilago*). — REICHB., *Icon. Fl. germ.*, t. 896-901; 902, 903 (*Homogyne*), 904 (*Tussilago*). — AIT., *H. kew.*, t. 11 (*Tussilago*). — TORR., *Fl. N.-York*, t. 49 (*Nardosmia*). — BOISS., *Diagn. or.*, ser. 2, III, 5 (*Tussilago*); *Fl. or.*, III, 376; 377 (*Tussilago*), 378 (*Homogyne*). — FR. et SAV., *Enum. pl. jap.*, I, 220. — WILLK. et LGE, *Prodr. Fl. hisp.*, II, 28; 29 (*Tussilago, Homogyne*). — GREN. et GODR., *Fl.*

de *Fr.*, II, 88; 91 (*Tussilago*). — *Bot. Mag.*, t. 84, 1388 (*Tussilago*). — WALP., *Rep.*, II, 557 (*Nardosmia*); *Ann.*, II, 404 (*Nardosmia, Tussilago*).

3. In *Hook. Icon.*, t. 1139; *Gen.*, II, 438, n. 558.—A. GRAY, in *Proc. Amer. Acad.*, IX, 206.

4. « Flavi. »

5. Mediocribus.

6. Spec. 1. *L. hypoleuca* BENTH., ex icone videtur *Senecioidea* stylo *Inulearum* prædita et melius forte (A. GRAY) sectionem *Tetradymiæ* constituens.

7. *Prodr.*, V, 209. — ENDL., *Gen.*, n. 2290. — B. H., *Gen.*, II, 439, n. 563. — *Celmisia* CASS., in *Dict.*, VII, 356 (nec XXXVII, 259).

8. Flavi.

9. Vix generice differentis.

v. lanatæ; caule simplici v. parce ramoso; foliis alternis petiolatis, crassis, subtus sæpius canentibus; capitulis[1] in cymam laxam terminalem longe stipitatam dispositis; involucri late campanulati v. sub-hemisphærici bracteis imbricatis, pluriseriatis; interioribus sæpius brevioribus; receptaculo convexo v. subplano foveolato. (*Africa austr.*)

385. Cremanthodium BENTH.[3] — Flores[4] fertiles, 2-morphi; radii fœminei, 1-seriati; corollæ ligulatæ limbo elongato patente, integro, 3-dentato v. 3-lobo; disci autem hermaphroditi; corollæ tubulosæ limbo longe cylindraceo, 5-fido. Antheræ basi integræ v. minute auriculatæ. Styli florum hermaphroditorum ad apicem incrassati, rami obtusi compressi, dorso papillosi, demum recurvi; fœmineorum tenuiores. Fructus oblongi v. ad apicem contracti, glabri, 5-10-nervii; pappi setis ∞, tenuibus scabro-barbellatis. — Herbæ perennes; foliis[5] plerisque basi rosulatis, reniformibus, dentatis v. pinnatifidis; capitulis[6] stipitatis nutantibus; involucri[7] subhemisphærici v. late campanulati bracteis membranaceis, sub-2-seriatis, imbricatis; receptaculo convexiusculo nudo minute foveolato[8]. (*Himalaya*[9].)

386. Matricaria T.[10] — Flores 2-morphi; radii fœminei, 1-seriati, fertiles v. steriles neutrive; corollæ[11] ligulatæ tubo tereti v. 2-alato basive decurrente; limbo patente, integro v. minute 2-3-dentato; disci autem hermaphroditi; corollæ[12] regularis tubo tereti, ancipite compresso, 2-alato, basi decurrente v. 1-2-gibbo; limbo plus minus ampliato, cylindraceo v. campanulato, 4-5-dentato v. fido. Antheræ basi obtusa integræ. Styli florum hermaphroditorum rami apice compresso truncato penicillati; fœmineorum angustiores v. breviores, glabriores, v. 0. Fructus oblongi, nunc incurvi, apice obtusi v. truncati, 3-5-goni

---

1. Magnis v. majusculis.
2. Spec. 2. THUNB., *Fl. cap.*, 667, 668 (*Arnica*). — LESS., *Syn.*, 390 (*Ligularia*). — HARV. et SOND., *Fl. cap.*, III, 60.
3. In *Hook. Icon.*, t. 1141, 1142; *Gen.*, II, 439, n. 562.
4. Flavi (an semper?).
5. Paucis.
6. Magnis, speciosis.
7. Sæpius nigricantis.
8. Genus *Tussilagini* proximum, *Senecioni* affine, stylo autem imprimis diversum.
9. Spec. 4. DC., *Prodr.*, VI, 315, n. 7 (*Ligularia*). — HOOK. F., *Fl. brit. Ind.*, III, 330.
10. *Inst.*, 493, t. 281. — L., *Gen.*, n. 967. — DC., *Prodr.*, VI, 50; VII, 297. — ENDL., *Gen.*, n. 2669. — SPACH, *Suit. à Buffon*, X, 182. —

B. H., *Gen.*, II, 427, n. 550. — *Chamœmelum* VIS., *Fl. dalm.*, II, 84. — *Lepidanthus* NUTT., *Trans. Amer. Phil. Soc.*, ser. 2, VII, 396. — *Lepidotheca* NUTT., *loc. cit.*, 397. — *Chamomilla* C. KOCH, in *Linnœa*, XVII, 45. — SCH. BIP., *Tanacet.*, 21. — *Courrantia* SCH. BIP., in *Webb Phyt. canar.*, II, 276, t. 89. — *Rhytidospermum* SCH. BIP., in *Webb, loc. cit.*, 277. — *Tripleurospermum* SCH. BIP., *Tanacet.*, 31. — *Dibothrospermum* KNAF, in *Flora* (1846), I, 298. — *Gastrostylum* SCH. BIP., in *Webb, loc. cit.*, II, 277. — *Gastrosulum* SCH. BIP., *Tanacet.*, 29. — *Sphœroclinium* SCH. BIP., *Tanacet.*, 20. — *Akylopsis* LEHM., *Ind. sem. H. hamb.* (1850), 3. — *Cotulina* POM., *Nouv. mat. Fl. atl.*, 69.
11. Albæ v. flavæ.
12. Flavæ.

costative, nunc 8-10-costati v. multistriati; pappo brevi paleaceo, coroniformi v. auriculiformi, sæpe dimidiato v. intus patulo. — Herbæ annuæ perennesve[1], glabræ v. varie indutæ, nunc frutescentes; foliis alternis v. raro oppositis, inciso-dentatis, semel, bis terve pinnatisectis v. pinnatifidis, raro integris; capitulis[2] terminalibus stipitatis, solitariis v. laxe corymbiformi-cymosis; involucri hemisphærici v. late cupularis nuncve subglobosi bracteis imbricatis appressis, scarioso-v. fuscato-marginatis; exterioribus sæpius minoribus; receptaculo convexo v. demum conico elongatove, raro subplano, nudo, fimbriato v. paleis variis, nunc hyalinis v. aristatis, flores omnes v. nunc exteriores subtendentibus v. amplectentibus, onusto[3]. (*Orbis utriusque reg. calid., temp. et frigid.*[4])

1. Nunc graveolentes.
2. Majusculis, mediocribus v. parvis.
3. Generis, sensu nostro, sectiones sunt :
Lidbeckia Berg., *Fl. cap.*, 306, t. 5, fig. 9. — Less., *Syn.*, 250. — DC., *Prodr.*, VI, 39. — Endl., *Gen.*, n. 2655. — B. H., *Gen.*, II, 423, n. 524. — Lancisia Lamk, *Ill.*, t. 701, fig. 2, 3 : caule suffruticoso; foliis incisis; capitulis longe stipitatis; floribus radii sterilibus; receptaculo nudo v. fimbrillifero; fructu 8-10-costato papilloso epapposo. (*Africa austr.*)
? Eumorphia DC., *Prodr.*, VI, 2. — Endl., *Gen.*, n. 2636. — B. H., *Gen.*, II, 418, n. 513 : caule fruticoso; foliis oppositis parvis ericoideis; floribus 2-morphis; involucri subglobosi bracteis siccis; fructu ∞-costato; pappo annulari v. 0. (*Africa austr.*)
? Mecomischus Coss., in *Bull. Soc. bot. Fr.*, IV, 14 (part.). — B. H., *Gen.*, II, 418, 1235, n. 514. — Fradinia Pom., *loc. cit.*, 51 (part.) : caule herbaceo; foliis oppositis, v. summis alternis, angustis integris stellato-pubentibus; involucro lato; floribus 2-morphis; radii sterilibus; fructu epapposo. (*Africa bor.*)
Cladanthus Cass., in *Bull. Soc. philom.* (1816), 153; in *Dict.*, IX, 342, t. 87. — Turp., in *Dict.*, Atl., t. 87. — DC., *Prodr.*, VI, 18. — Endl., *Gen.*, n. 2646. — B. H., *Gen.*, II, 421, n. 520 : caule herbaceo annuo; foliis alternis (graveolentibus) semel vel bis pinnatisectis; capitulis ad dichotomias sessilibus et foliis 4-6 floralibus cinctis; floribus 2-morphis cæterisque Anthemidis.
? Leucampyx A. Gray, ex Benth., *Gen.*, II, 422, n. 521 : « caule herbaceo; foliis bis terve pinnatisectis; floribus 2-morphis; styli ramis breviter appendiculatis; fructu a dorso compresso, 8-quetro, epapposo; cæteris Anthemidis. » (*N.-Mexicum.*)
Thaminophyllum Harv., *Fl. cap.*, III, 155. — B. H., *Gen.*, II, 423, n. 525 : caule fruticoso ramoso, pubescente v. villoso; foliis alternis linearibus parvis integris; capitulis breviter

stipitatis; floribus 2-morphis; radii paucis sterilibus; fructu epapposo; styli basi persistente. (*Africa austr.*)
Anacyclus L., *Gen.*, n. 969. — DC., *Prodr.*, VI, 15. — Endl., *Gen.*, n. 2643. — B. H., *Gen.*, II, 419, n. 515. — Hiorthia Neck., *Elem.*, I, 97. — Cyrtolepis Less., in *Linnæa*, VI, 166. — DC., *Prodr.*, VI, 17. — Endl., *Gen.*, n. 2644. — Leucocyclus Boiss., *Diagn. or.*, XI, 13. — Arthrolepis Boiss., *loc. cit.*, 14 : caule herbaceo; caudice perenni nunc crasso; foliis alternis, bis v. ter pinnatisectis; capitulis stipitatis; floribus 1-2-morphis; fructibus a dorso compressis; exterioribus 2-alatis; pappo inæquali cum alis continuo v. alternante; receptaculo paleaceo. (*Europa, Asia occ., Africa bor.*)
Anthemis L., *Gen.*, n. 970. — J., *Gen.*, 185. — DC., *Prodr.*, VI, 4. — Spach, *Suit. à Buffon*, X, 186. — Endl., *Gen.*, n. 2639. — B. H., *Gen.*, II, 420, n. 519. — Lepidophorum Neck., *Elem.*, I, 14. — DC., *Prodr.*, VI, 19. — Endl., *Gen.*, n. 2647. — Maruta Cass., in *Bull. Soc. philom.* (1818); in *Dict.*, XXIX, 174. — DC., *Prodr.*, VI, 13. — Endl., *Gen.*, n. 2640. — Ormenis Cass., in *Bull. Soc. philom.* (1818); in *Dict.*, XXXVI, 355. — DC., *Prodr.*, VI, 18. — Endl., *Gen.*, n. 2645. — Chamæmelum Cass., in *Dict.*, XXIX, 179, 185. — Lyonnetia Cass., in *Dict.*, XXXIV, 106. — DC., *Prodr.*, VI, 14. — Marcelia Cass., in *Dict.*, XXXIV, 107. — Cota J. Gay, in *Guss. Syn. Fl. sic.*, II, 866. — Chamomilla Godr., *Fl. Lorr.*, II, 19 (nec Sch. Bip., nec C. Koch). — Peridercæa Webb, *It. hispan.*, 37. — Retinolepis Coss., in *Bull. Soc. bot. Fr.*, III, 107 : caule herbaceo v. basi frutescente; foliis alternis pinnatisectis (nunc valde odoratis); capitulis stipitatis; receptaculo conico v. oblongo et (ut in sectionibus præcedentibus) inter flores, saltem exteriores, paleaceo; floribus 1-2-morphis; fructu 4-5-gono v. ∞-costato; pappo brevi coroniformi, auriculiformi vel 0. (*Orbis vet. reg. temp. et frigid.*)
4. Spec. ad 80 (descr. ad 110). L., *H. Cliff.*

387? **Chrysanthemum** T.[1] — Flores[2] cæteraque fere *Matricariæ*[3];
radii fertiles, steriles v. 0; disci autem hermaphroditi, fertiles v. steriles; corollæ tubo tereti, 2-alato v. basi decurrente. Fructus æquali-
v. inæquali-5-10-costati, 5-goni v. in ambitu 3-quetri; pappo annulari, coroniformi; auriculiformi v. e squamis brevissimis ∞ constante.
— Herbæ[4] annuæ, perennes v. rarius frutescentes; foliis alternis,
integris, dentatis, incisis v. dissectis; capitulis[5] stipitatis solitariis v. in
cymas plus minus composite corymbiformes dispositis; involucri late
cupularis, hemisphærici v. campanulati, bracteis ∞, imbricatis, appressis, ex parte sæpius margine scariosis v. fuscatis, ∞-seriatis[6]; rece-

t. 24 (*Buphthalmum*). — JACQ., *Fl. austr.*,
t. 444 (*Anthemis*).—W., *Hort. berol.*, t. 62 (*An-
themis*). — VAHL, *Symb.*, t. 46 (*Anthemis*). —
LABILL., *Pl. syr. Dec.*, III, t. 9 (*Anthemis*).
— DELESS., *Icon. sel.*, IV, t. 48 (*Tanacetum*).
— HOOK., *Fl. bor.-amer.*, t. 110 (*Tanacetum*). —
BROT., *Fl. lus.*, t. 28 (*Anthemis*), 163 (*Anacy-
clus*). — TEN., *Fl. nap.*, t. 81, 82 (*Anthemis*).
— GUSS., *Pl. rar. sicul.*, t. 60 (*Anthemis*). —
DEL., *Fl. eg.*, t. 45, 47 (*Anthemis*). — SIBTH.,
Fl. græc., t. 880-887, 889, 890 (*Anthemis*).
— SM., *Spicil.*, t. 10 (*Anthemis*). — BORY et
CHAUB., *Exp. Morée, Bot.*, t. 39 (*Anacyclus*). —
REICHB., *Ic. Fl. germ.*, t. 995 (*Chamæmelum*),
997; 999 (*Anacyclus*), 1000-1011 (*Anthemis*);
Ic. bot., t. 118 (*Anthemis*). — COSS. et DUR.,
Expl. Alg., Bot., t. 60 (*Anthemis*), 61 (*Ormenis*).
— SCH. BIP., in *Flora* (1860), 433 (*Ormenis*). —
HARV. et SOND., *Fl. cap.*, III, 154 (*Lidbeckia*),
155 (*Thaminophyllum*), 163. — A. GRAY, *Man.*
(ed. 1856), 225 (*Anthemis*). — BOISS., *Fl. or.*,
III, 278 (*Anthemis*), 320 (*Ormenis*), 321 (*Ana-
cyclus*), 323 (*Leucocyclus*), 325 (*Chamæme-
lum*). — REMY, in *C. Gay Fl. chil.*, IV, 238
(*Anthemis*). — HOOK. F., *Fl. brit. Ind.*, III, 312
(*Anthemis*), 315. — WILLK. et LGE, *Prodr. Fl.
hisp.*, II, 83 (*Cladanthus, Anacyclus*), 86 (*An-
themis*), 88 (*Ormenis*), 90 (*Periderœa*), 92 (*Ma-
tricaria*), 93 (*Chamæmelum*). — GREN. et GODR.,
Fl. de Fr., II, 148; 150 (*Chamomilla*), 152; 155
(*Cota*), 157 (*Anacyclus*). — *Bot. Mag.*, t. 462.
— WALP., *Rep.*, II, 633 (*Anthemis*), 636; VI,
185 (*Anthemis*), 193; 207 (*Chamomilla*), 722
(*Anthemis*); *Ann.*, I, 417 (*Anthemis*), 418
(*Maruta*), 420; II, 884; V, 239 (*Anthemis*), 245.
1. *Inst.*, 491, t. 280. — L., *Gen.*, n. 966. —
DC., *Prodr.*, VI, 63. — ENDL., *Gen.*, n. 2671. —
SPACH, *Suit. à Buffon*, X, 178. — PAYER, *Fam.
nat.*, 24.— SCH. BIP., *Tanac.*, 15.— B. H., *Gen.*,
II, 424, 1235, n. 529. — *Pinardia* CASS., in *Dict.
sc. nat.*, XLI, 38. — *Ismelia* CASS., in *Dict.*,
XLI, 40. — *Glebionis* CASS., in *Dict.*, XLI, 41.
— *Centrospermum* SPRENG., *Syst.*, III, 362
(nec K.). — *Heteranthemis* SCHOTT, in *Wien.
Ern. Vaterl. Pfl.* (1818), ex *Isis* (1818), 822. —

Centrachœna SCHOTT, ex LESS., *Syn.*, 255. —
Myconia NECK., *Elem.*, I, 22 (ex SCH. BIP.). —
Coleostephus CASS., in *Dict.*, XLI, 43. — *Bra-
chanthemum* DC., *Prodr.*, VI, 44. — *Preauxia*
SCH. BIP., in *Webb Phyt. canar.*, II, 250. —
Monoptera SCH. BIP., *loc. cit.*, 253.—*Argyranthe-
mum* SCH. BIP., *loc. cit.*, 258, t. 90-96. — *Ismelia*
SCH. BIP., *loc. cit.*, 271 (nec CASS.)—*Stigmatotheca*
SCH. BIP., *loc. cit.*, 255. — *Hymenostemma* KZE,
in *Flora* (1846), 699. — *Kremeria* DUR., in *Rev.
bot.*, I, 364; *Expl. Alg., Bot.*, t. 59. — *Glosso-
pappus* KZE, *loc. cit.*, 748. — *Ammanthus* BOISS.,
Diagn. or., XI, 18. — *Prolongoa* BOISS., *Voy.
Esp.*, 320, t. 92 a. — *Otospermum* WILLK., in
Bot. Zeit. (1864), 251. — *Heteromera* POM., *Nouv.
mat. Fl. atl.*, 60.
2. Disci flavi; radii autem flavi, albi rosei
v. varie purpurascentes, lilacini fuscative.
3. A qua typus vix generice forte distin-
guendus.
4. Sæpe odoratæ.
5. Parvis v. majusculis.
6. Generis sectiones nobis sunt:
Pyrethrum GÆRTN., *Fruct.*, II, 430, t. 169.
— DC., *Prodr.*, VI, 53. — ENDL., *Gen.*, n. 2679.
— MAXIM., in *Bull. Acad. Pétersb.*, XVII, *Mél.
biol.*, VIII, 512. — *Plagius* LHÉR., *Diss.*, ex
DC., *Prodr.*, VI, 135. — *Balsamita* DESF., in
Act. Soc. d'hist. nat. Par., I, t. 1. — *Phalacro-
discus* LESS., *Syn.*, 253. — *Leucanthemum* T.,
Inst., 492. — DC., *Prodr.*, VI, 45. — ENDL.,
Gen., n. 2667. — *Phalocrocarpum* WILLK., in
Bot. Zeit. (1864), 252. — *Decaneurum* SCH. BIP.,
Tanac., 44. — *Tridactylina* SCH. BIP., *Tanac.*,
48. — *Richteria* KAR. et KIR., in *Bull. Mosc.*
(1842), 126.
Gymnocline CASS., in *Dict.*, XX, 119. — DC.,
Prodr., VI, 58: floribus radii parvis (v. nunc 0;
ligulis plano-patentibus styloque brevioribus.
(Sectio *Euchrysanthema* arctissime cum sequente
connectens.)
Tanacetum T., *Inst.*, 461, t. 261 (nomen prior.
gaud. forteque anteponend.).— L., *Gen.*, n. 944.
— DC., *Prodr.*, VI, 128; VII, 298. — ENDL.,
Gen., n. 2696. — SCH. BIP., *Tanac.*, 46. —

COMPOSÉES.

277

ptaculo subplano varieve convexo, rarissime autem conico, nudo.
(Orbis utriusque reg. temp. et bor.[1])

388. **Cancrinia** KAR. et KIR.[2] — Flores[3] 2-morphi (v. radii
defectu 1-morphi); radii hermaphroditi v. neutri; corollæ ligulatæ
limbo integro patente; disci autem hermaphroditi; corollæ tubulosæ
limbo anguste campanulato, 5-fido. Antheræ basi obtusæ v. minute
auriculatæ. Styli rami apice truncato subpenicillati. Fructus oblongi,
5-angulati v. compressi, papillosi; pappi setis v. paleis 5-∞ , brevibus
rigidulis[4], apice dilatatis, integris, dentatis v. plumoso-ciliatis. —
Herbæ perennes, basi nunc frutescentes, sæpius cæspitosæ; foliis
alternis v. basilaribus, 3-5-dentatis, pinnatifidis v. 3-natim pinnatimve
dissectis; capitulis[5] stipitatis terminalibus solitariis; involucri hemi-

B. H., *Gen.*, II, 434, n. 548. — *Psanacetum*
NECK., *Elem.*, I, 89: — *Hemipappus* C. KOCH, in
Linnæa, XXIV, 340. — *Omalanthus* LESS., *Syn.*,
260 (nec A. JUSS.). — *Omalotes* DC., *Prodr.*,
VI, 83. — *Homalotes* ENDL., *Gen.*, n. 2686. —
Sphæromeria NUTT., in *Trans. Amer. Phil. Soc.*,
ser. 2, VII, 401 : caule herbaceo v. basi frutescente; foliis plerumque dissectis; capitulis
majusculis longe stipitatis v. sæpius parvis dite
corymbiformi-cymosis; corollis radii tubulosis,
apice regulari v. obliquo dentatis; disci 5-den-
tatis; fructibus 5-gonis, v. extimis 3-quetris;
pappo annulari, cupuliformi, auriculiformi vel
nunc 0.
Hippia L., *Mantiss.*, 158. — GÆRTN., *Fruct.*,
II, 390, t. 164. — ENDL., *Gen.*, n. 2709. —
B. H., *Gen.*, II, 434, n. 549 : caule herbaceo
v. suffruticoso; foliis pinnatisectis v. pinnatifidis; cymis capitulorum corymbiformibus; floribus 2-morphis; corollis radii tubulosis, 3,
4-dentatis; fructu a dorso compresso, epapposo;
bracteis involucri 2-seriatis. (*Africa austr.*)
? *Schistostephium* KREBS, ex LESS., *Syn.*, 251.
— DC., *Prodr.*, VI, 74. — ENDL., *Gen.*, n. 2676.
— B. H., *Gen.*, II, 432, n. 543: caule herbaceo
v. suffruticoso; foliis dissectis v. incisis; capitulorum cymosorum receptaculo plus minus
convexo; floribus 2-morphis; corollis radii brevibus tubulosis, 2-fidis v. 3-4-dentatis; disci
limbo 4-dentato; fructibus radii compressis;
disci 4-gonis. (*Africa austr. et trop.*)
1. Spec. ad 120. JACQ., *Obs.*, t. 89-94;
Fragm., t. 44; *Fl. austr.*, t. 79.— W., *Hort. berol.*, t. 33. — VENT., *Jard. Cels*, t. 43. — DESF.,
Fl. atl., t. 235-238. — LINK, *Fl. portug.*, t. 101,
102; 103, 104 (*Pyrethrum*). — WALDST. et KIT.,
Pl. rar. hung., t. 94, 236. — VIS., *St. dalm.*,
t. 8. — LABILL., *Pl. syr. Dec.*, III, t. 8 (*Pyrethrum*). — SIBTH., *Fl. græc.*, t. 855 (*Tanacetum*),
877. — LEDEB., *Ic. Fl. ross.*, t. 38 (*Tanacetum*),
84, 153, 369 (*Pyrethrum*), 494. — HOOK., *Fl.*

bor.-amer., t. 109. — TEN., *Fl. nap.*, t. 80 (*Pyre-
thrum*). — MOR., *Fl. sard.*, t. 83 (*Tanacetum*).
— REICHB., *Ic. exot.*, t. 36 (*Pyrethrum*); *Ic.
Fl. germ.*, 986-995 (*Tanacetum*). — JACQUEM.,
Voy. Bot., t. 97 (*Tanacetum*). — SWEET, *Brit.
fl. Gard.*, t. 193. — BIEB., *Cent. pl. ross.*, t. 34,
78 (*Pyrethrum*). — VIS., *Fl. dalm.*, II, t. 8.
— WEBB, *Phyt. canar.*, t. 110, 111 (*Pyrethrum*). — ANDR., *Bot. Repos.*, t. 109. —
TRAUTV., in *Middend. Reis.*, *Bot.*, t. 27
(*Tanacetum*). — BOISS., *Voy. Esp.*, t. 92 (*Pyrethrum*); *Diagn. or.*, ser. 2, III, 28 (*Pyrethrum*),
30 (*Tanacetum*); *Fl. or.*, III, 334 (*Leucanthemum*), 335; 337 (*Pyrethrum*). — FR. et SAV.,
Enum. pl. jap., I, 234 (*Pyrethrum*), 236.—HARV.
et SOND., *Fl. cap.*, III, 161; 167 (*Tanacetum*),
168 (*Schistostephium*). — REMY, in *C. Gay Fl.
chil.*, III, 240 (*Pyrethrum*). — GRISEB., *Fl. brit.
W.-Ind.*, 380 (*Pyrethrum*). — MIQ., *Fl. ind.-
bat.*, II, 84 (*Pyrethrum*); in *Ann. Mus. lugd.-
bat.*, II, 177 (*Tanacetum*). — HOOK. F., *Fl.
brit. Ind.*, III, 314; 318 (*Tanacetum*). — WILLK.
et LGE, *Prodr. Fl. hisp.*, II, 95 (*Leucanthemum*),
97 (*Pyrethrum*), 100 (*Tanacetum*), 103 (*Prolongoa*), 104. — GREN. et GODR., *Fl. de Fr.*, II,
137 (*Tanacetum*), 139 (*Plagius, Leucanthemum*),
146; 147 (*Pinardia*). — *Bot. Mag.*, t. 327, 508,
1080; 1521 (*Pyrethrum*), 2042, 2556; 2706
(*Pyrethrum*), 5095, 5997, 6107. — WALP., *Rep.*,
II, 636 (*Prolongoa, Pyrethrum*), 637; VI, 191
(*Leucanthemum, Phalacrodiscus*), 192 (*Decaneurum*), 193 (*Prolongoa*), 197 (*Preauxia*), 198
(*Monoptera*), 199 (*Argyranthemum*), 201 (*Ismelia*), 202 (*Pyrethrum*), 205 (*Myconia*), 206 ; 207
(*Xanthophthalmum*); *Ann.*, I, 421; II, 892 (*Pyrethrum*), 897 (*Tanacetum*); V, 247 (*Pyrethrum*).
2. In *Bull. Mosc.* (1842), 124.— B. H., *Gen.*, II,
424, n. 527.
3. Flavi, v. radii albi, lilacini roseive.
4. Nunc fuscatis v. rufescentibus.
5. Mediocribus v. magnis.

sphærici bracteis imbricatis, ∞-seriatis, margine scariosis v. nigricantibus; exterioribus gradatim minoribus; receptaculo subplano v. plus minus convexo nudoque[1]. (*Asia med. temp.*[2])

389. **Peyrousea** DC.[3] — Flores[4] hermaphroditi fertiles, v. interiores nunc steriles, 1-morphi; corollæ tubulosæ limbo leviter ampliato, 4-dentato. Antheræ basi obtusæ. Styli rami apice obtusi v. truncati. Fructus oblongi v. obovati, margine tenui subalati, a dorso valde compressi, epapposi. — Frutex erectus sericeus; foliis alternis crebris lanceolatis integris costatis; capitulis[5] terminalibus cymosis paucis; involucri late hemisphærici bracteis ∞, angustis acutis sericeis, ∞-seriatim imbricatis; receptaculo plano nudoque. (*Africa austr.*[6])

390? **Œdera** L.[7] — Flores[8] 2-morphi, fertiles v. ex parte steriles capitellati ; capitellis aggregato-capitatis ; radii fœminei ; corollæ ligulatæ limbo lineari-elongato patente (v. in floribus interioribus abbreviato latiore) ; disci autem fœminei ; corollæ regularis tubo tenui ; limbo vix v. parum ampliato, 5-dentato. Antheræ basi integræ v. minute dentatæ. Styli florum hermaphroditorum rami apice obtusi v. truncati. Fructus elongati, 4-5-goni ; pappi cupuliformis v. nunc tubulosi paleis liberis v. plus minus alte connatis. — Frutices[9] glabri v. varie induti, nunc longe lanati ; foliis oppositis crebris, sæpe brevibus, coriaceis integris acutis imbricatis, sæpe ciliolatis ; capitulis inter folia ultima sessilibus, solitariis v. cymosis paucis ; involucri generalis bracteis foliis caulinis subsimilibus ; involucelli autem proprii bracteis ∞, imbricatis, siccis, scariosis v. paleaceis ; receptaculo capitellorum proprio inter flores paleis linearibus onusto[10]. (*Africa austr.*[11])

1. Generis nobis est sectio *Waldheimia* KAR. et KIR., *loc. cit.*, 125. — B. H., *Gen.*, II, 424, n.528. — *Allardia* DCNE, in *Jacquem. Voy.*, *Bot.*, 87, t. 95, 96 (1844). — B. H., *Gen.*, II, 424, n. 528. Genus cæterum *Matricarieas* cum *Senecioideis* connectit.

2. Spec. 5, 6. REGL, in *Act. H. petrop.*, VI (1880), 308 (*Waldheimia*). — HOOK. F., *Fl. brit. Ind.*, III, 312 (*Allardia*). — WALP., *Rep.*, II, 637 (*Waldheimia*); VI, 178; 204, 254 (*Waldheimia*).

3. *Prodr.*, VI, 76. — B. H., *Gen.*, II, 432, n. 542. —*Lapeyrousia* THUNB., *Fl. cap. Præf.*; *Fl. cap.*, 700 (nec POURR.). — ENDL., *Gen.*, n. 2681.

4. Flavi.

5. Majusculis, breviter stipitatis.

6. Spec. 1. *P. calycina* DC.— HARV. et SOND., *Fl. cap.*, III, 176. — *P. oxylepis* DC. — *Osmites calycina* L. — *Cotula umbellata* L. F., *Suppl.*, 378. — *Lapeyrousia calycina* THUNB. — *L. Thunbergii* CASS. — *Relhania calycina* POIR.

7. *Mantiss.*, 159 (nec CRANTZ). — LAMK, *Ill.*, t. 720. — GÆRTN., *Fruct.*, III, 464. — LESS., *Syn.*, 247. — B. H., *Gen.*, II, 418, n. 512. — *Œderia* DC., *Prodr.*, VI, 1. — ENDL., *Gen.*, n. 2635.

8. Flavi, v. ligulati dorso ubiqueve fuscati.

9. Adspectu nunc *Proteacearum*.

10. Genus in loco quolibet imprimis ob inflorescentiam pro serie anomalum.

11. Spec. ad 4. THUNB., *Fl. cap.*, 724.—L. F., *Suppl.*, 391. — HARV. et SOND., *Fl. cap.*, III, 134. — *Bot. Mag.*, t. 1637.

391. Baileya A. GRAY[1]. — Flores[2] fertiles, 2-morphi; radii fœminei, 1-3-seriati; corollæ ligulatæ tubo brevissimo aperto v. 0; limbo patente lato, integro, 3-dentato v. obtuse breviterque 3-lobo; disci autem hermaphroditi; corollæ tubulosæ limbo parum ampliato, 5-dentato. Antheræ basi obtusæ v. minute auriculatæ. Styli florum hermaphroditorum rami apice truncato penicillati. Fructus oblongi, nunc 4-goni; angulis papillosis, v. ∞-striati, basi callosi, apice truncati, epapposi. — Herbæ[3] ramosæ, nunc basi suffrutescentes lanatæ; foliis alternis integris v. varie lobatis dissectisve; capitulis[4] terminalibus stipitatis, sæpius solitariis; involucri subhemisphærici bracteis inæqualibus lanatis pauciseriatis; receptaculo convexo nudoque[5]. (*Mexicum*[6].)

392. Santolina T.[7] — Flores[8] 1-2-morphi; radii fœminei fertiles v. neutri, nunc 0; corollæ ligulatæ limbo patente v. suberecto, sæpius brevi latiusculo, 3-dentato, nunc abbreviato v. difformi; disci autem hermaphroditi; corollæ regularis tubo cylindrico, compresso v. basi decurrente plus minus late appendiculato; limbo parum ampliato v. anguste campanulato, 5-fido dentatove. Antheræ basi obtusæ, in floribus radii nunc cassæ, rudimentariæ v. 0. Styli florum hermaphroditorum rami apice truncato penicillati; fœmineorum tenuiores recurvi. Fructus 2-5-goni v. a dorso compressi; angulis prominulis, nunc subcartilagineis; pappo 0. — Herbæ v. suffrutices[9]; foliis alternis, serrulatis, incisis, pinnatifidis v. semel pluriesve pinnatisectis; capitulis[10] longe stipitatis, solitariis v. paucis laxe cymosis sæpiusve ∞, in cymas corymbiformes dispositis; involucri subglobosi, ovoidei, campanulati v. subhemisphærici, bracteis ∞, imbricatis appressis, siccis v. margine scarioso concoloribus nigrescentibusve, pluriseriatis; exterioribus gradatim minoribus[11]; receptaculo varie convexo elongatove paleisque

1. *Pl. Fendler.*, 105. — B. H., *Gen.*, II, 423, n. 526.
2. Flavi.
3. *Chrysanthemi* adspectu et odore.
4. Majusculis v. mediocribus.
5. Genus *Helenieas* referens, nunc cum *Riddellia* et *Whitneya* comparatum (A. GRAY, in *Proc. Amer. Acad.*, IX, 195), a *Matricarieis* nequaquam haud procul sejungendum videtur. *B. pauciradiata* biennis dicitur.
6. Spec. 3. TORR., in *Emor. Rep., Bot., App.*, t. 6. — WALP., *Ann.*, II, 893.
7. *Inst.*, 460, t. 260. — L., *Gen.*, n. 942. — GÆRTN., *Fruct.*, II, 398. — DC., *Prodr.*, VI, 35; VII, 296. — ENDL., *Gen.*, n. 2651. — B. H., *Gen.*, II, 420, n. 517.

8. Flavi v. flaventes; radii sæpe albi v. rarius rosei.
9. Odore sæpe gravi.
10. Mediocribus v. sæpius parvis.
11. Generis sectio, nobis ut botanicis paucis (REICHB., *Ic. Fl. germ.*, t. 1012), est *Achillea* L., *Gen.*, n. 971. — J., *Gen.*, 186. — NECK., *Elem.*, I, n. 25. — DC., *Prodr.*, VI, 24; VII, 295. — ENDL., *Gen.*, n. 2649. — B. H., *Gen.*, II, 419, n. 510. — *Millefolium* T., *Inst.*, 460, t. 260. — *Ptarmica* T., *Inst.*, 496, t. 283. — NECK., *Elem.*, I, 15. — DC., *Prodr.*, VI, 19; VII, 295. — ENDL., *Gen.*, n. 2648: caule sæpius herbaceo; capitulis sæpius corymbiformi-cymosis; floribus sæpius 2-morphis; fructu plerumque compresso et anguste marginato.

flores subtendentibus v. semiamplectentibus onusto. (*Orbis utriusque hemisph. bor.*[1])

393. Athanasia L.[2] — Flores[3] 1-2-morphi; radii fœminei fertiles, 1-seriati, v. 0; corollæ ligulatæ limbo patente v. erecto, integro v. paucidentato; disci autem hermaphroditi fertiles; corollæ tubulosæ, basi nunc decurrentis v. appendiculatæ, limbo plus minus ampliato v. campanulato, 5-fido. Antheræ basi obtusæ v. minute dentatæ. Styli florum hermaphroditorum rami truncati, sæpe penicillati, v. rarius stylus indivisus. Fructus angulati, 4-5-costati v. anguste alati, nunc dorso compressi; pappi paleis v. paleolis ∞, nunc cum angulis continuis, aut angustis integris acutatis, aut plus minus alte connatis, setaceo-laceris v. crasse piliformibus nuncque articulatis, rariusve 0. — Frutices v. fruticuli, globri v. in dumento vario, glandulis resinoso-oleosis sæpe conspersi indeque odorati, rariusve herbæ perennes v. nunc annuæ; foliis alternis v. raro oppositis fasciculatisve, parvis v. confertis, integris, dentatis, incisis, semel, bis terve pinnatisectis; capitulis[4] solitariis v. in cymas racemiformes umbelliformesve dispositis[5]; involucri ovoidei, oblongi, campanulati, subglobosi v. subhemisphærici, bracteis 2-∞-seriatis, nunc reflexis, siccis, herbaceo-appendiculatis v. varie indutis; exterioribus sæpe gradatim brevioribus; receptaculo plano

1. Spec. ad 70. JACQ., *Fl. austr.*, t. 76, 77 (*Achillea*), *App.*, t. 30 (*Anthemis*), 33. — JACQ. F., *Ecl.*, t. 4, 88 (*Achillea*). — WALDST. et KIT., *Pl. rar. hung.*, t. 2, 34, 66, 80 (*Achillæa*). — TEN.. *Fl. nap.*, t. 81 (*Anthemis*), 83, 195 (*Achillea*). — VENT., *Jard. Cels*, t. 54, 95 (*Achillea*). — GUSS., *Pl. rar. sic.*, t. 58. — SM., *Exot. Bot.*, t. 62. — SIBTH., *Fl. græc.*, t. 851; 888 (*Anthemis*), 891-897 (*Achillea*). — VIS., *Fl. dalm.*, t. 9 (*Achillea*). — KOTSCH., *Pl. arab.*, t. 1 (*Achillea*). — BOISS., *Voy. Esp.*, t. 93; *Diagn. or.*, ser. 2, III, 18; *Fl. or.*, III, 253 (*Achillea*). — REICHB., *Ic. Fl. germ.*, t. 1013-1028 (*Achillea*); *Icon. bot.*, t. 274, 311, 459 (*Achillea*). — A. GRAY, *Man.* (ed. 1856), 225 (*Achillea*). — FR. et SAV., *Enum. pl. jap.*, I, 233 (*Achillea*). — MIQ., *Fl. ind.-bat.*, II, 84 (*Achillea*). — HOOK. F., *Fl. brit. Ind.*, III, 311 (*Achillea*). — WILLK. et LGE, *Prodr. Fl. hisp.*, II, 76 (*Achillea*), 80. — GREN. et GODR., *Fl. de Fr.*, II, 160; 161 (*Achillea*). — *Bot. Mag.*, t. 498, 1287 (*Achillea*). — WALP., *Rep.*, II, 634, 991; VI, 190; *Ann.*, I, 419; II, 888; V, 242 (*Achillea*).

2. *Gen.*, n. 943. — J., *Gen.*, 185 (part.). — CASS., in *Dict.*, XXII, 315; XXVII, 168; XXIX, 179. — LESS., *Syn.*, 262. — DC., *Prodr.*, VI, 86. — ENDL., *Gen.*, n. 2691. — B. H., *Gen.*, II, 416, n. 509. — *Hymenolepis* CASS., in *Dict.*,

XXII, 315. — *Metagnanthus* ENDL., *Gen.*, n. 2689. — *Morysia* CASS., in *Dict.*, XXXIII, 59. — DC., *Prodr.*, VI, 90. — *Saint-Morysia* ENDL., *Gen.*, n. 2692. — *Holophyllum* LESS., *Syn.*, 262. — DC., *Prodr.*, VI, 86. — ENDL., *Gen.*, n. 2690. — *Pristocarpha* E. MEY., in herb. *Drèg.* — *Bembycodium* KZE, in *Linnæa*, XVI, 316.

3. Flavi, v. radii albi violaceive.

4. Parvulis v. rarius mediocribus.

5. Generis, nostro sensu, sectiones sunt: *Lasiospermum* LAG., *Elench. H. matr.*, 31 (nec FISCH., nec RAFIN.). — DC., *Prodr.*, VI, 37. — ENDL., *Gen.*, n. 2653. — B. H., *Gen.*, II, 416, n. 508. — *Mataxa* SPRENG., *Syst., Cur. post.*, 297. — *Lanipila* BURCH., *Trav.*, I, 259: caule herbaceo glabro; involucri brevis bracteis pauciseriatis; floribus fertilibus, 1-2-morphis; fructu dense lanato. (*Africa austr.*)

Eriocephalus L., *Gen.*, n. 994 (nec VAILL.). — LAMK., *Ill.*, t. 717. — GÆRTN., *Fruct.*, II, 428. — DC., *Prodr.*, VI, 145. — ENDL., *Gen.*, n. 2710. — B. H., *Gen.*, II, 416, n. 507: caule fruticoso ramoso; foliis alternis v. suboppositis, sæpius parvis fasciculatis; involucri bracteis 2-seriatis; interioribus connatis denseque lanatis; floribus 1-2-morphis; disci sterilibus; stylo indiviso; fructu epapposo, glabro v. villosulo. (*Africa austr.*)

v. convexo paleisque variis inter flores onusto. (*Africa austr. et insul. bor. occid. subtrop.*, *reg. mediterranea* [1].)

. 394? **Gymnopentzia** BENTH. [2] — « Flores hermaphroditi fertiles, 1-morphi; corollæ [3] regularis tubulosæ limbo parum ampliato, 5-fido. Antheræ basi integræ. Styli rami apice truncato penicillati. Fructus [4] subteretes, 12-15-costati, epapposi. — Frutex [5] glaber v. parce reflexo-pubescens; ramis virgatis fastigiatis; foliis oppositis, sæpe fasciculatis, linearibus, plerumque 2-furcatis; capitulis (parvulis) confertim corymbiformi-cymosis; involucri latiuscule campanulati bracteis siccis angustis appressis imbricatis pauciseriatis, apice subscarioso-marginatis; exterioribus gradatim brevioribus; receptaculo plano v. convexiusculo nudo. » (*Africa austr.* [6])

Diotis DESF., *Fl. atl.*, II, 261 (nec SCHREB.). — CASS., in *Dict.*, XIII, 295. — DC., *Prodr.*, VI, 34. — ENDL., *Gen.*, n. 2650. — B. H., *Gen.*, II, 420, n. 518.— *Otanthus* LINK, *Fl. port.*, II, 364 : caule herbaceo; foliis alternis sessilibus crassis dense candido-lanatis; floribus 1-morphis; corollæ tubo basi supra germen appendiculato-producto; fructu 4-5-gono. (*Africa bor. occ., reg. medit.*)

Gonospermum LESS., *Syn.*, 263. — DC., *Prodr.*, VI, 84. — ENDL., *Gen.*, n. 2688. — B. H., *Gen.*, II, 417, n. 510. — *Hymenolepis* SCH. BIP., in *Webb Phyt. canar.*, II, 293 : caule fruticoso, sæpe viscidulo; foliis alternis; bracteis involucri siccis, ∞-seriatis; floribus 1-2-morphis; fructu 4-5-costato; costis in paleas breves v. dentiformes apice productis. (*Ins. Canar.*)

Adenosolen DC., *Prodr.*, VI, 136. — ENDL., *Gen.*, n. 2698.— *Marasmodes* DC., *Prodr.*, VI, 136. — ENDL., *Gen.*, n. 2699. — B. H., *Gen.*, II, 432, n. 544. — ? *Brachymeris* DC., *Prodr.*, VI, 76. — *Oligodorella* TURCZ., in *Bull. Mosc.* (1851), I, 187 : caule fruticoso; foliis integris linearibus v. minutis; capitulis solitariis v. cymosis paucis; floribus 1-morphis; corolla 5-dentata v. 5-fida; fructu 4-5-gono; pappo paleaceo v. 0; receptaculo nudo. (*Africa austr.*)

Stilpnophytum LESS., *Syn.*, 264. — DC., *Prodr.*, VI, 92. — ENDL., *Gen.*, n. 2693. — B. H., *Gen.*, II, 433, n. 545 : caule fruticoso; foliis alternis, oblongis v. linearibus; capitulis corymbiformi-cymosis; floribus 1-morphis; corolla regulari, 5-fida; fructibus 4, 5-gonis, epapposis; interioribus vacuis. (*Africa austr.*)

Pentzia THUNB., *Prodr. Fl. cap.*, 145. — LESS., *Syn.*, 266. — DC., *Prodr.*, VI, 136. — ENDL., *Gen.*, n. 2700. — B. H., *Gen.*, II, 433, n. 547 : caule fruticoso; foliis alternis, cuneatis, dentatis v. incisis (canescentibus); capitulis solitariis vel corymbiformi-cymosis; floribus 1-morphis; fructu 5-gono; pappo cupulari sæpe

plus minus fisso v. auriculiformi, nunc 0. (*Africa austr.*) — Sectio genus cum *Tanaceto* connectens.

? *Ascemia* HARV., *Fl. cap.*, III, 186 (*Stilpnophyti* sect.). — B. H., *Gen.*, II, 433, n. 546: caule fruticoso ramosissimo; foliis oppositis parvis integris; capitulis inter foliorum fasciculos laterales sessilibus solitariis; floribus 1-morphis; fructu distanter 3-4-costato; pappo 0. (*Africa austr.*)

? *Lonas* ADANS., *Fam. des pl.*, II, 118. — GÆRTN., *Fruct.*, II, 396, t. 165. — LESS., *Syn.*, 263. — DC., *Prodr.*, VI, 84. — ENDL., *Gen.*, n. 2687. — B. H., *Gen.*, II, 417, n. 511 : caule herbaceo annuo; foliis alternis, dentatis v. incisis; capitulis corymbiformi-cymosis; floribus 1-morphis; fructu 5-costato; pappo cyathiformi, dentato v. lacero, hyalino. (*Reg. medit.*) — Sectio genus cum *Chrysanthemo* connectens.

Lugoa DC., *Prodr.*, VI, 84. — ENDL., *Gen.*, n. 2641. — SCH. BIP., in *Webb Phyt. canar.*, II, 292, t. 88 : caule suffrutescente; foliis alternis pinnatilobis; capitulis corymbiformi-cymosis (majusculis); pappi submembranacei dentibus cum angulis fructus continuis. (*Ins. Canar.*) — Sectio genus cum *Tanaceto* connectens.

1. Spec. ad 80. JACQ., *Coll.*, t. 11 (*Eriocephalus*); H. schœnbr., t. 148 (*Athanasia*). — LHÉR., *Sert. angl.*, t. 27 (*Tanacetum*). — SIBTH., *Fl. græc.*, t. 850 (*Santolina*). — WEBB, *Phyt. canar.*, t. 97-99 (*Gonospermum*) — HARV. et SOND., *Fl. cap.*, III, 153 (*Lasiospermum*), 168 (*Schistostephium*), 171 (*Pentzia*), 175 (*Marasmodes, Adenosolen*), 186 (*Stilpnophytum*), 187; 199 (*Eriocephalus*). — REICHB., *Ic. Fl. germ.*, t. 998 (*Diotis*). — WALP., *Ann.*, V, 244 (*Diotis*).

2. *Gen.*, II, 537, n. 546 *a*.

3. Extus papilloso-puberulæ

4. Puberuli; exteriores curvuli.

5. Habitu *Athanasiæ*.

6. Spec. 1. *G. bifurcata* BENTH.

395. Lepidostephium OLIV.[1] — « Flores[2] fertiles, 2-morphi; radii fœminei, 1-seriati; corollæ ligulatæ limbo patente, 3-dentato; disci autem hermaphroditi; corollæ tubulosæ limbo elongato cylindraceo, apice breviter 5-fido. Antheræ basi integræ. Styli florum hermaphroditorum rami lineares, leviter complanati, apice truncato papillosi. Fructus (immaturi) subteretes glanduloso-hispidi; pappi paleis liberis v. subconnatis inæquali-incisis brevibus, 1-seriatis. — Herba perennis, glabrescens glanduloso-scabra v. laxe cano-tomentosa; caule erecto subsimplici; foliis alternis decurrentibus, integris v. sinuato-dentatis; capitulis[3] laxe corymbiformi-cymosis paucis; involucri late campanulati v. subhemisphærici bracteis ∞, angustis carinatis, ∞-seriatim imbricatis; exterioribus gradatim minoribus; receptaculo plano foveolato glanduloso-fimbrillato. » (*Africa austr.*[4])

396. Phymaspermum LESS.[5] — Flores[6] fertiles omnes (v. intimi steriles), 2-morphi, v. nunc, radii defectu, 1-morphi; radii fœminei; corollæ ligulatæ limbo patente integro; disci autem hermaphroditi; corollæ tubulosæ limbo campanulato, 5-fido. Antheræ basi integræ. Styli florum hermaphroditorum rami truncati. Fructus oblongi angusti, teretes, v. extimi compressi, 8-10-costati; costis nunc ultra fructum in denticulos productis. — Frutices humiles v. suffrutices glabri; foliis alternis linearibus rigidis, integris v. 3-fidis; capitulis[7] solitariis terminalibus v. in cymas laxe corymbiformes dispositis; involucri hemisphærici v. campanulati bracteis siccis, imbricatis pauciseriatis; exterioribus brevioribus; interioribus autem margine scariosis; receptaculo plano v. convexo nudoque. (*Africa austr.*[8])

397. Soliva R. et PAV.[9] — Flores 2-morphi; extimi fœminei fertiles, 1-seriati; corolla tenuiter tubulosa stylo breviore, 2-4-dentata v. minima sæpiusve 0; disci autem hermaphroditi, fertiles v. sæpius steriles; corollæ regularis tubulosæ limbo 4-dentato v. rarius 2-3-dentato v. fido.

1. In *Hook. Icon.*, XI, 22, t. 1030. — B. H., *Gen.*, II, 422, n. 522.
2. « Ex sicco purpurascentes. »
3. Mediocribus.
4. Spec. 1. *L. denticulatum* OLIV.
5. *Syn.*, 253. — DC., *Prodr.*, VI, 44. — ENDL., *Gen.*, n. 2663. — B. H., *Gen.*, II, 422, n. 523. — *Oligoglossa* DC., *Prodr.*, VI, 76. — *Jacosta* E. MEY., herb. — ENDL., *Gen.*, n. 2680. — *Iocaste* E. MEY., ex HARV. et SOND., *Fl. cap.*, III, 160.

6. Flavi v. rubescentes.
7. Mediocribus v. parvis.
8. Spec. 3, 4. HARV. et SOND., *loc. cit.*, 160, 161 (*Iocaste, Phymaspermum, Adenachœna*).
9. *Prodr. Fl. per.*, 113, t. 24. — R. BR., in *Trans. Linn. Soc.*, XII, 101. — LESS., *Syn.*, 268. — DC., *Prodr.*, VI, 142. — ENDL., *Gen.*, n. 2708. — B. H., *Gen.*, II, 430, n. 537. — *Gymnostyles* J., in *Ann. Mus.*, IV, 260, t. 61. — PERS., *Syn.*, II, 497. — *Solivœa* CASS., in *Dict.*, XXIX, 177.

Antheræ basi obtusæ v. brevissime auriculatæ. Styli florum hermaphro-ditorum, rami breves v. vix conspicui dentiformes, sæpiusve stylus integer demumque. indurato-spinescens. Fructus disci sæpius tenues yacuique; radii autem a dorso compressi v. obtuse 3-4-goni, apice truncati, nunc marginati v. rigide alati, apice 2-4-mucronati, dentati v. breviter aristati rariusve calvi. — Herbæ humiles, prostratæ v. dense cæspitosæ; foliis alternis, aut tenuiter dissectis, aut confertis linea-ribus dense imbricatis, integris, rigidis v. carnosulis; capitulis[1] inter folia sessilibus, solitariis, confertis v. corymbiformi-glomeratis; invo-lucri hemisphærici v. subcampanulati bracteis paucis, 2-3-seriatis, margine sæpe scariosis, subæqualibus, v. exterioribus paucis (1-3) subherbaceis majoribus; receptaculo plano v. convexiusculo nudoque, demum nunc subgloboso[2]. (*America austr. extratrop. et antarctica, N.-Zelandia, Australia, Carolina, Lusitania*[3].)

398? **Ceratogyne** TURCZ.[4] — « Flores[5] 2-morphi; radii fœminei fertiles pauci (3-6); corollæ subligulatæ limbo concavo v. plano parvo, 2-3-dentato; disci autem totidem hermaphroditi steriles; corollæ tubulosæ limbo ampliato, 3-4-dentato. Antheræ basi obtusæ integræ. Styli florum hermaphroditorum rami breves hirti. Fructus[6] radii valde a dorso compressi plani obovati truncati epapposi, mox valde aucti cuneati; marginibus involutis herbaceo-dilatatis apiceque in auriculas incurvas 2 productis; disci autem tenues et vacui. — Herba (canescens) pusilla multicaulis; foliis basilaribus rosulatis obovato-spathulatis; caulinis alternis paucis parvisque; capitulis[7] ad apices ramorum v. in axillis superioribus subsessilibus; involucri ovoidei bracteis paucis subæqualibus oblongis, herbaceis v. subscariosis; receptaculo parvo intra radium nudo. » (*Australia occid. extratrop.*[8])

1. Parvis v. minutis.
2. Generis nobis videtur sectio (forma mon-tana) *Abrotanella* CASS., in *Dict.*, XXXVI, 27; *Op. phyt.*, II, 42. — DC., *Prodr.*, VI, 141. — ENDL., *Gen.*, n. 2705. — *Scleroleima* HOOK. F., in *Hook. Lond. Journ.*, V, 144, t. 14. — *Trineuron* HOOK. F., *Fl. antarct.*, I, 23, t. 17. — *Ceratella* HOOK. F., *loc. cit.*, 25, t. 18 : caule cæspitoso v. adscendente brevi; foliis confertis, linearibus v. angustis integris; capitulis soli-tariis v. glomerulatis; corolla florum fœmineo-rum tenui v. minima. (*Australia, N.-Zelandia, America antarct.*)
3. Spec. ad 15. GAUDICH., in *Ann. sc. nat.*, sér. 1, V, 104, t. 3, fig. 4 (*Oligosporus*). — BROT., *Phyt. lusit.*, t. 73 (*Hippia*). — BENTH., *Fl. austral.*, III, 552; 553 (*Abrotanella*). —

REMY, in *C. Gay Fl. chil.*, III, 247 (*Abrotanella*), 252. — HOOK. F., *Handb. N.-Zeal. Fl.*, 139 (*Abrotanella*). — F. MUELL., *Pl. Vict.*, t. 40 (*Trineuron*).— A. GRAY, in *Proc. Amer. Acad.*, V, 137 (*Abrotanella*). — PHIL., in *Linnæa*, XXIX, 6; XXXIII, 168. — WALP., *Rep.*, II, 643, 992; VI, 226 (*Trineuron*), 227 (*Ceratella, Sclero-leima*).
4. In *Bull. Mosc.* (1851), II, 68. — B. H., *Gen.*, II, 431, n. 539. — A. GRAY, in *Hook. Kew Journ.*, IV, 275.
5. Minimi.
6. Intus et ad costam dorsalem villosulus.
7. Parvis.
8. Spec. 1. *C. obionoides* TURCZ. — BENTH., *Fl. austral.*, III, 555. — *Diotosperma Drum-mondii* A. GRAY.

399. Cotula T.[1] — Flores[2] sæpius 4-meri (rarius 3-5-meri), fertilés plerumque omnes; disci hermaphroditi v. rarius steriles; radii autém fœminei, 1-pauciseriati (sæpe deficientes) ; corolla ligulata v. inæquali-4-loba sub-2-labiata. Corolla florum disci regularis; tubo nunc 2-alato; limbi lobis sæpius 4, valvatis. Stamina plerumque 4; antheris apiculatis, basi integris obtusiusculis. Germen disco parvo coronatum; styli (in floribus sterilibus sæpe indivisi) ramis apice obtusis v. truncatis. Fructus epapposus v. rarius intus auriculato-papposus, plus minus a dorso compressus, sæpe stipite summo articulatus, enervius v. 2-4-nervius. — Herbæ humiles, annuæ v. rarius perennes, nunc reptantes v. cæspitosæ, glabræ v. varie villosæ; foliis alternis pinnatisectis v. pinnatifidis, nunc integris v. dentatis; capitulis stipitatis; pedunculo apice breviter conico v. turbinato obconico lateque excavato (*Cenia*[3]); receptaculo superne plano v. convexiusculo nudo [4]; involucri cupu-

1. *Inst.*, 495, t. 282.—VAILL., in *Act. Acad. par.* (1719), 288.—L., *Gen.*, n. 968. — GÆRTN., *Fruct.*, II, 388, t. 165. — LAMK, *Ill.*, t. 700. — DC., *Prodr.*, VI, 77. — ENDL., *Gen.*, n. 2683. — B. H., *Gen.*, II, 428, 1235, n. 533. — ? *Baldingeria* NECK., *Elem.*, I, 88 (ex B. H.). — *Leptinella* CASS., in *Bull. Soc. philom.* (1822), 127; in *Dict.*, XXVI, 66. — DC., *Prodr.*, VI, 141. — ENDL., *Gen.*, n. 2706. — *Strongylosperma* LESS., *Syn.*, 261. — *Pleiogyne* C. KOCH, in *Bot. Zeit.* (1843), 40.—*Ctenosperma* HOOK. F., in *Hook. Lond. Journ.*, VI, 115. — *Gymnogyne* STEETZ, in *Pl. Preiss.*, I, 431. — *Chlamydophora* EHRENB., in *Less. Syn.*, 265. — DC., *Prodr.*, VI, 138. — ENDL., *Gen.*, n. 2701. — *Otoglyphis* POM., *N. mat. Fl. atl.*, 56. — *Machlis* DC., *Prodr.*, VI, 140. — DELESS., *Ic. sel.*, IV, t. 50. — ENDL., *Gen.*, n. 2704. — *Brocchia* VIS., *Pl. æg. et nub.*, 35. — *Cænocline* C. KOCH, in *Bot. Zeit.* (1843), 41. — *Symphyomera* HOOK. F., in *Hook. Lond. Journ.*, VI, 116.

2. Flavi, v. radii albi.

3. COMMERS., ex J., *Gen.*, 183. — CASS., in *Dict.*, VII, 367; XXVI, 283. — DC., *Prodr.*, VI, 82. — ENDL., *Gen.*, n. 2685. — B. H., *Gen.*, II, 429, n. 534. — *Lancisia* GÆRTN., *Fruct.*, II, 422 (nec LAMK).

4. Sectiones, sensu nostro, generis sunt : *Otochlamys* DC., *Prodr.*, VI, 77. — ENDL., *Gen.*, n. 2682. — B. H., *Gen.*, II, 428, n. 532 : caule annuo ; foliis oppositis, integris v. pinnatisectis ; involucro 2-plici ; floribus 2-morphis ; corollæ florum hermaphroditorum tubo hyalini-marginato basique inæquali - appendiculato ; fructibus varie stipitatis. (*Africa austr.*) *Centipeda* LOUR., *Fl. cochinch.*, 492 (nec LESS.). — B. H., *Gen.*, II, 430, n. 535. — *Myriogyne* LESS., in *Linnæa*, VI, 219. — DC., *Prodr.*, VI, 139. — ENDL., *Gen.*, n. 2702. —

Sphæromorphæa DC., *Prodr.*, VI, 140. — DELESS., *Ic. sel.*, IV, t. 49. — ENDL., *Gen.*, n. 2703 : capitulis breviter racemosis, spicatis v. ad ramos lateraliter sessilibus; corollis radii 2, 3-fidis ; disci autem 4-dentatis; fructu haud compresso, obtuse 3-5-costato. (*Asia austro-or., Australia, America austr. extratrop.*)

Plagiocheilus ARN., ex DC., *Prodr.*, VI, 142. — ENDL., *Gen.*, n. 2707. — B. H., *Gen.*, II, 430, n. 536. — *Hippia* H. B. K., *Nov. gen. et spec.*, IV, 301 (nec L.). —? *Polygyne* PHIL., in *Linnæa*, XXXIII, 170 (ex B. H.) : caule herbaceo, nunc erecto majusculo ; capitulis stipitatis; floribus hermaphroditis sterilibus; corolla 4-dentata; corolla autem florum fœmineorum inæqui-2-3-fida; fructu lateraliter compresso. (*America austr. andin. extratrop.*)

Nananthea DC., *Prodr.*, VI, 45. — DELESS., *Ic. sel.*, IV, t. 45. — ENDL., *Gen.*, n. 2666. — B. H., *Gen.*, II, 428, n. 531 : caule nano ; foliis pinnatifidis carnosulis ; floribus 2-morphis; radii ligulis brevibus, erectis v. patentibus integris; corollis disci 4-dentatis ; fructu epapposo, ∞-striato. (*Corsica.*)

Isoetopsis TURCZ., in *Bull. Mosc.* (1851), I, 174, t. 3. — B. H., *Gen.*, II, 432, n. 541 : caule herbaceo nano ; foliis basilaribus linearibus (gramineis); capitulis ad collum dense aggregatis; fructu subturbinato sericeo; stylo florum hermaphroditorum indiviso; pappi paleis ∞, obtusis. (*Australia.*) — Sectio quoad stylum foliaque anomala.

Elachanthus F. MUELL., in *Linnæa*, XXV, 410. — B. H., *Gen.*, II, 431, n. 540 : caule herbaceo pusillo; foliis alternis linearibus integris; capitulis (parvis) terminalibus ; stylo indiviso v. 2-ramoso; fructu obconico sericeo; pappi paleis ∞, lanceolatis. (*Australia.*) — Sectio ut præcedens, ob stylum foliaque anomala.

laris, hemisphærici v. subcampanulati, bracteis 1-2-seriatis; floribus fructibusque exterioribus sæpe pedicellatis[1]. (*Orbis tot. reg. calid.*)

400. Artemisia T.[2] — Flores[3] 1-2-morphi; extimi fœminei fertiles, 1-seriati v. 0; corolla tenui tubulosa, apice breviter sæpiusque inæquali-2-3-fida; disci autem hermaphroditi fertiles v. steriles; corollæ regularis tubo basi nunc incrassato; limbo campanulato v. vix ampliato, 5-fido dentatove. Antheræ basi obtusa integræ. Styli florum hermaphroditorum rami, apice haud v. plus minus incrassato penicillati v. obtusati, nunc brevissimi v. vix haudve distincti. Fructus oblongi v. obovoidei, subteretes, 2-5-costati v. ∞-striati, nunc obscure alati, recti v. incurvi, apice obtusati v. truncati; pappo disciformi, annulari v. breviter coroniformi v. paleaceo lacerove, nunc 0.—Herbæ v. suffrutices rarove frutices[4] plerumque canescentes; foliis alternis, integris v. incisis, 2-3-fidis v. semel, bis terve pinnatim dissectis; capitulis[5] stipitatis, erectis v. sæpius pendulis, in racemos simplices compositosve v. in glomerulos plus minus ramosos dispositis; involucri subglobosi, ovoidei v. late campanulati, bracteis pauciseriatim imbricatis, margine sæpius scariosis; exterioribus plerumque tomentosis gradatimque minoribus; receptaculo plano, plus minus convexo v. hemisphærico, inter flores nudo v. hirsuto fimbrilliferoque[6]. (*Orbis totius, imprim. hemisph. bor., reg. calid. et temp.*[7])

1. Spec. ad 50, SIBTH., *Fl. græc.*, t. 878, 879. — DEL., *Fl. eg.*, t. 47, fig. 1 (*Balsamita*). — POEPP. 'et ENDL., *Nov. gen. et spec.*, III, t. 248 (*Plagiocheilus*). — HOOK., *Icon.*, t. 335. — F. MUELL., *Pl. Victor.*, t. 41 (*Myriogyne*). — WEDD., *Chl. andin.*, 60, 227, t. 14 (*Plagiocheilus*). — REICHB., *Ic. Fl. germ.*, t. 998. — HOOK. F., *Fl. tasm.*, t. 50; 51, 52 (*Leptinella*); *Fl. antarct.*, t. 19, 20 (*Leptinella*).—BENTH., *Fl. austral.*, III, 547; 552 (*Myriogyne*), 555 (*Elachanthus*), 556 (*Isoetopsis*). — HARV. et SOND., *Fl. cap.*, III, 177; 184 (*Cenia*). — OLIV. et HIERN, *Fl. trop. Afr.*, III, 397. — REMY, in *C. Gay Fl. chil.*, IV, 245 (*Myriogyne*), 248 (*Leptinella*), 250 (*Plagiocheilus*). — HOOK. F., *Handb. N.-Zeal. Fl.*, 140; *Fl. brit. Ind.*, III, 316; 317 (*Centipeda*). — WILLK. et LGE, *Prodr. Fl. hisp.*, II, 91. — GREN. et GODR., *Fl. de Fr.*, II, 148 (*Nananthea*). — WALP., *Rep.*, II, 638; 643 (*Leptinella*, *Plagiocheilus*), 991; VI, 226 (*Plagiocheilus*); *Ann.*, II, 895; V, 249.

2. *Inst.*, 460, t. 260. — L., *Gen.*, n. 945. — ADANS., *Fam. des pl.*, II, 120. — J., *Gen.*, 184. — LAMK, *Dict.*, I, 260; *Suppl.*, I, 459. — DC., *Prodr.*, VI, 93; VII, 298. — ENDL., *Gen.*, n. 2694. — SPACH, *Suit. à Buffon*, X, 167. —

B. H., *Gen.*, II, 435, n. 551. — *Absinthium* GÆRTN., *Fruct.*, II, 293, t. 164. — SPACH, *loc. cit.*, 171. — *Oligosporus* CASS., in *Bull. Soc. philom.* (1817); in *Dict.*, XXXVI, 24. — *Picrothamnus* NUTT., in *Trans. Amer. Phil. Soc.*, ser. 2, VII, 417.

3. Pallidi, flavi v. albidi.

4. Sæpe valde odorati.

5. Parvis v. minimis.

6. Sectio genus cum *Tanaceto* connectens est *Crossostephium* LESS., in *Linnæa*, VI, 220; *Syn.*, 266. — DC., *Prodr.*, VI, 127. — ENDL., *Gen.*, n. 2695. — B. H., *Gen.*, II, 434, 1235, n. 550: caule basi frutescente; fructu 5-gono; pappo brevi, coroniformi v. lacero-paleaceo. (*Litt. mar. chinensis.*)

7. Spec. ad 140. JACQ., *Fl. austr.*, t. 99, 100; *App.*, t. 34, 35; *Ic. rar.*, t. 172; *H. schœnbr.*, t. 467. — LHÉR., *Sert. angl.*, t. 28. — SIBTH., *Fl. græc.*, t. 856. — WALDST. et KIT., *Pl. rar. hung.*, t. 65, 75. — VIS., *Fl. dalm.*, t. 9. — TEN., *Fl. nap.*, t. 190, 192, 195, 248. — LEDEB., *Ic. Fl. ross.*, t. 452, 458, 459, 462, 463, 465-467, 469-475, 478, 488. — DEL., *Fl. eg.*, t. 43. — WIGHT, *Icon.*, t. 1111, 1112. — JACQUEM., *Voy., Bot.*, t. 100. — BESS., in *Mém. Mosc.*,

VIII. AMBROSIEÆ.

401. Ambrosia T. — Flores monœci; capitulis 1-sexualibus. Floris masculi corolla regularis tubulosa; limbo vix ampliato plerumque plus minus late campanulato, 5-dentato. Stamina 5, corollæ inserta; antheris liberis introrsis, basi obtusis, apice connectivo producto v. setula inflexa aucto superatis. Germinis rudimentarii stylus tenuis, apice capitato papilloso-penicillatus. Flores fœminei aperianthi; germine 1-loculari; ovulo 1, suberecto; styli ramis 2, ex involucro exsertis, liberis v. plus minus alte connatis; altero nunc minore v. 0. Fructus siccus, indehiscens, 1-spermus; embryone carnoso demum exalbuminoso. —Herbæ annuæ v. perennes, nunc basi frutescentes, canescentes v. raro glabræ; foliis alternis v. oppositis, integris, dentatis, lobatis, incisis v. semel, bis terve pinnatim dissectis v. pinnatipartitis; capitulis masculis sessilibus v. stipitatis et in racemos v. spicas plus minus composite ramosos cymigerosque dispositis, sæpe nutantibus, ∞-floris; involucri late hemisphærici herbacei bracteis 4-∞, plus minus alte connatis herbaceis; receptaculo parvo inter flores varie paleaceo; capitulis fœmineis cum masculis intermixtis v. inferioribus sæpiusve axillaribus, solitariis v. glomerulatis, aut 1-floris (*Euambrosia, Hymenoclea*), aut nunc rarius (*Franseria*) 1-4-floris; involucro sacciformi, ovoideo, obovoideo v. globoso, superne sæpius attenuato stylosque cingente; ostio apicali integro v. dentato styloque pervio, sub apice simplici serie 4-8-tuberculato v. aculeato (*Euambrosia*), v. ∞-seriatim aculeato, 1-4-rostrato, intusque 1-4-locellato (*Franseria*), nuncve squamis 9-12 radiato-patentibus plerumque inæqualibus scariosisque appendiculato (*Hymenoclea*), 1-loculari. (*Orbis utriusque region. calid. et temp.*) — *Vid. p.* 64.

IX, t. 1-5. — Torr., in *Whippl. Exp., Bot.*, 54; in *Marc. Exp., Bot.*, t. 12. — Torr. et Gray, *Fl. bor.-amer.*, II, 415. — A. Gray, in *Proc. Amer. Acad.*, VI, 551; VII, 361; in *Proc. Acad. Phil.* (1863), 66. — Chapm., *Fl. S. Unit. St.*, 242. — Eat., in *Fort. parall. Exp., Bot.*, 180, 189, t. 19. — Seem., *Her., Bot.*, t. 6. — Remy, in *C. Gay Fl. chil.*, IV, 243. — Phil., *Fl. atacam.*, 33. — Fr. et Sav., *Enum. pl. jap.*, I, 237. — Boiss., *Voy. Esp.*, t. 94, 94 a, 95; *Diagn. or.*, ser. 2, III, 31; *Fl. or.*, III, 360. — Miq., *Fl. ind.-bat.*, II, 86; in *Ann. Mus. lugd.-bat.*, II,

175. — Webb, *Phyt. canar.*, t. 100-102. — Batk., in *Nov. Act. nat. Cur.*, XIII, t. 43. — Harv. et Sond., *Fl. cap.*, III, 169. — Oliv. et Hiern, *Fl. trop. Afr.*, III, 400. — Hook., F., *Fl. brit. Ind.*, III, 321. — Reichb., *Ic. Fl. germ.*, t. 1029-1041; *Icon. exot.*, t. 4, 5. *Ic. bot.*, t. 80, 389. — Maxim., in *Bull. Acad. Pét.* (1872), *Mél. biol.*, VIII. — Willk. et Lge, *Prodr. Fl. hisp.*, II, 67. — Gren. et Godr., *Fl. de Fr.*, II, 125. — *Bot. Mag.*, t. 2472. — Walp., *Rep.*, II, 639; VI, 212, 723; *Ann.*, II, 895; V, 250.

402. **Xanthium** T.[1] — Flores[2] (fere *Ambrosiæ*) monœci; capitulis
masculis *Ambrosiæ;* bracteis involucri 1-2-seriatis; corolla tubulosa,
apice leviter ampliata, 5-dentata. Stamina basi corollæ inserta, nunc
adelpha. Stylus centralis; germine 0. Capitula fœminea 2-flora; involucro sacciformi ovoideo clauso, apice pervio, 2-rostrato, extus aculeis
glochidiatis dense obtecto, 2-loculari; additis bracteis paucis exterioribus brevioribus. Germen ovulumque *Ambrosiæ;* styli ramis 2 ex
involucro exsertis. Fructus (*Ambrosiæ*) in involucro indurato inclusi.—
Herbæ annuæ, scabræ v. glabratæ, inermes v. spinis 3-fidis armatæ;
foliis alternis, integris, lobatis v. grosse dentatis; capitulis solitariis
v. glomeratis axillaribus; masculis ad apices ramorum; fœmineis
autem inferioribus; receptaculo masculorum cylindraceo, inter flores
varie paleaceo; fœmineorum autem angusto cumque involucro
continuo. (*Orbis utriusque*[3] *reg. calid. et temp.*[4])

403. **Iva** L.[5] — Flores (fere *Xanthii* v. *Ambrosiæ*) monœci; capitulis
2-sexualibus. Corolla in floribus fœmineis brevis tubulosa v. 0. Fructus
obovati crassi, nunc pilis involuti, aut immarginati, aut margine crasso
latiusculo alave lacera demum valde aucta cincti. — Herbæ annuæ v.
perennes, nunc basi frutescentes; foliis oppositis v. alternis, integris,
dentatis, lobatis v. bis terve pinnatim dissectis; capitulis[6] in spicas v.
racemos plus minus ramosos dispositis, sessilibus v. stipitatis sæpeque
nutantibus; cæteris *Xanthii;* receptaculo parvo varie inter flores
paleaceo; involucri campanulati, obconici cyathiformisve, paleis
flores subtendentibus v. plus minus amplectentibus[7]; bracteis

1. *Inst.*, 438, t. 252. — L., *Gen.*, n. 1056. —
Gærtn., *Fruct.*, II, 418. — Less., *Syn.*, 219. —
DC., *Prodr.*, V, 522. — Endl., *Gen.*, n. 2480.
— H. Bn, in *Adansonia*, I, 117. — B. H., *Gen.*,
II, 355, n. 349.
2. Parvi, viriduli.
3. Origine americanæ (?).
4. Spec. 3, 4. Cav., *Icon.*, t. 221. — Wight,
Icon., t. 1104. — Reichb., *Icon. Fl. germ.*,
t. 1575-1577. — A. Gray, *Man.* (ed. 1856), 212.
—Fr. et Sav., *Enum. pl. jap.*, I, 231. — Chapm.,
Fl. S. Unit. St., 223. — Boiss., *Fl. or.*, III, 251.
— Bak., *Fl. maur.*, 172.—Benth., *Fl. austral.*,
III, 534.—Miq., *Fl. ind.-bat.*, II, 67.—Hook. F.,
Fl. brit. Ind., III, 303. — Oliv. et Hiern, *Fl.
trop. Afr.*, III, 371. — Willk. et Lge, *Prodr.
Fl. hisp.*, II, 273. — Gren. et Godr., *Fl. de
Fr.*, II, 393. — Walp., *Rep.*, II, 976; VI, 150;
Ann., II, 850.
5. *Gen.*, n. 1059. — Lamk, *Ill.*, t. 766. —
Gærtn., *Fruct.*, II, 394, t. 164. — Cass., in *Dict.*

sc. nat., XXIV, 43; LIX, 176. — Less., *Syn.*,
219. — DC., *Prodr.*, V, 529. — Endl., *Gen.*,
n. 2485. — B. H., *Gen.*, II, 352, n. 341.
6. Minutis, viridulis.
7. Generis sectiones, sensu nostro, sunt:
Euphrosyne DC., *Prodr.*, V, 530. — Deless.,
Ic. sel., IV, t. 28. — Endl., *Gen.*, n. 2486.
— B. H., *Gen.*, II, 353, n. 345: foliis inæqualibus pinnatim dissectis; capitulis nutantibus;
flore fœmineo apetalo; fructibus compressis
marginenque crasso cinctis. (*Mexicum.*)
Oxytenia Nutt., in *Journ. Acad. Philad.*, scr.
2, I, 172. — B. H., *Gen.*, II, 353, n. 342: foliis
alternis, remote pinnatis angustis; capitulis in
racemos compositos dispositis; fructu obovato
obtuse 2-4-gono, crasso pilisque longis involuto; floribus fœmineis apetalis. (*California.*)
Cyclachæna-Fres., *Ind. sem. H. francf.* (1836);
in *Linnæa*, XII, *Litt. Ber*, 78. — B. II., *Gen.*,
II, 353, n. 344: foliis alternis, v. inferioribus
oppositis, integris v. pinnatim dissectis; capi-

paucis sæpe connatis. (*America bor. et austr. temp. et extratrop. calid.*[1])

USAGES[2]. — Les propriétés des Composées, dont nous pouvons nous occuper actuellement que nous connaissons les divers types génériques et les caractères des diverses séries, varient précisément en passant d'une série à une autre; et c'est là une particularité sur laquelle les auteurs classiques ont depuis longtemps insisté : en effet, les Carduées, les Cichoriées et les Astérées ou les Hélianthées se distinguent généralement les unes des autres par leurs qualités et leurs usages.

Les Carduées sont généralement riches en principes amers, astringents ou stimulants. Quelques-unes sont diurétiques et diaphorétiques. Les principes odorants font généralement défaut dans ce groupe. Un latex coloré se rencontre dans un petit nombre d'espèces, peu abondant en général et n'existant ordinairement qu'en quantité peu appréciable à l'âge où l'on emploie ces plantes comme aliment. On y trouve quelquefois des matières résineuses ou colorantes. La plupart des plantes que nous avons réunies dans le genre Chardon ont été employées comme plus ou moins amères, toniques, astringentes, subâcres ou diurétiques, mais elles sont aujourd'hui quelque peu tombées dans l'oubli, leurs vertus étant rarement énergiques. Le Chardon-Marie[3] (fig. 6, 7) a été une des plus célèbres comme tonique et sudorifique; on employait surtout ses racines et ses fruits contre les fièvres intermittentes, les hydropisies, les affections pulmonaires, spléniques, utérines, l'ictère, les hémorrhoïdes, etc. Ses tiges et feuilles jeunes et ses réceptacles cuits sont comestibles. Le *Carduus crispus*[4] (fig. 1-5) passe aussi pour diurétique, et ses pousses se mangent également. De même

---

tulis spicatis v. racemosis; fructu obovoideo immarginato; floribus fœmineis apetalis. (*America bor.*) — *Dicoria* TORR. et GRAY, in *Emor. Rep., Bot.*, 143. — A. GRAY, in *Emor. Exp., Bot.*, 86, t. 30. — B. H., *Gen.*, II, 353, n. 343 : foliis alternis ovatis dentatis; capitulis composito-racemosis; floribus fœmineis apetalis; fructu compresso alaque lacera valde aucta cincto; bracteis involucri interioribus scariosis itidem auctis exterioresque demum longe superantibus. (*Mexicum.*)

1. Spec. 10, 11. HOOK., *Fl. bor.-amer.*, t. 106. — A. GRAY, *Man.* (ed. 1856), 211. — CHAPM., *Fl. S. Unit. St.*, 222. — WALP., *Rep.*, II, 607; 996 (*Cyclachœna*); VI, 155 (*Cyclachœna*); *Ann.*, V, 215.

2. ENDL., *Enchirid.*, 252. — LINDL., *Veg. Kingd.*,705; *Fl. med.*,449. — GUIB.,*Drog.simpl.*, éd. 7, III, 11. — ROSENTH., *Syn. plant. diaphor.*, 257, 1015.

3. *Carduus Marianus* L., *Spec.*, 1153. — DC., *Fl. fr.*, IV, 78. — *Silybum Marianum* GÆRTN., *Fruct.*, II, 378, t. 162, fig. 2. — GREN. et GODR., *Fl. de Fr.*, II, 204. — ROSENTH., *Syn.*, 300. — *S. maculatum* MŒNCH, *Meth.*, 555. — *Carthamus maculatus* LAMK., *Dict.*, I, 638. — *Cirsium maculatum* SCOP., *Fl. carniol.*, II, 130 (*Chardon Notre-Dame, C. argenté, Épine blanche, Artichaut sauvage, Lait de Sainte-Marie*).

4. L., *Spec.*, 1150. — DC., *Fl. fr.*, IV, 81. — GREN. et GODR., *Fl. de Fr.*, II, 230. — ROSENTH., *Syn.*, 302 (*Chardon crépu*).

celles des *C. nutans* **L.**, *macrocephalus* **Desf.**, dont le réceptacle, est aussi comestible, et le *C. personata* **Jacq.**, dont les Valaques recherchent les jeunes pousses. Le *C. arvensis* [1] porte des galles produites par des insectes et qu'on croyait propres à guérir les hémorrhoïdes. Ses fleurs ont un parfum suave et ses jeunes feuilles sont comestibles. Le *C. Acanthium* [2] a une racine légèrement astringente, vantée jadis comme antiblennorrhagique. Jeune, elle est comestible, comme le réceptacle. Un duvet blanc épais qui recouvre ses feuilles servait en Espagne d'amadou. Ses graines sont riches en huile bonne à brûler ; son suc a été préconisé contre le cancer. Toute la plante séchée au soleil sert à chauffer les fours dans les pays dépourvus de bois. Le *C. illyricus* [3] a des propriétés analogues. Le *C. Scolymus* [4] (fig. 8-10), qui est notre Artichaut commun, a un réceptacle épais et charnu dont on connaît les usages alimentaires. Il y a des pays où l'on mange même ses jeunes feuilles. Le suc de la plante entière passe pour diurétique, amer, antirhumatismal; il sert à teindre les laines. Les tiges brûlées sont riches, dit-on, en potasse, et les fleurs servent en Italie à faire cailler le lait. Le Cardon [5] a des qualités analogues; toutefois son réceptacle est peu charnu et médiocre comme aliment. Mais ses feuilles convenablement blanchies et surtout leur côte moyenne sont usitées comme légume. Le *C. acaulis* [6] est, dit-on, comestible par sa racine; ses feuilles passent pour écarter les teignes des vêtements. Le *C. collinus* [7] se cultive en Orient comme plante potagère. Le *C. Acarna* [8] passe dans l'Europe méridionale pour astringent et tonique. Le *C. eriophorus* [9], dont le réceptacle peut se manger, a été vanté comme anticancéreux. Le *C. oleraceus* [10] est pour certaines personnes une plante

1. *Serratula arvensis* L., *Spec.*, 1149. — *Cirsium arvense* Scop., *Fl. carniol.*, II, 26. — Gren. et Godr., *Fl. de Fr.*, II, 226 — *Breea arvensis* Less. (*Carduus hemorrhoidalis* off.).

2. *Onopordon Acanthium* L., *Spec.*, 1158. — DC., *Fl. fr.*, IV, 74; *Prodr.*, VI, 618, n. 1.—Gren. et Godr., *Fl. de Fr.*, II, 204.— Rosenth., *Syn.*, 300. — *Acanos Spina* Scop., *Fl. carniol.* (ed. 2), n. 1013 (*Chardon Acanthe, C. bâtard, sauvage, velu, Chardonnette sauvage, Artichaut sauvage, Grand Chardon aux ânes, Pet-d'âne, Pédane, Épine blanche sauvage*).

3. *Onopordon illyricum* L., *Spec.*, 1158. — Gren. et Godr., *Fl. de Fr.*, II, 205. — *O. elongatum* Lamk. — *O. horridum* Viv.

4. *Cynara Scolymus* L., *Spec.*, 1159. — DC., *Prodr.*, VI, 620. — Rosenth., *Syn.*, 301.

5. *Carduus Cardunculus.* — *Cynara Cardunculus* L., *Spec.*, 1159. — DC., *Prodr.*, n. 3. —

Gren. et Godr., *Fl. de Fr.*, II, 206. — *C. sylvestris* α Lamk, *Dict.*, I, 277 (*Cardonnette, Chardonnette, Chardonnerette*).

6. L , *Spec.*, 1156.—*C. Roseni* Vill. — *Cnicus acaulis* Hoffm., *Fl. germ.*, II, 130. — *Cirsium acaule* All., *Fl. pedem.*, I, 153.

7. *Cynara acaulis* L., *Spec.*, 1160. — Desf., *Fl. atl.*, t. 223. — Rosenth., *Syn*, 301. — *C. humilis* J. (nec L.). — *Rhaponticum acaule* DC., *Prodr.*, VI, 664, n. 8.

8. L., *Spec.* (ed. 1), 820. — *Cirsium Acarna* Moench, *Suppl.*, 226. — *Picnomon Acarna* Cass., in *Dict. sc. nat.*, XL, 188. — Gren. et Godr., *Fl. de Fr.*, II, 208. — Rosenth., *Syn.*, 302.

9. L., *Spec.*, 1153. — *Cirsium eriophorum* Scop., *Fl. carniol.*, II, 130. — *Cnicus eriophorus* Hoffm. (*Chardon porte-soie, Couronne des frères, Pet-d'âne des Parisiens*).

10. Vill., *Dauph.*, III, 21. — *Cnicus olera-*

potagère, de même que les *C. canus* L. et *rivularis* [1], le *C. palustris* [2], le *C. anglicus* [3], le *C. lanceolatus* [4], le *C. bulbosus* [5], le *C. spinosissimus* [6] et le *C. nutans* [7]. Le *C. cyanoides* [8] passe dans l'Europe centrale pour un préservatif et un remède des fièvres éruptives. Le *C. tinctorius* [9] a jadis été recherché pour sa matière colorante, et les Cochinchinois recommandent, dit-on, le *C. Scordium* [10] comme emménagogue et diaphorétique. Les Centaurées sont presque toutes toniques-amères. La plus célèbre était autrefois la Grande Centaurée [11], dont la racine légèrement aromatique s'employait comme fébrifuge, antiasthmatique, antirhumatismale. Aujourd'hui encore on vante le Chardon bénit [12] (fig. 11-13), qui appartient à ce genre, comme astringent, anticatarrhal, antihystérique ; la Chausse-trape [13], dont la racine et les fruits s'administrent encore dans les cas de fièvre intermittente ; le Bleuet des champs [14], dont les fleurs passaient pour guérir les morsures des animaux venimeux et aussi les affections inflammatoires des yeux ; la Jacée [15], dont la racine et les fleurs ont été recommandées comme fébrifuges. On rencontre des qualités analogues, mais souvent peu accentuées, dans un grand nombre d'autres espèces européennes, les *Centaurea axillaris* W., *montana* L., *nigrescens* W., *amara* L., *Sca-*

---

ceus L. (part.). — *C.* *pratensis* LAMK. — *Cirsium oleraceum* ALL., *Fl. pedem.*, n. 544. — DC., *Prodr.*, VI, 647, n. 76. — GREN. et GODR., *Fl. de Fr.*, II, 216. — *C. variabile* MŒNCH (*Brancursine sauvage, des marais*).

1. JACQ., *Fl. austr.*, I, 57, t. 91. — *Cnicus rivularis* W. — *Cirsium rivulare* LINK.

2. L., *Spec.*, 1151. — *Cirsium palustre* SCOP., *Fl. carniol.*, II, 128 (*Bâton du diable*).

3. LAMK, *Dict.*, I, 705. — *Cirsium anglicum* LOB. — *Cnicus pratensis* W. (*Langue-de-bœuf, Quenouille des prés*).

4. L., *Spec.*, 1149. — *C. vulgaris* SAVI, *Fl. pis.*, II, 241. — *Cnicus lanceolatus* HOFFM. — *Cirsium lanceolatum* SCOP. — *Eriolepis lanceolata* CASS. On a essayé de mélanger ses aigrettes au coton pour en faire des tissus.

5. VILL., *Dauph.*, III, 16. — *C. spurius* HOFFM. — *Cnicus tuberosus* W. — *Cirsium bulbosum* DC., *Fl. fr.*, IV, 118. — GREN. et GODR., *Fl. de Fr.*, II, 218. — *C. tuberosum* ALL.

6. *C. glaber* STEUD., *Nom.*, ed. 1, 152. — *Cnicus spinosissimus* LAPEYR. — *Cirsium glabrum* DC., *Fl. fr.*, IV, 463. — GREN. et GODR., *Fl. de Fr.*, II, 221. — *C. spinosissimum* BENTH. — ROSENTH., *Syn.*, 302.

7. L., *Spec.*, 1150. — GREN. et GODR., *Fl. de Fr.*, II, 231. Le *C. cernuus* (*Alfredia cernua* CASS.) a aussi une racine comestible.

8. L., *Spec.*, 1152. — *Jurinæa cyanoides* DC., *Prodr.*, VI, 676, n. 16. — ROSENTH., *Syn.*,

304. — *Serratula cyanoides* DC. — *Acarna cyanoides* BESS.

9. SCOP., *Fl. carniol.*, n. 1012. — *Serratula tinctoria* L., *Spec.*, 1144. — GREN. et GODR., *Fl. de Fr.*, II, 268.

10. *Serratula? Scordium* LOUR., *Fl. cochinch.* (ed. 1790), 483. — DC., *Prodr.*, VI, 671, n. 24 (*Cay muoi tuoi, Trach lan, Tse lan*).

11. *Centaurea Centaurium* L., *Spec.*, 1287.— DC., *Prodr.*, VI, 566, n. 5. — ROSENTH., *Syn.*, 298. — *Chryseis Centaurium* KOST.

12. *Centaurea benedicta* L., *Spec.*, 1296.— *Carduus benedictus* CAMER., *Epit.*, 566. — *Cnicus benedictus* L., *Spec.* (ed. 1), 826. — GÆRTN., *Fruct.*, II, t. 162, fig. 5.— DC., *Prodr.*, VI, 606. — GREN. et GODR., *Fl. de Fr.*, II, 266. — ROSENTH., *Syn.*, 299. — BERG et SCHM., *Darst. off. Gew.*, t. 22 *a*. — *Calcitrapa lanuginosa* LAMK, *Fl. fr.*, II, 35.

13. *Centaurea Calcitrapa* L., *Spec.*, 1207. — GREN. et GODR., *Fl. de Fr.*, II, 261. — *Calcitrapa stellata* LAMK. — *C. Hypophœstum* GÆRTN., *Fruct.*, II, t. 163, fig. 2. (*Chardon étoilé, Relâche, Pique-queue, Pignerolle*).

14. *Centaurea Cyanus* L., *Spec.*, 1289. — GREN. et GODR., *Fl. de Fr.*, II, 251. — *Cyanus arvensis* MŒNCH. — *C. vulgaris* CASS. — *Jacea segetum* LAMK (*Barbeau, Blavéole, Casse-lunettes, Chévelot, Péréole, Fleur de Zacharie, Aubifoin, Blavette, Carconille, Boufa*).

15. *Centaurea Jacea* L., *Spec.*, 1293.

biosa L., *solstitialis* L., *nigra* L., *cerinthœfolia* SIBTH., *eryngioides* LAMK, et dans quelques plantes du nouveau monde, telles que les *C. chilensis* MIERS et *americana* SPR. Plusieurs de ces plantes sont tinctoriales, propriété qui est surtout développée dans les Carthames. Le plus connu de ceux-ci est le Safran bâtard [1] (fig. 14), dont on emploie les corolles à faire du fard, à falsifier le *Crocus sativus*, à teindre les étoffes en rose ou en jaune, et dont les semences fournissent une huile purgative. Les *Carthamus creticus* L., *persicus* [2], *glaucus* [3] et *leucocaulon* SIBTH. [4] passent, le premier pour favoriser la sécrétion lactée, les trois derniers pour guérir les morsures des animaux venimeux. Les *C. lanatus* [5] et *ruber* L. [6] servent aux mêmes usages que le Chardon bénit. Le *Cardopathium corymbosum* [7] fournit la racine de Chaméléon noir, et l'*Atractylis gummifera* [8], de la région méditerranéenne, est le Chaméléon blanc dont la racine donne une sorte de mastic employée en Algérie; mais ses propriétés vénéneuses, narcotico-âcres, en font une plante dangereuse et tout au moins suspecte [9]. L'*A. cancellata* [10] est alimentaire, en même temps que propre à guérir les hydropisies et les calculs urinaires. Les Carlines ont les vertus des Chardons, notamment les *Carlina acaulis* [11], *vulgaris* [12] et *acan-*

---

1. *Carthamus tinctorius* L., *Spec.*, 1162. — LAMK, *Ill.*, t. 661, fig. 3. — DC., *Prodr.*, VI, 612. — GUIB., *Drog. simpl.*, éd. 7, III, 21, fig. 567. — ROSENTH., *Syn.*, 299 (*Safran faux, bâtard, d'Allemagne*). Les fleurons, employés à falsifier le Safran, n'ont, bien entendu, aucune ressemblance de forme avec les longues divisions obconiques et repliées en long sur elles-mêmes du style des *Crocus*.

2. W., *Spec.*, III, 1707. — ROSENTH., *Syn.*, 300. — *Onobroma persicum* DC., *Prodr.*, VI, 613, n. 3 (var.? du *C. armenus* W.).

3. M.-BIEB., *Fl. taur.*, n. 1678.— *Onobroma glaucum* SPRENG. — *Kentrophyllum glaucum* FISCH. et MEY. — DC., *Prodr.*, VI, 611, n. 4.

4. *Fl. græc.*, t. 842. — *Kentrophyllum leucocarpon* DC., *Prodr.*, VI, 610, n. 3.

5. L., *Spec.*, 1163. — *Atractylis lanata* SCOP. — *Kentrophyllum luteum* CASS. — *K. lanatum* DC., *Bot. gall.*, I, 293; *Prodr.*, VI, 610, n. 1. — GREN. et GODR., *Fl. de Fr.*, II, 265. — ROSENTH., *Syn.*, 299. — *Atractylis lanata* SCOP. — *Centaurea lanata* DC., *Fl. fr.*, IV, 102. — *Heracantha lanata* LINK. — *Hohenwartha gymnogyna* WEST (ex DC.). — *Onobroma lanata* SPRENG. (*Chardon bénit des Parisiens*).

6. *Kentrophyllum rubrum* LINK, in *Linnœa* (1834), 580. — *Onobroma dentatum* SPRENG. — *Cnicus dentatus* FORSK. — *Kentrophyllum dentatum* DC., *Prodr.*, VI, 611, n. 5.

7. PERS., *Enchirid.*, II, 500. — DC., *Prodr.*, VI, 528. — *Carthamus corymbosus* L. — *Echinops corymbosus* L. — *Cnicus horridus* FORSK. — *Onobroma corymbosum* SPRENG.

8. L., *Spec.*, 1161. — *Carlina gummifera* LESS., *Syn.*, 12. — DC., *Prodr.*, VI, 547. — GREN. et GODR., *Fl. de Fr.*, II, 279. — *Carthamus gummiferus* LAMK. — *Chamœleon gummifer* CASS., in *Dict. sc. nat.*, L, 59. — CAV., *Icon.*, III, t. 228. — *Acarna gummifera* W., *Spec.*, III, 1169.

9. E. LEFRANC, *Sur les plantes connues des Grecs sous les noms de* Chaméléon noir *et de* C. blanc (in *Bull. Soc. bot. Fr.*, XIV, 48). — GUIB., *Drog. simpl.*, éd. 7, III, 27. Il est riche en inuline, en matière sucrée, et renferme de l'atractylate de potasse. Sa racine, grosse parfois comme la cuisse, prend, en séchant, une forte odeur de Violette.

10. L., *Spec.*, 1162. — DC., *Prodr.*, VI, 550, n. 3. — *Acarna cancellata* ALL., *Fl. pedem.*, n. 561. — SIBTH., *Fl. græc.*, t. 839. — *Cirsellium cancellatum* GÆRTN., *Fruct.*, II, t. 163, fig. 2. — LAMK, *Ill.*, t. 662, fig. 1.

11. L., *Spec.*, 1161. — GREN. et GODR., *Fl. de Fr.*, II, 278. — GUIB., *Drog. simpl.*, éd. 7, III, 26, fig. 570.— *C. Chamœleon* VILL., *Dauph.*, III, 31 (*Loque, Chardonne, Chardonnerette*).

12. L., *Spec.*, 1161. — GREN. et GODR., *Fl. de Fr.*, II, 275 (*Grande Carline, Pigneleu*).

thifolia ALL. Dans le midi de l'Europe, on vante le *Stœhelina dubia*[1]
comme vermifuge, emménagogue, et en Sibérie le *Saussurea amara*[2]
comme antisyphilitique. Les *Echinops* sont légèrement astringents,
entre autres l'*E. Ritro*[3]. L'*E. sphærocephalus*[4] (fig. 15-17), qui sert
à traiter les affections des voies urinaires, est sudorifique, apéritif;
l'*E. viscosus*[5] sert en Grèce à l'extraction d'un faux mastic; l'*E. bulbosus* fournit en Espagne une sorte d'amadou, et l'*E. bannaticus*[6] est
cultivé comme alimentaire dans son pays natal. Le *Gundelia Tournefortii*[7] a des graines qui servent en Orient à remplacer le café. Mais
la plus employée aujourd'hui des Carduées est probablement la Bardane[8], dont la racine est souvent encore prescrite dans les cas d'affections chroniques de la peau et contre les maladies rhumatismales,
syphilitiques, etc. On emploie aussi ses feuilles, qui sont moins
actives, mais qui renferment beaucoup plus d'inuline[9]. Il y a encore
beaucoup de campagnes où l'on accorde à cette plante des vertus toniques, fébrifuges, apéritives, sudorifiques et diurétiques.

Les Mutisiées sont peu utiles et leurs propriétés sont très diverses.
Tandis que le *Moscharia pinnatifida*[10], du Pérou, est recherché comme
plante musquée et que le *Printzia aromatica*[11] sert au Cap à préparer
des infusions aromatiques, le *Gerbera Bellidiastrum*[12] se récolte en
Chine et en Sibérie comme astringent et amer, antiasthmatique, et le
Trixis Pipitzahuac[13] est vanté au Mexique contre le choléra et les
affections dysentériques. Les *T. antimenorrhœa*[14] et *brasiliensis* DC.

1. L., *Spec.* 1176. — DC., *Prodr.*, III, 544.
— GREN. et GODR., *Fl. de Fr.*, II, 274. — *Serratula conica* LAMK, *Ill* , t. 666, fig. 4. — *S. dubia* BROT., *Fl. lus.*, I, 350.

2. DC., *Prodr.*, VI, 536, n. 30. — *Serratula amara* L. — *Theodora amara* CASS.

3. L., *Spec.*, 201. — GREN. et GODR., *Fl. de
Fr.*, II, 201 (*Petit Oursin, Petite Boulette*).

4. L., *Spec.*, 1314. — GREN. et GODR., *Fl. de
Fr.*, II, 201. — ROSENTH., *Syn.*, 295. — *E. multi-
florus* LAMK (*Grand Oursin, Grande Boulette*).

5. DC., *Prodr.*, VI, 525, n. 15. — *E. spinosus* D'URV., *Enum. pl. or.*, 113.

6. ROCH., ex SCHRAD., *Diss. bl.*, 48. — DC.,
Prodr., n. 7. — ROSENTH., *Syn.*, 296. — *E. ru-
thenicus* REICHB., *Ic. crit.*, t. 450.

7. Voy. p. 88, not. 4. — ROSENTH., *Syn* , 259.

8. *Arctium Lappa* W., *Spec.*, III, 1631. —
A. *Bardana* W. — *Lappa officinalis* ALL. — GREN.
et GODR., *Fl. de Fr.*, II, 280. Nous comprenons
dans la même espèce (et d'ailleurs leurs propriétés sont les mêmes) les *L. major* GÆRTN.,
minor DC. et *tomentosa* LAMK (*Grippe, Glou-

teron, Herbe aux teigneux, Napolier, Peigne-
rolle, Poire de vallée, Oreille de géant*).

9. GUIB., *Drog. simpl.*, éd. 7, III, 17, fig.
566. — HAYN., *Arzn. Pfl.*, t. 35. — BERG et
SCHM., *Darst. off. Gew.*, t. 19, c d.

10. R. et PAV., *Syst. Fl. per.*, I, 136. —
ROSENTH., *Syn.*, 304.

11. LESS., *Syn.*, 108. — HARV. et SOND., *Fl.
cap.*, III, 514, n. 3. — *Inula aromatica* L.,
Amœn., VI, 103.

12. *Tussilago Bellidiastrum* L., *Hort. upsal.*,
259, t. 3, fig. 2. — *Chaptalia lyrata* SPRENG.,
Syst., III, 504. — *Perdicium Anandria* R. BR.
— *Anandria Bellidiastrum* DC., *Prodr.*, VII, 40.
— *A. radiata* LESS., *Syn.*, 346. — ROSENTH.,
Syn. 304. Cette plante est assez souvent cul-
tivée dans nos jardins botaniques. Le *Perdicium
discoideum* R. BR. en est une simple forme.

13. SCH. BIP., ex ROSENTH., *Syn.*, 305. — *Dumerilia Alamani* DC., *Prodr.*, VII, 67, n. 2
(*Remedio de purga, Pipitzahuac*).

14. MART., ex ROSENTH., *Syn.*, 305. — *Prionanthes antimenorrhœa* SCHRK.

sont des toniques et des emménagogues. Le *T. frutescens* [1] sert
à Panama au traitement des plaies et ulcérations. Au Mexique, le
Perezia moschata [2] se vend pour préparer des infusions aromatiques
et stimulantes. Le *Chuquiraga discanthoides* [3], du Chili, est un arbre
dont le bois, exceptionnellement dur, sert à faire des fléaux pour
battre les grains.

En général, les Cichoriées possèdent un latex abondant qui leur
donne parfois des propriétés fort accentuées [4]. Celui de la Laitue
vireuse [5] (fig. 33, 34) est un poison narcotique violent. Le *lactucarium*, dont la vertu narcotique est assez souvent encore contestée, se
récolte sur les *Lactuca sativa* [6], *Scariola* [7], *altissima* [8] et leurs variétés [9].
Dans les espèces cultivées comme potagères, telles que le *L. sativa* et
ses nombreuses formes et variétés, le principe laiteux disparaît complètement ou à peu près, et la saveur amère diminue souvent de manière
à les rendre comestibles. Les fruits de la Laitue faisaient partie des
quatre semences froides mineures. Les *L. perennis* L., *saligna* L.,
quercina L., *sagittata* W. et KIT., *Scariola* L., *augustana* ALL., *elongata* MUEHL., *taraxacifolia* SCHUM., *Tsitsa* SIEB., *indica* LOUR. [10], sont
ou peuvent être cultivés comme herbes potagères. Le *L. juncea* [11] a
longtemps été une plante médicinale, amère, vantée contre la dysmé-
norrhée. On l'employait autrefois comme apéritive, tempérante ; elle est
aujourd'hui peu usitée. Elle produit par sa racine une sorte de gomme

1. P. BR., *Jam.*, 312, t. 33, fig. 2. — DC.,
Prodr., VII, 68, n. 12. — *Inula Trixis* L.,
Amœn., V, 406. — *Tenorea Berterii* COLL.,
H. ripul., 137 (*Chiriqui, Palo de Santa-Maria*).
2. LLAV. et LEX., *Nov. veg. descr.*, I, 26. —
Acourtia? moschata DC., *Prodr.*, VII, 66, n. 6.
3. *Flotowia discanthoides* LESS., *Syn.*, 95.
— DC., *Prodr.*, VII, 11 (*Palo mato*).
4. « Succo lacteo, quem substantiis variis, ama-
ris imprimis, resinosis, salinis et narcoticis pecu-
liaribus prægnantem intra vasa propria vehunt,
virtutem debent. » (ENDL.)
5. *Lactuca virosa* L., *Spec.*, 1119. — DC., *Fl.
fr.*, IV, 10; *Prodr.*, VII, 137, n. 29. — GREN. et
GODR., *Fl. de Fr.*, II, 320. — GUIB., *Drog. simpl.*,
éd. 7, III, 14. — ROSENTH., *Syn.*, 309. — BERG
et SCHM., *Darst. off. Gew.*, t. 30 c. — TRIM. et
BENTL., *Med. pl.*, III, n. 160. — FLUCK. et
HANB., *Pharmacogr.*, 353. — *L. sinuata* FORSK.
(ex DC.).—? *L. ambigua* SCHRAD. (*Laitue papa-
véracée, L. sauvage*).
6. L. *Spec.*, 1118. — GREN. et GODR., *Fl. de
Fr.*, II, 320. — DC., *Prodr.*, VII, 138, n. 41.
7. L., *Spec.*, 1119. — GREN. et GODR., *Fl. de
Fr.*, II, 319. — *L. sylvestris* LAMK, *Dict.*, III,
408 (*Scarole, Escarole*).

8. BIEB., *Fl. taur.-cauc.*, Suppl., n. 1585. —
DC., *Prodr.*, VII, 136, n. 23. — *L. orientalis
altissima flore luteo* T., *Inst., Cor.*, 36.
9. MM. HANBURY et FLUCKIGER (*Pharmacogr.*,
354) admettent les quatre espèces précédentes
comme sources du *lactucarium;* celui qui est
récolté dans la Prusse rhénane, près de Zell, est
donné par une plante bisannuelle. Nous ne savons si c'est la même plante que celle dont
M. Aubergier extrait le *lactucarium* aux environs de Clermont-Ferrand et qui est, dit-on, une
forme fixée du *L. altissima;* ce n'est pas le
L. capitata DC., ni le *L. virosa*, auquel on attri-
bue la production du *lactucarium* d'Allemagne
(GUIB., *Drog. simpl.*, éd. 7, III, 12-14). On a
considéré aussi (G. PL.) le *L. altissima* comme
une simple variété du *L. Scariola*.
10. Voy. ROSENTH., *Syn.*, 310.
11. *Chondrilla juncea* L., *Spec.*, 1120. —
JACQ., *Fl. austr.*, t. 427. — DC., *Prodr.*, VII,
142, n. 3. — GREN. et GODR., *Fl. de Fr.*, II,
314. — ROSENTH., *Syn.*, 311. — *C. latifolia*
BIEB., *Fl. taur.-cauc.*, II, 244. — *C. rigens*
REICHB. — *C. acanthophylla* BORKH. (*Durou,
Duriou jaune, Ecoubette jaune, Herba Chon
drillæ veræ* off.).

qui servait contre les diarrhées et les flux. Dans le *L. prenanthoides* [1]
cette gomme est rougeâtre. Le principe amer se développe davantage
dans les Chicorées. La C. sauvage [2] (fig. 27-30) jouit d'une grande
réputation comme médicament dépuratif, antiscrofuleux, antiscorbutique. On la cultive beaucoup, ce qui lui fait perdre une grande partie
de son amertume; on l'étiole pour en faire un aliment moins sapide,
et l'on emploie en grand sa racine dans le nord de l'Europe comme
succédané du café [3]. L'Endive [4] et ses diverses variétés sont peut-être
encore plus fréquemment employées comme légumes. Les *Picris* sont
assez souvent aussi comestibles. En Sibérie, on mange les jeunes pousses
du *P. hieracioides* [5], et dans plusieurs localités de l'Europe celles du
P. echioides [6]. A Naples, le *P. lacera* [7] est aussi une plante potagère.
Les *Hieracium* se mangent peu; mais ils ont quelques propriétés médicinales. L'*H. murorum* [8] passe pour astringent, vulnéraire, et la Piloselle [9] est dans certaines campagnes un médicament usité contre les
flux, la diarrhée, les angines. L'*H. umbellatum* [10] a été prescrit contre
les diarrhées chroniques. C'est en même temps une plante qui teint en
jaune, comme les *H. aurantiacum* L. et *venosum* L. Ce dernier passe
pour vénéneux, de même que l'*H. virosum* PALL. (fig. 31, 32). En
Amérique, l'*H. Gronovii* L. sert à préparer des liqueurs antiodontal-
giques, et à Madère on emploie l'*H. cheiranthifolium* [11] comme astringent et tonique. Les *Leontodon* ont presque les propriétés des Chicorées.
Les *L. hispidus* L., *hastilis* L., *serotinus* W. et KIT. sont comestibles, et
l'on mange quelquefois les *L. glabrum* [12] et *radicatum* [13], qui sont aussi
des plantes médicinales. Le Pissenlit [14] réunit toutes ces propriétés.

1. SCOP., *Fl. carniol.*, ed. 2, II, 100, t. 49.
— *L. inermis* FORSK. — *Chondrilla prenanthoides*
VILL. — *C. paniculata* LAMK. — *Prenanthes
chondrilloides* ARD.

2. *Cichorium Intybus* L., *Spec.*, 1142. — DC.,
Prodr., VII, 84, n. 1. — GREN. et GODR., *Fl.
de Fr.*, II, 286. — GUIB., *Drog. simpl.*, éd. 7,
III, 15. — ROSENTH., *Syn.*, 306 (*Ecoubette
bleue*, *Cheveux de paysan*).

3. A tort évidemment; car, employée seule, elle
donne une infusion laxative et d'un goût désagréable, qui fatigue le tube digestif, et dont
l'usage remonte aux circonstances difficiles du
blocus continental.

4. *C. Endivia* W., *Spec.*, III, 1629. — DC,
Prodr., n. 2 (*Scariole*).

5. L., *Spec.*, 1115. — GREN. et GODR., *Fl. de
Fr.*, II, 303. — *P. lappacea* LAP.

6. L., *Spec.*, 1114. — *Helminthia echioides*
GÆRTN., *Fruct.*, II, 368. — DC., *Prodr.*, VII,

133, n. 1. — GREN. et GODR., *Fl. de Fr.*, II, 305.
— *Crepis echioides* ALL., *Fl. pedem.*, 811.

7. *Crepis lacera* TEN., *Fl. neap.*, II, 179, t. 74
(en Italie, *Angina*, *Cichoria di montagna*).

8. L., *Spec.*, 1128. — GREN. et GODR., *Fl. de
Fr.*, II, 374 (*Herbe de la guerre*, *Pulmonaire des
Français*).

9. *H. Pilosella* L., *Spec.*, 1125. — GREN. et
GODR., *Fl. de Fr.*, II, 345 (*Epervière Piloselle*,
Veluette, *Oreille-de-rat*, *O.-de-souris*).

10. L., *Spec.*, 1131. — GREN. et GODR., *Fl. de
Fr.*, II, 387 (*Pulmonaire des Français*).

11. *Andryala cheiranthifolia* AIT. — ROSENTH.,
Syn., 312. — *A. tomentosa* SCOP.

12. *Hypochœris glabra* L., *Spec.*, 1140. —
H. minima CYRILL.

13. *Hypochœris radicata* L., *Spec.*, 1140. —
Porcellites radicata CASS. (*Salade de porc*).

14. *Leontodon Taraxacum* L., *Spec.*, 1122.
— *L. officinalis* WITH. — *L. vulgare* LAMK. —

Son amertume l'a rendu célèbre comme dépuratif, tonique, digestif, et ses variétés cultivées ou ses parties les plus jeunes, dont la saveur est moins accentuée, constituent des aliments dont l'usage est populaire. Les *L. bulbosum, lævigatum, sinense*, sont aussi des herbes potagères. On mange les jeunes feuilles du *Lapsana communis* [1] et du *L. grandiflora* BIEB. [2], qui sont quelquefois prescrites contre les excoriations du mamelon et sont probablement de simples émollients. Dans le midi de l'Europe, le *Zacyntha verrucosa* [3] passe pour utile contre les affections cutanées, et l'on consomme comme légumes les *Hedypnois stellatus et edulis*. Le Cardon d'Espagne [4] est un aliment bien plus répandu ; mais sa racine est aussi un médicament, vanté comme astringent, diurétique, et même contre les maladies cutanées chroniques. Son duvet sert à faire des moxas. Ses fleurs servent quelquefois à falsifier le Safran. Le *Scolymus maculatus* L. a des propriétés identiques, qui sont à peu près aussi celles des Scorzonères, légumes et médicaments parmi lesquels, entre autres espèces, on recherche dans notre pays la S. d'Espagne [5] et les divers Salsifis [6] de nos jardins et de nos champs. Les *Scorzonera laciniata* [7] et *octangularis* [8] sont alimentaires pour quelques habitants de la Valachie et de la Moldavie.

Les Vernoniées proprement dites ne fournissent pas beaucoup de médicaments, dans notre pays du moins, où elles sont peu connues ; mais il n'en est pas de même de celles de la subdivision des Eupatoriées. Le *Vernonia anthelminthica* [9] (fig. 35, 36) est encore la plus célèbre des espèces de ce genre ; on assure que ses fruits et ses racines tuent

Taraxacum officinale VILL. — BERG et SCHM., *Darst. off. Gew.*, t. 7 c. — *T. Leontodon* DUM. —*Hedypnois Taraxacum* SCOP. *(Lion-dent, Dent-de-lion, Cochet, Chopine, Salade de taupe, Couronne de moine)*.

1. L., *Spec.*, 1141. — CÆRTN., *Fruct.*, t. 157, fig. 1.— GREN. et GODR., *Fl. de Fr.*, II, 291. — *Lampsana communis* DC., *Prodr.*, VII, 76 *(Saune blanche, Herbe aux mamelles, Grageline, Gras de mouton, Poule grasse)*.

2. BIEB , *Fl. taur.-cauc.*, n. 1630.—*L. lyrata* W. — *L. glandulifera* CASS.

3. GÆRTN., *Fruct.*, II, 358. — *Lapsana Zacyntha* L., *Spec.*, 1141.

4. *Scolymus hispanicus* L., *Spec.*, 1143. — GREN. et GODR., *Fl. de Fr.*, II, 390. — *Myscolus microcephalus* CASS. *(Epine jaune, Cardouilles, Cardousses)*.

5. *Scorzonera hispanica* L., *Spec.*, 1112. — GREN. et GODR., *Fl. de Fr.*, II, 308 *(Salsifis d'Espagne, S. noir, Ecorce noire, Corsionnaire)*.

6. Principalement le S. blanc ou des jardins *(Scorzonera porrifolia — Tragopogon porri-*

folium L.) ou *Barbelo*, et le *S. pratensis*. — *Tragopogon pratense* L. *(Bombarde, Barbe-de-bouc, Sersifix des prés, Thalibot, Ratabout, Cochet)*, espèces dont on mange les racines.

7. L., *Spec.*, 1114. — *S. paucifida* LAMK. — *Podospermum laciniatum* DC., *Fl. fr.*, éd. 3, n. 2984 ; *Prodr.*, VII, 111, n. 6.

8. W., *Spec.*, III, 1506 (part.). — *Podospermum octangulare* ROTH. — DC., *Prodr.*, n. 1. Les *S. undulata, major, angustifolia, dubia, villosa, crocifolia (Tragopogon* Auctt.) sont aussi des plantes comestibles dans certaines campagnes, de même que les *S. humilis* L., *Spec.*, 1112. — GREN. et GODR., *Fl. de Fr.*, II, 307, *tuberosa* PALL., *purpurea* L., *plantaginea* SCHEICH., *parviflora* JACQ., *graminifolia* L., *Laurentii* HOOK. F.

9. W., *Spec.*, III, 1634. — DC., *Prodr.*, V, 61, n. 265.— ROSENTH., *Syn.*, 258.— *Conyza anthelminthica* L., *Spec.*, 1207.-- *Serratula anthelminthica* ROXB. — *Ascaricida anthelminthica* CASS., in *Dict.*, III, Suppl., 38. — *Baccharoides anthelminthica* MOENCH *(Calageri, Kalie-zeerie)*.

facilement les helminthes; ce sont aussi des médicaments antirhumatismaux. Dans l'Asie tropicale, on préconise le *V. squarrosa* [1] comme
emménagogue, le *V. Rheedii* KOSTL. comme stomachique, diaphorétique, le *V. chinensis* [2] et le *V. cinerea* [3] comme toniques et antidiar-
rhéiques, le *V. linifolia* BL. comme aromatique-tonique. Aux États-
Unis, les *V. præalta* W. et *altissima* NUTT. passent, à tort ou à raison,
pour alexipharmaques. On vante au Brésil les propriétés stimulantes,
aromatiques, des *V. odoratissima* K., *scabra* PERS.; et le *V. arborescens* SW., espèce des Antilles, sert à préparer des infusions digestives
et stimulantes. Le *V. leptophylla* DC., des Moluques, est recherché
des indigènes comme formant, avec le suc de *Pinanga*, des boissons
toniques, pectorales et même aphrodisiaques. Les *Elephantopus* sont
reconnus astringents et sudorifiques dans les deux mondes; ils ont,
en somme, à peu près les propriétés de nos Centaurées et sont parfois administrés comme fébrifuges : on cite surtout les *E. scaber* [4] et
Martii [5]. Le *Pacourina edulis* [6] est à Cayenne une plante légumière;
ses feuilles sont usitées, et les gros réceptacles de ses capitules s'emploient comme ceux de nos Artichauts.

Les espèces utiles du genre Eupatoire sont très nombreuses. La réputation de l'E. d'Avicenne [7] (fig. 42) était considérable chez les anciens;
mais on n'accorde plus grande confiance aujourd'hui à ses vertus toniques, fébrifuges, antiscorbutiques, alexipharmaques même. L'*E. triplinerve* [8] (fig. 41), originaire de l'Asie tropicale et cultivé dans nos
colonies des deux mondes, sert surtout à la préparation d'une boisson
théiforme, digestive et parfumée, qui mérite d'être conservée. On cite ·
aussi l'*E. perfoliatum* [9] comme diurétique, sudorifique et émétique.
Sa décoction s'emploie aussi aux États-Unis comme fébrifuge. Au
Mexique, l'*E. Lallavei* [10] fournit une résine à odeur d'encens, amère et

---

1. *Serratula Scordium* LOUR., *Fl. cochinch.*
(ed. 1790), 483 (*Cay muoi túoi, Trach lan, Tsè
lán*).
2. *Conyza chinensis* LAMK (nec L.).
3. LESS., in *Linnæa* (1829), 291. — DC.,
Prodr., n. 52. — *Conyza cinerea* L. — *Isomeria
cinerea* WIGHT. — *Chrysocoma violacea* SCHUM.
Dans toutes les régions tropicales, cette mauvaise herbe est recherchée comme médicament.
4. L., *Spec.*, 1313 (part.). — DC., *Prodr.*,
V, 86, n. 1. — ROSENTH., *Syn.*, 259. L'*E. carolinianus* W. n'en est peut-être qu'une forme.
5. GRAH., ex ROSENTH., *loc. cit.*, 259 (*Fumo
bravo, Erva do collegio*).
6. AUBL., *Guian.*, II, 800, t. 316. — *Haynea
edulis* W. — *Pacourinopsis integrifolia* CASS.

7. *Eupatorium cannabinum* L., *Spec.*, 1175. —
DC., *Fl. fr.*, IV, 129. — GREN. et GODR., *Fl.
de Fr.*, II, 85. — CAZ., *Pl. méd. indig.* (éd. 3),
422 (*Eupatoire commune, E. chanvrin, Origan
des marais, Pantagruélion sauvage, Herbe de
Sainte-Cunégonde*).
8. VAHL, *Symb.*, III, 97. — *E. Ayapana*
VENT., *H. Malm.*, t. 3. — DC., *Prodr.*, V, 169,
n. 188. — TRATT., *Thes.*, t. 16. — GUIB., *Drog.
simpl.*, éd. 7, III, 64. — ROSENTH., *Syn.*, 261.
9. L., *Spec.*, 1174. — BIGEL., *Med. Bot.*, I,
38, t. 2. — TRIM. et BENTL., *Med. pl.*, III,
n. 147. — *E. connatum* MICHX.
10. *Rosa Panal, Rosa Maria* des Mexicains
(L. SOUBEIR., in *Journ. pharm.*, sér. 3, XXXVIII,
198; — GUIB., *Drog. simpl.*, éd. 7, III, 64).

aromatique, dite excitante et céphalique. L'*E. teucriifolium*[1] est recommandé dans plusieurs localités de l'Amérique du Nord comme diurétique, diaphorétique et fébrifuge ; l'*E. sophiœfolium* DESC., aux Antilles, comme utile contre les maladies du foie et de la rate; l'*E. Dalea*[2], à la Jamaïque[3], comme succédané de la Vanille ; l'*E. purpureum*, aux États-Unis, comme salutaire dans les cas de gravelle et de calculs rénaux; l'*E. repandum* W., aux Antilles, comme emménagogue; l'*E. villosum*, l'*E. amarum*, aux Antilles, comme aromatiques-amers; l'*E. altissimum*, aux États-Unis, comme diurétique, fébrifuge; les *E. sanctum*, au Mexique, *glutinosum, chilense, triflorum, celtidifolium, deltoideum*, dans l'Amérique centrale et méridionale, comme toniques, fébrifuges ; l'*E. febrifugum*[4], au Mexique et à Cuba, comme un antipériodique et tonique puissant. Mais on a fait plus de bruit des vertus, encore quelque peu discutées, des *Eupatorium* de la section *Mikania* qui produisent les médicaments vantés sous le nom de *Guaco*. Le principal paraît être l'*E. parviflorum*[5] (fig. 43), mais on en a indiqué beaucoup d'autres, notamment les *E. satureifolium* [6], *scandens*[7], *opiferum*[8], *officinale*[9]. Ce dernier est un tonique puissant, qu'on a souvent substitué au quinquina. Nous n'avons pas à discuter ici les propriétés alexipharmaques des *Guaco*, absolument contestées par les uns et soutenues avec ardeur, au contraire, par un grand nombre d'observateurs qui ont assuré que l'usage, tant interne qu'externe, de ces plantes, non seulement guérit de la morsure des serpents les plus venimeux, mais encore a sur elle un effet préventif des plus marqués. En Europe, on

1. W., *Spec.*, III, 1753 ; *H. berol.*, t. 32. — ROSENTH., *Syn.*, 261. — *E. pilosum* WALT. — *E. verbenœfolium* MICHX.

2. L., *Spec.*, 171. — Sw., *Obs.*, 298. — JACQ., *H. schœnbr.*, II, 10, t. 46. — *Critonia Dalea* DC., *Prodr.*, V, 140, n. 1. — *Wickstrœmia glandulosa* SPRENG.

3. L. — ROSENTH., *Syn.*, 261 (*Gravel-root* des Américains).

4. SESS. et MOÇ., *Fl. mex. ined.* (ex DC., *Prodr.*, V, 104, n. 1). — *Stevia febrifuga* MOÇ. — *Piqueria trinervis* CAV., *Icon.*, III, 19, t. 235 (*Xoxonitzatl, Yoloxitlic*).

5. AUBL., *Guian.*, II, 797, t. 315 (1775). — *E. vincœfolium* LAMK, *Dict.*, II, 410 (1783). — *E. amarum* VAHL, *Symb.*, III (1775), 93 (c'est par erreur que la figure 43 porte le nom, à supprimer, de *nigrum*). — *Mikania amara* W., *Spec.*, III, 1744 (1800). — BAK., in *Mart. Fl. bras.*, VI, 237, t. 66. — *M. Guaco* H. B., *Pl. œquin.*, II, 84, t. 105. — DESC., *Fl. méd. Ant.*, III, 211, t. 197. — DC., *Prodr.*, V, 193. — GUIB., *Drog. simpl.*, éd. 7, III, 65. — ROSENTH.,

Syn., 262. — *M. Huaco* DE RIEUX, in *Cav. Ann. cienc. nat. Matr.*, n. 18, 316. — *M. Tafallana* H.B.K., *Nov. gen. et spec.*, IV, 137. — *M. Tafallœ* SPRENG., *Syst.*, III, 422. — *M. argyrostigma* MIQ., *St. surinam.*, 186, t. 55. — *M. cuneata* SCH. BIP., mss (ex BAK.). — *M. stipulata* SCH. BIP., in *Miq. St. surin.*, 191. — *M. cornifolia* G. DON (ex BAK.) (*Guaco morado* des Colombiens).

6. LAMK, *Dict.*, II, 411. — *Mikania satureifolia* W., *Spec.*, III, 1747. — *Nothites satureifolia* DC., *Prodr.*, V, 186, n. 2. — *N. angustifolia* CASS., in *Dict. sc. nat.*, XXXV, 164.

7. L., *Spec.*, 1171. — JACQ., *Ic. rar.*, t. 169. — *Mikania scandens* W., *Spec.*, III, 1743 (part.). — DC., *Prodr.*, V, 199, n. 89.

8. *Mikania opifera* MART., in *Isis* (1824), VI, 583 (*Erba de cobra*).

9. *Mikania officinalis* MART., in *Isis* (1824), 587. — *M. brachypoda* DC., *Prodr.*, n. 103. — *Catophyllum tropœifolium* POHL. — *C. deltoideum* POHL (ex BAK.). — *Cacalia Cor Jesu* VELL., *Fl. flum.*, VIII, t. 71 (*Curaçao de Jesu*).

a surtout préconisé les *Guaco* comme toniques. L'*E. lamiifolium*[1], des environs de Quito, et quelques autres espèces voisines, sont des plantes à teinture bleue. Au Pérou, l'*E. Chilca*[2] est indiqué comme plante aromatique. L'*E. aromatisans*[3], de la Jamaïque, sert, dit-on, à parfumer les cigares de la Havane[4].

Les *Ageratum* ont des propriétés analogues à celles des *Eupatorium* proprement dits. L'*A. conyzoides*[5], originaire de l'Amérique du Sud et répandu dans la plupart des régions tropicales du globe, sert au traitement des pneumatoses du tube digestif et a été aussi indiqué comme fébrifuge. L'*Adenostemma viscosum*[6], qui croît en Asie et en Océanie, passe pour avoir des feuilles antispasmodiques, une sève stimulante et sternutatoire. L'*A. biflorum* LESS., de l'Inde, a des propriétés analogues. L'*A. tinctorium* CASS. est cultivé dans l'extrême Orient pour la belle couleur bleue qu'il fournit. Quelques *Stevia* ont une odeur anisée agréable, et leurs feuilles servent à préparer des infusions digestives. Les *Kuhnia* de la section *Liatris* sont préconisés dans l'Amérique du Nord comme diurétiques, toniques; on emploie surtout les racines des *K. spicata*[7], *scariosa*[8], *squarrosa*[9], *dubia, pilosa, elegans, picrostachya, hirsutifolia, aspera, cylindracea, sphæroidea, graminifolia.* En Europe, les *Adenostyles albifrons*[10] et *alpina*[11] passent pour des espèces pectorales comparables au Tussilage.

Les Corymbifères ou Radiées, c'est-à-dire nos groupes des Astérées, Hélianthées, etc., ont aussi des propriétés spéciales, dues à des principes amers, astringents, à des essences ou à des camphres qui les rendent aromatiques-stimulantes, ou à des résines âcres qui rendent certaines espèces très dangereuses. Leurs graines sont souvent gorgées

1. H. B. K., *Nov. gen. et spec.*, IV, 126 (nec LINK). — DC., *Prodr.*, V, 163, n. 145.
2. H. B. K., *Nov. gen. et spec.*, IV, 126. — DC., *Prodr.*, n. 266 (*Chilca*).
3. DC., *Prodr.*, V, 150, n. 62.
4. GUIBOURT avait cru que ce *Trebel* de la Havane est l'*E. triplinerve;* il l'a rapporté depuis au *Piqueria trinervia* (*Drog. simpl.*, éd. 7, III, 64).
5. L., *Spec.*, 1175. — HOOK., *Exot. Fl.*, t. 15. — DC., *Prodr.*, V, 108, n. 1. — *A. hirtum* LAMK. — *A. obtusifolium* LAMK. — *A. mexicanum* SIMS, in *Bot. Mag.*, t. 2524.
6. FORST., *Nov. gen.*, n. 15. — DC., *Prodr.*, V, 111, n. 9. — *Lavenia erecta* GAUDICH. — *Verbesina Lavenia* LINDL. — *Pulumba* RHEED., *H. malab.*, X, t. 63.
7. *Liatris spicata* W., *Spec.*, III, 1636. — SIMS, in *Bot. Mag.*, t. 1411. — ROSENTH., *Syn.*, 260. — *L. picta* BART. — *L. gracilis* LODD., *Bot.*

Cab., t. 1909 (nec NUTT.). — *L. pilosa* LINDL., in *Bot. Reg.*, t. 395. — *Serratula spicata* L., *Spec.*, 1141. — *Suprago spicata* GÆRTN., *Fruct.*, t. 167 (*Gay feather, Button Snake-root*). Les sauvages de l'Amérique du Nord préconisent cette plante contre la morsure des crotales.
8. W., *Spec.*, III, 1635. — DC., *Prodr.*, V, 129, n. 7. — *Serratula scariosa* L. — *Vernonia scariosa* POIR., *Dict.*, VIII, 502.
9. W., *Spec.*, III, 1634. — DC., *Prodr.*, n. 4. — LINDL., *Fl. med.*, 450. — *Serratula squarrosa* L. (*Rattlesnake's Master*).
10. REICHB., *Fl. excurs.*, 278. — GREN. et GODR., *Fl. de Fr.*, II, 86. — *Cacalia Petasites* LAMK., *Dict.*, I, 531.
11. BLUFF et FING., *Comp. Fl. germ.*, II, 329. — GREN. et GODR., *Fl. de Fr.*, II, 87. — *A. viridis* CASS. — *Cacalia alpina* JACQ., *Fl. austr.*, t. 234. — *Tussilago Cacalia* SCOP. (*Pas-de-cheval, Tussilage des Alpes*).

d'huile fixe, et leurs organes de végétation, notamment ceux qui sont souterrains, peuvent être riches en inuline qui y tient la place de l'amidon. L'*Aster Tripolium* [1], espèce des marais saumâtres, jouissait autrefois d'une certaine réputation comme résolutif, vulnéraire ; c'était une plante tinctoriale. L'*A. Amellus* [2] était à peu près dans le même cas. Au Chili, l'*A. Quila* sert de nourriture au bétail. L'*A. argophyllus* LABILL. est une espèce australienne qui contient un camphre particulier. Aux États-Unis, les *A. puniceus* L., *cordifolius* L. et *Novæ-Angliæ* L. sont considérés comme antispasmodiques et dépuratifs. En Cochinchine, on cite l'*A. indicus* LOUR. [3] comme astringent. Plusieurs *Shawia* ont une odeur camphrée ou musquée très accentuée, notamment le *S. argophylla* [4], d'Australie, et quelques espèces de la section *Olearia*. A Sainte-Hélène, les *Commidendron* étaient recherchés comme arbres à gomme résineuse stimulante, principalement le *C. gummiferum* [5]. Plusieurs *Erigeron* ont été vantés comme médicaments : chez nous, l'*E. acre* [6], qui passait pour béchique, incisif, légèrement excitant, et l'*E. canadense* [7], mauvaise herbe américaine, introduite en Europe, où elle pullule, et qu'on disait emménagogue et stimulante. Les *E. alpinum* L. et *Villarsii* BELL. sont, dit-on, excitants, aromatiques ; les *E. podolicum* BESS., *serotinum* WEIH., légèrement toniques. L'*E. ? cochinchinense* PERS. [8] est emménagogue, et une espèce américaine très voisine, l'*E. philadelphicum* L., est diurétique, diaphorétique et antihydropique. Les *Erigeron* de la section *Conyza* sont peu actifs, et les *Conyza* employés comme médicaments sont la plupart des *Pluchea* dont il sera question plus loin. La Pâquerette commune, ou Petite Marguerite [9] (fig. 51), a été usitée en médecine ; on la croyait vulnéraire, légèrement laxative ; mais, quoiqu'on la recommandât dans les campagnes contre un grand nombre d'affections, elle est peu active, presque inusitée ; ses jeunes feuilles sont comestibles. Au Cap,

1. L., *Spec.*, 1226. — GREN. et GODR., *Fl. de Fr.*, II, 101. — *Tripolium vulgare* NEES, *Aster.*, 153. — ROSENTH., *Syn.*, 264.

2. L., *Spec.*, 1226. — DC., *Prodr.*, V, 231, n. 35. — GREN. et GODR., *Fl. de Fr.*, II, 101. — *A. amelloides* RŒM. — *Amellus officinalis* GATT. (*Herba Asteris attici s. Bubonii* off.).

3. *Fl. cochinch.* (1790), 503 (*Mà làn hóa*).

4. *Eurybia argophylla* CASS., in *Dict.*, XXXVII, 487. — DC., *Prodr.*, V, 267, n. 11. — *Olearia argophylla* F. MUELL. — BENTH., *Fl. austral.*, III, 470. — *Aster argophyllus* LABILL., *Pl. N.-Holl.*, II, 52, t. 201.

5. DC., *Prodr.*, V, 344, n. 3 (*Gum-wood-tree*).

Le *C. rotundifolium* DC. est le *Gum-wood* et le *Bastard Cabbage* des indigènes.

6. L., *Spec.*, 1211. — GREN. et GODR., *Fl. de Fr.*, II, 97. — *Inula acris* BERNH. — *Trimorphœa acris* CASS. (*Herba Conyzæ minoris s. cœruleæ* off.).

7. L., *Spec.*, 1210. — *E. paniculatum* LAMK (*Queue-de-renard*, *Vergerette du Canada*).

8. *E. philadelphicum* LOUR., *Fl. cochinch.*, (1790), 500 (nec L.) : « *Potenter menses ciet, nec tuto* » (*Cay con hât*).

9. *Bellis perennis* L., *Spec.*, 1248. — DC., *Fl. fr.*, IV, 185. — LAMK, *Ill.*, t. 677. — GREN. et GODR., *Fl. de Fr.*, II, 106 (*Petite Pâquerette*, *Petite Consoude*, *Petite Consire*).

la racine du *B. bipinnata*[1] est encore employée contre la morsure des serpents venimeux. Le *Grangea maderaspatana*[2] sert dans l'Inde comme stomachique, antispasmodique, et le *G. latifolia*[3] comme aromatique et digestif. Le *Chrysocoma Coma-aurea*[4] est réputé alexipharmaque dans l'Afrique australe. Les *Psiadia* des îles orientales de l'Afrique australe sont souvent résineux, balsamiques[5]; dans l'Inde et à Java, le *P. volubilis*[6] est un condiment qui s'ajoute à la sauce de divers poissons. Les très nombreux *Baccharis* de l'Amérique du Sud ont des propriétés multiples. Très souvent ce sont des arbustes riches en matière colorante. Le *B. halimifolia*[7], cultivé comme plante d'ornement dans nos jardins, donne une teinture jaune. Le *B. polyantha*[8] est la plante qui sert en Colombie à teindre en vert les *punchos* et d'autres pièces du vêtement. Au Brésil, les *B. ochracea* SPRENG., *triptera* DC., *Gaudichaudiana* DC., servent de toniques et se prescrivent aux anémiques, aux chlorotiques. Le *B. arbutifolia*[9], du même pays, est vanté comme cordial, digestif, stomachique. Au Chili et au Pérou, on recommande contre les fièvres intermittentes et contre les morsures venimeuses, les *B. genistelloides*[10] et *venosa*[11]. Plusieurs *Solidago* sont des plantes médicinales; en première ligne, notre Verge-d'or[12] (fig. 52, 53), préconisée par nos pères comme astringente-aromatique. Les *Solidago simplex* H. B., *sempervirens* L., *odora*[13], *canadensis* L., espèces américaines, ont des propriétés analogues. Le dernier sert à teindre en jaune, et le *S. vulneraria* MART. s'emploie, au Brésil, au traitement des plaies. Au Mexique, l'*Hysterionica glutinosa*[14] est appliqué au même usage. Les

1. *Osteospermum bipinnatum* THUNB., *Fl. cap.*, 717. — *Garuleum bipinnatum* LESS. — DC., *Prodr.*, V, 300.—HARV. et SOND., *Fl. cap.*, III, 92.
2. POIR., *Dict.*, Suppl., III, 825. — DC., *Prodr.*, V, 373. — *G. Adansonii* CASS. — *Artemisia maderaspatana* L. — *Cotula maderaspatana* W., *Spec.*, III, 2170.
3. LAMK, *Ill.*, t. 699, fig. 1. — *G. dissecta* BOJ. (ex POIR.). — *Cotula sinapifolia* ROXB. — *C. latifolia* PERS. — *Dichrocephala latifolia* DC., *Prodr.*, V, 372, n. 3. — *D. erecta* LHÉR.
4. L., *Spec.*, 1178. — HARV. et SOND., *Fl. cap.*, III, 93. — *C. aurea* THUNB. — *C. cernua* L. — *C. patula* L. — THUNB., *Fl. cap.*, 626.
5. Notamment le *P. balsamica* DC. (*Baume africain*) et le *P. glutinosa* JACQ., *H. schænbr.*, II, t. 152. — *Conyza glutinosa* LAMK.
6. *Conyza volubilis* WALL. — *C. prolifera* BL. — *Microglossa volubilis* DC., *Prodr.*, V, 320.
7. L., *Spec.*, 1204. — DUHAM., *Arbr.*, éd. 2, t. 60. — DC., *Prodr.*, V, 412, n. 97. — *B. cuneifolia* MŒNCH. — *Conyza halimifolia* DESF.

8. H. B. K., *Nov. gen. et spec.*, IV, 64. — DC., *Prodr.*, V, 403, n. 33.
9. H. B. K., *loc. cit.*, 54. — DC., *Prodr.*, n. 136. — ? VAHL, *Symb.*, III, 97. — *Conyza arbutifolia* LAMK, *Dict.*, II, 92.
10. PERS., *Enchir.*, II, 425 (part.). — DC., *Prodr.*, n. 193. — *Molina reticulata* CASS. — *Conyza genistelloides* LAMK, *Dict.*, II, 93.
11. DC., *Prodr.*, n. 194. — *Molina venosa* R. et PAV., *Syst.*, 212 (très voisin du précédent).
12. *Solidago Virga-aurea* L., *Spec.*, 1235.— DC., *Prodr.*, V, 338, n. 67. — GREN. et GODR., *Fl. de Fr.*, II, 92 (*Herbe des Juifs*, *Grande Verge dorée*, *Consolida sarracenica* off.).
13. AIT., *H. kew.*, III, 214. — *S. retrorsa* MICHX.— *S. lanceolata* BOSC. (*Golden Rod*). C'est, aux États-Unis, un succédané du thé.
14. DUN., in *Mém. Mus.*, V, 49. —*Doronicum glutinosum* W. — *Donia glutinosa* R. BR. — *Aurelia decurrens* CASS. — *Demetria glutinosa* LAG. — *Inula glutinosa* PERS.

Aunées ont joué un rôle considérable en médecine, surtout la Grande
Aunée[1] (fig. 55, 56), dont l'inuline a tiré son nom et dont la racine se
vend communément pour le traitement des phlegmasies des muqueuses,
des flux, des hémorrhoïdes, des démangeaisons produites par les dartres.
L'*Inula Conyza*[2], autre espèce autrefois préconisée, sert au traitement
des affections diarrhéiques et même dysentériques. Les *I. germanica,
britannica, salicina, hirta, Oculus-Christi, viscosa, odora*, ont aussi joui
d'une certaine réputation; ce sont des astringents plus ou moins énergiques. L'*I. saxatilis* passe en Grèce pour emménagogue et antihystérique. L'*I. conyzoides* est au contraire drastique et se substitue au
Jalap. Les *I. graveolens* et *viscosa* ont été vantés contre la morsure
des vipères. L'*I. crithmifolia* est un diurétique, et l'*I. Royleana*, du
Cachemyr, un alexipharmaque, dit-on. L'*I. bifrons* entre dans la composition de certains dentifrices avec le *Spilanthus oleracea*. Les *Pulicaria*
ont des propriétés également astringentes; d'où le nom spécifique du
P. dysenterica[3]. Le *P. vulgaris* GÆRTN., le *P. undulata* KOSTL., d'Égypte
et d'Arabie, ont des qualités analogues. On peut aussi substituer à la
Grande Aunée le *Buphthalmum salicifolium*[4], de l'Europe méridionale,
qui passait pour alexipharmaque, et le *B. oleraceum* LOUR. est en
Cochinchine une plante potagère. Les *B. asteriscoides*[5] et *dentalum*[6],
espèces du Cap, sont des plantes aromatiques-camphrées; on les recommande comme diaphorétiques, et le premier sert à préparer une liqueur
alcoolique stimulante, usitée dans le pays. Dans les mêmes contrées, le
Leysera tenella[7] s'emploie en infusions théiformes contre les maux de
gorge. Les *Gnaphalium* sont en général peu actifs. On en employait
cependant plusieurs en médecine. Ceux dont on a conservé l'usage
sont pectoraux, diurétiques, sudorifiques, comme les *G. dioicum*[8] et

1. *Inula Helenium* L., *Spec.*, 1236. — DC.,
Prodr., V, 463. — GUIB , *Drog. simpl.*, éd. 7,
III, 60, fig. 587. — ROSENTH., *Syn.*, 269. —
LINDL., *Fl. med.*, 456. — CAZ., *Pl. méd. indig.*,
éd. 3, 114. — BERG et SCHM., *Darst. off. Gew.*,
t. 22 f. — FLUCK. et HANB., *Pharmacogr.*, 340. --
TRIM. et BENTL., *Med. pl.*, III, n. 150. — *Aster
Helenium* SCOP., *Fl. carn.*, n. 1078. — *A. offici-
nalis* ALL. — *Corvisartia Helenium* MÉR., *Fl.
par.*, éd. 2, II, 261 (*Enula campana, Œil-de-
cheval, Laser* ou *Panacée de Chiron, Aillaume,
Aromate germanique*).
2. DC., *Prodr.*, V, 464, n. 1. — GREN. et
GODR., *Fl. de Fr.*, II, 174. — *I. glomeriflora*
LAMK, *Fl. fr.*, II, 150. — *Conyza vulgaris* LAMK.
— *Conyza bifrons* GOUAN. — *Aster bifrons* ALL.
Conyze des prés, *C. moyenne*). C'était jadis

l'herbe magique qui conjurait les maléfices, les
enchantements, la foudre, la grêle, etc.
3. GÆRTN., *Fruct.*, II, 461. — GREN. et GODR.,
Fl. de Fr., II, 179. — *Aster dysentericus* ALL.
— *Inula dysenterica* L. (*Herbe aux puces, Herbe
de Saint-Roch, Aster aux pucerons*).
4. L , *Spec.*, 1275. — ROSENTH., *Syn.*, 271.
5. *Osmites asteriscoides* L., *Spec.*, 1285. —
Osmitopsis asteriscoides CASS., in *Dict.*, XXXVII,
5. — HARV. et SOND., *Fl. cap.*, III, 305.
6. *Osmites dentata* THUNB., *Fl. cap.*, 701. —
O. camphorina GÆRTN., *Fruct.*, t. 74, fig. 3
(nec L.). — *Anthemis afra* BURM.
7. L., *Spec.*, 1249 (nec THUNB.). — DC., *Prodr.*,
VI, 279. — HARV. et SOND., *Fl. cap.*, III, 294.
8. L , *Spec.*, 1119. — *Antennaria dioica*
GÆRTN., *Fruct.*, II, 410, t. 167, fig. 3. — DC.,

margaritaceum. Le *G. fœtidum* L. passe pour astringent-aromatique, et dans l'Amérique du Sud le *G. roseum* H.K.[1] est recherché comme amer, tonique et stomachique. Le *G. Leontopodium*[2] est l'*Edelweiss* des Alpes allemandes, plante des pâturages escarpés de nos montagnes, recherchée comme ornementale et qui passe aussi pour pectorale. Les *Helichrysum* ont les mêmes propriétés que les *Gnaphalium*, légèrement sudorifiques ou béchiques, comme l'*H. Stœchas*[3], l'*H. arenarium*[4]. L'*H. fœtidum*[5] est un aromatique-astringent, comme l'*H. sanguineum* Kostl. dont la portion souterraine fournit, en Grèce, une huile particulière. Leurs inflorescences, pourvues de bractées colorées, dont l'éclat ne s'altère pas par la dessiccation, les fait rechercher sous le nom d'Immortelles, pour parer les tombes, les églises, les maisons, et il s'en fait dans le midi de l'Europe, en Orient, etc., un commerce considérable. Les *H. orientale* Gærtn., *arenarium, bracteatum, angustifolium* Sweet, sont les plus exploités. L'*H. alatum*[6], espèce australienne, est une admirable Immortelle à bractées blanches. Au Cap, les *Phœnocoma*[7] constituent aussi de superbes Immortelles qu'on pourrait employer comme ornementales. Les *Filago* ont les vertus médicinales des *Helichrysum* et des *Gnaphalium;* on n'emploie guère que les *F. arvensis*[8] et *germanica*[9]. Au Cap, le *Stœbe Rhinocerotis*[10] sert de médicament amer et tonique-digestif. Le *Tarchonanthus camphoratus*[11] y jouit d'une grande réputation comme aromatique et stimulant; on en prépare des infusions qui agissent comme celles de la Sauge. Son bois léger se laisse bien polir et sert à fabriquer des instruments de musique. Les arbres de grande taille sont rares dans cette famille. Une exception des plus

---

Prodr., V, 269. — Gren. et Godr., *Fl. de Fr.*, II, 189. — Guib., *Drog. simpl.*, éd. 7, III, 35 (*Pied-de-chat, Piéchatier, Œil-de-chien, Herbe blanche, Petite Piloselle, Hispidule*).

1. Rosenth., *Syn.*, 291 (*Gardalobo*).

2. Scop., *Fl. carniol.*, II, 150. — *Antennaria Leontopodium* Gærtn., *Fruct.*, II, 410. — *Filago Leontopodium* L., *Spec.*, 1312. — *Leontopodium alpinum* Cass., in *Dict. sc. nat.*, XXV, 474. — *L. umbellatum* Bl. et Fing., *Fl. germ.*, II, 346.

3. DC., *Fl. fr.*, IV, 132. — Gren. et Godr., *Fl. de Fr.*, II, 184. — *Gnaphalium Stœchas* L., *Spec.*, 1193. — *G. citrinum* Lamk (*Stœchas citrin, Bouton-d'or, Stœchas neapolitana* off.).

4. DC., *Fl. fr.*, IV, 132. — Gren. et Godr., *Fl. de Fr.*, II, 183. — *Gnaphalium arenarium* L. (*Perlière des sables*).

5. Cass., in *Dict.*, XXV, 469. — Gren. et Godr., *Fl. de Fr.*, II, 185. — *Gnaphalium fœtidum* L. — *Anaxeton fœtidum* Gærtn.

6. *Ammobium alatum* R. Br., in *Bot. Mag.*, t. 2459. — Benth., *Fl. austral.*, III, 583.

7. Il n'y en a, en somme, qu'une espèce, le *P. prolifera* Don, qui croît dans les montagnes, et qui est le *Xeranthemum proliferum* L. et l'*Helichrysum proliferum* W. C'est à ce dernier genre que nous l'avons rapporté; il a plusieurs fois fleuri en Europe.

8. L., *Spec.*, 1312. — *Gnaphalium arvense* W. — *Oglifa arvensis* Cass. Ses feuilles teignent en jaune.

9. L., *Spec.*, 1311. — *Gnaphalium germanicum* W. On l'emploie quelquefois contre les diarrhées des enfants.

10. L. f. — Thunb., *Fl. cap.*, 728. — *S. cernua* Thunb. — *Elythropappus Rhinocerotis* Less., *Syn.*, 341. — Harv. et Sond., *Fl. cap.*, III, 274, n. 5 (*Rhinoster-bosch* des colons du Cap).

11. L., *Spec.*, 1179. — Harv. et Sond., *Fl. cap.*, III, 118. Le *T. minor* Less. (*Syn.*, 208) a les mêmes propriétés.

remarquables est représentée par les *Synchodendron* de Madagascar. L'un d'eux, le *S. ramiflorum*[1], haut d'une cinquantaine de pieds, indique aux habitants, par sa floraison, le moment de semer le riz; l'autre, qui n'est peut-être pas spécifiquement distinct, le *S. Bernieri*[2], est décrit comme ayant un tronc très élevé et un bois de bonne qualité. Le genre *Placus*, qui renferme à la fois, pour nous, les *Pluchea*, les *Blumea* et les *Laggera*, c'est-à-dire les *Conyza* de certains auteurs, est formé de plantes généralement aromatiques et stimulantes. Le *P. tomentosus*[3] est une herbe aromatique de la Cochinchine, où elle est spontanée et cultivée. Le *P. balsamifer*[4] est employé à Java comme sudorifique, expectorant, contre les affections pulmonaires, les douleurs rhumatismales. On en prépare des bains qui reposent les personnes fatiguées et courbaturées. Le *P. fœtidus*[5], espèce de l'Amérique du Nord, est, ainsi que quelques plantes voisines du même pays, recommandé comme stimulant et aromatique. Le *P. grandis*[6], de l'Asie tropicale, donne une sorte de camphre que les Birmans préconisent contre les dyspepsies et les pneumatoses du tube digestif. Le *P. chinensis*[7] est recommandé pour le traitement des affections ulcéreuses et de celles du cuir chevelu; associée au *Pinanga*, sa racine se prescrit contre la toux. Le *P. indica*[8] est une plante aromatique, vulnéraire, qui sert à préparer des bains sédatifs. Au Brésil, le *P. suaveolens*[9] est considéré comme un bon antihystérique et carminatif. Dans l'Indo-Chine, les *Sphœranthus*, tels que les *S. hirtus*[10], *cochinchinensis*[11] et *microcephalus*[12], passent pour toniques, fébrifuges, salutaires contre les ophthalmies, les maux de gorge et d'estomac. Il y a parmi les Calendulées des plantes très odorantes, et d'abord les Soucis eux-mêmes, soit le S. officinal[13]

1. Boi., ex DC., *Prodr.*, V, 93.
2. H. Bn, in *Bull. Soc. Linn. Par.*, 278 (*Taloha an hombé*).
3. Lour., *Fl. cochinch.* (1790), 497 (*Cúc bánh ú, Hoa tim*).
4. *Conyza balsamifera* L., *Spec.*, 1208. — *C. vestita* Wall. — *Pluchea balsamifera* Less. — *Blumea balsamifera* DC., *Prodr.*, V, 447, n. 84. — *Baccharis Salvia* Lour., *Fl. cochinch.*, 404 (*Cay dai bi*). Cette espèce produit le *Camphre gnai*, employé en médecine par les Chinois. Le *P. aromaticus* (*Blumea aromatica* DC., *Prodr.*, n. 78) a des propriétés analogues.
5. *Pluchea fœtida* DC., *Prodr.*, V, 452, n.13. — *P. marylandica* Cass., in *Dict.*, XLII, 2 (nec DC.). — *Baccharis fœtida* L. — *Conyza marylandica* Pursh. — *Gynema dentata* Rafin.
6. *Blumea grandis* DC., *Prodr.*, V, 447. — *Conyza grandis* Wall. — Rosenth., *Syn.*, 268.

7. *Conyza chinensis* L., *Spec.*, 1208. — *Blumea chinensis* DC., *Prodr.*, V, 444.
8. *Baccharis indica* L., *Spec.*, 1205. — *Pluchea indica* Less., in *Linnœa* (1831), 150.
9. *Gnaphalium suaveolens* Arrab., *Fl. flum.*, t. 100. — *Pluchea Quitoc* DC., *Prodr.*, n. 2 (*Quitoc, Quitoco, Quitoque*).
10. W., *Spec.*, III, 2395. — Bl., *Bijdr.*, 891. — DC., *Prodr.*, V, 369, n. 2.
11. Lour., *Fl. cochinch.*, 510 (*Co bò xil*).
12. W., *Spec.*, 2395. — DC., *Prodr.*, n. 1. — *S. globosus* Wall. — *S. lœvigatus* Wall. — *S. africanus* Wall. (*Boulette*).
13. *Calendula officinalis* L., *Spec.*, 1304. — Gærtn., *Fruct.*, t. 168. — Hook., in *Bot. Mag.*, t. 3204. — DC., *Prodr.*, VI, 451, n. 1. — Guib., *Drog. simpl.*, éd. 7, III, 33. — Caz., *Pl. méd. indig.*, éd. 3, 1018. — *Caltha vulgaris* C. Bauh., *Pin.*, 275. — *C. officinalis* Mœnch, *Meth.*, 585.

(fig. 59-61), soit le S. des vignes[1] (fig. 62, 63). Ils sont peu usités aujourd'hui, et leurs propriétés sont les mêmes. Ils ont des feuilles résolutives, croyait-on, et qui, confites au vinaigre, s'emploient encore, quoique rarement, comme condiment. Les corolles servent quelquefois à colorer le beurre; on les a mélangées au Safran dans un but de falsification. Les capitules, dont l'odeur est assez forte, étaient jadis vantés comme stimulants, emménagogues et antispasmodiques; on les a même prescrits comme antiscrofuleux, fébrifuges, sudorifiques, fondants, légèrement narcotiques. On a traité par eux les ulcérations et les hydropisies, car ils sont aussi, dit-on, diurétiques. Au Cap, le *Stobœa heterophylla*[2] passe pour lithontriptique et sert à traiter les maladies du rein.

Les Hélianthées sont souvent aromatiques. Le Grand Soleil[3] (fig. 69, 70), si souvent cultivé comme plante ornementale annuelle, a des graines dont l'embryon est riche en huile. On l'en extrait encore dans certaines contrées. Torréfiés, les fruits servent à préparer une sorte de café. Les Indiens en font du pain. La moelle s'employait à faire des moxas, et le réceptacle se mange parfois, comme celui de l'Artichaut. Le Topinambour (fig. 66-68) est un autre *Helianthus*[4]. Ses rhizomes, riches en inuline, constituent un bon légume, dont la saveur rappelle aussi celle de l'Artichaut. On l'a proposé pour remplacer la pomme de terre. Les *H. giganteus* L., *indicus* L. et *tubœformis* L. servent aux mêmes usages que l'*H. annuus.* Leur semence donne de l'huile, aussi bien que celle de l'*H. speciosus* Hook., espèce du Mexique. L'*H. strumosus* L. se mange au Canada comme le Topinambour. Au Chili, l'*H. thuriferus*[5] produit une substance résineuse qui se substitue à l'encens. Quelques *Verbesina* sont employés : le *V. virginica* L., aux États-Unis, comme diaphorétique; le *V. crocata* Less., au Mexique, contre les plaies; le *V. calendulacea* L., dans l'Inde, comme aromatique et stimulant. Le *Podachœnium eminens*[6], si souvent cultivé dans nos parterres, a de larges feuilles dont l'odeur est tout à fait celle de la Pomme de reinette; on recherche surtout la moelle abondante de ses tiges pour faire les coupes destinées à l'observation microscopique.

1. *C. arvensis* L., *Spec.*, 1303. — DC., *Prodr.*, n. 6. — Gren. et Godr., *Fl. de Fr.*, II, 197. — *C. ceratosperma* Viv. — *Caltha arvensis* Mœnch (*Petit Souci, Tous-les-mois, Gauchefer*).

2. Thunb., *Fl. cap.*, 622. — Harv. et Sond., *Fl. cap.*, III, 499. — *S. adenocarpa* DC. — *Apuleia heterophylla* Less.

3. *Helianthus annuus* L., *Spec.*, 1276. — DC., *Prodr.*, V, 585. — *H. indicus* L., *Mantiss.*, 117.

— *H. platycephalus* Cass. — *H. pumilus* Pers. (*Girasol, Tournesol, Couronne du soleil*).

4. *H. tuberosus* L., *Spec.*, 1277. — Jacq., *H. vindob.*, t. 161. — DC., *Prodr.*, n. 36.

5. Mol., *Chil.*, 336. — *H. glutinosus* Hook. et Arn. — *Diomedea thurifera* Bert., herb. — Colla, in *Mém. Acad. Tur.*, XXXVIII, t. 31 (*Maravilla, Maravilla del campo*).

6. Voy. page 206, not. 5.

Plusieurs *Spilanthus* sont renommés comme médicaments. En première ligne, le Cresson du Para[1] (fig. 71, 72) qui a une saveur piquante et poivrée et qui, en très petite quantité, a été employé comme vermifuge. A dose plus élevée, il devient un masticatoire et un sialagogue énergique. Il est antiscorbutique et vaut au moins, dit-on, le Cochléaria; excellent pour la bouche, il a servi à la préparation de nombreux dentifrices. On l'a également vanté aux Antilles comme stimulant et même comme hydragogue. Le *S. Acmella*[2], herbe de l'Inde orientale transportée dans beaucoup de pays tropicaux, est un masticatoire puissant; les habitants de Ternate croyaient délier la langue de leurs enfants en leur faisant mâcher ses feuilles. Les *S. alba* W., *urens* JACQ., *lanceolata* LK, *radicans* JACQ., ont les mêmes propriétés que le *S. oleracea*. Au Brésil, le *S. ciliata* K., plante antiscorbutique, est regardé comme possédant les qualités des *Guaco*. Les *Eclipta* sont des médicaments dans les régions tropicales. L'*E. erecta*[3] et ses différentes formes[4] sont préconisés contre les affections pulmonaires, la bronchite, l'asthme. On l'applique en décoction sur la peau atteinte d'affections rebelles, notamment d'éléphantiasis; ses feuilles servent à teindre les cheveux en noir. Le *Siegesbeckia orientalis*[5], plante commune dans l'Asie tropicale, est un balsamique-amer; appliqué sur les gencives, il provoque la salivation: ses propriétés paraissent analogues à celles des *Spilanthus*. Quelques *Rudbeckia* américains ont une racine tonique, notamment le *R. purpurea* MICHX. Les *Bidens* passent pour stimulants, sialagogues, surtout les *B. cernua*[6], *tripartita*[7] et quelques-uns de ceux de la section *Dahlia*[8]. Ils sont aussi fréquemment riches en inuline, en matière colorante et tinctoriale : d'abord la plupart de nos espèces indigènes vulgaires, puis celles de la section *Coreopsis*[9].

1. *Spilanthus oleracea* JACQ., *H. vindob.*, II, t. 135. — DC., *Prodr.*, V, 624, n. 30. — MÉR. et DEL., *Dict. Mat. méd.*, VI, 504. — GUIB., *Drog. simpl.*, éd. 7, III, 56, fig. 586. — ROSENTH., *Syn.*, 276. — *Pyrethrum Spilanthus* MED., in *Act. pal.*, III, 242, 275. — *Bidens acmelloides* BERG., in *Act. holm.* (1768). — *B. fervida* LAMK, *Dict.*, I, 415. Le *B. fusca* LAMK en est une variété.
2. L., *Syst. veg.*, 610. — DC., *Prodr.*, n. 21. — *Verbesina Acmella* L., *Mantiss.*, 475. — *Acmella Linnæi* CASS. (*Cresson de l'île de France, Abécédaire, Herbe de Malacca*).
3. L., *Mantiss.*, 286. — DC., *Prodr.*, 490, n. 1. — *E. adpressa* MOENCH. — *Cotula alba* L., *Syst.*, II, 564. — *Micrelium asteroides* FORSK.
4. L'*E. punctata* et l'*E. prostrata*, réunis sous le nom commun de *E. alba* HASSK., *Pl. jav. rar.*, 528.

5. L., *Spec.*, 1269. — DC., *Prodr.*, V, 495.
6. W., *Spec.*, III, 1716. — DC., *Prodr.*, V, 594, n. 4. — *Coreopsis Bidens* L., *Spec.*, 1281.
7. L., *Spec.*, 1165. — GREN. et GODR., *Fl. de Fr.*, II, 168. — *B. cannabina* LAMK (*Cornuet, Tête cornue, Chanvre aquatique, Herbe aux malingres, Eupatoire femelle, bâtarde, aquatique, Langue-de-chat*). On cite aussi comme ayant des propriétés analogues les *B. chilensis* DC., *chrysanthemoides* MICHX, *leucantha* PŒPP., *graveolens* MART., *bullata* L.
8. Surtout les *D. Cervantesii* LAG., *coccinea* CAV. et *variabilis* DESF., dont les racines sont riches en inuline, et qui, au Mexique, passent pour toniques, utiles contre les affections intestinales. Ce sont aussi des plantes tinctoriales.
9. Telles que le *C. tinctoria*, le *C. verticillata* L., de l'Amérique du Nord, etc.

VIII. — 20

Le *Guizotia abyssinica* [1], qu'on croit originaire d'Abyssinie, est une des plantes qu'on a le plus recommandées pour l'extraction de l'huile de ses graines. Elle est cultivée en grand dans plusieurs pays tropicaux, notamment dans l'Inde; l'huile qu'elle produit est bonne à manger et à brûler. Les *Calea* sont astringents et amers. Au Mexique, le *C. Zacatechichi* SCHLCHTL [2] a été préconisé comme remède du choléra, et l'on assure que le *C. (Caleacte) glabra* [3], de la province de Sainte-Catherine au Brésil, est un agent puissant contre les fièvres d'accès. Le *Galinsoga parviflora* [4] est considéré par les Indiens du Pérou comme un très bon antiscorbutique et vulnéraire. Le *Madia sativa* [5] et, avec lui, les *M. mellosa* W. et *viscosa* CAV., qui n'en sont probablement que des variétés, sont aussi des herbes à graines oléagineuses. Le *Melampodium australe* [6], de l'Amérique du Sud, est un aromatique-amer, qui sert dans son pays natal au traitement des affections des voies urinaires; il est diurétique et sudorifique, aussi bien que les *M. hirsutum* [7] et *brasilum* [8]. En Colombie, l'*Espeletia grandiflora* [9] produit une belle résine de couleur jaunâtre, qui est employée pour la reliure des livres et qui sert aussi en médecine. Les *Silphium terebinthinaceum* [10] et *laciniatum* [11], de l'Amérique du Nord, superbes plantes ornementales, fournissent aussi une résine médicamenteuse, purgative. Le *S. edule* [12] a de nos jours été introduit dans nos cultures comme plante à souche alimentaire. Le *Clibadium surinamense* [13] est au contraire une plante vénéneuse, car il sert, à la Guyane et au Mexique, concurremment avec plusieurs Légumineuses, Euphorbiacées vireuses, etc., à empoisonner les cours

1. CASS., in *Dict.*, LIX, 248. — OLIV. et HIERN, *Fl. trop. Afr.*, III, 384. — *G. oleifera* DC., in *Mém. Genève*, VII, 5, t. 2, 3. — *Polymnia abyssinica* L. F., *Suppl.*, 383. — *P. frondosa* BRUCE, *Trav.*, t. 52. — *Parthenium luteum* SPRENG. — *Jœgeria abyssinica* SPRENG. — *Heliopsis platyglossa* CASS. — *Helianthus oleifer* WALL. — *Buphthalmum Ramtilla* HAM. (Ram-til, Ramtilla, Teel, Nook Werinnua).

2. ROSENTH., *Syn.*, 278 (*Teschitchi, Herba Athanasiæ amaræ* off.).

3. DC., *Prodr.*, V, 674, n. 19. — H. BN, in *Bull. Soc. Linn. Par.*, 295.

4. CAV., *Icon.*, III, 41, t. 281.—DC., *Prodr.*, V, 677, n. 1. — *G. quinqueradiata* R. et PAV. — *Wiborgia Acmella* ROTH (*Paica-Jullo, Pacoyuyu fino, Pacoyuyu cimarron*).

5. MOL., *Chil.* (éd. fr.), 336. — DC., in *Mém. Soc. Gen.*, 277; *Prodr.*, V, 691. — GUIB., *Drog. simpl.*, éd. 7, III, 59. — *M. viscosa* CAV., *Icon.*, t. 298 (*Madi, Melosa*).

6. LŒFL., *It.*, 268. — L., *Spec.*, 1303. — *Centrospermum xanthoides* H. B. K., *Nov. gen.*

et spec., IV, t. 397. — *Acanthospermum xanthioides* DC., *Prodr.*, V, 521.

7. *Acanthospermum hirsutum* DC., *Prodr.*, V, 522, n. 2.

8. *Acanthospermum brasilum* SCHR., *Pl. rar. H. monac.*, II, 63 (var. du précédent ?).

9. H. B., *Pl. œquin.*, II, 11, t. 70. — DC., *Prodr.*, V, 516 (*Fraylejon*). La résine porte à Bogota le nom de *Trementhina*.

10. L., *Suppl.*, 383. — JACQ., *H. vindob.*, I, t. 43. — DC., *Prodr.*, V, 512, n. 6 (*Rhubarbe de la Louisiane*).

11. L., *Spec.*, 1301. — JACQ. F., *Ecl.*, I, t. 90. — *S. spicatum* POIR. Le *S. gummiferum* ELL. donne aussi un produit analogue.

12. *Polymnia edulis* WEDD., in *Ann. sc. nal.*, ser. 4, VII, 114 (*Aricoma, Yacon*, à la Paz; *Jiquima, Jiquimilla* (TRI.), en Colombie; *Poire de terre Cochet*, en Europe). En Colombie, le *P. frutescens* est aussi une plante employée aux usages domestiques.

13. L., *Mantiss.*, 294. — DC., *Prodr.*, V, 505, n. 1. — *C. fœtidum* ALAM., (ex L.)

d'eau pour la pêche. Les *C. sylvestre*[1] et *asperum*[2] ont les mêmes propriétés. Le *C. terebinthinaceum*[3] est aromatique et sert à préparer des bains sédatifs, comme le *Placus balsamifer;* et le *C. neriifolium*[4] produit, à la Nouvelle-Grenade, une sorte d'encens parfumé. Le *Laxmannia arborea*[5] est une des rares Composées dont le tronc devienne ligneux. A Sainte-Hélène, son bois est employé aux usages domestiques. En Amérique, les *Helenium* ont la réputation de guérir la fièvre; ils sont aromatiques-amers. L'*H. autumnale*[6] (fig. 87-89), en particulier, est considéré comme fébrifuge et tonique, et l'on emploie ses feuilles et ses inflorescences. L'*H. Rosilla*[7] se cultive autour d'Irkutsk pour la fabrication d'une poudre sternutatoire. Les *Gaillardia* sont assez souvent tinctoriaux. Au Chili, les *G. aromatica*[8] et *glauca*[9] sont recherchés pour leur couleur jaune. Au Pérou, le *Flaveria Contrayerba*[10] jouit d'une haute réputation comme alexipharmaque, et vaut, dit-on, les *Mikania* contre la morsure des serpents venimeux. Les *Tagetes* sont tous riches en essence volatile qui leur donne une odeur forte, quelquefois fétide. Le Grand Œillet d'Inde[11], qu'on cultive dans nos jardins, et le *T. patula*[12] (fig. 96) ont des capitules stimulants, emménagogues, anthelmintiques. Leurs fruits et leurs racines sont purgatifs. Les *T. florida* Sweet, *lucida* L., *pusilla* K., *micrantha* L. ont une odeur anisée, aromatique. Dans le *T. glandulifera*[13], les feuilles sont aromatiques-amères; la plante renferme une oléorésine qui la rend vermifuge. A Curaçao, le *Pectis febrifuga*[14] est employé contre les fièvres intermittentes. Le *Porophyllum japonicum*[15] a une racine hémostatique. La plupart des Seneçons sont peu actifs. Cependant l'ancienne médecine

1. *Baillieria sylvestris* Aubl., *Guian.*, 307. — Rosenth., *Syn.*, 272.

2. *Baillieria aspera* Aubl., *Guian.*, II, 805, t. 317. — *Trixis scabra* Sw. — *T. aspera* Pers. — *Oswalda baillierioides* Cass.

3. DC., *Prodr.*, V, 506, n. 9. — *Baillieria terebinthinacea* Spreng., *Syst.*, III, 624.

4. DC., *Prodr.*, n. 14. — *Baillieria neriifolia* H. B. K., *Nov. gen. et spec.*, IV, 289. — *Trixis neriifolia* H., *Rel. hist.*, I, 645 (*Incienso*).

5. Voy. page 240, not. 9.

6. L., *Spec.*, 1120. — Lamk, *Ill.*, t. 688. — Hook., in *Bot. Mag.*, t. 2994. — *H. pubescens* Ait. — *Helenia autumnalis* Gærtn. — *H. decurrens* Mœnch. *Meth.*, 589.

7. Turcz. — Rosenth., *Syn.*, 1116 (*Rosilla*).

8. *Cephalophora aromatica* Schrad., *Ind. sem. H. gœtt.* (1830). — DC., *Prodr.*, V, 662, n. 3. — *C. tenera* Cass. (*Mançanilla del campo*). Son odeur est celle de la Camomille.

9. *Cephalophora glauca* Cav., *Ic.*, VI, 79. —

Hymenopappus glaucus Spreng. — Santolina tinctoria Mol. (*Poquill* Feuill.).

10. Pers., *Syn.*, II, 689. — DC., *Prodr.*, V, 635. — *F. capitata* J. — *Milleria Contrayerba* Cav., *Icon.*, I, 2, t. 4. — ? *Ethulia Bidentis* L. — *Vermifuga corymbosa* R. et Pav., *Syst.*, 210. (*Contrayerba, Malagusanos*).

11. *Tagetes erecta* L., *Spec.*, 1249. — DC., *Prodr.*, V, 643, n. 6. — *T. major* Gærtn., *Fruct.*, t. 172 (*Cempoaxochilt* Hern.).

12. L., *Spec.*, 1249. — Sims, in *Bot. Mag.*, t. 150 (*Petit Œillet d'Inde, Rose d'Inde*).

13. Schr., *Pl. rar. H. monac.*, t. 54. — DC., *Prodr.*, n. 12. — *T. minuta* L. — *T. bonariensis* Pers. — *T. glandulosa* Link, *Enum.*, II, 339. — *Bœbera glandulosa* W.

14. V. Hall, ex Rosenth., *Syn.*, 1115 (*Thebink*).

15. DC., *Prodr.*, V, 650, n. 20. — *Senecio japonicus* Thunb., *Fl. jap.*, 315. — *Kleinia japonica* Less., in *Linnœa* (1831), 134 (*Kwugai Sai*)

faisait usage du *Senecio vulgaris* [1] (fig. 97), qu'elle considérait comme émollient, résolutif, et même comme vermifuge pour le bétail. Le *S. Jacobœa* [2] était aussi recommandé comme astringent, vulnéraire et détersif ; il teint la laine en vert foncé. Les *S. Doronicum* L., *sarracenicus* L., *Fuchsii* GMEL., *Doria* L., *odorus* L., *aureus* L., *acanthifolius* KOST. étaient aussi des plantes médicinales. En Afrique, le *S. Anteuphorbium* [3] passait pour contre-poison du suc laiteux des Euphorbes ; le *S. Forskahlii* [4], pour désinfectant ; le *S. pendulus* [5], pour un remède des maladies de l'oreille, et les *S. repens* [6], *Haworthii* [7] et *neriifolius* [8], pour pectoraux et antirhumatismaux. Le *S. bulbosus* servait au traitement des ophthalmies chroniques et des angines ; le *S. sarmentosus* [9], à celui des abcès ; c'est un légume dans l'Indo-Chine. Dans l'Inde, le *S. Pseudo-China* [10] est encore employé comme succédané du quinquina ; à Bourbon, le *S. Ambavilla* [11], comme vulnéraire, antisyphilitique, dépuratif, pectoral, diaphorétique et diurétique [12] ; au Chili, le *S. chamœdryfolius* [13], comme antipériodique et fébrifuge ; aux États-Unis, les *S. Balsamitœ* [14] et *obovatus* [15], comme toniques, astringents, vulnéraires et stimulants ; au Mexique, le *S. parviflorus* [16], comme diaphorétique et désobstruant ; le *S. canicida* [17], comme un des poisons les plus violents qui se trouvent dans ce pays. Le *S. palustris* DC. s'applique dans quelques portions de la Russie sur les abcès et les panaris ; et le *S. sonchifolius* [18] est regardé dans l'Asie tropicale comme souverain contre l'asthme, l'entérite, les contusions. Les *Doronicum* [19] ont été

1. L., *Spec.*, 1216. — GUIB., *loc. cit.*, III, 51. — GREN. et GODR., *Fl. de Fr.*, II, 111. (*Herbe au charpentier, Toute venue*).

2. L., *Spec.*, 1219. — GREN. et GODR., *Fl. de Fr.*, II, 115. — *S. neglectus* DESVX, *Obs.*, 129 (*Herbe de Jacob, de Saint-Jacques, Herbe dorée, Fleur de Saint-Jacques, Jonc à mouches*).

3. *Cacalia Anteuphorbium* L., *Spec.*, 1168. — *Kleinia Anteuphorbium* DC., *Prodr.*, VI, 338, n. 17. — *Ante-Euphorbium* DOD., *Pempt.*, 378.

4. *Kleinia?* odora FORSK., *Fl. œg.-arab.*, 146. — *Cacalia odora* VAHL, *Symb.*, III, 90.

5. *Kleinia?* pendula FORSK., *loc. cit.*, 145.

6. *Cacalia repens* L. — *Kleinia repens* HAW., *Pl. succ.*, 313. — DC., *Pl. grass.*, t. 42.

7. *Kleinia Haworthii* DC., *Prodr.*, n. 15. — *K. tomentosa* HAW., *Pl. succ.*, 314.

8. *Kleinia neriifolia* HAW., *Pl. succ.*, 312. — *Cacalia Kleinia* L. Le *K. ficoides* HAW. a les mêmes propriétés.

9. *Gynura sarmentosa* DC., *Prodr.*, VI, 298, n. 2. — *Cacalia sarmentosa* BL., *Bijdr.*, 907.

10. ANDR., *Bot. Repos.*, t. 291. — ROSENTH., *Syn.*, 295. — *S. speciosus* W., *Spec.*, III, 1991.

11. PERS., *Syn.*, II, 436. — DC., *Prodr.*, VI, 376, n. 201. — *Hubertia Ambavilla* BORY, *Voy.*, I, 334, t. 14, fig. 1 (*Ambaville*).

12. Il ne faut pas confondre cette plante avec l'*Hypericum* de même nom.

13. LESS. — ROSENTH., *Syn.*, 294. — *S. nigrescens* HOOK. et ARN. (*Nülgue* FEUILL.).

14. MUEHLB., in W. *Spec.*, III, 1998. — *S. lyratus* MICHX.

15. MUEHLB., in W. *Spec.*, III, 1999. — *S. Balsamita* W. — *S. obovatus* ELL.

16. H. B. K., *Nov. gen. et sp.*, t. 365. — *S. Vulneraria* DC., *Prodr.*, n. 528. — *Cineraria vulneraria* ALAM.

17. *Pharmac. mex.*, ex TEISSIER, *Thès. Fac. méd. Par.* [1867], n. 170 (*Itzcuimpatli*).

18. MŒNCH. — *Cacalia sonchifolia* L. —*Emilia sonchifolia* DC., *Prodr.*, VI, 302, n. 1. Le *S. sagittatus* (*Emilia sagittata* DC., *Prodr.*, n. 3 — *E. flammea* CASS. — *Cacalia sagittata* VAHL) est à Java une plante potagère.

19. Notamment le *D. Pardalianches* L. — *D. cordatum* LAMK. (*Mort aux panthères, Herbe aux panthères*), les *D. austriacum* JACQ., *caucasicum* BIEB., *scorpioides* W.

prescrits comme alexipharmaques, et l'on fume les feuilles du *D. plantagineum*[1] en Smoland ; mais le plus usité de tous est le *D. (Arnica) montanum*[2] (fig. 98-100), qui a encore une grande réputation comme vulnéraire. Ses racines et ses capitules ont été réputés stimulants, fébrifuges même, et ses feuilles sèches sont sternutatoires ; on les fume aussi dans les Vosges, en Russie et en Suède. Vantée outre mesure par les uns, décriée par les autres, cette plante a été successivement appliquée au traitement de plus de vingt maladies et demande à être étudiée sérieusement. L'*Euryops multifidus*[3] produit au Cap une résine aromatique. Les *Liabum* sont souvent couverts d'un épais duvet, et le *L. igniarium*[4], de l'Amérique équinoxiale, doit à cette particularité la propriété qu'il a de fournir une sorte d'amadou et de servir à arrêter les hémorrhagies. Aux Antilles, le *Neurolœna lobata*[5] sert à préparer une teinture alcoolique stomachique. La plupart des *Petasites* ont des fleurs pectorales, principalement chez nous le *P. Farfara*[6] (fig. 101), dont l'emploi est populaire comme béchique, adoucissant et diaphorétique. Le *P. vulgaris*[7] (fig. 102-105) a aussi des capitules sudorifiques et diurétiques, emménagogues. Ses feuilles servaient au traitement de la teigne. Les *P. niveus* Cass. et *albus* Gærtn. ont les mêmes propriétés.

Un grand nombre d'espèces du genre *Matricaria*, tel que nous le limitons, sont employées en médecine : d'abord le *M. Chamomilla*[8], ou Camomille commune, C. d'Allemagne, qu'on emploie à peu près aux mêmes usages que la Camomille romaine[9] (fig. 106, 107), mais qui est

1. L., *Spec.*, 1247. — DC., *Prodr.*, VI, 321, n. 7. — Gren. et Godr., *Fl. de Fr.*, II, 107.

2. Lamk, *Dict.*, II, 312. — *D. oppositifolium* Lamk. — *D. Arnica* Desf. — *Arnica montana* L., *Spec.*, 1245 (part.). — Blackw., *Herb.*, t. 595. — Schkuhr, *Handb.*, t. 248. — DC., *Prodr.*, VI, 317, n. 1. — Gren. et Godr., *Fl. de Fr.*, II, 110. — Mér. et Del., *Dict. Mat. méd.*, 1, 419. — Guib., *Drog. simpl.*, éd. 7, III, 33, fig. 573. — Pereir., *Elem. Mat. med.*, éd. 4, II, p. 26. — Berg et Schm., *Darst. off. Gew.*, t. 13 d. — Trim. et Bentl., *Med. Pl.*, III, n. 158. — Fluck. et Hanb., *Pharmacogr.*, 349. — H. Bn, in *Dict. encycl. sc. méd.*, VI, 154 (*Doronic d'Allemagne, Plantain des Vosges, des Alpes, Tabac de montagne, des Vosges, des Savoyards, Pulmonaire de montagne, Panacée des chutes, Bétoine des Vosges, des montagnes*).

3. DC., *Prodr.*, VI, 444. — Harv. et Sond., *Fl. cap.*, III, 412. — *Othonna multifida* L. F.

4. *L. Bonplandi* Cass., in *Dict.*, XXVI, 296. — *Andromachia igniaria* H. B., *Pl. œquin.*, II, 104, t. 112 ; *Nov. gen. et spec.*, IV, 100. — *Diplostephium igniarium* Spreng.

5. R. Br., *Obs. Comp.*, 120. — DC., *Prodr.*,

VI, 292. — *Conyza lobata* L., *Spec.*, 1207. (*Herbe à pique, Salvia cimarrona, Halberweet*).

6. *Tussilago Farfara* L., *Spec.*, 1214. — DC., *Prodr.*, V, 208. — Gren. et Godr., *Fl. de Fr.*, II, 91. — Guib., *Drog. simpl.*, éd. 7, III, 89, fig. 588. — Caz., *Pl. méd. indig.*, éd. 3, 1076. — Berg et Schm., *Darst. off. Gew.*, t. 7 d. — *T. vulgaris* Lamk, *Fl. fr.*, II, 71. — *T. rupestris* Wall. (*Taconnet, Pas-d'âne, Pied-de-poulain, Chou de vigne, Racine de peste, Herbe Saint-Quirin, Filius ante patrem, Herba Tussilaginis s. Ungulæ caballinæ* off.).

7. Desf., *Fl. all.*, II, 270. — DC., *Prodr.*, V, 206, n. 1. — *P. officinalis* Moench. — Gren. et Godr., *Fl. de Fr.*, II, 89. — *Tussilago Petasites* Hopp., *Tasch.*, 35 (*Herbe à la teigne, aux teigneux, à la peste, Contre-peste, Chapelière*).

8. L., *Spec.*, 1266. — Gren. et Godr., *Fl. de Fr.*, II, 148. — Guib., *Drog. simpl.*, éd. 7, III, 50, fig. 583. — Trim. et Bentl., *Med. pl.*, III, n. 155. — Berg et Schm., *Darst. off. Gew.*, t. 23 f. — *Chamomilla officinalis* C. Koch. — *Leucanthemum Chamœmelum* Lamk (*Camomille ordinaire, Amaron*).

9. *Matricaria nobilis.* — *Anthemis nobilis* L.,

beaucoup moins amère et dont on extrait une huile essentielle bleue, quelquefois usitée comme médicament. La C. romaine, dont l'odeur est pénétrante et dont la saveur est très amère, constitue un stomachique énergique; l'essence qu'on en extrait est d'un vert pâle ou incolore. On substitue assez souvent aux plantes précédentes le *Matricaria arvensis*[1], le *M. parthenioides* et le *Chrysanthemum Parthenium*[2], qui se cultive avec des capitules simples ou doubles et ornementaux. Le *M. Cotula*[3] était jadis usité comme antihystérique. La plus active des plantes du genre paraît être le *M. Pyrethrum*[4] (fig. 108-110) ou Pyrèthre d'Afrique, plante de la région méditerranéenne dont la médecine recherche la racine, à odeur forte, irritante, à saveur brûlante; c'est un sialagogue énergique qui fait partie du plus grand nombre des eaux et autres préparations dentifrices. Le *M. capensis*[5] est employé dans l'Afrique australe aux mêmes usages que nos Camomilles; et dans le même pays le *M. multifida*[6] sert au traitement des dermatoses et des rhumatismes. Les espèces jadis usitées du genre *Chrysanthemum* sont aussi très nombreuses, toutes plus ou moins aromatiques-amères, mais aujourd'hui pour la plupart délaissées, comme le *C. Leucanthemum*[7], le *C. segetum*[8], le *C. indicum*[9] qui sert au Japon à préparer une infusion digestive et des fumigations contre les ophthalmies, le *C. roseum*, le *C. carneum*, les

Spec., 1260. — GREN. et GODR., *Fl. de Fr.*, II, — GUIB., *loc. cit.*, 52, fig. 584. — BERG et SCHM., *loc. cit.*, t. 23 e. — BENTL. et TRIM., *loc. cit.*, n. 154. — *A. odorata* LAMK. — *Chamomilla nobilis* GODR., *Fl. Lorr.*, II, 19. — *Chamœmelum nobile* ALL.

1. *Anthemis arvensis* L., *Spec.*, 1261. — GUIB., *loc. cit.*, 53. — *A. agrestis* WALLR. — *Chamœmelum arvense* ALL. (Œil-de-vache).

2. L., *Spec.*, 1255. — *M. odorata* LAMK. — *Leucanthemum Parthenium* GREN. et GODR., *Fl. de Fr.*, II, 145. — *Chrysanthemum Parthenium* PERS. — *Pyrethrum Parthenium* SM. — *Tanacetum Parthenium* SCH. BIP. (*Malherbe, Mandiane, Espargoutte, Herbe à vers*).

3. *Anthemis Cotula* L., *Spec.*, 1261. — GREN. et GODR., *Fl. de Fr.*, II, 153. — *A. fœtida* LAMK. — *A. psorosperma* TEN. — *Chamœmelum Cotula* ALL. — *Maruta fœtida* CASS. — *M. Cotula* DC., *Prodr.*, VI, 13 (*Camomille puante, Maroute, Maroune, Amouroche, Chamaran, Queuneron, Bouillot, Herboula*).

4. *Anthemis Pyrethrum* L., *Spec.*, 1262. — LAMK, *Ill.*, t. 683, fig. 4. — *Anacyclus Pyrethrum* DC., *Fl. fr.*, Suppl., 480; *Prodr.*, VI, 15. — GUIB., *Drog. simpl.*, éd. 7, III, 54, fig. 585. — FLUCK. et HANB., *Pharmacogr.*, 342. — H. BN, in *Dict. encycl. sc. méd.*, IV, 53. — BENTL. et TRIM., *Med. pl.*, III, n. 151 (Œil-de-bouc,

Pyrèthre d'Afrique, Pariétaire d'Espagne). Une portion de la Pyrèthre du commerce est fournie par l'*Anacyclus officinarum* HAYN., *Arzn. Gew.*, IX, 46. — BERG et SCHM., *Darst. off. Gew.*, t. 34 e. — BENTL. et TRIM., *loc. cit.*, n. 152.

5. L., *Mantiss.*, 115. — *M. africana* BURM. — *Cotula capensis* L.

6. *Cotula multifida* DC. — ROSENTH., *Syn.*, 283. Il y a beaucoup de *Matricaria* tinctoriaux, notamment le *M. tinctoria* (*Anthemis tinctoria* L.), le *M. nigrescens* (*Anthemis nigrescens* W.), le *M. chia* (*Anthemis chia* L.) et le *M. rosea* (*Anthemis rosea* SIBTH. et SM.), que les médecins grecs employaient jadis comme toniques, emménagogues, stimulants.

7. L., *Spec.*, 1251. — *Leucanthemum vulgare* LAMK, *Fl. fr.*, II, 137. — GREN. et GODR., *Fl. de Fr.*, II, 140 (*Marguerite des champs, des prés, Grande Marguerite, Grande Pâquerette, Pâquette, Herbe aux abeilles, Grand Œil-de-bœuf*).

8. L., *Spec.*, 1254. — GREN. et GODR., *Fl. de Fr.*, II, 146. — *Xanthophthalmum segetum* SCH. BIP. (*Souci des blés, Marguerite dorée, Norée*).

9. L., *Spec.*, 1253. — *Pyrethrum indicum* CASS., in *Dict.*, XLIV, 149 (nec ROXB.), — DC., *Prodr.*, VI, 62, n. 49 (*Petite Chrysanthème d'hiver*). La *Grande Chrysanthème d'hiver* des jardins est le *C. indicum* THUNB. (*Pyrethrum sinense* SAB.).

C. sinense, Myconis et *frutescens*. Le *C. rigidum* Vis. [1] est l'espèce qu'on préfère aujourd'hui pour la préparation des poudres insecticides, mais on emploie aux mêmes usages les *C. corymbosum, cinerariæfolium*, et la Tanaisie commune [2] (fig. 114), qui est congénère et dont l'odeur intense indique les qualités aromatiques-stimulantes. Le Baume-coq [3] (fig. 113) est probablement la plus odorante des espèces de ce genre. Les Santolines étaient aussi des médicaments populaires. Le *Santolina Chamæcyparissus* [4], plante odorante, insecticide, employée parfois en parfumerie, passe encore pour un bon vermicide. Le *S. fragrantissima*, d'Arabie, est aussi anthelminthique ; les Arabes traitent les ophthalmies avec son suc, et diverses phlegmasies des muqueuses avec la décoction de ses feuilles. Le *S. jamaicensis* sert à guérir les dyspepsies ; et les *S. viridis* W., *squarrosa* W., *rosmarinifolia* L. ont les mêmes propriétés que notre *S. Chamæcyparissus*. Les Achillées, pour nous congénères des Santolines, ont des vertus analogues. L'A. Millefeuille [5] (fig. 111, 112) est encore un remède populaire, un vulnéraire, astringent peu actif. L'A. Ptarmique [6] était vulgairement employée comme sialagogue et sternutatoire. L'A. laineuse [7] fait partie des vulnéraires suisses ; ses sommités se prescrivent dans les Alpes comme stimulantes, toniques, fébrifuges. L'A. musquée [8] porte aussi le nom de *Vrai Génipi*, tandis que l'A. naine [9] est le *Génipi bâtard*. Il sera question des Génipis au sujet des Absinthes. On a aussi vanté comme médicaments les *Santolina Ageratum* [10], *atrata, cuneifolia, falcata, macrophylla, magna, nobilis*. Les *Athanasia* de l'Afrique australe sont la plupart aromatiques, et de même les *Cotula* de presque toutes les régions chaudes du

---

1. C'est à cette plante qu'un botaniste haut placé, alléché par l'appât du gain, a donné comme nouveau le nom de l'industriel qui l'exploite sous forme de poudre insecticide.

2. *Chrysanthemum Tanacetum. — Tanacetum vulgare* L., *Spec.*, 1184. — Gren. et Godr., *Fl. de Fr.*, II, 137. — Berg et Schm., *Darst. off. Gew.*, t. 22 *d*. — *T. sibi ricum* Falk. (*Tanacée, Barboline, Herbe aux vers, Herbe amère Remise, Larmise*).

3. *Chrysanthemum Balsamita. — Tanacetum Balsamita* L., *Spec.*, 1184. — *Pyrethrum Tanacetum* DC., *Prodr.*, VI, 63, n. 53. — *Balsamita vulgaris* W. — *B. major* Dod. — *B. suaveolen* Pers. — *B. mas* Blackw. (*Herbe Sainte-Marie, Menthe grecque, M. à bouquets, Notre-Dame, Pasté, Tanaisie des jardins, Grand Baume, Baume à omelettes*).

4. L., *Spec.*, 1179. — Gren. et Godr., *Fl. de Fr.*, II, 160. — DC., *Prodr.*, VI, 35 (*Garde-robe, Petit Cyprès, Aurone femelle, Petite Citronnelle*).

5. *Santolina Millefolium. — Achillea Millefolium* L., *Spec.*, 1267. — Gren. et Godr., *Fl. de Fr.*, II, 162 (*Herbe à la coupure, Herbe au charpentier, aux voituriers, Herbe militaire, de Saint-Jean, Sourcil de Vénus, Saigne-nez*).

6. *Santolina Ptarmica. — Ptarmica vulgaris* Clus. — Blackw., *Herb.*, t. 256. — DC., *Prodr.*, VI, 23, n. 20. — *Achillea Ptarmica* L., *Spec.*, 1266. — Gren. et Godr., *Fl. de Fr.*, II, 165. (*Herbe sarrasine, Herbe à éternuer, Lin sauvage, Bouton-d'argent*).

7. Variété (?) de l'*Achillea nana*.

8. *Achillea moschata* Jacq., *Fl. austr.*, App., t. 33. — *A. Genipi* Murr., *App. med.*, I, 68. — *A. livia* Scop., *Del. ins.*, t. 3. — *Ptarmica moschata* DC., *Prodr.*, VI, 20, n. 5 (*Iva*).

9. L., *Spec.*, 1267. — Gren. et Godr., *Fl. de Fr.*, II, 167. — *Ptarmica nana* DC.

10. *Achillea Ageratum* L., *Spec.*, 1264. — Mill., *Ic.*, t. 10. — DC., *Prodr.*, VI, 27, n. 16. (*Eupatoire de Mésué, Herbe au charpentier*).

globe. Mais les plus célèbres des plantes de ce groupe sont les *Arté-misia*, dont plus de trente espèces[1] sont employées comme médica-ments : en première ligne l'Absinthe[2] (fig. 116, 117) ; l'Armoise vul-gaire[3], dont les vertus emménagogues et vermifuges sont connues de tout le monde; l'Estragon[4] (fig. 115), qui sert surtout de condiment, et les *Artemisia* à *semen-contra*, qui paraissent être surtout l'*A. maritima*[5], et secondairement les *A. Cina*[6], *monogyna*[7], *pauciflora*[8], *Lercheana*[9], *ramosa*[10], etc.[11]. On observe des propriétés analogues à celles de la Grande Absinthe dans l'Aurone[12], l'Absinthe pontique[13], et dans les *Genipis*, parmi lesquels nous venons de voir qu'on range quelques Achillées, tandis que les G. proprement dits sont les *Artemisia spicata*[14], *glacialis*[15] et *Mutellina*[16]. L'Herbe à moxas des Chinois est aussi un *Artemisia*[17] couvert de duvet blanc. C'est dans les diverses espèces du

1. ROSENTH., *Syn.*, 284, 1107.
2. *Artemisia Absinthium* L., *Spec.*, 1188. — GREN. et GODR., *Fl. de Fr.*, II, 126. — MÉR. et DEL., *Dict. Mat. méd.*, I, 447. — GUIB., *Drog. simpl.*, éd. 7, III, 45. — CAZ., *Pl. méd. indig.*, éd. 3, 1. — BERG et SCHM., *Darst. off. Gew.*, t. 22 *b*. — BENTL. et TRIM., *Med. pl.*, III, n. 156. — H. BN, in *Dict. encycl. sc. méd.*, I, 206. — *Absinthium officinale* GÆRTN., *Fruct.*, II, 393, t. 164 (*Grande Absinthe, Absinthe-menu, A. amère, Grande Aluine, Aluyne, Alvine*).
3. *Artemisia vulgaris* L., *Spec.*, 1188. — GREN. et GODR., *Fl. de Fr.*, II, 129. — GUIB., *loc. cit.*, 43, fig. 577. — BERG et SCHM., *Darst. off. Gew.*, t. 22 *c*. — CAZ., *Pl. méd. indig*, éd. 3, 81. — H. BN, in *Dict. encycl. sc. méd.*, VI, 137 (*Herbe de Saint-Jean, Fleur de Saint-Jean, Couronne, Ceinture de Saint-Jean, Remise*).
4. *Artemisia Dracunculus* L., *Spec.*, 1189. — GUIB., *loc. cit.*, 38 (*Serpentine, Herbe dragon*).
5. L., *Spec.*, 1186. — GREN. et GODR., *Fl. de Fr.*, II, 135. — CAZ., *Pl. méd. indig.*, éd. 3, 431. — H. BN, in *Dict. encycl. sc. méd.*, I, 208. Cette espèce est probablement la plus énergique de celles de notre pays comme vermifuge.
6. BERG et SCHM., *Darst. off. Gew.*, t. 29 *c*, L. — GUIB., *Drog. simpl.*, éd. 7, III, 40.
7. W. et KIT., *Pl. rar. hung.*, I, 177, t. 75. — DC., *Prodr.*, VI, 102, n. 54. — *A. salina* SCHULT.
8. STECHM., *Art.*, 26, n. 21 (nec BIEB.). — DC., *Prodr.*, n. 52. — *A. pulchella* GMEL. C'est pour beaucoup d'auteurs une simple variété de l'*A. maritima*. On considère ordinairement cette plante, ainsi que la précédente, comme produi-sant le semen-contra de Russie.
9. STECHM., *Art.*, n. 18. — KAR. et KIR., ex FLÜCK. et HANB., *Pharmacogr.*, 346. — DC., *Prodr.*, n. 62. — *A. maritima* var. *Stech-manniana* BESS., in *Bull. nat. Mosc.* (1834), 31 (*Semen Santoninæ, Semen Cinæ, Semen sanc-tum, Semencine, Barbotine*).

10. SM., in *Buch Canar.*, 148. — DC., *Prodr.*, n. 49. Cette espèce fournirait (BERG et SCHM.) le semen-contra de Barbarie.
11. L'*A. Vahliana* KOSTEL., *Med. Fl.*, I, 698. — BERG et SCHM., *Darst. off. Gew.*, t. 29 *c*, A-K. (*Artemisia Contra* VAHL, nec L.), a longtemps passé pour donner le semen-contra du Levant. Les *A. judaica*, *Sieberi*, en ont été aussi indiqués comme la source ; mais ils n'en ont pas exacte-ment les caractères. Les *A. santonica, gallica, campestris, Absinthium*, et surtout *maritima*, produisent un semen-contra indigène.
12. *Artemisia Abrotanum* L., *Spec.*, 1185. — MURR., *App. med.*, I, 179. — DC., *Prodr.*, n. 84. — GUIB., *loc. cit.*, 43. (*Aurone mâle, Citronnelle, Herbe royale, Vrogne, Garderobe*). On a donné aussi le nom d'*Aurone mâle* aux *A. procera* W. et *paniculata* LAMK.
13. *Artemisia pontica* L., *Spec.*, 1187. — JACQ., *Fl. austr.*, t. 99. — DC., *Prodr.*, n. 90. — MÉR. et DEL., *Dict. Mat. méd.*, I, 451. — GUIB., *loc. cit.*, 44, fig. 378. — H. BN, *loc. cit.*, 207 (*Petite Absinthe, A. romaine, Serkis*).
14. WULF., in *Jacq. Fl. austr.*, App., 46, t. 34. — GREN. et GODR., *Fl. de Fr.*, II, 130. — GUIB., *loc. cit.*, 46. — *A. Boccone* ALL. — *Absinthium spicatum* BAUMG. (*Génipi noir*).
15. L., *Spec.*, 1187. — GREN. et GODR., *Fl. de Fr.*, II, 128. — GUIB., *loc. cit.*, 45, fig. 579. — *Absinthium glaciale* LAMK, *Ill.*, t. 695, fig. 2. — *A. congestum* LAMK. (*Génipi vrai, des Savoyards, des Alpes*).
16. VILL., *Dauph.*, III, 244, t. 35. — GREN. et GODR., *Fl. de Fr.*, II, 128. — GUIB., *loc. cit.*, 46 (*Génipi blanc*). Il y a des liqueurs dites d'Absinthe suisse, qui doivent leurs propriétés aux Génipis, et non à l'*Artemisia Absinthium*. Celui-ci, jadis du moins, n'entrait jamais dans leur fabrication.
17. Ou l'*A. chinensis* L., ou l'*A. Moxa* LINDL. (GUIB., *loc. cit.*, 48).

genre *Artemisia,* et notamment dans celles qui sont si fréquemment
employées sous le nom d'Absinthes, que se caractérisent le plus nettement les propriétés du groupe de Composées qu'on a souvent distingué
sous le titre d'Artémiésés [1]. Beaucoup de ces plantes ont une odeur
très forte et souvent aussi une amertume insupportable. A la distilla-
tion, elles donnent une abondante essence, souvent verte, ordinairement très âcre, brûlante. Celle de la Grande Absinthe, qui peut en être
considérée comme le type, a été indiquée par plusieurs auteurs
comme toxique par elle-même, indépendamment de l'alcool qui fait
partie des mêmes liqueurs qu'elle. Il est vrai que ces liqueurs sont
souvent sophistiquées et renferment en outre dans ce cas des sels
de cuivre, d'antimoine ou autres. Mais l'essence d'absinthe ajoutée
à l'alcool rend celui-ci plus nuisible que l'eau-de-vie et en fait un
poison spécial du système nerveux.

Les propriétés des *Ambrosia* se rapprochent beaucoup de celles des
Artemisia. L'infusion de l'*A. maritima* [2] (fig. 118-123) est tonique,
stimulante, stomachique et antihystérique. Les *A. trifida* L., *elatior* L.,
ont les mêmes qualités. En Égypte, l'*A. villosissima* FORSK. sert au
traitement des ophthalmies, et aux Antilles, l'*A. artemisiæfolia* L. est
vanté contre les fièvres, la goutte, les vers, les flux. L'*Iva frutescens* [3]
est, dans l'Amérique du Nord, employé comme fébrifuge. Les *Xanthium* sont dans les deux mondes préconisés comme médicaments. Il y
a au Pérou un *X. catharticum* K.; mais les *X. orientale* [4] (fig. 124-131),
strumarium [5], *echinatum* [6], sont astringents, amers, antiscrofuleux; on
les employait surtout autrefois contre les dermatoses chroniques. les
servent à teindre en jaune, et les Romains coloraient, dit-on, leurs
cheveux en blond pâle avec les feuilles du *X. strumarium.* Le *X. spi-
nosum* [7] a été employé comme tonique et fébrifuge; on le vante
périodiquement contre la rage.

Nous ne pouvons qu'énumérer les nombreux genres de cette famille
qui fournissent à nos jardins des espèces ornementales. Tout le monde

1. « Inter medicinas roborantes amaro-aro-
maticas *Artemisiæ* imprimis nominandæ sunt,
vastum plantarum genus et late per terrarum
orbem diffusum, cujus plures species ab anti-
quissimis temporibus in medicorum penu ha-
bentur. » (ENDL., *Enchir.,* 252.)
2. L., *Spec.,* 1481. — DC., *Prodr.,* V, 525,
n. 1.—H. BN, in *Dict. encycl. sc. méd.,* III, 552
(*Herbe vineuse*).
3. L., *Amœn. acad.,* III, 25. — GÆRTN.,
Fruct., II, t. 164. — LAMK, *Ill.,* t. 166, fig. 2
(*Quinquina du Mexique, Marsh Elder*).

4. L. F., *Dec.,* 83, t. 17 (part.). — *X. macro
carpum* DC., *Fl. fr.,* Suppl., 356; *Prodr.,* V,
523, n. 1.
5. L. *Spec.* 1400. — LAMK, *Ill.,* t. 765, fig. 1.
— DC., *Prodr.,* n. 3. — GREN. et GODR., *Fl.
de Fr.,* II, 393 (*Lambourde, Petite Bardane,
Petit Glouteron, Glaiteron, Grappeles, Herbe
aux écrouelles*).
6. MURR., *Comm. gœtt.* (1784), c. ic. Forme
(?) du *X. macrocarpum.*
7. L., *Spec,* 1400. — LAMK, *Ill.,* t. 765,
fig. 4. — GREN. et GODR., *Fl. de Fr.,* II, 394.

connaît les Soleils (fig. 66-70), les Dahlias (fig. 73-74), les *Cosmos* et *Coreopsis*, les Soucis (fig. 59-63), les Seneçons, les Agératoires, les *Helenium* (fig. 87-89), les Œillets d'Inde (fig. 96), les Immortelles, les Pâquerettes (fig. 51), les *Aster* (y compris la Reine-Marguerite), les Chrysanthèmes, les *Zinnia, Rudbeckia, Gaillardia* (fig. 90-93), les Centaurées, quelques *Jurinæa, Xeranthemum, Echinops, Athanasia, Santolina, Achillea*, etc., etc.

Aujourd'hui que l'industrie horticole adjoint aux anciennes plantes qui faisaient l'ornement des jardins de nos pères un nombre toujours croissant de nouvelles recrues, empruntées principalement à la flore des régions tempérées des deux Amériques, du Japon, de l'Australie et du Cap, beaucoup de Composées à capitules gracieux, ou éclatants de couleur, commencent à faire apparition dans nos parterres. Les *Arctotis* et les *Gorteria* des sections *Gazania* et *Venidium* y forment d'élégants massifs; on y voit aussi quelquefois le *Stobœa purpurea* (*Berkheya*). Le *Dimorphotheca pluvialis* est cultivé comme plante curieuse à cause de la façon dont ses capitules sont influencés par l'humidité. On voit quelques splendides *Mutisia* grimpants dans nos serres chaudes et tempérées. Le *Barnadesia rosea* (fig. 25, 26) fleurit presque perpétuellement dans ces dernières ; le *Stiftia chrysantha* est la plus éclatante des Mutisiées cultivées, et c'est sa floraison dans nos serres qui a donné lieu à une des plus inconcevables méprises de M. DECAISNE, attribuant à ce genre de Composées dix divisions à la corolle, dont « cinq extrêmement étroites, capillaires, en forme de vrille, alternant avec les cinq lobes de la corolle enroulés sur eux-mêmes ». Il ne faudrait pas croire que tel puisse être le plan de la fleur d'une Composée quelconque, et l'on doit admettre qu'au milieu des obscurités dont il enveloppe ses observations, l'auteur a simplement pris pour des pétales intérieurs les filets des étamines. On sème comme plante annuelle le *Moscharia rosea*. Les *Helichrysum* de la section *Rhodanthe*, notamment l'*H. Manglesii*, est une des plus élégantes Immortelles qu'on ait introduites dans les jardins et a déjà produit plusieurs formes remarquables. L'*H.* (*Acroclinium*) *roseum* a des capitules plus jolis encore. On rencontre aussi dans les cultures L'*H.* (*Ammobium*) *alatum*, belle espèce australienne dont les inflorescences sont blanches. Les *Vernonia* à fleurs violettes, espèces vivaces, qui sont rustiques dans notre pays, produisent un grand effet par leurs tiges élevées, dressées, et leurs nombreux capitules. Les *Liatris* (*Kuhnia*) de l'Amérique du Nord sont également remarquables par leur inflorescence spiciforme. C'est par leur port, leur feuillage opulent que les *Adenostyles* produisent surtout un grand effet, de même que plusieurs *Polymnia*, certains *Montanoa*, et surtout le *Podachœnium eminens*, avec ses larges feuilles si ornementales et si remarquables par leur odeur de pomme. Parmi les petites espèces à riche floraison, il faut surtout citer le *Shortia californica*, le *Sanvitalia procumbens*, le *Cosmidium Burridgeanum*, les *Hysterionica* de la section *Grindelia* (fig. 54), le *Brachycome iberidifolia*, le *Centauridium Drummondii*, le *Podolepis chrysantha*, le *Guttierezia gymnospermoides*, le *Sphenogyne speciosa*, le *Kaulfussia amelloides*, plantes dont pour la plupart les graines se trouvent aujourd'hui dans le commerce. Plusieurs *Olearia* frustescents de l'Australie et de la Nouvelle-Zélande ornent en hiver nos serres froides. Il y a de jolis *Erigeron* ornementaux de pleine terre et de beaux *Solidago* vivaces, notamment ceux de l'Amérique du Nord. Quelques *Verbesina* vivaces sont de belles plantes ornementales qui supportent bien les hivers de notre pays. Le *Villanova-chrysanthemoides* est dans le même cas. Outre les variations de couleur qu'on obtient chaque jour dans les corolles, ce qui donne le plus souvent à ces plantes un grand intérêt au point de vue de l'ornementation horticole, on sait que les fleurs régulières des Composées se transforment souvent par le fait de la culture en fleurs à corolles irrégulières ou demi-fleurons, et réciproquement les fleurs ligulées en fleurs à corolle régulière, tubuleuse. Dans les Corymbifères, c'est-à-dire les plantes dont les capitules ont les fleurs du disque régulières et les fleurs du rayon ligulées, il arrive de deux choses l'une : ou que toutes les fleurs deviennent régulières, ou que toutes acquièrent des corolles ligulées. Ainsi la Reine-Marguerite, la Pâquerette, peuvent avoir toutes leurs corolles étalées, à limbe unilatéral, ou bien toutes leurs corolles tuyautées et devenues semblables à celles du disque, sinon qu'elles sont plus grandes et qu'au lieu de demeurer jaunes, elles se sont colorées en rose, en violet ou en blanc. Les nombreuses variétés de Dahlias de nos cultures, qui sont sorties depuis le commencement de ce siècle de deux espèces introduites d'abord d'Amérique en Espagne, ont naturellement deux sortes de fleurs : celles du centre, toutes jaunes et à petite corolle régulière, et celles de la périphérie, en petit nombre et pourvues d'une corolle colorée et étalée. Dans les variétés recherchées aujourd'hui par l'horticulture, toutes les corolles peuvent devenir ligulées et teintées de nuances brillantes. Mais il y a, outre ces prétendues fleurs *doubles* de Composées, qui sont de véritables inflorescences, des capitules ramifiés, c'est-à-dire dont l'axe principal, au lieu de ne porter que des fleurs, porte des axes secondaires plus ou moins allongés, terminés chacun par un plus petit capitule. C'est ce qui arrive notamment dans les Pâquerettes des jardins à capitules prolifères, qu'on a nommées Mères de famille. Beaucoup de Composées, en outre, doivent l'éclat de leurs capitules, non à leurs fleurons ou à leurs demi-fleurons, qui sont peu visibles et de couleurs peu voyantes, mais bien aux bractées de l'involucre qui peuvent, dans certaines variétés horticoles, acquérir un grand développement et affecter une coloration et une consistance pétaloïdes. A côté d'espèces dont l'odeur est fétide, il y a des genres qui, comme les *Tagetes*, en renferment quelques-unes à parfum anisé et agréable. Les Cichoriées sont généralement inodores. Il y a, dans l'Amérique du Sud et dans l'Afrique australe, des Séneçons à feuilles extrêmement odorantes. L'odeur du Baume-coq est, nous l'avons vu, une des plus accentuées que l'on connaisse parmi les Composées de nos jardins, où il y a beaucoup d'Artémisiées et de Matricariées parfumées et d'autres à odeur intense et désagréable. Le plus commun des *Tarchonanthus* doit son nom spécifique à son odeur camphrée, qui se retrouve dans quelques *Pluchea* asiatiques, et l'*Eurybia argophylla* est particulièrement cultivé dans nos serres froides pour ses feuilles à odeur musquée.

HISTOIRE DES PLANTES

MONOGRAPHIE

DES

CAMPANULACÉES

CUCURBITACÉES, LOASACÉES

PASSIFLORACÉES & BÉGONIACÉES

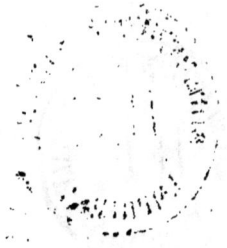

BOURLOTON. — Imprimeries réunies, **A**, rue Mignon, **2**, Paris.

HISTOIRE DES PLANTES

MONOGRAPHIE

DES

CAMPANULACÉES

CUCURBITACÉES, LOASACÉES

PASSIFLORACÉES & BÉGONIACÉES

PAR

H. BAILLON

PROFESSEUR D'HISTOIRE NATURELLE MÉDICALE A LA FACULTÉ DE MÉDECINE DE PARIS
DIRECTEUR DU JARDIN BOTANIQUE DE LA FACULTÉ, PRÉSIDENT DE LA SOCIÉTÉ LINNÉENNE DE PARIS

ILLUSTRÉE DE 221 FIGURES DANS LES TEXTES

DESSINS DE FAGUET

PARIS

LIBRAIRIE HACHETTE & Cⁱᵉ

BOULEVARD SAINT-GERMAIN, 79

LONDRES, 18, KING WILLIAM STREET, STRAND

1886

LXVII
CAMPANULACÉES

I. SÉRIE DES CAMPANULES.

Les fleurs des Campanules[1] (fig. 132-145) sont hermaphrodites, régulières et le plus souvent pen-
tamères. Ce nombre s'observe dans tous les verticilles floraux de certaines espèces, telles que le *Campanula Medium* L. (fig. 132, 133), dont on a même fait un genre particulier[2]. Le réceptacle y est concave, en forme de sac hémisphérique, obconique ou ob-ovoïde. L'ovaire y est logé ; et ses bords portent un calice gamo-

Campanula Medium.

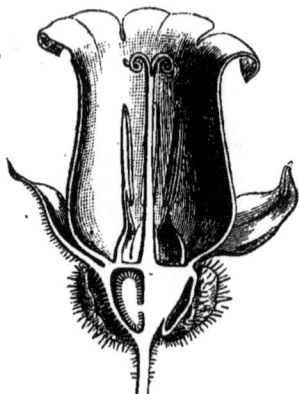

Fig. 133. Fleur, coupe longitudinale.   Fig. 132. Rameau florifère et fructifère ($\frac{2}{3}$).

sépale, dont les divisions, imbriquées ou valvaires, sont souvent unies

1. *Campanula* T., *Inst.*, 108, t. 37. — L., *Gen.*, n. 218. — ADANS., *Fam. des pl.*, II, 134. — J., *Gen.*, 164. — LAMK, *Dict.*, II, 577 ; Suppl., I, 54 ; *Ill.*, t. 123. — GÆRTN., *Fruct.*, t. 33. — ENDL., *Gen.*, n. 3085. — A. DC., *Monogr. des Campanulées* (1830), 213 ; *Prodr.*, VII, 458. — PAYER, *Organog.*, 642, t. 149.— H. BN, in *Payer Fam. nat.*, 250. — B. H., *Gen.*, II, 561, n. 49. — *Roucela* DUMORT., *Comm. bot.*, 14.— *Erinia* NOUL., *Fl. s.-pyren.*, 407. — *Depierrea* Anon.; in *Linnæa*, XVI (1842), 374 (forme monstrueuse d'une Campanule).

2. *Medium* T., *Elem. bot.*, I, 90, t. 38. — *Marianthemum* SCHR., in *D. Regensb. Ges.*, I

à leur base par une portion réfléchie au niveau des sinus de séparation des cinq lobes[1]. La corolle est également supère, en cloche,
gamopétale, régulière, à lobes valvaires, alternes avec les divisions du
calice. L'androcée est formé de cinq étamines, dites épigynes, alternes
avec les divisions de la corolle. Leurs filets s'insèrent, non sur cette
dernière, mais, comme elle, sur le réceptacle. Ils sont libres, dilatés
dans leur portion inférieure, par laquelle ils sont valvaires dans le bouton, et atténués en haut, là où ils s'insèrent vers la base des anthères
biloculaires, introrses, déhiscentes par deux fentes longitudinales[2],
et se touchent par leurs bords, mais sans adhérence. Le gynécée
se compose d'un ovaire infère, à cinq loges oppositisépales[3], dont le

Campanula Rapunculus.

Fig. 134. Fleur. Fig. 135. Diagramme. Fig. 136. Fleur, coupe
longitudinale.

sommet presque plan est recouvert d'une couche fort mince de tissu
glanduleux, et surmonté d'un style qui se partage en cinq branches,
rapprochées d'abord[4], puis récurvées ou révolutées, stigmatifères en
dedans et extérieurement chargées de poils collecteurs[5]. Dans l'angle
interne de chaque loge on trouve un placenta épais, plus ou moins
rétréci à son insertion et chargé en dehors de nombreux ovules
anatropes[6]. Le fruit est une capsule que couronnent les restes du

(ex DC.). — *Quinquelocularia* C. Koch, in *Linnæa*, XXIII, 630.

1. Ce sont des décurrences de la base des sépales, unies en oreillettes descendantes et forcément alternes, par suite, avec les cinq divisions
normales du calice. Leurs bords se recourbent
plus ou moins en dessous.

2. Le pollen est « sphérique, ponctué, couvert
en partie de petites épines », et il porte de trois
à cinq pores sur l'équateur. Il est semblable,
avec quatre pores, dans les *Phyteuma* ; tandis
que dans le *Canarina* il est ovoïde, avec trois

bandes portant chacune un ombilic. (H. Mohl,
in *Ann. sc. nat.*, sér. 2, III, 316).

3. Elles répondent aussi aux angles saillants
de l'ovaire.

4. Aplaties, elles se touchent par leurs bords
et forment ainsi une cavité allongée.

5. Ceux-ci se chargent du pollen des anthères,
ouvertes avant l'épanouissement de la corolle,
pendant que le style, d'abord court, traverse, en
s'allongeant, le tube qu'elles forment par leur
rapprochement.

6. A une seule enveloppe.

calice et qui s'ouvre entre les côtes plus ou moins saillantes par des panneaux triangulaires ou ovales[1], pour laisser sortir des graines en nombre indéfini, pourvues sous leurs téguments d'un albumen charnu qui entoure un embryon axile et plus ou moins allongé.

Dans la plupart des Campanules, telles que la Raiponce (fig. 134-139)[2], les appendices du calice disparaissent, ordinairement en totalité, et l'ovaire n'a plus que trois loges, les deux latérales faisant défaut. Assez souvent aussi cet ovaire, de même que le fruit, est libre dans sa portion supérieure, qui surmonte

Campanula Rapunculus.

Fig. 137. Fruit après la déhiscence (⁴⁄₇).   Fig. 138. Graine (¹⁴⁄₇).   Fig. 139. Graine, coupe longitudinale.

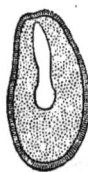

le calice sous forme de cône surbaissé et peut être recouvert d'une couche plus ou moins épaisse de tissu glanduleux, rudiment d'un disque épigyne. Quelques Campanules de l'Orient, dont les anthères, au lieu d'être libres, sont plus intimement collées les unes aux autres par leurs bords et forment ainsi un tube que traverse le style, ont été génériquement distinguées sous le nom de *Symphyandra* [3].

Campanula (Adenophora) coronata.

Il y en a une dizaine d'autres, de l'Europe occidentale et de l'Asie tempérée, dont la fleur est la même, mais dont l'ovaire trimère est surmonté d'un disque épigyne en forme de coupe, de tube ou de cône, quelquefois même très élevé (fig. 140) : on en a fait un genre *Adenophora* [4].

Fig. 140. Style et disque.

Quatre autres espèces, également de l'Orient, dont les fleurs sont 7-10-mères dans tous leurs verticilles, au lieu

---

1. Dans beaucoup de Campanules, en outre, le parenchyme se détruit de bonne heure dans l'intervalle des nervures du péricarpe ; si bien que ce dernier peut représenter (fig. 137) une sorte de réseau à jour, très compliqué, sur lequel les plus grosses nervures font saillie d'une façon variable, suivant les espèces. Le même fait s'observe dans les *Phyteuma*, etc.

2. Sect. *Eucodon* A. DC.

3. A. DC., *Monogr. Camp.*, 365, t. 8 ; *Prodr.*, VII, 494. — ENDL., *Gen.*, n. 3089. — B. H., *Gen.*, II, 563, n. 52.

4. FISCH., in *Mém. Mosc.*, VI, 165. — A. DC., *Monogr. Camp.*, t. 6 ; *Prodr.*, VII, 492. — ENDL., *Gen.*, n. 3088. — B. H., *Gen.*, II, 563, n. 51. — *Floerkea* SPRENG., *Anleit.*, II, 523 (nec W).

d'être pentamères, avec des pétales peu unis ou indépendants, ont été aussi distinguées à titre de genre sous le nom de *Mindium*[1].

Dans l'hémisphère boréal des deux mondes, et plus rarement dans les deux Amériques, il y a sept ou huit autres Campanules, à réceptacle et à ovaire trimère plus étroits et plus allongés; on les a aussi consi-

Campanula (Specularia) Speculum.

   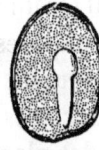 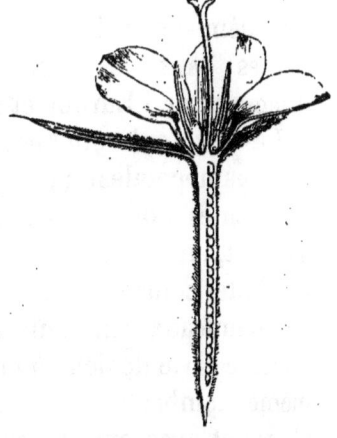

Fig. 141. Fleur.

Fig. 143.
Fruit ouvert (⅐).

Fig. 144.
Graine (⅘).

Fig. 145. Graine,
coupe
longitudinale.

Fig. 142. Fleur, coupe
longitudinale (⅐).

dérées comme formant un genre à part sous les noms de *Specularia*[2] (fig. 141-145) et de *Githopsis*[3] ; mais de même que les types précédents, ce ne sont pour nous que des sections du grand genre *Campanula*.

Ainsi constitué, celui-ci comprend environ 250 espèces[4] d'herbes

1. ADANS., *Fam. des pl.*, II, 134. — J., *Gen.*, 164. — *Michauxia* LHÉR., *Monogr. inéd.* (1788). — LAMK, *Ill.*, t. 295 (nec NECK., nec RŒUSCH.). — A. DC., *Monogr. Camp.*, 211 ; *Prodr.*, VII, 457. — GÆRTN. F., *Fruct.*, III, t. 211. — ENDL., *Gen.*, n. 3084. — B. H., *Gen.*, II, 561, n. 47. Les pétales sont souvent libres dans une grande étendue ou même jusqu'à la base ; mais, parmi les *Campanula*, aussi bien que parmi les *Wahlenbergia*, l'observation des diverses espèces prouve que ce caractère ne saurait, dans ce groupe, avoir une véritable valeur générique.

2. HEIST., *Syst. pl.*, 8. — A. DC., *Monogr. Camp.*, 344 ; *Prodr.*, VII, 489. — ENDL., *Gen.*, n. 3086. — B. H., *Gen.*, II, 562, n. 50. — *Prismatocarpus* LHÉR., *Sert. angl.*, 1 (part.). — *Apenula* NECK., *Elem.*, I, 234. — *Lepouzia* DUR., *Fl. Bourg.*, II, 26 (ex A. DC.). — *Dismicodon* NUTT., in *Trans. Amer. Phil. Soc.*, ser. 2, VIII, 255. — *Campylocera* NUTT., *loc. cit.*, 257 (ex B. H.).

3. Il ne s'agit pas ici du genre de NUTTALL

(*loc. cit.*, 258), mais bien de la plante cultivée sous ce nom au jardin de Cambridge (Massachusetts). (H. BN, in *Bull. Soc. Linn. Par.*, 304); tandis que le vrai *Githopsis* est placé par les auteurs dans un autre groupe de Campanulées, à cause de son fruit décrit comme « inter lobos calycis... operculatim deciduo dehiscens ». Sur la plante dont nous parlons, nous l'avons vu s'ouvrir par des panneaux au-dessous des sépales.

4. JACQ., *Fl. austr.*, t. 118, 209, 285, 411 ; *II. schœnbr.*, t. 335 (*Adenophora*), 336, 337; *Ic. rar.*, t. 334. — WALDST. et KIT., *Pl. rar. hung.*, t. 64, 136, 247, 258, 263. — VENT., *J. Cels*, t. 18; 81 (*Michauxia*). — SIBTH. et SM., *Fl. græc.*, t. 116, 203-205, 207-215. — LABILL., *Pl. syr. Dec.*, t. 3-5. — LEDEB., *Ic. Fl. ross.*, t. 209. — DESF., in *Ann. Mus.*, XI, t. 6, 7, 16; *Fl. atlant.*, t. 50, 51. — TEN., *Fl. nap.*, t. 16-18; 19, 20 (*Prismatocarpus*), 119, 120, 210, 224. — BIEB., *Cent. pl. ross.*, t. 10, 16, 42. — VIS., *St. dalmat.*, t. 14; *Suppl.*, t. 6. — REICHB., *Icon. Fl. germ.*,

annuelles ou vivaces, dont les racines sont parfois épaissies et charnues, et dont toutes les parties sont gorgées d'un suc laiteux et visqueux. Leurs feuilles sont alternes, plus rarement opposées ou subverticillées, entières ou dentées, glabres, rudes ou hispides. Leurs fleurs[1] sont axillaires ou terminales, solitaires ou réunies en grappes simples ou en grappes de cymes. Elles croissent dans les régions tempérées et chaudes des deux mondes, principalement de leur hémisphère boréal, et sont surtout abondantes dans les portions méditerranéennes orientales de l'Europe et de l'Asie.

Wahlenbergia Sieberi.

Les *Wahlenbergia* (fig. 146) sont des Campanules gamopétales ou polypétales, à anthères non adhérentes, dont le fruit capsulaire s'ouvre à son sommet, en dedans et au-dessus du calice, par des fentes courtes qui séparent les uns des autres des panneaux triangulaires supères, dont le nombre varie de deux à cinq. Quand ils sont en même nombre que les sépales, ces panneaux alternent avec eux. Ce sont des plantes à port très variable, des régions chaudes et tempérées de toutes les parties du monde.

Les valves du fruit, se séparant aussi les unes des autres au-dessus du calice, sont au contraire superposées aux sépales dans les *Microcodon* et les *Platycodon*.

Fig. 146. Fruit déhiscent ($\frac{4}{1}$).

t. 1591-1615; 1616, 1617, fig. 2 (*Specularia*), 1618 (*Adenophora*); *Icon. bot.*, t. 77, 78, 85, 111, 112, 202, 320, 507-510, 551-560, 571-575; *Icon. exot.*, t. 2, 15, 23 (*Adenophora*). — SALISB., *Par. lond.*, t. 26, 80, 108, 160 (*Adenophora*); 252, 256, 333, 409. — SWEET, *Brit. fl. Gard.*, t. 280; ser. 2, t. 66 (*Symphyandra*).—R. et PAV., *Fl. per. et chil.*, t. 200, fig. b.— JAUB. et SP., *Ill. pl. or.*, t. 233, 391, 392, 421, 422. — TCHIHATCH., *As. Min.*, t. 99; *Dur.*, *Expl. Alg.*, t. 62. — HOOK., *Icon.*, t. 684, 762; *Fl. bor.-amer.*, t. 125.— BROT., *Phyt. lusit.*, t.18-20. —HFFMSG et LINK, *Fl. port.*, t. 79-83.—H. B. K., *Nov. gen. et spec.*, t. 265. — TORR., *Fl. N. York*, t. 65.— MIQ., in *Ann. Mus. lugd.-bat.*, II, 192 (*Adenophora*). — WIGHT, *Ill.*, t. 136; *Icon.*, t. 1177-1179. — KL., in *Pr. Wald. Reis.*, *Bot.*, t. 77, 78. — BOISS., *Voy. Esp.*, t. 120; *Fl. or.*, III, 890 (*Michauxia*), 892 (*Adenophora*), 893; 958(*Specularia*).— PRESL, *Symb.*, t. 18 (*Wahlenbergia*). — A. GRAY, *Syn. Fl. N.-Amer.*, II, 10 (*Specularia*), 11; 14 (*Heterocodon*). — CHAPM., *Fl. S. Unit. St.*, 265.— HOOK., *Fl. lond.*, t. 51.

— NEES, *Amœn.*, II, t. 4. — GRISEB., *Symbol. Fl. argent.*, 219 (*Specularia*).— C. GAY, *Fl. chil.*, IV, 341; 342 (*Specularia*). — HEMSL., in *Oliv. Fl. trop. Afr.*, 481. — CLKE, in *Hook.f. Fl. brit. Ind.*, III, 438. — WILLK. et LGE, *Prodr. Fl. hisp.*, II, 287; 296 (*Specularia*). — GREN. et GODR., *Fl. de Fr.*, II, 404 (*Specularia*), 406. — ANDR., *Bot. Repos.*, t. 385, 396.—*Fl. des serres*, t. 247, 563, 614, 699, 729, 1908. — *Bot. Reg.*, t. 149, 236 (*Adenophora*), 237, 241, 620, 1738, 1768, 1995; (1843), t. 19; (1846), t. 65.— *Bot. Mag.*, t. 102, 117; 219 (*Michauxia*), 397, 404, 512, 551, 650, 811, 912, 927, 957, 1257, 1258, 1290, 1973, 2019, 2553, 2581, 2632, 2649, 2653, 3128 (*Michauxia*), 3347, 4555, 4748, 4879, 5068, 5745, 6394, 6504, 6588, 6590.— WALP., *Rep.*, II, 710; VI, 383; 387 (*Adenophora*); *Ann.*, II, 1044; 1050 (*Quinquelocularia*), 1051 (*Dysmicodon, Campylocera*), 1052 (*Adenophora*); III, 918; V, 394; 402 (*Specularia*), 403 (*Symphyandra*).

1. Bleues, blanches, jaunâtres ou violacées, rarement roses.

Les premiers, qui habitent l'Afrique australe, sont d'humbles herbes annuelles, dont les étamines ont des filets étroits, et la corolle un tube mince. Les *Platycodon* (fig. 147), herbes vivaces de l'Asie orientale, ont des corolles de Campanule, des filets stami-naux dilatés à leur base, et des tiges vivaces, à cymes terminales lâches ou uniflores. Les *Codonopsis* sont des *Platycodon* à tiges volubiles ou couchées sur le sol et à larges divisions stylaires, qui habitent aussi l'Asie tempérée.

Platycodon grandiflorum.

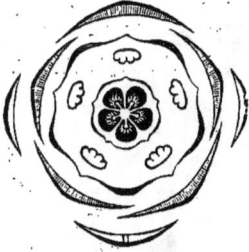

Fig. 147. Diagramme.

Le réceptacle floral peut, dans cette famille, de même que dans beaucoup d'autres groupes naturels, présenter d'énormes variations dans sa configuration. Ainsi on sait que dans cer-tains *Codonopsis* et *Wahlenbergia*, au lieu d'avoir la forme d'un sac profond qui contient la totalité ou la presque totalité de l'ovaire, il ne représente plus qu'une cupule peu profonde dont la concavité ne loge

Cyananthus lobatus.

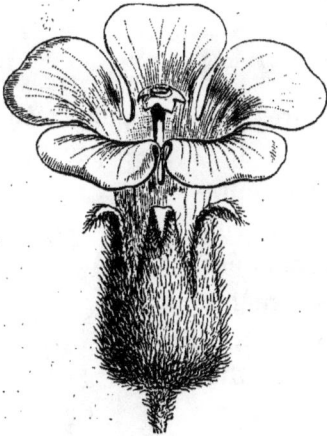

Fig. 148. Fleur (²⁄₁).

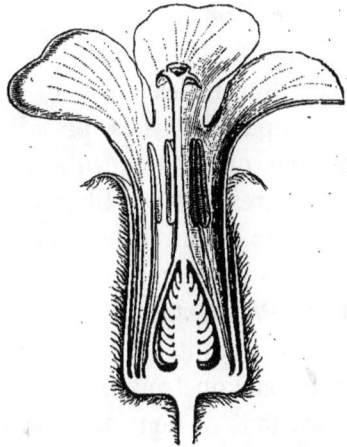

Fig. 149. Fleur, coupe longitudinale.

plus que la base de l'ovaire. Dans les *Cyananthus* (fig. 148, 149), herbes des montagnes de l'Inde et des régions voisines, qui peuvent être considérés comme des Campanules à ovaire libre, le sommet du réceptacle étant à peine déprimé, le périanthe et l'androcée deviennent à peu près complètement hypogynes.

Les *Campanumœa*, herbes asiatiques dont le réceptacle est peu pro-fond et dont la corolle s'insère souvent à une certaine distance du calice, sont d'ailleurs des *Codonopsis* à fruit charnu. Le *Canarina campanulata* (fig. 150), herbe vivace des îles Canaries, dont les tiges grêles portent des feuilles opposées, a des fleurs solitaires, jaunâtres, 5-6-mères, qui rappellent tout à fait celles de certaines Cucurbitacées, et un fruit charnu, couronné par le calice persistant. Le *Peracarpa* (fig. 151), petite herbe charnue de l'Himalaya, a le même fruit à peu près, mais de petites dimensions, et pourvu d'un péricarpe mince sous lequel on voit saillir de nombreuses graines.

Canarina campanulata.

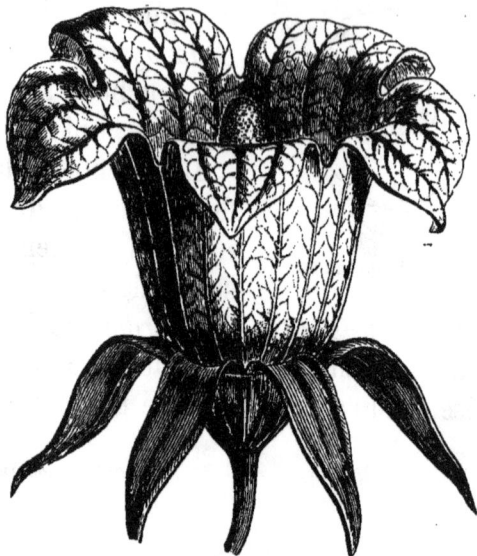

Fig. 150. Fleur pentamère.

Les *Trachelium* et les *Phyteuma* ont au contraire le fruit capsulaire des véritables Campanules. Les premiers, originaires de la région méditerranéenne, ont une capsule qui s'ouvre près de sa base par deux ou trois petites valves. Leur corolle est inférieurement rétrécie en un tube grêle, et leurs fleurs sont réunies en cymes corymbiformes, très composées. Quant aux *Phyteuma*, qu'on observe dans les mêmes régions, en Orient et dans l'Europe tempérée, ils ont aussi deux ou trois valves latérales à la capsule ; et les divisions de leur corolle, libres ou à peu près dans toute leur étendue, sont rétrécies dans leur portion supérieure, par laquelle elles adhèrent longtemps dans le bouton. Quant à leur inflorescence générale, elle a ordinairement la forme d'un épi ou d'un capitule, quelquefois d'un corymbe ou d'une ombelle ; mais les inflorescences partielles qui les constituent, sont ou des cymes à pédicelles courts, ou de véritables glomérules. Quelquefois aussi leurs fleurs sont solitaires et terminales.

Peracarpa carnosa.

Fig. 151. Fruit ($\frac{4}{1}$).

Les *Pentaphragma* (fig. 152-154) ont été jadis rapportés au genre

Phyteuma; ils en ont la symétrie florale, avec cinq sépales obtus et une corolle campanulée, valvaire-indupliquée. Leurs cinq étamines, non adhérentes à la corolle, ont des anthères collées en tube par leurs bords. Mais leur fruit infère est une baie polysperme, à 3-5 loges.

Pentaphragma begonioides.

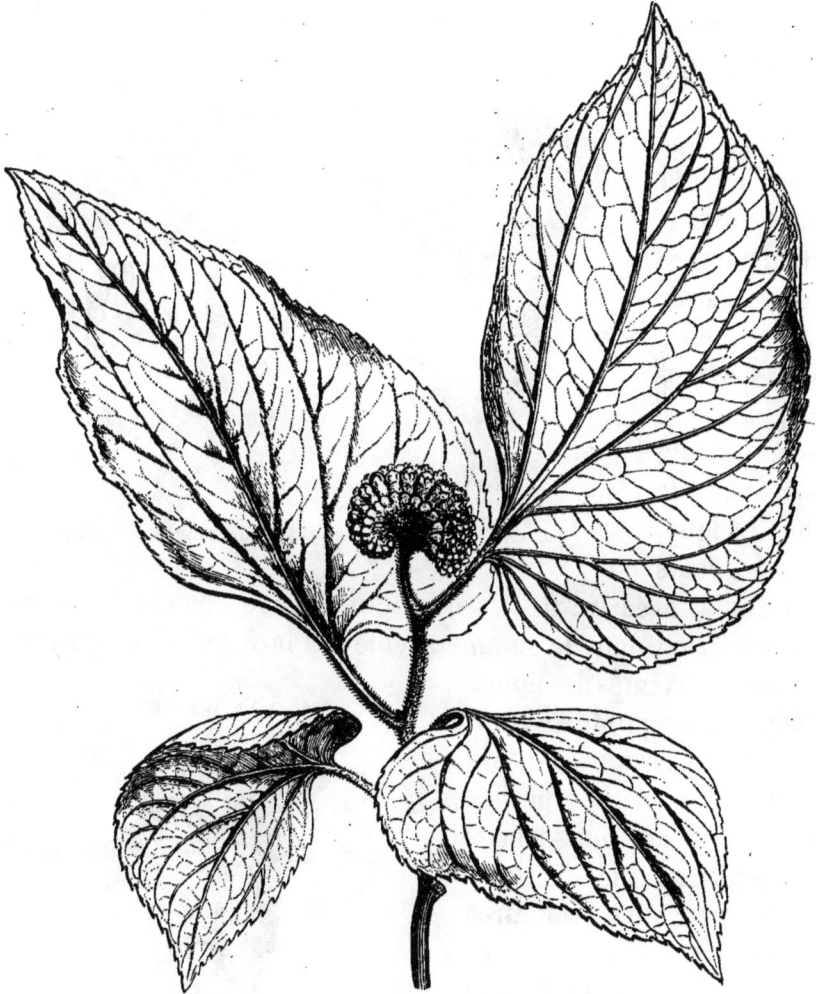

Fig. 152. Rameau florifère

La seule espèce connue est une herbe vivace, à feuilles alternes, complètement insymétriques, et à fleurs réunies en une singulière inflorescence terminale ou latérale, pédonculée, qui a un axe sympodique contracté, ovoïde-arqué, et, sur sa convexité, deux séries parallèles de fleurs presque sessiles, accompagnées d'un nombre égal de bractées latérales. Cette curieuse plante habite l'archipel Indien.

Les *Musschia* (fig. 155), grandes herbes ou sous-arbrisseaux de Madère, sont aussi très voisins des Campanules, avec cinq loges ovariennes et un fruit sec parcouru par d'épaisses nervures verticales, dont cinq se prolongent dans les sépales persistants. A l'époque de la maturité, les portions de réceptacle interposées à ces nervures et qui sont minces et fragiles, se rompent en travers suivant un certain nombre de fissures parallèles par lesquelles peuvent s'échapper les graines.

Les *Roella*, qui croissent dans le midi de l'Afrique, ont aussi des fleurs de Campanule, avec un fruit sec et qui s'ouvre comme celui des *Wahlenbergia*, ou dont le sommet s'enlève à la façon d'un opercule. Parfois en même temps des fentes longitudinales se produisent en dessous de l'insertion des sépales. Ce sont de petites herbes ou plus souvent des sous-arbrisseaux, à feuillage éricoïde, dont les fleurs, terminales, solitaires ou disposées en glomérule, sont entourées des feuilles supérieures formant autour d'elles une sorte d'involucre. Les *Prismatocarpus*, herbes vivaces ou suffrutescentes, des mêmes régions (qu'il ne faut pas confondre avec les *Specularia* de nos pays, auxquels on a aussi donné ce nom), ont presque tous les caractères floraux des *Roella*; mais leur fruit capsulaire et biloculaire s'ouvre dans sa longueur par des fentes, en valves étroites

Pentaphragma begonioides.

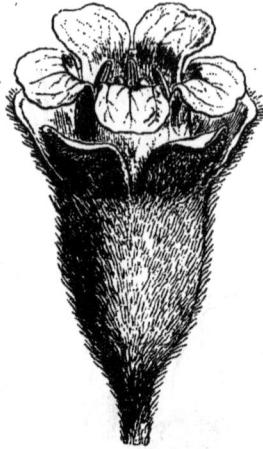

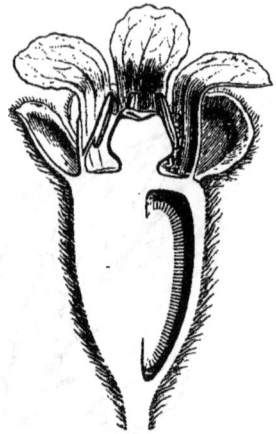

FIG. 153. Fleur. Fig. 154. Fleur, coupe longitudinale ($\frac{10}{1}$).

Musschia Wollastoni.

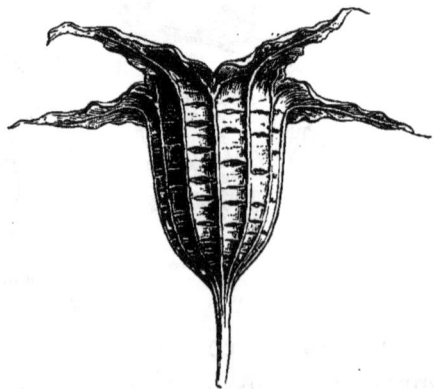

Fig. 155. Fruit déhiscent.

qui finissent par s'écarter les unes des autres dans toute leur longueur. On en rapproche les vrais *Githopsis* et les genres mal connus *Rhigiophyllum* et *Treichelia*, qui appartiennent au même pays, et qui ont, dit-on, le premier un fruit triloculaire, une tige ligneuse, rigide, avec des fleurs capitées, et le dernier un fruit capsulaire globuleux, s'ouvrant au-dessus du calice par un opercule emportant avec lui la cloison, avec une petite tige herbacée annuelle et des fleurs capitées.

Le *Siphocodon*, petite plante presque aphylle, de la même région, a un fruit capsulaire s'ouvrant aussi en travers, mais au-dessous du calice, et ses étamines s'insèrent plus haut sur le tube de la corolle.

Jasione montana.

Fig. 156. Fleur ($\frac{1}{1}$).

Fig. 157. Fleur, coupe longitudinale.

Les *Jasione* (fig. 156, 157) sont des Campanulées à capsule de *Wahlenbergia*, qui habitent l'Europe tempérée et toute la région méditerranéenne ; leurs petites et nombreuses fleurs sont rapprochées en capitules ou en ombelles. Elles ont, dans ce cas, de courts pédicelles ; et leurs pétales, presque entièrement libres, sont indépendants des étamines libres, sauf tout à fait à la base de leurs filets.

Les *Merciera* sont des Campanulées à fleurs réduites quant au gynécée. Leur ovaire infère a bien primitivement deux loges ; mais la cloison de séparation de ces deux loges est plus ou moins incomplète ; et dans chacune d'elles il n'y a que deux ovules collatéraux, ascendants, insérés tout près de la base, et anatropes avec le micropyle inférieur. Leur fruit est sec et le plus souvent indéhiscent. Ce sont d'humbles arbustes ou sous-arbrisseaux de l'Afrique australe, à petites feuilles, souvent rigides et étroites, à petites fleurs solitaires, sessiles ou à peu près, qui forment une sorte d'épi terminal là où les feuilles supérieures des rameaux se trouvent réduites à l'état de bractées.

II. SÉRIE DES SPHENOCLEA.

Les *Sphenoclea*[1] (fig. 158-161) ont été souvent relégués dans un petit groupe à part. Ils ont des fleurs hermaphrodites, régulières et gé-

Sphenoclea zeylanica.

Fig. 159. Fleur ($\frac{1}{1}$).

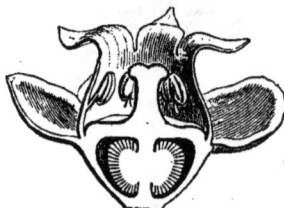

Fig. 160. Fleur, coupe longitudinale.

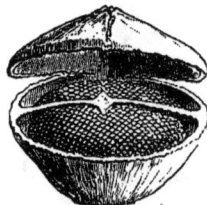

Fig. 158. Rameau florifère.

Fig. 161. Fruit déhiscent.

néralement pentamères. Leur réceptacle concave, obconique-déprimé,

1. GÆRTN., *Fruct.*, I (1788), 113, t. 24. — ROEM. et SCH., *Syst.*, IV, 354. — A. DC, *Prodr.*, VII, 548. — B. H., *Gen.*, II, 560, n. 45. — *Pongatium* J., *Gen.*, 423. — ENDL., *Gen.*, n. 3092. — J.-G. AG., *Theor. Syst. plant.*, 340. — *Gœrtnera* RETZ., *Obs.*, VI, 24 (nec LAMK, nec NECK., nec SCHREB., nec WALL.). — *Rapinia* LOUR., *Fl. cochinch.* (ed. 1790), 127.

est rempli par l'ovaire infère. Ses bords portent cinq sépales, primitivement imbriqués en quinconce, et une petite corolle campanulée, à cinq lobes imbriqués dans le bouton. Sur la corolle s'insèrent cinq étamines alternes, incluses, à filets courts, à anthères biloculaires et introrses. L'ovaire infère est surmonté d'un style à extrémité stigmatifère légèrement renflée et courtement bilobée; et il y a dans chaque loge ovarienne un gros placenta axile, chargé d'un nombre considérable de petits ovules anatropes. Le fruit est une capsule biloculaire, qui, à la maturité, s'ouvre en travers par un opercule. Les graines, nombreuses, renferment sous leurs téguments un embryon axile, entouré d'un albumen charnu.

Les *Sphenoclea* sont des herbes annuelles, à port de *Phytolacca*, qui se rencontrent dans les lieux marécageux de toutes les régions tropicales. Leurs feuilles sont alternes et entières, et leurs petites fleurs [1], réunies en épis simples ou rarement composés, terminaux ou latéraux. Situées chacune à l'aisselle d'une bractée, elles sont accompagnées de deux bractéoles latérales stériles. On s'accorde aujourd'hui à n'admettre dans ce genre qu'une espèce très polymorphe [2].

III. SÉRIE DES LOBÉLIES.

Les Lobélies [3] (fig. 162-169) sont des Campanulacées à fleurs irrégulières et résupinées. Leur périanthe supère se compose d'un calice à cinq sépales, libres ou à peu près, dont un antérieur, deux latéraux et deux postérieurs, à préfloraison valvaire ou nulle; et d'une corolle gamopétale ou presque polypétale [4], irrégulière, à cinq divisions alternes avec les sépales, valvaires. Les étamines, insérées comme la corolle, ont des filets alternes avec ses divisions et qui s'unissent plus ou moins

1. Sans éclat, verdâtres ou jaunâtres.
2. *S. zeylanica* GÆRTN., *loc. cit.*, fig. 5. — W., *Spec.*, I, 927. — WIGHT, *Ill.*, t. 139. — A. GRAY, *Syn. Fl. N.-Amer.*, II, 10. — BOISS., *Fl. or.*, III, 963. — CLKE, in *Hook. Fl. brit. Ind.*, III, 437.— HEMSL., in *Oliv. Fl. trop. Afr.*, III, 481. — *S. Pongatium* A. DC. — *Pongatium indicum* LAMK, *Ill.*, I, n. 1991.— GRISEB., *Fl. brit. W.-Ind.*, 389. — *Gœrtnera Pongati* RETZ. — *Rapinia herbacea* LOUR. — *Pongati* RHEED., *Hort. malab.*, II, 47, t. 24.
3. *Lobelia* L., *Gen.*, n. 1006. — ADANS., *Fam. des pl.*, II, 157. — J., *Gen.*, 165. — LAMK, *Dict.*, III, 581; Suppl., III, 483; *Ill.*, t. 724.— A. DC., *Prodr.*, VII, 357. — ENDL., *Gen.*, n. 3058.

— PAYER, *Organog.*, 644. — H. BN, in *Payer Fam. nat.*, 248. — B. H., *Gen.*, II, 551, n. 18. — *Rapuntium* T., *Inst.*, 163, t. 51. — GÆRTN, *Fruct.*, I, 151, t. 30. — *Dortmannia* NECK., *Elem.*, I, 132. — *Stooria* NECK.— *Ymnostema*, NECK. — *Juchia* NECK , *loc. cit.*
4. Nous verrons que très souvent, alors que les pétales sont décrits comme unis, on peut cependant les séparer les uns des autres par une légère traction, sans déchirure, et cela jusqu'à la base. Cette séparation s'opère souvent plus facilement et spontanément sur la ligne médiane, entre les deux sépales antérieurs, et ce n'est guère que là qu'elle a le plus souvent attiré l'attention des botanistes.

avec elle, de même qu'ils se collent entre eux par leurs bords [1], à partir d'une certaine hauteur ; et des anthères biloculaires, introrses, égales

Lobelia syphilitica.

Fig. 163. Fleur ($\frac{2}{7}$).

Fig. 165. Fleur, coupe longitudinale.

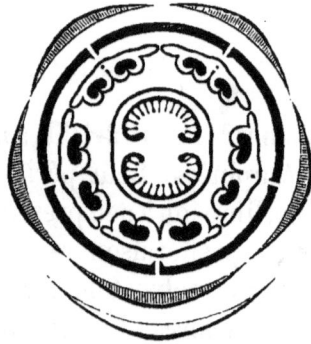

Fig. 162. Rameau florifère.

Fig. 164. Diagramme.

ou inégales [2], déhiscentes par deux fentes longitudinales, parfois pourvues d'appendices accessoires, et unies aussi entre elles par les bords [3].

1. Ils se conduisent au fond exactement comme les pétales ; mais leur indépendance à la base prouve assez qu'il n'y a point ici véritable gamophyllie.

2. Deux d'entre elles, les postérieures, sont plus courtes que les trois autres. Celles-ci ont donc le sommet plus élevé, et forment souvent en haut de la masse des anthères une sorte de petit capuchon. Il en résulte que l'ouverture apicale de cette masse est située, non pas tout en haut, mais du côté postérieur de la fleur.

Cette ouverture peut avoir ses bords nus, mais bien plus souvent elle est garnie de soies qui sont portées par le sommet des anthères. Ce sont les deux plus courtes qui ordinairement sont ainsi couronnées, soit de deux cils, soit d'un pinceau ou d'une frange de soies plus ou moins développées. Nous n'avons pu fonder sur ces organes des caractères génériques.

3. Le pollen est « ellipsoïde ; trois plis ; dans l'eau, sphère à trois bandes » (H. MOHL, in *Ann. sc. nat.*, sér. 2, III, 316).

L'ovaire, infère en totalité ou libre en majeure partie, est biloculaire, avec des placentas axiles, chargés d'ovules anatropes. Le sommet de l'ovaire, souvent libre[1], s'atténue en un style creux qui occupe le centre du tube formé par les étamines, et se termine par deux branches de

Lobelia syphilitica.

Fig. 167.
Graine ($\frac{4}{1}$).

Fig. 166. Fruit déhiscent ($\frac{2}{1}$).

Fig. 168. Graine,
coupe longitudinale.

forme et de longueur variables, parfois réduites à deux petites lèvres dont la base est encadrée d'une collerette de longues papilles (fig. 169). Le fruit est une capsule, souvent garnie du calice persistant, et qui

Lobelia Erinus.

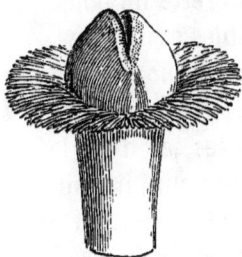

Fig. 169. Extrémité
supérieure du style ($\frac{10}{1}$).

s'ouvre supérieurement dans une étendue variable, suivant une déhiscence loculicide, pour laisser échapper des graines nombreuses, à embryon axile ou excentrique, entouré d'un albumen charnu. Les Lobélies sont des plantes frutescentes, suffrutescentes, presque arborescentes même, ou plus souvent herbacées, dont le port est très variable, et dont les diverses parties sont ordinairement gorgées d'un suc laiteux. Leurs fleurs[2] sont axillaires et solitaires, ou disposées en grappes terminales, alors qu'au sommet des tiges leurs feuilles axillantes sont remplacées par des bractées.

Nous ne pouvons considérer que comme sections[3] de ce vaste genre les types suivants dont plusieurs sont aujourd'hui encore distingués par beaucoup d'auteurs à titre de genres. Avant de les passer en revue, il faut se rappeler que les divisions de la corolle sont souvent toutes

---

1. Dans une étendue très variable, suivant les espèces et suivant l'âge; un ovaire en partie seulement supère, devenant parfois presque totalement libre dans le fruit mûr.

2. Bleues, blanches, jaunes, rouges, purpurines ou violacées.

3. Et souvent encore ces sections ne se distinguent pas nettement les unes des autres.

véritablement libres et sont seulement collées les unes aux autres dans une étendue variable, et que les étamines sont fréquemment, quoiqu'on les ait décrites comme insérées sur les pétales, seulement appliquées à la face interne de ces derniers, qu'elles maintiennent plus ou moins unis entre eux, et qu'elles se séparent d'eux jusqu'à la base sous l'influence d'une certaine traction ou dans la fleur vieillie.

Les *Lobelia arborea* FORST. [1], type d'un genre *Sclerotheca* [2], présente les deux particularités suivantes. Ses sépales, peu dissemblables, se séparent facilement les uns des autres ; mais son fruit, déhiscent comme celui des autres *Lobelia*, a des parois plus épaisses et plus dures, qui se disjoignent finalement du tissu superficiel du réceptacle par lequel elles étaient d'abord recouvertes au-dessous du calice.

Le *Dialypetalum* [3] est un *Lobelia* de Madagascar, dont la corolle, un peu moins irrégulière que celle de nos espèces vulgaires, est formée de pétales qui peuvent tous se séparer les uns des autres dans toute leur étendue, et dont les grappes florales sont ordinairement très ramifiées.

Le *Lobelia lutea* [4] et quelques espèces voisines, originaires de l'Afrique australe ou orientale, dont les anthères sont plus inégales que dans beaucoup d'autres espèces, l'antérieure étant la plus courte et formant avec les autres un tube dont l'orifice supérieur est presque carré, ont un style géniculé qui, au-dessus d'une collerette de poils, se partage en deux branches pilifères un peu dissemblables et inégales, plus ou moins révolutées. On en a fait le type d'un genre *Monopsis* [5].

Les *Rhynchopetalum* [6] sont des *Lobelia* tropicaux des deux mondes, dont les grappes sont riches en fleurs et volumineuses, et dont la corolle a des lobes droits ou arqués au sommet, les supérieurs incombants, ou droits, ou récurvés. Comme dans les *Tylonium* [7], dont on a fait aussi un genre distinct, ces deux divisions supérieures peuvent former une sorte de lèvre, indépendante des trois autres pétales.

Les *Haynaldia* [8], qui sont aussi des *Lobelia* à riches inflorescences

1. *Prodr.*, n. 308.
2. A. DC., *Prodr.*, VII, 356. — ENDL., *Gen.*, n. 3061 [1]. — B. H., *Gen.*, II, 548, n. 9.
3. BENTH., *Gen.*, II, 553, n. 20.
4. L., *Spec.*, 1322.
5. SALISB., in *Trans. Hort. Soc.*, II, 37, t. 2. — A. DC., *Prodr.*, VII, 351. — HARV. et SOND., *Fl. cap.*, III, 534. — URBAN, *Monogr. d. Afrik. Lobel.-Gatt.* Monopsis, in *Jahr. Bot. Mus. Berl.* I, 470, c. fig. 6. — *Parastranthus* G. DON, *Gen. Syst.*, III, 716. — DC., *loc. cit*, 354. Voici la diagnose du genre admise par M. Urban et dont je lui dois la communication : « Flores *non resupinati*. Stamina in tubum obsolete recurvum,

raro rectum v. apice subincurvum connata; anthera *antica brevior, laterales longissimœ* apice conniventes cum illa excisionem subquadratam relinquentes. Stylus *geniculatus* ; crura pilis collectoribus in pelvem dispositis segregata, superius brevius ; stigmate inferne connata, superne jam initio antheseos antheras superantia linearia ; postremo semel bis revoluto referens. » Les fleurs du *L. lutea* nous ont paru résupinées.
6. FRESEN., in *Mus. Senkenb.*, III, 66, t. 4.
7. PRESL, *Monogr. Lobel.*, 31. — A. DC., *Prodr.*, VII, 394.
8. KAN., in *Mag. Növ. Lapok*, I (1877), 3 ; in *Mart. Fl. bras.*, LXXX, 140, t. 42.

en grappes, avec des bractées axillantes souvent grandes ou foliacées, ont le plus souvent la corolle épanouie ainsi, partagée en deux lèvres inégales. De plus, leurs graines sont entourées sur les bords d'une aile ellipsoïde ou suborbiculaire. Ce sont de grandes espèces brésiliennes qui d'ailleurs se rapprochent infiniment par tous les caractères des *Tupa*[1], dont on a fait aussi un genre à part, et qui sont de hautes herbes à fleurs disposées en grandes grappes feuillées ou pourvues de larges bractées, avec des pétales jaunes ou rouges, longtemps collés les uns aux autres, sauf souvent en avant, et plus ou moins incurvés au sommet. Leurs anthères, à sommet ordinairement nu, ont souvent des poils dorsaux. Ces plantes habitent l'Amérique austro-occidentale.

Dans les trois types précédents, les anthères peuvent avoir toutes leur sommet garni de poils, ou papilleux, ou nu; ou bien seulement les trois plus grandes d'entre elles sont pénicillées au sommet.

Les *Dobrowskia*[2], qui d'ailleurs sont construits comme les *Monopsis*, ont également une petite corolle dont les pièces se séparent de façon à former deux lèvres. Ils sont aussi africains.

Les *Isolobus*[3] sont des *Lobelia* de petite taille, à tige couchée, à fleurs assez souvent polygames, avec des pétales peu inégaux, comme ceux des *Dialypetalum*, mais moins facilement séparables les uns des autres.

Le *L. Bergiana* CHAM. a une capsule étroite et allongée, qui, après s'être ouverte au sommet, finit souvent par se fendre dans sa longueur, comme il arrive avec l'âge à celle de plusieurs Campanules. On a cru devoir en faire le type d'un genre *Grammatotheca*[4].

Le *Trimeris*[5] est un *Lobelia* ligneux de l'île Sainte-Hélène, dont les trois pétales supérieurs demeurent généralement unis dans une grande étendue, tandis que les deux autres se détachent de bonne heure jusqu'à leur base.

Les *Palmerella*[6] sont des *Lobelia* de l'Amérique du Nord, dont les pétales sont collés en un tube cylindrique dans une grande étendue par l'intermédiaire de filets staminaux qu'on a considérés comme ne s'insérant que sur le haut de ce tube, tandis qu'ils se prolongent en réalité jusqu'à sa base.

Le *L. dioica* R. BR., espèce australienne, a les fleurs polygames

1. G. DON, *Gen. Syst.*, III, 700. — A. DC., *Prodr.*, VII, 391 (part.).
2. PRESL, *Monogr. Lobel.*, 8. — A. DC., *loc. cit.*, 355. — URBAN, *loc. cit.*, 271, 273.
3. A. DC., *Prodr.*, VII, 352.
4. PRESL, *Monogr. Lobel.*, 7.

5. PRESL, *loc. cit.*, 46. — A. DC., *Prodr.*, VII, 337.
6. A. GRAY, in *Proc. Amer. Acad.*, XI, 80.— B. H., *Gen.*, II, 1238, n. 11 a. Il suffit de comparer la fleur de cette plante à celle des *Lobelia amœna*, etc.

dioïques et deux anthères plus petites que les autres, surmontées d'une soie ou d'un pinceau de poils. On en a fait un genre *Holostigma*[1]; les deux lobes du style s'y trouvant souvent rapprochés l'un de l'autre jusqu'au sommet.

Les *Mezleria*[2], qui habitent l'Afrique australe, ont le plus ordinairement aussi des fleurs unisexuées; ce sont, comme les *Isolobus*, des plantes de petite taille et souvent étalées sur le sol.

Ainsi compris, le grand genre *Lobelia* renferme plus de deux cents espèces[3] et se rencontre dans toutes les régions chaudes et tempérées des deux mondes.

Les *Laurentia* sont extrêmement voisins des *Lobelia* auxquels on les réunissait jadis. Ils en ont l'androcée, le gynécée et le fruit; mais leur corolle forme jusqu'au bout un tube continu ou très courtement fendu, et ce sont d'humbles herbes subacaules, avec des feuilles rapprochées à la base en une rosette d'où sortent de petites hampes dressées et uniflores. Il y en a une espèce européenne; les autres sont originaires de l'Afrique du nord et de l'Amérique boréale.

Les *Siphocampylus* sont aussi très voisins des *Lobelia*, analogues à ceux dont la tige est élevée, suffrutescente ou frutescente; quelquefois même ce sont des plantes grimpantes. Deux de leurs anthères sont surmontées d'un pinceau de poils, et leur fruit s'ouvre au sommet comme celui des Lobélies; mais leur corolle forme un tube d'une seule pièce, ou ouvert seulement dans une très courte étendue, de même que dans les *Laurentia*. Ce sont des plantes de l'Amérique tropicale.

Les *Centropogon* sont des mêmes pays, ont les mêmes organes de végétation et la même corolle que les *Siphocampylus*; mais leur fruit est une baie, indéhiscente et plus ou moins charnue (fig. 170). Ceux d'entre eux qu'on a nommés *Burmeistera*, herbes vivaces élevées ou sous-arbrisseaux grimpants, ont le sommet des anthères dépourvu de poils.

1. G. Don, *Gen. Syst.*, III, 716.

2. Presl, *Monogr. Lobel.*, 7.

3. Cav., *Icon.*, t. 512, 516, 518, 521, 522. — Deless., *Icon. sel.*, V, t. 6 (*Grammatotheca*), 7 (*Monopsis*), 8 (*Isolobus*), 9 (*Dobrowskia*), 10; 11 (*Tupa*). — A. Gray, *Synops. Fl. N.-Amer.*, II, 3; 8 (*Palmerella*); *Man.* (ed. 5), 284; *Bot. Calif.*, I, 619. — Chapm., *Fl. S: Unit. St.*, 253. — Griseb., *Fl. brit. W.-Ind.*, 385; 386 (*Tupa*). — C. Gay, *Fl. chil.*, IV, 324; 327 (*Tupa*). — Hook. F., *Handb. N.-Zeal. Fl.*, 171. — Clke, in *Hook. Fl. brit. Ind.*, III, 423; in *Journ. Linn. Soc.*, VI, 14; VII, 204.— Benth., *Fl. Austral.*, IV, 122. — Harv. et Sond., *Fl. cap.*, III, 532 (*Grammatotheca*, *Metzleria*), 534 (*Monopsis*), 535 (*Isolobus*), 536 (*Parastranthus*), 537; 549 (*Dobrowskia*). — Harv., *Thes. cap.*, t. 162. — Hemsl., in *Oliv. Fl. trop. Afr.*, III, 464. — Bak., *Fl. maur.*, 183. — Boiss., *Fl. or.*, III, 884. — Vatke, in *Linnæa*, XXXVIII, 718. — Willk. et Lge, *Prodr. Fl. hisp.*, II, 278. — Gren. et Godr., *Fl. de Fr.*, II, 396.— Kan., in *Mart. Fl. bras.*, *Camp.*, 136, t. 41. — *Bot. Reg.*, t. 673, 1325, 1612, 2914.— *Bot. Mag.*, t. 514, 641, 741, 901, 1319, 1325, 1484, 1492, 1499, 2137, 2277, 2519, 2550, 2693, 2701, 3012, 3138, 3207, 3550, 3600, 3604, 3609, 3671, 3784, 4002, 4150, 4505, 4960, 4964, 5088, 5587. — Walp., *Rep.*, II, 706; VI, 374; 738 (*Tupa*); *Ann.*, I, 467; II, 1032; 1033 (*Tupa*); V, 389.

Les *Delissea*, qui sont des plantes des îles Sandwich, à tige ligneuse ou plus ou moins charnue, souvent peu ramifiée et dénudée à la base,

Centropogon surinamense.

Fig. 170. Fruit.

ont des fleurs de *Lobelia*, presque toujours géminées ou nombreuses dans l'aisselle des feuilles, des fruits charnus comme ceux des *Centropogon*, avec un calice très variable suivant les sections du genre, mais avec tous les degrés de développement possibles d'une espèce à une autre. Ce calice est formé de sépales dentiformes ou linéaires-subulés, ou larges et foliacés, se recouvrant les uns les autres, ou se rapprochant par leurs bords en un tube aussi long que la corolle ou plus court qu'elle, et l'enveloppant en totalité ou en partie jusqu'à l'époque de l'anthèse.

Avec le port des *Delissea* et une tige épaisse et spongieuse, l'*Apetahia*, des îles Tahiti, a des fleurs axillaires dont le pédoncule porte deux bractées, une longue corolle qui se fend d'un côté, et un ovaire exceptionnel dans ce groupe en ce qu'il est uniloculaire avec deux placentas pariétaux, latéraux, peu proéminents et multiovulés.

Le *Brighamia*, des îles Sandwich, est aussi un arbuste à tige charnue, non rameuse. Ses fleurs sont presque régulières, avec une corolle à tube étroit et très long et des étamines unies en un tube conné lui-même inférieurement avec celui que forment les pétales. Toutes les anthères sont surmontées de soies pénicillées; l'extrémité stigmatifère du style est courtement bilobée, et le fruit, d'abord un peu charnu, s'ouvre finalement par deux fentes longitudinales.

Isotoma axillaris.

Fig. 171. Fleur.

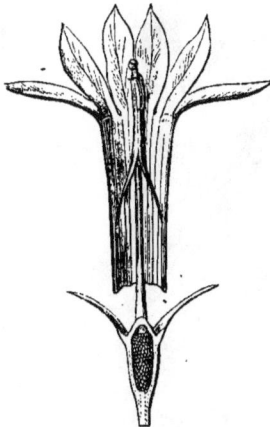

Fig. 172. Fleur, coupe, la corolle étalée.

Les *Isotoma* (fig. 171, 172), qui habitent l'Océanie et les Antilles, ont aussi une corolle à limbe presque régulier, avec un tube entier ou finalement fendu d'un côté. Les étamines ne se dégagent de ce tube qu'au-dessus du milieu de sa longueur ou près de son sommet, et leurs anthères sont un peu dissemblables, deux d'entre elles étant sur- montées d'une ou de plusieurs soies. Le fruit capsulaire s'ouvre d'ail- leurs au sommet en deux valves, comme celui des *Lobelia*.

Les *Lysipoma* ont la corolle irrégulière des *Laurentia*, c'est-à-dire à tube entier ou à peu près. Les deux loges de leur ovaire sont plus ou à moins incomplètes, et leur fruit est une pyxide. Ce sont des herbes, souvent humbles, cespiteuses, qui croissent dans les Andes améri- caines. Les *Pratia* habitent les mêmes régions et ont souvent le même port. Mais leur fruit est une baie indéhiscente, et leur corolle est le plus souvent fendue dans toute sa longueur; quoique dans les espèces de ce groupe dont on avait cru pouvoir faire un genre *Hypsela*, les bords de cette fente restent le plus souvent unis dans la plus grande partie de leur étendue. On trouve aussi quelques-unes de ces plantes à la Nou- velle-Zélande, en Australie et même jusque dans l'Afrique tropicale.

Les *Downingia*, qui sont des herbes annuelles de la région occidentale des deux Amériques, ont une corolle à tube grêle et à limbe étalé,

Heteroloma lobelioides.

Fig. 173. Fleur ($\frac{2}{7}$).

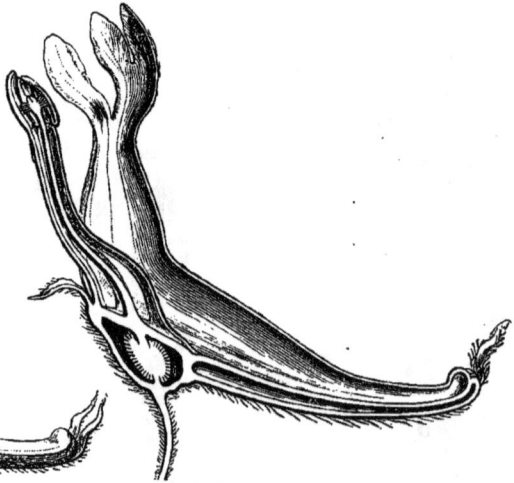

Fig. 174. Fleur, coupe longitudinale.

bilabié. Leurs étamines, indépendantes de la corolle, sont dissembla- bles, deux d'entre elles étant surmontées d'une soie, et leur ovaire étroit et allongé est partagé en deux loges par une cloison délicate, qui manque dans la portion supérieure et qui disparaît souvent ensuite dans toute son étendue. Le fruit capsulaire s'ouvre suivant sa longueur par un nombre de fentes inégales, qui varie de un à quatre.

Les *Heterotoma* (fig. 173, 174), herbes annuelles ou vivaces du Mexique, sont exceptionnels dans cette série par le mode d'insertion très oblique de la corolle. La base de celle-ci se dilate pour se conformer à la déformation du réceptacle floral qui, vu de haut, se prolonge postérieurement en un long cuilleron. Le sommet de cette portion rétrécie donne insertion à deux des sépales, tandis que les trois autres demeurent portés à l'autre extrémité du réceptacle, et la base étirée de la corolle recouvre en arrière le rétrécissement réceptaculaire de façon à former avec lui une sorte d'éperon adhérent ou de canal voûté dans lequel proéminent les décurrences de deux des filets staminaux. Ceux-ci sortent supérieurement d'une fente antérieure de la corolle et forment là un tube couronné de cinq anthères dissemblables. Le fruit est une capsule irrégulière, oblique et loculicide.

IV. SÉRIE DES CYPHIA.

Les *Cyphia*[1] (fig. 175, 176), dont on a été jusqu'à faire, sans raisons

Cyphia sylvatica.

Fig. 175. Fleur (¾).

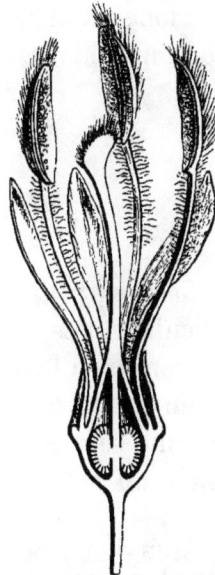

Fig. 176. Fleur, coupe longitudinale

valables, le type d'une famille distincte, sont des Lobéliées dont la

1. BERG., *Fl. cap.*, 173. — J., *Gen.*, 165. — PRESL, in *E. Mey. Comm. pl. Afr. austr.*, 292. — ENDL., *Gen.*, n. 3041. — A. DC., *Prodr.*, VII, 497, 792. — B. H., *Gen.*, II, 554, n. 23.

corolle résupinée a cinq divisions collées les unes aux autres par leurs bords et finissant par se séparer, souvent même jusqu'à leur base[1] ; elles forment supérieurement deux lèvres : la postérieure constituée par trois pétales, et l'antérieure par deux. Les filets staminaux, plus ou moins larges et aplatis, finissent aussi par se détacher les uns des autres, et finalement même des pétales qu'ils maintenaient unis entre eux dans une grande étendue. Quant à l'ovaire, infère, biloculaire et multiovulé, il est surmonté d'un style dont la surface stigmatifère, entière ou bilobée, occupe le sommet droit ou coudé de l'organe. Le fruit, capsulaire, loculicide et septicide, s'ouvre supérieurement en quatre panneaux, et les graines, albuminées, sont en nombre indéfini. Ce sont des herbes africaines, surtout du sud ; une seule d'entre elles est abyssinienne ; elles ont des feuilles alternes et des fleurs[2] solitaires et axillaires, ou réunies en grappes ou en épis terminaux. On en compte environ vingt espèces[3]. Leurs tiges sont grêles, dressées ou volubiles.

On a rapproché, quelque peu artificiellement, des *Cyphia*, les genres américains *Cyphocarpus* et *Nemacladus*[4], dont les pétales demeurent longtemps unis en une ou plusieurs masses. Dans les premiers, les étamines sont insérées en haut du tube de la corolle, et le fruit s'ouvre par une fente longitudinale. Dans le dernier, les étamines sont finalement, au contraire, libres, et la capsule est bivalve.

V. SÉRIE DES GOODENIA.

Dans les *Goodenia*[5] (fig. 177-179), dont on a donné le nom à une famille particulière, les fleurs sont hermaphrodites et irrégulières, et le réceptacle concave a la forme d'un cornet creux dans lequel l'ovaire est enchâssé en totalité ou en partie. Les bords de ce réceptacle portent un calice de cinq sépales valvaires, et une corolle gamopétale dont le tube se dégage du réceptacle, ou au même niveau que le calice, ou

1. Comme les *Lobelia* dits *Dialypetalum*.
2. Blanches, bleues ou rouges.
3. Plus le *Parishella* (page 374).
4. L., *Spec.*, 1319 (*Lobelia*). — THUNB., *Prodr. Fl. cap.*, 39 ; *Fl. cap.*, 179 (*Lobelia*). — BURM., *Afr.*, t. 38 (*Lobelia*). — A. RICH., *Fl. abyss.*, t. 64. — HARV., *Thes. cap.*, t. 159-161. — HARV. et SOND., *Fl. cap.*, III, 597. — *Bot. Reg.*, t. 625. — WALP., *Ann.*, II, 1037.

5. SM., in *Trans. Linn. Soc.*, II, 346. — GÆRTN. F., *Fruct.*, III, t. 211. — TURP., in *Dict. sc. nat.*, Alt., t. 81. — DC., *Prodr.*, VII, 512. — ENDL., *Gen.*, n. 3043. — PAYER, *Organog.*, 647, t. 149. — H. BN, in *Payer Fam. nat.*, 247.—B. H., *Gen.*, II, 538, n. 4. — *Aillya* DE VRIES, *Gooden.*, 75, t. 13. — *Tetraphylax* DE VRIES, *loc. cit.*, 164.— *Picrophyta* F. MUELL., in *Linnæa*, XXV, 421.

plus haut que lui ; il se dilate parfois en avant à sa base en une bosse ou éperon qui répond à un pétale, et se fend souvent de l'autre côté, dans une partie ou dans toute l'étendue de sa longueur. Ses lobes sont inégaux et se détachent de la gorge oblique de la corolle à des niveaux différents, deux d'entre eux notamment plus haut que les trois autres. Ils sont valvaires-indupliqués dans le bouton ; et leurs portions rentrantes, souvent plus minces que leur portion médiane, forment, lors de l'épa-

Goodenia ovata.

Fig. 177. Rameau florifère.   Fig. 178. Fleur, coupe longitudinale.

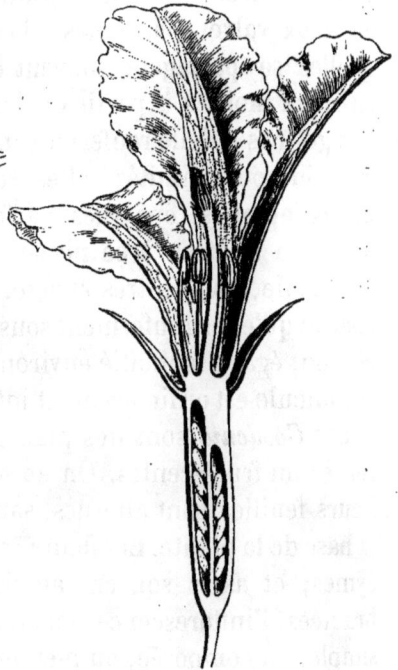

nouissement, des sortes d'ailes parfois ondulées sur les bords ou auriculées à leur base. L'androcée est formé de cinq étamines, insérées avec la corolle, alternes avec ses divisions, et composées chacune d'un filet libre et d'une anthère biloculaire, introrse, insérée dorsalement et plus ou moins bas, déhiscente par deux fentes longitudinales[1]. L'ovaire a deux loges, complètes ou incomplètes, qui renferment un nombre d'ovules variable, depuis un ou deux dans chaque loge, jusqu'à

---

1. Le pollen des Goodéniées, là du moins où il a été étudié, est « ovoïde, trois plis ; dans l'eau, sphère à trois bandes avec trois papilles : *Scævola lævigata, Goodenia ovata, G. decur-* *rens, Dampiera ferruginea,*   D. *ovalifolia* » (H. MOHL, in *Ann. sc. nat.*, sér. 2, III, 316). Il est semblable dans les *Cyphia*, rapportés par plusieurs auteurs au même groupe.

un nombre indéfini ; ils sont ascendants, anatropes, avec le micropyle tourné en bas. Le style se termine par une extrémité stigmatifère un peu renflée, obtuse, perforée tout en haut ou bilobée. Mais ce sommet réel du style ne se voit pas, attendu qu'il est complètement renfermé dans une cupule accessoire, née au-dessus de lui et se terminant par une large ouverture supérieure, plus ou moins longuement ciliée. Le fruit est une capsule qui s'ouvre en deux valves parallèles à la cloison, lesquelles se partagent souvent elles-mêmes en deux moitiés à partir de leur sommet. Les graines qu'elle renferme sont en nombre restreint ou illimité ; elles sont plus ou moins aplaties, épaissies parfois sur les bords ou dilatées à ce niveau en une aile marginale, parfois très étroite. L'albumen

Goodenia ovata.

Fig. 179. Fruit déhiscent.

charnu qu'elles renferment sous leurs téguments entoure un embryon charnu, égal à la moitié environ de sa longueur ou plus court, et dont la radicule est ordinairement inférieure.

Les *Goodenia* sont des plantes australiennes, herbacées, suffrutescentes ou frutescentes. On en a décrit soixante-dix espèces environ[1]. Leurs feuilles sont alternes, sans stipules, parfois réunies en rosette à la base de la plante. Les fleurs[2] sont axillaires, solitaires ou groupées en cymes ; et assez souvent aussi, les feuilles étant remplacées par des bractées, l'inflorescence générale est terminale, en forme de grappe, simple, ou composée, ou bien formée de cymes.

Les *Selliera*[3], plantes herbacées de l'Australie, de la Nouvelle-Zélande et de l'Amérique méridionale extra-tropicale, ont les caractères généraux des *Goodenia* (dont bien des auteurs n'en ont fait même qu'une section) ; leur péricarpe, plus épais et d'abord légèrement charnu, ne s'ouvre pas ou ne le fait qu'à la longue et d'une façon incomplète.

Les *Calogyne* (fig. 180), herbes océaniennes annuelles, qui se retrouvent jusque sur les côtes de l'Asie austro-orientale, ont toute l'organisation des *Goodenia;* on les considère comme formant un genre à part à cause de leur style qui se partage supérieurement en deux ou trois

1. BENTH., *Fl. Austral.*, IV, 50. — F. MUELL., *Fragm. Phyt. Austral.*, VIII, 56 ; X, 12, 110.
2. Jaunes, bleues ou pourprées.
3. CAV., *Icon.*, V, 49, t. 474. — DC., *Prodr.*,

VII, 516. — ENDL., *Gen.*, n. 3042. — BENTH., *Fl. Austral.*, IV, 82. — B. H., *Gen.*, II, 539, n. 6. — C. GAY, *Fl. chil.*, IV, 345. — HOOK. F., *Handb. N.-Zeal. Fl.*, 173.

branches dont chacune à son sommet porte une petite surface stigmatifère et une cupule qui l'entoure incomplètement.

De même que parmi les Campanulées à corolle régulière il y a des
types exceptionnels à ovaire supère, tels que
les *Cyananthus*, ainsi les *Goodenia* ont
des analogues à périanthe et à androcée
libres. Ce sont les *Velleia* (fig. 181-185),
dont la corolle infère possède souvent un
éperon saillant sur la ligne médiane antérieure. Leur fruit est une capsule libre,
bi- ou quadrivalve, et leur ovaire peut être
partagé en deux loges incomplètes, avec un
placenta pluriovulé et subbasilaire; mais
parfois aussi il ne présente réellement
qu'une cavité. Ce sont des herbes australiennes. On ne peut guère en séparer génériquement les *Euthales* (fig. 184, 185), qui

Calogyne pilosa.

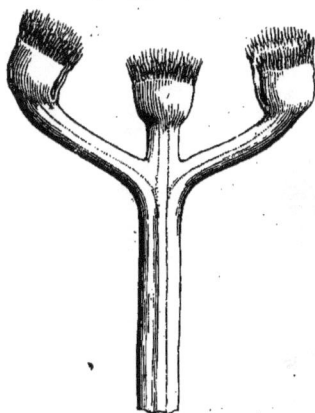

Fig. 180. Style.

ont l'ovaire moins complètement supère par rapport à la corolle, et

Velleia paradoxa.

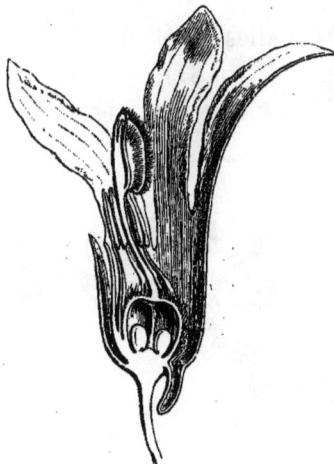

Fig. 181. Fleur,
coupe longitudinale (²⁄₁).

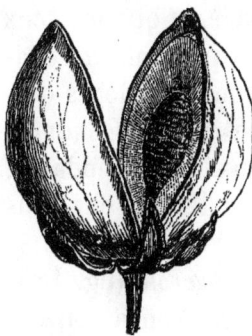

Fig. 182. Fruit déhiscent,
accompagné du calice.

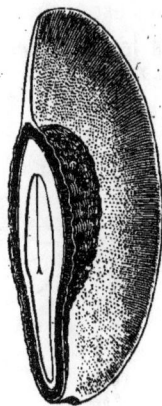

Fig. 183. Graine,
coupe longitudinale.

dans lesquels, comme dans certains *Goodenia*, il y a un intervalle
bien appréciable entre l'insertion du calice et celle de la corolle.

Très près des *Goodenia* se rangent encore les deux genres australiens
Anthotium (fig. 186) et *Leschenaultia*, dont les anthères sont collées

autour du style. Les premiers ont une indusie comparable à celle des *Goodenia*, qui entoure le sommet du style à la façon d'un sac continu, tandis que les *Leschenaultia* ont cette enveloppe bilabiée, avec les deux

Velleia (Euthales) trinervis.

Fig. 184. Fleur.

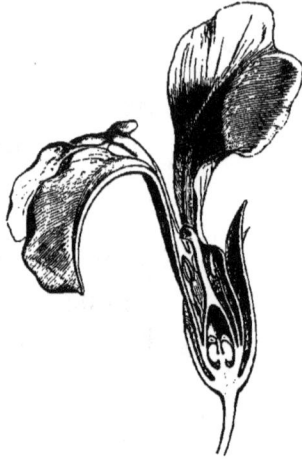

Fig. 185. Fleur, coupe longitudinale ($\frac{4}{1}$).

lèvres presque égales ou parfois très inégales, l'une d'elles étant, dans quelques espèces, réduite à de très petites dimensions (fig. 187).

Dans le *Catosperma*, plante australienne, on dit que le fruit est drupacé, et que les deux ovules que renferme chacune des deux loges ovariennes sont descendants au lieu d'être ascendants, comme ils le sont dans les genres précédents.

Les *Scævola* (fig. 188-191), dont on a souvent fait un petit groupe à part, ont des fleurs de *Goodenia*, avec une corolle fendue d'un côté suivant sa longueur et avec des anthères non adhérentes. Leur style est accompagné en haut d'une dilatation enveloppant le stigmate. Mais leur ovaire infère est réduit à une cavité incomplètement partagée en deux compartiments uniovulés, et le fruit

Anthotium humile.

Fig. 186. Fleur,
le périanthe étalé.

Leschenaultia biloba.

Fig. 187. Sommet du style.

est une drupe. Ce sont des plantes herbacées ou frutescentes des deux mondes, abondantes sur les bords de la mer, à feuilles alternes ou opposées, à fleurs axillaires, solitaires ou réunies en cymes.

Les *Dampiera*, qui habitent aussi l'Australie, peuvent être définis des *Goodenia* à loges ovariennes uniovulées. Et encore l'une de leurs deux loges est-elle le plus souvent avortée, si bien qu'il est rare qu'elle renferme également un ovule; celui-ci est anatrope, ascendant ou presque dressé. Le fruit est indéhiscent comme celui des

Scœvola microcarpa.

Scœvola Lobelia.

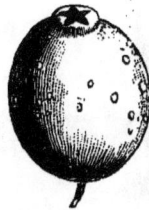

Fig. 188. Fleur (⁴⁄₇).   Fig. 189. Fleur, coupe longitudinale.   Fig. 190. Fruit.   Fig. 191. Fruit, coupe transversale.

Scœvola; et la graine varie de forme, semblable tantôt à celle des *Goodenia*, et tantôt à celle des *Velleia*. Dans ceux des *Dampiera* qu'on a nommés *Verreauxia*, les divisions de la corolle, dont le tube est fendu sur le dos, sont ailées ou inégales et sont dépourvues d'auricules; les supérieures sont conniventes. Quant aux anthères, elles sont libres.

VI. SÉRIE DES BRUNONIA.

Les *Brunonia*[1] (fig. 192-195), dont on a souvent fait une famille particulière, ont les fleurs hermaphrodites, pentamères, irrégulières et généralement construites comme celles des Goodéniées. Mais leur gynécée, libre comme celui des *Velleia*, est inséré, non pas sur un

1. Sm., in *Trans. Linn. Soc.*, X, 365, t. 28, 29. — R. Br., *Prodr. N.-Holl.*, 589; in *Trans. Linn. Soc.*, XII, 132; *Misc. Works* (ed. Benn.), I, 31; II, 267, 269, 310, 357. — F. Bauer, *Ill. pl.*, t. 10. — A. DC., *Prodr.*, XII, 616. — Endl., *Gen.*, n. 3037. — Lindl., *Introd.* (ed. 2), 266; *Veg. Kingd.*, 657. — Benth., in *Journ. Linn. Soc.*, XV, 1,3; *Gen.*, II, 541, n. 18.

réceptacle à surface supérieure à peu près plane, mais bien au fond d'un réceptacle concave, obconique, avec les parois duquel son ovaire n'affecte aucune adhérence. Quant au périanthe, il s'insère sur les bords de la cavité réceptaculaire, de façon à devenir tout à fait péri-

Brunonia australis.

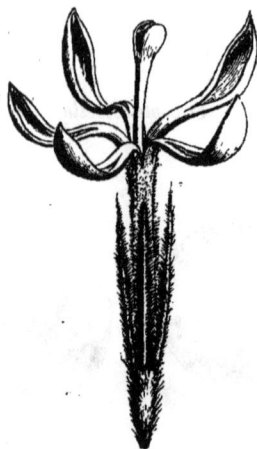

Fig. 194. Fruit.

Fig. 192. Fleur ($\frac{4}{1}$).

Fig. 195. Fruit, coupe longitudinale.

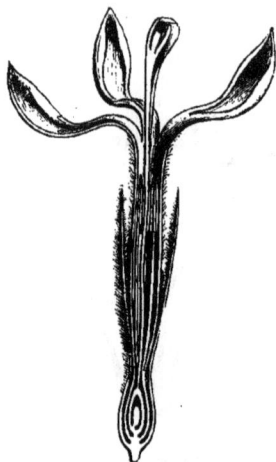

Fig. 193. Fleur, coupe longitudinale.

gyne. Le calice est persistant, et la corolle est gamopétale, à tube allongé et à limbe pentamère, valvaire, peu irrégulier. D'ailleurs les étamines sont insérées vers la base de la corolle; et leurs anthères forment une gaine autour du style, qui porte au niveau de son sommet stigmatifère un indusium sacciforme. Le fruit est sec, monosperme, contenant une graine sans albumen, et il est entouré d'un sac que forme le réceptacle surmonté du calice persistant. Le *B. australis* [1], seule espèce connue du genre, est une herbe vivace, australienne et tasmanienne, à feuilles réunies en rosette à la base, couvertes d'un duvet soyeux; à fleurs bleues, rapprochées au sommet d'une hampe simple en un faux capitule, qui est une réunion de cymes contractées et accompagnées de bractées [2].

1. SM., *loc. cit.* — GUILLEM., *Ic. lith.*, t. 15. — PAXT., *Mag.*, VII, 267.— HOOK. F., *Fl. tasm.*, I, 229. — LINDL., in *Bot. Reg.*, t. 1833. — SCHLCHTL, in *Linnæa*, XX, 598. — BENTH., *Fl. Austral.*, IV, 121. — *Bot. Reg.*, t. 1833. — *B. sericea* SM., *loc. cit.*, X, 367, t. 29. — BAUER, *Ill.*, t. 10.— *B. simplex* LINDL.

2. H. BN, in *Bull. Soc. Linn. Par.*, 442.

VII. SÉRIE DES PHYLLACHNE.

Les *Phyllachne*[1] (fig. 196, 197) ont des fleurs hermaphrodites et régulières, qui sont, par l'ovaire infère et le périanthe, notamment par la corolle gamopétale, analogues, avec de petites dimensions, à celles d'une Campanule. Leur calice supère peut être formé de cinq sépales, et leur corolle avoir cinq lobes; mais le nombre des divisions de l'un et de l'autre peut s'élever jusqu'à huit ou neuf. L'ovaire infère est à deux loges pluriovulées; mais la cloison de séparation entre les deux loges est incomplète en haut ou en bas, et finalement même elle se

Phyllachne magellanica.

Fig. 196. Port.

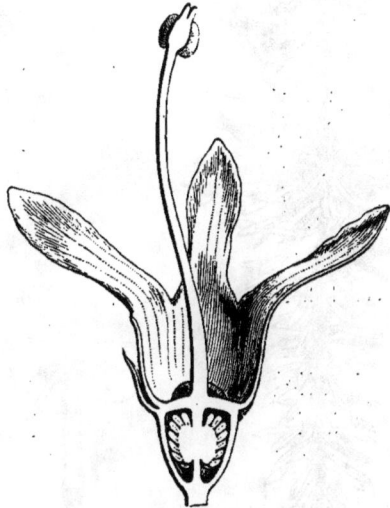

Fig. 197. Fleur, coupe longitudinale ($\frac{4}{1}$).

réduit à une colonne verticale centrale, adhérente aux deux extrémités de la cavité ovarienne, les portions membraneuses latérales de la cloison ayant totalement disparu. Une colonne centrale qui surmonte le style et qu'accompagnent à sa base deux glandes épigynes, de forme et de taille variables, alternes avec les étamines, se termine supérieurement par une tête stigmatifère à deux lobes plus ou moins larges et

1. Forst., *Char. gen.* (1776), 115, t. 58. — Sw., in *Schrad. Journ. bot.*, II, 273. — Lamk, in *Journ. d'hist. nat.*, I, 190, t. 10; *Ill.*, t. 741. — Poir., *Dict.*, V, 294. — J., in *Ann. Mus.*, XVIII, t. 2, fig. 3. — Endl., *Gen.*, n. 3095 a. — B. H., *Gen.*, II, 535, n. 4. — F. Muell., in *N. Giorn. bot. ital.*, V, 171; XI, 203; in *Trim. Journ. Bot.* (1878), 178. — *Stibas* Commers., herb. — *Helophyllum* Hook. f., *Handb. N.-Zeal. Fl.*, 167.

longs, superposés aux loges ovariennes, et par deux anthères alternes, c'est-à-dire latérales. Ces anthères sont extrorses, à deux loges confluentes en haut, et ne présentent finalement qu'une fente hippocrépiforme à concavité inférieure [1]. Le fruit est sec, couronné des cicatrices du périanthe et de la colonne. Il est normalement indéhiscent dans les véritables *Phyllachne*, mais il s'ouvre finalement au sommet par un trou ou par deux petites valves dans ceux que l'on a nommés *Forstera* [2].

Stylidium adnatum.

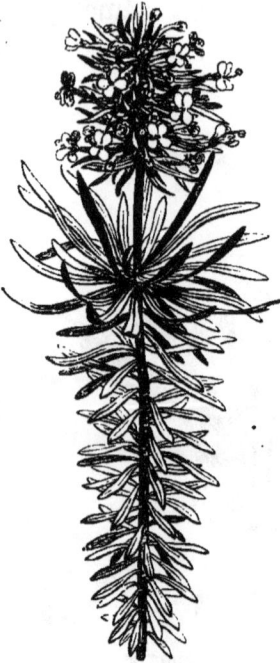

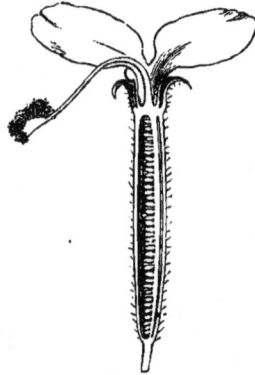

Fig. 200. Fleur, coupe longitudinale.

Fig. 198. Rameau florifère.　　　Fig. 199. Fleur.　　Fig. 201. Androcée　Fig. 202. Androcée
　　　　　　　　　　　　　　　　　　　　　　　　　　　et stigmate,　　　et stigmate,
　　　　　　　　　　　　　　　　　　　　　　　　　　　vus de dos.　　　vus de face.

Ce sont des herbes vivaces et alpestres, glabres, ayant souvent le port d'une Mousse ou d'une petite Bruyère, et formant de larges plaques par leurs rameaux cespiteux, chargés de petites feuilles imbriquées. Les *Forstera* ont souvent leurs feuilles un peu plus larges, rapprochées à la base en rosette. Les fleurs sont solitaires et terminales, sessiles dans les

1. Le pollen des *Stylidium* observés est « ovoïde; trois plis; dans l'eau, ellipsoïde déprimé, à trois bandes; bandes ponctuées » (H. Mohl, in *Ann. sc. nat.*, sér. 2, III, 316).
2. L. F., in *Nova. Acta Soc. sc. upsal.*, III,

184, t. 9 (1780). — Sw., in *Schrad. Journ.* (1799), II, 31, t. 1, 2, fig. 2; in *Kœn. Journ.*, I, 291, t. 6 — Endl., *Gen.*, n. 3095. — DC., *Prodr.*, VII, 338. — B. H., *Gen.*, II, 535, n. 3.

vrais *Phyllachne*[1], portées dans les *Forstera* sur une hampe grêle en haut de laquelle elles sont aussi quelquefois géminées. Le genre ainsi limité comprend six ou sept espèces[2], australiennes, tasmaniennes et néo-zélandaises. L'une d'elles, le *P. uliginosa*, habite les environs du détroit de Magellan et croît communément à la Terre de Feu.

Il n'est pas rare de voir les corolles des *Phyllachne* un peu irrégulières, et c'est ce qui établit une transition manifeste entre ces plantes et les *Stylidium*, dont on a généralement donné le nom au groupe dont nous nous occupons, quoiqu'ils n'en représentent qu'un type dévié.

Les *Stylidium* (fig. 198-204) ont en effet des fleurs à corolle pentamère, mais ordinairement plus ou moins bilabiée, et l'une de ses divisions, l'antérieure, souvent nommée le labelle, diffère des quatre autres

Stylidium graminifolium.

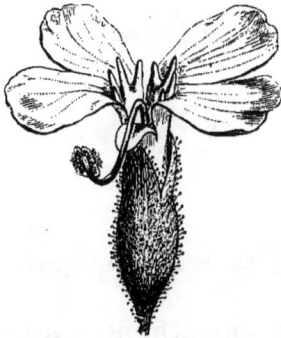

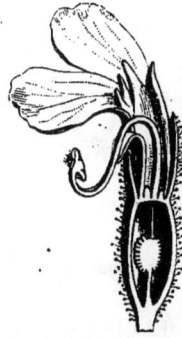

Fig. 203. Fleur.   Fig. 204. Fleur, coupe longitudinale.

par ses dimensions et par sa forme particulière. Les étamines, au nombre de deux, sont aussi unies avec le style en une colonne, souvent mobile et élastique, dont elles ne se dégagent qu'au-dessous immédiatement du sommet stigmatifère. Quant à l'ovaire, il a deux loges multiovulées; mais les ovules sont insérés sur la cloison de séparation des loges qui, au-dessus d'eux, est plus ou moins incomplète; de façon que l'ovaire est supérieurement uniloculaire. Les *Stylidium* sont des herbes océaniennes et plus rarement asiatiques, dont les fleurs sont disposées en épis terminaux, ou plus rarement solitaires.

Dans les *Levenhookia* (fig. 205, 206), dont les fleurs sont également

---

1. Il y a sous la fleur des bractées, au nombre de deux ordinairement.

2. HOMBR. et JACQUIN, *Voy. au pôle sud, Bot. phanérog.*, t. 16 (*Forstera*). — HOOK., *Icon.*,

t. 851 (*Forstera*). — HOOK. F., *Fl. antarct.*, I, t. 28 (*Forstera*); *Fl. tasm.*, I, 236; *Handb. N.-Zeal. Fl.*, 166 (*Forstera*).— BENTH., *Fl. Austral.*, IV, 36 (*Forstera*).

irrégulières, le pétale qu'on a nommé le labelle prend la forme d'un capuchon ; les deux étamines ont deux loges à peu près superposées vers le haut de la colonne stylaire, et la cloison interloculaire demeure

Levenhookia pusilla.

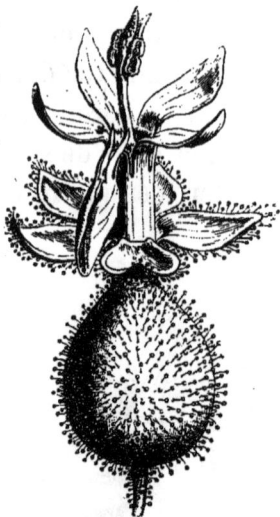

Fig. 205. Fleur (+).

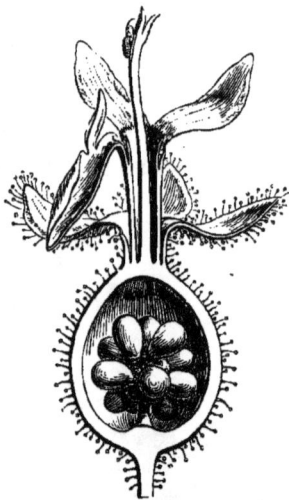

Fig. 206. Fleur, coupe longitudinale.

si courte, que le placenta multiovulé est sensiblement central-libre, comme celui des Primulacées. Ce sont de petites herbes australiennes, à feuilles alternes et à petites fleurs disposées en courtes grappes terminales, souvent pauciflores.

———

Cette famille [1], telle que nous venons de la délimiter, devient un groupe *par enchaînement* et que beaucoup d'auteurs ont partagé en un certain nombre de familles distinctes. Nous y avons compris 52 genres, formés de 1330 espèces environ. Les caractères sur lesquels nous basons les séries qu'ils forment sont les suivants :

I. CAMPANULÉES [2]. — Fleurs régulières ou à peu près. Ovaire

1. *Campanulæ* ADANS., *Fam. des pl.*, II, 132, Fam. 17. — *Campanulaceæ* J., *Gen.*, 163, Ord. 4; in *Ann. Mus.*, XVIII, 1. — BARTL., *Ord. nat.*, 151. — BENTH., *Campanulaceæ and their allies,* in *Journ. Linn. Soc.*, XV, 1.

2. *Campanuleæ* A. DC., *Monogr. Campanul.*,

in-4° [1830]. — *Campanulaceæ* DC. et DUB., *Bot. gall.*, I, 311 ; *Prodr.*, VII, 414, Ord. 105. — LINDL., *Veg. Kingd.* (1846), 689, Ord. 266. — ENDL., *Gen.*, 513, Ord. 125. — B. H., *Gen.*, II, 541, Ord. 91. — *Merc\ereæ* A. DC., *Prodr.*, VII, 496, Trib. 3.

infère ou en partie supère, à deux ou plusieurs loges. Étamines en nombre ordinairement égal à celui des divisions valvaires de la corolle généralement gamopétale (et parfois dialypétale), rarement insérées sur elle, mais plus souvent sur le réceptacle. Anthères libres ou rarement collées par les bords. Fruit sec, souvent déhiscent par des panneaux, plus bas que le calice, ou par des fentes, ou au-dessus de lui transversalement, ou par des panneaux, plus rarement indéhiscent ou charnu. — Plantes herbacées, rarement ligneuses, à suc souvent laiteux, à inflorescence définie, indéfinie ou mixte. — 22 genres.

II. Sphénocléées[1]. — Fleurs régulières, à corolle courte, imbriquée. Androcée isostémoné, à anthères libres. Ovaire biloculaire semi-infère. Fruit déhiscent circulairement au-dessus du calice. — Herbe à feuilles alternes. Fleurs en épis. — 1 genre.

III. Lobéliées[2]. — Fleurs irrégulières, parfois résupinées. Corolle valvaire, gamopétale ou dialypétale, à pièces plus ou moins collées par les bords. Étamines insérées sur le réceptacle ou sur la corolle, à anthères souvent unies en tube par les bords. Ovaire infère ou en partie supère, à deux loges multiovulées, ou uniloculaire, à deux placentas pariétaux. Fruit sec ou charnu. — Plantes herbacées ou ligneuses, à suc souvent laiteux, à feuilles le plus souvent alternes, à fleurs solitaires axillaires ou à grappes terminales. — 12 genres.

IV? Cyphiées[3]. — Fleurs irrégulières. Pétales valvaires, libres, ou collés les uns aux autres dans une étendue variable et formant plusieurs faux lobes. Étamines à anthères libres. Ovaire en totalité ou en partie infère, 2-loculaire. Fruit sec, déhiscent en 1-4 valves. — Plantes herbacées. Fleurs axillaires, solitaires, ou en grappes ou épis terminaux. — 4 genres.

V. Goodéniées[4]. — Fleurs irrégulières ou rarement presque régulières, non résupinées. Corolle gamopétale, insérée parfois à un autre niveau que celui du calice. Étamines à anthères libres ou unies en tube autour du style. Ovaire dicarpellé, infère, semi-infère ou supère.

---

1. *Sphenocleaceæ* Mart., *Conspect.* (1835), n. 162. — A. DC., *Prodr.*, VII, 548, Ord. 110. — J.-G. Ag., *Theor. Syst. pl.*, 340. — *Pongatieæ* Endl., *Gen.*, 519.

2. *Lobeliaceæ* J., in *Ann. Mus.*, XVIII, 1 (part.). — Presl, *Prodr. Monogr. Lobel.* (1836). — Endl., *Gen.*, 509, Ord. 124. — A. DC., *Prodr.*, VII, 339, Ord. 104. — Lindl., *Veg. Kingd.* (1846), 692, Ord. 267. — J.-G. Ag., *Theor. Syst. pl.*, 384. — *Lobelieæ* B. H., *Gen.*, II, 542, 545.

3. *Cyphiaceæ* A. DC., *Prodr.*, VII, 497, Ord. 106. — *Cyphieæ* B. H., *Gen.*, II, 543, 554, Trib. 2.

4. *Goodenovieæ* R. Br., *Prodr.*, 573. — Bartl., *Ord. nat.*, 147. — DC., *Prodr.*, VII, 502, Ord. 107. — B. H., *Gen.*, II, 536, Ord. 90. — *Goodeniales* Lindl., *Nat. Syst.* (ed. 2), 241. — *Goodeniaceæ* Lindl., *Veg. Kingd.*, 694, Ord. 268. — Endl., *Gen.*, 505, Ord. 123. — *Scævolaceæ* Lindl., *Introd.* (ed. 2), 242.

Style à extrémité stigmatifère plus ou moins profondément 2-lobée et entourée d'un *indusium* sacciforme, cupulaire ou bilobé, inséré au-dessous d'elle. Loges de l'ovaire 1, 2, pluriovulées ou uniovulées, avec ovule ascendant ou plus rarement descendant. Fruit capsulaire ou charnu, mono- ou polysperme. Plantes herbacées, suffrutescentes ou rarement frutescentes, à suc non laiteux, à feuilles alternes ou rarement opposées. Fleurs axillaires et solitaires. — 8 genres.

VI. Brunoniées[1]. — Fleurs irrégulières, à réceptacle concave, logeant dans sa concavité l'ovaire uniovulé, infère, mais libre. Ovule ascendant. Fruit sec. Graine sans albumen. — Herbe vivace. Fleurs disposées en capitules de cymes contractées. — 1 genre.

VII. Phyllachnées[2]. — Fleurs presque régulières ou irrégulières. Étamines 2, portées sur le style au-dessous de son extrémité stigmatifère; anthères extrorses, à loges confluentes. Ovaire infère, à deux loges plus ou moins incomplètes. Placenta multiovulé, situé sur la cloison interloculaire, ou central-libre. Fruit sec, déhiscent ou indéhiscent. — Herbes, parfois suffrutescentes. Feuilles alternes. Fleurs solitaires ou en grappes ou épis simples ou composés. — 3 genres.

Distribution géographique. — Le seul *Brunonia* connu est australien. Il en est de même de presque toutes les Goodéniées et Phyllachnées. Cependant la Nouvelle-Zélande et l'Amérique du Sud extratropicale possèdent quelques espèces de ces deux groupes, et il y a dans l'Asie méridionale un *Stylidium* et une couple de Goodéniées. Les *Cyphia* sont tous de l'Afrique australe; mais des trois genres qu'on en a rapprochés, l'un est chilien (*Cyphocarpus*), et les deux autres californiens. En somme, presque toutes les plantes autres que celles des séries des Lobéliées et Campanulées appartiennent à l'ancien monde. C'est aussi la règle pour les Campanulées. L'Amérique en serait dépourvue, n'étaient un *Cephalostigma*, quelques *Wahlenbergia*, le *Githopsis* et une couple de Campanules du groupe *Specularia*. Les Lobéliées au contraire sont beaucoup plus également partagées entre les deux mondes. Tous les *Siphocampylus*, les *Centropogon*, les *Downingia*, *Hypsela*, *Rhizocephalum*, *Lysipoma*, *Heterotoma*, sont américains, et de même les *Lobelia* des sections *Tylomium*, *Tupa*, *Haynaldia*. Les *Monopsis* et *Dobrowskia*

1. *Brunoniaceœ* R. Br., in *Edinb. N. Phil. Mag.* (sept. 1832). — Lindl., *Introd.* (edit. 2), 266. — Endl., *Gen.*, 505, Ord. 122. — A. DC., *Prodr.*, XII, 615, Ord. 153. — J.-G. Ag., *Theor. Syst. plant.*, 324.

2. *Stylidieœ* R. Br., *Gen. Rem.*, 561; *Prodr.*, 565. — Endl., *Gen.*, 519, Ord. 126. — DC., *Prodr.*, VII, 331, Ord. 103. — B. H., *Gen.*, II, 534, Ord. 89. — *Stylidiaceœ* Lindl., *Veg. Kingd.* (1846), 696, Ord. 269.

sont exclusivement africains. Le·type *Dialypetalum* appartient à la flore de Madagascar. Quant aux vraies Campanulées, elles sont dans toutes les parties du monde représentées par des *Wahlenbergia*. Les *Cyananthus, Codonopsis, Platycodon, Mindium, Peracarpa*, sont tous asiatiques. L'Afrique australe possède un grand nombre de genres qui lui sont propres : les *Merciera, Siphocodon, Rhigiophyllum, Treichelia, Prismatocarpus, Roella, Microcodon*. Les *Canarina* n'ont été observés qu'aux îles Canaries. Les îles orientales de l'Afrique tropicale sont pauvres en Campanulacées; elles possèdent, avec quelques *Lobelia* vrais, les types exceptionnels auxquels on a donné les noms de *Heterochænia* et *Dialypetalum*. Il n'y a de *Pentaphragma* qu'en Malaisie. Quant aux archipels océaniens, ils sont des centres exclusifs pour ces singulières Lobéliées, à tige ligneuse, peu résistante, souvent indivise ou peu ramifiée, dont le sommet se couronne de feuilles et que représentent à Tahiti les *Apetahia* et *Sclerotheca*, aux Sandwich le *Brighamia* et les diverses sections par nous comprises dans le genre *Delissea*. Plusieurs *Tupa* et *Haynaldia* constituent un type analogue dans l'Amérique du Sud. De même que les *Phyllachne* représentent la famille vers le pôle sud, quelques Campanulées la rappellent jusque très avant dans le nord. Les *Jasione* s'avancent en Norvége et en Finlande jusqu'à 59° et 61°; le *Phyteuma spicatum* se retrouve en Norvége à la même latitude; le *Campanula rotundifolia* remonte en Laponie jusqu'à 71°, la Raiponce jusqu'à 58°, et le *Wahlenbergia hederacea* jusqu'à 56° dans les îles Britanniques.

PROPRIÉTÉS ET USAGES. — Les Campanulacées proprement dites, qui ont tant d'affinités avec les Cichoriées, ont aussi souvent leurs propriétés, grâce à leur richesse en latex[1], âcre et narcotique; mais son action est souvent atténuée par la présence d'un mucilage doux. Celui-ci l'emporte surtout dans les jeunes pousses et dans les racines charnues, qui sont potagères, comme dans la Raiponce (fig. 134-139)[2], le *Campanula rapunculoides*[3], plusieurs Campanules de la section *Adenophora*[4], le *Phyteuma spicatum* L., etc. Plusieurs espèces de ce

1. Sur leurs laticifères, voy. TRÉCUL, in *Compt. rend. Acad. sc.*, LXI, 929; in *Adansonia*, VII, 174.

2. *Campanula Rapunculus* L., *Spec.*, 232. — GREN. et GODR., *Fl. de Fr.*, II, 419 (*Rampon, Rave sauvage, Bâton de Jacob, Pied-de-saule-relle, Cheveux-d'évêque*).

3. L., *Spec.*, 234. — *C. trachelioides* REICHB. (*Raiponcette, Fausse-Raiponce*).

4. Notamment le *C. Alpini* L. (*Adenophora liliiflora* LEDEB., *Cat. H. dorpat.* (1822). — DC., *Prodr.*, VII, 492, n. 6) et le *C. Adenophora* (*Adenophora communis* LEDEB.).

dernier genre ont en Russie la réputation de remèdes contre les affections syphilitiques et même la rage. Les *Campanula Trachelium* L. et *Cervicaria* L., espèces indigènes, ont été vantés contre les affections diphthéritiques. Le *C. glauca*, espèce japonaise, servait au traitement d'un grand nombre d'affections diverses, et ne cédait le pas comme panacée qu'au *Ginseng*. Au Chili, le *Wahlenbergia linarioides* A. DC. se prescrit contre les coliques, et en Europe; le *W. graminifolia*, contre l'épilepsie. Dans les îles occidentales de l'Afrique du Nord, le *Canarina campanulata* (fig. 150) se distingue par son fruit charnu, qui se mange sous le nom de *Bicarro*.

Parmi les Lobéliées, un grand nombre d'espèces se font remarquer par l'âcreté extrême de leur latex. Celui du *Lobelia urens*[1], petite herbe de nos landes marécageuses, est la cause d'un grand nombre d'empoisonnements, parmi les animaux comme parmi les hommes. Ce qui le rend particulièrement dangereux pour ces derniers, c'est son ancienne réputation comme remède des fièvres paludéennes : les rebouteurs de l'Est le prescrivent souvent encore. Les *Lobelia* de l'Amérique du Sud, auxquels on a donné le nom de *Tupa Feuillei*, *salicifolia*, *Berterii*, etc., ont un latex extrêmement délétère ; il suffit de respirer certaines de ces espèces pour éprouver des nausées et des vomissements. Aux Antilles, l'*Isotoma longiflora*[2] a une aussi terrible renommée comme plante vénéneuse. Le latex de certaines de ces Lobéliées est riche en caoutchouc ; on dit qu'il s'extrait au Pérou du *Siphocampylus Caoutschouk*[3]. Dans ce groupe, les fruits charnus sont quelquefois comestibles, comme ceux du *Canarina* ; c'est aussi le fait de ceux du *Centropogon surinamense* (fig. 170). Les deux Lobéliées les plus usitées en médecine sont les *Lobelia inflata* et *syphilitica*[4] (fig. 162-168), espèces de l'Amérique du Nord. Ce dernier est vanté dans son pays natal comme dépuratif, antisyphilitique, sudorifique ; son usage immodéré doit être dangereux. Quant au *L. inflata*[5], son

1. L., *Spec.*, 1321. — DC., *Fl. fr.*, III, 715. — GREN. et GODR., *Fl. de Fr.*, II, 396. — H. BN, *Tr. Bot. méd. phanér.*, 1153 (*Lobélie brûlante*).

2. PRESL, *Prodr. Monogr. Lobet.*, 42. — DC., *Prodr.*, VII, 413, n. 5. — ROSENTH., *Syn. pl. diaphor.*, 315. — *Lobelia longiflora* W. — DESCOURT., *Fl. méd. Ant.*, 156. — *Hippobroma ongifolia* DON (*Rebenta caballos*).

3. DON. — ROSENTH., *op. cit.*, 316. — *Lobelia Caoutschouc* H.B. Les *S. barbatus* et *ferrugineus* DON ont un suc laiteux analogue.

4. L., *Spec.*, 945. — JACQ , *Icon. rar.*, t. 957.

— KER, in *Bot. Reg.*, t. 537. — DC., *Prodr.*, VII, 377, n. 110. — GUIB., *Drog. simpl.*, éd. 7, III, 10. — MÉR. et DEL., *Dict. Mat. méd.*, IV, 137. — H. BN, *Tr. Bot. méd. phanér.*, 1156, fig. 3010-3016. — *Rapuntium syphiliticum* MILL. (*Cardinale bleue*).

5. L., in *Act. upsal.* (1741), 23, t. 1. — BIG., *Amer. Med. Bot.*, I, p. 11, t. 19. — DC., *Prodr.*, VII, 380, n. 128. — GUIB., *D og. simpl.*, éd. 7, III, 10. — BENTL. et TRIM., *Med. Pl.*, n. 162. — H. BN, *Tr. Bot. méd. phanér.*, 1153, fig. 3000. — *Rapuntium inflatum* MILL. (*Indian Tobacco*).

odeur et sa saveur sont irritantes, âcres, comme celles du tabac ; il renferme de la *lobéline*, qui, comme lui, est expectorante et sudorifique.
La plante est vomitive et, à plus forte dose, vénéneuse, narcotico-
âcre ; on l'a surtout préconisée contre la dyspnée et l'asthme ; mais elle
n'est guère actuellement usitée en Europe. On a encore signalé comme
antirhumatismaux, antigoutteux et antisyphilitiques, les *L. cardinalis*,
splendens, decurrens, prunifolia, coccinea et *stricta*, qui tous sont narcotico-âcres ; ils ne sont employés que dans le nouveau monde.

Les *Cyphia* sont parfois comestibles. Au Cap, la racine charnue du
C. digitata est potagère ; celle du *C. glandulifera* sert, en Abyssinie, de
nourriture au bétail. Le *Goodenia grandiflora* s'emploie, dans la Nou-
velle-Galles du Sud, aux mêmes usages que chez nous les Gentianes. Le
Scœvola Lobelia[1] (fig. 190, 191) a un suc amer, abondant surtout dans
ses feuilles et dans ses fruits ; on l'emploie au traitement des affections
des yeux, notamment des conjonctivites, des opacités de la cornée. Son
écorce et son bois sont estimés comme toniques. Sa moelle est vantée
comme aphrodisiaque et antidiarrhéique ; légère et poreuse, facilement pénétrée par les couleurs les plus brillantes, elle sert en Malaisie
à la fabrication de fleurs artificielles, d'oiseaux, de papillons et d'une
foule d'objets d'ornement. La base de son tronc peut devenir assez
dure pour servir à fabriquer des ais et certaines portions de la coque
des embarcations. Les jeunes feuilles sont potagères ; on en prépare
des cataplasmes maturatifs et des lotions adoucissantes, des décoctions
qui favorisent, dit-on, la menstruation et la sécrétion urinaire.

On cultive dans nos jardins un grand nombre de Campanules
ornementales, plusieurs *Wahlenbergia* et *Lobelia, Platycodon, Mindium*
(*Michauxia*), etc.; dans nos serres et orangeries, de jolis *Siphocampylus,*
Centropogon, Roella, Goodenia, Stylidium, etc. Le *Canarina cana-*
riensis, les *Downingia elegans* et *pulchella*, les *Musschia aurea* et
Wollastoni (fig. 155), le *Leschenaultia formosa*, sont aussi des plantes
recherchées pour la beauté de leurs fleurs.

1. L., *Syst. veg.*, ed. 13 (MURR.), 178. — HIERN,
in *Oliv. Fl. trop. Afr.*, III, 462. — *S. Plumierii*
VAHL, *Symb.*, II, 36. — *S. Thunbergii* ECKL. et
ZEYH. — *S. senegalensis* PRESL. — *S. Sieberi*
DE VR. — *Lobelia Plumierii* L., *Spec*, ed. 1, 929.
— *Cerbera ovata* SIEB. — PRESL, *Rel. Hænk.*,
II, 59. Le *S. Kœnigii* VAHL, *Symb.*, III, 36. —

DC., *Prodr.*, VII, 505. — BENTH., *Fl. Austral.*,
IV, 86 (*S. sericea* FORST. — R. BR., *Prodr.*,
583. — *S. Taccada* ROXB. — *S. macrocalyx* DE
VR. — *S. Lambertiana* DE VR. — *S. chlorantha*
DE VR. — *S. Lobelia* DE VR, nec L.), que l'on
distingue du précédent par la longueur de ses
folioles calicinales, a des propriétés analogues

GENERA

I. CAMPANULEÆ.

1. Campanula T. — Flores regulares hermaphroditi ; receptaculo concavo, concavitate germen totum v. majore ex parte intus adnatum fovente. Calyx 5-merus v. rarius (*Mindium*) 8-10-merus; sepalorum sinubus in appendices reflexas dilatatis (*Medium, Mindium*) v. sæpius nudis. Corolla campanulata v. raro infundibularis rotatave (*Specularia*), 5-10-loba v. rarius 5-10-partita, valvata. Stamina a corolla libera 5, v. rarius 6-10; filamentis liberis, basi sæpe dilatatis; antheris introrsis, 2-locularibus, aut liberis, aut nunc circa stylum in tubum cohærentibus spurieque 1-adelphis. Germen omnino v. majore ex parte inferum, 2-10-loculare, disco tenui, crassiusculo v. nunc (*Adeno-phora*) altius cupulari v. tubuloso coronatum; stylo superne in lobos v. ramos stigmatosos 3-10, nunc dilatatos marginibusque cohærentes, nunc angustos revolutos, diviso. Ovula ∞, anatropa, placentæ axili plus minus prominulæ, nunc subpeltatæ, inserta. Fructus omnino v. ex parte inferus, capsularis, prope basin v. altius inter costas valvulis v. operculis singulis dehiscens, sæpe obconicus, turbinatus, hemisphæ-ricus v. rarius (*Specularia*) anguste oblongus linearisve. Semina ∞, al-buminosa. — Herbæ perennes v. nunc 1-2-carpicæ; foliis alternis v. verticillatis, integris v. varie incisis; floribus terminalibus v. axilla-ribus, solitariis v. in racemos cymasve varie composite ramosos dispo-sitis. (*Orbis totius reg. temp. v. rar. calid.*) — *Vid. p.* 333.

2. Wahlenbergia Schrad.[1] — Flores[2] *Campanulæ;* corolla cam-

1. *Cat. Hort. gœtt.* (1814).— A. DC., *Monogr. Camp.*, 129; *Prodr.*, VII, 424. — Endl., *Gen.*, n. 3079. — B. H., *Gen. pl.*, II, 555, n. 27. — *Schultesia* Roth, *Enum. pl. phan. Germ.*, 1.

— *Cervicina* Del., *Fl. Égypt.*, 7, t. 5, fig. 2. — *Edraianthus* A. DC., *Prodr.*, VII, 448. — *Stre-leskia* Hook. f., in *Hook. Lond. Journ.*, VI, 266.

2. Cærulei v. raro albi roseive, nutantes.

panulata, 3-5-mera, v. rarius subrotata; petalis nunc ad medium
v. altius omninove solutis. Stamina 5, v. rarius 3, 4, a corolla libera;
antheris liberis. Germen inferum v. ex parte superum, cæteraque *Cam-*
panulæ. Fructus capsularis erectus, vertice supra calycem persistentem loculicide 2-5-valvis. Semina *Campanulæ.* — Herbæ annuæ
v. perennes, basi nunc lignosæ; foliis alternis v. nunc oppositis; inflorescentia varia *Campanulæ*[1]. (*Orbis tot. reg. temp. v. nunc calid.*[2])

3. **Microcodon** A. DC.[3] — Flores parvi; sepalis subfoliaceis angustis. Corollæ tubus cylindraceus; limbus 5-fidus, valvatus. Stamina
libera[4] v. corollæ adnata[5]; filamentis tenuibus. Germen omnino v. ex
parte inferum; loculis 5, oppositipetalis; styli ramis 5, tenuibus,
demum revolutis. Ovula in loculis pauca. Fructus supra calycem
(*Wahlenbergiæ* modo) dehiscens; valvis 5, intus septiferis, oppositisepalis[6]. Cætera *Wahlenbergiæ.* — Herbæ annuæ; foliis alternis linearibus; floribus in cymas terminales compositas, corymbiformes v. capituliformes, dispositis. (*Africa austr.*[7])

4. **Platycodon** A. DC.[8] — Flores *Campanulæ* (v. *Wahlenbergiæ*);
corolla campanulata, 5-loba, valvata[9]. Stamina a corolla libera
cumque ea inserta; filamentis basi dilatatis; antheris introrsis, liberis
v. nunc marginibus leviter cohærentibus. Germen inferum, 5-loculare;

1. Generis hujus sectiones nostro sensu sunt : *Lightfootia* LHÉR., *Sert. angl.*, 4, t. 4, 5. — ENDL., *Gen.*, n. 3072. — A. DC., *Prodr.*, VII, 417; in *Ann. sc. nat.*, sér. 5, VI, 326. — B. H., *Gen.*, II, 555, n. 26: corolla 5-partita v. omnino dialypetala; loculis 3 v. 5 alternipetalis; caule nunc fruticuloso. (*Africa austr. et trop. or. cont. et ins.*)
Heterochœnia A. DC., *Prodr.*, VII, 441. — ENDL., *Gen.*, n. 3079[1]. — B. H., *Gen.*, II, 556, n. 30 : stirps mascarensis, caule erecto, basi sublignoso ut in *Wahlenbergiis* insul. S.-Helenæ et Juan-Fernández; fructu, ut in speciebus multis *Campanulæ*, pericarpio caduco et inæquifisso donato.
Cephalostigma A. DC., *Monogr. Camp.*, 117; *Prodr.*, VII, 420. — ENDL., *Gen.*, n. 3073. — B. H., *Gen.*, II, 555, n. 25 : caule annuo; corolla 5-partita; styli lobis stigmatosis breviusculis latiusculis obtusis. Stirpes asiaticæ, africanæ trop. et brasilienses.
2. Spec. ad 130. SM., *Exot. Bot.*, t. 45. — VENT., *Malm.*, t. 12. — WIGHT, *Icon.*, t. 1175, 1176. — LABILL., *N.-Holl.*, t. 70. — CKE, in *Hook.f. Fl. brit. Ind.*, III, 428 (*Cephalostigma*), 429. — BAK., *Fl. maur.*, 183 (*Heterochœnia*).—

HEMSL., in *Oliv. Fl. trop. Afr.*, III, 473 (*Lightfootia*), 477. — HARV. et SOND., *Fl. cap.*, III, 554 (*Lightfootia*), 566. — HOOK. F., *Handb. N.-Zeal. Fl.*, 169; in *Journ. Linn. Soc.*, VI, 15. — A. GRAY, in *Proc. Amer. Acad.*, V, 152.— BENTH., *Fl. Austral.*, IV, 137. — VTKE, in *Linnæa*, XXXVIII, 700. — BOISS., *Fl. or.*, III, 885; 886 (*Edraianthus*). — REICHB., *Icon. exot.*, t. 165; *Iconogr.*, t. 480; *Ic. Fl. germ.*, t. 1617.— GREN. et GODR., *Fl. de Fr.*, II, 421. — ANDR., *Bot. Repos.*, t. 238 (*Roella*). — LODD., *Bot. Cab.*, t. 1406. — *Bot. Mag.*, t. 691, 782, 6155, 6482, 6613.— WALP., *Ann.*, II, 1040; V, 393.
3. *Monogr. Camp.*, 127, t. 19; *Prodr.*, VII, 421, 788. —ENDL., *Gen.*, n. 3078. — B. H., *Gen.*, II, 556, n. 28.
4. Sect. *Eumicrocodon* (A. DC.).
5. Sect. *Cœlotheca* (A. DC.)
6. Hinc solum a *Wahlenbergia* distinctum.
7. Spec. 3, 4. DELESS., *Ic. sel.*, V, t. 16. — HARV. et SOND., *Fl. cap.*, III, 564.
8. *Monogr. Camp.*, 125; *Prodr.*, VII, 422. — ENDL., *Gen.*, n. 3077. — B. H., *Gen.*, II, 556, n. 29.
9. Nunc duplici. De symmetria floris tum mutata, cfr H. BN, in *Bull. Soc. Linn. Par.*, 296.

loculis corollæ lobis oppositis; styli superne concavi lobis 5, oppositi-petalis, valvatis, demum reflexis. Ovula in loculis ∞, placentæ subpel-tatæ secundum basin punctiformem loculorum angulo interno affixæ inserta. Capsula infera, vertice intra calycem loculicida; valvis intus septiferis, oppositisepalis [1]. Cætera *Wahlenbergiæ.* — Herba perennis glabra glauca; foliis alternis v. ex parte suboppositis verticillatisve; floribus [2] terminalibus solitariis v. cymosis paucis. (*China bor., Japo-nia* [3].)

5. **Codonopsis** WALL. [4] — Flores [5] fere *Platycodontis* (v. *Campa-nulæ*); receptaculo hemisphærico v. cupulari germen totum v. dimi-dium concavitate fovente. Sepala 5, subfoliacea, demum haud contigua. Corollæ campanulatæ v. late tubulosæ lobi 5, valvati [6]. Sta-mina a corolla libera; filamentis liberis remotis, basi dilatatis; anthe-rarum liberarum latarum loculis remotis, introrsum rimosis. Germen 3-5-loculare; loculis nunc incompletis; stylo apice dilatato subpeta-loideo-3-5-lobo. Fructus siccus v. carnosulus, vertice (*Wahlenbergiæ* modo) loculicide 3-5-valvis. — Herbæ perennes; rhizomate tuberoso; ramulis decumbentibus v. sæpius volubilibus; foliis alternis v. sub-oppositis, integris v. sublobatis; floribus terminalibus v. lateralibus pedunculatis, solitariis v. cymosis paucis [7]. (*Asia temp. mont. et bor.-orient.* [8])

6. **Cyananthus** WALL. [9] — Flores hermaphroditi; receptaculo depresse cupuliformi. Calyx subinferus, tubulosus v. inflatus, 5-fidus. Corolla subinfera, infundibulari-campanulata, 5-loba, valvata v. indu-plicata. Stamina libera, cum corolla receptaculi margini inserta; filamentis liberis, basi dilatatis; antheris introrsis ovato-oblongis, nunc inter se cohærentibus. Germen liberum superumque late sessile;

---

1. Genus unde a *Wahlenbergia* tantum differt.
2. Cæruleis v. albis.
3. Spec. unius formæ v. variet. nostro sensu sunt : *P. grandiflorum* A. DC. (*Campanula grandiflora* JACQ. — *Wahlenbergia grandiflora* SCHRAD.), *P. vernum* DCNE, *P. chinense* PAXT. (*P. autumnale* DCNE).
4. In *Roxb. Fl. ind.* (éd. CAR.), II, 103. — ENDL., *Gen.*, n. 4075.—B. H., *Gen.*, II, 557, n. 32. — *Glossocomia* DON, *Prodr. Fl. nepal.*, 158.
5. Nunc 4-6-meri, virescentes v. sordide albidi cærulescentesve, sæpius purpureo-venosi.
6. Marginibus papillosi extusque piligeri.
7. *Leptocodon* (HOOK. F. et THOMS., in *Journ. Linn. Soc.*, II, 17 (nec SOND.) — B. H., *Gen.*,

II, 557, n. 31) videtur generis hujus sectio, disco multo magis quam in cæteris speciebus evoluto et in glandulas epigynas sic dictas clavulatas inter stamina producto.
8. Spec. 10-12. ROYLE, *Ill. pl. himal.*, t. 62, 09, fig. 3. — HOOK. F., *Ill. pl. hima.*, t. 16. — HOOK. F. et THOMS., in *Journ. Linn. Soc.*, II, 11. —FR. et SAV., *Enum. Fl. jap.*, 276. — KURZ, in *Trim. Journ. Bot.* (1873), 195. — REG., in *Garten fl.*, t. 167. — CLKE, in *Hook. Fl. brit. Ind.*, III, 430. — *Bot. Mag.*, t. 4942, 5018, 5372.
9. *Cat.*, n. 1472; in *Royle Ill. himal.*, 309, t. 69. — ENDL., *Gen.*, n. 3826 (genus ad cal-cem *Polemoniacearum* recensitum). — B. H., *Gen.*, II, 557, n. 33.

loculis 3-5, ∞-ovulatis; placenta axili lineari. Stylus simplex, apice dilatato concavus ibique lobis 5 erectis demumque reflexis stipatus. Fructus capsularis, calyce persistente v. aucto inclusus, loculicide 3-5-valvis; seminibus ∞, oblongis. — Herbæ annuæ perennesve parce v. valde a basi ramosæ fuscescenti-pilosæ; foliis alternis, integris v. inæquilobis; floribus[1] terminalibus sæpius solitariis. (*India mont. temp.*, *China mont.*[2])

7. **Campanumæa** BL.[3] — Flores fere *Codonopsidis*, 4-6-meri; receptaculo brevi, lato v. subplano; corolla[4] late campanulata, post anthesin emarcida v. supra germen circumcissa. Stamina libera. Germen quoad corollam inferum, 4-6-loculare. Fructus baccatus v. subsiccus, indehiscens, vertice planus v. convexus, sepalis persistentibus ad medium v. basi cinctus. — Herbæ perennes; rhizomate tuberoso; ramis aeriis gracilibus v. volubilibus; foliis oppositis, sæpe cordatis; floribus[5] terminalibus solitariis, nunc in summo ramulo aphyllo brevi axillaribus. (*Asia or.*, *Malaisia*, *Himalaya*[6].)

8. **Canarina** L.[7] — Flores *Campanulæ*, 5- v. sæpius 6-meri; receptaculo concavo obconico. Sepala margini receptaculi inserta libera, valvata. Corollæ campanulatæ lobi 5-6, valvati. Stamina libera, cum perianthio inserta; filamentis planis; antheris liberis introrsis. Germen inferum; loculis 5, 6, oppositisepalis; septis ad apicem incompletis. Ovula in loculis ∞, placentæ axili superneque parietali reflexe 2-ramosæ inserta. Bacca indehiscens, calyce coronata, ∞-sperma. — Herba perennis; rhizomate tuberoso; ramis aeriis herbaceis subsarmentosis laxe divaricato-ramosis; foliis oppositis, petiolatis; floribus[8] terminalibus v. in dichotomiis solitariis pedunculatis nutantibus. (*Ins. Canar.*[9])

1. Parvulis v. speciosis, cærulcis.
2. Spec. 5, 6. Hook. f. et Thoms., in *Journ. Linn. Soc.*, II, 19. — Clke, in *Hook. f. Fl. brit. Ind.*, III, 433. — *Bot. Reg.* (1847), t. 6. — *Bot. Mag.*, t. 6485.
3. *Bijdr.*, 726. — Endl., *Gen.*, n. 3074. — A. DC., *Prodr.*, VII, 423. — B. H., *Gen.*, II, 557, n. 34. — *Cyclocodon* Griff., *Notul.*, IV, 277, t. 481. — Hook. f. et Thoms., in *Journ. Linn. Soc.*, II, 17.
4. Sæpius virescente.
5. Majusculis v. minoribus.
6. Spec. 4, 5. Hook. f. et Thoms., *loc. cit.*, 9 part.). — Hook. f., *Ill. pl. Himal.*, t. 16. — Lke, *Fl. brit. Ind.*, III, 435. — Maxim., in

Bull. Acad. Pétersb., XII, 67; *Mél. biol.*, VI, 268. — *Bot. Mag.*, t. 5372 (*Codonopsis*).— *Fl. serr.*, t. 1264. — Walp., *Rep.*, II, 710.
7. *Mantiss.*, 148 (*Canaria*).—A. DC., *Monogr., Camp.*, 123, t. 4, B; *Prodr.*, VII, 422. — Endl., *Gen.*, n. 3076. — B. H., *Gen.*, II, 558, n. 35.— *Pernettya* Scop., *Introd.*, 150.
8. Magnis, speciosis; corolla aurantiaca v. lateritia (eam *Cucurbitarum* nonnihil referente at multo sæpius 6- quam 5-mera).
9. Spec. 1. *C. canariensis.* — *C. campanulata* Lamk, *Dict.*, I, 598. — Curt., in *Bot. Mag.*, t. 444. — Gærtn. f., *Fruct.*, III, t. 211. — *Fl. serr.*, t. 1094.— *Campanula canariensis* L., *Spec.*, 238.

9. Peracarpa HOOK. F. et THOMS.[1] — Flores[2] fere *Campanumæe;* corolla campanulata, 5-loba. Stamina libera; filamentis angustis; antheris linearibus. Germen 3-loculare; styli ramis angustis 3. Fructus sepalis 5 coronatus; pericarpio tenui indehiscente et a seminibus ellipsoideo-oblongis (majusculis) inclusis inæqui-elevato. — Herba prostrata repensve carnosula; foliis alternis ovatis petiolatis; floribus tenuiter pedunculatis lateralibus v. terminalibus solitariis. (*India bor. mont.*[3])

10. Trachelium L.[4] — Flores fere *Campanulæ;* corollæ anguste tubulosæ limbo 5-lobo, valvato, in alabastro sæpe subgloboso; tubo nunc arcuato. Stamina cum corolla inserta et ab ea libera; antheris liberis, apice nunc glanduligeris. Germen inferum, 2-v. sæpius 3-loculare; ovulis ∞, placentæ parvæ sæpius peltatæ insertis. Discus epigynus tenuis. Stylus demum exsertus, sub apice stigmatoso obtuse 3-lobo incrassatus ibique sæpe pilosus[5]. Fructus capsularis, ∞-spermus, prope basin intra costas operculatim v. valvatim dehiscens. — Herbæ perennes v. basi suffrutescentes; floribus[6] sæpius crebris in racemos terminales v. axillares plus minus composito-ramosos cymigerosque dispositis. (*Reg. medit.*[7])

11. Phyteuma L.[8] — Flores sæpius sessiles; receptaculo hemisphærico, obconico v. oblongo, cavitate germen intus adnatum fovente. Sepala 5, receptaculi margini inserta libera. Petala totidem, libera v. ima basi connata, superne nunc cohærentia et paulo supra basin soluta, valvata. Stamina[9] libera; filamentis basi sæpius dilatatis; antheris liberis, nunc marginibus cohærentibus, demum solutis, introrsis, 2-rimosis. Germen inferum, 2-[10] v. sæpius 3-loculare; styli ramis linearibus, nunc demum revolutis v. raro dilatatis. Fructus capsularis, inter costas valvatim v. operculatim dehiscens. — Herbæ

---

1. In *Journ. Linn. Soc.*, II, 26. — B. H., *Gen.*, II, 558, n. 36.
2. Parvi, albi.
3. Spec. 1. *P. carnosa* HOOK. F. et THOMS. — CLKE, *Fl. brit. Ind.*, III, 437. — *Campanula carnosa* WALL., *Cat.*, n. 1282; in *Roxb. Fl. ind.* (ed. CAR.), II, 202. — A. DC., *Prodr.*, VII, 474.
4. *Gen.*, n. 221. — LAMK, *Ill.*, t. 126. — GÆRTN., *Fruct.*, I, 155, t. 31. — A. DC., *Prodr.*, VII, 491. — ENDL., *Gen.*, n. 3087. — B. H., *Gen.*, II, 563, n. 53.
5. Fere un in *Lobeliis*.

6. Parvis, cæruleis v. albis.
7. Spec. 4, 5. GUSS., *Syn. Fl. sicul.*, I, 252. — BOISS., *Diagn. or.*, ser. 2, III, 117; *Fl. or.*, III, 960. — *Bot. Reg.*, t. 72. — WALP., *Ann.*, II, 1052.
8. *Gen.*, n. 220. — GÆRTN., *Fruct.*, I, 149, t. 30. — A. DC., *Prodr.*, VII, 450. — ENDL., *Gen.*, n. 3082. — B. H., *Gen.*, II, 561, n. 48. — *Rapunculus* ADANS., *Fam. des pl.*, II, 134.
9. Cfr MAGN., in *Verh. Bot. Ver. Prov. Brand.*, XXI.
10. Loculo altero sæpe minore.

perennes; foliis basilaribus sæpe rosulatis; cæteris minoribus remotis alternis; floribus[1] in spicas densas, nunc capituliformes, dispositis, rarius racemosis v. subumbellatis, v. nunc secus caulem virgatum, simplicem v. ramosum, glomeratis; bracteis 1-floris; inferioribus nude in involucrum approximatis; bracteolis lateralibus 2 v. 0². (*Europa, Asia, temp., reg. medit.*[3])

12. **Pentaphragma** WALL.[4] — Flores[5] 5-meri; receptaculo longe obconico. Sepala 5, obtusa, subvalvata. Corollæ campanulatæ lobi 5, crassiusculi induplicato-valvati. Stamina 5, a corolla libera; filamentis brevibus; antheris oblongis introrsis, inter se cohærentibus v. demum liberis. Germen inferum, 3-5-loculare, apice subplano v. concaviusculo; stylo brevi, ad apicem breviter dilatato summoque apice leviter excavato et obtuse 3-5-crenato. Fructus baccatus, calyce coronatus; seminibus ∞, reticulato-rugosis, placentis carnosulis immixtis, albuminosis. — Herba perennis carnosula, basi procumbens; foliis alternis insymmetricis, basi plus minus inæqualibus, nunc late falciformibus, nervatis; floribus receptaculi communis crassi arcuati, terminalis v. lateralis breviterque pedunculati, convexitati in cymam scorpioideam duplici serie insertis, brevissime pedicellatis; singulis lateraliter bracteatis. (*Archip. malay.*[6])

13. **Musschia** DUMORT.[7] — Flores *Campanulæ*, 5-meri; staminum filamentis angustis; antheris liberis acutatis v. cuspidatis. Germen 5-loculare; styli 5-fidi lobis elongatis. Fructus capsularis, sepalis 3-ner-

1. Cæruleis, albis v. purpurascentibus.
2. Sectiones generis sunt, nostro sensu : *Petromarula* A. DC., *Monogr. Campan.*, 209; *Prodr.*, VII, 456, scil. *P. pinnatum* L. : foliis pinnatisectis et stylo apice dilatato globoso (*Creta*).
Trachanthelium SCHUR, *Enum. pl. Transsylv.*, 431, scil. sect. *Podanthus* G. DON : floribus secus ramos v. caulem interrupte glomeratis v. composite spicato-racemosis.
Physoplexis SCHUR, *Enum. pl. Transsylv.*,431 : floribus subumbellatis; petalis cohærentibus.
Cylindrocarpa REGL, in *Act. Hort. petrop.*, V, 258, cujus typus *Phyteuma Sewesowii* REGL, *Pl. Semenov.*, n. 671: herba turkestanica perennis multicaulis; foliis paucis parvisque lineari-lanceolatis denticulatis; floribus solitariis terminalibus, « corolla *Phyteumatis*,capsula *Speculariæ*».
3. Spec. ad 35. JACQ., *Fl. austr.*, App., t. 50. — SIBTH. et SM., *Fl. græc.*, t. 217-219; t. 220 (*Petromarula*). — DESF., in *Ann. Mus.*, XI, t. 5. — VENT., *Jard. Cels*, t. 52 (*Petromarula*).

— JAUB. et SP., *Ill. pl. or.*, t. 420 (*Petromarula*). — LABILL., *Icon. pl. Syr. Dec.*, 11, t. 6 (*Campanula*). — W. et KIT., *Pl. rar. hung.*, t. 14. — REICHB., *Iconogr.*, t. 214, 249, 250, 348, 363-365; *Ic. Fl. germ.*, t. 1579-1587. — CLKE, in *Hook. Fl. brit. Ind.*, III, 438. — BOISS., *Fl. or.*, III, 945 (*Podanthus*), 957 (*Petromarula*), 958. — WILLK. et LGE, *Prodr. Fl., hisp.*, II, 285. — GREN. et GODR., *Fl. de Fr.*, II, 400. — WALP., *Rep.*, VI, 382; *Ann.*, II, 1041.
4. *Cat.*, n. 1313. — B. H., *Gen.*, II, 558, n. 37.
5. Parvi, albi.
6. Spec. 1. *P. begoniæfolium* WALL. — KURZ, in *Journ. As. Soc.* (1877); II, 201. — HOOK. F. et THOMS., in *Journ. Linn. Soc.*, II, 26. — CLKE, *Fl. brit. Ind.*, III, 337. — *Phyteuma begonifolium* ROXB., *H. beng.*, 85; *Fl. ind.*, I, 505. — JACK, in *Hook. Bot. Misc.*, I, 276, t. 57.
7. *Comm. bot.*, 28. — A. DC., *Prodr.*, VII, 495. — B. H., *Gen.*, II, 560, n. 46.

vatis coronatus, obconicus v. hemisphæricus, verticaliter valide costatus; pericarpio inter costas tenui ibique in rimas inæquales transver-
sas plures superpositas rupto. — Herbæ perennes v. suffrutescentes;
foliis basilaribus rosulatis dentatis; caulinis paucis minoribus; floribus[1] in racemos compositos cymigeros dispositis. (*Madera*[2].)

14. Roella L.[3] — Flores plerumque 5-meri; receptaculo breviter
tubuloso v. oblongo. Sepala 5, libera, sæpe dentata. Corolla infundibularis v. campanulata, valvata. Stamina cum corolla inserta et ab ea
libera; filamentis dilatatis; antheris liberis introrsis. Germen inferum;
loculis 2, ∞-ovulatis; stylo apice stigmatoso breviter 2-fido. Fructus
capsularis, styli basi indurata superne clausus v. ob eam deciduam
operculatim dehiscens, lateraliter cæterum longitudine rimosus. —
Herbæ v. suffrutices; foliis alternis angustis, nunc ericoideis rigidulis,
integris v. ciliato-dentatis; floribus[4] terminalibus solitariis v. intra
folia glomeratis sessilibus. (*Africa austr.*[5])

15. Prismatocarpus LHÉR.[6] — Flores 5-meri; sepalis superis,
liberis v. plus minus alte connatis. Corollæ late campanulatæ v. infundibularis lobi 5, valvati. Stamina libera; filamentis basi attenuatis
v. squamiformibus. Germen inferum, 2-loculare; ovulis ∞, sæpe adscendentibus; stylo apice 2-lobo. Fructus capsularis, styli basi persistente coronatus, longitudinaliter rimosus[7]; seminibus paucis oblongis
glabris. — Herbæ perennes v. basi frutescentes glabræ; foliis alternis;
floribus terminalibus solitariis v. in cymas plus minus compositas
dispositis[8]. (*Africa austr.*[9])

16? Rhigiophyllum HOCHST.[10] — « Flores 5-meri; receptaculo
ovoideo; sepalis angustis. Corollæ tubus longissimus angustus; limbus
patens, 5-fidus; lobis oblongis. Stamina tubo corollæ alte adnata;

1. Flavis, v. ochraceis, speciosis.
2. Spec. 2. JACQ., *H. schœnbr.*, t. 472. — VENT.,*Jard. Malm.*, t.116.— LOWE, *Fl. mader.*, I, 574; in *Hook. Lond. Journ.*, VIII, 298. — *Bot. Reg.*, t. 57.— *Bot. Mag.*, t. 5606, 6656.
3. *Gen.*, n. 219; *H. Cliff.*, t. 35. — GÆRTN., *Fruct.*, t. 31. — A. DC.,*Prodr.*, VII, 445, 790.— ENDL.,*Gen.*, n. 3081.—B. H.,*Gen.*, II, 558,n.38.
4. Nunc majusculis speciosis, cæruleis.
5. Spec. 10, 11. THUNB., in *L. f. Suppl.*, 143. — LHÉR., *Sert. angl.*, t. 6.— HARV. et SOND.,*Fl. cap.*, III, 591. — ECKL. et ZEYH., *Enum.*, 386,

2408. — LODD., *Bot. Cab.*, t.1156.— BUCH., *Dec.*, 2, t. 7. -- *Bot. Reg.*, t. 378. — *Fl. serr.*, t. 517.
6. *Sert. angl.*,1,t.3(part.).—A. DC., *Monogr. Camp.*, t. 20. — ENDL., *Gen.*, n. 3086. — B. H., *Gen.*, II, 559, n. 39.
7. « Vel rarius styli basi operculatim decidua demum apertus? » (B. H.)
8. An *Roellæ* sectio, fructu longiore?
9. Spec. ad 15. HARV. et SOND., *Fl. cap.*, III, 585. — VTKE, in *Linnæa*, XXXVIII, 701.
10. In *Flora* (1842), 232. — ENDL., *Gen.*, Suppl., III, 72. — B. H.,*Gen.*, II, 559, n. 42.

antheris liberis. Germen inferum, 3-loculare; ovulis ∞; stylo apice
stigmatoso 3-fido; lobis recurvis. Fructus capsularis, styli basi persistente operculatus. — Frutex[1] rigidissimus; foliis 4-fariam imbricatis integris squamosis; floribus[2] subcapitatis; capituli terminalis
bracteis foliaceis rigidis; pedicellis 2-bracteolatis[3]. » (*Africa austr.*[4])

17. **Githopsis** NUTT. — *Vid. p.* 374.

18? **Treichelia** VATKE[5]. — « Flores 5-meri; receptaculo subgloboso; sepalis liberis angustis. Corollæ tubus cylindraceus; limbus
brevis, 5-fidus. Stamina a corolla libera; filamentis vix dilatatis. Germen inferum, 2-loculare, pauciovulatum; stigmatis lobis 2 linearibus.
Fructus inferus, vertice inter sepala persistentia styli basi indurato
operculatus; dissepimento cum operculo deciduo. — Herba[6] ramosa
hirsuta; foliis alternis linearibus; floribus parvis ad apices ramorum
capitato-glomeratis; bracteis linearibus intermixtis. » (*Africa austr.*[7])

19. **Siphocodon** TURCZ.[8] — « Flores 5-meri; germine infero. Sepala supera, libera. Corollæ tenuiter tubulosæ lobi 5. Stamina 5, tubo
corollæ alta adnata; filamentis filiformibus; antheris liberis. Germinis
loculi 3; stylo apice 3-fido. Ovula in loculo quoque ab apice pendula.
Fructus calyce coronatus, siccus, supra calycem circumcisse dehiscens; seminibus in loculis plerumque solitariis. — Herba v. suffrutex
glaber virgatus; ramis junceis subaphyllis; foliis ad squamas lineares
reductis; floribus[9] irregulariter subracemosis. » (*Africa austr.*[10])

20. **Jasione** L.[11] — Flores subregulares; calycis superi foliolis 5, angustis, liberis v. subliberis. Corollæ subregularis petala totidem libera
v. ima basi connata, valvata. Stamina 5, cum corolla epigyna atque ab
ea omnino v. vix omnino libera; filamentis haud dilatatis; antheris
introrsis, ima basi utrinque cohærentibus, cæterum liberis, longitudi-

1. « Adspectu *Roellæ.* »
2. « Purpureis. »
3. Planta omnibus auctt. ignota et in herb. Hochstett. haud, ut videtur, invenienda.
4. Spec. 1. *R. squarrosum* HOCHST. — WALP., *Rep.*, VI, 388.
5. In *Linnæa*, XXXVIII, 700. — B. H., *Gen.*, II, 559, n. 41.
6. « Habitu *Microcodontis.* »
7. Spec. 1, quæ *Leptocodon longebracteatum* SOND., *Fl. cap.*, III, 584. — *Microcodon longe-*
bracteatum BUEK., in *Eckl. et Zeyh. Enum.*, 2667, ab ipso generis auct. forte haud visa.
8. In *Bull. Mosc.* (1852), II, 175. — B. H., *Gen.*, II, 560, n. 44.
9. Parvis, cæruleis.
10. Spec. 1. *S. spartioides* TURCZ., *loc. cit.* — HARV. et SOND., *Fl. cap.*, III, 597.
11. *Gen.*, n. 1005. — GÆRTN., *Fruct.*, t. 30. — A. DC., *Prodr.*, VII, 415. — ENDL., *Gen.*, n. 3071. — B. H., *Gen.*, II, 554, n. 24. — *Ovilla* ADANS., *Fam. des pl.*, II, 134.

naliter rimosis. Germen inferum, superne concaviusculum, 2-loculare; stylo erecto, apice dilatato breviter 2-lobo. Ovula in placentis axilibus breviter stipitatis pauca v. ∞. Fructus capsularis, vertice plano v. concaviusculo inter calycem persistentem corollamque emarcidam valvicide dehiscens. Semina pauca v. ∞. — Herbæ perennes, biennes v. raro annuæ, erectæ v. prostratæ, glabræ v. pilosæ, parce lactescentes; foliis alternis v. rosulatis; floribus[1] in umbellas terminales capituliformes dispositis; pedicellis gracilibus, sœpius brevibus; bracteis interioribus foliaceis involucrantibus, basi sæpe connatis; floribus exterioribus minute bracteateis v. ebracteatis. (*Europa temp.*, *reg. medit.*[2])

21. Merciera A. DC.[3] — Flores[4] 4-5-meri; sepalis epigynis crassiusculis. Corolla tubulosa; limbo parum ampliato, 4-5-lobo, valvato. Stamina 4, 5; filamentis gracilibus a corolla liberis v. imo tubo insertis; antheris liberis v. margine contiguis introrsis. Germen inferum; dissepimento inter loculos 2 plus minus v. valde incompleto; ovulis in loculis 2, collateraliter suberectis; micropyle infera; stylo plus minus dilatato v. apice breviter 2-lobo. Fructus siccus, calyce coronatus, indehiscens (v. rimosus?); seminibus 1-4. — Frutices v. suffrutices humiles; foliis alternis rigidulis, confertis v. fasciculatis; floribus in axillis, imprimis superioribus, solitariis, sessilibus v. breviter stipitatis, bracteis lateralibus 2 (sæpe persistentibus) munitis. (*Africa austr.*[5])

II. SPHENOCLEÆ.

22. Sphenoclea GÆRTN. — Flores hermaphroditi regulares; receptaculo subhemisphærico. Calycis superi sepala 5, quincuncialiimbricata. Corolla campanulata; tubo latiusculo; limbi lobis 5, imbricatis. Stamina 5; filamentis receptaculo insertis, a corolla liberis, basi dilatatis; antheris brevibus introrsis liberis, 2-rimosis. Germen intus

1. Cæruleis v. albidis.
2. Spec. 4,5 (?). CAV., *Icon.*, t. 148. — REICHB., *Icon. Fl. germ.*, t. 1578. — BOISS., *Voy. Esp.*, t. 119; *Diagn. or.*, ser. 2, VI, 120; *Fl. or.*, III, 885.~ WILLK. et LGE, *Prodr. Fl. hisp.*, II, 280. — GREN. et GODR., *Fl. de Fr.*, II, 398. — *Bot. Reg.*, t. 505. — *Bot. Mag.*, t. 2198. — WALP., *Rep.*, II, 709; *Ann.*, II, 1039.

3. *Monogr. Campanul.*, 369, t. 5; *Prodr.*, VII, 587, 791. — DELESS., *Ic. sel.*, V, t. 17. — ENDL., *Gen.*, n. 3091. — B. H., *Gen.*, II, 560, n. 43.
4. Albi, cærulei v. violacei.
5. Spec. 3, 4. THUNB., *Prodr. Fl. cap.*, 38, 174 (*Roella*). — ECKL. et ZEYH., *Enum.*, 2418-2420. — HARV. et SOND., *Fl. cap.*, III, 595.

receptaculo adnatum, superne liberum, 2-loculare; stylo brevi, apice stigmatoso breviter 2-lobo. Ovula in loculis ∞, placentæ crassæ axili breviter stipitatæ inserta anatropa. Fructus semi-superus, capsularis, ad marginem receptaculi circumcisse dehiscens. Semina ∞, minuta oblonga albuminosa. — Herba (paludosa) annua glabra; foliis alternis integris; floribus in spicas terminales v, laterales stipitatas, simplices v, raro parce ramosas densas, dispositis; singulis 1-bracteatis et lateraliter 2-bracteolatis. (*Orbis utriusque reg. trop.*) — *Vid, p.* 343.

III. LOBELIEÆ.

23. **Lobelia** L. — Flores hermaphroditi v. nunc polygami, plerumque resupinati, plus minus irregulares; receptaculo cupulari, obconico, obovoideo v. rarius elongato, germen omnino v. plus minus concavitati adnatum (nunc subliberum) fovente. Calyx 5-partitus v. 5-fidus; lobis subæqualibus v. inæqualibus. Corollæ rectæ v. varie curvatæ petala aut libera marginibusque cohærentia, aut plus minus varie soluta v. coadunata, erecta v. patentia; præfloratione valvata v. subinduplicata. Stamina 5; filamentis a corolla liberis v. ima basi adnatis; antheris liberis v. marginibus cohærentibus, dorso glabris v. hispidis; apice omnibus v. 2 penicillatis, aut subæqualibus, aut brevioribus 2. Germen 2-loculare; placentis axilibus crassis, ∞-ovulatis; stylo basi sæpe dilatato, apice stigmatoso 2-lobo. Fructus inferus v. ex parte subomninove liber, capsularis, apice intra calycem loculicide 2-valvis; seminibus ∞, albuminosis. — Herbæ, suffrutices, frutices v. arbusculæ; habitu vario; succo sæpius lacteo; foliis alternis; floribus in axillis foliorum v. bractearum sæpius hinc solitariis, nunc inde in racemum terminalem dispositis; bracteolis parvis v. 0. (*Orbis totius reg. calid. et temp.*) — *Vid. p.* 346.

24? **Laurentia** MICHELI[1]. — Flores fere *Lobeliæ;* corollæ foliolis valvatis in tubum coalitis, anticis nunc breviter liberis v. haud solutis. Staminum filamenta haud contigua, omnia v. 2 cum petalis plus minus

1. *Nov. gen*, 18, t. 14. — NECK., *Elem.*, I, 131. — A. DC., *Prodr.*, VII, 409 (part.). — ENDL., *Gen.*, n. 3060. — DELESS., *Icon. sel.*, V, t. 4. — B. H., *Gen.*, II, 549, n. 11. — *Solenopsis* PRESL, *Prodr. Monogr. Lobel.*, 32. — *Enchysia* PRESL, *loc. cit.*, 40. — DELESS., *loc. cit.*, t. 13. — A. DC, *loc. cit.*, 408 (part.). — ? *Porterella* TORR., in *Hayd. Geol. Surv. Mont. Rep.*, 488 (ex B. H.).

alte coalita eaque coadunantia; antheræ dissimiles; breviores 2, apice setosæ v. pilosæ. Germen omnino v. ex parte inferum, 2-loculare, hinc nunc disco glanduloso tenui coronatum; styli (*Lobeliæ*) lobis 2 brevissimis coronaque pilosa infracinctis. Fructus capsularis, cæteraque *Lobeliæ*. — Herbæ humiles, nunc repentes, graciliter ramosæ, rarius adscendentes; foliis alternis angustis, nunc basi rosulatis; floribus [1] axillaribus solitariis v. terminali-racemosis; pedunculis nunc scapiformibus, 1-floris, 1-bracteatis [2]. (*Reg. medit., America bor., Africa austr.* [3])

25. Siphocampylus POHL. [4] — Flores fere *Lobeliæ;* receptaculo hemisphærico v. sæpius obconico. Sepala varia. Corollæ rectæ v. incurvæ tubus integer v. supra medium fissus, nunc 2-labius. Stamina basi tubi affixa; antheris 2 apice penicillatis. Capsula vertice inter sepala persistentia loculicide 2-valvis. Cætera *Lobeliæ*. — Herbæ, suffrutices v. frutices, nunc scandentes, glabri v. varie induti; foliis alternis v. verticillatis, integris, dentatis v. nunc pinnatim lobatis dissectisve; floribus [5] axillaribus solitariis v. in racemos terminales, nunc corymbosos, dispositis; pedicellis minute v. haud bracteolatis. (*America trop., centr., andin. et antillana* [6].)

26. Centropogon PRESL. [7] — Flores *Siphocampyli;* corollæ rectæ v. arcuatæ lobis subæqualibus; tubo varie fisso. Androcœi tubus imæ corollæ adnatus v. rarius liber; antheris 3, majoribus glabris v. varie pilosis; minoribus autem 2, vertice penicillatis, v. nunc omnibus apice nudis (*Burmeistera* [8]). Fructus baccatus, indehiscens. Cætera *Syphocampyli*. — Herbæ, suffrutices v. frutices, nunc scandentes; foliis

---

1. Parvis, cæruleis v. violaceis.
2. Genus vix ac ne vix a *Lobelia* diversum; petala enim marginibus tantum v. filamentorum ope inter se coalita evadunt.
3. Spec. 8-10. PRESL, *Symb.*, I, t. 20.— SIBTH., *Fl. græc.*, t. 231 (*Lobelia*). — HARV. et SOND., *Fl. cap.*, III, 551 (*Enchysia*), 552. — A. GRAY, *Syn. Fl. N.-Amer.*, II, 8. — BOISS., *Fl. or.*, III, 885. — WILLK. et LGE, *Prodr. Fl. hisp.*, II, 278. — *Bot. Mag.*, t. 2079; 2590 (*Lobelia*); 3609 (*Enchysia*). — WALP., *Ann.*, II, 1037.
4. *Pl. bras. Icon.*, II, 104, t. 160-167, 169-170. — ENDL., *Gen.*, n. 3059. — A. DC., *Prodr.*, VII, 397. — B. H., *Gen.*, II, 517, n. 8. — *Lobelia* PRESL, *Prodr. Monogr. Lobel.*, 33. —*Byrsanthes* PRESL, *loc. cit.*, 41. —*Cananthus* G. DON, *Gen. Syst.*, III, 718. — *Cremochilus* TURCZ., in *Bull. Mosc.* (1852), II, 174.

5. Rubris, purpurascentibus, coccineis v. nunc virescentibus.
6. Spec. ad 80-90. H. B. K., *Nov. gen. et spec.*, III, t. 268, 271 (*Lobelia*). — GRISEB., *Fl. brit. W.-Ind.*, 385. — KAN., in *Mart. Fl. bras.*, *Lobel.*, 144, t. 43, 44, 65.—HOOK., *Icon.*, t. 716. — MORIC., *Pl. nouv. Amér.*, t. 85. — VTKE, in *Linnæa*, XXXVIII, 728. — *Bot. Mag.*, t. 3973, 4015, 4178, 4286, 4331, 5631. —*Fl. serr.*, t. 210, 544, 648, 763. — PAXT.,*Fl. garden.*, II, 33, t. 44. — LEME, *Jard. fl.*, IV, 425. — WALP., *Rep.*, II, 708; VI, 378, 733; *Ann.*, I, 468; II, 1034; III, 917; V, 390.
7. *Prodr. Monogr. Lobel.*, 48.—A. DC., *Prodr.*, VII, 344. — ENDL., *Gen.*, n. 3069. — B. H, *Gen.*, II, 547, n. 7.
8. KARST., in *Linnæa*, XXVIII, 444. — B. H. *Gen.*, II, 547, n. 6.

alternis, integris, dentatis v. dissectis; floribus[1] in axilla foliorum v.
bractearum[2] solitariis; pedicellis nunc elongatis (*Burmeistera*), minute
v. haud bracteolatis. (*America centr. et calid. imprim. occ. utraque*[3].)

27. **Delissea** GAUDICH.[4] — Flores irregulares; receptaculo hemisphærico, ovoideo v. turbinato. Calyx 5-merus; lobis foliaceis, acutis,
valvatis v. plus minus imbricatis, nunc dentiformibus v. obsoletis.
Corolla *Lobeliæ*. Stamina 5 (*Lobeliæ*); tubo a corolla libera v. nunc
ejus basi adnato. Fructus baccatus indehiscens. Cætera *Centropogonis*
v. *Lobeliæ*. — Arbusculæ v. frutices; trunco simplici (*Rollandia*) v.
superne plus minus ramoso, cicatricibus foliorum delapsorum impresso; foliis sæpius ad apicem confertis, sæpe amplis, integris,
sinuatis, dentatis v. nunc pinnatifidis v. pinnatipartitis; floribus[5]
axillaribus plus minus composite racemosis[6]. (*Ins. Sandwic.*[7])

28? **Apetahia** H. Bₙ[8]. — Flores fere *Delisseæ* (v. *Brighamiæ*); corolla
leviter irregulari, hinc longitudinaliter fissa. Germen inferum, 1-locu-
lare; placentis parietalibus 2, ∞-ovulatis; stylo antheris longiore,
apice stigmatoso indiviso, pilorum corona cincto. Fructus siccus
(indehiscens?). Cætera *Delisseæ*. — Frutex; caule spongioso, simplici
v. parce ramoso, cicatricibus impresso; foliis alternis coriaceis crenatis,
in summa planta confertis; floribus[9] axillaribus; pedunculo 2-bra-
cteolato[10]. (*Ins. Raiatea*[11].)

29. **Brighamia** A. GRAY[12]. — Flores subregulares; receptaculo
oblongo concavo, 10-costato; sepalis inæqualibus. Corolla longissime

1. Rubris, aurantiacis v. rarius virescentibus.
2. Inde terminali-racemosis.
3. Spec. ad 90. H. B. K., *Nov. gen. et spec.*, III,
t. 269, 270 (*Lobelia*).—POHL, *Icon.*, t. 168 (*Sipho-
campylos*). — REGL, in *Gartenfl.*, t. 75. —
GRISEB., *Fl. brit. W.-Ind.*, 385. — KAN., in *Mart.
Fl. bras., Lobel.*, 132, t. 39. — BENTH., *Pl.
Hartweg.*, 77 (*Lobelia*). — *Fl. serr.*, t. 362, 802.
— WALP., *Rep.*, II, 709; VI, 373.
4. In *Freycin. Voy., Bot.*, 457, t. 76-78. —
A. GRAY, in *Proc. Amer. Acad.*, VII, 178. —
B. H., *Gen.*, II, 546, n. 4.
5. Magnis v. mediocribus.
6. Sect. in gen. 4, quæ auctoribus hucusque
genera distincta sunt et de quar. char. diff. cfr
A. GRAY, *loc. cit.*, 177 : 1. *Eudelissea* : sepalis
dentiformibus v. obsoletis; trunco plerumque
ramoso. — 2. *Clermontia* (GAUD., in *Freyc. Voy.*,
Bot., 459, t. 71-73.—B. H., *Gen.*, II, 546, n. 5): sepalis corollæ subæqualibus v. brevioribus; trunco
plerumque ramoso. — 3. *Cyanea* (GAUDICH., in

Freyc. Voy., Bot., 455, t. 75. — B. H., *Gen.*, II,
546, n. 3. —*Macrochilus* PRESL, *Prodr. Monogr.
Lobel.*, 47. — *Kittelia* REICHB., *Pfl. Syst.*, 186.
— ENDL., *Gen.*, 1392): sepalis foliaceis, imbri-
catis; trunco plerumque ramoso.—4. *Rollandia*
(GAUDICH., in *Freyc. Voy., Bot.*, 458, t. 74. —
B. H., *Gen.*, II, 546, n. 2): sepalis brevibus
v. dentiformibus; trunco simplici.
7. Spec. ad 45. GAUDICH., *Voy. Bonite*, t. 77
(*Delissea*), t. 75-76 (*Rollandia*). — A. GRAY, in
Proc. Amer. Acad., VII, 177 (*Rollandia*), 178
(*Delissea*), 183 (*Cyanea*), 184 (*Clermontia*). —
WAWRA, in *Flora* (1878), 7, 30, (*Delissea*), 31,
44 (*Rollandia*), 47 (*Clermontia, Cyanea*).
8. In *Bull. Soc. Linn. Par.*, 310.
9. Magnis speciosis, albis.
10. An stirps *Isotomæ* proxima de qua cl. BEN-
THAM (*Gen.*, II, 546) sub hoc genere verba fecit?
11. Spec. 1. *I. raiateensis* H. Bₙ.
12. In *Proc. Amer. Acad.*, VII (1868), 185. —
B. H., *Gen.*, II, 545, n. 1.

tubulosa; limbi lobis vix inæqualibus, demum patentibus. Stamina in tubum imæ corollæ adnatum coalita; antheris 5 longe penicillatosetosis. Germen inferum, 2-loculare (*Delisseæ*); placentis peltatis, ∞-ovulatis; stylo valde elongato, apice stigmatoso 2-lobulato. Fructus carnosus. Cætera *Delisseæ*. — Arbor glabra carnosula; caudice simplici; foliis (maximis) ad apicem confertis alternis integris; floribus[1] in racemos axillares breves dispositis paucis. (*Ins. Sandwic.*[2])

30. **Isotoma** LINDL.[3] — Flores fere *Delisseæ* (v. *Lobeliæ*); sepalis angustis v. linearibus. Corollæ tubus haud v. antice breviter fissus; limbi lobis nunc subæqualibus, valvatis v. induplicatis. Stamina corollæ tubo ad medium v. altius inserta; filamentis varie inter se coadunatis basique sæpius invicem liberis; antheris 3 paulo majoribus muticis; 2 autem posticis, apice penicillatis v. seta rigidiuscula coronatis. Germen omnino v. maxima ex parte inferum; stylo apice breviter 2-labiato setorumque corona sub labiis cincto. Fructus capsularis, vertice loculicidus cæteraque *Lobeliæ*. — Herbæ lactescentes, nunc suffrutescentes; foliis alternis, dentatis v. pinnatifidis; floribus[4] axillaribus v. ob folia in bracteas mutata terminali-racemosis[5]. (*Oceania, India occ.*[6])

31. **Lysipoma** H.B.K.[7] — Flores fere *Laurentiæ* (v. *Lobeliæ*). Corollæ tubus aut subinteger[8], aut breviter fissus. Stamina epigyna; filamentis aut breviter (*Eulysipoma*), aut longe (*Rhizocephalum*[9]) cum tubo corollæ coalitis, inde plus minus alte solutis; antheris 2 apice penicillatis v. 1-setosis. Germen 2-loculare; loculis plus minus completis; altero nunc (*Eulysipoma*) abortivo. Fructus pyxidatus, superne operculatim dehiscens. — Herbæ nanæ, cæspitosæ v. repentes; floribus[10] solitariis intra folia sessilibus v. breviter pedunculatis. (*America andina*[11].)

1. Albis, magnis (ad 15 cent. longis).
2. Spec. 1. *R. insignis* A. GRAY. — H. MANN, in *Mem. Bost. Soc. Nat. Hist.*, I, 531, t. 23.
3. In *Bot. Reg.*, t. 964. — ENDL., *Gen.*, n. 3060 c. — A. DC., *Prodr.*, VII, 412. — B. H., *Gen.*, II, 548, n. 10. — *Hippobroma* G. DON, *Gen. Syst.*, III, 917 (nec ECKL. et ZEYH.).
4. Albis v. cæruleis.
5. An melius *Lobeliæ* sectio? (R. BR.).
6. Spec. 6, 7. JACQ., *H. vindob.*, t. 27 (*Lobelia*).—GAUDICH., in *Freyc. Voy., Bot.*, t. 70.— HOOK. F., *Fl. tasm.*, t. 70 (*Lobelia*). — KAN., in *Mart. Fl. bras., Lobel.*, 156. — BENTH., *Fl. Aus-*

tral., IV, 134. — *Bot. Reg.*, t. 1200 (*Lobelia*).— *Bot. Mag.*, t. 2702, 3075 (*Lobelia*), 5073.
7. *Nov. gen. et spec.*, III, 318, t. 266, fig. 2, 267.— A. DC., *Prodr.*, VII, 349.— ENDL., *Gen.*, n. 3053. — B. H., *Gen.*, II, 549, n. 13.
8. Petalis mediantibus 2 alte coalitis.
9. WEDD., *Chlor. andin.*, II, 11, t. 46. — B. H., *Gen.*, II, 549, n. 12.
10. Parvis v. minimis, albidis.
11. Spec. 8-10. HOOK., *Lond. Journ.*, VI, t. 9. — BENTH., *Pl. Hartw.*, 137 (*Lobelia*). — WEDD., *loc. cit.*, II, 15, t. 45. — WALP., *Rep.*, II, 706; *Ann.*, I, 466.

32. Pratia GAUDICH.[1] — Flores fere *Lysipomæ;* corollæ plus minus obliquæ tubo aut ad basin hinc fisso (*Eupratia, Piddingtonia,* *Colensoa*[2]), aut rarius (*Hypsela*[3]) subintegro[4]. Germen inferum, 2-loculare; stylo apice stigmatoso breviter (*Eupratia, Hypsela*) v. longe latiusque (*Colensoa*) 2-lobo. Fructus indehiscens subbaccatus; pericarpio tenui v. membranaceo. — Herbæ nanæ, prostratæ v. repentes, rariusve (*Speirema*[5], *Colensoa*) erectæ v. basi frutescentes; foliis alternis, sæpius crenatis v. dentatis; floribus[6] solitariis; pedunculo 1-floro; v. rarius (*Colensoa*) in racemum terminalem brevem dispositis[7]. (*America andin., Australia, N.-Zelandia, Asia trop.*[8])

33. Downingia TORR.[9]—Flores (fere *Lobeliæ*) resupinati; receptaculo tubuloso lineari. Sepala 5, inæqualia v. nunc subæqualia, libera. Corollæ tubus brevis; lobis 5, valvatis; anticis 2, angustioribus, concoloribus; posticis autem 3, maculatis, in labium conniventibus, latioribus. Stamina (*Lobeliæ*); filamentis in tubum coadunatis; antheris 5, basifixis erectis, valvatis, quarum 2 seta apicali munitæ. Germen inferum, receptaculi cavitati adnatum, 2-loculare; dissepimento tenui, nunc ex parte evanido; ovulis ∞, anatropis adscendentibus placentis subfiliformibus insertis. Stylus apice stigmatoso breviter 2-lobus. Fructus capsularis, « fissuris 1-3 longitudinaliter dehiscens; seminibus ∞, oblongo-fusiformibus albuminosis; cotyledonibus conferruminatis ». — Herbæ annuæ glabræ; foliis alternis integris; superioribus plus minus in bracteas abeuntibus; floribus[10] terminalibus spicatis v. ad folia superiora axillaribus. (*California, Chili*[11].)

1. In *Freyc. Voy., Bot.* (1826), 456, t. 79. — A. DC., *Prodr.*, VII, 340.—ENDL., *Gen.*, n. 3063. — B. H., *Gen.*, II, 550, n. 16. — *Piddingtonia* A. DC., *loc. cit.*, 341.

2. HOOK. F., *Fl. N.-Zel.*, I, 156; *Gen.*, II, 551, n. 17.

3. PRESL, *Prodr. Monogr. Lobel.* (1836), 45.

4. Petalis mediantibus 2 arcte coalitis.

5. HOOK. F. et THOMS., in *Journ. Linn. Soc.*, II, 27.

6. Albidis, roseis v. cærulescentibus, nunc abortu polygamo-diœcis, mediocribus v. parvis.

7. Sect. inde in gen. 4: 1. *Eupratia* (*Piddingtonia*), corolla hinc fissa, fructu carnosulo, floribus solitariis. — 2. *Colensoa*, caule erecto, corolla fissa, fructu carnosulo, floribus racemosis. —3. *Speirema*, caule erecto, floribus solitariis, corolla fissa.—4. *Hypsela*, corolla haud fissa, caule nano, floribus solitariis; pericarpio plerumque tenuiter membranaceo.

8. Spec. ad 20. H.B.K., *Nov. gen. et spec.*, III, t. 320, t. 266, fig. 1 (*Lysipoma*). — C. GAY, *Fl. chil.*, IV, 320. — HOOK., *Icon.*, t. 555 (*Lobelia*). — HOOK. F., *Handb. N.-Zeal. Fl.*, 171; *Fl. tasm.*, t. 69 B (*Lobelia*); *Fl. antarct.*, t. 29. — KAN., in *Mart. Fl. bras., Lobel.*, 135, t. 40. — WEDD., *Chl. andin.*, II, 9, t. 45. — BENTH., *Fl. Austral.*, IV, 132. — CLKE, in *Hook. f. Fl. brit. Ind.*, III, 422. — WALP., *Rep.*, VI, 372.

9. *Whipple Exp. Bot.*, 60 (116). — B. H., *Gen.*, II, 550, n. 15.—*Clintonia* DOUGL., in *Bot. Reg.*, t. 1241 (nec RAFIN.). — A. DC., *Prodr.*, VII, 347.

10. Albis, violaceis v. cæruleis; corollæ lobis 3 nunc albo- v. aureo-maculatis.

11. Spec. ad 3. SWEET, *Brit. Fl. Gard.*, ser. 2, t. 412 (*Clintonia*). — A. GR., *Bot. Calif.*, I, 444. — *Bot. Reg.*, t. 1241; 1909 (*Clintonia*).— *Bot. Mag.*, t. 6527.—*Fl. serr.*, sér. 2, I, 33.—PAXT., *Mag. bot.*, IV, 145. — WALP., *Rep.*, IV, 374.

34. Heterotoma Zucc.[1] — Flores valde irregulares; receptaculo inæqui-turbinato v. subgloboso, hinc plus minus longe calcarato. Sepala 5, quorum 2 hinc summo calcari receptaculi inserta et a cæteris longe distantia; omnia acuta, erecta v. recurva. Corolla basi inæqualis longeque hinc in calcar horizontale v. deflexum receptaculique calcar obtegens productum; tubo hinc fisso; limbi lobis 5, inæqualibus v. subæqualibus. Stamina 5, quorum 2 filamenta calcaris receptaculi concavitati basi decurrenti adnata prominula; omnia demum in tubum erectum coalita; antheris coalitis, quarum 2 vertice penicillata. Germen inferum, 2-loculare; stylo apice breviter stigmatoso 2-lobo ibique coronula cincto. Ovula in loculis ∞, placentis septalibus inserta. Fructus inferus, capsularis, vertice valde obliquus, loculicide 2-valvis. — Herbæ annuæ v. perennes, nunc basi suffrutescentes; foliis alternis; floribus[2] ad bracteas axillaribus et in racemum terminalem laxe dispositis[3]. (*Mexicum*[4].)

IV? CYPHIEÆ.

35. Cyphia Berg. — Flores leviter irregulares; receptaculo hemisphærico v. obconico, concavitate germen omnino v. ex parte inferum intus adnatum fovente. Sepala 5, receptaculi margini inserta, parum inæqualia. Petala 5, parum inæqualia, libera v. ex parte nunc in labia 2 coalita, valvata. Stamina 5, cum petalis inserta et ab iis libera; antheris liberis, introrsis, 2-rimosis. Germen inferum v. ex parte superum, 2-loculare; stylo apice stigmatoso obliquo v. 2-lobo. Ovula ∞, placentæ septali inserta. Fructus capsularis, vertice inter sepala persistentia septicide loculicideque 4-valvis. Semina ovoidea v. angulata, albuminosa. — Herbæ perennes, erectæ v. volubiles; foliis alternis, nunc inferioribus rosulatis, integris v. varie incisis; caulinis nunc ad bracteas reductis; floribus ad folia v. bracteas solitariis, nunc in spicam terminalem dispositis; bracteolis parvis 1, 2 v. 0. (*Africa austr. et trop. or.*) — *Vid. p.* 336.

1. In *Flora* (1832), II, *Beibl.*, 100. — Endl., *Gen.*, n. 3062; *Iconogr.*, t. 53. — Car., in *Ann. sc. nat.*, sér. 4, XI, 269. — B. H., *Gen.*, II, 553, n. 19. — *Myopsis* Presl, *Prodr. Monogr. Lobel.*, 8.

2. Rubris, aurantiacis v. cæruleis

3. Genus, excepta receptaculi deformatione conspicua, *Lobeliæ* cæterum valde analogum.

4. Spec. 4. Hook. et Arn., *Beech. Voy., Bot.*, 301, t. 66 (*Lobelia*). — Benth., in *Hook. Icon.*, t. 1177. — *Fl. serr.*, t. 1454. — Walp., *Rep.*, II, 708; VI, 375.

36. Cyphocarpus MIERS[1]. — Flores irregulares resupinati; calycis superi foliolis 5, basi adnatis integris inæqui-pinnatifidis v. dentatis, persistentibus. Corolla 2-labiata; labio superiore galeato integro, apice lamina appendiculato; labio inferiore 4-lobo. Stamina 5, ad summum tubum inserta; filamentis tenuibus liberis; antheris oblongis introrsis, 2-rimosis. Germen inferum; stylo gracili, basi disco epigyno cinctum, apice stigmatoso dilatato recurvo, 2-lobo. Ovula ∞, in placentis 2 linearibus adscendentia, septo incompleto mox evanido. Fructus capsutaris, calyce coronatus, lateraliter rimosus; seminibus ∞, adscendentibus rugosis albuminosis. — Herba (annua?) erecta, glabrescens v. scabrella; foliis alternis dentato-pinnatifidis; floribus axillaribus solitariis subsessilibus v. (foliis in bracteas mutatis) in spicas terminales dispositis, bracteolis lateralibus stipatis. (*Chili*[2].)

37. Nemacladus NUTT.[3] — Flores irregulares; sepalis brevibus vix v. parum inæqualibus. Petala 5, in labia 2 coalita, valvata, ad basin soluta. Stamina 5; filamentis basi a corolla et inter se liberis, hinc sæpius remotis, altius in tubum stylo pervium coalitis; antheris brevibus introrsis, 2-locularibus[4]. Germen semiinferum v. altius receptaculo turbinato intus adnatum, glandulis epigynis depressis 3 coronatum; loculis 2; placenta septali, ∞-ovulata; stylo tubo staminali incluso v. apice stigmatoso demum exserto, capitato, obtuse 2-lobo extusque papilloso. Fructus membranaceus, apice intra calycem loculicide 2-valvis; seminibus parvis ∞. — Herba annua parva tenuis ramosa; foliis basilaribus rosulatis; superioribus caulinis minutis bracteiformibus; floribus[5] in racemos compositos laxos dispositis tenuiterque pedicellatis, ebracteolatis. (*California*[6].)

38. Parishella A. GRAY. — *Vid. p.* 374.

V. GOODENIEÆ.

39. Goodenia SM. — Flores hermaphroditi; receptaculo tubuloso. Sepala 5, receptaculi margini inserta, valvata. Corolla gamopetala,

---

1. In *Hook. Lond. Journ.*, VII, 62; *Ill. S.-Amer.* pl., I, t. 27. — B. H., *Gen.*, II, 554, n. 21.
2. Spec. 1. *C. rigescens* MIERS, *loc. cit.* — C. GAY, *Fl. chil.*, IV, 335, t. 50.
3. In *Trans. Amer. Phil. Soc.*, ser. 2, VIII, 254. — B. H., *Gen.*, II, 554, n. 22.

4. Locello interno nunc minore.
5. Minimis, pallide roseis.
6. Spec. 2. TORR., *Emor. Exp. Bot.*, t. 35. — A. GRAY, in *Journ. Linn. Soc.*, XIV, 28; *Bot. Calif.*, I, 445; II, 460. — WALP., *Ann.*, II, 1038.

çum calyce v. eo altius inserta, tubo nunc ad basin hinc gibbo v. calcarato, inde plus minus longe fisso; limbi plus minus superi lobis inæqualibus, inæqui-solutis, sæpe 2-alatis v. rarius 2-auriculatis, induplicato-
valvatis, corrugatis, plerumque in labia 2 post anthesin approximatis.
Stamina 5, cum corolla inserta libera; antheris introrsis dorsifixis
v. subbasifixis liberis, 2-rimosis. Germen omnino v. ex parte inferum;
loculis 2, completis v. sæpius incompletis; stylo apice truncato plus
minus dilatato, perforato v. 2-lobo, ibique cupula sub apice inserta
eumque includente indusiato. Ovula in loculis 2-∞ , 2-seriatim adscendentia anatropa. Fructus capsularis v. rarius (*Selliera*), crassiusculus
carnosulus, ægre dehiscens v. sæpius valvis 2-4 septo plus minus
completo parallelis; albumine carnoso v. subnullo; embryonis recti
radicula infera. — Herbæ, suffrutices v. frutices; foliis alternis;
floribus axillaribus v. in racemos simplices v. ramosos dispositis;
bracteolis 1-plurifloris v. 0. (*Australia.*) — *Vid. p.* 337.

40? Calogyne R. Br.[1] — Flores cæteraque *Goodeniæ;* stylo 2,
3-ramoso; capsula demum 2-valvi. — Herbæ annuæ; foliis alternis;
floribus[2] axillaribus solitariis; pedunculo ebracteato. (*Australia trop.
et occ.*[3])

41. Velleia Sm.[4] — Flores fere *Goodeniæ;* receptaculo superne
planiusculo v. concaviusculo cupulari, ultra insertionem calycis omnino
hypogyni producto et paulo altius corollam androcæumque margine
gerente. Germen omnino v. maxima ex parte liberum; loculis 2 valde
incompletis, nunc sub-1-loculare. Ovula pauca v. ∞, adscendentia;
placenta sæpe subcentrali. Stylus sub apice cupula sæpius ampla
indusiatus. Fructus capsularis liber, 2-4-valvis; seminibus albuminosis marginatis v. alatis. Cætera *Goodeniæ.* — Herbæ; caudice
crasso brevi; foliis basi rosulatis v. in caule crasso alternis; floribus[5]
in racemos adscendentes, basi nudatos, plus minus 2-3-chotome
ramosos, dispositis; bracteis oppositis. (*Australia calid.*[6])

1. *Prodr.*, 578. — Endl., *Gen.*, n. 3044. —
B. H., *Gen.*, II, 539, n. 5. — *Distylis* Gaudich.,
in *Freyc. Voy., Bot.*, 460, t. 80.
2. Flavis.
3. Spec. 3. Benth., *Fl. Austral.*, IV, 80. —
F. Muell., *Fragm.*, VIII, 57.
4. In *Trans. Linn. Soc.*, IV, 217. — Endl.,
Gen., n. 3047.—B. H., *Gen.*, II, 538, n. 3.—*Euthales* R. Br., *Prodr.*, 579. —Endl.,*Gen.*,n.3046.

5. Flavis, sæpe pulchris
6. Spec. ad 12. J., in *Ann. Mus.*, XVII, t.1.—
Hook. F., *Exot. Fl.*, t. 24. — Labill., *N.-Holl.*,
I, t. 77.—Guillem., *Ic.pl. austral.*, t. 4.—De Vr.,
Gooden., t. 33 (*Euthales*), 34. — Hook F., *Fl.
tasm.*, I, t. 68 B. — F. Muell., in *Hook. Kew
Journ.*, VIII, 162. — Benth., *Fl. Austral.*, IV,
46. — *Bot. Reg.*, t. 551, 971 ; (1841), t. 3 (*Euthales*). — *Bot. Mag.*, t. 1137 (*Goodenia*).

42? Anthotium R. Br.[1] — Flores cæteraque *Goodeniæ;* germine
infero. Antheræ circa stylum in tubum coalitæ. Ovula in loculis sæpius
perfectis ∞, adscendentia; styli indusio cupulari haud ciliato. Capsula
4-valvis; seminibus ∞, extus crustaceis. — Herbæ perennes, basi
cæspitosæ; foliis basilaribus integris; caulibus aeriis simplicibus ra-
mosisve subaphyllis; floribus[2] in glomerulos densos, nunc corymbiformes, dispositis v. nunc subsolitariis. (*Australia austro-occ.*[3])

43. Leschenaultia R. Br.[4] — Flores *Anthotii* (v. *Goodeniæ*); germine infero. Corolla irregularis obliqua, induplicato-valvata. Antheræ
sæpius in tubum coalitæ. Ovula in loculis completis ∞, adscendentia.
Styli indusium 2-labiatum; labio altero nunc minore glanduloso v.
subnullo; altero evoluto villoso. Fructus capsularis inferus, 4-valvis;
seminibus 2-4-seriatis, truncatis v. angulatis. — Herbæ, suffrutices
v. frutices; foliis alternis v. confertis, sæpe ericoideis, linearibus
integris; floribus[5] solitariis v. in corymbos terminales foliatos dispositis. (*Australia*[6].)

44? Catosperma Benth.[7] — Flores fere *Goodeniæ;* germine infero.
Antheræ liberæ. Ovula in loculis 2, descendentia; styli indusio
cupulari. Fructus drupaceus, 10-costatus; loculis 2, imperfecte 2-lo-
cellatis; seminibus 4, descendentibus. — Herba glabra; foliis alternis
dentatis; floribus[8] in cymas axillares pedunculatas dispositis. (*Australia trop.*[9])

45. Scævola L.[10] — Flores fere *Goodeniæ;* germine infero. Corollæ
tubus hinc longitudinaliter ad basin fissus; fissuræ marginibus nunc

1. *Prodr.*,582.—Endl.,*Gen.*, n.3049.—B.H.,
Gen., II,537, n. 2.
2. Flavis v. « rubris ».
3. Spec. 2. Spreng., *Syst.*, I, 720 (*Leschе-
naultia*).—De Vr., *Gooden.*, t.37; in *Pl. Preiss.*,
I, 413; II, 244 (*Goodenia*). — Benth., *Fl. Austral.*, IV, 44.
4. *Prodr.*, 581. — Endl., *Gen.*, n. 3048. —
B. H., *Gen.*, II, 537, n. 1. — *Latouria* de Vr.,
Gooden., 187.
5. Flavis, rubris v. violaceis.
6. Spec. 15, 16. Sweet, *Fl. Austral.*, t. 26,
46.— De Vr., *loc. cit.*, 181, t. 35, 36. — Benth.,
Fl. Austral., IV, 39. — Lodd., *Bot. Cab.*, t. 1579.
— *Fl. serr.*, t. 176, 219. — *Bot. Reg.*, t. 916;
(1842), t. 2. — *Bot. Mag.*, t. 2600, 4256, 4265.

7. In *Hook. Icon.*, t. 1028; *Gen.*, II, 539, n. 7.
Fl. Austral., IV, 83.
8. Flavis.
9. Spec. 1. *C. goodeniaceum.* — *G. Mueller*
Benth. — *Scævola goodeniacea* F. Muell.,
Fragm., I, 121.
10. *Mantiss.*, n. 1294.—J., *Gen.*, 165.—A. DC.,
Prodr., VII, 505. — Endl., *Gen.*, n. 3088. —
B. H., *Gen.*, II, 540, n. 8. — *Rœmeria* Dennst.,
Sch. H. malab., 24. — *Cerbera* Lour.,. *Fl. co-
chinch.*, 136. — *Lobelia* Gærtn., *Fruct.*, t. 25.
— *Pogonetes* Lindl., *Introd.*, ed. 2, 443. —
Temminckia de Vr., *Gooden.*, 7. — *Camphusia*
de Vr., *loc. cit.*, 14. — *Molkenbœria* de Vr.,
loc. cit., 38, t. 7. — *Merkusia* de Vr., *loc. cit.*,
45, t. 11.

contiguis (*Diaspasis*[1]); limbi lobis inæqualibus v. subæqualibus induplicato-valvatis exauriculatis. Antheræ liberæ. Ovula in loculis plus minus completis v. nunc valde incompletis solitaria, adscendentia v. suberecta anatropa. Stylus sub apice indusio cupulari integro, ciliato v. 2-lobo, munitus. Fructus drupaceus; exocarpio tenui v. succulento. Semina in putamine 1-2-loculari 1, 2; embryone subtereti albumini subæquilongo. — Herbæ, suffrutices v. frutices[2]; foliis alternis v. nunc oppositis, integris v. dentatis; floribus[3] axillaribus solitariis v. 2-chotome cymosis. (*Australia, ins. mar. Pacific., Asia et Africa trop. marit.*[4])

46. **Dampiera** R. Br.[5] — Flores fere *Goodeniæ;* corollæ lobis inæquali-alatis auriculatisve, v. superioribus conniventibus exauriculatis (*Verreauxia*[6]). Germen inferum, 2-loculare; loculo altero abortivo, rudimentario v. rarius ovuligero. Ovulum in loculis solitarium, prope ad basin insertum adscendens v. suberectum anatropum; micropyle infera. Fructus indehiscens; semine vario compressiusculo v. plano subalato albuminoso. — Herbæ, suffrutices v. frutices; indumento vario, sæpe stellato, nunc dense lanato; foliis alternis, integris, sinuatis v. dentatis; floribus[7] solitariis v. varie cymosis spicatisve· (*Australia*[8].)

VI. BRUNONIEÆ.

47. **Brunonia** Sm. — Flores hermaphroditi; receptaculo sacciformi germen liberum includente. Sepala 5, receptaculi ori inserta, parum inæqualia patentia, ciliata. Corollæ tubus cum calyce insertus

1. R. Br., *Prodr.*, 586. — Endl., *Gen.*, n. 3039.
— B. H., *Gen.*, II, 540, n. 9 (tubo haud clauso).
2. Pube simplici v. stellata.
3. Albis, cæruleis, flavidis v. rubris.
4. Spec. ad 60. Lamk, *Ill.*, t. 124. — Cav., *Icon.*, VI, t. 5091, 510. — Gaudich., in *Freyc. Voy.*, *Bot.*, t. 81; *Bonite*, t. 48. — Wight, *Ill.*, t. 137; *Icon.*, t. 1613. — A. Gray, *Syn. Fl. N.-Amer.*, II, 1; in *Proc. Amer. Acad.*, V, 151. — Chapm., *Fl. S. Unit. St.*, 255. — Griseb., *Fl. brit. W.-Ind.*, 388. — Hook. f., *Handb. N.-Zeal. Fl.*, 173; *Fl. tasm.*, t. 67. — Benth., *Fl. Austral.*, IV, 83. — F. Muell., *Fragm.*, I, 121; II, 18, 19. — Harv. Sond., *Fl. cap.*, 604. — Bak., *Fl. maurit.*, 182.

— Hiern, in *Oliv. Fl. trop. Afr.*, III, 462. — *Bot. Mag.*, t. 287 (*Goodenia*), 2732, 4196. — Andr., *Bot. Repos.*, t. 22 (*Goodenia*). — Walp., *Rep.*, II, 712; VI, 390; *Ann.*, II, 1054.
5. *Prodr.*, 587. — Endl., *Gen.*, n. 3040. — B. H., *Gen.*, II, 540, n. 11. — *Linschotenia* de Vr., *Gooden.*, 119, t. 22.
6. Benth., *Fl. Austral.*, IV, 105; *Gen.*, II, 540, n. 10.
7. Albis, purpureis v. cærulescentibus.
8. Spec. ad 35. Hook., *Icon.*, t. 1026, 1027. — De Vr., *Gooden.*, t. 14-18, 20, 21; in *Pl. Preiss.*, t. 409 (*Scævola*). — Benth., *Fl. Austral.*, IV, 105 (*Verreauxia*), 106.

cylindraceus; limbi lobis paulo inæqualibus (quorum 2 altius solùtæ);
valvatis. Stamina 5, paulo supra basin corollæ tubi inserta; filamentis
liberis; antheris introrsis in tubum circa stylum coalitis, 2-rimosis;
Germen liberum, 1-loculare; stylo sub apice stigmatoso-2-lobo indusio
cupulari munitum. Ovulum 1, suberectum anatropum; micropyle
infera. Fructus siccus indehiscens, receptaculo calyce aucto inclusus.
Semen exalbuminosum; embryonis carnosi recti radicula infera. —
Herba perennis; indumento vario; foliis basilaribus rosulatis; floribus
spurie capitatis glomerulatis; capitulis longe pedunculatis, bracteatis. (*Australia.*) — *Vid. p.* 342.

VII. PHYLLACHNEÆ.

48. Phyllachne FORST. — Flores hermaphroditi v. polygami subregulares; receptaculo concavo, ovoideo v. obconico, cavitate germen
intus adnatum fovente. Calyx receptaculi margini insertus, 5-9-phyllus.
Corolla cum calyce inserta campanulata; lobis 5-9, subæqualibus,
imbricatis. Stamina 2; antheris lateraliter sub apice styli insertis,
extrorsis; longitudinaliter 2-rimosis; rimis superne confluentibus.
Germen inferum, 2-loculare; septo plus minus incompleto nuncque
ad columnam centralem reducto. Discus e glandulis epigynis 2 cum
staminibus alternantibus constans. Ovula in loculis ∞, septo inserta,
adscendentia, anatropa. Stylus apice in lobos 2 cum staminibus
alternantes divisus. Fructus siccus, aut indehiscens (*Euphyllachne*),
aut (*Forstera*) apice v. altius dehiscens, nunc 2-valvis; seminibus ∞;
albumine carnoso. — Herbæ perennes sæpius parvæ, decumbentes
v. pulvinatæ; foliis parvis, basi rosulatis v. secus caulem imbricatis;
floribus aut inter folia sessilibus (*Euphyllachne*), aut in summo pedunculo subterminali elongato solitariis paucisve. (*Magellania, N.-Zelan-
dia, Tasmania.*) — *Vid. p.* 344.

49. Stylidium Sw.[1] — Flores irregulares; receptaculo tubuloso
v. plus minus elongato concavo. Calycis summo receptaculo inserti

1. In *Ges. Nat. Fr. Berl. Mag.*, I, 47, t. 1, 2
(nec LOUR.). — ENDL., *Gen.*, n. 1093. — H. BN,
in *Payer Fam. nat.*, 246; in *Adansonia*, XII,
354, t. 2. — B. H., *Gen.*, II, 534. — *Ventenatia*

SM., *Exot. Bot.*, II, 13, t. 66, 67 (nec P.-BEAUV.)
— *Candollea* LABILL., in *Ann. Mus.*, VI, 453,
t. 63, 64. — F. V. MUELL., in *N. Giorn. bot. ital.*,
V, 171 (anteponend.?); XI, 203.

lobi 5, plus minus inæquales; præfloratione imbricata. Corollæ valde irregularis cumque calyce insertæ lobi 5, inæquales; antico (labello) sæpius minore, recurvo, basi nunc auriculato; præfloratione imbricata[1]. Coronula varia[2] limbi basi inserta. Stamina 2, lateralia, cum stylo alte connata; antheris sub apice stigmatoso demum insertis, extrorsis, 2-rimosis. Germen inferum, inferne 2-loculare; dissepimento superne plus minus incompleto; loculo altero nunc abortivo effœto; stylo superne antheras gerente, supra basin sæpe articulato elasticeque recurvo v. replicato; lobis stigmatosis 2, sæpius vix conspicuis. Ovula ∞, placentæ septali inserta, adscendentia; micropyle extrorsum infera. Discus epigynus anticus, forma varius. Fructus cupularis, 1-2-locularis, ab apice in valvas 2 septo parallelas dehiscens v. nunc indehiscens. Semina ∞, parva; albumine carnoso.— Herbæ, nunc basi suffrutescentes; foliis basi rosulatis v. alternis, nunc secus caulem ramosve fasciculatis spurieque verticillatis; floribus[3] sæpius terminalibus et in racemos simplices v. cymigeros, spiciformes v. corymbiformes, dispositis, nunc (*Forsteropsis*[4]) inter folia parva squamiformia imbricataque sessilibus. (*Australia*[5], *India or.*, *Orbis vet. reg. omnes trop.*[6])

50. **Levenhookia** R. Br.[7] — Flores hermaphroditi v. polygami irregulares; receptaculo sacciformi. Calyx 5-partitus, imbricatus. Corolla irregularis, 5-loba; labelli lamina cucullata, sæpius elastice reflexa, antheras obtegente; præfloratione imbricata. Stamina 2, cum stylo in columnam brevem (haud elasticam) connata; antheræ extrorsæ loculis demum subsuperpositis. Lobi stigmatosi 2, elongati (v. in flore masculo haud v. vix distincti). Germen inferum, sub-1-loculare; placenta centrali, ∞-ovulata; ovulis adscendentibus; micropyle extrorsum infera[8]; septo interloculari aut valde incompleto, aut nunc subnullo. Fructus capsularis, calyce coronatus, apice

---

1. Quincunciali.
2. Sæpe e squamis 8 ante corollæ lobos 4 posticos geminatis.
3. Roseis v. albis, nunc speciosis.
4. Sond., in *Pl. Preiss.*, I, 393.
5. Bauer, *Ill.*, t. 15.— Benth., *Fl. Austral.*, IV, 2.— F. Muell., *Fragm.*, VI, t. 69.— Labill., *N. Holl.*, t. 213-217.— Hook., *Exot. Fl.*, t. 32.— Sal., *Par. lond.*, t. 77. — *Fl. serr.* (1855), 81. — *Tuinb. Fl.* (1858), III, 29. — Hook. F., *Handb. N.-Zeal. Fl.*, 168. — *Bot. Reg.*, t. 90, 550, 914, 1459; (1842), t. 15, 41. — *Bot. Mag.*,

t. 1918, 2249, 2598, 3136, 3194, 3816, 3883, 3913, 4529, 4538, 5953. — Walp., *Rep.*, VI, 367.
6. Griff., *Notul.*, IV, 275. — Kurz, in *Flora* (1872), 303; in *Journ. As. Soc.* (1876), II, 137; (1877), II, 212. — Clke, in *Hook. Fl. brit. Ind.*, III, 420.
7. *Prodr.*, 572. — Bauer, *Ill.*, t. 15. — Endl., *Gen.*, n. 3094. — B. H., *Gen.*, II, 535, n. 2. — H. Bn, in *Adansonia*, XII, 354, t. 1. — *Leeuwenhœkia* DC., *Prodr.*, VII, 338. — *Coleostyles* Sond., in *Pl. Preiss.*, I, 391.
8. Integumento duplici.

2-valvis. — Herbæ annuæ, nunc minimæ, simplices v. ramosæ; foliis alternis; floribus[1] in racemos breves terminales inæquales dispositis, bracteatis. (*Australia*[2].)

1. Albis, parvis v. minutis.
2 Spec. ad 7. BENTH., *Fl. Austral.*, IV, 34. Genus *Githopsis* NUTT., in *Trans. Amer. Phil. Soc.*, sér. 2, VIII, 258. — VTKE, in *Linnæa*, XXXVIII, 714. — A. GRAY, *Bot. Calif.*, I, 446. — WALP., *Ann.* II, 1052, nec *Hort. amer. cantab.*, e speciminibus legitimis nunc nobis notum, servandum videtur. Flores regulares; receptaculo obconico-lineari; calycis foliolis 5, linearibus. Corolla tubuloso-campanulata, 5-loba. Stamina 5; filamentis basi dilatatis; antheris liberis. Germen inferum, 3-loculare; septis nunc evanidis; stylo apice 3-fido. Capsula clavata, 10-costala, vertice inter sepala persistentia operculatim dehiscens. — Herba annua; foliis alternis angustis; floribus terminalibus v. oppositifoliis cymosis. — Spec. 1, californica, *G. specularioides* NUTT. — *G. calycina* BENTH. — *G. pulchella* VTKE.

Genus *Parishella* A. GRAY, in *Bot. Gaz.*, VII (1882), 94, *Nemaclado* proximum dictum (p. 368)

nobis omnino ignotum est. Character igitur sumatur ex auctoris descriptione (in *Proc. Amer. Acad.*, XIX, 82) : Calyx 5-fidus; tubo campanulato adnato, lobis spathulatis foliaceis breviore. Corolla subrotata, calyce brevior, profunde fere æqualiter 5-fido. Stamina 5, a corolla libera : filamenta (basi tantum discreta) in tubum gracilem apice inflexum connata; antheræ liberæ nudæ ovales; loculis introrsum dehiscentibus. Ovarium 2-loculare, multiovulatum; stylus filiformis; stigma depresso-capitatum, 2-lobum, exannulatum. Capsula turbinata, infera, polysperma, vertice inter calycis lobos persistentes operculatim dehiscens; operculo late conico, stylo apiculato cum corolla marcescente demum deciduo. Semina globosa fere lævia. — Spec. 1, *P. californica*, herba exigua monocarpica glabella; foliis spathulatis cum floribus axillaribus brevipedunculatis in collo rosulatis, mox proliferis, ramis depressis inferne nudis; corolla alba.

LXVIII

CUCURBITACÉES

I. SÉRIE DES FEVILLEA.

Les Cucurbitacées qui croissent spontanément chez nous et les

Fevillea trilobata.

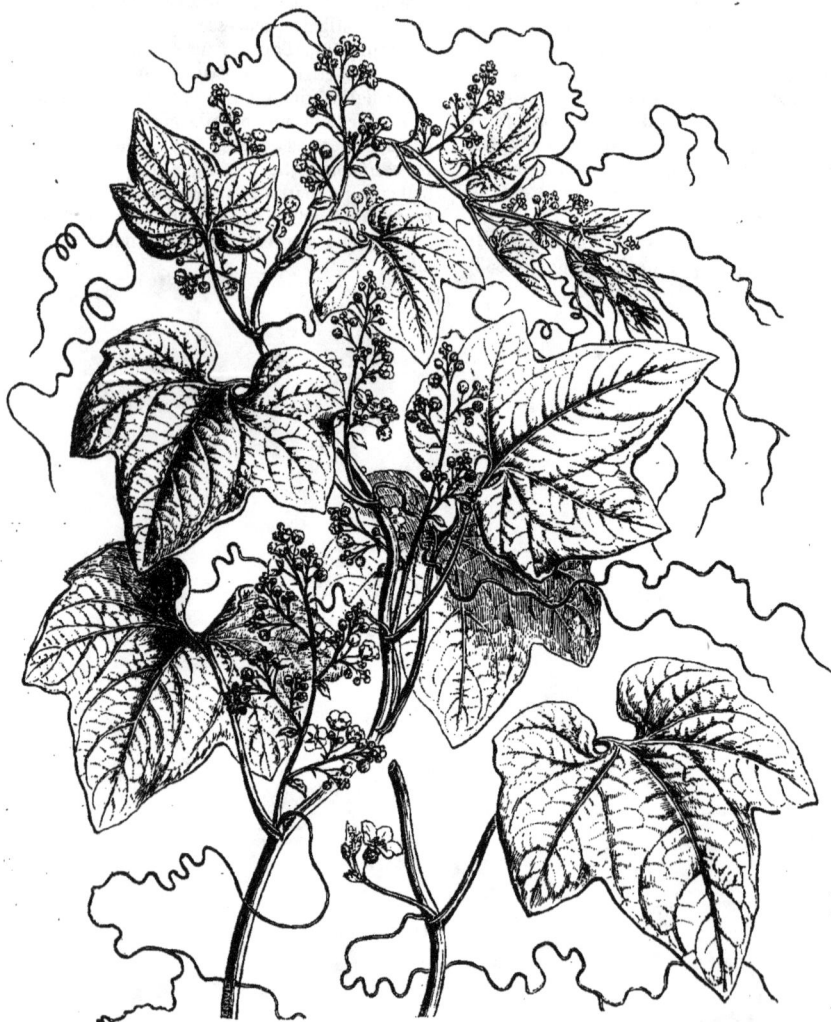

Fig. 207. Rameau florifère mâle.   Fig. 208. Rameau florifère femelle.

espèces herbacées qui sont cultivées dans nos jardins ne représentent pas les types réguliers de cette famille. Ces types s'observent dans les *Fevillea*[1] (fig. 207-217) qu'on plaçait jadis dans une autre famille, celle des Nhandirobées ou Févillées. Ils ont des fleurs dioïques et régulières. Les fleurs mâles ont un réceptacle en forme de coupe peu profonde et dont les bords portent un double périanthe, savoir, un calice de cinq sépales, primitivement imbriqués en quinconce, et cinq pétales alternes, également imbriqués dans le bouton, ordinairement pourvus en bas et en dedans, sur la ligne médiane, d'une crête verticale plus ou moins saillante[2]. L'androcée est formé de cinq éta-

Fevillea trilobata.

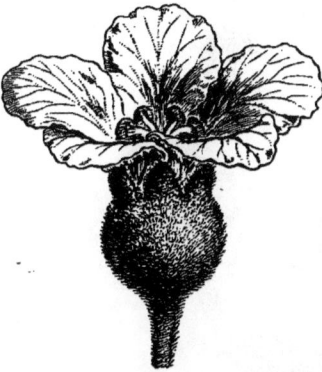

Fig. 209. Fleur femelle.

Fig. 210. Fleur femelle, coupe longitudinale.

mines, insérées un peu en dedans des pétales, avec lesquels elles alternent exactement. Chacune d'elles a un filet libre, arqué-récurvé, et une anthère basifixe dont le connectif se dilate en une lame plus ou moins étalée, épaissie ou spathulée, qui se continue avec le sommet du filet et qui porte sur sa face externe une loge unique, déhiscente en dehors par une fente longitudinale médiane[3].

Les fleurs femelles (fig. 209-210) ont un réceptacle bien plus profond, en forme de sac ou de gourde, dont le col est court ou allongé

1. L., *Gen.* (1737), 362; ed. 6, n. 1118 (*Fevillea*). — J., *Gen.*, 397. — Poir., *Dict.*, IV, 417. — Spach, *Suit. à Buffon*, VI, 188. — Endl., *Gen.*, n. 5121. — B. H., *Gen.*, I, 840, n. 68. — H. Bn, in *Compt. rend. Ass. fr.* (1878), 684, t. 14, fig. 5-8; in *Bull. Soc. Linn. Par.*, 210. — Cogn., *Cucurb.*, in *DC. Monogr. Phanér.*, III, 938. — *Nhandiroba* Plum., *Amer.*, 20, t. 27. — Turp., in *Dict. sc. nat.*, Atl., t. 210, 211. — *Hypanthera* S. Manso, *Enum. subst. brazil.*, 37. — Endl., *Gen.*, Suppl., III, 90.

2. Elle a souvent été décrite comme une étamine stérile et oppositipétale.

3. Les lèvres de cette fente peuvent, après la déhiscence, se révoluter. Nous avons fait voir que c'est bien à tort que ces anthères ont été considérées comme biloculaires, et nous avons montré la cause de cette singulière erreur. Les valves de la loge sont réfléchies. Les grains de pollen sont ovoïdes, lisses et pourvus de trois sillons longitudinaux; mouillés, ils deviennent à peu près sphériques, et les sillons disparaissent.

et se dilate supérieurement en une sorte de coupe comparable au réceptacle des fleurs mâles. Ses bords donnent de même insertion au calice et à la corolle pentamères, et plus bas à cinq staminodes alternipétales. Quant à la concavité du réceptacle, elle loge un ovaire infère adné, à trois loges complètes ou incomplètes, dans l'angle interne

Fevillea trilobata.

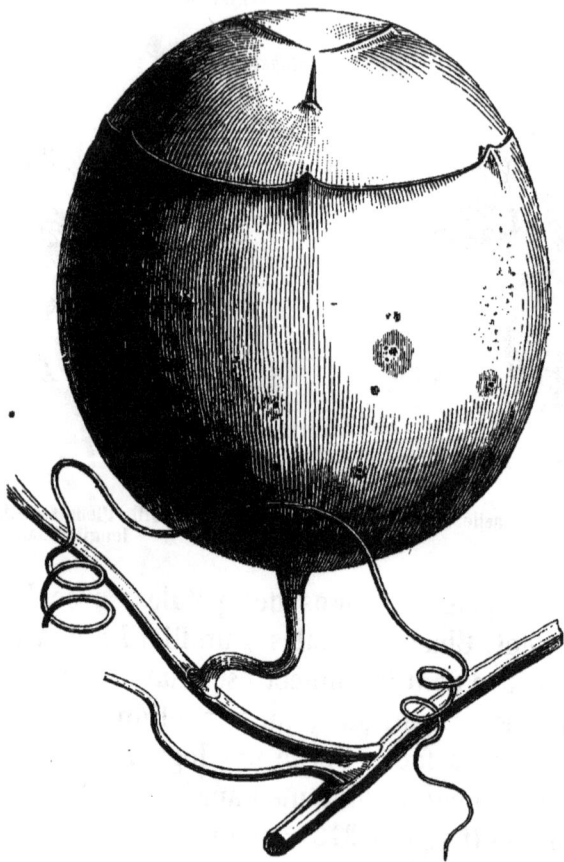

Fig. 211. Fruit.

desquelles se voit un placenta axile, supportant un nombre variable d'ovules; quelquefois quatre seulement, disposés sur deux rangées verticales, et descendants, anatropes, avec le micropyle tourné en haut et en dehors. Plus souvent le nombre des ovules est indéfini. Le style qui surmonte l'ovaire est partagé plus ou moins profondément, et souvent même jusqu'à sa base, en trois branches dont l'extrémité stigmatifère est dilatée et bilobée. Le fruit est une baie, parfois volumineuse, finalement desséchée et plus ou moins durcie. Elle est entourée, à une hauteur variable, d'une cicatrice annulaire, répondant au bord du réceptacle et portant souvent encore la trace des cinq sépales. Dans les loges plus ou moins incomplètes de ce fruit se voient des graines en nombre variable, attachées sur un placenta à trois angles ou à trois ailes, et ordinairement volumineuses, orbiculaires, comprimées, renfermant, sous leurs téguments épais, un gros embryon charnu, à cotylédons épais et arrondis et à courte radicule supère.

Fevillea cordifolia.

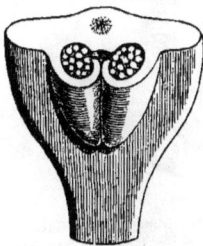

Fig. 212. Fleur mâle.

Fig. 213. Anthère vue de face   Fig. 214. Anthère coupée en travers   Fig. 215. Étamine
et coupée en travers. .   après la déhiscence.   vue de dos.

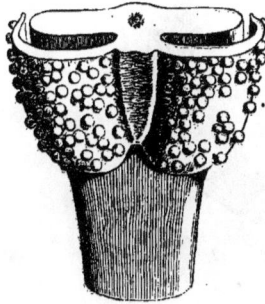

Dans la plupart des *Fevillea*, l'ovaire n'est pas complètement renfermé dans la cavité du réceptacle, au-dessus des bords duquel son sommet fait plus ou moins saillie. Dans le *F. trilobata* (fig. 207-211), le sommet de l'ovaire est coupé horizontalement et ne dépasse pas les bords de l'ouverture réceptaculaire. Il en est de même dans le *F. parviflora*, dont on a fait un genre à part, sous le nom d'*Anisosperma*[1], et dans les feuilles trifoliolées duquel les folioles latérales sont réduites à deux glandes pétiolaires, en même temps que ses inflorescences mâles sont moins ramifiées que celles de la plupart des *Fevillea* proprement dits.

1. S. Mans., *Enum.*, 38. — Corr. de Mello,   *Mart. Fl. bras.*, LXXVII, 120; *Cucurbitac.*, in
in *Journ. Linn. Soc.*, XI, 258 (1869). — Cogn., in   *DC. Monogr. Phanér.*, III, 944, n. 79.

Ainsi constitué, ce genre est formé de six ou sept espèces[1], toutes de l'Amérique tropicale, à tiges frutescentes, grimpantes, à feuilles ovales, cordées, anguleuses ou digitilobées. Elles se soutiennent à l'aide de vrilles bifurquées au sommet, qui occupent le côté de l'aisselle des feuilles. Leurs inflorescences, également axillaires-latérales, sont disposées en grappes plus ou moins ramifiées et composées. Les fleurs[2] femelles sont ou solitaires, ou en nombre beaucoup moins considérable que les mâles, sur des pieds particuliers.

Fevillea cordifolia.

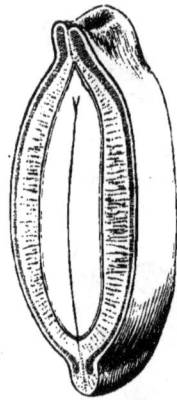

Fig. 216. Graine.   Fig. 217. Graine, coupe longitudinale.

On a placé, à tort selon nous, dans des tribus distinctes les genres qui suivent et qui, ayant à peu près la fleur des *Fevillea*, en diffèrent surtout par les caractères des fruits et des graines. Ainsi les *Alsomitra*, dont on a décrit des espèces américaines, mais qui sont surtout des plantes de l'Asie et de l'Océanie tropicales, ont les fleurs mâles et les cinq étamines des *Fevillea*; mais leur fruit est cylindrique ou claviforme, sec et déhiscent au-dessus du périanthe par trois valves triangulaires. Quand celles-ci se sont séparées les unes des autres, elles laissent au sommet du fruit une large ouverture par laquelle sortent des graines pourvues inférieurement d'une longue aile membraneuse et transparente. Ce sont des lianes à feuilles le plus souvent trifoliolées. Les *Zanonia* (fig. 218-222) ont le même fruit, ordinairement plus

1. Vell., *Fl. flum.*, X, t. 102, 104. — DC., *Prodr.* II, 297. — Roem., *Syn.*, 114. — Griseb., *Fl. brit. W.-Ind.*, 289. — Cogn., in *Mart. Fl.*

bras., LXXVIII, 115, t. 37; t. 38 (*Anisosperma*). — Walp., *Rep.*, II, 933.
2. Jaunes, petites.

grand, avec des graines pourvues d'une aile membraneuse circulaire ou plus souvent de deux ailes allongées et rigides. Leurs feuilles sont simples; et leurs étamines, au nombre de cinq, alternipétales, ont cha-

Zanonia indica.

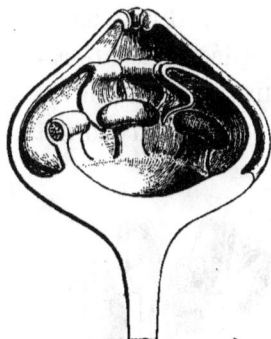

Fig. 218. Bouton mâle, coupe longitudinale.

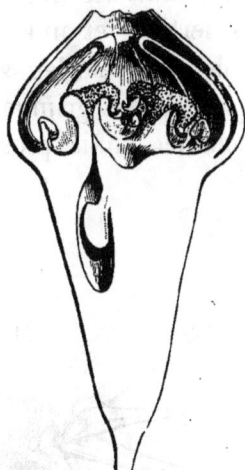

Fig. 219. Bouton femelle, coupe longitudinale.

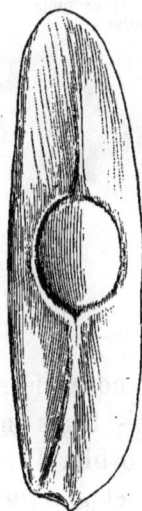

Fig. 221. Graine.

Fig. 220. Fruit déhiscent.

Fig. 222. Graine, coupe longitudinale.

cuue une anthère basifixe et uniloculaire, qui s'ouvre supérieurement par une fente transversale. Chacune de leurs trois loges ovariennes renferme deux ou plusieurs ovules descendants. Ce sont des plantes grimpantes, à feuilles simples, de l'Asie et de l'Océanie tropicales. Le

Gerrardanthus macrorhiza, plante grimpante de Natal, à racine énorme, a des fruits de *Zanonia*, avec des graines ailées supérieurement; mais ses fleurs mâles ont des pétales inégaux, quatre étamines fertiles et une stérile, rapprochées entre elles d'une façon variable; les feuilles sont simples, hastées ou cordées. Les *Gomphogyne*, herbes grimpantes de l'Inde, ont aussi un fruit qui s'ouvre au sommet, mais plus petit et présentant la forme d'un cornet

Actinostemma tenerum.

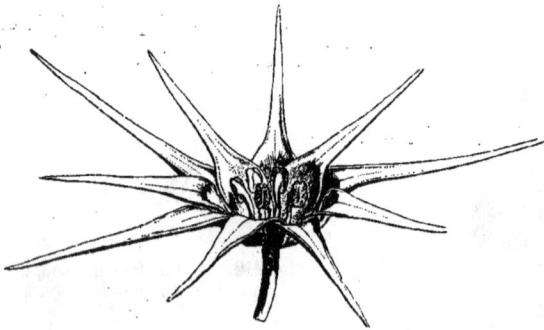

Fig. 223. Fleur mâle.

Fig. 224. Fleur mâle, le périanthe enlevé.

Fig. 225. Fleur femelle, coupe longitudinale.

à côtes longitudinales. Leurs graines sont comprimées, non ailées, rugueuses et souvent denticulées sur les bords. Les trois loges incomplètes de leur ovaire ne renferment chacune qu'un ovule. Leur fleur mâle à cinq étamines libres, sauf à la base de leur filet, et pourvues chacune d'une anthère uniloculaire, à ligne de déhiscence extrorse et longitudinale. Les *Actinostemma* (fig. 223-225), herbes grimpantes de l'Asie orientale, à feuilles entières, lobées ou cordées, ont des fleurs mâles à cinq étamines libres, dont les anthères, comme celles des *Gomphogyne*, s'ouvrent en dehors par une fente longitudinale. Mais leur fruit sec, souvent rugueux ou chargé d'aiguillons, est une pyxide qui laisse échapper une ou quelques graines comprimées, non ailées.

L'ovaire uniloculaire renferme deux ou quatre ovules descendants,
insérés sur un placenta pariétal. Les *Gynostemma* sont aussi des herbes
grimpantes, asiatiques et océaniennes, et leurs feuilles sont composées-
pédalées, avec un nombre variable de folioles. Les anthères extrorses
et uniloculaires sont portées sur une colonne centrale commune; et
les loges ovariennes sont au nombre de deux ou trois, avec un même
nombre de branches au style, et deux ovules descendants dans chacune
des loges. Mais leur fruit est indéhiscent; et les graines, au nombre
d'une, deux ou trois, qu'il renferme, sont dépourvues d'aile et rugueuses
ou muriquées à la surface. Par les caractères de son péricarpe, ce
genre sert de passage entre ceux qui précèdent et le genre exceptionnel

Schizopepon bryoniæfolius.

Fig. 226. Fleur (⁴⁄₇).   Fig. 227. Fleur, coupe longitudinale.

à fruit lisse, dont nous allons maintenant nous occuper. Le *Schizopepon bryoniæfolius* (fig. 226, 227) a des fleurs plus parfaites que
celles des types précédents, en ce sens qu'elles sont hermaphrodites,
au lieu d'être unisexuées; mais, d'autre part, la symétrie de leur androcée est dérangée, parce qu'il s'y produit un phénomène de déplacement
des étamines, ordinaire au plus grand nombre des genres de la famille
et qui consiste en ceci : Au début, les étamines sont, comme celles
des *Fevillea*, exactement alternes avec les pétales. Mais, par suite
d'accroissements inégaux et d'entraînements de ces étamines les unes
vers les autres, suivant un plan horizontal, l'une d'elles ne se déplaçant
aucunement et demeurant dans l'intervalle de deux pétales, les
quatre autres se rapprochent par paires jusqu'au contact parfait, et
leurs filets, unis deux à deux en une seule baguette, supportent chacun

une paire d'anthères uniloculaires qui simule une anthère biloculaire et superposée à un pétale. D'ailleurs l'anthère est ellipsoïde et déhiscente par une fente verticale médiane extérieure. Le réceptacle a la forme d'une gourde à col court, dilaté supérieurement en une portion cupuliforme qui supporte un calice et une corolle pentamères. Les sépales très jeunes sont légèrement imbriqués, et les pétales ont une préfloraison valvaire ou peu s'en faut. L'ovaire, infère, est triloculaire et renferme dans chaque loge un seul ovule anatrope, descendant de la partie supérieure de l'angle interne, et dirigeant son micropyle en haut et en dedans. Le style est partagé en trois lobes stigmatifères courts, eux-mêmes presque entiers ou inégalement divisés. Le fruit est une petite baie qui ressemble d'abord à celle de nos Bryones, et renferme une, deux ou trois graines sans albumen, mais qui finit par se dessécher et s'ouvrir élastiquement de haut en bas en trois valves qui lancent au loin les semences. Le seul *Schizopepon* connu est une herbe grimpante, à feuilles alternes, ovales-cordées et plurilobées, observée jusqu'ici au Japon et en Mandchourie.

II. SÉRIE DES CHAYOTES.

Les Chayotes[1] (fig. 228-233) ont des fleurs régulières, unisexuées, monoïques. Dans leurs fleurs mâles, le réceptacle a la forme d'une coupe hémisphérique, garnie en dedans d'un disque plus ou moins développé et à dix lobes ou crénelures plus ou moins accentuées. Sur ses bords s'insèrent un calice de cinq sépales, étroits, allongés, dont les extrémités supérieures se recouvrent d'abord en préfloraison imbriquée, et cinq pétales alternes, valvaires dans le bouton. Bien plus bas et non loin de son centre, la concavité du réceptacle porte cinq étamines alternipétales et libres. Chacune d'elles a un filet étroit et une anthère uniloculaire, extrorse, dont la loge est flexueuse et s'ouvre en dehors par une fente également flexueuse, qui suit sur son milieu les replis de la loge[2]. Ces étamines se collent souvent les unes aux autres par les bords de leur anthère, et quatre d'entre elles notamment s'unissent ainsi légèrement deux à deux; mais on peut toujours les

---

1. *Sechium* P. Br., *Jam.*, 355. — Poir., *Dict.*, VII, 50; in *Dict. sc. nat.*, XLVII, 293. — Ser., in *DC. Prodr.*, III, 313. — Endl., *Gen.*, n. 5147. — B. H., *Gen.*, I, 837, n. 57. — Cogn., *Cucurb.*, 900. — *Chocho* Adans., *Fam. des pl.*, II, 500. — *Chayota* Jacq., *Amer.*, ed. pict., II, t. 245.

2. Le pollen est formé de grains globuleux, 10-gones, déhiscents par 10 pores.

séparer sans déchirure par une légère traction, et démontrer ainsi leur position alternipétale. Dans la fleur femelle, le périanthe est semblable à celui de la fleur mâle, et il s'insère aussi sur les bords d'un réceptacle en forme de cupule ; mais celle-ci se prolonge inférieure-

Sechium edule.

Fig. 228. Bouton mâle (½).

Fig. 229. Fleur mâle.

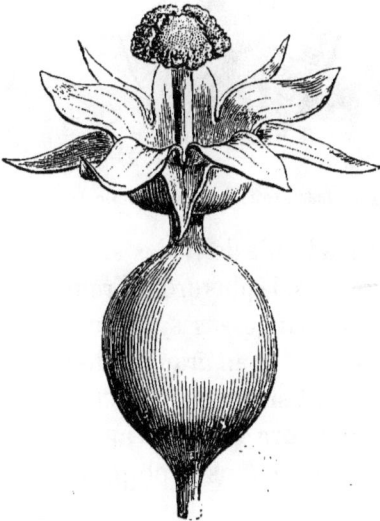

Fig. 230. Fleur femelle.

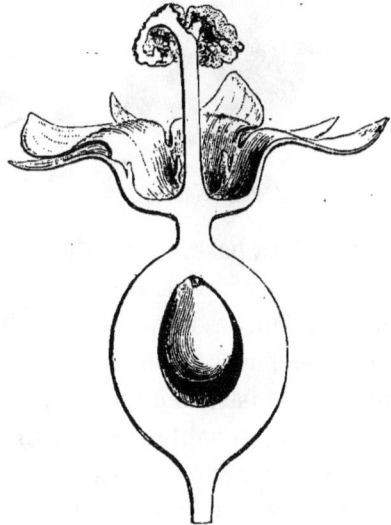

Fig. 231. Fleur femelle, coupe longitudinale.

ment en un col étroit, plus bas dilaté en une cavité lagéniforme et qui loge dans son intérieur l'ovaire adné et infère. Ce dernier possède primitivement trois placentas pariétaux, peu proéminents ; mais l'un d'eux seulement ne s'arrête point de bonne heure dans son développement et porte vers sa portion supérieure un seul ovule descendant et anatrope,

dont le micropyle se dirige finalement en haut et en dedans. L'ovaire
est surmonté d'un style grêle dont l'extrémité supérieure se renfle en
trois lobes, eux-mêmes plus ou moins profondément bilobés et stigmatifères. Le fruit (fig. 232, 233) est une grosse baie, plus ou moins
profondément sillonnée, mamelonnée ou rugueuse, et renfermant une
graine volumineuse, descendante, comprimée, dont les téguments
épais recouvrent un gros embryon charnu, sans albumen.

Le *S. edule*[1], seule espèce connue de ce genre, est une herbe vivace,

Sechium edule.

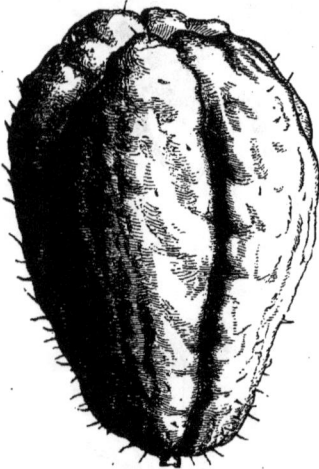

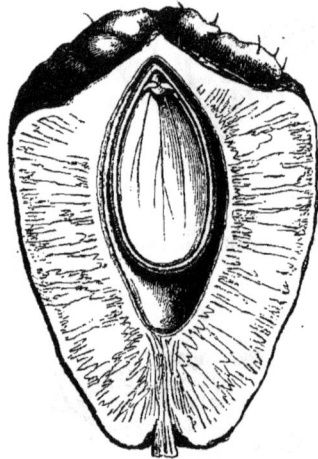

Fig. 232. Fruit (⁴⁄₇).   Fig. 233. Fruit, coupe longitudinale.

frutescente à sa base, hispidule, et grimpant à l'aide de vrilles subaxillaires, partagées supérieurement en 2-5 branches, le plus ordinairement
trifides. Ses feuilles alternes sont digitinerves, anguleuses ou lobées,
cordées à la base. Ses fleurs mâles[2] sont disposées en grappes dont le
pédoncule a sa base dénudée, et les femelles sont situées à l'aisselle des
mêmes feuilles et solitaires ou géminées. Originaire de l'Amérique tropicale, cette plante a été introduite par la culture dans la plupart des
pays chauds des deux mondes.

Dans les *Sicyos* (fig. 234), qui sont des herbes annuelles, américaines et océaniennes, les fleurs monoïques sont analogues à celles des
Sechium, avec le même ovaire et le même ovule; mais le fruit, coriace

---

1. Sw., *Fl. ind. occ.*, II, 1150. — *S. ameri-*
canum Poir.—Cogn., in *Mart. Fl. bras.*, LXXVIII,
111, t. 35. — *Sicyos edulis* Jacq., *Select. stirp.*
amer., t. 163. — *S. laciniatus* Descourt., *Fl. Ant.*,

V, 103. — *Chayota edulis* Jacq., *Amer.*, ed. pict.
loc. cit. — *Cucumis aculangulus* Descourt., *Fl*
Ant., V, 94, t. 328.

2. Petites, d'un blanc sale ou verdâtre.

ou presque ligneux, est arrondi ou fusiforme, comprimé ou anguleux, 3-6-quètre; et l'androcée représente une colonne grêle que surmontent les anthères rapprochées en tête et dont quatre sont le plus souvent unies deux à deux, avec des loges linéaires et plus ou moins sigmoïdes ou sinueuses. Il y a un *Sicyos* du Texas, le *S. gracilis*, qu'on a nommé

Sicyos angulatus.

Fig. 234. Rameau florifère.

Sicyosperma, et dont la fleur mâle, très petite, a des pétales terminés souvent par deux pointes et des loges d'anthère simplement arquées.

Les trois genres américains *Microsechium*, *Sechiopsis* et *Sicydium* sont aussi très voisins des *Sechium*. Le premier a les fleurs mâles 3- ou 4-parties et les fleurs femelles trimères, quatre étamines de *Sicyos* et un fruit charnu. Le deuxième a des fleurs femelles trimères et des fleurs mâles pentamères, avec un androcée de *Sicyos* et un réceptacle patériforme portant en bas deux renflements glanduleux en face de chaque pétale; son fruit est sec, à trois ailes. Les *Sicydium* ont les fleurs des deux sexes pentamères et des pétales étroits, plus ou moins allongés ou triangulaires. Leur fruit est charnu ou fibreux, globuleux ou ailé, et leurs cinq étamines sont triadelphes; mais leurs anthères sont courtes et à loges non contournées. Celles qui sont, par un fait d'entraînement, réunies par paires, simulent de la sorte une anthère didyme.

III. SÉRIE DES PERIANTHOPODUS.

Les *Perianthopodus*[1] (fig. 235) ont des fleurs unisexuées et monoïques ou dioïques. Les mâles ont un réceptacle en forme de tube large

---

1. S. Manso, *Enum.* (1836), 28. — Endl., *Gen.*, Suppl., III, 94. — *Cayaponia* S. Manso, *loc. cit.*, 31. — Endl., *Gen.*, Suppl., II, 91. — Cogn., *Cucurb.*, 738. — *Cionandra* Griseb., *Fl. brit. W.-Ind.*, 286. — *Trianosperma* Mart., *Syst. Mat.* *med. Bras.*, 79.— Naud., in *Ann. sc. nat.*, sér. 4, XVI, 189; XVIII, 205; sér. 5, VI, 14. — B. H., *Gen.*, I, 835. — ? *Druparia* S. Manso, *loc. cit.*, 35. — Endl., *Gen.*, Suppl., III, 91. — *Antagonia* Griseb., *Pl. Lorentz.*, 144.

et court, ou plus souvent de cloche ou de cupule. Il porte sur ses bords un calice de cinq sépales dentiformes, libres ou unis dans une faible étendue, et une corolle de cinq pétales valvaires ou légèrement indupliqués, s'étalant fréquemment lors de l'anthèse, comme les pièces d'une corolle rotacée. Les étamines, insérées non loin du fond du réceptacle, sont formées d'un filet libre et d'une anthère uniloculaire, extrorse, à loge repliée une ou plus souvent deux fois sur elle-même et déhiscente par une fente qui suit ses sinuosités[1]. De même que dans le plus grand nombre de nos Cucur-

Perianthopodus Tayuya.

bitacées cultivées, et par suite d'entraînements dans le plan horizontal, une de ces anthères demeure isolée et alternipétale, tandis que les quatre autres se rapprochent deux à deux, de façon à simuler deux anthères biloculaires et alternisépales[2]. Au centre de la fleur se trouve presque toujours un rudiment de gynécée qui simule souvent un disque[3]. Dans la fleur femelle, la coupe réceptaculaire est supportée par un col rétréci, bientôt dilaté inférieurement en un sac ovoïde ou oblong, dont la concavité loge un ovaire adné et infère, à une, deux ou plus souvent trois loges dans chacune desquelles se trouvent de un à quatre ovules, ordinairement ascendants et anatropes[4]. Un style columniforme, dressé, surmonte l'ovaire ; il est entouré à sa base d'un disque épigyne annu-

Fig. 235. Fleur femelle, l'ovaire ouvert ($\frac{6}{1}$).

laire, entier ou trilobé, plus ou moins épais, et il se divise supérieurement en trois branches, étroites ou dilatées, quelquefois subpétaloïdes et finalement réfléchies, chargées de papilles stigmatiques. Le fruit, globuleux ou ovoïde, charnu ou plus ou moins coriace, est une baie indéhiscente, contenant de une à dix ou douze graines. Celles-ci sont dépourvues d'albumen, ascendantes ou subdressées, sou-

---

1. Ces étamines sont réduites dans la fleur femelle à l'état de staminodes.
2. Les grains de pollen sont globuleux, finement muriqués et déhiscents par quatre pores.
3. Très variable de taille et de forme, parfois même à peu près nul.

4. Avec le micropyle inférieur et intérieur. Nous devons dire cependant qu'on rencontre çà et là dans ce genre des ovules descendants avec le raphé ventral ; ce qui enlève au caractère, pris comme absolu, de la direction ovulaire, une très grande partie de sa valeur.

vent allongées, arrondies ou comprimées à un degré très variable, et elles renferment un embryon charnu, à radicule infère.

Les *Arkezostis*[1] sont des *Perianthopodus* dont l'ovaire a trois loges uniovulées; et les *Abobra*[2], des *Perianthopodus* dont la graine est un peu plus comprimée que dans les espèces-types, en même temps que les branches du style sont plus étroites. Mais ils appartiennent pour nous au même genre, qui, ainsi constitué[3], est formé d'une soixantaine d'espèces[4], toutes américaines, sauf une seule, qui se trouve dans l'Afrique tropicale occidentale. Ce sont des herbes couchées ou plus fréquemment grimpantes, à rhizome souvent vivace, à feuilles entières ou rarement 3-5-foliolées, plus ordinairement 2-5-lobées et palmées. Leurs vrilles sont latérales, la plupart du temps 2-5-fides. Leurs fleurs[5] sont monoïques ou rarement dioïques, solitaires ou réunies en grappes simples, ramifiées ou composées de cymes.

On a placé à côté de ce genre les *Selysia* et *Dicœlospermum*. Les premiers ont des anthères à large connectif et à loges arquées, repliées supérieurement en dedans, et leurs fruits renferment des graines triangulaires, fortement comprimées, lisses, non marginées, acuminées à la base. Ce sont des herbes à peu près glabres, du Pérou et de la Colombie. Le *Dicœlospermum Ritchiei* est indien, herbacé, scabre et grimpant. Ses étamines ont des anthères à loges droites, avec un gynécée rudimentaire dans la fleur mâle. Ses graines sont fortement comprimées, mais épaissies sur les bords. On ne connaît pas encore sa fleur femelle.

IV. SÉRIE DES CYCLANTHERA.

Les *Cyclanthera*[6] (fig. 236-241) tirent leur nom de la forme de leur androcée. Celui-ci est constitué par un pied qui supporte une sorte de

1. RAFIN., *N. Fl.* (1836), IV, 100. — *Trianosperma* MART., *Syst. Mat. med. Bras.*, 79. — NAUD., in *Ann. sc. nat.*, sér. 4, XVI, 189; XVIII, 205; sér. 5, VI, 14. — B. H., *Gen.*, I, 835. — COGN., *Cucurb.*, 739, 741,765. — *Boikinia* NUTT., ex ARN., in *Hook. Journ. Bot.*, III, 276. — *Cionandra* GRISEB., *Fl. brit. W.-Ind.*, 286.

2. NAUD., in *Rev. hort.* (1862), 111; in *Ann. sc. nat.*, sér. 4, XVI, 196.— B. H., *Gen.*, I, 834. — COGN., *Cucurb.*, 737.

3. Sect. 4 : { 1. *Euperianthopodus*. 2. *Arkezostis*. 3. *Cayaponia*. 4. *Abobra*.

4. POEPP. et ENDL., *Nov. gen. et spec.*, II, 56 (*Bryonia*). — TORR. et GR., *Fl. N.-Amer.*, I, 540 (*Bryonia*). — COGN., in *Mart. Fl. bras.*, LXXVIII, 71, t. 20 (*Abobra*); 72, t. 21-24 (*Cayaponia*); 81, t. 25-28 (*Trianosperma*); 94, t. 29; in *Griseb. Symb. Fl. argent.*, 135.

5. Petites, verdâtres, jaunes ou blanchâtres.

6. SCHRAD., *Ind. sem. Hort. gœtt.* (1831); in *Linnæa*, VIII, *Litt.*, 23; XII, 408. — ENDL., *Gen.*, n. 5143. — PAYER, *Fam. nat.*, 122; *Tr. Organog.*, 440, t. 93. — B. H., *Gen.*, I, 836, n. 54. — COGN., *Cucurb.*, 822. — *Discanthera* TORR. et GR., *Fl. N.-Amer.*, I, 696. — *Elateriopsis* ERNST, in *Flora*, LVI (1873), 257.

table circulaire, formée par la confluence de tous les connectifs et bordée par une loge annulaire continue, déhiscente tout autour suivant une fente circulaire[1]. Cet androcée est entouré d'une petite coupe réceptaculaire qui porte sur ses bords cinq petits sépales dentiformes

Cyclanthera pedata.

Fig. 237. Fleur mâle.

Fig. 238. Fleur femelle.

Fig. 239. Fleur femelle, coupe longitudinale.

Fig. 240. Fruit.

Fig. 236. Rameau florifère.

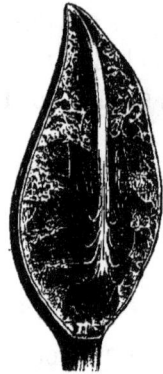

Fig. 241. Fruit, coupe longitudinale.

et cinq pétales alternes, valvaires. Dans la fleur femelle, le réceptacle prend inférieurement la forme d'une gourde obliquement obovoïde, avec un col rétréci et arqué. Le périanthe est semblable à celui de la fleur mâle, et le style se dilate supérieurement en une tête discoïde et déprimée, au centre de laquelle se trouve au-dessus une petite fos-

1. Les grains de pollen sont ellipsoïdes, à 4, 5 sillons longitudinaux; dans l'eau, ils devien- nent globuleux, et s'ouvrent finalement par un pore au niveau de chaque sillon.

sette bordée de dents. L'ovaire, n'a qu'une loge avec un placenta
pariétal, ou deux ou trois loges pluriovulées ; et sur chaque placenta,
souvent hypertrophié autour des ovules qu'il encadre chacun d'une
petite logette, les ovules bisériés sont ascendants, anatropes, avec le
micropyle ramené intérieurement du côté du placenta. Le fruit est
insymétrique, souvent arqué, et glabre, ou plus souvent chargé d'aiguillons, surtout vers son bord convexe. Il ne renferme qu'une loge,
ou bien il est partagé en plusieurs cavités, et il s'ouvre à sa maturité
d'une façon très variable, sa paroi se fendant élastiquement d'un seul
côté ou dans plusieurs directions, suivant les espèces, et se séparant
d'une colonne placentaire, centrale ou latérale, qui porte les graines
et qui, d'abord descendante, peut elle-même se relever avec les semences qu'elle portait et qu'elle projette parfois assez loin[1]. Ces graines
sont comprimées, anguleuses ; et leur tégument, anguleux ou pourvu
de saillies ou de pointes inégales, parfois en forme de cornes, recouvre
un embryon charnu, sans albumen, et dont la radicule était primitivement inférieure. Les *Cyclanthera* ont quelquefois les anthères
réunies, non en un anneau horizontal ininterrompu, mais en une
sorte de collerette à lobes condupliqués, plus ou moins saillants, et dont
les lignes de déhiscence deviennent ainsi plus ou moins obliques et
quelquefois même à peu près verticales. Ce sont des herbes grimpantes,
à vrilles simples ou plus ou moins ramifiées, qui habitent, au nombre
de près de quarante espèces[2], les portions chaudes de l'Amérique.
Leurs feuilles sont entières, lobées, digitinerves ou pédatinerves et
parfois composées. Leurs fleurs, petites, blanches ou verdâtres, sont
monoïques : les mâles réunies en grappes simples ou composées, et les
femelles solitaires à côté des inflorescences mâles.

L'*Hanburia mexicana*, qui est aussi une herbe grimpante, a des
fleurs monoïques dont le réceptacle campanulé, membraneux, simule,
avec les pétales triangulaires dont il est surmonté, un périanthe gamophylle. En dehors de la base des pétales se voient les sépales dentiformes. L'androcée est représenté par une colonne au sommet de
laquelle les anthères, linéaires et plusieurs fois étroitement condupli-

---

1. Dans le *C. explodens* NAUD., le fruit, concave d'un côté et convexe de l'autre (où il est
chargé d'aiguillons), s'ouvre longuement à droite
et à gauche, et la portion concave se sépare de
la portion convexe. Mais celle-ci entraîne avec
elle le placenta qui était du côté de la portion
convexe et qui , suspendu à son sommet, se re-
dresse. En même temps les graines se détachent.

2. ARN., in *Hook. Journ. Bot.*, III, 280. —
POEPP. et ENDL., *Nov. gen. et spec.*, II, 54 (*Momordica*). — BENTH., *Sulph.*, 99. — NAUD., in
Ann. sc. nat., sér., 4, XII, 158 ; sér. 5, VI,
15. — CAR., in *N. Giorn. bot. ital.*, I, 14,
t. 1. — COGN., in *Mart. Fl. bras.*, LXXVIII,
101, t. 32. — WALP., *Rep.*, V, 761 ; *Ann.*, IV,
866.

quées, forment une tête qu'on a crue composée de loges nombreuses. Les fleurs femelles, avec le même périanthe et la même portion campaniforme du réceptacle, présentent, en dessous de celle-ci, une dilatation sphérique et chargée d'aiguillons, qui loge intérieurement un ovaire à quatre ou cinq cavités. Le style a son extrémité dilatée en une tête déprimée ; et le fruit, gros, ovoïde-aigu, insymétrique, chargé de longs aiguillons, s'ouvre élastiquement à la façon de celui des *Cyclanthera*, pour laisser libre un épais placenta columniforme qui porte quelques grosses graines orbiculaires, analogues à celles d'un *Fevillea*.

Les *Elaterium*, qui sont aussi des herbes de l'Amérique tropicale, ont des fruits ovoïdes-obliques et insymétriques, qui s'ouvrent de même élastiquement ; mais leur réceptacle a, dans les fleurs des deux sexes, la forme d'un tube ordinairement allongé ; et les anthères, analogues à celles des *Cyclanthera*, dont l'androcée n'a pas la forme d'un anneau, représentent pas leur réunion une tête à crénelures profondes et repliées sur elles-mêmes, ou flexueuses et arquées, déhiscentes cependant par une seule fente continue, flexueuse comme les anthères elles-mêmes et suivant tous leurs contours.

Les *Echinocystis*, qui sont américains, ont la fleur mâle de certains *Elaterium*, et l'ovaire de certains autres, avec des placentas pariétaux qui portent chacun de deux à six ovules ascendants, et qui, dans le fruit, peuvent s'hypertrophier autour de ces ovules devenus graines, de manière à les renfermer chacun dans une logette particulière. Mais leur fruit, chargé d'aiguillons, n'est pas insymétrique ; à sa maturité, il s'ouvre, ou par un couvercle, ou par une ou deux fentes courtes voisines du sommet, ou même en se déchirant d'une façon irrégulière.

V. SÉRIE DES COURGES.

Les Courges (*Cucurbita*[1]), qui ont donné leur nom à cette famille, n'en représentent cependant qu'un type altéré (fig. 242-250), en ce sens que leurs fleurs unisexuées, ordinairement monoïques, ont leurs éta-

---

1. L., *Gen.* (1737), 297 (nec T.). — J., *Gen.*, 396. — Duch., in *Lamk Dict.*, II, 148. — Schreb., *Gen.*, II, 662. — Ser., in *DC. Prodr.*, III, 316. — Meissn., *Gen.*, 127 (91). — Spach, *Suit. à Buffon*, VI, 197. — Endl., *Gen.*, n. 5138. — Payer, *Organog.*, 441, t. 92 ; *Fam. nat.*, 122. — Naud., in *Ann. sc. nat.*, sér. 4, VI, 5. — B. H., *Gen.*, I, 828, n. 28. — Cogn., *Cucurb.*, 542. — *Pepo* T., *Inst.*, 105, t. 33. — Adans., *Fam. des pl.*, II, 138. — *Melopepo* T., *Inst.*, 106, t. 34. — *Sphenantha* Schrad., in *Linnæa*, XII, 416. — Endl., *Gen.*, n. 5145. — *Tristemon* Scheel., in *Linnæa*, XXI, 586 (nec Rafin., nec Kl.). — *Pileocalyx* Gaspar., in *Rend. d. R. Accad. sc. Nap.*, VI, 409.

mines, fertiles ou stériles, presque toujours déplacées dans un plan horizontal, comme sont celles des *Schizopepon*. Primitivement, elles étaient alternipétales, pourvues chacune d'une anthère uniloculaire, extrorse, flexueuse et sigmoïde, avec une fente médiane extérieure qui suit tous ses contours. Mais, avec l'âge, quatre de ces étamines ont

Cucurbita Pepo.

Fig. 242. Rameau florifère.

été entraînées deux par deux, de façon à constituer, en se rapprochant l'une de l'autre, deux paires oppositipétales, simulant une anthère biloculaire ; tandis que la cinquième est demeurée ce qu'elle était primitivement, c'est-à-dire superposée à un sépale, avec son anthère à loge unique et insymétrique. Ces anthères ne sont pas surmontées d'un prolongement du connectif aux bords duquel elles s'attachent, et leurs filets demeurent plus ou moins complètement indépendants les uns des autres. Ils s'insèrent sur la paroi interne d'une cupule réceptaculaire dont les bords donnent insertion à un calice généralement formé de cinq[1] sépales étroits, ne se touchant pas à l'âge adulte, et à une corolle gamopétale[2], plus ou moins profondément découpée en cinq lobes qui sont quelquefois libres jusque près de leur base, se disposent dans le bouton en préfloraison induplicative-quinconciale et sont souvent fortement veinés. La concavité du réceptacle est fréquemment

Cucurbita Pepo.

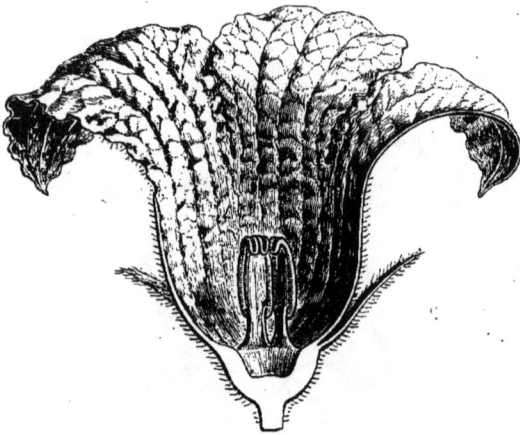

Fig. 243. Fleur mâle, coupe longitudinale.

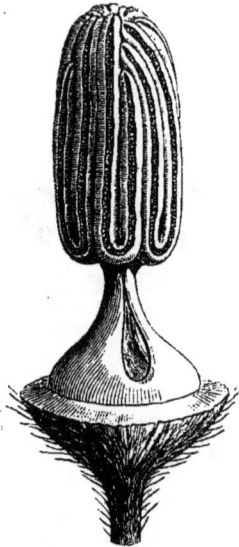

Fig. 244. Fleur mâle, le périanthe enlevé.

doublée d'un tissu glanduleux qui parfois se prononce davantage vers le fond, où il peut même être partagé en lobes obtus[3]. La fleur femelle a le même périanthe, inséré sur les bords d'une coupe réceptaculaire analogue. Mais celle-ci se rétrécit inférieurement en un col court au-dessous duquel elle se dilate ensuite brusquement en une poche sphérique ou oblongue, que remplit l'ovaire infère, adné, surmonté d'un style épais et court, bientôt partagé en trois[4] branches, elles-mêmes renflées à leur sommet stigmatifère, bifurqué ou bilobé. Un disque épigyne épais entoure, au fond de la cupule réceptaculaire, la base du

---

1. Plus rarement la fleur est 4-6-mère.
2. Chargée intérieurement de poils mous capités; à odeur souvent changeante.

3. On les a parfois décrits comme des rudiments du gynécée.
4. Ou assez souv. n! plus, dans nos cultures.

style d'une couronne déprimée, plus ou moins inégalement lobée ; et
elle est elle-même encadrée par un androcée rudimentaire formé de

Cucurbita Pepo.

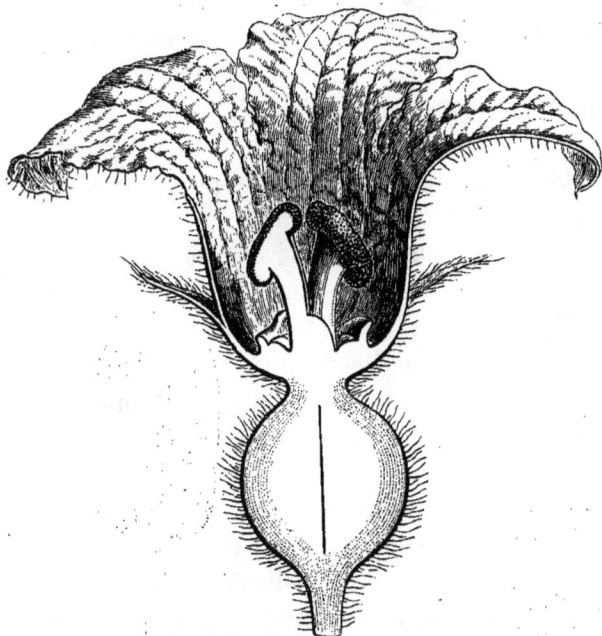

Fig. 245. Fleur femelle, coupe
longitudinale ($\frac{4}{7}$).

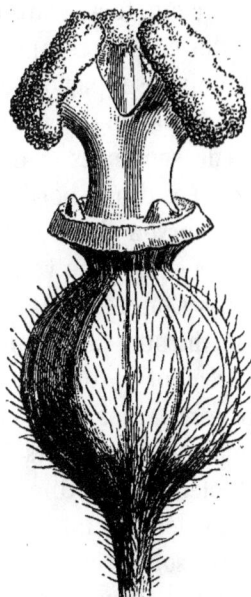

Fig. 246. Fleur femelle,
le périanthe enlevé.

249. Graine.

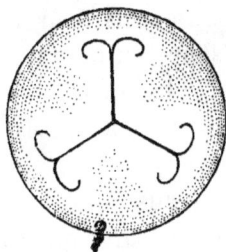

Fig. 247. Ovaire, coupe
transversale
vers le sommet.

Fig. 248. Ovaire, coupe
transversale vers
le milieu de la hauteur.

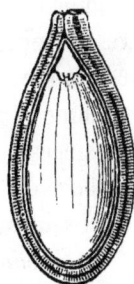

Fig. 250. Graine,
coupe
longitudinale.

trois à cinq staminodes épais, triangulaires, inégaux, comprimés,
ordinairement obtus [1]. L'ovaire est uniloculaire, presque rempli par
trois gros placentas [2] dont la coupe transversale est cunéiforme, et dont

1. Pouvant porter çà et là une anthère rudimentaire, parfois même des ovules.

2. Ils se touchent finalement par leur portion
cunéiforme, leur évolution étant centripète.

les bords épais, incurvés, portent un nombre indéfini d'ovules de divers âges, à peu près horizontaux, anatropes, enchâssés chacun dans une logette que forme autour d'eux le placenta hypertrophié, et qui devient de plus en plus complète avec l'âge. Le fruit est une baie, ordinairement volumineuse, parfois cortiquée ou fibreuse, dont la pulpe, formée en grande partie des placentas hypertrophiés, renferme un nombre indéfini de semences ovales ou oblongues, aplaties, lisses, ou plus souvent pourvues d'une bordure épaisse et renfermant sous leurs téguments[1] un embryon charnu, à cotylédons plan-convexes et à radicule conique, courte et tournée vers le point d'insertion des semences.

Les Courges sont des plantes herbacées, annuelles ou vivaces par leur rhizome persistant, épaissi, napiforme. Leurs branches sont ordinairement volumineuses, creuses, rampant sur le sol et radicantes, ou grimpantes, pourvues au niveau des feuilles de vrilles latérales bi- ou plurifides. Leurs feuilles, souvent rudes et scabres, sont alternes, pétiolées, sans stipules, avec un limbe cordé et souvent plus ou moins profondément lobé. Leurs fleurs[2] sont axillaires ou subaxillaires : les mâles solitaires ou rapprochées en cymes; les femelles normalement solitaires, avec un pédoncule ordinairement court.

Les *Cucurbita dioica, exanthematica*, etc., qui ont été distingués, comme genre, sous le nom de *Coccinia*[3], sont des plantes asiatiques et africaines, qui ont aussi une corolle gamopétale, imbriquée, et des étamines rapprochées en trois groupes (2-2-1), mais dans lesquelles ces étamines ont leurs filets presque toujours unis en une colonne commune et plus rarement indépendants. Dans la fleur femelle, ces étamines, quoique stériles, ont souvent leurs anthères parfaitement dessinées. Le fruit, ordinairement peu volumineux, est ovoïde ou oblong, et les graines sont lisses ou finement scrobiculées. Nous n'en ferons qu'une section du genre *Cucurbita*.

Le *C. odorifera*[4], d'origine brésilienne, est aussi devenu le type d'un genre, sous le nom de *Sicana*[5], principalement parce que son ovaire et son fruit sont allongés, cylindroïdes. C'est une grande herbe grimpante,

1. Qui sont triples et dont l'extérieur présente, dans la paroi de ses phytocystes, des épaississements particuliers qui ont été signalés par M. DUTAILLY (in *Adansonia*, X, 206, t. 3, 9), non seulement dans ce genre, mais encore dans les *Trichosanthes, Ecballium, Cucumis, Bryonia, Momordica* et *Citrullus.*

2. Jaunes ou blanches, ordinairement grandes.

3. W. et ARN., *Prodr.*, I, 347. — ENDL., *Gen.*, n. 5139. — ROEM., *Syn.*, fasc. 2, 16. — NAUD., in

Ann. sc. nat., sér. 4, XII, 114. — COGN., *Cucurb.*, 528. — *Cephalandra* ECKL. et ZEYH., *Enum.*, II, 280; in *Linnæa*, XII, 407. — ENDL., *Gen.*, n. 5142. — B. H., *Gen.*, I, 827, n. 23.

4. VELL., *Fl. flum.*, X, t. 99. — ROEM., *Syn.*, fasc. 2, 90. — *C. evodiocarpa* HASSK., *H. bogor.*, I, 305. — *Curuba* MARCGR., *Bras.*, 22. — *Curua* PIS., *Bras.*, 262, c. fig.

5. NAUD., in *Ann. sc. nat.*, sér. 4, XVIII, 180; — B. H., *Gen.*, I, 829. — COGN., *Cucurb.*, 522.

à vrilles plurifides. Sa corolle est gamopétale; et ses filets staminaux demeurent indépendants, ainsi que ceux des *Cucurbita*, auxquels nous unissons cette plante comme type d'une section, dans laquelle les anthères, sigmoïdes et très flexueuses, sont rapprochées, mais moins intimement unies entre elles qu'elles ne le sont dans les *Cucurbita* proprement dits[1].

Ainsi constitué, ce genre renferme environ vingt-cinq espèces[2], la plupart souvent cultivées, dont une demi-douzaine appartiennent à l'Amérique; les autres sont africaines ou asiatiques.

Tout à côté des *Cucurbita* se rangent les *Schizocarpum* (fig. 251), qui n'en diffèrent réellement que par leur fruit à mode de déhiscence tout spécial. Finalement sec, le péricarpe se partage

Schizocarpum filiforme.

Fig. 251. Fruit déhiscent.

à partir de sa base en trois valves qui demeurent adhérentes en haut, et sur la paroi extérieure desquelles on voit un certain nombre de fentes béantes, obliques, par lesquelles peuvent s'échapper les graines aplaties, lisses et à bords crénelés. La corolle, gamopétale, est campanulée. Les *Schizocarpum* sont mexicains.

Les *Raphidiocystis*, plantes africaines, monoïques, ont aussi une corolle gamopétale, campanulée, à lobes aigus, et des étamines triadelphes, à anthère repliée trois fois sur elle-même. Il n'y a pas de staminodes dans leur fleur femelle, dont l'ovaire est hispide. Le fruit sec est lui-même chargé de soies denses, fragiles et aculéiformes; il renferme des graines comprimées et marginées. Mais ce qui frappe le plus dans leur fleur, c'est leur calice, dont les divisions sont pectinées et pinnatifides. Ce sont des plantes grimpantes, herbacées ou ligneuses, de l'Afrique tropicale occidentale et de Madagascar.

Avec une corolle également gamopétale, imbriquée, les *Physedra*,

---

1. Le *Peponopsis adhærens* NAUD. (in *Ann. sc. nat.*, sér. 4., XII, 88. — B. H., *Gen.*, I, 829. — COGN., *Cucurb.*, 542), plante américaine, dont on ne connaît que les fleurs femelles, doit peut-être se rapporter aussi à ce genre. Son ovaire ovoïde et sa corolle campanulée sont d'un *Cucurbita;* son style est partagé en trois grandes branches stigmatifères réfléchies, et les staminodes sont insérés au niveau de ce qu'on appelle à tort la gorge du calice.

2. L., *Spec.*, ed. 1, 1010; ed. 2, 1435.—LAMK, *Dict.*, I, 497 (*Bryonia*). — DUCH., in *Dict. sc. nat.*, II, 234; in *Lamk Dict.*, II, 151. – H. B. K., *Nov. gen. et spec.*, II, 123. — BL., *Bijdr.*, 928 (*Momordica*). — FORSK., *Fl. ægypt.-arab.*, 166 (*Turia*).—KL., in *Pet. Moss., Bot.*, 151 (*Cephalandra*). — COGN., in *Mart. Fl. bras.*, LXXVIII, 19; 17, t. 3 (*Sicana*). — WIGHT, *Ill.*, t. 105 (*Coccinia*), 105 bis; *Icon.*, t. 507. — CLKE, in *Hook. f. Fl. brit. Ind.*, II; 621.

qui sont de la même région, ont des fleurs dioïques, des sépales étroits, sétacés; un style à sommet stigmatifère épais, trilobé; des staminodes dans la fleur femelle et des étamines fertiles dans la fleur mâle, dont les anthères sont tout à fait libres. Ce sont aussi des plantes grimpantes, glabres et glauques, à feuilles 5-7-lobées et digitinerves.

Les *Calycophysum*, également gamopétales, sont américains. Ils ont des vrilles à 3-5 divisions, des feuilles entières ou trilobées, et de grandes fleurs monoïques, solitaires, longuement pédonculées, surtout les femelles. Leur calice est gamosépale, vésiculeux-enflé; et leur corolle gamopétale est valvaire. Les fleurs femelles ont des staminodes, un style en entonnoir à trois lobes pétaloïdes; et le fruit est une baie cortiquée, avec des graines triangulaires ou panduriformes. Les deux espèces connues sont herbacées, grimpantes et originaires de la Colombie.

Le *Cionosicyos pomiformis*, herbe grimpante de la Jamaïque, se distingue de tous les genres précédents en ce que ses fleurs, monoïques, ont une corolle rotacée, polypétale. Le réceptacle de la fleur mâle est en entonnoir, velu en dedans. Ses étamines, insérées sur le tube de ce réceptacle, sont rapprochées en trois groupes (2-2-1), libres, mais avec les anthères rassemblées en une masse oblongue. Dans la fleur femelle, l'ovaire, infère, ovoïde, surmonté d'un style à trois branches foliacées et stigmatifères, devient un fruit charnu et polysperme, qui ressemble à une orange. Les fleurs mâles sont solitaires et longuement pédonculées[1].

Les *Cucumeropsis* ont des fleurs monoïques, à corolle également polypétale, campanulée. Le réceptacle des mâles est campanulé et porte des sépales dentiformes, subulés. Les étamines (2-2-1) ont des anthères simplement recourbées au sommet en crochet, et le gynécée rudimentaire qui occupe le fond du réceptacle est simple ou triple. L'ovaire est surmonté de trois lobes stigmatifères obcordés et sessiles; il devient un fruit charnu. Les deux espèces connues de ce genre sont annuelles, originaires de l'Afrique tropicale occidentale; elles ont des feuilles lobées, rarement entières, des vrilles simples, et des fleurs mâles groupées en fausses ombelles au sommet d'un pédoncule commun, avec une seule fleur femelle (quand elle existe) dans la même aisselle.

---

[1]. Le *Dieudonnæa rhizantha*, du Pérou, arbuste grimpant dont les fleurs en grappes sont insérées sur la base aphylle de la tige, et dont les feuilles trilobées sont placées plus haut sur les rameaux, a été placé ici après avoir été jadis rangé parmi les *Anguria*. On n'en connaît que les fleurs mâles, auxquelles on décrit un réceptacle subglobuleux, une corolle polypétale et deux étamines libres, à anthère peltée, dite biloculaire, sans aucun rudiment de gynécée. Nous ne pouvons savoir quelle est la véritable place de ce genre.

Le *Dimorphochlamys Mannii*, arbuste grimpant de la Guinée, quoique se rapprochant beaucoup des types précédents par l'androcée et la structure de sa baie cortiquée, est remarquable par la grande dissemblance de ses fleurs mâles et femelles, qui sont dioïques. Les premières sont réunies en cymes et supportées par un pédicelle qui se dilate en deux ailes continues avec une sorte de carène ailée que portent deux des sépales ; les autres sont également carénés. La corolle est gamopétale, imbriquée. Les étamines (2-2-1) ont des anthères trois fois

Cucumis Melo.

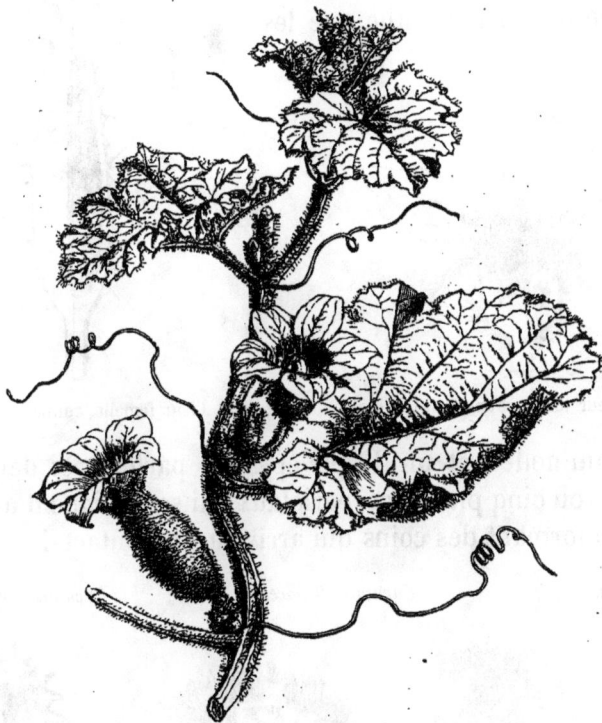

Fig. 252. Rameau florifère.

repliées sur elles-mêmes, et leurs filets libres s'insèrent sur le tube réceptaculaire. Dans la fleur femelle, les sépales sont linéaires, étalés ; ils se réfléchissent au-dessus de la baie cortiquée et granuleuse qu'ils couronnent. Ces plantes ont des feuilles ovales, cordées, des vrilles simples ou bifides, et des fleurs mâles groupées en cymes.

Les Concombres (*Cucumis*) (fig. 252-258) ont des fleurs analogues à celles des genres précédents, monoïques ou rarement dioïques, mais à corolle nettement polypétale. Les mâles sont réunies en cymes ou rarement solitaires, et ce dernier cas est le plus fréquent pour les femelles.

Les sépales sont étroits et ne se touchent même pas. Les pétales sont imbriqués et ont en même temps leurs bords infléchis-involutés. Les cinq étamines sont groupées en trois faisceaux (2-2-1), libres quant aux filets; et les anthères plus ou moins flexueuses sont libres, caractérisées surtout par un prolongement du connectif, ordinairement papilleux, qui les surmonte. Les fleurs femelles ont le même périanthe que les

Cucumis sativa.

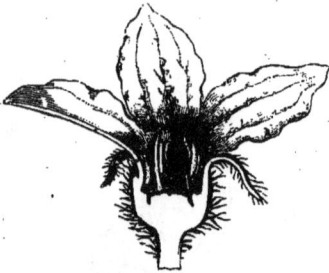

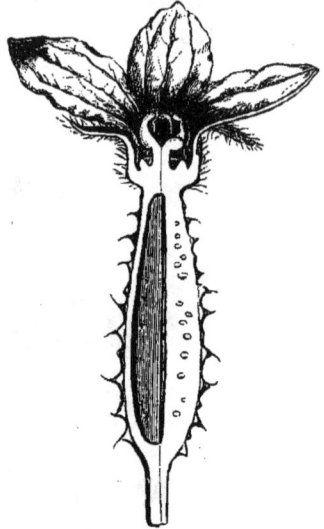

Cucumis sativa.

Fig. 253. Fleur mâle, coupe longitudinale.

Fig. 254. Fleur femelle, coupe longitudinale.

mâles, des staminodes, et un disque épigyne, parfois très développé. L'ovaire a trois ou cinq placentas pariétaux qui se rejoignent au centre de la fleur, en formant des coins qui arrivent au contact les uns des

Cucumis Anguria.

Cucumis dipsacea.

Cucumis metulifera.

Fig. 255. Fleur femelle.

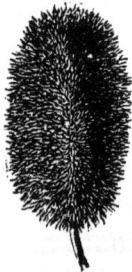

Fig. 256. Fruit.

Fig. 257. Fruit, coupe transversale.

Fig. 258. Fruit.

autres; et leurs ovules, nombreux et horizontaux, sont, comme ceux des *Cucurbita*, enchâssés dans les fossettes des placentas. Le fruit, de forme très variable, à surface lisse, ou chargée d'aiguillons épais, durs ou mous (fig. 258), ou de tubercules, de poils, de soies (fig. 256, 257),

est, ou entièrement charnu, ou cortiqué à sa surface, presque constamment indéhiscent; il renferme un nombre indéfini de semences, généralement non marginées. Les *Cucumis* sont annuels ou vivaces, rare-

Citrullus Colocynthis.

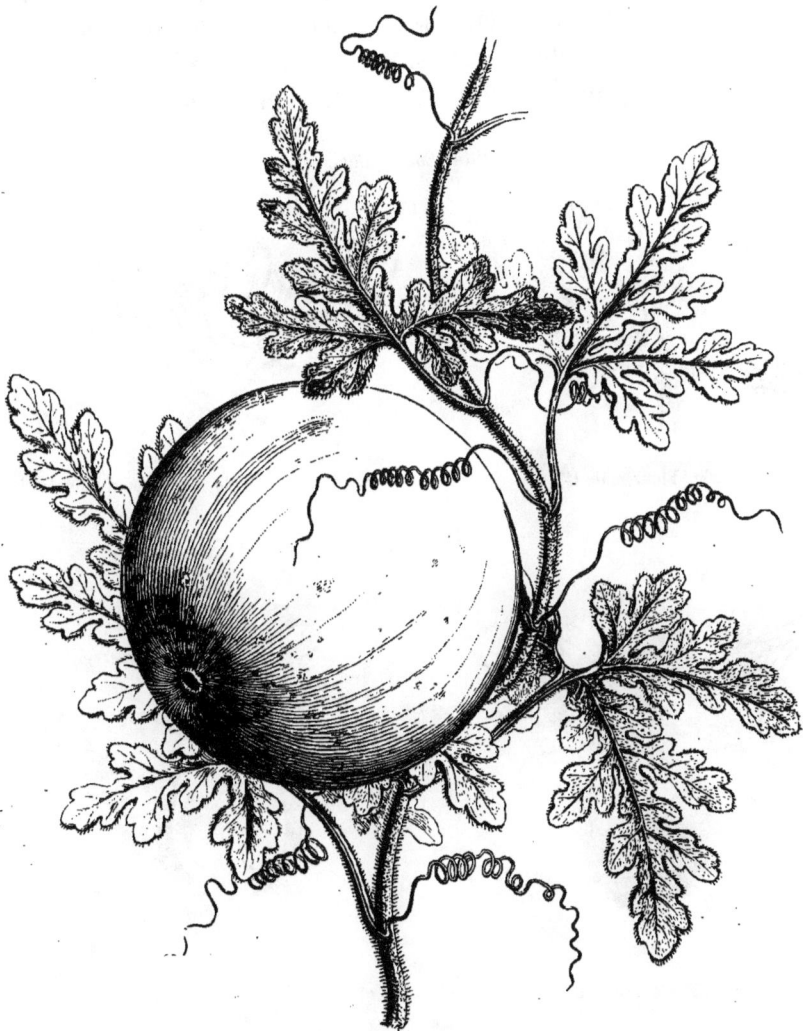

Fig. 259. Rameau fructifère (⅔).

ment grimpants et pourvus de vrilles simples. Leurs feuilles sont
digitinerves, dentées, anguleuses, lobées, ou parfois même disséquées.
Ce genre est originaire des régions chaudes du globe presque entier.

Nous verrons plus loin (page 413) que les *Dendrosicyos* se rapprochent des *Cucumis*. Leurs fleurs femelles, axillaires, ont, au-dessus de
l'ovaire, un réceptacle en forme de coupe, dont les bords portent

cinq sépales linéaires et cinq pétales plus courts, valvaires. A l'intérieur de la coupe se trouvent de très petits staminodes. Les placentas
pariétaux, au nombre de trois, n'arrivent pas au contact, et le style
n'est divisé que tout en haut en lobes stigmatifères. Mais dans ce type,
représenté par des plantes dressées, parfois arborescentes, nous verrons, notons-le ici, que les anthères sont décrites comme rectilignes.

Citrullus Colocynthis.

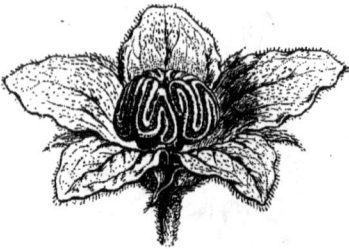

Fig. 260. Fleur mâle ($\frac{4}{4}$).

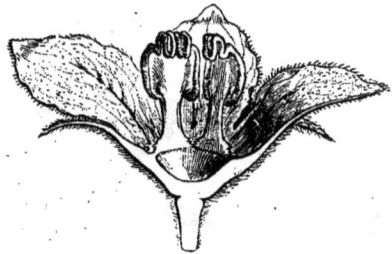

Fig. 261. Fleur mâle, coupe longitudinale.

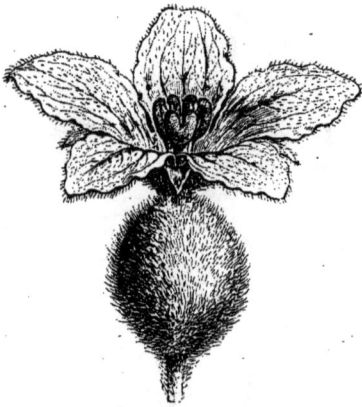

Fig. 262. Fleur femelle ($\frac{4}{4}$).

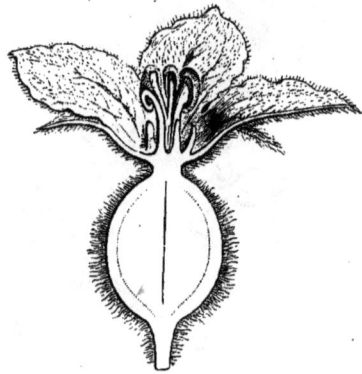

Fig. 263. Fleur femelle, coupe
longitudinale.

Les *Citrullus* (fig. 259-266) sont également très voisins des *Cucumis*,
auxquels on les unissait jadis. Ils s'en distinguent en ce que leurs anthères
extrorses ne sont pas, quoique sinueuses, pourvues d'un prolongement apical du connectif. Le plus souvent même le sommet de leurs
loges s'infléchit pour devenir introrse dans une faible étendue. Leurs
sépales sont étroits et entiers, sauf dans ceux qu'on a nommés *Benincasa* et dont les folioles calicinales sont subfoliacées et découpées sur

les bords en dents de scie. Leurs feuilles sont plus ou moins profondément découpées, mais tous ont les vrilles ramifiées. Ce sont des plantes
annuelles, rarement vivaces, de l'Asie et de l'Océanie tropicales.

Citrullus Colocynthis.

Fig. 265. Graine (¼).　　Fig. 264. Fruit, coupe transversale.　　Fig. 266. Graine, coupe longitudinale.

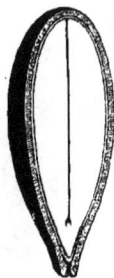

Les Bryones (*Bryonia*) ont des fleurs dioïques ou plus rarement
monoïques (fig. 267-273). Les mâles sont rassemblées en grappes dans
la plupart des espèces et ne possèdent pas de gynécée rudimentaire.

Bryonia dioica.

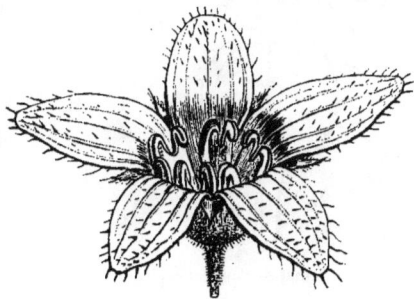

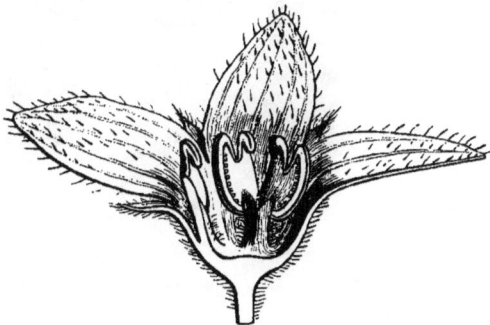

Fig. 267. Fleur mâle (¼).　　　　Fig. 268. Fleur mâle, coupe longitudinale.

Leur réceptacle est largement campanulé et porte sur ses bords cinq
sépales dentiformes et une corolle imbriquée. Les étamines (2-2-1)
sont indépendantes d'ailleurs, stériles et rudimentaires dans les fleurs
femelles. Celles-ci sont groupées en cymes, ce qui arrive aussi pour les
mâles dans les Bryones de la section *Bryonopsis*. Le fruit est une petite

baie, ordinairement sphérique. Ce sont des herbes annuelles, ou plus souvent à souche épaisse et d'où sortent chaque année des rameaux sarmenteux, pourvus de vrilles simples ou bifurquées, et de feuilles

Bryonia dioica.

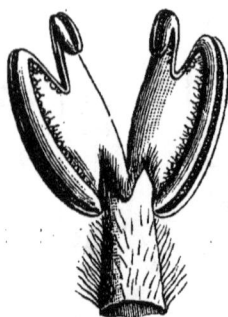

Fig. 269. Étamine double, vue de face.

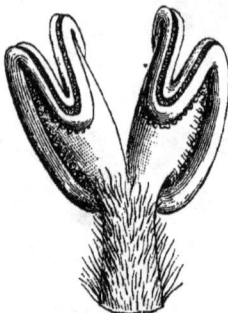

Fig. 270. Étamine double, vue de dos.

Fig. 271. Étamine simple, vue de face.

Fig. 272. Fleur femelle ($\frac{4}{7}$).

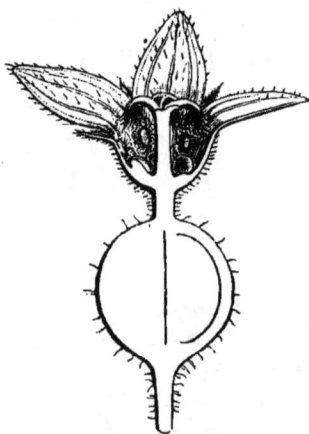

Fig. 273. Fleur femelle, coupe longitudinale.

digitinerves, anguleuses ou lobées. Elles habitent l'Europe et l'Asie tempérées, les îles Canaries ; les espèces de la section *Bryonopsis* se rencontrent aussi dans l'Asie méridionale et l'Océanie.

L'*Ecballium Elaterium* (fig. 274-282), plante vivace de la région méditerranéenne, se présente avec un aspect tout à fait différent. Les branches herbacées issues de sa souche se couchent sur le sol et sont dépourvues de vrilles. Elles portent des feuilles obtuses et cordées, et des fleurs monoïques : les mâles disposées en grappes axillaires ; les femelles solitaires, mais le plus souvent insérées au niveau de la même

Ecballium Elaterium.

Fig. 276. Étamine double, vue de face.

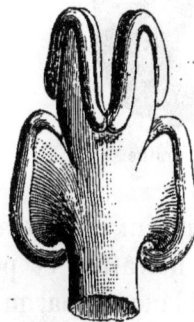

Fig. 274. Rameau fructifère; un fruit projetant ses graines ($\frac{1}{2}$).

Fig. 277. Étamine double, vue de dos.

Fig. 278. Étamine simple, vue de face.

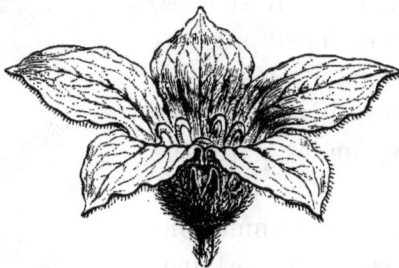

Fig. 275. Fleur mâle ($\frac{4}{1}$).

Fig. 281. Graine vue de haut, avec l'arille.

aisselle que les mâles. Celles-ci sont d'ailleurs construites à peu près comme celles des Bryones. Les fleurs femelles ont des staminodes et un ovaire oblong qui devient un fruit de même forme, hispide, charnu. A la complète maturité, il se détache du sommet du pédoncule qui le porte; et, par l'ouverture que présente alors sa base, projette avec

Ecballium Elaterium.

Fig. 280. Graine ($\frac{7}{1}$).

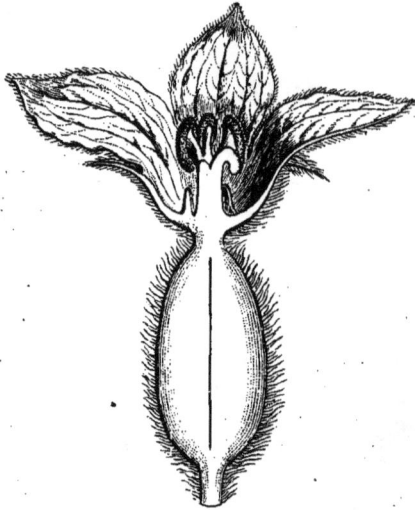

Fig. 279. Fleur femelle, coupe longitudinale.

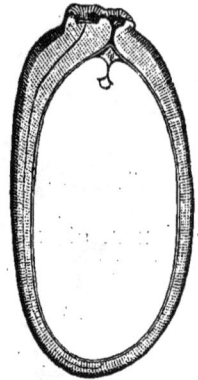

Fig. 282. Graine, coupe longitudinale.

élasticité un liquide aqueux et des graines oblongues, comprimées et lisses, noirâtres et pourvues d'un double arille blanc et charnu, en forme de huit, né à la fois du hile et du micropyle (fig. 281).

Les *Luffa* (fig. 283, 284) ont été considérés comme type de la famille parce que leurs étamines, soit fertiles, soit stériles, peuvent être superposées ou à peu près aux sépales. Ceux-ci sont étroits, insérés sur les bords d'une coupe réceptaculaire doublée d'un disque glanduleux, sur les parois de laquelle s'insèrent les étamines, libres, à loges de l'anthère flexueuses et, comme nous l'avons dit, alternipétales dans certaines espèces, tandis que, dans d'autres, quatre d'entre elles sont plus ou moins entraînées dans le plan horizontal, ainsi que dans les *Cucurbita*, les *Cucumis*, etc. Le gynécée, rudimentaire, est glanduliforme ou nul. Dans

Luffa acutangula.

Fig. 283. Rameau florifère.

la fleur femelle, il y a, au-dessus de l'ovaire infère, une dilatation cupuliforme du réceptacle qui porte, en dehors d'un disque annu-

laire, des staminodes équidistants ou entraînés, et un périanthe semblable à celui de la fleur mâle, c'est-à-dire le plus souvent à calice
valvaire et à pétales imbriqués. Le style est
surmonté d'une tête stigmatifère à trois
gros lobes bilobulés; et le fruit est sec,
cylindrique ou oblong, lisse ou anguleux,
formé en majeure partie d'un tissu fibreux
et réticulé qui ressemble à une dentelle.
A la maturité, ce fruit s'ouvre au sommet
par un opercule. Les *Luffa* sont annuels,
grimpants, tous de l'ancien monde, sauf
une seule espèce américaine; ils sont mo-
noïques, et ont des feuilles lobées et des vrilles ramifiées.

Luffa acutangula.

Fig. 284. Fleur mâle.

Les *Momordica* (fig. 285-291), tout en présentant de grandes ana-
logies avec les *Luffa*, peuvent être considérés comme servant de
passage de ce type à la forme légèrement
irrégulière des *Thladiantha*. Il y a en effet
des *Momordica* dont les fleurs mâles ont,
sur les bords de leur réceptacle cupuliforme, cinq sépales quinconciaux et un
même nombre de pétales, imbriqués de
même et pareils entre eux. Mais il peut
aussi arriver qu'ils soient légèrement dissemblables et qu'ils n'aient pas tous exactement la même teinte. De plus, trois
d'entre eux présentent le plus souvent à
leur base une sorte de talon glanduleux,
décurrent et proéminent vers l'axe de la
fleur. La régularité de celle-ci est légèrement encore altérée quand il n'y a que
deux de ces processus au lieu de trois. Les
étamines, pourvues d'une anthère uniloculaire, à loge arquée ou flexueuse, peuvent
être au nombre de cinq et alternipétales;
mais plus ordinairement quatre d'entre elles, ou seulement deux, se
rapprochent plus ou moins par paires de la ligne médiane interne
des pétales. Le gynécée rudimentaire n'est représenté que par une
saillie glanduleuse, ou bien il est nul. Dans la fleur femelle, il y a
souvent des staminodes glanduleux; et l'ovaire, infère, oblong ou fusi-

Momordica Balsamina.

Fig. 285. Fleur mâle.

Fig. 286. Fleur femelle.

formé, renferme trois placentas pariétaux, à ovules presque toujours nombreux et horizontaux. Mais, dans les *Momordica* de la section *Raphanistrocarpus* (fig. 289-291), l'ovaire ne renferme plus que quelques ovules, qui montent ou descendent dans sa cavité plus étroite. Par là cette section sert d'intermédiaire aux *Momordica* proprement dits et à ceux dont on a fait le genre *Raphanocarpus*, et qui n'ont plus, dans un ovaire plus étroit et plus court encore, que deux ovules, l'un ascendant et l'autre descendant. Aussi, tandis que le fruit est oblong, cylindrique ou fusiforme, mais toujours assez large relativement à sa longueur, dans les véritables *Momordica*, celui du *Raphanistrocarpus* ressemble à

Momordica (Raphanistrocarpus) Boivini.

Momordica Charantia.

Fig. 290. Graine ($\frac{4}{7}$).

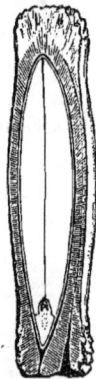

Fig. 287. Fruit jeune.

Fig. 288. Graine ($\frac{2}{7}$).

Fig. 289. Fruit.

Fig. 291. Graine, coupe longitudinale.

une longue silique, un peu étranglée dans l'intervalle des semences, et celui du *Raphanocarpus* à une courte silique fusiforme.

L'*Acanthosicyos horrida*, d'Angola, est une Cucurbitacée tout à fait exceptionnelle par son port : c'est un arbuste dressé, très rameux, épineux, aphylle, ou plutôt à feuilles réduites à des écailles, qu'on a comparé à un Ajonc ou à une Soude. Ses fleurs ont cinq sépales inégaux, coriaces et durcis au sommet, et des pétales coriaces et entiers.

Son fruit est une baie cortiquée et polysperme, chargée de verrues au centre desquelles proémine un aiguillon conique.

Les *Lagenaria*, dont les affinités avec les *Cucurbita* et les *Cucumis* sont nombreuses, ont été rapportés à un groupe particulier dans lequel les pétales sont entiers, le gynécée rudimentaire glanduleux ou nul, les anthères libres ou légèrement cohérentes. Dans le *L. vulgaris*, prototype du genre, les fleurs sont monoïques ; et les pétales, blancs, largement obovales, sont fortement veinés-réticulés ; l'ovaire est celui d'un Concombre ; le fruit est cortiqué, la tige annuelle, et les feuilles odorantes, pourvues de deux glandes au sommet du pétiole. Dans les *Adenopsis*, que nous rapportons comme section à ce genre, on rencontre aussi ces glandes pétiolaires ; mais les fleurs sont dioïques, et les anthères se collent les unes aux autres. Il en est de même dans les *Sphærosicyos*, autre section du genre, dont le type est le *L. sphærica*, qui a des anthères libres, comme celles du *L. vulgaris*, quoique rapprochées en tête, et dont le style est moins profondément divisé à son extrémité stigmatifère. La tige est ici vivace à sa base.

Les *Peponia* sont très voisins des *Lagenaria*. Ils sont africains et ont des fleurs monoïques, à pétales jaunes, obovales. Le réceptacle de leurs fleurs mâles est tubuleux, parfois renflé à sa base. Les pétales sont libres et entiers. Les étamines ont leurs anthères rapprochées en une masse ovoïde, repliées trois fois sur elles-mêmes. Dans la fleur femelle, le tube du réceptacle se rétrécit au-dessus de l'ovaire, dont les placentas sont nettement pariétaux, pluriovulés ; et le fruit, charnu, est cylindrique ou ovoïde. Ce sont des herbes couchées ou grimpantes, à vrilles simples ou bifides. Leurs fleurs femelles sont solitaires ; les mâles sont solitaires ou disposées en grappes.

Dans les *Herpetospermum*, plantes grimpantes de l'Himalaya, les fleurs dioïques ont des pétales entiers, imbriqués, un gynécée stérile, dressé au fond du réceptacle tubuleux de la fleur mâle, et, dans la fleur femelle, un ovaire à placentas qui se rejoignent, limitant ainsi trois cavités dans chacune desquelles se trouve un petit nombre (3-6) d'ovules, souvent descendants. Leur fruit est sec, trigone et trivalve.

Le *Biswarea tonglensis*, des montagnes de l'Inde, construit en général comme les espèces du genre précédent auquel il avait d'abord été réuni, s'en distingue par ses pétales indupliqués, insérés sur les bords de l'orifice d'un réceptacle lagéniforme. Le gynécée rudimentaire est tronqué au sommet ; dans l'ovaire fertile de la fleur femelle, les ovules sont nombreux, horizontaux.

Les *Gymnopetalum*, avec les fleurs des genres qui précèdent, ont un fruit charnu, pubescent ou scabre, non déhiscent. Ils habitent les régions chaudes de l'Asie et de Java. Malgré des différences, non constantes, dans la taille des feuilles, l'état du sommet du connectif, qui, au lieu d'être glabre, devient plus ou moins papilleux, et la longueur des branches stylaires, nous ne pouvons que faire rentrer comme section dans ce genre les *Trochomeria*, qui habitent l'Asie tropicale et méridionale, et qui ont la même organisation florale.

Les *Eureiandra* sont de l'Afrique tropicale. Avec les fleurs des genres précédents, dioïques, ils ont les caractères floraux à la fois de ces types et des *Lagenaria*. Leurs étamines sont libres, stériles dans les fleurs femelles. Celles-ci sont solitaires, et leur ovaire à trois placentas est surmonté d'un style à divisions stigmatifères cordées. Le fruit, charnu, ovoïde ou fusiforme, renferme des graines à peu près globuleuses; ce qui est exceptionnel dans cette famille. Les fleurs mâles sont également solitaires ou parfois géminées, et les vrilles sont simples.

Le *Cognauxia podolœna*, du Gabon, est très voisin des *Eureiandra* par sa fleur mâle dont les étamines ont une anthère fortement repliée sur elle-même. Le réceptacle lagéniforme, rétréci en long col, porte un court calice et de longs pétales insymétriques, imbriqués. Mais les fleurs mâles, les seules que l'on connaisse, sont disposées en grappe au sommet d'un long pédoncule axillaire, dont la base est nue, et les bractées axillantes des pédicelles comprimés sont entraînées avec eux et ne se détachent qu'un peu au-dessous du réceptacle floral.

Un petit groupe particulier est formé par les *Trichosanthes*, qui ont des fleurs monoïques ou dioïques, à réceptacles mâles cylindriques, avec des sépales entiers, dentés ou laciniés; des pétales fimbriés ou prolongés en vrille, et des étamines (2-2-1) à anthères flexueuses, insérées vers la gorge du réceptacle. Le fruit est charnu, souvent globuleux, à graines nombreuses, comprimées ou anguleuses. Elles sont plus grosses et en nombre plus réduit (douze, dont six seulement fertiles) dans le *T. macrocarpa*, type de la section *Hodgsonia*, dont le fruit est déprimé et porte douze sillons. Ce sont des plantes herbacées ou frutescentes, parfois gigantesques, des régions chaudes de l'Asie et de l'Océanie, à feuilles entières, lobées ou composées-digitées. Voisin des *Trichosanthes*, le *Delognœa Humblotii*, de Madagascar, a les anthères indépendantes, exsertes, sans gynécée rudimentaire, et ses semences à gros embryon huileux sont épaisses et plus larges que longues.

Nous établissons aussi une sous-série particulière pour les *Thla-*

diantha (fig. 292), qui ont la fleur véritablement irrégulière, non par le calice, ni par la corolle, polypétale, campanulée, à folioles à peu près égales. Mais les étamines sont inégales. Celle qui demeure superposée à un sépale, tandis que les quatre autres, tout en demeurant libres, se rapprochent plus ou moins par paires, est la plus petite de toutes. De plus le réceptacle, bombé au centre, envoie de son bord extérieur une sorte de large écaille horizontale, puis incurvée, qui rappelle les talons des pétales des *Momordica*, mais qui est unique, beaucoup plus prononcée, et donne une grande irrégularité à la portion axile des fleurs mâles. Les femelles ont cinq staminodes, un style trifide ; et le fruit, oblong, est une baie. Ce sont des herbes vivaces, grimpantes, à vrilles simples, qui habitent Java et l'Asie austro-orientale.

Thladiantha dubia.

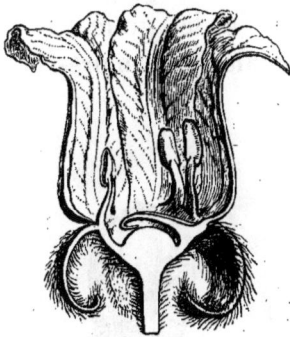

Fig. 292. Fleur mâle, coupe longitudinale ($\frac{4}{7}$).

VI. SÉRIE DES MELOTHRIA.

Les fleurs des *Melothria*[1] (fig. 293-295), monoïques ou rarement dioïques, parfois hermaphrodites, sont régulières et analogues à celles des plantes de la série précédente. Mais leurs anthères, au nombre de cinq, plus rarement de six, réunies en trois faisceaux libres, dont un, parfois diandre, n'est le plus souvent formé que d'une étamine, ont une loge rectiligne ou légèrement arquée qui s'applique verticalement sur le bord d'un connectif surmonté ou non d'une saillie apicale. Au centre du réceptacle mâle, cupuliforme ou campanulé, se voit un gynécée rudimentaire, globuleux, entier ou trilobé[2]. Dans les fleurs

1. L., *Hort. Cliff.*, 490 ; *Gen.*, n. 50. — J., *Gen.*, 395. — SER., in *DC. Prodr.*, III, 313. — SPACH, *Suit. à Buffon*, VI, 224. — ENDL., *Gen.*, n. 5126. — NAUD., in *Ann. sc. nat.*, sér. 4, XII, 148 ; XVI, 168 ; XVIII, 195. — B. H., *Gen.*, I, 830, n. 34. — *Zehneria* ENDL., *Prodr. Fl. norfolk.*, 69 ; *Gen.*, n. 5127. — B. H., *Gen.*, I, 830, n. 33. — *Pilogyne* SCHRAD., *Ind. sem. H. gœtt.* [1835] ; in *Eckl. et Zeyh. Enum.*, 277. — NAUD., *loc. cit.*, sér. 5, V, 36. — *Landersia* M. FAD., *Fl. jam.*, II, 142

(ox B. H.). — *Mukia* ARN., in *Hook. Journ. Bot.*, III, 271. — NAUD., *loc. cit.*, sér. 4, XII, 141. — B. H., *Gen.*, I, 829, n. 32. — *Karivia* ARN., *loc. cit.*, 275. — ENDL., *Gen.*, Suppl., II, 77. — *Diclidostigma* KZE, in *Linnœa*, XVII, 576. — *Juchia* ROEM., *Syn.*, XI, 48 (nec NECK.). — *Harlandia* HNCE, in *Walp. Ann.*, II, 648.

2. Sous lequel s'insèrent parfois immédiatement les étamines. Le pollen est ovoïde, à trois sillons ; il s'ouvre par trois pores.

femelles, le réceptacle se dilate, au-dessous d'un col rétréci, en un sac sphérique, ovoïde ou piriforme, qui renferme l'ovaire infère. Il y a généralement des staminodes, fertiles dans le cas de fleurs hermaphrodites, et un style à trois branches stigmatifères plus ou moins allongées. Le fruit est une baie, de même forme que l'ovaire; et les graines, parfois peu nombreuses, sont lisses, rarement scrobiculées, ordinaire-

Melothria indica.

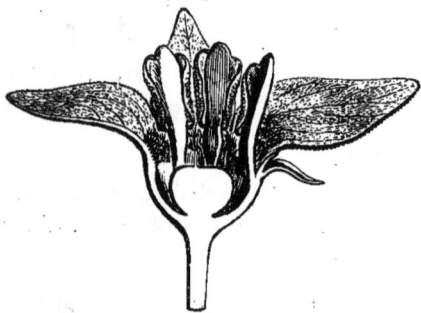

Fig. 293. Fleur mâle, coupe
longitudinale (⁴⁄₁).

Fig. 294. Étamine
vue de dos.

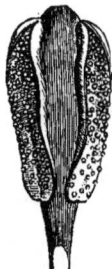

Fig. 295. Étamine
vue de face.

ment marginées. Les espèces de ce genre, au nombre d'un demi-cent environ[1], sont des herbes annuelles ou vivaces, couchées ou grimpantes, à feuilles entières ou lobées, avec des vrilles presque toujours simples. Les fleurs[2] sont disposées en faux corymbes ou parfois solitaires.

A côté de ce genre se rangent :

Les *Wilbrandia*, du Brésil, dont les anthères sessiles s'insèrent sur la paroi réceptaculaire par le milieu de leur dos, et dont le style, à deux branches stigmatifères bifides, est entouré à sa base d'un disque épigyne. Les placentas multiovulés sont normalement au nombre de deux.

L'*Oreosyce africana*, de la Guinée, herbe hispide, à anthères collées les unes contre les autres, à style cylindrique et dilaté à son sommet en tête stigmatifère trilobée. Ses fleurs mâles sont solitaires ou 2-3-nées.

Les *Apodanthera*, plantes américaines, couchées ou grimpantes, qui paraissent les analogues, dans cette série, des *Cucurbita*, et qui en ont les fleurs, mais avec des anthères rectilignes, libres, collées sur le réceptacle. Leurs inflorescences sont des grappes.

Le *Dactyliandra Welwitschii*, de l'Afrique tropicale occidentale,

---

1. Lour., *Fl. coch.*, 35. — W., *Spec.*, I, 189.
— Benth., in *Hook. Nig. Fl.*, 367; *Fl. Austral.*,
II, 320.— Vell., *Fl. flum.*, 29; Atl., I, t. 70.—
Clke, in *Hook. Fl. brit. Ind.*, II, 623 (*Mukia*),
624 (*Zehneria*), 625.—Harv., *Thes. cap.*, t. 94;
II, t. 182 (*Zehneria*). — Cogn., in *Mart. Fl.
bras.*, LXXVIII, 24, t. 5; *Rel. Rutenb.*, IV, 250.
— Hook. f., in *Oliv. Fl. trop. Afr.*, II, 558
(*Zehneria*), 561 (*Mukia*), 562.

2. Petites, jaunâtres ou blanches.

est une herbe annuelle, exceptionnelle dans ce groupe, en ce sens que ses étamines (2-2-1) ont des anthères hippocrépiformes (ce qui relie aussi ce type aux Cucurbitées). C'est une plante grimpante, à vrilles simples, à feuilles digitées-5-7-lobées, dont le pétiole est accompagné à sa base d'une sorte de foliole stipuliforme.

Les *Blastania*, herbes annuelles de l'Asie et de l'Afrique tropicales, appartiennent à une sous-série dans laquelle le disque épigyne disparaît complètement ou à peu près. Les étamines, rectilignes, sont courtes, ovoïdes ou ellipsoïdes, et les deux ou trois placentas qu'on observe dans la fleur femelle ne portent chacun qu'un ovule à peu près horizontal. Le fruit, subglobuleux ou plus large que long, inerme, renferme une, deux ou trois graines.

Dans le *Muellerargia timorensis*, herbe grimpante et très grêle, les anthères sont, dit-on, sessiles, dorsifixes, un peu arquées ; et le fruit, indéhiscent et rostré, est muriqué et polysperme.

Le *Pisosperma capense* est une petite herbe à rameaux couchés, dont la fleur mâle a un réceptacle lagéniforme, portant les anthères (2-2-1) presque sessiles à sa gorge, tandis que dans la fleur femelle, l'ovaire, surmonté d'un long col réceptaculaire que couronne le périanthe, renferme quelques (6-12) ovules, isolés chacun dans une logette placentaire. Les fleurs femelles sont solitaires, et les mâles sont disposées en grappes dont les pédicelles, renflés à leur base, portent à une certaine hauteur la bractée axillante soulevée avec eux.

Le *Toxanthera natalensis* représente un type voisin du *Pisosperma*. C'est une herbe de Natal, grimpante, à feuilles lobées, à fleurs mâles polypétales, pourvues de 5 étamines (2-2-1), à anthères toutes libres, dorsifixes, arquées. Leur fleur femelle a un ovaire à 2 placentas pluriovulés, surmonté d'un style à deux lobes stigmatifères larges et flabelliformes.

Dans les *Kedrostis*, qui habitent l'Afrique et l'Asie tropicales, les fleurs mâles ont des étamines dont le connectif se prolonge ordinairement en une corne plus ou moins saillante au-dessus de l'anthère, qui est supportée par un filet dressé et qui est droite ou légèrement arquée. Le fruit est une baie, d'ordinaire rostrée, indéhiscente dans les *Kedrostis* proprement dits, et s'ouvrant au contraire transversalement tout près de sa base dans ceux que l'on a nommés *Corallocarpus*.

Le *Melancium campestre*, herbe couchée du Brésil, sans vrilles et dont l'épais rhizome émet chaque année des rameaux grêles, a des fleurs monoïques dont les pétales sont pourvus de deux auricules d'abord infléchies. Leurs anthères, dorsifixes, sont légèrement arquées, et leur ovaire, oblong, est surmonté d'un style à tête stigmatifère trilobée.

Dans le genre très voisin *Trochomeriopsis*, représenté par une herbe glabre, de Madagascar, pourvue de vrilles simples, les fleurs dioïques présentent cependant une apparence extérieure bien différente; ce qui tient à la grande élongation de leur tube réceptaculaire. Il n'y a pas de gynécée rudimentaire dans la fleur mâle. Mais l'ovaire infère devient très long dans la fleur femelle, où il renferme deux ou trois placentas pariétaux, plus tard accrus de façon à former quatre ou six rangées de logettes. Le style se termine par deux ou trois lames pétaloïdes bilobées, et sa base est accompagnée d'un léger disque épigyne. Le fruit non mûr est siliquiforme.

L'*Edgaria darjeelingensis* représente dans ce groupe le type des *Herpetospermum* et des *Biswarea*, avec des anthères rectilignes. Son réceptacle mâle, lagéniforme, à long col, porte au fond de sa cavité un gynécée rudimentaire subulé. Son fruit, trigone, sec, fibreux, s'ouvre en trois valves épaisses à sa maturité. C'est une herbe vivace de l'Himalaya, grimpante et à feuilles entières, cordées et ovales.

Les *Dendrosicyos* sont aussi exceptionnels dans la famille par leur tronc arborescent dressé. Les fleurs mâles ont, dit-on, des étamines à anthères droites. Les femelles sont analogues à celles d'un *Cucumis*, avec trois placentas pariétaux, et l'ovaire est surmonté d'une cupule qui porte le périanthe sur ses bords. Ils sont africains.

Les *Ceratosanthes* peuvent donner leur nom à un petit groupe (*Cératosanthées*) dans lequel l'insertion des étamines de la fleur mâle se fait à l'orifice réceptaculaire. Originaire de l'Amérique tropicale, ce genre a des fleurs monoïques ou dioïques, ordinairement en grappes, à pétales blancs, épais et bilobés, involutés au sommet. Leurs anthères (2-2-1), sessiles, sont rectilignes et extrorses, primitivement collées les unes aux autres, parfois fertiles dans les fleurs femelles.

Les *Maximowiczia* (fig. 296-298) sont extrêmement voisins du genre précédent. Mais leurs fleurs dioïques ont des pétales entiers ou sinués et non bilobés. Le tube réceptaculaire est cylindrique ou à peu près, avec un gynécée rudimentaire très peu développé dans la fleur mâle. Les anthères, oblongues (2-2-1), sont à peu près sessiles à la gorge du réceptacle. Elles sont stériles dans la fleur femelle, qui a le même réceptacle et le même périanthe, avec un ovaire infère, globuleux, multiovulé, qui devient une baie de même forme. Ce sont des herbes vivaces et grimpantes, du sud-ouest de l'Amérique du Nord, à feuilles profondément divisées, à vrilles simples et à petites fleurs jaunes.

Maximowiczia Lindheimeri.

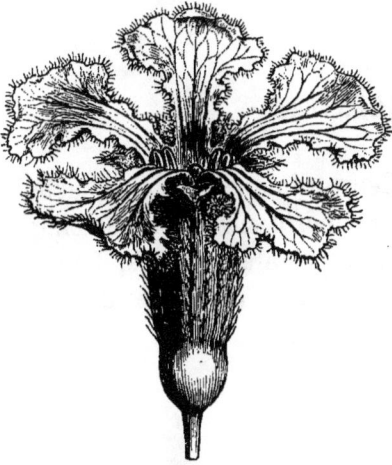

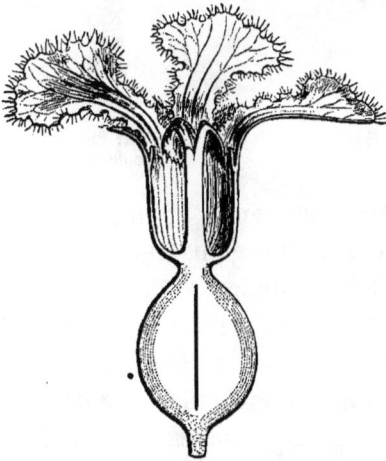

Fig. 296. Fleur mâle ($\frac{4}{7}$).

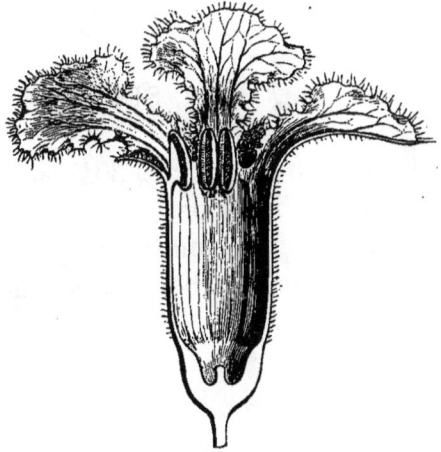

Fig. 297. Fleur mâle, coupe longitudinale.

Avec la même organisation florale, le *Cerasiocarpum Bennettii* a des fleurs monoïques, un réceptacle mâle largement campanulé, des étamines à filet court et à anthère pa-

Maximowiczia Lindheimeri.

Fig. 298. Fleur femelle, coupe longitudinale.

telliforme. Son ovaire renferme deux ou trois placentas pauciovulés; et son fruit, transversalement oblong, charnu, ne contient que quelques graines ovoïdes. C'est une herbe grimpante, de Java et de Ceylan, à feuilles cordées, hastées ou trilobées.

Les *Cucurbitella*, qui représentent cette sous-série dans l'Amérique méridionale extratropicale, constituent un type exceptionnel par l'ovaire, souvent (non constamment) pourvu de cinq placentas pariétaux, et par le style à tête largement et inégalement 5-10-lobée. Les pétales sont épais, imbriqués ou indupliqués. Les anthères (2-2-1) sont arquées ou presque rectilignes. Le fruit est une baie portant 5-10 sillons. Ce sont des herbes rudes, grimpantes, à souche vivace, à feuilles entières, lobées ou partites, avec des vrilles simples. Elles relient la série que nous étudions actuellement aux *Cucurbita* et surtout aux *Cucumis*.

VII. SÉRIE DES TELFAIRIA.

Les *Telfairia*[1] (fig. 299-301) ont des fleurs dioïques. Le réceptacle des mâles, obconique et largement ouvert, porte sur ses bords cinq sépales denticulés, imbriqués d'abord, et cinq pétales alternes, dentés et frangés sur leurs bords, légèrement unis en bas, imbriqués dans le

Telfairia pedata.

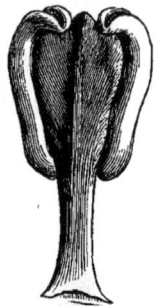

Fig. 300. Étamine vue de face. Fig. 299. Fleur mâle ($\frac{1}{7}$). Fig. 301. Étamine vue de dos.

bouton. Leur base est pourvue d'une lame décurrente, crénelée, de taille variable. Le trait le plus remarquable de leur organisation réside dans l'androcée, formé de cinq étamines dont le filet est grêle et dont le connectif, dilaté et basifixe, porte sur ses bords deux loges d'anthère arquées, déhiscentes en dehors ou vers les bords par des fentes longitudinales[2]. Dans la fleur femelle, la coupe réceptaculaire se prolonge inférieurement en un sac oblong, logeant dans sa concavité l'ovaire infère. Celui-ci est surmonté d'un style court, exsert, à extrémité stigmatifère capitée et trilobée, et est partagé en trois, quatre ou

1. Hook., in *Bot. Mag.*, t. 2751, 2752; *Bot. Misc.*, II, 154, t. 81. — Endl., *Gen.*, n. 5123. — B. H., *Gen.*, I, 821, n. 2. — Cogn., *Cucurb.*, 349. — H. Bn, in *Bull. Soc. Linn. Par.*, 473. — *Jolifia*

Boj. et Del., in *Mém. Soc. Hist. nat. Par.*, III, 314, t. 6. — Ser., in *DC. Prodr.*, III, 316. — Spach, *Suit. à Buffon*, VI, 191.

2. Le pollen est globuleux, lisse (Cogn.).

cinq cavités, elles-mêmes en partie divisées en deux logettes. Les ovules sont nombreux, anatropes et à peu près horizontaux. Le fruit est une baie allongée, dilatée à sa base, parcourue de côtes saillantes et renfermant, dans la pulpe intérieure de ses 3-5 cavités, de nombreuses graines volumineuses, orbiculaires, comprimées, entourées d'un revêtement fibreux et contenant un gros embryon charnu, dépourvu d'albumen. Les deux *Telfairia* connus[1] sont africains : l'un de la côte occidentale tropicale, et l'autre de la zone australe, introduit et cultivé sur le littoral de l'est et dans les îles voisines. Ce sont de grandes lianes frutescentes, à feuilles alternes, composées-digitées, avec 3-5 folioles dentées ou laciniées, auriculées à la base. Leurs fleurs[2] mâles sont disposées en grappes, et les femelles sont solitaires.

Nous ne plaçons qu'avec doute dans cette série, à titre de sous-série (*Anguriées*), un groupe formé de deux genres américains, dont les fleurs

Anguria pedata.

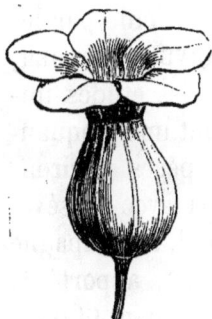

Fig. 302. Fleur mâle.

Fig. 303. Fleur mâle, diagramme.

Fig. 304. Fleur mâle, coupe longitudinale.

nous paraissent pourvues d'anthères biloculaires, mais seulement au nombre de deux, sessiles et insérées à une hauteur variable sur le tube du réceptacle. Les *Anguria* (fig. 302-304) proprement dits ont, dans leur fleur mâle, un réceptacle en tube ou en sac verdâtre, tandis que ceux dont on a fait le genre *Gurania*, l'ont coloré en rouge. Les divisions du calice sont dentiformes dans les premiers, bien plus longues et aiguës dans les derniers; et ceux-ci ont les pétales[3] bien plus petits et plus épais. Mais dans les fleurs femelles de certaines espèces, il y a des pétales qui sont, pour la taille et la consistance, intermédiaires

1. Sm., in *Bot. Mag.*, t. 2681 (*Fevillea*). — Hook. f., in *Oliv. Fl. trop. Afr.*, II, 523 ; in *Bot. Mag.*, t. 6272; in *Proc. Linn. Soc.* (1873), 27. Peut-être aussi ne sont-ce que deux formes.

2. A corolle rougeâtre ou blanchâtre; la pulpe du fruit est jaune.

3. Parfois entraînés comme les étamines (H. Bn, in *Bull. Soc. Linn. Par.*, 300).

aux deux types; et les caractères de l'androcée diandre et du gynécée sont les mêmes dans tous; les anthères, dorsifixes, ont leurs deux loges ordinairement un peu arquées, à déhiscence longitudinale, bordant un connectif étroit et surmonté d'un apicule.

Les *Helmontia*, lianes également américaines, appartiennent au même groupe par leurs étamines biloculaires, insérées plus haut, c'est-à-dire au niveau de la gorge du réceptacle. Leurs fleurs femelles sont inconnues.

La famille des Cucurbitacées avait été indiquée en 1759 par B. DE JUSSIEU[1], puis bien établie par ADANSON[2] sous le nom de *Bryoniæ*. A.-L. DE JUSSIEU[3] reproduisit le cadre de ses prédécesseurs, y ajoutant les *Gronovia*, et comme *genera affinia*, les Passiflorées qu'il connaissait et les Papayers. SERINGE[4], décrivant la famille pour le *Prodromus*[5], y énuméra vingt et un genres et la divisa en deux tribus, distinguées à tort par le mode d'insertion des vrilles. Enrichie par les travaux de WIGHT, ARNOTT, SCHRADER, ENDLICHER[6], HARVEY et SONDER, et de MM. BENTHAM et HOOKER, cette famille fut, dans les études imparfaites de M. NAUDIN, considérée comme comprenant une cinquantaine de genres. En 1867, on lui accordait 470 espèces environ. M. COGNIAUX, dans un travail d'ensemble, poursuivi avec persévérance, publié en 1881, dans les suites au *Prodromus*[7], accompagné d'ailleurs de recherches préparatoires et accessoires[8], a porté le nombre des genres à 80, répartis en huit tribus et comprenant 600 espèces. Les trois genres *Dendrosicyos*[9], *Toxanthera*[10] et *Cogniauxia*[11] ont été ajoutés à cette liste, sans parler des genres insuffisamment connus, tels que l'*Ampelosicyos*[12]; ce qui porte pour nous le nombre total des genres à 68, répartis dans les 7 séries suivantes dont voici les caractères généraux :

1. In *A.-L. Juss. Gen.*, lxx.
2. *Fam. des pl.*, II (1763), 135, Fam. 18.
3. *Gen. plant.* (1789), 393, Ord. 2.
4. *Mémoire sur la famille des Cucurbitacées*, Genève (1825).
5. III (1828), 297, Ord. 80.
6. *Gen.*, 933, 934, Ord. 201, 202.
7. In *DC. Monogr. phanér.*, III, 325.
8. In *Soc. bot. Belg.*, V, 17; XVII, etc.; in *Mart. Fl. bras.*, LXXVIII, 1; in *Bullet. Soc. Linn. Par.*, 425.
9. BALF. F., in *Proceed. Roy. Soc. Edinb.*, XI (1882).
10. HOOK. F., *Icon.*, t. 1421 (1883).

11. H. BN, in *Bull. Soc. Linn. Par.*, 423 (1884).
12. *Ampelosicyos* DUP.-TH., *Hist. vég. isl. Afr. austr.*, 68. — COGN., *Cucurb.*, 946. Rapporté à tort par MM. BENTHAM et HOOKER (*Gen.*, I, 821) aux *Telfairia*, ce genre a des fleurs dioïques(?) : les mâles solitaires, à réceptacle concave, à 5 dents calicinales, à 5 pétales et à étamines rapprochées en trois groupes (2-2-1), avec les loges de l'anthère flexueuses. L'*A. scandens* DUP.-TH. est une herbe de Madagascar, à tiges volubiles, à pétioles chargés de poils rudes, couleur de rouille, à vrilles simples et à feuilles composées-digitées, quinées.

I. Fevillées [1]. — Étamines 5, libres, alternipétales, équidistantes, ou 4 rapprochées par paires superposées à deux pétales. Anthères uniloculaires. Ovaire 1-3-loculaire. Placentation axile. Ovules 1-∞ dans chaque loge, descendants. — 8 genres.

II. Séchiées [2]. — Étamines 5, dont 4 rapprochées par paires oppositipétales, à anthères uniloculaires. Ovaire 1-loculaire. Un seul ovule descendant. — 5 genres.

III. Périanthopodées [3]. — Étamines 5, dont 4 rapprochées par paires oppositipétales. Anthères uniloculaires. Ovaire 1-3-loculaire. Ovules 1-4, normalement ascendants ou subdressés. — 3 genres.

IV. Cyclanthérées [4]. — Anthère circulaire continue, ou étamines 2, 3, à anthères uniloculaires, flexueuses, unies en couronne continue. Ovaire à une ou plusieurs loges. Ovules subdressés ou ascendants. — 4 genres.

V. Cucurbitées [5]. — Étamines 5, dont 4 presque toujours rapprochées par paires, oppositipétales, libres ou unies, à anthères flexueuses, sigmoïdes ou condupliquées. Ovaire généralement uniloculaire, à placentas pariétaux proéminents et volumineux. Ovules horizontaux. — 27 genres.

VI. Melothriées [6]. — Caractères des Cucurbitées ; anthères droites ou légèrement arquées, non flexueuses. — 18 genres.

VII. Telfairiées [7]. — Caractères des Cucurbitées ; anthères 5, biloculaires, à loges flexueuses (*Eutelfairiées*), ou 2, à loges rectilignes (*Anguriées*). — 3 genres.

Nous ne comptons pas non plus les genres incomplètement connus ou douteux, dont les principaux sont les suivants :

Siolmatra H. Bn, in *Bull. Soc. Linn. Par.* (1885), 457. Nous avons donné ce nom à l'*Alsomitra brasiliensis* Cogn., qui est caractérisé par un ovaire à trois loges, surmonté de trois branches stylaires excentriques, avec deux ovules descendants et suspendus dans chaque loge. Le *S. brasiliensis* est grimpant, à vrilles bifides et à feuilles trifoliolées.

Alternasemina S.-Mans., *Enum. subst. bras. cath.*, 35. Est peut-être (Cogn.) synonyme de *Perianthopodus.*

Dermophila S.-Mans., *loc. cit.*, 31. Synonyme (?) de *Perianthopodus* (Cogn.).

Druparia S.-Mans., *loc. cit.*, 35.

Turia Forsk., *Fl. æg.-arab.*, 165.

[1]. *Fevilliea* B. H., *Gen.*, I, 840, Trib. 8. — Cogn., *Cucurb.*, 937, Trib. 8. — *Nhandirobeæ* A. S.-H., in *Mém. Mus.*, XI, 215. — Endl., *Gen.*, 933, Ord. 201. — *Gomphogyneæ* B. H., *Gen.*, III, 820, 838, Trib. 5. — Cogn., *Cucurb.*,

918, Trib. 6. — *Gynostemmeæ* B. H., *Gen.*, I, 839, Trib. 6. — Cogn., *Cucurb.*, 912, Trib. 5.— *Zanonieæ* Bl., *Bijdr.*, 936. — B. H., *Gen.*, I, 839, Trib. 7. — Cogn., *Cucurb.*, 925, Trib. 7.

[2]. *Sechineæ* Schrad., in *Linnæa*, XII, 407.— *Sycioideæ* Schrad., *loc. cit.* — Endl., *Gen.*, 940. Subord. 3. — B. H., *Gen.*, I, 837, Trib. 4. — Cogn., *Cucurb.*, 869, Trib. 4.

[3]. *Abobreæ* Naud., in *Ann. sc. nat.*, sér. 4, XVI, 198. — B. H., *Gen.*, I, 819, Trib. 2. — Cogn., *Cucurb.*, 734, Trib. 2.

[4]. *Cyclanthereæ* Schrad., in *Linnæa*, XII, 48. — B. H., *Gen.*, I, 819, 834, Trib. 2.— Cogn., *Cucurb.*, 797, Trib. 3. — *Elaterieæ* Naud., in *Ann. sc. nat.*, sér. 5, VI, 30. — B. H., *Gen.*, I, 835, Trib. 3.

[5]. *Cucurbiteæ* Ser., in *DC. Prodr.*, III, 299 (part.). — Endl., *Gen.*, 935, Subord. 2 (part.). — *Cucumerineæ* Naud., *op. cit.*, sér. 4, XVI, 198 (part.). — B. H., *Gen.*, I, 817, 820, Trib. 1 (part.). — Cogn., *Cucurb.*, 348, Trib. 1 (part.).

[6]. Endl., *Gen.*, 936 (*Cucurbiteæ*, § 2).

[7]. *Telfairieæ* Ennl., *Gen.*, 935, Subord. 1.

Ainsi constituée, cette famille est généralement remarquable par ses organes de végétation. Presque toujours herbacées ou suffrutescentes, très rarement arborescentes, ordinairement annuelles ou vivaces, souvent pubescentes ou rêches, les Cucurbitacées ont constamment les feuilles sans stipules et alternes : ou simples, et dans ce cas moins souvent entières, palmatilobées, partites ou pédalées; ou composées-digitées. Toutes ces parties sont d'ordinaire abondantes en sucs aqueux et remarquables par le grand développement que prennent leurs phytocystes constituants, lesquels présentent fréquemment des caractères particuliers[1]. Leurs feuilles sont très souvent accompagnées d'une vrille latérale, simple, bifide ou ramifiée, qui a donné lieu à toutes les hypothèses et qu'il ne nous paraît cependant pas facile de prendre pour autre chose qu'un rameau entraîné, simple ou portant normalement une ou plusieurs feuilles réduites à leur côte terminée par un croc, et çà et là, anormalement, ces mêmes feuilles enrichies d'un limbe qui s'est plus ou moins développé, et même une inflorescence uni- ou pauciflore. Les fleurs, normalement unisexuées, monoïques ou dioïques, sont au contraire toujours hermaphrodites dans le *Schizopepon;* ce qui arrive accidentellement çà et là dans plusieurs autres genres et s'explique par une évolution plus complète des rudiments de gynécée qui existent si souvent dans la fleur mâle ou des étamines stériles qui s'observent si fréquemment dans la fleur femelle. Le réceptacle floral est constamment concave, surtout dans les fleurs femelles, où il enveloppe la totalité ou à peu près de l'ovaire infère. Le calice est presque toujours fort peu développé ou à peu près nul. La corolle est dialypétale ou assez souvent gamopétale, et l'insertion est la même que celle de l'androcée. On ne comprend pas facilement aujourd'hui qu'on ait pu tant discuter sur l'organisation de celui-ci, sur le nombre des pièces qui le composent, et, par suite, sur le nombre de loges que possède l'anthère. Dans quelques types, à cet égard plus parfaits que les autres, comme ceux qui appartiennent à la série des Telfairiées, ce nombre est de deux; mais dans le plus

---

1. Notamment des ponctuations ou plaques grillagées ou cribreuses. Sur l'histologie, voy. LOTHAR, *Essai sur l'anat. compar. des org. végét. et des téguments séminaux des Cucurbitacées* (Thèses de Lille, 1881). Sur la structure des enveloppes séminales, DUTAILLY, in *Adansonia*, X, 207, fig. 8, 9. On a donné le nom malencontreux de *talon* à une saillie corticale latérale de la base de la jeune tige, qui se produit lors de la germination, dans un certain nombre de genres, est souvent couverte de poils ou de papilles et peut répondre à une déviation plus ou moins considérable des faisceaux vasculaires. On n'est pas d'accord sur les fonctions de cette saillie (BALDINI, in *Ann. Ist. bot. Roma* (1884), 49, t. 6-8), connue depuis très longtemps, et l'on ne s'est guère occupé, que nous sachions, des cas où elle est double.

grand nombre des genres, l'anthère est uniloculaire. L'organogénie démontre clairement que chaque anthère uniloculaire est primitivement superposée à un sépale ; et que par suite d'entraînements dans le plan horizontal, quatre de ces anthères se rapprochent plus ou moins deux à deux, la cinquième demeurant seule dans sa situation primitive, c'est-à-dire alternipétale[1]. Le mode de placentation a aussi été l'objet de bien des théories ; on a supposé que dans certains genres les lobes latéraux des placentas se réfléchissent et se dédoublent et qu'il y a destruction des cloisons véritables. Rien de tout cela n'existe[2] ; les loges ovariennes sont incomplètes ou complètes, et les placentas peuvent s'épaissir extrêmement en se développant autour des ovules qu'ils enchâssent, tout en se rejoignant au centre, comme ils le font dans tant d'autres groupes où leur évolution est centripète. La direction des ovules a servi à distinguer certaines séries dans la famille ; mais ce caractère n'est malheureusement pas toujours absolu dans un genre donné. Le fruit est extrêmement variable, souvent charnu, parfois cortiqué, assez fréquemment déhiscent. Mais les graines ont jusqu'ici un caractère constant : elles sont dépourvues d'albumen.

AFFINITÉS. — Le rapprochement des Cucurbitacées et des Campanulacées est fait pour étonner les personnes qui voient les premières depuis longtemps reléguées dans la Gamopétalie, et les dernières dans la Dialypétalie. Il ne faut cependant pas oublier qu'il y a des Campanulées (*Wahlenbergia*, *Phyteuma*, etc.) dialypétales, et que les *Cucurbita* sont gamopétales ; en sorte que leur fleur est presque semblable à celle des *Canarina*, surtout quand celle-ci devient pentamère[3]. Nos Cucurbitacées cultivées ont le fruit charnu, ce qui est rare dans les Campanulacées ; mais nous savons que le fruit du même *Canarina* est une baie comestible. L'insertion est la même dans les deux groupes, grâce à la configuration identique du réceptacle, et le mode de placentation peut être tout à fait le même dans les deux familles. C'est encore par leurs organes de végétation que les deux groupes paraissent le plus dissemblables. Les rameaux herbacés et grimpants, les vrilles des Cucurbitacées, leur donnent un cachet tout particulier. On retrouve souvent ce caractère dans les Passifloracées, qui se distin-

---

1. Voy. H. Bn, in *Compt. rend. Assoc. franç.*, (1878), 676.
2. Voy. H. Bn, in *Bullet. Soc. Linn. Par.* (1885), 451, de même que sur l'androcée et les

vrilles. Nous ne pouvons ici, bien entendu, nous étendre sur l'historique de ces questions qui divisent encore les botanistes dévoyés.
3. Comme dans la figure 150.

guent par leur ovaire supère, et les Aristolochiacées, qui ont l'ovaire infère, mais dont le périanthe est unique. Nous verrons aussi que les Loasacées sont très voisines des Cucurbitacées, les *Gronovia* servant de lien entre les deux groupes; et nous pensons qu'il y a également une étroite parenté entre les Cucurbitacées et les Bégoniacées.

USAGES [1]. — Les sucs aqueux dont les divers organes des Cucurbitacées sont gorgés jouissent de propriétés très différentes [2] : tantôt insipides ou doux, sucrés, alimentaires, et tantôt d'une âcreté extrême, due à la présence de substances oléo-résineuses, amères ou évacuantes, cristallisables ou non, et qui font de plantes telles que la Coloquinte ou la Bryone des médicaments énergiques ou redoutables. Dans notre B. commune [3] (fig. 267-273), la portion souterraine, blanche, vireuse, caustique, irrite vivement la peau et les muqueuses, C'est un purgatif énergique, dangereux, prescrit surtout contre les hydropisies et diverses névroses. Débarrassée de ses principes irritants, cette portion se trouve riche en fécule qu'on a exploitée et dont on a fait de l'alcool. Quant à la Coloquinte [4] (fig. 259-266), son fruit est un puissant drastique, d'une amertume extrême, dont on prépare des extraits alcoolique et aqueux et une poudre très employée comme évacuant. Les fruits de l'*Ecballium Elaterium* [5] (fig. 274-282) ont des propriétés analogues. On en prépare un extrait solidifié, l'*elaterium*, purgatif et hydragogue violent. Dans les régions chaudes de l'Amérique, beaucoup de Cucurbitacées ont des propriétés évacuantes

1. ENDL., *Enchirid.*, 492. — GUIB., *Drog. simpl.*, éd. 7, III, 255. — LINDL., *Veg. Kingd.*, 313. — H. BN, *Tr. Bot. méd. phanér.*, 1156.

2. ENDLICHER a cherché à expliquer cette apparente contradiction : « eadem in plerisque virtus est, innumeris solum gradibus diversa. »

3. *Bryonia dioica* JACQ., *Fl. austr.*, II, 59. — DC., *Fl. franç.*, I, 603. — GREN. et GODR., *Fl. de Fr.*, I, 603. — H. BN, *loc. cit.*, 1164, fig. 3034-3040. — *B. alba* BULL., nec L. — *B. ruderalis* SALISB. — *B. nitida* LINK. — *B. lutea* BAST. — *B. sicula* GUSS. (*Navet du diable, N. ardent, Mors du diable, Vigne blanche, Couleuvrée, Feu ardent, Ipecacuanha indigène*). Le *B. cretica* L., que l'on croit être l'Ἄμπελος λευκὴ (ἄγρια) de Dioscoride, a les mêmes propriétés, quoique en Grèce on mange ses jeunes pousses.

4. *Citrullus Colocynthis* SCHRAD., in *Linnæa*, XII, 414. — SPACH, *Suit. à Buffon*, VI, 213. — BENTL. et TRIM., *Med. pl.*, n. 114. — COGN., *Cucurb.*, 510. — GUIB., *loc. cit.*, III, 259. — H. BN, *loc. cit.*, 1161, fig. 3026-3033. — *Cucumis Colocynthis* L., *Spec.*, 4011. — *C. Pseudo-Colocynthis* WENDER. — *C. bipinnatifidus* WIGHT. — *Colocynthis officinarum* SCHRAD., *loc. cit.*, 421 (*Concombre amer, Chicotin*).

5. A. RICH., in *Dict. cl. Hist. nat.*, VI, 19. — COGN., *Cucurb.*, 467. — GUIB., *loc. cit.*, 258. — H. BN, *loc. cit.*, 1166, fig. 3041-3047. — *E. agreste* REICHB. — *E. officinarum* L.-C. RICH. — *E. officinale* NEES. — *E. purgans* SCHRAD. — *Momordica Elaterium* L., *Spec.*, 1010. — *Elaterium cordifolium* MŒNCH (*Concombre sauvage, C. d'âne, Cornichon d'attrape, Cucumis asininus* pharmac.).

analogues, et ont fait sous ce rapport l'objet d'ouvrages spéciaux [1].
Tels sont plusieurs *Wilbrandia*[2], *Perianthopodus*[3] et *Fevillea*. Les
semences de plusieurs espèces de ce dernier genre sont des médicaments célèbres au Brésil et aux Antilles, notamment celles du *F. cordifolia*[4] (fig. 212-217), vantées comme remèdes de la morsure des
serpents venimeux et des empoisonnements par le Mancenillier, et
celles du *F. trilobata*[5] (fig. 207-211), qui sert à traiter diverses
maladies. L'embryon renferme, dans ses semences, une grande quantité d'huile amère et purgative, qui sert aussi pour l'éclairage. L'embryon épais du *Delognæa Humblotii*[6] peut devenir aussi, à Madagascar,
la source d'une huile abondante et utile. Il y a beaucoup d'huile
également dans les semences de nos Citrouilles, notamment celles du
Cucurbita Pepo[7] (fig. 242-250) et de nos Concombres, tels que le
Cucumis sativus[8]; ce qui permet de préparer, en les broyant, des émul-
sions faciles à administrer quand on a recours à ces graines comme
vermicides et ténifuges. On employait jadis indifféremment à cet usage
les *quatre grandes semences froides*, qui sont actuellement les graines
des *Cucumis Melo*[9] et *sativus*, de la Pastèque[10] et du *Lagenaria vulgaris*[11]. Nous n'avons qu'à mentionner les usages alimentaires du

---

1. Principalement celui de Silva-Manso (A.
L.-P.), publié à Rio-Janeiro en 1836 et intitulé:
*Enumeraçáo das substancias brazileiras que
podem promover a catarre.*
2. Le *W. verticillata* Cogn., *Cucurb.*, 566 (*W.
drastica* Mart. — *W. scabra* Mart. — *W.
fluminensis* Wawr. — *Momordica verticillata*
Vell. — *Anguria aculeata* Schlchtl) est un
purgatif et hydragogue puissant, dont traite S.-
Manso (*loc. cit.*, 50), sous le nom de *W. Rie-
deli.*
3. Le *P. diffusus* (*Bryonia diffusa* Vell. —
Cayaponia diffusa S.-Mans., *loc. cit.*, 32. —
Corr. de Mello, in *Journ. Linn. Soc.*, XI, 256.
— *C. pilosa* Cogn., *Cucurb.*, 750. — *Dermo-
phylla elliptica* S.-Mans.) est un évacuant univer-
sel, administré contre une foule de névroses et
d'affections cutanées chroniques, comme emménagogue, etc. (*Abobrinka do Mato, Tayuyá
Abobra*). Le *P. Tayuya* (*Bryonia Tayuya* Vell.
— *Cayaponia Tayuya* Cogn., *Cucurb.*, 772), le
Taioia de Marcgraff, et le *P. Martianus* (*Trianosperma ficifolia* Mart. — *Momordica cordati-
folia* God. Torr. — S.-Mans., *loc. cit.*, 34) a des
propriétés drastiques très accentuées (*Tayuya,
Abobrinha do Mato* (fig 235). De même les *P.
glandulosus* (*Bryonia glandulosa* Poepp. et Endl.
— *Trianosperma glandulosa* Mart. — *Cayaponia glandulosa* Cogn., *Cucurb.*, 755), et ar-
gutus (*Trianosperma arguta* Mart., *Mat. med.
Bras.*, 80).

4. L., *Spec.*, 1013. — Cogn., *Cucurb.*, 941.
— Guib., *loc. cit.*, 263. — H. Bn, *loc. cit.*,
1170, fig. 3051, 3052. — *F. scandens* L., var. α.
— *F. trilobata* Reichb. (nec L.). — *F. hedera-
cea* Poir. — *F. punctata* Poir. — *F. Javilla*
H. B. K. — *Trichosanthes punctata* L. — *Nhan-
diroba scandens*, etc. et *N. foliis trifidis* Plum.
(*Nhandirobe des Antilles*).
5. L., *Spec.*, 1014. — Cogn., *Cucurb.*, 939.
— H. Bn, *loc. cit.*, 1169, fig. 3049, 3050. —
F. scandens β L. — *F. cordifolia* Vell. (nec
L.). — *F. Marcgravii* Guib., *loc. cit.*, 264, fig.
658. C'est le *Ghandiroba* ou *Nhandiroba* de
Marcgraff et l'*Hypanthera* de S.-Manso (Corr.
de Mell., *loc. cit.*, 257, 261).
6. Cogn., in *Bull. Soc. Linn. Par.*, 425.
7. L., *Spec.*, 1010. — Cogn., *Cucurb.*, 545.
— Guib., *loc. cit.*, 262. — H. Bn, *loc. cit.*, 1158,
fig. 3017-3025. — *C. Melopepo* L. — *C. verrucosa* L., etc. (*Potiron, Patisson, Giraumon*, et à
tort *Courge*, ce nom appartenant au *Lagenaria*;
ou *Coloquinte*, ce nom étant celui d'un *Citrullus*).
8. L., *Spec.*, 1012. — Cogn., *Cucurb.*, 498
(*Concombre, Cornichon*).
9. L., *Spec.*, 1011. — Cogn., *Cucurb.*, 482
(*Melon*).
10. *Citrullus vulgaris* Schrad., in *Linnœa*,
XII, 412. — Cogn., *Cucurb.*, 508 (*Melon d'eau*).
11. Ser., in *Mém. Soc. Genève*, III, p. 1, 25,
t. 2. — Cogn., *Cucurb.*, 417. C'est la véritable
Courge ou *Gourde*, le *Cucurbita Lagenaria* L.

péricarpe du Melon (fig. 252), de la Pastèque, du Concombre (fig. 253, 254) et d'autres espèces du genre *Cucumis*[1]. Les Cucurbitacées d'une utilité secondaire sont : les *Anguria*, à fruits comestibles[2]; les *Melothria*, purgatifs[3]; les *Momordica*, alimentaires, oléifères ou médicinaux[4]; les *Luffa*, qui sont les uns comestibles et les autres purgatifs[5]; les *Trichosanthes*[6], les *Sicyos*[7] et la Chayote[8] (fig. 228-233), dont le fruit est alimentaire dans les pays chauds[9]. On ne cultive guère les Cucurbitacées comme plantes d'ornement; plusieurs d'entre elles ont cependant des fruits remarquables par leur forme et leur coloration. Les *Telfairia*, *Fevillea* et *Trichosanthes* représentent, dans quelques serres de l'Europe, des lianes vraiment magnifiques.

1. Notamment les *C. Duduim* L., *Chate* L., *farinosus* EHRENB., *Anguria* L. (fig. 255), *flexuosus* L., *utilissimus* ROXB., *Conomon* THUNB., *melulifera* (fig. 258), *prophetarum* L., etc. (voy. ROSENTH., *loc. cit.*, 680). Le *C. Rheedii* KOSTEL. (*C. Pavel* KOSTEL?), dont le fruit est comestible, est un *Coccinia*, genre rapporté ici aux *Cucurbita*, de même que le *Turia Moghadd* FORSK., dont on mange la baie en Arabie.

2. Principalement l'*A. trifoliata* L. et l'*A. pedata* L. (fig. 302-304).

3. Surtout le *M. indica* LOUR. (fig. 293-295) et le *M. pendula* L., dont le fruit (*Cerejas de purga*) sert à purger l'homme et le bétail. Le *M. heterophylla* COGN. (*Bryonia Rheedii* BL.) est employé au traitement des rhumatismes, des abcès; le *M. punctata* COGN. (*Bryonia maderaspatana* BERG. — *B. scabra* THUNB.), à celui des affections du tube digestif, du foie, des dysenteries et même du choléra; le *T. scrobiculata* COGN., d'Abyssinie, comme vermicide (*Taffafala*).

4. Notamment le *M. Charantia* L. (*Papavel*, *Paperi*), remède des flux, des catarrhes, et dont la graine donne une huile cosmétique. On l'emploie, au Brésil, sous le nom de *M. papillosa* PECK., contre les rhumatismes et une foule d'autres affections (*Melao do Mato*, *M. de San-Caltano*). Le *M. Balsamina* L. (fig. 285, 286) a des graines oléagineuses et des fruits officinaux dans certains pays, qui sont les *Poma hierosolymitana* et nos *Pommes de merveille*. Le *M. dioica* ROXB. est vanté par les médecins indiens contre les tumeurs, les hémorrhoïdes, etc.

5. Entre autres le *L. acutangula* SER. (fig. 283, 284), dont la racine est hydragogue, évacuante, le fruit comestible et les graines oléagineuses. Le *L. drastica* MART., usité au Brésil contre plusieurs affections chroniques, n'en est qu'une forme. Le *L. operculata* COGN. (*Momor-*

dica operculata L. — *Poppya operculata* KOCH), le *Koosia* de la Guyane, ou *Buza Paulista*, est aussi un évacuant énergique. Le *L. cylindrica* L. (*L. Petola* SER. — *L. ægyptiaca* MILL. — *Momordica cylindrica* L. — *M. Luffa* L.) est aussi purgatif, hydragogue, antiapoplectique. Dans cette espèce, comme dans quelques autres, le fruit, réduit par macération ou par quelque autre procédé, à ses faisceaux fibro-vasculaires intriqués, sert d'éponge (d'où le nom de *Courgetorchon*) et peut être employé à la fabrication de certains papiers.

6. Le *T. anguina* L. (*Cucumis anguinus* L.) sert de purgatif et d'helminthicide, et l'on trouve des propriétés analogues dans les *T. amara* L., *cucumerina* L., *incisa* ROTTB., *trifoliata* BL., *cuspidata* LAMK, *laciniosa* KLEIN, *palmata* ROXB., *villosa* BL. Le *T. nervifolia* L. a été préconisé contre l'épilepsie. Les grosses semences du *T. macrocarpa* BL. (*Hodgsonia heteroclita* HOOK. F. et THOMS.) produisent, dit-on, une grande quantité d'huile.

7. Le *S. angulatus* L. a une racine et des semences amères et diurétiques.

8. *Sechium edule* SW. (voy. p. 385, not. 1).

9. Citons encore le *Benincasa cerifera* SAV., rapporté au genre *Citrullus*, dont le fruit a un suc rafraîchissant, employé contre les fièvres, et dont les graines sont émulsives; les *Kedrostis rostrata* COGN. et *digitata* COGN., vantés comme antiasthmatiques et purgatifs; le *Corallocarpus epigœus* CLKE, usité dans l'Inde comme antirhumatismal, antisyphilitique, et que l'on substitue parfois au véritable *Colombo*. Le *Telfairia pedata* HOOK. (fig. 299-301) est amer, tonique; on a comparé l'huile de ses semences à celle des meilleures olives, et l'on cultive la plante en Afrique pour cette raison. Le *T. occidentalis* HOOK. F. (*Bot. Mag.*, t. 6272) a des graines également oléagineuses.

GENERA

____

I. FEVILLEÆ.

1. **Fevillea** L. — Flores diœci; masculorum receptaculo campanulato v. subhemisphærico. Sepala 5, margini inserta, imbricata,
patentia. Petala 5, cum sepalis alternis inserta, unguiculata basique
intus lamina longitudinali aucta, imbricata. Stamina 5, ad receptaculi
centrum inserta alternipetala; filamentis subclavatis recurvis; antheris extrorsis, 1-locularibus, longitudinaliter 1-rimosis. Floris fœminei perianthium ut in mare; receptaculo superne eodem inferneque
in saccum germen intus adnatum foventem producto. Staminodia
sæpe 5. Discus nunc epigynus e glandulis minimis constans. Germen
omnino v. maxima ex parte inferum, stylis 3 apice reniformi-2-lobis
coronatum; loculis 3, nunc ad apicem incompletis. Ovula in loculis
4-6, 2-seriatim descendentia; micropyle extrorsum supera. Fructus
baccatus corticatus, supra medium receptaculi margine zonatus et
apice lineis 3 radiantibus notatus. Semina in loculis 2-6, e summa
placenta descendentia imbricata compressa; embryonis exalbuminosi
cotyledonibus magnis orbicularibus. — Frutices scandentes; foliis
alternis angulatis, palmatilobis v. nunc (*Anisosperma*) 2-foliolatis;
foliolis lateralibus 2 ad glandulas reductis; cirrhis ad folia lateralibus, apice 2-fidis; floribus in racemos ad axillas laterales plus minus
compositos dispositis; inflorescentiis masculis ditioribus. (*America
trop.*) — *Vid. p.* 375.

2. **Alsomitra** Rœm.[1] — Flores diœci; masculorum receptaculo
cupulari. Sepala 5, oblonga. Petala 5, oblonga erosa, imbricata. Stamina 5; filamentis brevibus; antheris parvis, 1-locularibus[2]. Floris

____

1. *Syn.*, fasc. II, 117 (part.). — Endl., *Gen.*,   Cogn., *Cucurb.*, 928 (nec Bl., *Bijdr.*, 937).
n. 5122 b. — B. H., *Gen.*, I, 840, n. 66. —   2. Polline ovoideo, 3-sulco, 3-poroso (Cogn.).

fœminei receptaculum inferne clavato-cylindricum ibique germen intus adnatum fovens, superne perianthium ei floris masculi conforme gerens. Styli 3 v. rarius 4, loculique in germine totidem, sæpe incompleti, ∞-ovulati. Fructus subcylindricus v. clavatus, apice late truncato 3-valvis. Semina ∞, imbricata, ala tenui terminata marginibusque sæpius tuberculatis. — Frutices scandentes; foliis simplicibus v. sæpius 3-foliolatis pedativse; cirrhis lateralibus, simplicibus v. 2-fidis; floribus[1] in racemos laxos compositos pendulos dispositis; pedicellis sæpius tenuissimis. (*Asia, Australia et America trop.*[2])

3. **Zanonia** L.[3] — Flores diœci; receptaculo masculorum breviter cupulari. Sepala 5, valvata, quorum 2 v. 4 per paria plus minus coalescentia. Petala 5, coriacea v. carnosa, apice angustata et in alabastro introflexa. Stamina 5, alternipetala, æqualia; filamentis brevibus crassis liberis; antheris transverse oblongis, 1-locularibus, superne transverse 1-rimosis[4]. Floris fœminei perianthium ut in mare; receptaculo inferne longe obconico v. clavato; stylis 3, apice 2-fidis; germinis inferi loculis 3, 2-ovulatis; ovulis 2 v. ∞, descendentibus; micropyle supera et extrorsum laterali. Fructus cylindricus, clavatus v. subhemisphæricus, apice late truncato 3-valvis. Semina in loculis 2-∞, descendentia compressa imbricata, ala angusta crassa v. nunc ampla membranacea cincta. — Frutices scandentes; foliis integris petiolatis; cirrhis simplicibus v. 2-fidis; floribus[5] racemosis; inflorescentiis masculis laxe compositis pendulis; fœmineis simplicioribus sæpe paucifloris. (*Asia et Oceania trop.*[6])

4. **Gerrardanthus** HARV.[7] — Flores diœci (fere *Alsomitræ*); sepalis 5. Corollæ rotatæ v. late campanulatæ petala 5, inæqualia, medio appendiculata. Stamina 5, quorum 4 anthera parva 1-loculari donata sæpe per paria cohærentia; quinto autem imperfecto[8]. Floris fœminei

1. Albis v. virescentibus, parvis.
2. Spec. 8, 9. WALL., *Pl. as. rar.*, II, 28, t. 133 (*Zanonica*). — F. MUELL., *Fragm. Phyt. Austral.*, VI, 188; VII, 61. — COGN., in *Mart. Fl. bras.*, LXXVIII, 416. — CLKE, in *Hook. Fl. brit. Ind.*, II, 634. — *Bot. Mag.*, t. 6017. — WALP., *Rep.*, II, 194 (*De A. brasiliensi* COGN., scil. *Siolmatra*, vid. p. 417, not. 12).
3. *Coroll.*, 19; *Gen.*, n. 1117. — LAMK., *Ill.*, t. 816. — SER., in *DC. Prodr.*, III, 298. — ENDL., *Gen.*, n. 5122. — B. H., *Gen.*, I, 839, n. 65. — H. BN, in *Compt. rend. Ass. fr.* (1878) t. 7, fig. 1, 2.

— SPACH, *Suit. à Buffon*, VI, 189. — ARN., in *Hook. Journ. Bot.*, III, 272. — COGN., *Cuc.*, 925.
4. Polline ut in *Alsomitris*.
5. Ochraceis, parvis v. mediocribus.
6. Spec. 2, 3. WIGHT et ARN., *Prodr.*, I, 340. — BL., *Bijdr.*, 937. — MIQ., *Fl. ind.-bat.*, I, p. I, 682. — ROEM., *Syn.*, fasc. II, 117 (*Alsomitra*). — WIGHT, *Ill.*, t. 103. — CLKE, *Fl. brit. Ind.*, II, 633.
7. n *B. H. Gen.*, I, 840; *S. Afric. pl.*, ed. 2, 127. — COGN., *Cucurb.*, 936.
8. Polline omnino *Fevilleæ*.

receptaculum clavatum, cavitate germen adnatum fovens. Staminodia 5, alternipetala. Styli 3, apice stigmatoso truncato-2-lobi. Placentæ parietales 3. Ovula in loculis incompletis plerumque 2, descendentia; micropyle supera lateraliter extrorsa[1]. Fructus elongatus coriaceus, apice truncato 3-valvis. Semina pauca oblonga, apice longe alata. — Frutices scandentes; radice ampla tuberosa; foliis hastatis v. corda- tis; cirrhis 2-fidis; floribus[2] masculis racemosis; fœmineis solitariis. (*Africa trop. et austr.*[3])

5. **Gomphogyne** GRIFF.[4] — Flores monœci (fere *Zanoniæ*); calyce brevi. Petala 5, oblonga, valvata. Stamina 5, centralia libera; anthe- ris subglobosis, 1-locularibus, 1-rimosis; septo spurio valde promi- nulo[5]. Floris fœminei receptaculum inferne subclavatum v. turbi- natum; germine infero adnato conformi; stylis 3, 2-fidis. Ovula in loculis sæpius 3, descendentia. Fructus sub-3-gono-campanulatus, stylis 3 persistentibus coronatus, apice truncato 3-valvis. Semina 1-3, compressiuscula, rugosa, margine subdenticulata, exalbuminosa. — Herbæ debiles scandentes; foliis pedatis, 5-7-foliolatis; cirrhis simpli- cibus v. nunc 2-fidis; floribus[6] plus minus dite composito-racemosis. (*India or.*[7])

6. **Actinostemma** GRIFF.[8] — Flores monœci; masculorum rece- ptaculo cupulari. Calycis 5-partiti laciniæ lineari-lanceolatæ. Corolla subrotata; laciniis linearibus lanceolatis ovatisve, apice sæpius longe caudatis. Stamina 5, cum petalis alternantia; filamentis liberis aut æquali-, aut inæqui-distantibus[9]; antheris basifixis oblongis extrorsis, 1-locularibus, longitudinaliter 1-rimosis[10]. Floris fœminei receptacu- lum lageniforme. Perianthium maris. Staminodia glanduliformia 3-5, inæqualia v. æqualia, basi intus perianthii inserta. Germen receptaculo inferne intus adnatum, 1-loculare, superne liberum ibique in stylum

1. Funiculo ad apicem incrassato.
2. Viridibus v. fuscatis, parvis.
3. Spec. 3. NAUD., in *Rev. hort.* (1868), 444; in *Journ. Soc. hort. Par.* (1867), 598.
4. *Pl. Cantor.*, 26, not., t. 4. — ENDL., *Gen.*, Suppl., V, 50. — B. H., *Gen.*, I, 838, 1008, n. 61. — COGN., *Cucurb.*, 923. — *Triceros* GRIFF., *Notul.*, IV, 406.
5. Pollen 3-sulcum, poricidum.
6. Parvis, viridulis.
7. Spec. 2. CLKE, *Fl. brit. Ind.*, II, 632. — WALL., *Plant. as. rar.*, II, 29 (*Zanonia?*). — KURZ, in *Journ. As. Soc. Bengal.* (1877), II, 105.—

ROEM., *Syn.*, fasc. II, 118 (*Alsomitra*). — WALP., *Rep.*, II, 194 (*Zanonia*).
8. *Pl. Cantor.*, 24, t. 3; *Notul.*, IV, 61. — ENDL., *Gen.*, Suppl., V, 50. — B. H., *Gen.*, I, 838, n. 62. — COGN., *Cucurb.*, 918. — H. BN, in *Compt. rend. Ass. fr.* (1878), 685, t. 7, fig. 3, 4. — *Microsicyos* MAXIM., *Prim. Fl. amur.*, 112, t. 7; in *Ann. sc. nat.*, série 4, XIII, 95. — *Pomasterium* MIQ., in *Ann. Mus. lugd.-bat.*, II, 80.
9. Quorum 4 per paria plus minus approxi- mata.
10. Polline 3-sulco, poricido (COGN.).

apice 2-lobum attenuatum. Ovula in loculo 2-4, placentæ parietali sub apice inserta, per paria collateraliter descendentia; micropyle extrorsum[1] supera. Fructus semisuperus, sæpius echinatus, ad medium annulatus altiusque operculatim dehiscens. Semina 1-4, compressa rugosa, margine subdenticulata exarata. — Herbæ graciles scandentes; foliis integris v. lobatis cordato-hastatis; cirrhis simplicibus v. sæpius 2-fidis; floribus[2] masculis simpliciter v. composite racemosis; fœmineis solitariis, racemosis v. ad basin racemi masculi lateralibus. (*Asia or.*[3])

7. Gynostemma BL.[4] — Flores diœci v. raro monœci (fere *Actinostemmatis*); receptaculo masculorum pateriformi; petalis oblongis v. acutatis. Stamina 5, centralia; filamentis basi connatis superneque radiantibus; antheris 1-locularibus, spurie 2-lobis, 1-rimosis[5]. Floris fœminei germen inferum, superne liberum, 2-3-loculare; stylis 2, 3, apice 2-fidis. Ovula in loculis 2, descendentia, incomplete anatropa. Fructus globosus, indehiscens, apice umbonatus; seminibus 1-3, late ovoideis, verrucosis. — Herbæ perennes scandentes; ramis gracilibus; foliis simplicibus v. plerumque pedatis; foliolis 3-7; cirrhis simplicibus v. sæpius 2-fidis; floribus[6] in racemos terminales axillaresque valde compositos dispositis; pedicellis articulatis. (*Asia trop. or., Java*[7].)

8. Schizopepon MAXIM.[8] — Flores hermaphroditi; receptaculo ovoideo-subgloboso germen intus adnatum fovente superneque in cupulam dilatato. Sepala 5 petalaque totidem valvata, margini receptaculi inserta. Stamina 5, cum perianthio inserta, 3-adelpha (2-2-1); filamentis brevibus; antheris ellipsoideis, 1-locularibus, extrorsum rimosis. Germen inferum, 3-loculare; styli ramis 3, apice 2-lobis. Ovula in loculis 1, v. rarissime 2, descendentia; micropyle introrsum supera v. nunc laterali. Fructus baccatus; septis evanidis, 1-3-spermus,

1. Demum sæpe laterali.
2. Parvis, albidis, articulatis.
3. Spec. 4. WALL., *Cat.*, n. 6683 (*Sicyos*), 6742 (*Momordica*). — NAUD., in *Ann. sc. nat.*, sér. 5, V, 39. — FR. et SAV., *Enum. pl. jap.*, I, 175. — CLKE, *Fl. brit. Ind.*, II, 632.
4. *Bijdr.*, 23. — ENDL., *Gen.*, n. 4696. — B. R., *Gen.*, I, 839, n. 63. — COGN., *Cucurb.*, 912.— *Pestalozzia* ZOLL., in *Mor. Verz.*, 31.— ENDL., *Gen.*, Suppl., V, 50. — *Enkylia* GRIFF., *Pl. Cantor.*, 26. — ENDL., *Gen.*, Suppl., V, 50.
5. Polline globoso, 3-sulco, poricido.
6. Minutis, albidis v. viridulis.
7. Spec. 5. WALL., *Pl. as. rar.*, II, 28(*Zanonia*). — ROEM., *Syn.*, fasc. II, 118 (*Alsomitra*). — THW., *Enum.*, *pl. Zeyl.*, 124 (*Pestalozzia*). —DCNE, in *Nouv. Ann. Mus.*, III, 450 (*Sicyos*).— CLKE, *Fl. brit. Ind.*, II, 633. — WALP., *Rep.*, II, 194 (*Zanonia*); *Ann.*, I, 316 (*Pestalozzia*).
8. *Prim. Fl. amur.*, 110, t. 6 ; in *Ann. sc. nat.*, sér. 4, XIII, 95. — B. H., *Gen.*, I, 839, n. 64. — COGN., *Cucurb.*, 917.

ab apice demum 3-valvis. Semina 1 v. pauca plana exalbuminosa. — Herba scandens; foliis longe petiolatis cordato-ovatis, angulato-5-7-lobis; cirrhis lateralibus, 2-fidis; floribus[1] axillaribus solitariis. (*Japonia, Mandshuria*[2].)

II. SECHIEÆ.

9. **Sechium** P. BR. — Flores monœci; masculorum receptaculo cupulari, intus disco 10-crenato v. 10-lobo induto. Sepala 5, margini receptaculi inserta, imbricata. Petala totidem cum calyce inserta, valvata. Stamina 5, intus receptaculo inserta, alternipetala; filamentis liberis; antheris 1-locularibus, flexuosis, rimis flexuosis extrorsum dehiscentibus, quarum 4 per paria coadunatis, at liberis. Floris fœminei perianthium ut in mare; receptaculo sub cupula in collum coarctato subtusque in saccum lageniformem germen intus adnatum foventem dilatato. Staminodia 5, minuta alternipetala. Stylus erectus, superne 3-lobus; lobis stigmatosis dilatato-flexuosis, 2-lobulatis. Ovulum in loculo unico germinis solitarium descendens anatropum; micropyle demum supera introrsaque. Fructus amplus baccatus, extus sulcatus rugosusque v. echinatus. Semen 1, descendens compressum læve; embryonis exalbuminosi cotyledonibus amplis; radicula supera. — Frutex hispidulus scandens; foliis alternis cordatis palmato-angulatis lobatisve; cirrhis lateralibus, 3-5-fidis; floribus masculis racemosis; fœmineis in axilla eadem cum masculis solitariis. (*America calid.*) — *Vid. p.* 383.

10. **Sicyos** L.[3] — Flores monœci; receptaculo cupulari v. late campanulato; fœmineo inferne sub collo constricto in saccum germen intus adnatum foventem dilatato. Sepala 5, minuta dentiformia v. subnulla, margini receptaculi inserta. Corollæ subrotatæ v. subcampanulatæ petala 5, libera, 3-angularia, valvata, nunc 2-cuspidata (*Sicyosperma*[4]). Stamina 5 (v. pauciora); filamentis in columnam erectam connatis; antheris alternipetalis extrorsis capitatis, subrectis, curvis

1. Parvis, albis.
2. Spec. 1. *S. bryoniœfolius* MAXIM., *loc. cit.*
3. *Gen.*, n. 1094. — J., *Gen.*, 349.— ENDL., *Gen.*, n. 5146. — NAUD., in *Ann. sc. nat.*, sér. 4, XII, 165; sér. 5, VI, 20. — B. H., *Gen.*, I, 837, n. 55. — COGN., *Cucurb.*, 869. — *Sicyoides*

T., *Inst.*, 103, t. 28. — *Badaroa* BERT., herb., n. 838 (ex ENDL.). — *Micrampelis* RAFIN., *Mod. Rep.*, V, 531.

4. A. GRAY, *Pl. Wright. tex.*, II (1863), 62. — NAUD., in *Ann. sc. nat.*, sér. 4, XII, 162.— B. H., *Gen.*, I, 837, n. 56. — COGN., *Cucurb.*. 899.

v. flexuosis, medio rimosis, inter se liberis v. per paria varie superne inferneve connatis [1]. Germen inferum, 1-loculare; stylo gracili erecto apice in lobos 2, 3 stigmatosos, lineares v. oblongos, patentes v. recurvos, dilatato; ovulo 1, descendente; micropyle supera. Fructus ovatus, lenticularis (*Sicyosperma*) v. angulatus crassus (*Sicyocarpa*[2]) sæpiusve tenuis compressus (*Eusicyos*) v. nunc fusiformis (*Atracto-carpos* [3]); semine 1, descendente, exalbuminoso. — Herbæ prostratæ v. scandentes; cirrhis 1- ∞-fidis; foliis alternis, subintegris, angulatis lobatisve; floribus [4] masculis in racemos nunc subcorymbosos dispositis; fœmineis solitariis v. aggregatis sæpe in axilla cum masculis eadem sitis, nunc late bracteatis. (*America et Oceania calid.* [5])

11? Microsechium NAUD. [6] — Flores cæteraque *Sechii;* calyce corollaque masculorum 4-meris; antheris 4[7], liberis flexuosis summæ columnæ 4-fidæ affixis. Fructus baccatus parce spinulosus; semine descendente immarginato. — Herbæ scandentes; rhizomate tuberoso perennante; foliis cordatis, integris v. plerumque 3-5-lobis; cirrhis 3-6-fidis; floribus[8] masculis racemosis; fœmineis (3-meris) capitato-umbellulatis [9]. (*Mexicum, America centr.* [10])

12. Sechiopsis NAUD. [11] — Flores monœci (fere *Sechii*); masculorum receptaculo basi 10-saccato. Sepala 5, dentiformia. Corolla subrotata, valvata. Stamina 5; filamentis coalitis; antheris sigmoideis flexuosis, 3-adelphis (2-2-1), capitato-approximatis [12]. Floris fœminei receptaculum superne dilatatum, 3-gonum; sepalis dentiformibus 3. Corollæ petala 3. Germen cæteraque *Sechii*. Fructus samaroideo-3-alatus; semine 1, descendente compresso lævi. — Herba mexicana scandens; foliis cordatis, 3-lobis; cirrhis inæquali-4-5-fidis; floribus[13] masculis racemosis; pedicellis verticillatis; floribus fœmineis umbellulatis cum masculis coaxillaribus. (*Mexicum*[14].)

1. De evolutione cfr H. BN, in *Bull. Soc. Linn. Par.*, 328.
2. A. GRAY, in *Proc. Amer. Acad.*, III, 51. — COGN., *Cucurb.*, 895, sect. 3.
3. COGN., in *Mart. Fl. bras.*, LXXVIII, 103.
4. Albidis, viridulis v. lutescentibus.
5. Spec. ad 30. H. B. K., *Nov. gen. et spec.*, II, 118. — PŒPP. et ENDL., *Nov. gen. et spec.*, II, 53. — TORR., *Fl. St. N.-York*, I, 249. — A. GRAY, *Unit. St. expl. Exped., Bot.*, I, 648, t. 80-82. — COGN., in *Mart. Fl. bras.*, LXXVIII, 105. — WALP., *Rep.*, II, 204; *Ann.*, I, 317; IV, 866; 867 *(Sicyosperma).*
6. In *Ann. sc. nat.*, sér. 5, VI, 25. — B. H.,

Gen., I, 838, n. 59. — COGN., *Cucurb.*, 910. — *Pseudosechium* NAUD., *loc. cit.*, 22.
7. Polline subgloboso muriculato.
8. Albido-virescentibus.
9. Melius forte Sicyi sectio.
10. Spec. 2. Moç. et SESS., *Fl. mex. ined.*, t. 355 *(Sicyos).* — SER., in *DC. Prodr.*, III, 313 *(Sechium).*—PEYR., in *Linnœa*, XXX, 56 *(Sicyos).*
11. In *Ann. sc. nat.*, sér. 5, VI, 23. — B. H., *Gen.*, I, 838, n. 60. — COGN., *Cucurb.*, 908.
12. Polline globoso lævi, tenuiter 10-sulcato.
13. Parvis, viridulis.
14. Spec. 1. *S. triquetra* NAUD. — *Sicyos triqueter* MOÇ. — SER., in *DC. Prodr.*, III, 309.

13. Sicydium SCHLCHTL[1]. — Flores diœci, 5-meri; petalis 5, valvatis. Stamina 5, 3-adelpha (2-2-1); antherarum ellipsoidearum introrsarum loculo recto v. vix arcuato, longitudinaliter rimoso. Discus centralis. Floris fœminei receptaculum sub collo angusto ovoideum v. lageniforme germenque 1-loculare fovens. Staminodia 5 (2-2-1) glandulosa v. nunc antherifera. Discus epigynus carnosus. Ovulum 1, anatropum, sub apice loculi insertum descendens; micropyle sub hilo introrsum supera. Styli rami 3, lineares patuli integri. Fructus globosus v. compressus, baccatus v. fibrosus. Semen descendens globosum v. compressum rugosum; embryonis exalbuminosi cotyledonibus plano-convexis. — Herbæ v. frutices scandentes; foliis integris cordatis; cirrhis 2-fidis; floribus[2] in summis ramulis composite racemosis; fœmineis nunc solitariis paucisve. (*America trop.*[3])

III. PERIANTHOPODEÆ.

14. Perianthopodus S.-MANS. — Flores monœci v. diœci; masculorum receptaculo cupulari v. campanulato tubulosove. Sepala 5, dentiformia. Petala 5, cum sepalis margini receptaculi inserta alternantiaque, valvata v. leviter induplicata. Stamina 5, 3-adelpha (2-2-1), circa imum receptaculum inserta; antheris longitudinaliter 2-3-plicatis v. ad apicem replicatis, 1-locularibus, plus minus cohærentibus liberisve; connectivo haud producto. Germen rudimentarium centrale, forma varium, v. 0. Floris fœminei perianthium receptaculumque ut in mare; cupula in collum inferne contracta subque eo in saccum ovoideum oblongumve germen intus adnatum foventem dilatata. Germen inferum, 1-3-loculare, disco epigyno integro v. 3-lobo coronatum styloque apice in lobos stigmatiferos 3, plus minus dilatatos reflexos v. nunc (*Abobra*) lineares radiantesque, diviso. Ovula in loculis completis v. incompletis 1 (*Arkezostis*), v. 2-4, ad basin v. superposite inserta, plerumque adscendentia; micropyle lateraliter infera. Fructus baccatus v. suberosus, 1-12-spermus; seminibus plus minus compressis exalbuminosis, sæpius adscendentibus. — Herbæ

1. In *Linnæa*, VIII, 388 (nec A. GRAY). — ENDL., *Gen.*, 936. — COGN., *Cucurb.*, 902. — *Triceratia* A. RICH., *Fl. cub.*, 298, t. 44². — B. H., *Gen.*, I, 838, n. 58.

2. Albidis, minutis.

3. VELL.., *Fl. flum.*, X, t. 103 (*Fevillea*). — H. B. K., *Nov. gen. et spec.*, VII, 175, t. 640 (*Fevillea*). — RŒM., *Synops. mon.*, fasc. II, 29. — COGN., in *Mart. Fl. bras.*, LXXVIII, 111. — WALP., *Rep.*, II, 759.

scandentes v. raro prostratæ; rhizomate perennante; foliis integris, 3-5-foliolatis, palmati-3-7-lobis v. rarius (*Abobra*) dissectis; cirrhis sæpius 2-5-fidis; floribus parvis in racemos simplices v. plus minus composito-ramosos nuncve fasciculiformes contractos dispositis. (*America calid.*, *Africa trop. occid.*) — *Vid. p.* 386.

15? **Selysia** Cogn. [1] — Flores monœci; masculorum receptaculo cupulari. Sepala 5, parva v. dentiformia. Petala 5, in corollam sub-campanulatam disposita. Stamina 5 (2-2-1); connectivo compresso suborbiculari; antheris 1-locularibus inæqui-curvis v. sinuatis, apice plus minus replicatis. Germen rudimentarium minimum v. 0. Flos fœmineus ignotus. Fructus baccatus subglobosus; seminibus ad 6, adscendentibus, deltoideis compressis lævibus. — Herbæ scandentes; foliis integris v. sublobatis; cirrhis simplicibus v. 2-fidis; floribus [2] masculis solitariis v. fasciculatis; fœmineis solitariis coaxillaribus. (*Columbia*, *Peruvia* [3].)

16? **Dicælospermum** Clrke [4]. — « Flores monœci, fœminei ignoti. Masculorum receptaculum campanulatum. Sepala 5, dentifor-mia. Petala 5, ovato-3-angularia. Stamina 5 (2-2-1); antheris rectis, 1-locularibus; connectivo vix apice producto [5]. Germen rudimentarium glanduliforme. Fructus siccus globoso-depressus. Semina 3, sub-erecta, a lateribus valde compressa et margine incrassata. — Herba scandens gracilis; foliis ovato-cordatis v. hastatis; cirrhis simplicibus; floribus [6] fasciculatis. » (*India or.* [7])

IV? CYCLANTHEREÆ.

17. **Cyclanthera** Schrad. — Flores monœci : masculorum rece-ptaculo cupulari. Sepala 5, dentiformia v. filiformia, nunc minima. Petala 5, alterna, valvata. Stamina in capitulum connata; stipite centrali brevi ; antheris lineari-conduplicatis longitudineve dehiscenti-bus, nunc in annulum horizontalem ambitu rimosum connectivumque orbicularem marginantem connatis. Germen rudimentarium 0. Floris

1. *Cucurb.*, 735.
2. Albescentibus, majusculis.
3. Spec. 2. Pœpp. et Endl., *Nov. gen. et spec.*, II, 55, t. 174 (*Melothria*). — Rœm., *Synops. mon.*, fasc. II, 28.

4. In *Hook. Fl. brit. Ind.*, II, 630. — Cogn. *Cucurb.*, 734.
5. Polline 3-sulco, 3-poroso.
6. Albis, minutis.
7. Sp c. 1. *D. Ritchiei* Clrke.

fœminei perianthium ut in mare; receptaculo sub collo angustato et in saccum oblique ovoideum v. lageniformen rostratum germenque intus adnatum foventem dilatato. Germinis inferi loculi 3, completi v. incompleti, quorum 1, 2, nunc vacui obsoletive; ovulis ∞, adscendentibus; singulis sæpius in locellis e placenta parietali v. subaxili accreta solitariis; stylo brevi, apice stigmatoso late hemisphærico. Fructus oblique ovoideus, reniformis gibbusve, lævis sæpiusve spinosus echinatusve, demum siccus, elastice dehiscens placentamque parietalem centralemve demumque assurgentem nudans. Semina ∞, lævia v. asperata compressa, hinc v. utrinque nunc 2-cuspidata; embryone exalbuminoso. — Herbæ annuæ v. rhizomate perennantes; ramis scandentibus; foliis integris, lobatis v. pedatinerviis; cirrhis simplicibus v. 2-∞-fidis; floribus masculis simpliciter v. composite racemosis; fœmineis axillaribus solitariis. (*America calid.*) — *Vid, p.* 388.

18? **Hanburia** SEEM.[1] — Flores (fere *Cyclantheræ*) monœci (magni[2]); receptaculo campanulato colorato. Sepala 5, 6, dentiformia cum petalis totidem valvatis receptaculi margini inserta. Stamina 1-adelpha; columna centrali gracili; antheris in capitulum subglobosum confertis valde conduplicatis, 1-locularibus, rimosis[3]. Floris fœminei perianthium ut in mare receptaculumque sub collo brevi in saccum subglobosum ovoideumve echinatum dilatatum. Germen inferum, 4-5-ovulatum; ovulis adscendentibus et in locellis placentariis inæqualibus solitariis. Stylus columnaris; apice stigmatoso late capitato. Fructus oblique ovoideus longe echinatus, 1-5-locellatus, demum elastice inæqui-ruptus placentamque pendulam nudans. Semina pauca (1-5) magna orbiculari-compressa; embryonis crassi carnosi cotyledonibus plano-convexis. — Herba perennis scandens; foliis cordatis simplicibus; cirrhis 3-fidis; floribus racemosis; fœmineis solitariis inferioribus[4]. (*Mexicum*[5].)

19. **Elaterium** JACQ.[6] — Flores monœci; receptaculo tubuloso cylindraceo. Sepala 4, 5, parva. Petala 4, 5, sæpe angusta, valvata.

1. In *Bonplandia*, VI (1858), 2J3; VII, 2; X, 189, t. 12; in *Ann. and Mag. Nat. Hist.*, ser. 3, IX, 9; in *Journ. Bot.*, II, 224. — B. H., *Gen.*, I, 836, n. 53.— COGN., *Cucurb.*, 820. — *Nietoa* SCHAFFN., in *la Nature*, III; 347, c. icon.
2. Albido-flaventes.
3. Polline globoso, 5-6-sulco, 5-6-poroso.
4. An *Cyclantheræ* potius sectio eximia?

5. Spec. 1. *H. mexicana* SEEM. — *Nietoa mexicana* SCHAFFN.
6. *Enum. pl. carib.*, 31; *Sel. St. amer.*, 241, t. 154. — POIR., *Dict.*, IV, 417. — J., *Gen.*, 394. — SEU., in DC. *Prodr*, III, 310. — ENDL., *Gen.*, n. 5141. — B. H., *Gen.*, I, 835, n. 52.— COGN., *Cucurb.*, 858. — *Rhytidostylis* HOOK. et ARN., in *Beech. Voy. Bot.*, 424, t. 97.

Antherarum capitulus oblongus v. globosus; loculis singulis valde sigmoideo-flexuosis [1]. Germen oblique ovoideum; loculis 1-6, sæpius 3, quorum vacuus 1; ovulis in loculis ∞, adscendentibus, obliquis v. subhorizontalibus. Stylis gracilis sub apice stigmatoso late capitato constrictus. Fructus obliquus gibbus, 1-2-locularis v. ∝-locellatus, hispidus v. echinatus, elastice dehiscens placentamque lateralem v. subcentricam nudans. Semina compressa, margine sæpe crenulata. —Herbæ perennes; ramis scandentibus; foliis integris, lobatis v. partitis; cirrhis simplicibus v. 2-3-fidis; floribus [2] masculis racemosis; fœmineis solitariis, nunc coaxillaribus. (*America calid.* [3])

20. **Echinocystis** Torr. et Gr. [4]— Flores monœci; receptaculo concavo pateriformi v. campanulato, fœmineo inferne sub collo constricto in saccum germen intus adnatum foventem dilatato. Sepala 5, margini receptaculi inserta, sæpius parva v. minima, dentiformia v. filiformia. Corollæ subrotatæ cumque calyce insertæ petala 5 (v. 6, 7) papillosa, valvata v. superne vix imbricata. Stamina basi in columnam brevem erectam connata; antheris subrectis v. sæpius in coronam flexuosam connatis, ad medium sinuato-rimosis [5]. Staminodia in flore fœmineo 3-5, setiformia v. minute glanduliformia. Germen 2-loculare; placentis parietalibus 2, intus demum contiguis; singulis 2-6-ovulatis; ovulis adscendentibus, demum plus minus tortis, placentaque accreta locellataque inclusis; micropyle introrsum laterali [6]. Fructus baccatus v. demum siccus, extus longe echinatus, intus fibrosus, 1-4-locellatus, superne poris 1, 2 v. operculo dehiscens (*Echinopepon* [7]), nuncve irregulariter lacerus (*Euechinocystis*); seminibus 1-12, plus minus elongatis, lævibus v. nunc marginatis. —Herbæ scandentes, annuæ v. radice perennante tuberosa; cirrhis simplicibus v. plerumque 2-5-fidis; foliis integris, lobatis v. sæpius palmatim 5-7-angulatis; cirrhis plerumque 2-6-fidis; floribus [8] masculis in racemos simplices v. composito-ramosos dispositis; fœmineis solitariis v. cum masculis coaxillaribus. (*America utraque temp. et calid.* [9])

---

1. Polline subgloboso, 3-4-sulco.

2. Albis v. flavidis, parvis.

3. Spec. ad 12. L., *Spec.*, ed. 2, 1375. — W., *Spec.*, IV, 192. — H. B. K., *Nov. gen. et spec.*, II, 120. — Hevsl., *Centr. Amer. Bot.*, 488. — Walp., *Rep.*, II, 203; V, 762 (*Rhytidostylis*); *Ann.*, I, 317; IV, 865.

4. *Fl. N.-Amer.*, I, 542. — Endl., *Gen.*, Suppl., I, 1421. — B. H., *Gen.*, I, 835, n. 51.— Cogn., *Cucurb.*, 798. — *Hexameria* Torr., *Rep.*

pl. *N.-York*, 137 (nec R. Br.). — *Megarrhiza* Torr., *Pacif. Railw. Rep.*, VI, 74. — *Marah* Kell., in *Proc. Calif. Acad.*, ed. 1, 38.

5. Polline lævi, 5-6-gono, poricido.

6. De ovuli tortione cfr H. Bn, in *Bull. Soc. Linn. Par.*, 457.

7. Naud., in *Ann. sc. nat.*, sér. 5, VI, 17.

8. Albidis, parvis.

9. Spec. ad 22. Brew. et Wats., *Bot. Calif.*, I, 240 (*Melothria*). — Vell., *Fl. flum.*, 10,

V. CUCURBITEÆ.

21. Cucurbita L.—Flores monœci v. diœci; masculorum receptaculo campanulato, turbinato v. nunc cylindrico. Sepala 5, v. raro 4-8,
margini receptaculi inserta, nunc (*Sicana*) refracta. Corolla gamopetala campanulata, 5-loba; præfloratione induplicato-quincunciali.
Stamina 5, receptaculi fundo inserta, quorum 4 per paria oppositi-
petala approximata v. connata; quinto autem libero alternipetalo;
filamentis liberis v. (*Coccinea*) plus minus connatis; antheris linearibus sigmoideo-flexuosis, extrorsum 1-rimosis, liberis (*Sicana*) v. plus
minus agglutinatis coalitisve. Germen rudimentarium 0. Floris fœminei perianthium ut in mare; receptaculo sub collo in saccum
ovoideum, oblongum v. cylindricum, germen intus adnatum foventem
dilatato. Staminodia varia, nunc basi cum disco epigyno confluentia.
Stylus brevis gracilisve, apice stigmatoso 3-lobus v. 3-partitus (*Coccinia*); lobis simplicibus v. obscure (*Sicana*) conspicueve 2-lobulatis v.
2-furcatis. Ovula in placentis 3, demum incrassatis et intime contiguis
coadunatisve ∞, demum locellis placentæ accretæ inclusa subhorizontalia anatropa. Fructus carnosus v. fibrosus corticatusve,
sphæricus, ovoideus, oblongus v. cylindraceus. Semina ∞, ovata compressa, sæpius marginata, lævia v. nunc raro scrobiculata. — Herbæ
annuæ v. perennes; rhizomate crasso; ramis repentibus v. scandentibus; foliis lobatis v. angulatis; cirrhis simplicibus v. 2-∞-fidis;
floribus masculis solitariis, cymosis v. racemosis; fœmineis solitariis.
(*Orbis totius reg. calid.*) — *Vid. p.* 391.

22. Schizocarpum SCHRAD. [1] — Flores monœci (*Cucurbitæ*);
corolla 5-fida. Stamina 5 (2-2-1); antheris longitudinaliter 3-plicatis[2].
Floris fœminei discus epigynus 3-lobus. Germen ovoideum rostratum;
stylo filiformi, apice stigmatoso 3-lobo. Ovula ∞, locellis placenta-
rum 3 accretarum inclusa horizontalia. Fructus siccus oblique fene-
stratus[3], a basi demum in valvulas 3 apice cohærentes dehiscens.
Semina ∞, late inæqui-ovata complanata brevia, margine integra
v. irregulari-crenulata. — Herbæ annuæ scandentes; foliis integris

---

t. 94 (*Momordica*). — BENTH., *Pl. Hartw.*, 6
(*Elaterium*). — MICHX, *Fl. bor.-amer.*, II, 217
(*Sicyos*).

1. *Ind. sem. H. gœtt.* (1830); in *Linnæa*, VI,

Litt. Ber., 73; XII, 407. — ENDL., *Gen.*, n. 5144.
—COGN., *Cucurb.*, 552.
2. Polline sphærico, 3-poroso, muriculato.
3. Rimis semina ex parte nudantibus.

vel 3-lobis cordatis; cirrhis 2-fidis; floribus[1] axillaribus solitariis. (*Mexicum*[2].)

23. Raphidiocystis HOOK. F.[3] — Flores monœci (fere *Cucurbitæ*); receptaculo masculorum campanulato. Sepala 5, pectinato-pinnatifida. Corolla campanulata, ad medium 5-loba, induplicato-subimbricata. Stamina 5, imo receptaculo inserta, quorum 4 per paria connata; quinto elongato libero; filamentis liberis; antheris oblongis coalitis, longitudinaliter 3-plicatis; connectivo angusto ultra loculos haud producto. Floris fœminei perianthium ut in mare; receptaculo inferne sub coarctatione in saccum oblongum v. subglobosum extus hispidum et germen intus adnatum foventem producto.. Stylus columnaris, basi disco tenui depresso cinctus, superne 3-ramosus; ramis erectis, inæquali-3-5-lobis stigmatosis; placentis 3, circa ovula crebra horizontalia locellato-accretis. Fructus siccus indehiscens, perianthio persistente coronatus dense aculeato-setosus; seminibus ∞, ovoideis compressis, nunc obtuse marginatis. — Herbæ v. frutices scandentes, glabræ v. varie indutæ; foliis ovatis, integris v. brevilobis, basi cordatis, apice acutatis v. acuminatis tomentosis v. hirsutis; cirrhis simplicibus; floribus[4] axillaribus solitariis v. fasciculatis, graciliter pedunculatis. (*Africa trop. occ.*[5])

24. Physedra HOOK. F.[6] — Flores diœci; masculorum receptaculo obconico. Sepala 5, dentiformia. Corolla anguste campanulata carnosula, 5-lobata, imbricata. Stamina 5, receptaculi tubo inserta; filamentis brevissimis; antheris 4 per paria coadunatis; quinto libero; loculis sigmoideo-2-plicatis; connectivo ultra loculum haud producto. Floris fœminei receptaculum supra medium constrictum inferneque globoso- v. oblongo-dilatatum ibique germen intus adnatum fovens; placentis 3, parietalibus, ∞-ovulatis, demum in locellos circa ovula singula accretis; stylo columnari, superne crasse capitato trilobo diteque papilloso[7]. Fructus[8] baccatus ovoideus v. oblongus; seminibus ∞, ovoideis v. obovatis compressis marginatis lævibus exalbuminosis. — Herbæ v. frutices, nunc alte scandentes; foliis glabris petio-

1. Flavis, majusculis.
2. Spec. 2. COGN., *loc. cit.*
3. *Gen.*, I, 828, n. 25. — COGN., *Cucurb.*, 526.
4. Majusculis v. mediocribus, flavis.
5. Spec 2. HOOK. F., in *Oliv. Fl. trop. Afr.*, II, 553.

6. *Gen.*, I, 827, n. 24. — COGN., *Cucurb.*, 523. — *Staphylosyce* HOOK. F., *loc. cit.*, 828, n. 26.
7. Staminodia brevissima latioraque 3, ad faucem receptaculi sessilia.
8. Majusculus, ubi notus aurantiacus.

latis, plerumque, profunde palmati-5-7-lobis; cirrhis ad axillas lateralibus, simplicibus v. 2-fidis; floribus¹ in spicas v. racemos plus
minus compositos dispositis. (*Africa trop. occ.*²)

25. **Calycophysum** KARST. et TRI.³ — Flores monœci; masculorum calyce inflato globoso; lobis 5, valvatis. Corolla gamopetala
campanulata, calyce subinclusa; lobis 5, valvatis. Stamina 5, 3-adel-
pha (2-2-1); antheris 4 per paria coadunatis; loculo-1, sigmoideo-
flexuoso, extrorsum rimoso; connectivo crasso⁴. Floris fœminei perianthium fere ut in mare; calyce campanulato. Staminodia 3⁵;
antheris sterilibus striatis. Germen inferum; stylo subinfundibulari
3-lobo; lobis 2-lobulatis subpetaloideis reflexis. Placentæ 3, ∞-ovu-
latæ; ovulis horizontalibus. Bacca corticata ellipsoidea; seminibus ∞,
obovato-3-angularibus, margine sinuatis. — Herbæ scandentes
perennes hispidulæ; foliis integris v. palmatilobis cordatis; cirrhis
3-5-fidis; floribus⁶ axillaribus solitariis; pedunculo masculorum
sub apice articulato. (*Columbia*⁷.)

26. **Cionosicyos** GRISEB.⁸ — Flores monœci; masculorum calyce
infundibulari v. turbinato; lobis 5, ovatis v. oblongo-lanceolatis,
demum remotis. Corollæ rotatæ petala 5, obovata. Stamina 5 (2-2-1);
antheris longitudinaliter 3-plicatis in capitulum oblongum conniven-
tibus⁹. Floris fœminei perianthium ut in mare; germine infero; stylo
apice incrassato foliaceo-3-lobo; lobis reflexis. Placentæ 3, ∞-ovu-
latæ; ovulis horizontalibus. Fructus¹⁰ ovoideus carnosus. — Herba
scandens glabra; foliis ovatis, integris v. 3-lobis, basi subcordatis;
cirrhis simplicibus; floribus¹¹ solitariis v. aggregatis. (*Jamaica*¹².) ·

27? **Dieudonnæa** COGN.¹³ — « Flores diœci; masculorum receptaculo urceolato; sepalis 5, elongatis. Petala 5, lineari-3-angularia

---

1. Mediocribus, flavis.
2. Spec. 3. G. DON, *Syst.*, III, 41 (*Cucurbita*). — HOOK. F., in *Oliv. Fl. trop. Afr.*, II,
552; 554 (*Staphylosyce*).
3. In *Linnœa*, XXVIII, 427. — NAUD., in
Ann. sc. nat., sér. 4, XVIII, 184, t. 9. — B. H.,
Gen., I, 828, n. 27. — COGN., *Cucurb.*, 520.
4. Pollen globosum muricatum, 3-porosum.
5. Discus (?) tenuis staminodiis exterior.
6. Albo-luteis, magnis.
7. Spec. 2. COGN., in *Bull. Acad. Belg.*, sér. 2,
XLIX, 191.

8. *Fl. brit. W. Ind.*, 288 (*Cionosycis*). —
B. H., *Gen.*, I, 826, n. 21. — COGN., *Cucurb.*,
516.
9. Pollen ovoideum muricatulum, 3-sulcum,
3-porosum.
10. *Aurantii* magnitudine, flavescens.
11. Luteis, magnis.
12. Spec. 1. *C. pomiformis* GRISEB. — *Trichosanthes pomiformis* MACFAD., *Fl. jam.*, II,
143 (ined.), ex COGN.
13. In *Bull. Soc. bot. Belg.*, XIV, 239; *Diagn.*,
II, 18; *Cucurb.*, 519.

erecta, basi squamulis 2-seriatis instructa. Stamina 2, in receptaculo sessilia dorsifixa; antheris subpeltatis, 2-locularibus; loculis flexuoso-gyrosis[1], connectivum dilatatum marginantibus. Flores fœminei...? — Frutex scandens, basi repente aphyllus ibique florigerus; ramis folio-sis; foliis 2-lobatis; cirrhis simplicibus; floribus[2] diœcis; masculis racemosis crebris, bracteatis. » (*Peruvia*[3].)

28. **Cucumeropsis** NAUD.[4] — Flores monœci; masculorum rece-ptaculo campanulato. Sepala 5, margini receptaculi inserta subulato-dentiformia. Corollœ petala 5, cum sepalis inserta, apice obtusata, imbricata? Stamina 5, ad medium receptaculi tubum inserta, quorum 4 per paria connata; quinto libero; antheris subsessilibus dorsifixis linearibus, superne incurvatis[5]; connectivo haud producto. Gynæcei rudimenta 1-3, glanduliformia v. subulata. Floris fœminei perian-thium ut in mare; receptaculo inferne in saccum ovoideum v. subcla-vatum germen intus adnatum foventem producto; stylo brevissimo mox obcordato-3-lobo; ovulis in placentis 3, demum locellato-accretis ∞, horizontalibus. Staminodia parva 3, v. 0. Fructus[6] ellipsoideus v. cylindrico-subclavatus baccatus; seminibus ∞, ovatis compressis læ-vibus immarginatis. — Herbæ annuæ scandentes, *Cucurbitæ* facie; foliis palmatilobis v. nunc integris; cirrhis simplicibus; floribus[7] masculis in cymas compositas subumbellatas dispositis; fœmineis solitariis pedunculatis cum inflorescentia mascula ad axillas lateralibus. (*Africa trop. occ.*[8])

29. **Dimorphochlamys** HOOK. F.[9] — Flores diœci; receptaculo masculorum late breviterque sacciformi, extus verticaliter late 2-alato. Sepala 5, dorso extus carinata v. alata; alis 2 in receptaculum decur-rentibus[10]. Corolla campanulata; lobis 5, obtusis, imbricatis. Sta-mina 5, intus receptaculo inserta; filamentis liberis[11]; antheris 4 per paria coadunatis; loculis longitudinaliter conduplicatis; quinta autem libera; connectivo ultra loculos breviter producto obtusoque.

---

1. Vel potius (?) antheræ 1-loculares 4, per paria connatæ.
2. Majusculis.
3. Spec. 1. *D. rhizantha* COGN. — *Anguria rhizantha* POEPP. et ENDL., *Nov. gen. et spec.*, II, 52, t. 171. — SCHLCHTL, in *Linnæa*, XXIV, 728, 768. — *A. Pœppigiana* SCHLCHTL, *loc. cit.*, 769.
4. In *Ann. sc. nat.*, sér. 5, V, 30. — COGN., *Cucurb.*, 517. — *Cladosicyos* HOOK. F., in *Oliv. Fl. trop. Afr.*, II, 534.

5. Nec sigmoideo-flexuosis; genus unde *Cucurbiteas* sinceras cum generibus orthandris v. curvantheris connectit.
6. Magnus v. mediocris, edulis.
7. Parvis, flavis.
8. Spec. 2. COGN, *loc. cit.*
9. *Gen.*, 827, n. 22; in *Hook. Icon.*, t. 1322. — COGN., *Cucurb.*, 514.
10. Majusculis, luteis?
11. Gracilibus glabrisque.

Floris fœminei receptaculum inferne sub collo constricto in saccum ovoideum germen intus adnatum foventem extusque exalatum productum. Ovula ∞, subhorizontalia placentis 3 inserta. Stylus columnaris; ramis stigmatosis 3, late peltatis, 2-lobis. Fructus globosus corticatus calyce persistente radiato coronatus; seminibus ∞, compressis, apice 3-fidis, extus corrugatis. — Frutex scandens; foliis alternis petiolatis, ovatis cordatisve, dentatis; cirrhis integris v. 2-fidis; floribus[2] masculis cymosis; pedunculo ad apicem multibracteato; pedicellis late 2-alatis; fœmineis solitariis? (*Africa trop. occ.*[1])

30. **Cucumis** T.[2] — Flores (fere *Cucurbitæ*) monœci v. diœci; masculorum receptaculo obconico v. campanulato. Sepala 5, subulata, haud contigua, margini receptaculi inserta. Corollæ polypetalæ v. plus minus alte gamopetalæ foliola 5, induplicata. Stamina 5, quorum 4 per paria connata; quinto libero alternipetalo; filamentis brevibus; antheris oblongis extrorsis; loculis flexuoso-sigmoideis, curvis v. raro subrectis, longitudinaliter v. flexuoso-rimosis[3]; summo connectivo ultra loculos in appendicem papillosam v. fimbriatam varie producto. Germen rudimentarium imo receptaculo insertum glanduliforme, depressum v. breviter cylindricum. Floris fœminei receptaculum sub collo valde constricto in saccum germen intus adnatum foventem, sphæricum v. oblongum cylindricumve, productum; perianthio marium. Staminodia 5, quorum 4 per paria connata. Germen 3-5-placentiferum; placentis intus cuneiformibus; ovulis ∞, subhorizontalibus. Stylus brevis cylindraceus, basi disco epigyno vario cinctus, superne stigmatoso-3-5-lobus; lobis ovoideis v. subsphæricis obtusis, sæpius conniventibus. Fructus baccatus, plus minus crasse corticatus, forma indumentoque varius; seminibus ovatis oblongisve compressis, brevibus haud v. anguste marginatis.—Herbæ annuæ perennesve; humifusæ v. nunc scandentes, scabræ v. hispidæ; foliis alternis angulatis, digitato-5-7-lobis v. nunc dissectis; cirrhis simplicibus; floribus[4] ad axillas lateralibus, solitariis v. breviter racemosis. (*Orbis totius reg. calid.*[5])

1. Spec. 1. *D. Mannii* HOOK. F., in *Oliv. Fl. trop. Afr.*, II, 550.
2. *Inst.*, 104. — L., *Gen.*, n. 1092. — J., *Gen.*, 395. — SER., in *DC. Prodr.*, III, 299. — SPACH, *Suit. à Buffon*, VI, 205. — ENDL., *Gen.*, n. 5137. — NAUD., in *Ann. sc. nat.*, sér. 4, XI, 9; XII, 108. — B. H., *Gen.*, I, 826, n. 18. —

COGN., *Cucurb.*, 479. — *Melo* T., *Inst.*, 104. — *Rigocarpus* NECK., *Elem.*, I, 238.
3. Polline sicco ovoideo, 3-sulco, 3-poroso.
4. Luteis, mediocribus v. parvis.
5. Spec. ad 25. LOUR., *Fl. cochinch.*, 591. — WIGHT et ARN., *Prodr.*, I, 341. — ARN., in *Hook. Journ. Bot.*, III, 278. — WIGHT, *Icon.*,

31. **Citrullus** NECK.[1] — Flores monœci (fere *Cucumeris*); receptaculo masculorum cupulari v. late campanulato. Sepala 5, angusta remotiuscula, integra v. nunc (*Benincasa*[2]) latiora plus minus serrulata reflexaque. Petala imbricata. Stamina 5, quorum 4 per paria connata; antheris sigmoideo-flexuosis extrorsis[3]; connectivo ultra loculos haud producto. Germen rudimentarium glanduliforme depressum v. subnullum. Floris fœminei receptaculum sub collo constricto in saccum globosum, ovoideum v. oblongum germenque intus adnatum foventem, dilatatum. Stamina rudimentaria 5, quorum 4 per paria connata, ananthera v. antheram sterilem nuncve polliniferam gerentia. Stylus crassus; ramis 3, apice stigmatoso dilatatis reniformibus v. ovato-sub-2-lobis; placentis 3, ∞-ovulatis, cæterisque *Cucumeris*. — Herbæ annuæ v. perennes, sæpius repentes, glabræ v. indumento vario; cirrhis 2-3-fidis, nunc raro spinescentibus; floribus[4] axillaribus, solitariis v. rarius paucis. (*Africa et Asia calid.*[5])

32. **Bryonia** T.[6] — Flores monœci v. diœci[7]; masculorum receptaculo late campanulato. Sepala 5, margini receptaculi inserta, dentiformia nunc minima. Corollæ petala 5, cum calyce inserta, 3-angularia, imbricata. Stamina 5[8], receptaculo inferius inserta, quorum 4 per paria approximata; quinto autem solitario alternipetalo; filamentis brevibus; antherarum ovatarum loculis sigmoideo-flexuosis, extrorsis, flexuoso-rimosis; connectivo haud producto[9]. Germen rudimentarium 0. Floris fœminei receptaculum sub cupula valde constrictum inferiusque in saccum globosum v. rarius ovoideum germen intus adnatum foventem dilatatum; perianthio marium. Staminodia 5, quorum 4 per paria approximata, nunc valde pilosa, hinc inde evoluta antheramque cassam v. nunc polliniferam gerentia. Stylus gracilis erectus, superne stigmatoso-3-lobus; lobis plus minus profunde 2-lobulatis; placen-

t. 496,497. — HARV. et SOND., *Fl. cap.*, II, 494. — BOISS., *Fl. or.*, II, 758. — CLKE, *Fl. brit. Ind.*, II, 619. — COGN., in *Mart. Fl. bras.*, LXXVIII, 15, t. 2. — TORR. et GR., *Fl. N.-Amer.*, I, 543. — DC., *Fl. fr.*, III, 690.

1. *Elem.*, I, 240. — SPACH, *Suit. à Buffon*, VI, 212. — ENDL., *Gen.*, n. 5131. — NAUD., in *Ann. sc. nat.*, sér. 4, XII, 99. — B. H., *Gen.*, I, 826, n. 19. — COGN., *Cucurb.*, 507. — *Colocynthis* T., *Inst.*, 107.

2. SAVI, in *Bibl. ital.*, IX, 158. — SER., in *DC. Prodr.*, III, 303. — ENDL., *Gen.*, n. 5135. — B. H., *Gen.*, I, 824, n. 14. — COGN., *Cucurb.*, 512.

3. Polline 3-∞-poroso.

4. Flavis, magnis v. majusculis.

5. Spec. 4. WIGHT, *Icon.*, t. 498 (*Cucumis*). — ROEM., *Syn.*, II, 49. — SER., in *Mém. Soc. Gen.*, III, p. I, t. 4 (*Benincasa*). — COGN., in *Mart. Fl. bras.*, LXXVIII, 18. — HOOK. F., in *Oliv. Fl. trop. Afr.*, II, 532 (*Benincasa*), 548. — WEBB, *Phyt. canar.*, II, 3.

6. *Inst.*, 102, t. 28. — L., *Gen.*, n. 1093. — J., *Gen.*, 394. — SPACH, *Suit. à Buffon*, VI, 225. — ENDL., *Gen.*, n. 5130. — B. H., *Gen.*, I, 829, n. 31. — COGN., *Cucurb.*, 469.

7. Hinc inde polygami; staminodia enim floris fœminei nonnunquam fertilia evadunt.

8. De androcei evolutione, vid. H. BN, in *Adansonia*, I, 130.

9. Polline ovoideo, 3-sulco, 3-poroso.

tis 3, parietalibus, intus contiguis; ovulis ∞, horizontalibus. Fructus baccatus sæpius globosus, indehiscens v. nunc a pedunculo solutus seminaque foramine basilari emittens. Semina ovata compressa, nunc marginata, brevia v. tenuiter scrobiculata. — Herbæ annuæ v. perennes; radice nunc crassa; ramis herbaceis scandentibus, sæpe scaberulis; foliis angulatis v. digitato-3-5-lobis; cirrhis simplicibus v. 2-fidis; floribus' solitariis v. sæpius racemosis paucis; masculis nunc cum fœmineis coaxillaribus; racemis stipitatis (*Eubryonia*) v. rarius (*Bryonopsis* [2]) epedunculatis fasciculiformibus. (*Europa, Asia temp. et merid., Oceania* [3].)

33. Ecballium A. RICH. [4] — Flores monœci; masculorum receptaculo breviter campanulato, margine cum sepalis 5, lineari-lanceolatis petalisque totidem ima basi connatis acutis nervosis imbricatisque continuo. Stamina 5, quorum 4 per paria connata; quinto autem libero alternipetalo; filamentis brevibus erectis; antheris inæqui-sigmoideo-flexuosis, margine lineari-rimosis [5]; connectivo haud producto. Floris fœminei receptaculum sub collo valde constricto in saccum oblongum germen inferum concavitate foventem productum; perianthio marium. Staminodia brevia 5, quorum 4 per paria connata. Stylus erectus tenuis, mox in ramos stigmatosos 3, 2-furcatos et recurvosubulatos, dilatatus. Germen oblongum; placentis 3 parietalibus, intus 3-angularibus, inter se contiguis, ∞-ovulatis. Ovula horizontalia (*Cucurbitæ*). Fructus oblongus hispido-echinatus, intus dite aquosus, maturus e summo pedunculo articulato solutus seminaque cum succo e foramine basilari elastice projiciens. Semina ∞, oblonga compressa brevia vix v. anguste marginata, apice arillo duplici brevi hili micropylisque coronata. — Herba perennis v. annua prostrata, carnosa, undique hispido-pilosa; foliis alternis, longe petiolatis, cordatis obtusis, ecirrhosis; floribus [6] ad axillas lateralibus; fœmineo nunc cum racemo masculo ad axillam eamdem, nunc sejunctim e ramulis orto. (*Reg. medit.* [7])

1. Luteolis, viridulis v. sordide albis.
2. ARN., in *Hook. Journ. Bot.*, III, 274. — ENDL., *Gen.*, Suppl., II, 76. — NAUD., in *Ann. sc. nat.*, sér. 4, XVIII, 193. — COGN., *Cucurb.*, 477. — *Dyplocyclos* (*Bryoniæ* sect.) ENDL., *Prodr. Fl. norfolk.*, 68.
3. Spec. 8, 9. REICHB., *Ic. Fl. germ.*, t. 1620, 1621. — WEBB, *Phyt. canar.*, t. 37. — WIGHT, *Icon.*, t. 500. — NAUD., in *Fl. serr.*, XII, t. 1202 (*Bryonopsis*).—GREN. et GODR., *Fl. de Fr.*, I, 603.

4. In *Dict. class. Hist. nat.*, VI, 19. — SPACH, *Suit. à Buffon*, VI, 215. — ENDL., *Gen.*, n. 5132. — B. H., *Gen.*, I, 826, n. 20. — COGN., *Cucurb.*, 467. — *Elaterium* RIV., in *Rupp. Fl. jen.*, 47 (nec L.). — ADANS., *Fam. des pl.*, II, 139.
5. Polline oblongo, 3-sulco, 3-poroso.
6. Flavis, mediocribus.
7. Spec. 1. *E. Elaterium* A. RICH. — *E. agreste* REICHB. — *Momordica Elaterium* L. — *Elaterium cordifolium* MŒNCH, *Meth.*, 563.

34. Luffa T.[1] — Flores monœci; masculorum receptaculo cupulari, campanulato v. obconico, concavitate glanduloso. Sepala 5, margini inserta, 3-angularia v. lineari-lanceolata, valvata. Petala 5, cum calyce inserta, integra v. apice erosa, imbricata. Stamina 5, sub perianthio inserta, aut sublibera alternipetalaque, aut 4 per paria plus minus alte connata; antheris valde sigmoideo-flexuosis; loculo connectivum dilatatum marginante; aut liberis, aut plus minus per paria approximatis[2]. Germen imo receptaculo rudimentarium depressum glanduliforme v. 0. Floris fœminei receptaculum sub cupula contractum inferneque in tubum germen adnatum intus foventem productum; perianthio marium. Staminodia 5, aut subæquidistantia, aut sæpius 4 per paria approximata connatave. Germen inferum cylindricum, angulatum v. sulcato-alatum; styli columnaris ramis 3, crassis, apice stigmatoso 2-lobis. Ovula in placentis crassis ∞, subhorizontalia piriformia. Fructus demum siccus, oblongus cylindricusve, teres v. costatus subalatusve, lævis echinatusve, stylo terminatus apiceque operculatim dehiscens; pericarpio intus valde fibroso; loculis 3, ∞-spermis. Semina oblonga, sæpius compressa, exalbuminosa. — Herbæ annuæ; indumento brevi v. scabro; foliis subintegris v. plerumque 5-7-lobis; cirrhis 2-∞-fidis; floribus[3] masculis racemosis; fœmineis solitariis, nunc ad imum racemum masculum insertis[4]. (*America calid., Orbis tot. reg. calid.*[5])

35. Momordica T.[6] — Flores monœci v. diœci; masculorum receptaculo cupulari v. breviter campanulato, intus varie glanduloso squamisque majoribus 2, 3, e petalis decurrentibus rectis v. incurvis clauso; interpositis nunc squamis minoribus (staminum decurrentia). Glandulæ quoque 1-3, receptaculi parieti inscriptæ. Calyx e foliolis 5, ovatis v. lanceolatis, imbricatis v. demum subvalvatis v. nequidem

1. In *Act. Acad. par.* (1706), 84, t. 6.—ADANS., *Fam. des pl.*, II, 138. — CAV., *Icon.*, I, 7, t. 9, 10. — DC., *Prodr.*, III, 302. — ENDL., *Gen.*, n. 5134. — PAYER, *Fam. nat.*, 120. — NAUD., in *Ann. sc. nat.*, sér. 4, XII, 118. — B. H., *Gen.*, I, 828, n. 11. — COGN., *Cucurb.*, 455. — *Petola* RUMPH., *Herb. amboin.*, V, 405. — *Trevouxia* SCOP., *Introd.*, 152. — *Amordica* NECK., *Elem.*, I, 241. — *Poppya* ROEM., *Synops*, 59. — *Turia* ROEM., *loc. cit.*

2. Pollen 3-sulcum, 3-porosum.

3 Luteis v. nunc albis, sæpius majusculis.

4. De squamis glanduliferis inflorescentiæ cfr. DUTAILLY, in *Bull. Soc. Linn. Par.*, 41.

5. Spec. 6. WIGHT, *Icon.*, t. 499; *Ill.*, t. 105*. — MIQ., *Fl. ind.-bat.*, I, p. I, 665.— CLKE, *Fl. brit. Ind.*, II, 614. — HARV. et SOND., *Fl. cap.*, II, 530. — BENTH., *Fl. Austral.*, III, 316. — HOOK. F., *Fl. trop. Afr.*, II, 530. — COGN., in *Mart. Fl. bras.*, LXXVIII, 9, t. 1.— *Bot. Mag.*, t. 1638. — WALP., *Rep.*, II, 200; *Ann.*, IV, 863.

6. *Inst.*, 103, t. 29, 30. — L., *Gen.*, n. 1090. — SER., in *DC. Prodr.*, III, 311. — SPACH, *Suit. à Buffon*, VI, 229. — ENDL., *Gen.*, n. 5133. —B. H., *Gen.*, I, 825, n. 16. — COGN., *Cucurb.*, 427. — *Muricia* LOUR., *Fl. cochinch.*, 596. — *Neurosperma* RAFIN., in *Journ. phys.*, n. 89, 121. — *Zucca* COMMERS., ex *J. Gen.*, 308.

contiguis. Corollæ subrotatæ v. late campanulatæ petala 5, libera v. basi connata, subsimilia v. dissimilia, imbricata. Stamina 5, aut subæquali-distantia, aut 4 per paria approximata inferneve connata; quinto alternipetalo; filamentis brevibus, omnino v. superne tantum liberis; antheris liberis v. varie cohærentibus, rectis, curvis v. varie flexuosis, secundum marginem rimosis[1]; connectivo sub anthera plus minus dilatato compressove ibique sæpe papilloso glandulosove. Germen rudimentarium breve glanduliforme v. 0. Floris fœminei receptaculum sub collo constricto in saccum germen inferum intus foventem, tubulosum v. lageniformem, productum; perianthio maris; squamis decurrentibus quam in masculis brevioribus. Staminodia 5, quorum sæpius 4 per paria approximata, v. libera omnia. Germen fusiforme v. oblongum cylindraceum, 3-placentiferum; placentis angulo interno contiguis v. superne liberis; ovulis ∞, subhorizontalibus (*Cucurbitæ*) vel rarius paucis (*Raphanistrocarpus*[2]) adscendentibus descendentibusque, nunc 2 (*Raphanocarpus*[3]); superiore descendente, inferiore autem adscendente. Stylus erectus; ramis 2, 3, apice dilatato subsimplici v. 2-lobo stigmatosis. Fructus oblongus, cylindricus nunc inter semina subconstrictus (*Raphanistrocarpus*) v. fusiformis, glaber v. varie verrucosus, indehiscens, carnosus v. subsiccus, nunc sæpe 3-valvis. Semina 2-∞, complanata subcylindrica v. turgida, brevia v. apice rugosa, papillosa, nunc varie exsculpta v. sublobata; embryone carnoso exalbuminoso. — Herbæ annuæ v. rhizomate perenni, prostratæ v. sæpius scandentes; foliis integris, lobatis v. pedatis, 3-7-foliolatis; cirrhis simplicibus v. 2-fidis; floribus[4] masculis solitariis v. nunc 2, 3-natis nuncque ad summum petiolum elevatis; fœmineis solitariis v. raro 2-nis. (*Africa trop. cont. et ins. or., Orbis utriusq. reg. trop.*[5])

36. **Acanthosicyos** WELW.[6] — Flores diœci (?); masculorum receptaculo obconico-cupulari. Sepala 5, inæqualia coriacea, apice indurata. Petala alterna 5, ovata integra coriacea. Stamina 5, ori receptaculi inserta, quorum 4 per paria connata; quinto libero; antheris linearibus valde flexuosis exsertis; connectivo lato haud pro-

1. Pollen 3-sulcum, 3-porosum.
2. H. Bn, in *Bull. Soc. Linn. Par.*, 309.
3. Hook. F., *Icon. pl.*, t. 1084. — Cogn., *Cucurb.*, 426.
4. Flavis v. raro albis, majusculis v. parvis.
5. Spec. 27. Wight, *Icon.*, t. 504-506. — A. Rich., *Fl. abyss.*, t. 53. — Harv. et Sond., *Fl. cap.*, II, 491. — Naud., in *Ann. sc. nat.*, sér. 5,

V, 20. — Hook. f., in *Oltv. Fl. trop. Afr.*, II, 534, 540 (*Raphanocarpus*). — Benth., *Fl. Austral.*, III, 318. — *Bot. Reg.*, t. 980. — *Bot. Mag.*, t. 2455, 5145. — Walp., *Rep.*, II, 200 *Ann.*, II, 615.
6. In *B. H. Gen.*, I, 824; in *Trans. Linn. Soc.*, XXVII, t. 11, 11-A. — Cogn., *Cucurb.*, 418. — H. Bn, in *Bull. Soc. Linn. Par.*, 422.

ducto. Flos fœmineus fere *Cucumeris;* perianthio maris. Staminodia 5, quorum 4 per paria approximata. Stylus columnaris, apice stigmatoso-3-lobus; lobis 2-cornibus. Germen ovoideum. Ovula *Cucurbitæ.* Fructus subglobosus corticosus verrucosus; seminibus ∞, oblongis lævibus haud marginatis exalbuminosis. — Frutex[1] rigidus ramosissimus; cotyledonibus crasse foliaceis; foliis cæteris abortivis squamiformibus; spinis ad ramos ramulosque divaricatos 2-natis[2]; floribus[3] masculis axillaribus subglomeratis; fœmineis, ut videtur, solitariis. (*Africa trop. et subtrop. occ.*[4])

37? Edmondia Cogn.[5] — Flores diœci; masculorum receptaculo campanulato. Calyx gamosepalus; lobis 5, lanceolatis, basi saccatis. Corolla gamopetala crassa pubescens; lobis 5, acutis, imbricatis. Stamina 5, 3-adelpha (2-2-1); antheris crassis linearibus 3-plicatis, in massam globosam approximatis[6]. Floris fœminei perianthium ut in mare. Staminodia 5, quorum 4 per paria connata. Germen oblongum; placentis 3; ovulis ∞, horizontalibus; stylo columnari, apice dilatato-3-lobo. Fructus corticatus; seminibus irregulari-oblongis, basi acutatis, apice rotundatis, immarginatis. — Herba scandens; foliis ovatis, 5-angulatis v. subtrilobis; cirrhis 3-6-fidis; floribus[7] solitariis, longe pedunculatis[8]. (*Venezuela*[9].)

38. Lagenaria Ser.[10] — Flores monœci v. diœci; masculorum receptaculo campanulato v. infundibulari. Sepala 5, angusta remota. Corollæ petala 5, libera v. ima basi connata, oblonga v. obovata nervosa induplicato-involuta simulque quincunciali-imbricata, demum patentia. Stamina 5, quorum 4 per paria connata libera v. plus minus cohærentia; quinto alternipetalo; filamentis rectis liberis; antheris inæquali-oblongis ovatisve; connectivo lato inæquali v. nunc elongato, haud producto; antherarum loculis sigmoideo-flexuosis v. varie contortuplicatis, contiguis discretisve. Germen rudimentarium glanduliforme, sæpe 3-lobum. Floris fœminei receptaculum sub collo constricto in saccum ovoideum, piriformem v. cylindricum germen intus

1. *Ulicis* adspectu.
2. Pulvinaribus.
3. « Mediocribus, lutescentibus tomentosis. »
4. Spec. 1. *A. horrida* Welw. — Hook. f., in *Oliv. Fl. trop. Afr.*, II, 531.
5. *Cucurb.*, 420.
6. Polline muricato, 3-poroso. Receptaculum in centro cupulare ibi pro pistillodio habetur.

7. Albis, magnis.
8. Affinitas cum *Calycophyso* manifesta.
9. Spec. 1. *E. spectabilis* Cogn.
10. In *Mém. Soc. Genève*, III, p. 1, 25, t. 2; in DC. *Prodr.*, III, 299. — Spach, *Suit. à Buffon*, VI, 194. — Endl., *Gen.*, n. 5136. — B. H., *Gen.*, I, 823, n. 10. — Cogn., *Cucurb.*, 417. — *Cucurbita* T., *Inst.*, 107 (nec L.).

foventem dilatatum; perianthio marium. Staminodia 5, quorum 4 per paria approximata. Germen inferum forma varium; placentis 3 ovulisque *Cucurbitæ;* styli crassi brevis lobis stigmatosis late crassis, subintegris v. 2-lobis. Fructus baccatus corticatus; seminibus ∞, obovatis sæpius compressis marginatis, apice nunc truncatis.— Herbæ annuæ v. perennes, nunc frutescentes, scandentes, molliter plerumque pubescentes; foliis suborbiculatis, cordatis v. varie lobatis; petiolo sæpe apice 2-glanduloso; cirrhis simplicibus v. sæpius 2-fidis ; floribus[1] solitariis v. masculis racemosis[2]. (*Africa trop. utraque et austr.,* Asia *merid.*[3])

39. Peponia NAUD.[4] — Flores monœci (fere *Lagenariæ*); masculorum receptaculo subcylindrico v. obconico. Sepala 5, subulata v. lanceolata. Petala 5, obovata. Stamina 5 (2-2-1); antheris in capitulum elongatum cohærentibus, longitudinaliter 3-plicatis[5]. Germinis rudimentum glanduliforme. Floris fœminei perianthium ut in mare; receptaculo sub collo in saccum oblongum dilatato. Germen inferum; placentis 3, ∞-ovulatis; stylo columnari, apice stigmatoso 3-lobo. Fructus ovoideus v. longe conicus; seminibus ∞, compressis lævibus vix marginatis. — Herbæ scandentes v. prostratæ; foliis integris v. sæpius dentatis lobatisve; cirrhis simplicibus v. sæpius 2-fidis; floribus[6] masculis solitariis v. racemosis; fœmineis solitariis. (*Africa trop. et austr.*[7])

40. Herpetospermum WALL.[8] — Flores diœci; masculorum receptaculo tubuloso superneque infundibulari. Calycis dentes 5, lineari-elongatæ. Corollæ campanulatæ[9] petala 5, cum calyce margini receptaculi inserta. Stamina 5, receptaculi tubo inserta; antheris 4

1. Albis, amplis, nunc odoratis.

2. Generis sectiones nobis videntur : *Sphœro-sicyos* (HOOK. F., *Gen.*, I, 824, n. 13. — COGN., *Cucurb.*, 466) : floribus diœcis; masculis racemosis; staminibus in globum approximatis; stylo apice stigmatoso 3-lobo; fructu subgloboso; caule perennante; foliis lobatis; cirrhis simplicibus v. 2-fidis.(*Africa austr. et trop. or. cont. et insul.*) — *Adenopus* (BENTH.,*Niger Fl.*, 372; *Gen.*, I, 825, n. 9. — COGN., *Cucurb.*, 411) : floribus diœcis; masculis racemosis; antheris in conum approximatis; styli lobis amplis ; fructu globoso; caule herbaceo v. frutescente; foliis 3-7-lobatis; cirrhis simplicibus v. 2-fidis. (*Africa trop.*)

3. Spec. ad. 6. WIGHT, *Ill.*, t. 105. — HARV. et SOND., *Fl. cap.*, II, 490 (*Luffa*), — HOOK. F.,

in *Oliv. Fl. trop. Afr.*, II, 527 (*Adenopus*), 529; 532 (*Sphœrosicyos*). — CLKE, in *Hook. f. Fl. brit. Ind.*, II, 613. — HARV., *Thes. cap.*, II, t. 183. — WALP., *Ann.*, II, 647 (*Adenopus*).

4. In *Ann. sc. nat.*, sér. 5, V, 29, t. 3, 4.— B. H., *Gen.*, I, 823, n. 8. — COGN., *Cucurb.*, 405.

5. Pollen læve, 3-porosum.

6. Albidis v. flavis, majusculis.

7. Spec. 6, 7. HOOK. F., in *Oliv. Fl. trop. Afric.*, II, 526. — HARV. et SOND., *Fl. cap.*, II, 490 (*Luffa*).

8. *Cat.*, n. 6761. — B. H., *Gen.*, I, 834, n. 48. — COGN., *Cucurb.*, 404. — *Rampinia* CLKE, in *Journ. Linn. Soc.*, XV, 129.

9. « Fere ad basin partitæ. » (COGN.)

per paria coadunatis; loculis longitudinaliter 2-3-plicatis; quinto libero insymmetrico. Germen sterile subulatum imo receptaculo crassiusculo insertum erectum. Floris fœminei perianthium ut in masculo; receptaculo inferne in saccum oblongum germen inferum intus adnatum foventem dilatato; loculis ovarii 3, 4-6-ovulatis; ovulis descendentibus; styli gracilis ramis stigmatosis 3, oblongis, 2-fidis. « Fructus. late oblongus, basi longe attenuatus, 3-gonus, irregulari-sinuato-costatus fibrosus, fere ad basin 3-valvis; seminibus descendentibus compressis emarginatis. » — Herba scandens; foliis alternis petiolatis, ovatis integris lobatisve; cirrhis 2-fidis; floribus[1] masculis racemosis v. solitariis; fœmineis solitariis. (*Himalaya*[2].)

41. **Biswarea** Cogn.[3] — Flores (fere *Herpetospermi*) diœci; receptaculo masculorum lageniformi. Calycis dentes 5, lineares. Corolla late campanulata; petalis induplicatis. Antheræ connatæ (2-2-1), longitudinaliter 2-3-plicatæ[4]. Germen rudimentarium subulatum v. apice truncatum. Floris fœminei perianthium ut in mare. Germen inferum oblongum; ovulis ∞, horizontalibus. Fructus oblongus, 6-costatus fibrosus, fere ad basin 3-valvis; seminibus ∞, compressis lævibus. Cætera *Herpetospermi*. — Herba scandens; foliis lobatis; cirrhis 2-fidis; floribus[5] masculis solitariis v. racemosis; fœmineis solitariis. (*Himalaya*[6].)

42. **Gymnopetalum** Arn.[7] — Flores monœci v. diœci (*Biswareœ*); receptaculo masculorum nunc superne ventricoso. Antheræ coalitæ longitudinaliter conduplicatæ[8]; connectivo apice nudo v. rarius (*Trochomeria*[9]) ad apicem papilloso. Gynæcei rudimenta 1-3, conica v. linearia. Germen ovoideum v. oblongum; ovulis horizontalibus; stylo in ramos lineares 3 (*Eugymnopetalum*) diviso v. dilatato-3-lobo (*Trochomeria*). Fructus indehiscens. Cætera *Biswareœ*. — Herbæ graciles,

---

1. Majusculis, luteis.
2. Spec. 1. *H. pedunculosum.* — *H. caudigerum* Wall. — Clke, in *Hook. f. Fl. brit. Ind.*, II, 613. — *Rampinia herpetospermoides* Clke. — *Bryonia? pedunculosa* Ser., in *DC. Prodr.*, III, 306. — Rœm., *Syn.*, fasc. II, 36.
3. In *Bull. Soc. bot. Belg.*, XXI, p. II, 16. — *Warea* Clke, in *Journ. Linn. Soc.*, XV, 127, fig. 1-8. — Cogn., *Cucurb.*, 402 (nec Nutt.).
4. Pollen 3-sulcum, 3-porosum.
5. Flavis, majusculis.
6. Spec. 1. *B. longlensis* Cogn. — *Warea*

longlensis Clke, *loc. cit.*; in *Hook. f. Fl. brit. Ind.*, II, 612.
7. In *Hook. Journ. Bot.*, III, 278. — B. H., *Gen.*, I, 822, n. 5. — Cogn., *Cucurb.*, 387. — *Tripodanthera* Rœm., *Syn.*, II, 11, 48. — *Scotanthus* Naud., in *Ann. sc. nat.*, sér. 4, XVI, 172, t. 3. — B. H., *Gen.*, I, 822, n. 4.
8. Nec transverse flexuosis. Pollen læve, 3-sulcum, 3-porosum.
9. B. H., *Gen.*, I, 822, n. 6. — Cogn., *Cucurb.*, 394. — *Heterosicyos* Welw., ex B. H., *Gen.*, I, 822, n. 7.

scandentes, prostratæ v. nunc erectæ[1]; radice sæpe tuberosa; foliis integris, angulatis, lobatis v. partitis; cirrhis simplicibus v. nunc 0; floribus[2] masculis solitariis v. racemosis; fœmineis solitariis. (*Asia trop.*, *Java*, *Africa trop. et austr.*[3])

43. Eureiandra HOOK. F.[4] — Flores diœci; masculorum receptaculo infundibulari. Sepala 5, lineari-lanceolata. Petala 5, obovata. Stamina 5 (2-2-1); antheris flexuosis linearibus[5]. Germen rudimentarium glanduliforme v. 0. Floris fœminei perianthium ut in mare. Staminodia basi barbata. Germen inferum cylindraceum v. oblongum; ovulis ∞, horizontalibus; stylo columnari, apice stigmatifero cordato-3-lobo. Bacca ovoidea v. fusiformis; seminibus subglobosis lævibus. — Herbæ scandentes, sæpius tomentosæ; foliis palmati-3-6-lobis; cirrhis simplicibus; floribus[6] masculis solitariis v. fasciculatis; fœmineis solitariis. (*Africa trop.*[7])

44? Cogniauxia H. BN[8].— Flores diœci (fere *Eureiandræ*); masculorum receptaculo tubuloso, intus ima basi glanduloso. Sepala 5, dentiformia. Petala 5, oblongo-lanceolata insymmetrica, imbricata. Stamina 5 (2-2-1); antheris valde contortuplicatis. Flores fœminei...? — Scandens; foliis amplis cordato-hastatis, basi pedatinerviis; cirrhis simplicibus; floribus[9] masculis racemosis; racemo folio longiore, basi nudato; bracteis floralibus ad medium pedicellum elevatis linearibus. (*Gabonia*[10].)

45. Trichosanthes L.[11] —Flores monœci v. diœci; masculorum receptaculo tubuloso, sub perianthio plus minus cupulari- v. campanulato-dilatato, nunc intus varie glanduloso[12]. Calyx receptaculi mar-

---

1. Siccitate sæpe nigrescentes.
2. Albis, flavis v. purpurascentibus.
3. Spec. ad 15. MIQ., *Fl. ind.-bat.*, I, p. 1, 679. — CLKE, *Fl. brit. Ind.*, II, 611. — HOOK. F., in *Oliv. Fl. trop. Afr.*, II, 524 (*Trochomeria*), 526 (*Heterosicyos*). — WALP., *Rep.*, II, 203.
4. *Gen.*, 1, 825, n. 15. — COGN., *Cucurb.*, 415.
5. Pollen 3-sulcum, 3-porosum.
6. Flavis, magnis, v. majusculis.
7. Spec. 2. HOOK. F., in *Oliv. Fl. trop. Afr.*, II, 533.
8. In *Bull. Soc. Linn. Par.* (1884), 423.
9. Flavis, majusculis.
10. Spec. 1. *C. podolæna* H. BN.

11. *Gen.*, n. 1089.— ADANS., *Fam. des pl.*, II, 139. — J., *Gen.*, 396. — SER., in *DC. Prodr.*, III, 313. — ARN., in *Hook. Journ. Bot.*, III, 277. — ENDL., *Gen.*, n. 5140. — SPACH, *Suit. à Buffon*, VI, 192. — NAUD., in *Ann. sc. nat.*, sér. 4, XVIII, 188. — B. H., *Gen.*, I, 821, n. 3. — COGN., *Cucurb.*, 351. — *Anguina* MICHEL., *Nov. gen.*, 12, t. 9. — *Poppya* RUMPH., *Herb. amboin.*, V, 414. — *Cucumeroides* GÆRTN., *Fruct.*, II, 485. – *Involucraria* SER., in *Mém. Genève*, III, p. I, 25, t. 5; *Prodr.*, III, 318. — *Eopepon* NAUD., in *Ann. sc. nat.*, sér. 5, V, 31. — *Platygonia* NAUD., *loc. cit.*, 33.
12. An germen rudimentarium? In *Hodgsonia* magis evolutum est et fili ormi-3-lobum.

gini insertus; foliolis integris, dentatis v. plus minus glanduliferis induplicatis et imbricatis. Petala 5, cum calyce inserta, ovata, obcuneata lanceolatave, longe fimbriata; fimbriis sæpe incurvis v. involutis; v. nunc (*Hodgsonia*[1]) cirrhifera; cirrhis longis tortisque; præfloratione induplicato-imbricata. Stamina 5, quorum 4 per paria approximata, receptaculi fauci inserta; filamentis brevibus v. brevissimis; antheris 1-locularibus sigmoideo-flexuosis, extrorsis; connectivo haud v. vix producto[2]. Germen rudimentarium glanduliforme v. 0. Floris fœminei receptaculum ut in masculo; tubo inferne in saccum globosum, ovoideum v. fusiformem germenque intus adnatum foventem producto. Perianthium maris. Staminodia 0, v. nunc parva, tubo receptaculo intus inserta[3]. Germen inferum; placentis 3; ovulis horizontalibus v. descendentibus, sæpius ∞, v. nunc (*Hodgsonia*) subdefinitis (12-15). Fructus baccatus, globosus, ovoideus v. fusiformis, nunc (*Hodgsonia*) amplus, 12-sulcus; seminibus variis oblongis, ovoideis, angulatis v. globosis, liberis, contiguis v. inter se cohærentibus; integumento interno tenui v. crasso. — Herbæ v. frutices scandentes; foliis integris, lobatis v. nunc 3-7-foliolatis; cirrhis simplicibus v. sæpius 2-5-fidis; floribus[4] masculis racemosis; fœmineis solitariis, nunc ad basin racemi masculi sitis, raro autem racemosis. (*Asia austro-or.*, *Oceania trop.*[5])

46? Delognæa Cogn.[6] — Flores monœci (fere *Trichosanthis*); masculorum receptaculo tubuloso longissimo sub perianthio dilatatocampanulato. Petala 5, tenuiter ciliata. Stamina 5, sessilia; antheris linearibus longitudinaliter replicatis[7]. Flos fœmineus…? Fructus piriformis corticosus. Semina ∞, magna transverse ovoideo-oblonga lævia exalbuminosa[8]. — Herba scandens; foliis 3-foliolatis; cirrhis 2-fidis; floribus masculis breviter racemosis. (*Madagascaria*[9].)

47. Thladiantha Bge[10]. — Flores diœci; masculorum receptaculo cupulari v. breviter campanulato, concavitate glandula excentrica

1. Hook. f. et Thoms., in *Proc. Linn. Soc.* (1853). — Hook. f., *Ill. pl. himal.*, t. 1-3; *Gen.*, I, 820, n. 1. — Cogn., *Cucurb.*, 348.

2. Pollen inerme, 3-4-porosum.

3. Nunc fertilia (H. Bn, in *Bull. Soc. Linn. Par.*, 308).

4. Albidis, magnis v. majusculis.

5. Spec. ad 40. Roxb., *Fl. ind.*, III, 701. — W. et Arn., *Prodr.*, I, 349. — Miq., *Fl. ind.-bat.*, I, p. 1, 674. — Benth., *Fl. Austral.*, III, 314. — Clke, in *Hook. f. Fl. brit. Ind.*, II, 606. — *Bot. Reg.*,

(1846), t. 18. — *Bot. Mag.*, t. 722. — Walp., *Rep.*, II, 202; *Ann.*, II, 647; IV, 865.

6. In *Bull. Soc. Linn. Par.*, 425.

7. Pollen inerme, 3-sulcum.

8. Embryone dite oleoso.

9. Spec. 1. *D. Humblotii* Cogn.

10. *Enum. pl. chin. bor.*, 29; in *Mém. sav. étr. Pétersb.*, II, 103. — Endl., *Gen*, n. 5151. — Naud., in *Ann. sc. nat.*, sér. 4, XII, 150; sér. 5, VI, 11. — B. H., *Gen.*, I, 825. — Cogn., *Cucurb.*, 421. — Dutailly, in *Bull. Soc. Linn. Par.*, 73.

anteriore[1] aucta, margineque squamam anticam subhorizontalem in-
curvam glandulamque obtegentem gerente. Sepala 5, leviter imbricata, demum subvalvata v. haud contigua. Petala 5, æqualia v. subæqualia, margine receptaculi inserta, imbricata, superne nunc breviter
revoluta. Stamina 5, cum corolla inserta, inæqualia; postico minore
libero; anticis autem 4 (quorum anteriora 2, paulo longiora) per paria
approximatis; filamentis liberis recurvis; antheris extrorsis, 1-locula-
ribus, rimosis, rectis v. leviter arcuatis[2]. Floris fœminei receptaculum
sub fauce in saccum oblongum germen intus adnatum foventem dilatatum. Perianthium maris[3]. Staminodia 5, quorum 2 per paria approximata libera; anthera parva sterili, longitudinaliter sulcata. Styli
rami 3, apice stigmatoso dilatato oblongo, subsagittato v. 2-lobo. Ovula
in placentis parietalibus 3, superne haud contiguis ∞, subhorizontalia. Bacca oblonga; seminibus ∞, obovoideis compressis lævibus
haud marginatis. — Herbæ scandentes; caule tuberiformi perennante;
ramis aeriis scandentibus; cirrhis integris v. 2-fidis; foliis alternis cordatis, uti planta fere tota sæpius villosis, integris v. rarius 3-partitis;
floribus[4] solitariis, ad folia lateralibus, v. masculis racemiformi- v.
capitato-cymosis, sæpe dense bracteatis. (*Asia austro-or., Java*[5].)

VI. MELOTHRIEÆ.

48. Melothria L. — Flores monœci v. diœci, nunc hermaphroditi; masculorum receptaculo campanulato v. cupulari. Sepala 5,
dentiformia petalaque totidem integra, margini receptaculi inserta.
Stamina 6 v. plerumque 5 (2-2-1); antheris liberis v. leviter cohærentibus, rectis v. leviter curvis, oblongis v. suborbicularibus; connectivo haud v. nunc ultra antheras producto. Gynæcei rudimentum
sphæricum v. annulare, integrum v. nunc 3-lobum. Floris fœminei
perianthium ut in mare; receptaculo sub collo constricto in saccum
globosum, ovoideum v. fusiformem germenque inferum intus adnatum
foventem dilatato. Staminodia 3-6 (nunc antherifera), v. 0. Stylus basi
disco annulari cinctus, apice stigmatoso lineari-2-3-lobus. Placentæ

1. Ex nonnullis, germen rudimentarium.
2. Pollen 3-sulcum, poricidum.
3. Calyce sæpius valde reflexo.
4. Flavis, majusculis.
5. Spec. 4,5. WALL., *Cat.*, n. 6740 (*Momordica*).

— BL., *Bijdr.*, 929 (*Luffa*). — MIQ., *Fl. ind.-bat.*,
I, p. I, 666 (*Luffa*), 678 (*Trichosanthes*), 680
(*Gymnopetalum*). — CLKE, in *Journ. Linn. Soc.*,
XV, 126; *Fl. brit. Ind.*, II, 630. — *Bot. Mag.*,
t. 5469. — WALP., *Rep.*, II, 205; V, 763.

2, 3, ∞-ovulatæ; ovulis horizontalibus. Fructus baccatus forma varius (parvus), 1-∞-spermus; seminibus exalbuminosis ovoideis v. oblongis, tumidis v. sæpius compressis, lævibus v. scrobiculatis, marginatis. — Herbæ graciles, scandentes v. prostratæ, annuæ v. perennes; foliis integris v. lobatis; cirrhis simplicibus v. raro 2-fidis, nunc 0; floribus (parvis) masculis racemosis, corymbosis, fasciculatis v. solitariis; fœmineis solitariis v. subcorymbosis. (*Orbis totius reg. calid.*) — *Vid. p.* 410.

49. **Wilbrandia** S.-Mans.[1] — Flores monœci v. rarius diœci, 5-meri; receptaculo masculorum tubuloso v. anguste obconico. Sepala 5, sub-3-angularia petalaque totidem subæqualia subconformia alterna, valvata, receptaculi fauci inserta. Stamina 5, receptaculi tubo inserta, quorum 4 per paria approximata; quinto libero; antheris subsessilibus dorsifixis oblongis; nunc in tubum conglutinatis, longitudinaliter rimosis; imo receptaculi tubo sæpius glanduloso plus minus incrassato[2]. Floris fœminei perianthium ut in mare; receptaculo inferne in saccum ovoideum v. oblongum germen intus adnatum foventem producto. Staminodia minuta v. 0. Germen inferum, 2-3-placentiferum; placentis ∞-ovulatis, demum circa ovula ∞ horizontalia accretis locellatisque; stylo basi disco cupulari epigyno cincto superneque in ramos 2, 3, subsimplices v. 2-fidos, diviso. Fructus ovoideus nunc rostratus costatusve; seminibus ∞, compressis marginatis. — Herbæ sæpe scandentes; rhizomate perenni; foliis digiti-3-5-nerviis v. sagittatis, nunc rugosis; cirrhis simplicibus; floribus[3] masculis spicatis v. racemosis; fœmineis solitariis v. paucis, fasciculatis v. glomeratis. (*Brasilia*[4].)

50. **Oreosyce** Hook. F.[5] — « Flores monœci; receptaculo cylindrico-campanulato hispido. Sepala 5, dentiformia subulata. Petala oblonga 6, obtusa. Stamina 5 (2-2-1); antheris oblongo-linearibus rectis (parvis) leviter cohærentibus. Pistillodium glanduliforme. Floris fœminei perianthium ut in mare. Germen fusiforme scabrum; stylo

---

1. *Enum. subst. cat. Bras.*, 30. — Endl., *Gen.*, Suppl., III, 91. — Naud., in *Ann. sc. nat.*, sér. 4, XVI, 184, t. 13. — B. H., *Gen.*, I, 831. n. 35. — Cogn., *Cucurb.*, 565.

2. Pollen læve, 3-sulcum, 3-porosum.

3. Albis, parvis.

4. Spec. 6. Vell., *Fl. flum.*, X, t. 96 (*Mo-*

mordica). — Roem., *Synops.*, fasc. II, 55, 67. — Schlchtl, in *Linnœa*, XXIV, 748, 750, 753 (*Anguria*). — Griseb., *Pl. Lorentz.*, 145. — Wawr., in *Œst. Bot. Zeitschr.* (1863) 109; *Reis. Maxim.*, 55, t. 51.

5. In *Oliv. Fl. trop. Afr.*, II, 548. — Cogn., *Cucurb.*, 564.

columnari, apice subcapitato-3-lobo; disco annulari. Ovula ∞, horizontalia. Fructus...?— Herba scandens gracillima hispida; foliis longe petiolatis, obscure 3-5-lobis; cirrhis simplicibus; floribus[1] masculis solitariis v. 2-3-nis; fœmineis solitariis. » (*Africa trop*[2].)

51. Apodanthera ARN.[3] — Flores monœci diœcive (fere *Ecballii* v. *Cucumeris*); receptaculo masculorum cylindrico v. infundibulari. Sepala petalaque 5. Stamina 5 (2-2-1 v. 2-1-1-1); antheris linearibus rectis v. curvis, nunc brevibus suborbicularibus. Germen rudimentarium parvum glanduliforme v. 0. Floris fœminei staminodia 3-5, linearia v. glanduliformia. Germen oblongum v. ovoideum; stylo erecto, apice stigmatoso 3-lobo. Ovula ∞, horizontalia. Fructus carnosus; seminibus lævibus compressis. — Herbæ perennes; ramis prostratis v. scandentibus; indumento pubiformi v. hispido; foliis integris v. lobatis; cirrhis simplicibus, 2-3-fidis v. 0; floribus[4] masculis racemosis; fœmineis solitariis. (*America calid. utraque*[5].)

52? Dactyliandra HOOK. F. [6] — Flores monœci; masculorum receptaculo campanulato. Sepala 5, subulata. Corolla ultra medium 5-loba. Stamina 5 (2-2-1); antheris hippocrepiformibus, 1-locularibus[7]. Pistillodium (?) depressum glanduliforme. Floris fœminei germen oblongum; placentis 3; stylo columnari, apice subcapitato, 3-lobo; ovulis ∞, horizontalibus. Fructus globosus; seminibus ∞, v. paucis compressiusculis, utrinque truncatis corrugatis. — Herba gracilis scandens (?); foliis digitato-5-7-lobis; cirrhis simplicibus; floribus[8] masculis « subumbellatis »; fœmineis haud coaxillaribus solitariis[9]. (*Africa trop.*[10])

53. Blastania KOTSCH. et PEYR.[11] — Flores monœci; receptaculo masculorum breviter campanulato. Sepala 5, margini inserta, subulata. Petala 5, imbricata. Stamina 5, quorum 2 v. sæpius 4 per paria

1. Flavis, parvis.
2. Spec. 1. *O. africana* HOOK. F.
3. In *Hook. Journ. Bot.*, III, 274. — ENDL.., *Gen.*, Suppl., II, 77. — B. H., *Gen.*, I, 834, n. 46. — COGN., *Cucurb.*, 553.
4. Albidis v. flavis, parvis v. majusculis.
5. Spec. ad 12. SCHLCHTL, in *Linnæa*, XXIV, 718, 755 (*Anguria*).— COGN., in *Mart. Fl. bras.*, LXXVIII, 55. — WALP., *Rep.*, V, 761: *Ann.*, IV, 865.

6. In *Oliv. Fl. trop. Afr.*, II, 557. — COGN., *Cucurb.*, 626.
7. Polline 3-sulco, 3-poroso.
8. Albidis, minutis.
9. *Bryoniæ* sectio, ex B. H., *Gen.*, I, 829.
10. Spec. 1. *D. Welwitschii* HOOK. F.
11. *Pl. Tin.*, 15. — COGN., *Cucurb.*, 627. — *Ctenopsis* HOOK. F., ex NAUD., in *Ann. sc. nat.*, sér. 5, VI, 12 (nec DE NOTS). — *Ctenolepis* HOOK. F., *Gen.*, I, 832, n. 40.

coalita; quinto alternipetalo libero; filamentis receptaculo intus insertis, antheris brevibus ellipsoideis v. ovoideis rectis, extrorsum rimosis. Floris fœminei perianthium ut in mare; receptaculo sub parte cupulari in saccum subsphæricum v. breviter ovoideum germenque intus adnatum foventem dilatato. Placentæ 2, 3, ovulum 1 subhorizontale singulæ gerentes. Staminodia brevia 3, 4, circa discum epigynum brevem v. 0 inserta. Stylus columnaris brevis, apice stigmatoso dilatato brevissimo 2-3-lobus. Fructus subglobosus v. apice depressus subnavicularis latiorque quam longior, tenuiter carnosus, 1-3-spermus; seminibus ovoideis horizontalibus exalbuminosis, nunc compressis v. marginatis. — Herbæ annuæ, scandentes v. prostratæ scabrellæ; foliis palmati-3-5-lobis partitisve; axilla stipuliformi-bracteata; cirrhis simplicibus; floribus[1] masculis racemosis; fœmineis in axilla eadem solitariis stipitatis. (*Asia et Africa trop.*[2])

54? **Muellerargia** COGN.[3]— « Flores monœci; masculorum receptaculo campanulato. Sepala 5, minima, 3-angularia. Corolla rotata, 5-partita. Stamina 5, quorum 4 per paria approximata; connectivo latiusculo haud producto; antheris linearibus, superne replicatis. Floris fœminei germen inferum ovoideum; stylo gracili; ramis stigmatiferis 2, linearibus, obscure 2-lobis; placentis 2; ovulis ∞, horizontalibus. Fructus ovoideus rostratus subobliquus dense molliterque muricatus carnosulus indehiscens. Semina ∞, oblonga compressa lævia immarginata. — Herba gracilis scandens; foliis ovatis angulato-3-5-lobis; cirrhis simplicibus; bracteis ad folia axillaribus stipuliformibus reniformibus v. suborbicularibus integris; floribus (minutis) masculis racemosis; fœmineis in axilla eadem cum masculis solitariis. » (*Timor*[4].)

55. **Pisosperma** SOND.[5] — Flores monœci; masculorum receptaculo lageniformi. Sepala 5, linearia. Petala 5, elongata, imbricata. Stamina 5 (2-2-1) sub perianthio inserta; filamentis brevissimis; antheris coalitis, 1-locularibus, subrectis, extrorsis[6]; connectivo haud v. parce producto. Germen rudimentarium glanduliforme v. 0. Floris

1. Parvis v. minutis.
2. Spec 2. LOUR., *Fl. coch.*, 594 (*Bryonia*).— STOCKS, in *Hook. Kew Journ.*, IV, 149 (*Zehneria*).—WIGHT, in *Ann. and Mag. Nat. Hist.*, VIII, 268 (*Pilogyne*).— CLKE, in *Hook. Fl. brit. Ind.*, II, 629 (*Ctenolepis*).—HARV., *Thes. cap.*, I, t. 96.

3. COGN., *Cucurb.*, 630.
4. Spec. 1. *M. timorensis* COGN., nobis ignota.
5. *Fl. cap.*, II, 498. — HARV., *Gen. S. afric.* pl., ed. 2, 126. — B. H., *Gen.*, I, 831, n. 38. — COGN., *Cucurb.*, 631.
6. Pollen oblongum, 3-sulcum, 3-porosum.

fœminei perianthium ut in mare, summo collo receptaculi valde elongato insertum. Staminodia 3-5, linearia v. minima. Germen ovoideum; styli crassi lobis 3, 2-lobulatis. Placentæ parietales 3. Fructus
indehiscens, rostratus; seminibus 6-12, in locellis totidem segre-
gatis. — Herba[1] parva; radice tuberosa; foliis palmati-5-lobis; cirrhis
simplicibus; floribus[2] masculis racemosis; pedicellis basi dilatatis,
longis, bracteam plus minus alte elevatam gerentibus; fœmineis solitariis. (*Africa austr.*[3])

56. **Toxanthera** HOOK. F.[4] — « Flores monœci? Calycis masculi
lobi 5, ovato-3-angulares. Corolla rotata. Stamina 5 (2-2-1); antheris
omnibus liberis, 1-locularibus, elongatis incurvo-arcuatis dorsifixis.
Floris fœminei sepala subulata. Staminodia filiformia curva. Germen inferum, superne rostratum; styli columnaris ramis 2, apice
late flabelliformibus decurvis. Ovula in placentis 2 plurima horizontalia. Fructus fusiformis carnosus; seminibus ∞, globosis lævibus; embryonis cotyledonibus hemisphæricis. — Herba scandens
gracilis; foliis reniformi–orbicularibus, haud profunde 5-7-lobis;
cirrhis 2-fidis; floribus[5] masculis racemosis; fœmineis solitariis. »
(*Natal*[6].)

57. **Kedrostis** MEDIK.[7] — Flores (fere *Pisospermæ*) monœci v.
rarius diœci; masculorum receptaculo campanulato. Sepala 5, brevia.
Petala 5, ovato-oblonga, valvata v. leviter imbricata. Stamina 5, alternipetala, v. 4 plus minus per paria approximata, summo receptaculo inserta; filamentis brevibus; antheris liberis v. vix cohærentibus,
rectis v. subarcuatis, 1-locularibus, introrsis[8]. Germen rudimentarium
glanduliforme v. 0. Floris fœminei perianthium ut in mare; receptaculi collo plus minus longiore. Staminodia 3-5, minuta v. 0. Placentæ
2-3; ovulis ∞, horizontalibus. Stylus apice 2-3-lobus; lobis angustis
v. dilatatis. Fructus baccatus, sæpe rostratus, aut indehiscens (*Euke-
drostis*), aut basi operculatim dehiscens (*Corallocarpus*[9]); seminibus
subglobosis v. tumidis lævibus. — Herbæ scandentes v. prostratæ; radice

1. Allium redolens.
2. Flavidis, parvis.
3. Spec. 1. *P. capense* SOND.
4. *Icon.*, t. 1421.
5. Inter minores, flavis, pubescentibus.
6. Spec. 1. *T. natalensis* HOOK. F.
7. *Phil. bot.*, II, 69. — COGN., *Cucurb.*, 632.
—*Coniandra* SCHRAD., in *Eckl. et Zeyh. Enum.*,

II, 275. — *Cyrtonema* SCHRAD., *loc. cit.*, 276
—*Rhynchocarpa* SCHRAD., in *Linnæa*, XII, 403. —
HARV., *Gen. S. afric. pl.*, ed. 2, 126. — B. H.,
Gen., I, 831, n. 36. — NAUD., in *Ann. sc. nat.*,
sér. 4, XII, 146.
8. Polline 3-sulco, 3-poroso.
9. WELW., in *B. H. Gen.*, I, 831, n. 37. —
COGN., *Cucurb.*, 645.

sæpius perennante; foliis integris, dentatis, lobatis v. partitis; cirrhis simplicibus v. raro 2-fidis; floribus[1] masculis racemosis v. corymbosis; fœmineis solitariis, racemosis v. nunc fasciculatis. (*Asia et Africa trop.*[2])

58. Melancium NAUD.[3] — Flores monœci; masculorum receptaculo obconico v. campanulato. Sepala 5, linearia v. dentiformia. Petala 5, superne 2-auriculata; auriculis in alabastro inflexis. Stamina 5 (2-2-1); antheris rectis[4]; connectivo ellipsoideo[5]. Floris fœminei perianthium ut in mare. Germen inferum oblongum; stylo columnari, apice stigmatoso dilatato-3-lobo. Ovula ∞, horizontalia. Cætera *Kedrostidis*. Fructus baccatus, ovoideus v. globosus; seminibus ∞, complanatis immarginatis. — Herba prostrata; radice perenni; foliis crenatis v. lobatis, ecirrhosis; floribus[6] masculis racemosis; fœmineis solitariis. (*Brasilia*[7].)

59. Trochomeriopsis COGN.[8] — Flores diœci; receptaculo masculorum longe tubuloso[9]. Sepala 5, parva subula. Petala 5, cum calyce tubi fauci inserta, elongata lineari-subulata, subinduplicata, imbricata. Antheræ 5, receptaculi tubo intus insertæ sessilesque lineari-elongatæ rimosæ, 1-loculares; quarum 2 per paria connatæ; quinta libera. Floris fœminei receptaculum longius tubulosum, superne cupulatum perianthiumque ut in flore masculo fauci insertum gerens. Germen intus tubo receptaculi adnatum; placentis parietalibus 2, 3, ∞-ovulatis, demum circa ovula in locellos spurios accretis; stylo erecto gracili, superne in ramos 2, 3 crassiuscule petaloideos et 2-lobos stigmatiferosque dilatato. Fructus (immaturus) lineari-elongatus siliquiformis. — Herba scandens glabra; foliis alternis carnosulis integris subcordatis, lobatis v. 3-foliolatis; cirrhis ad folia v. demissius lateralibus simplicibus; floribus[10] in racemos subsimplices v. masculos laxe composito-ramosos dispositis. (*Madagascaria*[11].)

---

1. Flavo-virentibus, parvis v. minimis.
2. Spec. ad 25. HOOK. F., in *Oliv. Fl. trop. Afr.*, II, 563; 565 (*Corallocarpus*). — CLKE, in *Hook. f. Fl. brit. Ind.*, II, 627. — JACQ., *Ic. rar.*, t. 624 (*Trichosanthes*). — WIGHT, *Icon.*, t. 503 (*Echmandra*). — BOISS., *Fl. or.*, II, 762. — DIETR., *Syn.*, V, 363 (*Bryonia*).
3. In *Ann. sc. nat.*, sér. 4, XVI, 175. — B. H., *Gen.*, I, 833, n. 42. — COGN., *Cucurb.*, 659.
4. Pollen sphæricum, 3-porosum.

5. Pilis marginum loculum attingentibus.
6. Luteolis, minutis.
7. Spec. 1. *M. campestre* NAUD. — COGN., in *Mart. Fl. bras.*, LXXVIII, 23, t. 4, fig. 1.
8. *Cucurb.*, 661.
9. Fundo plus minus glanduloso v. et gynæceo rudimentario munito.
10. Flavidis.
11. Spec. 1, *Passifloraceas* adspectu nonnihil referens, *T. diversifolia* COGN.

60. Edgaria CLKE[1]. — Flores diœci (fere *Herpetospermi* v. *Biswareœ*); masculorum receptaculo lageniformi, superne campanulato-dilatato. Sepala 5, dentiformia. Petala 5, integra. Stamina 5 (2-2-1); filamentis brevibus; antheris rectis[2]. Gynæcei rudimentum longe conicum. Floris fœminei perianthium receptaculumque ut in mare. Germen anguste ovoideum; placentis 3; loculis 1-3-ovulatis; ovulis horizontalibus v. plus minus descendentibus; stylo gracili; lobis 3, oblongis, 2-fidis. Fructus fusiformis, 3-gonus, 3-locularis, siccus fibrosus, demum 3-valvis; seminibus descendentibus compressis subquadratis, basi subtrilobis. — Herba scandens; foliis integris cordatis; cirrhis 2-fidis; floribus[3] masculis racemosis v. solitariis; fœmineis solitariis. (*Himalaya*[4].)

61. Dendrosicyos BALF. F.[5] — Flores[6] monœci; masculi paniculati; receptaculo infundibulari; calycis dentibus 5, subulatis integris patentibus. Petala 5, fauci inserta lanceolata integra. Stamina 5, fauci receptaculi inserta; antheris arcte cohærentibus, 1-locularibus rectis, quorum 4 per paria connata; connectivo haud producto. Germen rudimentarium 0. Floris fœminei axillaris pedicelloque articulato et bracteolis squamiformibus donati receptaculum ovoideo-oblongum, superne in cupulam dilatatum. Sepala maris. Petala 5, 3-angularia. Staminodia 5 (2-2-1) linearia minima. Germen 1-loculare; stylo apice 3-lobo; lobis canaliculatis arcuatis. Ovula in placentis parietalibus ∞. — Arbores parvæ, trunco recto, nunc magno; ramis paucis ad apicem fasciculatis; foliis palmati-5-lobis v. partitis aculeatis scabridis ecirrhosis[7]. (*Ins. Socotora*[8].)

62. Ceratosanthes BURM[9]. — Flores monœci v. diœci; masculorum receptaculo tuboloso, superne cupulari. Sepala 5, sæpius dentiformia. Petala totidem oblonga v. linearia, apice in lobos 2, elongatos arcte involutos corrugato-involutos, desinentia, cæterum induplicato-valvata. Stamina 5, sub receptaculi fauce inserta; antheris sessilibus lineari-oblongis, quorum 4 per paria connata; quinto libero; loculis

1. In *Journ. Linn. Soc.*, XV, 113, 126, fig. 1-9. — COGN., *Cucurb.*, 662.
2. Pollen læve, 3-sulcum, 3-porosum.
3. Flavis, majusculis.
4. Spec. 1. *E. darjeelingensis* CLKE, *loc. cit.*; n *Hook. f. Fl. brit. Ind.*, II, 631.
5. *Diagn. pl. socotr.*, 17 (ex *Proc. Roy. Soc. Edinb.*, XI).

6. « Magni, straminei. »
7. Flores fere *Cucumeris;* antheris rectis.
8. Spec. 1, 2. H. BN, in *Bull. Soc. Linn. Par.* (1885), 441.
9. In *Plum. Pl. amer.*, I, 24. — ADANS., *Fam. des pl.*, II, 139. — ARN., in *Hook. Journ. Bot.*, III, 274. — B. H., *Gen.*, I, 833, n. 45. — COGN., *Cucurb.*, 720.

extrorsum rimosis. Floris fœminei receptaculum inferne tubulosum v. globosum germenque inferum intus adnatum fovens; placentis sæpius 2, ∞-ovulatis; stylo elongato, superne plerumque 2-lobo; lobis stigmatosis 2-fidis v. lobulatis. Perianthium maris. Staminodia 3 v. 0. Fructus oblongus v. ovoideus; seminibus paucis v. ∞, horizontalibus, ovoideis v. subrotundis lævibus sæpe marginatis.— Herbæ scandentes; radice perenni tuberosa; foliis glabris v. varie indutis, orbicularibus v. varie lobatis, nunc 3-foliolatis; cirrhis simplicibus gracilibus; floribus[1] racemosis v. fœmineis nunc solitariis axillaribus, ebracteatis[2]. (*America trop.*[3])

63. **Maximowiczia** COGN. [4] — Flores diœci (fere *Ceratosanthis*); receptaculo cylindrico v. anguste campanulato striato, in fundo glanduloso. Petala oblonga lineariave, haud lobata, nunc ciliata, imbricata v. subvalvata. Stylus apice petaloideo-3-lobus. Bacca globosa; seminibus paucis compressis marginatis. Cætera *Ceratosanthis*. — Herbæ perennes; ramis scandentibus; foliis 3-5-sectis, lobis dissectis v. lobulatis; floribus[5] masculis racemosis, fasciculatis v. solitariis; fœmineis solitariis. (*Mexicum, Texas*[6].)

64. **Cerasiocarpum** HOOK. F.[7] — Flores monœci (fere *Maximowicziæ*); masculorum receptaculo late campanulato; fœmineorum infra collum ovoideo. Stamina 5 (2-2-1); antheris rectis. Placentæ 2, 3, 2-3-ovulatæ; stylo columnari, apice stigmatoso 2-3-lobo. Ovula horizontalia. Fructus carnosus, transverse oblongus; seminibus 1-6, ovoideis tumidis lævibus. — Herba scandens; foliis oblongis cordatis, nunc hastato-3-lobis; floribus[8] masculis racemosis; fœmineis solitariis coaxillaribus. (*Java, Zeylania*[9].)

65. **Cucurbitella** WALP.[10] — Flores monœci v. diœci (fere *Maximowicziæ*); receptaculo masculorum campanulato. Sepala 5, angusta

1. Albidis, parvis v. minutis.
2. Gen. sequenti quam proximum.
3. Spec. 7, 8. SER., in *DC. Prodr.*, III, 315 (*Trichosanthes*). — COGN., in *Mart. Fl. bras.*, LXXVIII, 65. — GRISEB., *Fl. brit. W.-Ind.*, 289. — *Bot. Mag.*, t. 2703 (*Trichosanthes*).
4. *Cucurb.*, 726 (nec RUPR.). — *Sicydium* A. GRAY, in *Bost. Journ. Nat. Hist.*, VI, 194 (nec SCHLCHTL). — B. H., *Gen.*, I, 833, n. 44.
5. Luteis, parvis.
6. Spec. 2. NAUD., in *Ann. sc. nat.*, sér. 4, XII, 144; XVI, 167, t. 4 (*Sicydium*).
7. *Gen.*, I, 832, n. 39. — COGN., *Cucurb.*, 728.

8. Flavis, parvis, ebracteatis.
9. Spec. 1. *C. Bennettii* COGN. — *C. zeylanicum* CLKE, in *Hook. Fl. brit. Ind.*, II, 629. — *Bryonopsis Bennettii* MIQ., *Fl. ind.-bat.*, I, p. 1, 125. — *Æchmandra zeylanica* THW., *Enum. pl. zeyl.*, 125.
10. *Rep.*, VI, 50, not. — B. H., *Gen.*, I, 834, n. 47. — COGN., *Cucurb.*, 730. — *Schizostigma* ARN., in *Hook. Journ. Bot.*, III, 275 (nec in *Ann. Nat. Hist.*). — WIGHT, in *Ann. and Mag. Nat. Hist.*, VIII, 267. — ENDL., *Gen.*, Suppl., II, 77. — *Prasopepon* NAUD., in *Ann. sc. nat.*, sér. 5, V, 26, t. 2. — B. H., *Gen.*, I, 832, n. 41.

petalaque totidem induplicata v. imbricata margini receptaculi inserta. Stamina 5, quorum 4 per paria approximata; antheris arcuatis, 1-rimosis, liberis [1]; filamentis brevibus plus minus alte connatis; quinto autem libero oppositisepalo. Receptaculum imum glanduloso-incrassatum v. paucisetosum, sub margine nunc intus pilosum. Floris fœminei perianthium ut in mare; receptaculi cupula inferne in saccum ovoideum germen intus adnatum foventem producta; placentis 3-5, mox circa ovula ∞ horizontalia in locellos accretis. Stylus erectus columnaris, basi nunc disco epigyno tenui cinctus, superne in ramos inæquales 3-6, integros v. inæquali-2-fidos radiantes papillososque divisus. Fructus globosus v. breviter ovoideus baccatus, obtuse 3-6-sulcus, indehiscens; seminibus oblongis v. ovoideis compressiusculis, haud v. leviter marginatis. — Herbæ scandentes; rhizomate perenni crasso; foliis integris v. palmatilobis partitisve; cirrhis simplicibus; floribus [2] masculis racemosis v. subsolitariis; fœmineis solitariis v. 2-nis. (*America austr. extratrop.*[3])

VII. TELFAIRIEÆ.

66. Telfairia HOOK. — Flores diœci; masculorum receptaculo cupulari v. turbinato. Sepali 5, margini inserta. Petala totidem, fimbriata, patentia. Stamina 5, aut alternipetala, aut 4 per paria ante petala approximata; quinto oppositisepalo; filamentis receptaculo insertis; antheris omnibus 2-locularibus, curvis, rimosis; connectivo lato, apice leviter producto. Floris fœminei perianthium ut in mare receptaculumque sub collo in saccum oblongum basique lobatum dilatato. Germen inferum, 3-5-loculare; stylo exserto, apice capitato-3-lobo; loculis semi-2-locellatis; ovulis ∞, horizontalibus. Fructus germini conformis elongatus costatus, 3-5-locularis; seminibus (amplis) lenticularibus, tunica retiformi-fibrosa involutis. Embryonis carnosi crassi cotyledones orbiculares oleosæ, basi 3-plinerviæ. — Frutices scandentes; foliis alternis digitatis, 3-5-foliolatis; foliolis basi auriculatis; dentatis v. laciniatis; cirrhis 2-fidis; floribus masculis racemosis; fœmineis solitariis. (*Africa trop. or. et occ.*). — *Vid. p.* 415.

---

1. Polline lævi, 3-sulco, 3-poroso.
2. Flavis, parvis, sæpe bracteatis.
3. Spec. 4. GILL., in *Hook. Bot. Misc.*, III,

324 (*Cucurbita*). — GRISEB., *Pl. Lorentz.*, 146 (*Prasopepon*): *Symb. Fl. argent.*, 135. — WALP., *Rep.*, II, 202 (*Schizostigma*).

67? Anguria PLUM.[1]— Flores diœciv. rarius monœci; masculorum receptaculo sacciformi v. elongato, colorato (*Gurania*)[2] v. plus minus virescente(*Euanguria*). Sepala 5, dentiformia v. plus minus (*Gurania*) elongata, valvata. Petala 5, parva mediocria v. majuscula patulaque, linearia; præfloratione torta v. imbricata. Stamina 2, ad medium receptaculum inserta sessilia dorsifixa; antheris 2-locularibus[3]; loculis linearibus, rectis v. nunc curvis basive replicatis, 2-rimosis[4]. Floris fœminei perianthium ut in mare, receptaculumque oblongum, germen intus adnatum fovens; stylo columnari, 2-fido; ramis stigmatosis 2-fidis. Ovula ∞, placentis 2 inserta horizontalia. Fructus ovoideus v. oblongus, teres, angulosus v. sulcatus; seminibus ovato-oblongis compressis immarginatis. — Herbæ perennes v. frutices scandentes; foliis integris, lobatis v. 3-5-foliolatis; cirrhis simplicibus; floribus[5] masculis in summo pedunculo elongato racemosis, spicatis, corymbosis v. subcapitatis; fœmineis solitariis, 2-3-nis vel subcapitatis (*America trop.*[6])

68? Helmontia COGN.[7] — Flores diœci (fere *Anguriæ*[8]); masculorum receptaculo tubuloso v. clavato. Sepala 5, lineari-dentata, recurva. Petala 5, valvata v. leviter imbricata. Stamina 2; antheris subsessilibus; loculis 2, submarginalibus[8]; receptaculi fauci inserta. Germen rudimentarium subulatum v. 0. Flores fœminei...? — Herbæ scandentes; foliis integris v. 3-foliolatis; cirrhis simplicibus; floribus masculis racemosis, articulatis. (*America trop. austr.*[9])

1. *Cat. pl. amer.* (1703), 3; *Pl. amer.*, ed. BURM., 13. — L., *Gen.*, n. 1037. — LAMK, *Dict.*, I, 175. — NECK., *Elem.*, I, 136. — SER., in *DC. Prodr.*, III, 318. — ENDL., *Gen.*, n. 5128. — B. H., *Gen.*, I, 833, n. 43. — COGN., *Cucurb.*, 663. — *Psiguria* NECK., *Elem.*, I, 137.

2. SCHLCHTL, in *Linnæa*, XXIV, 789 (*Anguriæ* sect.). — COGN., in *Bull. Soc. bot. Belg.*, XIV, 239; *Cucurb.*, 678.

3. An antheræ 2, 1-loculares connatæ? Petalorum 4 quoque nunc per paria approximata; quinto alternisepalo. (H. BN, in *Bull. Soc. Linn. Par.*, 300.)

4. Pollen læve, 3-sulcum poricidumque.

5. Majusculis v. parvis, aut coccineis (*Anguria*), aut corolla pallide lutea (*Gurania*).

6. Spec. ad 55. VELL., *Fl. flum.*, X, t. 1, 2. — POEPP. et ENDL., *Nov. gen. et spec.*, t. 169-171. — WAWRA, *Pr. Maxim. Reis.*, *Bot.*, I, t. 52. — COGN., in *Mart. Fl. bras.*, LXXVIII, 38; 44 (*Gurania*). — PAXT., *Mag. bot.*, XVI, 322 — *Bot. Mag.*, t. 5304. — WALP., *Rep.*, II, 197; V, 760; *Ann.*, I, 316.

7. In *Bull. Soc. bot. Belg.*, XIV, 239; *Cucurb.* 718.

8. Cujus potius forte sectio.

9. Spec. 2. COGN., in *Mart. Flor. bras.*, LXXVIII, 64.

LXIX

LOASACÉES

I. SÉRIE DES LOASA.

Loasa (Blumenbachia) lateritia.

Fig. 305. Branche florifère.

Les fleurs sont régulières, hermaphrodites et pentamères dans les

Loasa[1], avec un réceptacle fortement concave, en forme d'une poche allongée, claviforme, obconique ou cylindrique, qui n'est qu'une dilatation du sommet du pédoncule. Dans le *L. lateritia*[2] (fig. 305-308), qu'on cultive assez souvent dans nos jardins et qu'on a rapporté au genre *Blumenbachia*[3], les bords de cette poche réceptaculaire portent un calice de cinq sépales, dont la préfloraison est imbriquée[4], et qui sont plus ou moins profondément découpés et pinnatifides sur leurs bords, comme ceux de certains Rosiers. La corolle est formée de cinq pétales, dont les deux moitiés sont repliées l'une sur l'autre en forme de carène, et qui sont valvaires-indupliqués dans le bouton. L'androcée est formé

Loasa (Blumenbachia) lateritia.

Fig. 307. Graine.

Fig. 306. Fleur, les étamines en partie relevées.

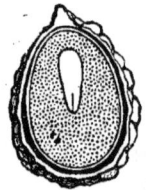

Fig. 308. Graine, coupe longitudinale.

de dix faisceaux d'étamines. Cinq d'entre eux sont composés d'étamines fertiles, superposés aux pétales et logés à une certaine époque dans leur concavité[5]. Chaque étamine fertile comprend un filet libre et une anthère basifixe, tétragone, à deux loges déhiscentes par des fentes longitudinales latérales. Les cinq faisceaux de l'androcée qui répondent aux intervalles des pétales ne sont formés que de pièces stériles[6]. Ce sont deux grosses baguettes longuement coniques, portées sur une sorte de conque ou de capuchon ouvert en haut et en

1. ADANS., *Fam. des pl.*, II, 501. — J., *Gen.*, 322. — DC., *Prodr.*, III, 310. — ENDL., *Gen.* n. 5116. — B. H., *Gen.*, I, 804, n. 8. — *Ortiga* FEUILL., *Per.*, II, 737, t. 43. — *Illairea* LENN. et KOCH, ex *Fl. serr.*, sér. 1, IX, 145, t. 913. — *Huidobria* C. GAY, *Fl. chil.*, II, 438, t. 26.

2. HOOK., in *Bot. Mag.*, t. 3632. — LINDL., in *Bot. Reg.*, n. ser., XI, t. 22. — *Cajophora lateritia* BENTH., in *Maund et Hensl. the Bot.*, III, t. 119. — *Raphisanthe lateritia* LILJ., in *Linnœa*, XV, 263.

3. SCHRAD., *Gœtt. Anz.* (1825), 1705; *Comm. gœtt. rec.*, VI (1827), 92. — DC., *Prodr.*, III, 340. — ENDL., *Gen.*, n. 5118. — B. H., *Gen.*, I, 805, n. 9. — *Cajophora* PRESL, *Rel. Hœnk.*, II,

41, t. 56. — ENDL., *Gen.*, n. 5117. — PAYER, *Organog.*, 393, t. 84. — *Raphisanthe* LILJ., *loc. cit.* — *Gripidea* MIERS, in *Trans. Linn. Soc.*, XXV, 227, t. 28.

4. De bonne heure ils deviennent valvaires ou cessent même de se toucher.

5. On s'est beaucoup occupé des mouvements qu'elles exécutent pour se porter successivement en dedans, les anthères surmontant alors en partie le gynécée (fig. 306).

6. Le pollen est, là où il est connu, ovoïde; trois plis; dans l'eau, trois bandes, ovoïde ou sphérique (*Blumenbachia insignis*, *Loasa bryoniæfolia*, *Gronovia scandens*) (H. MOHL, in *Ann. sc. nat.*, sér. 2, III, 328).

dedans et dont le bord supérieur sinueux est garni en dehors de trois staminodes pétaloïdes et colorés, en forme de languettes spatulées. L'ovaire infère est uniloculaire, avec trois placentas pariétaux, dont un antérieur, et multiovulés[1]. Chaque placenta se dédouble en deux lobes saillants intérieurement, et les ovules sont plurisériés et anatropes. Au-dessus de l'androcée, l'ovaire se dilate en une sorte de disque épigyne déprimé et pentagonal, à angles obtus et alternipétales, et il est surmonté d'un style à canal central triangulaire, dont l'extrémité est partagée en trois lames rigides, rapprochées suivant leurs bords stigmatifères. Le fruit, qui, comme l'ovaire, est tordu en spirale, est une capsule allongée, claviforme, déhiscente selon le dos des loges par trois ou six fentes, également spiralées[2]; et les graines qu'elle renferme sont nombreuses, pourvues d'un albumen charnu abondant et d'un embryon axile peu volumineux.

Le *L. lateritia* est une plante herbacée, vivace ou suffrutescente à sa base. Toutes ses parties sont chargées de poils rudes et brûlants. Ses tiges sont grêles et volubiles. Les feuilles qu'elles portent sont opposées, simples, sans stipules. Les fleurs, solitaires et longuement pédonculées, se détachent au niveau de l'aisselle d'une feuille et sont accompagnées d'un rameau axillaire plus extérieur, portant lui-même des feuilles et des fleurs.

Les *Loasa* proprement dits ne diffèrent de l'espèce qui précède que par un seul caractère : leur fruit capsulaire s'ouvre au sommet en 3-5 valves, et il demeure rectiligne ; ou bien, s'il se tord sur lui-même, c'est rarement ou incomplètement. D'ailleurs la corolle des différentes espèces est très variable de forme ; car dans certaines espèces, comme le *L. argemonoides*, quoique dialypétale, elle paraît tout à fait campanulée, comme celle d'un *Campanula* ou de certaines Cucurbitacées. Nous ne considérons non plus que comme une section de ce genre le *Grammatocarpus*[3], plante chilienne dont le fruit est droit, 5-valve et dont les fleurs sont sessiles ou à peu près.

Ainsi conçu, le genre polymorphe *Loasa* renferme environ 70 espè-

---

1. Les ovules ont un seul tégument, d'après PAYER, qui les a vus naître à partir du milieu des placentas et qui a montré comment s'entrecroisent les deux lobes de ces placentas. Leur exostome s'épaissit parfois en arille.

2. Suivant les espèces, les valves de la capsule varient en nombre de 3 à 12. Le style est souvent creux, sa cavité se continuant en haut avec celle de l'ovaire. Souvent aussi ses branches aplaties se touchent par les bords, circonscrivant une cavité allongée, comme dans certaines Campanulacées.

3. PRESL, *Symb.*. I, 59, t. 38.— ENDL., *Gen.*, n. 6115. — B. H., *Gen.*, I, 806, n. 10. — *Scyphanthus* DON, in *Sweet Brit. fl. Gard.*, ser. 1, t. 238.

ces[1], des régions chaudes de l'Amérique du Sud. Ce sont des herbes dressées ou volubiles, à feuilles opposées ou plus rarement alternes, simples, entières, lobées ou une ou plusieurs fois pinnatiséquées. Toutes leurs parties sont hérissées de soies ou de poils rudes, souvent brûlants[2]. Leurs fleurs, souvent décrites comme axillaires, sont ordinairement latérales, solitaires ou disposées en cymes racémiformes ; leur inflorescence est assez souvent de celles que nous avons nommées scorpioïdales.

Les *Mentzelia* (fig. 309-311) se distinguent avant tout des *Loasa* et des genres analogues par l'absence d'écailles recouvrant les staminodes alternipétales. Leur réceptacle est tubuleux ou obconique, et porte

Mentzelia aurea.

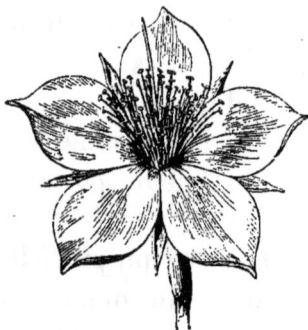

Fig. 309. Fleur.

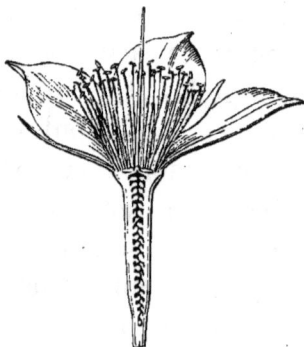

Fig. 310. Fleur, coupe longitudinale.

sur ses bords quatre ou cinq sépales imbriqués et un nombre de pétales imbriqués qui varie de 4 à 10. Les étamines, dont l'insertion est la même que celle du périanthe, sont disposées en faisceaux alternipétales, toutes libres et munies d'un filet grêle ou plus ou moins aplati. Elles peuvent être toutes fertiles et pourvues d'une anthère oblongue ou didyme, d'abord infléchie sur le sommet du filet et déhiscente par deux fentes à peu près latérales. Mais un certain

---

1. H. B., *Pl. œquin.*, t. 14, 15. — A. S.-H., *Fl. Bras. mer.*, I, t. 118 (*Blumenbachia*). — J., in *Ann. Mus.*, V, t. 1-5. — HOOK., *Exot. Fl.*, t. 83; *Icon.*, t. 663. — REICHB., *Ic. exot.*, t. 121 (*Blumenbachia*). — C. GAY, *Fl. chil.*, II, 432 (*Blumenbachia*), 436 (*Cajophora*), 438 (*Huidobria*), 441; 464 (*Scyphanthus*), t. 27. — PRESL, *Symb.*, t. 39. — WEDD., *Chlor. andin.*, t. 74. — *Bot. Reg.*, t. 667, 785, 1390, 1599; (1838), t. 22 (*Raphisanthe*). — *Bot. Mag.*, t. 2372; 2865

(*Blumenbachia*), 3048, 3057, 3218; 3399 (*Blumenbachia*), 3632 (*Raphisanthe*), 4095, 4428; 5028 (*Grammatocarpus*). — WALP., *Rep.*, II, 225; 227 (*Cajophora, Blumenbachia*); V, 778 (*Grammatocarpus*), 779; 781 (*Cajophora, Blumenbachia*); *Ann.*, II, 656; 657 (*Blumenbachia*); V, 5.

2. Leur configuration est variable. Ils portent souvent un ou plusieurs verticilles de crocs récurvés.

nombre d'entre elles, cinq ou davantage, deviennent stériles dans plusieurs espèces; et leur filet peut alors se dilater plus ou moins en une lame pétaloïde. L'ovaire, uniloculaire, a de trois à cinq placentas pariétaux qui portent un nombre variable d'ovules anatropes, et il est surmonté d'un style à 3-5 branches stigmatifères, souvent tordues, parfois aplaties et pétaloïdes. Le fruit est une capsule droite, à graines comprimées, avec ou sans albumen. Il y a des *Mentzelia* à fleurs 4-mères. Ce sont tous des plantes américaines, herbacées ou frutescentes, dressées, souvent scabres; à feuilles alternes, entières ou plus ou moins profondément découpées; à fleurs solitaires ou disposées en cymes, parfois racémiformes.

Mentzelia aurea.

Fig. 311. Bouton et fruits.

Le *Klaprothia mentzelioides*, herbe de la Colombie et du Venezuela, à feuilles opposées, se distingue à peine des *Mentzelia;* il a des fleurs de petite taille, dont l'androcée est formé de 4, 5 phalanges oppositipétales d'étamines fertiles et nombreuses, et de 4, 5 groupes alternes de staminodes de forme variable. Les *Sclerothrix*, qui sont aussi des herbes à feuilles opposées, croissant au Pérou, au Venezuela et au Mexique, paraissent des *Klaprothia* à androcée réduit, chacune des phalanges oppositipétales ne comptant que 1-3 étamines. Leur fruit est tordu lors de son complet développement.

Kissenia spathulata.

Fig. 312. Fruit.

Le *Kissenia spathulata* (fig. 312) est une plante exceptionnelle dans ce groupe par son calice qui persiste en durcissant au-dessus du fruit, et le couronne de cinq ailes rigides. Ses loges ovariennes sont d'ailleurs uniovulées, et les ovules sont descendants. C'est une herbe suffrutescente du Cap et des rives de la mer Rouge; elle a des feuilles alternes et des fleurs disposées en cymes scorpioïdes terminales.

II. SÉRIE DES GRONOVIA.

Les *Gronovia*[1] (fig. 313-316) ont des fleurs hermaphrodites, à réceptacle en forme de bourse. Ses bords portent le périanthe et l'androcée,
et son large goulot se prolonge dans une très courte étendue au-dessus
de l'ovaire, que loge sa concavité. Le calice est coloré, formé de cinq
folioles valvaires, et la corolle est représentée par cinq petites lan-

Gronovia scandens.

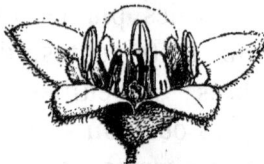

Fig. 313. Fleur.

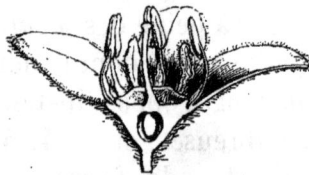

Fig. 315. Fruit.

Fig. 314. Fleur, coupe
longitudinale.

Fig. 316. Fruit, coupe
longitudinale.

guettes alternes, bien plus courtes, lancéolées ou spatulées. L'androcée, inséré avec les pétales, est formé de cinq étamines qui alternent
avec eux et dont le filet supporte une anthère biloculaire, introrse,
déhiscente par deux fentes longitudinales. L'ovaire infère est surmonté
d'un disque épigyne, cupuliforme, et d'un style simple, à sommet
stigmatifère légèrement capité. Dans la loge ovarienne unique se trouve
un seul ovule, inséré près de son sommet et descendant, anatrope, avec
le micropyle dirigé en haut[2]. Le fruit, autour duquel le réceptacle se
dilate en cinq petites ailes épaisses et oppositisépales[3], est un achaine,
surmonté des restes du périanthe et de l'androcée, et renfermant une
graine descendante, sans albumen, à embryon pourvu d'une courte
radicule supère et de cotylédons charnus, à bords indupliqués-

1. L., *Gen.*, n. 282. — LAMK, *Dict.*, III, 47;
Ill., t. 144. — DC., *Prodr.*, III, 320. — ENDL.,
Gen., n. 5152. — B. H., *Gen.*, I, 802, n. 1. —
H. BN, in *Adansonia*, V, 190.

2. Il est en même temps ramené contre la
paroi ovarienne ous le point d'attache de
l'ovule.

3. Rappelant, en petit, celles des *Illigera*.

lobulés. Le *G. scandens* [1], seule espèce du genre, est une herbe grimpante de l'Amérique centrale, chargée de soies et de poils biuncinés.
Ses feuilles alternes sont cordées, sous-lobées ; et ses fleurs [2] sont
disposées en cymes corymbiformes, pédonculées, oppositifoliées, avec
des pédicelles articulés et pourvus de petites bractées.

A côté des *Gronovia* se rangent les deux genres mexicains *Cevallia*
et *Petalonyx*. Les premiers sont des herbes qui rappellent par leur
port les Scabieuses et les *Brunonia;* ils ont des feuilles sinuées et des
fleurs en faux-capitules terminaux, avec cinq étamines à filets courts, à
anthères longues, appendiculées. Les derniers sont des herbes rigides,
scabres, à feuilles sessiles, presque entières ; ils ont les fleurs disposées en épis feuillés, construites comme celles des genres précédents,
à filets staminaux allongés, à anthères didymes.

La famille des Loasacées a été établie au commencement de ce
siècle [3]. Jusque-là elle avait été comprise parmi les genres alliés aux
Onagrariacées [4]. Elle est extrêmement voisine des Cucurbitacées [5], et ne
s'en distingue que par ses graines albuminées et par son androcée
groupé en faisceaux, polyandre et non isostémoné. Cette différence
disparaît même chez les Gronoviées, dont la fleur est isostémonée, et
qui elles-mêmes relient la famille aux Dipsacacées et aux Composées.
Il y a plus de cent espèces de Loasacées ; sauf le *Kissenia,* elles sont
toutes américaines. Nous les avons disposées dans huit genres,
quoique leur nombre ait été porté à plus de vingt, et qu'on puisse,
avec les *Loasa* et les *Mentzelia,* en constituer le double au moins, en
se basant sur les variations de la corolle, de l'androcée, du fruit et des
graines. Nous espérons que quelque monographe sage et prudent nous
épargnera ce malheur.

Les deux séries que nous distinguons dans cette famille sont
celles des :

I. LOASÉES [6]. — Ovaire à 2-3 loges, complètes ou incomplètes,
uniovulées ou plus généralement multiovulées. — 4 genres.

II. GRONOVIÉES [7]. — Ovaire uniloculaire et uniovulé. — 3 genres.

---

1. L., *Spec.*, 292. — JACQ., *Ic. rar.*, t. 338.
— HOOK., *Beech. Voy., Bot.*, t. 97. — *G. Hum-*
boldtiana ROEM. et SCH., *Syst.*, V, 492.

2. Petites et jaunâtres.

3. JUSS., in *Ann. Mus.*, V, 18 ; in *Dict. sc. nat.*,
XXVII, 93 (*Loaseæ*). — DC., *Prodr.*, III, 339,
Ord. 82. — ENDL., *Gen.*, 929, Ord. 199. — B. H.,

Gen., I, 801, Ord. 72. — *Loasaceæ* LINDL.,
Introd., ed. 2, 53 ; *Veg. Kingd.*, 744.

4. J., *Gen.*, 321.

5. Auxquelles peut-être elle devrait être réunie.

6. *Loaseæ veræ* H.B.K., *Nov. gen. et spec.*,
VI, 115.

7. *Gronovieæ* ENDL., *Gen.*, 940.

GENERA

I. LOASEÆ.

1. Loasa ADANS. — Flores hermaphroditi regulares; receptaculo tubuloso, clavato, ovoideo v. subgloboso, concavitate germen intus adnatum fovente margineque perianthium gerente. Sepala 5, æqualia v. inæqualia. Petala 5, alterna, cucullata v. saccata, nunc in corollam campanulatam conniventia, imbricata. Stamina ∞, in fasciculos 5, oppositipetalos disposita cumque perianthio inserta. Squamæ cucullatæ 2-5, cum petalis alternantes. Staminodia 10, per paria squamis opposita, filiformia. Germen inferum, 1-loculare; stylo vario, apice stigmatoso acuto v. 3-5-fido, sæpe cavo. Placentæ parietales 3-5; ovulis ∞, anatropis. Fructus capsularis, rectus v. nunc (*Blumenbachia*) spiraliter tortus, apice 3-5-valvis (*Euloasa, Grammatocarpus*) v. longe 5-10-valvis (*Blumenbachia*). Semina ∞, varia; embryonis albuminosi cotyledonibus foliaceis v. sæpius plano-convexis. — Herbæ erectæ v. volubiles, hispido-setosæ; setis sæpius urentibus; foliis oppositis v. alternis, integris, lobatis, pinnatisectis v. decompositis; floribus axillaribus v. lateralibus, sessilibus (*Grammatocarpus*) v. pedunculatis, sæpe in racemos v. in cymas plus minus compositas dispositis. (*America trop. et extratrop.*) — *Vid. p.* 458.

2. Mentzelia L.[1] — Flores fere *Loasæ;* receptaculo cylindrico, obconico v. obpyramidato, turbinato v. ovoideo. Sepala 4-5, vel

---

1. *Gen.*, n. 670. — J., in *Ann. Mus.*, V, 24. — DC., *Prodr.*, III, 343. — ENDL., *Gen.*, n. 5111. — B. H., *Gen.*, I, 804, n. 7. — H. BN, in *Dict. Bot.*, tab. chrom.— *Bartonia* SIMS, in *Bot. Mag.*, t. 1487. — ENDL., *Gen.*, n. 5112. — PAYER, *Organog.*, 394, t. 85. — *Eucnide* ZUCC., in *Abh. Baier. Akad. Wiss.*, IV, 1, t. 1. — *Microsperma* HOOK., *Icon.*, t. 234. — *Acrolasia* PRESL, *Rel. Hænk.*, II, 39, t. 55. — *Chrysostoma* LILJ., in *Linnæa*, XV, 263.

rarius 6-10, margini receptaculi inserta, imbricata v. demum valvata. Petala totidem alterna, sæpius elongata, imbricata v. valvata. Squamæ 0. Stamina fertilia ∞, in phalanges oppositipetalas, sæpe mox haud distinctas, disposita; filamentis liberis gracilibus, sæpe demum incurvis; antheris forma variis, sæpius brevibus, 2-locularibus. Germen inferum, 1-loculare; stylo gracili, apice stigmatoso subintegro v. 3-5-fido; lobis obtusiusculis tortis v. subrectis. Staminodia nunc 5 v. plura; exteriora nunc petaloidea. Ovula ∞, placentis parietalibus inserta, sæpe in singulis 2-seriata, anatropa[1]. Fructus capsularis, cylindicus v. clavatus, nunc oblongus v. obconicus rectus; seminibus ∞, angulatis, planis v. alatis, lævibus v. scabridis; integumento exteriore celluloso v. membranaceo; albumine vario v. 0; embryonis recti cotyledonibus oblongis planis; radicula tereti. — Herbæ, nunc frutescentes, glabræ v. sapius scabræ v. setosæ; foliis alternis, sessilibus v. petiolatis, integris, pinnatifidis v. varie lobatis; floribus[2] solitariis v. in cymas racemosas dispositis. (*America trop. et subtrop.*[3])

3. **Klaprothia** H.B.K.[4] — Flores fere *Mentzeliæ*, 4-5-meri; petalis leviter imbricatis. Stamina 15-20, in phalanges oppositipetalas disposita, cum staminodiis circiter totidem alternisepalis apiceque integris v. 2-lobis alternantia. Placentæ 4-5, pluriovulatæ. Styli rami 4-5, acutati approximati. Fructus obconicus setis glochidiatis hispidus, 4-5-valvis; seminibus...? — Herba[5] volubilis; foliis oppositis dentatis; floribus[6] in cymas racemiformes laxas terminales axillaresque dispositis, paucis. (*Columbia, Venezuela*[7].)

4. **Sclerothrix** PRESL[8]. — Flores fere *Klaprothiæ*[9]; petalis 4, subcucullatis, leviter imbricatis. Stamina in phalanges oppositipetalas disposita (in phalangibus singulis 1-3) parva; filamentis gracilibus erectis inæqualibus; antheris brevibus. Staminodia 4, alternipetala, sæpius dissimilia v. nunc minuta. Germen obconicum, vertice convexum; stylo acutato, apice subintegro v. emarginato; placentis parie-

1. De raphes situ nunc anomalo cfr H. Bn, in *Bull. Soc. Linn. Par.*, 513.
2. Flavis v. albis, nunc amplis speciosis.
3. Spec. ad 30. Hook., *Beech. Voy.*, *Bot.*, t. 85; *Fl. bor.-amer.*, I, t. 69. — A. Gray, *Pl. Lindheim.*, in *Bost. Journ. Nat. Hist.*, VI, 191. — *Bot. Mag.*, t. 1760, 3205, 4491, 5483. — Walp., *Rep.*, II, 223; 224 (*Bartonia*); V, 776; 777 (*Microsperma*); *Ann.*, I, 320; II, 655 (*Acrolasia*), 656.

4. *Nov. gen. et spec.*, VI, 121, t. 537. — DC., *Prodr.*, III, 343. — Endl., *Gen.*, n. 5113. — B. H., *Gen.*, I, 804, n. 6.
5. Retrorsum hispida; adspectu *Urticæ*.
6. Albidis, parvis.
7. Spec. 1. *K. mentzelioides* H.B.K.
8. *Symb.*, II, 3, t. 53. — Endl., *Gen.*, n. 5114. — B. H., *Gen.*, I, 803, n. 5. — *Ancyrostemma* Poepp. et Endl., *Nov. gen. et spec.*, 803, n. 5.
9. Cujus forte sect., androcœo depauperato.

talibus 3-4, ∞-ovulatis. Fructus capsularis parvus clavatus, tortus, demum 3-4-valvis; seminibus cæterisque *Mentzeliæ*. — Herbæ graciles hispidæ ramosæ, sæpe annuæ; foliis oppositis serratis; floribus[1] axillaribus terminalibusque cymosis; cymis nunc pauci- v. 1-floris. (*Peruvia, Venezuela, Mexicum*[2].)

5. **Kissenia** R. BR.[3] — Receptaculum obconicum, 10-costatum germen inferum intus adnatum fovens. Sepala 5, margini inserta oblongo-subspathulata, venosa. Petala 5, alterna, breviora, orbicularia concava, imbricata. Squamæ 5, alternipetalæ ligulatæ inflexæ, 2-dentatæ. Stamina ∞, in phalanges 5 disposita; filamentis tenuibus inæqualibus; antheris brevibus, 2-dymis; staminodiis ∞, linearibus, cum phalangibus alternantibus, nunc paucis. Germen imperfecte 2-3-loculare; dissepimentis centripetis; styli brevis ramis stigmatosis linearibus 2-3. Ovula in loculis solitaria sub apice inserta descendentia. Fructus siccus, calyce accreto coronatus, 1-3-locularis; alis rigidis erectis; seminibus 1-3, exalbuminosis; embryonis carnosuli cotyledonibus plano-convexis; radicula supera brevi. — Herba v. suffrutex asper; foliis alternis petiolatis coriaceis, 5-7-lobis; lobis dentatis; floribus[4] in cymas terminales 1-paras dispositis, breviter pedicellatis. (*Africa trop. or. et austr.*[5])

II. GRONOVIEÆ.

6. **Gronovia** L. — Flores hermaphroditi regulares; receptaculo breviter concavo. Sepala 5, receptaculi ori inserta, valvata. Petala 5, lineari-spathulata angusta, demum haud contigua. Stamina 5, cum petalis inserta cumque iis alternantia; filamentis gracilibus, demum erectis; antheris oblongis, introrsis, 2-rimosis. Germen inferum; receptaculi concavitati intus adnatum, 1-loculare; stylo erecto, apice stigmatoso capitellato. Ovulum 1, sub apice loculi insertum descendens, anatropum; micropyle supera. Fructus siccus, calyce coronatus, costatus v. anguste 5-alatus, indehiscens; semine 1, descendente striato;

---

1. Albis v. flavidis, parvis.
2. Spec. 2. WALP., *Rep.*, V, 777; 778 (*Ancyrostemma*).
3. Ex ENDL., *Gen.*, Suppl., II, 76 (*Fissenia*). — B. H., *Gen.*, I, 803, n. 4. — *Cnidone* E. MEY., in exs. *Drège.*

4. Flavis, extus dense hispidis.
5. Spec. 1. *K. spathulata* R. BR., ex HARV. et SOND., *Fl. cap.*, II, 503. — MAST., in *Oliv. Fl. trop. Afr.*, II, 501. — *Fissenia capensis* ENDL. — HARV., *Thes. cap.*, t. 98. — *Cnidone mentzelioides* E. MEY., ex HARV.

embryonis exalbuminosi cotyledonibus carnosis lobulatis; radicula supera. — Herba scandens, pilis setisque 2-uncinatis adspersa; foliis alternis petiolatis cordatis, 5-lobis; floribus in cymas corymbiformes compositas oppositifolias dispositis; pedicellis articulatis bracteolatis. (*America centr. utraque.*) — *Vid. p.* 463.

7. **Cevallia** LAG. [1] — Receptaculum oblongo-obconicum. Sepala 5, petalaque totidem æqualia lineari-oblonga, margini inserta. Stamina 5, alternipetala; filamentis brevibus; antheris oblongis, ad basin dorsi-fixis; loculis linearibus, longitudinaliter rimosis, sub insertione libe-ris; connectivo in processum loculis longiorem oblongo-subspathulatum producto. Germen inferum, 1-loculare; disco epigyno tenuissimo; stylo brevi, apice stigmatoso ovoideo-conico. Ovulum 1, sub apice loculi lateraliter insertum, anatropum; funiculo descendente, super micropylen superam in obturatorem parvum dilatato. Discus epigynus tenuis v. 0. Fructus siccus, hispidus, perianthio coronatus, indehi-scens. Semen læve; embryonis exalbuminosi radicula supera brevi. — Herba albido-scaberula; foliis alternis sessilibus sinuato-pinnatifidis; floribus [2] in cymas terminales capituliformes contractas dispositis; bracteolis 2, foliolis perianthii conformibus. (*N.-Mexicum, Texas* [3].)

8. **Petalonyx** A. GRAY [4]. — Receptaculum breviter obconicum. Sepala 4-5, brevia, decidua. Petala 4-5, cum sepalis inserta iisque longiora, basi longe attenuata. Stamina 4-5, petalis æqualia v. lon-giora; filamentis gracilibus; antheris brevibus, 2-dymis. Germen, discus [5] ovulumque *Cevalliæ;* stylo gracili staminibus subæquilongo, apice stigmatoso integro. Fructus hispidus inæquiruptus; semine exalbuminoso. Cætera *Cevalliæ.* — Herba (suffrutescens?) erecta scabra; foliis alternis subsessilibus inæquidentatis; floribus [6] in cymas compositas terminales, capituliformes v. breviter spiciformes, dispo-sitis; bractea bracteolisque lateralibus folio conformibus minoribus. (*N.-Mexicum, California* [7].)

1. *Nov. gen. et spec.*, 11, t. 1. — ENDL., *Gen.*, n. 3036 [1]. — H. BN, in *Adansonia*, V, 191. — B. H., *Gen.*, I, 803, n. 2. — *Petalan-thera* TORR., ex NUTT., in *Journ. Acad. Philad.*, VII, p. I, 107.
2. Albidis, dense, uti planta tota, hirtello-setosis.
3. Spec. 1. *C. sinuata* LAG. — WALP., *Rep.*,

II, 225. — HOOK., *Icon.*, t. 252. — *Petalan-thera hispida* NUTT.
4. In *Mem. Amer. Acad.*, V, 319. — B. H., *Gen.*, I, 803, n. 3.
5. Quam in *Cevallia* crassior.
6. Luteolis, mediocribus.
7. Spec. 3. TORR., *Mex. Bound. Bot.*, t. 22. — A. GRAY, *Bot. Calif.*, I, 238. — WALP., *Ann.*, V, 5.

LXX
PASSIFLORACÉES

I. SÉRIE DES PASSIFLORES.

Les fleurs des Passiflores[1] (fig. 317-322) sont régulières et le plus

Passiflora cærulea.

Fig. 317. Rameau florifère.

souvent hermaphrodites et pentamères. Leur réceptacle a la forme

1. *Passiflora* L., *Gen.*, n. 1021. — J., *Gen.*,   n. 5098. — PAYER, *Organog.*, 396, t. 84. —
397. — DC., *Prodr.*, III, 332. — ENDL., *Gen.*,   B. H., *Gen.*, I, 810, n. 3. — MAST., *Contrib.*

l'une poche, souvent peu profonde, dont les bords donnent insertion au périanthe, tandis que son fond se relève en une colonne centrale qui supporte les étamines et au-dessus d'elles le gynécée. Le calice est formé de sépales libres, imbriqués en quinconce dans le bouton, parfois colorés sur les bords ou en dedans ; et la corolle, qui manque

Passiflora cærulea.

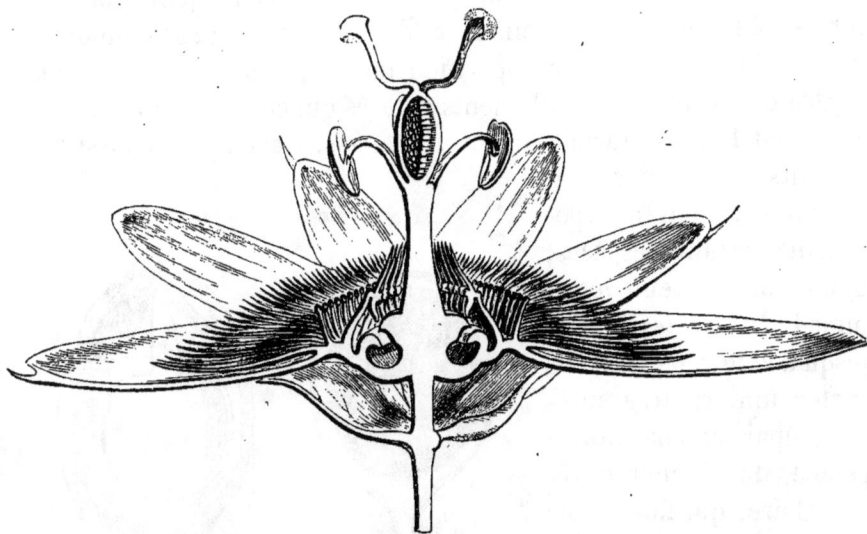

Fig. 318. Fleur, coupe longitudinale.

assez souvent, est à cinq pétales alternes avec les sépales, imbriqués dans la préfloraison. Les étamines sont au nombre de cinq et alterni-pétales. Elles forment une sorte de collerette avec le haut du pied du gynécée, et se composent chacune d'un filet libre et d'une anthère bilo-culaire, introrse d'abord, puis oscillante[1], déhiscente par deux fentes longitudinales[2]. L'ovaire est libre, supère, uniloculaire, avec trois placentas pariétaux, dont un antérieur et deux postérieurs, et un style à trois branches, dont l'extrémité renflée se termine par une tête stig-

Nat. Hist. Passifl., in *Trans. Linn. Soc.*, XXVII, 608, t. 64, 65. — H. Bn, in *Bull. Soc. Linn. Par.*, 521 — *Granadilla* T., *Inst.*, t. 123, 124. — Gærtn., *Fruct.*, I, 289. — *Anthractinia* Bory, in *Ann. gén. sc. phys.*, II, 139. — *Ceratosepalum* Œrst., *Rech. Fl. Amér. centr.*, t. 17.

1. L'insertion du filet atténué se fait sur l'an-thère, au-dessous de deux bosses saillantes du connectif, sphériques dans le *P. cærulea.*
2. Le pollen est remarquable par ses oper-cules elliptiques. Dans les *P. angustifolia, perfoliata*, etc., il y en a un dans chacun des six sillons longitudinaux que porte le grain ellipsoïde et ventru au milieu. Sa membrane externe est granuleuse. Le grain mouillé devient une sphère à six bandes. Dans les *P. cærulea, alata*, etc., le grain, sphérique, sans plis, a une membrane externe celluleuse et trois opercules très grands. Il y en a quatre dans le *P. kermesina* (H. Mohl, in *Ann. sc. nat.*, sér. 2, III, 327).

matifère, souvent globuleuse[1]. Chaque placenta supporte un nombre restreint et plus souvent indéfini d'ovules anatropes[2], ascendants ou presque horizontaux.

Le réceptacle prend tardivement, dans la fleur des Passiflores, des développements exceptionnels, qui sont le point de départ de la production d'un certain nombre de collerettes concentriques, dont la nature a été l'objet d'assez nombreuses discussions, et qui sont aujourd'hui considérées, vu leur apparition tardive, comme appartenant à l'ordre des disques. Les filaments colorés qui constituent ces couronnes sont le plus souvent étroits et allongés. Mais il y en a aussi de plus petits et de moins écla-tants qui leur sont interposés ; dans certaines espèces, communément cultivées , comme le *P. cœrulea*, il y en a jusqu'à cinq rangées, sans compter une rentrée inté-rieure, épaisse, charnue et argentée, de la cupule ré-ceptaculaire, qui fait saillie au-dessous de toutes ces collerettes, et dont les bords glanduleux sont nectarifères, de même qu'une portion de la concavité du réceptacle. Dans d'autres espèces, le nombre de ces couronnes se trouve au contraire considérablement réduit.

Passiflora cœrulea.

Fig. 319. Fruit, coupe longitudinale ($\frac{1}{2}$).

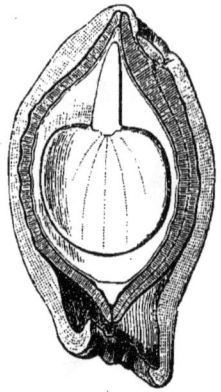

Fig. 320. Graine, coupe longitudinale ($\frac{4}{1}$).

Le fruit des Passiflores est une baie, parfois à peu près sèche, et s'ouvrant ou se brisant finalement pour laisser sortir les semences. Celles-ci ont sous leurs téguments, souvent extérieurement creusés de fossettes et recouverts d'un arille ombilical charnu, coloré, un albumen charnu, dont l'axe est occupé par un embryon à cotylédons foliacés.

Il y a des Passiflores dans lesquelles le réceptacle floral s'allonge et devient plus ou moins cylindrique, au lieu de demeurer cupuliforme ;

---

1. L'ovaire est *acropylé* (H. Bn, in *Bull. Congr. Pétersb.* (1884), 63, t. 3, fig. 12, 13) dans l'intervalle des bases des trois branches sty-laires, et il présente en dehors de son pertuis

apical une surface papilleuse sur laquelle s'ar-rêtent et peuvent germer les grains pollini-ques.

2. Ils ont deux enveloppes.

on en a fait un genre *Tacsonia*[1]. Il y en a d'autres, comme les *Monac-tineirma*[2] et les *Astephananthes*[3] et certains *Murucuja*[4], dont les fleurs sont apétales ; d'autres, comme les *Tetrapathœa*[5], dont les fleurs polygames-dioïques sont tétramères.

Quant aux disques en forme de collerette, dont nous avons vu que le nombre en est très variable : ils sont réduits à une ou deux rangées de filaments dans les *Murucuja* et les *Disemma*[6].

Ainsi constitué, le genre comprend environ 150 espèces[7], asiatiques, australiennes, mais surtout américaines. Ce sont des plantes herbacées ou frutescentes, rarement dressées, presque toujours grimpantes. Leurs feuilles, alternes, rarement opposées, sont entières, dentées, lobées ou partites, avec un pétiole souvent glandulifère, avec ou sans stipules. Leurs fleurs[7], solitaires, géminées ou disposées en grappes, sont d'ordinaire insérées sur un axe transformé, la vrille, qui occupe généralement, avec un bourgeon, l'aisselle des feuilles ; et les pédicelles, articulés, sont le plus souvent accompagnés d'une ou trois bractées, qui forment involucre au bouton.

Passiflora edulis.

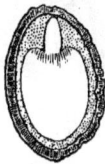

Fig. 321. Graine, sans l'arille ($\frac{2}{1}$).

Fig. 322. Graine, coupe longitudinale.

Près des Passiflores se rangent les *Paropsia* et les *Deidamia*, plantes de l'Afrique tropicale. Dans les derniers, la fleur, pentamère ou plus rarement tétramère, a un androcée de 5-8 étamines et un double disque, l'extérieur formé de filaments. Le gynécée a un pied court et un ovaire

1. *Gen.*, 398 ; in *Ann. Mus.*, VI, t. 58-60. — DC., *Prodr.*, III, 333. — ENDL., *Gen.*, n. 5101. — B. H., *Gen.*, I, 811, n. 4. — *Poggendorfia* KARST., *Fl. Colomb.*, I, 29, t. 15. — ? *Rathea* KARST., *loc. cit.*, 77, t. 38 (à fleurs, dit-on, sans couronne).

2. BORY, in *Ann. gén. sc. phys.*, II, 138. — *Cieca* (*Passiflorœ* sect.) B. H., *Gen.*, I, 810.

3. BORY, *loc. cit*, 138.

4. PERS., *Syn.*, II, 222. — DC., *Prodr.*, III, 333.

5. RAOUL in *Ann. sc. nat.*, sér. 3, II, 122 ; *Pl. N.-Zél.*, t. 27.

6. LABILL., *Sert. austro-caled.*, 79, t. 79. — DC., *Prodr.*, III, 332. — Nous ne croyons pas pouvoir considérer autrement que comme section du genre le *Tetrastylis* BARB.-RODR. (in *Revist. de Engenharia*, 14 nov. 1882), qui a tout à fait la fleur d'un *Passiflora* ou *Tacsonia*, avec quatre carpelles au lieu de trois au gynécée. Il est vrai que les filets staminaux se

détachent de la colonne un peu au-dessous de la base de l'ovaire ; ce qui est un acheminement vers l'organisation des *Dilkea* et s'observe aussi dans quelques espèces de la section *Tacsonia*. Il y a çà et là des gynécées tétramères dans nos Passiflores cultivées.

7. H. B., *Pl. œquin.*, I, t. 22, 23. — POEPP. et ENDL., *Nov. gen. et spec.*, II, t. 177, 178. — BENTH., *Fl. Austral.*, III, 311. — MAST., in *Hook. f. Fl. brit. Ind.*, II, 599 ; in *Journ. Hort. Soc. Lond.* (1874), IV, 125 ; in *Mart. Fl. bras.*, XIII, 535 (*Tacsonia*), 542, t. 107-128. — GRISEB., *Fl. brit. W.-Ind.*, 290. — TRI. et PL., in *Ann. sc. nat.*, sér. 5, XVII, 122. — *Bot. Reg.*, t. 28, 66, 59, 79, 144, 188, 233, 288, 507, 574, 660, 673, 737, 870, 1603, 1633 ; (1838), 21 ; (1840), 52. — *Bot. Mag.*, t. 288, 2015, 2619, 2868, 2967, 3635, 3636, 3697, 3503, 3773, 4009, 4406, 4565, 4674, 4752, 4958, 5737, 5864, 5876, 5911, 6069, 6129. — WALP., *Rep.*, II, 218, 934 ; V, 771 ; *Ann.*, I, 319 ; II, 651 ; V, 1.

à 3-6 placentas pariétaux. Ce sont des lianes de Madagascar, à feuilles composées-pennées ou décomposées, les folioles inférieures pouvant être remplacées chacune par une paire de folioles. Dans les *Paropsia* (fig. 323-325), il y a cinq, dix ou vingt étamines ; et le gynécée, inséré

Paropsia edulis.

Fig. 323. Fleur.

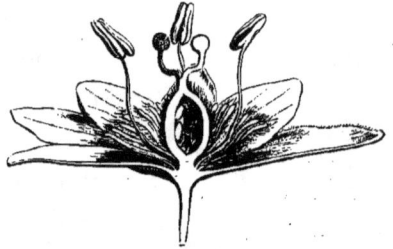

Fig. 325. Fleur, coupe longitudinale.

au centre d'un réceptacle cupuliforme, a un ovaire à 2-5 placentas pariétaux, avec même nombre de branches stylaires, étroites ou dilatées. Le fruit est coriace, souvent trivalve, à graines scrobiculées, avec un albumen épais ou membraniforme. Ce sont des arbres et des arbustes à feuilles simples, de la Malaisie, de l'Afrique tropicale occidentale ou de Madagascar.

Paropsia edulis.

Fig. 324. Diagramme.

Les *Dilkea*, qui sont brésiliens, se rapprochent des trois genres précédents à divers égards. Des Passiflores, en ce qu'ils en ont le périanthe, le gynécée, les collerettes, et le long support de l'ovaire ; mais les étamines s'insèrent vers le pied de ce support et non vers son sommet ; elles sont au nombre de huit. Ils se distinguent des *Paropsia* et des *Smeathmannia*, qui peuvent avoir le même androcée, en ce que celui-ci est dans ces deux genres indépendant du podogyne, qui d'ailleurs est très court ou fait totalement défaut. Dans le *Mitostemma*, qui est un arbre brésilien, les feuilles sont simples, lauriformes ; et les fleurs, 4-5-mères, disposées en grappes axillaires, ont un réceptacle peu concave, un disque formé de nombreuses languettes linéaires, un court podogyne et quatre ou cinq placentas pauciovulés, avec un même nombre de branches stylaires à extrémité stigmatifère réniforme et très dilatée.

Les *Barteria*, *Hounea* et *Soyauxia*, genres africains, ont aussi des feuilles simples et ovales ou lancéolées, avec un tronc ligneux et dressé. Les premiers, arborescents et occidentaux, ont un réceptacle peu profond, un double disque, l'extérieur fimbrié ; des étamines en nombre indéfini et un style à sommet dilaté et entier. Leurs fleurs sont axillaires ou disposées en lignes décurrentes de chaque côté du pétiole. L'*Hounea*, qui est de Madagascar, est un arbre moyen dont les feuilles sont entraînées au-dessus de leur bractée axillante sur les divisions d'une grappe terminale de cymes. Leur double périanthe est pentamère ; et l'ovaire, à cinq placentas pariétaux, surmonté d'un même nombre de styles, occupe le sommet d'un court podogyne en haut duquel s'insèrent cinq étamines. Le disque représente une collerette formée d'un grand nombre de filaments hérissés. Le *Soyauxia*, arbre du Gabon, a l'inflorescence en grappes axillaires du *Mitostemma*. Ses fleurs ont un calice et une corolle formés chacun de quatre ou cinq folioles, des étamines nombreuses, un disque découpé en nombreux filaments ; mais leur ovaire sessile est surmonté de trois styles divergents, insérés vers la périphérie de l'ovaire, et celui-ci ne renferme que six ovules, disposés par paires et pendants du sommet des trois placentas pariétaux.

Les *Tryphostemma*, qui habitent l'Afrique méridionale, sont de petites herbes dressées, parfois frutescentes, sans vrilles et sans corolles, à fleurs 4-5-andres, avec un ovaire à 3-4 placentas pariétaux. Peut-être leur doit-on joindre les *Basananthe*, de l'Afrique tropicale occidentale, qui ont, avec le même port, de petits pétales linéaires et trois placentas pariétaux, ne supportant chacun qu'un ovule.

Les *Physena*, plantes grimpantes de Madagascar, paraissent représenter un type amoindri des *Paropsia* et des *Smeathmannia*, dans lequel les fleurs sont unisexuées et apétales. Leur calice est réduit à plusieurs petites folioles imbriquées, et le nombre de leurs étamines est variable. Le gynécée, réduit à des carpelles stériles dans la fleur mâle, devient, dans la plante femelle, un fruit uniloculaire, semblable à celui d'un *Paropsia*, mais ordinairement monosperme, et la graine est dépourvue d'albumen.

II. SÉRIE DES MODECCA.

Les fleurs des *Modecca*[1] (fig. 326-328) sont régulières et unisexuées. Elles ont un réceptacle cupuliforme, sur les bords duquel s'insère un calice pétaloïde, à quatre ou cinq divisions unies plus ou moins haut en un tube cylindrique ou renflé. Ces divisions sont imbriquées dans le

Modecca lobata.

Fig. 326. **Fleur mâle.**   Fig. 327. **Fleur femelle.**   Fig. 328. **Fleur femelle,** coupe longitudinale.

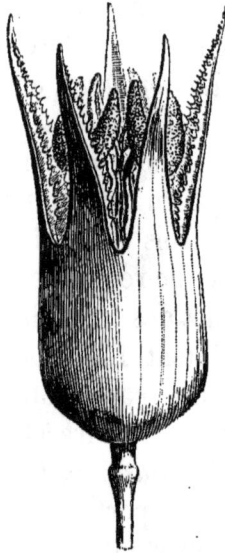

bouton, souvent plus longues et plus étroites dans la fleur femelle, et parfois dissemblables en ce sens que ceux de leurs bords qui recouvrent les autres sont entiers, et ceux qui sont recouverts, frangés. Les pétales sont insérés, comme le calice, sur le bord de la coupe réceptaculaire, alternes avec les sépales, ordinairement courts, souvent étroits, surtout dans les fleurs femelles, parfois très finement découpés sur les bords. Le réceptacle porte encore, en dedans de l'insertion du périanthe, une collerette simple ou double, formée de languettes de forme très variable et quelquefois à peine développée. L'androcée est isosté-

1. LAMK, *Dict.*, IV, 208. — DC., *Prodr.*, III, 336. — ENDL., *Gen.*, n. 5103. — B. H., *Gen.*, I, 813, n. 12. — — *Kolbia* P.-BEAUV., *Fl. ow. et ben.*, II, 97, t. 120. — DC., *Prodr.*, III, 320. — ENDL.,

Gen., n. 5105. — *Paschantus* BURCH., *Trav.*, I, 543. — DC., *Prodr.*, III, 336. — ENDL., *Gen.*, n. 5104. — *Clemanthus* KL., in *Pet. Reis. Moss., Bot.*, 143. — *Blepharanthus* SM. (ex ENDL.).

moné ; et les étamines, insérées sur le réceptacle, en face des sépales et plus intérieurement, stériles dans les fleurs femelles, sont formées dans les mâles d'un filet libre et d'une anthère basifixe, allongée, souvent tétragone, mucronée au sommet, déhiscente suivant deux sillons longitudinaux latéraux. Le gynécée, rudimentaire dans la fleur mâle, et inséré au fond du réceptacle, se compose d'un ovaire libre, supporté par un pied rétréci, généralement court, et surmonté de trois branches stylaires, dont l'extrémité supérieure, renflée en tête ou en croissant, se recouvre de papilles stigmatiques. L'ovaire, uniloculaire, renferme trois placentas pariétaux sur lesquels s'insèrent en nombre variable des ovules anatropes. Le fruit est sec, ordinairement déhiscent en trois panneaux sur les bords desquels s'insèrent les graines ; il est quelquefois indéhiscent, et les semences, arillées comme celles des Passiflores, scrobiculées, renferment un albumen charnu et un embryon à cotylédons foliacés.

On a fait un genre à part, sous le nom de *Ophiocaulon*[1], des *Modecca lobata* et *cynanchifolia*, espèces africaines, dont les sépales sont plus profondément séparés et la couronne moins développée que dans les *Modecca* proprement dits, et un genre *Keramanthus*[2] pour un *Modecca* herbacé et non grimpant de Zanzibar, dont le calice est gamosépale dans une grande étendue, et dont le fruit demeure indéhiscent. Ce ne peuvent être pour nous que des sections du genre *Modecca*[3], qui sont des herbes ou des arbustes, souvent glabres, grimpants et pourvus de vrilles simples ou ramifiées, comparables à celles des Passiflores. Leurs fleurs[4] sont axillaires, solitaires, ou bien disposées en cymes plus ou moins composées. On en compte environ trente-cinq espèces[5], qui habitent l'Asie, l'Australie et l'Afrique tropicales.

Le *Machadoa* est un genre très voisin des *Modecca*, qui a des fleurs hermaphrodites, sans collerette, et qui est représenté par une petite herbe dressée d'Angola, à grosse racine pivotante et à feuilles étroites, dont les courtes grappes de fleurs occupent l'aisselle. L'*Atheranthera*, petite herbe grimpante du même pays, dont on ne connaît que les fleurs mâles, a cinq sépales inégalement distants, cinq pétales iné-

1. Hook. f., *Gen.*, 813, n. 13.
2. Hook. f., in *Bot. Mag.*, t. 6721.
3. *Modecca*, sect. 3 : { 1. *Eumodecca*. 2. *Ophiocaulon*. 3. *Keramanthus*.
4. Souvent petites, blanches, jaunes, verdâtres ou rougeâtres.

5. Harv. et Sond., *Fl. cap.*, II, 499. — Harv., *Thes. cap.*, I, t. 12; II, t. 167. — Tul., in *Ann. sc. nat.*, sér. 4, VII, 51. — Mast., in *Oliv. Fl. trop. Afr.*, II, 512; 517 (*Ophiocaulon*); in *Hook. f. Fl. brit. Ind.*, II, 601. — Oliv., in *Hook. Icon.*, t. 1317. — Walp., *Rep.*, II, 222; V, 774; *Ann.*, II, 654.

gaux, cinq étamines à connectif terminé en pointe et cinq staminodes entourant un rudiment de gynécée. L'inflorescence est dite paniculée.

III. SÉRIE DES ACHARIA.

Les *Acharia*[1] (fig. 329-335) ont des fleurs monoïques et régulières. Leur réceptacle a la forme d'une coupe peu profonde et porte extérieu-

Acharia tragioides.

Fig. 329. Fleur mâle (⁴⁄₁). Fig. 330. Fleur mâle, coupe longitudinale. Fig. 331. Fleur femelle.

Fig. 332. Fleur femelle, coupe longitudinale. Fig. 334. Graine (⁴⁄₁). Fig. 335. Graine, coupe longitudinale. Fig. 333. Fruit déhiscent.

rement trois ou quatre sépales étroits qui ne se touchent pas, puis, plus intérieurement, une corolle gamopétale, en cloche, partagée supérieurement en trois ou quatre lobes alternisépales, ciliés sur les bords. Les étamines, alternes avec les divisions de la corolle, et en même nombre qu'elles, ont un filet libre, sauf tout à fait en bas, et une anthère in-

---

1. Thunb., *Prodr. Fl. cap.*, 14, c. icon.; *Fl. cap.*, 37. — Lindl., *Veg. Kingd.*, 322. — Endl., *Gen.*, n. 5107. — Payer, *Fam. nat.*, 115. — B. H., *Gen.*, I, 814, n. 15.

trorse, à deux loges en partie indépendantes et déhiscentes par des fentes longitudinales. Dans l'intervalle des étamines se trouve un même nombre de glandes coniques, allongées[1]. Les fleurs femelles ont le même périanthe et le même disque que les mâles; mais elles ne présentent aucune trace de l'androcée, et le fond de leur réceptacle supporte un gynécée libre, formé d'un ovaire uniloculaire que surmonte un style dressé, partagé supérieurement en trois branches, subdivisées elles-mêmes en deux rameaux secondaires, dont l'extrémité dilatée est couverte de papilles stigmatiques. Chaque placenta, alterne avec les divisions de la corolle, porte le plus souvent deux ovules, ascendants, anatropes, avec le micropyle dirigé en bas et en dedans. Le fruit, autour duquel persiste le périanthe, est une capsule qui s'ouvre longitudinalement en trois panneaux, surmontés chacun d'un tiers du style fendu et durci. Les graines, peu nombreuses, renferment, sous leurs tégu-

Ceratosicyos Ecklonii.

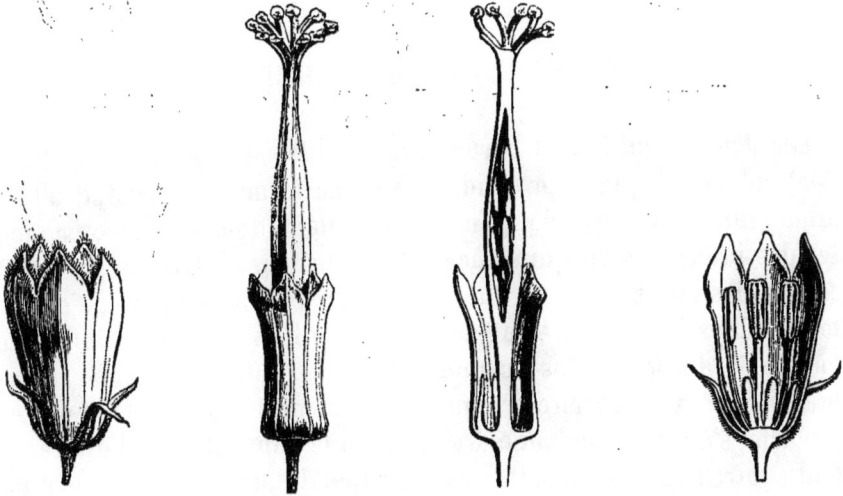

Fig. 336. Fleur mâle.   Fig. 338. Fleur femelle.   Fig. 339. Fleur femelle,   Fig. 337. Fleur mâle,
                                                   coupe longitudinale.   coupe longitudinale.

ments, dont l'extérieur[2] est dilaté en arille aliforme du raphé, un albumen charnu, enveloppant un petit embryon axile, apical. L'*Acharia tragioides*[3] est un sous-arbrisseau grêle, à jeunes branches subherbacées, de l'Afrique australe; ses feuilles sont alternes, pétiolées, trilo-

1. Plus ou moins adnées aux pétales.
2. Scrobiculé, comme celui des Passiflores.

3. THUNB., *loc. cit.* — HARV., in *Ann. Nat Hist.*, ser. 1, III, 420, t. 9; *Fl. cap.*, II, 502.

bées, découpées en larges dents de scie. Ses feuilles sont axillaires, pédonculées, solitaires ou en cymes 2-3-flores.

Le *Ceratosicyos Ecklonii* (fig. 336-339) est une herbe grimpante, volubile, du même pays, dont les fleurs sont à peu près organisées comme celles de l'*Acharia*. Mais elles sont pentamères et le calice disparaît dans les femelles. Leurs étamines sont collées par les bords de leurs anthères. Leur gynécée stipité a un ovaire allongé qui porte sur ses quatre ou cinq placentas pariétaux plusieurs ovules ascendants et à funicule rectiligne. Leur fruit, allongé, capsulaire, déhiscent en quatre ou cinq valves étroites, rappelle celui de certains *Wormskioldia*[1]. Les branches du *Ceratosicyos* portent des feuilles alternes, digitilobées, à 3-7 lobes serrés. Leurs fleurs mâles sont disposées en grappes lâches, et les femelles sont solitaires, soit isolées dans l'aisselle d'une feuille, soit insérées près de la base de l'inflorescence mâle.

IV. SÉRIE DES MALESHERBIA.

Les fleurs régulières et hermaphrodites des *Malesherbia*[2] (fig. 340-345) ont un réceptacle profond, souvent en forme de cornet, droit ou arqué, mince et nervé, dont l'orifice circulaire donne insertion à cinq sépales imbriqués en quinconce, et à cinq pétales alternes, souvent semblables aux sépales, ordinairement un peu plus petits qu'eux et tordus dans le bouton. A la base du périanthe s'insère une collerette formée de dix lobes plus ou moins saillants, entiers ou lobés, membraneux, et qui peut faire presque entièrement défaut. Du fond du réceptacle, s'élève une colonne dressée dont le sommet porte l'ovaire, et tout contre sa base cinq étamines alternipétales, formées chacune d'un filet libre et d'une anthère biloculaire, introrse et déhiscente par deux fentes longitudinales. L'ovaire uniloculaire est surmonté de trois branches stylaires qui s'insèrent en dehors de son sommet et qui se terminent par un renflement stigmatifère capité ou claviforme, quelquefois fort peu prononcé. Sur les parois de l'ovaire se trouvent trois placentas alternes avec les divisions stylaires, c'est-à-dire un antérieur et deux

---

1. Par sa forme, il est aussi, à ce qu'il nous semble, l'analogue de celui du *Raphanistrocarpus* parmi les Cucurbitacées.
2. R. et PAV., *Prodr. Fl. per.*, 45 ; *Fl. per.*,
III, t. 254. — DC., *Prodr.*, III, 337 (part.). — ENDL., *Gen.*, n. 5108. — PRESL, in *Rel. Hœnk.*, II, 45. — PAYER, *Fam. nat.*, 90. — B. H. *Gen.*, I, 810, n. 1.

postérieurs, qui supportent un nombre indéfini d'ovules anatropes, plus ou moins obliques. Le fruit est une capsule incluse dans le réceptacle et le périanthe persistants, et s'ouvrant à partir du sommet en trois valves alternes avec les placentas. Les graines, pourvues d'un arille peu

Malesherbia (Gynopleura) rugosa.

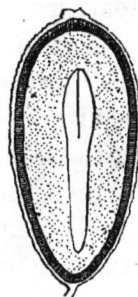

Fig. 341. Fleur.   Fig. 340. Rameau florifère.   Fig. 342. Fleur, coupe
                                                                  longitudinale.

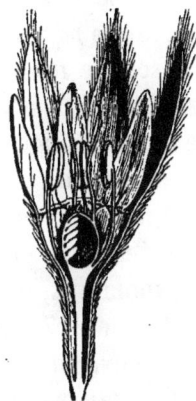

Fig. 344. Graine.   Fig. 343. Fruit,   Fig. 345. Graine, coupe
                          entouré du calice.   longitudinale.

développé de la région chalasique, sont allongées, imprimées en dehors d'un réseau saillant à mailles formant souvent un sorte de treillis. Elles renferment, dans un albumen charnu, un embryon axile, rectiligne, à radicule cylindro-conique, assez longue, regardant en bas, et à cotylédons ovales ou orbiculaires.

On a distingué, sous le nom générique de *Gynopleura* CAV., des *Malesherbia* du Chili dont les pétales peuvent être égaux aux sépales, assez souvent plus étroits qu'eux; dont le calice affecte le plus souvent une forme campanulée ou turbinée, et dont les fleurs sont groupées en inflorescences ramifiées ou fasciculées. Les neuf espèces connues du genre *Malesherbia* ainsi limité sont péruviennes et chiliennes.

———

Comprise comme nous venons de le voir, cette famille constitue un petit groupe *par enchaînement*. C'est A.-L. DE JUSSIEU qui l'a établi en 1805, sous le nom de Passiflorées [1]. LINDLEY, qui lui donna le nom de Passifloracées [2], n'y faisait entrer que les genres alors connus de notre série des Passiflores, plus le *Ryania* de VAHL. Les Modeccées étaient rangées par lui, comme par plusieurs autres, parmi les Papayacées, et comprenaient les genres *Acharia* et *Ceratosicyos*. Quant aux Malesherbiacées, DON en avait fait, en 1826, une famille particulière, que DE CANDOLLE fit, deux ans plus tard, rentrer dans ses Passiflorées. Aujourd'hui les 17 genres qui constituent l'ensemble du groupe et renferment environ 260 espèces, se trouvent répartis dans 4 séries :

1. PASSIFLORÉES. — Fleurs hermaphrodites, à réceptacle cupuliforme, portant sur ses bords, outre le périanthe, simple ou double, une ou plusieurs couronnes (disques). Gynécée sessile ou stipité. Style simple ou à 3-5 branches. Graines d'ordinaire un peu aplaties. — 11 genres.

2. MODECCÉES. — Fleurs hermaphrodites ou unisexuées. Corolle peu développée, ordinairement incluse. Disque continu, à cinq glandes, ou nul. Corolle réduite à 5 parties, ou quelquefois nulle. Anthères souvent apiculées. — 3 genres.

3. ACHARIÉES [3]. — Fleurs unisexuées, à périanthe souvent double, régulier ou rarement irrégulier, ou asépales. Corolle développée relativement au calice. Étamines insérées vers la gorge ou au fond. — 2 genres.

4. MALESHERBIÉES [4]. — Fleurs hermaphrodites, à tube du périanthe allongé, régulier ou un peu irrégulier. Pétales membraneux. Couronne

———

1. In *Ann. Mus.*, VI, 102; in *Dict. sc. nat.*, XXXVIII, 48. — DC., *Prodr.*, III, 321. — ENDL., *Gen.*, 924, Ord. 197. — B. H., *Gen.*, I, 807, Ord. 74. — *Passifloraceæ* LINDL., *Veg. Kingd.*, 332, Ord. 113.

2. *Gen.*, 927 (*Passiflorearum* Trib. 3).

3. PAYER, *Fam. nat.*, 115, Fam. 53.

4. DC., *Prodr.*, III, 357. — PAYER, *loc. cit.*, 90, Fam. 36. — *Malesherbiaceæ* DON, in *James Journ.* (1826), 321. — LINDL., *Veg. Kingd.*,

335, Ord. 114. — ENDL., *Gen.*, 928, Ord. 198.

Nous ne savons s'il est possible de conserver comme genre distinct le *Crossostema* (PL., in *Hook. Niger Fl.*, 364. — B. H., *Gen.*, 813, n. 11), arbuste grimpant de Sierra-Leone, fort incomplètement décrit, qu'on place près des *Barteria* et qu'on distingue par son androcée isostémoné et son stigmate peu volumineux. (Voy. MAST., in *Oliv. Fl. trop. Afr.*, II, 511. — WALP., *Ann.*, II, 653.)

mince et membraneuse. Étamines insérées sur le pied du gynécée. Styles 3, distants dès la base. Graines oblongues. — 1 genre.

Les plus étroites affinités des Passifloracées non grimpantes sont sans contredit, avec les *Ryania*, rapportées, peut-être à tort, aux Bixacées, et que LINDLEY rangeait parmi les Passifloracées. A.-L. DE JUSSIEU faisait, en 1789, des *Passiflora, Murucuia* et *Tacsonia*, des *Genera Cucurbitaceis affinia, germine supero præcipue distincta;* et l'on peut dire de nos jours, surtout quand on connaît les *Acharia* et *Ceratosicyos*, que les Passifloracées représentent des Cucurbitacées à ovaire supère. Quant aux *Carica*, qu'on plaçait dans le même groupe, leurs affinités sont grandes, comme celles des *Ryania*, avec les Passifloracées; mais nous les trouvons inséparables des Pangiées. Deux autres types, également très voisins, pour nous, des Passifloracées, sont ceux des Bégoniacées et des Moringées; nous n'hésiterions guère aujourd'hui à considérer celles-ci comme une série des Passifloracées, à fleur un peu irrégulière, à fruit capsulaire allongé et à graines dépourvues d'albumen.

La distribution géographique des Passifloracées est très compliquée. Les Malesherbiées sont toutes américaines, et les Achariées appartiennent toutes à l'Afrique australe ou austro-occidentale. Quant aux Modeccées, elles sont à la fois africaines, asiatiques et océaniennes. Les Passiflores habitent toutes les régions tropicales; mais l'Afrique (Madagascar compris) possède à elle seule les genres *Deidamia, Barteria, Hounea, Triphostemma, Physena, Soyauxia,* plus les *Paropsia* (comprenant les *Smeathmannia*), sauf une espèce malaise. Les *Dilkea* et *Mitostemma* appartiennent exclusivement à l'Amérique tropicale, où ils relient les Passiflores aux *Barteria* et aux *Soyauxia,* dont ils sont les analogues dans le nouveau monde.

PROPRIÉTÉS. — Les espèces nuisibles ou utiles appartiennent principalement au genre *Passiflora*[1]. Le *P. cœrula* L.[2] (fig. 317-320) a un fruit

---

1. H. BN, in *Dict. encycl. sc. méd.*, sér. 2, XXI, 502. — ENDL., *Enchirid.*, 483.
2. *Amœn. acad.*, I, 231, t. 10, fig. 20. —
DC., *Prodr.*, III, 330, n. 102. — *Bot. Mag.*, t. 28. — ROSENTH., *Syn. pl. diaphor.*, 667 (*Grenadille, Fleur de la passion, Culotte de suisse*).

comestible, rafraîchissant, fébrifuge, qui mûrit quelquefois dans nos jardins, et qui ressemble à un œuf de couleur orangée. On en a préparé des boissons et un sirop agréable. Il en est de même de plusieurs autres : le *P. coccinea* Aubl., dont la pulpe est gélatineuse; le *P. alata* Ait., dont la pulpe est aigrelette; le *P. fœtida* L., dont la chair est cependant peu abondante; le *P. ornata* K., de l'Amérique tropicale; le *P. quadrangularis* L., ou *Barbadine;* le *P. ligularis* J., dont les fruits ont la grosseur d'un citron et une saveur aigrelette; le *P. laurifolia* L., ou *Pomme de liane,* des Antilles, dont le fruit est rempli d'une pulpe aromatique qu'on hume par un petit trou pratiqué dans la paroi parcheminée du péricarpe; le *P. lyræfolia* Tuss., de la Jamaïque, dont la pulpe est vantée comme rafraîchissante, apéritive, utile contre les maladies du foie et de l'estomac, les fièvres, les phlegmasies, les dermatoses, et pour provoquer la sécrétion urinaire; le *P. maliformis* L., ou *Pomme de la Dominique,* à baies comestibles, rafraîchissantes; le *P. Murucuja* L., employé aux mêmes usages dans le Brésil méridional; le *P. tinifolia* J., qui sert de même à Cayenne; le *P. Lowei* Heer, de l'Amérique du Sud, introduit aux Canaries, dont les baies sont également comestibles, de même que celles des *P. pallida* L., *lutea* L., *rubra* L., *serratifolia* L., *serratistipula* DC., *tiliæfolia* L., *albida* Ker, *Sururuca* Vellos., *filamentosa* L., *palmata* Lodd., *Pisonis* Kost., *serrata* L., *pedata* L., etc. Les racines et les feuilles de plusieurs espèces ont des propriétés différentes. Ainsi on sait, depuis le temps de Marcgraff et de Pison, qui écrivaient au milieu du dix-huitième siècle, qu'au Brésil plusieurs Passiflores avaient des feuilles réputées diurétiques, désobstruantes, vermifuges, et qu'on les appliquait sur les hémorrhoïdes, les plaies contuses, etc. Le *P. laurifolia* L. sert au traitement des helminthes; c'est aussi un amer utile. Les feuilles des *P. fœtida* L., *hircina* Sweet et *hibiscifolia* Lamk passent pour antihystériques et emménagogues. Le *P. Murucuja* L. (*Murucuia ocellata* Pers.) est également vanté contre l'hystérie. Le *P. serrata* L. est antiscorbutique; ses feuilles se prescrivent aux Antilles contre les angines. Au Mexique, le *P. Contrayerva* Sm. passe pour guérir les morsures des serpents venimeux, et, dans l'Amérique centrale, le *P. normalis* W. porte spécialement le nom de *Contrayerva*. A la Jamaïque, le *P. rubra* L., narcotique, s'emploie aux mêmes usages que l'opium. Sa teinture y porte le nom de *laudanum hollandais*. Le *P. capsularis* L. se donne à la Guyane comme emménagogue, et les *P. coccinea* Aubl. et *maliformis* L. sont recommandés contre les fièvres intermittentes. Rien n'est donc variable comme les propriétés[1] des espèces de ce genre[2]. De plus, le *P. quadrangularis* L., ou *Barbadine*, est une plante très dangereuse. Sa racine fraîche est extrêmement vénéneuse; elle est usitée comme vomitive à Bourbon, et on l'a recommandée, mais avec doute, comme ténicide. Les espèces de la section *Tacsonia* qui ont reçu les noms de *T. mollissima* H.B.K., *bilobata* SPRENG., *speciosa* H.B.K., et *tripartita* BREIT., toutes américaines, ont un péricarpe comestible, et leurs graines arillées servent à préparer des boissons. On mange aussi à Madagascar le fruit du *Paropsia edulis* DUP.-TH. (fig. 323-325). Un très grand nombre de Passiflores sont cultivées comme ornementales[3]. Les plus belles appartiennent en général à la section *Tacsonia*.

1. HELLMANN, *de Passiflora* (Upsal., 1745).
2. Voy. RICORD-MADIANA, *Hist. nat. et tox. de la Barbadine quadrangulaire* (in *Journ. de Pharm.*, XVII, 465, 536, 581; *Rech. et expér.*

sur les propr. méd. de quelques* Passiflora (in *Ann. Nat. Hist. N. York*, I).
3. Voy. MAST., *A classified List of Passiflorœ.*

GENERA ·

I. PASSIFLORÆ.

1. Passiflora L. — Flores hermaphroditi v. rarius 1-sexuales, regulares, 4–5-meri; receptaculo cupulari v. rarius (*Tacsonia*) tubuloso. Sepala oblonga v. linearia, nunc extus sub apice apiculata, sæpe intus colorata, imbricata. Petala totidem v. 0, alterna, imbricata. Stamina 4, 5, alternipetala, summo gynophoro v. paulo demissius (*Tetrastylis*) inserta; filamentis demum patulis acutatis; antheris dorsifixis, introrsis, 2-rimosis, versatilibus. Gynophorum basi urceolo crasso discisque coloratis (coronis) 1-3, membranaceo-tubulosis v. sæpius in filamenta linearia numerosa divisis, cinctum. Germen summo gynophoro insidens, 1-loculare, apice perforatum circaque acropylen plus minus dite papillosum; stylis 3, 4, sæpius clavatis apiceque capitato papillosis. Placentæ parietales 3, 4; ovulis paucis v. ∞, anatropis. Fructus baccatus, pulposus v. subsiccus, indehiscens v. ægre 3-valvis. Semina ∞, arillata, sæpe extus scrobiculata; albumine carnoso; embryonis recti cotyledonibus foliaceis. — Herbæ v. sæpius frutices, erecti v. plerumque scandentes; foliis alternis v. raro oppositis, integris, dentatis, lobatis v. partitis; petiolo sæpe glanduloso; cirrhis axillaribus v. lateralibus indivisis v. 0; stipulis variis v. 0. Flores axillares v. ad basin cirrhi solitarii v. 2-nati, nunc, ob folia ad bracteas reducta, racemosi; pedunculis articulatis, sæpius 3-bracteatis; bracteis liberis v. connatis. (*America trop.*, *Asia*, *Africa or. ins.*, *Oceania.*) — *Vid.* p. 469.

2. Deidamia Dup.-Th.[1] — Flores hermaphroditi; receptaculo breviter cupulari. Sepala 4, 5, imbricata. Petala 4, 5, alterna, tenuiora,

---

1. *Hist. vég. isl. Afr. austr.*, 61, t. 20. — DC., *Prodr*, III, 337. — MEISSN., *Gen.*, 124 (90). — ENDL., *Gen.*, n. 5097. — PAYER, *Fam. nat.*, 89.

—B. H., *Gen.*, I, 811, n. 5. — *Thompsonia* R. BR., in *Trans. Linn. Soc.*, XIII, 221. — ENDL., *Gen.*, n. 5096.

imbricata. Discus duplex : interior cupularis; exterior autem e filamentis ∞, inæqualibus cum perianthio insertis, 1-seriatis, constans.
Stamina 5-8, aut cum disco interiore continua, aut ei interiora; filamentis basi dilatatis; antheris introrsis dorsifixis versatilibus, 2-ri-
mosis. Germen plus minus longe stipitatum, 1-loculare; stylo erecto,
apice in lobos 3-6 crassiusculos reflexos diviso. Placentæ parietales 3-6;
ovulis ∞, adscendentibus. « Fructus ovoideus subcrustaceus, 3-4-val-
vis. Semina ∞, funiculata; arillo carnoso; integumento exteriore
crustaceo scrobiculato; embryonis albuminosi cotyledonibus foliaceis. »
— Frutices scandentes glabri; foliis alternis imparipinnatis v. inferne
decompositis; foliolis inferioribus utrinque 2-natis; floribus in cymas
racemiformes axillares v. terminales dispositis. (*Madagascaria*[1].)

3. **Paropsia** Nor.[2] — Flores fere *Deidamiæ*; receptaculo breviter
cupulari. Sepala 4, 5, petalaque totidem, imbricata. Stamina 5 (*Eupa-
ropsia*), v. 10 (*Diploparopsia*[3]) nuncve ad 20 (*Smeathmannia*[4]); filamentis gynophoro brevi v. brevissimo insertis; staminibus cæterum
liberis; antheris ovatis v. oblongis. Germen 1-loculare; styli ramis
2-5, angustis v. apice stigmatoso dilatatis. Placentæ 2-5, parietales,
∞ - ovulatæ. Fructus coriaceus v. subvesiculosus, sæpius 3-valvis.
Semina ∞, compressa; arillo parvo; integumento exteriore crustaceo
scrobiculato[5]; albumine carnoso crassiusculo v. tenui, embryonis axilis
cotyledonibus foliaceis. — Arbores v. frutices; indumento vario, sæpe
sericeo; foliis alternis ovato- v. obovato-oblongis serratis; floribus[6]
axillaribus solitariis v. cymosis 2- ∞, bracteolatis. (*Africa trop. occ.,
Madagascaria, Malaisia*[7].)

4. **Dilkea** Mast.[8] — Flores fere *Passifloræ*, 4-8-meri. Corona e
medio tubi emergens 3-4-plex; filamentis serierum singularum inæqualibus. Stamina ad 8, hypogyna; filamentis ima basi 1-adelphis[9].

1. Spec. 4, 5. Tul., in *Ann. sc. nat.*, sér. 4,
VIII, 47; 51 (*Thompsonia*). —M. Mast., in *Journ.
Bot.* [1875], t. 163.
2. Ex Dup.-Th., *Hist. vég. isl. Afr. austr.*, 59,
t. 19.— DC., *Prodr.*, III, 322. — Endl., *Gen.*,
n. 5095. — B. H., *Gen.*, I, 812, n. 8. — H. Bn,
in *Bull. Soc. Linn. Par.*, 303. — *Trichodia*
Griff., *Notul.*, IV, 570.
3. H. Bn, *loc. cit.*, 304.
4. Soland., ex R. Br., in *Tuck. Congo*, 439;
in *Trans. Linn. Soc.*, XIII, 220. — Endl., *Gen.*,
n. 5094. — DC., *Prodr.*, III, 322. — B. H .,

Gen., I, 812, n. 9. —*Bülowia* Schum. et Thönn.,
Beskr. Guin., 246.
5. « Arillo brevi cupulari v. 0. »
6. Majusculis v. parvis, albis v. luteis.
7. Spec. ad 10. Tul., in *Ann. sc. nat.*, sér. 4,
VIII, 45. — M. Mast., in *Hook. f. Fl. trop.
Afr.*, II, 585; 506 (*Smeathmannia*). — Oliv., in
Journ. Linn. Soc. VIII, 161. — *Bot. Mag.*,
t. 4194, 4364 (*Smeathmannia*).
8. *Contrib. Passifl.*, in *Trans. Linn. Soc.*,
XXVII, 627.
9. Ad imam columnam insertis.

Germen breviter stipitatum; placentis 4, ∞-ovulatis; styli ramis 4, apice stigmatoso reniformibus. Fructus coriaceus; ovulis, seminibus cæterisque *Passifloræ*. — Arbores v. frutices scandentes ecirrhati (?); foliis alternis v. suboppositis integris; glomerulis axillaribus sessilibus v. pedunculatis aggregatis[1]; bracteis parvis subulatis. (*Brasilia trop.*[2])

5. **Mitostemma** MAST.[3] — Flores fere *Deidamiæ* (v. *Paropsiæ*), 4-5-meri; sepalis imbricatis petalisque totidem alternis, tenuioribus, imbricatis. Corona 2-serialis, e filamentis ∞. Stamina 8-10; filamentis. liberis v. cohærentibus compressis; antheris introrsis; loculis inferne liberis. Germen breviter stipitatum, 1-loculare; stylis 4, 5, gracilibus, apice stigmatoso ample reniformi-capitato; placentis parietalibus 4, 5. Ovula in singulis pauca (sæpe 2). Fructus...? — Arbor v. frutex; foliis alternis oblongis coriaceis, breviter petiolatis; floribus[4] racemosis; bracteis setaceis. (*Brasilia*[5].)

6. **Barteria** HOOK. F.[6] — Flores 5-meri; receptaculo breviter cupulari disciformi crenato. Sepala 5, imbricata. Petala 5, alterna, imbricata. Corona duplex : exterior membranacea ciliato-fimbriata; interior brevis crassa crenata. Stamina ∞, coronæ interiora, vix perigyna; filamentis basi dilatata connatis; antheris introrsis; exteriorum loculis haud contiguis. Germen subglobosum; placentis parietalibus 5, oppositipetalis, v. 3, 4, ∞-ovulatis; stylo erecto simplici, apice stigmatoso conoideo-capitato. Fructus coriaceus, indehiscens; seminibus ∞, compressis scrobiculatis. — Arbusculæ v. frutices; ramulis[7] utrinque linea prominula e folio descendente notatis; foliis alternis coriaceis, integris v. subserratis; floribus axillaribus v. infra-axillaribus, nunc solitariis, nunc secus lineas e foliis descendentes seriatim insertis; bracteis ∞, coriaceis, imbricatis. (*Africa trop. occ.*[8])

7. **Hounea** H. BN[9]. — Flores 5-meri; receptaculo breviter cupulari. Sepala 5, coriacea, imbricata, extus velutina. Petala 5, cum sepalis receptaculi margini inserta alternaque. Discus cum perianthio

---

1. Floribus, ut aiunt, rubris.
2. Spec. 3. MAST., in *Mart. Fl. bras.*, XIII, 533, t. 106.
3. In *Trim. Journ. Bot.* (1883), 33.
4. Mediocribus.
5. Spec. 1. *M. Glaziovii* MAST.

6. In *Journ. Linn. Soc.*, V, 14, t. 2; *Gen.*, I, 812, n. 10.
7. Nunc fistulosis.
8. Spec. 2. MAST., in *Oliv. Fl. trop. Afr.*, II, 510.
9. In *Bull. Soc. Linn. Par.*, 301.

insertus breviter coroniformis, ∞-setosus; setis gracilibus erectis denseque hirsutis. Stamina 5, cum germine summo podogyno brevi inserta;
filamentis liberis compressis; antheris...? Placentæ in germine 5, parietales, ∞-ovulatæ. Fructus baccatus globosus[1] dense velutino-hirtus;
pericarpio subcoriaceo; seminibus breviter arillatis. — Arbor mediocris[2]; trunco alte indiviso nudo; cyma apicali; ramulis cum innovationibus dense fuscato-hirsutis; foliis remote alternis oblongis, basi
inæqui-cuneatis, apice obtusato in acumen deciduum productis; floribus in racemum terminalem compositum laxe cymigerum dispositis;
.foliis ramorum lateralium axillaribus cum iis elevatis. (*Madagascaria bor.*[3])

8. **Soyauxia** OLIV.[4] — Flores hermaphroditi, 5-6-meri; receptaculo breviter cupulari. Sepala petalaque imbricata. Stamina ∞, cum
perianthio receptaculi margini inserta; filamentis filiformibus corrugatis; antheris parvis rotundato-quadratis, 2-locularibus, sub-4-locel-
latis. Corona brevissima disciformis denticulata. Germen[5] 1-loculare,
truncatum; placentis 3, prominulis. Ovula 6, per paria summis placentis inserta descendentia; micropyle extrorsum supera. Styli 3, excen-
trici, a basi liberi divergentes, in alabastro corrugati, apice stigmatoso
haud dilatati. Fructus...? — Arbor parva; foliis alternis breviter petiolatis oblongis stipulatis; floribus[6] in spicas axillares sæpius 2-natas
folioque breviores dispositis. (*Gabonia*[7].)

9. **Tryphostemma** HARV.[8] — « Flores hermaphroditi, 6-meri; sepalis valde inæqualibus, imbricatis; interioribus sensim angustioribus
et magis membranaceis. Corona duplex: exterior membranacea fimbriata; interior annularis crenata. Stamina 5; filamentis basi coronæ
interiori adnatis, mox liberis; antheris saggittatis. Germen breve;
stylis 3, 4, apice capitatis. Ovula pauca, placentis parietalibus 3, 4
affixa. Capsula breviter stipitata, 3-4-valvis; seminibus paucis compressis arillatis. — Fruticulus ramosus; foliis alternis, ovatis, ciliato-
dentatis; stipulis subulatis; floribus[9] axillaribus, 2-3-natis, pedicellatis[11]. » (*Natal.*[11])

---

1. *Juglandis* nucis mole.
2. Circiter 8-metralis.
3. Spec. 1. *H. madagascariensis* H. BN.
4. In *Hook. Icon.*, t. 1393.
5. Ima basi inferum.
6. Parvis.
7. Spec. 1. *S. gabonensis* OLIV.

8. *Thes. cap.*, I, 32, t. 51. — B. H., *Gen.*, I,
811, n. 6.
9. Virescentibus, punctulatis, parvis.
10. Char. ex icon. Harveyana. Genus dubi-
tanter nunc ad sequentem refertur.
11. Spec. 2, nobis omnino ignotæ. MAST., in
Oliv. Fl. trop. Afr., II, 508.

10. Basananthe PEYR.[1] — Flores fere *Tryphostemmatis*, 5-meri ; calycis imbricati foliolis interioribus angustioribus et magis membranaceis. Petala 5, linearia. Corona duplex : exterior membranacea filamentosa; interior brevior androcæo·applicata. Stamina 5, subhypogyna; antheris linearibus introrsis. Germen liberum; stylis 3, liberis subulatis, haud v. vix capitellatis. Placentæ 3, 1-ovulatæ; funiculis longiusculis. « Semina exarillata compressa scrobiculata, hinc marginata; funiculo crasso arcuato. » — Fruticuli v. herbæ[2]; foliis alternis serratis; stipulis subulatis; floribus[3] axillaribus pedunculatis, 3-bracteatis[4]. (*Guinea austr.*[5])

11. Physena NORONH.[6] — Flores 1-sexuales; masculorum calyce e foliolis minutis 6-9, imbricatis. Stamina 8-15; filamentis brevibus erectis; antheris linearibus basifixis exsertis introrsis; loculis 2, rimosis. Germen rudimentarium, 2-loculare[7]; stylis 2. Floris fœminei perianthium ut in mare. Staminodia minuta v. 0. Germen 1-loculare; placentis parietalibus 2, pauciovulatis; stylis filiformibus 2. Fructus siccus, pergamentaceus v. coriaceus; semine 1, crasso, subbasilari, exalbuminoso; embryone crasso carnoso; radicula minima. — Frutices erecti v. scandentes; foliis alternis articulatis integris; floribus[2] in racemos axillares compositos graciles dispositis. (*Madagascaria*[8].)

II. MODECCEÆ.

12. Modecca LAMK. — Flores 1-sexuales; masculorum receptaculo cupulari. Calyx tubulosus, campanulatus, turbinatus v. ventricosus; lobis plus minus altis 4, 5, imbricatis; interioribus plerumque tenuioribus magisque membranaceis et marginibus opertis fimbriatis. Petala 4, 5, cum calyce inserta, inclusa, sæpius angusta, brevia, inæqui-fimbriata v. subintegra. Discus receptaculi margini insertus, sæpius brevis, obtuse lobatus v. rarius in coronam parvam nunc invo-

---

1. In *Wawr. et Peyr. Sert. benguel.*, 29. — B. H., *Gen.*, I, 812, n. 7.
2. Ramulis nunc in setas ramosas glanduliferas desinentibus.
3. Albis, parvis.
4. Genus præcedenti proximum, cujus forte sectio; at typus nobis ignotus est.
5. Spec. 2. WELW., in *Trans. Linn. Soc.*,

XXVII, 28, t. 9. — MAST., in *Trans. Linn. Soc.*, XXVII, 639; in *Oliv. Fl. trop. Afr.*, II, 509.
6. Ex DUP.-TH., *Gen. nov. madag.*, 6. — ENDL., *Gen.*, n. 6851. — B. H., *Gen.*, I, 815, n. 19.
7. Minutis, viridulis; antheris rubris.
8. Spec. 2, 3, quarum unam cultam novimus. TUL., in *Ann. sc. nat.*, sér. 4, VIII, 53.

lutam fimbriatam productus. Stamina 4, 5, alternipetala, disco interiora; filamentis liberis v. basi dilatata subconnatis; antheris basifixis,
oblongis v. linearibus, introrsis, 2-rimosis, nonnunquam apiculatis.
Germen rudimentarium parvum. Floris fœminei perianthium discusque
fere ut in mare. Staminodia 4, 5, alternipetala. Germen breviter v.
brevissime stipitatum, 1-loculare; styli ramis 3, apice stigmatoso varie
dilatatis. Placentæ parietales 3, cum stylis alternantes, ∞-ovulatæ.
Fructus coriaceus, chartaceus v. carnosus, 3-valvis v. nunc indehiscens.
Semina ∞, arillata scrobiculata; albumine carnoso; embryonis axilis
cotyledonibus foliaceis. — Herbæ erectæ (*Keramanthus*) v. sæpius
volubiles, v. frutices scandentes; foliis alternis; integris, dentatis,
lobatis v. pinnatifidis; stipulis parvis v. 0; petiolo apice 2-glanduloso;
cirrhis variis v. 0; floribus axillaribus; pedunculis nunc cirrhosis.
(*Asia, Africa cont. et ins. or. et Australia trop.*) — *Vid. p.* 475.

13. **Machadoa** WELW.[1] — Flores hermaphroditi (fere *Modeccæ*);
calyce infundibulari-campanulato, 5-lobo, imbricato. Petala 5, inclusa
ligulata denticulata. Stamina 5, subhypogyna; antheris linearibus.
Germen breviter stipitatum; placentis 3, ∞-ovulatis; stylo brevi, apice
capitato 3-lobo. Fructus capsularis, e calyce pendulus, 3-sulcus. Semina ∞, compressa, scrobiculata, cæteraque *Modeccæ*. — Herba parva
erecta parce ramosa; radice fusiformi; foliis alternis lanceolatis integris; stipulis parvis; floribus parvis axillaribus racemoso-cymosis paucis,
articulatis; bracteis subulatis. (*Angola*[2].)

14. **Atheranthera** MAST.[3] — « Flores 1-sexuales; masculorum
calyce e sepalis 5, æqualibus, primo inter se æqualiter distantibus;
postea, ob petalorum inæqualitatem, sepala 2 a reliquis amota. Petala 5, concava, demum inæqualia, imbricata. Corona 0. Stamina 10,
quorum sterilia 5, basi cohærentia petalisque adnata; filamentis
planis liguliformibus, superne demum tortis; antheris subglobosis
mucronatis, 1-locularibus, primo introrsis, demum, filamentorum tortione, extrorsis, longitudinaliter 1-rimosis. Germen rudimentarium
minutum. — Herba scandens cirrhata; foliis alternis petiolatis ovato-
acutis cordatis repando-dentatis, exstipulaceis; floribus paniculatis. »
(*Angola*[4].)

1. In *Trans. Linn. Soc.*, XXVII, 29, t. 10. —
B. H., *Gen.*, I, 814, n. 14.
2. Spec. 1. *M. huillensis* WELW. — MAST.,
in *Oliv. Fl. trop. Afr.*, II, 520.

3. In *Trans. Linn. Soc.*, XXVII, 640, c. ic.
4. Spec. 1, notis ignota. *A. paniculata* MAST.,
in *Oliv. Fl. trop. Afr.*, II, 519. — *A. Welwitschii* MAST., in *Trans. Linn. Soc.*, loc. cit.

III. ACHARIEÆ.

15. Acharia THUNB. — Flores monœci; receptaculo cupulari, margine perianthium gerente. Sepala 3, v. rarius 4, parva recurva. Corolla gamopetala campanulata, 3-4-loba. Stamina 3, 4, cum corollæ lobis alternantia; filamentis basi corollæ adnatis, cæterum liberis; antheræ basifixæ loculis 2, fere liberis, introrsum rimosis. Glandulæ (?) 3-4, corollæ lobis oppositæ. Floris fœminei perianthium ut in mare, post florescentiam excrescens. Germen subsessile, 1-loculare; styli 3-4-fidi ramis stigmatosis oppositipetalis, apice 2-lobis. Ovula in placentis parietalibus 3, 4, sæpius 2; micropyle introrsum infera. Fructus corolla inclusus, coriaceus capsularis; valvis 3, 4; singulis apice attenuato styli ramo 2-lobo terminatis. Semina 1-4, subovoidea scrobiculata; raphe arillata; embryonis dite albuminosi brevis cotyledonibus orbicularibus. — Fruticulus subherbaceus erectus; foliis alternis petiolatis serratis, 3-lobis; floribus axillaribus solitariis v. 2-natis breviter pedunculatis nutantibus. (*Africa austr.*) — *Vid. p.* 477.

16. Ceratosicyos NEES.[1] — Flores monœci (fere *Achariæ*) 5-meri; calycis masculi sepalis 5, linearibus liberis. Corollæ campanulatæ lobi 5. Stamina 5, cum corollæ lobis alternantia. Flos fœmineus asepalus; corolla fere ut in mare, longiore, persistente. Germen stipitatum elongatum; placentis parietalibus 4, 5, pauciovulatis; ovulis e funiculis adscendentibus pendulis; raphe extrorsa. Fructus capsularis siliquiformis, 4-5-valvis; seminibus angulato-subglobosis albuminosis, extus carnosulis. — Herba gracilis volubilis[2]; foliis alternis, palmatim 3-7-lobis serratis, exstipulaceis; floribus[3] masculis racemosis; pedicellis gracillimis; fœmineis solitariis. (*Africa austr.*[4])

IV. MALESHERBIEÆ.

17. Malesherbia R. et PAV. — Flores hermaphroditi regulares; receptaculo forma valde vario, recto v. arcuato, aut tubuloso, aut

1. In *Eckl. et Zeyh. Enum.*, 281. — ENDL., *Gen.*, n. 5106. — PAYER, *Fam. nat.*, 116. — B. H., *Gen.*, I, 814, n. 16.
2. Adspectu *Cucurbitacearum*.
3. Viridulis, minimis.

4. Spec. 1, sylvicola, capensis, natalensis et caffra. *C. Ecklonii* NEES. — HARV., in *Ann. Nat. Hist.*, ser. 1, III, 421, t. 10; *Fl. cap.*, II, 501. — *Modecca septemloba* E. MEY., in exs. *Drège*.

(*Gynopleura*) subcampanulato turbinatove. Sepala 5, receptaculi margini inserta. Petala 5, cum calyce inserta, sepalis æqualia, majora v. (*Eumalesherbia*) minora. Stamina 5, alternipetala, summo gynæcei stipiti sub germine inserta; filamentis liberis; antheris oblongis introrsis, 2-rimosis. Germen summo gynophoro erecto sessile, 1-loculare; stylis 3, lateralibus, basi remotis, filiformibus, apice stigmatoso capitatis v. clavatis. Placentæ parietales 3, 4, cum stylis alternatæ, ∞-ovulatæ, ovulis obliquis anatropis. Fructus capsularis perianthio inclusus membranaceus, apice 3-4-valvis. Semina ∞, extus clathratim foveolata, ad chalazam fungoso-arillata; albumine carnoso copioso; embryonis axilis cotyledonibus orbicularibus. — Herbæ v. suffrutices erecti; indumento vario; foliis alternis, integris, sinuatis, serrulatis v. pinnatifidis, exstipulaceis; floribus in racemos bracteatos columnares (*Eumalesherbia*) v. composite cymigeros (*Gynopleura*) dispositis. (*Peruvia, Chili.*) — *Vid. p.* 479.

BÉGONIACÉES

Les *Begonia*[1] (fig. 346-353), qui ont donné leur nom à cette petite famille, ont des fleurs unisexuées. Les mâles ont le plus souvent, sur

Begonia incarnata.

Fig. 346. Rameau florifère ($\frac{4}{7}$).

un réceptacle convexe, un périanthe pétaloïde, formé de quatre folioles : deux extérieures, plus larges et valvaires, et deux plus

1. Plum., *Cat. pl. amer.*, 20. — T., *Inst.*, 660, t. 442. — L., *Gen.*, n. 1156. — Endl., *Gen.*, n. 5153. — Payer, *Organog.*, 436, t. 92. — Kl., in *Abh. Akad. Wiss. Berl.* (1854). — H. Bn, in *Payer Fam. nat.*, 380. — A. DC., in *Ann. sc. nat.*, sér. 4, XI, 119; *Prodr.*, XV, p. I, 278. — B. H., *Gen.*, I, 841, n. 1. — *Eupetalum* Lindl., *Introd.*, ed. 2, 440. — *Platyclinium* Henfr., in *Lindl. et Paxt. Mag.*, I, 156. — *Casparya* Kl. — A. DC., *Prodr.*, XV, p. I, 269. — *Sphenanthera* Hassk., in *Bot. Zeit.* (1857), 180. — *Stibadotheca* Kl., *loc. cit.*, 128, t. 12 (part.). — *Isopteryx* Kl. — A. DC., *Prodr.*, 270. — *Sassea* Kl. — A. DC., *Prodr.*, 272. — *Augustia* Kl., *Begon.* — *Barya* Kl. — *Cyathocnemis* Kl. — *Donaldia* Kl. — *Doratometra* Kl. — *Ewaldia* Kl. — *Gaerdtia* Kl. — *Gireoudia* Kl. — *Gurltia* Kl. — *Haagea* Kl. — *Huszia* Kl. — *Knesebeckia* Kl. — *Lauchea* Kl. — *Lepsia* Kl. — *Magnusia* Kl. — *Mitscherlichia* Kl. — *Moschkowitzia* Kl. — *Nephromiscus* Kl. — *Petermannia* Kl. — *Pilderia* Kl. — *Platycentrum* Kl. — *Pritzelia* Kl. — *Putzeysia* Kl. — *Rachia* Kl. — *Reichexheimia* Kl. — *Rossmania* Kl. — *Saueria* Kl. — *Scheidweileria* Kl. — *Steineria* Kl. — *Riessia* Kl. — *Tittelbachia* Kl. — *Trachelanthus* Kl. — *Trachelocarpus* C. Muell. — *Trendelenburgia* Kl. — *Wageneria* Kl. — *Weilbachia* Kl. — *Æthiopteryx* A. DC. — *Diploclinium* Wight. — *Dysomorphia* A. DC. — *Dasystyles* A. DC. — *Eriminea* A. DC. — *Filicibegonia* A. DC. — *Loasibegonia* A. DC. — *Latistigma* A. DC. — *Muscibegonia* A. DC. — *Monophyllum* A. DC. — *Miconanthera* A. DC.

étroites, alternes avec les précédentes. L'androcée se compose d'un nombre indéfini d'étamines, dont quelques-unes peuvent être stériles ; chacune d'elles étant formée d'un filet et d'une anthère basifixe, allongée et aplatie, dont les bords portent chacun une loge linéaire d'anthère, déhiscente suivant sa longueur par une fente à peu près

Begonia incarnata.

Fig. 347. Fleur mâle $(\frac{2}{7})$.

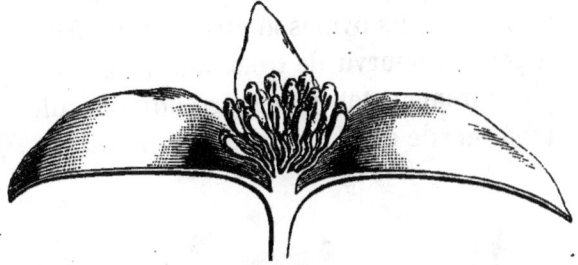

Fig. 348. Fleur mâle, coupe longitudinale.

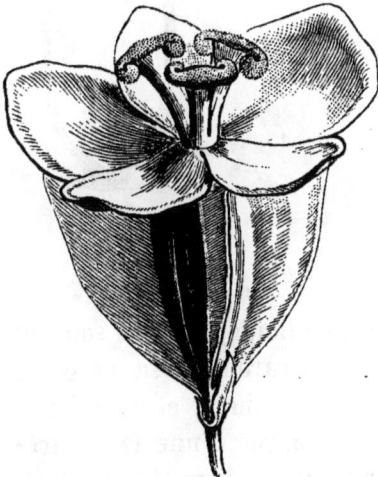

Fig. 349. Fleur femelle $(\frac{4}{7})$.

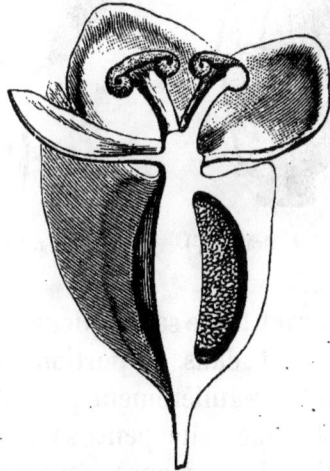

Fig. 350. Fleur femelle, coupe longitudinale.

marginale[1]. Les filets sont ou libres, ou unis inférieurement en une colonne plus ou moins longue, qui paraît dépendre du réceptacle. La fleur femelle a un réceptacle concave, logeant l'ovaire infère et portant sur ses bords un périanthe le plus souvent formé de cinq folioles inégales, pétaloïdes, imbriquées en quinconce. L'ovaire est à trois

---

— *Podandra* A. DC. — *Polyschisma* A. DC. — *Parvibegonia* A. DC. — *Philippomartia* A. DC. — *Plurilobaria* A. DC. — *Pœcilia* A. DC. — *Ruizopavonia* A. DC. — *Solenanthera* A. DC. — *Mezierea* GAUDICH., *Voy. Bonit., Bot.*, t. 32. — KL., *Begon.*, 67. — A. DC., *Prodr.*, 406. — *Irma* BOUT. (ex A. DC.).

1. Le pollen est ellipsoïde, avec trois plis ; dans l'eau, il est ovoïde, avec trois bandes et des papilles. (H. MOHL, in *Ann. sc. nat.*, sér. 2, III, 342.)

loges, complètes ou incomplètes, dont la ligne dorsale est plus ou moins proéminente et souvent atténuée en aile verticale; et le style est partagé en trois branches dont la partie stigmatifère est forniquée: ses deux branches se trouvent souvent tordues sur elles-mêmes en spirale. Dans l'angle interne de chaque loge s'insère un double placenta saillant, dont les deux faces sont chargées d'un nombre considérable de petits ovules anatropes [1]. Le fruit, ordinairement capsulaire, trigone et pourvu de trois ailes inégales, répondant au dos des loges, plus rarement tétragone, arrondi, non ailé, ou plus ou moins charnu, renferme de deux à cinq loges polyspermes. Quand il est sec, il s'ouvre

Begonia obliqua.

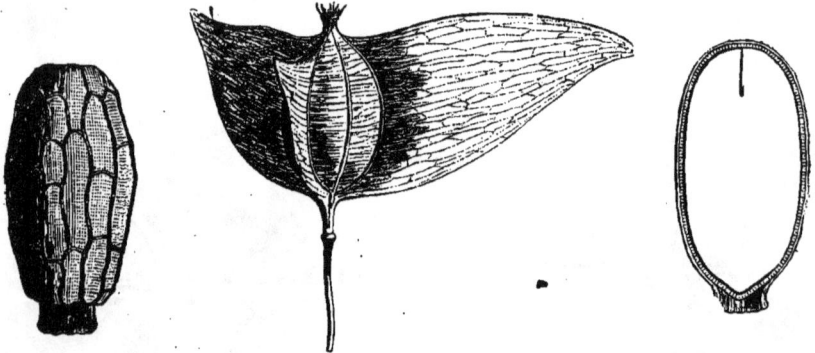

Fig. 352. Graine ($\frac{20}{1}$).   Fig. 351. Fruit.   Fig. 353. Graine, coupe longitudinale.

ou suivant toute sa longueur, septicide ou loculicide, ou plus souvent seulement dans sa portion supérieure. Plus rarement sa paroi se détruit irrégulièrement pour laisser sortir les graines; et quand elle est charnue, elle peut se rompre ou se déchirer d'une façon très variable. Les semences sont petites et nombreuses; leur tégument est réticulé, souvent épaissi extérieurement, à l'état frais, en une couche lâchement celluleuse. L'albumen est nul ou mince. L'embryon, charnu, subcylindrique ou ovoïde, a une radicule épaisse et des cotylédons très courts qui se touchent par une face plane.

Il y a des fleurs mâles de *Begonia* dont les folioles intérieures du périanthe sont en nombre supérieur à deux [2], et d'autres où elles font totalement défaut. Les étamines peuvent occuper toute la périphérie du réceptacle; mais, dans certaines espèces, elles sont rassemblées

1. A double tégument.
2. Sans parler des fleurs doublées par la culture et dont on possède une très grande va- riété. Celles des fleurs sur lesquelles la duplicature a d'abord été observée étaient surtout des mâles. (Voy. *Bull. Soc. Linn. Par.*, 236.)

en un faisceau du côté de la bractée mère; de sorte qu'une portion du réceptacle demeure nue dans une étendue variable, et que la situation de l'androcée est réellement excentrique[1]. Dans la fleur femelle, les folioles du périanthe sont assez souvent au nombre de six, dont trois extérieures, et trois intérieures alternes, fréquemment de teinte et de consistance différentes.

On connaît plus de 300 espèces de *Begonia*[2]; on en a décrit bien davantage, sans compter les variétés et les hybrides. Ce sont des plantes herbacées ou suffrutescentes, à tige dressée, simple ou rameuse, plus souvent courte, trapue, parfois dilatée en rhizome gorgé de sucs et tubéreux; elle est même quelquefois sarmenteuse, presque grimpante. Les feuilles sont alternes, subverticillées, assez souvent distiques, entières, dentées, lobées ou digitipartites, très ordinairement insymétriques, dilatées d'un côté de la base. Leur pétiole est accompagné de deux stipules latérales, libres, souvent caduques, à base souvent renflée comme celle de la feuille. Les fleurs[3] sont disposées en cymes axillaires plus ou moins composées et ramifiées, souvent longuement pédonculées, avec des bractées et des bractéoles fréquemment opposées. Il y a des inflorescences et des portions entières d'inflorescence unisexuées, et d'autres où les fleurs des deux sexes sont réunies, les mâles étant souvent dans ce cas centrales, et les femelles périphériques. Il y a des *Begonia* dans toutes les régions chaudes du globe, sauf jusqu'ici en Australie; ils sont rares dans les îles de l'océan Pacifique. Beaucoup sont cultivés comme ornementaux[4].

A côté de ce genre ont été placés les *Hillebrandia* et les *Begoniella*. Les premiers, originaires des îles Sandwich, représentent peut-être le type le plus parfait de la famille, attendu que leurs fleurs des deux sexes ont un calice et une corolle pentamères, et que les fleurs femelles, avec des rudiments d'androcée, ont un ovaire à cinq carpelles alternipétales, réunis en un ovaire béant au sommet et à cinq placentas pariétaux. Les *Begoniella* sont colombiens; ils ont un singulier périanthe simple, gamophylle, et leur fleur mâle est tétrandre.

---

1. Voy. PAYER, *loc. cit.*, 438. Cet androcée rappelle donc celui des *Pleurandra* (I, 99).
2. A. DC., *loc. cit.*, 269, 278; 406 (*Mezierea*).

3. Blanches, roses, rouges ou jaunes.
4. Un fragment de feuille et même un seul phytocyste suffit à les reproduire.

Cette petite famille a été établie par R. Brown en 1818 [1]. Elle renferme environ 350 espèces, dont 348 *Begonia*. Ceux-ci ont été comparés aux Polygonacées, avec lesquelles ils n'ont d'autre ressemblance que la forme du fruit et l'acidité des feuilles [2]. Ils ont aussi été considérés comme analogues aux Saxifragacées (Hydrangéées, Datiscées). Les plus étroits rapports sont avec les Cucurbitacées, Loasacées, Passifloracées, notamment avec les *Ceratosicyos*. Les Bégoniacées diffèrent des Cucurbitacées par l'androcée, des Passifloracées par l'ovaire infère.

Peu d'espèces sont utiles [3]. Les souches des *Begonia tomentosa* et *grandiflora* Domb., du Pérou, amères et astringentes, s'emploient dans ce pays contre les hémorrhagies, flux et affections scorbutiques. On accorde ces propriétés aux *B. acetosa* Vill., *acida* Vill., *bidentata* Radd., *cucullata* W., *hirtella* Lk, *platanifolia* Schott, *sanguinea* Radd., *spathulata* W. Au Mexique, le *B. Balmisiana* Ruiz est diurétique, diaphorétique, antisyphilitique. A Java, le *B. bombycina* Bl., et dans l'Inde, les *B. malabarica* Dryand. et *tuberosa* Lamk, ce dernier tinctorial, sont potagers ; leurs rhizomes sont astringents et vulnéraires. A la Jamaïque, on vante le *B. acutifolia* Jacq. comme antiscorbutique ; on en prépare des cataplasmes maturatifs. Les *B. hirsuta* Aubl., *repens* Lamk et *ulmifolia* W. ont, dans l'Amérique du Sud, la même réputation. La sève du *B. robusta* Bl., de Java, est rafraîchissante. A côté de tant d'astringents, ce genre renferme des plantes purgatives : le *B. anemonoides* Azar., drastique, prescrit contre les affections scrofuleuses et syphilitiques ; le *B. gracilis* H.B., employé au Mexique comme évacuant (*Yerba de la doncella*); et le *B. obliqua* L., qui porte le nom, dans l'Inde orientale, de *Rhubarbe sauvage*. Un très grand nombre d'espèces et de variétés sont, comme on sait, ornementales.

---

1. In *Tuck. Congo*, 464. — Endl., *Gen.*, 941, Ord. 203. — Lindl., *Veg. Kingd.*, 318, Ord. 107. — B. H., *Gen.*, I, 841, Ord. 76.

2. On a beaucoup insisté, pour établir des affinités avec les Polygonacées, sur le bioxalate de potasse que renferment les sucs extraits des *Begonia* ; on croit que les cristaux nombreux du parenchyme des *Begonia* sont de l'oxalate de chaux.

3. Endl., *Enchirid.*, 494. — Mér. et Del., *Dict. Mat. méd.*, I, 569. — Lindl., *Veg. Kingd.*, 319. — Rosenth., *Syn. pl. diaphor.*, I, 567.

GENERA

———

1. **Begonia** Plum. — Flores monœci v. polygami; masculorum receptaculo convexo. Perianthium coloratum ; foliolis exterioribus sæpius 2, v. rarius 3-∞ ; interioribus autem sæpius 2, alternis, magis petaloideis, v. rarius 3-∞ , imbricatis. Stamina ∞ , aut undique circa receptaculum, aut 1-lateraliter inserta ; filamentis liberis v. plus minus 1-adelphis; antheris cum filamento continuis; loculis connectivo nunc apice producto adnatis, lateraliter v. introrsum extrorsumve rimosis. Floris fœminei receptaculum concavum, nunc extus alatum, germen concavitate fovens. Perianthii foliola 5, 6, v. rarius plura, receptaculi fauci inserta ; exterioribus sæpius 2, magis sepaloideis; præfloratione imbricata. Germinis inferi loculi 2-5, completi v. incompleti; stylis liberis v. basi adnatis, superne 2-fidis; lobis stigmatosis integris v. fissis. Placentæ simplices v. 2-lobæ, dite ovuligeræ. Fructus sæpius 3-gonus et inæquali-3-alatus, nunc teres v. 4-5-gonus, aut capsularis loculicideque v. septicide, superne v. per totam longitudinem dehiscens, aut baccatus, irregulariter ruptus dehiscensve. Semina ∞, minima, extus cellulosa reticulata; albumine parco v. 0; embryonis carnosi cotyledonibus brevissimis plano-convexis; radicula crassa tereti v. hemisphærica. — Herbæ v. frutices ; caule brevi erecto v. elato subsarmentoso, simplici ramosove, nunc tuberoso rhizomatiformi v. tuberculiformi ; foliis alternis, sæpe distichis, raro subverticillatis, plerumque basi inæqualibus, nonnunquam succulentis; floribus in cymas axillares pedunculatas plus minus composite cymosas, 1- v. 2-sexuales, bracteatas bracteolatasque, dispositis. (*Orbis fere totius reg. trop. et subtrop.*) — *Vid. p.* 493.

2. **Hillebrandia** Oliv.[1] — Flores fere *Begoniæ ;* masculorum sepalis 5, plus minus inæqualibus, imbricatis. Petala 5, cum sepalis

———

1. In *Trans. Linn. Soc.*, XXV, 361, t. 46. — B. H., *Gen.*, I, 843, n. 2.

alternantia multoque minora spathulata subcucullata. Stamina ∞, centralia libera inæqualia ; antheris oblongis, 2-rimosis. Floris fœminei
receptaculum sacciforme, germen intus adnatum fovens. Perianthium
ut in mare, receptaculi fauci insertum. Staminodia ∞ , glanduliformia,
cum perianthio inserta. Germen magna ex parte inferum, apice
libero hians; stylis 5, alternipetalis, 2-furcatis; cruribus stigmatiferis
spiraliter tortis. Placentæ 5, parietales, valde prominulæ, cum stylis
alternantes, ∞-ovulatæ. Fructus capsularis, apice inter stylos late
dehiscens. Semina ∞, areolata exalbuminosa. — Herba succulenta
pilosiuscula ; foliis alternis inæqui-cordato-rotundatis lobatis ; lobis
serratis; floribus in cymas compositas bracteatas bracteolatasque,
2-sexuales, dispositis. (*Ins. Sandwic.*[1])

3. **Begoniella** OLIV.[2] — Flores monœci ; masculorum perianthio
simplici gamophyllo campanulato erecto, breviter 4-lobo. Stamina 4,
1-adelpha ; antheris obovato-cuneatis, 2-fidis v. obcordatis; loculis 2,
lateralibus discretis; connectivo membranaceo, nervo centrali apiceque
2-fido percurso. Floris fœminei perianthium ut in mare. Germen
inferum, 3-alatum, 3-loculare; stylo fere a basi fastigiatim multifido ;
ramis furcellatis v. varie divisis. Placentæ ex angulis loculorum interioribus lanceolatæ, ∞-ovulatæ. Capsula septicida, 3-alata; seminibus
∞.— Herba[2] papilloso-setigera; foliis alternis membranaceis oblongo-
ellipticis, basi obliquis, stipulatis; floribus[3] in racemos axillares
erectos dispositis, bracteatis. (*N.-Granada*[4].)

---

1. Spec. 1. *H. sandwicensis* OLIV.
2. In *Trans. Linn. Soc.*, XXVIII, 513, t. 41.
3. Habitu *Begoniæ* v. *Gesneracearum*.
4. Spec. 1. *B. Whithei* OLIV.

ADDITIONS ET CORRECTIONS

Pages 35, 154, ajoutez : *Aster* and *Solidago* in the old. herbar. (A. GRAY, in *Proc. Amer. Acad.*, XVII, 164, 177).

Page 101. — **Hecastocleis** A. GRAY, in *Proc. Amer. Acad.*, XVII, 220. « Capitula 1-flora; flore hermaphrodito. Involucrum cylindraceum pauciseriatum ; receptaculo nudo. Corolla tubulosa subcoriacea. Antheræ basi caudatæ. Fructus cylindraceus; pappo coroniformi laciniato corneo. — Frutex ramosus glaber ; foliis alternis et in axillis fasciculatis, mucronatis, hinc inde margine spinuliferis ; floralibus capitula sessilia glomerata fulcraniibus. — Spec. 1, nevadensis : *H. Schockleyi* A. GRAY. »

Page 235. — **Dugesia** A. GRAY, in *Proc. Amer. Acad.*, XVII, 215. « Capitula heterogama ; floribus radii fœmineis 8-12; disci plurimis hermaphroditis sterilibus. Involucrum duplex latum ; receptaculo plano; paleis scariosis angusto-linearibus. Corollæ radii ligulatæ; disci fere *Silphii*. Stylus sterilis *Silphii*. Fructus obovoideus turgidus; costa dorsali in dentem subulatum rigidum desinente ; marginibus dentato-alatis; pappo (?) cartilagineo auriculiformi-lobato. — Herba humilis perennis; foliis pinnatifidis. — Species 1, e S.-Luis Potosi. *D. mexicana* A. GRAY (*Lindheimera mexicana* A. GRAY, in *Proc. Amer. Acad.*, XV, 34. » — Genus ab auct. ad *Melampodieas* relatum.

Page 236. — **Plummera** A. GRAY, in *Proc. Amer. Acad.*, XVII, 215. « Capitula heterogama ; floribus radii fœmineis 2-5, ligulatis ; masculis 6-8. Involucrum obpyramidatum duplex; receptaculo plano nudo. Styli in floribus disci 2-fidi ; ramis apice semi-peltatis. Fructus turgidi epapposi. — Herba biennis (?) aromatica ; foliis 1-3-ternatim partitis ; capitulis perplurimis fastigiato-cymosis. — Species 1, arizonensis : *P. floribunda* A. GRAY. »

Page 240. Nomen *Bartlingia*, ex cl. F. MUELLER, in litt., *Laxmanniæ* anteponendum.

Page 249. -- **Eatonella** A. GRAY, in *Proc. Amer. Acad.*, XIX, 19. « Capitula heterogama, circ. 20-flora ; floribus radii fœmineis ligulatis, nunc deficientibus; corollis disci superne dilatato-4-5-dentatis; styli ramis brevibus truncatis. Receptaculum planum nudum. Fructus compressi calloso-marginati villosi; pappi paleis 2 v. paucis latissimis enerviis. — Herbæ californicæ annuæ v. biennes lanosæ alternifoliæ; capitulis subsessilibus parvulis. — Spec. 2 : *E. nivea* et *E. Congdoni* A. GRAY.

Page 479, note 7, ajoutez : MAST., in *Journ. Linn. Soc.*, XX, 26 (*Tacsonia*), 30 ; in *Trim. Journ. Bot.* (1884), 113 (*Tacsonia*), 114.

Page 419. Sur l'androcée des Cucurbitacées, DUTAILLY, in *Compt. rend. Assoc. franç.* [1884], 297

Cæterum de *Compositis-boreali-americanis* cfr. A. GRAY, loc. cit., 1-73.

TABLE DES GENRES ET SOUS-GENRES

CONTENUS DANS LE HUITIÈME VOLUME[1]

---

1. Pour les genres conservés par nous, cette table renvoie toujours à la caractéristique latine du *Genera*. Là le lecteur trouvera un autre renvoi à la page où le genre est analysé et discuté.

FIN DE LA TABLE DES GENRES ET SOUS-GENRES DU HUITIÈME VOLUME

www.ingramcontent.com/pod-product-compliance
Lightning Source LLC
Chambersburg PA
CBHW060912220326
41599CB00020B/2938